지적기사 필기

과년도 문제해설

PREFACE
ENGINEER CADASTRAL SURVEYING

우리나라는 비록 아픈 기억이지만 1910년부터 1924년에 걸쳐 토지조사사업과 임야조사사업이 추진되어 필지마다 토지소유자, 행정구역, 지번, 지목, 면적, 경계 등을 등록하는 지적공부(토지대장, 지적도, 임야대장, 임야도 등)가 작성됨으로써 근대 지적제도의 태동이 시작되었으며, 비로소 국가는 국토를 효율적으로 관리하고 국민은 토지재산권을 활용하는 근거를 가지게 되었다. 그리고 어언 백여 년이 흘렀다.

토지(영토)는 국민, 주권과 더불어 국가를 이루는 3대 요소이며 지적(토지)은 토지의 물리적 현황과 법적 권리관계 등을 등록·관리하는 중요한 국가의 사무이다. 농경시대에 조세징수 중심의 세지적(稅地籍)으로 출발한 이래 근대 시민사회와 자본주의의 발달로 토지의 효용성과 상품성이 증대하면서 토지소유자의 재산권 보호 중심인 법지적(法地籍)으로 발전하였고, 21세기 정보화 시대에서는 다양한 자료의 관리 및 신속·정확한 공급 중심의 다목적지적(多目的地籍)으로 진화하고 있다.

우리나라도 2011년 9월 「지적재조사에 관한 특별법」을 제정하여 2012년부터 2030년까지 지적재조사사업을 완료하는 기본계획을 수립하였으며, 2014년 6월 공간정보 관련 3개 법률(「공간정보의 구축 및 관리 등에 관한 법률」, 「국가공간정보 기본법」, 「공간정보산업 진흥법」)이 제·개정되어 2015년 6월 4일부터 시행되는 등 지적 분야의 대변혁이 진행되고 있다.

이러한 시대적 상황에 따라 대학에서 지적을 탐구하는 많은 학생들이 지적 관련 자격을 취득하여 사회의 지적 분야에 진출하고, 지적의 여러 분야에서 실무에 종사하는 담당자들이 지적관련 상위 자격을 취득하여 지적 분야에서 자신의 꿈을 성취하려는 열의가 매우 크다.

본서는 자격취득 수험생을 위해 지적기사 및 산업기사 필기시험에서 출제된 지적학, 지적측량, 응용측량, 토지정보체계론 및 지적관계법규 등의 문제를 이해하기 쉽도록 출제연도와 회차별로 정리하였으며 문제마다 꼼꼼하게 풀이와 해설을 첨부하였다. 흔히 기출문제만 완벽하게 파악하면 합격하는 데 어려움이 없다는 말을 많이 한다. 그만큼 기출문제를 파악하고 풀이하는 것이 합격하는 데 중요한 포인트가 된다는 의미이다. 본서를 공부하여 합격하는 수험생이 많아지기를 진심으로 바란다.

PREFACE
ENGINEER CADASTRAL SURVEYING

    2005년 처음 본서가 발간된 이후 많은 독자들의 과분한 사랑을 받아 왔다. 당초 초판을 발행할 때 필자들의 의욕에 비하여 독자들께 내용이 충실한 만족감을 제공할 수 있을지 우려가 되었고, 이에 따라 매해 출제되는 문제를 성실하게 해설하고, 지속적인 수정과 보완을 거쳐 내실을 꾀하겠다는 약속을 하였다. 이에 필자들은 이 약속을 지키려고 꾸준히 노력하고 있다.

    끝으로 본서를 출간하는 데 서적과 자료를 참고하고 인용할 수 있도록 도움을 주신 선배 제현께 깊은 감사를 드리며, 본서의 집필을 지도하고 격려해주신 최한영 박사님에게 감사의 마음을 전한다. 또한 교정을 도와주시고 이 책을 출판할 수 있도록 배려해주신 도서출판 예문사 정용수 사장님과 직원 여러분께도 진심으로 감사드린다.

저자 일동

지적측량 경향분석

구분			2011~2022 비교분석
주요항목	세부항목	세세항목	비율(%)
1. 총론	1. 지적측량 개요	1. 지적측량의 목적과 대상	5.2
		2. 각, 거리 측량	10.2
	2. 오차론	1. 오차의 종류	2.7
		2. 오차발생 원인	3.5
		3. 오차보정	5.3
2. 기초측량	1. 지적삼각점 측량	1. 관측 및 계산	16.1
		2. 측량성과 작성 및 관리	2.1
	2. 지적삼각보조점 측량	1. 관측 및 계산	9.8
		2. 측량성과 작성 및 관리	0.3
	3. 지적도근점 측량	1. 관측 및 계산	6.8
		2. 오차와 배분	3.5
		3. 측량성과 작성 및 관리	0.9
3. 세부측량	1. 토지이동측량	1. 지적공부 정리를 위한 측량	2.1
		2. 지적공부를 정리하지 않는 측량	5.3
	2. 지적확정측량 등	1. 지적확정측량 방법	0.9
		2. 경계점좌표 등록부 비치지역의 측량 방법	7.9
		3. 임야도를 비치하는 지역의 세부측량	1.2
4. 면적측정 및 제도	1. 면적측정	1. 면적측정대상	0.5
		2. 면적측정 방법과 기준	3.3
		3. 면적오차의 허용범위	0.5
		4. 면적의 배분 및 결정	4.4
	2. 제도	1. 제도의 기초이론	5.3
		2. 제도기기	0.0
		3. 지적공부의 제도방법	2.3
계			100.0

경향분석

ENGINEER CADASTRAL SURVEYING

응용측량 경향분석

구분			2011~2022 비교분석
주요항목	세부항목	세세항목	비율(%)
1. 지상측량	1. 수준측량	1. 직접수준측량	11.7
		2. 간접수준측량	7.1
	2. 지형측량	1. 지형의 표시	9.4
		2. 지형측량 방법	4.5
		3. 면적 및 체적 계산	1.4
	3. 노선측량	1. 노선측량의 순서 및 방법	3.9
		2. 곡선 설치법	9.1
		3. 완화곡선 및 클로소이드	6.1
	4. 하천측량	1. 수위관측	0.0
		2. 유량관측	0.0
	5. 터널측량	1. 갱외측량	0.9
		2. 갱내측량	5.2
		3. 연결측량	2.0
2. 사진 및 위성측량	1. 사진측량	1. 사진측량 일반	10.2
		2. 수치사진측량	10.5
		3. 원격탐사	3.9
	2. 위성측량	1. 위성측량 일반	9.1
		2. 위성측량 방법	2.7
		3. 위성측량 좌표계	0.5
		4. 위성측량 응용	0.2
3. 지하시설물측량	1. 지하시설물측량	1. 관측 및 계산	1.5
		2. 도면작성 및 대장정리	0.3
계			100.0

토지정보체계론 경향분석

구분			2011~2022 비교분석
주요항목	세부항목	세세항목	비율(%)
1. 토지정보체계 일반	1. 총론	1. 정의 및 구성요소	4.1
		2. 관련 정보 체계	3.3
2. 데이터의 처리	1. 데이터의 종류 및 구조	1. 속성정보	3.3
		2. 도형정보	14.7
	2. 데이터 취득	1. 기존 자료를 이용하는 방법	2.9
		2. 측량에 의한 방법	2.6
	3. 데이터의 처리	1. 데이터의 입력	5.9
		2. 데이터의 수정	3.2
		3. 데이터의 편집	3.9
3. 데이터의 관리	1. 데이터베이스	1. 자료관리	13.0
		2. 데이터의 표준화	8.8
4. 토지정보체계의 운용 및 활용	1. 운용	1. 지적공부 전산화	7.1
		2. 지적공부관리 시스템	5.0
		3. 지적측량 시스템	4.8
		4. 지적정보센터	4.5
	2. 활용	1. 토지 관련 행정 분야	11.2
		2. 지적재조사 사업	1.5
계			100.0

경향분석

지적학 경향분석

구분				2011~2022 비교분석
주요항목	세부항목	세세항목	기타구분	비율(%)
1. 지적일반	1. 지적의 개념	1. 지적의 기본이념	지적학, 이념, 효력	6.4
		2. 지적의 기본요소	유형, 구성요소, 특징	6.5
		3. 지적의 기능	원리, 성격, 기능	3.9
2. 지적제도	1. 지적제도의 발달	1. 우리나라 지적제도	지적제도	5.8
			지적사	45.3
		2. 외국의 지적제도		3.9
	2. 토지의 등록	1. 토지등록제도	토지등록제도, 소유권, 지적측량	11.4
			지번	5.3
			지목	3.6
			경계	3.5
			필지, 면적	0.8
			등기제도	1.7
		2. 지적공부 정리	지적공부	1.1
			지적공부정리	0.2
			지적전산화	0.2
		3. 지적 관련 조직		0.6
계				100.0

지적관계법규 경향분석

구분			2011~2022 비교분석
주요항목	세부항목	세세항목	비율(%)
1. 지적법규	1. 총칙	목적	0.6
		용어의 정의	3.3
	2. 지적측량	측량기준	0.0
		측량기준점 등	2.3
		지적측량 등	4.5
	3. 토지의 등록	토지의 조사·등록	2.9
		지적재조사사업	0.0
		지번의 부여 등	2.6
		지목의 종류	6.1
		면적의 단위 등	1.4
	4. 지적공부	지적공부의 보존 등	1.8
		지적공부의 등록사항	4.8
		지적공부의 복구	2.0
		지적전산자료의 이용	2.4
	5. 토지이동신청 및 지적 정리 등	토지의 이동 등	6.8
		토지의 이동신청·신고	5.0
		축척변경	7.3
		등록사항의 정정	2.4
		등기촉탁	1.5
	6. 측량기술자 등		5.8
	7. 지적위원회		2.6
	8. 보칙		4.2
	9. 벌칙		3.9
2. 지적관계법규	1. 부동산등기법		11.7
	2. 국토의 계획 및 이용에 관한 법률		13.0
	3. 지적재조사에 관한 특별법		0.8
	4. 도명주소법		0.3
계			100.0

출제기준

ENGINEER CADASTRAL SURVEYING

지적기사 출제기준

직무분야	건설	중직무분야	토목	자격종목	지적기사	적용기간	2025.01.01~2028.12.31.

○ **직무내용** : 지적도면의 정리와 면적측정 및 도면작성과 지적측량 및 종합적 계획수립 등을 수행하는 직무이다.

필기검정방법	객관식	문제수	100	시험시간	2시간 30분

필기과목명	문제수	주요항목	세부항목	세세항목
지적측량	20	1. 총론	1. 지적측량 개요	1. 지적측량의 목적과 대상 2. 각, 거리 측량 3. 좌표계 및 측량원점
			2. 오차론	1. 오차의 종류 2. 오차발생 원인 3. 오차보정
		2. 기초측량	1. 지적삼각점 측량	1. 관측 및 계산 2. 측량성과 작성 및 관리
			2. 지적삼각보조점 측량	1. 관측 및 계산 2. 측량성과 작성 및 관리
			3. 지적도근점 측량	1. 관측 및 계산 2. 오차와 배분 3. 측량성과 작성 및 관리
		3. 세부측량(변경)	1. 도해측량	1. 지적공부 정리를 위한 측량 2. 지적공부를 정리하지 않는 측량
			2. 지적확정 측량 (축척변경, 지적재조사측량 등)	1. 관측 및 계산 2. 경계점좌표등록부 비치 지역의 측량 방법 3. 측량성과 작성 및 관리
		4. 면적측정 및 제도	1. 면적측정	1. 면적측정대상 2. 면적측정 방법과 기준 3. 면적오차의 허용범위 4. 면적의 배분 및 결정
			2. 제도	1. 제도의 기초이론 2. 제도기기 3. 지적공부의 제도방법
응용측량	20	1. 지상측량	1. 수준측량	1. 직접수준측량 2. 간접수준측량
			2. 지형측량	1. 지형표시 2. 지형측량 방법 3. 면적 및 체적 계산
			3. 노선측량	1. 노선측량 방법 2. 원곡선 및 완화곡선
			4. 터널측량	1. 터널 외 측량 2. 터널 내 측량 3. 터널 내외 연결 측량
		2. GNSS(위성측위) 및 사진측량	1. GNSS(위성측위) 측량	1. GNSS(위성측위) 일반 2. GNSS(위성측위) 응용
			2. 사진측량	1. 사진측량 일반 2. 사진측량 응용

출제기준

필기과목명	문제수	주요항목	세부항목	세세항목
		3. 지하공간정보 측량	1. 지하공간정보 측량	1. 관측 및 계산 2. 도면작성 및 대장정리
토지정보 체계론	20	1. 토지정보체계 일반	1. 총론	1. 정의 및 구성요소 2. 관련 정보 체계
		2. 데이터의 처리	1. 데이터의 종류 및 구조	1. 속성정보 2. 도형정보
			2. 데이터 취득	1. 기존 자료를 이용하는 방법 2. 측량에 의한 방법
			3. 데이터의 처리	1. 데이터의 입력 2. 데이터의 수정 3. 데이터의 편집
			4. 데이터 분석 및 가공	1. 데이터의 분석 2. 데이터의 가공
		3. 데이터의 관리	1. 데이터베이스	1. 자료관리 2. 데이터의 표준화
		4. 토지정보체계의 운용 및 활용	1. 운용	1. 지적공부 전산화 2. 지적공부관리 시스템 3. 지적측량 시스템
			2. 활용	1. 토지 관련 행정 분야 2. 정책 통계 분야
지적학	20	1. 지적일반	1. 지적의 개념	1. 지적의 기본이념 2. 지적의 기본요소 3. 지적의 기능
		2. 지적제도	1. 지적제도의 발달	1. 우리나라의 지적제도 2. 외국의 지적제도
			2. 지적제도의 변천사	1. 토지조사사업 이전 2. 토지조사사업 이후
			3. 토지의 등록	1. 토지등록제도 2. 지적공부정리 3. 지적관련 조직
			4. 지적재조사	1. 지적재조사 일반 2. 지적재조사 기법
지적관계 법규	20	1. 지적 관련 법규	1. 공간정보구축 및 관리 등에 관한 법률	1. 총칙 2. 지적 3. 보칙 및 벌칙 4. 지적측량 시행규칙 5. 지적업무 처리규정
			2. 지적재조사에 관한 특별법령	1. 지적재조사에 관한 특별법 2. 지적재조사에 관한 특별법 시행령 3. 지적재조사에 관한 특별법 시행규칙
			3. 도로명주소법령	1. 도로명주소법 2. 도로명주소법 시행령 3. 도로명주소법 시행규칙
			4. 관계법규	1. 부동산등기법 2. 국토의 계획 및 이용에 관한 법률

CONTENTS
ENGINEER CADASTRAL SURVEYING

2016년 기출문제

제1회 지적기사 ·· 3
제2회 지적기사 ·· 37
제3회 지적기사 ·· 73

2017년 기출문제

제1회 지적기사 ·· 107
제2회 지적기사 ·· 142
제3회 지적기사 ·· 174

2018년 기출문제

제1회 지적기사 ·· 211
제2회 지적기사 ·· 244
제3회 지적기사 ·· 277

2019년 기출문제

제1회 지적기사 ·· 313
제2회 지적기사 ·· 349
제3회 지적기사 ·· 381

CONTENTS
ENGINEER CADASTRAL SURVEYING

2020년 기출문제

통합 제1·2회 지적기사 ·············· 415
제3회 지적기사 ·············· 450
제4회 지적기사 ·············· 488

2021년 기출문제

제1회 지적기사 ·············· 525
제2회 지적기사 ·············· 564
제3회 지적기사 ·············· 600

2022년 기출문제

제1회 지적기사 ·············· 637
제2회 지적기사 ·············· 673
제3회 지적기사 ·············· 708

2023년 기출복원문제

제1회 지적기사 ·············· 745
제2회 지적기사 ·············· 779
제3회 지적기사 ·············· 813

CONTENTS
ENGINEER CADASTRAL SURVEYING

2024년 기출복원문제

제1회 지적기사 ·· 851
제2회 지적기사 ·· 883
제3회 지적기사 ·· 919

2025년 기출복원문제

제1회 지적기사 ·· 955
제2회 지적기사 ·· 989
제3회 지적기사 ·· 1022

지적기사는 2022년 3회 시험부터 CBT(Computer-Based Test)로 전면 시행됩니다.

2016년 기출문제

2016년 제1회 지적기사

2016년 제2회 지적기사

2016년 제3회 지적기사

2016년 시행

Engineer Cadastral Surveying

2016년 제1회 지적기사

01 지적측량

SUBJECT

01. 지적삼각점측량의 수평각 관측에서 기지각과의 차가 ±30.8″이었다. 가장 알맞은 처리방법은?

① 공차(公差)범위를 벗어나므로 재측량해야 한다.
② 기지점을 확인해야 한다.
③ 다른 기지점에 의하여 측량한다.
④ 공차 내이므로 계산 처리한다.

해설 지적측량 시행규칙 제11조(지적삼각보조점의 관측 및 계산)

종별	1방향각	1측회의 폐색	삼각형 내각관측의 합과 180도와의 차	기지각과의 차
공차	30초 이내	±30초 이내	±30초 이내	±40초 이내

따라서 공차 내이므로 그대로 계산한다.

02. 경위의측량방법과 교회법에 따른 지적삼각보조점의 관측 및 계산에서 적용하는 수평각의 측각공차기준으로 틀린 것은?

① 1방향각 : 50초 이내
② 1측 회의 폐색 : ±40초 이내
③ 삼각형 내각관측치의 합과 180°와의 차 : ±50초 이내
④ 기지각과의 차 : ±50초 이내

해설 지적측량 시행규칙 제11조(지적삼각보조점의 관측 및 계산)

<수평각의 측각공차>

종별	1방향각	1측회의 폐색	삼각형 내각관측의 합과 180도와의 차	기지각과의 차
공차	40초 이내	±40초 이내	±50초 이내	±50초 이내

Answer 1. ④ 2. ①

03. 최소제곱법에서 다루는 오차는?

① 우연오차　　② 누적오차
③ 착오　　　　④ 과실

해설 최소제곱법으로 조정이 가능한 오차는 우연오차(부정오차, 상차)이며, 다음과 같은 특징이 있다.
- 발생 원인이 불명확한 오차이다.
- 오차 원인의 방향이 일정하지 않다.
- 서로 상쇄되기도 하므로 상차라고도 한다.
- 최소제곱법에 의한 확률법칙에 의해 처리가 가능하다.
- 원인을 알아도 소거가 불가능하다.

04. 평면직각좌표상의 점 $A(X_1Y_1)$에서 점 $B(X_2Y_2)$를 지나고 방위각이 α인 직선에 내린 수선의 길이(E)는?

① $E = (Y_2 - Y_1)\sin\alpha - (X_2 - X_1)\cos\alpha$
② $E = (Y_2 - Y_1)\sin\alpha - (X_2 - X_1)\sin\alpha$
③ $E = (Y_2 - Y_1)\cos\alpha - (X_2 - X_1)\cos\alpha$
④ $E = (Y_2 - Y_1)\cos\alpha - (X_2 - X_1)\sin\alpha$

해설 ΔY, 즉 $(Y_2 - Y_1)$는 $\cos\alpha$를 곱하고, ΔX는 $(X_2 - X_1)$에 $\sin\alpha$를 곱한다.

05. 그림과 같이 원필지 □$ABCE$를 분할선 PQ로 분할 할 때 협각이 각각 $\alpha, \beta, \gamma, \delta$이면 성립하는 등식은?

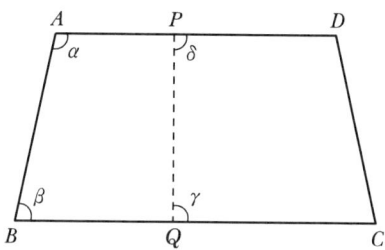

① $\alpha + \beta = \gamma + \delta$
② $\alpha + \gamma = \beta + \delta$
③ $\alpha + \delta = \beta + \gamma$
④ $\alpha + \beta + \gamma + \delta = 360°$

해설 α와 β의 합은 γ와 δ의 합과 같다.

06. 지적도를 작성할 때 사용되는 측량결과도용지의 규격은?

① 가로 540±0.5mm, 세로 440±0.5mm
② 가로 540±1.5mm, 세로 440±1.5mm
③ 가로 520±0.5mm, 세로 420±0.5mm
④ 가로 520±1.5mm, 세로 420±1.5mm

해설 지적업무처리규정 제67조(도면 및 측량결과도용지의 규격)
　　　　가로 520±1.5mm, 세로 420±1.5mm

Answer　3. ①　4. ④　5. ①　6. ④

2016년 시행

07. 배각법에 의한 지적도근측량에서 측각오차가 $-43''$이고 측선장의 반수 합이 275.2일 때 65.32m인 변에 배분할 각은?

① $-2''$ ② $+2''$ ③ $-10''$ ④ $+10''$

해설 지적측량 시행규칙 제14조(지적도근점의 각도관측을 할 때의 폐색오차의 허용범위 및 측각오차의 배분) 제2항 각도의 측정결과가 허용범위 이내인 경우 그 오차의 배분은 다음과 같다.

$$K = -\frac{e}{R} \times r$$

$$K = -\frac{e}{R} \times r = -\frac{-43''}{275.2} \times 15.3 = 2.4'', \text{ 이때 측선의 반수} = \frac{1,000}{65.32} = 15.3$$

(여기서, K : 각 측선에 배분할 초단위의 각도, e : 초단위의 오차, R : 폐색변을 포함한 각 측선장의 반수의 총합계, r : 각 측선장의 반수(이 경우 반수는 측선장 1미터에 대하여 1,000을 기준으로 한 수))

08. 지적삼각측량의 조정계산에서 기지내각에 맞도록 조정하는 것을 무엇이라 하는가?

① 측점조정 ② 삼각조정 ③ 각조정 ④ 망조정

해설 기지내각에 맞도록 조정하는 것을 망조정이라 한다.

09. 다음 중 복구측량에 대한 설명으로 옳은 것은?

① 수해지역 복구를 위한 측량
② 축척 변경을 위한 측량
③ 지적공부 멸실 지역의 측량
④ 임야대장상 토지를 토지대장에 옮겨 등록하기 위한 측량

해설 공간정보의 구축 및 관리 등에 관한 법률 제74조(지적공부의 복구)
지적소관청(제69조 제2항에 따른 지적공부의 경우에는 시·도지사, 시장·군수 또는 구청장)은 지적공부의 전부 또는 일부가 멸실되거나 훼손된 경우에는 대통령령으로 정하는 바에 따라 지체 없이 이를 복구하여야 한다.

10. "1측점 둘레에 있는 모든 각의 합은 360°가 되어야 한다."는 조건은?

① 변조건 ② 삼각조건 ③ 측점조건 ④ 도형조건

해설 각 관측을 측점에서 실시하면 둘레 각의 합이 360°가 되어야 한다는 조건으로서 측점규약(조건)이라고 하며 이 규약에 따라 조정하는 것을 측점조정이라고 한다.

11. 삼각형의 각 변이 길이가 각각 30m, 40m, 50m일 때 이 삼각형의 면적은?

① 600m^2 ② 756m^2 ③ $1,000\text{m}^2$ ④ $1,200\text{m}^2$

해설 $S = \frac{1}{2}(30 + 40 + 50) = 60\text{m}$

$S = \sqrt{s(s-a)(s-b)(s-c)} = \sqrt{60(60-30)(60-40)(60-50)} = 600\text{m}^2$

Answer 7. ② 8. ④ 9. ③ 10. ③ 11. ①

12. 지적도에 지번 및 지목을 제도할 때 글자 크기는?

① 0.5mm 이상~1.0mm 이하 ② 1.0mm 이상~2.0mm 이하
③ 2.0mm 이상~3.0mm 이하 ④ 3.0mm 이상~4.0mm 이하

해설 지적업무처리규정 제42조(지번 및 지목의 제도)
1. 지번 및 지목은 경계에 닿지 않도록 필지의 중앙에 제도한다. 다만, 1필지의 토지가 형상이 좁고 길어서 필지의 중앙에 제도하기가 곤란한 때에는 가로쓰기가 되도록 도면을 왼쪽 또는 오른쪽으로 돌려서 제도할 수 있다.
2. 지번 및 지목을 제도할 때에는 지번 다음에 지목을 제도한다. 이 경우 2밀리미터 이상 3밀리미터 이하 크기의 명조체로 하고, 지번의 글자 간격은 글자크기의 4분의 1 정도, 지번과 지목의 글자 간격은 글자크기의 2분의 1 정도 띄어서 제도한다. 다만, 부동산종합공부시스템이나 레터링으로 작성할 경우에는 고딕체로 할 수 있다.

13. 다음 중 도선법에 따른 지적도근점의 각도관측에서 방위각법에 따른 1등도선의 폐색오차는 최대 얼마 이내로 하여야 하는가?(단, n은 폐색변을 포함한 변의 수를 말한다.)

① $\pm\sqrt{n}$ 분 이내 ② $\pm 1.5\sqrt{n}$ 분 이내
③ $\pm 20\sqrt{n}$ 초 이내 ④ $\pm 30\sqrt{n}$ 초 이내

해설 지적측량 시행규칙 제14조(지적도근점의 각도관측을 할 때의 폐색오차의 허용범위 및 측각오차의 배분) 도선법과 다각망도선법에 따른 지적도근점의 각도관측을 할 때의 폐색오차의 허용범위는 다음 표와 같다.
※ 주의 : 배각법의 단위는 초 단위이며 방위각법의 단위는 분 단위이다.

측량방법	등급	폐색오차
배각법	1등	$\pm 20\sqrt{n}$ (초)
	2등	$\pm 30\sqrt{n}$ (초)
방위각법	1등	$\pm\sqrt{n}$ (분)
	2등	$\pm 1.5\sqrt{n}$ (분)

14. 아래의 토지에서 $\overline{AD}//\overline{BC}$, $\overline{AB}//\overline{PQ}$이고, $\overline{AP}=\overline{BQ}$가 되도록 □ABPQ의 면적($F$)을 지정하는 경우, $\overline{AP}$의 길이를 구하는 식으로 옳은 것은?(단, $L : \overline{AB}$의 길이)

① $\dfrac{F}{L \times \sin\beta}$

② $\dfrac{F}{L - \sin\beta}$

③ $\dfrac{F}{L + \sin\beta}$

④ $\dfrac{F}{L \div \sin\beta}$

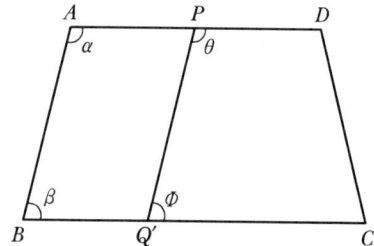

해설 $\overline{AP}$의 길이를 구하는 식은 다음과 같다.
$\overline{AP} = \dfrac{F}{L \times \sin\beta}$

Answer 12. ③ 13. ① 14. ①

15. 경위의측량방법에 의한 세부측량을 실시할 때 연직각의 관측(정·반)값에 대한 허용 교차 범위에 대한 기준은?

① 90초 이내
② 1분 이내
③ 3분 이내
④ 5분 이내

해설 지적측량 시행규칙 제18조(세부측량의 기준 및 방법 등)
연직각의 관측은 정반으로 1회 관측하여 그 교차가 5분 이내일 때에는 그 평균치를 연직각으로 하되, 분단위로 독정(讀定)한다.

16. 오른쪽 그림과 같은 교회망에서 $V_a^b = 125°$이고, 관측 내각이 $\alpha = 60°$, $\gamma = 75°$, $\gamma' = 30°$일 때 점 C에서 점 P에 대한 방위각(V_c)의 크기는 얼마인가?

① 15°
② 20°
③ 25°
④ 30°

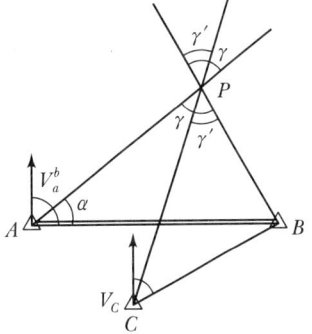

해설 $V_a = V_a^b - \alpha = 125° - 60° = 65°$
$V_c = V_a - (\gamma - \gamma') = 65° - (75° - 30°) = 20°$

17. 전파기에 따른 지적삼각점의 계산 시 점간거리는 어떤 거리에 의하여 계산하여야 하는가?

① 점간 실제 수평거리
② 점간 실제 경사거리
③ 원점에 투영된 평면거리
④ 기준면상 거리

해설 지적측량 시행규칙 제9조(지적삼각점측량의 관측 및 계산)
점간거리는 5회 측정하여 그 측정치의 최대치와 최소치의 교차가 평균치의 10만분의 1 이하일 때에는 그 평균치를 측정거리로 하고, 원점에 투영된 평면거리에 따라 계산한다.

18. 좌표면적계산법에 의한 면적 측정 시 산출면적에 대한 단위기준이 옳은 것은?

① 1만분의 1제곱미터까지 계산하여 100분의 1제곱미터 단위로 결정한다.
② 1만분의 1제곱미터까지 계산하여 10분의 1제곱미터 단위로 결정한다.
③ 1천분의 1제곱미터까지 계산하여 100분의 1제곱미터 단위로 결정한다.
④ 1천분의 1제곱미터까지 계산하여 10분의 1제곱미터 단위로 결정한다.

해설 지적측량 시행규칙 제20조(면적측정의 방법 등)
좌표면적계산법에 따른 산출면적은 1천분의 1제곱미터까지 계산하여 10분의 1제곱미터 단위로 정한다.

Answer 15. ④ 16. ② 17. ③ 18. ④

19. 오차타원에 의한 삼각점의 오차분석에 대한 내용으로 틀린 것은?

① 오차타원에 크기가 작을수록 정확도가 높다.
② 오차타원이 원에 가까울수록 오차의 균질성이 약하다.
③ 오차타원의 요소는 타원의 장·단축과 회전각이다.
④ 오차타원의 분산, 공분산 행렬의 계수로부터 구할 수 있다.

해설 오차타원(Error Ellipse)은 분산이나 표준편차는 각이나 거리와 같이 1차원의 경우에 대한 정밀도의 척도이다. 그러나 점의 수평위치와 같이 2차원상에서의 정밀도 영역은 오차타원으로 나타내며 오차타원이 원에 가까울수록 오차의 균질성이 강하다.

20. 다음 중 면적의 결정방법으로 옳은 것은?

① 지적도의 축척이 1/600인 지역의 면적단위는 제곱미터로 한다.
② 지적도의 축척이 1/600인 지역의 면적단위는 제곱미터 이하 한 자리로 한다.
③ 지적도의 축척이 1/600인 지역의 1필지의 면적이 1제곱미터 미만인 경우는 1제곱미터로 면적을 결정한다.
④ 지적도의 축척이 1/600인 지역의 1필지의 면적이 0.1제곱미터 미만의 경우는 버린다.

해설 공간정보의 구축 및 관리 등에 관한 법률 시행령 제60조(면적의 결정 및 측량계산의 끝수처리) 제1항 제2호
지적도의 축척이 600분의 1인 지역과 경계점좌표등록부에 등록하는 지역의 토지 면적은 제곱미터 이하 한 자리 단위로 하되, 0.1제곱미터 미만의 끝수가 있는 경우 0.05제곱미터 미만일 때에는 버리고 0.05제곱미터를 초과할 때에는 올리며, 0.05제곱미터일 때에는 구하려는 끝자리의 숫자가 0 또는 짝수이면 버리고 홀수이면 올린다. 다만, 1필지의 면적이 0.1제곱미터 미만일 때에는 0.1제곱미터로 한다.

02 응용측량

21. 그림과 같이 측점 A의 밑에 세워 천장에 설치된 측점 A, B를 관측하였을 때 두 점의 높이차(H)는?

① 42.5m
② 43.5m
③ 45.5m
④ 46.5m

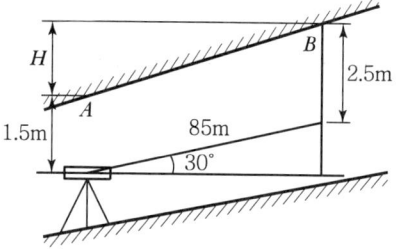

해설 천정에 측점이 있는것에 주의 $\Delta H + 기계고(I.H) = 시준고(S) + 경사거리(L) \times \sin\alpha$
$\Delta H = S + L\sin\alpha - I.H = 2.5 + 85 \times \sin 30° - 1.5 = 43.5m$

22. 다음 중 사진을 재촬영해야 할 경우가 아닌 것은?

① 구름이 사진상에 나타날 때
② 인접 사진 간에 축척이 현저한 차이가 있을 때
③ 홍수로 인하여 지형을 구분할 수 없을 때
④ 종중복도가 70% 정도일 때

해설 항공사진측량에서 종중복도는 촬영 진행 방향에 따라 중복시키는 것을 말하며, 일반적으로 종중복도는 보통 60%를 중복시키고 최소 50% 이상은 중복시켜야 한다.

23. 지형도의 난외주기 사항에 「NJ 52-13-17-3대천」과 같이 표시되어 있을 때, NJ 52가 의미하는 것은?

① TM 도엽번호
② UTM 도엽번호
③ 경위도 좌표계 구역번호
④ 가우스 쿠르거 도엽번호

해설 지형도의 난외주기는 도엽 이름, 경·위도, 축척, 방위, 범례 등을 표기한 것으로 NJ 52에서 N은 지구의 북과 남을 나타내는 것으로 우리나라는 북반구에 위치해 있으므로 N을 쓰며 J는 적도에서 북쪽으로 4도마다 알파벳을 붙여 북쪽 구역을 나타내며 위도 36~40도 구역에 속하고, 52는 경도 306~312도 사이의 구간으로 NJ 52는 UTM 좌표계상의 도엽번호를 의미한다.

24. 사진 판독에 있어 삼림지역에서 표층토약의 함수율에 의하여 사진의 색조가 변화하는 현상은?

① 소일 마크(Soil Mark)
② 왜곡 마크(Distortion Mark)
③ 쉐이드 마크(Shade Mark)
④ 플로팅 마크(Floating Mark)

해설 소일 마크(Soil Mark)는 사진 색조가 표층 토양의 함수율이 낮은 곳은 희게, 높은 곳은 검게 찍히는 것을 말한다.

25. 수준측량의 야장 기입법 중 중간점(I.P)이 많을 때 가장 편리한 것은?

① 기고식
② 고차식
③ 승강식
④ 방사식

해설 노선측량 야장기입법 중에서 종단측량이나 횡단측량에 많이 쓰이며 중간점이 많을 때 가장 적당한 방법은 기고식이다.

26. 축척 1:25,000 지형도에서 등고선의 간격 10m를 묘사할 수 있는 도상 간격이 0.13mm라 할 경우 등고선으로 표현할 수 있는 최대 경사각으로 옳은 것은?

① 약 45°
② 약 60°
③ 약 72°
④ 약 90°

해설 먼저 수평거리를 구하면 실제거리=축척×도상거리=25,000×0.00013=3.25m이므로
경사각=$\tan^{-1}$(높이/수평거리)=$\tan^{-1}$(10/3.25)=71.9958=71°59′45″

Answer 22. ④ 23. ② 24. ① 25. ① 26. ③

27. 다음 중 지형의 표시 방법이 아닌 것은?

① 점고법   ② 우모법   ③ 평행선법   ④ 등고선법

해설 지형의 표시방법으로 영선법(게바법, 우모법), 음영법(명암법), 점고선법, 등고선법이 있다.

28. 원격탐사(Remote Sensing)의 센서에 대한 설명으로 옳지 않은 것은?

① 전자파 수집장치로 능동적 센서와 수동적 센서로 구분된다.
② 능동적 센서는 대상물에서 반사 또는 방사되는 전자파를 수집하는 센서를 의미한다.
③ 수동적 센서는 선주사방식과 카메라방식이 있다.
④ 능동적 센서는 Radar 방식과 Laser 방식이 있다.

해설 원격탐측(Remote Sensing)은 지상이나 항공기 및 인공위성 등의 탑재기(Platform)에 설치된 탐측기(Sensor)를 이용하여 지표, 지상, 지하, 대기권 및 우주공간의 대상들에서 반사 혹은 방사되는 전자기파를 탐지하고 이들 자료로부터 토지, 환경 및 자원에 대한 정보를 얻어 이를 해석하는 기법으로 능동적 센서와 수동적 센서 모두 전자파를 수집한다.

29. 노선측량의 종단면도, 횡단면도에 대한 설명으로 옳지 않은 것은?

① 일반적으로 횡단면도의 가로·세로 축척은 같게 한다.
② 일반적으로 종단면도에서 세로 축척은 가로 축척보다 작게 한다.
③ 종단면도에서 계획선을 정할 때 일반적으로 성토, 절토가 동일하도록 하는 것이 좋다.
④ 종단면도에서 계획기울기는 제한기울기 이내로 한다.

해설 종단면도는 일반적으로 종·횡의 축척을 다르게 하지만 세로의 축척을 가로의 축척보다 크게 한다.

30. 원격탐사 자료가 이용되는 분야와 거리가 먼 것은?

① 토지 분류 조사   ② 토지 소유자 조사
③ 토지 이용 현황 조사   ④ 도로교통량의 변화 조사

해설 원격탐측(Remote Sensing)은 지상이나 항공기 및 인공위성 등의 탑재기(Platform)에 설치된 탐측기(Sensor)를 이용하여 지표, 지상, 지하, 대기권 및 우주공간의 대상들에서 반사 혹은 방사되는 전자기파를 탐지하고 이들 자료로부터 토지, 환경 및 자원에 대한 정보를 얻어 이를 해석하는 기법으로 토지소유자 조사와는 관련이 없다.

31. 곡선의 반지름이 250m, 교각 80°20′의 원곡선을 설치하려고 한다. 시단현에 대한 편각이 2°10′이라면 시단현의 길이는?

① 16.29m   ② 17.29m   ③ 17.45m   ④ 18.91m

해설 시단현의 편각(σ) = $1,718.87' \dfrac{L}{R}$, 여기서 L은 시단현 길이이므로

$$L = \dfrac{\sigma \cdot R}{1,718.87'} = \dfrac{2°10' \times 250}{1,718.87'} = 18.907\text{m}$$

Answer 27. ③ 28. ② 29. ② 30. ② 31. ④

32. 완화곡선에 대한 설명 중 잘못된 것은?

① 완화곡선의 반지름은 시점에서 원의 반지름부터 시작하여 점차 증가하여 무한대가 된다.
② 우리나라에서는 주로 도로에서는 완화곡선에 클로소이드 곡선을, 철도에 3차 포물선을 사용한다.
③ 완화곡선의 접선은 시점에서 직선에 접하고 종점에서 원호에 접한다.
④ 완화곡선에 연한 곡선 반지름의 감소율은 캔트의 증가율과 같다.

해설 완화곡선이란 차량이 직선부에서 곡선부분으로 방향을 바꾸면 반지름이 달라지기 때문에 완화곡선을 설치하게 되는데 주로 차량에 사용되며 완화곡선의 성질은 다음과 같다.
- 곡선반경은 완화곡선의 시점에서 무한대, 종점에서 원곡선 R로 된다.
- 완화곡선의 접선은 시점에서 직선에, 종점에서 원호에 접한다.
- 완화곡선에 연한 곡선반경의 감소율은 캔트의 증가율과 동률(다른 부호)로 된다. 또 종점에 있는 칸트는 원곡선의 칸트와 같게 된다.

33. 도로의 중심선에 따라 20m 간격의 종단측량을 하여 다음과 같은 결과를 얻었다. 측점 1과 측점 5의 지반고를 연결하여 도로계획선을 설정한다면 이 계획선의 경사는?

측점	지반고(m)	측점	지반고(m)
No.1	53.63	No.4	70.65
No.2	52.32	No.5	50.83
No.3	60.67		

① +3.5% ② +2.8% ③ -2.8% ④ -3.5%

해설 측점 1과 측점 5의 높이차(h)는 $53.63 - 50.83 = 2.8$m
경사 = $\dfrac{높이}{수평거리} = \dfrac{2.8}{80} = 0.035$
∴ 3.5%
측점 1보다 측점 5 지반이 낮으므로 경사는 -3.5%

34. 지하시설물 관측방법에서 원래 누수를 찾기 위한 기술로 수도관로 중 PVC 또는 플라스틱관을 찾는 데 이용되는 관측방법은?

① 전기관측법 ② 자장관측법 ③ 음파관측법 ④ 자기관측법

해설 지하시설물 관측방법으로는 전자유도 측량기법이 대표적이며 측량방법에는 전자유도 측량기법, 지중레이더 측량기법, 음파관측기법이 있으며 음파관측기법은 측량이 불가능한 비금속 지하시설물에 이용되는데 물이 흐르는 관 내부에 음파신호를 보내면 관 내부에 음파가 발생하여 수신기를 이용, 발생된 음파를 측정하는 방법이다.

35. 키 1.6m인 사람이 해안선에서 해상을 바라볼 수 있는 거리는?(단, 지구의 곡률 반지름은 6,370km이다.)

① 1,600m ② 2,257m ③ 3,200m ④ 4,515m

Answer 32. ① 33. ④ 34. ③ 35. ④

해설
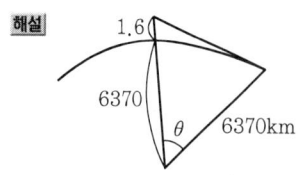
$\tan\theta \times 반지름(6{,}370\text{km})$, $\tan\left(\cos^{-1}\dfrac{6{,}370{,}000}{6{,}370{,}001.6}\right) \times 6{,}370{,}000\text{m} = 4{,}514.8646 \fallingdotseq 4{,}515\text{m}$

36. 수준측량 작업에서 전시와 후시의 거리를 같게 하여 소거되는 오차와 거리가 먼 것은?
① 기차의 영향
② 레벨 조정 불완전에 의한 기계오차
③ 지표면의 구차의 영향
④ 표척의 영점 오차

해설 수준측량에서 전·후시 거리를 같게 함으로써 제거되는 오차
- 레벨의 조정이 불완전하여 시준선이 기포관축과 평행하지 않을 때 발생하는 오차를 제거한다.
- 지구의 곡률오차와 빛의 굴절오차를 제거한다.
- 초점나사를 움직일 필요가 없으므로 그로 인해 생기는 오차를 제거한다.

37. 카메라의 초점거리 153mm, 촬영경사 7°로 평지를 촬영한 사진이 있다. 이 사진의 등각점은 주점으로부터 최대경사선 상의 몇 mm인 곳에 위치하는가?
① 9.36mm
② 10.63mm
③ 12.36mm
④ 13.63mm

해설 등각점 $= f \times \tan\dfrac{i}{2}$ (여기서, f : 초점거리, I : 경사각)

$0.153 \times \tan\dfrac{7}{2} = 0.009357\text{m}$

38. 실제 사진 위에서 이동한 물체를 실체시하면, 그 운동 때문에 그 물체가 겉보기 상의 시차가 뜨거나 가라앉아 보이는 효과는?
① 카메론 효과(Cameron Effect)
② 가르시아 효과(Garcia Effect)
③ 고립 효과(Isolated Effect)
④ 상위 효과(Discrepancy Effect)

해설 카메론 효과(Cameron Effect)란 입체사진 위에서 이동한 사물을 실체시하면 입체시에 의한 과고감으로 입체상의 변화를 나타내는 시차가 발생하고 그 운동이 기선 방향이면 물체가 뜨거나 가라앉아 보이는 현상을 말한다.

39. GPS에서 단일차 분해(Single Difference Solution)를 얻을 수 있는 경우는?
① 두 개의 수신기가 시간 간격을 두고 각각의 위성을 관측하는 경우
② 두 개의 수신기가 동일한 순간 동안 각각의 위성을 관측하는 경우
③ 두 개의 수신기가 동일한 순간 동안 동일한 위성을 관측하는 경우
④ 한 개의 수신기가 한순간에 한 개의 위성만 관측하는 경우

해설 GPS 측량에서 단일차 분해란 두 개의 수신기가 동일한 순간에 동일한 위성을 관측하는 경우를 말하며, 일중위상차는 2개의 위성반송파위상의 계산된 값의 차를 위성 간 일중위상차라 하며 1개의 위성을 2대의 수신기로 관측한 각 위성의 계산값을 수신기 사이의 일중위상차라 한다.

40. 지표에서 1,000m 떨어진 A, B 두 개의 수직터널에 의하여 터널 내외의 연결측량을 하는 경우 수직터널의 깊이가 1,500m라 할 때, 두 수직터널 간 거리의 지표와 지하에서의 차이는?(단, 지구반지름 $R = 6,370$km)

① 15cm   ② 24cm   ③ 48cm   ④ 52cm

해설 $L = \dfrac{L_0 \cdot H}{R} = \dfrac{1,500 \times 1,000}{6,370,000} = 0.235$m

여기서, L_0 : 터널길이, L : 수평거리, H : 표고차, R : 지구반지름

03 토지정보체계론

41. 자동벡터화에 대한 설명으로 틀린 것은?
① 래스터 자료를 소프트웨어에 의해 벡터화하는 것이다.
② 경우에 따라 수동 디지타이징보다 결과가 나쁠 수 있다.
③ 자동 벡터화 후에 처리결과를 확인할 필요가 있다.
④ 위상구조화 작업도 신속하게 이루어진다.

해설 래스터 데이터를 벡터 데이터 구조로 변환하는 것을 벡터화라 한다. 변환된 벡터 데이터 수정, 레이어별 분류 등 후속작업이 필요하며, 일부 제한된 경우에 사용한다.

42. 오차의 발생 원인에 대한 설명 중 틀린 것은?
① 자료 입력을 수동으로 하는 것도 오차 유발의 원인이 된다.
② 원자료의 오차는 자료 기반에 거의 포함되지 않는다.
③ 여러 가지 자료층을 처리하는 과정에서 오차가 발생한다.
④ 지역을 지도화하는 과정에서 선으로 표현할 때 오차가 발생한다.

해설 GIS 자료 처리상의 오차는 입력, 편집, 분석 고차 이외에도 잘못 정의된 객체 등 원자료에 오차도 포함된다.

43. 다음 중 래스터 데이터의 저장형식에 해당하지 않는 것은?
① BMP   ② JPG   ③ TIFF   ④ DXF

Answer   40. ②   41. ④   42. ②   43. ④

해설 파일형식
- BMP(Microsoft Windows Device Independent Bitmap) : 윈도 또는 OS/2 환경에서 사용되는 비트맵 데이터를 표현하기 위하여 마이크로소프트에서 정의하고 있는 비트맵 그래픽 파일
- JPG(Joint Photographic experts Group) : 웹에서 표준으로 사용되는 그래픽 파일
- TIFF(Tagged Image File Format) : 미국의 어도비 시스템스 사와 마이크로소프트 사가 공동 개발한 래스터 화상 파일 형식
- DXF(Drawing eXchange Format) : 서로 다른 컴퓨터 지원 설계(CAD) 프로그램 간에 설계 도면 파일을 교환하는 데 업계 표준으로 사용되는 파일 형식(벡터 파일)

44. 래스터 데이터의 단점으로 볼 수 없는 것은?

① 해상도를 높이면 자료의 양이 크게 늘어난다.
② 객체단위로 선택하거나 자료의 이동, 삭제, 입력 등 편집이 어렵다.
③ 위상구조를 부여하지 못하므로 공간적 관계를 다루는 분석이 불가능하다.
④ 중첩기능을 수행하기가 불편하다.

해설 래스터 데이터는 중첩분석이 용이하다.

45. 데이터베이스관리시스템(DBMS)의 단점이 아닌 것은?

① 시스템 구성이 복잡
② 데이터의 중복성 발생
③ 통제의 집중화에 따른 위험 존재
④ 초기 구축비용과 유지비용이 고가

해설 DBMS는 중복된 자료를 최대한 감소시킴으로써 경제적이고 효율성 높은 방안을 제시할 수 있다.

46. 다음 중 사용자권한 등록파일에 등록하는 사용자의 권한에 해당하지 않는 것은?

① 지적전산코드의 입력·수정 및 삭제
② 토지등급 및 기준수확량등급 변동의 관리
③ 개별공시지가의 변동 관리
④ 기업별 토지소유현황 조회

해설 사용자의 권한 구분
- 사용자의 신규등록, 사용자 등록의 변경 및 삭제
- 법인이 아닌 사단·재단 등록번호의 업무관리, 직권수정
- 개별공시지가 변동의 관리, 토지등급 및 기준수확량등급 변동의 관리
- 지적전산코드의 입력·수정 및 삭제, 조회
- 지적전산자료의 조회, 개인별 토지소유현황의 조회
- 지적통계의 관리, 토지 관련 정책정보의 관리
- 일반 지적업무의 관리, 토지이동 신청의 접수, 토지이동의 정리
- 토지소유자 변경의 관리
- 지적공부의 열람 및 등본 발급의 관리
- 지적전산자료의 정비
- 비밀번호의 변경
- 일일마감 관리

Answer 44. ④ 45. ② 46. ④

47. 노랑머리를 가진 새가 서식하는 특정한 식생이 있는지를 파악하기 위해서는 어떤 중첩기법을 써야 하는가?
① 점과 폴리곤
② 선과 선
③ 선과 폴리곤
④ 폴리곤과 폴리곤

해설 레이어 구축은 노랑머리를 가진 새는 점으로, 서식하는 식생지역은 폴리곤으로 하는 것이 적정하다.

48. 데이터베이스 관리용으로 사용되는 소프트웨어는?
① Oracle
② ERDAS Imagine
③ SPSS
④ ArcGIS

해설 Oracle
미국 오라클 사의 관계형 데이터베이스 관리 시스템(RDBMS)의 이름. 유닉스 환경에서 사용되는 RDBMS로는 현재 가장 널리 사용되는 대표적인 제품의 하나이다. 검색이나 업데이트용 언어로는 국제표준화기구(ISO)에서 표준화한 구조화 조회 언어(SQL)가 표준으로 되어 있다.

49. 다음 중 서로 다른 체계들 간의 자료 공유를 위한 공간자료 교환표준으로 대표적인 것을?
① CEN/TC 287
② SDTS
③ DX-90
④ Z39-50

해설 SDTS(Spatial Data Transfer Standard, 공간자료 변환표준)

50. 공간보간법에서 지형의 기복이 심하지 않은 표면을 생성하는 데 적합한 방법은?
① 국지적 보간법
② 전역적 보간법
③ 정밀 보간법
④ Spline 보간법

해설 공간보간법
1. 공간보간법이란 구하고자 하는 지점의 높이값을 관측을 통해 얻어진 주변 지점의 관측값으로부터 보간함수를 적용하여 추정하는 것
2. 전역적 보간법(근사치적 보간법)
   • 모든 기준점을 하나의 연산함수로 표현
   • 한 지점의 입력값이 변하는 경우 전체 함수에도 영향이 미치게 된다.
   • 지형의 기복이 심하지 않은 완만한 표면을 생성하는 데 적합하다.
3. 국지적 보간법(정밀 보간법) : 대상지역 전체를 작은 도면이나 한 구획으로 분할하여 각각의 세분화된 구획별로 부합되는 함수를 산출하여 표현
   • 크리깅(Kriging) 보간법 : 주위 속성값들의 가중선형조합으로 예측하는 방법
   • 스플라인(Spline) : 표본 추출된 지점을 정확하게 통과하는 완만한 표면을 생성하는 2차원의 최소곡률 보간법
   • 이동평균 : 표본지점들의 평균값으로서 보간하는 방법
   • 역거리 가중값(Inverse Distance Weighting) 보간법 : 표본점과 보간점 간 거리의 역수를 가중값으로 하여 보간하는 방법

51. 지적전산자료의 이용에 관한 설명으로 옳은 것은?

① 시·군·구 단위의 지적전산자료를 이용하고자 하는 자는 지적소관청 또는 도지사의 승인을 얻어야 한다.
② 시·도 단위의 지적전산자료를 이용하고자 하는 자는 시·도지사 또는 행정자치부장관의 승인을 얻어야 한다.
③ 전국단위의 지적전산자료를 이용하고자 하는 자는 국토교통부장관, 시·도지사 또는 지적소관청의 승인을 얻어야 한다.
④ 심사 및 승인을 거쳐 지적전산자료를 이용하는 모든 자는 사용료를 면제한다.

해설 지적전산자료의 이용
1. 지적공부에 관한 전산자료(지적전산자료)를 이용하거나 활용하려는 자는 국토교통부장관, 시·도지사 또는 지적소관청의 승인을 받아야 한다.
   - 전국 단위의 지적전산자료 : 국토교통부장관, 시·도지사 또는 지적소관청
   - 시·도 단위의 지적전산자료 : 시·도지사 또는 지적소관청
   - 시·군·구(자치구가 아닌 구를 포함한다.) 단위의 지적전산자료 : 지적소관청
2. 지적전산자료의 이용 또는 활용 목적 등에 관하여 미리 관계 중앙행정기관의 심사를 받아야 한다.
3. 이용하거나 활용하려는 자는 다음 각 호의 사항을 적은 신청서를 관계 중앙행정기관의 장에게 제출하여 심사를 신청하여야 한다.
   - 자료의 이용 또는 활용 목적 및 근거
   - 자료의 범위 및 내용
   - 자료의 제공 방식, 보관 기관 및 안전관리대책 등
4. 심사 신청을 받은 관계 중앙행정기관의 장은 다음 각 호의 사항을 심사한 후 그 결과를 신청인에게 통지하여야 한다.
   - 신청 내용의 타당성, 적합성 및 공익성
   - 개인의 사생활 침해 여부
   - 자료의 목적 외 사용 방지 및 안전관리대책
5. 승인신청을 받은 국토교통부장관, 시·도지사 또는 지적소관청은 다음 각 호의 사항을 심사하여야 한다.
   - 위 4항 각 호의 사항
   - 신청한 사항의 처리가 전산정보처리조직으로 가능한지 여부
   - 신청한 사항의 처리가 지적업무 수행에 지장을 주지 않는지 여부
6. 지적전산자료의 이용 또는 활용에 관한 승인을 받은 자는 국토교통부령으로 정하는 사용료를 내야 한다. 다만, 국가나 지방자치단체에 대해서는 사용료를 면제한다.

52. 과거 지적재조사 사업의 추진방법이 아닌 것은?

① 지목의 단순화
② 축척 구분의 단순화
③ 지적도와 임야도의 통합
④ 토지대장과 임야대장의 통합

해설 지적재조사 사업은 토지의 실제 현황과 일치하지 아니하는 지적공부의 등록사항을 바로잡고 종이에 구현된 지적을 디지털 지적으로 전환함으로써 국토를 효율적으로 관리함과 아울러 국민의 재산권 보호를 위해 추진하는 사업이다.

Answer 51. ③ 52. ①

53. 토지 및 지리정보시스템의 일반적인 데이터 형태로 옳은 것은?
① 공간데이터와 속성데이터
② 속성데이터와 내성데이터
③ 내성데이터와 위상데이터
④ 위상데이터와 라벨데이터

해설 • 공간(도형)데이터 : 벡터
• 래스터, 속성데이터 : 대상물의 성격이나 정보를 기술

54. 지적공부의 등록사항 중에서 토지소유자에 관한 사항에 잘못이 있어 등록사항을 정정하는 경우 확인 자료에 해당되지 않는 것은?
① 등기필통지서
② 등기완료통지서
③ 토지대장 및 매매계약서
④ 등기관서에서 제공한 등기전산 정보자료

해설 매매계약서는 계약이 취소될 경우 효력이 없고 사인 간 계약 등의 사유로 등록사항 정정 증빙자료로 활용할 수 없음

55. 다음 중 런랭스(Run-length) 코드 압축 방법에 대한 설명이 아닌 것은?
① 동일한 속성값을 개별적으로 저장하는 대신 하나의 런(Run)에 해당하는 속성값이 한 번만 저장된다.
② Quadtree 방법과 함께 많이 쓰이는 격자자료 압축방법이다.
③ 런(Run)은 하나의 행에서 동일한 속성값을 갖는 격자를 의미한다.
④ 대상지역에 해당하는 격자들의 연속적인 연결 상태를 파악하여 압축하는 방법이다.

해설 체인 코드(Chain Code) 방법
대상지역에 해당하는 격자들의 연속적인 연결 상태를 파악하여 압축시키는 방법으로, 시작점부터의 연결 상태를 파악하기 위하여 각각의 방향에 대하여 임의의 수치를 부여할 수 있다.

56. 디지타이징 및 벡터 편집의 오류에서 중복되어 있는 점, 선을 제거함으로써 수정할 수 있는 방법은?
① 언더슛(Undershoot)
② 오버슛(Overshoot)
③ 슬리버 폴리곤(Sliver Polygon)
④ 오버래핑(Overlapping)

해설 Overlapping(점, 선의 중복) : 점, 선이 이중으로 입력되어 있는 상태

57. 필지중심토지정보시스템(PBLIS)의 구성에 해당하지 않는 것은?
① 지적공부 관리 시스템
② 지적측량 성과 시스템
③ 부동산등기 관리 시스템
④ 지적측량 시스템

해설 PBLIS 구성
• 지적공부 관리 시스템 : 사용자권한 관리/지적측량검사업무/토지이동관리/지적일반업무 관리/창구민원 관리/토지기록자료 조회 및 출력/지적통계 관리/정책정보 관리 등
• 지적측량 시스템 : 지적삼각측량/지적삼각보조측량/도근측량/세부측량 등
• 지적측량성과 작성 시스템 : 토지이동지 조서 작성/측량준비도/측량결과도/측량성과도 등

Answer 53. ① 54. ③ 55. ④ 56. ④ 57. ③

58. 데이터베이스의 일반적인 모형과 거리가 먼 것은?
① 입체형(Solid)　　　　　　② 계급형(Hierarchical)
③ 관망형(Network)　　　　　④ 관계형(Relational)

해설 데이터베이스 모델
- 계층형 : 계층 구조(Hierarchical Structure)
- 네트워크형 : 조직망 구조(Network Structure)
- 관계형 데이터 모델
- 객체지향형 : 객체지향 구조(Object Oriented Structure)
- 객체관계형

59. 벡터 데이터의 특징이 아닌 것은?
① 래스터 데이터에 비해 데이터가 압축되고 검색이 빠르다.
② 각기 다른 위상구조로 중첩기능을 수행하기 어렵다.
③ 격자 간격에 의존하여 면으로 표현된다.
④ 자료의 갱신과 유지관리가 편리하다.

해설 래스터 데이터 : 격자 간격에 의존하여 면으로 표현된다.

60. 과거 건설교통부 토지 관련 업무를 다루는 시스템과 행정자치부의 지적 관련 업무 처리 시스템이 분리되어 운영됨에 따라 자료의 이중관리 및 정확성 문제 등을 해결하기 위하여 구축된 통합정보시스템은?
① KLIS　　　② LMIS　　　③ PBLIS　　　④ SGIS

해설 한국토지정보시스템(KLIS : Korea Land Information System)

04 지적학

SUBJECT

61. 다음 중 현대지적의 원리와 거리가 먼 것은?
① 민주성의 원리　② 정확성의 원리　③ 능률성의 원리　④ 경제성의 원리

해설 현대지적의 원리
- 공기능성의 원리 : 공기능성의 본원적 의미는 어떤 집단 속에서 대다수의 개인에게 공통되는 이해 또는 목적을 가지는 것으로 불특정 다수자의 이익의 추구이며, 사적 이익이라는 개별적 추구를 공적 입장에서 보호하자는 조화에 바탕을 두고 있으며, 모든 지적사항은 필요에 따라 공개되어야 하며 객관적이고 정확성이 있어야 함

- 민주성의 원리 : 현대지적의 민주성이란 제도의 운영주체와 객체가 내적인 면에서 인간화가 이루어지고 외적인 면에서 주민의 뜻이 반영되는 행정이라 할 수 있으며 정책결정에서 국민의 참여, 국민에 대한 충실한 봉사, 국민에 대한 행정적 책임 등이 확보되는 상태를 말함
- 능률성의 원리 : 지적의 능률성은 토지현황을 조사하여 지적공부를 만드는 데 따르는 실무활동의 능률과 주어진 여건과 실행과정에서의 이론개발 및 그 전달과정의 개선을 뜻하며 지적활동의 과학화·기술화 내지 합리화·근대화를 지칭하는 것
- 정확성의 원리 : 토지의 정보를 수록하는 지적은 사회과학적 방법과 자연과학적 방법이 함께 접근되어야 하며 지적의 정확성이 현대지적의 기능을 최고화하기 위한 원리

62. 다음 중 조선시대의 경국대전에 명시된 토지등록제도는?

① 공전제도 ② 사전제도 ③ 정전제도 ④ 양전제도

해설 양전(量田)이란 현재의 지적측량으로서 고려시대에는 전품(田品)을 3등급으로 구분한 수등이척제(양전)를 실시하였고, 조선에 승계된 후 세종 때에 전품을 6등급으로 구분한 수등이척제(양전)를 실시하였으며, 경국대전에는 20년마다 전국의 토지를 양전할 것을 규정하고 있음

63. 현재 우리나라에서 채택하고 있는 지목제도는?

① 용도지목 ② 복식지목 ③ 토질지목 ④ 지형지목

해설 지목의 분류
1. 토지의 현황에 따른 분류
   - 지형지목 : 지표면의 형상, 토지의 고저 등 토지의 모양에 따라 결정한 지목
   - 지성지목 : 지층, 암석, 토양 등 토지의 성질에 따라 결정한 지목
   - 용도지목 : 토지의 현실적 용도에 따라 결정한 지목
2. 지목의 구성내용에 따른 분류
   - 단식 지목 : 전, 답 등과 같이 1개의 토지에 대하여 한 가지 기준에 의해 분류된 지목
   - 복식 지목 : 녹지대 등과 같이 1개의 토지에 대하여 둘 이상의 기준에 따라 분류된 지목
   ※ 용도지목은 우리나라 및 대부분의 국가에서 사용하고 있음

64. 현행 임야대장에 토지를 등록하는 순서로 가장 옳은 것은?

① 지번 순으로 한다.
② 면적이 큰 순으로 한다.
③ 소유자 성(姓)의 가, 나, 다 순으로 한다.
④ 공간정보의 구축 및 관리 등에 관한 법률에 규정된 지목의 순으로 한다.

해설 우리나라는 토지(임야)대장의 편성방법으로 물적 편성주의(토지를 중심으로 작성)를 채택하고 있으며, 물적 편성주의는 토지를 지번 순서에 따라 등록한다.

토지등록부(토지대장)의 편성방법
- 물적 편성주의 : 토지를 중심으로 대장 작성
- 인적 편성주의 : 소유자를 중심으로 대장 작성
- 연대적 편성주의 : 신청순서에 따라 대장 작성
- 물적·인적 편성주의 : 물적 주의에 인적 주의 요소를 가미하여 작성

Answer 62. ④ 63. ① 64. ①

65. 역둔토 실지조사를 실시할 경우 조사 내용에 해당되지 않는 것은?

① 지번·지목
② 면적·사표
③ 등급 및 결정소작료
④ 경계 및 조사자 성명

해설 역둔토의 실지조사
- 역둔토의 의미 : 역토와 둔전의 총칭으로서 구한국(대한제국) 정부에서 실지조사를 거쳐 실측도와 역둔토대장을 작성하여 이동정리를 실시함
- 역둔토조사 : 토지대장에 등록된 1지번의 역둔토를 소작인별로 분할하며, 혹은 미등록 토지에 대해서는 새로 조사하여 소작인을 밝히고 지적(地積=면적)을 산정한 다음 역둔토대장을 작성하는 데 목적을 둠
- 조사내용 : 토지소재, 지번, 지목, 면적, 사표, 구명칭, 등급 및 소작료, 소작인의 주소·성명 등

66. 간주지적도에 등록하는 토지대장의 명칭이 아닌 것은?

① 산토지대장
② 을호토지대장
③ 민유토지대장
④ 별책토지대장

해설 간주지적도
- 간주지적도의 개념 : 간주지적도란 지적도로 간주하는 임야도를 의미하며, 토지조사지역 밖인 산림지대에 조사대상 지목인 전, 답, 대 등 과세지가 있더라도 구태여 지적도에 등록하지 않고 그 지목만을 수정하여 임야도에 등록하였음
- 산토지대장 : 간주지적도에 등록된 토지는 그 대장을 별도로 작성하고 산토지대장이라고 하였으며, 별책토지대장, 을호토지대장이라고도 함

67. 다음 중 경계점좌표등록부를 작성하여야 할 곳은?

① 국토의 계획 및 이용에 관한 법률상의 도시지역
② 임야도시행지구
③ 도시개발사업을 지적측량으로 한 지역
④ 측판측량방법으로 한 농지구획정리지구

해설 경계점좌표등록부
- 경계점좌표등록부의 개념 : 경계점좌표등록부는 도시개발사업, 농어촌정비사업, 기타 토지개발사업 등 지적확정측량을 실시한 지역 및 시가지 지역의 축척변경지역 등에 대하여 경계점의 위치를 좌표로 등록·공시하기 위하여 작성하는 지적공부
- 경계점좌표등록부의 도입 : 수치측량의 도입으로 1976년부터 작성되어 "수치지적부"로 부르다가 2001. 1. 26 제10차 지적법 전문개정 시 경계점좌표등록부로 변경
- 경계점좌표등록부 작성대상 토지 : 도시개발사업, 농어촌정비사업, 토지개발사업 등에 따라 지적확정측량 또는 축척변경을 위한 측량을 실시하여 새로이 작성된 지적공부에 경계점을 좌표로 등록한 지역의 토지(※ 소관청은 도시개발사업 등으로 인하여 필요하다고 인정되는 지역 안의 토지에 대하여 경계점좌표등록부를 비치)
- 경계점좌표등록부의 등록사항 : 토지의 소재, 지번, 좌표, 토지의 고유번호, 지적도면의 번호, 필지별 경계점좌표등록부의 장번호, 부호 및 부호도
- 경계점좌표등록부의 규격 : 가로 27cm, 세로 19cm의 규격으로 작성

Answer 65. ④ 66. ③ 67. ③

68. 지적제도의 특징으로 가장 거리가 먼 것은?

① 안전성 ② 적응성 ③ 간편성 ④ 정확성

해설 지적제도의 특징
- 안정성 : 토지 소유권 및 기타 권리는 일단 등록되면 안전한 불가침의 영역
- 간편성 : 소유권 등록은 단순한 형태로 사용, 절차는 명확하고 확실해야 함
- 정확성과 신속성 : 지적제도의 효율성을 위해 토지등록은 정확하고 신속해야 함
- 저렴성 : 소유권 등록에 의하여 소유권을 입증하는 것보다 저렴한 것은 없음
- 적합성 : 상황 변화에 상관없이 결정적인 요소는 적합해야 하고 비용, 인력, 기술에 유용해야 함
- 등록의 완전성 : 등록은 모든 토지에 대하여 완전하여야 하며 최근 상황을 반영하여야 함

69. 법지적 제도와 거리가 가장 먼 것은?

① 정밀한 대축척 지적도 작성
② 토지의 사용, 수익, 처분권 인정
③ 토지의 상품화
④ 토지자원의 배분

해설 법지적
1. 발전과정에 따른 지적제도의 분류
   - 세지적(Fiscal Cadastre) : 세금 징수를 주목적으로 하는 제도이며 과세지적이라고도 함
   - 법지적(Legal Cadastre) : 토지거래의 안전과 소유권 보호를 주목적으로 하는 제도로서 소유권지적이라고도 함
   - 다목적지적(Multi-Purposs Cadastre) : 토지의 각종 등록자료의 관리 및 공급으로 토지 이용의 효율성을 추구하는 제도이며 종합지적 또는 통합지적이라고도 함
2. 법지적의 개념
   - 토지거래의 안전과 소유권보호를 주목적으로 하는 제도로서 소유권지적이라 하며, 지적의 개념이 토지소유권 보호를 위한 기능으로 변화됨을 의미
   - 토지 이용의 다양성과 상품성이 강조된 산업화 시대(17세기 유럽)에 개발된 제도
2. 법지적의 내용
   - 소유권의 한계 설정과 경계복원의 가능성이 강조되고 위치본위로 운영
   - 토지등록에 있어서 소유권에 대한 국가의 보호와 법률적 효력이 부여됨
   - 등록사항은 세지적과 같으나 소유권 이외의 기타 권리를 포함하기도 함
3. 법지적의 특징
   - 일반적으로 지적과 등기의 통합 형태
   - 일필지는 소유권에 따라 결정되고 표현
   - 토지법, 등기법, 지적법 등 토지등록기본법 제정을 기본요소로 함

70. 토지의 특정성(特定性)을 살려 다른 토지와 분명히 구별하기 위한 토지표시 방법은?

① 지목을 구분하는 것
② 지번을 붙이는 것
③ 면적을 정하는 것
④ 토지의 등급을 정하는 것

해설 지번이란 지리적 위치의 고정성과 토지의 특정화, 개별성을 확보하기 위해 리·동의 단위로 필지마다 아라비아 숫자로 순차적으로 부여하여 지적공부에 등록한 번호이다.

Answer 68. ② 69. ④ 70. ②

71. 토지에 대한 물권을 설정하기 위하여 지적제도가 담당해야 할 가장 중요한 역할은 무엇인가?

① 소유권 사정　② 필지의 획정　③ 지번의 설정　④ 면적의 측정

해설 지적(地籍)은 "국가기관의 통치권이 미치는 모든 영토를 필지단위로 구획하여 토지에 대한 물리적 현황과 법적 권리관계 등을 공적 장부에 등록공시하고 그 변경사항을 영속적으로 등록 관리하는 국가의 사무(류병찬)"로 정의되며, 지적과 등기의 관계에 있어서 등기의 경우 토지표시에 관한 사항은 지적공부를 기초로 하고 지적의 경우 소유권에 관한 사항은 등기부를 기초로 한다.
※ 따라서 토지의 물권 설정을 위해서는 필지의 획정이 선행되어야 한다.

72. 토지조사사업 당시 사정에 대한 재결기관은?

① 지방토지조사위원회
② 도지사
③ 임시토지조사국장
④ 고등토지조사위원회

해설 토지조사사업의 사정
1. 토지조사사업의 개념
   - 사정이란 토지조사부와 지적도에 의하여 토지의 소유자 및 그 강계를 확정하는 행정처분
   - 사정은 이전의 권리와 무관한 창설적·확정적 효력이 있음
2. 사정기관
   - 사정권자 : 지방토지조사위원회의 자문을 받아 당시 토지조사국장이 실시
   - 조사 및 측량기관 : 토지조사국
3. 사정의 대상
   - 사정의 대상은 토지소유자와 토지강계
   - 토지소유자는 자연인, 법인, 서원, 종중 등을 인정
   - 토지의 강계는 강계선만이 사정의 대상이 되었고 지역선은 제외됨
4. 사정의 절차
   - 사정은 30일간 공시
   - 불복하는 자는 공시기간 만료 후 60일 이내에 고등토지조사위원회(高等土地調査委員會)에 이의를 제기하여 재결을 요청할 수 있도록 함
5. 사정의 효력
   - 토지조사령은 "토지소유자의 권리는 사정의 확정 또는 재결에 의하여 확정한다."고 규정
   - 사정은 원시취득의 효력을 가짐
   - 재결 시 효력 발생일을 사정일로 소급함
6. 사정의 방법
   ① 토지소유자 사정
      - 토지의 소유자는 국가, 지방자치단체, 각종 법인, 법인에 유사한 단체, 개인 등
      - 지주가 사망하고 상속자가 정해지지 않는 경우에는 사망자의 명으로 사정
      - 신사, 사원, 교회 등의 종교단체는 법인에 준하여 사정
      - 종중, 기타 단체 명의로 신고 되었으나 법인자격이 없는 것은 공유명의 또는 단체 명의로 등록
   ② 강계 사정
      - 강계라 함은 지적도상에 제도된 소유자가 다른 경계선을 말함
      - 지적도에 제도되어 있어도 지역선은 사정하지 않음
      - 사정선인 강계선은 불복신립이 인정

Answer　71. ②　72. ④

③ 사정 불복
- 토지사정에 불복이 있는 경우 사정 공시 만료 후 60일 이내에 불복신청
- 사정, 재결이 있는 날로부터 3년 이내에 재결을 받을 만한 행위에 근거한 재판소의 판결확정

토지 및 임야조사사업의 유의사항
1. 사정권자
   - 토지조사사업 : 토지조사국장
   - 임야조사사업 : 도지사
2. 조사측량기관
   - 토지조사사업 : 토지조사국
   - 임야조사사업 : 부 또는 면
3. 재결기관
   - 토지조사사업 : 고등토지조사위원회
   - 임야조사사업 : 임야조사위원회

73. 다음 중 1필지의 성립요건에 해당되지 않는 것은?

① 지번설정지역이 같을 것 ② 지목이 같을 것
③ 소유자가 같을 것 ④ 기등기된 토지일 것

해설 일필지의 성립요건
- 지번부여지역이 동일할 것
- 소유자가 동일할 것
- 지목이 동일할 것
- 지반이 연속되어 있을 것
- 소유권 이외의 권리가 같을 것
- 지적공부의 축척이 동일할 것
- 등기 여부가 같을 것
※ 등기되지 않은 토지라도 필지로 확정할 수 있음(신규등록, 구획정리 등)

74. 지적의 발생설 중 영토의 보존과 통치수단이라는 두 관점에 대한 이론은?

① 지배설 ② 치수설 ③ 침략설 ④ 과세설

해설 지적의 발생설
1. 지적발생설의 종류
   - 과세설 : 세금징수의 목적에서 출발
   - 치수설 : 토목측량술 및 치수에서 비롯됨
   - 지배설 : 통치적 수단에서 시작됨(통치설)
   - 침략설 : 영토확장과 침략상 우위 목적
2. 지배설
   ① 의의
      - 지배설 또는 통치설은 영토의 보존과 통치수단이라는 두 관점에 대한 이론으로서 국토의 경계를 정하고 이것을 유지시키는 과정에서 지적이 발생했다는 관점

- 통치권자는 영토 내 주민의 생활공간 확보 및 권력의지의 실현을 위해 영토 확장에 관심을 두며, 점령한 토지는 보존하려는 노력을 함
- 지배설은 지적이 영토보존의 수단으로써 국가형태 유지 및 집단생활을 위한 토지의 보호역할을 수행하는 과정에서 발생하였으며, 통치의 수단으로 이용되었다는 것을 의미

② 지배설의 근거
- 이집트의 파라오, 그리스 미케네 국왕은 국토를 소유하고 통치의 수단으로 사용
- 근세 일제 식민사에서도 토지조사사업을 제일 먼저 시행

75. 다음 중 토지등록제도의 장점으로 보기 어려운 것은?

① 사인 간의 토지거래에 있어서 용이성과 경비 절감을 기할 수 있다.
② 토지에 대한 장기신용에 의한 안전성을 확보할 수 있다.
③ 지적과 등기에 공신력이 인정되고, 측량성과의 정확도가 향상될 수 있다.
④ 토지분쟁의 해결을 위한 개인의 경비 측면이나, 시간적 절감을 가져오고 소송사건이 감소될 수 있다.

해설 토지등록의 개념
1. 토지등록의 의미
   - 토지의 등록이란 국가기관인 소관청이 토지등록사항의 공시를 위해 토지에 대한 장부를 비치하고 토지소유자 및 이해관계인에게 필요한 정보를 제공하기 위한 행정행위
   - 실정법상 지적관리만을 의미하나 국제적으로는 지적과 등기가 포함된 포괄적 개념으로 파악
   - 날인증서등록제도, 권원등록제도, 소극적 등록제도, 적극적 등록제도, 토렌스시스템 등의 유형으로 분류
2. 토지등록의 목적
   - 소유권 보호
   - 조세징수
   - 도시화, 산업화, 인구증가로 고도로 분화되는 사회구조의 안정적 관리를 위한 각종 토지 정보의 제공
3. 토지등록제도의 특징
   - 토지소유권의 안정적 증진
   - 부동산 투자에 대한 시장 조작이 용이하고, 재산증식의 수단으로 이용
   - 사인 간에 토지거래의 용이성 및 비용 절감
   - 토지에 대한 장기 신용에 대한 안정성
   - 토지의 평가나 토지과세자료의 확인 기능
   - 토지개혁 및 개량을 통한 토지배분 정책의 수행 및 토지이용의 효율화
   - 토지거래규제 및 토지공개념 실현
   - 도시, 주택, 교통 등 각종 공공계획에 이용
   ※ 토지등록의 공신력과 정확도는 토지등록제도의 유형에 따라 다름

76. 토지조사사업 당시 험조장의 위치를 선정할 때 고려사항이 아닌 것은?

① 유수 및 풍향
② 해저의 깊이
③ 선착장의 편리성
④ 조류의 속도

해설 험조(驗潮)
- 험조의 목적 : 연해안의 중등조위를 결정하여 수준측량의 기초로 삼음
- 험조장의 위치 선정 : 우선 그 지점의 최저, 최고조위의 개략적인 위치를 조사하고, 그 다음에 해안선의 형상, 해저의 심천, 조류의 속도, 유빙 및 풍위 등을 고려해서 결정
- 험조장의 설치 : 청진, 원산, 목포, 진남포 및 인천 등 5개소

- 좌 : 인천험조장을 간조 시에 촬영한 모습으로 아랫부분의 석축은 기초공사, 가운데 똑바로 세워져 있는 철관 주위를 콘크리트로 채워 넣었으며, 중추의 통로 주위의 철제로 조립한 망루 위의 건물은 험조실이다.
- 우 : 험조장 건축공사중의 모습
- ※ 출처 : 지적기술연구원(1993), 조선토지조사사업보고서, 우리인쇄사, p. 246

77. 토지조사사업 당시 확정된 소유자가 다른 토지 사이에 사정된 경계선을 무엇이라 하였는가?
① 지계선
② 강계선
③ 구획선
④ 지역선

해설 일필지의 강계
1. 개념
   - 강계란 지목 구별 및 소유권 분계의 확정을 위한 것으로서 토지의 소유자 및 지목이 동일하고 연속된 토지를 1필로 하는 것을 원칙으로 하였으며, 토지조사사업 당시 강계선과 지역선을 구별함
   - 지목은 전, 답, 대, 지소, 임야, 잡종지 등 18종으로 구별
2. 강계선
   - 강계선 : 사정선으로서, 토지조사 당시 확정된 소유자가 다른 토지 간의 경계선이며 강계선의 상대는 소유자와 지목이 다르다는 원칙이 성립
   - 지역선 : 소유자가 같은 토지와의 구획선 또는 소유자를 알 수 없는 토지와의 구획선 및 토지조사사업의 시행지와 미시행지의 지계선
   - 경계선 : 임야조사사업 시의 사정선

78. 지적업무가 재무부에서 내무부로 이관되었던 연도로 옳은 것은?
① 1950년
② 1960년
③ 1962년
④ 1975년

Answer 77. ② 78. ③

해설 지적행정조직의 변천과정

1. 대한제국

조직		기간	담당업무
내부	토목국	1895. 3. 26	토지측량, 토지수량에 관한 사항
	판적국		지적 및 관유지 처분에 관한 업무
양지아문	본부	1898. 7. 6~1901. 9. 9	제반사무 총괄 및 정리
	실무진		• 각 지방의 양지사무 주관 • 업무 수행 및 양전에 대한 조사
	기술진		양전 실무 수행
지계아문		1901. 10~1904. 4	"대한제국전답관계"라고 하는 지계를 발급함
탁지부	양지국	1904. 4	양전업무 수행
탁지부	양지과	1905. 2	• 전세·유세지 조사 • 지세의 부과징수

2. 일제 강점기

조직		기간	담당업무
총독부	임시토지조사국	1910. 9~1918. 8	토지조사사업
총독부	농공상부 산림과	1916. 10~1924. 12	임야조사사업
총독부	재무국	1918. 9~1948. 8	지적공부관리 등 지적업무 수행

3. 대한민국

조직		기간	담당업무
재무부	사세국 직세과 및 토지취득세과	1948. 8. 15~1961. 12. 31	지적업무
내무부	지적과	1962. 1. 1~1998. 2. 27	지적업무
행정자치부	지적과	1998. 2. 28~2008. 2. 28	지적업무
국토교통부	지적기획과 국토정보제도과	2008. 2. 29~현재	지적업무

79. 토지등록의 목적과 관계가 가장 적은 것은?

① 토지의 현황 파악
② 토지의 수량 조사
③ 토지의 권리 상태 공시
④ 토지의 과실 기록

해설 지적은 토지에 관한 물리적 표시사항을 조사·측량하여 지적공부에 등록하고 그 정보를 국민에게 제공하는 제도이므로 토지현상을 조사하고, 조사된 내용을 기록하며, 토지기록에 대한 관리와 운영에 중점을 둠

Answer 79. ④

80. 토지조사사업의 목적과 가장 거리가 먼 것은?

① 토지소유의 증명제도 확립
② 토지소유의 합리화
③ 국토개발계획의 수립
④ 토지의 면적 단위 통일

해설 토지조사사업의 목적
- 토지소유의 증명제도 및 조세수입체제의 확립
- 미개간지 점유 및 역둔토 등의 국유화로 조선총독부의 소유지 확보
- 소작농의 제 권리를 배제시키고 노동인력으로 흡수하여 토지소유형태의 합리화를 꾀함
- 면적단위의 통일성 확립
- 일본 상업자본(고리대금업 등)의 토지점유를 보장하는 법률적 제도 확립
- 식량 및 원료 반출을 위한 토지이용제도의 정비

05 지적관계법규

SUBJECT

81. 다음 축척변경에 관한 설명의 (　　) 안에 적합한 것은?

> 지적소관청은 축척변경을 하려면 축척변경 시행지역의 토지소유자 (　　) 이상의 동의를 받아 축척변경위원회의 의결을 거친 후 시·도지사 또는 대도시 시장의 승인을 받아야 한다.

① 4분의 2　　② 3분의 1　　③ 3분의 2　　④ 2분의 1

해설 축척변경
1. 의의 : 축척변경이라 함은 지적도에 등록된 경계점의 정밀도를 높이기 위하여 작은 축척을 큰 축척으로 변경하여 등록하는 것을 말한다.
2. 대상
  ① 잦은 토지의 이동으로 인하여 1필지의 규모가 작아서 소축척으로는 지적측량성과 결정이나 토지의 이동에 따른 정리가 곤란할 때
  ② 하나의 지번부여지역 안에 서로 다른 축척의 지적도가 있을 때
3. 축척변경 신청자 : 토지소유자, 지적소관청
4. 축척변경 절차
  1) 신청
    축척변경을 신청하는 토지소유자는 축척변경 사유를 적은 신청서에 토지소유자 3분의 2 이상의 동의서를 첨부하여 지적소관청에게 제출
  2) 승인신청
    ① 지적소관청은 축척변경을 하려는 때에는 축척변경 사유를 기재한 승인신청서에 다음의 서류를 첨부해서 시·도지사 또는 대도시 시장에게 제출
      - 축척변경의 사유
      - 지번 등 명세

Answer　80. ③　81. ③

- 토지소유자의 동의서
- 축척변경위원회의 의결서 사본
- 그 밖에 축척변경 승인을 위하여 시·도지사 또는 대도시 시장이 필요하다고 인정하는 서류

② 신청을 받은 시·도지사 또는 대도시 시장은 축척변경 사유 등을 심사한 후 그 승인 여부를 지적소관청에 통지

82. 다음 중 축척변경에 관한 측량에 따른 청산금의 산정에 대한 설명으로 옳지 않은 것은?

① 지적소관청은 축척변경에 관한 측량을 한 결과 측량 전에 비하여 면적의 증감이 있는 경우에는 그 증감면적에 대하여 청산을 하여야 한다.
② 청산을 할 때에는 축척변경위원회의 의결을 거쳐 지번별로 제곱미터당 금액을 정하여야 한다.
③ 청산금은 축척변경 지번별 조서의 필지별 증감면적에 지번별 제곱미터당 금액을 곱하여 산정한다.
④ 지적소관청은 청산금을 지급받을 자가 청산금을 받기를 거부할 때에는 그 청산금을 공탁할 수 없다.

해설 축척변경 청산금 산정
1. 청산을 할 때에는 축척변경위원회의 의결을 거쳐 지번별로 제곱미터당 금액을 정하고, 지적소관청은 시행공고일 현재를 기준으로 그 축척변경 시행지역의 토지에 대하여 지번별 제곱미터당 금액을 미리 조사하여 축척변경위원회에 제출
2. 청산금은 작성된 축척변경 지번별 조서의 필지별 증감면적에 지번별 제곱미터당 금액을 곱하여 산정
3. 지적소관청은 청산금을 산정하였을 때에는 청산금 조서를 작성하고, 청산금이 결정되었다는 뜻을 15일 이상 공고
4. 청산금을 산정한 결과 증가된 면적에 대한 청산금의 합계와 감소된 면적에 대한 청산금의 합계에 차액이 생긴 경우 초과액은 그 지방자치단체의 수입으로 하고, 부족액은 그 지방자치단체가 부담

83. 토지의 지목을 구분하는 경우 "임야"에 대한 설명 중 (   ) 안에 해당하지 않는 것은?

| 산림 및 원야(原野)를 이루고 있는 (   ) 등의 토지 |

① 수림지(樹林地) ② 죽림지 ③ 간석지 ④ 모래땅

해설 임야
산림 및 원야를 이루고 있는 수림지·죽림지·암석지·자갈땅·모래땅·습지·황무지 등의 토지
※ 간석지는 갯벌을 뜻하며 바다로 봄

84. 국토의 계획 및 이용에 관한 법률 시행령상 개발행위허가기준에 따른 분할제한면적 미만으로 토지 분할하는 경우에 해당하지 않는 것은?

① 사설도로를 개설하기 위한 분할
② 녹지지역 안에서의 기존 묘지의 분할
③ 사도법에 의한 사도개설허가를 받아서 하는 분할
④ 사설도로로 사용되고 있는 토지 중 도로로서의 용도가 폐지되는 부분을 인접토지와 합병하기 위하여 하는 분할

Answer 82. ④ 83. ③ 84. ③

해설 개발행위허가기준에 따른 분할제한면적 미만으로 토지 분할하는 경우
1. 녹지지역·관리지역·농림지역 및 자연환경보전지역 안에서의 기존 묘지의 분할
2. 사설도로를 개설하기 위한 분할(「사도법」에 의한 사도개설허가를 받아 분할하는 경우를 제외)
3. 사설도로로 사용되고 있는 토지 중 도로로서의 용도가 폐지되는 부분을 인접토지와 합병하기 위하여 하는 분할
4. 토지이용상 불합리한 토지경계선을 시정하여 당해 토지의 효용을 증진시키기 위하여 분할 후 인접토지와 합필하고자 하는 경우(이 경우 허가신청인은 분할 후 합필되는 토지의 소유권 또는 공유지분을 보유하고 있거나 그 토지를 매수하기 위한 매매계약을 체결하여야 함)
   - 분할 후 남는 토지의 면적 및 분할된 토지와 인접토지가 합필된 후의 면적이 분할제한면적에 미달되지 아니할 것
   - 분할 전후의 토지면적에 증감이 없을 것
   - 분할하고자 하는 기존 토지의 면적이 분할제한면적에 미달되고, 분할된 토지 중 하나를 제외한 나머지 분할된 토지와 인접토지를 합필한 후의 면적이 분할제한면적에 미달되지 아니할 것

85. 공간정보의 구축 및 관리 등에 관한 법률에서 300만 원 이하의 과태료의 대상이 아닌 것은?
① 고시된 측량성과에 어긋나는 측량성과를 사용한 자
② 수로조사를 하지 아니한 자
③ 정당한 사유 없이 측량을 방해한 자
④ 고의로 측량성과를 사실과 다르게 한 자

해설 과태료
1. 과태료 부과 금액 : 300만 원 이하
2. 과태료 부과 대상
   ① 정당한 사유 없이 측량을 방해한 자
   ② 거짓으로 측량기술자 또는 수로기술자의 신고를 한 자
   ③ 측량업 등록사항의 변경신고를 하지 아니한 자
   ④ 측량업자 또는 수로사업자의 지위 승계 신고를 하지 아니한 자
   ⑤ 측량업 또는 수로사업의 휴업·폐업 등의 신고를 하지 아니하거나 거짓으로 신고한 자
   ⑥ 본인, 배우자 또는 직계 존속·비속이 소유한 토지에 대한 지적측량을 한 자
   ⑦ 측량기기에 대한 성능검사를 받지 아니하거나 부정한 방법으로 성능검사를 받은 자
   ⑧ 성능검사대행자의 등록사항 변경을 신고하지 아니한 자
   ⑨ 성능검사대행업무의 폐업신고를 하지 아니한 자
   ⑩ 정당한 사유 없이 보고를 하지 아니하거나 거짓으로 보고를 한 자
   ⑪ 정당한 사유 없이 조사를 거부·방해 또는 기피한 자
   ⑫ 토지 등에의 출입 등을 방해하거나 거부한 자
3. 과태료는 대통령령으로 정하는 바에 따라 국토교통부장관, 해양수산부장관, 시·도지사 또는 지적소관청이 부과·징수
※ 고의로 측량성과를 사실과 다르게 한 자는 2년 이하의 징역 또는 2천만 원 이하의 벌금에 처함

Answer 85. ④

86. 다음 중 토지의 합병을 신청할 수 있는 경우는?

① 합병하려는 토지의 지적도 및 임야도의 축척이 서로 다른 경우
② 합병하려는 토지가 등기된 토지와 등기되지 아니한 토지인 경우
③ 합병하려는 토지의 소유자별 공유지분이 다르거나 소유자의 주소가 서로 다른 경우
④ 합병하려는 각 필지의 지목은 같으나 일부 토지의 용도가 다르게 되어 합병신청과 동시에 토지의 용도에 따라 분할신청을 하는 경우

해설 합병
1. 의의 : 지적공부에 등록된 2필지 이상을 1필지로 합하여 등록하는 것
2. 신청기한
   ① 원칙 : 신청기한 없음
   ② 예외 : 공동주택의 부지, 도로, 제방, 하천, 구거, 유지, 공장용지, 학교용지, 철도용지, 수도용지, 공원, 체육용지 등 토지로서 합병하여야 할 토지가 있으면 그 사유가 발생한 날부터 60일 이내에 지적소관청에 합병을 신청
3. 신청대상 : 지번부여 지역으로서 소유자와 용도가 같고 지반이 연속된 토지
4. 합병을 신청할 수 없는 토지
   ① 합병하려는 토지의 지번부여지역, 지목 또는 소유자가 서로 다른 경우
   ② 합병하려는 토지에 다음 각 호의 등기 외의 등기가 있는 경우
      • 소유권·지상권·전세권 또는 임차권의 등기
      • 승역지에 대한 지역권의 등기
      • 합병하려는 토지 전부에 대한 등기원인 및 그 연월일과 접수번호가 같은 저당권의 등기
   ③ 합병하려는 토지의 지적도 및 임야도의 축척이 서로 다른 경우
   ④ 합병하려는 각 필지의 지반이 연속되지 아니한 경우
   ⑤ 합병하려는 토지가 등기된 토지와 등기되지 아니한 토지인 경우
   ⑥ 합병하려는 각 필지의 지목은 같으나 일부 토지의 용도가 다르게 되어 분할대상 토지인 경우(다만, 합병 신청과 동시에 토지의 용도에 따라 분할 신청을 하는 경우는 제외)
   ⑦ 합병하려는 토지의 소유자별 공유지분이 다르거나 소유자의 주소가 서로 다른 경우
   ⑧ 합병하려는 토지가 구획정리, 경지정리 또는 축척변경을 시행하고 있는 지역의 토지와 그 지역 밖의 토지인 경우

87. 다음 중 공익사업을 위한 토지 등의 취득 및 보상에 관한 법률을 적용하여야 하는 경우는?

① 국토교통부장관이 기본측량을 실시하기 위하여 토지를 사용함에 따른 손실보상에 관한 경우
② 지적소관청이 측량을 방해하는 장애물을 제거하는 경우
③ 축척변경위원회가 축척변경에 따른 청산금을 산정하는 경우
④ 지적측량수행자가 측량성과를 검사하기 위하여 타인의 토지에 출입하는 경우

해설 토지의 수용 또는 사용
• 국토교통부장관 및 해양수산부장관은 기본측량을 실시하기 위하여 필요하다고 인정하는 경우에는 토지, 건물, 나무, 그 밖의 공작물을 수용하거나 사용
• 수용 또는 사용 및 이에 따른 손실보상에 관하여는 「공익사업을 위한 토지 등의 취득 및 보상에 관한 법률」을 적용

Answer 86. ④ 87. ①

88. 다음 중 지적도·임야도·경계점좌표등록부에 공통으로 등록되는 사항으로만 나열된 것은?

① 토지의 소재, 지목
② 토지의 소재, 지번
③ 도면의 제명, 경계
④ 지적도면의 번호, 지목

해설 지적공부의 등록사항

구분	토지(임야)대장	공유지연명부	대지권등록부	지적(임야)도	경계점좌표등록부
토지소재	○	○	○	○	○
지번	○	○	○	○	○
지목	○	○	×	○	×
면적	○	×	×	×	×
좌표	×	×	×	×	○
소유권지분	×	○	×	×	×
대지권비율	×	×	○	×	×
전유부분의 건물표시	×	×	○	×	×
건물의 명칭	×	×	○	×	×
부호 및 부호도	×	×	×	×	○
개별공시지가와 그 기준일	○	×	×	×	×

89. 지적소관청이 지적공부의 등록사항에 잘못이 있음을 발견한 때 직권으로 조사·측량하여 정정할 수 있는 경우로 옳지 않은 것은?

① 지적측량성과와 다르게 정리된 경우
② 토지이동정리 결의서의 내용과 다르게 정리된 경우
③ 지적공부의 작성 또는 재작성 당시 잘못 정리된 경우
④ 임야도에 등록된 필지의 경계가 잘못되어 면적이 감소된 경우

해설 등록사항의 정정
1. 의의 : 지적공부의 등록사항에 잘못이 있음을 발견한 때 토지소유자의 신청 또는 지적소관청이 직권으로 조사·측량하여 정정하는 것
2. 등록사항의 직권정정 대상
   ① 토지이동정리 결의서의 내용과 다르게 정리된 경우
   ② 지적도 및 임야도에 등록된 필지가 면적의 증감 없이 경계의 위치만 잘못된 경우
   ③ 필지가 각각 다른 지적도나 임야도에 등록되어 있는 경우로서 지적공부에 등록된 면적과 측량한 실제 면적은 일치하지만 지적도나 임야도에 등록된 경계가 서로 접합되지 않아 지적도나 임야도에 등록된 경계를 지상의 경계에 맞추어 정정하여야 하는 토지가 발견된 경우
   ④ 지적공부의 작성 또는 재작성 당시 잘못 정리된 경우
   ⑤ 지적측량성과와 다르게 정리된 경우
   ⑥ 지적측량의 적부심사에 따라 지적공부의 등록사항을 정정하여야 하는 경우
   ⑦ 지적공부의 등록사항이 잘못 입력된 경우
   ⑧ 「부동산등기법」 제37조 제2항에 따른 통지가 있는 경우
   ⑨ 면적 환산이 잘못된 경우

90. 도시관리계획 결정으로 도시자연공원구역을 지정하는 자는?

① 시장·군수
② 시·도지사
③ 국토교통부장관
④ 국립공원관리공단 이사장

해설 도시자연공원구역의 지정
시·도지사 또는 대도시 시장은 도시의 자연환경 및 경관을 보호하고 도시민에게 건전한 여가·휴식공간을 제공하기 위하여 도시지역 안에서 식생이 양호한 산지의 개발을 제한할 필요가 있다고 인정하면 도시자연공원구역의 지정 또는 변경을 도시·군관리계획으로 결정할 수 있음

91. 등기의 말소를 신청하는 경우 그 말소에 대하여 등기상 이해관계가 있는 제3자가 있을 때 필요한 것은?

① 제3자의 승낙
② 시장의 서면
③ 공동담보목록원부
④ 가등기 명의인의 승낙

해설 이해관계가 있는 제3자가 있는 등기의 말소
1. 등기의 말소를 신청하는 경우에 그 말소에 대하여 등기상 이해관계 있는 제3자가 있을 때에는 제3자의 승낙이 있어야 함
2. 등기를 말소할 때에는 등기상 이해관계가 있는 제3자 명의의 등기는 등기관이 직권으로 말소

92. 다음 중 승소한 등기권리자 또는 등기의무자가 단독으로 신청하는 등기는?

① 소유권보존등기
② 교환에 의한 등기
③ 판결에 의한 등기
④ 신탁재산에 속하는 부동산의 신탁등기

해설 등기신청인
1. 등기는 법률에 다른 규정이 없는 경우에는 등기권리자와 등기의무자가 공동으로 신청
2. 소유권보존등기 또는 소유권보존등기의 말소등기는 등기명의인으로 될 자 또는 등기명의인이 단독으로 신청
3. 상속, 법인의 합병, 그 밖에 대법원규칙으로 정하는 포괄승계에 따른 등기는 등기권리자가 단독으로 신청
4. 판결에 의한 등기는 승소한 등기권리자 또는 등기의무자가 단독으로 신청
5. 부동산 표시의 변경이나 경정의 등기는 소유권의 등기명의인이 단독으로 신청
6. 등기명의인표시의 변경이나 경정의 등기는 해당 권리의 등기명의인이 단독으로 신청
7. 신탁재산에 속하는 부동산의 신탁등기는 수탁자가 단독으로 신청

93. 지적소관청으로부터 측량성과에 대한 검사를 받지 않아도 되는 것만을 옳게 나열한 것은?

① 지적기준점측량, 분할측량
② 지적공부복구측량, 축척변경측량
③ 경계복원측량, 지적현황측량
④ 신규등록측량, 등록전환측량

Answer 90. ② 91. ① 92. ③ 93. ③

해설 지적측량 성과검사
1. 검사대상 : 지적측량
2. 지적측량의 종류
   - 지적기준점을 정하는 경우
   - 지적측량성과를 검사하는 경우
   - 지적공부를 복구하는 경우
   - 등록전환하는 경우
   - 토지를 분할하는 경우
   - 바다가 된 토지의 등록을 말소하는 경우
   - 축척을 변경하는 경우
   - 지적공부의 등록사항을 정정하는 경우
   - 도시개발사업 등의 시행지역에서 토지의 이동이 있는 경우
   - 경계점을 지상에 복원하는 경우
3. 지적공부의 정리를 요하지 아니한 측량
   - 경계복원측량 : 경계점을 지표상에 복원하기 위한 측량
   - 지적현황측량 : 지상건축물등의 현황을 지적도 및 임야도에 등록된 경계와 대비하여 표시

94. 지적소관청이 직권으로 지적공부에 등록된 사항을 정정할 수 없는 경우는?

① 지적측량성과와 다르게 정리된 경우
② 토지이동정리 결의서의 내용과 다르게 정리된 경우
③ 지적공부의 작성 또는 재작성 당시 잘못 정리된 경우
④ 지적도에 등록된 필지가 면적의 증감이 있으며 경계 위치가 잘못된 경우

해설 등록사항의 정정
1. 의의
   지적공부의 등록사항에 잘못이 있음을 발견한 때 토지소유자의 신청 또는 지적소관청이 직권으로 조사·측량하여 정정하는 것
2. 등록사항의 직권정정 대상
   - 토지이동정리 결의서의 내용과 다르게 정리된 경우
   - 지적도 및 임야도에 등록된 필지가 면적의 증감 없이 경계의 위치만 잘못된 경우
   - 필지가 각각 다른 지적도나 임야도에 등록되어 있는 경우로서 지적공부에 등록된 면적과 측량한 실제면적은 일치하지만 지적도나 임야도에 등록된 경계가 서로 접합되지 않아 지적도나 임야도에 등록된 경계를 지상의 경계에 맞추어 정정하여야 하는 토지가 발견된 경우
   - 지적공부의 작성 또는 재작성 당시 잘못 정리된 경우
   - 지적측량성과와 다르게 정리된 경우
   - 지적측량의 적부심사에 따라 지적공부의 등록사항을 정정하여야 하는 경우
   - 지적공부의 등록사항이 잘못 입력된 경우
   - 「부동산등기법」제37조 제2항에 따른 통지가 있는 경우
   - 면적 환산이 잘못된 경우

Answer 94. ④

95. 다음 중 국토의 계획 및 이용에 관한 법률에 따른 용도지역에 대한 설명으로 옳지 않은 것은?

① 도시지역은 인구와 산업이 밀집되어 있거나 밀집이 예상되어 그 지역에 대하여 체계적인 개발·정비·관리·보전 등이 필요한 지역을 말한다.
② 관리지역은 도시지역의 인구와 산업을 수용하기 위하여 도시지역에 준하여 체계적으로 관리하거나 농림업의 진흥, 자연환경 또는 산림의 보전을 위하여 농림지역 또는 자연환경보전지역에 준하여 관리할 필요가 있는 지역을 말한다.
③ 농림지역은 도시지역에 속하지 아니하는 「농지법」에 따른 농업진흥지역 또는 「산지관리법」에 따른 보전산지 등으로서 농림업을 진흥시키고 산림을 보전하기 위하여 필요한 지역을 말한다.
④ 자연녹지보전지역은 자연환경·수자원·해안·생태계·상수원 및 문화재의 보전과 수산자원의 보호·육성 등을 위하여 필요한 지역을 말한다.

해설 국토의 용도구분
국토는 토지의 이용실태 및 특성, 장래의 토지 이용 방향, 지역 간 균형발전 등을 고려하여 다음과 같은 용도지역으로 구분
1. 도시지역 : 인구와 산업이 밀집되어 있거나 밀집이 예상되어 그 지역에 대하여 체계적인 개발·정비·관리·보전 등이 필요한 지역
2. 관리지역 : 도시지역의 인구와 산업을 수용하기 위하여 도시지역에 준하여 체계적으로 관리하거나 농림업의 진흥, 자연환경 또는 산림의 보전을 위하여 농림지역 또는 자연환경보전지역에 준하여 관리할 필요가 있는 지역
3. 농림지역 : 도시지역에 속하지 아니하는 「농지법」에 따른 농업진흥지역 또는 「산지관리법」에 따른 보전산지 등으로서 농림업을 진흥시키고 산림을 보전하기 위하여 필요한 지역
4. 자연환경보전지역 : 자연환경·수자원·해안·생태계·상수원 및 문화재의 보전과 수산자원의 보호·육성 등을 위하여 필요한 지역

96. 다음 중 중앙지적위원회에 대한 설명으로 옳지 않은 것은?

① 위원장 및 부위원장을 포함한 임원의 임기는 2년이다.
② 위원장은 국토교통부의 지적업무 담당 국장이 된다.
③ 위원은 지적에 관한 학식과 경험이 풍부한 사람 중에서 국토교통부장관이 임명하거나 위촉한다.
④ 위원장 1명과 부위원장 1명을 포함하여 5명 이상 10명 이하의 위원으로 구성한다.

해설 중앙지적위원회 구성
1. 위원장, 부위원장 각 1명 포함하여 5명 이상 10명 이하의 위원으로 구성
2. 위원장은 국토교통부 지적업무 담당 국장, 부위원장은 국토교통부 지적업무 담당 과장으로 구성
3. 위원은 지적에 관한 학식과 경험이 풍부한 자 중에서 국토교통부장관이 임명하거나 위촉하며, 임기는 2년

Answer 95. ④ 96. ①

97. 지적측량수행자가 지적측량을 함에 있어서 고의 또는 과실로 인한 손해배상책임을 보장하기 위하여 보증보험에 가입하여야 하는 보증금액 기준이 맞는 것은?(단, 지적측량업자의 경우 보장기간이 10년 이상이다.)

① 지적측량업자 : 1억 원 이상
② 지적측량업자 : 5억 원 이상
③ 한국국토정보공사 : 10억 원 이상
④ 한국국토정보공사 : 30억 원 이상

해설 손해배상책임의 보장
1. 보증보험 가입금액
   - 지적측량업자 : 보장기간이 10년 이상이고 보증금액이 1억 원 이상인 보증보험
   - 한국국토정보공사 : 보증금액이 20억 원 이상인 보증보험
2. 지적측량업자는 지적측량업 등록증을 발급받은 날부터 10일 이내에 보증보험에 가입하고 보증보험에 가입하였을 때는 이를 증명하는 서류를 시·도지사에게 제출

98. 토지대장에 등록하는 토지가 「부동산등기법」에 따라 대지권 등기가 되어 있는 경우 대지권등록부에 등록하여야 할 사항에 해당하지 않는 것은?

① 토지의 소재
② 지번
③ 대지권비율
④ 도곽선 수치

해설 대지권등록부의 등록사항
1. 토지의 소재
2. 지번
3. 대지권 비율
4. 소유자의 성명 또는 명칭, 주소 및 주민등록번호
5. 토지의 고유번호
6. 전유부분의 건물표시
7. 건물의 명칭
8. 집합건물별 대지권등록부의 장번호
9. 토지소유자가 변경된 날과 그 원인
10. 소유권 지분

99. 토지소유자는 「주택법」에 따른 공동주택의 부지, 도로, 제방, 하천, 구거, 유지, 그 밖에 대통령령으로 정하는 토지로서 합병하여야 할 토지가 있으면 그 사유가 발생한 날부터 최대 얼마 이내에 지적소관청에 합병을 신청하여야 하는가?

① 30일
② 50일
③ 60일
④ 90일

해설 합병
1. 의의 : 지적공부에 등록된 2필지 이상을 1필지로 합하여 등록하는 것
2. 신청기한

Answer 97. ①   98. ④   99. ③

① 원칙 : 신청기한 없음
② 예외 : 공동주택의 부지, 도로, 제방, 하천, 구거, 유지, 공장용지, 학교용지, 철도용지, 수도용지, 공원, 체육용지 등의 토지로서 합병하여야 할 토지가 있으면 그 사유가 발생한 날부터 60일 이내에 지적소관청에 합병을 신청
3. 신청대상 : 지번부여 지역으로서 소유자와 용도가 같고 지반이 연속된 토지
4. 합병을 신청할 수 없는 토지
① 합병하려는 토지의 지번부여지역, 지목 또는 소유자가 서로 다른 경우
② 합병하려는 토지에 다음 각 호의 등기 외의 등기가 있는 경우
  • 소유권·지상권·전세권 또는 임차권의 등기
  • 승역지에 대한 지역권의 등기
  • 합병하려는 토지 전부에 대한 등기원인 및 그 연월일과 접수번호가 같은 저당권의 등기
③ 합병하려는 토지의 지적도 및 임야도의 축척이 서로 다른 경우
④ 합병하려는 각 필지의 지반이 연속되지 아니한 경우
⑤ 합병하려는 토지가 등기된 토지와 등기되지 아니한 토지인 경우
⑥ 합병하려는 각 필지의 지목은 같으나 일부 토지의 용도가 다르게 되어 분할대상 토지인 경우(다만, 합병 신청과 동시에 토지의 용도에 따라 분할 신청을 하는 경우는 제외)
⑦ 합병하려는 토지의 소유자별 공유지분이 다르거나 소유자의 주소가 서로 다른 경우
⑧ 합병하려는 토지가 구획정리, 경지정리 또는 축척변경을 시행하고 있는 지역의 토지와 그 지역 밖의 토지인 경우

100. 부동산등기법상 미등기의 토지에 관한 소유권보존등기를 신청할 수 없는 자는?

① 토지대장에 최초의 소유자로 등록되어 있는 자
② 확정판결에 의하여 자기의 소유권을 증명하는 자
③ 수용(收用)으로 인하여 소유권을 취득하였음을 증명하는 자
④ 특별자치도지사, 시장, 군수 또는 구청장의 확인에 의하여 토지의 자기 소유권을 증명하는 자

해설 미등기 토지의 소유권보존등기 신청인
1. 토지대장, 임야대장 또는 건축물대장에 최초의 소유자로 등록되어 있는 자 또는 그 상속인, 그 밖의 포괄승계인
2. 확정판결에 의하여 자기의 소유권을 증명하는 자
3. 수용으로 인하여 소유권을 취득하였음을 증명하는 자
4. 특별자치도지사, 시장, 군수 또는 구청장의 확인에 의하여 자기의 소유권을 증명하는 자(건물의 경우로 한정)

2016년 제2회 지적기사

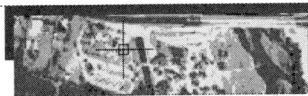

01 지적측량

01. 지적삼각보조점측량을 Y망으로 실시하여 1도선의 거리의 합계가 1,654.15m이었을 때, 연결오차는 최대 얼마 이하로 하여야 하는가?

① 0.033083m 이하
② 0.0496245m 이하
③ 0.066166m 이하
④ 0.0827075m 이하

해설 지적측량 시행규칙 제11조(지적삼각보조점의 관측 및 계산) 도선별 연결오차는 $0.05 \times S$미터 이하로 할 것. 이 경우 S는 도선의 거리를 1천으로 나눈 수를 말한다.

연결오차 $= 0.05 \times S$미터 $= 0.05 \times \dfrac{1,654.15}{1,000} = 0.0827075$

02. 지적확정측량 시 필지별 경계점의 기준이 되는 점이 아닌 것은?

① 수준점
② 위성기준점
③ 통합기준점
④ 지적삼각점

해설 수준점은 높이 측정의 기준으로 사용하기 위하여 대한민국 수준원점을 기초로 정한 기준점으로 지적확정측량에서는 필지별 경계점의 높이값을 측정하지 않다.

03. 다각망도선법으로 지적삼각보조점측량을 할 때 1도선의 거리는 최대 얼마 이하로 하여야 하는가?

① 3km
② 4km
③ 5km
④ 6km

해설 지적측량 시행규칙 제10조(지적삼각보조점측량)

측량 종류	지적삼각보조점측량	
측량 방법	경위의 측량법	전·광 파기 측량법
	다각망도선법	
1도선 점수	기지점과 교점 포함 5점 이하	
도선의 거리	4km 이하	
망 구성	3점 이상 기지 포함 결합다각	

Answer 1. ④ 2. ① 3. ②

04. 다각망도선법 복합망의 관측방위각에 대한 보정수의 계산순서로 맞는 것은?

① 표준방정식 → 상관방정식 → 역해 → 정해 → 보정수계산
② 상관방정식 → 표준방정식 → 정해 → 역해 → 보정수계산
③ 표준방정식 → 정해 → 역해 → 상관방정식 → 보정수계산
④ 상관방정식 → 정해 → 역해 → 표준방정식 → 보정수계산

해설 보정수의 계산순서
각도방정식 → 변방정식 → 상관방정식 → 표준방정식 → 정해 → 역해 → 보정수계산

05. 변수가 18변인 도선을 방위각법으로 도근측량을 실시한 결과 각오차가 –4분 발생하였다. 제13변에 배부할 오차는?

① 약 +2분
② 약 +3분
③ 약 –2분
④ 약 –3분

해설 $Kn = -\dfrac{e}{S} \times s = -\dfrac{-4}{18} \times 13 = -2분\ 53초 = 약\ -3분$

따라서 폐색오차가 –4분이므로 오차배부는 +로 해주어야 하며 13변의 오차배부량은 +3분이다.

06. 축척 1/600을 축척 1/500으로 잘못 알고 면적을 계산한 결과가 2,500m² 이었다. 축척 1/600에서의 실제 토지 면적은?

① 2,500m²
② 3,000m²
③ 3,600m²
④ 4,000m²

해설 $\alpha_2 = \left(\dfrac{m_2}{m_1}\right)^2 \times \alpha_1 = \left(\dfrac{600}{500}\right)^2 \times 2,500 = 3,600$

∴ 3,600m²

여기서, m_1 : 주어진 면적의 축척분모
m_2 : 구하려는 면적의 축척분모
α_1 : 주어진 단위면적
α_2 : 구하는 단위면적

07. 평판측량방법에 따른 세부측량을 도선법으로 하는 경우 도선의 폐색오차를 각 점에 배분하는 방법으로 옳은 것은?

① 변의 길이에 반비례하여 배분한다.
② 변의 순서에 반비례하여 배분한다.
③ 변의 길이에 비례하여 배분한다.
④ 변의 순서에 비례하여 배분한다.

해설 지적측량 시행규칙 제18조(세부측량의 기준 및 방법 등) 변의 수에 반비례하고 변의 순서에 비례한다.

Answer 4. ② 5. ② 6. ③ 7. ④

08. 다음 그림에서 $AD // BC$일 때 PQ의 길이는?

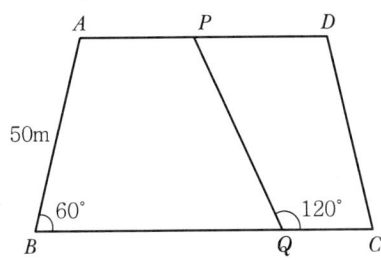

① 60m ② 50m ③ 80m ④ 70m

해설 $x = \dfrac{50 \times \sin 60°}{\sin 120°} = 50$

∴ 50m

09. 지적공부 작성에 대한 설명 중 도면의 작성방법에 해당되지 않는 것은?

① 직접자사법 ② 간접자사법 ③ 정밀복사법 ④ 전자자동제도법

해설 도면의 작성은 직접자사법·간접자사법 또는 전자자동제도법에 의한다.

10. 다음 그림과 같은 삼각쇄에서 기지 방위각의 오차가 $-24''$일 때 ③ 삼각형의 γ각에는 얼마를 보정하여야 하는가?

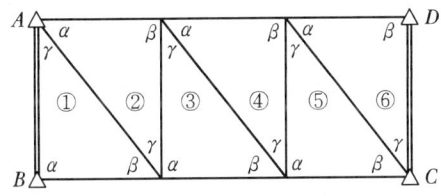

① $+4''$ ② $-4''$ ③ $+12''$ ④ $-12''$

해설 기지각 오차의 배부 방법

γ 각이 좌측에 있을 때	γ 각이 우측에 있을 때
$\alpha = -\dfrac{q}{2n}$	$\alpha = +\dfrac{q}{2n}$
$\beta = -\dfrac{q}{2n}$	$\beta = +\dfrac{q}{2n}$
$\gamma = +\dfrac{q}{n}$	$\gamma = -\dfrac{q}{n}$

* n = 삼각형 수

∴ 따라서 $\gamma_3 = +\dfrac{q}{n} = \dfrac{24''}{6} = 4''$

11. 지적소관청이 지적삼각보조점성과를 관리할 때, 지적삼각보조점성과표에 기록·관리하여야 하는 내용으로 옳지 않은 것은?

① 번호 및 위치의 약도
② 좌표와 직각좌표계 원점명
③ 도선등급 및 도선명
④ 자오선수차(子午線收差)

해설 지적측량 시행규칙 제4조(지적기준점성과표의 기록·관리 등)

지적삼각점성과표	지적삼각보조점 및 지적도근점성과표
1. 지적삼각점의 명칭과 기준 원점명 2. 좌표 및 표고 3. 경도 및 위도(필요한 경우로 한정한다) 4. 자오선수차(子午線收差) 5. 시준점(視準點)의 명칭, 방위각 및 거리 6. 소재지와 측량연월일 7. 그 밖의 참고사항	1. 번호 및 위치의 약도 2. 좌표와 직각좌표계 원점명 3. 경도와 위도(필요한 경우로 한정한다) 4. 표고(필요한 경우로 한정한다) 5. 소재지와 측량연월일 6. 도선등급 및 도선명 7. 표지의 재질 8. 도면번호 9. 설치기관 10. 조사연월일, 조사자의 직위·성명 및 조사 내용

12. 도선법과 다각망도선법에 따른 지적도근점의 각도관측 시, 폐색오차 허용범위의 기준에 대한 설명이다. ㉠~㉣에 들어갈 내용이 옳게 짝지어진 것은?(단, n은 폐색변을 포함한 변의 수를 말한다.)

- 배각법에 따르는 경우: 1회 측정각과 3회 측정각의 평균값에 대한 교차는 30초 이내로 하고, 1도선의 기지방위각 또는 평균방위각과 관측방위각의 폐색오차는 1등도선은 (㉠)초 이내, 2등도선은 (㉡)초 이내로 할 것
- 방위각법에 따르는 경우: 1도선의 폐색오차는 1등도선은 (㉢)분 이내, 2등도선은 (㉣)분 이내로 할 것

	㉠	㉡	㉢	㉣
①	$\pm 20\sqrt{n}$	$\pm 10\sqrt{n}$	$\pm \sqrt{n}$	$\pm 2\sqrt{n}$
②	$\pm 20\sqrt{n}$	$\pm 30\sqrt{n}$	$\pm \sqrt{n}$	$\pm 1.5\sqrt{n}$
③	$\pm 10\sqrt{n}$	$\pm 20\sqrt{n}$	$\pm 2\sqrt{n}$	$\pm \sqrt{n}$
④	$\pm 30\sqrt{n}$	$\pm 20\sqrt{n}$	$\pm 1.5\sqrt{n}$	$\pm \sqrt{n}$

해설 지적측량 시행규칙 제14조(지적도근점의 각도관측을 할 때의 폐색오차의 허용범위 및 측각오차의 배분)

측량방법	등급	폐색오차
배각법	1등	$\pm 20\sqrt{n}$ (초)
	2등	$\pm 30\sqrt{n}$ (초)
방위각법	1등	$\pm \sqrt{n}$ (분)
	2등	$\pm 1.5\sqrt{n}$ (분)

Answer 11. ④ 12. ②

13. 근사조정법에 의한 삽입망 조정계산에서 기지내각에 맞도록 조정하는 것을 무슨 조정이라고 하는가?
① 망규약에 대한 조정
② 변규약에 대한 조정
③ 측점규약에 대한 조정
④ 삼각규약에 대한 조정

해설 1. 망규약 : 삼각형이 2개 이상의 결합체, 즉 삼각망의 경우 구성하는 오차를 조정한다.
2. 변규약 : 기선에서 출발하여 삼각형의 순서에 따라 산출하는 임의의 변장은 그 계산 경로 여하에 불구하고 모두 일치하여야 하나 오차가 발생한다. 이 오차를 조정배부한다.
3. 측점규약 : 각 관측을 측점에서 실시하면 둘레각의 합이 360°가 되어야 한다는 조건이다.
4. 삼각규약 : 각 삼각형의 합이 180°가 되어야 하나 관측오차와 구과량 때문에 일치하지 않는다. 이 오차량을 조정하는 것이다.

14. 지적삼각보조측량의 평면거리계산에 대한 설명으로 틀린 것은?
① 기준면상 거리는 경사거리를 이용해 계산한다.
② 두 점 간의 경사거리는 현장에서 2회 측정한다.
③ 원점에 투영된 평면거리에 의하여 계산한다.
④ 기준면상 거리에 축척계수를 곱하여 평면거리를 계산한다.

해설 지적삼각보조측량의 점 간 거리 및 연직각의 측정방법은 지적삼각점측량에 따르며 두 점 간 거리는 5회 측정하여 그 측정치의 최대치와 최소치의 교차가 평균치의 10만분의 1 이하일 때에는 그 평균치를 측정거리로 하고, 원점에 투영된 평면거리에 따라 계산한다.

15. 경위의측량방법과 다각망도선법에 의한 지적삼각보조점의 관측 시 도선별 평균방위각에 관측방위각의 폐색오차는 얼마 이내로 하여야 하는가?(단, 폐색변을 포함한 변의 수는 4이다.)
① ±10초 이내
② ±20초 이내
③ ±30초 이내
④ ±40초 이내

해설 지적측량 시행규칙 제11조(지적삼각보조점의 관측 및 계산) 경위의측량방법, 전파기 또는 광파기측량방법과 다각망도선법에 따른 지적삼각보조점의 관측 및 계산에서 도선별 평균방위각과 관측방위각의 폐색오차(閉塞誤差)는 ±10$\sqrt{n}$ 초 이내로 하며 이 경우 n은 폐색변을 포함한 변의 수를 말한다.
∴ ±10$\sqrt{n}$ 초 = ±10$\sqrt{4}$ 초 = ±20초

16. 반지름 1,500m, 중심각 37°14′53.6″인 원호상의 길이는 얼마인가?
① 약 975.155m
② 약 2,501.000m
③ 약 1,625.260m
④ 약 3,250.001m

해설 $L = 1,500 \times \dfrac{37°14′53.6″}{206,265″} = 975.155\text{m}$

17. 다음 중 지적공부의 정리가 수반되지 않는 것은?
① 토지 분할
② 축척 변경
③ 신규 등록
④ 경계 복원

Answer 13. ① 14. ② 15. ② 16. ① 17. ④

해설 경계복원측량은 지적공부상에 등록된 경계점을 지표상에 복원하기 위한 측량으로서 지적공부 정리가 필요하지 않다.

18. 축척이 1/1,200인 지역에서 800m²의 토지를 분할하고자 할 때 신구면적 오차의 허용범위는?

① 114m²   ② 57m²   ③ 22m²   ④ 20m²

해설 공간정보의 구축 및 관리 등에 관한 법률 시행령 제19조(등록전환이나 분할에 따른 면적 오차의 허용범위 및 배분 등) 임야대장의 면적과 등록전환될 면적의 오차 허용범위는 다음과 같다.

$A = 0.026^2 M\sqrt{F}$

(여기서, A : 오차 허용면적, M : 임야도 축척분모, F : 등록전환될 면적)

$A = 0.026^2 \times 1,200\sqrt{800} = 22.9$

∴ 22m²

19. 다음 중 지적삼각점성과를 관리하는 자는?

① 지적소관청   ② 시·도지사   ③ 국토교통부장관   ④ 행정자치부장관

해설 지적측량 시행규칙 제4조(지적기준점성과표의 기록·관리 등)
시·도지사가 지적삼각점성과 관리

20. 경위의측량방법에 따른 세부측량의 방법기준으로만 나열된 것은?

① 지거법, 도선법   ② 도선법, 방사법   ③ 방사법, 교회법   ④ 교회법, 지거법

해설 경위의측량방법 중 세부측량 방법은 도선법과 방사법으로 실시한다.

02 응용측량

SUBJECT

21. 수치사진측량에서 영상정합(Image Matching)에 대한 설명으로 틀린 것은?

① 저역통과필터를 이용하여 영상을 여과한다.
② 하나의 영상에서 정합요소로 점이나 특징을 선택한다.
③ 수치표고모델 생성이나 항공삼각측량의 점이사를 위해 적용된다.
④ 대상공간에서 정합된 요소의 3차원 위치를 계산한다.

해설 영상정합(Image Matching)은 영상 중 한 영상의 한 위치에 해당하는 실제의 객체가 다른 영상의 어느 위치에 형성되었는가를 발견하는 작업으로서 상응하는 위치를 발견하기 위해서 유사성 측정을 이용한다. 형상기준정합(Feature Matching)에서는 상응점을 발견하기 위한 기본 자료로서 특징(점, 선, 영역등

이 될 수 있으나 일반적으로 경계정보를 의미)을 이용하고 두 영상에서 상응하는 특징을 발견함으로써 상응점을 찾아내는 것으로 수치사진측량에서는 입체영상에서 수치표고모델을 생성하거나 항공삼각측량에서 점이사를 위해 적용된다.

22. 수준측량에서 전·후시의 측량을 연결하기 위하여 전시, 후시를 함께 취하는 점은?

① 중간점 ② 수준점 ③ 이기점 ④ 기계점

해설 수준측량에서 이기점(TP)이란 전시와 후시를 함께 취하는 점, 즉 전·후시의 연결점으로 이 점에 대한 관측오차는 이후의 측량 전체에 영향을 미친다.

23. 등고선 내의 면적이 저면부터 $A_1 = 380\text{m}^2$, $A_2 = 350\text{m}^2$, $A_3 = 300\text{m}^2$, $A_4 = 100\text{m}^2$, $A_5 = 50\text{m}^2$일 때 전체 토량은?(단, 등고선 간격은 5m이고 상단은 평평한 것으로 가정하며 각주공식에 의한다.)

① 2,950m³ ② 4,717m³ ③ 4,767m³ ④ 5,900m³

해설 토량 구하는 공식은
$$V_0 = \frac{h}{3}[A_1 + A_n + 4(A_2 + A_4) + 2(A_3)]$$
$$= \frac{5}{3}[380 + 50 + 4(350 + 100) + 2(300)]$$
$$= 4,716.7\text{m}^3 = 4,717\text{m}^3$$

24. 항공사진의 투영원리로 옳은 것은?

① 정사투영 ② 중심투영
③ 평행투영 ④ 등적투영

해설 항공사진은 투영중심이 집중되는 형태로 중심투영의 원리이고 지도는 정사투영의 원리로 제작하게 된다.

25. 노선측량의 단곡선 설치에서 교각 $I = 90°$, 곡선반지름 $R = 150\text{m}$일 때 곡선거리(CL)는?

① 212.6m ② 216.3m
③ 223.6m ④ 235.6m

해설 곡선장(CL) = 0.01745RI = 0.01745×150×90° = 235.575m

26. 다음 중 지형측량의 지성선에 해당하지 않는 것은?

① 계곡선(합수선) ② 능선(분수선)
③ 경사변환선 ④ 주곡선

해설 지형측량의 요소로는 지성선(지표면을 다수의 평면으로 이루어졌다고 생각할 때 이 평면의 접합부, 즉 접선을 말하며), 계곡선(합수선), 능선(분수선), 경사변환선, 최대경사선 등이 있다.

27. 다음 중 원격탐사(Remote Sensing)의 정의로 가장 적합한 것은?

① 센서를 이용하여 지표의 대상물에서 반사 또는 방사된 전자스펙트럼을 측정하여 대상물에 대한 정보를 얻는 기법
② 지상에서 대상물체에 전파를 발생시켜 그 반사파를 이용하여 측정하는 기법
③ 우주에 산재하여 있는 물질들의 고유 스펙트럼을 이용하여 각각의 구성성분을 지상의 레이더망으로 수집하여 얻는 기법
④ 우주선에서 찍은 중복된 사진을 이용하여 지상에서 항공사진의 처리와 같은 방법으로 판독하는 기법

해설 원격탐사는 비행기나 인공위성 등에 탑재된 센서(Sensor)를 사용하여 지표의 대상물에서 반사 또는 방사된 전자 스펙트럼을 측정하고 이들의 자료를 이용하여 대상물이나 현상에 관한 정보를 얻는 기법으로 원격탐측의 특징은 다음과 같다.
- 짧은 시간 내에 넓은 지역을 동시에 측정할 수 있으며 반복 측정이 가능하다.
- 다중파장대에 의한 지구 표면의 정보 획득이 용이하며 측정자료가 기록되어 판독이 자동적이고 정량화가 가능하다.
- 회전주기가 일정하므로 원하는 지점 및 시기에 관측하기가 어렵다.
- 관측이 좁은 시야각으로 얻어진 영상은 정사투영에 가깝다.
- 탐사된 자료가 즉시 이용될 수 있으며 재해, 환경문제 해결에 편리하다.

28. 사진의 크기가 23×23cm, 종중복도 70%, 횡중복도 30%일 때 촬영 종기선의 길이와 촬영 횡기선의 길이의 비(종기선 길이 : 횡기선 길이)는?

① 2 : 1
② 3 : 7
③ 4 : 7
④ 7 : 3

해설 촬영 종기선 길이 : 촬영 횡기선 길이
$= am\left(1 - \dfrac{70}{100}\right) : am\left(1 - \dfrac{30}{100}\right)$
$= am\,0.3 : am\,0.7 = 3 : 7$

29. GPS 위성의 신호에 대한 설명 중 틀린 것은?

① L1 반송파에는 C/A코드와 P코드가 포함되어 있다.
② L2 반송파에는 C/A코드만 포함되어 있다.
③ L1 반송파가 L2 반송파보다 높은 주파수를 가지고 있다.
④ 위성에서 송신되는 신호는 대기의 상태에 따라 전파의 속도가 달라지는 것을 보정하기 위하여 파장이 다른 2가지의 전파를 동시에 수신한다.

해설 L2 반송파에는 P코드만 포함되어 있다.

30. 지형도에서 100m 등고선 상의 A점과 140m 등고선 상의 B점 간을 상향 기울기 9%의 도로로 만들면 AB 간 도로의 실제 경사거리는?

① 446.24m ② 448.42m ③ 464.44m ④ 468.24m

해설 높이=경사도×수평거리=수평거리= $\dfrac{높이}{경사} = \dfrac{40}{0.09} = 444.44\text{m}$ 이므로

경사거리= $\sqrt{40^2 + 444.44^2} = 446.236\text{m}$

31. 노선측량의 완화곡선 중 차가 일정 속도로 달리고, 그 앞바퀴의 회전 속도를 일정하게 유지할 경우, 이 차가 그리는 주행 궤적을 의미하는 완화곡선으로 고속도로의 곡선설치에 많이 이용되는 곡선은?

① 3차 포물선 ② sin 체감곡선
③ 클로소이드 ④ 렘니스케이트

해설 클로소이드 곡선은 곡률이 곡선장에 비례하는 곡선을 말하며 자동차가 일정속도로 달리고 그 앞바퀴의 회전속도를 일정하게 유지할 경우 그리는 운동궤적은 클로소이드가 되며 고속주행 도로에 적합하다.

32. 항공사진 촬영을 위한 표정점 선점 시 유의사항으로 옳지 않은 것은?

① 표정점은 X, Y, H가 동시에 정확하게 결정될 수 있는 점이어야 한다.
② 경사가 급한 지표면이나 경사변환선상을 택해서는 안 된다.
③ 상공에서 잘 보여야 하며 시간에 따라 변화가 생기지 않아야 한다.
④ 헐레이션(Halation)이 발생하기 쉬운 점을 선택한다.

해설 표정점은 위치나 높이를 알고 있는 점으로 유의사항
1. 표정점은 X, Y, H가 동시에 정확하게 결정될 수 있는 점이어야 한다.
2. 상공에서 잘 보이고 사진상에서 명료한 점을 택한다.
3. 시간적으로 변화하는 것들은 안되며 가상점을 사용하지 않는다.
4. 경사가 급한 지표면이나 경사변환선상을 택하여서는 안 된다.
5. 헐레이션이 발생하기 쉬운 점은 안 된다.
6. 사진의 가장자리에서 1cm 이상 떨어져서 나타나는 점을 택한다.

33. 곡선반지름 $R = 2,500\text{m}$, 캔트(Cant) 100mm인 철도 선로를 설계할 때, 적합한 설계 속도는? (단, 레일 간격은 1m로 가정한다.)

① 50km/h ② 60km/h ③ 150km/h ④ 178km/h

해설 차량이 곡선부를 주행할 때 외측으로 향하려는 원심력이 작용하며, 이 원심력 때문에 차량이 활골(Skidding) 또는 전도(Over Turning)될 위험이 있다. 이 위험성을 피하기 위하여 도로에서는 노면에 횡단경사를 두어 외측을 높이는데 이를 편경사(Super-Elevation)라고 한다. 한편 철도에서는 레일이 있으므로 활골의 위험은 없으나 전도를 방지하기 위하여 곡선부 레일의 바깥쪽은 안쪽보다 높게 하는데 이를 캔트(Cant)라 한다.

Answer 30. ① 31. ③ 32. ④ 33. ④

$$C = \frac{bV^2}{gR}$$

여기서, C : 캔트, b : 차도간격, V : 주행속도, g : 중력가속도(9.81m/sec), R : 곡률반경

따라서 $V = \sqrt{\frac{CgR}{b}} = \sqrt{\frac{0.1 \times 9.81 \times 2500}{1}}$
$= 49.5227$ (여기서는 초속임)

다시 시속으로 바꾸어 주면 $49.5227 \times 3,600 = 178,281.72 ≒ 178 km/h$

34. GNSS측량에서 DOP에 대한 설명으로 옳은 것은?

① 도플러 이동량
② 위성궤도의 결정 좌표
③ 특정한 순간의 위성배치에 대한 기하학적 강도
④ 위성시계와 수신기 시계의 조합으로부터 계산되는 시간오차의 표준편차

해설 GNSS오차는 수신기와 위성들 간의 기하학적 배치에 따라 영향을 받으며 이때 측위 정확도의 영향을 표시하는 계수로 DOP(정밀도저하율)가 사용되며 종류는 GDOP(기하학적 정밀도 저하율), PDOP(위치 정밀도 저하율), HDOP(수평 정밀도 저하율), VDOP(수직 정밀도 저하율), RDOP(상대 정밀도 저하율), TDOP(시간 정밀도 저하율)로 구분된다.

35. 수직 터널에 의하여 지상과 지하의 측량을 연결할 때의 수선측량에 대한 설명으로 틀린 것은?

① 깊은 수직 터널에 내리는 추는 50~60kg 정도의 추를 사용할 수 있다.
② 추를 드리울 때, 깊은 수직 터널에서는 보통 피아노선이 이용된다.
③ 수직 터널 밑에는 물이나 기름을 담은 물통을 설치하고 내린 추가 그 물통 속에서 동요하지 않게 한다.
④ 수직 터널 밑에서 수선의 위치를 결정하는 데는 수선이 완전히 정지하는 것을 기다린 후 1회 관측값으로 결정한다.

해설 갱내외 연결측량 방법
1. 추는 얕은 수갱일 경우 철선, 동선 등이 사용되며 무게는 5kg 이하이다.
2. 깊은 수갱은 피아노선을 사용하며 추는 50~60kg의 무게이다.
3. 수갱 밑바닥에는 물 또는 기름을 넣은 통을 놓고 추의 진동을 감소시킨다.
4. 추가 진동하므로 직각방향으로 추선 진동의 위치를 10회 이상 관측하고 평균값을 관측값으로 한다.

36. 터널의 준공을 위한 변형조사 측량에 해당하지 않는 것은?

① 중심측량　　　　　　② 고저측량
③ 삼각측량　　　　　　④ 단면측량

해설 터널측량의 방법은 지표중심측량, 단면측량, 지형측량, 고저측량 등으로 구분할 수 있다.

37. 수준측량에서 기포관의 눈금이 3눈금 움직였을 때 60m 전방에 세운 표척의 읽음차가 2.5cm인 경우 기포관의 감도는?

① 26″ ② 29″ ③ 32″ ④ 35″

해설 $\alpha = \dfrac{\rho l}{nD} = \dfrac{0.025 \times 206,265''}{3 \times 60} = 0°0'28.65''$

여기서, α : 기포관의 감도
ρ : 206,265″
l : 기포가 수평일 때 읽음값과 기포가 움직였을 때의 높이차
n : 이동눈금수
D : 수평거리

38. 노선측량의 작업순서로 옳은 것은?

① 노선선정 → 계획조사측량 → 실시설계측량 → 세부측량 → 용지측량 → 공사측량
② 계획조사측량 → 노선선정 → 용지측량 → 실시설계측량 → 공사측량 → 세부측량
③ 노선선정 → 계획조사측량 → 용지측량 → 세부측량 → 실시설계측량 → 공사측량
④ 계획조사측량 → 용지측량 → 노선선정 → 실시설계측량 → 세부측량 → 공사측량

해설 노선측량은 도상계획 → 답사 → 예측 → 공사측량의 순으로 진행되는데, 세부 작업과정은 노선선정 → 계획조사(예측) → 실시설계측량 → 세부측량 → 용지측량 → 공사측량(시공측량) 순서로 실시된다.

39. 수준측량에서 발생하는 오차 중 정오차인 것은?

① 표척을 잘못 읽어 생기는 오차
② 태양의 직사광선에 의한 오차
③ 지구곡률에 의한 오차
④ 시차에 의한 오차

해설 정오차는 원인이 명확하여 소거할 수 있는 오차로 수준측량의 정오차로는 다음과 같다.
1. 지구의 곡률에 의한 오차
2. 광선의 굴절과 온도 변화에 의한 오차
3. 태양열에 의한 기계의 부동 팽창 오차와 공기의 부동 굴절에 의한 오차
4. 기계의 침하로 인한 오차
5. 표척의 경사로 인한 오차

40. 다음 중 항공삼각 측량방법이 아닌 것은?

① 다항식 조정법
② 광속조정법
③ 독립모델조정법
④ 보간조정법

해설 항공삼각 측량방법에서 대상물의 좌표를 얻기 위한 조정법에는 기계법(입체도화기)과 해석법(정밀 좌표관측기)이 있다. 해석법에는 스트립 및 블록조정(Strip 및 Block Adjustment), 독립모델법(Independent Model), 광속법(Bundle Adjustment)이 있으며, 입력좌표로 사진좌표를 해석하는 방법은 광속(번들조정)법이다.

Answer 37. ② 38. ① 39. ③ 40. ④

03 토지정보체계론

41. 토지정보체계의 자료구축에 있어서 표준화의 필요성과 가장 관련이 적은 것은?
① 자료의 중복구축 방지로 비용을 절감할 수 있다.
② 자료구조의 단순화를 목적으로 한다.
③ 기존에 구축된 모든 데이터에 쉽게 접근할 수 있다.
④ 시스템 간의 상호연계성을 강화할 수 있다.

해설 표준화는 다양한 공간데이터의 교환 및 공유를 가능하게 하고, 공간자료에 관한 정보를 서로 전달하는 언어의 성격을 지니고 있다.

42. 일선 시·군·구에서 사용하는 지적행정시스템의 통합업무관리에서 지적공부 오기 정정 메뉴가 아닌 것은?
① 토지/임야 기본 정정
② 토지/임야 연혁 정정
③ 집합건물 소유권 정정
④ 대지권 등록부 정정

해설 부동산종합공부시스템(일사편리)
1. 주메뉴 : 토지이동, 대단위토지이동, 소유권변동, 종합공부 조회, 측량업무, 건물통합, 창구민원, 결재, 비법인관리, 시스템관리, 부가기능, 섬관리
2. 종합공부 메뉴 : 토지(임야)기본조회, 지적기준점, 도곽, 통합지적공부 오기 정정, 도면 관련 통계관리, 이용현황 조회, 건축물정보 조회, 건축물-대지권 조회, 통계관리, 정비실적, 정책지원, 대장 및 조서 작성, 건축인허가현황 조회, 건축인허가신청현황 조회, 구토지대장 조회, 지적건축물 조회
3. 통합 지적공부 오기 정정 메뉴 : 오기정정관리부, 토지/임야 기본내역 정정, 토지/임야 연혁 정정, 공유지연명부 정정, 집합건물대지권 정정, 집합건물 소유권 정정, 결번대장 관리, 등급관리

43. 다음 중 관계형 DBMS의 질의어는?
① SQL
② DLL
③ DLG
④ COGO

해설 SQL 언어
1. 관계형 데이터베이스(RDB)의 조작과 관리에 사용되는 데이터베이스 프로그래밍 언어
2. 데이터베이스의 모든 속성과 성질(예 : 레코드 설계, 필드 정의, 파일 위치 등)을 정의하는 데이터 정의어(DDL ; Data Definition Language), 데이터베이스 내의 데이터를 검색, 삽입, 갱신, 삭제하는 데 사용되는 데이터 조작 처리 언어(DML ; Data Manipulation Language), 데이터 접근 제어 언어(DCL ; Data Control Language)로 구성되어 있다.

Answer 41. ② 42. ④ 43. ①

44. 다음 중 토지정보시스템의 주된 구성요소로만 나열한 것은?

① 조직과 인력, 하드웨어 및 소프트웨어, 자료
② 하드웨어 및 소프트웨어, 통신장비, 네트워크
③ 자료, 보안장치, 시설
④ 지적측량, 조직과 인력, 네트워크

해설 GIS의 구성요소
1. 4가지 구성요소 : 조직, 자료, 소프트웨어, 하드웨어
2. 7가지 구성요소 : 하드웨어, 소프트웨어, 네트워크, 방법, 인력, 자료, GIS 애플리케이션

45. 국가지리정보체계(NGIS) 추진위원회의 심의사항이 아닌 것은?

① 기본계획의 수립 및 변경
② 기본지리정보의 선정
③ 지리정보의 유통과 보호에 관한 주요 사항
④ 추진실적의 관리 및 감독

해설 국가공간정보위원회 심의사항
① 국가공간정보정책 기본계획의 수립·변경 및 집행실적의 평가
② 국가공간정보정책 시행계획의 수립·변경 및 집행실적의 평가
③ 공간정보의 유통과 보호에 관한 사항
④ 국가공간정보체계의 중복투자 방지 등 투자 효율화에 관한 사항
⑤ 국가공간정보체계의 구축·관리 및 활용에 관한 주요 정책의 조정에 관한 사항
⑥ 그 밖에 국가공간정보정책 및 국가공간정보체계와 관련된 사항으로서 위원장이 부의하는 사항

46. 토지의 고유번호에서 행정구역 코드의 자리 구성이 옳지 않은 것은?

① 시·도 : 2자리
② 리 : 2자리
③ 읍·면·동 : 2자리
④ 시·군·구 : 3자리

해설 고유번호의 구성은 행정구역코드 10자리(시·도 2, 시·군·구 3, 읍·면·동 3, 리 2), 대장구분 1자리, 본번 4자리, 부번 4자리의 합계 19자리로 구성한다.

47. 다음 중 지적정보센터자료가 아닌 것은?

① 시설물관리전산자료
② 지적전산자료
③ 주민등록전산자료
④ 개별공시지가전산자료

해설 지적정보센터자료 지적전산자료, 주민등록전산자료, 공시지가전산자료 등을 연계한 것이다.

48. 데이터 웨어하우스(Data Warehouse)의 설명으로 가장 적절한 것은?

① 제품의 생산을 위한 프로세스를 전산화해서 부품 조달에서 생산 계획, 납품, 재고관리 등을 효율적으로 처리할 수 있는 공급망 관리 솔루션을 말한다.
② 기간 업무 시스템에서 추출되어 새로이 생성된 데이터베이스로서 의사결정지원시스템을 지원하는 주체적·통합적·시간적 데이터의 집합체를 말한다.
③ 데이터 수집이나 보고를 위해 작성된 각종 양식, 보고서 관리, 문서 보관 등 여러 형태의 문서 관리를 수행한다.
④ 대량의 데이터로부터 각종 기법 등을 이용하여 숨겨져 있는 데이터 간 상호 관련성, 패턴, 경향 등의 유용한 정보를 추출하여 의사 결정에 적용한다.

해설 데이터 웨어하우스
1. 부서 및 응용프로그램 단위 등으로 흩어져 있는 정보들을 하나의 저장창고에 통합, 저장함으로써 자료의 가치와 효율성을 극대화하는 것
2. 특징
  ① 웨어하우스 데이터는 비즈니스 사용자들의 의사결정 지원에 전적으로 이용된다.
  ② 기업의 운영시스템과 분리되며, 운영시스템으로부터 많은 데이터가 공급된다.
  ③ 데이터 웨어하우스는 여러 개의 개별적인 운영시스템으로부터 데이터가 집중된다.
  ④ 신뢰할 수 있는 하나의 버전(One Version of Truth)을 사용자에게 제공한다. 기존 운영시스템의 대부분은 항상 많은 부분이 중복됨으로써 하나의 사실에 대해 다수의 버전이 존재하게 된다. 그렇지만 데이터 웨어하우스에서 이러한 데이터는 전사적인 관점에서 통합된다.
  ⑤ 시간성 혹은 역사성을 가진다. 즉 연월일 회계기간 등과 같은 정의된 기간과 관련되어 저장된다. 운영시스템의 데이터는 사용자가 사용하는 매순간 정확한 값을 가진다. 즉, 바로 지금의 데이터를 정확하게 가지고 있을 것이 요구된다. 반면 웨어하우스의 데이터는 특정 시점을 기준으로 정확하다.
  ⑥ 주제 중심적이다. 운영시스템은 재고관리, 영업관리 등과 같은 기업 운영에 필요한 특화된 기능을 지원하는 데 반해, 데이터 웨어하우스는 고객, 제품 등과 같은 중요한 주제를 중심으로 그 주제와 관련된 데이터들로 조직된다.
  ⑦ 컴퓨터 시스템 혹은 자료 구조에 대한 지식이 없는 사용자들이 쉽게 접근할 수 있어야 한다. 조직의 관리자들과 분석가들은 그들의 PC로부터 데이터 웨어하우스에 연결될 수 있어야 한다. 이런 연결은 요구에 즉각적이어야 하고, 또한 신속성을 보여야 한다.

49. 토지정보를 제공하는 국토정보센터가 처음 구축된 연도는?

① 1987년
② 1990년
③ 1994년
④ 2001년

해설 국토정보센터 구축 경위
1. 1994년 1월 국토정보센터 구축계획이 내무부에서 확정
2. 1994년 7월에 개발업체를 선정하여 본격적인 업무분석·설계에 착수
3. 1994년 8월에 내무부, 건설부, 한국전산원의 실무자를 중심으로 실무작업추진반을 구성
4. 1995년 1월 국무총리 및 관련 기관 장관을 대상으로 시연회를 실시

50. 지적전산업무의 처리, 지적전산프로그램이 관리 등 지적전산시스템의 관리·운영 등에 필요한 사항을 정하는 자는?
① 교육부장관
② 행정자치부장관
③ 국토교통부장관
④ 산업통상자원부장관

해설 지적전산업무 주관부서는 국토교통부이다.

51. 다음 중 데이터베이스의 도형자료에 해당하는 것은?
① 선
② 도면
③ 통계자료
④ 토지대장

해설 도형자료는 벡터 자료와 래스터 자료로 구분된다. 벡터 자료는 공간 객체 간의 위상정보를 저장, 선의 방향, 특성 간의 관계, 연결성, 인접성 등을 정의한다.

52. 다음 공간정보의 형태에 대한 설명 중 옳지 않은 것은?
① 점은 위치 좌표계의 단 하나의 쌍으로 표현되는 대상이다.
② 선은 점이 연결되어 만들어지는 집합체이다.
③ 면적은 공간적 대상물의 범주로 간주되며 연속적인 자료의 표현이다.
④ 면적은 분리된 단위를 형성하는 것에 가까운 점 분할의 집합이다.

해설 면, 영역(Area, Polygon)
 1. 영역은 선에 의해 폐합된 형태로서 범위를 갖는 2차원 공간객체이다.
 2. 1차원인 선이 모여서 만들어진 닫힌 형태로 면적을 가지고 있다.

53. 다음 중 우리나라의 지적측량에서 사용하는 직각좌표계의 투영법 기준으로 옳은 것은?
① 방위도법
② 정사투영법
③ 가우스상사이중투영법
④ 원추투영법

해설 회전타원체면에서 구면에, 그리고 다시 구면에서 평면에 투영을 하는 것으로서 1910~1918년경 우리나라 삼각측량의 계산에 사용되었고 국가기준 삼각점의 평면직교좌표는 이 투영법에 의한 좌표임

54. 다음 중 래스터 구조에 비하여 벡터 구조가 갖는 장점으로 옳지 않은 것은?
① 복잡한 현실세계의 묘사가 가능하다.
② 위상에 관한 정보가 제공된다.
③ 지도를 확대하여도 형상이 변하지 않는다.
④ 시뮬레이션이 용이하다.

Answer 50. ③ 51. ① 52. ④ 53. ③ 54. ④

해설 벡터 자료와 래스터 자료의 비교

비교항목		벡터 자료	래스터 자료
가공 처리	중첩분석	중첩분석 및 조합이 나쁨	각 단위의 형태와 크기가 균일하여 중첩분석 및 조합이 쉬움
	시뮬레이션	시뮬레이션을 위한 처리가 복잡함	각 단위의 형태와 크기가 균일하므로 시뮬레이션이 쉬움
	네트워크 해석	네트워크 연결에 의한 지리적 요소의 연결을 표현하고 분석 가능	네트워크 연결과 분석은 곤란
	자료 편집	객체단위로 이루어짐	화소단위와 영역단위로 이루어짐

55. 다음 중 GIS 데이터의 표준화에 해당하지 않는 것은?

① 데이터 모델(Data Model)의 표준화
② 데이터 내용(Data Contents)의 표준화
③ 데이터 제공(Data Supply)의 표준화
④ 위치참조(Location Reference)의 표준화

해설 표준화 유형
1. 기능 측면 : 데이터 표준, 기술 표준, 프로세스 표준, 조직 표준
2. 데이터 측면
   • 내적 요소 : 데이터 모형 표준, 데이터 내용 표준, 메타데이터 표준
   • 외적 요소 : 데이터 품질 표준, 데이터 수집 표준, 위치참조 표준, 데이터 교환 표준
3. 영역 측면 : 국지적 범주, 국가 범주, 국가 간 범주, 국제 범주

56. 스파게티(Spaghetti) 모형에 대한 설명으로 옳지 않은 것은?

① 자료구조가 간단하여 파일 용량이 적다.
② 하나의 점(X, Y좌표)을 기본으로 하고 있어 구조가 간단하므로 이해하기 쉽다.
③ 객체들 간의 공간 관계에 대한 정보가 입력되므로 공간분석에 효율적이다.
④ 상호 연관성에 관한 정보가 없어 인접한 객체들의 특징과 관련성을 파악하기 힘들다.

해설 스파게티(Spaghetti) 모형은 객체들 간의 공간 관계에 대한 정보는 입력되지 않으므로 공간분석에서 필요한 정보를 별도로 계산하여야 하므로 비효율적이다.

57. 다음 중 격자구조의 압축방법에 해당하지 않는 것은?

① Run-length Code
② Block Code
③ Chain Code
④ Spaghetti Code

해설 래스터 자료 압축방법
1. 체인 코드(Chain Code) 방법 : 대상지역에 해당하는 격자들의 연속적인 연결 상태를 파악하여 압축시키는 방법

Answer 55. ③ 56. ③ 57. ④

2. 런 렝스 코드(Run-Length Code) 방법 : 각 행마다 왼쪽에서 오른쪽으로 진행하면서 처음 시작하는 셀과 끝나는 셀까지 동일한 수치값을 가지는 셀들을 묶어 압축시키는 방식
3. 블록 코드(Black Code) 방법 : 2차원 정방형 블록으로 분할하여 객체에 대한 데이터를 구축하는 방법
4. 사지수형(Quadtree) 방법 : 전체 지도는 4개의 동일한 면적으로 나누어 하나의 속성값만 가질 때까지 반복하는 방법

58. 공간객체를 색인화(Indexing)하기 위해 사용하는 방법이 아닌 것은?

① 그리드 색인화
② R-Tree 색인화
③ 피타고라스 색인화
④ 사지수형 색인화

해설 래스터 저장 구조
1. 그리드(행렬) 기법 : 압축하지 않기 때문에 자료구조가 간단하고, 인간이 이해하기 쉬움
2. Run-lengh 코드 기법 : 셀 값을 개별적으로 저장하는 대신 각각의 런에 대하여 속성값, 위치, 길이를 한 번씩만 저장하는 방식
3. 체인 코드 기법 : 어떤 개체의 경계선을, 그 시작점에서부터 동서남북 방향으로 4방 혹은 8방으로 순차 진행하는 단위 벡터를 사용하여 표현하는 방법
4. 블록 코드 기법 : 런랭스 코드 방식에서 지도화하는 영역을 행(Row) 단위가 아닌 타일(Tile) 형태의 정사각 블록을 사용함으로써 2차원으로 확장한 기법
5. 사지수형(Quadtree) 기법 : 크기가 다른 정사각형을 이용, Run-length Code 기법보다 자료의 압축이 좋음
6. R-tree 기법 : B-트리의 2차원 확장인 R-트리는 사각형과 기타 다각형을 인덱싱하는 데 유용

59. 크기가 다른 정사각형을 이용하며, 공간을 4개의 동일한 면적으로 분할하는 작업을 하나의 속성값이 존재할 때까지 반복하는 래스터 자료 압축방법은?

① 런 렝스 코드(Run-Length Code) 방법
② 체인 코드(Chain Code) 방법
③ 블록 코드(Black Code) 방법
④ 사지수형(Quadtree) 방법

해설 사지수형(Quadtree) 방법
1. 전체 대상지역에 대하여 하나 이상의 속성이 존재할 경우 전체 지도는 4개의 동일한 면적으로 나누어지며 이를 Quadrant(사분면, 상한)한다.
2. 각각의 Quadrant에 대하여 두 개 이상의 속성이 존재하는 지역은 다시 Quadrant를 4등분하게 된다. 이러한 과정이 Quadrant가 하나의 속성값만 가질 때까지 반복된다.
3. 현실적으로는 많은 수의 격자를 갖는 넓은 지역이 하나의 Quadrant로서 존재하는 관계로, 매우 효과적인 압축이 가능하다.

60. 사용자가 데이터베이스에 접근하여 데이터를 처리할 수 있도록 하는 것으로 데이터의 검색, 삽입, 삭제 및 갱신 등과 같은 조작을 하는 데 사용되는 데이터 언어는?

① DDL(Data Definition Language)
② DML(Data Manipulation Language)
③ DCL(Data Control Language)
④ DLL(Data Link language)

해설 데이터 조작어(DML ; Data Manipulation Language)
1. 사용자가 데이터베이스에 접근하여 데이터를 처리할 수 있는 데이터 언어
2. 데이터베이스에 저장된 자료를 검색, 삽입(Insert), 삭제(Delete), 갱신(Update)하기 위해 사용되는 언어

04 지적학

61. 다음 중 지번의 특성에 해당되지 않는 것은?

① 토지의 특정화
② 토지의 가격화
③ 토지의 위치 추측
④ 토지의 식별

해설 지번의 특성과 기능
1. 지번의 특성
   ① 특정성
   ② 동질성
   ③ 종속성
   ④ 불가분성
   ⑤ 연속성
2. 지번의 역할
   ① 장소의 기준
   ② 물권표시의 기준
   ③ 공간계획의 기준
3. 지번의 기능
   ① 토지의 고정화
   ② 토지의 특정화
   ③ 토지의 개별화
   ④ 토지위치의 확인
   ⑤ 행정주소 표기, 토지이용의 편리성
   ⑥ 토지관계 자료의 연결매체 기능

62. 임야조사사업의 목적에 해당되지 않는 것은?

① 소유권을 법적으로 확정
② 임야정책 및 산업건설의 기초자료 제공
③ 지세부담의 균형 조정
④ 지방재정의 기초 확립

해설 임야조사의 목적
1. 소유권의 법적 확정
2. 지적제도를 확립하여 국민의 이용과 임야정책 및 산업건설의 기초자료 제공
3. 토지조사와 함께 지세부담의 균형을 조정하여 국가재정의 기초 확립
4. 조선임업의 발달 진흥에 기여
5. 국유지 색출 및 이용 개발

63. 다음 중 임야조사사업 당시의 조사 및 측량 기관은?

① 부(府)나 면(面)
② 임야심사위원회
③ 임시토지조사국장
④ 도지사

해설 임야조사사업의 개요
1. 사업기간 : 1916년 시험조사사업을 실시하여 1924년 사업 완료
2. 사업시행기관
   ① 조사방법 및 절차 : 토지조사와 유사함
   ② 조사 및 측량기관 : 부 또는 면
   ③ 사정기관 : 도지사
   ④ 분쟁지 재결 : 도지사 산하 임야조사위원회에서 처리
3. 조사대상
   ① 토지조사사업에서 제외된 임야
   ② 임야 내에 개재된 임야 이외의 토지
4. 소유권 사정 : 1908년 시행된 산림법의 소유신고 불이행으로 국유로 귀속된 민유임야는 양여 형식으로 원소유자에게 사정

토지 및 임야조사사업의 유의사항
1. 사정권자
   ① 토지조사사업 : 토지조사국장
   ② 임야조사사업 : 도지사
2. 조사측량기관
   ① 토지조사사업 : 토지조사국
   ② 임야조사사업 : 부 또는 면
3. 재결기관
   ① 토지조사사업 : 고등토지조사위원회
   ② 임야조사사업 : 임야조사위원회

64. 스위스, 네덜란드에서 채택하고 있는 지번 표기의 유형으로 지번의 완전한 변경 내용을 알 수 있는 보조장부의 보존이 필요한 것은?

① 순차식 지번제도
② 자유식 지번제도
③ 분수식 지번제도
④ 복합식 지번제도

해설 자유식 지번제도
1. 개념 : 최종지번 다음 번호를 부여하고 원지번은 소멸되는 방식
2. 장단점
 ① 장점 : 부번이 없어 지번표기가 용이
 ② 단점 : 토지이동 연혁을 파악하기 위해서는 별도의 보조장부와 전산화가 필요함
3. 채택국가 : 스위스, 네덜란드, 호주, 뉴질랜드, 이란 등

65. 다음 중 지적형식주의에 대한 설명으로 옳은 것은?

① 지적공부등록 시 효력 발생
② 토지이동처리의 형식적 심사
③ 공시의 원칙
④ 토지표시의 결재형식으로 결정

해설 지적의 기본이념
1. 기본이념의 종류
 ① 지적국정주의 : 지적공부의 등록사항은 국가만이 이를 결정할 수 있다는 이념
 ② 지적형식주의 : 등록사항은 지적공부에 등록·공시하여야만 효력이 인정되는 이념
 ③ 지적공개주의 : 지적공부의 등록사항은 소유자, 이해관계인 등에게 공개하여 이용하게 함
 ④ 실질적심사주의(사실심사) : 등록이나 변경등록은 절차상의 적법성뿐만 아니라 사실관계의 부합여부를 심사한다는 이념
 ⑤ 직권등록주의(강제등록주의) : 모든 필지는 강제적으로 등록·공시하여야 함
2. 지적형식주의
 ① 형식주의(形式主義)라 함은 국가의 통치권이 미치는 모든 영토를 필지 단위로 구획하여 지번, 지목, 경계, 좌표, 면적 등을 정한 다음 국가기관의 장인 시장, 군수, 구청장이 비치하고 있는 공적장부인 지적공부에 등록·공시해야만 효력이 인정된다는 이념
 ② 따라서 모든 토지는 지적공부에 등록·공시해야만 토지 등기가 가능하게 되어서 토지에 대한 평가, 과세, 거래, 토지이용계획 등의 기존 자료로 활용될 수 있는데, 이는 형식주의에 의한 공시효력을 인정하고 있기 때문

66. 특별한 기준을 두지 않고 당사자의 신청순서에 따라 토지등록부를 편성하는 방법은?

① 물적 편성주의
② 인적 편성주의
③ 연대적 편성주의
④ 물적·인적 편성주의

해설 토지등록부의 유형
1. 물적 편성주의 : 토지 중심으로 대장 작성
2. 인적 편성주의 : 소유자 중심 대장 작성
3. 연대적 편성주의 : 신청순서에 따라 작성
4. 물적·인적 편성주의 : 물적 편성주의에 인적 편성주의 가미

Answer 64. ② 65. ① 66. ③

67. 다음 중 지목을 설정하는 가장 주된 기준은?
① 토지의 자연상태　② 토지의 주된 용도　③ 토지의 수익성　④ 토양의 성질

해설 지목(Land Category)은 토지의 주된 사용목적 또는 용도에 따라 토지의 종류를 구분하여 표시하는 명칭

68. 토지의 이익에 영향을 미치는 문서의 공적 등기를 보전하는 것을 주된 목적으로 하는 등록제도는?
① 날인증서 등록제도　　　② 권원 등록제도
③ 적극적 등록제도　　　　④ 소극적 등록제도

해설 날인증서 등록제도
1. 토지등록제도의 유형
   ① 날인증서등록제도　　② 권원등록제도
   ③ 소극적 등록제도　　　④ 적극적 등록제도
   ⑤ 토렌스시스템(Torrens System)
2. 날인증서 등록제도
   ① 토지의 이익에 영향을 미치는 공적등기를 보전하는 제도
   ② 기본원칙 : 모든 등록된 문서는 미등록문서와 후순위등록문서보다 우선권 갖음
   ③ 단점 : 문서는 거래기록에 불과하므로 당사자의 법적 권한을 입증하지 못하고 따라서 그 거래의 유효성을 증명하지 못함

69. 다음 중 자한도(字限圖)에 대한 설명으로 옳은 것은?
① 조선시대의 지적도　　　② 중국 원나라 시대의 지적도
③ 일본의 지적도　　　　　④ 중국 청나라 시대의 지적도

해설 자한도(字限圖)
1. 자한도는 자도(字圖) 또는 공도(公圖)라고도 부르는 일본 명치시대(1868~1912)의 지세개정사업 시에 토지대장과 함께 만들어진 도면
2. 검사측량이 실시되기는 하였지만 토지 소유권자가 경위도 위치와 상관없이 작성한 견취도와 같은 개념의 토지대장 부속지도
3. 자한도는 아직도 일본의 부동산등기법의 규정에 의한 지도 또는 건물도가 없는 지역의 등기소나 출장소에 지도에 준하는 도면으로 비치되어 활용되고 있음

70. 토렌스시스템은 오스트레일리아의 Robert Torrens경에 의해 창안된 시스템으로서, 토지권리등록법안의 기초가 된다. 다음 중 토렌스시스템의 주요 이론에 해당되지 않는 것은?
① 거울이론　② 커튼이론　③ 보험이론　④ 권원이론

해설 토렌스시스템의 3대 기본원칙
1. 거울이론(Mirror Principle) : 소유권에 관한 현재의 법적상태는 오직 등기부에 의해서만 이론의 여지없이 완벽하게 보여진다는 원리
2. 커튼이론(Curtain Principle) : 소유권의 법적 상태와 관련한 확실성을 보장하기 위하여 단지 현재의 등기부에 등기된 사항만 논의되어야 한다는 이론
3. 보험이론(Insurance Principle) : 권원증명서에 등기된 모든 정보는 정부에 의하여 보장된다는 원리

Answer　67. ②　68. ①　69. ③　70. ④

71. 아래에서 설명하는 경계결정의 원칙은?

> 토지의 인접된 경계는 분리할 수 없고 위치와 길이만 있을 뿐 너비는 없는 것으로 기하학상의 선과 동일한 성질을 갖고 있으며 필지 사이의 경계는 2개 이상이 있을 수 없고, 이를 분리할 수도 없다.

① 축척종대의 원칙
② 경계불가분의 원칙
③ 강계선 결정의 원칙
④ 지역선 결정의 원칙

해설 경계의 제원칙
1. 축척종대의 원칙 : 동일 경계가 다른 도면에 각각 등록된 때는 큰 축척에 따른다는 원칙
2. 경계불가분의 원칙 : 경계는 유일무이한 것으로 인접 토지에 공통으로 작용하므로 이를 분리할 수 없다는 원칙

72. 다음 중 적극적 등록제도(Positive System)에 대한 설명으로 옳지 않은 것은?

① 거래행위에 따른 토지등록은 사유재산 양도증서의 작성과 거래증서의 등록으로 구분된다.
② 적극적 등록제도에서의 토지등록은 일필지의 개념으로 법적인 권리보장이 인정된다.
③ 적극적 등록제도의 발달된 형태로 유명한 것은 토렌스시스템(Torrens System)이 있다.
④ 지적공부에 등록되지 아니한 토지는 그 토지에 대한 어떠한 권리도 인정되지 않는다는 이론이 지배적이다.

해설 적극적 등록제도
1. 토지등록제도의 유형
   ① 날인증서등록제도
   ② 권원등록제도
   ③ 소극적 등록제도
   ④ 적극적 등록제도
   ⑤ 토렌스시스템(Torrens System)
2. 적극적 등록제도
   ① 토지등록은 일필지의 개념으로 법적권리보장이 인증되고 국가에 의해 그러한 합법성과 효력이 발생
   ② 기본원칙
      • 지적공부에 등록되지 않는 토지는 어떠한 권리도 인정받을 수 없음
      • 등록은 강제적이고 의무적
      • 지적측량이 시행 후 토지등기가 가능
   ③ 선의의 제3자 보호 : 토지등록상의 문제로 인한 피해는 법적으로 보장되고 국가에 소송을 제기할 수 있으며, 보상도 받을 수 있음
   ④ 토렌스시스템은 적극적 등록주의 발전된 형태임

Answer 71. ② 72. ①

73. 토지조사사업 당시 사정(査定)은 토지조사부 및 지적도에 의하여 토지의 소유자 및 그 강계를 확정하는 행정처분을 말한다. 이때 사정권자는 누구인가?
① 조선총독부
② 측량국장
③ 지적국장
④ 임시토지조사국장

해설 토지조사사업의 사정권자는 토지조사국장이며, 임야조사사업의 사정권자는 도지사이다.

74. 토지조사사업의 특징으로 틀린 것은?
① 근대적 토지제도가 확립되었다.
② 사업의 조사, 준비, 홍보에 철저를 기하였다.
③ 역둔토 등을 사유화하여 토지소유권을 인정하였다.
④ 도로, 하천, 구거 등을 토지조사사업에서 제외하였다.

해설 역둔토를 국유지로 하였다.

75. 다음 중 토지조사사업 당시 비과세지에 해당되지 않는 것은?
① 도로
② 구거
③ 성첩
④ 분묘지

해설 토지조사법에 의한 과세지 및 비과세지
1. 직접적인 수익이 있는 토지로서 현재 과세 중에 있으며 또는 장래 과세의 목적이 될 수 있는 토지 : 전답·대·지소·임야·잡종지
2. 직접적인 수익은 없으나 대부분이 공용에 속하며 지세를 면제하는 토지 : 사사지(社寺地)·분묘지·공원지·철도용지·수도용지
3. 일반적으로 개인소유를 인정할 성질의 것이 못 되고 전혀 과세의 목적으로 하지 않는 토지 : 도로·하천·구거·제방·성첩·철도선로·수도선로(지번을 붙이지 않을 수도 있도록 신축성 있게 규정)
※ 지세령(1914. 3. 16. 제령 제1호)은 전, 답, 대, 지소, 잡종지, 사사지로서 유료차지인 경우에는 지세를 부과하고, 국유지에는 지세를 부과하지 않는다고 규정하였다.
※ 토지조사사업 이후에는 국유지, 국가 등 공공용지로 유로차지가 아닌 것, 사사지, 분묘지, 공원지, 철도용지, 수도용지로서 유로차지가 아닌 것 및 도로, 하천, 유지, 구거, 제방, 성첩, 철도선로, 수도선로, 임야는 비과세지로 하였다.

76. 현재의 토지대장과 가장 유사한 것은?
① 양전(量田)
② 양안(量案)
③ 지계(地契)
④ 사표(四標)

해설 토지조사사업 이전의 소유권증명제도
1. 토지증명제도(소유권증명제도)의 변천
① 양안제도 : 고려시대부터 조선시대까지 시행되고 토지조사사업의 실시로 폐지
② 입안제도 : 1892년까지 시행됨
③ 지계제도 : 1893~1905년까지 13년간 시행됨

Answer 73. ④ 74. ③ 75. ④ 76. ②

④ 토지가옥증명제도 : 1906~1910년까지 5년간 시행
⑤ 지적 및 등기제도 : 토지조사사업 이후에 실시
2. 토지증명제도(소유권증명제도)의 개념
① 문기(文記) : 토지 및 가옥을 매수 또는 매도 시에 작성한 매매계약서를 말하며 '명문 문권'이라고도 함
② 입안(立案) : 토지가옥의 매매를 국가에서 증명하는 제도로서, 현재의 등기권리증과 같은 지적의 명의변경 절차
③ 양안(量案) : 고려시대부터 토지조사사업 전까지 세금의 징수를 목적으로 양전에 의해 작성된 토지 기록부 또는 토지대장으로서 위치, 등급, 형상, 면적, 사표, 소유자 등을 기록함
④ 가계(家契) : 가옥의 소유권을 증명하는 관문서로 가권(家券)이라고도 함
⑤ 지계(地契) : 전답의 소유권을 증명하는 관문서로 지권(地券)이라고도 하는데, 이 제도는 입안의 근대화로 볼 수 있으며, 전답의 매매나 양여 시에 소유주는 반드시 "관계"를 받도록 함
※ 양전(量田) : 양안을 작성하기 위해 실시한 현재의 지적측량을 의미하며, 고려시대에 3등급의 수등이척제를 실시하여 조선에 승계된 후 세종 때에 전품을 6등급으로 구분한 수등이척제를 실시함
※ 사표(四標) : 고려와 조선의 양안에 수록된 사항으로서, 토지의 위치를 간략하게 표시한 것

77. 양전(量田) 개정론자와 그가 주장한 저서로 바르게 연결되지 않은 것은?

① 정약용 – 목민심서
② 이기 – 해학유서
③ 서유구 – 의상경계책
④ 김정호 – 동국여지도

해설 양전개정론 학자와 저서
1. 정약용의 「목민심서(牧民心書)」
2. 서유구의 「의상경계책(擬上經界策)」
3. 이기의 「해학유사(海鶴遺事)」

78. 지적공부의 등본 교부와 관계가 가장 깊은 것은?

① 지적공개주의
② 지적형식주의
③ 지적국정주의
④ 지적비밀주의

해설 지적의 기본이념
1. 기본이념의 종류
① 지적국정주의 : 지적공부 등록사항은 국가만이 이를 결정할 수 있다는 이념
② 지적형식주의 : 등록사항은 지적공부에 등록·공시하여야만 효력이 인정되는 이념
③ 지적공개주의 : 지적공부의 등록사항은 소유자, 이해관계인 등에게 공개하여 이용하게 함
④ 실질적 심사주의(사실심사) : 등록이나 변경등록은 절차상의 적법성뿐만 아니라 사실관계의 부합 여부를 심사한다는 이념
⑤ 직권등록주의(강제등록주의) : 모든 필지는 강제적으로 등록·공시하여야 함
2. 지적공개주의(公開主義)
① 공개주의라 함은 지적공부에 등록된 사항은 토지소유자나 이해관계인 등 일반 국민에게 신속 정확하게 공개하여 모든 국민이 공평하게 이용할 수 있도록 해야 한다는 이념
② 국가의 통지권이 미치는 모든 영토를 지적공부에 등록·공시하여 국가기관의 행정 목적에만 이용하는 것이 아니라 다른 국가 기관이나 지방자치단체 및 공공기관 및 일반 국민에게 공개해서 국가 및 개인의 각종 토지정책의 기초 자료로 활용할 수 있다는 이념
※ 공개의 방법은 열람, 등본교부 등으로 이루어짐

79. 다음 중 망척제와 관계가 없는 것은?

① 이기(李沂)
② 해학유서(海鶴遺書)
③ 목민심서(牧民心書)
④ 면적을 산출하는 방법

해설 망척제
1. 망척제의 개념
   ① 전지를 측량할 때에 정방형의 눈들을 가진 그물을 사용하여 그물 속에 들어온 그물눈을 계산하여 면적을 산출하는 방법
   ② 조선 후기 실학자인 이기는 저서 "해학유서"에 수등이척제에 대한 개선방법으로 "망척제"의 도입을 주장
   ③ 망척제는 정방형의 눈을 가진 그물로 토지를 측량하여 면적을 산출하는 방법
   ④ 전안(田案) 작성 시 반드시 도면과 지적을 갖추어야 한다고 함
2. 망척제(網尺制)의 특징
   ① 방(方), 원(圓), 직(直), 호(弧)형에 구애됨 없이 그물 한눈 한눈에 들어오는 것을 계산하는 면적측정 방법
   ② 동일한 기준의 사용으로 관원의 탈세 등 비리 예방
   ③ 그물눈의 수는 가로와 세로 모두 100눈씩으로 함

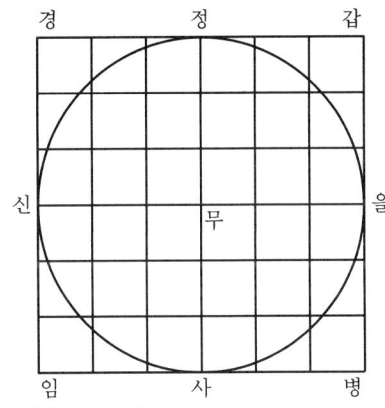

※ 출처 : 지적기술사해설, 예문사, 2007, p. 597

80. 조선지세령에 관한 내용으로 틀린 것은?

① 1943년에 공포되어 시행되었다.
② 전문 7장과 부칙을 포함한 95개 조문으로 되어 있다.
③ 토지대장, 지적도, 임야대장에 관한 모든 규칙을 통합하였다.
④ 우리나라 세금의 대부분인 지세에 관한 사항을 규정하는 것이 주목적이었다.

해설 지세령에서는 세무서에 지적도를 비치하고 토지대장에 등록된 토지에 토지의 소재, 지번, 지목, 경계를 등록하며, 과세표준(토지대장에 등록된 임대가격)과 토지의 이동(과세지성 및 비과세지성, 분할 및 합병, 지목변환, 황지면세, 재해지면세, 자작농지면세, 사립학교용지면세) 등에 관한 사항만을 규정함

Answer   79. ③   80. ③

05 지적관계법규

81. 국토의 계획 및 이용에 관한 법률에서 용도지구의 지정에 관한 설명으로 틀린 것은?

① 미관지구 : 미관을 유지하기 위하여 필요한 지구
② 경관지구 : 경관을 보호·형성하기 위하여 필요한 지구
③ 시설보호지구 : 문화재, 중요 시설물의 보호와 보존을 위하여 필요한 지구
④ 방재지구 : 풍수해, 산사태, 지반의 붕괴, 그 밖의 재해를 예방하기 위하여 필요한 지구

해설 용도지구
1. 경관지구 : 경관을 보호·형성하기 위하여 필요한 지구
2. 미관지구 : 미관을 유지하기 위하여 필요한 지구
3. 고도지구 : 쾌적한 환경 조성 및 토지의 효율적 이용을 위하여 건축물 높이의 최저한도 또는 최고한도를 규제할 필요가 있는 지구
4. 방화지구 : 화재의 위험을 예방하기 위하여 필요한 지구
5. 방재지구 : 풍수해, 산사태, 지반의 붕괴, 그 밖의 재해를 예방하기 위하여 필요한 지구
6. 보존지구 : 문화재, 중요 시설물 및 문화적·생태적으로 보존가치가 큰 지역의 보호와 보존을 위하여 필요한 지구
7. 시설보호지구 : 학교시설·공용시설·항만 또는 공항의 보호, 업무기능의 효율화, 항공기의 안전운항 등을 위하여 필요한 지구
8. 취락지구 : 녹지지역·관리지역·농림지역·자연환경보전지역·개발제한구역 또는 도시자연공원구역의 취락을 정비하기 위한 지구
9. 개발진흥지구 : 주거기능·상업기능·공업기능·유통물류기능·관광기능·휴양기능 등을 집중적으로 개발·정비할 필요가 있는 지구
10. 특정용도제한지구 : 주거기능 보호나 청소년 보호 등의 목적으로 청소년 유해시설 등 특정시설의 입지를 제한할 필요가 있는 지구

82. 축척변경 시행지역의 토지는 어느 때에 토지의 이동이 있는 것으로 보는가?

① 청산금 산출일
② 청산금 납부일
③ 축척변경 승인공고일
④ 축척변경 확정공고일

해설 축척변경 확정공고
1. 청산금의 납부 및 지급이 완료되었을 때에는 지적소관청은 지체 없이 다음 사항을 포함하여 축척변경의 확정공고를 하여야 한다.
① 토지의 소재 및 지역명
② 축척변경 지번별 조서
③ 청산금 조서
④ 지적도의 축척

2. 지적소관청은 확정공고를 하였을 때에는 지체 없이 축척변경에 따라 확정된 사항을 다음 기준에 따라 지적공부에 등록하여야 한다.
   ① 토지대장은 확정 공고된 축척변경 지번별 조서에 따를 것
   ② 지적도는 확정측량 결과도 또는 경계점좌표에 따를 것
3. 축척변경 시행지역의 토지는 확정공고일에 토지의 이동이 있는 것으로 본다.

83. 다음 중 지적측량을 실시하여야 하는 경우가 아닌 것은?

① 토지를 합병하는 경우로서 필요한 경우
② 토지를 등록전환하는 경우로서 필요한 경우
③ 지적공부를 복구하는 경우로서 필요한 경우
④ 바다로 된 토지의 등록을 말소하는 경우로서 필요한 경우

해설 지적측량을 실시하여야 하는 경우
1. 지적기준점을 정하는 경우
2. 지적측량성과를 검사하는 경우
3. 지적공부를 복구하는 경우
4. 등록전환하는 경우
5. 토지를 분할하는 경우
6. 바다가 된 토지의 등록을 말소하는 경우
7. 축척을 변경하는 경우
8. 지적공부의 등록사항을 정정하는 경우
9. 도시개발사업 등의 시행지역에서 토지의 이동이 있는 경우
10. 경계점을 지상에 복원하는 경우

84. 국토의 계획 및 이용에 관한 법률상 토지거래계약의 허가를 받지 않아도 되는 토지의 면적 기준으로 옳지 않은 것은?(단, 국토교통부장관 또는 시·도지사가 허가구역을 지정할 당시 당해 지역에서의 거래실태 등에 비추어 타당하지 아니하다고 인정하여 당해 기준면적의 10퍼센트 이상 300퍼센트 이하의 범위에서 따로 정하여 공고한 경우는 고려하지 않는다.)

① 주거지역 : 180제곱미터 이하
② 상업지역 : 200제곱미터 이하
③ 녹지지역 : 300제곱미터 이하
④ 공업지역 : 660제곱미터 이하

해설 토지거래계약의 허가를 요하지 아니하는 토지의 면적
1. 주거지역 : 180제곱미터 이하
2. 상업지역 : 200제곱미터 이하
3. 공업지역 : 660제곱미터 이하
4. 녹지지역 : 100제곱미터 이하
5. 도시지역 안에서 용도지역의 지정이 없는 구역 : 90제곱미터 이하
6. 도시지역 외의 지역 : 250제곱미터 이하. 다만, 농지의 경우는 500제곱미터 이하로 하고, 임야의 경우는 1천 제곱미터 이하로 한다.

Answer 83. ① 84. ③

85. 공간정보의 구축 및 관리 등에 관한 법률상 지적공부 등록사항의 정정에 대한 내용으로 틀린 것은?

① 등록사항의 정정이 토지소유자에 관한 사항일 경우 지적공부등본에 의하여야 한다.
② 토지소유자는 지적공부의 등록사항에 잘못이 있음을 발견하면 지적소관청에 그 정정을 신청할 수 있다.
③ 지적소관청은 지적공부의 등록사항에 잘못이 있음을 발견하면 대통령령으로 정하는 바에 따라 직권으로 조사·측량하여 정정할 수 있다.
④ 등록사항의 정정으로 인접 토지의 경계가 변경되는 경우 그 정정은 인접 토지소유자의 승낙서가 제출되어야 한다.(토지소유자가 승낙하지 아니한 경우는 이에 대항할 수 있는 확정판결서 정본을 제출한다.)

해설 등록사항의 정정
1. 의의
   지적공부의 등록사항에 잘못이 있음을 발견한 때 토지소유자의 신청 또는 지적소관청이 직권으로 조사·측량하여 정정하는 것을 말한다.
2. 등록사항의 직권 정정
   1) 대상
      ① 토지이동정리 결의서의 내용과 다르게 정리된 경우
      ② 지적도 및 임야도에 등록된 필지가 면적의 증감 없이 경계의 위치만 잘못된 경우
      ③ 필지가 각각 다른 지적도나 임야도에 등록되어 있는 경우로서 지적공부에 등록된 면적과 측량한 실제면적은 일치하지만 지적도나 임야도에 등록된 경계가 서로 접합되지 않아 지적도나 임야도에 등록된 경계를 지상의 경계에 맞추어 정정하여야 하는 토지가 발견된 경우
      ④ 지적공부의 작성 또는 재작성 당시 잘못 정리된 경우
      ⑤ 지적측량성과와 다르게 정리된 경우
      ⑥ 지적측량의 적부심사에 따라 지적공부의 등록사항을 정정하여야 하는 경우
      ⑦ 지적공부의 등록사항이 잘못 입력된 경우
      ⑧ 「부동산등기법」 제37조 제2항에 따른 통지가 있는 경우
      ⑨ 면적 환산이 잘못된 경우
   2) 지적공부의 등록사항 중 경계나 면적 등 측량을 수반하는 토지의 표시가 잘못된 경우에는 지적소관청은 그 정정이 완료될 때까지 지적측량을 정지시킬 수 있다.
   3) 등록사항의 정정 신청(인접 토지의 경계가 변경되는 경우)
      ① 인접 토지소유자의 승낙서
      ② 인접 토지소유자가 승낙하지 아니하는 경우에는 이에 대항할 수 있는 확정판결서 정본
3. 토지소유자에 관한 등록사항의 정정
   ① 등기필증, 등기완료통지서, 등기사항증명서 또는 등기관서에서 제공한 등기전산정보자료에 따라 정정
   ② 미등기 토지에 대하여 토지소유자의 성명 또는 명칭, 주민등록번호, 주소 등에 관한 사항의 정정을 신청한 경우로서 그 등록사항이 명백히 잘못된 경우에는 가족관계 기록사항에 관한 증명서에 따라 정정

86. 지적소관청이 토지의 이동에 따라 지적공부를 정리해야 할 경우 작성하는 행정서류는?

① 손실보상합의 결정서 ② 결번대장정리 조사서
③ 토지이동정리 결의서 ④ 지적측량적부 의결서

해설 지적공부의 정리
1. 의의
   토지의 이동과 그 밖의 지적공부상 발생되는 일체의 변동이 있는 경우 지적공부를 정리하는 것을 말한다.
2. 대상
   ① 지번을 변경하는 경우
   ② 지적공부를 복구하는 경우
   ③ 신규등록, 등록전환, 분할, 합병, 지목변경 등 토지의 이동이 있는 경우
3. 지적공부의 정리
   ① 토지이동결의서 작성
      토지의 이동이 있는 경우 토지이동정리 결의서 작성
      • 토지이동정리 결의서는 토지이동 종목별로 구분하여 작성
      • 토지이동결의서에는 토지이동신청서와 필요시 토지이동에 필요한 서류를 첨부
   ② 소유자정리 결의서 작성
      토지소유자의 변동 등에 따라 지적공부 정리 시 소유자정리 결의서 작성
      • 등기필증, 등기완료통지서, 등기사항증명서 또는 등기관서에서 제공한 등기전산정보자료에 따라 정리
      • 미등기토지의 소유자주소를 대장에 등록하고자 할 때에는 사정·재결 또는 국유지의 취득 당시 최초 주소를 등록
   ③ 지적공부정리방법, 토지이동정리 결의서 및 소유자정리 결의서 작성방법 등에 관하여 필요한 사항은 국토교통부령으로 정한다.

87. 부동산등기법의 수용으로 인한 등기에 관한 내용이다. (   ) 안에 들어갈 내용으로 옳은 것은?

> 수용으로 인한 소유권이전등기를 하는 경우 그 부동산의 등기기록 중 소유권, 소유권 외의 권리, 그 밖의 처분제한에 관한 등기가 있으면 그 등기를 직권으로 말소하여야 한다. 다만, 그 부동산을 위하여 존재하는 (   )의 등기 또는 토지수용위원회의 재결(裁決)로서 그러하지 아니하다.

① 소유권   ② 지역권   ③ 지상권   ④ 저당권

해설 수용으로 인한 등기
1. 수용으로 인한 소유권이전등기는 등기권리자가 단독으로 신청할 수 있다.
2. 등기권리자는 등기명의인이나 상속인, 그 밖의 포괄승계인을 갈음하여 부동산의 표시 또는 등기명의인의 표시의 변경, 경정 또는 상속, 그 밖의 포괄승계로 인한 소유권이전의 등기를 신청할 수 있다.
3. 국가 또는 지방자치단체가 등기권리자인 경우에는 국가 또는 지방자치단체는 지체 없이 등기소에 촉탁하여야 한다.
4. 등기관이 수용으로 인한 소유권이전등기를 하는 경우 그 부동산의 등기기록 중 소유권, 소유권 외의 권리, 그 밖의 처분제한에 관한 등기가 있으면 그 등기를 직권으로 말소하여야 한다. 다만, 그 부동산을 위하여 존재하는 지역권의 등기 또는 토지수용위원회의 재결(裁決)로써 존속(存續)이 인정된 권리의 등기는 그러하지 아니하다.

Answer 86. ③ 87. ②

88. 공간정보의 구축 및 관리 등에 관한 법률에 따라 토지이용상 불합리한 지상 경계를 시정하기 위해 토지이동 신청을 할 수 있는 경우로 옳은 것은?

① 분할 신청
② 등록전환 신청
③ 지목변경 신청
④ 등록사항정정 신청

해설 토지분할

지적공부에 등록된 1필지를 2필지 이상으로 나누어 등록하는 것
1. 신청기한: 분할 사유가 발생한 날부터 60일 이내에 지적소관청에 신청
2. 신청대상
    ① 1필지의 일부가 형질변경 등으로 용도가 변경된 경우
    ② 소유권 이전, 매매 등을 위하여 필요한 경우
    ③ 토지이용상 불합리한 지상 경계를 시정하기 위한 경우
3. 신청서류
    ① 분할 허가 대상인 토지의 경우에는 그 허가서 사본
    ② 법원의 확정판결에 따라 토지를 분할하는 경우에는 확정판결서 정본 또는 사본
    ③ 1필지의 일부가 형질변경 등으로 용도가 변경되어 분할을 신청할 때에는 지목변경 신청서를 함께 제출

89. 중앙지적위원회의 심의·의결사항이 아닌 것은?

① 지적측량기술의 연구·개발 및 보급에 관한 사항
② 지적 관련 정책 개발 및 업무 개선 등에 관한 사항
③ 지적소관청이 회부하는 청산금의 이의신청에 관한 사항
④ 지적기술자의 업무정지 처분 및 징계요구에 관한 사항

해설 중앙지적위원회
1. 기능
    지적측량 적부심사에 관한 최고 심의의결기관
2. 심의·의결사항
    ① 지적 관련 정책 개발 및 업무 개선 등에 관한 사항
    ② 지적측량기술의 연구·개발 및 보급에 관한 사항
    ③ 지적측량 적부심사(適否審査)에 대한 재심사(再審査)
    ④ 측량기술자 중 지적분야 측량기술자(이하 '지적기술자'라 한다)의 양성에 관한 사항
    ⑤ 지적기술자의 업무정지 처분 및 징계요구에 관한 사항
3. 조직의 구성
    ① 위원장, 부위원장 각 1명 포함하여 5명 이상 10명 이하의 위원으로 구성
    ② 위원장은 국토교통부 지적업무 담당 국장, 부위원장은 국토교통부 지적업무 담당 과장으로 구성
    ③ 위원은 지적에 관한 학식과 경험이 풍부한 자 중에서 국토교통부장관이 임명하거나 위촉하며, 임기는 2년

Answer 88. ① 89. ③

90. 다음 중 사용자권한 등록관리청에 해당하지 않는 것은?

① 지적소관청 ② 시·도지사
③ 국토교통부장관 ④ 국토지리정보원장

해설 지적정보관리체계
1. 지적정보관리체계 담당자의 등록
   ① 국토교통부장관, 시·도지사 및 지적소관청은 지적공부정리 등을 지적정보관리체계로 처리하는 담당자를 사용자권한 등록파일에 등록하여 관리
   ② 지적정보관리시스템을 설치한 기관의 장은 그 소속공무원을 제1항에 따라 사용자로 등록하려는 때에는 지적정보관리시스템 사용자권한 등록신청서를 해당 사용자권한 등록관리청에 제출
   ③ 신청을 받은 사용자권한 등록관리청은 신청 내용을 심사하여 사용자권한 등록파일에 사용자의 이름 및 권한과 사용자번호 및 비밀번호를 등록
   ④ 사용자권한 등록관리청은 사용자의 근무지 또는 직급이 변경되거나 사용자가 퇴직 등을 한 경우에는 사용자권한 등록내용을 변경
2. 사용자번호 및 비밀번호 등록
   ① 사용자권한 등록파일에 등록하는 사용자번호는 사용자권한 등록관리청별로 일련번호를 부여하여야 하며, 한번 부여된 사용자번호는 변경할 수 없음
   ② 사용자권한 등록관리청은 사용자가 다른 사용자권한 등록관리청으로 소속이 변경되거나 퇴직 등을 한 경우에는 사용자번호를 따로 관리
   ③ 사용자의 비밀번호는 6자리부터 16자리까지의 범위에서 사용자가 정하여 사용
   ④ 사용자의 비밀번호는 다른 사람에게 누설하여서는 아니 되며, 사용자는 비밀번호가 누설되거나 누설될 우려가 있는 때에는 즉시 이를 변경

91. 토지의 이동 사항 중 신청기간의 다른 하나는?

① 등록전환신청 ② 지목변경신청
③ 신규등록신청 ④ 바다로 된 토지의 등록말소 신청

해설 토지이동별 신청기간, 측량, 결번, 등기촉탁

구 분	신 청(60일)	측 량	결번	등기촉탁	비 고
신규등록	○	○	×	×	최초 소유권결정 : 지적소관청
등록전환	○	○	○	○	축척변경, 지목변경 수반
분할	△	○	×	○	1필지 일부의 용도변경 시→신청 의무
합병	△	×	○	○	공동주택부지, 공공용지인 경우 → 신청의무
지목변경	○	×	×	○	일시적, 임시적 지목변경 불가
바다로 된 토지	×(90일)	△(필요시)	○	○	수수료 납부하지 않음

Answer 90. ④ 91. ④

92. 공간정보의 구축 및 관리 등에 관한 법률상 도시개발사업에 관련한 토지의 이동은 언제 이루어졌다고 보는가?

① 공사가 발주된 때
② 공사가 허가 난 때
③ 공사가 착공된 때
④ 공사가 준공된 때

해설 도시개발사업 등 시행지역의 토지이동 신청에 관한 특례
1. 신청
   도시개발사업, 농어촌정비사업, 주택건설사업, 그 밖에 대통령령으로 정하는 토지개발사업의 시행자는 그 사업의 착수·변경 및 완료 사실을 지적소관청에 신고
2. 토지의 이동시기
   도시개발사업 등으로 인한 토지의 이동은 토지의 형질변경 등의 공사가 준공된 때 토지의 이동이 이루어진 것으로 본다.
3. 신고 시기 : 신고 사유가 발생한 날부터 15일 이내

93. 바다로 된 토지의 등록말소 및 회복에 대한 설명으로 틀린 것은?

① 등록말소 및 회복에 관한 사항은 토지소유자의 동의 없이는 불가능하다.
② 지적소관청은 회복등록을 하려면 그 지적측량성과 및 등록말소 당시의 지적공부 등 관계 자료에 따라야 한다.
③ 토지소유자가 등록말소 신청을 하지 아니하면 지적소관청이 직권으로 그 지적공부의 등록사항을 말소하여야 한다.
④ 지적공부의 등록사항을 말소하거나 회복등록하였을 때에는 그 정리 결과를 토지소유자 및 해당 공유수면의 관리청에 통지하여야 한다.

해설 바다로 된 토지의 등록말소
지적소관청은 지적공부에 등록된 토지가 지형의 변화 등으로 바다로 된 경우에 토지소유자에게 등록말소 신청을 하도록 통지
1. 신청기한 : 신청 통지를 받은 날부터 90일 이내에 지적소관청에 신청
2. 신청대상
   원상으로 회복될 수 없거나 다른 지목의 토지로 될 가능성이 없는 경우
3. 등록말소 및 회복
   ① 토지소유자가 등록말소 신청을 하지 않으면 직권으로 그 지적공부의 등록사항을 말소
   ② 회복등록을 하려면 그 지적측량성과 및 등록말소 당시의 지적공부 등 관계 자료에 따라 등록
   ③ 지적공부의 등록사항을 말소하거나 회복등록하였을 때에는 그 정리 결과를 토지소유자 및 해당 공유수면의 관리청에 통지

94. 도시개발사업 등이 완료됨에 따라 지적확정측량을 실시한 지역의 각 필지에 지번을 새로 부여하는 방법과 다르게 지번을 부여하는 경우는?

① 토지를 합병할 때
② 지번부여지역의 지번을 변경할 때
③ 행정구역 개편에 따라 새로 지번을 부여할 때
④ 축척변경 시행지역의 필지에 지번을 부여할 때

Answer 92. ④ 93. ① 94. ①

해설 1. 합병에 따른 지번부여
   ① 합병 전 지번 중 순서가 빠른 지번으로 부여
   ② 합병 전 지번이 본번과 부번이 혼재할 경우 본번 중 선순위 지번으로 부여
   ③ 토지소유자가 합병 전의 필지에 주거·사무실 등의 건축물이 있어서 그 건축물이 위치한 지번을 합병 후의 지번으로 신청할 때에는 그 지번을 합병 후의 지번으로 부여
2. 신규등록, 등록전환, 지번변경, 행정구역변경 등에 따른 지번 부여
   ① 신규등록, 등록전환, 지번변경, 행정구역변경 등의 경우 당해 지번부여지역 내 인접토지의 본번에 부번을 붙여서 부여
   ② 지번부여지역의 최종 본번의 다음 순번부터 본번으로 하여 순차적으로 지번 부여
     • 대상토지가 그 지번부여지역의 최종 지번의 토지에 인접하여 있는 경우
     • 대상토지가 이미 등록된 토지와 멀리 떨어져 있어서 등록된 토지의 본번에 부번을 부여하는 것이 불합리한 경우
     • 대상토지가 여러 필지로 되어 있는 경우

95. 공간정보의 구축 및 관리 등에 관한 법률상 양벌규정의 해당 행위가 아닌 것은?(단, 법인 또는 개인이 그 위반행위를 방지하기 위하여 해당 업무에 관하여 상당한 주의와 감독을 게을리하지 아니한 경우는 고려하지 않는다.)

① 고의로 측량성과 또는 수로조사 성과를 사실과 다르게 한 자
② 둘 이상의 측량업자에게 소속된 측량기술자 또는 수로기술자
③ 직계 존속·비속이 소유한 토지에 대한 지적측량을 한 자
④ 측량업자나 수로사업자로서 속임수, 위력(威力), 그 밖의 방법으로 측량업 또는 수로사업과 관련된 입찰의 공정성을 해친 자

해설 벌칙
1. 종류 및 부과대상
   (1) 3년 이하의 징역 또는 3천만 원 이하의 벌금
       측량업자나 수로사업자로서 속임수, 위력, 그 밖의 방법으로 측량업 또는 수로사업과 관련된 입찰의 공정성을 해친 자
   (2) 2년 이하의 징역 또는 2천만 원 이하의 벌금
       ① 측량기준점표지를 이전 또는 파손하거나 그 효용을 해치는 행위를 한 자
       ② 고의로 측량성과 또는 수로조사성과를 사실과 다르게 한 자
       ③ 측량업의 등록을 하지 아니하거나 거짓이나 그 밖의 부정한 방법으로 측량업의 등록을 하고 측량업을 한 자
       ④ 성능검사를 부정하게 한 성능검사대행자
       ⑤ 성능검사대행자의 등록을 하지 아니하거나 거짓이나 그 밖의 부정한 방법으로 성능검사대행자의 등록을 하고 성능검사업무를 한 자
   (3) 1년 이하의 징역 또는 1천만 원 이하의 벌금
       ① 측량기술자가 아님에도 불구하고 측량을 한 자
       ② 업무상 알게 된 비밀을 누설한 측량기술자 또는 수로기술자
       ③ 둘 이상의 측량업자에게 소속된 측량기술자 또는 수로기술자
       ④ 다른 사람에게 측량업등록증 또는 측량업등록수첩을 빌려주거나 자기의 성명 또는 상호를 사용하여 측량업무를 하게 한 자

Answer 95. ③

⑤ 다른 사람의 측량업등록증 또는 측량업등록수첩을 빌려서 사용하거나 다른 사람의 성명 또는 상호를 사용하여 측량업무를 한 자
⑥ 지적측량수수료 외의 대가를 받은 지적측량기술자
⑦ 거짓으로 다음 각 목의 신청을 한 자
- 신규등록 신청
- 등록전환 신청
- 분할 신청
- 합병 신청
- 지목변경 신청
- 바다로 된 토지의 등록말소 신청
- 축척변경 신청
- 등록사항의 정정 신청
- 도시개발사업 등 시행지역의 토지이동 신청

⑧ 다른 사람에게 자기의 성능검사대행자 등록증을 빌려 주거나 자기의 성명 또는 상호를 사용하여 성능검사대행업무를 수행하게 한 자
⑨ 다른 사람의 성능검사대행자 등록증을 빌려서 사용하거나 다른 사람의 성명 또는 상호를 사용하여 성능검사대행업무를 수행한 자

2. 양벌 규정
① 법인의 대표자나 법인 또는 개인의 대리인, 사용인, 그 밖의 종업원이 그 법인 또는 개인의 업무에 관하여 벌칙의 어느 하나에 해당하는 위반행위를 하면 그 행위자를 벌하는 외에 그 법인 또는 개인에게도 해당 조문의 벌금형을 과한다.
② 다만, 법인 또는 개인이 그 위반행위를 방지하기 위하여 해당 업무에 관하여 상당한 주의와 감독을 게을리하지 아니한 경우에는 그러하지 아니하다.
※ 직계 존속·비속이 소유한 토지에 대한 지적측량을 한 자는 300만 원 이하의 과태료 부과 대상이다.

96. 다음 중 등기관이 토지에 관한 등기를 하였을 때 지적소관청에 지체 없이 그 사실을 알려야 하는 대상에 해당하지 않는 것은?

① 소유권의 보존 또는 이전
② 소유권의 등록 또는 등록정정
③ 소유권의 변경 또는 경정
④ 소유권의 말소 또는 말소회복

해설 소유권변경 사실의 통지
1. 소유권의 보존 또는 이전
2. 소유권의 등기명의인표시의 변경 또는 경정
3. 소유권의 변경 또는 경정
4. 소유권의 말소 또는 말소회복

Answer 96. ②

97. 지적공부에 관한 전산자료를 이용 또는 활용하고자 할 경우 신청서의 기재사항이 아닌 것은?
① 자료의 범위
② 자료의 제공방식
③ 자료의 안전관리대책
④ 자료를 편집·가공할 자의 인적사항

해설 지적전산자료 신청 시 기재사항
  1. 자료의 이용 또는 활용 목적 및 근거
  2. 자료의 범위 및 내용
  3. 자료의 제공 방식, 보관 기관 및 안전관리 대책 등

98. 다음 중 지목의 구분이 옳지 않은 것은?
① 고속도로의 휴게소 부지는 '도로'로 한다.
② 국토의 계획 및 이용에 관한 법률 등 관계법령에 따른 택지조성공사가 준공된 토지는 '대'로 한다.
③ 온수·약수·석유류를 일정한 장소로 운송하는 송수관·송유관 및 저장시설의 부지는 '광천지'로 한다.
④ 제조업을 하고 있는 공장시설물의 부지는 '공장용지'로 한다.

해설 광천지
  1. 지하에서 온수·약수·석유류 등이 용출되는 용출구와 그 유지에 사용되는 부지
  2. 온수·약수·석유류 등을 일정한 장소로 운송하는 송수관·송유관 및 저장시설의 부지는 제외

99. 공간정보의 구축 및 관리 등에 관한 법률상 지적공부의 복구자료가 아닌 것은?
① 측량결과도
② 토지이동정리 결의서
③ 토지이용계획 확인서
④ 법원의 확정판결서 정본 또는 사본

해설 지적공부의 복구자료
  1. 지적공부의 등본
  2. 측량결과도
  3. 토지이동정리 결의서
  4. 부동산등기부 등본 등 등기사실을 증명하는 서류
  5. 지적소관청이 작성하거나 발행한 지적공부의 등록내용을 증명하는 서류
  6. 복제된 지적공부
  7. 법원의 확정판결서 정본 또는 사본

100. 특별시·광역시·특별자치시·특별자치도·시 또는 군의 개발 정비 및 보전을 위하여 수립하는 도시·군관리계획에 포함되지 않는 것은?

① 도시개발사업이나 정비사업에 관한 계획
② 기반시설의 설치·정비 또는 개량에 관한 계획
③ 용도지역·용도지구의 지정 또는 변경에 관한 계획
④ 기본적인 공간구조와 장기발전방향을 제시하는 종합계획

해설 도시·군관리계획
1. 정의
   특별시·광역시·특별자치시·특별자치도·시 또는 군의 개발·정비 및 보전을 위하여 수립하는 토지 이용, 교통, 환경, 경관, 안전, 산업, 정보통신, 보건, 복지, 안보, 문화 등에 관한 계획
2. 도시·군관리계획의 내용
   ① 용도지역·용도지구의 지정 또는 변경에 관한 계획
   ② 개발제한구역, 도시자연공원구역, 시가화조정구역, 수산자원보호구역의 지정 또는 변경에 관한 계획
   ③ 기반시설의 설치·정비 또는 개량에 관한 계획
   ④ 도시개발사업이나 정비사업에 관한 계획
3. 도시·군관리계획 결정의 효력
   도시·군관리계획 결정은 고시가 된 날부터 5일 후에 그 효력이 발생

Answer 100. ④

Engineer Cadastral Surveying

2016년 제3회 지적기사

01 지적측량

01. 지적삼각점측량에서 A점의 종선좌표가 1,000m, 횡선좌표가 2,000m, AB 간의 평면거리가 3,210.987m, AB 간의 방위각이 333°33′33.3″일 때 점의 횡선좌표는?

① 496.789m ② 570.237m ③ 789.466m ④ 1,322.123m

해설 3,210.987×sin333°33′33.3″+2,000=570.237m

02. 지적측량 중 지적기준점을 정하기 위한 기초측량을 3가지로 분류할 때 그 분류로 옳지 않은 것은?

① 지적삼각점측량 ② 지적삼각보조점측량
③ 지적도근점측량 ④ 지적사진측량

해설 공간정보의 구축 및 관리 등에 관한 법률 시행령 제8조(측량기준점의 구분)
지적기준점은 지적삼각점, 지적삼각보조점, 지적도근점으로 정하고 있다.

03. 축척 1/1,200 지역에서 도곽선의 신축량이 +2.0mm일 때 도곽의 신축에 따른 면적보정계수는?

① 0.99328 ② 0.99224 ③ 0.98929 ④ 0.98844

해설 지적측량 시행규칙 제20조(면적측정의 방법 등)
1. 지상의 신축량으로 환산하기 위해 축척을 곱한다.(1/1,200)
   이때 신축량의 mm 단위를 m 단위로 환산한다.
   X축=1,200×0.002=2.4m
   Y축=1,200×0.002=2.4m
2. 면적보정계수를 구한다.
   $$Z = \frac{X \cdot Y}{\Delta X \cdot \Delta Y}$$
   $$Z = \frac{400 \times 500}{402.4 \times 502.4} = 0.98929$$
   여기서, Z: 보정계수, X: 도곽선종선길이, Y: 도곽선횡선길이, ΔX: 신축된 도곽선 종선길이의 합/2
   ΔY: 신축된 도곽선 횡선길이의 합/2

Answer 1. ② 2. ④ 3. ③

04. 고초원점의 평면직각종횡선 수치는 얼마인가?

① $X=0\text{m}$, $Y=0\text{m}$
② $X=10,000\text{m}$, $Y=30,000\text{m}$
③ $X=500,000\text{m}$, $Y=200,000\text{m}$
④ $X=550,000\text{m}$, $Y=200,000\text{m}$

해설 고초원점의 평면직각종횡선 수치는 $X=0\text{m}$, $Y=0\text{m}$임

05. 경위의측량방법에 따른 세부측량을 실시하는 경우 축척 변경 시행지역에 대한 측량결과도의 기본적인 축척은?

① 1/500 ② 1/1,000 ③ 1/1,200 ④ 1/6,000

해설 지적측량 시행규칙 제18조(세부측량의 기준 및 방법 등)
축척 변경 시행지역의 측량결과도는 500분의 1로 한다.

06. 평판측량방법에 따른 세부측량을 교회법으로 할 때 방향각의 교각은?

① 30° 이상 150° 이하로 한다.
② 20° 이상 130° 이하로 한다.
③ 30° 이상 120° 이하로 한다.
④ 50° 이상 130° 이하로 한다.

해설 지적측량 시행규칙 제18조(세부측량의 기준 및 방법 등)
평판측량방법에 따른 세부측량을 교회법으로 하는 경우 방향각의 교각은 30도 이상 150도 이하로 한다.

07. 지적삼각점의 관측에 있어 광파측거기는 표준편차가 얼마 이상인 정밀측거기를 사용하여야 하는가?

① $\pm(5\text{mm}, +5\text{ppm})$
② $\pm(5\text{cm}, +5\text{ppm})$
③ $\pm(0.05\text{mm}, +50\text{ppm})$
④ $\pm(0.05\text{cm}, +50\text{ppm})$

해설 지적측량 시행규칙 제9조(지적삼각점측량의 관측 및 계산)
전파 또는 광파측거기(光波測距機)는 표준편차가 ±[5밀리미터+5피피엠(ppm)] 이상인 정밀측거기를 사용한다.

08. 면적을 측정하는 경우 도곽선의 길이에 최소 얼마 이상의 신축이 있는 때에 이를 보정하여야 하는가?

① 0.2mm ② 0.3mm ③ 0.5mm ④ 0.7mm

해설 지적측량 시행규칙 제18조(세부측량의 기준 및 방법 등)
도곽선의 신축량이 0.5밀리미터 이상일 때에는 보정량을 산출하여 도곽선이 늘어난 경우에는 실측거리에 보정량을 더하고, 줄어든 경우에는 실측거리에서 보정량을 뺀다.

09. 다음 중 착오(과대오차)에 해당하는 것은?

① 토탈스테이션의 수평축이 수직축과 직각을 이루지 않아 발생한 오차
② 토탈스테이션의 망원경 축과 수준기포관 축이 평행하지 않아 발생한 오차
③ 토탈스테이션으로 측정한 거리 169.56m를 196.56m로 잘못 읽어 발생한 오차
④ 토탈스테이션의 조정 불량 및 측량사의 습관에 의하여 발생한 오차

Answer 4. ① 5. ① 6. ① 7. ① 8. ③ 9. ③

해설 ① 토탈스테이션의 수평축이 수직축과 직각을 이루지 않아 발생한 오차(기계적 오차)
② 토탈스테이션의 망원경 축과 수준기포관 축이 평행하지 않아 발생한 오차(기계적 오차)
③ 토탈스테이션으로 측정한 거리 169.56m를 196.56m로 잘못 읽어 발생한 오차(착오)
④ 토탈스테이션의 조정 불량 및 측량사의 습관에 의하여 발생한 오차(개인적 오차)

10. 1/50,000 지형도상에서 36cm²인 토지를 경지 정리하고자 할 때 지상에서의 실제면적은?

① 90ha   ② 900ha   ③ 1,200ha   ④ 2,000ha

해설 도면상거리=도면상거리=$\sqrt{36}=6\text{cm}=0.06\text{m}$
지상거리=축척분모×도면상거리=$50,000 \times 0.06 = 3,000\text{m}$
지상면적=지상면적²=$3,000\text{m}^2 = 9,000,000\text{m}^2$
∴ 900ha
※ $10,000\text{m}^2 = 1\text{ha}$

11. 지적삼각점측량에서 수평각의 측각공차에 대한 기준으로 옳은 것은?

① 기지각과의 차는 ±40초 이상
② 삼각형 내각 관측치의 합과 180도와의 차는 ±40초 이내
③ 1측회의 폐색차는 ±30초 이상
④ 1방향각은 30초 이내

해설 지적측량 시행규칙 제9조(지적삼각점측량의 관측 및 계산)

종별	1방향각	1측회의 폐색	삼각형 내각관측의 합과 180도와의 차	기지각과의 차
공차	30초 이내	±30초 이내	±30초 이내	±40초 이내

12. 고저차가 1.9m인 기선의 관측거리가 248.48m일 때 경사에 대한 보정량은?

① −8mm   ② −7mm   ③ +7mm   ④ +8mm

해설 경사보정량=$-\dfrac{h \times 2}{2 \times L} = -\dfrac{1.9 \times 2}{2 \times 248.48} = 0.0073\text{m}$

13. 배각법에 의하여 지적도근점측량을 시행할 경우 측각오차 계산식으로 옳은 것은?(단, e는 각오차, T_1은 출발기지방위각, $\sum a$는 관측각의 합, n은 폐색변을 포함한 변수, T_2는 도착기지방위각)

① $e = T_1 + \sum a - 180(n-1) + T_2$
② $e = T_1 + \sum a - 180(n-1) - T_2$
③ $e = T_1 - \sum a - 180(n-1) + T_2$
④ $e = T_1 - \sum a - 180(n-1) - T_2$

Answer   10. ②   11. ④   12. ②   13. ②

14. 필지를 분할하는 경우 분할 후의 면적이 분할 전 면적의 80퍼센트 이상이 되는 필지의 면적을 측정할 때에는 분할 전 면적의 20퍼센트 미만이 되는 필지의 면적을 먼저 측정한 후, 분할 전 면적에서 그 측정된 면적을 빼는 방법으로 할 수 있다. 이러한 방법으로 필지를 분할할 수 있는 기준 면적은 얼마 이상인가?

① 4,000m²
② 5,000m²
③ 6,000m²
④ 7,000m²

해설 지적측량 시행규칙 제20조(면적측정의 방법 등)
면적이 5천 제곱미터 이상인 필지를 분할하는 경우 분할 후의 면적이 분할 전 면적의 80퍼센트 이상이 되는 필지의 면적을 측정할 때에는 분할 전 면적의 20퍼센트 미만이 되는 필지의 면적을 먼저 측정한 후, 분할 전 면적에서 그 측정된 면적을 빼는 방법으로 할 수 있다.

15. 평판측량방법에 따른 세부측량의 기준 및 방법에 대한 설명 중 옳지 않은 것은?

① 지적도를 갖춰 두는 지역에서의 거리측정단위는 5cm로 한다.
② 임야도를 갖춰 두는 지역에서의 거리측정단위는 50cm로 한다.
③ 측량결과도는 축척 500분의 1로 작성한다.
④ 기지점이 부족한 경우에는 측량상 필요한 위치에 보조점을 설치하여 활용한다.

해설 지적측량 시행규칙 제18조(세부측량의 기준 및 방법 등)
측량결과도는 그 토지의 지적도와 동일한 축척으로 작성할 것. 다만, 도시개발사업 등의 시행지역(농지의 구획정리지역은 제외한다)과 축척 변경 시행지역은 500분의 1로 하고, 농지의 구획정리 시행지역은 1천분의 1로 하되, 필요한 경우에는 미리 시·도지사의 승인을 받아 6천분의 1까지 작성할 수 있다.

16. 다음 중 경계의 제도 기준에 대한 설명으로 옳은 것은?

① 경계는 0.1 mm 폭의 선으로 제도한다.
② 1필지의 경계가 도곽선에 걸쳐 등록되어 있는 경우에는 도곽선 밖의 여백에 경계를 제도할 수 없다.
③ 경계점좌표등록부 등록지역의 도면에 등록할 경계점 간 거리는 붉은색, 1.5 mm 크기의 아라비아 숫자로 제도한다.
④ 지적기준점 등이 매설된 토지를 분할하는 경우 그 토지가 작아서 제도하기가 곤란한 때에는 그 도면의 여백에 그 축척의 15배로 확대하여 제도할 수 있다.

해설 지적업무처리규정 제41조(경계의 제도)
1. 1필지의 경계가 도곽선에 걸쳐 등록되어 있으면 도곽선 밖의 여백에 경계를 제도한다.
2. 경계점좌표등록부 등록지역의 도면(경계점 간 거리등록을 하지 아니한 도면을 제외한다.)에 등록할 경계점 간 거리는 검은색의 1.0~1.5밀리미터 크기의 아라비아 숫자로 제도한다.
3. 지적기준점 등이 매설된 토지를 분할할 경우 그 토지가 작아서 제도하기가 곤란한 때에는 그 도면의 여백에 그 축척의 10배로 확대하여 제도할 수 있다.

17. 지적삼각보조점의 수평각을 관측하는 방법에 대한 기준으로 옳은 것은?

① 도선법에 따른다.
② 2대회의 방향관측법에 따른다.
③ 3대회의 방향관측법에 따른다.
④ 관측 지역에 따라 방위각법과 배각법을 혼용한다.

해설 지적측량 시행규칙 제11조(지적삼각보조점의 관측 및 계산)
수평각 관측은 2대회(윤곽도는 0도, 90도로 한다)의 방향관측법

18. 지적도근점측량에 따라 계산된 연결오차가 허용범위 이내인 경우 그 오차의 배분방법이 옳은 것은?

① 배각법에 따르는 경우 각 측선장에 비례하여 배분한다.
② 방위각법에 따르는 경우 각 측선장에 반비례하여 배분한다.
③ 배각법에 따르는 경우 각 측선의 종선차 또는 횡선차 길이에 비례하여 배분한다.
④ 방위각법에 따르는 경우 각 측선의 종선차 또는 횡선차 길이에 반비례하여 배분한다.

해설 지적측량 시행규칙 제14조(지적도근점의 각도관측을 할 때의 폐색오차의 허용범위 및 측각오차의 배분)
1. 배각법에 따르는 경우 : 측선장(測線長)에 반비례하여 각 측선의 관측각에 배분
2. 방위각법에 따르는 경우 : 변의 수에 비례하여 각 측선의 방위각에 배분

19. 지적삼각보조점측량의 방법에 대한 설명으로 옳지 않은 것은?

① 교회법으로 시행한다.
② 망평균계산법으로 시행한다.
③ 전파기측량법으로 시행한다.
④ 광파기측량법으로 시행한다.

해설 지적측량 시행규칙 제10조(지적삼각보조점측량)
1. 경위의측량방법과 전파기 또는 광파기측량방법에 따라 교회법으로 측량
2. 전파기 또는 광파기측량방법에 따라 다각망도선법으로 측량

20. 지적측량기준점표지의 설치기준에 대한 설명으로 옳은 것은?

① 지적도근점표지의 점간거리는 평균 300m 이상 600m 이하로 한다.
② 지적삼각점표지의 점간거리는 평균 5km 이상 10km 이하로 한다.
③ 다각망도선법에 의한 지적삼각보조점표지의 점간거리는 평균 2km 이상 5km 이하로 한다.
④ 다각망도선법에 의한 지적도근점표지의 점간거리는 평균 500m 이하로 한다.

해설 지적측량 시행규칙 제2조(지적기준점표지의 설치·관리 등)
1. 지적삼각점표지의 점간거리는 평균 2킬로미터 이상 5킬로미터 이하
2. 지적삼각보조점표지의 점간거리는 평균 1킬로미터 이상 3킬로미터 이하. 다만, 다각망도선법(多角網道線法)에 따르는 경우에는 평균 0.5킬로미터 이상 1킬로미터 이하
3. 지적도근점표지의 점간거리는 평균 50미터 이상 300미터 이하. 다만, 다각망도선법에 따르는 경우에는 평균 500미터 이하로 한다.

Answer 17. ② 18. ③ 19. ② 20. ④

02 응용측량

21. 그림과 같이 원곡선(AB)을 설치하려고 하는데 그 교점($I.P$)에 갈 수 없어 $\angle ACD = 150°$, $\angle CDB = 90°$, $CD = 100\text{m}$를 관측하였다. C점에서 곡선시점(B, C)까지의 거리는?(단, 곡선반지름 $R = 150\text{m}$)

① 115.47m
② 125.25m
③ 144.34m
④ 259.81m

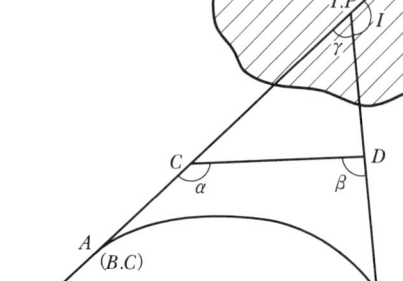

해설 $\alpha = 180° - 150° = 30°$, $\beta = 180° - 90° = 90°$, $\gamma = 180° - (90° + 30°) = 60°$
교각(I) $= 180° - 60° = 120°$, CD=100m

접선장($T.L$) $= R \cdot \tan\dfrac{I}{2} = 150 \times \tan 60° = 259.807\text{m}$

$\dfrac{CD}{\sin 60°} = \dfrac{CIP}{\sin 90°}$ 에서

$C - IP$ 까지의 거리 $= \dfrac{100}{0.866025} = 115.470\text{m}$

$AC = 259.807 - 115.470 = 144.337\text{m}$

22. 사진의 크기 $18 \times 18\text{cm}$, 초점거리 180mm의 카메라로 지면으로부터 비고가 100m인 구릉지에서 촬영한 연직사진의 축척이 $1 : 40,000$이었다면 이 사진의 비고에 의한 최대 변위량은?

① ±18mm
② ±9mm
③ ±1.8mm
④ ±0.9mm

해설 촬영고도(H) = 초점거리(f) × 축척분모(m) = 0.18 × 40,000 = 7,200m

최대변위량은 $\Delta r_{\max} = \dfrac{h}{H} r_{\max}$, $r_{\max} = \dfrac{\sqrt{2}}{2} \times a$

$= \dfrac{100}{7,200} \times \dfrac{\sqrt{2}}{2} \times 0.18 = 0.00177\text{m} = 1.8\text{mm}$

여기서, $\Delta r_{\max}$: 최대변위량, h : 비고, H : 비행고도, $r_{\max}$: 최대화면 연직점에서의 거리
a : 사진크기

Answer 21. ③ 22. ③

23. 항공삼각측량의 광속조정법(Bundle Adjustment)에서 사용하는 입력 좌표는?

① 사진좌표
② 모델좌표
③ 스트립좌표
④ 기계좌표

해설 항공삼각측량방법에서 대상물의 좌표를 얻기 위한 조정법에는 기계법(입체도화기)과 해석법(정밀 좌표관측기)이 있으며 해석법에는 스트립 및 블록조정(Strip 및 Block Adjustment), 독립모델법(Independent Model), 광속법(Bundle Adjustment)이 있다. 공선조건식을 이용하는 해석법에는 광속조정법이 사용되며 입력 좌표는 사진좌표이다.

24. 원곡선 설치를 위하여 교각(I)이 60°, 반지름이 200m, 중심 말뚝 거리가 20m일 때 노선기점에서 교점까지의 추가거리가 630.29m라면 시단현의 편각은?

① 0°24′31″
② 0°34′31″
③ 0°44′31″
④ 0°54′31″

해설 노선측량에서 $TL = R\tan\dfrac{I}{2} = 200\tan 30° = 115.47$

노선 출발점에서 곡선시점까지의 거리는 $BC = IP - TL = 630.29 - 115.47 = 514.82\text{m}$

∴ 노선출발점에서 곡선시점까지의 Chain당 거리는 $BC = 514.82 \div 20 = \text{No}25 + 14.82\text{m}$

시단현의 길이(l) 1Chain당 거리 − 14.82m = 5.18m

∴ 시단현의 편각은 $(\sigma) = 1{,}718.87' = 1{,}718.87'\dfrac{5.18}{200} = 0°44'31''$

25. 완화곡선의 성질에 대한 설명으로 옳지 않은 것은?

① 완화곡선의 접선은 시점에서 직선에 접한다.
② 완화곡선의 접선은 종점에서 원호에 접한다.
③ 완화곡선에 연한 곡선반지름의 감소율은 캔트의 증가율과 같다.
④ 곡선반지름은 완화곡선의 시점에서 원곡선의 반지름과 같다.

해설 완화곡선의 성질
1. 곡선반경은 완화곡선의 시점에서 무한대, 종점에서 원곡선 R로 된다.
2. 완화곡선의 접선은 시점에서 직선에, 종점에서 원호에 접한다.
3. 완화곡선에 연한 곡선반경의 감소율은 캔트의 증가율과 동률(다른 부호)로 된다.
4. 종점에 있는 캔트는 원곡선의 캔트와 같게 된다.

26. 곡선의 종류 중 완화곡선이 아닌 것은?

① 복심곡선
② 3차 포물선
③ 렘니스케이트
④ 클로소이드

해설 완화곡선에는 3차 포물선, 고차포물선, 반파장사인, 렘니스케이트, 클로소이드가 있다.

Answer 23. ① 24. ③ 25. ④ 26. ①

27. GNSS(Global Navigation Satellite System) 측량의 Cycle Slip에 대한 설명으로 옳지 않은 것은?

① GNSS 반송파 위상추적회로에서 반송파 위상차 값의 순간적인 차단으로 인한 오차이다.
② GNSS 안테나 주위의 지형·지물에 의한 신호단절 현상이다.
③ 높은 위성 고도각에 의하여 발생하게 된다.
④ 이동측량의 경우 정지측량의 경우보다 Cycle Slip의 다양한 원인이 존재한다.

해설 GNSS에서 사이클 슬립(Cycle Slip)은 주판 단절로 반송파 위상 추적회로에서 반송파 위상치의 값을 순간적으로 놓침으로 인해 발생하는 오차로, 주위의 지형·지물 등에 의해 신호가 단절되는 것을 말하며 원인은 다음과 같다.
1. GNSS 안테나 주위의 지형·지물에 의한 신호의 차단으로 발생
2. 비행기의 커브 회전 시 동체에 의한 위성시야의 차단으로 발생
3. 관측된 신호의 잡음이 높을 경우에 발생
4. 위성의 위치가 좋지 않거나 낮은 수신 고도각 불량으로 발생
5. 이동측량에서 많이 발생
6. 신호잡음, 수신각이나 수신기 위상 중심 신호전파의 성능에 의해 발생

28. 다음 그림과 같은 경사지에 폭 6.0m의 도로를 개설하고자 한다. 절토기울기 1 : 0.5, 절토높이 2.0m, 성토기울기 1 : 1, 성토높이 5m로 한다면 필요한 용지폭은?(단, 양쪽의 여유폭은 1m로 한다.)

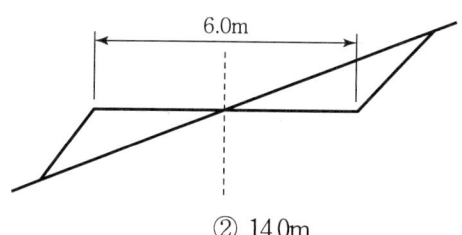

① 17.0m ② 14.0m
③ 12.5m ④ 11.5m

해설 $x_1 = \dfrac{6}{2} + 5 + 1 = 9\text{m}$

$x_2 = \dfrac{6}{2} + 1 + 1 = 5\text{m}$

∴ $x_1 + x_2 = 14\text{m}$

29. 사진의 특수3점은 주점, 등각점, 연직점을 말하는데, 이 특수점이 일치하는 사진은?

① 수평사진 ② 저각도경사사진
③ 고각도경사사진 ④ 엄밀수직사진

해설 엄밀수직사진은 광축과 연직선이 거의 일치하도록 상공에서 촬영한 경사각 3° 이내의 사진을 말한다.

30. 수준측량의 야장기입법 중 중간점(I.P)이 많을 때 가장 적합한 방법은?

① 승강식　　② 고차식　　③ 기고식　　④ 방사식

해설 노선측량 야장기입법 중에서 종단측량이나 횡단측량에 많이 쓰이며 중간점이 많을 때 가장 적당한 방법은 기고식이다.

31. 우리나라 지형도 1 : 50,000에서 조곡선의 간격은?

① 2.5m　　② 5m　　③ 10m　　④ 20m

해설 축척별 등고선의 간격

등고선의 간격	기 호	1/10,000	1/25,000	1/50,000
주곡선	가는 실선	5m	10m	20m
간곡선	가는 파선	2.5m	5m	10m
보조곡선 (조곡선)	가는 점선	1.25m	2.5m	5m
계곡선	굵은 실선	25m	50m	100m

32. 지형도에서 등고선에 둘러싸인 면적을 구하는 방법으로 가장 적합한 것은?

① 전자면적측정기에 의한 방법　　② 방안지에 의한 방법
③ 좌표에 의한 방법　　④ 삼사법

해설 지형도의 이용은 등경사선을 관측하여 종단면도 및 횡단면도를 작성하고 도로, 철도, 수로 등의 도상 선정과 저수량의 관측에 의한 집수면적의 측정, 하천지역 면적의 측정, 절토 및 성토범위의 결정, 토량의 계산, 등고선의 체적 계산에 있으며 등고선 면적을 구하는 가장 적정한 방법은 전자면적측정기를 이용하는 방법이다.

33. 등고선의 성질에 대한 설명으로 틀린 것은?

① 등고선은 최대경사선과 직교한다.
② 동일 등고선 상에 있는 모든 점은 높이가 같다.
③ 등고선은 절벽이나 동굴의 지형을 제외하고는 교차하지 않는다.
④ 등고선은 폭포와 같이 도면 내외 어느 곳에서도 폐합되지 않는 경우가 있다.

해설 등고선의 성질
1. 동일 등고선 상에 있는 모든 점은 같은 높이다.
2. 등고선은 도면 내외에서 폐합하는 폐합선이다.
3. 지도의 도면 내에서 폐합하는 경우 등고선의 내부에 산정 또는 분지가 있다.
4. 높이가 다른 두 등고선은 동굴이나 절벽의 지형이 아닌 곳에서는 교차하지 않으며, 동굴이나 절벽은 반드시 두 점에서 교차한다.
5. 동등한 경사의 지표에서 양 등고선의 수평거리는 같다.

Answer　30. ③　31. ②　32. ①　33. ④

6. 같은 경사의 평면일 때는 나란히 직선이 된다.
7. 최대 경사의 방향은 등고선과 직각으로 교차한다.
8. 등고선은 경사가 급한 곳에서는 간격이 좁고 완만한 경사지는 넓다.
9. 등고선은 분수선과 직각으로 만난다.
10. 등고선의 수평거리는 산꼭대기 및 산밑에서는 크고 산중턱에서는 작다.
11. 등고선이 능선을 직각방향으로 횡단한 다음 능선 다른 쪽을 따라 거슬러 올라간다.

34. 촬영고도 1,500m에서 찍은 인접 사진에서 주점기선의 길이가 15cm이고, 어느 건물의 시차차가 3mm이었다면 건물의 높이는?

① 10m
② 30m
③ 50m
④ 70m

해설 $h = \dfrac{H}{bo} \Delta p$ 에서

$h = \dfrac{1,500}{0.15} \times 0.003 = 30\text{m}$

여기서, h : 건물의 높이, H : 비행고도, bo : 주점거리, Δp : 시차차

35. 내부표정에 대한 설명으로 옳은 것은?

① 기계좌표계 → 지표좌표계 → 사진좌표계로 변환
② 지표좌표계 → 기계좌표계 → 사진좌표계로 변환
③ 지표좌표계 → 사진좌표계 → 기계좌표계로 변환
④ 기계좌표계 → 사진좌표계 → 지표좌표계로 변환

해설 내부표정이란 도화기의 투영기에 촬영 당시와 똑같은 상태로 양화건판을 정착시키는 작업으로, 즉 화면 거리 조정과 주점의 표정작업이며 내용으로는 주점의 위치결정, 화면거리의 결정, 건판의 신축보정 등이 있으며 기계좌표 → 지표좌표 → 사진좌표계로 변환한다.

36. 터널측량을 하여 터널 시점(A)과 종점(B)의 좌표와 높이(H)가 다음과 같을 때, 터널의 경사도는?

[단위 : m]
$A(1,125.68,\ 782.46)$, $B(1,546.73,\ 415.37)$
$H_A = 49.25$, $H_B = 86.39$

① 3°25′14″
② 3°48′14″
③ 4°08′14″
④ 5°08′14″

해설 AB의 거리 = $\sqrt{(1,546.73-1,125.68)^2 + (415.37-782.46)^2} = 558.60\text{m}$

AB의 높이차 = $86.39 - 49.25 = 37.14\text{m}$

터널경사도 = $\tan^{-1} \dfrac{37.14}{558.60} = 3°48′13.91″$

37. 다음 중 인공위성의 궤도요소에 포함되지 않는 것은?

① 승교점의 적경
② 궤도 경사각
③ 관측점의 위도
④ 궤도의 이심률

해설 인공위성의 궤도는 대략 원궤도로 55°의 궤도경사각을 가지고 궤도요소로는 궤도의 경사각, 궤도의 장반경, 승교점의 적경, 궤도의 주기, 근지점의 독립변수, 궤도의 이심률 등이 있다.

38. 상호표정의 인자 중 촬영방향(x-축)을 회전축으로 한 회전운동 인자는?

① ϕ
② ω
③ κ
④ by

해설 사진측량의 상호표정이란 비행기가 촬영 당시에 가지고 있던 기울기를 도화기상에서 그대로 재현하는 과정으로 촬영 당시 촬영면상에 이루어지는 종시차를 소거하여 목표지형물의 상대적 위치를 맞추는 작업이다. 이런 위치를 맞추기 위해서는 상호표정 인자 (κ, ω, by, bz, ϕ) 5개가 사용되는데 상호표정인자 중 회전인자에는 비행기의 수평회전을 재현해주는 κ, 비행기 전후 기울기를 재현해주는 ϕ, 비행기의 촬영방향 좌우 기울기를 재현해주는 ω가 있다.

39. 터널측량에서 측점 A, B를 천정에 설치하고 A점으로부터 경사거리 46.35m, 경사각 $+17°20'$, A점의 천정으로부터 기계고 1.45m, B점의 측표 높이 1.76m를 관측하였을 때, AB의 고저차는?

① 17.05m
② 10.60m
③ 13.50m
④ 14.12m

해설 천정에 측점이 있는 것에 주의
$\Delta H + 기계고(I.H) = 시준고(S) + 경사거리(L) \times \sin\alpha$
$\Delta H = S + L\sin\alpha - I.H = 1.76 + 46.35 \times \sin17°20' - 1.45 = 14.119\text{m}$

40. 표척 2개를 사용하여 수준측량할 때 기계의 배치 횟수를 짝수로 하는 주된 이유는?

① 표척의 영점오차를 제거하기 위하여
② 표척수의 안전한 작업을 위하여
③ 작업능률을 높이기 위하여
④ 레벨의 조정이 불완전하기 때문에

해설 수준측량에서 영점오차 소거 방법
1. 처음에 세운 표척이 마지막에 오도록 한다.
2. 이기점이 홀수가 되도록 한다.
3. 표척을 세운 횟수가 짝수가 되도록 한다.

Answer 37. ③ 38. ② 39. ④ 40. ①

03 토지정보체계론

41. 공간자료의 입력방법인 스캐닝에 대한 설명으로 옳지 않은 것은?
① 스캐너를 이용하여 정보를 신속하게 입력시킬 수 있다.
② 스캐너는 광학주사기 등을 이용하여 레이저 광선을 도면에 주사하여 반사된 값에 수치값을 부여하여 데이터의 영상자료를 만드는 것이다.
③ 스캐너 영상자료는 소프트웨어를 이용하여 벡터라이징을 통해 수치지도로 제작된다.
④ 스캐닝은 문자나 그래픽 심볼과 같은 부수적 정보를 많이 포함한 도면을 입력하는 데 적합하다.

해설 속성정보(문자)는 키보드로 입력하는 것이 적합하다.

42. 공간데이터의 수집 절차로 옳은 것은?
① 데이터 획득 → 수집계획 → 데이터 검증
② 수집계획 → 데이터 검증 → 데이터 획득
③ 수집계획 → 데이터 획득 → 데이터 검증
④ 데이터 검증 → 데이터 획득 → 수집계획

해설 어떤 데이터를 수집할 것인가에 대한 계획을 수립하고, 그 계획에 따라 데이터를 획득한 후, 데이터가 정확하게 저장되었는지 검증하여야 함

43. 다음 중 관계형 데이터베이스에서 자료의 추출(검색)에 사용되는 표준언어인 비과정 질의어는?
① SQL　　　　　　　　　　② Visual Basic
③ Visual C^{++}　　　　　　　④ COBOL

해설 SQL(Structured Query Language)
데이터베이스로부터 정보를 얻거나 갱신하기 위한 표준 대화식 프로그래밍 언어
1. Visual Basic : 윈도용 응용 프로그램 개발 언어, 창(window)이나 버튼을 양식(form)에 배치해 감으로써 그래픽 사용자 인터페이스(GUI)를 구사하는 프로그램을 매우 쉽게 개발할 수 있는 것이 특징
2. Visual C^{++} : C언어에 객체지향 프로그램을 하기에 편리한 여러 가지 기능을 추가하여 만들어진 언어, 윈도 환경에서 동작하는 마이크로소프트 사의 C^{++} 컴파일러로, 윈도 상에서 소프트웨어를 개발할 수 있는 환경을 갖추고 있다.
3. COBOL : 사무용 응용 프로그램을 위해 1960년대에 개발된 프로그래밍 언어. 많은 양의 정보를 효율적으로 처리하기 위해 입출력 기능에 중점을 두어 설계되었으며, 프로그램의 판독성을 증대시키기 위해 영어와 유사한 구문을 사용

Answer　41. ④　42. ③　43. ①

44. 기어구동식 자동제도기의 정보 변화 범위로 맞는 것은?

① 0.01mm 이내
② 0.02mm 이내
③ 0.03mm 이내
④ 0.04mm 이내

해설 자동제도기
설계와 제도 프로그램을 펀치 카드화하여 컴퓨터로 설계 계산과 도면 처리를 하고, 종이 테이프로 작도(作圖)를 지시하면 제어장치에서 이를 전기 신호로 바꾸어 자동 제도기를 조작하여 자동적으로 도면을 작성하는 기계

45. 다음 중 벡터자료 구조의 기본적인 단위에 해당되지 않는 것은?

① 픽셀
② 점
③ 선
④ 면

해설 벡터자료는 현실 세계의 객체를 점, 선, 면을 이용하여 지도상에 나타낸다.

46. 다음 중 벡터구조에 비하여 격자구조가 갖는 장점이 아닌 것은?

① 네트워크 분석에 효과적이다.
② 자료의 중첩에 대한 조작이 용이하다.
③ 자료구조가 간단하다.
④ 원격탐사 자료와의 연계처리가 용이하다.

해설 벡터구조와 래스터구조의 비교

비교항목		벡터자료	래스터 자료
가공 처리	중첩분석	중첩분석 및 조합이 나쁨	각 단위의 형태와 크기가 균일하여 중첩 분석 및 조합이 쉬움
	시뮬레이션	시뮬레이션을 위한 처리가 복잡함	각 단위의 형태와 크기가 균일하므로 시뮬레이션이 쉬움
	네트워크 해석	네트워크 연결에 의한 지리적 요소의 연결을 표현하고 분석 가능	네트워크 연결과 분석은 곤란
	자료편집	객체단위로 이루어짐	화소단위와 영역단위로 이루어짐

47. 토지정보체계의 데이터 관리에서 파일처리방식의 문제점이 아닌 것은?

① 시스템 구성이 복잡하고 비용이 많이 소요된다.
② 데이터의 독립성을 지원하지 못한다.
③ 사용자 접근을 제어하는 보안체계가 미흡하다.
④ 다수의 사용자 환경을 지원하지 못한다.

해설 토지정보체계의 데이터베이스 관리에서 파일처리방식의 문제점
1. 데이터의 독립성을 지원하지 못한다.
2. 사용자 접근을 제어하는 보안체제가 미흡하다.

Answer 44. ② 45. ① 46. ① 47. ①

3. 다수의 사용자 환경을 지원하지 못한다.
4. 데이터가 분리되고 격리되어 있다.
5. 상당량의 데이터가 중복되어 있다.
6. 응용 프로그램이 파일의 형식에 종속된다.
7. 파일 상호 간에 종종 호환성이 없다.
8. 사용자가 데이터를 보는 방식 그대로 데이터를 표현하기 어렵다.

48. 다음 중 평면직각좌표계의 이점이 아닌 것은?

① 평판측량, 항공사진측량 등 많은 측량작업과 호환성이 좋다.
② 평면직각좌표로부터 거리, 수평각, 면적을 계산하기 편리하다.
③ 관측값으로부터 평면직각좌표를 계산하기 편리하다.
④ 지도 구면상에 표시하기가 쉽다.

해설 평면직각좌표계
1. 구면 위에 있는 모든 점의 위치가 투영면인 평면으로 표시
2. 투영에서 사용하는 좌표계는 일반적으로 직교좌표계를 활용하고 있으며, 북을 (+) X축, 동을 (+) Y축으로 하고 있다.

49. 아래와 같은 수식으로 주어지는 것은 어떤 좌표변환인가?(단, λ : 축척변환 (x_0, y_0) : 원점 변위량, θ : 회전변환 (x', y') : 보정된 좌표 (x, y) : 보정 전 좌표)

$$\begin{bmatrix} x' \\ y' \end{bmatrix} = \lambda \begin{bmatrix} \cos\theta & -\sin\theta \\ \sin\theta & \cos\theta \end{bmatrix} \begin{bmatrix} x \\ y \end{bmatrix} \begin{bmatrix} x_0 \\ y_0 \end{bmatrix}$$

① 어파인(Affine) 변환
② 투영변환
③ 등각사상변환
④ 의사어파인(Pseudo-affine) 변환

해설 2D Conformal Transformation(2차원 등각사상변환)
1) 기하적인 각도를 그대로 유지하면서 좌표변환하는 것
2) 미지수(4)=축척(1)+회전(1)+평행이동(2)

50. 지적도면을 전산화하고자 하는 경우 정비하여야 할 대상 정보가 아닌 것은?

① 색인도
② 도곽선
③ 필지경계
④ 지번색인표

해설 지번색인표
원하는 지번의 토지가 어느 지적도에 등록되어 있는가를 용이하게 알 수 있도록 정리해 놓은 표(용지)를 말한다. 즉, 도면번호별로 지번의 등록사항을 알기 쉽게 하기 위하여 일람도별로 작성한 것

51. 다음 중 두 개 또는 더 많은 레이어들에 대하여 블린(Boolean)의 OR 연산자를 적용하여 합병하는 방법으로 기준이 되는 레이어의 모든 특징이 결과 레이어에 포함되는 중첩분석 방법은?

① Intersect   ② Union   ③ Identity   ④ Clip

해설 UNION
2개 또는 더 많은 레이어들에 대하여 OR 연산자를 적용해 합병하는 방법

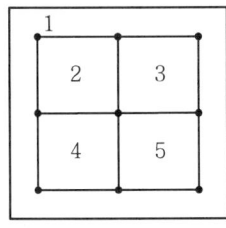
입력레이어

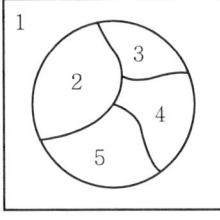
UNION 레이어

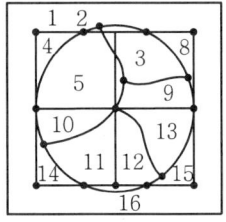
결과레이어

52. 스파게티(Spaghetti) 모형에 대한 설명이 옳지 않은 것은?

① 하나의 점이 X・Y 좌표를 기본으로 하고 있어 다른 모형에 비하여 구조가 복잡하고 이해하기 어렵다.
② 데이터 파일을 이용한 지도를 인쇄하는 단순작업의 경우에 효율적인 도구로 사용되었다.
③ 상호 연관성에 관한 정보가 없어 인접한 객체들의 특징과 관련성, 연결성을 파악하기 힘들었다.
④ 객체들 간에 정보를 갖지 못하고 국수 가락처럼 좌표들이 길게 연결되어 있는 구조를 말한다.

해설 위상구조 모형 : 하나의 점이 X・Y 좌표를 기본으로 하고 있어 다른 모형에 비하여 구조가 복잡하고 이해하기 어렵다.

53. 래스터 데이터의 일반적인 자료압축방법이 아닌 것은?

① Chain Code   ② Block Code
③ Structure Code   ④ Run-length Code

해설 래스터 데이터 압축방법
 1. 체인 코드(Chain Code) 방법
 2. 런 렝스 코드(Run-Length Code) 방법
 3. 블록 코드(Black Code) 방법
 4. 사지수형(Quadtree)방법

54. 다음 중 계층형(Hierarchical), 네트워크형(Network), 관계형(Relational) 데이터 모델 간의 가장 큰 차이점은 무엇인가?

① 데이터의 물리적 구조   ② 관계의 표현방식
③ 속성자료의 표현방법   ④ 데이터 모델의 구축환경

Answer 51. ② 52. ① 53. ③ 54. ②

해설 데이터 모델
1. 계층구조(Hierarchical Structure) : 트리(Tree) 형태 계급형 모형에서 가장 위의 계급을 Root(근원)라 하며, Root 역시 레코드의 형태를 갖는다. Root를 제외한 모든 레코드는 부모 레코드와 자식 레코드를 갖는다.
2. 조직망구조(Network Structure) : 기록들은 다른 파일의 하나 이상의 기록들과 연계되어 있으며, 연관시키기 위해서는 지시자가 활용된다.
3. 관계형 데이터 모델 : 모든 데이터들이 테이블과 같은 형태를 나타내는 것으로, 데이터베이스를 구축하는 가장 전형적인 모델이다.

55. GIS 데이터의 표준화 유형에 해당하지 않는 것은?
① 데이터 모형(Data Model)의 표준화
② 데이터 내용(Data Content)의 표준화
③ 데이터 정책(Data Institute)의 표준화
④ 위치 참조(Location Reference)의 표준화

해설 표준 유형 분류
1. 기능 측면 : 데이터 표준, 기술 표준, 프로세스 표준, 조직 표준
2. 데이터 측면
   - 내적 요소 : 데이터 모형 표준, 데이터 내용 표준, 메타데이터 표준
   - 외적 요소 : 데이터 품질 표준, 데이터 수집 표준, 위치참조 표준, 데이터 교환 표준
3. 영역 측면 : 국지적 범주, 국가 범주, 국가 간 범주, 국제 범주

56. 다음 자료들 중에서 지형, 지세 등 표면 표현 및 등고선, 3차원 표현 등 표면모델링에 이용되는 것은?
① Coverage
② Layer
③ TIN
④ Image

해설 TIN(Triangular Irregular Network), 불규칙삼각망
1. DEM과는 달리 추출된 표본 지점들은 x, y, z값을 갖고 있다.
2. 벡터 데이터모델로 위상구조를 가지고 있다.
3. 표본점으로부터 삼각형의 네트워크를 생성하는 방법으로 가장 널리 사용되는 방법은 델로니 삼각법이다.
4. 불규칙삼각망이 격자형 수치표고모형에 비해 자료의 저장이 용이하고, 불규칙한 간격을 가지는 표고 자료를 운용할 수 있는 편리한 자료구조를 가지고 있기 때문에 격자형 수치표고모형의 대안이 될 수 있다.

57. 다음 중 지적재조사사업의 목적과 가장 거리가 먼 것은?
① 지적불부합지 문제 해소
② 토지의 경계복원능력 향상
③ 지하시설물 관리체계 개선
④ 능률적인 지적관리체계 개선

해설 지적재조사사업의 목적
1. 공적 측면에서 국토의 효율적인 관리·토지정책 및 행정 수행의 기초자료 제공
2. 사적 측면에서 국민의 토지소유권 보호·토지거래의 안전성 및 신속성 보장
3. 국토의 효율적인 관리와 국민의 토지소유권 보호를 위해서 측량 및 정보처리 기술을 혁신하고, 지적불부합이 야기되는 현재의 지적제도를 전면 개선

4. 토지 관련 정보의 신속·정확한 제공
5. 지적정보를 공동 활용하여 중복투자 방지
6. 지적행정의 효율성 및 능률성 도모

58. SQL 언어 중 데이터조작어(DML)에 해당하지 않는 것은?

① INSERT
② UPDATA
③ DELETE
④ DROP

해설 데이터 조작어(DML ; Data Manipulation Language)
1. 사용자가 데이터베이스에 접근하여 데이터를 처리할 수 있는 데이터 언어
2. 데이터베이스에 저장된 자료를 검색, 삽입(Insert), 삭제(Delete), 갱신(Update)하기 위해 사용되는 언어

59. 데이터베이스 구축과정에서 검수에 대한 설명으로 옳은 것은?

① 검수란 최종 성과에 대해 실시하는 것이다.
② 검수는 데이터베이스 구축과정에서 단계별로 실시한다.
③ 출력검수는 화면출력에 대해 검수하는 것이다.
④ 검수방법 중에서 컴퓨터에 의해 자동처리되는 프로그램 검수가 가장 우수하다.

해설 데이터베이스 구축 과정
데이터베이스 구축 과정은 기획, 설계, 구현, 운영 및 유지보수 단계로 구분한다.
1. 기획단계 : 대상 선정 및 시장조사·분석, 데이터베이스 범위·성격·서비스 정의, 요구사항 분석, 마케팅 전략, 저작권을 고려하는 단계
2. 설계단계 : 개념적 모델 설계, 논리적 구조 설계, 물리적 구조 설계를 하는 단계
3. 구현단계와 운영 및 유지보수단계 : 데이터의 수집, 데이터의 가공, 데이터의 입력·저장, 검색, 데이터베이스 관리시스템(DBMS)을 고려해서 개발하고, 운영 및 유지보수단계로 이어지게 된다.

60. GIS의 자료 분석 과정 중 도형자료와 속성자료가 구축된 레이어 간의 정보를 합성하거나 수학적 변환기능을 이용하여 정보를 통합하는 분석 방법은?

① 중첩분석
② 표면분석
③ 합성분석
④ 검색분석

해설 중첩분석의 주요 유형
1. UNION : 2개 또는 더 많은 레이어들에 대하여 OR 연산자를 적용해 합병하는 방법
2. INTERSECT : AND 연산자를 적용하여 2개의 레이어가 중첩될 때 Intersect 레이어와 중첩되는 부분만 결과 레이어에 남는다.
3. IDENTITY : 입력 레이어의 범위에 위치한 모든 정보는 결과 레이어에 포함되며, 레이어의 외부경계는 입력 레이어와 동일하다.

04 지적학

61. 조선시대의 양안(量案)은 오늘날의 어느 것과 같은 성질의 것인가?
① 토지과세대장   ② 임야대장
③ 토지대장   ④ 부동산등기부

해설 양안은 고려시대부터 시작되어 조선시대를 거쳐 일제시대의 토지조사사업 전까지 세금의 징수를 목적으로 양전에 의해 작성된 토지기록부 또는 토지대장이다.

62. 간주지적도에 등록된 토지는 토지대장과는 별도로 대장을 작성하였다. 다음 중 그 명칭에 해당하지 않는 것은?
① 산토지대장   ② 별책토지대장
③ 임야토지대장   ④ 을호토지대장

해설 간주지적도에 등록된 토지는 그 대장을 별도로 작성하였으며, 그 명칭을 산토지대장, 별책토지대장, 을호토지대장이라고 하였다.

63. 일본의 지적 관련 법령으로 옳은 것은?
① 지적법   ② 부동산등기법   ③ 국토기본법   ④ 지가공시법

해설 일본은 1960년 부동산등기법이 개정되어 등기제도와 지적제도가 통합되어 운영되고 있다.

64. 다음 중 역토(驛土)에 대한 설명으로 옳지 않은 것은?
① 역토는 주로 군수비용을 충당하기 위한 토지이다.
② 역토의 수입은 국고수입으로 하였다.
③ 역토는 역참에 부속된 토지의 명칭이다.
④ 조선시대 초기에 역토에는 관둔전, 공수전 등이 있다.

해설 역토는 주요 도로에 설치된 역참에 부속된 토지로서 소속 관리의 급여, 말의 사육비 등 역참의 운영비용을 충당하기 위한 토지이다.

65. 다음 중 간주지적도에 관한 설명으로 틀린 것은?
① 임야도로서 지적도로 간주하게 된 것을 말한다.
② 간주지적도인 임야도에는 적색 1호선으로써 구역을 표시하였다.
③ 지적도 축척이 아닌 임야도 축척으로 측량하였다.
④ 대상은 토지조사 시행지역에서 약 200간(間) 이상 떨어진 지역으로 하였다.

Answer   61. ③   62. ③   63. ②   64. ①   65. ②

해설 간주지적도
1. 간주지적도의 개념
   - 간주지적도란 지적도로 간주하는 임야도를 말함
   - 토지조사지역 밖인 산림지대에 조사대상 지목인 전, 답, 대 등 과세지가 있더라도 구태여 지적도에 등록하지 않고 그 지목만을 수정하여 임야도에 등록
   - 지적도 축척인 1/600, 1/1,200, 1/2,400으로 측량하지 않고 1/3,000, 1/6,000 축척으로 등록
2. 간주지적도의 필요성
   - 토지조사령에 의한 조사대상 지목으로서 산림지대에 있는 전, 답, 대 등 지적도에 등록할 토지가 토지조사시행지역에서 약 200간(間) 이상 떨어져서 기존의 지적도에 등록할 수 없음
   - 증보도의 작성에 많은 노력과 비용이 소요
   - 도면의 매수가 증가되어 그 관리가 불편
3. 간주지적도 시행지역
   - 토지조사령에 의한 조사대상 지목으로서 산림지대에 있는 전, 답, 대 등 지적도에 등록할 토지가 토지조사시행지역에서 약 200간(間) 이상 떨어진 지역
   - 조선 총독부가 1924. 4. 1 임야도로서 지적도에 간주한 지역을 고시한 후 15차에 걸쳐 추가 고시
   - 대부분의 산간벽지와 도서지방이 간주지적도 지역에 속함
4. 간주지적도 시행지역의 토지대장
   - 간주지적도에 등록된 토지는 그 대장을 별도로 작성하고, 산토지대장이라고 함
   - 별책토지대장, 을호토지대장이라고도 함
   - 별책토지대장은 면적단위 30평 단위로 등록하였으며, 토지대장 카드화 작업으로 제곱미터(m²) 단위로 환산하여 등록
   ※ 임야도에 등록시된 간주지적도 지역은 흑색 3호선으로 표시함

66. 다음 중 지번을 설정하는 이유와 가장 거리가 먼 것은?

① 토지의 특정화 ② 지리적 위치의 고정성 확보
③ 입체적 토지 표시 ④ 토지의 개별화

해설 지번의 기능
1. 토지의 고정화
2. 토지의 특정화
3. 토지의 개별화
4. 토지위치의 확인
5. 행정주소표기, 토지 이용의 편리성
6. 토지관계 자료의 연결매체 기능

67. 다음 중 현대 지적의 특성만으로 연결된 것이 아닌 것은?

① 역사성 – 영구성 ② 전문성 – 기술성
③ 서비스성 – 윤리성 ④ 일시적 민원성 – 개별성

해설 현대 지적의 특성은 역사성과 영구성, 반복민원성, 전문기술성, 서비스성과 윤리성, 정보원 등이 있다.

Answer 66. ③ 67. ④

68. 지번의 부여방법 중 사행식에 대한 설명으로 옳지 않은 것은?

① 우리나라 지번의 대부분이 사행식에 의하여 부여되었다.
② 필지의 배열이 불규칙한 지역에서 많이 사용한다.
③ 도로를 중심으로 한쪽은 홀수로, 다른 한쪽은 짝수로 부여한다.
④ 각 토지의 순서를 빠짐없이 따라가기 때문에 뱀이 기어가는 형상이 된다.

해설 지번부여방법
1. 지번부여방법의 종류
   ① 진행방향에 따른 분류 : 사행식, 기우식, 단지식
   ② 부여단위에 따른 분류 : 지역단위법, 도엽단위, 단지단위법
   ③ 기번위치에 따른 분류 : 북동기번법, 북서기번법
2. 진행방향에 따른 방법
   (1) 사행식
      ① 필지의 배열이 불규칙한 지역에서 진행순서에 따라 지번 부여
      ② 진행방향에 따라 지번이 순차적으로 연속
      ③ 농촌지역에 적합
      ④ 상하좌우로 볼 때 어느 방향에서는 지번이 뛰어넘는 단점이 있음
   (2) 기우식(또는 교호식)
      ① 도로를 중심으로 한쪽은 홀수인 기수, 반대쪽은 짝수인 우수로 지번을 부여
      ② 시가지 지역의 지번설정에 적합
   (3) 단지식(또는 Block식)
      ① 1단지마다 하나의 지번을 부여하고 단지 내 필지들은 부번을 부여하는 방법
      ② 토지구획, 농지개량사업시행지역에 적합
3. 부여단위에 따른 방법
   (1) 지역단위법
      ① 1개의 지번설정지역 전체를 대상으로 하여 순차적으로 지번 부여
      ② 지번부여지역이 좁거나 도면매수가 적은 지역에 적합
   (2) 도엽단위법
      ① 도엽단위로 세분하여 지번 부여
      ② 넓거나 도면매수가 많은 지역에 적합
   (3) 단지단위법
      ① 1개의 지번설정지역을 지적(임야)도의 단지단위로 세분하여 지번을 부여
      ② 다수의 소규모 단지로 구성된 토지구획, 농지개량사업지역에 적합
   (4) 기번위치에 따른 방법
      ① 북동기번법
         • 북동쪽에서 남서쪽으로 순차적으로 지번 부여
         • 한자지번 지역에 적합
      ② 북서기번법
         • 북서에서 남동쪽으로 순차적으로 지번 부여
         • 아라비아숫자 지번지역에 적합

Answer 68. ③

69. 일반적으로 양안에 기재된 사항에 해당하지 않는 것은?

① 지번, 면적
② 측량순서, 토지등급
③ 토지형태, 사표(四標)
④ 신구 토지소유자, 토지가격

해설 양안의 기재 내용
1. 토지소재지, 천자문의 자호, 지번, 양전 방향, 토지형태, 지목, 사표, 장광척, 면적, 등급, 결부속, 소유자 등을 기록함
2. 고려시대 : 지목, 전형(토지형태), 토지소유자, 양전방향, 사표, 결수, 총결수
3. 조선시대 : 논밭의 소재지, 지목, 면적, 자호, 전형(토지형태), 토지소유자, 양전방향, 사표, 장광척, 등급, 결부 수, 경작 여부 등

70. 지적제도의 발달사적 입장에서 볼 때 법지적제도의 확립을 위하여 동원한 가장 두드러진 기술업무는?

① 토지평가
② 지적측량
③ 지도제작
④ 면적측정

해설 지적측량의 기술 발달에 의해 정확하고 안정적인 지적제도가 확립될 수 있다.

71. 지적제도의 발전 단계별 특징이 옳지 않은 것은?

① 세지적 – 생산량
② 법지적 – 경계
③ 법지적 – 물권
④ 다목적지적 – 지형·지물

해설 발전단계별 지적제도의 특징
1. 세지적 : 농경시대에 개발된 최초의 지적제도로서, 세금징수가 주목적이므로 세금 산정을 위한 면적본위로 운영
2. 법지적 : 토지 이용의 다양성과 상품성이 강조된 산업화 시대에 개발된 지적제도로서, 토지 거래의 안전과 소유권 보호가 주목적이므로 소유권 등 권리의 한계 설정과 경계복원이 강조되고 위치본위로 운영
3. 다목적지적 : 사회의 발달과 기능의 복잡·다양화로 토지이용의 효율화와 토지관련정보의 신속하고 계속적인 제공이 주목적이므로 종합적 토지정보시스템으로 운영

72. 다음 중 고려시대 토지기록부의 명칭이 아닌 것은?

① 양전도장(量田都帳)
② 도전장(都田帳)
③ 양전장적(量田帳籍)
④ 방전장(方田帳)

해설 양안의 명칭
1. 고려시대 : 도전장(都田帳), 양전도장(量田都帳), 양전장적(量田帳籍), 도전정(導田丁), 도행(導行), 전적(田積), 적(籍), 전부(田簿), 안(案), 원적(元籍) 등
2. 조선시대 : 양안, 양안등서책(量案謄書冊), 전안(田案), 전답안(田畓案), 성책(成冊), 양명등서차(量名謄書次), 전답결대장, 전답결타량정안, 전답타량책, 전답타량안, 전답결정안, 전답양안, 전답행번, 양전도행장 등

Answer 69. ④ 70. ② 71. ④ 72. ④

73. 토지 이용의 입체화와 가장 관련성이 깊은 지적제도의 형태는?

① 세지적 ② 3차원 지적 ③ 2차원 지적 ④ 법지적

해설 3차원 지적은 토지의 지표, 지하, 공중에 형성되는 선·면·높이를 입체적으로 등록·관리는 제도이다. (2차원 지적은 토지의 수평면상 투영만을 가상하여 경계를 등록·공시하는 평면지적제도)

74. 전산등록파일을 지적공부로 규정한 지적법의 개정연도로 옳은 것은?

① 1991년 1월 1일 ② 1995년 1월 1일 ③ 1999년 1월 1일 ④ 2001년 1월 1일

해설 우리나라 지적법은 지적공부의 등록사항을 전산정보 처리조직에 의할 경우 불가시적인 전산등록 파일을 지적공부로 보도록 규정한 법률 제4273호 개정안을 1990년 12월 31일 공포하고 1991년 1월 1일 시행하였다.

75. 다목적지적의 기본 구성요소와 가장 거리가 먼 것은?

① 측지기준망 ② 기본도 ③ 지적도 ④ 토지권리도

해설 다목적지적의 구성요소
1. 측지기본망(Geodetic Reference Network)
2. 기본도(Base Map)
3. 지적중첩도(Cadastral Overlay)
4. 필지식별번호(Unique Parcel Identification Number)
5. 토지자료파일(Land Data File)

76. 지적제도의 발생설로 보기 어려운 것은?

① 과세설 ② 치수설 ③ 지배설 ④ 계약설

해설 지적제도의 발생설
1. 과세설 : 세금징수의 목적에서 출발
2. 치수설 : 토목측량술 및 치수에서 비롯됨
3. 통치설 : 통치적 수단에서 시작됨
4. 침략설 : 영토 확장과 침략상 우위 목적

77. 토지·가옥을 매매·증여·교환·전당할 경우 군수 또는 부윤의 증명을 받으면 법률적으로 보장을 받는 완전한 증명제도는?

① 토지가옥 증명규칙 ② 조선민사령
③ 부동산등기령 ④ 토지가옥소유권 증명규칙

해설 대한제국의 토지가옥증명제도
1. 토지가옥증명규칙(土地家屋證明規則)
   ① 일본 자본의 토지 매수와 소유권을 법률적으로 보장하기 위한 임시 법령
   ② 1906. 10. 26 칙령 제65호로 10개 조문으로 제정되어 1906년 12월 1일부터 시행

Answer 73. ② 74. ① 75. ④ 76. ④ 77. ④

③ 토지가옥을 매매·증여·교환·전당할 경우에는 통수(統首) 또는 동장(洞長)의 인증을 거친 후 군수·부윤의 증명을 받도록 규정
④ 군수·부윤은 토지가옥증명부를 비치하고 증명 내용을 기재
⑤ 당사자의 일방 또는 모두가 외국인일 경우 일본 이사관에게 사증을 받거나 통지하여 군수·부윤이 토지가옥증명부에 기재한 후 증명하도록 규정
⑥ 토지가옥증명사무 처리순서(법부 훈령)에서 토지의 인증 신청 시 계약서에 측량도면을 첨부하고, 토지표시란에 토지종목·번지 또는 자호, 면적 등을 기입하도록 규정
2. 토지가옥소유권증명규칙
① 소유권 이전을 공식적으로 증명하여 일제 자본의 토지 점유에 대한 편의를 제공한 법률
② 1908. 7. 16 칙령 제47호로 4개 조문으로 제정되어 1908년 8월 1일부터 시행
③ 토지·가옥 소유자가 토지가옥증명규칙 시행 전에 그 소유권을 취득하였거나, 시행 후 매매·전당·교환에 의하지 않고 소유권을 취득한 경우 군수·부윤에게 그 소유권 증명을 신청하도록 규정
④ 외국인이 소유권 증명을 받고자 할 경우에는 일본 이사관에게 신청하도록 규정

78. 지적공부 열람 신청과 가장 밀접한 관계가 있는 것은?
① 토지소유권 보존
② 토지소유권 이전
③ 지적공개주의
④ 지적형식주의

해설 지적공개주의는 지적공부에 등록된 사항은 토지소유자나 이해관계인 등 일반 국민에게 신속 정확하게 공개하여 모든 국민이 공평하게 이용하도록 한다는 지적의 기본이념으로서 지적공부 열람 신청에 대한 이론적 근거가 된다.

79. 우리나라의 지적 창설 당시 도로, 하천, 구거 및 소도서는 토지(임야)대장 등록에서 제외하였는데 가장 큰 이유는?
① 측량하기 어려워서
② 소유자를 알 수가 없어서
③ 경계선이 명확하지 않아서
④ 과세적 가치가 없어서

해설 토지조사사업 당시 불조사의 원인
1. 토지가 과세 등 아무런 경제적 이권이 없고 면적 측정 등의 노력이 요구되기 때문
2. 예산, 인원 등에 비추어 경제가치가 없는 토지는 조사대상에서 제외
3. 기타 특수한 사정에 의하여 조사대상에서 제외

80. 토지의 사정(査定)을 가장 잘 설명한 것은?
① 토지의 소유자와 지목을 확정하는 것이다.
② 토지의 소유자와 강계를 확정하는 행정처분이다.
③ 토지의 소유자와 강계를 확정하는 사법처분이다.
④ 경계와 지적을 확정하는 행정처분이다.

해설 사정이란 토지조사부와 지적도에 의하여 토지의 소유자 및 그 강계를 확정하는 행정처분으로서 토지조사국장이 지방토지조사위원회의 자문을 받아 실시하였으며, 원시취득의 효력이 있다.

Answer 78. ③ 79. ④ 80. ②

05 지적관계법규

81. 다음 설명의 (   ) 안에 적합한 것은?

> 지적측량에 대한 적부심사 청구사항을 심의·의결하기 위하여 특별시·광역시·특별자치시·도 또는 특별자치도에 (   )(을)를 둔다.

① 소관청장
② 행정자치부장관
③ 지방지적위원회
④ 지적측량심의위원회

해설 지방지적위원회
1. 기능
   지적측량에 대한 적부심사청구사항의 심의·의결기관
2. 지적측량적부심사
   ① 지적측량적부심사제도는 지적측량성과에 다툼이 있는 경우에 권리구제의 수단으로 지적위원회에 그 해결을 청구하는 제도
   ② 청구인 : 토지소유자, 이해관계인 또는 지적측량수행자

82. 공간정보의 구축 및 관리 등에 관한 법률상 지적측량수행자의 성실의무 등에 관한 내용으로 틀린 것은?

① 지적측량수행자는 신의와 성실로써 공정하게 지적측량을 하여야 한다.
② 지적측량수행자는 정당한 사유 없이 지적측량 신청을 거부하여서는 아니 된다.
③ 지적측량수행자는 본인, 배우자가 아닌 직계존속·비속이 소유한 토지에 대해서는 지적측량이 가능하다.
④ 지적측량수행자는 제106조 제2항에 따른 지적측량수수료 외에는 어떠한 명목으로도 그 업무와 관련된 대가를 받으면 아니 된다.

해설 지적측량수행자의 성실의무
① 측량기술자는 신의와 성실로써 공정하게 측량을 하여야 하며, 정당한 사유 없이 측량을 거부하여서는 아니 된다.
② 측량기술자는 정당한 사유 없이 그 업무상 알게 된 비밀을 누설하여서는 아니 된다.
③ 측량기술자는 둘 이상의 측량업자에게 소속될 수 없다.
④ 측량기술자는 다른 사람에게 측량기술경력증을 빌려 주거나 자기의 성명을 사용하여 측량 업무를 수행하게 하여서는 아니 된다.
※ 본인, 배우자 또는 직계 존속·비속이 소유한 토지에 대한 지적측량을 한 자는 300만 원 이하의 과태료 부과대상

83. 축척변경 시행지역의 토지는 언제 토지의 이동이 있는 것으로 보는가?

① 등기 촉탁일
② 청산금 지급완료일
③ 축척변경 시행공고일
④ 축척변경 확정공고일

해설 축척변경 확정공고
1. 청산금의 납부 및 지급이 완료되었을 때에는 지적소관청은 지체 없이 다음의 사항을 포함하여 축척변경의 확정공고를 하여야 한다.
   ① 토지의 소재 및 지역명
   ② 축척변경 지번별 조서
   ③ 청산금 조서
   ④ 지적도의 축척
2. 지적소관청은 확정공고를 하였을 때에는 지체 없이 축척변경에 따라 확정된 사항을 다음의 기준에 따라 지적공부에 등록하여야 한다.
   ① 토지대장은 확정 공고된 축척변경 지번별 조서에 따를 것
   ② 지적도는 확정측량 결과도 또는 경계점좌표에 따를 것
3. 축척변경 시행지역의 토지는 확정공고일에 토지의 이동이 있는 것으로 본다.

84. 중앙지적위원회에 관한 설명으로 옳지 않은 것은?

① 위원장은 국토교통부의 지적업무 담당 국장이 된다.
② 위원장 및 부위원장을 제외한 위원의 임기는 2년으로 한다.
③ 위원장 1명과 부위원장 1명을 포함하여 5명 이상 10명 이하의 위원으로 구성한다.
④ 위원은 지적에 관한 학식과 경험이 풍부한 사람 중에서 중앙지적위원회의 위원장이 임명한다.

해설 중앙지적위원회
1. 기능 : 지적측량 적부심사에 관한 최고 심의의결기관
2. 심의 · 의결사항
   ① 지적 관련 정책 개발 및 업무 개선 등에 관한 사항
   ② 지적측량기술의 연구·개발 및 보급에 관한 사항
   ③ 지적측량 적부심사(適否審査)에 대한 재심사(再審査)
   ④ 측량기술자 중 지적분야 측량기술자(이하 "지적기술자"라 한다.)의 양성에 관한 사항
   ⑤ 지적기술자의 업무정지 처분 및 징계요구에 관한 사항
3. 조직의 구성
   ① 위원장, 부위원장 각 1명을 포함하여 5명 이상 10명 이하의 위원으로 구성
   ② 위원장은 국토교통부 지적업무 담당국장, 부위원장은 국토교통부 지적업무 담당과장으로 구성
   ③ 위원은 지적에 관한 학식과 경험이 풍부한 자 중에서 국토교통부장관이 임명하거나 위촉하며, 임기는 2년

85. 다음 중 토지대장에 등록하여야 하는 사항이 아닌 것은?

① 지목   ② 지번   ③ 경계   ④ 토지의 소재

해설 1. 토지(임야)대장의 등록사항
   ① 토지의 소재

Answer 83. ④ 84. ④ 85. ③

② 지번
③ 지목
④ 면적
⑤ 소유자의 성명 또는 명칭, 주소 및 주민등록번호
⑥ 토지의 고유번호
⑦ 지적도 또는 임야도의 번호와 필지별 토지대장 또는 임야대장의 장번호 및 축척
⑧ 토지의 이동사유
⑨ 토지소유자가 변경된 날과 그 원인
⑩ 토지등급 또는 기준수확량등급과 그 설정·수정 연월일
⑪ 개별공시지가와 그 기준일
2. 지적도면의 등록사항
① 토지의 소재
② 지번
③ 지목
④ 경계
⑤ 지적도면의 색인도
⑥ 지적도면의 제명 및 축척
⑦ 도곽선과 그 수치
⑧ 좌표에 의하여 계산된 경계점 간의 거리(경계점좌표등록부를 갖춰 두는 지역으로 한정)
⑨ 삼각점 및 지적기준점의 위치
⑩ 건축물 및 구조물 등의 위치

86. 다음 중 고속도로 휴게소 부지의 지목으로 옳은 것은?

① 도로 ② 공원 ③ 주차장 ④ 잡종지

해설 도로
① 일반 공중의 교통 운수를 위하여 보행이나 차량 운행에 필요한 일정한 설비 또는 형태를 갖추어 이용되는 토지
② 도로법 등 관계법령에 따라 도로로 개설된 토지
③ 고속도로의 휴게소 부지
④ 2필지 이상에 진입하는 통로로 이용되는 토지

87. 다음 중 등기관이 토지 소유권의 이전 등기를 한 경우 지체 없이 그 사실을 누구에게 알려야 하는가?

① 이해관계인 ② 지적소관청 ③ 관할 등기소 ④ 행정자치부장관

해설 소유권 변경 사실의 통지
등기관이 다음 각 호의 등기를 하였을 때에는 지체 없이 그 사실을 토지의 경우에는 지적소관청에, 건물의 경우에는 건축물대장 소관청에 각각 알려야 한다.
① 소유권의 보존 또는 이전
② 소유권의 등기명의인표시의 변경 또는 경정
③ 소유권의 변경 또는 경정
④ 소유권의 말소 또는 말소회복

88. 토지소유자가 지적공부의 등록사항에 잘못이 있음을 발견하여 정정을 신청할 때, 경계 또는 면적의 변경을 가져오는 경우 정정사유를 적은 신청서에 첨부해야 하는 서류는?

① 토지대장등본
② 등기전산정보자료
③ 축척변경 지번별 조서
④ 등록사항 정정 측량성과도

해설 등록사항의 정정
1. 의의
   지적공부의 등록사항에 잘못이 있음을 발견한 때 토지소유자의 신청 또는 지적소관청이 직권으로 조사·측량하여 정정하는 것을 말한다.
2. 등록사항의 정정 신청
   (1) 인접 토지의 경계가 변경되는 경우
      ① 인접 토지소유자의 승낙서
      ② 인접 토지소유자가 승낙하지 아니하는 경우에는 이에 대항할 수 있는 확정판결서 정본
   (2) 토지소유자가 등록사항정정 신청 시 제출서류
      ① 경계 또는 면적의 변경을 가져오는 경우 : 등록사항정정 측량성과도
      ② 그 밖에 등록사항을 정정하는 경우 : 변경사항을 확인할 수 있는 서류

89. 다음 중 지적측량을 수반하지 않아도 되는 경우는?

① 토지를 분할하는 경우
② 토지를 신규등록하는 경우
③ 축척을 변경하는 경우
④ 토지를 합병하는 경우

해설 지적측량을 실시하여야 하는 경우
1. 지적기준점을 정하는 경우
2. 지적측량성과를 검사하는 경우
3. 지적공부를 복구하는 경우
4. 등록전환하는 경우
5. 토지를 분할하는 경우
6. 바다가 된 토지의 등록을 말소하는 경우
7. 축척을 변경하는 경우
8. 지적공부의 등록사항을 정정하는 경우
9. 도시개발사업 등의 시행지역에서 토지의 이동이 있는 경우
10. 경계점을 지상에 복원하는 경우

90. 다음은 지적공부의 복구에 관한 내용이다. ( ) 안에 들어갈 내용으로 옳은 것은?

> 지적소관청이 지적공부를 복구할 때에는 멸실·훼손 당시의 지적공부와 가장 부합된다고 인정되는 관계 자료에 따라 토지의 표시에 관한 사항을 복구하여야 한다. 다만, 소유자에 관한 사항은 (   )(이)나 법원의 확정판결에 따라 복구하여야 한다.

① 부본
② 부동산등기부
③ 지적공부 등본
④ 복제된 법인등기부 등본

Answer 88. ④ 89. ④ 90. ②

해설 지적공부의 복구자료
1. 지적공부의 등본
2. 측량 결과도
3. 토지이동정리 결의서
4. 부동산등기부등본 등 등기 사실을 증명하는 서류
5. 지적소관청이 작성하거나 발행한 지적공부의 등록내용을 증명하는 서류
6. 복제된 지적공부
7. 법원의 확정판결서 정본 또는 사본

91. 도시개발사업 등이 준공되기 전에 사업시행자가 지번부여신청을 할 경우 지적소관청은 무엇을 기준으로 지번을 부여하여야 하는가?

① 측량준비도
② 지번별 조서
③ 사업계획도
④ 확정측량 결과도

해설 도시개발사업 등 준공 전 지번부여
지적소관청은 도시개발사업 등이 준공되기 전에 지번을 부여하는 때에는 도시개발사업신고 시 첨부한 사업계획도에 따라 지번을 부여하여야 한다.

92. 다음 중 도시·군관리계획으로 결정하여야 하는 기반시설은?

① 도서관
② 공공청사
③ 종합의료시설
④ 고등학교

해설 1. 도시·군관리계획
특별시·광역시·특별자치시·특별자치도·시 또는 군의 개발·정비 및 보전을 위하여 수립하는 토지 이용, 교통, 환경, 경관, 안전, 산업, 정보통신, 보건, 복지, 안보, 문화 등에 관한 다음 각 목의 계획을 말한다.
① 용도지역·용도지구의 지정 또는 변경에 관한 계획
② 개발제한구역, 도시자연공원구역, 시가화조정구역(市街化調整區域), 수산자원보호구역의 지정 또는 변경에 관한 계획
③ 기반시설의 설치·정비 또는 개량에 관한 계획
④ 도시개발사업이나 정비사업에 관한 계획
⑤ 지구단위계획구역의 지정 또는 변경에 관한 계획과 지구단위계획
⑥ 입지규제최소구역의 지정 또는 변경에 관한 계획과 입지규제최소구역계획
2. 도시·군관리계획으로 결정하여야 하는 기반시설
① 도로·철도·항만·공항·주차장 등 교통시설
② 광장·공원·녹지 등 공간시설
③ 유통업무설비, 수도·전기·가스공급설비, 방송·통신시설, 공동구 등 유통·공급시설
④ 학교·운동장·공공청사·문화시설 및 공공필요성이 인정되는 체육시설 등 공공·문화체육시설
⑤ 하천·유수지(遊水池)·방화설비 등 방재시설
⑥ 화장시설·공동묘지·봉안시설 등 보건위생시설
⑦ 하수도·폐기물처리시설 등 환경기초시설

Answer 91. ③ 92. ④

93. 축척변경에 따른 청산금을 산정한 결과 증가된 면적에 대한 청산금의 합계와 감소된 면적에 대한 청산금의 합계에 차액이 생긴 경우 부족액은 누가 부담하는가?

① 지적소관청
② 지방자치단체
③ 국토교통부장관
④ 증가된 면적의 토지소유자

해설 청산금 산정
1. 청산을 할 때에는 축척변경위원회의 의결을 거쳐 지번별로 제곱미터당 금액을 정하여야 한다. 이 경우 지적소관청은 시행공고일 현재를 기준으로 그 축척변경 시행지역의 토지에 대하여 지번별 제곱미터당 금액을 미리 조사하여 축척변경위원회에 제출하여야 한다.
2. 청산금은 작성된 축척변경 지번별 조서의 필지별 증감면적에 지번별 제곱미터당 금액을 곱하여 산정한다.
3. 지적소관청은 청산금을 산정하였을 때에는 청산금 조서(축척변경 지번별 조서에 필지별 청산금 명세를 적은 것을 말한다)를 작성하고, 청산금이 결정되었다는 뜻을 15일 이상 공고하여 일반인이 열람할 수 있게 하여야 한다.
4. 청산금을 산정한 결과 증가된 면적에 대한 청산금의 합계와 감소된 면적에 대한 청산금의 합계에 차액이 생긴 경우 초과액은 그 지방자치단체의 수입으로 하고, 부족액은 그 지방자치단체가 부담한다.

94. 다음 중 토지소유자가 지목변경을 신청할 때에 첨부하여 지적소관청에 제출하여야 하는 서류에 해당하지 않는 것은?

① 과세사실을 증명하는 납세증명서의 사본
② 토지 또는 건축물의 용도가 변경되었음을 증명하는 서류의 사본
③ 관계법령에 따라 토지의 형질변경 공사가 준공되었음을 증명하는 서류의 사본
④ 국유지·공유지의 경우 용도 폐지되었거나 사실상 공공용으로 사용되고 있지 아니함을 증명하는 서류의 사본

해설 지목변경
지적공부에 등록된 지목을 다른 지목으로 바꾸어 등록하는 것으로 공부상 등록된 지목과 현지이용현황이 다르게 된 경우에 현지와 지적공부에 등록사항이 일치되게 변경·등록하는 행정처분
1. 신청기한 : 지목변경 사유가 발생한 날부터 60일 이내에 지적소관청에 신청
2. 신청대상
    ① 관계 법령에 따른 토지의 형질변경 등의 공사가 준공된 경우
    ② 토지나 건축물의 용도가 변경된 경우
    ③ 도시개발사업 등의 원활한 추진을 위하여 사업시행자가 공사 준공 전에 토지의 합병을 신청하는 경우
3. 신청서류
    ① 관계법령에 따라 토지의 형질변경 등의 공사가 준공되었음을 증명하는 서류의 사본
    ② 국유지·공유지의 경우에는 용도폐지 또는 사실상 공공용으로 사용되고 있지 아니함을 증명하는 서류의 사본
    ③ 토지 또는 건축물의 용도가 변경되었음을 증명하는 서류의 사본

Answer 93. ② 94. ①

95. 지적측량업자의 업무범위에 해당하지 않는 것은?

① 경계점좌표등록부가 있는 지역에서의 지적측량
② 도시개발사업 등이 끝남에 따라 하는 지적확정측량
③ 「지적재조사에 관한 특별법」에 따른 사업지구에서 실시하는 지적재조사측량
④ 도해세부측량지역의 등록전환측량에 대한 성과검사측량

해설 지적측량업자의 업무범위
1. 경계점좌표등록부가 있는 지역에서의 지적측량
2. 지적재조사사업에 따라 실시하는 지적재조사측량
3. 도시개발사업 등이 끝남에 따라 하는 지적확정측량
※ 등록전환측량에 따른 성과검사측량은 지적소관청에서 실시함(지적현황측량, 경계복원측량 제외)

96. 축척변경위원회의 심의 사항이 아닌 것은?

① 축척변경 시행계획에 관한 사항
② 지번별 m²당 가격의 결정에 관한 사항
③ 청산금의 이의신청에 관한 사항
④ 도시개발사업에 관한 사항

해설 축척변경위원회
1. 구성
   ① 축척변경위원회는 5명 이상 10명 이하의 위원으로 구성하되, 위원의 2분의 1 이상을 토지소유자로 하여야 한다. 이 경우 그 축척변경 시행지역의 토지소유자가 5명 이하일 때에는 토지소유자 전원을 위원으로 위촉하여야 한다.
   ② 위원장은 위원 중에서 지적소관청이 지명한다.
   ③ 위원은 다음 각 호의 사람 중에서 지적소관청이 위촉한다.
      • 해당 축척변경 시행지역의 토지소유자로서 지역 사정에 정통한 사람
      • 지적에 관하여 전문지식을 가진 사람
   ④ 축척변경위원회의 위원에게는 예산의 범위에서 출석수당과 여비, 그 밖의 실비를 지급
2. 기능
   ① 축척변경 시행계획에 관한 사항
   ② 지번별 제곱미터당 금액의 결정과 청산금의 산정에 관한 사항
   ③ 청산금의 이의신청에 관한 사항
   ④ 그 밖에 축척변경과 관련하여 지적소관청이 회의에 부치는 사항

97. 대부분의 토지가 등록전환되어 나머지 토지를 임야도에 계속 존치하는 것이 불합리한 경우, 토지이동 신청 절차로 옳은 것은?

① 지목변경 없이 등록전환을 신청할 수 있다.
② 지목변경 후 등록전환을 신청할 수 없다.
③ 지목변경 없이 신규등록을 신청할 수 있다.
④ 지목변경 후 신규등록을 신청할 수 없다.

Answer 95. ④ 96. ④ 97. ①

해설 등록전환

임야대장 및 임야도에 등록된 토지를 토지대장 및 지적도에 옮겨 등록하는 것
1. 신청기한 : 등록전환 사유가 발생한 날부터 60일 이내에 지적소관청에 신청
2. 신청대상
   ① 관계법령에 따른 토지의 형질변경 또는 건축물의 사용승인 등으로 인하여 지목을 변경하여야 할 토지
   ② 예외(지목변경 없이 등록전환할 수 있는 토지)
      • 대부분의 토지가 등록전환되어 나머지 토지를 임야도에 계속 존치하는 것이 불합리한 경우
      • 임야도에 등록된 토지가 사실상 형질변경되었으나 지목변경을 할 수 없는 경우
      • 도시관리계획선에 따라 토지를 분할하는 경우
3. 신청서류 : 관계법령에 따라 토지의 형질변경 등의 공사가 준공되었음을 증명하는 서류의 사본

98. 국토의 계획 및 이용에 관한 법률상 도로에 해당되지 않는 것은?

① 지방도
② 일반도로
③ 지하도로
④ 자전거전용도로

해설 국토의 계획 및 이용에 관한 법률상 기반시설인 도로를 세분하면 다음과 같다.
① 일반도로
② 자동차전용도로
③ 보행자전용도로
④ 보행자우선도로
⑤ 자전거전용도로
⑥ 고가도로
⑦ 지하도로

99. 국토의 계획 및 이용에 관한 법률에 따른 국토의 용도구분 4가지에 해당하지 않는 것은?

① 보존지역
② 관리지역
③ 도시지역
④ 농림지역

해설 국토의 용도구분

국토는 토지의 이용실태 및 특성, 장래의 토지 이용 방향, 지역 간 균형발전 등을 고려하여 다음과 같은 용도지역으로 구분
1. 도시지역 : 인구와 산업이 밀집되어 있거나 밀집이 예상되어 그 지역에 대하여 체계적인 개발·정비·관리·보전 등이 필요한 지역
2. 관리지역 : 도시지역의 인구와 산업을 수용하기 위하여 도시지역에 준하여 체계적으로 관리하거나 농림업의 진흥, 자연환경 또는 산림의 보전을 위하여 농림지역 또는 자연환경보전지역에 준하여 관리할 필요가 있는 지역
3. 농림지역 : 도시지역에 속하지 아니하는 「농지법」에 따른 농업진흥지역 또는 「산지관리법」에 따른 보전산지 등으로서 농림업을 진흥시키고 산림을 보전하기 위하여 필요한 지역
4. 자연환경보전지역 : 자연환경·수자원·해안·생태계·상수원 및 문화재의 보전과 수산자원의 보호·육성 등을 위하여 필요한 지역

Answer   98. ①   99. ①

100. 지적소관청이 지적공부의 등록사항에 잘못이 있는지를 직권으로 조사·측량하여 정정할 수 있는 경우가 아닌 것은?

① 지적측량성과와 다르게 정리된 경우
② 토지이동정리 결의서의 내용과 다르게 정리된 경우
③ 지적공부의 작성 또는 재작성 당시 잘못 정리된 경우
④ 도면에 등록된 경계 또는 면적의 변경을 가져오는 경우

해설 1. 등록사항의 직권 정정
　　1) 대상
　　　① 토지이동정리 결의서의 내용과 다르게 정리된 경우
　　　② 지적도 및 임야도에 등록된 필지가 면적의 증감 없이 경계의 위치만 잘못된 경우
　　　③ 필지가 각각 다른 지적도나 임야도에 등록되어 있는 경우로서 지적공부에 등록된 면적과 측량한 실제 면적은 일치하지만 지적도나 임야도에 등록된 경계가 서로 접합되지 않아 지적도나 임야도에 등록된 경계를 지상의 경계에 맞추어 정정하여야 하는 토지가 발견된 경우
　　　④ 지적공부의 작성 또는 재작성 당시 잘못 정리된 경우
　　　⑤ 지적측량성과와 다르게 정리된 경우
　　　⑥ 지적측량의 적부심사에 따라 지적공부의 등록사항을 정정하여야 하는 경우
　　　⑦ 지적공부의 등록사항이 잘못 입력된 경우
　　　⑧ 「부동산등기법」 제37조 제2항에 따른 통지가 있는 경우
　　　⑨ 면적 환산이 잘못된 경우
　　2) 지적공부의 등록사항 중 경계나 면적 등 측량을 수반하는 토지의 표시가 잘못된 경우에는 지적소관청은 그 정정이 완료될 때까지 지적측량을 정지시킬 수 있다.
　2. 등록사항의 정정 신청
　　1) 인접 토지의 경계가 변경되는 경우
　　　① 인접 토지소유자의 승낙서
　　　② 인접 토지소유자가 승낙하지 아니하는 경우에는 이에 대항할 수 있는 확정판결서 정본
　　2) 토지소유자가 등록사항 정정 신청 시 제출서류
　　　① 경계 또는 면적의 변경을 가져오는 경우 : 등록사항 정정 측량성과도
　　　② 그 밖에 등록사항을 정정하는 경우 : 변경사항을 확인할 수 있는 서류

2017년 기출문제

2017년 제1회 지적기사

2017년 제2회 지적기사

2017년 제3회 지적기사

2017년 제1회 지적기사

01 지적측량

01. 전파기 또는 광파기측량방법에 따른 지적삼각점의 관측과 계산 기준이 틀린 것은?

① 표준편차가 ±(5mm+5ppm) 이상인 정밀측거기를 사용한다.
② 점간거리는 3회 측정하고, 원점에 투영된 수평거리로 계산하여야 한다.
③ 측정치의 최대치와 최소치의 교차가 평균치의 10만분의 1 이하일 때는 그 평균치를 측정거리로 한다.
④ 삼각형의 내각 계산은 기지각과의 차가 ±40초 이내이어야 한다.

해설 지적측량 시행규칙 제9조(지적삼각점측량의 관측 및 계산)
1. 지적삼각점측량의 점간거리는 5회 측정하여 그 측정치의 최대치와 최소치의 교차가 평균치의 10만분의 1 이하일 때에는 그 평균치를 측정거리로 한다.
2. 원점에 투영된 평면거리에 따라 계산한다.

02. 지적도의 축척이 1/600인 지역의 면적결정방법으로 옳은 것은?

① 산출면적이 123.15m²일 때는 123.2m²로 한다.
② 산출면적이 125.55m²일 때는 126m²로 한다.
③ 산출면적이 135.25m²일 때는 135.3m²로 한다.
④ 산출면적이 146.55m²일 때는 146.5m²로 한다.

해설 1. 지적도의 축척이 600분의 1인 지역과 경계점좌표 등록부에 등록하는 지역의 토지의 면적은 제곱미터 이하 한 자리 단위로 한다.
2. 단, 0.1제곱미터 미만의 끝수가 있는 경우 0.05제곱미터 미만인 때에는 버리고, 0.05제곱미터를 초과하는 때에는 올리며, 0.05제곱미터인 때에는 구하고자 하는 끝자리의 숫자가 0 또는 짝수이면 버리고 홀수이면 올린다.
3. 다만, 1필지의 면적이 0.1제곱미터 미만인 때에는 0.1제곱미터로 한다.
∴ 따라서 위 보기에서는
① 123.15m²는 123.2m²
② 125.55m²는 125.6m²
③ 135.25m²는 135.2m²
④ 146.55m²는 146.6m²

Answer 1. ② 2. ①

03. 경위의측량방법에 따른 지적삼각점의 관측과 계산에 대한 설명으로 옳은 것은?

① 관측은 20초독 이상의 경위의를 사용한다.
② 삼각형의 각 내각은 30° 이상 150° 이하로 한다.
③ 1방향각의 수평각 공차는 30초 이내로 한다.
④ 1측회의 폐색공차는 ±40초 이내로 한다.

해설 지적측량 시행규칙 제9조(지적삼각점측량의 관측 및 계산)
1. 관측은 10초독 이상의 경위의를 사용
2. 삼각형의 각 내각은 30° 이상 120° 이하
3. 1방향각의 수평각 공차는 30초 이내
4. 1측회의 폐색공차는 ±30초 이내

04. 일람도의 각종 선의 제도방법으로 옳은 것은?

① 수도용지 : 남색 0.2mm 폭, 2선
② 철도용지 : 붉은색 0.1mm 폭, 2선
③ 취락지·건물 : 0.1mm 폭, 내부는 검은색으로 엷게 채색
④ 하천·구거·유지 : 붉은색 0.1mm 폭, 내부는 붉은색으로 엷게 채색

해설 지적업무처리규정 제38조(일람도의 제도)
1. 수도용지 : 남색 0.1mm 폭, 2선
2. 철도용지 : 붉은색 0.2mm 폭, 2선
3. 하천·구거·유지 : 남색 0.1mm 폭, 2선, 내부는 남색으로 엷게 채색

05. 표준자보다 2cm 짧게 제작된 50m 줄자로 측정된 340m 거리의 정확한 값은?

① 339.728m   ② 339.864m
③ 340.136m   ④ 340.272m

해설 $D_0 = D\left(1 + \dfrac{c}{L}\right) = 340\left(1 - \dfrac{0.02}{50}\right) = 339.864m$

06. 다각망도선법에 따른 지적도근점측량에 대한 설명으로 옳은 것은?

① 각 도선의 교점은 지적도근점의 번호 앞에 '교점' 자를 붙인다.
② 3점 이상의 기지점을 포함한 결합다각방식에 따른다.
③ 영구표지를 설치하지 않는 경우, 지적도근점의 번호는 시·군·구별로 부여한다.
④ 1도선의 점의 수는 40개 이하로 한다.

해설 지적측량 시행규칙 제12조(지적도근점측량)
1. 각 도선의 교점은 지적도근점의 번호 앞에 '교' 자를 붙인다.
2. 영구표지를 설치하는 경우, 지적도근점의 번호는 시·군·구별로 부여한다.
3. 1도선의 점의 수는 20개 이하로 한다.

07. 지적도근점측량의 방법 및 기준에 대한 설명으로 틀린 것은?

① 지적도근점표지의 점간거리는 다각망도선법에 따르는 경우에 평균 0.5km 이상 1km 이하로 한다.
② 전파기측량방법에 따라 다각망도선법으로 하는 경우 3점 이상의 기지점을 포함한 결합다각 방식에 따른다.
③ 경위의측량방법에 따라 도선법으로 하는 때에 1도선의 점의 수는 40점 이하로 하며 지형상 부득이한 경우를 제외하고는 50점까지로 할 수 있다.
④ 경위의측량방법에 따라 도선법으로 하는 때에 지형상 부득이한 경우를 제외하고는 결합도 선에 의한다.

해설 지적측량 시행규칙 제12조(지적도근점측량)

측량방법 구분	도근측량		
	도선법	다각망도선법	교회법
1도선의 점 수	40점, 10 증가 가능	20점 이하	-
점간 거리	50~300m	50~500m	-
거리	-	-	200m
망구성	결합도선(부득이한 경우 왕복·폐합 도선)	3점 이상을 포함한 결합다각방식	3방향 교회
기지점 수	-	3점 이상을 포함한 결합다각방식	-

08. 경위의측량방법으로 세부측량을 하는 경우 실측거리 65.52m에 대한 실측거리와 경계점 좌표에 의한 계산거리의 교차 허용 단계는?

① 7.6cm 이내　② 9.6cm 이내　③ 12.6cm 이내　④ 15.6cm

해설 지적측량 시행규칙 제26조(세부측량성과의 작성)

$3 + \dfrac{L}{10} = 3 + \dfrac{65.52}{10} = 9.552\text{cm} \quad \therefore \ 9.6\text{cm}$

09. 지적도근점의 번호를 부여하는 방법기준이 옳은 것은?

① 영구표지를 설치하는 경우에는 시·군·구별로 일련번호를 부여한다.
② 영구표지를 설치하는 경우에는 시·도별로 일련번호를 부여한다.
③ 영구표지를 설치하지 아니하는 경우에는 동·리별로 일련번호를 부여한다.
④ 영구표지를 설치하지 아니하는 경우에는 읍·면별로 일련번호를 부여한다.

해설 지적측량 시행규칙 제12조(지적도근점측량)
영구표지를 설치하는 경우에는 시·군·구별로, 영구표지를 설치하지 아니하는 경우에는 시행지역별로 설치순서에 따라 일련번호를 부여한다.

Answer　7. ①　8. ②　9. ①

10. 그림에서 $E_1 = 20m$, $\theta = 150°$일 때 S_1은?

① 10.0m
② 23.1m
③ 34.6m
④ 40.0m

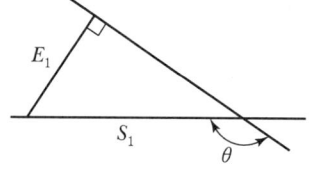

해설 $180° - 150° = 30°$

$$S_1 = \frac{E_1}{\sin\theta} = \frac{20}{\sin 30°} = 40.0m$$

11. 지적삼각보조점의 망 구성으로 옳은 것은?

① 유심다각망 또는 삽입망
② 삽입망 또는 사각망
③ 사각망 또는 교회망
④ 교회망 또는 교점다각망

해설 지적측량 시행규칙 제10조(지적삼각보조점측량)
지적삼각보조점은 교회망 또는 교점다각망(交點多角網)으로 구성한다.

12. 등록전환측량에 대한 설명으로 틀린 것은?

① 토지대장에 등록하는 면적은 등록전환측량의 결과에 따라야 하며, 임야대장의 면적을 그대로 정리할 수 없다.
② 1필지의 일부를 등록전환하려면 등록전환으로 인하여 말소하여야 할 필지의 면적은 반드시 임야분할측량 결과도에서 측정하여야 한다.
③ 경계점좌표등록부를 비치하는 지역과 연접되어 있는 토지를 등록전환하려면 경계점좌표등록부에 등록하여야 한다.
④ 등록전환할 일단의 토지가 2필지 이상으로 분할하여야 할 토지의 경우에는 먼저 지목별로 분할 후 등록전환하여야 한다.

해설 지적업무처리규정 제22조(등록전환측량)
등록전환할 일단의 토지가 2필지 이상으로 분할되어야 할 토지의 경우에는 1필지로 등록전환 후 지목별로 분할하여야 한다.

13. 경위의측량방법으로 세부측량을 하였을 때 측량대상 토지의 경계점 간 실측거리와 경계점의 좌표에 따라 계산한 거리의 교차기준은?(단, L은 실측거리로서 미터단위로 표시한 수치를 말한다.)

① $\frac{3L}{10}$ cm 이내
② $3 + \frac{L}{10}$ cm 이내
③ $\frac{3L}{100}$ cm 이내
④ $3 + \frac{L}{100}$ cm 이내

해설 지적측량 시행규칙 제26조(세부측량성과의 작성)
측량대상 토지의 경계점 간 실측거리와 경계점의 좌표에 따라 계산한 거리의 교차는 $3 + \frac{L}{10}$ 센티미터 이내여야 한다. 이 경우 L은 실측거리로서 미터단위로 표시한 수치이다.

14. 광파측거기로 두 점 간의 거리를 2회 측정한 결과가 각각 50.55m, 50.58m이었을 때 정확도는?

① 약 1/600　　② 약 1/800　　③ 약 1/1,700　　④ 약 1/3,400

해설 $50.58 - 50.55 = 0.03$

$\dfrac{50}{0.03} = 1,666.7$

∴ 약 1/1,700

15. 최소제곱법에 의한 확률법칙에 의해 처리할 수 있는 오차는?

① 정오차　　② 부정오차　　③ 착각　　④ 과대오차

해설 부정오차(우연오차, 상차)
1. 발생 원인이 불명확한 오차
2. 오차 원인의 방향이 일정하지 않다.
3. 서로 상쇄되기도 하므로 상차라고도 한다.
4. 최소제곱법에 의한 확률법칙에 의해 처리가 가능하다.
5. 원인을 알아도 소거가 불가능하다.

16. 전파기 측량방법에 따라 다각망도선법으로 지적삼각보조점측량을 하는 경우 적용되는 기준으로 틀린 것은?

① 3점 이상의 기지점을 포함한 결합다각방식에 따른다.
② 1도선의 거리는 4킬로미터 이하로 한다.
③ 1도선의 점의 수는 기지점과 교점을 포함하여 5점 이상으로 한다.
④ 1도선이란 기지점과 교점 간 또는 교점과 교점 간을 말한다.

해설 지적측량 시행규칙 제10조(지적삼각보조점측량)
1도선의 점의 수는 기지점과 교점을 포함하여 5점 이하로 한다.

17. A, B 두 점의 좌표가 각각 $A(200m, 300m)$, $B(400m, 200m)$인 두 기지삼각점을 연결하는 방위각 V_a^b는?

① 26°33′54″　　② 153°26′06″　　③ 206°33′54″　　④ 333°26′06″

해설 $\Delta_x = B_x - A_x = 400 - 200 = 200$

$\Delta_y = B_y - A_y = 200 - 300 = -100$

이때, Δ_x는 (+)값이고, Δ_y값은 (−)값이므로 4상한이다.

$\theta = \tan^{-1}\left(\dfrac{\Delta Y}{\Delta X}\right) = \tan^{-1}\dfrac{-100}{200} = 26°33′54″$

4상한이므로 $360° - \theta$, 따라서 $360° - 26°33′54″ = 333°26′06″$

18. 지적측량에서 망원경을 정·반위로 수평각을 관측하였을 때 산출 평균하여도 소거되지 않는 오차는?

① 편심오차
② 시준축오차
③ 수평축오차
④ 연직축오차

해설 1. 정반관측의 목적은 기계적 결함과 기계 조정의 불완전 등의 오차를 소거하는 데 있다.
2. 연직축오차는 정·반 관측하여 평균해도 그 오차를 소거할 수 없다.

19. 다음 중 고대 지적 및 측량사와 가장 거리가 먼 것은?

① 테베(Thebes)의 고분벽화
② 고대 수메르(Sumer) 지방의 점토판
③ 고대 인도의 타지마할 유적
④ 고대 이집트의 나일 강변

해설 타지마할 유적은 인도 아그라에 위치한 무굴제국의 대표적 건축물이다.

20. 지적삼각점측량의 계산에서 진수는 몇 자리 이상을 사용하는가?

① 6자리 이상
② 7자리 이상
③ 8자리 이상
④ 9자리 이상

해설 지적측량 시행규칙 제9조(지적삼각점측량의 관측 및 계산)
지적삼각점측량에서 진수는 6자리 이상을 사용한다.

02 응용측량

SUBJECT

21. 지성선 상의 중요점의 위치와 표고를 측정하여, 이 점들을 기준으로 등고선을 삽입하는 등고선 측정방법은?

① 좌표점법
② 종단점법
③ 횡단점법
④ 직접법

해설 간접측정법에서 종단점법은 지성선의 방향이나 중요한 방향에 여러 개의 측선에 대해서 기준점에서 필요한 점까지의 거리와 높이를 관측하여 등고선을 그리는 방법으로 소축척으로 산지 등에 이용한다.

22. 터널 안에서 A점의 좌표가 (1,749.0m, 1,134.0m, 126.9m), B점의 좌표가 (2,419.0m, 987.0m, 149.4m)일 때 A, B점을 연결하는 터널을 굴진하는 경우 이 터널의 경사거리는?

① 685.94m
② 686.19m
③ 686.31m
④ 686.57m

해설 AB의 거리 $= \sqrt{(2{,}419-1{,}749)^2+(987-1{,}134)^2} = 685.94\text{m}$
AB의 높이차 $=149.4-126.9=22.5\text{m}$
터널경사도 $=\tan^{-1}\dfrac{22.5}{685.94}=1°52'43.4''$
경사거리 $=685.94 \div \cos 1°52'43.4'' = 686.31\text{m}$

23. 복심곡선에 대한 설명으로 옳지 않은 것은?

① 반지름이 다른 2개의 단곡선이 그 접속점에서 공통접선을 갖는다.
② 철도 및 도로에서 복심곡선 사용은 승객에게 불쾌감을 줄 수 있다.
③ 반지름의 중심은 공통접선과 서로 다른 방향에 있다.
④ 산지의 특수한 도로나 산길 등에서 설치하는 경우가 있다.

해설 복심곡선
반경이 다른 2개의 단곡선이 그 접속점에서 공통접선을 갖고 곡선의 중심이 공통접선과 같은 방향에 있을 때 이것을 복심곡선이라 하며, 산악도로 및 산길 등에 사용된다.

24. 도로설계 시에 등경사 노선을 결정하려고 한다. 축척 1 : 5,000의 지형도에서 등고선의 간격이 5.0m이고 제한경사를 4%로 하기 위한 지형도상에서의 등고선 간 수평거리는?

① 2.5cm
② 5.0cm
③ 100.0m
④ 125.0m

해설 축척 1 : 5,000 지형도에서 등고선의 간격은 5m이고 사면의 경사는 $\dfrac{높이(h)}{실제거리(D)}$ 이므로

실제거리는 $\dfrac{5}{0.04}=125\text{m}$, 축척 1 : 5,000의 도상거리는 $\dfrac{125}{5{,}000}=0.025\text{m}$

25. 하천, 호수, 항만 등의 수심을 나타내기에 가장 적합한 지형표시방법은?

① 단채법
② 점고법
③ 영선법
④ 채색법

해설 점고법은 지면 상에 있는 임의의 점의 표고를 도상에 있는 숫자에 의하여 지표를 나타내는 방법이며 하천, 항만, 해양 등의 심천을 나타내는 경우에 사용한다.

Answer 22. ③ 23. ③ 24. ① 25. ②

26. 그림과 같이 A에서부터 관측하여 폐합수준측량을 한 결과가 표와 같을 때, 오차를 보정한 D점의 표고는?

측점	거리(km)	표고(m)
A	0	20.000
B	3	12.412
C	2	11.285
D	1	10.874
A	2	20.055

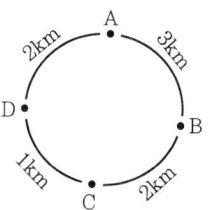

① 10.819m ② 10.833m
③ 10.915m ④ 10.929m

해설 폐합오차는 20.055−20.000=0.055m이고 각 측점의 오차 조정을 보면,

각 측점의 조정량=폐합오차×$\frac{\text{조정할 측점까지의 거리}}{\text{총거리}}$ 이므로

D점의 표고는 $0.055 \times \frac{6}{8} = 0.04125$이므로 10.874−0.04125=10.83275 ∴ 10.833m

27. 계산과정에서 완전한 검산을 할 수 있어 정밀한 측량에 이용되나, 중간점이 많을 때는 계산이 복잡한 야장기입법은?

① 고차식 ② 기고식 ③ 횡단식 ④ 승강식

해설 승강식은 전시에서 후시를 뺀 값이 고저차가 되므로 승·강의 난을 따로 만들어 기입하며 승·강의 총합을 구하면 전·후시의 읽음수의 차와 비교하여 계산 결과를 검사할 수 있고 임의의 점의 표고를 구하기에 편리하나 중간점이 많을 때에는 계산이 복잡하다.

28. 터널 내에서의 수준측량 결과가 아래와 같을 때 B점의 지반고는?

(단위: m)

측점	B.S.	F.S.	지반고
No. A	2.40		110.00
1	−1.20	3.30	
2	−0.40	−0.20	
B		2.10	

① 112.20m ② 114.70m ③ 115.70m ④ 116.20m

해설 A점의 지반고는 110m이며 지반고=기계고(지반고+후시)−전시이다.
  1점의 지반고=110+2.40−(−3.30)=115.7m
  2점의 지반고=115.7+(−1.20)−(−0.20)=114.7m
  B점의 지반고=114.7+(−0.40)−2.10=112.20m

29. 지형을 표시하는 일반적인 방법으로 옳지 않은 것은?

① 음영법　　② 영선법　　③ 조감도법　　④ 등고선법

해설 지형측량에서 지형의 표시방법은 크게 자연적 도법과 부호적 도법으로 구분하고 있으며 자연적 도법에는 형선법(영선법), 음영법이 있고 부호적 도법으로는 점고법, 등고선법, 채색법이 있다.

30. 수준측량에 대한 설명으로 옳지 않은 것은?

① 표고는 2점 사이의 높이차를 의미한다.
② 어느 지점의 높이는 기준면으로부터 연직거리로 표시한다.
③ 기포관의 감도는 기포 1눈금에 대한 중심각의 변화를 의미한다.
④ 기준면으로부터 정확한 높이를 측정하여 수준측량의 기준이 되는 점으로 정해 놓은 점을 수준 원점이라 한다.

해설 2점 사이의 높이차는 고저차이다.

31. 지질, 토양, 수자원, 삼림 조사 등의 판독작업에 주로 이용되는 사진은?

① 흑백 사진　　　　　　② 적외선 사진
③ 반사 사진　　　　　　④ 위색 사진

해설 적외선 사진은 적외선을 이용한 것으로 최근 사용빈도가 증가하는 경향이며 지도 작성뿐만 아니라 지질, 토양, 수자원 및 삼림조사 등의 판독작업에 이용되고 있다.

32. 비행속도 180km/h인 항공기에서 초점거리 150mm인 카메라로 어느 시가지를 촬영한 항공사진이 있다. 최장 허용노출시간이 1/250초, 사진의 크기가 23cm×23cm, 사진에서 허용 흔들림량이 0.01mm일 때, 이 사진의 연직점으로부터 6cm 떨어진 위치에 있는 건물의 변위가 0.26cm라면 이 건물의 실제 높이는?

① 60m　　② 90m　　③ 115m　　④ 130m

해설 먼저 최장 노출시간이 주어졌으므로 비행고도를 구하며, 또한 $\frac{1}{m}=\frac{f}{H}$에서

$m=\frac{H}{f}$ 이므로 시간$(t)=\frac{\Delta s \times m}{V}$ 이며,

$\frac{1}{250}$초 $=\dfrac{0.00001 \times \dfrac{H}{0.150}}{180 \times \left(\dfrac{1,000}{3,600}\right)(\text{m/sec})}$ 를 계산하면 $H=3,000\text{m}$이다.

시차차 공식 $\Delta P=\dfrac{h}{H} \times b_0$ (여기서, h : 비고, H : 촬영고도, b_0 : 주점기선길이)에서

$h=\dfrac{H}{b_0} \times \Delta P=\dfrac{3,000}{0.06} \times 0.0026 = 130\text{m}$이다.

Answer　29. ③　30. ①　31. ②　32. ④

33.
GNSS의 스태틱측량을 실시한 결과 거리오차의 크기가 0.10m이고 PDOP이 4일 경우 측위오차의 크기는?

① 0.4m　　② 0.6m　　③ 1.0m　　④ 1.5m

해설　GPS 측위오차는 거리오차×PDOP이므로 0.1×4=0.4m

34.
기복변위에 관한 설명으로 틀린 것은?

① 지표면에 기복이 있을 경우에도 연직으로 촬영하면 축척이 동일하게 나타나는 것이다.
② 지형의 고저변화로 인하여 사진상에 동일 지물의 위치변위가 생기는 것이다.
③ 기준면 상의 저면 위치와 정점 위치가 중심투영을 거치기 때문에 사진상에 나타나는 위치가 달라지는 것이다.
④ 사진면에서 연직점을 중심으로 생기는 방사상의 변위를 말한다.

해설　사진측량에서 지표면에 비고만큼 기복이 있으면 아무리 연직으로 촬영하여도 축척은 동일하지 않고 기복 때문에 사진상에서 변위가 생기는 것을 기복변위라 한다. 기복변위는 연직점으로부터 표고차를 가진 피사체의 상단부까지의 거리와 표고차의 비행고도에 대한 비에 비례하고 기복변위량을 구하기 위해서는 변위량, 화면 연직점에서의 거리, 비행고도, 비고를 알아야 한다.

35.
도로에 사용되는 곡선 중 수평곡선에 사용되지 않는 것은?

① 단곡선　　② 복심곡선　　③ 반향곡선　　④ 2차 포물선

해설　수평곡선
- 단곡선 : 편각법에의한 방법, 중앙종거에 의한 방법, 접선에 의한 방법
- 복심곡선 : 반경이 다른 2개의 단곡선이 그 접속점에서 공통접선을 갖고 곡선의 중심이 공통접선과 같은 방향에 있을 때 이것을 복심곡선이라 한다.
- 반향곡선 : 반경이 같지 않은 2개의 단곡선이 공통접선을 갖고 곡선의 중심이 공통곡선의 반대쪽에 있는 곡선
- 완화곡선 : 클로소이드, 3차 포물선, 렘니스케이트 곡선, Sine 체감곡선

④ 2차 포물선은 종곡선의 일종이다.

36.
촬영고도 2,000m에서 초점거리 150mm인 카메라로 평탄한 지역을 촬영한 밀착사진의 크기가 23cm×23cm, 종중복도는 60%, 횡중복도는 30%인 경우 이 연직사진의 유효모델에 찍히는 면적은?

① 2.0km²　　② 2.6km²　　③ 3.0km²　　④ 3.3km²

해설
$$\frac{1}{m} = \frac{f}{H} = \frac{0.15}{2,000} = \frac{1}{13,333}$$

$$A_0 = (ma)^2 \left(1 - \frac{p}{100}\right)\left(1 - \frac{q}{100}\right)$$

$$= (13,333 \times 0.23)^2 \left(1 - \frac{60}{100}\right)\left(1 - \frac{30}{100}\right) = 2,633,112.784\text{m}^2 ≒ 2.6\text{km}^2$$

Answer　33. ①　34. ①　35. ④　36. ②

37. 그림과 같은 단면에서 도로 용지 폭($x_1 + x_2$)은?

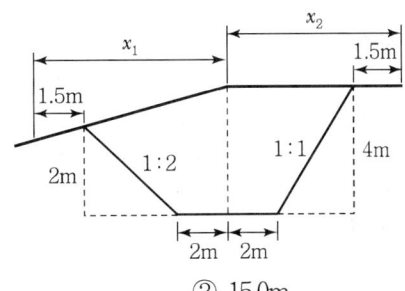

① 12.0m
② 15.0m
③ 17.2m
④ 19.0m

해설 1 : 2 = 높이 : 수평거리이므로 수평거리 = 2×높이
$x_1 = 1.5 + (2 \times 2) + 2 = 7.5$, $x_2 = 2 + (1 \times 4) + 1.5$
$x_1 + x_2 = 7.5 + 7.5 = 15\text{m}$

38. 위성영상의 투영상과 가장 가까운 것은?
① 정사투영상   ② 외사투영상   ③ 중심투영상   ④ 평사투영상

해설 항공사진과 위성영상은 지표면이 평탄한 곳에서는 영상과 사진이 같으나 지표면에 높낮이가 있는 경우에는 사진의 형상이 다르다. 이와 같은 이유로 위성영상은 정사투영이라 할 수 있다.

39. GPS 위성신호인 L_1과 L_2의 주파수의 크기는?
① $L_1 = 1,274.45\text{MHz}$, $L_2 = 1,567.62\text{MHz}$
② $L_1 = 1,367.53\text{MHz}$, $L_2 = 1,425.30\text{MHz}$
③ $L_1 = 1,479.23\text{MHz}$, $L_2 = 1,321.56\text{MHz}$
④ $L_1 = 1,575.42\text{MHz}$, $L_2 = 1,227.60\text{MHz}$

해설 GPS 신호의 반송파의 정보는 PRN 부호와 항법메시지로 이루어져 있다.
L_1 반송파는 1,575.42MHz(154×10.23MHz) 주파수,
L_2 반송파는 1,227.60MHz(120×10.23MHz) 주파수로 전송하고 반송파 관측방식에 의한 위치결정원리는 위성에서 보낸 파장과 지상에서 수신된 파장의 위상차를 관측하여 거리를 측정한다.

40. 완화곡선의 성질에 대해 설명으로 틀린 것은?
① 완화곡선의 반지름은 시작점에서 무한대이다.
② 완화곡선의 반지름은 종점에서 원곡선의 반지름과 같다.
③ 완화곡선의 접선은 시점에서 원호에 접한다.
④ 완화곡선에 연한 곡선반경의 감소율은 캔트의 증가율과 같다.

Answer   37. ②   38. ①   39. ④   40. ③

해설 완화곡선
1. 차량이 직선부에서 곡선부분으로 방향을 바꾸면 반지름이 달라지기 때문에 완화곡선을 설치하게 되는데 주로 차량에 사용된다.
2. 완화곡선의 성질
   - 곡선반경은 완화곡선의 시점에서 무한대, 종점에서 원곡선 R로 된다.
   - 완화곡선의 접선은 시점에서 직선에, 종점에서 원호에 접한다.
   - 완화곡선에 연한 곡선반경의 감소율은 캔트의 증가율과 동률(다른부호)로 된다. 또 종점에 있는 캔트는 원곡선의 캔트와 같게 된다.

03 토지정보체계론

41. 지리현상의 공간적 분석에서 시간 개념을 도입하여, 시간변화에 따른 공간변화를 이해하기 위한 방법과 가장 밀접한 관련이 있는 것은?

① Temporal GIS
② Embedded SW
③ Target Platform
④ Terminating Note

해설 Ubiquitous 기반 GIS
1. 4D GIS : 3D 모델링 기술에 시간개념을 적용하여 지형과 인공시설물의 3차원 정보를 구축하고 GIS 및 증강현실기술을 연동하여 시공간정보를 저장, 처리, 가공, 분석하는 GIS
2. Temporal GIS : 지리현상의 공간적 분석에서 시간의 개념을 도입하여, 시간의 변화에 따른 공간변화를 이해하기 위한 GIS
3. Virtual GIS : Virtual Reality와 GIS가 합쳐진 개념
4. Real Time GIS : 사용자의 개입 없이도 컴퓨터 환경에서 질의와 사건의 발생에 즉각적인 반응이 가능한 실시간 자동처리 및 실시간 솔루션을 제공하는 GIS

42. 토지정보를 비롯한 공간정보를 관리하기 위한 데이터 모델로서 현재 가장 보편적으로 쓰이며 데이터의 독립성이 높고 높은 수준의 데이터 조작언어를 사용하는 것은?

① 파일 시스템 모델
② 계층형 데이터 모델
③ 관계형 데이터 모델
④ 네트워크형 데이터 모델

해설 관계형 데이터 모델
1. 토지정보를 비롯한 공간정보를 관리하기 위한 데이터 모델로서 현재 가장 보편적으로 쓰이며 데이터의 독립성이 높다.
2. 2차원 테이블 형태로 테이블은 다수의 열로 구성되고, 각 열에는 정해진 범위의 값이 저장(레코드)된다.
3. 각 레코드는 기본 키(primary key)로 구분되며 하나 이상의 열로 구성된다.
4. MS SQL Server, Oracle, Sybase, DB2, Informix 등이 있다.

43. 현지측량 등으로 얻어진 대상물의 좌표를 직접 입력하여 공간정보를 구축하는 방식은?
① 디지타이징　　　　　　　② 스캐닝
③ COGO　　　　　　　　　④ DIGEST

해설 측량에 의한 자료 취득(COGO ; Coordinate Geometry)
1. 현지측량 등으로 얻어진 대상물의 좌표를 직접 입력하여 공간정보를 구축하는 방식
2. 거리, 방향각 등 관측값을 입력하여 컴퓨터에서 각 점의 좌표를 계산하여 처리하는 방법
3. 평판측량방법, 수치측량방법, 항공사진측량방법, GPS 측량에 의한 방법, 위성영상에 의한 원격탐사 방법 등이 있다.

44. 토지정보체계의 구성요소로 볼 수 없는 것은?
① 하드웨어　　　　　　　　② 정보
③ 전문인력　　　　　　　　④ 소프트웨어

해설 토지정보체계의 4가지 구성요소 : 조직, 자료, 소프트웨어, 하드웨어

45. 토지 고유번호의 코드 구성기준이 옳은 것은?
① 행정구역코드 9자리, 대장구분 2자리, 본번 4자리, 부번 4자리, 합계 19자리로 구성
② 행정구역코드 9자리, 대장구분 1자리, 본번 4자리, 부번 5자리, 합계 19자리로 구성
③ 행정구역 10자리, 대장구분 1자리, 본번 4자리, 부번 4자리, 합계 19자리로 구성
④ 행정구역코드 10자리, 대장구분 1자리, 본번 3자리, 부번 5자리, 합계 19자리로 구성

해설 고유번호의 구성은 행정구역코드 10자리(시·도 2, 시·군·구 3, 읍·면·동 3, 리 2), 대장구분 1자리, 본번 4자리, 부번 4자리(합계 19자리로 구성)

46. 경위의측량방법으로 지적세부측량을 시행하고자 한다. 이때 측량준비파일의 작성에 있어 지적기준점 간 거리 및 방위각의 작성 표시색으로 옳은 것은?
① 검은색　　　　　　　　　② 노란색
③ 붉은색　　　　　　　　　④ 파란색

해설 지적업무 처리규정 제18조(측량준비파일의 작성)
1) 평판측량방법 또는 전자평판측량방법으로 세부측량을 하고자 할 때에는 측량준비파일을 작성하여야 하며, 부득이한 경우 측량준비도면을 연필로 작성할 수 있다.
2) 측량준비파일을 작성하고자 하는 때에는 지적기준점 및 그 번호와 좌표는 검은색으로, 도곽선 및 그 수치와 지적기준점 간 거리는 붉은색으로, 그 외는 검은색으로 작성한다.
3) 측량대상토지가 도곽에 접합되어 벌어지거나 겹쳐지는 경우와 필지의 경계가 행정구역선에 접하게 되는 경우에는 다른 행정구역선(동·리 경계선)과 벌어지거나 겹치지 아니하도록 측량준비파일을 작성하여야 한다.
4) 지적측량수행자는 측량 전에 측량준비파일 작성의 적정 여부 등을 확인하여 필요한 조치를 하여야 한다.
5) 경위의측량방법으로 세부측량을 하고자 할 경우 측량준비파일 작성의 경우 지적기준점 간 거리 및 방위각은 붉은색으로 작성한다.

47. 다음 위상정보 중 하나의 지점에서 또 다른 지점으로의 이동 시 경로 선정이나 자원의 배분 등과 가장 밀접한 것은?

① 인접성(Neighborhood or Adjacency)
② 계급성(Hierarchy or Containment)
③ 중첩성(Overlay)
④ 연결성(Connectivity)

해설 위상구조를 이용하여 가능한 분석
1. 인접성 : 두 개의 객체가 서로 인접하는지를 판단
2. 포함성 : 특정 영역 내에 무엇이 포함되었는지를 판단
3. 연결성 : 두 개 이상의 객체가 연결되어 있는지를 판단

48. 지형공간정보체계가 아닌 것은?

① 지적행정시스템
② 토지행정시스템
③ 도시정보시스템
④ 환경정보시스템

해설 지적행정시스템의 업무 범위
지형공간정보체계는 지구 및 우주공간 등 인간활동 공간에 관련된 제반 현상을 위치정보와 특성정보로 정보화하고 시공간적 분석에 이용되는 정보체계이다. 따라서 토지기록을 전산으로 운영하는 지적행정정보시스템은 지형공간정보체계라고 보기는 어렵다.

49. 아래와 같은 특징을 갖는 논리적인 데이터베이스 모델은?

> • 다른 모델과 달리 각 개체는 각 레코드(Record)를 대표하는 기본 키(Primary Key)를 갖는다.
> • 다른 모델에 비하여 관련 데이터 필드가 존재하는 한 필요한 정보를 추출하기 위한 질의 형태에 제한이 없다.
> • 데이터의 갱신이 용이하고 융통성을 증대시킨다.

① 계층형 모델
② 네트워크형 모델
③ 관계형 모델
④ 객체지향형 모델

해설 관계형 모델
1. SQL과 같은 표준 질의어를 사용하여 복잡한 질의를 간단하게 표현할 수 데이터베이스 모형이다.
2. 자료항목들이 표(table)로 불리는 서로 다른 평평한 파일에 들어 있고, 각각의 사상은 반복되는 영역이 없는 자료항목이다.
3. 사용자에게 데이터는 테이블의 형식으로 인식된다.
4. 대상의 속성을 나타내는 각 열들은 속성의 특성에 따라 다른 형태로 정의될 수 있지만, 각 테이블의 각 열에 포함되는 값의 범위와 종류는 정의된 유형만을 받아들이게 된다.

50. 지적도면의 수치 파일화 공정순서로 옳은 것은?
① 폴리곤 형성 → 도면신축 보정 → 지적도면 입력 → 좌표 및 속성검사
② 폴리곤 형성 → 지적도면 입력 → 도면신축 보정 → 좌표 및 속성검사
③ 지적도면 입력 → 도면신축 보정 → 폴리곤 형성 → 좌표 및 속성검사
④ 지적도면 입력 → 좌표 및 속성검사 → 도면신축 보정 → 폴리곤 형성

해설 지적도면의 수치 파일화 : 지적도면 복사 → 좌표 독취(수동 또는 자동) → 좌표 및 속성 입력 → 좌표 및 속성 검사 → 도면신축 보정 → 도곽접합 → 폴리곤 및 폴리선 형성

51 Internet GIS에 대한 설명으로 틀린 것은?
① 인터넷 기술을 GIS와 접목시켜 네트워크 환경에서 GIS 서비스를 제공할 수 있도록 구축한 시스템이다.
② 조직 내 많은 부서가 공동으로 필요로 하는 다양한 지리정보를 취급할 수 있도록 클라이언트−서버기술을 바탕으로 시스템을 통합시키는 GIS 기술을 말한다.
③ 인터넷을 이용한 분석이나 확대, 축소나 기본적인 질의가 가능하다.
④ 다른 기종 간에 접속이 가능한 시스템으로 네트워크상에서 움직이기 때문에 각종 시스템에 접속이 가능하다.

해설 Enterprise GIS : 여러 부서에서 분산되어 사용되고 있는 각종 공간정보를 데이터베이스 관리기술과 클라이언트−서버 기술을 이용하여 시스템을 통합시키는 전사적인 솔루션

52. 경로의 최적화, 자원의 분배에 가장 적합한 공간분석방법은?
① 관망 분석
② 보간 분석
③ 분류 분석
④ 중첩 분석

해설 Network 분석 : 도로와 같은 교통망이나 하천, 상·하수도 등과 같은 관망의 연결성과 경로를 분석하는 기법

53. 지적전산자료의 이용 및 활용에 관한 사항 중 틀린 것은?
① 필요한 최소한도 안에서 신청하여야 한다.
② 지적파일 자체를 제공하더라도 신청할 수는 없다.
③ 지적공부의 형식으로는 복사할 수 없다.
④ 승인받은 자료의 이용·활용에 관한 사용료는 무료이다.

해설 지적전산자료의 이용 또는 활용에 관한 승인을 받은 자는 국토교통부령으로 정하는 사용료를 내야 한다. 다만, 국가나 지방자치단체에 대해서는 사용료를 면제한다.
  1. 자료를 인쇄물로 제공할 때는 1필지당 30원
  2. 자료를 자기디스크 등 전산매체로 제공할 때는 1필지당 20원

54. 불규칙삼각망(TIN)에 관한 설명으로 틀린 것은?

① DEM과는 달리 추출된 표본 지점들은 x, y, z 값을 갖고 있다.
② 벡터 데이터 모델로 위상구조를 가지고 있다.
③ 표고를 가지고 있는 많은 점들을 연결하면 동일한 크기의 삼각형으로 망이 연결된다.
④ 표고점으로부터 삼각형의 네트워크를 생성하는 방법으로 가장 널리 사용되는 방법은 델로니 삼각형이다.

해설 불규칙삼각망이 격자형 수치표고모형에 비해 자료의 저장이 용이하고, 불규칙한 간격을 가지는 표고 자료를 운용할 수 있는 편리한 자료구조를 가지고 있기 때문에 격자형 수치표고모형의 대안이 될 수 있다.

55. 벡터 데이터 모델과 래스터 데이터 모델에서 동시에 표현할 수 있는 것은?

① 점과 선의 형태로 표현
② 지리적 위치를 X, Y 좌표로 표현
③ 그리드 형태로 표현
④ 셀의 형태로 표현

해설 벡터 데이터는 점, 선, 면 형태로 표현되고, 래스터 데이터는 그리드, 셀 형태로 표현된다. 공간정보의 위치 좌표는 경위도좌표, 평면직각(X, Y)좌표 등을 사용하여야 한다.

56. LIS를 구동시키기 위한 가장 중요한 요소로서 전문성과 기술을 요하는 구성 요소는?

① 자료
② 하드웨어
③ 소프트웨어
④ 조직과 인력

해설 조직과 인력
1. 가장 중요한 요소, 운영할 수 있는 조직 및 기술인력
2. 관찰자(지리정보 검색), 일반사용자(LIS 사용자), LIS 전문가(실질적인 업무담당자)

57. 토지기록전산화의 목적과 거리가 먼 것은?

① 지적공부의 전산화 및 전산파일 유지로 지적서고의 체계적 관리 및 확대
② 체계적이고 효율적인 지적사무와 지적행정의 실현
③ 최신 자료에 의한 지적통계와 주민정보의 정확성 제고 및 온라인에 의한 신속한 확보
④ 전국적인 등본의 열람을 가능하게 하여 민원인의 편의 증진

해설 지적공부의 전산화로 전산파일을 유지·관리함으로써 지적서고의 확장에 따른 비용을 절감할 수 있다.

Answer 54. ③ 55. ② 56. ④ 57. ①

58. 다음 중 PBLIS와 LMIS를 통합한 시스템으로 옳은 것은?
① GSIS
② KLIS
③ PLIS
④ UIS

해설 한국토지정보시스템(KLIS ; Korea Land Information System)
구)건설교통부의 토지 관련 업무를 다루는 시스템(LMIS)과 구)행정자치부의 지적 관련 업무 처리 시스템(PBLIS)이 분리되어 운영됨에 따른 자료의 이중 관리 및 정확성 문제 등을 해결하기 위하여 구축된 통합정보시스템

59. 다목적지적의 3대 기본요소에 해당하지 않는 것은?
① 측지기준망
② 필지식별자
③ 기본도
④ 지적중첩도

해설 다목적지적의 요소
1. 측지기준망(Geodetic Reference Network)
2. 기본도(Base Map)
3. 지적중첩도(Cadastral Overlay)
4. 필지식별번호(Unique Parcel Identification Number)
5. 토지자료파일(Land Data File)

60. 토털스테이션으로 얻은 자료를 전산처리하는 방법에 대한 설명으로 옳은 것은?
① 디지타이저로 좌표입력 작업을 하여야 한다.
② 스캐너로 자료를 입력하여야 한다.
③ 특별히 전산화하는 방법이 존재하지 않는다.
④ 통신으로 컴퓨터에 전송하여 자료를 처리한다.

해설 관측된 수치자료를 키인(Key-in)하거나 메모리 카드에 저장된 자료를 컴퓨터에 전송하여 처리한다.

Answer 58. ② 59. ② 60. ④

04 지적학

61. 대한제국시대에 문란한 토지제도를 바로잡기 위하여 시행한 제도와 관계가 없는 것은?

① 지계(地契)제도
② 입안(立案)제도
③ 가계(家契)제도
④ 토지증명제도

해설 토지증명제도(소유권증명제도)의 발전과정
1. 양안제도 : 고려시대부터 조선시대까지 시행되고 토지조사사업의 실시로 폐지
2. 입안제도 : 1892년까지 시행됨
3. 지계제도 : 1893~1905년까지 13년간 시행됨
4. 토지가옥증명제도 : 1906~1910년까지 5년간 시행
5. 지적 및 등기제도 : 토지조사사업 이후에 실시
※ 대한제국은 1897년 10월 12일부터 1910년 8월 29일까지 존속하였다.

62. 토지조사사업에 대한 설명으로 틀린 것은?

① 축척 3천분의 1과 6천분의 1을 사용하여 2만5천분의 1 지형도를 작성할 지형도의 세부측량을 함께 실시하였다.
② 토지조사사업은 사법적인 성격을 갖고 업무를 수행하였으며 연속성과 통일성이 있도록 하였다.
③ 토지조사사업의 내용은 토지소유권조사, 토지가격조사, 지형지모조사가 있다.
④ 토지조사사업은 일제가 식민지정책의 일환으로 실시하였다.

해설 토지조사사업의 목적과 내용
1. 토지조사사업은 일제의 식민지정책의 일환으로 조선의 양전사업, 대한제국의 지계사업 및 토지조사사업과 연결된 것으로서 토지제도의 확립을 목적으로 시행
2. 토지조사사업의 내용은 지적제도와 부동산등기제도의 확립을 위한 토지소유권 조사, 지세제도의 확립을 위한 토지의 가격조사, 국토의 지리를 밝히는 토지의 외모조사가 있다.
3. 일본 및 대만의 토지조사사업에서 축적된 경험으로 사업의 연속성과 통일성 확보
※ 축척 1/3,000과 1/6,000은 임야조사사업에서 사용되었으며, 지형측량은 대삼각점, 소삼각점 및 측지용 도근점을 기초로 하여 지적도를 축도한 측판 위에 일반 지형을 표시하고 또 행정구획을 명시하여 지형원도를 작성하는 업무로서 서울, 수원, 개성 등 경제상 특별히 중요한 시가지 지역은 축척 1/10,000, 부산, 마산, 목포, 평양 등 주요 도읍은 축척 1/25,000, 기타 지역은 축척 1/50,000으로 작성하였다.

63. 토지조사사업 당시 지번의 설정을 생략한 지목은?

① 임야
② 성첩
③ 지소
④ 잡종지

Answer 61. ② 62. ① 63. ②

해설 토지조사사업 당시 불조사의 규정
1. 토지조사법 및 토지조사령에 도로, 하천, 구거, 제방, 성첩, 철도선로, 수도선로 등의 토지는 지번을 부여하지 않을 수 있다고 규정
2. 임시토지조사국 조사규정에는 도로, 구거, 제방, 성첩, 철도선로 및 수도선로로서 민유의 신고가 없는 토지 및 하천 호해(湖海)에 대하여는 소유권조사를 할 필요가 없다고 규정
3. 이들은 별도의 측량을 실시하지 않고 전, 답, 대 등의 토지를 측량하고 남아 있는 부분이 도로, 하천, 구거 등이 된 것이었으며 세부측량원도나 지적도에 지목만 표시

64. 지번의 결번(缺番)이 발생되는 원인이 아닌 것은?

① 토지조사 당시 지번 누락으로 인한 결번
② 토지의 등록전환으로 인한 결번
③ 토지의 경계정정으로 인한 결번
④ 토지의 합병으로 인한 결번

해설 결번(Missing Parcel Nnmber)
1. 의의 : 지번을 부여한 이후에 토지 합병 등의 사유로 인하여 지적공부에 등록되지 않은 지번이 발생하게 되는데 이를 결번이라고 함
2. 결번의 원인 : 토지의 합병, 등록전환, 행정구역의 변경, 도시개발사업의 시행, 토지구획정리사업, 경지정리사업, 지번변경, 축척변경 등
3. 결번대장 : 결번 발생 시에는 지체 없이 그 사유를 결번 대장에 등록하여 영구히 보존
※ 경계정정의 경우에는 지적(임야)도에 등록된 경계가 변경되므로 결번이 발생하지 않음

65. 다음 경계 중 정밀지적측량이 수행되고 지적소관청으로부터 사정의 행정처리가 완료된 것은?

① 보증경계　　② 고정경계
③ 일반경계　　④ 특정경계

해설 특성에 따른 경계의 분류
1. 일반경계(general boundary)
   ㉠ 1875년 영국 토지등록제도에서 규정
   ㉡ 토지경계가 도로, 하천, 해안선, 담, 울타리, 도랑 등 자연적 지형지물로 이루어진 경우
   ㉢ 지가가 저렴한 농촌지역 등에서 토지등록방법으로 이용
2. 고정경계(fixed boundary)
   ㉠ 지적측량에 의하여 결정된 경계
   ㉡ 일반경계와 법률적 효력은 유사하나 그 정확도가 높음
   ㉢ 경계선에 대한 정부 보증이 불인정
3. 보증경계(guaranteed boundary) : 정밀지적측량이 시행되고 토지소관청의 사정이 완료되어 확정된 경계

66. 토지조사사업 당시 확정된 소유자가 다른 토지 간의 사정된 경계선은?

① 지압선　　② 수사선
③ 도곽선　　④ 강계선

해설 일필지의 강계
1. 개념
   ⊙ 강계란 지목 구별 및 소유권 분계의 확정을 위한 것으로서 토지의 소유자 및 지목이 동일하고 연속된 토지를 1필로 하는 것을 원칙으로 함
   ⓛ 지목은 전, 답, 대, 지소, 임야, 잡종지 등 18종으로 구별
2. 강계선의 구분
   ⊙ 강계선 : 사정선으로서, 토지조사 당시 확정된 소유자가 다른 토지 간의 경계선이며, 강계선의 상대는 소유자와 지목이 다르다는 원칙이 성립
   ⓛ 지역선 : 소유자가 같은 토지와의 구획선 또는 소유자를 알 수 없는 토지와의 구획선 및 토지조사사업의 시행지와 미시행지와의 지계선
   ⓒ 경계선 : 임야조사사업 시의 사정선

67. 토지소유권 권리의 특성 중 틀린 것은?

① 항구성   ② 탄력성   ③ 완전성   ④ 단일성

해설 소유권
1. 소유권의 개념 : 법률의 범위 안에서 그 소유물을 사용, 수익, 처분할 수 있는 권리
2. 소유권의 특성 : 완전성(포괄성), 혼일성, 탄력성, 항구성

68. 이기가 해학유서에서 수등이척제에 대한 개선으로 주장한 제도로서, 전지(田地)를 측량할 때 정방형의 눈들을 가진 그물을 사용하여 면적을 산출하는 방법은?

① 일자오결제   ② 망척제   ③ 결부제   ④ 방전제

해설 이기의 양전개정론(망척제)
1. 전지를 측량할 때에 정방형의 눈들을 가진 그물을 사용하여 그물 속에 들어온 그물눈을 계산하여 면적을 산출하는 방법
2. 조선 후기 실학자인 이기는 저서 "해학유서"에 수등이척제에 대한 개선방법으로 "망척제"의 도입을 주장
3. 전안(田案) 작성 시 반드시 도면과 지적을 갖추어야 한다고 함

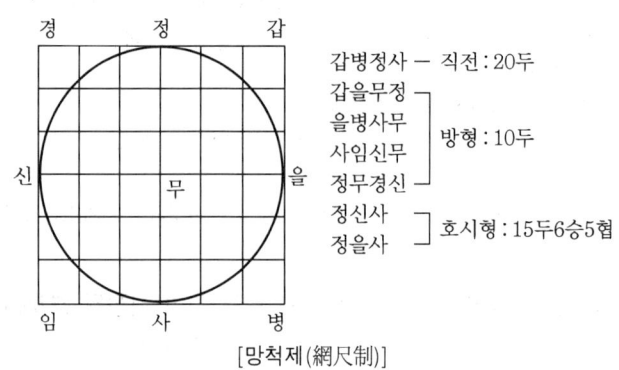

[망척제(網尺制)]

69. 지적의 원리에 대한 설명으로 틀린 것은?

① 공(公)기능성의 원리는 지적공개주의를 말한다.
② 민주성의 원리는 주민참여의 보장을 말한다.
③ 능률성의 원리는 중앙집권적 통제를 말한다.
④ 정확성의 원리는 지적불부합지의 해소를 말한다.

해설 현대지적의 원리
1. 공기능성의 원리 : 공기능성의 본원적 의미는 어떤 집단 속에서 대다수의 개인에게 공통되는 이해 또는 목적을 가지는 것으로 불특정다수자의 이익의 추구이며, 사적 이익이라는 개별적 추구를 공적 입장에서 보호하자는 조화에 바탕을 두고 있으며, 모든 지적사항은 필요에 따라 공개되어야 하며 객관적이고 정확성이 있어야 함
2. 민주성의 원리 : 현대지적의 민주성이란 제도의 운영주체와 객체가 내적인 면에서 인간화가 이루어지고 외적인 면에서 주민의 뜻이 반영되는 행정이라 할 수 있으며 정책경정에서 국민의 참여, 국민에 대한 충실한 봉사, 국민에 대한 행정적 책임 등이 확보되는 상태를 말함
3. 능률성의 원리 : 지적의 능률성은 토지현황을 조사하여 지적공부를 만드는 데 따르는 실무활동의 능률과 주어진 여건과 실행과정에서 이론개발 및 그 전달과정의 개선을 뜻하며 지적활동의 과학화·기술화 내지 합리화·근대화를 지칭하는 것
4. 정확성의 원리 : 토지의 정보를 수록하는 지적은 사회과학적 방법과 자연과학적 방법이 함께 접근되어야 하며 지적의 정확성이 현대지적의 기능을 최고화하기 위한 원리

70. 국가의 재원을 확보하기 위한 지적제도로서 면적본위 지적제도라고도 하는 것은?

① 과세지적
② 법지적
③ 다목적지적
④ 경제지적

해설 발전과정에 따른 지적의 분류
1. 세지적(Fiscal Cadastre) : 국가재정에 필요한 세금의 징수를 주목적으로 하는 제도이며 면적본위로 운영되고 과세지적이라 함
2. 경제지적(Economic Cadastre) : 도시계획이나 농지개량사업의 기초가 되는 지적제도로서 유사지적이라고도 함
3. 법지적(Legal Cadastre) : 토지거래의 안전과 소유권 보호를 주목적으로 하는 제도로서 위치본위로 운영되고 소유권지적이라고도 함
4. 다목적지적(Multi-Purpose Cadastre) : 토지에 관한 등록자료의 용도가 다양화됨에 따라 더 많은 자료의 관리와 이를 신속하고 정확하게 공급하기 위한 제도로서 컴퓨터시스템으로 운영되며 종합지적 또는 통합지적이라고도 함

71. 다음과 관련된 일필지의 경계설정 기준에 관한 설명에 해당하는 것은?

> • (우리나라 민법) 점유자는 소유의 의사로 선의, 평온, 공연하게 점유한 것으로 추정한다.
> • (독일 민법) 경계쟁의 경우에 있어서 정당한 경계가 알려지지 않을 때에는 점유상태로서 경계의 표준을 정한다.

① 경계가 불분명하고 점유형태를 확정할 수 없을 때 분쟁지를 물리적으로 평분하여 쌍방의 토지에 소유시킨다.
② 현재 소유자가 각자 점유하고 있는 지역이 명확한 1개의 선으로 구분되어 있을 때, 이 선을 경계로 한다.
③ 새로이 결정하는 경계가 다른 확실한 자료와 비교하여 공평, 합당하지 못할 때에는 상당한 보완을 한다.
④ 점유형태를 확인할 수 없을 때 먼저 등록한 소유자에게 소유시킨다.

해설 지상경계결정의 처리방법
1. 점유설 : 현재 점유하고 있는 구획선이 하나일 경우 그를 양 토지의 경계로 한다.
2. 평분설 : 점유상태를 확정할 수 없는 경우 분쟁지를 2등분하여 양지에 소속시킨다.
3. 보완설 : 새로이 결정한 경계가 다른 확정된 자료에 비추어 형평타당하지 못할 때 그에 따른 보완을 한다.(예를 들어 지적측량 등)
※ 표 안의 내용은 점유설을 설명하고 있다.

72. 토렌스 시스템의 기본원리에 해당하지 않는 것은?

① 거울이론
② 거래이론
③ 커튼이론
④ 보험이론

해설 토렌스 시스템의 3대 기본원칙
1. 거울이론(Mirror Principle) : 토지권리증서의 등록은 토지거래의 사실을 이론의 여지없이 완벽하게 반영하는 거울과 같다는 이론
2. 커튼이론(Curtain Principle) : 토렌스 제도에 의해 한 번 권리증명서가 발급되면 당해 토지에 대한 이전의 모든 이해관계는 무효가 되며 현재의 소유권을 되돌아볼 필요가 없다는 것
3. 보험이론(Insurance Principle) : 권원증명서에 등기된 모든 정보는 정부에 의하여 보장된다는 원리

73. 근대적 지적제도가 가장 빨리 시작된 나라는?

① 프랑스
② 독일
③ 일본
④ 대만

해설 프랑스는 1807년 지적법(Napoleonien Cadastre Act)을 제정하고 1808~1850년 지적측량을 실시하여 지적제도를 창설한 국가로서 근대적 지적제도의 효시가 되어 유럽 전역의 지적제도 창설에 영향을 미쳤다.
※ 근대지적 도입 : 프랑스(1808~1850), 독일(1870~1900), 일본(1878~1882), 대만(1898~1914), 대한민국(1910~1924)

Answer 71. ② 72. ② 73. ①

74. 간주임야도에 대한 설명으로 틀린 것은?

① 고산지대로 조사측량이 곤란하거나 정확도와 관계없는 대단위의 광대한 국유임야지역을 대상으로 시행하였다.
② 간주임야도에 등록된 소유자는 국가였다.
③ 임야도를 작성하지 않고 축척 5만분의 1 또는 2만5천분의 1 지형도에 작성되었다.
④ 충청북도 청원군, 제천군, 괴산군 속리산 지역을 대상으로 시행되었다.

해설 간주임야도
1. 임야의 가치가 낮고 측량이 곤란하며 면적이 매우 커서 임야도를 작성하기 어려운 경우에는 축척 1/25,000 또는 1/50,000 지형도에 등록하고 임야대장을 작성함
2. 이처럼 임야도로 간주하는 지형도를 간주임야도라고 함
3. 덕유산, 지리산, 일월산 등의 국유임야가 이에 해당됨

75. 토지조사사업 당시 소유자는 같으나 지목이 상이하여 별필(別筆)로 해야 하는 토지들의 경계선과 소유자를 알 수 없는 토지와의 구획선으로 옳은 것은?

① 강계선(疆界線)
② 경계선(境界線)
③ 지역선(地域線)
④ 지세선(地勢線)

해설 강계선과 지역선
1. 강계선
   - 임시토지조사국장의 사정을 거친 사정선
   - 토지조사사업 당시 확정된 소유자가 다른 토지 간의 경계선
   - 강계선은 지목의 구별, 소유권의 분계를 확정하는 것으로 토지소유자와 지목이 동일하고 지반이 연속된 토지는 1필지로 함이 원칙
   - 강계선의 상대는 소유자와 지목이 다르다는 원칙이 성립
2. 지역선
   - 토지조사사업 당시 소유자는 같으나 지목이 다른 경우
   - 지반이 연속되지 않는 관계 등으로 지적정리상 별필로 하여야 하는 토지 간의 경계선
   - 지역선의 대상은 소유자가 같은 토지와의 구획선 또는 소유자를 알 수 없는 토지와의 구획선 및 토지조사사업의 시행지와 미시행지와의 지계선
   - 지역선의 상대는 소유자가 같을 수도 있고 다를 수도 있음
3. 경계선 : 임야조사사업 시의 사정선

76. 새로이 지적공부에 등록하는 사항이나 기존에 등록된 사항의 변경등록은 시장, 군수, 구청장이 관련 법률에서 규정한 절차상의 적법성과 사실관계 부합 여부를 심사하여 지적공부에 등록한다는 이념은?

① 형식적 심사주의
② 일물일권주의
③ 실질적 심사주의
④ 토지표시공개주의

해설 지적의 기본이념
1. 기본이념의 종류
   - 지적국정주의 : 지적공부의 등록사항은 국가만이 이를 결정할 수 있다는 이념
   - 지적형식주의 : 등록사항은 지적공부에 등록·공시하여야만 효력이 인정되는 이념
   - 지적공개주의 : 지적공부의 등록사항은 소유자, 이해관계인 등에게 공개하여 이용하게 하여야 한다는 이념
   - 실질적심사주의(사실심사) : 등록이나 변경등록은 절차상의 적법성뿐만 아니라 사실관계의 부합여부를 심사한다는 이념
   - 직권등록주의(강제등록주의) : 모든 필지는 강제적으로 등록·공시하여야 한다는 이념
2. 실질적 심사주의(實質的審査主義)
   - 실질적 심사주의는 지적공부에 새로이 등록하는 사항이나 이미 등록된 사항의 변경 등록은 국가기관의 장인 시장·군수·구청장이 통합지적법령에 의한 절차상의 적법성뿐만 아니라 실체법상 사실관계의 부합 여부를 조사하여 지적공부에 등록하여야 한다는 이념으로서 사실심사주의라고도 함
   - 따라서 지적측량수행자가 실시한 측량성과는 반드시 소관청이 측량검사를 실시해야 하며 지목변경, 합병 등 토지이동 신청이 있는 경우에는 현지 출장하여 토지 확인 조사를 실시하여 사실관계와 부합 여부를 확인한 후 지적공부를 정리해야 함

77. 역토(驛土)에 대한 설명으로 틀린 것은?

① 역토는 역참에 부속된 토지의 명칭이다.
② 역토의 수입은 국고수입으로 하였다.
③ 역토는 주로 군수비용을 충당하기 위한 토지이다.
④ 조선시대 초기의 역토에는 관둔전, 공수전 등이 있다.

해설 역토와 둔전
1. 역토
   - 역토는 신라, 고려시대 및 조선시대까지 이어져 1896년 폐지된 역참에 부속된 토지를 말함
   - 신라시대부터 각 도의 주요지와 도 소재에서 군 소재지로 통하는 도로에 역참 설치하고 말과 인부를 항시 대기함
   - 역토는 타인에게 양도, 매매, 전대할 수 없으며, 역토의 매매 시에는 엄중한 형벌을 과함
   - 역토가 황폐된 경우엔 즉시 다른 국유지로 보충
2. 둔전
   - 둔전 또는 둔토는 국경지대의 군수품 충당을 위해 인근의 미간지를 주둔군에 부속시켜 개간, 경작시키면서 시작된 토지제도
   - 둔전은 둔관을 보내 관리·감독함

78. 현행 지목 중 차문자(次文字)를 따르지 않는 것은?

① 주차장 ② 유원지
③ 공장용지 ④ 종교용지

Answer 77. ③ 78. ④

해설 지목의 표기방법
1. 지목을 토지대장 및 임야대장 등에 등록하는 때에는 지목 전체를 표기
2. 지목을 지적도 및 임야도에 등록하는 때에는 지목을 뜻하는 기호를 표기
   - 과수원 등 24개 지목은 두문자(지목의 첫 번째 글자)로 표기
   - 하천, 유원지, 공장용지, 주차장 등 4개 지목은 차문자(지목의 두 번째 글자)로 표기(천, 원, 장, 차)

79. 1898년 양전사업을 담당하기 위하여 최초로 설치된 기관은?

① 양지아문(量地衙門)
② 지계아문(地契衙門)
③ 양지과(量地課)
④ 임시토지조사국(臨時土地調査局)

해설 구한말 지적관리관청의 변화

구분	조직	기간	담당업무	비고
내부	토목국	1895. 3. 26.	토지측량, 토지수량에 관한 사항	1893~1905년에 지계제도와 가계제도가 시행된 시기임
	판적국		지적 및 관유지 처분에 관한 업무	
양지 아문	본부	1898. 7. 6. ~1901. 9. 9.	제반사무 총괄 및 정리	• 양지아문은 독립기구나 관련 부처인 내부, 탁지부, 농공상부 등과 협조체계 유지 • 미국인 기사 거렴(레이몬드 크럼)을 초빙하여 측량 실시 및 지적측량교육 실시
	실무진		각 지방의 양전사무 주관 업무 수행 및 양전에 대한 조사	
	기술진		양전 실무 수행	
지계 아문	—	1901. 10. ~1904. 4.	"대한제국전답관계"라고 하는 지계를 발급함	• 일본인 기사 채용 • 토지가옥증명규칙 시행
탁지부	양지국	1904. 4.	양전업무 수행	지계아문 폐지
	양지과	1905. 2.	• 전세·유세지 조사 • 지세의 부과·징수	• 양지과로 기구 축소 • 대구, 평양, 전주에 양지과의 출장소 설치

※ 구한말인 대한제국에서 근대적인 토지조사사업을 실시하기 위해 1910. 3. 14. 토지조사국 관제를 발표하고 1910. 08. 23. 토지조사법을 공포하여 전국의 토지조사업무를 전담하였으나 한일합방에 의해 폐지되고 일제는 1910. 10. 01. 임시토지조사국을 설치하여 대한제국의 토지조사국 업무를 전부 계승하여 토지조사사업을 추진함

80. 필지는 자연물인 지구를 인간이 필요에 의해 인위적으로 구획한 인공물이다. 필지의 성립요건으로 볼 수 없는 것은?

① 지표면을 인위적으로 구획한 폐쇄된 공간
② 정확한 측량성과
③ 지번 및 지목의 설정
④ 경계의 결정

해설 일필지
1. 일필지의 정의
   - 일필지는 "지적공부에 등록하는 토지의 법률적인 단위구역"으로서 "법적인 토지등록단위"
   - 일필지는 폐다각형으로 규정되며 지번, 지목, 경계 및 면적 등의 사항이 정해짐
2. 일필지의 성립요건
   - 지번부여 지역이 동일할 것
   - 소유자가 동일할 것
   - 지목이 동일할 것
   - 지반이 연속되어 있을 것
   - 소유권 이외의 권리가 같을 것
   - 지적공부의 축척이 동일할 것
   - 등기 여부가 같을 것
   ※ 우리나라는 지적측량을 실시하여 일필지의 경계를 지적공부에 등록하고 있으나 '정확한 측량성과' 자체가 일필지의 성립요건은 아님

05 지적관계법규

81. 동일한 경계가 축척이 다른 도면에 각각 등록되어 있을 때의 경계 결정방법은?

① 소면적에 따른다.　　② 소축척에 따른다.
③ 대면적에 따른다.　　④ 대축척에 따른다.

해설 경계의 일반원칙
1. 경계는 국가만이 결정
2. 경계는 실제 모양대로 표시하지 않고 최단거리 직선으로 연결하여 표시
3. 경계는 부피와 면적이 없고 길이와 위치만 존재
4. 경계는 나눌 수 없으면 어느 한쪽의 필지만 경계 역할을 하는 것이 아니라 양필지에 공통으로 작용
5. 동일한 경계가 축척이 다른 도면에 각각 등록되어 있을 때에는 축척이 큰 것에 따름

82. 다음 중 벌칙으로 2년 이하의 징역 또는 2천만 원 이하의 벌금에 처하는 행위로 틀린 것은?

① 속임수, 위력, 그 밖의 방법으로 입찰의 공정성을 해친 자
② 측량기준점 표지를 이전 또는 파손하거나 그 효용을 해치는 행위를 한 자
③ 고의로 측량성과를 다르게 한 자
④ 측량업의 등록을 하지 아니하고 측량업을 한 자

해설 벌칙의 종류 및 부과대상
1. 3년 이하의 징역 또는 3천만 원 이하의 벌금

Answer　81. ④　82. ①

측량업자나 수로사업자로서 속임수, 위력, 그 밖의 방법으로 측량업 또는 수로사업과 관련된 입찰의 공정성을 해친 자

2. 2년 이하의 징역 또는 2천만 원 이하의 벌금
   ① 측량기준점표지를 이전 또는 파손하거나 그 효용을 해치는 행위를 한 자
   ② 고의로 측량성과 또는 수로조사성과를 사실과 다르게 한 자
   ③ 측량업의 등록을 하지 아니하거나 거짓이나 그 밖의 부정한 방법으로 측량업의 등록을 하고 측량업을 한 자
   ④ 성능검사를 부정하게 한 성능검사대행자
   ⑤ 성능검사대행자의 등록을 하지 아니하거나 거짓이나 그 밖의 부정한 방법으로 성능검사대행자의 등록을 하고 성능검사업무를 한 자

3. 1년 이하의 징역 또는 1천만 원 이하의 벌금
   ① 측량기술자가 아님에도 불구하고 측량을 한 자
   ② 업무상 알게 된 비밀을 누설한 측량기술자 또는 수로기술자
   ③ 둘 이상의 측량업자에게 소속된 측량기술자 또는 수로기술자
   ④ 다른 사람에게 측량업등록증 또는 측량업등록수첩을 빌려주거나 자기의 성명 또는 상호를 사용하여 측량업무를 하게 한 자
   ⑤ 다른 사람의 측량업등록증 또는 측량업등록수첩을 빌려서 사용하거나 다른 사람의 성명 또는 상호를 사용하여 측량업무를 한 자
   ⑥ 지적측량수수료 외의 대가를 받은 지적측량기술자
   ⑦ 거짓으로 다음 각 목의 신청을 한 자
      • 신규등록 신청
      • 등록전환 신청
      • 분할 신청
      • 합병 신청
      • 지목변경 신청
      • 바다로 된 토지의 등록말소 신청
      • 축척변경 신청
      • 등록사항의 정정 신청
      • 도시개발사업 등 시행지역의 토지이동 신청
   ⑧ 다른 사람에게 자기의 성능검사대행자 등록증을 빌려 주거나 자기의 성명 또는 상호를 사용하여 성능검사대행업무를 수행하게 한 자
   ⑨ 다른 사람의 성능검사대행자 등록증을 빌려서 사용하거나 다른 사람의 성명 또는 상호를 사용하여 성능검사대행업무를 수행한 자

83. 토지대장의 등록사항에 해당하지 않는 것은?

① 면적 ② 지번
③ 대지권 비율 ④ 토지의 소재

해설 1. 토지(임야)대장의 등록사항
   • 토지의 소재
   • 지번
   • 지목

Answer 83. ③

- 면적
- 소유자의 성명 또는 명칭, 주소 및 주민등록번호
- 토지의 고유번호
- 지적도 또는 임야도의 번호와 필지별 토지대장 또는 임야대장의 장번호 및 축척
- 토지의 이동사유
- 토지소유자가 변경된 날과 그 원인
- 토지등급 또는 기준수확량등급과 그 설정·수정 연월일
- 개별공시지가와 그 기준일

2. 대지권등록부의 등록사항
   - 토지의 소재
   - 지번
   - 대지권 비율
   - 소유자의 성명 또는 명칭, 주소 및 주민등록번호
   - 토지의 고유번호
   - 전유부분의 건물표시
   - 건물의 명칭
   - 집합건물별 대지권등록부의 장번호
   - 토지소유자가 변경된 날과 그 원인
   - 소유권 지분

84. 지적측량수행자가 지적측량을 시행한 후 성과의 정확성에 관한 검사를 받기 위해 소관청에 제출하는 서류로서 틀린 것은?

① 면적측정부 ② 지적도 ③ 측량결과도 ④ 측량부

해설 지적측량수행자가 지적측량 성과의 정확성에 관한 검사를 받기 위해 소관청에 제출하는 서류는 측량부·측량결과도·면적측정부, 측량성과 파일 등 측량성과에 관한 자료임

85. 지적전산자료를 이용하거나 활용하려는 자로부터 심사 신청을 받은 관계 중앙행정기관의 장이 심사하여야 할 사항에 해당되지 않는 것은?

① 신청인의 지적전산자료 활용 능력
② 신청 내용의 타당성·적합성 및 공익성
③ 개인의 사생활 침해 여부
④ 자료의 목적 외 사용 방지 및 안전관리대책

해설 1. 지적전산자료 이용
1) 지적전산자료 승인권자
   - 전국 단위의 지적전산자료 : 국토교통부장관, 시·도지사 또는 지적소관청
   - 시·도 단위의 지적전산자료 : 시·도지사 또는 지적소관청
   - 시·군·구 단위의 지적전산자료 : 지적소관청
2) 지적전산자료 이용 절차

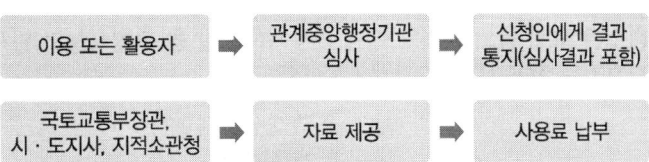

3) 지적전산자료 신청 시 기재사항
- 자료의 이용 또는 활용 목적 및 근거
- 자료의 범위 및 내용
- 자료의 제공방식, 보관기관 및 안전관리대책 등

2. 지적전산자료 심사사항
   1) 관계 중앙행정기관의 장이 심사할 사항
      - 신청 내용의 타당성, 적합성 및 공익성
      - 개인의 사생활 침해 여부
      - 자료의 목적 외 사용 방지 및 안전관리대책
   2) 국토교통부장관, 시·도지사 또는 지적소관청이 심사할 사항
      - 관계 중앙행정기관의 장이 심사한 사항
      - 신청한 사항의 처리가 전산정보처리조직으로 가능한지 여부
      - 신청한 사항의 처리가 지적업무수행에 지장을 주지 않는지 여부

3. 지적전산자료의 사용료
   지적전산자료의 이용 또는 활용에 관한 승인을 받은 자는 국토교통부령이 정하는 사용료를 내야 한다.

지적전산자료 제공방법	수수료
인쇄물로 제공하는 때	1필지당 30원
자기디스크 등 전산매체로 제공하는 때	1필지당 20원

86. 공간정보의 구축 및 관리 등에 관한 법률에 따른 '토지의 이동'에 해당하는 것은?

① 신규등록
② 토지등급변경
③ 토지소유자변경
④ 수확량등급변경

해설 토지의 이동이란 토지의 표시를 새로이 정하거나 변경 또는 말소하는 것을 말하며, 신규등록은 토지의 표시를 새로이 정하기 때문에 토지의 이동에 해당된다.

87. 공간정보의 구축 및 관리 등에 관한 법률에서 규정하고 있는 경계의 의미로 옳은 것은?

① 계곡·능선 등의 자연적 경계
② 지상에 설치한 담장·둑 등의 인위적인 경계
③ 지적도나 임야도에 등록한 경계
④ 토지소유자가 표시한 지상경계

해설 공간정보의 구축 및 관리 등에 관한 법률에서 경계는 필지별로 경계점들을 직선으로 연결하여 지적공부에 등록한 선을 말한다.

Answer 86. ① 87. ③

88. 주거기능 보호나 청소년 보호 등의 목적으로 청소년 유해시설 등 특정시설의 입지를 제한할 필요가 있는 경우에 지정하는 용도지구는?

① 개발진흥지구 ② 특정용도제한지구
③ 시설보호지구 ④ 보존지구

해설 용도지구의 종류
1. 경관지구 : 경관을 보호·형성하기 위하여 필요한 지구
2. 미관지구 : 미관을 유지하기 위하여 필요한 지구
3. 고도지구 : 쾌적한 환경 조성 및 토지의 효율적 이용을 위하여 건축물 높이의 최저한도 또는 최고한도를 규제할 필요가 있는 지구
4. 방화지구 : 화재의 위험을 예방하기 위하여 필요한 지구
5. 방재지구 : 풍수해, 산사태, 지반의 붕괴, 그 밖의 재해를 예방하기 위하여 필요한 지구
6. 보존지구 : 문화재, 중요 시설물 및 문화적·생태적으로 보존가치가 큰 지역의 보호와 보존을 위하여 필요한 지구
7. 시설보호지구 : 학교시설·공용시설·항만 또는 공항의 보호, 업무기능의 효율화, 항공기의 안전운항 등을 위하여 필요한 지구
8. 취락지구 : 녹지지역·관리지역·농림지역·자연환경보전지역·개발제한구역 또는 도시자연공원구역의 취락을 정비하기 위한 지구
9. 개발진흥지구 : 주거기능·상업기능·공업기능·유통물류기능·관광기능·휴양기능 등을 집중적으로 개발·정비할 필요가 있는 지구
10. 특정용도제한지구 : 주거기능 보호나 청소년 보호 등의 목적으로 청소년 유해시설 등 특정시설의 입지를 제한할 필요가 있는 지구

89. 60일 이내에 토지의 이동 신청을 하지 않아도 되는 것은?

① 신규등록 신청 ② 지목변경 신청
③ 경계정정 신청 ④ 형질변경에 따른 분할신청

해설 토지이동별 신청기간, 측량, 결번, 등기촉탁대상

구 분	신청 (60일)	측량	결번 발생	등기촉탁 대상	비 고
신규등록	○	○	×	×	최초 소유권 결정 : 지적소관청
등록전환	○	○	○	○	축척변경, 지목변경 수반
분할	△	○	×	○	1필지 일부의 용도변경 시 → 신청 의무
합병	△	×	○	○	공동주택부지, 공공용지인 경우 → 신청의무
지목변경	○	×	×	○	일시적·임시적 지목변경 불가
바다로 된 토지의 등록말소	× (90일)	△ (필요시)	○	○	—
등록사항 정정 (경계)	×	△ (필요시)	×	○	—

※ △ : 필요시, × : 대상 아님

Answer 88. ② 89. ③

90. 본등기의 일반적 효력으로 적합하지 않은 것은?

① 공신력 인정
② 순위확정적 효력
③ 점유적 효력
④ 추정적 효력

해설 1. 본등기
① 종국등기라고도 하며 등기의 본래 효력, 즉 물권변동의 효력을 발생시키는 등기
② 내용에 따라 기입등기, 변경등기, 회복등기, 말소등기, 보존등기, 이전등기, 설정등기로 구분
③ 형식에 따라 주등기, 부기등기로 구분
2. 공신력
① 공시방법을 신뢰해서 거래한 자는 비록 그 공시방법이 진실한 권리관계와 일치하지 않더라도 그 공시된 대로의 권리를 인정하여 보호를 받아야 한다는 원칙
② 우리나라 부동산등기제도는 등기에 대한 공신력(公信力)을 인정하지 않음
3. 공시력
① 물권은 배타적인 효력을 가지는 권리이므로 제3자가 물권의 변동을 언제나 외부에서 인식할 수 있는 표상을 갖추어야 한다는 원칙
② 현행 부동산 등기제도는 공시의 원칙은 인정하고 있음

91. 미등기토지의 소유권보존등기를 신청할 수 없는 자는?

① 관할소관청장
② 토지대장상의 소유자
③ 확정판결에 의하여 자기의 소유권을 증명하는 자
④ 수용으로 인하여 소유권을 취득하였음을 증명하는 자

해설 미등기의 토지 또는 건물에 관한 소유권보존등기 신청자
1. 토지대장, 임야대장 또는 건축물대장에 최초의 소유자로 등록되어 있는 자 또는 그 상속인, 그 밖의 포괄승계인
2. 확정판결에 의하여 자기의 소유권을 증명하는 자
3. 수용(收用)으로 인하여 소유권을 취득하였음을 증명하는 자
4. 특별자치도지사, 시장, 군수 또는 구청장(자치구의 구청장을 말한다)의 확인에 의하여 자기의 소유권을 증명하는 자(건물의 경우로 한정한다.)

92. 현행 공간정보의 구축 및 관리 등에 관한 법령상 신고사항에 속하는 토지이동은?

① 도시개발사업 등의 완료 사실
② 신규등록할 토지가 발생한 경우
③ 지목변경에 따른 토지이동
④ 토지의 분할 및 합병

Answer 90. ① 91. ① 92. ①

해설 토지이동의 신청과 신고대상

구분	신청 또는 신고대상	시기
신규등록	신규등록할 토지	사유가 발생한 날부터 60일 이내에 지적소관청에 신청
등록전환	등록전환할 토지	
분할	형질변경 등으로 용도가 변경된 경우	
합병	공동주택의 부지, 도로, 제방, 하천, 구거, 유지, 공장용지·학교용지·철도용지·수도용지·공원·체육용지	
지목변경	지목변경할 토지	
바다로 된 토지의 등록말소	지적소관청이 등록말소 신청 통지를 한 토지	토지소유자가 통지를 받은 날부터 90일 이내에 지적소관청에 신청
도시개발사업 등	착수·변경 또는 완료 사실	사유가 발생할 날부터 15일 이내에 지적소관청에 신고

93. 지적기준점표지의 설치·관리 등에 관한 설명으로 옳은 것은?

① 지적삼각점표지의 점간거리는 평균 4km 이상 10km 이하로 한다.
② 다각형도선법에 따르는 경우를 제외하고 지적도근점표지의 점간거리는 평균 100m 이상 500m 이하로 한다.
③ 지적소관청은 연 1회 이상 지적기준점표지의 이상 유무를 조사하여야 한다.
④ 지적기준점표지가 멸실되거나 훼손되었을 때에는 시·도지사는 이를 다시 설치하거나 보수하여야 한다.

해설 1. 지적기준점표지의 설치기준
① 지적삼각점표지의 점간거리는 평균 2킬로미터 이상 5킬로미터 이하로 할 것
② 지적삼각보조점표지의 점간거리는 평균 1킬로미터 이상 3킬로미터 이하로 할 것. 다만, 다각망도선법에 따르는 경우에는 평균 0.5킬로미터 이상 1킬로미터 이하로 함
③ 지적도근점표지의 점간거리는 평균 50미터 이상 300미터 이하로 할 것. 다만, 다각망도선법에 따르는 경우에는 평균 500미터 이하로 함
2. 지적기준점표지의 조사 및 관리
① 지적소관청은 연 1회 이상 지적기준점표지의 이상 유무를 조사하여야 하며, 이 경우 멸실되거나 훼손된 지적기준점표지를 계속 보존할 필요가 없을 때에는 폐기할 수 있음
② 지적소관청이 관리하는 지적기준점표지가 멸실되거나 훼손되었을 때에는 지적소관청은 다시 설치하거나 보수하여야 함

94. 지적공부의 '대장'으로만 나열된 것은?

① 토지대장, 임야도
② 대지권등록부, 지적도
③ 경계점좌표등록부, 일람도
④ 공유지연명부, 토지대장

해설 1. 지적공부는 토지대장, 임야대장, 공유지연명부, 대지권등록부, 지적도, 임야도 및 경계점좌표등록부 등 지적측량 등을 통하여 조사된 토지의 표시와 해당 토지의 소유자 등을 기록한 대장 및 도면(정보처리시스템을 통하여 기록·저장된 것을 포함한다)을 말한다.
2. 공간정보의 구축 및 관리 등에 관한 법률에서 대장은 토지대장, 임야대장을 칭하며, 도면은 지적도, 임야도를 칭한다.
3. 공유지연명부는 대장의 부속대장으로 1필지를 2명 이상의 여러 명이 소유하는 경우에 그 소유자에 관한 내용을 주로 기록하는 장부임
4. 일람도는 하나의 지번부여지역에 어떤 시설이 있는가 하는 것을 한번에 볼 수 있게 만든 도면으로 지적도면의 부속도서이며 지적공부는 아님

95. 토지이동으로 볼 수 있는 것은?

① 소유자의 주소변경   ② 소유권의 변경
③ 지상권의 변경   ④ 경계의 정정

해설 1. 토지이동
토지의 이동이란 토지의 표시를 새로이 정하거나 변경 또는 말소하는 것을 말한다.
2. 토지이동의 종류
토지이동은 토지의 표시를 새로 정하거나 변경 또는 말소하는 것으로 지적측량을 수반하는 경우와 지적측량을 수반하지 않는 경우, 기타 등으로 분류된다.
  1) 지적측량을 수반하는 경우
    ① 지적기준점을 정하는 경우
    ② 지적측량성과를 검사하는 경우
    ③ 지적공부를 복구하는 경우
    ④ 등록전환하는 경우
    ⑤ 토지를 분할하는 경우
    ⑥ 바다가 된 토지의 등록을 말소하는 경우
    ⑦ 축척을 변경하는 경우
    ⑧ 지적공부의 등록사항을 정정하는 경우
    ⑨ 도시개발사업 등의 시행지역에서 토지의 이동이 있는 경우
    ⑩ 경계점을 지상에 복원하는 경우
  2) 지적측량을 수반하지 않는 경우
    ① 합병
    ② 지목변경
  3) 기타
    ① 지번변경
    ② 행정구역변경

96. 지목을 '대'로 구분할 수 없는 것은?

① 목장용지 내 주거용 건축물의 부지
② 과수원에 접속된 주거용 건축물의 부지
③ 영구적 건축물 중 변전소 시설의 부지
④ 국토의 계획 및 이용에 관한 법률 등 관계 법령에 따른 택지조성공사가 준공된 토지

Answer 95. ④ 96. ③

해설 1. 대
① 영구적 건축물 중 주거·사무실·점포와 박물관·극장·미술관 등 문화시설과 이에 접속된 정원 및 부속시설물의 부지
② 「국토의 계획 및 이용에 관한 법률」 등 관계 법령에 따른 택지조성공사가 준공된 토지
2. 잡종지
① 아래에 해당하는 토지
- 갈대밭, 실외에 물건을 쌓아두는 곳, 돌을 캐내는 곳, 흙을 파내는 곳, 야외시장, 비행장, 공동우물
- 영구적 건축물 중 변전소, 송신소, 수신소, 송유시설, 도축장, 자동차운전학원, 쓰레기 및 오물처리장 등의 부지
- 다른 지목에 속하지 않는 토지
② 원상회복을 조건으로 돌을 캐내는 곳 또는 흙을 파내는 곳으로 허가된 토지는 제외

97. 이미 완료된 등기에 대해 등기 절차상에 착오 또는 유루(遺漏)가 발생하여 원시적으로 등기사항과 실체사항과의 불일치가 발생되었을 때 이를 시정하기 위해 행하여지는 등기는?

① 부기등기　　② 경정등기　　③ 회복등기　　④ 기입등기

해설 1. 경정등기
등기 완료 후 등기의 일부가 등기절차상의 착오, 빠진 부분(유루)에 의해 원시적으로 실체관계와 불일치가 있는 경우 이를 실체관계에 부합하도록 시정하는 등기
2. 부기등기
독립한 순위번호를 갖지 않고 기존의 등기에 부기번호를 붙여서 행하여지는 등기
3. 회복등기
부동산 등기사항의 전부 또는 일부가 멸실되었다가 회복절차에 따라 회복시키는 등기를 말하며, 말소회복등기와 멸실회복등기가 있다.
4. 기입등기
새로운 등기원인에 의한 권리의 발생이 있는 경우에 그 등기사항을 새로 등기부에 기재하는 등기(소유권보존·이전, 저당권 설정등기 등)

98. 부동산 표시의 변경등기가 아닌 것은?

① 건물번호의 변경　　② 소유권의 변경
③ 소재지의 명칭변경　　④ 토지지번의 변경

해설 부동산 표시의 변경등기는 토지·건물 표시에 관한 등기를 말하며 소유권의 변경은 권리에 관한 등기에 해당된다.

99. 측량업의 등록을 하려는 자가 국토교통부장관 또는 시·도지사에게 제출하여야 할 첨부서류에 해당하지 않는 것은?

① 보유하고 있는 측량기술자의 명단
② 보유하고 있는 측량기술자의 측량기술 경력증명서
③ 측량업 사무소의 등기부등본
④ 보유하고 있는 장비의 명세서

Answer　97. ②　98. ②　99. ③

해설 지적측량업의 등록
1. 등록
   지적측량업을 영위하고자 하는 자는 기술자격·기술능력·설비 등의 등록기준을 갖추어 도지사에게 지적측량업의 등록을 하여야 함
2. 첨부서류
   ① 기술인력을 갖춘 사실을 증명하기 위한 서류
   - 보유하고 있는 측량기술자의 명단
   - 인력에 대한 측량기술 경력증명서
   ② 장비를 갖춘 사실을 증명하기 위한 서류
   - 보유하고 있는 장비의 명세서
   - 장비의 성능검사서 사본
   - 소유권 또는 사용권을 보유한 사실을 증명할 수 있는 서류

100. 거짓으로 분할 신청을 한 경우의 벌칙 기준으로 옳은 것은?

① 300만원 이하의 과태료
② 1년 이하의 징역 또는 1천만 원 이하의 벌금
③ 2년 이하의 징역 또는 2천만 원 이하의 벌금
④ 3년 이하의 징역 또는 3천만 원 이하의 벌금

해설 1년 이하의 징역 또는 1천만 원 이하의 벌금
① 측량기술자가 아님에도 불구하고 측량을 한 자
② 업무상 알게 된 비밀을 누설한 측량기술자 또는 수로기술자
③ 둘 이상의 측량업자에게 소속된 측량기술자 또는 수로기술자
④ 다른 사람에게 측량업등록증 또는 측량업등록수첩을 빌려주거나 자기의 성명 또는 상호를 사용하여 측량업무를 하게 한 자
⑤ 다른 사람의 측량업등록증 또는 측량업등록수첩을 빌려서 사용하거나 다른 사람의 성명 또는 상호를 사용하여 측량업무를 한 자
⑥ 지적측량수수료 외의 대가를 받은 지적측량기술자
⑦ 거짓으로 다음 각 목의 신청을 한 자
   - 신규등록 신청
   - 등록전환 신청
   - 분할 신청
   - 합병 신청
   - 지목변경 신청
   - 바다로 된 토지의 등록말소 신청
   - 축척변경 신청
   - 등록사항의 정정 신청
   - 도시개발사업 등 시행지역의 토지이동 신청
⑧ 다른 사람에게 자기의 성능검사대행자 등록증을 빌려 주거나 자기의 성명 또는 상호를 사용하여 성능검사대행업무를 수행하게 한 자
⑨ 다른 사람의 성능검사대행자 등록증을 빌려서 사용하거나 다른 사람의 성명 또는 상호를 사용하여 성능검사대행업무를 수행한 자

Answer 100. ②

2017년 제2회 지적기사

01 지적측량

01. 축척 1 : 50,000 지형도 상에서 어느 산정(山頂)부터 산 밑까지의 도상 수평거리를 측정하였더니 60mm이었다. 산정의 높이는 2,200m, 산 밑의 높이는 200m이었다면 그 경사면의 경사는?

① $\dfrac{1}{1.5}$ ② $\dfrac{1}{2.5}$ ③ $\dfrac{1}{10}$ ④ $\dfrac{1}{30}$

해설 • 수평거리 = 50,000×0.06 = 3,000m
  • 높이 = 2,200 − 200 = 2,000m
  • 경사 = $\dfrac{\text{높이}}{\text{수평거리}} = \dfrac{2,000}{3,000} = \dfrac{2}{3} = \dfrac{1}{1.5}$

02. 다음 중 임야도를 갖춰 두는 지역의 세부측량에 있어서 지적기준점에 따라 측량하지 아니하고 지적도의 축척으로 측량한 후 그 성과에 따라 임야측량결과도를 작성할 수 있는 경우는?

① 임야도에 도곽선이 없는 경우
② 경계점의 좌표를 구할 수 없는 경우
③ 지적도근점이 설치되어 있지 않은 경우
④ 지적도에 기지점은 없지만 지적도를 갖춰두는 지역에 인접한 경우

해설 지적측량 시행규칙 제21조(임야도를 갖춰 두는 지역의 세부측량)
  1. 측량대상토지가 지적도를 갖춰 두는 지역에 인접하여 있고 지적도의 기지점이 정확하다고 인정되는 경우
  2. 임야도에 도곽선이 없는 경우

03. 50m 줄자로 측정한 A, B점 간 거리가 250m이었다. 이 줄자가 표준줄자보다 5mm가 줄어 있었다면 정확한 거리는?

① 250.250mm   ② 250.025mm   ③ 249.975mm   ④ 249.750mm

해설 $D_0 = D\left(1 + \dfrac{c}{L}\right) = 250\left(1 - \dfrac{0.005}{50}\right) = 249.975\text{m}$

Answer 1. ① 2. ① 3. ③

04. 경계의 제도에 관한 설명으로 틀린 것은?

① 경계는 0.1mm 폭의 선으로 제도한다.
② 1필지의 경계가 도곽선에 걸쳐 등록되어 있으면 도곽선 밖의 여백에 경계를 제도할 수 없다.
③ 지적기준점 등이 매설된 토지를 분할할 경우 그 토지가 작아서 제도하기가 곤란한 때에는 그 도면의 여백에 그 축척의 10배로 확대하여 제도할 수 있다.
④ 경계점좌표등록부 등록지역의 도면(경계점 간 거리등록을 하지 아니한 도면을 제외한다)에 등록할 경계점 간 거리는 검은색의 1.0~1.5mm 크기의 아라비아숫자로 제도한다.

해설 지적업무 처리규정 제41조(경계의 제도)
- 1필지의 경계가 도곽선에 걸쳐 등록되어 있으면 도곽선 밖의 여백에 경계를 제도할 수 있다.
- 경계점좌표등록부 등록지역의 도면(경계점 간 거리등록을 하지 아니한 도면을 제외한다)에 등록할 경계점 간 거리는 검은색의 1.0~1.5밀리미터 크기의 아라비아숫자로 제도한다.
- 지적기준점 등이 매설된 토지를 분할할 경우 그 토지가 작아서 제도하기가 곤란한 때에는 그 도면의 여백에 그 축척의 10배로 확대하여 제도할 수 있다.

05. 지적삼각점측량 후 삼각망을 최소제곱법(엄밀조정법)으로 조정하고자 할 때, 이와 관련 없는 것은

① 표준방정식
② 순차방정식
③ 상관방정식
④ 동시조정

해설
- 망방식에 의한 조정은 관측된 협각(내각)이 두 방향에서 이루어지기 때문에 오차도 두 방향에서 이루어진 것으로 하여 보정치를 계산하게 된다.
- 이러한 조건식의 오차를 소거하고 점의 위치를 결정하는 평균계산법은 최소제곱법에 의하여 각과 변을 '동시에 조정'할 수 있다.
- 계산순서
  각도방정식 – 변방정식 – 상관방정식 – 표준방정식 – 정해 – 역해 – 보정치 계산 – 소구점 좌표계산

06. 삼각형의 내각을 같은 정밀도로 측정하여 변의 길이를 계산할 경우 각도의 오차가 변의 길이에 미치는 영향이 최소인 것은?

① 직각삼각형
② 정삼각형
③ 둔각삼각형
④ 예각삼각형

07. 경위의측량방법에 따른 지적삼각점의 관측과 계산 기준으로 틀린 것은?

① 관측은 10초독 이상의 경위의를 사용한다.
② 수평각 관측은 3대회의 방향관측법에 따른다.
③ 수평각의 측각공차에서 1방향각의 공차는 40초 이내로 한다.
④ 수평각의 측각공차에서 1측회의 폐색공차는 ±30초 이내로 한다.

해설 지적측량 시행규칙 제9조(지적삼각점측량의 관측 및 계산)
1. 관측은 10초독(秒讀) 이상의 경위의를 사용한다.
2. 수평각 관측은 3대회(大回, 윤곽도는 0도, 60도, 120도로 한다)의 방향관측법에 따른다.
3. 수평각의 측각공차(測角公差)는 다음 표에 따른다.

종별	1방향각	1측회(測回)의 폐색(閉塞)	삼각형 내각관측의 합과 180도와의 차	기지각(旣知角)과의 차
공차	30초 이내	±30초 이내	±30초 이내	±40초 이내

08. 두 점의 좌표가 각각 A(495,674.32, 192,899.25), B(497,845.81, 190,256.39)일 때, $A \to B$의 방위는?

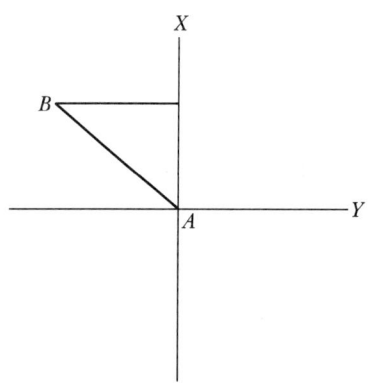

① N39°24′29″W
② S39°24′29″E
③ N50°35′31″W
④ S50°35′31″E

해설

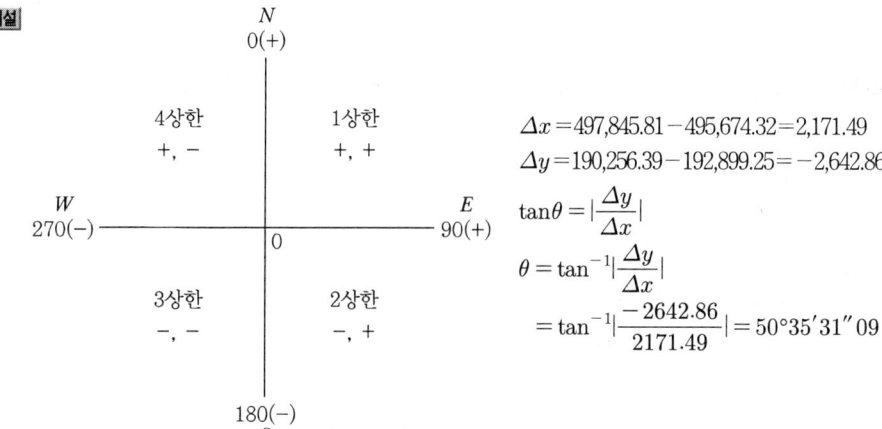

$\Delta x = 497,845.81 - 495,674.32 = 2,171.49$
$\Delta y = 190,256.39 - 192,899.25 = -2,642.86$
$\tan\theta = |\frac{\Delta y}{\Delta x}|$
$\theta = \tan^{-1}|\frac{\Delta y}{\Delta x}|$
$= \tan^{-1}|\frac{-2642.86}{2171.49}| = 50°35′31″09$

∴ $\Delta x = (+)$, $\Delta y = (-)$이므로 위 그림에서와 같이 4상한에 위치하며 방위표시는 N 50° 35′ 31″ W로 한다.

09. 거리측량을 할 때 발생하는 오차 중 우연오차의 원인이 아닌 것은?

① 테이프의 길이가 표준길이와 다를 때
② 온도가 측정 중 시시각각으로 변할 때
③ 눈금의 끝수를 정확히 읽을 수 없을 때
④ 측정 중 장력을 일정하게 유지하지 못하였을 때

해설 테이프의 길이가 표준길이와 달라서 발생하는 오차는 정오차로서 원인과 상태를 파악하면 제거가 가능한 오차다.

10. 다음 구소삼각지역의 직각좌표계 원점 중 평면직각종횡선수치의 단위를 간(間)으로 한 원점은?

① 조본원점
② 고초원점
③ 율곡원점
④ 망산원점

해설 사용단위별 원점의 종류

미터	간(間)
조본원점 고초원점 율곡원점 현창원점 소라원점	망산원점 계양원점 가리원점 등경원점 구암원점 금산원점

11. 지적측량 시행규칙상 세부측량의 기준 및 방법으로 옳지 않은 것은?

① 평판측량방법에 따른 세부측량의 측량결과도는 그 토지가 등록된 도면과 동일한 축척으로 작성하여야 한다.
② 평판측량방법에 따른 세부측량은 교회법, 도선법 및 방사법(放射法)에 따른다.
③ 평판측량방법에 따른 세부측량을 교회법으로 하는 경우 방향각의 교각은 45도 이상 120도 이하로 하여야 한다.
④ 평판측량방법에 따른 세부측량을 도선법으로 하는 경우 도선의 측선장은 도상길이 8cm 이하로 하여야 한다.

해설 지적측량 시행규칙 제18조(세부측량의 기준 및 방법 등)
• 측량결과도는 그 토지가 등록된 도면과 동일한 축척으로 작성한다.
• 평판측량방법에 따른 세부측량은 교회법·도선법 및 방사법(放射法)에 따른다.
• 방향각의 교각은 30도 이상 150도 이하로 한다.
• 평판측량방법에 따른 세부측량을 도선법으로 하는 경우 도선의 측선장은 도상길이 8센티미터 이하로 한다.

Answer 9. ① 10. ④ 11. ③

12. 지적도의 축척이 1 : 600인 지역에서 토지를 분할하는 경우, 면적측정부의 원면적이 4,529m², 보정면적합계가 4,550m²일 때 어느 필지의 보정면적이 2,033m²이었다면 이 필지의 산출면적은?

① 2,019.8m² ② 2,023.6m² ③ 2,024.4m² ④ 2,028.2m²

해설 산출면적 = $\dfrac{\text{원면적}}{\text{보정면적 합}} \times \text{보정면적} = \dfrac{4,529}{4,550} \times 2,033 = 2,023.6\text{m}^2$

13. 지적삼각보조점의 위치 결정을 교회법으로 할 경우, 두 삼각형으로부터 계산한 종선교차가 60cm, 횡선교차가 50cm일 때, 위치에 대한 연결교차는?

① 0.1m ② 0.3m ③ 0.6m ④ 0.8m

해설 지적측량 시행규칙 제11조(지적삼각보조점의 관측 및 계산)
연결교차 = $\sqrt{\text{종선교차}^2 + \text{횡선교차}^2} = \sqrt{0.60^2 + 0.50^2} = 0.8\text{m}$

14. 다음 중 지적기준점측량의 절차로 옳은 것은?
① 계획의 수립 → 준비 및 현지답사 → 선점 및 조표 → 관측 및 계산과 성과표의 작성
② 계획의 수립 → 선점 및 조표 → 준비 및 현지답사 → 관측 및 계산과 성과표의 작성
③ 계획의 수립 → 선점 및 조표 → 관측 및 계산과 성과표의 작성 → 준비 및 현지답사
④ 계획의 수립 → 준비 및 현지답사 → 관측 및 계산과 성과표의 작성 → 선점 및 조표

해설 지적측량 시행규칙 제7조(지적측량의 방법 등)
1. 계획의 수립
2. 준비 및 현지답사
3. 선점(選點) 및 조표(調標)
4. 관측 및 계산과 성과표의 작성

15. 교회법에 관한 설명 중 틀린 것은?
① 후방교회법에서 소구점을 구하기 위해서는 기지점에는 측판을 설치하지 않아도 된다.
② 전방교회법에서는 3점의 기지점에서 소구점에 대한 방향선 교차로 소구점의 위치를 구할 수 있다.
③ 측방교회법에 의하여 구하는 거리는 수평거리이다.
④ 전방교회법으로 구한 수평위치의 정확도는 후방교회법의 경우보다 항상 높다고 말할 수 있다.

해설
1. 전방교회법 : 2~3개의 기지점에 측판을 세우고 미지점을 시준하여 방향선을 그어 그 교점을 측점의 위치로 하는 방법으로서 전방교회법으로 구한 수평위치의 정확도는 후방교회법의 경우보다 일반적으로 높다.
2. 측방교회법 : 기지점에 측판을 세울 수 없는 경우에 적합한 방식으로서 2개 이상의 기지점을 사용하여 기지점에 측판을 세워 미지점을 관측한 후 직접 미지점에 측판을 세워 관측함으로써 미지점의 위치를 구한다.
3. 후방교회법 : 후방교회법은 미지점에 측판을 세우고 기지점의 방향선에 의해 위치를 결정하는 방식으로 2점법, 3점법, 자침에 의한 방법 등이 있으나 3점법이 가장 대표적이다.

16. 지적삼각점의 관측계산에서 자오선수차의 계산단위 기준은?
　① 초 아래 1자리　　　　② 초 아래 2자리
　③ 초 아래 3자리　　　　④ 초 아래 4자리

해설 지적측량 시행규칙 제9조(지적삼각점측량의 관측 및 계산)
　지적삼각점의 계산은 진수(眞數)를 사용하여 각규약(角規約)과 변규약(邊規約)에 따른 평균계산법 또는 망평균계산법에 따르며, 자오선수차의 단위는 초 아래 1자리이다.

17. 평판측량방법에 따른 세부측량에서 지적도를 갖춰 두는 지역의 거리측정단위 기준으로 옳은 것은?
　① 1cm　　　　② 5cm
　③ 10cm　　　　④ 20cm

해설 지적측량 시행규칙 제18조(세부측량의 기준 및 방법 등)
　거리측정단위는 지적도를 갖춰 두는 지역에서는 5센티미터로 하고, 임야도를 갖춰 두는 지역에서는 50센티미터로 한다.

18. 경위의측량방법과 다각망도선법에 따른 지적도근점의 관측에서 시가지 지역, 축척변경지역 및 경계점좌표등록부 시행지역의 수평각 관측방법은?
　① 방향각법　　　　② 교회법
　③ 방위각법　　　　④ 배각법

해설 지적측량 시행규칙 제13조(지적도근점의 관측 및 계산)
　수평각의 관측은 시가지 지역, 축척변경지역 및 경계점좌표등록부 시행지역에 대하여는 배각법에 따르고, 그 밖의 지역에 대하여는 배각법과 방위각법을 혼용한다.

19. 배각법에 의한 지적도근점측량을 한 결과 한 측선의 길이가 52.47m이고, 초단위 오차는 18″, 변장반수의 총합계는 183.1일 때 해당 측선에 배분할 초단위의 각도로 옳은 것은?
　① 2″　　　② 5″　　　③ −2″　　　④ −5″

해설 지적측량 시행규칙 제14조(지적도근점의 각도관측을 할 때의 폐색오차의 허용범위 및 측각오차의 배분)
　각도의 측정결과가 허용범위 이내인 경우 그 오차의 배분은 측선장(測線長)에 반비례하여 각 측선의 관측각에 배분한다.

$$K = -\frac{e}{R} \times r$$

　(K는 각 측선에 배분할 초단위의 각도, e는 초단위의 오차, R은 폐색변을 포함한 각 측선장 반수의 총합계, r은 각 측선장의 반수. 이 경우 반수는 측선장 1미터에 대하여 1천을 기준으로 한 수를 말한다.)

Answer　16. ①　17. ②　18. ④　19. ④

20. 경계점좌표등록부 시행지역에서 지적도근점의 측량성과와 검사성과의 연결교차 기준은?

① 0.15m 이내 ② 0.20m 이내 ③ 0.25m 이내 ④ 0.30m 이내

해설 지적측량 시행규칙 제27조(지적측량성과의 결정)

대 상		연결교차
지적삼각점		0.20미터
지적삼각보조점		0.25미터
지적도근점	경계점좌표등록부 시행지역	0.15미터
	그 밖의 지역	0.25미터
경계점	경계점좌표등록부 시행지역	0.10미터
	그 밖의 지역	10분의 3M밀리미터 (M은 축척분모)

02 응용측량

21. 입체영상의 영상정합(Image Matching)에 대한 설명으로 옳은 것은?

① 경사와 축척을 바로 수정하여 축척을 통일시키고 변위가 없는 수직 사진으로 수정하는 작업
② 사진 상의 주점이나 표정점 등 제점의 위치를 인접한 사진 상에 옮기는 작업
③ 지표의 상태를 파악하기 위하여 사진에 찍혀 있는 것이 무엇인지를 판별하는 작업
④ 한 영상의 한 위치에 해당하는 실제의 객체가 다른 영상의 어느 위치에 형성되었는가를 발견하는 작업

해설 영상정합은 영상 중 한 영상의 위치에 해당하는 실제의 객체가 다른 영상의 어느 위치에 형성되었는가를 발견하는 작업으로서 상응하는 위치를 발견하기 위해서 유사성 측정을 이용한다.

22. 노선측량 중 공사측량에 속하지 않는 것은?

① 용지측량 ② 토공의 기준틀 측량
③ 주요말뚝의 인조점 설치 측량 ④ 중심말뚝의 검측

해설 노선측량에서 공사측량(시공측량)에 해당되는 것은 중심말뚝의 검측, 가인조점 등의 설치, 주요말뚝의 외측에 인조점 설치, 토공의 기준틀 및 콘크리트 구조물의 형간 위치측량, 준공검사 측량 등이 있다.

23. 축척 1 : 50,000 지형도에서 등고선 간격을 20m로 할 때 도상에서 표시될 수 있는 최소 간격을 0.45mm로 할 경우 등고선으로 표현할 수 있는 최대 경사각은?

① 40.1° ② 41.6°
③ 44.6° ④ 46.1°

해설 먼저 수평거리를 구하면 실제거리=축척×도상거리=50,000×0.45=22.5m이므로
경사각=$\tan^{-1}$(높이/수평거리)=$\tan^{-1}$(20/22.5)=41.6335

24. 촬영고도 4,000m에서 촬영한 항공사진에 나타난 건물의 시차를 주점에서 측정하니 정상부분이 19.32mm, 밑 부분이 18.88mm이었다. 한 층의 높이를 3m로 가정할 때 이 건물의 층수는?

① 15층 ② 28층
③ 30층 ④ 45층

해설 시차차에 의한 비고량 계산식은
$$h = \frac{H}{P_r + \Delta P} \times \Delta P$$
여기서 h : 높이, H : 비행고도, P_a : 정상의 시차
P_r : 기준면의 시차 $\Delta P = P_a - P_r = 19.32 - 18.88 = 0.44$이므로
$$h = \frac{4,000,000}{18.88 + (19.32 - 18.88)} \times (19.92 - 18.88) = 91,097\text{mm} = 91\text{m} \div 3 = 30층$$

25. A, B 두 점의 표고가 각각 120m, 144m이고 두 점 간의 경사가 1 : 2인 경우 표고가 130m 되는 지점을 C라 할 때, A점과 C점과의 경사거리는?

① 22.36m ② 25.85m
③ 28.28m ④ 29.82m

해설 경사가 1 : 2인 경우 수평거리가 2이고 높이가 1이므로 경사거리는 $\sqrt{5}$가 되므로 이를 비례식으로 풀어 보면 1 : $\sqrt{5}$ =10m(AC점의 높이차) : x(경사거리)
$x = 10\sqrt{5} = 22.36$m

26. GPS 측량에서 이용하는 좌표계는?

① WGS84 ② GRS80
③ JGD2000 ④ ITRF2000

해설 GPS 시스템의 기준좌표계는 세계측지측량기준계로 지심좌표계인 WGS 좌표계를 이용하고 있다. WGS 좌표계에는 WGS60, WGS66, WGS72, WGS84가 있으며 그중에서도 WGS84를 GPS 시스템의 기준좌표계로 이용하고 있다.

Answer 23. ② 24. ③ 25. ① 26. ①

27. 노선측량에서 완화곡선의 성질을 설명한 것으로 틀린 것은?

① 완화곡선의 종점의 캔트는 원곡선의 캔트와 같다.
② 완화곡선에 연한 곡률반지름의 감소율은 캔트의 증가율과 같다.
③ 완화곡선의 접선은 시점에서는 원호에, 종점에서는 직선에 접한다.
④ 완화곡선의 반지름은 시점에서는 무한대이며, 종점에서는 원곡선의 반지름과 같다.

해설 차량이 직선부에서 곡선부분으로 방향을 바꾸면 반지름이 달라지기 때문에 완화곡선을 설치하게 되는데 이처럼 주로 차량에 사용되며 완화곡선의 성질은 다음과 같다.
- 곡선반경은 완화곡선의 시점에서 무한대, 종점에서 원곡선 R로 된다.
- 완화곡선의 접선은 시점에서 직선에, 종점에서 원호에 접한다.
- 완화곡선에 연한 곡선반경의 감소율은 캔트의 증가율과 동률(다른 부호)로 된다. 또 종점에 있는 캔트는 원곡선의 캔트와 같게 된다.

28. 수준측량에 관한 용어의 설명으로 틀린 것은?

① 표고 : 평균해수면으로부터의 연직거리
② 후시 : 표고를 결정하기 위한 점에 세운 표척 읽음값
③ 중간점 : 전시만을 읽는 점으로서, 이 점의 오차는 다른 점에 영향이 없음
④ 기계고 : 기준면으로부터 망원경의 시준선까지의 높이

해설 후시란 표고를 알고 있는 점에 세운 표척의 읽음값을 말한다.

29. 측점의 터널이 천정에 설치되어 있는 수준측량에서 그림과 같은 관측결과를 얻었다. A점의 지반고가 15.32m일 때 C점의 지반고는?

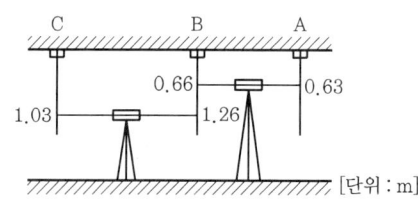

① 14.32m   ② 15.12m   ③ 16.32m   ④ 16.49m

해설 A점의 지반고는 15.32m이며 지반고=기계고(지반고+후시)−전시
B점의 지반고=15.32+(−0.63)−(−0.66)=15.35m
C점의 지반고=15.35+(−1.26)−(−1.03)=15.12m

30. 원심력에 의한 곡선부의 차량 탈선을 방지하기 위하여 곡선부의 횡단 노면 외측부를 높여주는 것은?

① 캔트   ② 확폭   ③ 종거   ④ 완화구간

해설 캔트(편경사)는 곡선부를 통과하는 열차가 원심력을 받기 때문에 밖으로 밀려나가려고 하는데 이것을 막기 위해 바깥 레일을 안쪽 레일 외면보다 높이는 것을 의미하고 이를 위해서는 속도, 곡선반경, 레일 간격 등을 고려하여야 한다.

31. 클로소이드의 형식 중 반향곡선 사이에 2개의 클로소이드를 삽입하는 것은?

① 복합형　　　② 난형　　　③ 철형　　　④ S형

해설 클로소이드의 형식 중 S형은 반향곡선의 사이에 2개의 클로소이드를 삽입한 것을 말한다.

32. GNSS 측량에서 의사거리(Pseudo Range)에 대한 설명으로 가장 적합한 것은?

① 인공위성과 기지점 사이의 거리측정값이다.
② 인공위성과 지상수신기 사이의 거리측정값이다.
③ 인공위성과 지상송신기 사이의 거리측정값이다.
④ 관측된 인공위성 상호 간의 거리측정값이다.

해설 의사거리는 인공위성과 지상수신기 사이의 거리측정값으로 인공위성에서 송신되어 수신기로 도착된 송신 신호를 PRN(Pseudo Range Noise) 인식 코드로 비교하여 측정한다. 송수신기 시계의 시간 오차가 발생되고 거리는 기하학적인 실제 거리와 달라 의사거리라고 하며 항법장치에 주로 사용된다.

33. 항공사진측량 시 촬영고도 1,200m에서 초점거리 15cm, 단촬영경로에 따라 촬영한 연속사진 10장의 입체부분의 지상 유효면적(모델면적)은?(단, 사진크기 23cm×23cm, 중복도 60%)

① 10.24km²　　② 12.19km²　　③ 13.54km²　　④ 14.26km²

해설 $\dfrac{1}{m} = \dfrac{f}{H} = \dfrac{0.15}{1,200} = \dfrac{1}{8,000}$, 유효 모델 면적은 $A_0 = (ma)^2\left(1 - \dfrac{p}{100}\right)$

$A_0 = (8,000 \times 0.23)^2 \left(1 - \dfrac{60}{100}\right) = 1,354,240\text{m}^2$

$= 1.354\text{km}^2(1매당) \times 9장(유효면적은 2매당 1장의 면적임) = 12.186\text{km}^2$

34. 수준측량 야장에서 측점 5의 기계고와 지반고는?(단, 표의 단위는 m이다.)

측점	B.S	F.S T.P	F.S I.P	I.H	G.H
A	1.14				80.00
1	2.41	1.16			
2	1.64	2.68			
3			0.11		
4			1.23		
5	0.30	0.50			
B		0.65			

① 81.35m, 80.85m　　② 81.35m, 80.50m
③ 81.15m, 80.85m　　④ 81.15m, 80.50m

Answer 31. ④　32. ②　33. ②　34. ③

해설 A점의 지반고=80m이며, 기계고(지반고+후시)=80+1.14=81.14m
1점의 지반고=80+1.14−1.16=79.98m
기계고=79.98+2.41=82.39m
2점의 지반고=79.98+2.41−2.68=79.71m
기계고=79.71+1.64=81.35m
3점의 지반고, 4점의 지반고는 중간점이므로 5점의 지반고를 구하기 위해서는 3, 4점의 지반고를 구하지 않고 바로 5점의 지반고를 구할 수 있으므로
5점의 지반고=79.71+1.64−0.50=80.85m
기계고=80.85+0.30=81.15m

35. 지성선에 대한 설명으로 옳은 것은?

① 지표면의 다른 종류의 토양 간에 만나는 선
② 경작지와 산지가 교차되는 선
③ 지모의 골격을 나타내는 선
④ 수평면과 직교하는 선

해설 지성선은 지모의 골격을 나타내는 선으로 지표면이 다수의 평면으로 이루어졌다고 생각할 때 이 평면의 접합부, 즉 접선을 말하며 지세선이라고도 한다. 능선(분수선), 합수선(합곡선, 계곡선), 경사변환선, 최대경사선으로 나뉘며 최대경사선(유하선)은 지표의 임의의 한 점에 있어서 그 경사가 최대로 되는 방향을 표시한 선을 말하며, 등고선에 직각으로 교차하고 최소거리를 나타낸다.

36. 원격센서(Remote Sensor)를 능동적 센서와 수동적 센서로 구분할 때, 능동적 센서에 해당되는 것은?

① TM(Thematic Mapper)
② 천연색 사진
③ MSS(Multi−Spectral Scanner)
④ SLAR(Side Looking Airborne Radar)

해설 원격탐측은 비행기나 인공위성에 탑재된 센서(Sensor)를 이용하여 지표의 대상물에서 반사 또는 방사된 전자 스펙트럼을 측정하고 이들의 자료를 이용하여 대상물이나 현상에 관한 정보를 얻는 기법을 말한다. 능동적 센서는 크게 Radar 방식과 Laser 방식으로 구분하며 SLAR는 능동적 센서에 속하며, 수동적 센서에는 선주사방식과 Flamming(카메라 방식)이 있다.

37. 터널 내에서 A점의 평면좌표 및 표고가 (1,328, 810, 86), B점의 평면좌표 및 표고가 (1,734, 589, 112)일 때 A, B점을 연결하는 터널을 굴진할 경우 이 터널의 경사거리는?(단, 좌표 및 표고의 단위는 m이다.)

① 341.5m
② 363.1m
③ 421.6m
④ 463.0m

해설 AB의 경사거리 $= \sqrt{(X_b-X_a)^2+(Y_b-Y_a)^2+(Z_b-Z_a)^2}$
$= \sqrt{(1734-1328)^2+(589-810)^2+(112-86)^2} = 462.98m$

∴ 463m이다.

Answer 35. ③ 36. ④ 37. ④

38. 지형 표시방법의 하나로 단선상의 선으로 지표의 기복을 나타내는 것으로 일명 게바법이라고도 하는 것은?

① 음영법　　　　　　　　② 단채법
③ 등고선법　　　　　　　④ 영선법

해설 지형의 표시방법에는 영선법(게바법, 우모법), 음영법(명암법), 점고선법, 등고선법이 있다. 영선법은 지면의 최대 경사방향에 단선상의 선을 그어 급경사는 굵고 짧게, 완경사는 가늘고 길게 표시하는 방법인데, 수치적인 고저를 표시할 경우나 제도 등에 곤란하다.

39. GPS를 구성하는 위성의 궤도 주기로 옳은 것은?

① 약 6시간　　　　　　　② 약 12시간
③ 약 18시간　　　　　　　④ 약 24시간

해설 GPS 측량의 인공위성은 55° 궤도 경사각에 위도 60°의 6개 궤도로 구성되어 있으며, 고도는 약 20,183km 이고, 약 12시간 주기로 운행한다.

40. 수준측량에서 굴절오차와 관측거리의 관계를 설명한 것으로 옳은 것은?

① 거리의 제곱에 비례한다.
② 거리의 제곱에 반비례한다.
③ 거리의 제곱근에 비례한다.
④ 거리의 제곱근에 반비례한다.

해설 수준측량에서 굴절오차는 거리의 제곱에 비례한다.

03 토지정보체계론
SUBJECT

41. 지적도면을 디지타이저를 이용하여 전산 입력할 때 저장되는 자료 구조는?

① 래스터자료　　　　　　② 문자자료
③ 벡터자료　　　　　　　④ 속성자료

해설 디지타이징
1) 디지타이저라는 판 위에 지적도면을 올리고 컴퓨터와 연결된 마우스를 이용하여 지적선을 컴퓨터에 입력시키는 것이다.
2) 지적도를 디지타이징하여 벡터자료(점·선·면) 파일을 구축하는 것이다.

Answer　38. ④　39. ②　40. ①　41. ③

42. 다음 중 지리정보시스템의 국제표준을 담당하고 있는 기구의 명칭으로 틀린 것은?

① 유럽의 지리정보 표준화기구 : CEN/TC287
② 국제표준화기구 ISO의 지리정보표준화 관련 위원회 : ISO/TC211
③ GIS 기본모델의 표준화를 마련한 비영리 민관 참여 국제기구 : OGC
④ 유럽의 수치지도 제작 표준화기구 : SDTS

해설 SDTS(Spatial Data Transfer Standard, 공간자료 변환표준)
  1) 미국연방정부의 표준으로 채택되어 공간자료의 교환 표준
  2) 광범위한 자료의 호환을 위한 규약으로서 자료에 관한 정보를 서로 전달하기 위한 언어

43. 행정구역 명칭이 변경된 때에 지적소관청은 시·도지사를 경유하여 국토교통부장관에게 행정구역변경일 며칠 전까지 행정구역의 코드변경을 요청해야 하는가?

① 5일 ② 10일 ③ 20일 ④ 30일

해설 행정구역코드의 변경
  1) 행정구역의 명칭이 변경된 때에는 소관청은 시·도지사를 경유하여 국토교통부장관에게 행정구역변경일 10일 전까지 행정구역의 코드변경을 요청하여야 한다.
  2) 행정구역의 코드변경 요청을 받은 국토교통부장관은 지체 없이 행정구역코드를 변경하고, 그 변경내용을 관련 기관에 통지하여야 한다.

44. 점 개체의 분포 특성을 일정한 단위 공간에서 나타나는 점의 수를 측정하여 분석하는 방법은?

① 방안분석(Quadrat Analysis)   ② 빈도분석(Frequency Analysis)
③ 예측분석(Expected Analysis)   ④ 커널분석(Kernel Analysis)

해설 Quadrat Analysis(方形法) : 2개의 변화(특성·행동) 변수가 관련이 있는지 여부를 그들의 발생에 대한 Joint Frequency를 그려봄으로써 결정하는 분석방법

45. 아래의 설명에 해당하는 공간 분석 유형은?

> 서로 다른 레이어의 정보와 합성으로써 수치연산의 적용이 가능하며, 이것에 의해 새로운 속성 값을 생성한다.

① 네트워크 분석   ② 연결성 추정
③ 중첩   ④ 보간법

해설 중첩
  1) 서로 다른 자료층(Layer)에 나타난 형상들의 정보를 종합 분석하여 각종 관련 정보를 해석 또는 제공
  2) 각각의 층이 가지고 있는 정보를 합하여 각종 관련 정보를 해석하는 기능

46. 수치표고자료가 만들어지고 저장되는 방식이 아닌 것은?
① 일정크기의 격자로서 저장되는 격자(Grid) 방식
② 등고선에 의한 방식
③ 단층에 의한 프로파일(Profile) 방식
④ 위상(Topology)방식

해설 수치표고모델의 주요 유형
  1) 격자형 : DEM
  2) 벡터형 : 등고선, DTED, DTM, TIN

47. 관계형 데이터베이스를 위한 산업표준으로 사용되는 대표적인 질의 언어는?
① SQL   ② DML
③ DCL   ④ CQL

해설 SQL의 특성
  1) 상호 대화식(비절차) 언어, 사용자와 관계형 데이터베이스를 연결시켜 주는 표준검색 언어
  2) 집합단위로 연산하는 언어
  3) 질의를 위하여 사용자가 데이터베이스의 구조를 알아야 함

48. 위상관계의 특성과 관계가 없는 것은?
① 인접성   ② 연결성
③ 단순성   ④ 포함성

해설 위상관계(Topology)
  1) 연결되어 있는 인접한 요소 간의 공간적 관계이다.
  2) 점, 선, 면으로 객체 간의 공간 관계를 파악할 수 있다.
  3) 다각형의 형상(Shape), 인접성(Neighborhood), 계급성(Hierarchy)을 묘사할 수 있는 정보를 제공한다.

49. 국가지리정보체계의 추진과정에 관한 내용으로 틀린 것은?
① 1995년부터 2000년까지 제1차 국가 GIS 사업 수행
② 2006년부터 2010년에는 제2차 국가 GIS 기본계획 수립
③ 제1차 국가 GIS 사업에서는 지형도, 공통주제도, 지하시설물도의 DB 구축 추진
④ 제2차 국가 GIS 사업에서는 국가공간정보기반 확충을 통한 디지털 국토 실현 추진

해설 제2차 국가 GIS 사업(2001~2005)
  1) 기본계획 : 국가공간정보기반을 확충하여 디지털 국토 실현
  2) 지리정보 구축 : 도로, 하천, 건물, 문화재 등 부문 기본지리정보 구축

Answer 46. ④ 47. ① 48. ③ 49. ②

50. 토지정보체계의 관리 목적에 대한 설명으로 틀린 것은?

① 토지 관련 정보의 수요 결정과 정보를 신속하고 정확하게 제공할 수 있다.
② 신뢰할 수 있는 가장 최신의 토지등록 데이터를 확보할 수 있도록 하는 것이다.
③ 토지와 관련된 등록부와 도면 등의 도해지적공부의 확보이다.
④ 새로운 시스템의 도입으로 토지정보체계의 DB에 관련된 시스템을 자동화하는 것이다.

해설 토지정보체계 구축의 필요성
  1) 토지·부동산 정보관리체계 및 다목적 지적정보체계 필요
  2) 여러 종류의 도면과 대장을 효율적이고 통합적으로 관리

51. 다음 중 PBLIS 구축에 따른 시스템의 구성요건으로 옳지 않은 것은?

① 개방적 구조를 고려하여 설계
② 파일처리방식의 데이터관리시스템 설계
③ 시스템의 확정성을 고려하여 설계
④ 전국적인 통일된 좌표계 사용

해설 2계층 구조와 3계층 구조
  1) 분산처리 시스템은 네트워크의 연결방식에 따라 2계층과 3계층으로 나뉘어진다.
  2) 2계층 구조는 서버와 클라이언트가 네트워크로 구성된 기본적인 계층구조이다. 하나의 서버가 여러 대의 클라이언트와 연결되어 있고, 서버는 클라이언트마다 자료와 정보를 주고받게 된다. 하나의 클라이언트에서 수정된 사항은 서버를 거쳐 다른 클라이언트로 가게 된다.
  3) 3계층 구조는 이런 서버와 클라이언트 사이에 중간 매체인 미들 소프트웨어를 사용하는 구조로 보안성과 안정성을 높이고, 서버의 과부하를 최적화시키는 한 단계 발전된 형태의 서버 구성이다.
  4) 2계층 구조는 PBLIS에서 사용하며, 3계층 구조는 LMIS에서 사용된다.

52. 데이터에 대한 정보인 메타데이터의 특징으로 틀린 것은?

① 데이터의 직접적인 접근이 용이하지 않을 경우 데이터를 참조하기 위한 보조데이터로 사용된다.
② 대용량의 공간데이터를 구축하는 데 비용과 시간을 절감할 수 있다.
③ 데이터의 교환을 원활하게 지원할 수 있다.
④ 메타데이터는 데이터의 일관성을 유지하기 어렵게 한다.

해설 메타데이터는 작성한 실무자가 바뀌더라도 변함없는 데이터의 기본 체계를 유지하게 함으로써 시간이 지나도 사용자에게 일관성 있는 데이터의 제공이 가능하다.

53. 다음 중 관계형 DBMS에 대한 설명으로 옳은 것은?

① 하나의 개체가 여러 개의 부모 레코드와 자녀 레코드를 가질 수 있다.
② 데이터들이 트리구조로 표현되기 때문에 하나의 루트(Root) 레코드를 가진다.
③ SQL과 같은 질의 언어 사용으로 복잡한 질의도 간단하게 표현할 수 있다.
④ 서로 다른 자료 부분을 갖는 모든 객체를 묶어서 클래스(Clss) 혹은 형(Type)이라 한다.

해설 관계형 DBMS
1) 2차원 테이블 형태로 테이블은 다수의 열로 구성되고, 각 열에는 정해진 범위의 값이 저장(레코드) 된다.
2) 각 레코드는 기본 키(Primary Key)로 구분되며 하나 이상의 열로 구성된다.
3) 모든 데이터들이 테이블과 같은 형태로 나타내는 것으로, 데이터베이스를 구축하는 가장 전형적인 모델이다.
4) SQL과 같은 표준 질의어를 사용하여 복잡한 질의를 간단하게 표현할 수 있는 데이터베이스 모형이다.

54. 벡터 데이터에 비해 래스터 데이터가 갖는 장점으로 틀린 것은?

① 자료구조가 단순하다.
② 객체의 크기와 방향성에 정보를 가지고 있다.
③ 스캐닝이나 위성영상, 디지털 카메라에 의해 쉽게 자료를 취득할 수 있다.
④ 격자의 크기 및 형태가 동일하므로 시뮬레이션에는 용이하다.

해설 벡터 데이터의 장점
1) 객체들의 지리적 위치를 방향과 크기로 나타낸다.
2) 위상에 관한 정보가 제공되므로 관망 분석과 같은 다양한 공간분석이 가능하다.

55. 다음 중 도로와 같은 곳의 교통량이나 하천, 상·하수도 등과 같은 관망의 연결성과 경로를 분석하는 기법은?

① 지형 분석
② 다기준 분석
③ 근접 분석
④ 네트워크 분석

해설 관망(Network) 분석의 유형
1) 관망은 일반적으로 하나의 지점에서 다른 지점으로 자원이 이동하는 경우에 사용되는 경로를 정의하는 것
2) 도로나 하천 등 선형의 관거에 걸리는 부하의 예측, 경찰서의 적정 위치 선정, 항공기의 운항 경로, 하천의 흐름, 내비게이션의 최적경로, 상하수도 관망
3) 하나의 지점에서 다른 지점으로 이동 시 최적 경로의 선정

56. 다음 중 공간데이터베이스를 구축하기 위한 자료 취득방법과 가장 거리가 먼 것은?

① 기존 지형도를 이용하는 방법
② 지상측량에 의한 방법
③ 항공사진측량에 의한 방법
④ 통신장비를 이용하는 방법

해설 공간데이터 수집방법
1) 공간데이터의 출처원과 자료 수집(기존지도)
2) 지상측량으로부터의 데이터 수집
3) 항공사진으로부터의 데이터 수집
4) 위성영상으로부터의 데이터 수집
5) 속성자료를 취득하는 방법 : 원격탐사 데이터 분석, 지리조사, 문헌조사

Answer 54. ② 55. ④ 56. ④

57. 사용자가 네트워크나 컴퓨터를 의식하지 않고 장소에 상관없이 자유롭게 네트워크에 접속할 수 있는 정보통신 환경을 무엇이라 하는가?

① 유비쿼터스(Ubiquitous)
② 위치기반정보시스템(LBS)
③ 지능형 교통정보시스템(ITS)
④ 텔레매틱스(Telematics)

해설 ① Ubiquitous : 시간과 장소에 구애받지 않고 언제, 어디서나 원하는 정보에 접근할 수 있는 기술이나 환경
② LBS(Location based Service, 위치기반서비스) : 휴대폰이나 PDA와 같은 이동통신망과 IT 기술을 종합적으로 활용한 위치정보 기반의 시스템 및 서비스
③ Intelligent Transportation System : 교통의 수단·시설·운영 등 모든 분야에 대한 첨단기술 및 기존의 도로체계에 정보통신기술 및 자동차 제어기술을 도입한 21세기형 첨단시스템
④ Telematics : 통신(Telecommunication)과 정보과학(Informatics)의 합성어로 자동차와 컴퓨터·이동통신 기술의 결합을 의미하는 개념

58. 필지식별자에 관한 설명으로 틀린 것은?

① 각 필지의 등록사항의 저장과 수정 등을 용이하게 처리할 수 있는 고유번호를 말한다.
② 필지에 관련된 모든 자료의 공통적 색인번호의 역할을 한다.
③ 토지 관련 정보를 등록하고 있는 각종 대장과 파일 간의 정보를 연결하거나 검색하는 기능을 향상시킨다.
④ 필지의 등록사항 변경 및 수정에 따라 변화할 수 있도록 가변성이 있어야 한다.

해설 필지식별자
1) 지적정보에서 대장(속성)정보와 도면(도형)정보를 연계하는 역할을 수행한다.
2) 토지의 필지가 명백하게 식별되어야 한다.
3) 변화가 없고 영구적이어야 한다.

59. 디지타이징 입력에 의한 도면의 오류를 수정하는 방법으로 틀린 것은?

① 선의 중복 : 중복된 두 선을 제거함으로써 쉽게 오류를 수정할 수 있다.
② 라벨오류 : 잘못된 라벨을 선택하여 수정하거나 제 위치에 옮겨주면 된다.
③ Undershort and Overshoot : 두 선이 목표지점에 벗어나거나 못 미치는 오류를 수정하기 위해서는 선분의 길이를 늘려주거나 줄여야 한다.
④ Sliver 폴리곤 : 폴리곤이 겹치지 않게 적절하게 위치를 이동시킴으로써 제거될 수 있는 경우도 있고, 폴리곤을 형성하고 있는 부정확하게 입력된 선분을 만든 버틱스들을 제거함으로써 수정될 수도 있다.

해설 Overlapping(점, 선의 중복)
점, 선이 이중으로 입력되어 있는 상태

60. 지방자치단체가 지적공부 및 부동산종합공부 정보를 전자적으로 관리·운영하는 시스템은?

① 한국토지정보시스템　② 부동산종합공부시스템
③ 지적행정시스템　④ 국가공간정보시스템

해설 부동산종합공부시스템의 운영 및 관리규정
1) 목적 : 지적공부 및 부동산종합공부를 정보관리체계에 따라 처리하는 방법과 절차 등에 관하여 필요한 사항을 규정
2) 정의 : "부동산종합공부시스템"이란 지방자치단체가 지적공부 및 부동산종합공부 정보를 전자적으로 관리·운영하는 시스템
3) 적용범위 : 지적공부 및 부동산종합공부를 정보관리체계에 따라 관리·운영하는 데 있어 다른 법령에 특별한 규정이 있는 경우를 제외하고는 이 규정을 적용

04 지적학

SUBJECT

61. 지적의 어원과 관련이 없는 것은?

① capitalism　② catastrum
③ capitastrum　④ katastikhon

해설 지적의 어원
1. 프랑스의 브론데임(Blondheim) 교수와 스페인의 일머(Ilmoor D.) 교수는 지적(Cadastre)이라는 용어가 그리스어 카타스티콘(katastikhon)에서 유래된 것으로 공책(notebook)이란 의미가 있다고 봄
2. 미국의 맥엔트리(J.G. McEntyre) 교수는 라틴어인 카타스트럼(catastrum) 또는 캐피타스트럼(capitastrum)에서 유래되었다고 봄
3. katastikhon과 capitastrum 또는 catastrum은 모두 "세금 부과"의 뜻을 내포하고 있고, Katastichon은 kata(위에서 아래로)와 stikhon(부과)의 합성어로 조세등록이란 의미이기 때문에 지적의 어원은 조세에서 출발한 것으로 보는 것이 보편적인 견해

62. 지적공부의 등록사항을 공시하는 방법으로 적절하지 않은 것은?

① 지적공부에 등록된 경계를 지상에 복원하는 것
② 지적공부를 직접 열람하거나 등본에 의하여 외부에서 알 수 있는 것
③ 지적공부에 등록된 토지 표시 사항을 등기부에 기록된 내용에 의하여 정정하는 것
④ 지적공부에 등록된 사항과 현장 상황이 맞지 않을 때 현장 상황에 따라 변경 등록하는 것

해설 토지의 소재, 지번, 지목, 면적, 경계 또는 좌표 등 토지표시에 관한 사항은 지적공부를 기초로 하여 등기부를 정정한다.

Answer 60. ② 61. ① 62. ③

63. 조선시대 매매에 따른 일종의 공증제도로 토지를 매매할 때 소유권 이전에 관하여 관에서 공적으로 증명하여 발급한 서류는?

① 명문(明文)   ② 문권(文券)   ③ 문기(文記)   ④ 입안(立案)

해설 입안과 문기
1. 입안(立案) : 토지가옥의 매매를 증명하는 제도로 등기권리증과 같은 효력이 있으며, 경국대전에 의하면 토지가옥의 매매가 있는 경우 100일 이내에 관에 신고하여 입안을 받도록 함
2. 문기(文記) : 조선시대에 토지 및 가옥을 매수 또는 매도할 때 작성한 매매계약서를 말하며 '명문 문권'이라고도 함
3. 양안(量案) : 고려시대부터 시작되어 조선시대를 거쳐 일제시대의 토지조사사업 전까지 세금의 징수를 목적으로 양전에 의해 작성된 토지기록부 또는 토지대장

64. 토지조사사업 당시의 사정사항으로 옳은 것은?

① 지법과 경계   ② 지번과 지목   ③ 지번과 소유자   ④ 소유자와 경계

해설 토지조사사업 당시의 사정(査定)
1. 개념 : 사정이란 토지조사부와 지적도에 의하여 토지의 소유자 및 그 강계를 확정하는 행정처분
2. 사정권자 : 지방토지조사위원회의 자문을 받아 당시 임시토지조사국장이 실시
3. 대상 : 토지소유자와 토지강계
4. 효력 : 사정은 원시취득의 효력을 가지며, 재결 시 효력 발생일을 사정일로 소급

65. 다음 중 토지조사사업 당시의 재결기관으로 옳은 것은?

① 도지사
② 임시토지조사국장
③ 고등토지조사위원회
④ 지방토지조사위원회

해설 토지조사사업 당시의 사정에 대한 재결기관은 고등토지조사위원회이며, 임야조사사업의 경우 재결기관은 임야조사위원회이다.

66. 다음 중 대한제국시대에 양전사업을 위해 설치된 최초의 독립된 지적행정관청은?

① 탁지부   ② 양지아문   ③ 지계아문   ④ 임시재산정리국

해설 양지아문(量地衙門)
1. 양지아문의 내용
① 1898. 6. 내부 대신 박정양과 농공부 대신 이도재가 토지측량에 관한 청의서를 제출
② 1898. 11. 양지아문을 설치, 전국의 양전업무를 관장토록 하여 양전 독립기구 탄생
③ 1901년 지계아문이 설치되어 양전업무를 이관한 후 1902년 양지아문이 폐지됨
④ 미국인 기사 거렴(레이몬드 크롬)을 초빙하여 서울 시내를 측량하고 견습생을 교육하였으며 전국에 양전을 실시
⑤ 민영환의 홍화학교 등 국내의 100여 개 학교에서도 측량교육을 실시
⑥ 각 도에 양무감을 두고, 각 군에 양무위원을 파견하여 견습생을 대동하고 양전
⑦ 전국 토지의 약 1/3 가량 양전하였으나 국내의 사정으로 중지

Answer   63. ④   64. ④   65. ③   66. ②

2. 토지제도 관리관청의 변화

구분	조직	기간	담당업무	비고
내부	토목국	1895. 3. 26.	토지측량, 토지수량에 관한 사항	1893~1905년에 지계제도와 가계 제도가 시행된 시기임
	판적국		지적 및 관유지 처분에 관한 업무	
양지 아문	본부	1898. 7. 6. ~1901. 9. 9.	제반사무 총괄 및 정리	• 양지아문은 독립기구이나 관련 부처인 내부, 탁지부, 농공상부 등과 협조체계 유지 • 미국인 기사 거렴(레이몬드 크럼)을 초빙하여 측량 실시 및 지적측량교육 실시
	실무진		각 지방의 양전사무 주관 업무 수행 및 양전에 대한 조사	
	기술진		양전 실무 수행	
지계 아문		1901. 10. ~1904. 4.	"대한제국전답관계"라고 하는 지계를 발급함	• 일본인 기사 채용 • 토지가옥증명규칙 시행
탁지부	양지국	1904. 4.	양전업무 수행	지계아문 폐지
	양지과	1905. 2.	• 전세·유세지 조사 • 지세의 부과·징수	• 양지과로 기구 축소 • 대구, 평양, 전주에 양지과의 출장소 설치

67. 지번에 결번이 생겼을 경우 처리하는 방법은?

① 결번된 토지대장 카드를 삭제한다.
② 결번대장을 비치하여 영구히 보존한다.
③ 결번된 지번을 삭제하고 다른 지번을 설정한다.
④ 신규등록 시 결번을 사용하여 결번이 없도록 한다.

해설 결번(Missing Parcel Number)
1. 결번의 의의 : 지번을 부여한 이후에 토지 합병 등의 사유로 인하여 지적공부에 등록되지 않은 지번이 발생하게 되는데 이를 결번이라고 함
2. 결번의 원인 : 토지의 합병, 등록전환, 행정구역의 변경, 도시개발사업의 시행, 토지구획정리사업, 경지정리사업, 지번변경, 축척변경 등
3. 결번대장 : 결번 발생 시에는 지체 없이 그 사유를 결번대장에 등록하여 영구히 보존

68. "모든 토지는 지적공부에 등록해야 하고 등록 전 토지표시 사항은 항상 실제와 일치하게 유지해야 한다."가 의미하는 토지등록제도는?

① 권원등록제도
② 소극적 등록제도
③ 적극적 등록제도
④ 날인증서등록제도

해설 토지등록제도의 유형
1. 날인증서등록제도 : 토지의 이익에 영향을 미치는 공적 등기를 보전하는 제도로서, 모든 등록된 문서는 미등록문서와 후순위등록문서보다 우선권을 가짐
2. 권원등록제도 : 날인증서등록제도의 결점을 보완하기 위한 제도로서 공적 기관에서 보존되는 특정인의 토지에 대한 권리와 그 권리들이 존속되는 한계에 대한 권위 있는 등록으로서, 국가는 등록 이후 거래

Answer 67. ② 68. ③

유효성에 책임

3. 소극적 등록제도 : 일필지의 소유권이 거래되면서 발생하는 거래증서를 변경·등록하는 제도로서, 거래행위에 따른 토지등록은 사유재산 양도증서의 작성, 거래증서의 작성으로 구분되며 등록의무는 없고 신청에 의함
4. 적극적 등록제도 : 토지등록은 일필지의 개념으로 법적 권리보장이 인증되고 국가에 의해 그러한 합법성과 효력이 발생하는 제도로서, 지적공부에 등록되지 않는 토지는 어떠한 권리도 인정받을 수 없고, 등록은 강제적이고 의무적이며, 지적측량 시행 후 토지등기가 가능함
5. 토렌스 시스템(Torrens System) : 적극적 등록주의의 발전된 형태로서, 법률적으로 토지의 권리를 확인하는 대신 토지의 권원(Title)을 등록함으로써 토지등록의 완전성을 추구하고 선의의 제3자를 완벽하게 보호하는 것을 목표로 함

69. 지압(地押)조사에 대한 설명으로 옳은 것은?

① 신고, 신청에 의하여 실시하는 토지조사이다.
② 무신고 이동지를 발견하기 위하여 실시하는 토지검사이다.
③ 토지의 이동 측량 성과를 검사하는 성과검사이다.
④ 분쟁지의 경계와 소유자를 확정하는 토지조사이다.

해설 지압조사(地押調査)는 토지의 이동이 있는 경우에 토지소유자는 관계법령에 따라 소관청에 신고하여야 하나 이것이 잘 시행되지 못할 경우에 무신고 이동지를 조사·발견할 목적으로 소관청이 현지조사를 실시하는 제도이다.

70. 지적의 분류 중 등록방법에 따른 분류가 아닌 것은?

① 도해지적   ② 2차원 지적
③ 3차원 지적   ④ 입체지적

해설 지적 분류방법의 종류
1. 발전과정에 따른 분류 : 세지적, 법지적, 다목적지적
2. 표시방법에 따른 분류 : 도해지적, 수치지적
3. 등록방법에 따른 분류 : 2차원 지적(평면지적), 3차원 지적(입체지적)

71. 다음 중 일필지의 경계설정 방법이 아닌 것은?

① 보완설   ② 분급설
③ 점유설   ④ 평분설

해설 지상경계결정의 처리방법
1. 점유설 : 현재 점유하고 있는 구획선이 하나일 경우 그를 양 토지의 경계로 한다.
2. 평분설 : 점유상태를 확정할 수 없는 경우 분쟁지를 2등분하여 양지에 소속시킨다.
3. 보완설 : 새로이 결정한 경계가 다른 확정된 자료에 비추어 형평 타당하지 못할 때 그에 따른 보완(지적측량 등)을 한다.

72. 시대와 사용처, 비치처에 따라 다르게 불리는 양안의 명칭에 해당하지 않는 것은?

① 도적(圖籍)
② 성책(成冊)
③ 전답타량안(田畓打量案)
④ 양전도행장(量田導行帳)

해설 양안의 명칭
1. 시대에 따른 구분
   ① 고려시대 양안의 명칭 : 도전장(都田帳), 양전도장(量田都帳), 양전장적(量田帳籍), 도전정(導田丁), 도행(導行), 전적(田積), 적(籍), 전부(田簿), 안(案), 원적(元籍) 등
   ② 조선시대 양안의 명칭 : 양안, 양안등서책(量案謄書冊), 전안(田案), 전답안(田畓案), 성책(成冊), 양명등서차(量名謄書次), 전답결대장, 전답결타량정안, 전답타량책, 전답타량안, 전답결정안, 전답양안, 전답행번, 양전도행장 등
2. 작성시기에 따른 구분 : 구양안, 신양안(광무양안)
3. 국왕의 열람을 거친 경우 : 어람양안(御覽量案)
4. 행정기관별 구분 : 군양안, 목양안, 면양안, 리양안, 각 궁의 궁타량성책, 아문둔전의 양안성책
5. 소유권에 따른 구분 : 모택양안(某宅量案), 노비타량성책(奴婢打量成冊), 연둔토, 목양토, 사전(寺田)
※ 도적(圖籍) : 백제에서 사용한 지적 관련 장부로서 토지면적 산정기준인 두락제((斗落制))에 관한 내용 등을 기록함

73. 지적과 등기에 관한 설명으로 틀린 것은?

① 지적공부는 필지별 토지의 특성을 기록한 공적 장부이다.
② 등기부 을구의 내용은 지적공부 작성의 토대가 된다.
③ 등기부 갑구의 정보는 지적공부 작성의 토대가 된다.
④ 등기부의 표제부는 지적공부의 기록을 토대로 작성된다.

해설 지적과 등기
1. 지적과 등기의 관계
   ① 등기와 등록대상이 동일 토지라는 점에서 밀접한 관계이다.
   ② 등기와 등록은 그 목적물의 표시 및 소유권의 표시는 항상 부합되어야 한다.
   ③ 등기에 있어서 토지표시에 관한 사항은 지적공부, 등록의 경우 소유권에 관한 사항은 등기부를 기초로 한다.
   ④ 단, 미등기 토지의 소유자 표시에 관한 사항은 지적공부를 기초로 한다.
2. 지적공부와 등기부의 등록
   ① 등기부는 표제부(토지표시사항 등을 기재)와 갑구(소유권에 관한 사항 등을 기재) 및 을구(소유권 이외의 사항 등을 기재)로 구성되어 있다.
   ② 표제부의 토지표시사항은 지적공부의 등록사항을 기초로 작성하며, 지적공부의 소유권에 관한 사항은 등기부의 갑구 등록사항을 기초로 작성된다.

74. 다음 중 지적도에 건물이 등록되어 있는 국가는?

① 독일
② 대만
③ 일본
④ 한국

해설 독일은 1870년 측량에 착수하여 1900년 전국적인 지적제도 완료하였으며, 지적도에는 도로의 명칭, 건물의 위치, 건물번호, 토양의 종류 등을 등록·관리한다.(니더작센주의 지적도에는 차선경계, 가로등, 가로수 등까지도 등록)

75. 다음 중 지적재조사사업에 대한 설명으로 옳은 것은?

① 지적재조사사업은 지적소관청이 시행한다.
② 지적소관청은 지적재조사사업에 관한 기본계획을 수립하여야 한다.
③ 지적재조사사업에 관한 주요 정책을 심의·의결하기 위하여 지적소관청 소속으로 중앙 지적재조사위원회를 둔다.
④ 시·군·구의 지적재조사사업에 관한 주요 정책을 심의·의결하기 위하여 국토교통부장관 소속으로 시·군·구 지적재조사위원회를 둔다.

해설 지적재조사사업
1. 국토교통부장관은 지적재조사사업을 효율적으로 시행하기 위하여 지적재조사사업에 관한 기본계획을 5년 단위로 수립함
2. 지적소관청은 기본계획을 통지받았을 때에는 지적재조사사업에 관한 실시계획을 수립함
3. 국토교통부장관 소속으로 중앙지적재조사위원회를 둠
4. 시·도지사 소속으로 시·도 지적재조사위원회를 둠
5. 지적소관청 소속으로 시·군·구 지적재조사위원회를 둠

76. "지적은 특정한 국가나 지역 내에 있는 재산을 지적측량에 의해서 체계적으로 정리해 놓은 공부이다."라고 지적을 정의한 학자는?

① A. Toffler
② S. R. Simpson
③ J. G. McEntyre
④ J. L. G. Henssen

해설 지적의 정의
1. 대만의 래장(來璋, 1981) : 지적이란 토지의 위치, 경계, 종류, 면적, 권리상태 및 사용상태를 기재한 도책이다.
2. 미국의 J. G. M. Entyre : 토지에 대한 법률상의 용어로서 조세를 부과하기 위한 부동산의 양, 가치 및 소유권의 공적인 등록이다.
3. 네덜란드의 J. L. G. Henssen : 국내의 모든 부동산에 관한 데이터를 체계적으로 정리하여 등록하는 것이다.
4. 영국의 S. R. Simpson : 과세의 기초를 제공하기 위하여 한 나라 안의 부동산의 수량과 소유권 및 가격을 등록한 공부이다.

Answer 74. ① 75. ① 76. ④

77. 다음 중 지적 관련 법령의 변천 순서로 옳은 것은?

① 토지조사령 → 조선임야조사령 → 조선지세령 → 지세령 → 지적법
② 토지조사령 → 조선지세령 → 조선임야조사령 → 지세령 → 지적법
③ 토지조사령 → 조선임야조사령 → 지세령 → 조선지세령 → 지적법
④ 토지조사령 → 지세령 → 조선임야조사령 → 조선지세령 → 지적법

해설 일제강점기 시대의 지적 관련 법령
 1. 토지조사령(1912. 8. 13. 제령 제2호)
 2. 도근측량 실시규정(1913. 10. 5. 임시토지조사국 훈령 제17호)
 3. 세부측도 실시규정(1913. 10. 5. 임시토지조사국 훈령 제18호)
 4. 제도적산 실시규정(1914. 6. 30. 임시토지조사국 훈령 제25호)
 5. 지세령(1914. 3. 16. 제령 제1호)
 6. 토지대장규칙(1914. 4. 25. 조선총독부령 제45호)
 7. 조선임야조사령(1918. 5. 1 제령 제5호)
 8. 임야대장규칙(1920. 8. 23. 조선총독부령 제113호)
 9. 토지측량규칙(1921. 3. 18. 조선총독부 훈령 제10호)
 10. 임야측량규정(1935. 6. 12. 조선총독부 훈령 제27호)
 11. 조선지세령(1943. 3. 31. 제령 제6호)
 ※ 지적법(1950. 12. 1. 법률 제165호)

78. "지적도에 등록된 경계와 임야도에 등록된 경계가 서로 다른 때에는 축척 1 : 1,200인 지적도에 등록된 경계에 따라 축척 1 : 6,000인 임야의 경계를 정정하여야 한다."라는 기준은 어느 원칙을 따른 것인가?

① 등록선후의 원칙
② 용도경중의 원칙
③ 축척종대의 원칙
④ 경계불가분의 원칙

해설 경계의 제 원칙
 1. 축척종대의 원칙 : 동일 경계가 다른 도면에 각각 등록된 때는 큰 축척에 따른다는 원칙
 2. 경계불가분의 원칙 : 경계는 유일무이한 것으로 인접 토지에 공통으로 작용하므로 이를 분리할 수 없다는 원칙

79. 토지이동에 관한 설명 중 틀린 것은?

① 신규등록은 토지이동에 속한다.
② 등록전환, 지목변경의 신청기한은 60일 이내이다.
③ 소유자변경, 토지등급 및 수확량 등급 수정도 토지이동에 속한다.
④ 토지이동이란 토지의 표시를 새로 정하거나 변경 또는 말소하는 것을 말한다.

해설 토지의 이동
 1. 지적측량을 수반하는 토지이동 : 신규등록, 등록전환, 분할, 바다로 된 토지의 등록말소 등
 2. 토지의 확인 및 조사를 요하는 토지이동 : 합병, 지목변경 등
 3. 기타 토지이동 : 도시개발사업 등의 신고, 지번변경, 행정구역의 명칭변경, 축척변경 등

Answer 77. ④ 78. ③ 79. ③

80. 다음 중 조선시대의 양안(量案)에 관한 설명으로 틀린 것은?

① 호조, 본도, 본읍에 보관하게 하였다.
② 토지의 소재, 등급, 면적을 기록하였다.
③ 양안의 소유자는 매 10년마다 측량하여 등재하였다.
④ 오늘날의 토지대장과 같은 조선시대의 토지등록부다.

해설 경국대전에 따르면 20년마다 양전(측량)을 실시하여 새로이 양안을 작성하고 호조와 본도, 본읍에 보관하여야 한다.

05 지적관계법규

81. 부동산등기규칙상 토지의 분할, 합병 및 등기사항의 변경이 있어 토지의 표시변경등기를 신청하는 경우에 그 변경을 증명하는 첨부정보로서 옳은 것은?

① 지적도나 임야도
② 멸실 및 증감확인서
③ 이해관계인의 승낙서
④ 토지대장 정보나 임야대장 정보

해설 토지표시변경등기 신청 시 제공하여야 하는 정보
1. 토지의 표시변경등기를 신청하는 경우에는 그 토지의 변경 전과 변경 후의 표시에 관한 정보를 신청정보의 내용으로 등기소에 제공하여야 한다.
2. 토지표시변경등기를 신청하는 경우에는 변경을 증명하는 토지대장 정보나 임야대장 정보를 첨부정보로서 등기소에 제공하여야 한다.

82. 공간정보의 구축 및 관리 등에 관한 법률에서 규정된 용어의 정의로 틀린 것은?

① "경계"란 필지별로 경계점들을 곡선으로 연결하여 지적공부에 등록한 선을 말한다.
② "면적"이란 지적공부에 등록한 필지의 수평면상 넓이를 말한다.
③ "신규등록"이란 새로 조성된 토지와 지적공부에 등록되어 있지 아니한 토지를 지적공부에 등록하는 것을 말한다.
④ "축척변경"이란 지적도에 등록된 경계점의 정밀도를 높이기 위하여 작은 축척을 큰 축척으로 변경하여 등록하는 것을 말한다.

해설 "경계"란 필지별로 경계점들을 직선으로 연결하여 지적공부에 등록한 선을 말한다.

83. 공간정보의 구축 및 관리 등에 관한 법률 시행령상 청산금의 납부고지 및 이의신청 기준으로 틀린 것은?

① 납부고지를 받은 자는 그 고지를 받은 날부터 6개월 이내에 청산금을 지적소관청에 내야 한다.
② 납부고지되거나 수령통지된 청산금에 관하여 이의가 있는 자는 납부고지 또는 수령통지를 받은 날부터 1개월 이내에 지적소관청에 이의신청을 할 수 있다.
③ 지적소관청은 수령통지를 한 날부터 6개월 이내에 청산금을 지급하여야 한다.
④ 지적소관청은 청산금의 결정을 공고한 날부터 1개월 이내에 토지소유자에게 청산금의 납부고지 또는 수령통지를 하여야 한다.

해설 청산금 납부고지 및 수령통지
① 지적소관청은 청산금의 결정을 공고한 날부터 20일 이내에 토지소유자에게 청산금의 납부고지 또는 수령통지를 하여야 한다.
② 납부고지를 받은 자는 그 고지를 받은 날부터 6개월 이내에 청산금을 지적소관청에 내야 한다.
③ 지적소관청은 수령통지를 한 날부터 6개월 이내에 청산금을 지급하여야 한다.
④ 지적소관청은 청산금을 지급받을 자가 행방불명 등으로 받을 수 없거나 받기를 거부할 때에는 그 청산금을 공탁할 수 있다.

84. 지적소관청이 관리하는 지적기준점표지가 멸실되거나 훼손되었을 때에는 누가 이를 다시 설치하거나 보수하여야 하는가?

① 국토지리정보원장
② 지적소관청
③ 시・도지사
④ 국토교통부장관

해설 지적기준점표지의 조사 및 관리
① 지적소관청은 연 1회 이상 지적기준점표지의 이상 유무를 조사하여야 한다. 이 경우 멸실되거나 훼손된 지적기준점표지를 계속 보존할 필요가 없을 때에는 폐기할 수 있다.
② 지적소관청이 관리하는 지적기준점표지가 멸실되거나 훼손되었을 때에는 지적소관청은 다시 설치하거나 보수하여야 한다.

85. 다음 중 등기의 효력이 발생하는 시기는?

① 등기필증을 교부한 때
② 등기신청서를 접수한 때
③ 관련기관에 등기필통지를 한 때
④ 등기사항을 등기부에 기재한 때

해설 등기신청의 접수시기 및 등기의 효력 발생시기
① 등기신청은 등기신청정보가 전산정보처리조직에 저장된 때 접수된 것으로 본다.
② 등기관이 등기를 마친 경우 그 등기는 접수한 때부터 효력이 발생한다.

86. 고의로 측량성과를 사실과 다르게 한 자에 대한 벌칙 기준으로 옳은 것은?

① 300만 원 이하의 과태료
② 1년 이하의 징역 또는 1천만 원 이하의 벌금
③ 2년 이하의 징역 또는 2천만 원 이하의 벌금
④ 3년 이하의 징역 또는 3천만 원 이하의 벌금

해설 벌칙 : 2년 이하의 징역 또는 2천만 원 이하의 벌금 대상
① 측량기준점 표지를 이전 또는 파손하거나 그 효용을 해치는 행위를 한 자
② 고의로 측량성과 또는 수로조사성과를 다르게 한 자
③ 측량업의 등록을 하지 아니하거나 거짓이나 그 밖의 부정한 방법으로 측량업의 등록을 하고 측량업을 한 자
④ 성능검사를 부정하게 한 성능검사대행자
⑤ 성능검사대행자의 등록을 하지 아니하거나 거짓이나 그 밖의 부정한 방법으로 성능검사대행자의 등록을 하고 성능검사업무를 한 자

87. 다음 중 지적측량업의 업무 내용으로 옳은 것은?

① 도해지역에서의 지적측량
② 지적재조사사업에 따라 실시하는 기준점 측량
③ 지적전산자료를 활용한 정보화사업
④ 도시개발사업 등이 완료됨에 따라 실시하는 지적도근점 측량

해설 지적측량업자의 업무범위
① 경계점좌표등록부가 있는 지역에서의 지적측량
② 지적재조사사업에 따라 실시하는 지적재조사측량
③ 도시개발사업 등이 끝남에 따라 하는 지적확정측량
④ 지적전산자료를 활용한 정보화사업

88. 다음 중 축척변경위원회에 대한 설명에 해당하는 것은?

① 축척변경 시행계획에 관하여 소관청에 회부하는 사항에 대해 심의·의결하는 기구이다.
② 토지 관련 자료의 효율적인 관리를 위하여 설치된 기구이다.
③ 지적측량의 적부심사 청구사항에 대한 심의기구이다.
④ 축척변경에 대한 연구를 수행하는 주민자치기구이다.

해설 축척변경위원회
1. 의의 : 축척변경에 관한 사항을 심의·의결하기 위하여 지적소관청에 축척변경위원회를 둔다.
2. 구성
① 축척변경위원회는 5명 이상 10명 이하의 위원으로 구성하되, 위원의 2분의 1 이상을 토지소유자로 하여야 한다. 이 경우 그 축척변경 시행지역의 토지소유자가 5명 이하일 때에는 토지소유자 전원을 위원으로 위촉하여야 한다.

② 위원장은 위원 중에서 지적소관청이 지명한다.
③ 위원은 다음 각 호의 사람 중에서 지적소관청이 위촉한다.
- 해당 축척변경 시행지역의 토지소유자로서 지역 사정에 정통한 사람
- 지적에 관하여 전문지식을 가진 사람

④ 축척변경위원회의 위원에게는 예산의 범위에서 출석수당과 여비, 그 밖의 실비를 지급한다.

3. 기능
① 축척변경 시행계획에 관한 사항
② 지번별 제곱미터당 금액의 결정과 청산금의 산정에 관한 사항
③ 청산금의 이의신청에 관한 사항
④ 그 밖에 축척변경과 관련하여 지적소관청이 회의에 부치는 사항

89. 다음 중 공간정보의 구축 및 관리 등에 관한 법률에서 정의하는 지적공부에 해당하지 않는 것은?

① 지적도
② 일람도
③ 공유지연명부
④ 대지권등록부

해설 1. 지적공부 : 토지대장, 임야대장, 공유지연명부, 대지권등록부, 지적도, 임야도 및 경계점좌표등록부 등 지적측량 등을 통하여 조사된 토지의 표시와 해당 토지의 소유자 등을 기록한 대장 및 도면(정보처리시스템을 통하여 기록·저장된 것을 포함한다)
2. 일람도 : 하나의 지번부여지역에 어떤 시설이 있는가 하는 것을 한 번에 볼 수 있게 만든 도면

90. 다음 중 주된 용도의 토지에 편입하여 1필지로 할 수 있는 종된 토지의 기준으로 옳은 것은?

① 주된 지목의 토지 면적이 1,148m²인 토지로 종된 지목의 토지 면적이 115m²인 토지
② 주된 지목의 토지 면적이 2,300m²인 토지로 종된 지목의 토지 면적이 231m²인 토지
③ 주된 지목의 토지 면적이 3,125m²인 토지로 종된 지목의 토지 면적이 228m²인 토지
④ 주된 지목의 토지 면적이 3,350m²인 토지로 종된 지목의 토지 면적이 332m²인 토지

해설 1필지와 양입지 기준
1. 1필지로 정할 수 있는 기준
   지번부여지역의 토지로서 소유자와 용도가 같고 지반이 연속된 토지
2. 양입지
   ① 주된 용도의 토지의 편의를 위하여 설치된 도로·구거 등의 부지
   ② 주된 용도의 토지에 접속되거나 주된 용도의 토지로 둘러싸인 토지로서 다른 용도로 사용되고 있는 토지
3. 양입지로 정할 수 없는 토지
   ① 종된 용도의 토지의 지목이 대인 경우
   ② 종된 용도의 토지 면적이 주된 용도의 토지 면적의 10퍼센트를 초과하는 경우
   ③ 종된 토지의 면적이 330제곱미터를 초과하는 경우

Answer 89. ② 90. ③

91. 토지의 이동에 따른 지적공부의 정리방법 등에 관한 설명으로 틀린 것은?

① 토지이동정리 결의서는 토지대장·임야대장 또는 경계점좌표등록부별로 구분하여 작성한다.
② 토지이동정리 결의서에는 토지이동신청서 또는 도시개발사업 등의 완료신고서 등을 첨부하여야 한다.
③ 소유자정리 결의서에는 등기필증, 등기부등본 또는 그 밖에 토지소유자가 변경되었음을 증명하는 서류를 첨부하여야 한다.
④ 토지이동정리 결의서 및 소유자정리 결의서의 작성에 필요한 사항은 대통령령으로 정한다.

해설 지적공부의 정리
1. 토지이동결의서 작성
   ① 토지이동정리 결의서는 토지이동 종목별로 구분하여 작성
   ② 토지이동결의서에는 토지이동신청서와 필요시 토지이동에 필요한 서류를 첨부
2. 소유자정리 결의서 작성
   ① 등기필증, 등기완료통지서, 등기사항증명서 또는 등기관서에서 제공한 등기전산정보자료에 따라 정리
   ② 미등기토지의 소유자주소를 대장에 등록하고자 할 때에는 사정·재결 또는 국유지의 취득 당시 최초 주소를 등록
3. 지적공부정리방법, 토지이동정리 결의서 및 소유자정리 결의서의 작성방법 등에 관하여 필요한 사항은 국토교통부령으로 정한다.

92. 공간정보의 구축 및 관리 등에 관한 법률 시행령상 지번 부여방법 기준으로 틀린 것은?

① 분할 시의 지번은 최종 본번을 부여한다.
② 합병 시의 지번은 합병 대상 지번 중 선순위 본번으로 부여할 수 있다.
③ 북서에서 남동으로 순차적으로 부여한다.
④ 신규등록 시 인접토지의 본번에 부번을 붙여 부여한다.

해설 분할에 따른 지번부여
① 분할 후의 필지 중 1필지의 지번은 분할 전의 지번으로 하고, 나머지 필지의 지번은 본번의 최종 부번 다음 순번으로 부번을 부여
② 주거·사무실 등 건축물이 있는 필지에 대해서는 분할 전의 지번을 우선하여 부여

93. 공간정보의 구축 및 관리 등에 관한 법률 시행령상 지상경계의 결정기준에서 분할에 따른 지상경계를 지상건축물에 걸리게 결정할 수 있는 경우로 틀린 것은?

① 공공사업 등에 따라 지목이 학교용지로 되는 토지를 분할하는 경우
② 토지를 토지소유자의 필요에 의해 분할하는 경우
③ 도시개발사업 등의 사업시행자가 사업지구의 경계를 결정하기 위하여 토지를 분할하려는 경우
④ 법원의 확정판결이 있는 경우

Answer 91. ④ 92. ① 93. ②

해설 분할에 따른 지상경계 결정의 예외
① 법원의 확정판결이 있는 경우
② 공공사업 등에 따라 학교용지·도로·철도용지·제방·하천·구거·유지·수도용지 등의 지목으로 되는 토지에 해당하는 토지를 분할하는 경우
③ 도시개발사업 등의 사업시행자가 사업지구의 경계를 결정하기 위하여 토지를 분할하려는 경우
④ 도시·군관리계획 결정고시와 지형도면 고시가 된 지역의 도시·군관리계획선에 따라 토지를 분할하려는 경우

94. 다음 중 지적삼각점성과표에 기록·관리하여야 하는 사항 중 필요한 경우로 한정하여 기재하는 것은?

① 자오선수차
② 경도 및 위도
③ 좌표 및 표고
④ 시준점의 명칭

해설 지적기준점성과표의 기록·관리
① 지적삼각점의 명칭과 기준 원점명
② 좌표 및 표고
③ 경도 및 위도(필요한 경우로 한정한다.)
④ 자오선수차(子午線收差)
⑤ 시준점(視準點)의 명칭, 방위각 및 거리
⑥ 소재지와 측량연월일
⑦ 그 밖의 참고사항

95. 도시지역과 그 주변지역의 무질서한 시가화를 방지하고 계획적·단계적 개발을 도모하기 위하여 일정 기간 동안 시가화를 유보할 목적으로 지정하는 것은?

① 보존지구
② 개발제한구역
③ 시가화조정구역
④ 지구단위계획구역

해설 1. 시가화조정구역 : 도시의 무질서한 시가화 방지 목적으로 일정 기간 시가화 유보
2. 보존지구 : 문화재, 중요 시설물 및 문화적·생태적으로 보존가치가 큰 지역의 호호와 보존을 위하여 필요한 지구
3. 개발제한구역 : 도시의 무질서한 확산 방지, 도시 주변의 자연환경보전, 국가보안상 개발의 제한
4. 지구단위계획 : 도시·군계획 수립 대상지역의 일부에 대하여 토지 이용을 합리화하고 그 기능을 증진시키며 미관을 개선하고 양호한 환경을 확보하며, 그 지역을 체계적·계획적으로 관리하기 위하여 수립하는 도시·군관리계획

96. 국토의 계획 및 이용에 관한 법률상 도시·군관리계획 결정의 효력은 언제를 기준으로 그 효력이 발생하는가?

① 지형도면을 고시한 날부터
② 지형도면 고시가 된 날의 다음 날부터
③ 지형도면 고시가 된 날의 3일 후부터
④ 지형도면 고시가 된 날의 5일 후부터

해설 도시·군관리계획 결정의 효력은 지형도면을 고시한 날부터 발생한다.

Answer 94. ② 95. ③ 96. ①

97. 지적공부에 관한 전산자료를 이용 또는 활용하고자 승인을 신청하려는 자는 다음 중 누구의 심사를 받아야 하는가?(단, 중앙행정기관의 장, 그 소속 기관의 장 또는 지방자치단체의 장이 승인을 신청하는 경우는 제외한다.)

① 국무총리
② 시·도지사
③ 시장·군수·구청장
④ 관계 중앙행정기관의 장

해설 지적전산자료의 이용
1. 지적전산자료의 승인권자
   ① 전국 단위의 지적전산자료: 국토교통부장관, 시·도지사 또는 지적소관청
   ② 시·도 단위의 지적전산자료: 시·도지사 또는 지적소관청
   ③ 시·군·구(자치구가 아닌 구를 포함한다) 단위의 지적전산자료: 지적소관청
2. 지적전산자료의 심사
   지적전산자료 승인을 신청하려는 자는 지적전산자료의 이용 또는 활용 목적 등에 관하여 미리 관계 중앙행정기관의 심사를 받아야 한다.

98. 등기관이 지적소관청에 통지하여야 하는 토지의 등기사항이 아닌 것은?

① 소유권의 보존
② 소유권의 이전
③ 토지표시의 변경
④ 소유권의 등기명의인 표시의 변경

해설 소유권변경 사실의 통지
등기관이 다음 각 호의 등기를 하였을 때에는 지체 없이 그 사실을 토지의 경우에는 지적소관청에, 건물의 경우에는 건축물대장 소관청에 각각 알려야 한다.
① 소유권의 보존 또는 이전
② 소유권의 등기명의인 표시의 변경 또는 경정
③ 소유권의 변경 또는 경정
④ 소유권의 말소 또는 말소회복

99. 공간정보의 구축 및 관리 등에 관한 법률상 성능검사대행자 등록의 결격사유가 아닌 것은?

① 피성년후견인 또는 피한정후견인
② 성능검사대행자 등록이 취소된 후 2년이 경과되지 아니한 자
③ 이 법을 위반하여 징역형의 집행유예를 선고받고 그 유예기간 중에 있는 자
④ 이 법을 위반하여 징역의 실형을 선고받고 그 집행이 종료(집행이 종료된 것으로 보는 경우를 포함한다)되거나 집행이 면제된 날부터 3년이 경과한 자

해설 성능검사대행자 등록의 결격사유
① 피성년후견인 또는 피한정후견인
② 이 법을 위반하여 징역의 실형을 선고받고 그 집행이 종료(집행이 종료된 것으로 보는 경우를 포함한다)되거나 집행이 면제된 날부터 2년이 경과되지 아니한 자
③ 이 법을 위반하여 징역형의 집행유예를 선고받고 그 유예기간 중에 있는 자
④ 성능검사대행자 등록이 취소된 후 2년이 경과되지 아니한 자
⑤ 임원 중에 제1호부터 제4호까지의 어느 하나에 해당하는 자가 있는 법인

100. 공간정보의 구축 및 관리 등에 관한 법률상 지적측량수수료에 관한 설명으로 틀린 것은?
① 국토교통부장관이 고시하는 표준품셈 중 지적측량품에 지적기술자의 정부노임단가를 적용하여 산정한다.
② 지적측량 종목별 세부 산정기준은 국토교통부장관이 정한다.
③ 지적소관청이 직권으로 조사·측량하여 지적공부를 정리한 경우, 조사·측량에 들어간 비용을 면제한다.
④ 지적측량수수료는 국토교통부장관이 매년 12월 말일까지 고시하여야 한다.

해설 수수료
1. 납부대상
   ① 지적기준점성과의 열람 또는 그 등본의 발급 신청
   ② 측량업의 등록 신청
   ③ 측량업등록증 및 측량업등록수첩의 재발급 신청
   ④ 지적공부의 열람 및 등본 발급 신청
   ⑤ 지적전산자료의 이용 또는 활용 신청
   ⑥ 신규등록, 등록전환, 분할, 합병, 지목변경, 바다로 된 토지의 등록말소, 등록사항의 정정, 도시개발사업 등 시행지역의 토지이동 신청
   ⑦ 측량기기의 성능검사 신청
   ⑧ 성능검사대행자의 등록신청
   ⑨ 성능검사대행자 등록증의 재발급 신청
2. 납부
   ① 토지의 이동에 따른 지적공부정리신청을 하는 때에는 신청인은 그 지방자치단체의 수입증지로 지적소관청에 납부
   ② 국가 또는 지방자치단체가 신청하는 때 및 바다로 된 토지의 토지소유자가 지적공부의 등록말소를 신청하는 때에는 수수료를 면제
   ③ 지적측량수수료는 지적측량 수행자에게 납부
   ④ 지적측량수수료의 고시 : 국토교통부장관이 매년 12월 말에 고시
   ⑤ 지적소관청이 직권으로 조사·측량하여 지적공부를 정리한 경우에 들어간 비용은 토지소유자에게 징수(수수료를 정리한 날부터 30일 내에 납부)

Answer 100. ③

2017년 제3회 지적기사

01 지적측량

01. 수평각의 관측 시 윤곽도를 달리하여 망원경을 정·반으로 관측하는 이유로 가장 적합한 것은?
① 각 관측의 편의를 위함이다.
② 과대오차를 제거하기 위함이다.
③ 기계 눈금 오차를 제거하기 위함이다.
④ 관측값의 계산을 용이하게 하기 위함이다.

해설 경위의의 구조 중 보다 많은 부분을 활용하여 정오차(기계 오차)를 줄이기 위함이다.

02. 다각망도선법에 따라 지적도근점측량을 실시하는 경우 지적도근점표지의 평균 점간거리는?
① 50m 이하   ② 200m 이하   ③ 300m 이하   ④ 500m 이하

해설 지적측량 시행규칙 제2조(지적기준점표지의 설치·관리 등)
지적도근점표지의 점간거리는 평균 50미터 이상 300미터 이하로 할 것. 다만, 다각망도선법에 따르는 경우에는 평균 500미터 이하로 한다.

03. 경위의측량방법으로 세부측량을 하였을 때, 측량대상 토지의 경계점 간 실측거리와 경계점의 좌표에 따라 계산한 거리의 교차 기준으로 옳은 것은?(단, L은 실측거리로서 미터단위로 표시한 수치이다.)

① $2 + \dfrac{L}{10}$ cm 이내   ② $3 + \dfrac{L}{10}$ cm 이내

③ $4 + \dfrac{L}{10}$ cm 이내   ④ $5 + \dfrac{L}{10}$ cm 이내

해설 지적측량 시행규칙 제26조(세부측량성과의 작성)
측량대상 토지의 경계점 간 실측거리와 경계점의 좌표에 따라 계산한 거리의 교차는 $3 + \dfrac{L}{10}$ 센티미터 이내여야 한다. 이 경우 L은 실측거리로서 미터단위로 표시한 수치이다.

04. sin45°의 1초차를 소수점 이하 6위를 정수로 하여 표시한 것은?

① 0.34
② 2.42
③ 3.43
④ 4.45

05. 평판측량방법에 따른 세부측량을 도선법으로 하는 경우, 폐색오차가 도상 1mm이고 총 변수가 12일 때 제7변에 배부할 도상거리는?

① 0.2mm
② 0.4mm
③ 0.6mm
④ 0.8mm

해설 지적측량 시행규칙 제18조(세부측량의 기준 및 방법 등)

도선의 폐색오차가 도상길이 $\frac{\sqrt{N}}{3}$ 밀리미터 이하인 경우 그 오차는 다음의 산식에 따라 이를 각 점에 배분하여 그 점의 위치로 한다.

$Mn = \frac{e}{N} \times n$

(Mn은 각 점에 순서대로 배분할 밀리미터 단위의 도상길이, e는 밀리미터 단위의 오차, N은 변의 수, n은 변의 순서)

※ 폐색오차가 도상 1mm로서 $\frac{\sqrt{N}}{3} = \frac{\sqrt{12}}{3} = 1.155$ 이내이므로 각 변에 배부할 수 있다.

$Mn = \frac{e}{N} \times n = \frac{1}{12} \times 7 = 0.58 = 0.6\text{mm}$

06. 지상 1km²의 면적을 도상 4cm²로 표시한 도면의 축척은?

① 1/2,500
② 1/5,000
③ 1/25,000
④ 1/50,000

해설 $\sqrt{4} = 2\text{cm}$ $2\text{cm} = 0.02\text{m}$

$1\text{km}^2 = 1,000\text{m} \times 1,000\text{m}$

$\frac{0.02}{1,000} = \frac{1}{50,000}$

07. 경중률이 서로 다른 데오도라이트 A, B를 사용하여 동일한 측점의 협각을 관측한 결과가 다음과 같을 때 최확값은?

	경중률	관측값
A	3	68°39′10″
B	2	68°39′30″

① 68°39′15″
② 68°39′18″
③ 68°39′20″
④ 68°39′22″

Answer 4. ③ 5. ③ 6. ④ 7. ②

해설 최확값(L_0) = 68°39′00″ + $\dfrac{10″ \times 3 + 30 \times 2″}{3+2}$
= 68°39′00″ + 18″ = 68°39′18″

08. 다각망도선법에 의한 지적도근점측량을 할 때 1도선의 점의 수는 몇 점 이하로 제한되는가?

① 10점　　　　　　　　　② 20점
③ 30점　　　　　　　　　④ 40점

해설 지적측량 시행규칙 제12조(지적도근점측량)

측량방법 종류	도근측량		
	도선법	다각망도선법	교회법
1도선의 점 수	40점, 10 증가 가능	20점 이하	-
점간 거리	50~300m	50~500m	-
거 리	-	-	200m
망구성	결합도선(부득이한 경우 왕복·폐합 도선)	3점 이상을 포함한 결합다각방식	3방향 교회
기지점 수	-	3점 이상을 포함한 결합다각방식	-

09. 도선법에 따른 지적도근점의 각도 관측을 배각법으로 하는 경우, 1도선의 폐색오차의 허용범위는?(단, 폐색변을 포함한 변의 수는 20개이며, 2등 도선이다.)

① ±40초 이내　　　　　　② ±67초 이내
③ ±89초 이내　　　　　　④ ±134초 이내

해설 지적측량 시행규칙 제14조(지적도근점의 각도 관측을 할 때의 폐색오차의 허용범위 및 측각오차의 배분)

측량방법	등급	폐색오차	측량방법	등급	폐색오차
배각법	1등	±20$\sqrt{n}$ (초)	방위각법	1등	±$\sqrt{n}$ (분)
	2등	±30$\sqrt{n}$ (초)		2등	±1.5$\sqrt{n}$ (분)

±30$\sqrt{n}$ = 30 × $\sqrt{20}$ = 134.2(초)　∴ ±134초 이내

10. 지적삼각보조점측량을 다각망도선법으로 실시할 경우 1도선에 최대로 들어갈 수 있는 점의 수는?

① 2점　　　② 3점　　　③ 4점　　　④ 5점

해설 지적측량 시행규칙 제10조(지적삼각보조점측량)
1도선(기지점과 교점 간 또는 교점과 교점 간을 말한다)의 점의 수는 기지점과 교점을 포함하여 5개 이하로 한다.

Answer　8. ②　9. ④　10. ④

11. 표준장 100m에 대하여 테이프(Tape)의 길이가 100m인 강제권척을 검사한 결과 +0.052m 이었을 때, 이 테이프(Tape)의 보정계수는?

① 1.00052
② 1.99948
③ 0.00052
④ 0.99948

해설 보정계수 $= \dfrac{100+0.052}{100} = 1.00052$

12. 다음 중 색인도 등의 제도에 관한 설명으로 옳지 않은 것은?

① 도면번호는 3mm의 크기로 제도한다.
② 도곽선 왼쪽 윗부분 여백의 중앙에 제도한다.
③ 축척은 도곽선 윗부분 여백의 좌측에 3mm의 글자 크기로 제도한다.
④ 가로 7mm, 세로 6mm 크기의 직사각형을 중앙에 두고 그의 4변에 접하여 같은 규격으로 4개의 직사각형을 제도한다.

해설 지적업무처리규정 제45조(색인도 등의 제도)
① 색인도는 도곽선의 왼쪽 윗부분 여백의 중앙에 다음 각 호와 같이 제도한다.
　1. 가로 7밀리미터, 세로 6밀리미터 크기의 직사각형을 중앙에 두고 그의 4변에 접하여 같은 규격으로 4개의 직사각형을 제도한다.
　2. 1장의 도면을 중앙으로 하여 동일 지번부여지역안 위쪽·아래쪽·왼쪽 및 오른쪽의 인접 도면번호를 각각 3밀리미터의 크기로 제도한다.
② 제명 및 축척은 도곽선 윗부분 여백의 중앙에 "○○시·군·구 ○○읍·면 ○○동·리 지적도 또는 임야도 ○○장중 제○○호 축척○○○○분의 1"이라 제도한다. 이 경우 그 제도방법은 다음 각 호와 같다.
　1. 글자의 크기는 5밀리미터로 하고, 글자사이의 간격은 글자크기의 2분의 1정도 띄어 쓴다.
　2. 축척은 제명끝에서 10밀리미터를 띄어 쓴다.

13. 지적삼각보조점측량을 다각망도선법으로 시행할 경우 1도선의 거리의 기준은?

① 1km 이하
② 2km 이하
③ 3km 이하
④ 4km 이하

해설 지적측량 시행규칙 제10조(지적삼각보조점측량)
1도선의 거리(기지점과 교점 또는 교점과 교점간의 점간거리의 총합계를 말한다)는 4킬로미터 이하로 한다.

14. 평판측량방법으로 임야도를 갖춰 두는 지역에서 세부측량을 실시할 경우의 거리측정단위는?

① 5cm
② 10cm
③ 50cm
④ 100cm

해설 지적측량 시행규칙 제18조(세부측량의 기준 및 방법 등)
거리측정단위는 지적도를 갖춰 두는 지역에서는 5센티미터로 하고, 임야도를 갖춰 두는 지역에서는 50센티미터로 한다.

Answer　11. ①　12. ③　13. ④　14. ③

15. 광파기측량방법으로 지적삼각점을 관측할 경우 기계의 표준편차는 얼마 이상이어야 하는가?

① ±(5mm+5ppm) 이상
② ±(3mm+5ppm) 이상
③ ±(5mm+10ppm) 이상
④ ±(3mm+10ppm) 이상

해설 지적측량 시행규칙 제9조(지적삼각점측량의 관측 및 계산)
전파 또는 광파측거기(光波測距機)는 표준편차가 ±[5밀리미터+5피피엠(ppm)] 이상인 정밀측거기를 사용한다.

16. 아래 유심다각망에서 형태 규약의 개수는?

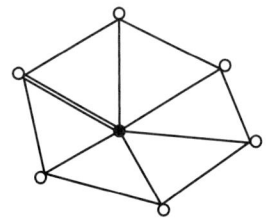

① 5개
② 6개
③ 7개
④ 8개

17. 지적삼각점측량의 관측 및 계산에 대한 설명으로 옳은 것은?

① 1방향각의 측각 공차는 ±50초 이내이다.
② 기지각과의 측각 공차는 ±40초 이내이다.
③ 연직각을 관측할 때에는 정반 1회 관측한다.
④ 수평각 관측은 3배각의 배각관측법에 의한다.

해설 지적측량 시행규칙 제9조(지적삼각점측량의 관측 및 계산)

수평각관측		3대회 방향관측법 (윤곽도 : 0°, 60°, 120°)
수평각측각 공차	1방향각	30초 이내
	기지각과의 차	±40초 이내
연직각 관측		정·반 각 2회 관측

18. UTM 좌표계에 대한 설명으로 옳은 것은?

① 종선좌표의 원점은 위도 38°선이다.
② 중앙자오선에서 멀수록 축척계수는 작아진다.
③ UTM 투영은 적도선을 따라 6° 간격으로 이루어진다.
④ 우리나라는 UTM 좌표의 53, 54 종대에 속해 있다.

Answer 15. ① 16. ④ 17. ② 18. ③

해설 UTM 좌표계
1. 지구를 베셀치를 사용하는 회전타원체로 보고 지구 전체를 경도 6°씩 60개의 구역(종대)으로 나눈다.
2. 각 종대는 180°W 자오선에서 동쪽으로 6° 간격으로 1~60까지 번호를 붙인다.
3. 중앙자오선에서 축척계수는 0.9996m이다.
4. 종대에서 위도는 남북의 80° 간격으로 20구역(횡대)으로 나눈다.
5. 우리나라는 51~52종대 S~T횡대에 속한다.
6. 경도의 원점은 중앙 자오선이며, 위도의 원점은 적도상에 있다.
7. 길이의 단위는 m이다.

19. 경계점좌표등록부 시행지역에서 경계점의 지적측량성과와 검사성과의 연결교차 허용범위 기준으로 옳은 것은?

① 0.10m 이내
② 0.15m 이내
③ 0.20m 이내
④ 0.25m 이내

해설 지적측량 시행규칙 제27조(지적측량성과의 결정)

대 상		연결교차
지적삼각점		0.20미터
지적삼각보조점		0.25미터
지적도근점	경계점좌표등록부 시행지역	0.15미터
	그 밖의 지역	0.25미터
경계점	경계점좌표등록부 시행지역	0.10미터
	그 밖의 지역	10분의 3M밀리미터(M은 축척분모)

20. 지적기준점측량의 절차가 올바르게 나열된 것은?

① 계획의 수립 → 준비 및 현지답사 → 선점 및 조표 → 관측 및 계산과 성과표의 작성
② 준비 및 현지답사 → 선점 및 조표 → 계획의 수립 → 관측 및 계산과 성과표의 작성
③ 계획의 수립 → 선점 및 조표 → 준비 및 현지답사 → 관측 및 계산과 성과표의 작성
④ 준비 및 현지답사 → 계획의 수립 → 선점 및 조표 → 관측 및 계산과 성과표의 작성

해설 지적측량 시행규칙 제7조(지적측량의 방법 등)
1. 계획의 수립
2. 준비 및 현지답사
3. 선점(選點) 및 조표(調標)
4. 관측 및 계산과 성과표의 작성

Answer 19. ① 20. ①

02 응용측량

21. 터널에서 수준측량을 실시한 결과가 표와 같을 때 측점 NO.3의 지반고는?(단, (−)는 천장에 설치된 측점이다.)

측점	후시(m)	전시(m)	지반고(m)
NO.0	0.87		43.27
NO.1	1.37	2.64	
NO.2	−1.47	−3.29	
NO.3	−0.22	−4.25	
NO.4		0.69	

① 36.80m ② 41.21m ③ 48.94m ④ 49.35m

해설 NO.0의 지반고는 43.27m이며 지반고=기계고(지반고+후시)−전시이다.
NO.1의 지반고=43.27+0.87−2.64=41.50m
NO.2의 지반고=41.50+1.37−(−3.29)=46.16m
NO.3의 지반고=46.16+(−1.47)−(−4.25)=48.94m
NO.4의 지반고=48.94+(−0.22)−0.69=48.03m

22. 지형측량에 관한 설명으로 틀린 것은?
① 축척 1 : 50,000, 1 : 25,000, 1 : 5,000 지형도의 주곡선 간격은 각각 20m, 10m, 2m이다.
② 지성선은 지형을 묘사하기 위한 중요한 선으로 능선, 최대경사선, 계곡선 등이 있다.
③ 지형의 표시방법에는 우모법, 음영법, 채색법, 등고선법 등이 있다.
④ 등고선 중 간곡선 간격은 조곡선 간격의 2배이다.

해설 등고선의 종류에는 주곡선, 계곡선, 간곡선 및 조곡선의 네 가지가 있으며 주곡선은 지형을 표시하는 데 기본이 되는 곡선으로 일반적으로 축척분모의 약 1/2,500 간격으로 표시된다.
축척별 등고선의 간격은 다음과 같다.

등고선의 간격	기 호	1/10,000	1/25,000	1/50,000
주곡선	가는 실선	5m	10m	20m
간곡선	가는 파선	2.5m	5m	10m
보조곡선(조곡선)	가는 점선	1.25m	2.5m	5m
계곡선	굵은 실선	25m	50m	100m

Answer 21. ③ 22. ①

23. 상호표정에 대한 설명으로 틀린 것은?

① 종시차는 상호표정에서 소거되지 않는다.
② 상호표정 후에도 횡시차는 남는다.
③ 상호표정으로 형성된 모델은 지상모델과 상사관계이다.
④ 상호표정에서 5개의 표정인자를 결정한다.

해설 사진측량의 상호표정이란 비행기가 촬영 당시에 가지고 있던 기울기를 도화기상에서 그대로 재현하는 과정을 말하며 촬영 당시 촬영면상에서 이루어지는 종시차를 소거하여 목표지형물의 상대적 위치를 맞추는 작업으로 이런 위치를 맞추기 위해서는 상호표정 인자(κ, ω, by, bz, ϕ) 5개가 사용된다.

24. 수준기의 감도가 4″인 레벨로 60m 전방에 세운 표척을 시준한 후 기포가 1눈금 이동하였을 때 발생하는 오차는?

① 0.6mm   ② 1.2mm   ③ 1.8mm   ④ 2.4mm

해설 오차는 $a = \dfrac{pl}{nD}$ 에서 $l = \dfrac{anD}{p}$ (여기서, l : 오차, a : 감도, n : 눈금 수, D : 거리)

$$= \frac{4 \times 1 \times 60}{206,265} = 0.00116\text{m} \text{ 이므로, } l ≒ 0.0012\text{m}$$

25. 터널측량의 일반적인 순서로 옳은 것은?

A. 답사	B. 단면측량
C. 지하 중심선 측량	D. 계획
E. 터널 내외연결 측량	F. 지상 중심선 측량
G. 터널 내 수준 측량	

① A→D→B→C→F→E→G
② D→A→F→C→E→G→B
③ A→D→C→F→E→G→B
④ D→A→C→F→G→B→E

해설 터널측량의 일반적인 작업 순서는 계획→답사(조사)→(지상)중심선 측량→(지하)중심선 측량→연결측량→수준측량→단면측량 순으로 진행된다.

26. 등고선에 대한 설명으로 틀린 것은?

① 높이가 다른 두 등고선은 어떠한 경우도 서로 교차하지 않는다.
② 동일 등고선 상에 있는 모든 점은 같은 높이이다.
③ 등고선은 도면 내외에서 폐합하는 폐곡선이다.
④ 지도의 도면 내에서 폐합하는 경우 등고선의 내부에 산꼭대기 또는 분지가 있다.

해설 등고선의 성질
1. 동일 등고선 상에 있는 모든 점은 같은 높이다.
2. 등고선은 도면 내외에서 폐합하는 폐곡선이다.
3. 지도의 도면 내에서 폐합하는 경우 등고선의 내부에 산정 또는 분지가 있다.
4. 높이가 다른 두 등고선은 동굴이나 절벽의 지형이 아닌 곳에서는 교차하지 않으며, 동굴이나 절벽은 반드시 두 점에서 교차한다.
5. 동등한 경사의 지표에서 양 등고선의 수평거리는 같다.
6. 같은 경사의 평면일 때는 나란히 직선이 된다.
7. 최대 경사의 방향은 등고선과 직각으로 교차한다.
8. 등고선은 경사가 급한 곳에서는 간격이 좁고 완만한 경사지는 넓다.
9. 등고선은 분수선과 직각으로 만난다.
10. 등고선의 수평거리는 산꼭대기 및 산밑에서는 크고 산중턱에서는 작다.
11. 등고선은 능선을 직각방향으로 횡단한 다음 능선 다른 쪽을 따라 거슬러 올라간다.

27. 수십 MHz~수 GHz 주파수 대역의 전자기파를 이용하여 전자기파의 반사와 회절 현상 등을 측정하고 이를 해석하여 지하구조의 파악 및 지하시설물을 측량하는 방법은?

① 지표 투과 레이더(GPR) 탐사법
② 초장기선 전파 간섭계법
③ 전자유도 탐사법
④ 자기 탐사법

해설 지하시설물 관측방법으로는 전자유도 측량기법이 대표적이며 측량방법에는 전자유도 측량기법, 지중레이더 측량기법, 음파관측기법이 있으며 전자기파의 반사 등을 측정하여 지하구조를 파악하는 탐사법에는 지표 투과 레이더 탐사법이 있다.

28. 수준점 A, B, C에서 수준측량을 한 결과가 표와 같을 때 P점의 최확값은?

수준점	표고(m)	고저차 관측값(m)		노선거리(km)
A	19.332	A→P	+1.533	2
B	20.933	B→P	−0.074	4
C	18.852	C→P	+1.986	3

① 20.839m   ② 20.842m   ③ 20.855m   ④ 20.869m

해설 P점의 최확값은

$P_1 : P_2 : P_3 = \dfrac{1}{S_1} : \dfrac{1}{S_2} : \dfrac{1}{S_3} = \dfrac{1}{2} : \dfrac{1}{4} : \dfrac{1}{3} = 0.5 : 0.25 : 0.33$

P점의 표고는
A→P 19.332+1.533=20.865m
B→P 20.933+(−0.074)=20.859m
C→P 18.852+1.986=20.838m

$L_0 = \dfrac{P_1 l_1 + P_2 l_2 + P_3 l_3}{P_1 + P_2 + P_3} = \dfrac{(0.5 \times 20.865) + (0.25 \times 20.859) + (0.33 \times 20.838)}{0.5 + 0.25 + 0.33} = 20.855m$

29. 클로소이드 곡선 설치 시 평면선형에 대한 설명으로 옳은 것은?

① 기본형은 직선-클로소이드-직선으로 연결한 선형이다.
② S형은 반향곡선 사이에 두 개의 클로소이드를 연결한 선형이다.
③ 블록(凸)형은 복심곡선 사이에 클로소이드를 삽입한 것이다.
④ 복합형은 같은 방향으로 구부러진 2개의 클로소이드를 직선적으로 삽입한 것이다.

해설 ① 기본형 : 직선-완화곡선-단곡선으로 연결
② 클로소이드의 형식 중 S형 : 반향곡선의 사이에 두 개의 클로소이드를 삽입한 것
③ 블록(凸)형 : 직선-완화곡선 1-완화곡선 2-직선으로 연결
④ 복합 : 같은 방향으로 구부러진 2개 이상의 클로소이드 연결

30. 그림과 같이 BC와 평행한 xy로 면적을 $m : n = 1 : 4$의 비율로 분할하고자 한다. AB=75m일 때 Ax의 거리는?

① 15.0m
② 18.8m
③ 33.5m
④ 37.5m

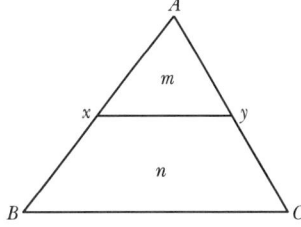

해설 xy와 BC가 평행이므로 $Ax = AB\sqrt{\dfrac{\triangle Axy}{\triangle Axy + \square xyBC}} = 75\sqrt{\dfrac{1}{1+4}} = 33.54\text{m}$

31. 사진축적 1 : 20,000, 초점거리 15cm, 사진크기 23cm×23cm로 촬영한 연직 사진에서 주점으로부터 100mm 떨어진 위치에 철탑의 정상부가 찍혀 있다. 이 철탑이 사진 상에서 길이가 5mm이었다면 철탑의 실제 높이는?

① 50m   ② 100m   ③ 150m   ④ 200m

해설 사진측량에서 초점거리(f)와 촬영고도(H)를 이용해 축척을 구하는 공식은 다음과 같다.

사진의 축척(M) = $\dfrac{촬영고도(H)}{초점거리(f)}$

촬영고도(H) = 축척×초점거리 = 20,000 × 0.15 = 3,000m

시차차 공식 $\Delta P = \dfrac{h}{H} \times b_0$ (여기서, h : 비고, H : 촬영고도, b_0 : 주점기선길이)에서

$h = \dfrac{H}{b_0} \times \Delta P = \dfrac{3,000}{0.1} \times 0.005 = 150\text{m}$ 이다.

32. GNSS 측량방법 중 후처리방식이 아닌 것은?

① Static 방법
② Kinematic 방법
③ Pseudo-Kinematic 방법
④ Real-Time Kinematic 방법

해설 GNSS 관측방법 중 상대관측방법(간섭계측위)
1대의 수신기는 기지점에, 다른 수신기는 미지점에 설치하여 2점 간에 도달하는 전파의 시간적 지연을 측정하여 2점 간의 거리를 정확히 구하여 미지점의 위치를 결정하는 방법이다.
1. Static 측량
   - 2개 이상의 수신기를 각 측점에 고정하고 동시에 4개 이상의 위성으로부터 신호를 30분 이상 수신하는 방식으로서 수신된 신호를 컴퓨터처리에 의해 각 수신기의 위치 및 거리를 계산하는 후처리 위치결정방식이다.
   - 계산된 위치 및 거리 정확도가 수 mm 정도(1ppm~0.01ppm)로 높으며 삼각점 등 기준점의 신설, 측지기준점측량, VLBI의 보완 또는 대체측량에 이용된다.
2. Kinematic 측량
   - 기지점 수신기를 고정국, 다른 수신기를 이동국으로 하여 이동국을 순차적으로 이동하면서 신호를 수 초~수 분 동안 수신하는 방식으로 관측자료를 후처리하여 위치를 결정하는 방식이다.
   - 수 mm~수 cm의 정확도로 이동차량의 위치결정, 지형측량, 각종 공사측량 등에 이용된다.
3. RTK(Real Time Kinematic) 측량
   실시간 이동측량은 기지점의 고정국과 미지점의 이동국 간의 위치관계를 라디오모뎀 등을 이용하여 실시간으로 처리하는 체계이다.

33. 곡률반지름이 현의 길에 반비례하는 곡선으로 시가지 철도 및 지하철 등에 주로 사용되는 완화곡선은?

① 렘니스케이트
② 반파장 체감곡선
③ 클로소이드
④ 3차 포물선

해설 완화곡선이란 차량 등이 직선부에서 곡선부분으로 방향을 바꾸면 반지름이 달라지기 때문에 설치하게 되는데 주로 차량 등에 사용되고 완화곡선에는 3차 포물선, 고차포물선, 반파장사인, 렘니스케이트, 클로소이드가 있으며 철도 및 지하철 등에 주로 사용되는 완화곡선은 렘니스케이트이다.

34. 사진판독에 대한 설명으로 옳지 않은 것은?

① 사진판독 요소에는 색조, 형태, 질감, 크기, 형상, 음영 등이 있다.
② 사진의 판독에는 보통 흑백사진보다 천연색 사진이 유리하다.
③ 사진판독에서 얻을 수 있는 자료는 사진의 질과 사진판독의 기술, 전문적 지식 및 경험 등에 좌우된다.
④ 사진판독 작업은 촬영계획, 촬영과 사진작성, 정리, 판독, 판독기준의 작성 순서로 진행된다.

해설 1. 사진판독요소
   - 주요소 : 색조, 모양, 질감, 형상, 크기, 음영
   - 보조요소 : 상호위치관계, 과고감으로 구분하며
2. 사진판독 작업 순서는 촬영계획 → 촬영과 사진의 작성 → 판독기준의 작성 → 판독 → 조정의 순서로 진행된다.

35. GNSS 위치결정에서 정확도와 관련된 위성의 위치 상태에 관한 내용으로 옳지 않은 것은?

① 결정좌표의 정확도는 정밀도 저하율(DOP)과 단위관측 정확도의 곱에 의해 결정된다.
② 3차원 위치는 TDOP(Time DOP)에 의해 정확도가 달라진다.
③ 최적의 위성배치는 한 위성은 관측자의 머리 위에 있고 다른 위성의 배치가 각각 120°를 이룰 때이다.
④ 높은 DOP는 위성의 배치 상태가 나쁘다는 것을 의미한다.

해설 GNSS 오차는 수신기와 위성들 간의 기하학적 배치에 따라 영향을 받고 이때 측위 정확도의 영향을 표시하는 계수로 DOP(정밀도저하율)가 사용된다. 종류에는 GDOP(기하학적 정밀도 저하율), PDOP(위치 정밀도 저하율), HDOP(수평 정밀도 저하율), VDOP(수직 정밀도 저하율), RDOP(상대 정밀도 저하율), TDOP(시간 정밀도 저하율)가 있으며, 3차원 위치는 TDOP에 의해서 정확도가 달라지는 것이 아니다.

36. 수준측량과 관련된 용어에 대한 설명으로 틀린 것은?

① 후시는 기시점에 세운 표척의 읽음값이다.
② 전시는 미시점 표척의 읽음값이다.
③ 중간점은 오차가 발생해도 다른 지점에 영향이 없다.
④ 이기점은 전시와 후시값이 항상 같게 된다.

해설 이기점(이점)은 전시와 후시를 함께 취하는 점으로 이기점에 대한 관측오차는 이후의 측량 전체에 영향을 미치는 점이다.

37. 등고선 측량방법 중 표고를 알고 있는 기지점에서 중요한 지정선을 따라 측선을 설치하고, 측선을 따라 여러 점의 표고와 거리를 측량하여 등고선을 측량하는 방법은?

① 방안법   ② 횡단점법   ③ 영선법   ④ 종단점법

해설 등고선의 측정방법 중 간접측정방법에는 방사절측법, 목측에 의한 방법, 방안법(좌표점고법, 모눈종이법), 기준점법(종단점법), 횡단점법이 있으며 종단점법은 기지점에서부터 몇 개의 측선을 설정하고 그 선상의 지반고와 거리를 측정한 후 등고선을 삽입하는 방법을 말한다.

38. GNSS 측량에서 위도, 경도, 고도, 시간에 대한 차분해(Differential Solution)를 얻기 위해서는 최소 몇 개의 위성이 필요한가?

① 2   ② 4   ③ 6   ④ 8

해설 GNSS에 의한 측량을 위해서는 최소 4개 이상의 위성으로부터 신호를 받아야 한다.

39. 단곡선에서 반지름 $R=300$m, 교각 $I=60°$일 때, 곡선길이(C.L)는?

① 310.10m   ② 315.44m   ③ 314.10m   ④ 311.55m

해설 곡선길이(C.L)=0.01745RI=0.01745×300×60°=314.1m

40. 단곡선 설치에서 두 접선의 교각이 60°이고 외선 길이(E)가 14m인 단곡선의 반지름은?

① 24.2m   ② 60.4m
③ 90.5m   ④ 104.5m

해설 노선측량에서 외할 $E = SL = R\left(\sec\dfrac{I}{2} - 1\right)$이므로

$$R = \dfrac{E}{\left(\sec\dfrac{I}{2} - 1\right)} = \dfrac{14}{(\sec 30° - 1)} = 90.497\text{m}$$

03 토지정보체계론

SUBJECT

41. 지적전산정보식스템에서 사용자권한 등록파일에 등록하는 사용자의 권한에 해당하지 않는 것은?

① 표준지 공시지가 변동의 관리
② 지적전산코드의 입력·수정 및 삭제
③ 지적공부의 열람 및 등본 발급의 관리
④ 법인이 아닌 사단·재단 등록번호의 직권수정

해설 사용자의 권한 구분
① 사용자의 신규등록, 사용자 등록의 변경 및 삭제
② 법인이 아닌 사단·재단 등록번호의 업무관리, 직권수정
③ 개별공시지가 변동의 관리, 토지등급 및 기준수확량등급 변동의 관리
④ 지적전산코드의 입력·수정 및 삭제, 조회
⑤ 지적전산자료의 조회, 개인별 토지소유현황의 조회
⑥ 지적통계의 관리, 토지 관련 정책정보의 관리
⑦ 일반 지적업무의 관리, 토지이동 신청의 접수, 토지이동의 정리
⑧ 토지소유자 변경의 관리
⑨ 지적공부의 열람 및 등본 발급의 관리
⑩ 지적전산자료의 정비
⑪ 비밀번호의 변경
⑫ 일일마감 관리

42. 시·군·구(자치구가 아닌 구 포함) 단위의 지적공부에 관한 지적전산자료의 이용 및 활용에 관한 승인권자로 옳은 것은?

① 지적소관청
② 시·도지사 또는 지적소관청
③ 국토교통부장관 또는 시·도지사
④ 국토교통부장관, 시·도지사 또는 지적소관청

해설 지적공부에 관한 전산자료(지적전산자료)를 이용하거나 활용하려는 자는 국토교통부장관, 시·도지사 또는 지적소관청의 승인을 받아야 한다.
- 전국 단위의 지적전산자료 : 국토교통부장관, 시·도지사 또는 지적소관청
- 시·도 단위의 지적전산자료 : 시·도지사 또는 지적소관청
- 시·군·구(자치구가 아닌 구를 포함한다) 단위의 지적전산자료 : 지적소관청

43. 다음 중 토지정보시스템의 구성요소에 해당하지 않는 것은?

① 인적 자원
② 처리시간
③ 소프트웨어
④ 공간데이터베이스

해설 구성요소
- 4가지 구성요소 : 조직, 자료, 소프트웨어, 하드웨어
- 7가지 구성요소 : 하드웨어, 소프트웨어, 네트워크, 방법, 사람, 자료, GIS 애플리케이션

44. 해상력에 대한 설명으로 옳지 않은 것은?

① 해상력은 일반적으로 mm당 선의 수를 말한다.
② 해상력은 자료를 표현하는 최대단위를 의미한다.
③ 수치영상시스템에서의 공간해상력은 격자나 픽셀의 크기를 의미한다.
④ 일반적으로 항공사진이나 인공위성 영상의 경우 해상력은 식별이 가능한 최소 객체를 의미한다.

해설 사진에 이용되는 감광물질이 물체의 상을 세밀하게 보여주는 능력을 해상력이라고 한다.

45. 다음 중 속성정보로 보기 어려운 것은?

① 임야도의 등록사항인 경계
② 경계점좌표등록부의 등록사항인 지번
③ 대지권등록부의 등록사항인 대지권 비율
④ 공유지연명부의 등록사항인 토지의 소재

해설 1. 속성정보 : 공간상에 객체와 관련 있는 특성에 대한 데이터(대상물의 성격이나 정보를 기술)
2. 지적정보 : 토지대장, 임야대장 등에 수록된 내용(토지소재, 지번 지목 등)

46. GIS의 구축 및 활용을 위한 과정을 순서대로 올바르게 나열한 것은?

㉠ 자료수집 및 입력	㉡ 결과 출력
㉢ 데이터베이스 구축 및 관리	㉣ 데이터 분석

① ㉠-㉢-㉣-㉡
② ㉣-㉠-㉢-㉡
③ ㉡-㉠-㉣-㉢
④ ㉣-㉡-㉠-㉢

해설 GIS 구축 3단계 : 자료입력 → 자료처리 → 출력
(일반적으로는 자료수집, 자료저장, 자료관리, 자료검색, 자료변환, 자료분석, 자료모델링, 자료출력)

47. 토지정보체계(LIS)와 지리정보체계(GIS)의 차이점으로 옳지 않은 것은?
① 지리정보체계의 공간기본단위는 지역과 구역이다.
② 토지정보체계는 일반적으로 대축척 지적도를 기본도로 한다.
③ 토지정보체계의 공간기본단위는 필지(Parcel)이다.
④ 지리정보체계는 일반적으로 소축척 행정구역도를 기본도로 한다.

해설 토지정보체계(LIS)와 지리정보체계(GIS)의 차이점

구분	토지정보체계	지리정보체계
공간기본단위	필지(Parcel)	지역, 구역
축척 및 기본도	대축척, 지적도	소축척, 지형도
정확도	높다	낮다(가변적)
세분정보	토지이용의 최소단위	보편적 지역범위

48. 공간자료의 표현 형태 중 점(Point)에 대한 설명으로 옳은 것은?
① 공간객체 중 가장 복잡한 형태를 가진다.
② 최소한의 데이터 요소로 위치와 속성을 가진다.
③ 공간분석에 있어서 가장 많은 양의 데이터를 요구한다.
④ 좌표계 없이 위치를 나타내며 관련 속성데이터가 연결된다.

해설 점은 (x, y) 또는 (x, y, z)와 같은 한 쌍의 좌표로서 공간상에 위치를 표현하며 범위를 갖지 않는 0차원 공간객체이다.

49. 관계형 데이터베이스모델(Relational Database Model)의 기본 구조 요소로 옳지 않은 것은?
① 속성(Attribute)
② 행(Record)
③ 테이블(Table)
④ 소트(Sort)

해설 관계형 데이터베이스모델은 2차원 테이블 형태로 테이블은 다수의 열로 구성되고, 각 열에는 정해진 범위의 값이 저장(행, 레코드, 속성)된다.

Answer 46. ① 47. ④ 48. ② 49. ④

50. 토지소유자나 이해관계인이 지적재조사사업과 관련된 정보를 인터넷 등을 통하여 실시간으로 열람할 수 있도록 구축한 공개시스템의 명칭은?

① 지적재조사측량시스템　　② 지적재조사행정시스템
③ 지적재조사관리공개시스템　　④ 지적재조사정보공개시스템

해설 지적재조사행정시스템(바른땅 시스템)
- 지적재조사사업을 체계적·효율적으로 관리하고, 관련 사업정보를 인터넷으로 실시간 열람할 수 있도록 구축한 시스템
- 도메인(http://www.newjijuk.go.kr)

51. 데이터베이스의 스키마를 정의하거나 수정하는 데 사용하는 데이터 언어는?

① DBL　　② DCL
③ DML　　④ DDL

해설 데이터 정의어(DDL : Data Definition Language)
- 데이터베이스를 정의하거나 수정할 목적으로 사용한다.
- 데이터베이스 형태가 여러 사용자들이 요구하는 대로 제공해 줄 수 있도록 데이터를 조직하는 기능이 있다.
- 데이터베이스, 테이블, 필드, 인덱스 등 객체(Object)를 생성(CREATE)하고, 변경(ALTER)하거나 삭제(DROP)하는 등 기능이 있다.
- 응용프로그램과 데이터베이스가 서로 인터페이스할 수 있는 방법을 제공한다.

52. 토지 고유번호의 총 자릿수는?

① 20자리　　② 19자리
③ 18자리　　④ 17자리

해설 고유번호의 구성은 행정구역코드 10자리(시·도 2, 시·군·구 3, 읍·면·동 3, 리 2), 대장구분 1자리, 본번 4자리, 부번 4자리의 합계 19자리로 구성된다.

53. 다음 중 유럽의 지형공간 데이터의 표준화 작업을 위한 지리 정보 표준화 기구로 옳은 것은?

① OGC　　② FGDC
③ CEN/TC287　　④ ISO/TC211

해설 CEN/TC287 : ISO/TC211 활동이 시작되기 이전에 유럽의 표준화 기구를 중심으로 추진된 유럽의 지리 정보 표준화 기구

54. 필지중심 토지정보시스템에서 도형정보와 속성정보를 연계하기 위하여 사용되는 가변성이 없는 고유번호는?

① 객체식별번호　　② 단위식별번호
③ 유일식별번호　　④ 필지식별번호

Answer　50. ②　51. ④　52. ②　53. ③　54. ④

해설 필지식별번호
- 각 필지의 등록사항의 저장과 수정 등을 용이하게 처리할 수 있는 고유번호이다.
- 지적정보에서 대장(속성)정보와 도면(도형)정보를 연계하는 역할을 수행한다.
- 필지식별자는 부동산 식별자, 단일필지 식별번호라고도 한다.
- 변화가 없고 영구적이어야 한다.
- 토지 관련 정보를 등록하고 있는 각종 대장과 파일 간의 정보를 연결하거나 검색하는 기능을 향상시킨다.

55. 데이터에 대한 정보로서 데이터의 내용, 품질, 조건 및 기타 특성에 대한 정보를 포함하는 정보의 이력서라 할 수 있는 것은?

① 인덱스(Index) ② 라이브러리(Library)
③ 메타데이터(Metadata) ④ 데이터베이스(Database)

해설 메타데이터는 데이터의 원활한 교환을 지원하기 위한 틀을 제공함으로써 데이터의 공유를 극대화할 수 있다.

56. 다음 중 국가공간정보위원회와 관련된 내용으로 옳은 것은?

① 위원회는 회의의 원활한 진행을 위하여 간사 1명을 둔다.
② 위원장은 회의 개최 7일 전까지 회의 일시·장소 및 심의안건을 각 위원에게 통보하여야 한다.
③ 회의는 재적위원 3분의 1의 출석으로 개의하고, 출석위원 3분의 2의 찬성으로 의결한다.
④ 위원장이 부득이한 사유로 직무를 수행할 수 없을 때에는 위원장이 지명하는 위원의 순으로 그 직무를 대행한다.

해설 국가공간정보위원회
1. 위원회는 위원장을 포함하여 30인 이내의 위원으로 구성한다.
2. 위원장은 국토교통부장관이 되고, 위원은 다음 각 호의 자가 된다.
   - 국가공간정보체계를 관리하는 중앙행정기관의 차관급 공무원으로서 대통령령으로 정하는 자
   - 지방자치단체의 장으로서 위원장이 위촉하는 자 7인 이상
   - 공간정보체계에 관한 전문지식과 경험이 풍부한 민간전문가로서 위원장이 위촉하는 자 7인 이상
3. 위원의 임기는 2년으로 한다. 다만, 위원의 사임 등으로 새로 위촉된 위원의 임기는 전임 위원의 남은 임기로 한다.
4. 위원회는 심의 사항을 전문적으로 검토하기 위하여 전문위원회를 둘 수 있다.

57. 다음 중 TIGER 파일의 도형자료를 수치지도 데이터베이스로 구축한 국가는?

① 한국 ② 호주
③ 미국 ④ 캐나다

해설 TIGER은 Topologically Integrated Geographic Encoding and Referencing의 약자로서 미국 통계청의 국세조사를 위한 정보체계이다.

2017년 시행

58. 공간데이터를 취득하는 방법이 서로 다른 것은?

① GPS   ② 원격탐측   ③ 디지타이징   ④ 토털스테이션

해설 측량에 의한 자료취득(COGO ; Coordinate Geometry) : 현지측량 등으로 얻어진 대상물의 좌표를 직접 입력하여 공간정보를 구축하는 방식

59. 지적정보관리체계로 처리하는 지적공부정리 등의 사용자권한 등록파일을 등록할 때의 사용자 비밀번호 설정 기준으로 옳은 것은?

① 4자리부터 12자리까지의 범위에서 사용자가 정하여야 한다.
② 6자리부터 16자리까지의 범위에서 사용자가 정하여야 한다.
③ 영문을 포함하여 3자리부터 12자리까지의 범위에서 사용자가 정하여 사용한다.
④ 영문을 포함하여 5자리부터 16자리까지의 범위에서 사용자가 정하여 사용한다.

해설 사용자의 비밀번호는 6자리부터 16자리까지의 범위에서 사용자가 정하여 사용한다.

60. 스캐닝 방식을 이용하여 지적전산 파일을 생성할 경우, 선명한 영상을 얻기 위한 방법으로 옳지 않은 것은?

① 해상도를 최대한 낮게 한다.
② 원본 형상의 보존 상태를 양호하게 한다.
③ 하프톤 방식의 스캐닝 시에는 되도록 속도를 느리게 한다.
④ 크기가 큰 영상은 영역을 세분화하여 차례로 스캐닝한다.

해설 해상도를 높일 경우 셀의 수가 많기 때문에 파일이 차지하는 용량이 커지는 단점은 있으나 선명한 영상을 얻기 위해서는 해상도를 높게 하여야 한다.

04 지적학

SUBJECT

61. 토지등록공부의 편성방법이 아닌 것은?

① 물적 편성주의   ② 인적 편성주의
③ 세대별 편성주의   ④ 연대적 편성주의

해설 토지등록부의 편성방법
- 물적 편성주의 : 토지 중심으로 대장 작성
- 인적 편성주의 : 소유자 중심 대장 작성
- 연대적 편성주의 : 신청순서에 따라 작성
- 물적·인적 편성주의 : 물적 편성주의에 인적 편성주의 가미

Answer 58. ③ 59. ② 60. ① 61. ③

62. 고구려에서 토지 면적단위체계로 사용된 것은?

① 경무법 ② 두락법
③ 결부법 ④ 수등이척법

해설 삼국시대의 토지제도

구분	고구려	백제	신라
길이단위	척(尺)	척(尺)	척(尺)
면적단위	경무법	두락제, 결부제	결부제
지적도면	봉역도, 요동성총도	도적	방전, 직전, 제전, 규전, 구고전, 원전, 호전, 환전
측량방법	구장산술	구장산술	구장산술
지적사무 담당	• 사자(使者) • 주부(主簿) : 면적 측정	• 내두좌평(內頭佐平) • 산학박사 : 지적·측량 담당 • 산사(算師) : 측량시행 • 화사(畵師) : 도면 작성	• 조부(調部) : 토지세수 파악 • 산학박사 : 토지측량 및 면적 측정

63. 토지소유권 권리의 특성이 아닌 것은?

① 탄력성 ② 혼일성
③ 항구성 ④ 불완전성

해설 완전물권으로서 토지소유권 권리의 특성은 완전성, 혼일성, 탄력성, 항구성 등이 있다.

64. 토지의 권리 표상에 치중한 부동산 등기와 같은 형식적 심사를 가능하게 한 지적제도의 특성으로 볼 수 없는 것은?

① 지적공부의 공시
② 지적측량의 대행
③ 토지 표시의 실질 심사
④ 최초 소유자의 사정 및 사실조사

해설 지적제도과 등기제도의 관계
1. 지적에서 소유권에 관한 사항은 등기부를 기초로 하고, 등기에서 토지표시에 관한 사항은 지적공부를 기초로 한다.
2. 지적은 실질적 심사주의을 채택하고 있으며, 등기는 형식적 심사주의를 채택하고 있다.
3. 지적은 처리방식에 있어서 신고의 의무와 직권조사 방법을 채택하고 있으며, 등기는 신청주의를 채택하고 있다.
※ 이러한 여러 가지 지적의 특성이 등기의 토지표시 사항에 대한 형식적 심사를 가능하게 하지만, 지적측량의 대행제도는 거리가 멀다.

65. 토지경계에 대한 설명으로 옳지 않은 것은?
① 지역선이란 사정선과 같다.
② 강계선이란 사정선을 말한다.
③ 원칙적으로 지적(임야)도상의 경계를 말한다.
④ 지적공부상에 등록하는 단위토지인 일필지의 구획선을 말한다.

해설 토지(임야)조사사업 당시 경계선의 종류
1. 강계선 : 사정선으로서, 토지조사사업 당시 확정된 소유자가 다른 토지 간의 경계선이며 강계선의 상대는 소유자와 지목이 다르다는 원칙이 성립
2. 지역선 : 소유자가 같은 토지와의 구획선 또는 소유자를 알 수 없는 토지와의 구획선 및 토지조사사업의 시행지와 미시행지와의 지계선
3. 경계선 : 임야조사사업 시의 사정선
※ 지적도에 제도되어 있어도 지역선은 사정하지 않음

66. 경계복원측량의 법률적 효력 중 소관청 자신이나 토지소유자 및 이해관계인에게 정당한 변경절차가 없는 한 유효한 행정처분에 복종하도록 하는 것은?
① 구속력 ② 공정력 ③ 강제력 ④ 확정력

해설 지적측량의 효력
1. 구속력 : 토지등록의 행정처분이 유효하는 한 정당한 절차 없이 그 존재를 부정하거나 효력을 기피할 수 없다는 효력
2. 공정력 : 등록에 하자가 있더라도 절대무효인 경우를 제외하고는 소관청, 감독청, 법원 등에 의하여 쟁송 또는 직권취소될 때까지 그 행위는 적법 추정을 받는 것
3. 확정력 : 일단 유효한 등록사항은 일정기간 경과 후 그 상대방이나 이해관계인뿐만 아니라 소관청 자신까지도 특별한 사유가 없는 한 그 효력을 다툴 수 없음
4. 강제력 : 지적측량이나 토지등록사항에 대하여 사법부에 의존하지 않고도 행정청의 자력으로 집행할 수 있는 효력

67. 토지조사사업 당시 사정(査定)의 처분 행위는?
① 행정처분 ② 사법행위
③ 등기공시 ④ 재결행위

해설 토지조사사업 당시 사정의 개념
1. 사정이란 토지조사부와 지적도에 의하여 토지의 소유자 및 그 강계를 확정하는 행정처분
2. 사정은 이전의 권리와 무관한 창설적·확정적 효력이 있음

68. 토지조사사업 당시 재결기관으로 옳은 것은?
① 부와 면 ② 임시토지조사국
③ 임야심사위원회 ④ 고등토지조사위원회

해설 토지조사사업의 재결기관은 고등토지조사위원회이며, 임야조사사업의 재결기관은 임야조사위원회이다.

Answer 65. ① 66. ① 67. ① 68. ④

69. 대만에서 지적재조사를 의미하는 것은?

① 국토조사
② 지적도 증측
③ 지도작제
④ 토지가옥조사

해설 대만은 1898년~1914년 토지조사와 임야조사가 실시되었으며, 1972년 항공측량에 의한 실험측량을 거쳐 1975년부터 본격적인 지적도 증축(지적재조사)사업을 추진하고 있다.

70. 다음 중 지적제도의 기능이 아닌 것은?

① 지방행정의 자료
② 토지유통의 매개체
③ 토지감정평가의 기초
④ 토지이용 및 개발의 기준

해설 지적의 기능
1. 지적의 일반적 기능
   1) 사회적 기능 : 토지를 등록·공시하여 사회적으로 토지문제 해결의 중요한 역할을 함
   2) 법률적 기능
      • 사법적 기능 : 사인 간 토지거래의 용이성, 경비의 절감, 거래의 안전성을 제공
      • 공법적 기능 : 지적법에 의한 토지등록은 법적 효력을 획득, 공적 확인의 자료가 됨
   3) 행정적 기능
      • 토지 과세액 평가 및 부과, 징수의 수단
      • 공공계획 수행에 자료 활용 및 용지 확보에 이용
      • 투기억제를 위한 토지규제
      • 기타 각종 공공행정의 자료 제공
2. 지적의 실제적 기능
   1) 토지에 대한 기록의 법적인 효력 및 공시
   2) 국토 및 도시계획의 자료
   3) 토지관리의 자료
   4) 토지유통의 자료
   5) 토지에 대한 평가기준
   6) 지방행정의 자료

71. 토지조사부(土地調査簿)에 대한 설명으로 옳은 것은?

① 결수연명부로 사용된 장부이다.
② 입안과 양안을 통합한 것이다.
③ 별책토지대장으로 사용된 장부이다.
④ 토지소유권의 사정원부로 사용된 장부이다.

해설 토지조사부
1. 개념 : 토지조사부는 토지소유권의 사정원부로 사용되었다가 토지조사가 완료되고 토지대장이 작성됨으로써 그 기능을 상실
2. 토지조사부의 등록사항
    - 동·리별 지번 순에 따라 지번, 지목, 가지번, 지적(地積), 신고연월일, 소유자의 주소·성명
    - 분쟁 또는 사고 토지는 적요란에 요점을 기재
    - 책 끝에 지목별 지적(地積)을 기재하고 필수를 집계 후 국유지와 민유지로 구분하여 합계
    - 공유지는 이름을 연기하여 적요란에 표시하고 2인 이상의 공유지는 따로 연명부를 작성하여 책 끝에 붙임

72. 다음 중 권원등록제도(Registration of Title)에 대한 설명으로 옳은 것은?

① 토지의 이익에 영향을 미치는 문서의 공적 등기를 보전하는 제도이다.
② 보험회사의 토지중개 거래제도이다.
③ 소유권 등록 이후에 이루어지는 거래의 유효성에 대하여 정부가 책임을 지는 제도이다.
④ 토지소유권의 공시보호제도이다.

해설 권원등록제도
1. 토지등록제도의 유형
    - 날인증서등록제도
    - 권원등록제도
    - 소극적 등록제도
    - 적극적 등록제도
    - 토렌스시스템(Torrens System)
2. 권원등록제도의 특징
    - 날인증서등록제도의 결점을 보완하기 위한 제도로서 공적 기관에서 보존되는 특정인의 토지에 대한 권리와 그 권리들이 존속되는 한계에 대한 권위 있는 등록
    - 국가는 등록 이후 거래 유효성에 책임을 짐
    - 과실, 사기 방지 등 확고한 안정성 부여
    - 토지표시부, 소유권, 저당권 등 기타 권리로 구분

73. 경국대전에 의한 공전(公田), 사전(私田)의 구분 중 사전(私田)에 속하는 것은?

① 적전(藉田)
② 직전(職田)
③ 관둔전(官屯田)
④ 목장토(牧場土)

해설 조선시대 토지의 분류

1. 공전	2. 사전
• 고궁전 : 왕실 창고와 궁을 위한 토지 • 녹봉전 : 특별 공신에게 내리는 토지 • 공해전 : 중앙 관청에 분급된 수조지 • 역전 : 역참의 유지를 위한 토지 • 군둔전 : 군수 축적을 위한 토지	• 과전 : 문무 관료에게 내리는 토지 • 직전 : 현직 관료에게 내리는 토지 • 별역전 : 왕의 특명으로 지급된 토지 • 공신전 : 공신에게 지급된 토지

Answer 72. ③ 73. ②

74. 고조선 시대에 토지 관리를 담당한 직책은?
① 봉가(鳳加)   ② 주부(主簿)
③ 박사(博士)   ④ 급전도감(給田都監)

해설 매 25년 오경박사 우문충이 토지를 측량하여 지도를 제작한 기록이 있다.

75. 지적의 발생설을 토지측량과 밀접하게 관련지어 이해할 수 있는 이론은?
① 과세설   ② 치수설   ③ 지배설   ④ 역사설

해설 지적 발생설의 종류
1. 과세설 : 세금 징수의 목적에서 출발
2. 치수설 : 토목측량술 및 치수에서 비롯됨
3. 통치설 : 통치적 수단에서 시작됨
4. 침략설 : 영토 확장과 침략상 우위 목적

76. 다음 중 우리나라에서 최초로 '지적'이라는 용어가 사용된 곳은?
① 경국대장   ② 내부관제
③ 임야조사령   ④ 토지조사법

해설 1895년 내부관제가 공포되어 내부(內部)에 주현국, 토목국, 판적국 등 5국을 두었으며, 판적국(版籍局)은 "호구적에 관한 사항"과 "지적에 관한 사항"을 관장토록 하였는데 여기에서 "지적"이라는 용어가 처음 쓰이기 시작하였다.

77. 지목을 설정할 때 심사의 근거가 되는 것은?
① 지질구조   ② 토양 유형
③ 입체적 토지이용   ④ 지표의 토지이용

해설 지목(Land Category)은 토지의 주된 사용 목적 또는 용도에 따라 토지의 종류를 구분하여 표시하는 명칭을 말하며, 우리나라의 지목은 지표의 토지이용을 근거로 설정되고 있다.

78. 우리나라 지적제도에 토지대장과 임야대장이 이원적(二元的)으로 있게 된 가장 큰 이유는?
① 측량기술이 보급되지 않았기 때문이다.
② 삼각측량에 시일이 너무 많이 소요되었기 때문이다.
③ 토지나 임야의 소유권제도가 확립되지 않았기 때문이다.
④ 우리의 지적제도가 조사사업별 구분에 의하여 다르게 하였기 때문이다.

해설 우리나라의 지적제도는 토지조사사업(1910~1918년)에 의해 작성된 토지대장·지적도 및 임야조사사업(1916~1924년)에 의해 작성된 임야대장·임야도를 중심으로 운영되고 있다.

79. 우리나라 토지조사사업의 시행목적으로 옳지 않은 것은?

① 토지의 가격조사   ② 토지의 소유권조사
③ 토지의 지질조사   ④ 토지의 외모조사

해설 토지조사사업의 내용
1. 지적제도와 부동산등기제도의 확립을 위한 토지의 소유권조사
2. 지세제도의 확립 위한 토지의 가격조사
3. 국토의 지리를 밝히는 토지의 외모조사

80. 입안제도(立案制度)에 대한 설명으로 옳지 않은 것은?

① 입안은 매수인의 소재관에게 제출하였다.
② 토지 매매 후 100일 이내에 하는 명의변경 절차이다.
③ 입안받지 못한 문기는 효력을 인정받지 못하였다.
④ 조선시대에 토지거래를 관에 신고하고 증명을 받는 것이다.

해설 입안(立案)
1. 입안의 개념
    1) 토지·가옥의 매매를 국가에서 증명하는 제도로서, 현재의 등기권리증과 같은 지적의 명의변경 절차
    2) 입안의 효력 : 매매계약에 대한 확정력, 공증력이 부여되어 권리관계가 명확하게 됨
    3) 입안의 목적 : 진실한 권리자 보호 및 거래의 안전보장에 기여함을 목적으로 함
    4) 기재내용 : 입안일자, 입안관청명, 입안사유, 당해관의 서명
2. 작성절차
    1) 계약 성립 후 소유권이 이전되면 매수인이 매매문기 등을 첨부하여 입안청구의 소지를 매도인의 소재관에게 100일 이내에 제출(목적물 소재관에게 청구하는 예외도 있음)
    2) 한성부는 당하관이 화압하고, 당상관 1명이 화압 후 입안성급을 결정하여 관인 날인
    3) 관은 매매당사자, 증인, 필집 등을 조사하고 매매의 합법성을 확인하여 입안 발급
3. 입안의 규정
    1) 속전등록 : 입안기한의 규정은 없으나 입안받지 않는 토지는 몰관한다고 규정
    2) 경국대전 : 토지가옥의 매매는 100일 이내(3년에서 단축), 상속은 1년 이내에 입안토록 규정
4. 입안의 폐지
    1) 강행적·필요적 제도였으나 초기부터 잘 지켜지지 않았고, 조선후기 공문화되어 대전회통에 폐지를 명문화 함
    2) 입안제도의 공문화 이유
        • 절차의 비현실성
        • 매매당사자, 증인, 집필인 등 출두 기피
        • 과중한 작지 부담
    3) 백문매매(白文賣買)의 성행
        • 백문매매는 문기의 일종으로 입안을 받지 않은 매매계약서를 뜻함
        • 백문매매는 관습상 성행하였으며 후에 관에서도 합법화됨
        • 백문매매의 성행은 입안(立案)의 폐지사유가 됨
    ※ 입안은 매도인의 소재관에게 제출하였다.

Answer 79. ③ 80. ①

05 지적관계법규

81. 공간정보의 구축 및 관리 등에 관한 법령상 지적공부의 복구 및 복구절차 등에 관한 내용으로 옳지 않은 것은?

① 소유자에 관한 사항은 부동산등기부나 법원의 확정판결에 따라 복구하여야만 한다.
② 지적소관청은 지적공부의 전부 또는 일부가 멸실되거나 훼손된 경우에는 지체 없이 이를 복구하여야 한다.
③ 지적공부를 복구할 때에는 멸실·훼손 당시의 지적공부와 가장 부합된다고 인정되는 관계 자료에 따라 토지의 표시에 관한 사항을 복구하여야 한다.
④ 지적소관청은 지적공부를 복구하려는 경우에는 복구하려는 토지의 표시 등을 시·군·구 게시판 및 인터넷 홈페이지에 7일 이상 게시하여야 한다.

해설 지적공부의 복구
1. 복구방법
   ① 지적소관청은 지적공부를 복구하고자 하는 때에는 멸실·훼손 당시의 지적공부와 가장 부합된다고 인정되는 관계자료에 의하여 토지의 표시에 관한 사항을 복구
   ② 소유자에 관한 사항은 부동산등기부나 법원의 확정판결에 따라 복구
2. 지적공부 복구절차
   ① 지적소관청은 지적공부를 복구하려는 경우에는 복구자료를 조사
   ② 토지대장·임야대장 및 공유지연명부의 등록 내용을 증명하는 서류 등에 따라 지적복구자료 조사서를 작성
   ③ 지적도면의 등록 내용을 증명하는 서류 등에 따라 복구자료도를 작성
   ④ 복구자료도에 따라 측정한 면적과 지적복구자료 조사서의 조사된 면적의 증감이 허용범위를 초과하거나 복구자료도를 작성할 복구자료가 없는 경우에는 복구측량 실시($A=0.026^2 M\sqrt{F}$ 계산식 중 A는 오차허용면적, M은 축척분모, F는 조사된 면적)
   ⑤ 작성된 지적복구자료 조사서의 조사된 면적이 허용범위 이내인 경우에는 그 면적을 복구면적으로 결정
   ⑥ 복구측량을 한 결과가 복구자료와 부합하지 아니하는 때에는 토지소유자 및 이해관계인의 동의를 받아 경계 또는 면적 등을 조정. 이 경우 경계를 조정한 때에는 경계점표지를 설치
   ⑦ 지적소관청은 복구자료의 조사 또는 복구측량 등이 완료되어 지적공부를 복구하려는 경우에는 복구하려는 토지의 표시 등을 시·군·구 게시판 및 인터넷 홈페이지에 15일 이상 게시
   ⑧ 복구하려는 토지의 표시 등에 이의가 있는 자는 게시기간 내에 지적소관청에 이의신청을 할 수 있음. 이 경우 이의신청을 받은 지적소관청은 이의사유를 검토하여 이유 있다고 인정되는 때에는 그 시정에 필요한 조치를 하여야 함
   ⑨ 지적소관청은 지적복구자료 조사서, 복구자료도 또는 복구측량 결과도 등에 따라 토지대장·임야대장·공유지연명부 또는 지적도면을 복구하여야 한다.
   ⑩ 대장은 복구되고 지적도면이 복구되지 아니한 토지가 축척변경 시행지역이나 도시개발사업 등의 시행지역에 편입된 때에는 지적도면을 복구하지 아니할 수 있음

82. 다음 중 국토의 계획 및 이용에 관한 법령상 원칙적으로 공동구를 관리하여야 하는 자는?

① 구청장
② 특별시장
③ 국토교통부장관
④ 행정안전부장관

해설 공동구
1. 정의
   "공동구"란 전기·가스·수도 등의 공급설비, 통신시설, 하수도시설 등 지하매설물을 공동 수용함으로써 미관의 개선, 도로구조의 보전 및 교통의 원활한 소통을 위하여 지하에 설치하는 시설물을 말한다.
2. 공동구의 관리·운영
   ① 공동구는 특별시장·광역시장·특별자치시장·특별자치도지사·시장 또는 군수가 관리한다. 다만, 공동구의 효율적인 관리·운영을 위하여 필요하다고 인정하는 경우에는 대통령령으로 정하는 기관에 그 관리·운영을 위탁할 수 있다.
   ② 공동구관리자는 5년마다 해당 공동구의 안전 및 유지관리계획을 대통령령으로 정하는 바에 따라 수립·시행하여야 한다.
   ③ 공동구관리자는 1년에 1회 이상 공동구의 안전점검을 실시하여야 하며, 안전점검결과 이상이 있다고 인정되는 때에는 지체 없이 정밀안전진단·보수·보강 등 필요한 조치를 하여야 한다.
   ④ 공동구관리자는 공동구의 설치·관리에 관한 주요 사항의 심의 또는 자문을 하게 하기 위하여 공동구협의회를 둘 수 있다.

83. 지적공부에 등록하기 위한 지목결정으로 옳지 않은 것은?

① 소관청에서 결정한다.
② 1필지에 1지목을 설정한다.
③ 토지의 주된 용도에 따라 결정한다.
④ 토지소유자가 신청하는 지목으로 설정한다.

해설 1. 지목의 설정방법
   ① 1필지마다 하나의 지목을 설정할 것
   ② 1필지가 둘 이상의 용도로 활용되는 경우에는 주된 용도에 따라 지목을 설정할 것
   ③ 토지가 일시적 또는 임시적인 용도로 사용될 때에는 지목을 변경하지 않을 것
2. 토지등록의 결정권자
   지적공부에 등록하는 지번·지목·면적·경계 또는 좌표는 토지의 이동이 있을 때 토지소유자의 신청을 받아 지적소관청이 결정. 다만, 신청이 없으면 지적소관청이 직권으로 조사·측량하여 결정

84. 지적소관청이 측량기준점의 설치를 위해 토지 등의 출입 등에 따라 손실이 발생하여, 손실을 받은 자와 협의가 성립되지 아니한 경우 재결을 신청할 수 있는 곳은?

① 시·도지사
② 중앙지적위원회
③ 행정안전부장관
④ 관할 토지수용위원회

Answer 82. ② 83. ④ 84. ④

해설 토지 등의 출입에 따른 손실보상
① 손실보상 대상
측량기준점을 설치 또는 토지의 이동을 조사하기 위하여 타인의 토지 등에 출입하거나 일시 사용한 경우로서 장애물을 변경하거나 제거한 경우
② 손실보상자
행위를 한 자
③ 손실보상액 결정 및 이의신청 등
- 손실을 보상할 자와 손실을 받을 자가 협의하여 보상액을 결정
- 손실을 보상할 자와 손실을 받은 자는 협의가 성립되지 아니하거나 협의를 할 수 없는 때에는 관할 토지수용위원회에 재결을 신청

85. 공간정보의 구축 및 관리 등에 관한 법령상 토지대장과 임야대장에 등록하여야 하는 사항으로 옳지 않은 것은?
① 지번
② 면적
③ 좌표
④ 토지의 소재

해설 토지(임야)대장의 등록사항
① 토지의 소재
② 지번
③ 지목
④ 면적
⑤ 소유자의 성명 또는 명칭, 주소 및 주민등록번호
⑥ 토지의 고유번호
⑦ 지적도 또는 임야도의 번호와 필지별 토지대장 또는 임야대장의 장번호 및 축척
⑧ 토지의 이동사유
⑨ 토지소유자가 변경된 날과 그 원인
⑩ 토지등급 또는 기준수확량등급과 그 설정·수정 연월일
⑪ 개별공시지가와 그 기준일

86. 다음 중 2년 이하의 징역 또는 2천만 원 이하의 벌금에 처하는 벌칙 기준을 적용받는 경우는?
① 정당한 사유 없이 측량을 방해한 자
② 측량기술자가 아님에도 불구하고 측량을 한 자
③ 측량업의 등록을 하지 아니 하고 측량업을 한 자
④ 측량업자로서 속임수로 측량업과 관련된 입찰의 공정성을 해친 자

해설 1. 2년 이하의 징역 또는 2천만 원 이하의 벌금 대상
① 측량기준점표지를 이전 또는 파손하거나 그 효용을 해치는 행위를 한 자
② 고의로 측량성과 또는 수로조사성과를 사실과 다르게 한 자
③ 측량업의 등록을 하지 아니하거나 거짓이나 그 밖의 부정한 방법으로 측량업의 등록을 하고 측량업을 한 자
④ 성능검사를 부정하게 한 성능검사대행자

Answer 85. ③ 86. ③

⑤ 성능검사대행자의 등록을 하지 아니하거나 거짓이나 그 밖의 부정한 방법으로 성능검사대행자의 등록을 하고 성능검사업무를 한 자

2. 3년 이하의 징역 또는 3천만 원 이하의 벌금
측량업자나 수로사업자로서 속임수, 위력, 그 밖의 방법으로 측량업 또는 수로사업과 관련된 입찰의 공정성을 해친 자

3. 1년 이하의 징역 또는 1천만 원 이하의 벌금
① 측량기술자가 아님에도 불구하고 측량을 한 자
② 업무상 알게 된 비밀을 누설한 측량기술자 또는 수로기술자
③ 둘 이상의 측량업자에게 소속된 측량기술자 또는 수로기술자
④ 다른 사람에게 측량업등록증 또는 측량업등록수첩을 빌려주거나 자기의 성명 또는 상호를 사용하여 측량업무를 하게 한 자
⑤ 다른 사람의 측량업등록증 또는 측량업등록수첩을 빌려서 사용하거나 다른 사람의 성명 또는 상호를 사용하여 측량업무를 한 자
⑥ 지적측량수수료 외의 대가를 받은 지적측량기술자
⑦ 거짓으로 다음 각 목의 신청을 한 자
- 신규등록 신청
- 등록전환 신청
- 분할 신청
- 합병 신청
- 지목변경 신청
- 바다로 된 토지의 등록말소 신청
- 축척변경 신청
- 등록사항의 정정 신청
- 도시개발사업 등 시행지역의 토지이동 신청
⑧ 다른 사람에게 자기의 성능검사대행자 등록증을 빌려 주거나 자기의 성명 또는 상호를 사용하여 성능검사대행업무를 수행하게 한 자
⑨ 다른 사람의 성능검사대행자 등록증을 빌려서 사용하거나 다른 사람의 성명 또는 상호를 사용하여 성능검사대행업무를 수행한 자

87. 다음 중 공간정보의 구축 및 관리 등에 관한 법률에서 규정하고 있는 내용이 아닌 것은?

① 토지공개념의 확보
② 측량 및 수로조사의 기준 및 절차 규정
③ 지적공부의 작성 및 관리에 관한 사항 규정
④ 부동산종합공부의 작성 및 관리에 관한 사항 규정

해설 공간정보의 구축 및 관리 등에 관한 법률의 목적
측량 및 수로조사의 기준 및 절차와 지적공부·부동산종합공부의 작성 및 관리 등에 관한 사항을 규정함으로써 국토의 효율적 관리와 해상교통의 안전 및 국민의 소유권 보호에 기여함을 목적으로 한다.

Answer 87. ①

88. 부동산등기법령상 등기부에 관한 설명으로 옳지 않은 것은?

① 등기부는 영구히 보존하여야 한다.
② 공동인명부와 도면은 영구히 보존하여야 한다.
③ 등기부는 토지등기부와 건물등기부로 구분한다.
④ 등기부란 전산정보처리조직에 의하여 입력·처리된 등기정보자료를 대법원규칙으로 정하는 바에 따라 편성한 것을 말한다.

해설 등기부
1. 등기부의 정의 : 전산정보처리조직에 의하여 입력·처리된 등기정보자료를 대법원규칙으로 정하는 바에 따라 편성한 것을 말한다.
2. 등기부의 종류와 보관방법
   ① 등기부는 토지등기부와 건물등기부로 구분한다.
   ② 등기부는 영구히 보존하여야 한다.
   ③ 등기부는 대법원규칙으로 정하는 장소에서 보관·관리하여야 하며, 전쟁·천재지변이나 그 밖에 이에 준하는 사태를 피하기 위한 경우 외에는 그 장소 밖으로 옮기지 못한다.
   ④ 등기부의 부속서류는 전쟁·천재지변이나 그 밖에 이에 준하는 사태를 피하기 위한 경우 외에는 등기소 밖으로 옮기지 못한다. 다만, 신청서나 그 밖의 부속서류에 대하여는 법원의 명령 또는 촉탁이 있거나 법관이 발부한 영장에 의하여 압수하는 경우에는 그러하지 아니하다.

89. 공간정보의 구축 및 관리 등에 관한 법령상 잡종지로 지목을 설정할 수 없는 것은?

① 야외시장
② 돌을 캐내는 곳
③ 영구적 건축물인 자동차운전학원의 부지
④ 원상회복을 조건으로 흙을 파내는 곳으로 허가된 토지

해설 잡종지
1. 대상
   • 갈대밭, 실외에 물건을 쌓아두는 곳, 돌을 캐내는 곳, 흙을 파내는 곳, 야외시장, 비행장, 공동우물
   • 영구적 건축물 중 변전소, 송신소, 수신소, 송유시설, 도축장, 자동차운전학원, 쓰레기 및 오물처리장 등의 부지
   • 다른 지목에 속하지 않는 토지
2. 원상회복을 조건으로 돌을 캐내는 곳 또는 흙을 파내는 곳으로 허가된 토지는 제외

90. 공간정보의 구축 및 관리 등에 관한 법령상 등기촉탁에 대한 설명으로 옳지 않은 것은?

① 신규등록은 등기촉탁 대상에서 제외한다.
② 토지의 경계, 소유자 등을 변경 정리한 경우에 토지소유자를 대신하여 소관청이 관할 등기관서에 등기 신청을 하는 것을 말한다.
③ 지적소관청이 관련 법규에 따른 사유로 등기를 촉탁하는 경우, 국가가 국가를 위하여 하는 등기로 본다.
④ 축척변경의 사유로 등기촉탁을 하는 경우에 이해관계가 있는 제3자의 승낙은 관할 축척변경위원회의 의결서 정본으로 갈음할 수 있다.

해설 등기촉탁
1. 지적소관청은 신규등록을 제외한 토지의 표시 변경에 관한 등기를 할 필요가 있는 경우에는 지체 없이 관할 등기관서에 그 등기를 촉탁하여야 한다.
2. 이 경우 등기촉탁은 국가가 국가를 위하여 하는 등기로 본다.

91. 공간정보의 구축 및 관리 등에 관한 법령상 토지의 표시사항에 해당되지 않는 것은?
① 경계
② 면적
③ 지번
④ 소유자의 주소

해설 "토지의 표시"란 지적공부에 토지의 소재·지번·지목·면적·경계 또는 좌표를 등록한 것을 말한다.

92. 공간정보의 구축 및 관리 등에 관한 법령상 지적소관청은 지번을 변경하고자 할 때 누구에게 승인신청서를 제출하여야 하는가?
① 행정안전부장관
② 중앙지적위원회 위원장
③ 토지수용위원회 위원장
④ 시·도지사 또는 대도시 시장

해설 지번의 부여방법
1. 지번은 지적소관청이 지번부여지역별로 차례대로 부여
2. 지적소관청은 지적공부에 등록된 지번을 변경할 필요가 있다고 인정되면 시·도지사나 대도시 시장의 승인을 받아 지번부역지역의 전부 또는 일부에 대하여 지번을 새로 부여

93. 공간정보의 구축 및 관리 등에 관한 법령상 임야대장에 등록하는 1필지 최소면적 단위는?(단, 지적도의 축척이 600분의 1인 지역과 경계점좌표등록부에 등록하는 지역의 토지면적은 제외한다.)
① 0.1제곱미터
② 1제곱미터
③ 10제곱미터
④ 100제곱미터

해설 면적의 결정방법
1. 오사오입의 원칙
① 경계점좌표등록부에 등록하는 지역 및 축척 1/600 지역 : $0.05m^2$ 초과는 올리고, 미만은 버리며, $0.05m^2$인 경우에는 홀수만 올림
② 축척 1/1000~1/6000 지역 : $0.5m^2$ 초과는 올리고, 미만은 버리며, $0.5m^2$인 경우에는 홀수만 올림
2. 면적의 최소등록단위
① 축척 1/500~1/600, 경계점좌표등록부에 등록하는 지역 : $0.1m^2$
② 축척 1/1000~1/6000 지역 : $1m^2$

94. 지적측량수행자가 과실로 지적측량을 부실하게 하여 지적측량의뢰인에게 재산상의 손해를 발생시킨 경우, 지적측량의뢰인이 손해배상으로 보험금을 지급받기 위해 보험회사에 첨부하여 제출하는 서류가 아닌 것은?

① 지적측량의뢰인과 지적측량수행자 간의 손해배상합의서
② 지적측량의뢰인과 지적측량수행자 간의 화해조서
③ 지적위원회에서 손해 사실에 대하여 결정한 서류
④ 확정된 법원의 판결문 사본 또는 이에 준하는 효력이 있는 서류

해설 1. 보험금 지급 시 필요한 서류
  ① 지적측량의뢰인과 지적측량수행자 간의 손해배상합의서 또는 화해조서
  ② 확정된 법원의 판결문 사본
  ③ ① 또는 ②에 준하는 효력이 있는 서류
2. 지적위원회 심의사항
  ① 지적 관련 정책 개발 및 업무 개선 등에 관한 사항
  ② 지적측량기술의 연구·개발 및 보급에 관한 사항
  ③ 지적측량 적부심사에 대한 재심사
  ④ 측량기술자 중 지적분야 측량기술자의 양성에 관한 사항
  ⑤ 지적기술자의 업무정지 처분 및 징계 요구에 관한 사항

95. 부동산등기법령상 등기기록의 갑구(甲區)에 기록하여야 할 사항은?

① 부동산의 소재지
② 소유권에 관한 사항
③ 소유권 이외의 권리에 관한 사항
④ 토지의 지목, 지번, 면적에 관한 사항

해설 등기부 등기기록 사항
① 표제부 : 부동산의 표시에 관한 사항을 기록
② 갑구 : 소유권에 관한 사항을 기록
③ 을구 : 소유권 외의 권리에 관한 사항을 기록

96. 공간정보의 구축 및 관리 등에 관한 법령상 지적정보관리시스템 사용자의 권한 구분으로 옳지 않은 것은?

① 지적측량업의 등록
② 토지이동의 정리
③ 사용자의 신규등록
④ 사용자 등록의 변경 및 삭제

Answer 94. ③ 95. ② 96. ①

해설 사용자권한 등록파일에 등록하는 사용자의 권한
① 사용자의 신규등록
② 사용자 등록의 변경 및 삭제
③ 법인이 아닌 사단·재단 등록번호의 업무관리
④ 법인이 아닌 사단·재단 등록번호의 직권수정
⑤ 개별공시지가 변동의 관리
⑥ 지적전산코드의 입력·수정 및 삭제
⑦ 지적전산코드의 조회
⑧ 지적전산자료의 조회
⑨ 지적통계의 관리
⑩ 토지 관련 정책정보의 관리
⑪ 토지이동 신청의 접수
⑫ 토지이동의 정리
⑬ 토지소유자 변경의 관리
⑭ 토지등급 및 기준수확량등급 변동의 관리
⑮ 지적공부의 열람 및 등본 발급의 관리
⑯ 부동산종합공부의 열람 및 부동산종합증명서 발급의 관리
⑰ 일반 지적업무의 관리
⑱ 일일마감 관리
⑲ 지적전산자료의 정비
⑳ 개인별 토지소유현황의 조회
㉑ 비밀번호의 변경

97. 공간정보의 구축 및 관리 등에 관한 법령상 지적소관청이 토지소유자에게 지적정리 등을 통지하여야 하는 시기로 옳은 것은?

① 토지의 표시에 관한 변경등기가 필요한 경우 : 그 등기완료의 통지서를 접수한 날부터 15일 이내
② 토지의 표시에 관한 변경등기가 필요한 경우 : 그 등기완료의 통지서를 접수한 날부터 30일 이내
③ 토지의 표시에 관한 변경등기가 필요하지 아니한 경우 : 지적공부에 등록한 날부터 15일 이내
④ 토지의 표시에 관한 변경등기가 필요하지 아니한 경우 : 지적공부에 등록한 날부터 30일 이내

해설 지적정리 통지의 시기
1. 토지의 표시에 관한 변경등기가 필요한 경우 : 그 등기완료의 통지서를 접수한 날부터 15일 이내
2. 토지의 표시에 관한 변경등기가 필요하지 아니한 경우 : 지적공부에 등록한 날부터 7일 이내

98. 국토의 계획 및 이용에 관한 법령상 광역도시계획에 관한 설명으로 옳지 않은 것은?

① 광역계획권의 지정은 국토교통부장관만이 할 수 있다.
② 광역도시계획에는 경관계획에 관한 사항이 포함되어야 한다.
③ 국토교통부장관은 시·도지사가 요청하는 경우 관할 시·도지사와 공동으로 광역도시계획을 수립할 수 있다.
④ 인접한 둘 이상의 특별시·광역시·특별자치시·특별자치도·시 또는 군의 관할 구역 전부 또는 일부를 광역계획권으로 지정할 수 있다.

해설
1. 광역도시계획
    광역계획권의 장기발전방향을 제시하는 계획
2. 광역계획권의 지정
    1) 국토교통부장관 또는 도지사는 인접한 둘 이상의 특별시·광역시·특별자치시·특별자치도·시 또는 군의 관할 구역 전부 또는 일부를 광역계획권으로 지정
        ① 광역계획권이 둘 이상의 특별시·광역시·특별자치시·도 또는 특별자치도의 관할 구역에 걸쳐 있는 경우 : 국토교통부장관이 지정
        ② 광역계획권이 도의 관할 구역에 속하여 있는 경우 : 도지사가 지정
    2) 중앙행정기관의 장, 시·도지사, 시장 또는 군수는 국토교통부장관이나 도지사에게 광역계획권의 지정 또는 변경을 요청
3. 광역도시계획의 수립권자
    1) 국토교통부장관, 시·도지사, 시장 또는 군수는 다음 각 호의 구분에 따라 광역도시계획을 수립
        ① 광역계획권이 같은 도의 관할 구역에 속하여 있는 경우 : 관할 시장 또는 군수가 공동으로 수립
        ② 광역계획권이 둘 이상의 시·도의 관할 구역에 걸쳐 있는 경우 : 관할 시·도지사가 공동으로 수립
        ③ 광역계획권을 지정한 날부터 3년이 지날 때까지 관할 시장 또는 군수로부터 광역도시계획의 승인 신청이 없는 경우 : 관할 도지사가 수립
        ④ 국가계획과 관련된 광역도시계획의 수립이 필요한 경우나 광역계획권을 지정한 날부터 3년이 지날 때까지 관할 시·도지사로부터 광역도시계획의 승인 신청이 없는 경우 : 국토교통부장관이 수립
    2) 국토교통부장관은 시·도지사가 요청하는 경우와 그 밖에 필요하다고 인정되는 경우에는 관할 시·도지사와 공동으로 광역도시계획을 수립
    3) 도지사는 시장 또는 군수가 요청하는 경우와 그 밖에 필요하다고 인정하는 경우에는 관할 시장 또는 군수와 공동으로 광역도시계획을 수립할 수 있으며, 시장 또는 군수가 협의를 거쳐 요청하는 경우에는 단독으로 광역도시계획을 수립
4. 광역도시계획의 내용
    ① 광역계획권의 공간 구조와 기능 분담에 관한 사항
    ② 광역계획권의 녹지관리체계와 환경 보전에 관한 사항
    ③ 광역시설의 배치·규모·설치에 관한 사항
    ④ 경관계획에 관한 사항

99. 축척변경에 따른 청산금을 산출한 결과, 증가된 면적에 대한 청산금의 합계와 감소된 면적에 대한 청산금의 합계에 차액이 생긴 경우 부족액의 부담권자는?

① 국토교통부
② 토지소유자
③ 지방자치단체
④ 한국국토정보공사

해설 청산금 산정
1. 청산을 할 때에는 축척변경위원회의 의결을 거쳐 지번별로 제곱미터당 금액을 정하여야 한다. 이 경우 지적소관청은 시행공고일 현재를 기준으로 그 축척변경 시행지역의 토지에 대하여 지번별 제곱미터당 금액을 미리 조사하여 축척변경위원회에 제출하여야 한다.
2. 청산금은 작성된 축척변경 지번별 조서의 필지별 증감면적에 지번별 제곱미터당 금액을 곱하여 산정한다.
3. 지적소관청은 청산금을 산정하였을 때에는 청산금 조서를 작성하고, 청산금이 결정되었다는 뜻을 15일 이상 공고하여 일반인이 열람할 수 있게 하여야 한다.
4. 청산금을 산정한 결과 증가된 면적에 대한 청산금의 합계와 감소된 면적에 대한 청산금의 합계에 차액이 생긴 경우 초과액은 그 지방자치단체의 수입으로 하고, 부족액은 그 지방자치단체가 부담한다.

100. 부동산등기법령상 토지가 멸실된 경우, 그 토지소유권의 등기명의인이 등기를 신청하여야 하는 기간은?

① 그 사실이 있는 때부터 14일 이내
② 그 사실이 있는 때부터 15일 이내
③ 그 사실이 있는 때부터 1개월 이내
④ 그 사실이 있는 때부터 3개월 이내

해설 토지의 표시에 관한 등기
토지가 멸실된 경우에는 그 토지 소유권의 등기명의인은 그 사실이 있는 때부터 1개월 이내에 그 등기를 신청하여야 한다.

Answer 99. ③ 100. ③

2018년 기출문제

2018년 제1회 지적기사

2018년 제2회 지적기사

2018년 제3회 지적기사

Engineer Cadastral Surveying

2018년 제1회 지적기사

01 지적측량

01. 가구중심점 C점에서 가구정점 P점까지의 거리를 구하는 공식으로 옳은 것은?(단, L_1과 L_2는 가로의 반폭임, θ는 교각)

① $\sqrt{\left(\dfrac{L_2}{\sin\theta}+\dfrac{L_1}{\tan\theta}\right)^2+L_1^2}$ ② $\sqrt{\left(\dfrac{L_2}{\sin\theta}+\dfrac{L_1}{\cot\theta}\right)^2+L_1^2}$

③ $\sqrt{\left(\dfrac{L_2}{\cos\theta}+\dfrac{L_1}{\tan\theta}\right)^2+L_1^2}$ ④ $\sqrt{\left(\dfrac{L_2}{\cos\theta}+\dfrac{L_1}{\cot\theta}\right)^2+L_1^2}$

해설 가구정점을 구하는 식은 다음과 같다.
$$\sqrt{\left(\dfrac{L_2}{\sin\theta}+\dfrac{L_1}{\tan\theta}\right)^2+L_1^2}$$

02. 각의 측량에 있어 A는 1회 관측으로 60° 20′ 38″, B는 4회 관측으로 60° 20′ 21″, C는 9회 관측으로 60° 20′ 30″의 측정결과를 얻었을 때 최확값으로 옳은 것은?

① 60° 20′ 24″ ② 60° 20′ 26″
③ 60° 20′ 28″ ④ 60° 20′ 30″

해설 최확치(L_0) = $60°20'00'' + \dfrac{38''\times1 + 21''\times4 + 30''\times9}{14}$
= $60°20'28''$

03. 평판측량방법에 따른 세부측량을 시행하는 경우 기지점을 기준으로 하여 지상경계선과 도상경계선의 부합 여부를 확인하는 방법에 해당하지 않는 것은?

① 현형법 ② 중앙종거법
③ 거리비교확인법 ④ 도상원호교회법

해설 지적측량 시행규칙 제18조(세부측량의 기준 및 방법 등)
평판측량방법에 따른 세부측량에서 경계점은 기지점을 기준으로 하여 지상경계선과 도상경계선의 부합 여부를 현형법(現形法)·도상원호(圖上圓弧)교회법·지상원호(地上圓弧)교회법 또는 거리비교확인법 등으로 확인하여 정한다.

Answer 1. ① 2. ③ 3. ②

04.
어떤 도선측량에서 변장거리 800m, 측점 8점 Δx의 폐합차 7cm, Δy의 폐합차 6cm의 결과를 얻었다. 이때 정도를 구하는 올바른 식은?

① $\dfrac{\sqrt{0.07^2+0.06^2}}{(8-1)800}$

② $\sqrt{\dfrac{0.07^2+0.06^2}{8\times 800}}$

③ $\sqrt{\dfrac{0.07^2+0.06^2}{800}}$

④ $\dfrac{\sqrt{0.07^2+0.06^2}}{800}$

해설 정도 = $\dfrac{측정오차}{거리}$

05.
축척 1/1200 지역에서 지적도 도곽의 신축량이 −6mm이었을 때 면적보정계수로 옳은 것은?

① 0.9653 ② 0.9679 ③ 1.0332 ④ 1.0359

해설 면적보정계수(Z) = $\dfrac{X \cdot Y}{\Delta X \cdot \Delta Y}$

(Z는 보정계수, X는 도곽선 종선길이, Y는 도곽선 횡선길이, ΔX는 신축된 도곽선 종선길이의 합/2, ΔY는 신축된 도곽선 횡선길이의 합/2)

첫 번째, 도곽 신축량 −6mm를 미터단위 거리로 환산

−0.006m×1200=7.2m이며

ΔX=400−7.2=392.8

ΔY=500−7.2=492.8

두 번째, 면적보정계수 계산

$Z = \dfrac{400 \cdot 500}{392.8 \cdot 492.8} = 1.0332$

06.
지적측량성과와 검사성과의 연결교차가 아래와 같을 때 측량성과로 결정할 수 없는 것은?

① 지적삼각점 : 0.15m
② 지적삼각보조점 : 0.30m
③ 지적도근점(경계점좌표등록부 시행지역) : 0.10m
④ 경계점(경계점좌표등록부 시행지역) : 0.05m

해설 지적측량 시행규칙 제27조(지적측량성과의 결정)

대 상		연결교차
지적삼각점		0.20미터
지적삼각보조점		0.25미터
지적도근점	경계점좌표등록부 시행지역	0.15미터
	그 밖의 지역	0.25미터
경계점	경계점좌표등록부 시행지역	0.10미터
	그 밖의 지역	10분의 3M밀리미터(M은 축척분모)

Answer 4. ④   5. ③   6. ②

07. △ABC 토지에 대하여 지적삼각측량을 실시하여 AB=3km, $\angle ABC$=30°, $\angle BAC$=60°를 측정하였다. AC의 거리는?

① 1,500m　　② 1,732m　　③ 2,598m　　④ 6,000m

해설　$A+B+C=180°$이므로 $C=90°$
사인법칙을 이용하면
$$\frac{a}{\sin60°}=\frac{b}{\sin30°}=\frac{3}{\sin90°}$$
$$b=\frac{\sin30\times3}{\sin90°}=1.5\text{km}$$
∴ 1,500m

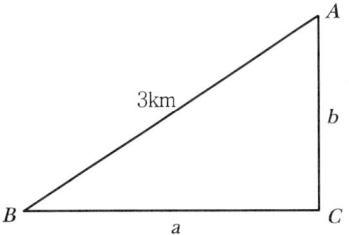

08 지적삼각점측량에서 진북방향각의 계산단위로 옳은 것은?

① 초아래 1자리　　② 초아래 2자리
③ 초아래 3자리　　④ 초아래 4자리

해설　지적삼각점의 계산은 진수(眞數)를 사용하여 각규약(角規約)과 변규약(邊規約)에 따른 평균계산법 또는 망평균계산법에 따르며, 자오선수차의 단위는 초 아래 1자리로 하며, 자오선수차와 진북방향각은 그 절댓값은 같고 부호만 다르다.

09. 광파기 측량방법에 따라 다각망도선법으로 지적도근점측량을 하는 경우 필요한 최소 기지점 수는?

① 2점　　② 3점　　③ 5점　　④ 7점

해설　지적측량 시행규칙 제12조(지적도근점측량)
다각망도선법으로 지적도근점측량을 하는 경우 기지점 수는 최소 3점 이상을 포함한 결합다각방식으로 한다.

10. 미지점에서 평판을 세우고 기지점을 시준한 방향선의 교차에 의하여 그 점의 도상위치를 구할 때 사용하는 측량방법은?

① 전방교회법　　② 원호교회법
③ 측방교회법　　④ 후방교회법

해설　후방교회법은 미지점에 측판을 세우고 기지점의 방향선에 의해 위치를 결정하는 방식으로 2점법, 3점법, 자침에 의한 방법 등이 있으나 3점법이 가장 대표적인 방법이다.

11. 각도 측정에서 50m의 거리에 1'의 각도오차가 있을 때 실제의 위치오차는?

① 0.02cm　　② 0.50cm　　③ 1.00cm　　④ 1.45cm

해설　위치오차=관측오차/206265×관측거리
위치오차=60″/206265×50m=0.0145m
∴ 1.45cm

Answer　7. ①　8 ①　9. ②　10. ④　11. ④

12. 다음 중 공간정보의 구축 및 관리에 관한 법령에 따른 측량기준에서 회전타원체의 편평률로 옳은 것은?(단, 분모는 소수점 둘째 자리까지 표현한다.)

① 299.26분의 1 ② 294.98분의 1
③ 299.15분의 1 ④ 298.26분의 1

해설 공간정보의 구축 및 관리에 관한 법령 제7조(세계측지계 등)
① 법 제6조제1항에 따른 세계측지계(世界測地系)는 지구를 편평한 회전타원체로 상정하여 실시하는 위치측정의 기준
  1. 회전타원체의 장반경(張半徑) 및 편평률(扁平率)
    가. 장반경 : 6,378,137미터
    나. 편평률 : 298.257222101분의 1
  따라서 편평률=298.26분의 1

13. 점 P에서 방위각이 β인 직선 $\overline{AB}$까지의 수선장 d를 구하는 식은?

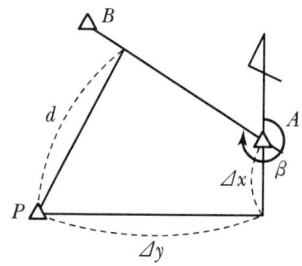

① $d = \Delta y \cdot \cos\beta - \Delta x \cdot \sin\beta$
② $d = \Delta x \cdot \cos\beta - \Delta y \cdot \sin\beta$
③ $d = \Delta x \cdot \sin\beta - \Delta y \cdot \cos\beta$
④ $d = \Delta y \cdot \sin\beta - \Delta x \cdot \cos\beta$

해설 $\angle ATS = 360° - \beta$
$d = QR + RP_1 = AS + RP_1$
$d = \Delta s \sin(360 - \beta) + \Delta y \cos(360 - \beta)$
$d = \Delta y \cos\beta - \Delta x \sin\beta$

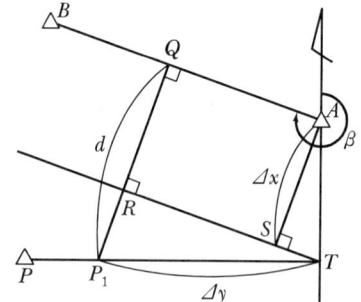

14. 오차의 성질에 관한 설명으로 옳지 않은 것은?
① 정오차는 측정횟수에 비례하여 증가한다.
② 부정오차는 일정한 크기와 방향으로 나타난다.
③ 우연오차는 상차라고도 하며, 측정횟수의 제곱근에 비례한다.
④ 1회 측정 후 우연오차를 b라 하면 n회 측정의 상쇄오차는 $b\sqrt{n}$이다.

해설 부정오차
1. 발생 원인이 불명확한 오차를 말한다.
2. 서로 상쇄되기도 하므로 상차라고도 한다.
3. 최소제곱법에 의한 확률법칙에 의해 처리가 가능하다.
4. 원인을 알아도 소거가 불가능하다.
5. 오차 원인의 방향이 일정하지 않다.
6. 우연오차라고도 한다.

15. 지적기준점의 제도방법 기준으로 옳지 않은 것은?

① 2등 삼각점은 직경 1mm, 2mm, 3mm의 3중원으로 제도한다.
② 위성 기준점은 직경 2mm, 3mm의 2중원으로 제도하고 원 안을 검은색으로 엷게 채색한다.
③ 지적삼각보조점은 직경 3mm의 원으로 제도하고 원 안을 검은색으로 엷게 채색한다.
④ 명칭과 번호는 2mm 이상 3mm 이하 크기의 명조체로 제도한다.

해설 지적업무 처리규정 제43조(지적측량기준점 등의 제도)

기준점 명칭	표 시	내 용
지적위성기준점	(직경 3mm, 2mm 2중원에 십자선)	직경 2mm, 3mm의 2중 원 안에 십자선 표시
지적삼각점	(직경 3mm 원에 십자선)	직경 3mm의 원으로 제도하고 원 안에 십자선 표시
지적삼각보조점	(직경 3mm 채색 원)	직경 3mm의 원으로 제도하고 원 안에 검은색으로 엷게 채색
지적도근점	(직경 2mm 원)	직경 2mm의 원으로 제도

16. 고저차 1.9m인 기선을 관측하여 관측거리 248.484m의 값을 얻었다면 경사 보정량은?

① -7mm
② -14mm
③ +7mm
④ +14mm

Answer 15. ② 16. ①

해설 보정량 $= -\dfrac{H^2}{2L} = -\dfrac{1.9^2}{2 \times 248.484} = -0.00726\text{m}$

∴ -7mm

17. 지적삼각점 두 점 간의 거리를 계산할 때 계산순서를 바르게 연결한 것은?

① 기준면거리 → 경사거리 → 평면거리
② 기준면거리 → 평면거리 → 수평거리
③ 경사거리 → 기준면거리 → 평면거리
④ 평면거리 → 기준면거리 → 수평거리

해설 지적측량 시행규칙 제9조(지적삼각점측량의 관측 및 계산)
점간거리는 5회 측정하여 그 측정치의 최대치와 최소치의 교차가 평균치의 10만분의 1 이하일 때에는 그 평균치를 측정거리로 하고, 원점에 투영된 평면거리에 따라 계산

18. 다음 중 지적삼각점을 관측하는 경우 연직각의 관측 및 계산 기준에 대한 설명으로 옳지 않은 것은?

① 연직각의 단위는 '초'로 한다.
② 각 측점에서 정반으로 각 2회 관측하여야 한다.
③ 관측치의 최대치와 최소치의 교차가 40초 이내이어야 한다.
④ 2개의 기지점에서 소구점의 표고를 계산한 결과 그 교차가 $0.05\text{m} + 0.05(S_1 + S_2)\text{m}$ 이하일 때에는 그 평균치를 표고로 한다.

해설 지적측량 시행규칙 제9조(지적삼각점측량의 관측 및 계산)
<연직각의 관측 및 계산기준>

구 분	내 용
관측	각 측점에서 정반(正反)으로 각 2회
교차	관측치의 최대치와 최소치의 교차가 30초 이내일 때 그 평균
표고	2개의 기지점(旣知點)에서 소구점(所求點)의 표고를 계산한 결과 교차가 0.05미터 + $0.05(S_1 + S_2)$미터 이하일 때(이 경우 S_1과 S_2는 기지점에서 소구점까지의 평면거리로서 킬로미터 단위로 표시한 수)
계산 단위	초 단위

19. 경위의측량방법에 따라 교회법으로 지적삼각보조점측량을 하는 기준으로 옳지 않은 것은?

① 수평각 관측은 2대회의 방향관측법에 따른다.
② 지형상 부득이한 경우 두 점의 기지점을 사용할 수 있다.
③ 점간거리는 반드시 평균 1km 이상 3km 이하로 하여야 한다.
④ 연결교차가 0.50m 이하일 때에는 그 평균치를 지적삼각보조점의 위치로 한다.

해설 지적측량 시행규칙 제11조(지적삼각보조점의 관측 및 계산)

측량 종류	지적삼각보조점측량(교회법)
점간 거리	1~3km(단, 다각망도선법일 때 평균 0.5~1km 이하)
망 구성	3방향 교회, 부득이한 경우 2방향, 내각의 합이 180도와 차가 ±40초 이내일 때 내각에 고르게 배분
수평각 관측	2대회 방향관측법(윤곽도 : 0°, 90°)
연결교차	2개의 삼각형으로부터 계산한 위치의 연결교차 ($\sqrt{종선교차^2 + 횡선교차^2}$)를 말한다.)가 0.30미터 이하일 때에는 그 평균치를 지적삼각보조점의 위치로 할 것

20. 지적도근점측량에서 측정한 각 측선의 수평거리의 총합계가 1,550m일 때, 연결오차의 허용범위 기준은 얼마인가?(단, 1/600지역과 경계점좌표등록부 시행지역에 걸쳐있으며, 2등도선이다.)

① 25cm 이하
② 29cm 이하
③ 30cm 이하
④ 35cm 이하

해설 지적측량 시행규칙 제15조(지적도근점측량에서의 연결오차의 허용범위와 종선 및 횡선오차의 배분)
하나의 도선에 속하여 있는 지역의 축척이 2 이상일 때에는 대축척의 축척분모에 따른다.

따라서 축척분모 $\times \dfrac{1.5}{100} \sqrt{n} = 500 \times \dfrac{1.5}{100} \sqrt{15.5} = 29.5$

∴ 29cm 이하

02 응용측량

21. 터널측량의 일반적인 작업순서에 맞게 나열된 것은?

A. 지표 설치	B. 계획 및 답사
C. 예측	D. 지하 설치

① B → C → D → A
② C → B → A → D
③ B → C → A → D
④ C → B → D → A

해설 터널측량의 일반적인 작업순서는 계획 → 답사(조사) → 예측 → (지상)중심선 측량 → (지하)중심선 측량 → 연결측량 → 수준측량 → 단면측량이다.

Answer 20. ② 21. ③

22. 지형도의 도식과 기호가 만족하여야 할 조건에 대한 설명으로 옳지 않은 것은?

① 간단하면서도 그리기 용이해야 한다.
② 지물의 종류가 기호로써 명확히 판별될 수 있어야 한다.
③ 지도가 깨끗이 만들어지며 도식의 의미를 잘 알 수 있어야 한다.
④ 지도의 사용목적과 축척의 크기에 관계없이 동일한 모양과 크기로 빠짐없이 표시하여야 한다.

해설 지도는 사용목적에 따라 크기와 축척을 달리하여 작성한다.

23. 수준측량에서 전시(F.S ; Fore Sight)에 대한 설명으로 옳은 것은?

① 미지점에 세운 표척의 눈금을 읽은 값
② 기준면으로부터 시준선까지의 높이를 읽은 값
③ 가장 먼저 세운 표척의 눈금을 읽은 값
④ 지반고를 알고 있는 점에 세운 표척의 눈금을 읽은 값

해설 구하려는 점(미지점)에 세운 표척의 읽음 값

24. 종단측량을 행하여 표와 같은 결과를 얻었을 때, 측점 1과 측점 5의 지반고를 연결한 도로 계획선의 경사도는?(단, 중심선의 간격은 20m이다.)

측점	지반고(m)	측점	지반고(m)
1	53.38	4	50.56
2	52.28	5	52.38
3	55.76		

① +1.00%
② −1.00%
③ +1.25%
④ −1.25%

해설 측점 1과 측점 5의 높이차(h)는 53.38−52.38=1m, 거리는 80m

$$구배 = \frac{높이}{수평거리} = \frac{1}{80} = 1.25\%$$

측점 1보다 측점 5 지반이 낮으므로 경사는 −1.25%

25. 터널측량에 대한 설명으로 옳지 않은 것은?

① 터널측량은 터널 내 측량, 터널 외 측량, 터널 내외 연결측량으로 구분할 수 있다.
② 터널 내의 측점은 천장에 설치하는 것이 유리하다.
③ 터널 내 측량에서는 망원경의 십자선 및 표척에 조명이 필요하다.
④ 터널 내에서의 곡선 설치는 중앙종거법을 사용하는 것이 가장 유리하다.

해설 터널측량은 도로, 철도 등 수평에 가까운 터널측량뿐 아니라 수직갱, 경사갱 등도 포함되며 크게 갱외측량, 갱내측량, 갱내외 수준측량, 갱내외 연결측량으로 구분하며 측량방법은 트랜싯에 의한 트래버스 측량 등을 한다. 갱내측량에서는 지상측량 방법과 동일한 방법을 사용할 수 없다.

26. 반지름 200m의 원곡선 노선에 10m 간격의 중심점을 설치할 때 중심간격 10m에 대한 현과 호의 길이차는?

① 1mm ② 2mm ③ 3mm ④ 4mm

해설 현과 호의 길이차$(\ell - C) = \dfrac{l^3}{24R^2} = 0.001\text{m}$

27. 지하시설물의 탐사방법으로 수도관로 중 PVC 또는 플라스틱 관을 찾는 데 주로 이용되는 방법은?

① 전자탐사법(electromagnetic survey)
② 자기탐사법(magnetic detection method)
③ 음파탐사법(acoustic prospecting method)
④ 전기탐사법(electrical survey)

해설 지하시설물 관측방법으로는 전자유도 측량기법이 대표적이며 측량방법에는 전자유도 측량기법, 지중레이더 측량기법, 음파관측기법이 있으며 음파관측기법은 측량이 불가능한 비금속 지하시설물에 이용되는데 물이 흐르는 관 내부에 음파신호를 보내면 관 내부에 음파가 발생하여 수신기를 이용 발생된 음파를 측정하는 방법이다.

28. 카메라의 초점거리(f)와 촬영한 항공사진의 종중복도(p)가 다음과 같을 때, 기선고도비가 가장 큰 것은?(단, 사진 크기는 18cm×18cm로 동일하다.)

① $f = 21\text{cm}$, $p = 70\%$
② $f = 21\text{cm}$, $p = 60\%$
③ $f = 11\text{cm}$, $p = 75\%$
④ $f = 11\text{cm}$, $p = 60\%$

해설 먼저 $f = 21\text{cm}$, $p = 70\%$의 기선고도비를 계산하면(단, 축척분모는 같음)

$B = a\left(1 - \dfrac{P}{100}\right) = 0.18 \times \left(1 - \dfrac{70}{100}\right) = 0.054$

(B : 촬영기선 길이, a : 화면크기, m : 축척분모, P : 종중복도)

$h = \dfrac{B}{H} = \dfrac{0.054}{0.21} = 0.257$

(h : 기선고도비, B : 촬영기선 길이, H : 촬영고도)

다음 $f = 21\text{cm}$, $p = 60\%$의 기선고도비를 계산하면(단, 축척분모는 같음)

$B = a\left(1 - \dfrac{P}{100}\right) = 0.18 \times \left(1 - \dfrac{60}{100}\right) = 0.072$

(B : 촬영기선 길이, a : 화면크기, m : 축척분모, P : 종중복도)

$h = \dfrac{B}{H} = \dfrac{0.072}{0321} = 0.343$

(h : 기선고도비, B : 촬영기선 길이, H : 촬영고도)

다음 $f = 11\text{cm}$, $p = 75\%$의 기선고도비를 계산하면(단, 축척분모는 같음)

$B = a\left(1 - \dfrac{P}{100}\right) = 0.18 \times \left(1 - \dfrac{75}{100}\right) = 0.045$

(B : 촬영기선 길이, a : 화면크기, m : 축척분모, P : 종중복도)

Answer 26. ① 27. ③ 28. ④

$$h = \frac{B}{H} = \frac{0.045}{0.11} = 0.409$$

(h : 기선고도비, B : 촬영기선 길이, H : 촬영고도)

다음 $f=11$cm, $p=60\%$의 기선고도비를 계산하면(단, 축척분모는 같음)

$$B = a\left(1 - \frac{P}{100}\right) = 0.18 \times \left(1 - \frac{60}{100}\right) = 0.072$$

(B : 촬영기선 길이, a : 화면크기, m : 축척분모, P : 종중복도)

$$h = \frac{B}{H} = \frac{0.072}{0.11} = 0.654$$

(h : 기선고도비, B : 촬영기선 길이, H : 촬영고도)

그러므로 기선고도비가 가장 큰 것은 $f=11$cm, $p=60\%$이다.

29. 다음 중 우리나라에서 발사한 위성은?

① KOMPSAT
② LANDSAT
③ SPOT
④ IKONOS

해설 KOMPSAT : 아리랑 위성으로 1999년 12월 21일 우리나라 한국항공우주연구소와 미국의 TRW사가 공동으로 개발한 다목적 실용위성이다. 6.6m의 해상도를 갖는 영상을 생성할 수 있는 카메라와 전 세계의 해양을 관측할 수 있는 해양관측카메라를 싣고 있어 3차원 전자지도 작성 및 해양오염 상태나 어군탐지에도 활용할 수 있다.

30. 축척 1:10000의 항공사진을 180km/h로 촬영할 경우 허용 흔들림의 범위를 0.02mm로 한다면 최장노출시간은?

① 1/50초
② 1/100초
③ 1/150초
④ 1/250초

해설 먼저 촬영기선장을 구하면 $B = a \cdot m = 0.00002 \times 10000 = 0.2$

최장노출시간(T_s) $= \frac{B}{V}$ (B : 촬영기선장, V : 속도(초속))이므로

$$\frac{0.2}{180 \times 1,000 \times \frac{1}{3,600}} = 0.004초 = \frac{1}{250}초$$

31. 직접수준측량에 따른 오차 중 시준거리의 제곱에 비례하는 성질을 갖는 것은?

① 기포관측과 시준선이 평행하지 않아 발생하는 오차
② 표척의 길이가 표준길이와 달라 발생하는 오차
③ 지구의 곡률 및 대기 중 광선의 굴절로 인한 오차
④ 망원경 시야가 흐려 발생되는 표척의 독취 오차

해설 오차 중 지구의 곡률(구차)과 대기의 굴절(기차)을 합한 양차(구차+기차)에서

$h = \frac{D^2}{2R}(1-K)$이므로 시준거리의 제곱에 비례한다.

Answer 29. ① 30. ④ 31. ③

32. 그림과 같은 수평면과 45°의 경사를 가진 사면의 길이($\overline{AB}$)가 25m이다. 이 사면의 경사를 30°로 할 때, 사면의 길이($\overline{AC}$)는?

① 32.36m
② 33.36m
③ 34.36m
④ 35.36m

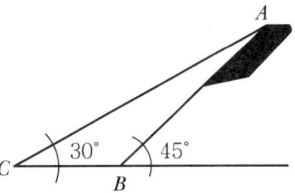

해설 사인법칙에 의거해 계산하면 $\sin 45° = \dfrac{x}{25}$, $x = 25 \times \sin 45° = 17.677$m

$\sin 30° = \dfrac{17.677}{x}$, $x = \dfrac{17.677}{\sin 30°} = 35.354$m

33. 축척 1:50000의 지형도에서 A의 표고가 235m, B의 표고가 563m일 때 두 점 A, B 사이 주곡선의 수는?

① 13
② 15
③ 17
④ 18

해설 축척 1/50000 지형도 주곡선의 간격은 20m이고 표고차는 563−235=328m이므로
328÷20=16.4 ∴ 주곡선의 수는 17개이다.

34. 사이클슬립(cycle slip)이나 멀티패스(multipath)의 오차를 줄일 목적으로 낮은 위성의 고도각을 제한하기도 한다. 일반적으로 제한하는 위성의 고도각 범위로 알맞은 것은?

① 10° 이상
② 15° 이상
③ 30° 이상
④ 40° 이상

해설 위성측량에서 절사각은 15° 이상으로 한다.

35. 수평각 관측의 측각오차 중 망원경을 정·반으로 관측하여 소거할 수 있는 오차가 아닌 것은?

① 시준축 오차
② 수평축 오차
③ 연직축 오차
④ 편심 오차

해설 연직축 오차는 연직축과 수평 기포관축과의 직교를 조정해야 한다.

36. 두 점 간의 고저차를 A, B 두 사람이 정밀하게 측정하여 다음과 같은 결과를 얻었다. 두 점 간 고저차의 최확값은?

A : 68.994m±0.008m	B : 69.003m±0.004m

① 69.001m
② 68.998m
③ 68.996m
④ 68.995m

Answer 32. ④ 33. ③ 34. ② 35. ③ 36. ①

해설 경중률은 오차 제곱에 반비례하므로

$$P_1 : P_2 = \frac{1}{0.008^2} : \frac{1}{0.004^2} = \frac{1}{64} : \frac{1}{16} = 1 : 4$$

$$최확값(H) = \frac{(68.994 \times 1) + (69.003 \times 4)}{1+4} = 69.001\text{m}$$

37. 직선부 포장도로에서 주행을 위한 편경사는 필요 없지만, 1.5~2.0% 정도의 편경사를 주는 경우의 가장 큰 목적은?

① 차량의 회전을 원활히 하기 위하여
② 노면배수가 잘 되도록 하기 위하여
③ 급격한 노선변화에 대비하기 위하여
④ 주행에 따른 노면침하를 사전에 방지하기 위하여

해설 차량이 곡선부를 주행할 때 외측으로 향하려는 원심력이 작용하며, 이 원심력 때문에 차량이 활골(skidding) 또는 전도(over turning)될 위험이 있다. 이 위험성을 피하기 위하여 도로에서는 노면에 횡단경사를 두어 외측을 높이는데, 이를 편경사(super-elevation)라고 한다. 직선부에서 약간의 편경사를 주는 것은 빗물 등의 배수가 잘 되기 위함이다.

38. 축척 1 : 50000의 지형도에서 A, B점 간의 도상거리가 3cm이었다. 어느 수직 항공사진상에서 같은 A, B점 간의 거리가 15cm이었다면 사진의 축척은?

① 1 : 5,000
② 1 : 10,000
③ 1 : 15,000
④ 1 : 20,000

해설 실제거리=축척×도상거리=50,000×0.03=1,500m이고

$$축척 = \frac{도상거리}{실제거리} = \frac{0.15}{1,500} = 0.0001 = 1/10,000$$

39. GPS 위성궤도면의 수는?

① 4개
② 6개
③ 8개
④ 10개

해설 인공위성의 궤도는 대략 원궤도이며 55°의 궤도경사각을 가지며 6개의 궤도면으로 궤도요소로는 궤도의 경사각, 궤도의 장반경, 승교점의 적경, 궤도의 주기, 근지점의 독립변수 등이다.

40. 지형도 작성 시 활용하는 지형 표시방법과 거리가 먼 것은?

① 방사법
② 영선법
③ 채색법
④ 점고법

해설 지형의 표시방법으로 영선법(게바법, 우모법), 음영법(명암법), 점고선법, 등고선법, 채색법 등이 있으며, 방사법은 측량구역이 넓고 장애물이 없을 때 한 측점에 평판을 세워 그 점 주위에 목표점의 방향과 거리를 측정하는 방법이다.

03 토지정보체계론

41. 지적공부정리 업무에 있어 행정구역 변경사유가 아닌 것은?
① 행정계획변경
② 행정관할구역변경
③ 행정구역명칭변경
④ 지번변경을 수반한 행정관할구역변경

해설 지적업무처리규정 제57조(행정구역변경)
규정에 의거 행정구역 변경은 행정구역명칭 변경, 행정관할구역 변경, 지번 변경을 수반한 행정관할구역 변경에 해당하는 경우에만 할 수 있다.

42. KLIS 중 토지의 등록사항을 관리하는 시스템으로 속성정보와 공간정보를 유기적으로 통합하여 상호 데이터의 연계성 유지하며 변동자료를 실시간으로 수정하여 국민과 관련기관에 필요한 정보를 제공하는 시스템은?
① 지적공부관리시스템
② 측량성과작성시스템
③ 토지민원발급시스템
④ 연속/편집도 관리시스템

해설 KLIS 구성
- 지적공부관리시스템 : 속성정보와 공간정보를 유기적으로 통합하여 상호 데이터의 연계성을 유지하며 변동자료를 실시간으로 수정하여 국민과 관련기관에 필요한 정보를 제공하는 시스템
- 지적측량성과 작성시스템 : 지적측량신청에서 지적공부정리까지 데이터베이스를 공동으로 사용하여 전산으로 처리할 수 있도록 작성된 시스템
- Data Base 변환시스템 : 초기 데이터 구축, DB자료 변환, 자료백업 등을 효율적이고 체계적인 방식으로 처리할 수 있도록 지원하는 시스템
- 연속/편집도관리시스템 : 시군구 지적담당자가 수행하는 업무를 연소/편집도 시스템을 이용하여 효율적이고 체계인 방식으로 처리할 수 있도록 지원하는 시스템
- 토지민원발급시스템 : 시군구 토지민원발급 담당자가 수행하는 업무를 토지민원발급시스템을 이용하여 효율적이고 체계적인 방식으로 처리할 수 있도록 지원하는 시스템

43. 지적도면 정보의 직접 취득방법이 아닌 것은?
① 위성측량방법
② 평판측량방법
③ 경위도측량방법
④ 법원감정측량방법

해설 법원감정측량
토지분쟁이 있을 경우 법원에 민사사건으로 재소하면 법관의 요청에 의하여 경계확인 측량을 수행하는 것

Answer 41. ① 42. ① 43. ④

44. 다음 중 벡터편집의 오류 유형이 아닌 것은?

① 스파이크(spike)
② 언더슈트(undershoot)
③ 슬리버 폴리곤(sliver polygon)
④ 스파게티 모형(spaghetti model)

해설 스파게티 모형
1. 선형 데이터를 생성하고 관리하기 위해 초기에 적용되었던 벡터 데이터 모델이다.
2. 각각의 벡터 라인들을 별도로 저장하여 관리하고 있으며, 라인이 한 점에서 교차하거나 끝 점으로 만난다 하더라도 각 선분들 간의 연결을 기록한다거나 이들 간의 관계를 설정하지 않는다.
3. 폴리곤의 경계선이 공유되는 경우에도 두 번씩 반복해서 저장된다. 결국 토폴로지에 대한 관계는 형성되지 않는 모델이다.
4. 라인이 교차해도 연결되는 접점이나 교차점이 만들어지지 않아 마치 요리된 스파게티를 접시에 담아 놓은 것과 같이 보이기 때문에 스파게티 모델이라고 한다.

45. DBMS 방식의 단점으로 옳지 않은 것은?

① 시스템의 복잡성
② 상대적으로 비싼 비용
③ 중앙 집약적인 구조의 위험성
④ 미들웨어 사용으로 인한 불편 초래

해설 DBMS 단점
1. 소프트웨어의 규모가 크고 복잡하여 파일방식보다 많은 하드웨어 자원이 필요하다.
2. 초기 구축비용과 유지비용이 고가
3. 중앙 집약적인 구조에 따른 위험 존재
4. 데이터베이스 분야의 기술이 익숙한 직원이 필요
5. 자동적으로 데이터베이스의 일관성을 유지하기 위해서 컴퓨터의 자원을 많이 필요로 하므로 응답시간이 많이 걸릴 수 있다.

46. DBMS의 "정의" 기능에 대한 설명이 아닌 것은?

① 데이터의 물리적 구조를 명세한다.
② 데이터의 논리적 구조와 물리적 구조 사이의 변환이 가능하도록 한다.
③ 데이터베이스의 논리적 구조와 그 특성을 데이터 모델에 따라 명세한다.
④ 데이터베이스를 공용하는 사용자의 요구에 따라 체계적으로 접근하고 조작할 수 있다.

해설 DBMS 기능
1. 정의기능 : 하나의 데이터베이스 형태로 여러 사용자들이 요구하는 대로 데이터를 기술해 줄 수 있도록 데이터를 조작하는 기능으로서 DBMS에서 정의기능은 다음의 3가지 요건을 갖추어야 한다.
   - 데이터베이스의 논리적 구조와 그 특성을 데이터 모델에 따라 명세
   - 데이터의 물리적 구조를 명세
   - 데이터의 물리적 구조와 논리적 구조 사이의 변환 가능
2. 조작기능 요건
   - 처리절차의 용이성
   - 정확하고 안전
   - 효율성

Answer 44. ④ 45. ④ 46. ④

3. 제어기능 요건
- 데이터의 무결성 유지
- 보안과 권한의 검사
- 데이터 간의 모순이 일어나지 않도록 병행 실행 제어기능

47. 다음 중에서 가장 늦게 출현한 시스템은?

① 지적행정시스템 ② 부동산종합공부시스템
③ 한국토지정보시스템(KLIS) ④ 필지중심토지정보시스템(PBLIS)

해설 지적행정전산화의 변천 연혁
1. 토지기록 전산화 : 1982년 사업 착수
2. 필지중심토지정보시스템(PBLIS) : 1994년 개발계획 수립
3. 토지관리정보체계(LMIS) : 2000년 토지종합정보망 도입
4. 한국토지정보시스템(KLIS) : 2003년 시스템 구축 착수
5. 부동산종합공부시스템(일사편리) : 2014년 부동산종합공부시스템 운영 및 관리규정 제정

48. 필지중심토지정보시스템(PBLIS)의 표준화에 관한 설명 중 옳지 않은 것은?

① 통일된 하나의 표준좌표계를 선정해야 한다.
② 다양한 사용자들이 다양한 자원을 공유할 수 있도록 데이터를 표준화하여야 한다.
③ 국가차원에서 수치지도 작성규칙을 제정하여 표준화된 소축척도면을 사용하여야 한다.
④ 시스템의 상호 운용성, 연동성 등 통신망에서 운용될 수 있게 네트워크가 설계되어야 한다.

해설 1. 수치지도 작성 작업규칙 : 수치지도(數値地圖) 작성의 작업방법 및 기준 등을 정하여 수치지도의 정확성과 호환성을 확보함을 목적으로 한다.
2. 표준화된 대축척도면을 사용하여야 한다.

49. 스파게티 모형의 특징으로 옳지 않은 것은?

① 공간자료를 단순화 좌표목적으로 저장한다.
② 도면을 독취할 때 작성된 자료와 비슷하다.
③ 인접한 다각형을 나타낼 때에 경계는 2번씩 저장한다.
④ 객체들 간 공간관계가 설정되어 공간분석에 효율적이다.

해설 스파게티 모형은 공간분석에는 비효율적이지만 자료구조가 매우 간단하여 수치지도를 제작하고 갱신하는 경우에는 효율적인 자료구조이다.

50. 래스터 데이터 압축방법 중 각 행마다 왼쪽에서 오른쪽으로 진행하면서 동일한 수치를 갖는 셀들을 묶어 압축하는 방법은?

① Quadtree ② Block code
③ Chain code ④ Run length code

Answer   47. ②   48. ③   49. ④   50. ④

해설 런렝스코드(Run-Length Code) 방법
1. 각 행마다 왼쪽에서 오른쪽으로 진행하면서 처음 시작하는 셀과 끝나는 셀까지 동일한 수치값을 가지는 셀들을 묶어 압축시키는 방식이다.
2. 동일한 속성 값을 개별적으로 저장하는 대신 하나의 런(run)에 해당하는 속성 값이 한 번만 저장된다.

51. 토지종합정보망 소프트웨어 구성에 관한 설명으로 옳지 않은 것은?

① 미들웨어 클라이언트에 탑재
② DB서버-응용서버-클라이언트로 구성
③ 미들웨어는 자료제공자와 도면생성자로 구분
④ 자바(Jaba)로 구현하여 IT-플랫폼에 관계없이 운영 가능

해설 소프트웨어 구성도
1. DB서버-응용서버-클라이언트로 구성된 3계층 구조로 개발
2. 응용서버에 탑재되는 미들웨어는 DB서버와 클라이언트 간의 매개역할을 하는 것으로서 자료를 제공하는 자료제공자와 도면을 생성하는 도면생성자로 구분된다.
3. 자바(Java)로 구현하여 IT-플랫폼에 관계없이 운영 가능

52. 차량내비게이션(CNS)에서 사용하는 최단거리 분석방법으로 적합한 분석기능은?

① 네트워크 분석
② 관계분석
③ 표면분석
④ 인접성 분석

해설 관망(network) 분석의 유형
1. 관망은 일반적으로 하나의 지점에서 다른 지점으로 자원이 이동하는 경우에 사용되는 경로를 정의하는 것
2. 하나의 지점에서 다른 지점으로 이동 시 최적경로의 선정
3. GIS 분석방법 중 차량 경로 탐색이나 최단거리 탐색, 최적 경로 분석, 자원 할당 분석 등에 주로 사용

53. 필지중심토지정보시스템 중 지적 소관청에서 일반적으로 많이 사용하는 시스템은?

① 지적측량시스템
② 지적행정시스템
③ 지적공부관리시스템
④ 지적측량성과시스템

해설 PBLIS 구성
1. 지적공부관리시스템 : 사용자권한관리/지적측량검사업무/토지이동관리/지적일반업무관리/창구민원관리/토지기록자료조회 및 출력/지적통계관리/정책정보관리 등
2. 지적측량시스템 : 지적삼각측량/지적삼각보조측량/도근측량/세부측량 등
3. 지적측량성과작성시스템 : 토지이동지 조서작성/측량준비도/측량결과도/측량성과도 등

54. 토지 관련 자료의 입력 과정에서 지적도면과 같은 자료를 수동으로 입력할 수 있는 장비는 어느 것인가?

① 프린터
② 디지타이저
③ 스캐너
④ 플로터

Answer 51. ① 52. ① 53. ③ 54. ②

해설 디지타이저(좌표독취기)
전기적으로 민감한 테이블을 사용하여 종이에 그려진 그림, 도표, 설계도, 지도의 X, Y좌표를 검출하여 컴퓨터에서 사용할 수 있는 수치자료로 변환하는 데 사용되는 장비

55. 토지정보체계를 구축할 때 도형자료를 작성하는 데 가장 적합한 원시자료는?

① 공유지연명부 자료
② 대지권등록부 자료
③ 경계점좌표등록부 자료
④ 토지대장 및 임야대장 자료

해설 경계점좌표등록부에 기록되어 있는 좌표를 입력하면 지적도(도형정보)가 구축된다.

56. DEM데이터가 다음과 같을 때, A → B 방향의 경사도는?(단, 셀의 크기는 100m×100m)

200	210	(A) 220
190	(B) 190	200
170	190	190

① 약 +21%
② 약 −21%
③ 약 +30%
④ 약 −30%

해설 셀의 크기는 100m×100m이므로 A셀 중심에서 B셀 중심까지의 거리는 141m임
따라서, 141 : 100 = 높이차(30) : X, X = −21.3%

57. 토지정보시스템의 구성 요소로 가장 거리가 먼 것은?

① 인적자원
② 하드웨어
③ 소프트웨어
④ 운영규정 및 매뉴얼

해설 4가지 구성요소
조직, 자료, 소프트웨어, 하드웨어

58. 우리나라 PBLIS의 개발 소프트웨어는?

① CARIS
② GOTHIC
③ ER−Mapper
④ SYSTEM 9

해설 PBLIS 소프트웨어 구성
1. OS : Window NT 및 UNIX
2. GIS Tool : 영국 레이저스캔사 Gothic

Answer 55. ③ 56. ② 57. ④ 58. ②

59. 학교정화구역(학교로부터 100m 이내 지역)을 설정할 때 적합한 공간분석 방법은?
① 버퍼 분석 ② 중첩분석
③ TIN 분석 ④ 네트워크 분석

해설 버퍼 분석
점, 선, 또는 다각형을 기준으로 특정한 지역을 설정하여, 이 지역 내에 있는 모든 자료에 대한 검색, 질의 등을 수반한 분석을 말한다.

60. 벡터자료의 구조에 관한 설명으로 가장 거리가 먼 것은?
① 복잡한 현실세계의 묘사가 가능하다.
② 좌표계를 이용하여 공간정보를 기록한다.
③ 래스터자료보다 자료구조가 단순하여 중첩분석이 쉽다.
④ 위상 관련 정보가 제공되어 네트워크 분석이 가능하다.

해설 벡터 데이터 구조는 복잡하며, 래스터 데이터 구조보다 관리하기가 어렵다.

04 지적학

61. 지적측량사 규정에 국가공무원으로서 그 소속관서의 지적측량 사무에 종사하는 자로 정의하며, 내무부를 비롯하여 각 시·도와 시·군·구에 근무하는 공무원도 포함되었던 지적측량사는?
① 감정측량사 ② 대행측량사
③ 상치측량사 ④ 지정측량사

해설 지적측량사의 명칭
1. 상치측량사(常置測量士) : 국가 공무원으로서 그 소속 관서의 지적측량 사무에 종사하는 자
2. 대행측량사(代行測量士) : 타인으로부터 지적법에 의한 측량업무를 위탁받아 이를 행하는 자
※ 1930.12.31 국무원령 제176호로 제정되고 1961. 1.1 시행된 지적측량사 규정(地籍測量士規程) 제4조에서 지적측량사를 상치측량사와 대행측량사로 구분

62. 다음 중 지적제도와 등기제도를 처음부터 일원화하여 운영한 국가는?
① 대만 ② 독일 ③ 일본 ④ 네덜란드

해설 네덜란드의 지적제도
1. 개요 : 네덜란드의 근대적 지적제도는 프랑스가 지배하던 1832년 나폴레옹이 러시아와의 전쟁을 위해 조세를 확보할 목적으로 창설되었다.

2. 네덜란드 지적의 특징
- 창설 당시부터 지적과 등기가 통합되어 운영되며, 소극적 등록주의를 채택
- 지적 및 토지등기청에서 지적업무 전담 운영
- 지적업무 수행을 위한 수준의 수수료 체계 운영

63. 우리나라에서 자호제도가 처음 사용된 시기는?

① 백제
② 신라
③ 고려
④ 조선

해설 자호제도는 고려 후기에 토지의 정확한 파악을 목적으로 시행한 지번제도이며, 조선시대 일자오결제도의 계기가 되었다.

64. 소극적 등록제도에 대한 설명으로 옳지 않은 것은?

① 권리 자체의 등록이다.
② 지적측량과 측량도면이 필요하다.
③ 토지의 등록을 의무화하고 있지 않다.
④ 서류의 합법성에 대한 사실조사가 이루어지는 것은 아니다.

해설 소극적 등록제도와 적극적 등록제도
1. 소극적 등록제도
  ① 일필지의 소유권이 거래되면서 발생하는 거래증서를 변경·등록하는 제도
  ② 거래행위에 따른 토지등록은 사유재산 양도증서의 작성, 거래증서의 작성으로 구분되며 등록의무는 없고 신청에 의함
  ③ 토지등록부는 거래사항의 기록일 뿐 권리 자체의 등록과 보장을 의미하지는 않는다.
  ④ 네덜란드, 영국, 프랑스, 미국의 일부 주에서 시행되며 오늘날 나라마다 보완되어 다양하게 변환된 형태로 나타남
  ※ 소극적 등록제도에서도 지적측량과 측량도면은 필요하며, 토지등록을 위한 신고사항에 대한 조사는 법 절차의 이행 여부를 형식적으로 심사하는 데 그침
2. 적극적 등록제도
  ① 토지등록은 일필지의 개념으로 법적 권리보장이 인증되고 국가에 의해 그러한 합법성과 효력이 발생
  ② 기본원칙
    - 지적공부에 등록되지 않는 토지는 어떠한 권리도 인정받을 수 없음
    - 등록은 강제적이고 의무적
    - 지적측량 시행 후 토지등기가 가능
  ③ 선의의 제3자 보호 : 토지등록상의 문제로 인한 피해는 법적으로 보장되고 국가에 소송을 제기할 수 있으며, 보상도 받을 수 있음
  ④ 토렌스시스템은 적극적 등록주의의 발전된 형태

Answer 63. ③ 64. ①

65. 토지측량사에 의해 정밀 지적측량이 수행되고, 토지소관청으로부터 사정의 행정처리가 완료되어 확정된 지적경계의 유형은?

① 고정경계
② 일반경계
③ 보증경계
④ 지상경계

해설 특성에 따른 경계의 구분
1. 일반경계(general boundary)
   - 1875 영국 토지등록제도에서 규정
   - 토지경계가 도로, 하천, 해안선, 담, 울타리, 도랑 등 자연적 지형지물로 이루어진 경우
   - 지가가 저렴한 농촌지역 등에서 토지등록방법으로 이용
2. 고정경계(fixed boundary)
   - 지적측량에 의하여 결정된 경계
   - 일반경계와 법률적 효력은 유사하나 그 정확도가 높음
   - 경계선에 대한 정부 보증이 불인정됨
3. 보증경계(guaranteed boundary)
   - 정밀지적측량이 시행되고 토지소관청의 사정이 완료되어 확정된 경계
   - 경계가 법률적으로 보장되나 정확도에 대한 특별한 보장은 없음

66. 지적기술자가 측량 시 타인의 토지 내에서 시설물의 파손 등 재산상의 피해를 입힌 경우에 속하는 것은?

① 징계책임
② 민사책임
③ 형사책임
④ 도의적 책임

해설 지적측량의 책임
1. 형사책임
   ① 형사책임은 고의에 대한 책임을 원칙으로 하므로 범죄의 사실 및 위법성을 인식하면서도 위법행위를 함으로써 성립하므로 지적측량에서 형사책임의 대상은 위법행위로서의 고의성이 있는 경우에 해당
   ② 지적측량이 지적공부에 근거한 작업이므로 공문서 취급에 따른 위법행위가 많은 비중을 차지
   ③ 위법행위의 사례
      - 지적공부, 지적측량부 등의 위조 또는 변조
      - 지적측량부의 허위작성 또는 지적공부의 허위정리
      - 측량수수료의 횡령 또는 반환거부
      - 지적측량에 의한 부당이득 취득
      - 지적측량 업무방해 또는 거부
      - 경계표의 손괴, 이동 또는 제거
      - 지적기술무자격자의 지적측량
2. 민사책임
   ① 지적측량에 따른 민사책임은 측량행위에 고의 또는 과실이 있었고 그 행위로 인해 손해가 있었으며 행위와 손해 간에 인과관계가 있는 경우에 발생
   ② 지적측량사는 그 행위에 대하여 민사상의 손해배상 책임을 지며, 지적측량사의 사용자(지적측량수행자) 및 감독자(국가)에게도 손해배상 책임이 있고, 사용자 및 감독자의 구상권 행사도 인정됨

③ 민사책임의 대상 행위
- 지적측량 과정에서 고의 또는 과실로 토지 내의 수목 제거 또는 시설물 파괴
- 지적측량의 잘못으로 인한 타인의 재산피해

3. 관계법상의 징계책임
① 징계책임은 업무에 대해 직무관련법규의 위반에 따른 책임으로서 일정한 신분관계를 전제로 함
② 징계처분은 2년 이내의 업무정지로 국토교통부 장관이 함
③ 징계 대상 사유
- 근무처 및 경력 등의 신고 또는 변경신고를 거짓으로 한 경우
- 다른 사람에게 측량기술 자격증을 빌려주거나 자기의 성명을 사용하여 측량업무를 수행하게 한 경우
- 공정한 지적측량을 하지 않거나 고의 또는 중대한 과실로 지적측량을 잘못하여 타인에게 손해를 입힌 경우
- 정당한 사유 없이 지적측량 신청을 거부한 경우

4. 도의적 책임 및 기능적 책임
① 도의적 책임 : 지적측량의 신뢰성에 대한 광범위한 책임으로서 주로 개인의 양심에 의해 확보
② 기능적 책임 : 전문직업인으로서 그 직업의 이상과 기준에 대한 책임으로, 윤리강령 내지 소속기관의 내규 또는 운용방침에 의해 확보

67. 토지조사사업 당시의 지목 중 면세지에 해당하지 않는 것은?

① 분묘지　　② 사사지　　③ 수도선로　　④ 철도용지

해설 토지조사법(1910.08.24., 법률 제7호)에 의한 과세지 및 비과세지
1. 과세지 : 전답 · 대 · 지소 · 임야 · 잡종지(직접적인 수익이 있는 토지로서 현재 과세 중에 있으며 또는 장래 과세의 목적이 될 수 있는 토지)
2. 면세지 : 사사지(社寺地) · 분묘지 · 공원지 · 철도용지 · 수도용지(직접적인 수익은 없으나 대부분이 공용에 속하며 지세를 면제하는 토지)
3. 비과세지 : 도로 · 하천 · 구거 · 제방 · 성첩 · 철도선로 · 수도선로(일반적으로 개인소유를 인정할 성질의 것이 못되고 전혀 과세의 목적으로 하지 않는 토지)

68. 우리나라 법정지목을 구분하는 중심적 기준은?

① 토지의 성질　　　　　　② 토지의 용도
③ 토지의 위치　　　　　　④ 토지의 지형

해설 지목의 분류
1. 토지의 현황에 따른 분류
- 지형지목 : 지표면의 형상, 토지의 고저 등 토지의 모양에 따라 결정한 지목
- 토성지목 : 지층, 암석, 토양 등 토지의 성질에 따라 결정한 지목
- 용도지목 : 토지의 현실적 용도에 따라 결정한 지목(우리나라 및 대부분의 국가에서 사용)
2. 지목의 구성내용에 따른 분류
- 단식지목 : 1개의 토지에 대하여 한 가지 기준에 의해 분류된 지목(전, 답 등)
- 복식지목 : 1개의 토지에 대하여 둘이상의 기준에 따라 분류된 지목(녹지대 등)
※ 우리나라는 용도지목을 채택하고 있음

69. 다음 중 등록의무에 따른 지적제도의 분류에 해당하는 것은?

① 세지적 ② 도해지적
③ 2차원지적 ④ 소극적 지적

해설 토지등록제도의 유형 중 소극적 등록제도와 적극적 등록제도의 차이점 중 하나는 등록의 강제성 유무로서 소극적 등록제도는 등록의무가 없고 적극적 등록제도는 등록의무가 있다.

70. 내수사(內需司) 등 7궁 소속의 토지 가운데 채소밭을 실측한 지도에 대한 설명으로 옳지 않은 것은?

① 사표식으로 주기되어 있다. ② 궁채전도(宮菜田圖)라 한다.
③ 지목과 지번이 기재되어 있다. ④ 면적은 삼사법으로 구적하였다.

해설 1908년 작성된 궁채전도의 축척은 1/200이며, 사표식으로 주기되어 있고, 난외에 주기되어 있으며, 지목과 지번은 기재되지 않았고, 면적측정은 삼사법을 사용하였다.

71. 다음 중 지적의 요건으로 볼 수 없는 것은?

① 안전성 ② 정확성
③ 창조성 ④ 효율성

해설 지적제도의 특징
1. 안전성 : 토지 소유권 및 기타권리는 일단 등록되면 안전한 불가침의 영역
2. 간편성 : 소유권 등록은 단순한 형태로 사용, 절차는 명확하고 확실해야 함
3. 정확성과 신속성 : 지적제도의 효율성을 위해 토지등록은 정확하고 신속해야 함
4. 저렴성 : 소유권 등록에 의하여 소권권을 입증하는 것보다 저렴한 것은 없음
5. 적합성 : 상황변화에 상관없이 결정적인 요소는 적합해야 하고 비용, 인력, 기술에 유용해야 함
6. 등록의 완전성 : 등록은 모든 토지에 대하여 완전하여야 하며 최근 상황을 반영하여야 함
 ※ 창조성은 지적의 요건과 관계가 멀다.

72. 다음 중 조선총독부에서 제정한 법령이 아닌 것은?

① 토지조사령 ② 토지조사법
③ 토지대장 규칙 ④ 토지측량표 규칙

해설 일제강점기의 지적법령
1. 토지측량표 규칙(1910. 9. 15. 통감부령 제58호)
2. 토지조사령(1912. 8. 13. 제령 제2호)
3. 도근측량 실시규정(1913. 10. 5. 임시토지조사국 훈령 제17호)
4. 세부측도 실시규정(1913. 10. 5. 임시토지조사국 훈령 제18호)
5. 제도적산 실시규정(1914. 6. 30. 임시토지조사국 훈령 제25호)
6. 지세령(1914. 3. 16. 제령 제1호)
7. 토지대장 규칙(1914. 4. 25, 조선총독부령 제45호)
8. 조선임야조사령(1918. 5. 1 제령 제5호)

Answer 69. ④ 70. ③ 71. ③ 72. ②

9. 임야대장 규칙(1920. 8. 23. 조선총독부령 제113호)
10. 토지측량 규칙(1921. 3. 18. 조선총독부 훈령 제10호)
11. 임야측량 규정(1935. 6. 12. 조선총독부 훈령 제27호)
12. 조선지세령(1943. 3. 31. 제령 제6호)
※ 토지조사법은 대한제국 법률 제7호(1910. 8. 23.)로 공포됨

73. 다음 중 우리나라에서 최초로 '지적'이라는 용어가 법률상에 등장한 시기로 옳은 것은?

① 1895년 ② 1905년
③ 1910년 ④ 1950년

해설 조선 후기 내부관제를 공포(1895.03.26. 칙령 제53호)하고 주현국, 토목국, 판적국 등 5국을 두었다. 판적국은 "호구적에 관한 사항"과 "지적에 관한 사항"을 관장토록 하였는데, 여기에서 우리나라 최초로 "지적"이라는 용어가 쓰였다.

74. 임야조사사업 당시 사정기관은?

① 법원 ② 도지사
③ 임야심사위원회 ④ 토지조사위원회

해설 토지조사사업과 임야조사사업의 사정(査定)사항 비교

구분	토지조사사업	임야조사사업
사정권자	임시토지조사국장	도지사
심의기관	–	임야심사위원회
조사 및 측량기관	임시토지조사국	부 또는 면
자문기관	지방토지조사위원회	–
재결기관	고등토지조사위원회	임사조사위원회

75. 경계의 표시방법에 따른 지적제도의 분류가 옳은 것은?

① 도해지적, 수치지적 ② 수평지적, 입체지적
③ 2차원지적, 3차원지적 ④ 세지적, 법지적, 다목적지적

해설 지적제도의 분류
1. 발전과정에 따른 분류
   - 세지적 : 농경시대에 개발된 최초의 지적제도로서 과세지적이라 하며, 면적본위로 운영
   - 법지적 : 산업화시대에 개발된 제도로서 소유권지적이라 하며, 위치본위로 운영
   - 다목적지적 : 컴퓨터를 활용하여 토지에 관한 다양하고 많은 자료관리와 신속·정확한 공급이 가능한 제도로서 종합지적 또는 통합지적이라 함
2. 표시방법(측량방법)에 따른 분류
   - 도해지적 : 토지경계를 도해적으로 등록하는 제도
   - 수치지적 : 토지경계점을 수학적 좌표(X,Y)로 등록하는 제도

Answer 73. ① 74. ② 75. ①

3. 등록대상(등록방법)에 따른 분류
- 2차원지적 : 토지의 수평면상 투영만을 가상하여 경계를 등록·공시하는 제도로서 평면지적이라 함
- 3차원지적 : 토지의 지표, 지하, 공중에 형성되는 선·면·높이를 등록·관리하는 제도로서 입체지적이라 함

76. 적극적 등록제도에 대한 설명으로 옳지 않은 것은?

① 토지등록을 의무화하지 않는다.
② 토렌스시스템은 이 제도의 발달된 형태이다.
③ 지적측량이 실시되지 않으면 토지의 등기도 할 수 없다.
④ 토지등록상의 문제로 인해 선의의 제3자가 받은 피해는 법적으로 보호되고 있다.

해설 적극적 등록제도
1. 토지등록은 일필지의 개념으로 법적권리보장이 인증되고 국가에 의해 그러한 합법성과 효력이 발생함
2. 기본원칙
   - 지적공부에 등록되지 않는 토지는 어떠한 권리도 인정받을 수 없음
   - 등록은 강제적이고 의무적
   - 지적측량 시행 후 토지등기가 가능
3. 선의의 제3자 보호 : 토지등록상의 문제로 인한 피해는 법적으로 보장되고 국가에 소송을 제기할 수 있으며, 보상도 받을 수 있음
4. 토렌스시스템은 적극적 등록주의의 발전된 형태

77. 개개의 토지를 중심으로 토지등록부를 편성하는 방법은?

① 물적 편성주의
② 인적 편성주의
③ 연대적 편성주의
④ 물적·인적 편성주의

해설 토지등록부의 편성방법
1. 물적 편성주의 : 토지 중심으로 대장 작성
2. 인적 편성주의 : 소유자 중심 대장 작성
3. 연대적 편성주의 : 신청순서에 따라 작성
4. 물적·인적 편성주의 : 물적 편성주의에 인적 편성주의 가미

78. 탁지부 양지국에 관한 설명으로 옳지 않은 것은?

① 토지측량에 관한 사항을 담당하였다.
② 관습조사(慣習調査) 사항을 담당하였다.
③ 공문서류의 편찬 및 조사에 관한 사항을 담당하였다.
④ 1904년 탁지부 양지국관제가 공포되면서 상설기구로 설치되었다.

해설 탁지부 양지국에서 관습조사 사항은 담당하지 않았다.

79. 지적의 원칙과 이념의 연결이 옳은 것은?

① 공시의 원칙 – 공개주의
② 공신의 원칙 – 국정주의
③ 신의성실의 원칙 – 실질적 심사주의
④ 임의 신청의 원칙 – 적극적 등록주의

해설 지적의 이념과 원칙
1. 지적의 기본이념
   - 지적국정주의 : 지적공부의 등록사항은 국가만이 이를 결정할 수 있다는 이념
   - 지적형식주의 : 등록사항은 지적공부에 등록·공시하여야만 효력이 인정되는 이념
   - 지적공개주의 : 지적공부의 등록사항은 소유자, 이해관계인 등 국민에게 공개하여 이용하게 함
   - 실질적 심사주의(사실심사) : 등록이나 변경등록은 절차상의 적법성뿐만 아니라 사실관계의 부합 여부를 심사한다는 이념
   - 직권등록주의(강제등록주의 또는 적극적 등록주의) : 모든 필지는 강제적으로 등록·공시하여야 함
2. 토지등록의 원칙
   - 등록의 원칙 : 토지에 관한 모든 표시사항을 지적공부에 반드시 등록해야 한다는 원칙으로서 적극적 등록주의와 법지적을 채택하는 나라에서 적용됨
   - 신청의 원칙 : 토지의 등록은 토지소유자의 신청을 전제로 처리하는 원칙이며 신청이 없을 때에는 직권으로 조사·측량하여 처리함
   - 특정화의 원칙 : 권리객체로서의 모든 토지는 반드시 특정적이고 단순하며 명확한 방법에 의하여 인식할 수 있도록 개별화하여야 한다는 원칙
   - 국정주의 및 직권주의 : 지적공부의 등록사항은 국가만 결정(국정주의)하며, 모든 필지는 강제적으로 등록·공시(직권주의)한다는 원칙
   - 공시의 원칙 및 공개주의 : 토지 이동이나 물권 변동은 반드시 외부에 알려야(공시의 원칙)하고 지적공부의 등록사항은 국민에게 공개하여 이용(공개주의)하게 한다는 원칙
   - 공신의 원칙 : 등기를 믿고 권리행위를 한 선의의 거래자를 보호하여 진실로 등기내용과 같은 권리관계가 존재한 것처럼 법률효과를 인정하려는 원칙

80. 철도용지와 하천 지목이 중복되는 토지의 지목 설정방법은?

① 등록선후의 원칙에 따른다.
② 필지 규모와 면적에 따른다.
③ 경제적 고부가 가치의 용도에 따른다.
④ 소관청 담당자의 주관적 직권으로 결정한다.

해설 도로, 철도용지, 하천, 제방, 구거, 수도용지 등의 지목이 중복되는 경우에는 먼저 등록된 토지의 사용목적, 용도에 따라 지번을 설정하며 이를 등록선후의 원칙이라 함
※ 다만 용도경중의 원칙과 혼동하지 말아야 함(용도경중의 원칙 : 도로, 철도용지, 하천, 제방, 구거, 수도용지 등의 지목이 중복되는 경우에는 중요 토지의 사용목적 및 용도에 따라 지목을 설정하는 원칙)
※ 지목설정의 원칙 : 1필1지목의 원칙, 주지목추종의 원칙, 등록선후의 원칙, 용도경중의 원칙, 일시변경 불가의 원칙, 사용목적추종의 원칙

Answer 79. ① 80. ①

05 지적관계법규

81. 지번변경 승인신청 시 필요한 서류가 아닌 것은?
① 지번변경 대상지역의 지번등 명세
② 지번변경 사유를 적은 승인신청서
③ 지번변경 대상지역의 일람도 사본
④ 지번변경 대상지역의 지적도 및 임야도의 사본

해설 지번변경 승인신청
1. 지적소관청은 지번변경 사유를 적은 승인신청서를 시·도지사 또는 대도시 시장에게 제출
   ※ 지번변경 승인신청서의 내용
   • 지번변경 대상지역의 지번·지목·면적·소유자에 대한 상세한 내용(지번 등 명세)
   • 변경 사유
   • 첨부서류 : 지번 등 명세, 지적도 및 임야도 사본
2. 시·도지사 또는 대도시 시장은 행정정보의 공동이용을 통하여 지번변경 대상지역의 지적도 및 임야도를 확인
3. 신청을 받은 시·도지사 또는 대도시 시장은 지번변경 사유 등을 심사한 후 그 결과를 지적소관청에 통지

82. 우리나라 부동산 등기의 일반적 효력과 관계가 없는 것은?
① 순위 확정적 효력
② 권리의 공신적 효력
③ 권리의 변동적 효력
④ 권리의 추정적 효력

해설 우리나라 부동산 등기의 효력
1. 물권(권리)변동의 효력
2. 순위확정의 효력
3. 권리추정력
4. 등기의 점유적 효력
※ 우리나라 부동산등기제도는 공신력을 부인한다.

83. 다음 중 국토의 계획 및 이용에 관한 법률의 제정 목적으로 가장 타당한 것은?
① 공공복리의 증진
② 도시의 미관 개선
③ 투기억제 및 경제발전
④ 건전한 도시발전의 도모

해설 국토의 계획 및 이용에 관한 법률의 제정 목적
국토의 이용·개발과 보전을 위한 계획의 수립 및 집행 등에 필요한 사항을 정함
1. 공공복리를 증진
2. 국민의 삶의 질을 향상

Answer 81. ③ 82. ② 83. ①

84. 지적측량업의 등록기준이 옳은 것은?

① 특급기술자 1명 또는 고급기술자 3명 이상
② 중급기술자 3명 이상
③ 초급기술자 2명 이상
④ 지적 분야의 초급기능사 1명 이상

해설 지적측량업의 등록기준

구분	기술인력	장비
지적측량업	1. 특급기술자 1명 또는 고급기술자 2명 이상 2. 중급기술자 2명 이상 3. 초급기술자 1명 이상 4. 지적 분야의 초급기능사 1명 이상	1. 토털스테이션 1대 이상 2. 출력장치 1대 이상 • 해상도 : 2400DPI×1200DPI • 출력범위 : 600밀리미터×1060밀리미 이상

85. 다음 중 지목설정이 올바르게 연결되지 않은 것은?

① 황무지 – 임야
② 경마장 – 체육용지
③ 야외시장 – 잡종지
④ 고속도로의 휴게소 부지 – 도로

해설 1. 유원지 : 일반 공중의 위락·휴양 등에 적합한 시설물을 종합적으로 갖춘 수영장·유선장·낚시터·어린이놀이터·동물원·식물원·민속촌·경마장 등의 토지와 이에 접속된 부속시설물의 부지
2. 임야 : 산림 및 원야를 이루고 있는 수림지·죽림지·암석지·자갈땅·모래땅·습지·황무지 등의 토지
3. 체육용지
   • 국민의 건강증진 등을 위한 체육활동에 적합한 시설과 형태를 갖춘 종합운동장·실내체육관·야구장·골프장·스키장·승마장·경륜장 등 체육시설의 토지와 이에 접속된 부속시설물의 부지
   • 체육시설로서의 영속성과 독립성이 미흡한 정구장·골프연습장·실내수영장 및 체육도장, 유수를 이용한 요트장 및 카누장, 산림 안의 야영장 등의 토지는 제외
4. 도로
   • 일반 공중의 교통 운수를 위하여 보행이나 차량운행에 필요한 일정한 설비 또는 형태를 갖추어 이용되는 토지
   • 도로법 등 관계법령에 따라 도로로 개설된 토지
   • 고속도로의 휴게소 부지
   • 2필지 이상에 진입하는 통로로 이용되는 토지

Answer 84. ④ 85. ②

86. 부동산등기법에 따른 용어의 정의로 옳지 않은 것은?

① "등기부"란 전산정보처리조직에 의하여 입력·처리된 등기정보자료를 대법원규칙으로 정하는 바에 따라 편성한 것을 말한다.
② "등기부부본자료"란 등기부의 멸실 방지를 위하여 전산으로 출력하여 별도의 장소에 보관한 자료를 말한다.
③ "등기기록"이란 1필의 토지 또는 1개의 건물에 관한 등기정보자료를 말한다.
④ "등기필정보"란 등기부에 새로운 권리자가 기록되는 경우에 그 권리자를 확인하기 위하여 등기관이 작성한 정보를 말한다.

해설 "등기부부본자료"란 등기부와 동일한 내용으로 보조기억장치에 기록된 자료를 말한다.

87. 토지 등기기록의 표제부에 기록하여야 하는 사항으로 옳지 않은 것은?

① 이해 관계자
② 지목과 면적
③ 신청인의 성명, 주소
④ 부동산의 소재와 지번

해설 토지 등기기록의 표제부 기록사항
1. 표시번호
2. 접수연월일
3. 소재와 지번
4. 지목
5. 면적
6. 등기원인

88. 국토의 계획 및 이용에 관한 법률상 용도지역에 해당하지 않는 것은?

① 농림지역
② 도시지역
③ 자연환경보전지역
④ 취락지역

해설 용도지역
1. 도시지역 : 주거지역, 상업지역, 공업지역, 녹지지역
2. 관리지역 : 보전관리지역, 생산관리지역, 계획관리지역
3. 농림지역
4. 자연환경보전지역

89. 부동산등기법상 등기할 수 있는 권리에 해당하지 않는 것은?

① 점유권과 유치권
② 소유권과 지역권
③ 저당권과 임차권
④ 지상권과 전세권

해설 부동산등기법상 등기할 수 있는 권리
1. 소유권
2. 지상권
3. 지역권
4. 전세권
5. 저당권
6. 권리질권
7. 채권담보권
8. 임차권

Answer 86. ② 87. ① 88. ④ 89. ①

※ 부동산등기법상 등기할 수 없는 권리
- 점유권
- 유치권
- 동산질권

90. 다음 중 토지의 이동이라 할 수 없는 사항은?

① 지번의 변경　　　　　　　　② 토지의 합병
③ 토지등급의 수정　　　　　　 ④ 경계점 좌표의 변경

해설 "토지의 이동"이란 토지의 표시를 새로 정하거나 변경 또는 말소하는 것으로 "토지의 표시"는 지적공부에 토지의 소재·지번·지목·면적·경계 또는 좌표를 등록한 것을 말한다.

91. 다음 중 지번을 새로이 부여할 필요가 없는 것은?

① 임야분할　　② 지목변경　　③ 등록전환　　④ 신규등록

해설 "지목변경"은 지적공부에 등록된 지목을 다른 지목으로 바꾸어 등록하는 것을 말하는 것으로 지번을 새로이 부여할 필요는 없다.

92. 축척변경에 따른 청산금의 산정 및 납부고지 등에 관한 설명으로 옳지 않은 것은?

① 청산금을 산정한 결과 차액이 생긴 경우 초과액은 그 지방자치단체의 수입으로 한다.
② 지적소관청은 청산금의 수령통지를 한 날부터 6개월 이내에 청산금을 지급하여야 한다.
③ 납부고지를 받은 자는 그 고지를 받은 날부터 9개월 이내에 청산금을 지적소관청에 내야 한다.
④ 청산금은 축척변경 지번별 조서의 필지별 증감면적에 지번별 제곱미터당 금액을 곱하여 산정한다.

해설 1. 청산금 산정
- 지적소관청은 축척변경에 관한 측량을 한 결과 측량 전에 비하여 면적의 증감이 있는 경우에는 그 증감면적에 대하여 청산을 하여야 한다.
- 청산을 할 때에는 축척변경위원회의 의결을 거쳐 지번별로 제곱미터당 금액을 정하여야 한다. 이 경우 지적소관청은 시행공고일 현재를 기준으로 그 축척변경 시행지역의 토지에 대하여 지번별 제곱미터당 금액을 미리 조사하여 축척변경위원회에 제출하여야 한다.
- 청산금은 작성된 축척변경 지번별 조서의 필지별 증감면적에 지번별 제곱미터당 금액을 곱하여 산정한다.
- 지적소관청은 청산금을 산정하였을 때에는 청산금 조서를 작성하고, 청산금이 결정되었다는 뜻을 15일 이상 공고하여 일반인이 열람할 수 있게 하여야 한다.
- 청산금을 산정한 결과 증가된 면적에 대한 청산금의 합계와 감소된 면적에 대한 청산금의 합계에 차액이 생긴 경우 초과액은 그 지방자치단체의 수입으로 하고, 부족액은 그 지방자치단체가 부담한다.

2. 청산금 납부고지
- 지적소관청은 청산금의 결정을 공고한 날부터 20일 이내에 토지소유자에게 청산금의 납부고지 또는 수령통지를 하여야 한다.
- 납부고지를 받은 자는 그 고지를 받은 날부터 6개월 이내에 청산금을 지적소관청에 내야 한다.

- 지적소관청은 수령통지를 한 날부터 6개월 이내에 청산금을 지급하여야 한다.
- 지적소관청은 청산금을 지급받을 자가 행방불명 등으로 받을 수 없거나 받기를 거부할 때에는 그 청산금을 공탁할 수 있다.
- 지적소관청은 청산금을 내야 하는 자가 기간 내에 청산금에 관한 이의신청을 하지 아니하고 기간 내에 청산금을 내지 아니하면 지방세 체납처분의 예에 따라 징수할 수 있다.

93. 토지 등의 출입 등에 따른 손실보상에 관하여 손실을 보상할 자와 손실을 받은 자의 협의가 성립되지 않거나 협의를 할 수 없는 경우 재결을 신청할 수 있는 곳은?

① 지적소관청
② 중앙지적위원회
③ 지방지적위원회
④ 관할 토지수용위원회

해설 손실보상
1. 손실보상 대상
   측량기준점을 설치 또는 토지의 이동을 조사하기 위하여 타인의 토지 등에 출입하거나 일시 사용한 경우로서 장애물을 변경하거나 제거한 경우
2. 손실보상자
   행위를 한 자
3. 손실보상액 결정 및 이의신청 등
   - 손실을 보상할 자와 손실을 받을 자가 협의하여 보상액을 결정
   - 손실을 보상할 자와 손실을 받을 자가 협의가 성립되지 아니하거나 협의를 할 수 없는 때에는 관할 토지수용위원회에 재결을 신청
4. 재결에 불복이 있는 자
   관할토지수용위원회의 재결에 불복하는 자는 재결서 정본을 송달받은 날부터 30일 이내에 중앙토지수용위원회에 이의를 신청
5. 토지수용위원회 재결
   "공익사업을 위한 토지 등의 취득 및 보상에 관한 법률" 준용

94. 다음 중 축척변경에 관한 설명으로 옳지 않은 것은?

① 지적소관청은 축척변경 시행지역의 각 필지별 지번·지목·면적·경계 또는 좌표를 새로 정하여야 한다.
② 지적소관청은 하나의 지번부여지역에 서로 다른 축척의 지적도가 있는 경우 일정한 지역을 정하여 그 지역의 축척을 변경할 수 있다.
③ 지적소관청이 지적공부의 관리에 필요하여 축척변경을 하고자 하는 경우 축척변경 시행지역의 토지소유자 3분의 1 이상의 동의를 얻어야 한다.
④ 잦은 토지의 이동으로 1필지의 규모가 작아서 소축척으로는 지적측량성과의 결정이 곤란한 경우 지적소관청은 일정한 지역을 정하여 그 지역의 축척을 변경할 수 있다.

해설 축척변경
1. 대상
   - 잦은 토지의 이동으로 인하여 1필지의 규모가 작아서 소축척으로는 지적측량성과의 결정이나 토지의 이동에 따른 정리가 곤란할 때

• 하나의 지번부여지역 안에 서로 다른 축척의 지적도가 있는 때
2. 신청
   축척변경을 신청하는 토지소유자는 축척변경 사유를 적은 신청서에 토지소유자 3분의 2 이상의 동의서를 첨부하여 지적소관청에게 제출
3. 축척변경 시행지역의 토지의 표시
   지적소관청은 축척변경 시행지역의 각 필지별 지번·지목·면적·경계 또는 좌표를 새로 정하여야 함

95. 지적공부에 등록된 일필지의 토지를 분할하기 위한 [보기]의 지적정리 절차를 순서대로 올바르게 나열한 것은?

[보기]
ㄱ. 토지의 이동 신청   ㄴ. 등기촉탁 및 지적정리의 통지
ㄷ. 지적측량 의뢰   ㄹ. 지적공부 정리

① ㄷ → ㄱ → ㄹ → ㄴ
② ㄱ → ㄷ → ㄹ → ㄴ
③ ㄷ → ㄱ → ㄴ → ㄹ
④ ㄱ → ㄷ → ㄴ → ㄹ

해설 지적정리의 절차
1. 토지소유자 등 이해관계인은 지적측량을 할 필요가 있는 경우에는 지적측량수행자에게 지적측량을 의뢰
2. 토지소유자는 토지이동 신청서를 작성(토지이동 신청에 해당하는 서류 첨부 및 수수료 납부)하여 토지이동 신청
3. 지적소관청은 토지이동결의서를 작성하여 지적공부 정리
4. 지적소관청은 토지이동 공부정리 후 관할 등기관서에 등기촉탁(신규등록 제외) 및 지적공부정리 통지

96. 등록사항의 정정에 관한 설명으로 옳지 않은 것은?

① 토지소유자는 지적공부의 등록사항에 잘못이 있음을 발견하면 지적소관청에 그 정정을 신청할 수 있다.
② 토지소유자에 관한 사항을 정정하는 경우에는 주민등록등본·초본 및 가족관계기록사항에 관한 증명서에 따라 정정하여야 한다.
③ 지적공부의 등록사항 중 경계나 면적 등 측량을 수반하는 토지의 표시가 잘못된 경우에는 지적소관청은 그 정정이 완료될 때까지 지적측량을 정지시킬 수 있다.
④ 미등기 토지에 대하여 토지소유자의 성명 또는 명칭, 주민등록번호, 주소 등이 명백히 잘못된 경우에는 가족관계 기록사항에 관한 증명서에 따라 정정하여야 한다.

해설 토지소유자에 관한 등록사항의 정정
1. 토지소유자는 지적공부의 등록사항에 잘못이 있음을 발견하면 지적소관청에 그 정정을 신청할 수 있음
2. 지적공부의 등록사항 중 경계나 면적 등 측량을 수반하는 토지의 표시가 잘못된 경우에는 지적소관청은 그 정정이 완료될 때까지 지적측량을 정지시킬 수 있음
3. 등기필증, 등기완료통지서, 등기사항증명서 또는 등기관서에서 제공한 등기전산정보자료에 따라 정정
4. 미등기 토지에 대하여 토지소유자의 성명 또는 명칭, 주민등록번호, 주소 등에 관한 사항의 정정을 신청한 경우로서 그 등록사항이 명백히 잘못된 경우에는 가족관계 기록사항에 관한 증명서에 따라 정정

Answer 95. ① 96. ②

97. 다음 중 측량업등록의 결격사유에 해당하지 않는 것은?

① 파산자로서 복권되지 아니한 자
② 피성년후견인 또는 피한정후견인
③ 측량업의 등록이 취소된 후 2년이 지나지 아니한 자
④ 「국가보안법」의 관련 규정을 위반하여 금고 이상의 실형을 선고받고 그 집행이 끝난 날부터 2년이 지나지 아니한 자

해설 측량업 등록의 결격사유
1. 피성년후견인 또는 피한정후견인
2. 금고 이상의 실형을 선고받고 그 집행이 끝나거나(집행이 끝난 것으로 보는 경우를 포함) 집행이 면제된 날부터 2년이 지나지 아니한 자
3. 금고 이상의 형의 집행유예를 선고받고 그 집행유예기간 중에 있는 자
4. 측량업의 등록이 취소된 후 2년이 지나지 아니한 자
5. 임원중에 위 1~4 어느 하나에 해당하는 자가 있는 법인

98. 공간정보의 구축 및 관리 등에 관한 법률상 필요한 경우 토지를 수용할 수 있는 경우는?

① 장애물을 제거하는 경우
② 경계복원 측량을 하는 경우
③ 축척변경 사업을 하는 경우
④ 지적측량기준점표지를 설치하는 경우

해설 공간정보관리법 상 토지수용 및 사용할 수 있는 경우
1. 국토교통부장관은 기본측량을 실시하기 위하여 필요하다고 인정하는 경우에는 토지, 건물, 나무 그 밖의 공작물을 수용하거나 사용
2. 측량기준점을 설치 또는 토지의 이동을 조사하기 위하여 타인의 토지 등에 출입하거나 일시 사용한 경우로서 장애물을 변경하거나 제거한 경우

99. 토지의 이동과 관련하여 세부측량을 실시할 때 면적을 측정하지 않는 것은?

① 지적공부의 복구·신규 등록을 하는 경우
② 등록전환·분할 및 축척 변경을 하는 경우
③ 등록된 경계점을 지상에 복원만 하는 경우
④ 면적 및 경계의 등록사항을 정정하는 경우

해설 면적측정 대상
- 지적공부의 복구·신규등록·등록전환·분할 및 축척변경을 하는 경우
- 면적 또는 경계를 정정하는 경우
- 도시개발사업 등으로 인한 토지의 이동에 따라 토지의 표시를 새로 결정하는 경우
- 경계복원측량 및 지적현황측량에 면적측정이 수반되는 경우

100. 다음 설명의 ( ) 안에 공통으로 들어갈 알맞은 용어는?

> 토지의 이동에 따른 면적 등의 결정방법은 (   )에 따른 경계·좌표 또는 면적은 따로 지적측량을 하지 아니하고 (   ) 후 필지의 경계 또는 좌표와 (   ) 후 필지의 면적의 구분에 따라 결정한다.

① 등록 ② 분할 ③ 전환 ④ 합병

해설 합병에 따른 면적 등의 결정방법

합병에 따른 경계·좌표 또는 면적은 따로 지적측량을 하지 아니하고 아래 구분에 따라 결정
1. 합병 후 필지의 경계 또는 좌표 : 합병 전 각 필지의 경계 또는 좌표 중 합병으로 필요 없게 된 부분을 말소하여 결정
2. 합병 후 필지의 면적 : 합병 전 각 필지의 면적을 합산하여 결정

Answer 100. ④

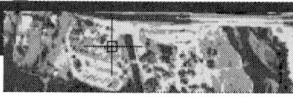

2018년 제2회 지적기사

01 지적측량

01. 지구를 평면으로 가정할 때 정도 1/10⁶에서 거리오차는?(단, 지구의 곡률반경은 6,370km이다.)

① 1.21cm ② 2.21cm
③ 3.21cm ④ 4.21cm

해설 $\dfrac{d-D}{D} = \dfrac{1}{12}\left(\dfrac{D}{r}\right)^2 = \dfrac{1}{10^6}$

$r = 6,370\text{km}$이므로

$D = \sqrt{\dfrac{12 \times r^2}{10^6}} = \sqrt{\dfrac{12 \times 6,370^2}{10^6}} = 22.066\text{km}$

거리오차$(d-D) = \dfrac{D}{10^6} = \dfrac{22.066}{10^6} = 0.022066\text{m}$

∴ 거리오차$(d-D) = 2.21\text{cm}$

02. 다음 그림의 삽입망 조정에서 삼각형 ABC로 이루어지는 산출 내각은?(단, $\gamma_1 = 96°04'44''$, $\gamma_2 = 68°39'10''$이다.)

① 27° 25′ 34″
② 68° 39′ 10″
③ 96° 04′ 44″
④ 164° 43′ 54″

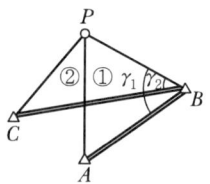

해설 $\angle ABC = \gamma_1 - \gamma_2 = 96°04'44'' - 68°39'10'' = 27°25'34''$

03. 평판측량방법에 의한 세부측량을 교회법으로 하는 경우 방향각의 교각에 대한 설명으로 옳은 것은?

① 10° 이상 130° 이하로 한다. ② 20° 이상 140° 이하로 한다.
③ 30° 이상 150° 이하로 한다. ④ 40° 이상 160° 이하로 한다.

해설 지적측량 시행규칙 제18조(세부측량의 기준 및 방법 등)
평판측량방법에 따른 세부측량을 교회법으로 하는 경우에는 다음 각 호의 기준에 따른다.

1. 전방교회법 또는 측방교회법
2. 3방향 이상의 교회
3. 방향각의 교각은 30도 이상 150도 이하
4. 방향선의 도상길이는 평판의 방위표정(方位標定)에 사용한 방향선의 도상길이 이하로서 10센티미터 이하(다만, 광파조준의(光波照準儀) 또는 광파측거기를 사용하는 경우에는 30센티미터 이하)
5. 측량결과 시오(示誤) 삼각형이 생긴 경우 내접원의 지름이 1밀리미터 이하일 때에는 그 중심을 점의 위치로 한다.

04. 평판측량방법에 따른 세부측량을 방사법으로 하는 경우 광파조준의를 사용할 때에는 1방향선의 도상길이를 최대 얼마 이하로 할 수 있는가?

① 10cm
② 15cm
③ 20cm
④ 30cm

해설 지적측량 시행규칙 제18조(세부측량의 기준 및 방법 등)
- 방향선의 도상길이는 10센티미터 이하
- 광파조준의(光波照準儀) 또는 광파측거기를 사용하는 경우에는 30센티미터 이하

05. 배각법에 의한 지적도근점측량 시 관측각에 대한 오차 계산으로 옳은 것은?

① 출발기지 방위각－관측각의 합＋180°(측점 수－1)
② 출발기지 방위각－관측각의 합＋도착기지방위각
③ 출발기지 방위각＋관측각의 합－180°(측점 수－1)－도착기지방위각
④ 출발기지 방위각＋관측각의 합－도착기지방위각

해설 출발기지 방위각＋관측각의 합－180°(측점 수－1)－도착기지방위각

06. 경위의측량방법에 의한 세부측량의 관측 및 계산에 대한 설명으로 옳지 않은 것은?

① 교회법에 따른다.
② 연직각의 관측은 정반으로 1회 관측한다.
③ 관측은 20초독 이상의 경위의를 사용한다.
④ 수평각의 관측은 1대회 방향관측법이나 2배각의 배각법에 따른다.

해설

측량 종류	세부 측량	
측량방법	경위의 측량법	
	도선법	방사법
경위의 정밀도	20초독 이상	
수평각 관측	1대회 방향관측이나(1측회의 폐색을 안 할 수 있음) 2배각의 배각법에 따름	
연직각	정·반 1회, 허용교차 5분 이내	

Answer 4. ④ 5. ③ 6. ①

07. 오차의 성질에 대한 설명 중 옳지 않은 것은?

① 값이 큰 오차일수록 발생확률도 높다.
② 우연오차는 확률법칙에 따라 전파된다.
③ 숙련된 지적측량기술자도 착오는 일으킨다.
④ 정오차는 측정횟수를 거듭할수록 누적된다.

해설 값이 큰 오차는 발생 확률이 낮으며 오차를 발견하기가 쉽다.

08. 도면에 등록하는 제도 폭이 다음의 순서대로 올바르게 짝지어진 것은?

경계 – 행정구역선(동·리) – 지적기준점

① 0.1mm – 0.2mm – 0.4mm
② 0.1mm – 0.4mm – 0.2mm
③ 0.1mm – 0.2mm – 0.2mm
④ 0.1mm – 0.1mm – 0.2mm

해설 경계선은 0.1mm로 제도하며 행정구역선(동·리)은 0.2mm, 지적측량기준점의 제도 폭은 0.2mm로 한다.
※ 동·리의 행정구역선을 제외한 나머지 행정구역선은 0.4mm로 한다.

09. 평판측량에서 발생할 수 있는 오차가 아닌 것은?

① 시준오차
② 연결오차
③ 외심오차
④ 정준오차

해설 측판측량에서 발생하는 오차의 종류는 다음과 같다.
1. 측량기계오차 : 외심, 시준, 자침오차
2. 측판설치오차 : 정준, 구심, 표정오차
3. 측량오차 : 방사법, 교회법, 지거법에 의한 오차

10. 좌표면적계산법으로 면적측정을 하는 경우 다음 내용의 ⊙과 ⓒ에 들어갈 말로 옳은 것은?

산출면적은 (⊙)까지 계산하여 (ⓒ)단위로 정할 것

① ⊙ : $\frac{1}{10}m^2$, ⓒ : $1m^2$
② ⊙ : $\frac{1}{100}m^2$, ⓒ : $1m^2$
③ ⊙ : $\frac{1}{1000}m^2$, ⓒ : $\frac{1}{10}m^2$
④ ⊙ : $\frac{1}{10000}m^2$, ⓒ : $\frac{1}{10}m^2$

해설 지적측량 시행규칙 제20조(면적측정의 방법 등)
좌표면적계산법에 따른 산출면적은 1천분의 1제곱미터까지 계산하여 10분의 1제곱미터 단위로 정한다.

11. 지적삼각점측량을 할 때 사용하고자 하는 삼각점의 변동 유무를 확인하는 기준은?

① 기지각과의 오차가 ±30초 이내
② 기지각과의 오차가 ±40초 이내
③ 기지각과의 오차가 ±50초 이내
④ 기지각과의 오차가 ±60초 이내

해설 지적측량 시행규칙 제9조(지적삼각점측량의 관측 및 계산)
기지각(旣知角)과의 차는 ±40초 이내로 한다.

12. 다음 그림에서 AP 거리를 구하는 식으로 옳은 것은?

① $AP = \dfrac{a \times \sin\gamma}{\sin\beta}$

② $AP = \dfrac{a \times \sin\alpha}{\sin\gamma}$

③ $AP = \dfrac{a \times \sin\beta}{\sin\gamma}$

④ $AP = \dfrac{\sin\beta \times \sin\gamma}{a}$

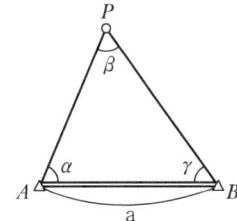

해설 평면삼각형의 정현비례식에서
$\dfrac{AP}{\sin\gamma} = \dfrac{a}{\sin\beta} = \dfrac{BP}{\sin\alpha}$ 에서 $AP = \dfrac{a \times \sin\gamma}{\sin\beta}$

13. 교회법에 따른 지적삼각보조점의 관측 및 계산 기준으로 옳은 것은?

① 2배각법에 따른다.
② 3대회의 방향관측법에 따른다.
③ 1방향각의 측각공차는 50초 이내로 한다.
④ 관측은 20초독 이상의 경위의를 사용한다.

해설 지적측량 시행규칙 제11조(지적삼각보조점의 관측 및 계산)
1. 1방향각의 공차는 40초 이내
2. 수평각 관측은 2대회(윤곽도는 0도, 90도로 한다)의 방향관측법
3. 2개의 삼각형으로부터 계산한 위치의 연결교차 $\sqrt{종선교차^2 + 횡선교차^2}$ 을 말한다. 이하 같다)가 0.30미터 이하일 때에는 그 평균치를 지적삼각보조점의 위치로 한다.
4. 관측은 20초독 이상의 경위의 사용

14. 지적삼각점측량에서 수평각을 5방향으로 구성하여 1대회 정측을 실시한 결과 출발차가 +20초, 폐색차가 +30초 발생하였다면, 제3방향각에 각각 보정할 수는?

① 출발차 : $-4''$, 폐색차 : $-2''$ ② 출발차 : $-20''$, 폐색차 : $-2''$
③ 출발차 : $-2''$, 폐색차 : $-20''$ ④ 출발차 : $-20''$, 폐색차 : $-18''$

해설 출발차는 그 전량을 각 방향각에 배부해야 하므로 출발오차 조정량은 $-20''$
폐색차는 방향각의 관측순번에 비례하여 배부해야 하므로
폐색오차 조정량 $= (-30초 \times 3) \div 5 = -18''$
∴ 출발차 : $-20''$, 폐색차 : $-18''$

15. 지적도근점측량을 다각망도선법에 의하여 시행할 경우에 대한 설명으로 옳은 것은?
① 2점 이상의 기지점을 연결하는 다각망 도선법에 의한다.
② 2점 이상의 기지점을 상호 연결하는 방식에 의한다.
③ 3점 이상의 기지점을 상호 연결하는 방식에 의한다.
④ 3점 이상의 기지점을 포함한 결합다각방식에 의한다.

해설 지적측량 시행규칙 제12조(지적도근점측량)
  기지점 수는 최소 3점 이상을 포함한 결합다각방식

16. 지적측량에 사용하는 좌표의 원점 중 서부좌표계의 원점의 경위도는?
① 경도 : 동경 123°00′, 위도 : 북위 38°00′
② 경도 : 동경 125°00′, 위도 : 북위 38°00′
③ 경도 : 동경 127°00′, 위도 : 북위 38°00′
④ 경도 : 동경 129°00′, 위도 : 북위 38°00′

해설 원점별 경위도
  1. 동부좌표계 원점 : 동경 129° 선과 북위 38°00′
  2. 중부좌표계 원점 : 동경 127° 선과 북위 38° 선의 교점
  3. 서부좌표계 원점 : 동경 125° 선과 북위 38° 선의 교점

17. 지적측량의 방법으로 옳지 않은 것은?
① 수준측량방법
② 경위의측량방법
③ 사진측량방법
④ 위성측량방법

해설 지적측량 시행규칙 제5조(지적측량의 구분 등)
  지적측량은 평판(平板)측량, 전자평판측량, 경위의(經緯儀) 측량, 전파기(電波機) 또는 광파기(光波機) 측량, 사진측량 및 위성측량 등의 방법에 따른다.

18. 3배각법에 의한 수평각 관측의 결과가 다음과 같을 때 수평각의 평균값은?

| 첫 번째 관측값 : 42° 16′ 32″ |
| 두 번째 관측값 : 84° 32′ 54″ |
| 세 번째 관측값 : 126° 49′ 18″ |

① 42° 16′ 22″   ② 42° 16′ 25″   ③ 42° 16′ 26″   ④ 42° 16′ 27″

해설 126° 49′ 18″/3 = 42° 16′ 26″

19. 지적삼각보조점성과표에 기록·관리하여야 하는 사항에 해당하지 않는 것은?
① 도면번호
② 시준점의 명칭
③ 도선등급 및 도선명
④ 소재지와 측량연월일

Answer 15. ④ 16. ② 17. ① 18. ③ 19. ②

해설 지적측량 시행규칙 제4조(지적기준점성과표의 기록·관리 등)
지적기준점성과표에 기록·관리할 사항은 아래 표와 같다.

지적삼각점성과표	지적삼각보조점 및 지적도근점성과표
1. 지적삼각점의 명칭과 기준 원점명 2. 좌표 및 표고 3. 경도 및 위도(필요한 경우로 한정한다.) 4. 자오선수차(子午線收差) 5. 시준점(視準點)의 명칭, 방위각 및 거리 6. 소재지와 측량연월일 7. 그 밖의 참고사항	1. 번호 및 위치의 약도 2. 좌표와 직각좌표계 원점명 3. 경도와 위도(필요한 경우로 한정한다.) 4. 표고(필요한 경우로 한정한다.) 5. 소재지와 측량연월일 6. 도선등급 및 도선명 7. 표지의 재질 8. 도면번호 9. 설치기관 10. 조사연월일, 조사자의 직위·성명 및 조사 내용

20. 평판측량방법에 따른 세부측량을 방사법으로 하는 경우 1방향선의 도상길이는 최대 얼마 이하로 하여야 하는가?(단, 광파조준의 또는 광파측거기를 사용하는 경우는 고려하지 않는다.)

① 5cm
② 10cm
③ 20cm
④ 30cm

해설

측량방법	평판측량방법		
	교회법	도선법	방사법
방향선	10cm 이하 광파조준의, 광파측거기 사용 : 30cm 이하	8cm 이하 광파조준의, 광파측거기 사용 : 30cm 이하	10cm 이하 광파조준의 사용 : 30cm 이하

02 응용측량

SUBJECT

21. AB, BC의 경사거리를 측정하여 $AB=21.562m$, $BC=28.064m$를 얻었다. 레벨을 설치하여 A, B, C의 표척을 읽은 결과가 그림과 같을 때 AC의 수평거리는?(단, AB, BC 구간은 각각 등경사로 가정한다.)

① 49.6m
② 50.1m
③ 59.6m
④ 60.1m

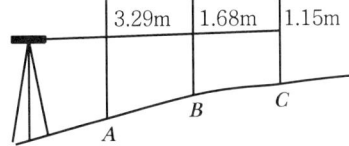

Answer 20. ② 21. ①

해설 AC 수평거리 : $D = \sqrt{L^2 - H^2} = \sqrt{(21.562 + 28.064)^2 - (3.29 - 1.15)^2} = 49.579\text{m}$

22. 지형도 작성 시 점고법(spot height system)이 주로 이용되는 곳으로 거리가 먼 것은?

① 호안
② 항만의 심천
③ 하천의 수심
④ 지형의 등고

해설 점고법은 지면상에 있는 임의의 점의 표고를 도상에 있는 숫자에 의하여 지표를 나타내는 방법이며 하천, 항만, 해양 등의 심천을 나타내는 경우에 사용한다.

23. 사진의 크기가 23cm×23cm인 카메라로 평탄한 지역을 비행고도 2,000m에서 촬영하여 촬영면적이 21.16km²인 연직사진을 얻었다. 이 카메라의 초점거리는?

① 10cm
② 27cm
③ 25cm
④ 20cm

해설 촬영면적이 21.16km², 사진의 크기가 23×23이므로 $\sqrt{21.16\text{km}^2} ≒ 4.6\text{km}$
먼저 축척을 구하면 $0.23 \times m = 4,600$, $m = 20,000$
$f = \dfrac{H}{m} = \dfrac{2,000}{20,000} = 0.1\text{m} = 10\text{cm}$

24. 터널측량의 작업순서 중 선정한 중심선을 현지에 정확히 설치하여 터널의 입구나 수직터널의 위치를 결정하는 단계는?

① 답사
② 예측
③ 지표 설치
④ 지하 설치

해설 터널측량 작업절차
- 조사(답사) : 미리 실내에서 개략적인 계획을 세우고 현장 부근의 지형이나 지질을 조사하여 터널의 위치를 예정한다.
- 예측 : 조사에 결과에 따라 터널위치를 약측에 의하여 지표에 중심선을 미리 표시하고 다시 도면상에 터널을 설치할 위치를 검토한다.
- 지표 설치 : 예측의 결과에서 정한 중심선을 현지의 지표에 정확히 설정하고 이때 갱문이나 수갱의 위치를 결정하고 터널의 연장도 정밀 관측한다.
- 지하 설치 : 지표에 설치된 중심선을 기준으로 하고 갱문에서 굴착을 시작하고 굴착이 진행함에 따라 갱내의 중심선을 설정하는 작업을 말한다.

25. 완화곡선에 대한 설명으로 옳은 것은?

① 완화곡선의 반지름은 종점에서 무한대가 된다.
② 완화곡선의 접선은 시점에서 원호에 접한다.
③ 완화곡선은 원곡선과 원곡선 사이에 위치하는 곡선을 의미한다.
④ 완화곡선에서 곡선 반지름의 감소율은 캔트의 증가율과 같다.

해설 완화곡선(transition curve) : 차량의 급격한 회전 시 원심력에 의한 횡방향의 힘 작용으로 차량운행의 불안감과 승차감의 저하가 발생한다. 이를 방지하기 위해 곡률을 0에서 조금씩 증가시켜 일정한 값에 이르게 하기 위해 직선부와 곡선부 사이 매끄러운 곡선을 두는데, 이를 완화곡선이라 한다. 원곡선과 직선 사이에 존재한다.

1. 특성
   - 완화곡선의 곡선반경은 시점에서 무한대이고, 종점에서 원곡선의 반지름과 같다.
   - 완화곡선의 접선은 시점에서는 직선에 접하고, 종점에서는 원호에 접한다.
   - 완화곡선에 연한 곡선반경의 감소율은 캔트의 증가율과 같다.
2. 종류
   - 클로소이드 곡선(clothoid curve)
   - 램니스케이트 곡선(Lemniscate curve)
   - 3차포물선(cubic parabola)

26. 사진 렌즈의 중심으로부터 지상 촬영 기준면에 내린 수선이 사진면과 교차하는 점에 대한 설명으로 옳은 것은?

① 사진의 경사각에 관계없이 이점에서 수직사진의 축척과 같은 축척이 된다.
② 지표면에 기복이 있는 경우 사진 상에는 이 점을 중심으로 방사상의 변위가 발생하게 된다.
③ 사진상에 나타난 점과 그와 대응되는 실제 점의 상관성을 해석하기 위한 점이다.
④ 항공사진에서는 마주 보는 지표의 대각선이 서로 만나는 교점이 이 점의 위치가 된다.

해설 사진측량에서 사진상의 특수 3점으로는 주점, 연직점, 등각점이 있다.
1. 주점 : 사진의 중심점으로 렌즈의 중심으로부터 화면상에 내린 수선의 발을 말한다.
2. 연직점 : 렌즈의 중심으로부터 지표면에 내린 수선의 발로 지표면과 수직으로 지표면에 기복이 있을 때 방사상의 기복변위가 발생한다.
3. 등각점 : 주점과 연직점을 2등분하여 교차하는 점을 말한다.

27. A, B 두 개의 수준점에서 P점을 관측한 결과가 표와 같을 때 P점의 최확값은?

구분	관측값	거리
$A \to P$	80.258m	4km
$B \to P$	80.218m	3km

① 80.235m   ② 80.238m   ③ 80.240m   ④ 80.258m

해설 경중률 $P_a : P_b = \dfrac{1}{4} : \dfrac{1}{3} = 3 : 4$

$L_0 = \dfrac{P_1 l_1 + P_2 l_2}{P_1 + P_2} = \dfrac{(80.258 \times 3) + (80.218 \times 4)}{3+4} = 80.235\text{m}$이다.

28. 터널공사에서 터널 내 측량에 주로 사용되는 방법으로 연결된 것은?

① 삼각측량 – 평판측량
② 평판측량 – 트래버스측량
③ 트래버스측량 – 수준측량
④ 수준측량 – 삼각측량

Answer   26. ②   27. ①   28. ③

해설 터널 내의 측량은 터널중심선을 터널 내에서 결정하여 굴착 중 그 방향을 유지하는 측량이므로 반복하여 점검하고 방향에 착오가 없도록 할 필요성이 있으며 측량방법은 트래버스측량과 수준측량 방법이 있으며 어두운 터널 내에서 측량하기 때문에 트랜싯에 조명을 부착하고 표지를 천정에 붙이는 등의 방법으로 측량한다.

29. GPS 신호 중에서 P-code의 특징이 아닌 것은?

① 주파수가 10.23MHZ이다.
② 파장이 30m이다.
③ 허가된 사용자만이 이용할 수 있다.
④ 주기가 1ms(millisecond)로 매우 짧다.

해설 GPS 측량위성에서 발사하는 신호체계는 반송파(L_1, L_2), 코드(P. C/A, Y), 등이 있으며 항법메시지는 반송파에 포함되어 있다. GPS 반송파에는 P코드와 C/A코드로 구분된다.

<P코드의 특징>
- 반복주기가 7일인 PRN code(Pseudo-Random Noise codes)이다.
- 주파수가 10.23MHz이며 파장은 30m이다.
- AS mode로 동작하기 위해 Y-code로 암호화되어 PPS 사용자에게 제공된다.
- PPS(Precise Positioning Service : 정밀측위서비스)-군사용

30. 항공사진측량으로 촬영된 사진에서 높이가 250m인 건물의 변위가 16mm이고, 건물의 정상부분에서 연직점까지의 거리가 48mm이었다. 이 사진에서 어느 굴뚝의 변위가 9mm이고, 굴뚝의 정상부분이 연직점으로부터 72mm 떨어져 있었다면 이 굴뚝의 높이는?

① 90m ② 94m
③ 100m ④ 92m

해설 기복변위 $\Delta r = \dfrac{h}{H} \times r$ (h : 비고, H : 촬영고도, r : 연직점까지의 거리)에서

$h = \dfrac{H}{r} \times \Delta r$

$250,000 = \dfrac{H}{48} \times 16$

$H = \dfrac{250,000 \times 48}{16} = 750,000$

∴ 굴뚝의 높이 $h = \dfrac{H}{r} \times \Delta r = \dfrac{750,000}{72} \times 9 = 93,750 \text{mm} ≒ 94\text{m}$

31. 등경사면 위의 A, B점에서 A점의 표고 180m, B점의 표고 60m, AB의 수평거리 200m일 때, A점 및 B점 사이에 위치하는 표고 150m인 등고선까지의 B점으로부터 수평거리는?

① 50m ② 100m
③ 150m ④ 200m

해설 비례식으로 생각하면
AB점의 표고차 : AB점의 수평거리=150m지점의 표고차 : 수평거리
$120 : 200 = 90 : d_1$
$\therefore d_1 = \dfrac{200 \times 90}{120} = 150m$

32. 교각 55°, 곡선반지름 285m인 단곡선이 설치된 도로의 기점에서 교점(I.P.)까지의 추가 거리가 423.87m일 때, 시단현의 편각은?(단, 말뚝 간의 중심거리는 20m이다.)

① 0°11′24″ ② 0°27′05″
③ 1°45′16″ ④ 1°45′20″

해설 노선측량에서 TL=R tan$\dfrac{I}{2}$=285tan27°30′=148.36
노선 출발점에서 곡선시점까지의 거리 BC=IP−TL=423.87−148.36=275.51m
∴ 노선출발점에서 곡선시점까지의 Chain당 거리는 BC=275.51÷20=No 13+15.51m
시단현의 길이(ℓ) 1Chain당 거리(20m)−15.51m=4.49m
∴ 시단현의 편각(σ)=1718.87′$\dfrac{\ell}{R}$=1718.87′$\dfrac{4.49}{285}$=0°27′04.78″ ∴ 0°27′05″

33. 지형도 작성을 위한 측량에서 해안선의 기준이 되는 높이기준면은?

① 측정 당시 정수면 ② 평균해수면
③ 약최저 저조면 ④ 약최고 고조면

해설 지형도 작성을 위한 해안선의 지형측량은 최고 고조면(해수면)을 기준으로 한다.

34. 다음 중 지상(공간) 해상도가 가장 좋은 영상을 얻을 수 있는 위성은?

① SPOT ② LANDSAT
③ IKONOS ④ KOMPSAT-1

해설 IKONOS : Space Imaging사의 CARTERRA Product 중에서 1999년 11월에 발사한 고해상도 위성으로 1m 해상도의 Panchromatic 센서와 4m 해상도의 Multispectral 센서를 탑재한 위성이다. IKONOS 위성 영상은 첩보용으로 사용되는 1m급 고해상도 영상을 처음으로 상용한 제품으로 센서와 위성체의 회전이 가능하여 원하는 지역을 최고의 해상도로 취득할 수 있다. 또한 Panchromatic과 Multispectral 영상을 동시에 취득하므로 1m Pan-Sharpened 영상을 만들 수 있다. 정밀한 GCP(RMSE : 20cm(수평), 60cm (수직)를 사용하여 정확한 위치 정보와 DEM, Map 제작에 가장 적합한 영상이다.

Answer 31. ③ 32. ② 33. ④ 34. ③

35. GNSS 측량에서 의사거리(pseudo-range)에 대한 설명으로 옳지 않은 것은?

① 인공위성과 지상수신기 사이의 거리 측정값이다.
② 대류권과 이온층의 신호 지연으로 인한 오차의 영향력이 제거된 관측값이다.
③ 기하학적인 실제거리와 달라 의사거리라 부른다.
④ 인공위성에서 송신되어 수신기로 도착된 신호의 송신시간을 PRN 인식 코드로 비교하여 측정한다.

해설 의사거리는 인공위성과 지상수신기 사이의 거리측정값으로 인공위성에서 송신되어 수신기로 도착된 송신 신호를 PRN(Pseudo Range Noise) 인식 코드로 비교하여 측정하며 송수신기의 시계의 시간 오차가 발생되고 거리는 기하학적인 실제 거리와 달라 의사거리라고 하며 항법장치에 주로 사용된다.
대류권과 전리층의 전파지연에 의한 오차는 의사거리에 큰 영향을 미친다.

36. 도로의 개설을 위하여 편입되는 대상용지와 경계를 정하는 측량으로서 설계가 완료된 이후에 수행할 수 있는 노선측량 단계는?

① 용지측량
② 다각측량
③ 공사측량
④ 조사측량

해설 노선측량의 작업순서는 도상계획 → 답사 → 예측 → 실시설계, 용지측량 → 공사측량 순이며 용지측량은 편입용지와 도로의 경계를 정하는 단계로 실시설계가 완료된 이후에 진행되는 측량이다.

37. 다음 원격탐사에 사용되는 전자스펙트럼 중에서 가장 파장이 긴 것은?

① 가시광선
② 열적외선
③ 근적외선
④ 자외선

해설 전자기파는 r선, x선, 자외선, 가시광선(빨주노초파남보의 무지개 색으로 보임), 적외선 전파로 구분되며 현재 원격탐사에서 이용되는 전자기파의 파장은 자외선 일부(0.3nm~0.4μm), 가시광선(0.4~0.7μm), 적외선 일부(0.7~1,000μm) 및 마이크로파(약 1mm~1m)이고 적외선 중에서도 열적외선이 파장이 가장 길다.

38. 우리나라의 일반철도에 주로 이용되는 완화곡선은?

① 클로소이드 곡선
② 3차 포물선
③ 2차 포물선
④ sin 곡선

해설 완화곡선의 종류
• 클로소이드 곡선 : 고속도로에 주로 이용
• 램니스케이트 곡선 : 지하철에 사용
• 3차포물선 : 철도에 많이 사용

39. 그림과 같은 수준망에서 폐합 수준측량을 한 결과, 다음 표와 같은 관측오차를 얻었다. 이 중 관측정확도가 가장 낮은 것으로 추정되는 구간은?

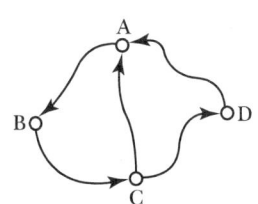

구간	오차(mm)	총거리(km)
AB	4.68	4
BC	2.27	3
CD	5.68	3
DA	7.50	5
CA	3.24	2

① AB 구간   ② AC 구간
③ CA 구간   ④ DA 구간

해설 각 수준망의 폐합오차를 구하면
① A → B → C → D → A = +4.68+2.27+5.68+7.50 = 20.13
② A → B → C → A = +4.58+2.27+3.24 = 10.09
③ A → C → D → A = +3.24+5.68+7.50 = 16.42
∴ ①의 폐합차가 가장 크기에, DA 구간의 관측정확도의 정도가 가장 낮다고 볼 수 있다.

40. 그림과 같은 등고선에서 AB의 수평거리가 60m일 때 경사도(incline)로 옳은 것은?

① 10%
② 15%
③ 20%
④ 25%

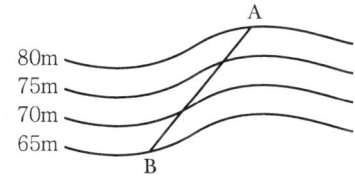

해설 높이 = 경사도×수평거리, 경사도 = $\dfrac{높이}{수평거리} = \dfrac{15}{60} = 0.25$

03 토지정보체계론

41. 국가나 지방자치단체가 지적전산자료를 이용하는 경우 사용료의 납부방법으로 옳은 것은?

① 사용료를 면제한다.
② 사용료를 수입증지로 납부한다.
③ 사용료를 수입인지로 납부한다.
④ 규정된 사용료의 절반을 현금으로 납부한다.

해설 지적전산자료의 이용 또는 활용에 관한 승인을 받은 자는 국토교통부령으로 정하는 사용료를 내야 한다.(다만, 국가나 지방자치단체에 대해서는 사용료를 면제한다.)

42. 다음 중 토지정보시스템에 대한 설명으로 옳지 않은 것은?

① 데이터에 대한 내용, 품질, 사용조건 등을 기술하고 있다.
② 구축된 토지정보는 토지등기, 평가, 과세, 거래의 기초자료로 활용된다.
③ 토지 부동산정보관리체계 및 다목적지적정보체계 구축에 활용될 수 있다.
④ 지적도 기반으로 토지와 관련된 공간정보를 수집·처리·저장·관리하기 위한 정보체계이다.

해설 메타데이터
데이터에 대한 정보로서 데이터의 내용, 품질, 조건 및 기타 특성에 대한 정보를 포함하는 정보의 이력서, 즉 데이터의 이력서라 할 수 있다.

43. 3차원 지적정보를 구축할 때, 지상 건축물의 권리관계 등록과 가장 밀접한 관련성을 가지는 도형 정보는?

① 수치지도
② 층별권원도
③ 토지피복도
④ 토지이용계획도

해설 층별도는 지상위치가 아닌 건물의 일부분을 소유하는 문제에 대한 법률문제와 권리보증을 위한 도면이다. 이 층별도 권원등록을 한 건물 일부에 대한 보조도면이 '층별권원도'이다.

44. 데이터 처리 시 대상물이 두 개의 유사한 색조나 색깔을 가지고 있는 경우 소프트웨어적으로 구별하기 어려워서 발생되는 오류는?

① 선의 단절
② 방향의 혼돈
③ 불분명한 경계
④ 주기와 대상물의 혼돈

해설 불분명한 경계는 사람(작업자)가 직접 조사·판단하여 결정하여야 한다.

45. 지적측량성과작성시스템에서 지적측량접수 프로그램을 이용하여 작성된 측량성과 검사 요청서 파일 포맷 형식으로 옳은 것은?

① *.jsg
② *.srf
③ *.sif
④ *.cif

해설 파일확장자 구분
도형데이터 추출 파일(cif), 측량계산파일(sebu), 측량관측파일(svy), 측량계산파일(ksp), 세부측량계산파일(ser), 측량성과파일(jsg), 토지이동정리파일(dat)

46. 필지 식별번호에 대한 설명으로 옳지 않은 것은?

① 각 필지에 부여하여 가변성이 있는 번호다.
② 필지에 관련된 자료의 공통적인 색인번호 역할을 한다.
③ 필지별 대장의 등록사항과 도면의 등록사항을 연결하는 기능을 한다.
④ 각 필지별 등록사항의 저장과 수정 등을 용이하게 처리할 수 있는 고유번호다.

해설 필지 식별번호는 변화가 없고 영구적이어야 한다.

47. 다음 중 대표적인 벡터파일 형식이 아닌 것은?

① TIFF 파일 포맷　　② CAD 파일 포맷
③ Shape 파일 포맷　　④ Coverage 파일 포맷

해설 상용 래스터 자료 포맷
1. BMP(Microsoft Windows Device Independent Bitmap) : 마이크로소프트에서 정의하고 있는 비트맵 그래픽 파일
2. JPG(Joint Photographic experts Group) : 웹에서 표준으로 사용되는 그래픽 파일
3. TIFF(Tagged Image File Format) : 미국의 어도비시스템즈사와 마이크로소프트사가 공동 개발한 래스터 화상 파일형식

48. 다음 중 기존 공간 사상의 위치, 모양, 방향 등에 기초하여 공간 형상의 둘레에 측정한 폭을 가진 구역을 구축하는 공간분석기법은?

① Buffer　　② Dissolve
③ Interpolation　　④ Classification

해설 Buffer 분석
특정 공간데이터를 중심으로 특정 길이만큼 버퍼영역을 설정하는 것으로 선택한 공간데이터의 둘레, 특정한 거리에 무엇이 있는가를 분석

49. 지적공부에 관한 전산자료의 관리에 관한 내용으로 옳지 않은 것은?

① 지적공부에 관한 전산자료가 최신 정보에 맞도록 수시로 갱신하여야 한다.
② 국토교통부장관은 지적전산자료에 오류가 있다고 판단되는 경우에는 지적소관청에 자료의 수정·보완을 요청할 수 있다.
③ 지적소관청은 요청을 받은 자료의 수정·보완 내용을 확인하여 지체 없이 바로잡은 후 국토교통부장관에게 그 결과를 보고하여야 한다.
④ 국토교통부장관은 표준지 공시지가 및 개별 공시지가가 확정된 후 6개월 이내에 정리하여야 한다.

해설 표준지 공시지가 및 개별 공시지가에 관한 지가전산자료는 확정된 후 3개월 이내에 정리

50. 지적도면을 디지타이징한 결과 교차점을 만나지 못하고 선이 끝나는 오류는?
① Spike
② Overshoot
③ Undershoot
④ Sliver polygon

해설 디지타이징 및 벡터편집에서의 오류유형
- Spike : 교차점에서 두 개의 선분이 만나는 과정에서 생기는 것
- Overshoot : 교차점을 지나 선이 끝나는 것
- Undershoot : 교차점이 만나지 못하고 선이 끝나는 것
- Sliver polygon : 오류에 의해 발생하는 선 사이의 틈

51. 부동산종합공부시스템에 대한 정상적인 운용상태에 대한 지적소관청의 점검 시기로 옳은 것은?
① 매월　　② 매주　　③ 매일　　④ 수시

해설 부동산종합공부시스템 운영 및 관리규정 제8조(전산자료 장애·오류의 정비)
운영기관의 장은 전산자료의 구축이나 관리과정에서 장애 또는 오류가 발생한 때에는 지체 없이 이를 정비하여야 한다.

52. 부동산종합공부시스템의 전산장비의 정기점검 주기로 옳은 것은?
① 일 1회 이상
② 주 1회 이상
③ 월 1회 이상
④ 연 1회 이상

해설 부동산종합공부시스템 운영 및 관리규정 제15조(전산장비의 설치 및 관리)
운영기관의 장은 부동산종합공부시스템의 전산장비를 수시로 점검·관리하되, 월 1회 이상 정기점검을 하여야 한다.

53. 다음 중 한국토지정보시스템(KLIS)의 구성 시스템이 아닌 것은?
① DB변환관리시스템
② 지적측량접수시스템
③ 지적공부관리시스템
④ 토지행정지원시스템

해설 KLIS 구성
- 지적공부관리시스템
- 지적측량성과작성시스템
- Data Base 변환시스템
- 연속/편집도 관리시스템
- 토지민원 발급시스템
- 도로명 및 건물번호 관리시스템
- 토지행정지원(부동산거래, 외국인토지취득, 부동산중개업, 개발부담금, 공시지가)시스템
- 민원발급관리시스템
- 용도지역지구 관리시스템
- 도시정보계획 검색시스템

Answer　50. ③　51. ④　52. ③　53. ②

54. 토지정보시스템(LIS)에 관한 설명으로 옳은 것은?
① 토지개발에 따른 투기현상을 방지하는 데 주목적을 두고 있다.
② 토지와 관련된 공간정보를 수집, 저장, 처리, 관리하기 위한 시스템이다.
③ 도시기반 시설에 관한 자료를 저장하여 효율적으로 관리하는 시스템이다.
④ 토지와 관련된 등록부와 도면작성을 위한 도해지적공부의 확보를 위한 것이다.

해설 토지의 이용, 개발, 행정, 다목적지적 등 토지 관련 문제를 해결하기 위한 정보시스템

55. 다음 중 공간데이터 관련 표준화와 관련이 없는 것은?
① IDW
② SDTS
③ CEN/TC
④ ISO/TC 211

해설 데이터 표준화
- SDTS(Spatial Data Transfer Standard, 공간자료 변환표준)
- DIGEST(Digital Geographic Exchange STandard)
- CEN/TC287 : ISO/TC211 활동이 시작되기 이전에 유럽의 표준화 기구를 중심으로 추진된 유럽의 지리정보표준화기구
- ISO/TC 211(국제표준화기구 ISO의 지리정보표준화 관련 위원회)

56. 관계형 데이터베이스관리시스템에서 자료를 만들고 조회할 수 있는 도구는?
① ASP
② JAVA
③ Perl
④ SQL

해설 SQL 언어
데이터베이스의 모든 속성과 성질을 정의하는 데이터 정의어(DDL), 데이터베이스 내의 데이터를 검색, 삽입, 갱신, 삭제하는 데 사용되는 데이터 조작처리언어(DML, 데이터 접근 제어 언어(DCL)로 구성되어 있다.

57. 다음 중 스캐닝을 통해 자료를 구축할 때 해상도를 표현하는 단위에 해당하는 것은?
① PPM
② DPI
③ DOT
④ BPS

해설 DPI(Dots Per Inch)
모니터 등의 디스플레이나 프린터의 해상도 단위이다. 화면 1인치당 몇 개의 도트(점)이 들어가는지를 말한다. 1인치당 표현되는 점의 개수가 많을수록 더 많은 점의 수로 표현되기 때문에 더욱 해상도가 뛰어나다.

58. 전산으로 접수된 지적공부정리신청서의 검토대상에 해당되지 않는 것은?
① 첨부된 서류의 적정 여부
② 신청인과 소유자의 일치 여부
③ 지적측량성과자료의 적정 여부
④ 신청사항과 지적전산자료의 일치 여부

Answer 54. ② 55. ① 56. ④ 57. ② 58. ②

해설 지적업무처리규정 50조(지적공부정리신청의 조사)
1. 신청서의 기재사항과 지적공부등록사항과의 부합 여부
2. 관계법령의 저촉 여부
3. 대위신청에 관하여는 그 권한대위의 적법 여부
4. 구비서류 및 수입증지의 첨부 여부
5. 신청인의 신청권한 적법 여부
6. 토지의 이동사유
7. 그 밖에 필요하다고 인정되는 사항

59. 다음 중 지적도면의 수치 파일화 공정순서로 옳은 것은?

① 지적도면 입력 → 폴리곤 형성 → 좌표 및 속성검사 → 도면신축 보정
② 지적도면 입력 → 폴리곤 형성 → 도면신축 보정 → 좌표 및 속성검사
③ 지적도면 입력 → 도면신축 보정 → 폴리곤 형성 → 좌표 및 속성검사
④ 지적도면 입력 → 좌표 및 속성검사 → 도면신축 보정 → 폴리곤 형성

해설 지적도면의 수치파일화
지적도면 복사 → 좌표 독취(수동 또는 자동) → 좌표 및 속성입력 → 좌표 및 속성 검사 → 도면신축 보정 → 도곽접합 → 폴리곤 및 폴리선 형성

60. 지적도 전산화 작업으로 구축된 도면의 데이터 레이어 번호로 옳지 않은 것은?

① 지번 : 10
② 지목 : 11
③ 문자정보 : 12
④ 필지경계선 : 1

해설 레이어 기준

구분	레이어	구분	레이어
필지선	1	지번	10
행정경계선(동, 리)	2	지목	11
행정명(동, 리)	3	축척	12
행정경계선(읍, 면)	4	소유자	13
행정명(읍, 면)	5	도호	14
행정경계선(기타원점)	6	필지순번	17
행정명(기타원점)	7	사용세목(예 : 채)	18
행정경계선(시, 군, 구)	8	분할코드 "a"	20
행정명(시, 군, 구)	9	측량경계점 거리	21
행정경계선(도)	23	제호, 조사 및 측량연월일, 인접도곽번호	22
행정명(도)	24	지적측량기준점	41

Answer 59. ④ 60. ③

04 지적학

61. 토지의 개별성·독립성을 인정하여 물권객체로 설정할 수 있도록 다른 토지와 구별되게 한 토지표시사항은?

① 지번   ② 지목   ③ 면적   ④ 개별공시지가

해설 지번의 의의
지번이란 지리적 위치의 고정성과 토지의 특정화, 개별성을 확보하기 위해 리·동의 단위로 필지마다 아라비아숫자로 순차적으로 부여하여 지적공부에 등록한 번호를 말한다.

62. 지적재조사사업의 목적으로 옳지 않은 것은?

① 경계복원능력의 향상
② 지적불부합지의 해소
③ 토지거래질서의 확립
④ 능률적인 지적관리체제 개선

해설 지적재조사의 목적
1. 공적 측면에서 국토의 효율적인 관리, 토지정책 및 행정 수행의 기초자료 제공
2. 사적 측면에서 국민의 토지소유권 보호, 토지거래의 안전성 및 신속성 보장
3. 측량·정보처리기술의 혁신 및 지적불부합이 야기되는 지적제도의 전면 개선
4. 토지 관련 정보의 신속·정확한 제공
5. 지적정보를 공동 활용하여 중복투자 방지
6. 지적행정의 효율성 및 능률성 도모
※ 토지거래질서의 확립은 부동산정책으로 해결한 부분이다.

63. 지적의 토지표시사항의 특성으로 볼 수 없는 것은?

① 정확성   ② 다양성   ③ 통일성   ④ 단순성

해설 토지표시와 지적의 특징
1. 토지표시 : "토지의 표시"란 지적공부에 토지의 소재·지번·지목·면적·경계 또는 좌표를 등록한 것을 말한다.
2. 지적제도의 특징(심프슨)
   • 안정성 : 토지 소유권 및 기타권리는 일단 등록되면 안전한 불가침의 영역
   • 간편성 : 소유권 등록은 단순한 형태로 사용, 절차는 명확하고 확실해야 함
   • 정확성과 신속성 : 지적제도의 효율성을 위해 토지등록은 정확하고 신속해야 함
   • 저렴성 : 소유권 등록에 의하여 소유권을 입증하는 것보다 저렴한 것은 없음
   • 적합성 : 상황 변화에 상관없이 결정적인 요소는 적합해야 하고 비용, 인력, 기술에 유용해야 함
   • 등록의 완전성 : 등록은 모든 토지에 대하여 완전하여야 하며 최근 상황을 반영하여야 함
   ※ 지적공부의 등록사항인 토지표시사항은 전국적인 통일성과 이를 위한 단순성 및 정확성이 요구되지만 다양성은 토지의 등록에 혼란을 야기할 수 있으므로 배제된다.

Answer   61. ①   62. ③   63. ②

64. 역토의 종류에 해당되지 않는 것은?

① 마전 ② 국둔전 ③ 장전 ④ 급주전

해설 역토(驛土)
1. 역토의 개념 : 역토는 신라, 고려시대 및 조선시대까지 이어져 1896년 폐지된 역참에 부속된 토지를 말함
2. 역참의 특징 : 역참은 공용 문서·물품의 운송, 관리의 공무상 여행에 필요한 말과 인부 및 숙박, 음식 등의 제공을 위하여 설치한 기관으로서 각 도(道)의 중요 지점과 도(道) 소재지에서 군소재지로 통하는 도로에 약 40리(里)마다 1개의 역참(驛站)을 설치함
3. 역토의 종류
   - 공수전(公須田) : 관리접대비에 충당하기 위한 것으로 역의 대로, 중로, 소로에 따라 달리 지급됨
   - 장전(長田) : 역장에게 지급(2결)
   - 부장전(副長田) : 부역장에게 지급(1.5결)
   - 급주전(急走田) : 급히 연락하는 이른바 급주졸(急走卒)에게 지급(50부)
   - 마위전(馬位田) : 말의 사육을 위해 지급(말의 등급에 따라 차등지급)
   ※ 국둔전은 관둔전 및 영아문둔전 등과 함께 둔전(屯田)에 속한다.

65. 토지조사령은 그 본래의 목적이 일제가 우리나라의 민심수습과 토지수탈의 목적으로 제정되었다고 볼 수 있다. 토지조사령은 토지에 대한 과세에 큰 비중을 두었으며, 토지조사는 세 가지 분야에 걸쳐 시행되었다. 다음 중 토지조사에 해당되지 않는 것은?

① 지가조사 ② 소유권조사
③ 지(형)모조사 ④ 측량성과조사

해설 토지조사사업의 내용
1. 지적제도와 부동산등기제도의 확립을 위한 토지의 소유권 조사
2. 지세제도의 확립 위한 토지의 가격조사(지가조사)
3. 국토의 지리를 밝히는 토지의 외모조사(지형지모조사)

66. 지역선에 대한 설명으로 옳지 않은 것은?

① 임야조사사업 당시의 사정선 ② 시행지와 미시행지와의 지계선
③ 소유자가 동일한 토지와의 구획선 ④ 소유자를 알 수 없는 토지와의 구획선

해설 토지조사사업 당시 강계선과 지역선
1. 토지의 사정 : 토지조사부와 지적도에 의하여 토지의 소유자 및 그 강계를 확정하는 행정처분
2. 강계의 사정
   - 강계라 함은 지적도상에 제도된 소유자가 다른 경계선을 말함
   - 지적도에 제도되어 있어도 지역선은 사정하지 않음
   - 사정선인 강계선은 불복신립이 인정
3. 토지조사사업 당시 강계선과 지역선의 구분
   - 강계선 : 사정선으로서, 토지조사사업 당시 확정된 소유자가 다른 토지 간의 경계선이며 강계선의 상대는 소유자와 지목이 다르다는 원칙이 성립

Answer 64. ② 65. ④ 66. ①

- 지역선 : 소유자가 같은 토지와의 구획선 또는 소유자를 알 수 없는 토지와의 구획선 및 토지조사사업의 시행지와 미시행지와의 지계선
- 경계선 : 임야조사사업 시의 사정선

67. 중앙지적위원회와 지방지적위원회의 위원구성 및 운영에 필요한 사항은 무엇으로 정하는가?

① 대통령령
② 국토교통부령
③ 행정안전부령
④ 한국국토정보공사령

해설 「공간정보의 구축 및 관리 등에 관한 법률」의 규정에 따라 대통령령인 「공간정보의 구축 및 관리 등에 관한 법률 시행령」에서 규정하고 있다.

68. 다음의 설명에 해당하는 학자는?

- 해학유서에서 망척제를 주장하였다.
- 전안을 작성하는 데 반드시 도면과 지적이 있어야 비로소 자세하게 갖추어진 것이라 하였다.

① 이기
② 서유구
③ 유진억
④ 정약용

해설 조선후기 양전개정론 학자와 저서
- 정약용의 「목민심서(牧民心書)」 : 정전제(井田制)의 시행을 전제로 방량법과 어린도법 도입을 주장
- 서유구의 「의상경계책(擬上經界策)」 : 양전법을 방량법, 어린도법으로 개정
- 이기의 「해학유서(海鶴遺書)」 : 수등이척제에 대한 개선방법으로 망척제 도입을 주장

69. 경계 결정 시 경계불가분의 원칙이 적용되는 이유로 옳지 않은 것은?

① 필지 간 경계는 1개만 존재한다.
② 경계는 인접 토지에 공통으로 작용한다.
③ 실지 경계 구조물의 소유권을 인정하지 않는다.
④ 경계는 폭이 없는 기하학적인 선의 의미와 동일하다.

해설 민법 제237조(경계표, 담의 설치권)
"인접토지소유자는 공동비용으로 경계표나 담을 설치"(1항)하고, "비용은 쌍방이 절반하여 부담하고 측량비용은 면적에 비례하여 부담한다."(2항)고 규정하고 있으며, 민법 제239조(경계표 등의 공유추정)는 "경계에 설치된 경계표, 담, 구거 등은 상린자의 공유로 추정... 그러나 상린자 일방의 단독비용으로 설치되었거나 담이 건물의 일부인 경우에는 그러하지 아니하다."고 규정하고 있어 경계구조물의 소유권을 인정하고 있다.

70. 우리나라의 현행 지번 설정에 대한 원칙으로 옳지 않은 것은?

① 북서기번의 원칙
② 부번(副番)의 원칙
③ 종서(縱書)의 원칙
④ 아라비아숫자 지번의 원칙

해설 종서(縱書 : 세로쓰기)는 한문숫자로 지번을 부여할 때 사용한 방식이며, 아라비아숫자로 지번을 부여할 때는 횡서(橫書 : 가로쓰기) 방식을 사용한다.

71. 동일한 지번부여지역 내에서 최종 지번이 1075이고, 지번이 545인 필지를 분할하여 1076, 1077로 표시하는 것과 같은 부번 방식은?

① 기번식 지번제도
② 분수식 지번제도
③ 사행식 부번제도
④ 자유식 지번제도

72. 토지조사사업의 목적으로 옳지 않은 것은?

① 부동산 표시에 반드시 필요한 지번 창설
② 국유지 조사로 조선총독부의 소유 토지 확보
③ 지세 수입을 증대하기 위한 조세수입체계의 확립
④ 일본인의 토지 점유를 합법화하여 보장하는 법률적 제도의 확립

해설 토지조사사업의 목적
- 토지소유의 증명제도 및 조세수입체제의 확립
- 미 개간지 점유 및 역둔토 등의 국유화로 조선총독부의 소유지 확보
- 소작농의 제 권리를 배제시키고 노동인력으로 흡수하여 토지소유형태의 합리화를 꾀함
- 면적단위의 통일성 확립
- 일본 상업자본(고리대금업 등)의 토지점유를 보장하는 법률적 제도 확립
- 식량 및 원료 반출을 위한 토지이용제도의 정비

73. 다음 중 신라시대 구장산술에 따른 전(田)의 형태별 측량 내용으로 옳지 않은 것은?

① 방전(方田) – 정사각형의 토지로 장(長)과 광(廣)을 측량한다.
② 규정(圭田) – 이등변삼각형의 토지로 장(長)과 광(廣)을 측량한다.
③ 제전(梯田) – 사다리꼴의 토지로 장(長)과 동활(東闊)·서활(西闊)을 측량한다.
④ 환전(環田) – 원형의 토지로 주(周)와 경(經)을 측량한다.

해설 구장산술에 따른 전의 형태
1. 방전(方田) : 사방의 길이가 같은 정사각형 모양의 전답
2. 직전(直田) : 긴 네모꼴의 전답
3. 구고전(句股田) : 직각삼각형으로 된 전답
4. 규전(圭田) : 삼각형의 전답
5. 제전(梯田) : 사다리꼴 모양의 전답
6. 사전(邪田) : 한 변이 밑변에 수직인 사다리꼴의 전답
7. 원전(圓田) : 원과 같은 모양의 전답
8. 호전(弧田) : 활꼴모양의 전답
9. 환전(環田) : 두 동심원에 둘러싸인 모양, 즉 도넛 모양의 전답

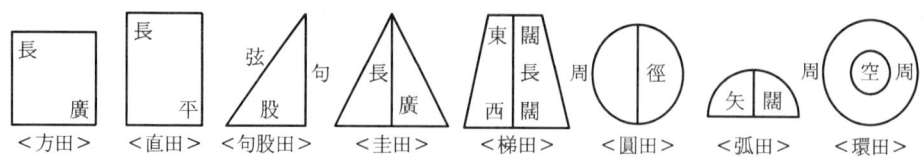

74. 고도의 정확성을 가진 지적측량을 요구하지는 않으나 과세표준을 위한 면적과 토지 전체에 대한 목록의 작성이 중요한 지적제도는?

① 법지적
② 세지적
③ 경제지적
④ 소유지적

해설 지적의 분류
1. 지적제도의 분류방법
   - 발전과정에 따른 분류 : 세지적, 법지적, 다목적지적
   - 표시방법(측량방법)에 따른 분류 : 도해지적, 수치지적
   - 등록대상(등록방법)에 따른 분류 : 2차원, 3차원
2. 발전과정에 따른 지적의 분류
   - 세지적(Fiscal Cadastre) : 농경시대에 개발된 최초의 지적제도로서 세금의 징수를 주목적으로 하고 과세지적이라 하며, 필지별 세액산정을 위해 면적본위로 운영
   - 경제지적(Economic Cadastre) : 도시계획이나 농지개량사업의 기초가 되는 지적제도로서 유사지적이라고도 함
   - 법지적(Legal Cadastre) : 산업화시대(17세기 유럽)에 개발된 제도로서 토지거래의 안전과 소유권보호를 주목적으로 하고 소유권지적이라 하며, 소유권의 한계설정과 경계의 복원을 강조하는 위치본위로 운영
   - 다목적지적(Multi-Purposs Cadastre) : 토지의 각종 등록자료의 관리 및 공급으로 토지이용의 효율성을 추구하는 제도로서 종합지적 또는 통합지적이라 하며, 컴퓨터시스템으로 운영할 때 가능한 종합적 토지정보시스템

75. 나라별 지적제도에 대한 설명으로 옳지 않은 것은?

① 대만 : 일본의 식민지시대에 지적제도가 창설되었다.
② 스위스 : 적극적 권리의 지적체계를 가지고 있다.
③ 독일 : 최초의 지적조사는 1811년에 착수, 1832년에 확립하였다.
④ 프랑스 : 근대지적의 시초인 나폴레옹 지적으로서 과세지적의 대표이다.

해설 독일의 경우 1801년 바바리아(Bavaria) 지방에서 지적측량이 시작되어 1864에 완성되었지만 전반적인 지적조사는 1900년에 확립됨

76. 다음 지적의 3요소 중 협의의 개념에 해당하지 않는 것은?

① 공부
② 등록
③ 토지
④ 필지

해설 지적의 3대 구성요소
1. 광의적 개념 : 소유자, 권리, 필지
2. 협의적 개념 : 토지, 등록, 공부

Answer 74. ② 75. ③ 76. ④

77. 다음 중 토지등록의 원칙에 대한 설명으로 옳지 않은 것은?

① 지적국정주의 : 지적공부의 등록사항인 토지표시사항을 국가가 결정하는 원칙이다.
② 물적편성주의 : 권리의 주체인 토지소유자를 중심으로 지적공부를 편성하는 원칙이다.
③ 의무등록주의 : 토지의 표시를 새로이 정하거나 변경 또는 말소하는 경우 의무적으로 소관청에 토지이동을 신청하여야 한다.
④ 직권등록주의 : 지적공부에 등록할 토지표시사항은 소관청이 직권으로 조사·측량하여 지적공부에 등록한다는 원칙이다.

해설 물적편성주의는 개별 토지를 중심으로 지적공부를 편성하는 원칙이다.

78. 수치지적과 도해지적에 관한 설명으로 옳지 않은 것은?

① 수치지적은 비교적 비용이 저렴하고 고도의 기술을 요구하지 않는다.
② 수치지적은 도해지적보다 정밀하게 경계를 표시할 수 있다.
③ 도해지적은 대상 필지의 형태를 시각적으로 용이하게 파악할 수 있다.
④ 도해지적은 토지의 경계를 도면에 일정한 축척의 그림으로 그리는 것이다.

해설 도해지적과 수치지적의 비교
1. 도해지적과 수치지적의 의의
   - 도해지적(Grephical Cadastre) : 토지경계를 도해적으로 측정하여 지적도 또는 임야도에 등록하고 토지경계의 효력을 도면에 등록된 경계에 의존하는 제도
   - 수치지적(Numerical Cadastre) : 토지경계점을 수학적 좌표(X,Y)로 등록하는 제도로서 도해측량에 비해 측량의 정확성은 더 높고, 측량자의 주관적 판단 개입으로 인한 오차의 소지는 더 낮음
2. 도해지적과 수치지적의 장단점

구분	장점	단점
도해지적	① 토지형상의 시각적 파악이 용이 ② 측량 비용의 저렴성 ③ 고도의 기술이 요구되지 않음	① 축척별 허용오차가 다름 ② 도면신축 발생, 보관관리 어려움 ③ 개인적·기계적·자연적 오차 유발 ④ 측량오차에 대한 신뢰성의 문제 발생
수치지적	① 자동제도에 의한 지적도 제작이 편리 ② 축척 제한 없는 자유로운 도면작성 ③ 측량이 신속하며, 컴퓨터를 이용할 경우 내업이 간편 ④ 도해지적에 비해 정밀도가 높음	① 새로운 도면이 작성이 필요함 ② 등록 당시의 측량기준점 사용 여부에 따라 정확도에 영향을 받음 ③ 측량장비의 가격이 고가 ④ 측량사의 전문지식이 요구됨

79. 대한제국시대에 삼림법에 의거하여 작성한 민유산야약도에 대한 설명으로 옳지 않은 것은?

① 민유산야약도의 경우에는 지번을 기재하지 않았다.
② 최초로 임야측량이 실시되었다는 점에서 중요한 의미가 있다.
③ 민유임야측량은 조직과 계획없이 개인별로 시행되었고 일정한 수수료도 없었다.
④ 토지 등급을 상세하게 정리하여 세금을 공평하게 징수할 수 있도록 작성된 도면이다.

Answer 77. ② 78. ① 79. ④

해설 민유산야(임야) 약도는 토지조사사업 및 임야조사사업 이전인 1908년 1월 21일 대한제국의 산림법 공포에 따라 1911년 1월 20일까지 3년간 소유자 개인비용으로 측량을 실시하여 공상공부대신에게 신고하기 위하여 작성된 도면으로서 이 기간 내에 신고하지 않은 경우에는 모두 국유지로 간주한다고 하였다. 기재내용은 임야의 소재, 면적(삼사법과 정町, 반反, 보步의 척관법 사용), 소유자, 축척(1/200, 1/300, 1/600, 1/1200, 1/2400, 1/3000, 1/6000 등 8종), 사표, 측량연월일, 방위, 측량자 성명·날인 등이다.

※ 민유임야약도에 토지등급은 존재하지 않으며, 세금의 공평과세보다는 임야 소유권을 명확히 하려는 목적이 있다.

80. 다음 중 입안제도(立案制度)에 대한 설명으로 옳지 않은 것은?

① 토지매매계약서이다.
② 관에서 교부하는 형식이었다.
③ 조선후기에는 백문매매가 성행하였다.
④ 소유권 이전 후 100일 이내에 신청하였다.

해설 입안(立案)
1. 입안의 개념
   ① 토지가옥의 매매를 국가에서 증명하는 제도로서, 현재의 등기권리증과 같은 지적의 명의변경 절차
   ② 진실한 권리자 보호 및 거래의 안전보장에 기여함을 목적으로 함
2. 입안의 내용 및 효력
   ① 기재내용 : 입안일자, 입안 관청명, 입안사유, 당해관의 서명
   ② 입안의 효력 : 매매계약에 대한 확정력, 공증력이 부여되어 권리관계가 명확해짐
3. 입안의 작성절차
   ① 계약성립 후 소유권이 이전되면 매수인이 매매문기 등을 첨부하여 입안청구의 소지를 매도인의 소재관에게 100일 이내에 제출(목적물 소재관에게 청구하는 예외도 있음)
   ② 한성부는 당하관이 화압하고, 당상관 1명이 화압한 다음 입안의 성급을 결정하여 관인을 날인
   ③ 관은 매매당사자, 증인, 필집 등을 조사하고 매매의 합법성을 확인하여 입안 발급
4. 입안의 규정
   ① 속전등록 : 입안기한의 규정은 없으나 입안받지 않는 토지는 몰관한다고 규정
   ② 경국대전 : 토지가옥의 매매는 백일 이내(3년에서 단축), 상속은 1년 이내에 입안토록 규정
5. 입안의 폐지
   ① 입안은 강행적이고, 필요적 제도였으나 초기부터 잘 지켜지지 않았고, 조선후기에 사문화되어 대전회통에 폐지를 명문화함
   ② 입안의 사문화 이유 : 절차의 비현실성, 매매당사자·증인·집필인 등 출두 기피, 과중한 작지부담
   ③ 백문매매(白文賣買)의 성행 : 백문매매는 문기의 일종으로 입안을 받지 않는 매매계약서를 뜻하며, 관습상 성행하여 후에 관에서도 합법화되었으나 입안(立案) 폐지사유가 됨
   ※ 조선시대의 토지매매계약서는 "문기"를 의미한다.

Answer 80. ①

05 지적관계법규

81. 공간정보의 구축 및 관리 등에 관한 법상 지적측량 및 토지 이동 조사를 위해 타인의 토지에 출입하거나 일시 사용하는 경우에 대한 설명으로 옳지 않은 것은?

① 타인의 토지에 출입하려는 자는 관할 특별자치시장, 특별자치도지사, 시장·군수 또는 구청장의 허가를 받아야 한다.
② 타인의 토지를 출입하는 자는 소유자·점유자 또는 관리인의 동의 없이 장애물을 변경 또는 제거할 수 있다.
③ 토지의 점유자는 정당한 사유 없이 지적측량 및 토지이동 조사에 필요한 행위를 방해하거나 거부하지 못한다.
④ 지적측량 및 토지이동 조사에 필요한 행위를 하려는 자는 그 권한을 표시하는 허가증을 지니고 관계인에게 이를 내보여야 한다.

해설 토지 등에의 출입 등
① 지적소관청은 지적재조사사업을 위하여 필요한 경우에는 소속 공무원 또는 지적측량수행자로 하여금 타인의 토지·건물·공유수면 등에 출입하거나 이를 일시 사용하게 할 수 있으며, 특히 필요한 경우에는 나무·흙·돌, 그 밖의 장애물을 변경하거나 제거하게 할 수 있다.
② 지적소관청은 제1항에 따라 소속 공무원 또는 지적측량 수행자로 하여금 타인의 토지 등에 출입하게 하거나 이를 일시 사용하게 하거나 장애물 등을 변경 또는 제거하게 하려는 때에는 출입 등을 하려는 날의 3일 전까지 해당 토지 등의 소유자·점유자 또는 관리인에게 그 일시와 장소를 통지하여야 한다.
③ 해 뜨기 전이나 해가 진 후에는 그 토지 등의 점유자의 승낙 없이 택지나 담장 또는 울타리로 둘러싸인 타인의 토지 등에 출입할 수 없다.
④ 토지 등의 점유자는 정당한 사유 없이 제1항에 따른 행위를 방해하거나 거부하지 못한다.
⑤ 제1항에 따른 행위를 하려는 자는 그 권한을 표시하는 증표와 허가증을 지니고 이를 관계인에게 내보여야 한다.
⑥ 지적소관청은 제1항의 행위로 인하여 손실을 입은 자가 있으면 이를 보상하여야 한다.
⑦ 제6항에 따른 손실보상에 관하여는 지적소관청과 손실을 입은 자가 협의하여야 한다.
⑧ 지적소관청 또는 손실을 입은 자는 제7항에 따른 협의가 성립되지 아니하거나 협의를 할 수 없는 경우에는 「공익사업을 위한 토지 등의 취득 및 보상에 관한 법률」에 따른 관할 토지수용위원회에 재결을 신청할 수 있다.
⑨ 제8항에 따른 관할 토지수용위원회의 재결에 관하여는 「공익사업을 위한 토지 등의 취득 및 보상에 관한 법률」 제84조부터 제88조까지의 규정을 준용한다.

Answer 81. ②

82. 지적측량 시행규칙상 지적기준점표지의 설치·관리로서 옳지 않은 것은?

① 지적소관청은 연 1회 이상 지적기준점표지의 이상 유무를 조사하여야 한다.
② 지적삼각점표지의 점간거리는 평균 3킬로미터 이상 6킬로미터 이하로 하여야 한다.
③ 지적삼각보조점표지의 점간거리는 평균 1킬로미터 이상 3킬로미터 이하로 하여야 한다.
④ 다각망도선법에 따르는 경우 지적도근점 표지의 점간거리는 평균 500미터 이하로 하여야 한다.

해설 지적기준점표지의 설치·관리 등
① 「공간정보의 구축 및 관리 등에 관한 법률」에 따른 지적기준점표지의 설치는 다음 각 호의 기준에 따른다.
- 지적삼각점표지의 점간거리는 평균 2킬로미터 이상 5킬로미터 이하로 할 것
- 지적삼각보조점표지의 점간거리는 평균 1킬로미터 이상 3킬로미터 이하로 할 것. 다만, 다각망도선법에 따르는 경우에는 평균 0.5킬로미터 이상 1킬로미터 이하로 한다.
- 지적도근점표지의 점간거리는 평균 50미터 이상 300미터 이하로 할 것. 다만, 다각망도선법에 따르는 경우에는 평균 500미터 이하로 한다.
② 지적소관청은 연 1회 이상 지적기준점표지의 이상 유무를 조사하여야 한다. 이 경우 멸실되거나 훼손된 지적기준점표지를 계속 보존할 필요가 없을 때에는 폐기할 수 있다.
③ 지적소관청이 관리하는 지적기준점표지가 멸실되거나 훼손되었을 때에는 지적소관청은 다시 설치하거나 보수하여야 한다.

83. 국토의 계획 및 이용에 관한 법상 용어의 정의로 옳지 않은 것은?

① "도시·군계획사업"이란 도시·군관리계획을 시행하기 위한 도시·군계획시설사업, 「도시개발법」에 따른 도시개발사업, 「도시 및 주거환경정비법」에 따른 정비사업을 말한다.
② "용도지역"이란 토지의 이용 및 건축물의 용도·건폐율·용적률·높이 등에 대한 용도지역의 제한을 강화하거나 완화하여 적용함으로써 용도지역의 기능을 증진시키고 미관·경관·안전 등을 도모하기 위하여 도시·군관리계획으로 결정하는 지역을 말한다.
③ "지구단위계획"이란 도시·군계획 수립 대상지역의 일부에 대하여 토지 이용을 합리화하고 그 기능을 증진시키며 미관을 개선하고 양호한 환경을 확보하며, 그 지역을 체계적·계획적으로 관리하기 위하여 수립하는 도시·군관리계획을 말한다.
④ "용도구역"이란 토지의 이용 및 건축물의 용도·건폐율·용적률·높이 등에 대한 용도지역 및 용도지구의 제한을 강화하거나 완화하여 따로 정함으로써 시가지의 무질서한 확산방지, 계획적이고 단계적인 토지이용의 도모, 토지이용의 종합적 조정·관리 등을 위하여 도시·군관리계획으로 결정하는 지역을 말한다.

해설 용도지역 및 용도지구
1. 용도지역 : 토지의 이용 및 건축물의 용도, 건폐율, 용적률, 높이 등을 제한함으로써 토지를 경제적·효율적으로 이용하고 공공복리의 증진을 도모하기 위하여 서로 중복되지 아니하게 도시·군관리계획으로 결정하는 지역을 말한다.
2. 용도지구 : 토지의 이용 및 건축물의 용도·건폐율·용적률·높이 등에 대한 용도지역의 제한을 강화하거나 완화하여 적용함으로써 용도지역의 기능을 증진시키고 경관·안전 등을 도모하기 위하여 도시·군관리계획으로 결정하는 지역을 말한다.

Answer 82. ② 83. ②

84. 다음 중 지적공부에 등록하는 토지의 표시가 아닌 것은?
① 소유자　　　　　　　　　② 지번과 지목
③ 토지의 소재　　　　　　　④ 경계 또는 좌표

해설 "토지의 표시"란 지적공부에 토지의 소재·지번·지목·면적·경계 또는 좌표를 등록한 것을 말하며 소유자는 등기필증, 등기완료통지서, 등기사항증명서 또는 등기관서에서 제공한 등기전산정보자료에 따라 정리하는 소유권에 관한 사항이다.

85. 공간정보의 구축 및 관리 등에 관한 법상 임야도의 축척으로 옳은 것은?
① 1/1200　　　　　　　　　② 1/2400
③ 1/5000　　　　　　　　　④ 1/6000

해설 지적도면의 축척
1. 지적도 : 1/500, 1/600, 1/1000, 1/1200, 1/2400, 1/3000, 1/6000
2. 임야도 : 1/3000, 1/6000

86. 국토의 계획 및 이용에 관한 법상 보호지구로 지정하는 시설로 옳지 않은 것은?
① 공항　　　② 항만　　　③ 문화재　　　④ 녹지지역

해설 용도지구
1. 경관지구 : 경관의 보전·관리 및 형성을 위하여 필요한 지구
2. 고도지구 : 쾌적한 환경 조성 및 토지의 효율적 이용을 위하여 건축물 높이의 최고한도를 규제할 필요가 있는 지구
3. 방화지구 : 화재의 위험을 예방하기 위하여 필요한 지구
4. 방재지구 : 풍수해, 산사태, 지반의 붕괴, 그 밖의 재해를 예방하기 위하여 필요한 지구
5. 보호지구 : 문화재, 중요 시설물(항만, 공항 등 대통령령으로 정하는 시설물을 말한다) 및 문화적·생태적으로 보존가치가 큰 지역의 보호와 보존을 위하여 필요한 지구
6. 취락지구 : 녹지지역·관리지역·농림지역·자연환경보전지역·개발제한구역 또는 도시자연공원구역의 취락을 정비하기 위한 지구
7. 개발진흥지구 : 주거기능·상업기능·공업기능·유통물류기능·관광기능·휴양기능 등을 집중적으로 개발·정비할 필요가 있는 지구
8. 특정용도제한지구 : 주거 및 교육 환경 보호나 청소년 보호 등의 목적으로 오염물질 배출시설, 청소년 유해시설 등 특정시설의 입지를 제한할 필요가 있는 지구
9. 복합용도지구 : 지역의 토지이용 상황, 개발 수요 및 주변 여건 등을 고려하여 효율적이고 복합적인 토지이용을 도모하기 위하여 특정시설의 입지를 완화할 필요가 있는 지구

87. 공간정보의 구축 및 관리 등에 관한 법령상 축척변경 승인을 받았을 때 시행공고를 하여야 하는 사항이 아닌 것은?
① 축척변경의 시행지역　　　　　　② 축척변경의 시행에 관한 세부계획
③ 축척변경의 시행에 따른 청산방법　④ 축척변경의 시행에 관한 사업시행자

Answer　84. ①　85. ④　86. ④　87. ④

해설 축척변경의 시행공고
① 지적소관청은 시·도지사 또는 대도시 시장으로부터 축척변경 승인을 받았을 때에는 지체 없이 다음 각 호의 사항을 20일 이상 공고하여야 한다.
- 축척변경의 목적, 시행지역 및 시행기간
- 축척변경의 시행에 관한 세부계획
- 축척변경의 시행에 따른 청산방법
- 축척변경의 시행에 따른 토지소유자 등의 협조에 관한 사항

② 시행공고는 시·군·구 및 축척변경 시행지역 동·리의 게시판에 주민이 볼 수 있도록 게시

88. 공간정보의 구축 및 관리 등에 관한 법상 규정된 지목의 종류로 옳지 않은 것은?

① 운동장　　② 유원지　　③ 잡종지　　④ 철도용지

해설 지목의 종류 및 표기방법
① 지목을 지적도 및 임야도에 등록하는 때에는 두문자 또는 차문자로 표기한다.
② 하천, 유원지, 공장용지, 주차장은 차문자로 표기한다.(천, 원, 장, 차)

지 목	부 호	지 목	부 호
전	전	철도용지	철
답	답	제방	제
과수원	과	하천	천
목장용지	목	구거	구
임야	임	유지	유
광천지	광	양어장	양
염전	염	수도용지	수
대	대	공원	공
공장용지	장	체육용지	체
학교용지	학	유원지	원
주차장	차	종교용지	종
주유소용지	주	사적지	사
창고용지	창	묘지	묘
도로	도	잡종지	잡

89. 부동산등기법상 부동산 등기용 등록번호의 부여절차로 옳지 않은 것은?

① 법인의 등록번호는 주된 사무소 소재지 관할 등기소의 등기관이 부여한다.
② 법인 아닌 사단이나 재단의 등록번호는 시장, 군수 또는 구청장이 부여한다.
③ 국가·지방자치단체·국제기관 및 외국정부의 등록번호는 기획재정부장관이 지정·고시한다.
④ 주민등록번호가 없는 재외국민의 등록번호는 대법원 소재지 관할 등기소의 등기관이 부여한다.

해설 부동산등기용등록번호의 부여절차
1. 국가·지방자치단체·국제기관 및 외국정부의 등록번호는 국토교통부장관이 지정·고시한다.
2. 주민등록번호가 없는 재외국민의 등록번호는 대법원 소재지 관할 등기소의 등기관이 부여하고, 법인의 등록번호는 주된 사무소(회사의 경우에는 본점, 외국법인의 경우에는 국내에 최초로 설치 등기를 한 영업소나 사무소를 말한다) 소재지 관할 등기소의 등기관이 부여한다.

3. 법인 아닌 사단이나 재단 및 국내에 영업소나 사무소의 설치 등기를 하지 아니한 외국법인의 등록번호는 시장, 군수 또는 구청장(자치구가 아닌 구의 구청장을 포함한다)이 부여한다.
4. 외국인의 등록번호는 체류지(국내에 체류지가 없는 경우에는 대법원 소재지에 체류지가 있는 것으로 본다)를 관할하는 지방출입국·외국인관서의 장이 부여한다.

90. 부동산등기법상 미등기 토지의 소유권 보존등기를 신청할 수 없는 자는?

① 확정판결에 의하여 자기의 소유권을 증명하는 자
② 수용(收用)으로 인하여 소유권을 취득하였음을 증명하는 자
③ 토지대장등본에 의하여 피상속인이 토지대장에 소유자로서 등록되어 있는 것을 증명하는 자
④ 특별자치도지사, 시장, 군수 또는 구청장의 확인에 의하여 자기의 소유권을 증명하는 자(건물의 경우로 한정한다.)

해설 미등기 토지 또는 건물에 관한 소유권보존등기 신청
1. 토지대장, 임야대장 또는 건축물대장에 최초의 소유자로 등록되어 있는 자 또는 그 상속인, 그 밖의 포괄승계인
2. 확정판결에 의하여 자기의 소유권을 증명하는 자
3. 수용(收用)으로 인하여 소유권을 취득하였음을 증명하는 자
4. 특별자치도지사, 시장, 군수 또는 구청장(자치구의 구청장을 말한다)의 확인에 의하여 자기의 소유권을 증명하는 자(건물의 경우로 한정한다.)

91. 공간정보의 구축 및 관리 등에 관한 법상 행정구역의 명칭변경 시 지적공부에 등록된 토지의 소재는 어떻게 되는가?

① 등기소에 변경등기함으로써 변경된다.
② 소관청장이 변경정리함으로써 변경된다.
③ 새로운 행정구역의 명칭으로 변경된 것으로 본다.
④ 행정안전부장관의 승인을 받아야 변경된 것으로 본다.

해설 행정구역의 명칭변경
① 행정구역의 명칭이 변경되었으면 지적공부에 등록된 토지의 소재는 새로운 행정구역의 명칭으로 변경된 것으로 본다.
② 지번부여지역의 일부가 행정구역의 개편으로 다른 지번부여지역에 속하게 되었으면 지적소관청은 새로 속하게 된 지번부여지역의 지번을 부여하여야 한다.

92. 공간정보의 구축 및 관리 등에 관한 법령상 지적측량수행자의 손해보험책임을 보장하기 위한 보증설정에 관한 설명으로 옳은 것은?

① 지적측량업자가 보증보험에 가입하여야 하는 보증금액은 5천 만 원 이상이다.
② 한국국토정보공사가 보증보험에 가입하여야 하는 보증금액은 20억 원 이상이다.
③ 지적측량업자가 보증설정을 하였을 때에는 이를 증명하는 서류를 국토교통부장관에게 제출하여야 한다.
④ 지적측량업자는 지적측량업 등록증을 발급받은 날부터 30일 이내에 보증설정을 하여야 한다.

해설 공간정보의 구축 및 관리 등에 관한 법령상 지적측량수행자의 손해배상책임의 보장
1. 보증보험 가입금액
   ① 지적측량업자 : 보장기간이 10년 이상이고 보증금액이 1억 원 이상인 보증보험
   ② 한국국토정보공사 : 보증금액이 20억 원 이상인 보증보험
2. 지적측량업자는 지적측량업 등록증을 발급받은 날부터 10일 이내에 보증보험에 가입하고 보증보험에 가입하였을 때는 이를 증명하는 서류를 시·도지사에게 제출
3. 보증보험에 가입한 지적측량수행자가 그 보증보험을 다른 보증보험으로 변경하려는 경우에는 이미 가입한 보험의 효력이 있는 기간 중에 다른 보험으로 가입
4. 보증보험에 가입한 지적측량수행자가 보증보험기간의 만료로 인하여 다시 보증보험에 가입하려는 경우에는 그 보증기간 만료일까지 다시 보증보험에 가입

93. 국토의 계획 및 이용에 관한 법상 용도지역 중 농림지역의 건폐율은?

① 20% 이하
② 30% 이하
③ 50% 이하
④ 70% 이하

해설 용도지역의 건폐율
1. 도시지역
   ① 주거지역 : 70퍼센트 이하
   ② 상업지역 : 90퍼센트 이하
   ③ 공업지역 : 70퍼센트 이하
   ④ 녹지지역 : 20퍼센트 이하
2. 관리지역
   ① 보전관리지역 : 20퍼센트 이하
   ② 생산관리지역 : 20퍼센트 이하
   ③ 계획관리지역 : 40퍼센트 이하
3. 농림지역 : 20퍼센트 이하
4. 자연환경보전지역 : 20퍼센트 이하

94. 지적측량 적부심사 의결서를 받은 자가 지방지적위원회의 의결에 불복하는 경우에는 그 의결서를 받은 날부터 며칠 이내에 국토교통부장관을 거쳐 중앙지적위원회에 재심사를 청구할 수 있는가?

① 7일 이내
② 30일 이내
③ 60일 이내
④ 90일 이내

해설 지적측량적부심사 처리절차
① 청구인이 관할 시·도지사에게 심사청구서에 아래 서류를 첨부하여 지적측량적부심사를 청구
   • 토지소유자 및 이해관계인 : 지적측량을 의뢰하여 발급받은 지적측량 성과
   • 지적측량수행자 : 직접 실시한 지적측량성과
② 시·도지사는 30일 이내에 다음 내용을 조사하여 지방지적위원회에 회부
   • 다툼이 되는 지적측량의 경위 및 그 성과
   • 해당 토지에 대한 토지이동 및 소유권 변동 연혁
   • 해당 토지 주변의 측량기준점, 경계, 주요 구조물 등 현황 실측도

Answer 93. ① 94. ④

③ 지방지적위원회는 60일 이내에 심의·의결(부득이한 경우 30일 이내에서 한 번만 연장 가능)하고, 의결서를 시·도지사에게 송부
④ 시·도지사는 7일 이내에 지적측량 적부심사 청구인 및 이해관계인에게 그 의결서를 통지
⑤ 의결서를 받은 자가 지방지적위원회의 의결에 불복하는 경우에는 90일 이내에 국토교통부장관에게 재심사 청구
⑥ 시·도지사는 의결서를 받은 자가 재심사를 청구하지 아니하면 그 의결서 사본을 지적소관청에 송부
⑦ 지방지적위원회 의결서 사본을 받은 지적소관청은 그 내용에 따라 지적공부의 등록사항을 정정하거나 측량성과를 수정
⑧ 지방지적위원회의 의결 후 90일 이내에 재심사를 청구하지 않는 경우에는 해당 지적측량성과에 대하여 다시 지적측량 적부심사청구를 할 수 없음

95. 지적도의 축척이 600분의 1인 지역에서 분할을 위한 지적측량 수행 시 1필지 면적측정 결과가 0.01m²인 경우 토지대장 등록을 위한 결정면적은?

① 0.01m²　　　　　　　　　　② 0.05m²
③ 0.1m²　　　　　　　　　　　④ 1m²

해설 면적의 최소등록단위
① 축척 1/500~1/600, 경계점좌표등록부에 등록하는 지역 : 0.1m²
② 축척 1/1000~1/6000 지역 : 1m²

96. 다음 중 지목변경에 해당하는 것은?

① 밭을 집터로 만드는 경우
② 밭의 흙을 파서 논으로 만드는 경우
③ 산을 절토(切土)하여 대(垈)로 만드는 행위
④ 지적공부상의 전(田)을 대(垈)로 변경하는 행위

해설 "지목변경"이란 지적공부에 등록된 지목을 다른 지목으로 바꾸어 등록하는 것으로서 ①~③의 행위는 먼저 해당 토지에 대한 지적공부 등록사항(지목)을 확인하고 필요에 따라서는 형질변경 등의 절차를 선행하여야 한다.

97. 지적측량 시행규칙상 지적소관청이 지적삼각보조점성과표 및 지적도근점성과표에 기록·관리하여야 하는 사항에 해당하지 않는 것은?

① 표지의 재질　　　　　　　　② 직각좌표계 원점명
③ 소재지와 측량연월일　　　　④ 지적위성기준점의 명칭

해설 지적기준점성과표의 기록·관리에 기록·관리할 사항
1. 지적삼각점성과표
① 지적삼각점의 명칭과 기준 원점명
② 좌표 및 표고
③ 경도 및 위도(필요한 경우로 한정한다.)
④ 자오선수차(子午線收差)

⑤ 시준점(視準點)의 명칭, 방위각 및 거리
⑥ 소재지와 측량연월일
⑦ 그 밖의 참고사항
2. 지적삼각보조점성과표 및 지적도근점성과표
① 번호 및 위치의 약도
② 좌표와 직각좌표계 원점명
③ 경도와 위도(필요한 경우로 한정한다.)
④ 표고(필요한 경우로 한정한다.)
⑤ 소재지와 측량연월일
⑥ 도선등급 및 도선명
⑦ 표지의 재질
⑧ 도면번호
⑨ 설치기관
⑩ 조사연월일, 조사자의 직위·성명 및 조사 내용

98. 공간정보의 구축 및 관리 등에 관한 법상 1년 이하의 징역 또는 1천만 원 이하의 벌금 대상으로 옳은 것은?

① 정당한 사유 없이 측량을 방해한 자
② 측량업 등록사항의 변경신고를 하지 아니한 자
③ 무단으로 측량성과 또는 측량기록을 복제한 자
④ 고시된 측량성과에 어긋나는 측량성과를 사용한 자

해설 공간정보의 구축 및 관리 등에 관한 법률상 벌칙의 종류 및 대상
1. 1년 이하의 징역 또는 1천만 원 이하의 벌금
① 무단으로 측량성과 또는 측량기록을 복제한 자
② 측량기술자가 아님에도 불구하고 측량을 한 자
③ 업무상 알게 된 비밀을 누설한 측량기술자 또는 수로기술자
④ 둘 이상의 측량업자에게 소속된 측량기술자 또는 수로기술자
⑤ 다른 사람에게 측량업등록증 또는 측량업등록수첩을 빌려주거나 자기의 성명 또는 상호를 사용하여 측량업무를 하게 한 자
⑥ 다른 사람의 측량업등록증 또는 측량업등록수첩을 빌려서 사용하거나 다른 사람의 성명 또는 상호를 사용하여 측량업무를 한 자
⑦ 지적측량수수료 외의 대가를 받은 지적측량기술자
⑧ 거짓으로 다음 각 목의 신청을 한 자
  • 신규등록 신청
  • 등록전환 신청
  • 분할 신청
  • 합병 신청
  • 지목변경 신청
  • 바다로 된 토지의 등록말소 신청
  • 축척변경 신청
  • 등록사항의 정정 신청

Answer 98. ③

• 도시개발사업 등 시행지역의 토지이동 신청
⑨ 다른 사람에게 자기의 성능검사대행자 등록증을 빌려 주거나 자기의 성명 또는 상호를 사용하여 성능검사대행업무를 수행하게 한 자
⑩ 다른 사람의 성능검사대행자 등록증을 빌려서 사용하거나 다른 사람의 성명 또는 상호를 사용하여 성능검사대행업무를 수행한 자

2. 공간정보의 구축 및 관리 등에 관한 법률상 과태료 부과 대상
① 정당한 사유 없이 측량을 방해한 자
② 거짓으로 측량기술자 또는 수로기술자의 신고를 한 자
③ 측량업 등록사항의 변경신고를 하지 아니한 자
④ 측량업자 또는 수로사업자의 지위 승계 신고를 하지 아니한 자
⑤ 측량업 또는 수로사업의 휴업·폐업 등의 신고를 하지 아니하거나 거짓으로 신고한 자
⑥ 본인, 배우자 또는 직계 존속·비속이 소유한 토지에 대한 지적측량을 한 자
⑦ 측량기기에 대한 성능검사를 받지 아니하거나 부정한 방법으로 성능검사를 받은 자
⑧ 성능검사대행자의 등록사항 변경을 신고하지 아니한 자
⑨ 성능검사대행업무의 폐업신고를 하지 아니한 자
⑩ 정당한 사유 없이 보고를 하지 아니하거나 거짓으로 보고를 한 자
⑪ 정당한 사유 없이 조사를 거부·방해 또는 기피한 자
⑫ 토지 등에의 출입 등을 방해하거나 거부한 자
⑬ 고시된 측량성과에 어긋나는 측량성과를 사용한 자

99. 지적전산자료를 인쇄물로 제공할 경우 1필지당 수수료로 옳은 것은?

① 10원
② 20원
③ 30원
④ 40원

해설 지적전산자료의 사용료

지적전산자료 제공방법	수수료
인쇄물로 제공하는 때	1필지당 30원
자기디스크 등 전산매체로 제공하는 때	1필지당 20원

100. 공간정보의 구축 및 관리 등에 관한 법상 지적측량 적부심사청구 사안에 대한 시·도지사의 조사 사항이 아닌 것은?

① 지적측량 기준점 설치연혁
② 다툼이 되는 지적측량의 경위 및 그 성과
③ 해당 토지에 대한 토지이동 및 소유권 변동 연혁
④ 해당 토지 주변의 측량기준점, 경계, 주요 구조물 등 현황 실측도

해설 지적측량 적부심사청구 사안에 대한 시·도지사의 조사사항
① 다툼이 되는 지적측량의 경위 및 그 성과
② 해당 토지에 대한 토지이동 및 소유권 변동 연혁
③ 해당 토지 주변의 측량기준점, 경계, 주요 구조물 등 현황 실측도

2018년 시행

2018년 | 제3회 지적기사

01 지적측량

01. 지적도근점측량 중 배각법에 의한 도선의 계산 순서를 올바르게 나열한 것은?

㉠ 관측성과의 이기	㉡ 측각오차의 계산
㉢ 방위각의 계산	㉣ 관측각의 합계 계산
㉤ 각 관측선의 종·횡선오차의 계산	㉥ 각 측점의 좌표계산

① ㉠-㉡-㉢-㉣-㉤-㉥
② ㉠-㉡-㉣-㉢-㉥-㉤
③ ㉠-㉣-㉡-㉢-㉤-㉥
④ ㉠-㉢-㉣-㉡-㉥-㉤

해설 1. 배각관측 및 거리 측정부 서식에 기재된 방위각과 수평거리를 지적도근측량 계산부(배각법)에 옮겨 기재
2. 관측각에 대한 오차 보정 실시
   1) 오차허용범위 이내인지 확인
   2) 각오차를 산출식에 의거 보정치를 산출하여 보정
3. 방위각을 산출하여 기재
4. 종선오차와 횡선오차의 계산 및 오차 산출
   1) 종·횡선차를 계산하여 Δx, Δy란에 기재
   2) 기지 종·횡선차 계산
   3) 기지 종·횡선차를 구한 뒤 종선오차(f_x), 횡선오차(f_y) 계산
   4) 방위각법과는 달리 배각법에서는 종횡선차의 길이에 비례하여 배분하게 되므로 종횡선차의 절대치 합계 산출
5. 연결오차의 계산(방위각법과 동일)
   1) 연결오차 계산
   2) 연결오차 허용범위 이내인지 확인
6. 종횡선 오차의 배분
   1) 종선오차(f_x), 횡선오차(f_y)를 계산하여 오차의 보정치를 산출한 다음 보정치란에 기재
   2) 배각법에서는 종횡선차의 길이에 비례하여 오차를 배분하는데, 만일 오차가 적어 공식을 적용하기 곤란할 때에는 종선차 및 횡선차가 긴 것부터 순차 배분
7. 지적도근점 좌표의 계산
   지적도근측량 계산부 우측의 출발기지 종선좌표에 종선차(Δx)와 보정치를 더해 소구점 1, 2, … 순서대로 좌표를 계산 기재하며, 횡선좌표도 동일한 방법으로 산출

Answer 1. ③

02. 지적측량에 사용하는 직각좌표계의 투영원점에 가산하는 종·횡선 값으로 옳은 것은?(단, 세계측지계에 따르지 아니하는 지적측량의 경우이다.)

① 종선 : 200000m, 횡선 : 500000m
② 종선 : 500000m, 횡선 : 200000m
③ 종선 : 1000000m, 횡선 : 500000m
④ 종선 : 2000000m, 횡선 : 5000000m

해설 공간정보 구축 및 관리 등에 관한 법률 시행령 [별표 2] '직각좌표의 기준'
세계측지계에 따르지 아니하는 지적측량의 경우에는 가우스상사이중투영법으로 표시하되, 직각좌표계 투영원점의 가산(加算)수치를 각각 X(N) 500,000미터(제주도지역 550,000미터), Y(E) 200,000m로 하여 사용할 수 있다.

03. 임야도를 갖춰 두는 지역의 세부측량에서 지적도의 축척에 따른 측량성과를 임야도의 축척으로 측량결과도에 표시하는 방법으로 옳은 것은?

① 임야 경계선과 도곽선을 접합하여 임의로 임야측량결과도에 전개하여야 한다.
② 임야도의 축척에 따른 임야 경계선의 좌표를 구하여 임야측량결과도에 전개하여야 한다.
③ 지적도의 축척에 따른 임야 분할선의 좌표를 구하여 임야측량결과도에 전개하여야 한다.
④ 지적도의 축척에 따른 측량결과도에 표시된 경계점의 좌표를 구하여 임야측량결과도에 전개하여야 한다.

해설 지적측량 시행규칙 제21조(임야도를 갖춰 두는 지역의 세부측량)
지적도의 축척에 따른 측량결과도에 표시된 경계점의 좌표를 구하여 임야측량결과도에 전개하여야 한다. 다만, 다음 각 호의 어느 하나에 해당하는 경우에는 축척비율에 따라 줄여서 임야측량결과도를 작성한다.
1. 경계점의 좌표를 구할 수 없는 경우
2. 경계점의 좌표에 따라 줄여서 그리는 것이 부적당한 경우

04. 평판측량방법에 따라 조준의를 사용하여 측정한 경사거리가 95m일 때 수평거리로 옳은 것은?(단, 조준의의 경사분획은 18이다.)

① 92.45m   ② 92.50m   ③ 93.45m   ④ 93.50m

해설 지적측량 시행규칙 제18조(세부측량의 기준 및 방법 등)

$$D = l \times \frac{1}{\sqrt{1+\left(\frac{n}{100}\right)^2}} = 95 \times \frac{1}{\sqrt{1+\left(\frac{18}{100}\right)^2}} = 95 \times \frac{1}{1.01607} = 93.497 \quad \therefore \ 93.50m$$

이때 D : 수평거리, ℓ : 경사거리, n : 경사분획

05. 다음 중 지적측량의 방법에 해당되지 않는 것은?

① 관성측량
② 위성측량
③ 경위의측량
④ 전파기측량

해설 지적측량 시행규칙 제5조(지적측량의 구분 등)
지적측량은 평판(平板)측량, 전자평판측량, 경위의(經緯儀)측량, 전파기(電波機) 또는 광파기(光波機)측량, 사진측량 및 위성측량 등의 방법에 따른다.

Answer 2. ② 3. ④ 4. ④ 5. ①

06. 경위의측량방법에 따른 지적삼각점의 수평각 관측 시 윤곽도로 옳은 것은?

① 0도, 60도, 120도
② 0도, 45도, 90도
③ 0도, 90도, 180도
④ 0도, 30도, 60도

해설 지적측량 시행규칙 제9조(지적삼각점측량의 관측 및 계산)
수평각 관측은 3대회(大回, 윤곽도는 0도, 60도, 120도로 한다)의 방향관측법에 따른다.

07. 경위의측량방법에 따라 도선법으로 지적도근점측량을 할 때 지형상 부득이한 경우가 아닌 경우 지적기준점 상호 간의 연결 기준이 되는 것은?

① 결합도선
② 왕복도선
③ 폐합도선
④ 회귀도선

해설 결합도선
기지점에서 시작하여 다른 기지점에 결합하는 도선법으로서 계산적으로 검정이 가능하며 기지방향과 거리에 있어서의 정오차의 검사도 가능하나 각 측정에 내포된 정오차는 검정할 수 없다.
결합도선은 폐합도선의 일종이지만 다른 기지점에 폐색시킴으로써 보다 더 높은 신뢰성을 가질 수 있는 장점이 있으며 지적도근측량에서는 이 방법에 의하여 시행하도록 규정하고 있다.

08. 전파기 측량방법에 따라 다각망도선법으로 지적삼각보조점측량을 할 때의 기준으로 옳은 것은?

① 1도선의 거리는 4km 이하로 한다.
② 3점 이상의 기지점을 포함한 폐합다각방식에 따른다.
③ 1도선의 점의 수는 기지점을 제외하고 5점 이하로 한다.
④ 1도선은 기지점과 기지점, 교점과 교점 간의 거리이다.

해설 지적측량 시행규칙 제10조(지적삼각보조점측량)
1. 3점 이상의 기지점을 포함한 결합다각방식
2. 1도선(기지점과 교점 간 또는 교점과 교점 간을 말한다)의 점의 수는 기지점과 교점을 포함하여 5점 이하
3. 1도선의 거리(기지점과 교점 또는 교점과 교점 간의 점간거리의 총합계를 말한다)는 4킬로미터 이하

09. 세부측량을 하는 경우 필지마다 면적을 측정하여야 하는 대상이 아닌 것은?

① 분할
② 합병
③ 신규등록
④ 등록전환

해설 지적측량 시행규칙 제19조(면적측정의 대상)
1. 지적공부의 복구·신규등록·등록전환·분할 및 축척변경을 하는 경우
2. 면적 또는 경계를 정정하는 경우
3. 도시개발사업 등으로 인한 토지의 이동에 따라 토지의 표시를 새로 결정하는 경우
4. 경계복원측량 및 지적현황측량에 면적측정이 수반되는 경우
※ 한편 합병의 경우는 공부상 면적을 합하여 대장에 등록
지번변경이나 지목변경의 경우에는 면적의 측정이 필요한 사항이 아니라 공부상의 등록사항을 변경해서 등록

Answer 6. ① 7. ① 8. ① 9. ②

10. 사각망 조정계산에서 관측각이 다음과 같을 때, α_1의 각규약에 의한 조정량?(단, $\alpha_1 = 48°31'50.3''$, $\beta_2 = 53°03'57.2''$, $\alpha_3 = 22°44'29.2''$, $\beta_4 = 27°16'36.9''$)

① $+0.2''$
② $-0.2''$
③ $+0.4''$
④ $-0.4''$

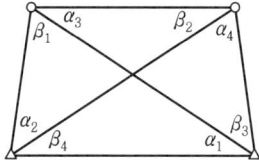

해설 $(\alpha_1 + \beta_4) - (\alpha_3 + \beta_2) = e_1$
$75°48'27.2'' - 75°48'26.4'' = 0.8''$

조정량 $\dfrac{e_1}{4} = \dfrac{0.8''}{4} = 0.2''$이고 (+)이므로 α_1, β_4는 $-0.2''$, α_3, β_2는 $+0.2''$씩 배부

따라서 α_1의 각규약에 의한 조정량은 $-0.2''$

11. 각 관측 시 발생하는 기계오차와 소거법에 대한 설명으로 옳지 않은 것은?

① 외심 오차는 시준선에 편심이 나타나 발생하는 오차로, 정위와 반위의 평균으로 소거된다.
② 연직축 오차는 수평축과 연직축이 직교하지 않아 생기는 오차로, 정·반위의 평균으로 소거된다.
③ 수평축 오차는 수평축이 수직축과 직교하지 않기 때문에 생기는 오차로, 정위과 반위의 평균값으로 소거된다.
④ 시준축 오차는 시준선과 수평축이 직교하지 않아 생기는 오차로, 망원경의 정위와 반위로 측정하여 평균값을 취하면 소거된다.

해설 지적측량에서 망원경을 정·반으로 수평각을 관측하였을 때 산술평균하여도 소거되지 않는 오차

12. 지적삼각점측량에서 원점에서부터 두 점 A, B까지의 횡선거리가 각각 16km와 20km일 때 축척계수(K)는?(단, $R = 6,372.2$ km이다.)

① 1.00000072
② 1.00000177
③ 1.00000274
④ 1.00000399

해설 $K = 1 + \dfrac{(Y_1 + Y_2)^2}{8 \times R^2} = 1 + \dfrac{(16+20)^2}{8 \times 6372.2^2} = 1.00000399$

13. 다음 중 지적도근점측량을 실시하는 경우에 해당하지 않는 것은?

① 축척변경을 위한 측량을 하는 경우
② 도시개발사업 등으로 인하여 지적확정측량을 하는 경우
③ 지적도근점의 재설치를 위하여 지적삼각점의 설치가 필요한 경우
④ 측량지역의 면적이 해당 지도 1장에 해당하는 면적 이상인 경우

해설 지적측량 시행규칙 제6조(지적측량의 실시기준)
1. 축척변경을 위한 측량을 하는 경우
2. 도시개발사업 등으로 인하여 지적확정측량을 하는 경우
3. 「국토의 계획 및 이용에 관한 법률」 제7조 제1호의 도시지역에서 세부측량을 하는 경우
4. 측량지역의 면적이 해당 지적도 1장에 해당하는 면적 이상인 경우
5. 세부측량을 하기 위하여 특히 필요한 경우

14. 2점간의 거리가 123.00m이고 2점간의 횡선차가 105.64m일 때 2점간의 종선차는?

① 52.25m ② 63.00m ③ 100.54m ④ 101.00m

해설 피타고라스 정리에 의해
종선차$(\Delta x)^2$=(2점간 거리)^2-(2점간 횡선차)^2
=$123.00^2 - 105.64^2$
=3969.1904
∴ 종선차$(\Delta x) = \sqrt{3969.1904}$ =63.00m

15. 다음 중 거리 측정에 따른 오차의 보정량이 항상 (-)가 아닌 것은?

① 장력으로 인한 오차
② 줄자의 처짐으로 인한 오차
③ 측선이 수평이 아님으로 인한 오차
④ 측선이 일직선이 아님으로 인한 오차

해설 장력으로 인한 오차
측정할 때의 장력이 표준장력보다 크거나 작음에 의하여 보정량도 (+)나 (-)로 된다.

16. 다음 중 오차의 성격이 다른 하나는?

① 기포의 둔감에서 생기는 오차
② 야장의 기입 착오로 생기는 오차
③ 수준척(staff) 눈금의 오독으로 인해 생기는 오차
④ 각 관측에서 시준점의 목표를 잘못 시준하여 생기는 오차

해설 ①의 기포의 둔감에서 생기는 오차만 기계적 오차이고 ②, ③, ④는 모두 개인적 오차에 해당한다.

17. 다음 중 지적도근점측량에서 지적도근점을 구성하는 도선의 형태에 해당하지 않는 것은?

① 개방도선
② 결합도선
③ 폐합도선
④ 다각망도선

해설 지적측량 시행규칙 제5조(지적측량의 구분 등)
지적도근점은 결합도선 · 폐합도선(廢合道線) · 왕복도선 및 다각망도선으로 구성한다.

Answer 14. ② 15. ① 16. ① 17. ①

18. 지적기준점 등의 제도에 관한 설명으로 옳은 것은?

① 삼각점 및 지적기준점은 0.1mm 폭의 선으로 제도한다.
② 지적도근점은 직경 1mm, 2mm의 2중원으로 제도한다.
③ 지적삼각점은 직경 3mm의 원으로 제도하고 원 안에 십자선을 표시한다.
④ 지적삼각보조점은 직경 2mm의 원으로 제도하고 원 안에 십자선을 표시한다.

해설 지적업무 처리규정 제43조(지적측량기준점 등의 제도)

기준점 명칭	표시	내용
지적위성기준점		직경 2mm, 3mm의 2중 원 안에 십자선 표시
1등삼각점		직경 1mm, 2mm 및 3mm의 3중원으로 제도하고, 중심 원 내부를 검은색으로 엷게 채색
2등삼각점		직경 1mm, 2mm 및 3mm의 3중원으로 제도
3등삼각점		직경 1mm, 2mm의 2중원으로 제도하고 중심 원 내부를 검은색으로 엷게 채색
4등삼각점		직경 1mm, 2mm의 2중원으로 제도
지적삼각점		직경 3mm의 원으로 제도하고 원 안에 십자선 표시

Answer 18. ③

기준점 명칭	표시	내용
지적삼각보조점	3mm 원	직경 3mm의 원으로 제도하고 원 안에 검은색으로 엷게 채색
지적도근점	2mm 원	직경 2mm의 원으로 제도

19. 경위의측량방법에 따른 세부측량의 관측 및 계산에서 수평각의 측각공차 중 1회 측정각과 2회 측정각의 평균값에 대한 교차 기준은?

① 30초 이내 ② 40초 이내 ③ 50초 이내 ④ 60초 이내

해설 지적측량 시행규칙 제18조(세부측량의 기준 및 방법 등)
수평각의 1회 측정각과 2회 측정각의 평균값에 대한 교차

20. 평판측량방법으로 세부측량을 할 때에 지적도, 임야도에 따라 측량준비 파일에 포함하여 작성하여야 할 사항에 해당되지 않는 것은?

① 지적기준점 및 그 번호
② 측량방법 및 측량기하적
③ 인근 토지의 경계선, 지번 및 지목
④ 측량대상 토지의 경계선, 지번 및 지목

해설 경위의측량방법에 의한 측량준비도 기재사항	측판측량방법에 의한 측량준비도 기재사항
1. 측량대상 토지의 경계와 경계점의 좌표 및 부호도·지번·지목 2. 인근 토지의 경계와 경계점의 좌표 및 부호도·지번·지목 3. 행정구역선과 그 명칭 4. 지적측량기준점 및 그 번호와 지적측량기준점 간의 방위각 및 그 거리 5. 경계점 간 계산거리 6. 도곽선과 그 수치 7. 그밖에 국토교통부장관이 정하는 사항	1. 측량대상 토지의 경계선·지번 및 지목 2. 인근 토지의 경계선·지번 및 지목 3. 임야도를 비치하는 지역에서 인근 지적도의 축척으로 측량을 하고자 하는 때에는 임야도에 표시된 경계점의 좌표를 구하여 지적도에 전개한 경계선 다만, 임야도에 표시된 경계점의 좌표를 구할 수 없거나 그 좌표에 의하여 확대하여 그리는 것이 부적당한 때에는 축척비율에 따라 확대한 경계선을 말한다. 4. 행정구역선과 그 명칭 5. 지적측량기준점 및 그 번호와 지적측량기준점 간의 거리, 지적측량기준점의 좌표, 그 밖에 측량의 기점이 될 수 있는 기지점 6. 도곽선과 그 수치 7. 도곽선의 신축이 0.5밀리미터 이상인 때에는 그 신축량 및 보정계수 8. 그밖에 국토교통부장관이 정하는 사항

Answer 19. ② 20. ②

02 응용측량

21. 터널구간의 고저차를 관측하기 위하여 그림과 같이 간접수준측량을 하였다. 경사각은 부각 30°이며, AB의 경사거리가 18.64m이고 A점의 표고가 200.30m일 때 B점의 표고는?

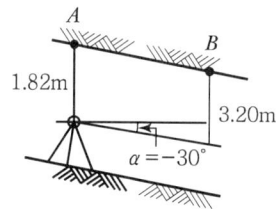

① 182.78m   ② 189.60m   ③ 190.92m   ④ 192.36m

해설 천정에 측점이 있는 것에 주의 $\Delta H + I.H = S + 경사거리(L) \times \sin\alpha$
$\Delta H = S + L\sin\alpha - I.H = 1.82 + 18.64\sin 30° - 3.20 = 7.94\text{m}$
B점의 지반고 = A점의 지반고 - 고저차 = 200.3 - 7.94 = 192.36m

22. 지상에서 이동하고 있는 물체가 사진에 나타나 그 물체를 입체시할 때 그 운동이 기선방향이면 물체가 뜨거나 가라앉아 보이는 현상(효과)은?

① 정사효과(orthoscopic effect)
② 역효과(pseudoscopic effect)
③ 카메론 효과(Cameron effect)
④ 반사효과(reflection effect)

해설 카메론 효과(cameron effect)
입체사진 위에서 이동한 사물을 실체시하면 입체시에 의한 과고감으로 입체상의 변화를 나타내는 시차를 발생하고 그 운동이 기선방향이면 물체가 뜨거나 가라앉아 보이는 현상을 말한다.

23. 수준측량에서 전시와 후시의 거리를 같게 하여 소거할 수 있는 오차는?

① 표척의 눈금 오차
② 레벨의 침하에 의한 오차
③ 지구의 곡률 오차
④ 레벨과 표척의 경사에 의한 오차

해설 수준측량에서 전·후시 거리를 같게 하면 시준선이 기포관축과 평행하지 않을 때 발생하는 오차를 제거할 수 있으며 제거되는 오차는 다음과 같다.
1. 레벨의 조정이 불완전하여 시준선이 기포관축과 평행하지 않을 때
2. 지구의 곡률오차와 빛의 굴절오차를 제거한다.
3. 초점나사를 움직일 필요가 없으므로 그로 인해 생기는 오차를 제거한다.

24. 그림과 같은 노선 횡단면의 면적은?

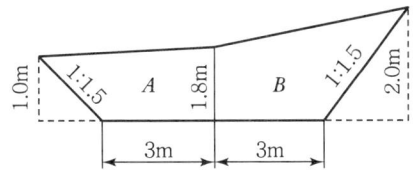

① 13.95m²   ② 14.95m²   ③ 15.95m²   ④ 16.95m²

해설 좌·우측 사다리꼴 단면에서 삼각형 단면을 빼면 된다.
A부분의 삼각형 밑변은 1.5m이고 B부분의 삼각형 밑변은 3m이다.
먼저 A부분의 면적을 구하면 $A = \dfrac{(1.8+1) \times (3+1.5)}{2} - \dfrac{1 \times 1.5}{2} = 5.55\text{m}^2$

B부분의 면적을 구하면 $B = \dfrac{(1.8+2) \times (3+3)}{2} - \dfrac{2 \times 3}{2} = 8.4\text{m}^2$이므로

$A + B = 5.55 + 8.4 = 13.95\text{m}^2$

25. GNSS 측량에서 위치를 결정하는 기하학적인 원리는?
① 위성에 의한 평균계산법
② 무선항법에 의한 후방교회법
③ 수신기에 의하여 처리하는 자료해석법
④ GNSS에 의한 폐합 도선법

해설 GNSS 위성측량은 위치를 알고 있는 인공위성을 이용한 3차원 후방교회법의 원리로 수신기 등의 위치를 결정

26. 지형의 표시방법 중 길고 짧은 선으로 지표의 기복을 나타내는 방법은?
① 영선법
② 채색법
③ 등고선법
④ 점고법

해설 지형의 표시방법으로 영선법(게바법, 우모법), 음영법(명암법), 점고선법, 등고선법이 있다. 영선법은 지면의 최대 경사방향에 단선상의 선을 그어 급경사는 굵고 짧게 완경사는 가늘고 길게 표시하는 방법인데, 수치적인 고저를 표시할 경우나 제도 등이 곤란하다.

27. 수준측량의 기고식에 대한 설명으로 옳은 것은?
① 중력 측정을 통한 기계적 고도수정방법
② 시준 측 오차를 소거하기 위한 수준측량방법
③ 기압 측정을 통한 간접 수준측량방법
④ 중간점이 많은 경우에 편리한 야장기입방법

해설 노선측량 야장기입법 중에서 종단측량이나 횡단측량에 많이 쓰이며, 중간점이 많을 때 가장 적당한 방법은 기고식이다.

Answer   24. ①   25. ②   26. ①   27. ④

28. GNSS에서 이중차분법(Double differencing)에 대한 설명으로 옳은 것은?

① 1개의 위성을 동시에 추적하는 2대의 수신기는 이중차 관측이다.
② 여러 에포크에서 2개의 수신기로 추적되는 1개의 위성 관측을 통하여 얻을 수 있다.
③ 여러 에포크에서 1개의 수신기로 추적되는 2개의 위성 관측을 통하여 얻을 수 있다.
④ 동시에 2개의 위성을 추적하는 2개의 수신기는 이중차 관측이다.

해설 이중차분법은 GPS의 측정원리 중 반송파방식에 의한 측정원리로 두 관측지점에서 두 개의 위성을 추적하면 위성과 수신기의 offset을 상쇄시킬 수 있는 기법이다.

29. GNSS의 구성요소 중 위성을 추적하여 위성의 궤도와 정밀시간을 유지하고 관련 정보를 송신하는 역할을 담당하는 부문은?

① 우주부문   ② 제어부문   ③ 수신부문   ④ 사용자부문

해설 GPS 구성요소로는 우주부문, 제어부문, 사용자부문으로 구분되며 제어부문은 GPS 위성의 위치계산과 전체 GPS의 운용, 제어 및 위성의 작동상태를 감독하고 궤도와 시각결정을 위한 위성의 추적, 전리층 및 대류층의 주기적인 모형화와 위성시간의 동일화, 위성으로의 자료전송 등을 담당한다.

30. 곡선반지름이 80m, 클로소이드 곡선길이가 20m일 때 클로소이드의 파라미터(A)는?

① 40m   ② 80m   ③ 120m   ④ 1,600m

해설 클로소이드의 파라미터(매개변수) $A = \sqrt{RL} = \sqrt{80 \times 40} = 40$m이다.

31. 곡선 반지름이 150m, 교각이 90°인 단곡선에서 기점으로부터 교점까지의 추가거리가 1,273.45m 일 때, 기점으로부터 곡선 시점($B \cdot C$)까지의 추가거리는?

① 1,034.25m   ② 1,123.45m   ③ 1,245.56m   ④ 1,368.86m

해설 TL(접선장) $= R \cdot \tan \dfrac{I}{2} = 150\tan\dfrac{90}{2} = 150$m이므로, BC=IP−TL=1273.45−150=1123.45m

32. 교호수준측량을 실시하여 다음 결과를 얻었다. A점의 표고가 56.674m일 때 B점의 표고는?

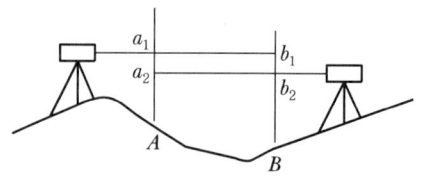

$a_1 = 2.556$m, $b_1 = 3.894$m,
$a_2 = 0.772$m, $b_2 = 2.106$m

① 54.130m   ② 54.768m   ③ 55.338m   ④ 57.641m

해설 $\Delta H = 1/2\{(a_1-b_1)+(a_2-b_2)\} = 1/2\{(2.556-3.894)+(0.772-2.106)\} = -1.336$
$H_B = 56.674 + (-1.336) = 55.338m$

33. 완화곡선의 성질에 대한 설명으로 옳지 않은 것은?

① 곡선반지름은 완화곡선의 시점에서 무한대, 종점에서 원곡선의 반지름(R)으로 된다.
② 완화곡선의 접선은 시점에서 원호에, 종점에서는 직선에 접한다.
③ 완화곡선에 연한 곡선반지름의 감소율은 캔트의 증가율과 같다.
④ 종점에 있는 캔트는 원곡선의 캔트와 같게 된다.

해설 완화곡선은 차량이 직선부에서 곡선부분으로 방향을 바꾸면 반지름이 달라지기 때문에 설치하게 되는데 그 성질은 다음과 같다.
- 곡선반경은 완화곡선의 시점에서 무한대, 종점에서 원곡선 R로 된다.
- 완화곡선의 접선은 시점에서 직선에, 종점에서 원호에 접한다.
- 완화곡선에 연한 곡선반경의 감소율은 칸트의 증가율과 동률(다른 부호)로 된다. 또 종점에 있는 칸트는 원곡선의 칸트와 같게 된다.

34. 등고선의 특징에 대한 설명으로 틀린 것은?

① 등고선은 경사가 급한 곳에서는 간격이 좁다.
② 경사변환점은 능선과 계곡선이 만나는 점이다.
③ 능선은 빗물이 이 능선을 경계로 좌우로 흘러 분수선이라고 한다.
④ 계곡선은 지표가 낮거나 움푹 파인 점을 연결한 선으로 합수선이라고도 한다.

해설 등고선의 성질
- 동일 등고선상에 있는 모든 점은 같은 높이다.
- 등고선은 도면 내외에서 폐합하는 폐곡선이다.
- 지도의 도면 내에서 폐합하는 경우 등고선의 내부에 산정 또는 분지가 있다.
- 높이가 다른 두 등고선은 동굴이나 절벽의 지형이 아닌 곳에서는 교차하지 않으며, 동굴이나 절벽은 반드시 두 점에서 교차한다.
- 동등한 경사의 지표에서 양 등고선의 수평거리는 같다.
- 같은 경사의 평면일 때는 나란히 직선이 된다.
- 최대 경사의 방향은 등고선과 직각으로 교차한다.
- 등고선은 경사가 급한 곳에서는 간격이 좁고 완만한 경사지는 넓다.
- 등고선은 분수선과 직각으로 만난다.
- 등고선의 수평거리는 산꼭대기 및 산밑에서는 크고 산중턱에서는 작다.
- 등고선이 능선을 직각방향으로 횡단한 다음 능선 다른 쪽을 따라 거슬러 올라간다.

Answer 33. ② 34. ②

35. 터널공사를 위한 트래버스 측량의 결과가 다음 표와 같을 때 직선 EA의 거리와 EA의 방위각은?

측선	위거(m)		경거(m)	
	+	−	+	−
AB		31.4	41.4	
BC		20.9		13.2
CD		13.2		50.9
DE	19.7			37.2

① 74.39m, 52°35′53.5″
② 74.39m, 232°35′53.5″
③ 75.40m, 52°35′53.5″
④ 75.40m, 232°35′53.5″

해설 $\Sigma L = 19.7 - 31.4 - 20.9 - 13.3 = -45.8$
$\Sigma D = 41.4 - 13.2 - 50.9 - 37.2 = -59.9$
EA 거리는 $= \sqrt{(-45.8)^2 + (-59.9)^2} = 75.40\text{m}$이고
AE의 방위각은 $\tan^{-1}\left(\dfrac{59.9}{45.8}\right) = 52°35′53.5″$ ΣL과 ΣD이 $(-, -)$이므로 $180°$를 더한 $232°35′53.5″$ EA의 방위각은 다시 AE 방위각 $- 180° = 52°35′53.5″$

36. 항공사진측량을 통하여 촬영된 사진에서 볼 때 태양광선을 받아 주위보다 밝게 찍혀 보이는 부분을 무엇이라 하는가?

① Sun spot
② Lineament
③ Overlay
④ Shadow spot

해설 Sun spot
태양광선의 반사지점에 연못 또는 논과 같이 반사능이 강한 수면이 있으면 그 부근에 희게 반짝이는 Halation이 생긴다. 이처럼 사진상에서 태양광선의 반사에 의해 밝게 촬영되는 부분을 말한다.

37. 어떤 도로에서 원곡선의 반지름이 200m일 때 현의 길이 20m에 대한 편각은?

① 2°51′53″
② 3°49′11″
③ 5°44′02″
④ 8°21′12″

해설 편각$(\sigma) = 1,718.87′\dfrac{l}{R}$ $1,718.87′\dfrac{20}{200} = 2°51′53.22″$

38. 축척 1 : 50,000 지형도에서 주곡선의 간격은?

① 5m
② 10m
③ 20m
④ 100m

해설 등고선의 종류는 계곡선, 주곡선, 간곡선, 보조곡선 등으로 분류하며 축척 50,000분의 1 지형도에서는 계곡선 100m, 주곡선 20m, 간곡선 10m, 보조곡선 5m로 되어 있다.

Answer 35. ③ 36. ① 37. ① 38. ③

39. 항공사진 투영방식(A)과 지도 투영방식(B)의 연결이 옳은 것은?

① (A) 정사투영, (B) 중심투영
② (A) 중심투영, (B) 정사투영
③ (A) 평행투영, (B) 중심투영
④ (A) 평행투영, (B) 정사투영

해설 항공사진은 투영중심이 집중되는 형태로 중심투영의 원리이고 지도는 정사투영의 원리로 제작하게 된다.

40. 초점거리 210mm의 카메라로 비고가 50m인 구릉지에서 촬영한 사진의 축척이 1 : 25000이다. 이 사진의 비고에 의한 최대 변위량은?(단, 사진 크기=23cm×23cm, 종중복도=60%)

① ±0.15mm   ② ±0.24mm   ③ ±1.5mm   ④ ±2.4mm

해설 촬영고도(H)=초점거리(f)×축척분모(m)=0.21×25,000=5,250m

최대변위량 $\Delta r_{max} = \dfrac{h}{H} r_{max}$, $r_{max} = \dfrac{\sqrt{2}}{2} \times a$

(Δr_{max} : 최대변위량, h : 비고, H : 비행고도, r_{max} : 최대화면 연직점에서의 거리, a : 사진 크기)

$= \dfrac{50}{5,250} \times \dfrac{\sqrt{2}}{2} \times 0.23 = 0.0015\text{m} = 1.5\text{mm}$

03 토지정보체계론
SUBJECT

41. 래스터 데이터와 벡터 데이터에 대한 설명으로 옳지 않은 것은?

① 벡터 데이터는 객체들의 지리적 위치를 크기와 방향으로 나타낸다.
② 래스터 데이터는 데이터 구조가 단순하고 레이어의 중첩분석이 편리하다.
③ 벡터 데이터는 좌표계를 이용하여 공간정보를 기록하므로 자료를 보다 정확히 표현할 수 있다.
④ 벡터 데이터를 래스터 데이터로 변환하는 방법으로 Transit Code, Run-Length, Code Lot Code, Quadtree 기법이 있다.

해설 같은 속성값을 나타내는 셀들을 적절한 표현방법(Chain Code, Run-Length Code, Black Code, Quadtree)을 통해 압축함으로써 파일의 저장용량을 크게 줄일 수 있다.

42. 논리적 데이터 모델에 대한 설명으로 옳지 않은 것은?

① 네트워크 모델 – 데이터베이스를 그래프 구조로 표현한다.
② 관계형 모델 – 데이터베이스를 테이블의 집합으로 표현한다.
③ 계층형 모델 – 데이터베이스를 계층적 그래프 구조로 표현한다.
④ 객체지향형 모델 – 데이터베이스를 객체/상속 구조로 표현한다.

Answer   39. ②   40. ③   41. ④   42. ③

해설 계층구조(Hierarchical structure)
1. 최초로 구현된 데이터 모델로 트리구조
2. 가장 위의 계급을 root(근원)라 하며, root 역시 레코드의 형태를 갖는다. root를 제외한 모든 레코드는 부모 레코드와 자식 레코드를 갖는다.

43. 행정구역도와 학교위치도를 이용하여 해당 행정구역에 포함되는 학교를 분석할 때 사용하는 기법은?
① 버퍼(Buffer) 분석
② 중첩(Overlay) 분석
③ 입체지형(TIN) 분석
④ 네트워크(Network) 분석

해설 중첩(overlay) 분석
1. 자료층(Layer)을 중첩(합성)하여 각각의 층이 가지고 있는 정보를 합하여 각종 관련 정보를 해석하는 기능
2. 형상들의 공간관계를 파악할 수 있으며 특정지점의 주변 환경에 대한 정보를 얻는 경우에도 사용할 수 있다.

44. 토지정보시스템의 필요성을 가장 잘 설명한 것은?
① 기준점의 효율적 관리
② 지적재조사사업 추진
③ 지역측지계의 세계좌표계로의 변환
④ 토지 관련 자료의 효율적 이용과 관리

해설 토지정보시스템의 필요성
1. 지적 및 토지업무 처리의 능률성 및 정확도 향상
2. 체계적이고 과학적인 지적업무 처리와 지적행정의 실현

45. 표준 데이터베이스 질의언어인 SQL의 데이터 정의어(DDL)에 해당하지 않는 것은?
① DROP
② ALTER
③ CRANT
④ CREATE

해설 데이터 정의어(DDL ; Data Definition Language)
1. 데이터베이스를 정의하거나 수정할 목적으로 사용한다.
2. 데이터베이스, 테이블, 필드, 인덱스 등 객체(object)를 생성하고(CREATE), 변경하거나(ALTER) 삭제하는(DROP), 이름변경(RENAME) 등 기능이 있다.

46. 지적도면 전산화 사업으로 생성된 지적도면 파일을 이용하여 지적업무를 수행할 경우의 기대되는 장점으로 옳지 않은 것은?
① 지적측량성과의 효율적인 전산관리가 가능하다.
② 토지대장과 지적도면을 통합한 대민서비스의 질적 향상을 도모할 수 있다.
③ 공간정보 분야의 다양한 주제도와 융합을 통해 새로운 콘텐츠를 생성할 수 있다.
④ 원시 지적도면의 정확도가 한층 높아져 지적측량 성과의 정확도 향상을 기할 수 있다.

해설) 지적도(원도 : 원시 지적도면)
디지타이징 입력과정에서 위치오차에 오류가 있는 경우 지적측량 성과에 착오가 발생된다.(정확도 저하 원인)

47. 데이터베이스 언어 중 데이터베이스 관리자나 응용 프로그래머가 데이터베이스의 논리적 구조를 정의하기 위한 언어는?

① 위상(Topology)
② 데이터 정의어(DDL)
③ 데이터 제어어(DCL)
④ 데이터 조작어(DML)

해설) 데이터 정의어(DDL ; Data Definition Language)

48. PBLIS와 NGIS의 연계로 인한 장점으로 가장 거리가 먼 것은?

① 토지 관련 자료의 원활한 교류와 공동 활용
② 토지의 효율적인 이용 증진과 체계적 국토 개발
③ 유사한 정보시스템의 개발로 인한 중복투자방식
④ 지적측량과 일반측량의 업무 통합에 따른 효율성 증대

해설) 지적측량과 일반측량은 업무영역이 달라 통합될 수 없다.

49. 지적도면 전산화 작업과정에서 처리하지 않는 작업은?

① 신축보정 ② 벡터라이징 ③ 구조화 편집 ④ 지적도 스캐닝

해설) 구조화 편집
1. 여러 개의 도면을 병합하는 과정에서 인접 도면 간의 도형구조를 병합하는 일련의 과정을 의미한다.
2. 선과 면의 기하구조와 위상 논리구조를 연결하는 작업, 인접도면 경계상의 접합작업 등이 있다.
3. 도면 접합 시의 경계 내의 비도형정보(텍스트)를 단일화하는 작업도 포함된다.

50. 기존의 지적도면 전산화에 적용한 방법으로 옳은 것은?

① 원격탐측방식
② 조사·측량방식
③ 디지타이징 방식
④ 자동벡터화 방식

해설) 디지타이징 : 디지타이저라는 테이블에 컴퓨터와 연결된 마우스를 이용하여 필요한 주제(지적선)의 형태를 컴퓨터에 입력시키는 것

51. 다음 중 데이터의 입력오차가 발생하는 이유로 옳지 않은 것은?

① 작업자의 실수
② 스캐너의 해상도 문제
③ 스캐닝할 도면의 신축
④ 도면파일의 보정오차

해설) 보정오차
계산하거나 관측한 수와 그 정확한 수와의 차이를 바르게 수정하는 것

Answer 47. ② 48. ④ 49. ③ 50. ③ 51. ④

52. 지적전산화의 목적으로 가장 거리가 먼 것은?

① 지적민원처리의 신속성
② 전산화를 통한 중앙통제
③ 관련업무의 능률과 정확도 향상
④ 토지관련 정책자료의 다목적 활용

해설 각 시·도 분산시스템의 상호 간 또는 중앙시스템 간의 인터페이스를 완전하게 확보할 수 있다.

53. 부동산종합공부 운영기관의 장은 프로그램 및 전산자료가 멸실·훼손된 경우에는 누구에게 통보하고 이를 지체 없이 복구하여야 하는가?

① 시·도지사
② 국가정보원장
③ 국토교통부장관
④ 행정안전부장관

해설 부동산종합공부시스템 운영 및 관리규정 제8조(전산자료 장애·오류의 정비)
1. 운영기관의 장은 전산자료의 구축이나 관리과정에서 장애 또는 오류가 발생한 때에는 지체 없이 이를 정비하여야 한다.
2. 운영기관의 장은 장애 또는 오류가 발생한 경우에는 이를 국토교통부장관에게 보고하고, 그에 따른 필요한 조치를 요청할 수 있다.
3. 보고를 받은 국토교통부장관은 장애 또는 오류가 정비될 수 있도록 필요한 조치를 하여야 한다.
4. 운영기관의 장은 전산자료를 정비한 때에는 그 정비내역을 3년간 보존하여야 한다.

54. 국토정보시스템의 활용효과로 가장 관련이 없는 것은?

① 원활한 의사결정의 지원
② 토지와 관련된 행정업무 간소화
③ 데이터의 구축비용과 투자의 중복 최소화
④ 데이터의 공유로 인한 이원화된 자료 활용

해설 국토정보시스템의 활용효과
1. 장비교체비용과 운영비용 절감
2. 데이터의 통합관리로 인한 보안성 확보
3. 데이터를 효율적으로 유지·관리
4. 최신의 지도정보를 신속하게 국민에게 서비스

55. 다음 중 우리나라의 메타데이터에 대한 설명으로 옳지 않은 것은?

① 메타데이터는 데이터 사전과 DBMS로 구성되어 있다.
② 1995년 12월 우리나라 NGIS 데이터 교환표준으로 SDTS가 채택되었다.
③ 국가 기본도 및 공통 데이터 교환 포맷 표준안을 확정하여 국가표준으로 제정하고 있다.
④ NGIS에서 수행하고 있는 표준 내용은 기본모델연구, 정보구축표준화, 정보유통표준화, 정보활용 표준화, 관련 기술 표준화이다.

해설 메타데이터 기본요소
개요 및 자료 소개, 자료 품질, 자료의 구성, 공간참조를 위한 정보, 형상 및 속성 정보, 정보 획득방법, 참조정보

Answer 52. ② 53. ③ 54. ④ 55. ①

56. 일반적으로 많이 나타나는 디지타이징 오류에 대한 설명으로 옳지 않은 것은?

① 라벨 오류 : 폴리곤에 라벨이 없거나 또는 잘못된 라벨이 붙는 오류
② 선의 중복 : 입력 내용이 복잡한 경우 같은 선이 두 번씩 입력되는 오류
③ Undershoot and Overshoot : 두 선이 목표지점에 못 미치거나 벗어나는 오류
④ 슬리버 폴리곤 : 폴리곤의 시작점과 끝점이 떨어져 있거나 시작점과 끝점이 벗어나는 오류

해설 sliver(슬리버) 폴리곤
선 사이의 틈(두 다각형 사이에 작은 공간이 있어서 접촉되지 않는 다각형)

57. DBMS 방식의 설명으로 옳지 않은 것은?

① 데이터의 관리를 효율적으로 한다.
② 다수의 프로그램으로 이루어져 있다.
③ 데이터를 파일단위로 처리하는 데이터처리시스템이다.
④ 다수의 데이터파일에 존재하는 공간 개체와 관련정보를 관리한다.

해설 DBMS 방식
데이터를 테이블 단위로 처리하는 데이터처리시스템이다.
테이블(table) : 테이블의 속성을 나타내는 각 열들은 속성의 특성에 따라 다른 형태로 정의될 수 있지만, 테이블의 각 열에 포함되는 값의 범위와 종류는 유형만을 받아들이게 된다.

58. 도형정보와 속성정보의 통합 공간분석기법 중 연결성 분석과 가장 거리가 먼 것은?

① 관망(network)
② 근접성(proximity)
③ 연속성(Continuity)
④ 분류(classification)

해설 속성자료 분석
1. 질의 : 작업자가 부여하는 조건에 따라 속성 데이터베이스에서 정보를 추출하는 것
2. 분류(Classification) : 정해진 기준이나 특징으로 전체의 데이터 그룹을 나누는 것, 사용자의 필요에 따라서 일정기준에 맞추어 데이터를 나누는 것이다.
3. 일반화 : 지도에서 동일 특성을 갖는 지역의 결합을 의미하는 것으로서 일정기준에 의하여 유사한 분류명을 갖는 폴리곤끼리 합침으로써 분류의 정도를 낮추는 것이다.

59. 다음 중 속성정보와 도형정보를 컴퓨터에 입력하는 장비로 옳지 않은 것은?

① 스캐너   ② 키보드   ③ 플로터   ④ 디지타이저

해설 출력장치 : 플로터, 프린터

60. 다음 중 일반적인 수치지형도 제작에 가장 많이 사용되는 방법은?

① COGO
② 평판측량
③ 디지타이징
④ 항공사진측량

Answer 56. ④ 57. ③ 58. ④ 59. ③ 60. ④

해설 항공사진측량
1. 지도를 제작하기 위하여 항공사진을 촬영하고 해석법에 의하여 정사투영으로 변환시켜 피사체의 위치, 형상 및 특성을 결정하는 기법
2. 기존의 측량에 비해 피사체의 특성 등 정성적인 측정이 가능하고 움직이는 대상물을 분석할 수 있으며, 정확도가 균일하고, 접근하기 어려운 지역의 측정이 가능하다는 장점이 있다.

04 지적학

61. 토지조사 때 사정한 경계에 불복하여 고등토지조사위원회에서 재결한 결과 사정한 경계가 변동되는 경우 그 변경의 효력이 발생되는 시기는?

① 재결일
② 사정일
③ 재결서 접수일
④ 재결서 통지일

해설 토지조사사업의 사정
1. 사정의 개념
   ① 사정이란 토지조사부와 지적도에 의하여 토지의 소유자 및 그 강계를 확정하는 행정처분
   ② 사정은 이전의 권리와 무관한 창설적, 확정적 효력이 있음
2. 사정기관
   ① 사정권자 : 지방토지조사위원회의 자문을 받아 당시 임시토지조사국장이 실시
   ② 조사 및 측량기관 : 임시토지조사국
3. 사정의 대상
   ① 사정의 대상은 토지소유자와 토지강계
   ② 토지소유자는 자연인, 법인, 서원, 종중 등을 인정
   ③ 토지의 강계는 강계선만 사정의 대상이 되었고 지역선은 제외
4. 사정의 절차
   ① 사정은 30일간 공시
   ② 불복하는 자는 공시기간 만료 후 60일 이내에 고등토지조사위원회(高等土地調査委員會)에 이의를 제기하여 재결을 요청할 수 있도록 함
5. 사정의 효력
   ① 토지조사령은 "토지소유자의 권리는 사정의 확정 또는 재결에 의하여 확정한다"고 규정
   ② 사정은 원시취득의 효력을 가짐
   ③ 재결 시 효력발생일을 사정일로 소급

62. 지적국정주의에 대한 설명으로 옳지 않은 것은?
① 지적공부의 등록사항 결정방법과 운영방법에 통일성을 기하여야 한다.
② 모든 토지를 지적공부에 등록해야 하는 적극적 등록주의를 택하고 있다.
③ 토지에 이동사항이 있을 경우 신청이 없더라도 이를 직권으로 조사·정리할 수 있다.
④ 지적공부에 등록된 사항을 토지소유자나 일반국민에게 신속·정확하게 공개하여 정당하게 이용할 수 있도록 한다.

해설 ④와 같이 지적공부의 등록사항을 공개하는 것은 '지적공개주의'의 내용에 속한다.

63. 토지조사사업의 사정에 불복하는 자는 공시기간 만료 후 최대 며칠 이내에 고등토지조사위원회에 재결을 신청하여야 하는가?
① 10일
② 30일
③ 60일
④ 90일

해설 사정은 30일간 공시하고, 불복하는 자는 공시기간 만료 후 60일 이내에 고등토지조사위원회에 이의를 제기하여 재결을 요청할 수 있도록 하였다.

64. 토지의 등록주의에 대한 내용으로 옳지 않은 것은?
① 등록할 가치가 있는 토지만을 등록한다.
② 전 국토는 지적공부에 등록되어야 한다.
③ 지적공부에 미등록된 토지는 토지등록주의의 미비다.
④ 토지의 이동이 지적공부에 등록되지 않으면 공시의 효력이 없다.

해설 등록의 원칙(登錄의 原則)
1. 토지에 관한 모든 표시사항을 지적공부에 반드시 등록해야 하며 토지의 이동이 생기면 지적공부에 변동사항을 정리·등록해야 한다는 원칙으로서 토지표시의 등록주의라고도 함
2. 적극적등록주의와 법지적을 채택하는 나라에서 적용되며 토지에 관한 모든 사항은 지적공부에 등록되어야 토지권리의 법률상 효력을 인정받는 원칙으로서 형식주의 규정이라 할 수 있음

65. 우리나라에서 사용하고 있는 지목의 분류방식은?
① 지형지목
② 용도지목
③ 토성지목
④ 단식지목

해설 우리나라는 토지의 현실적 용도에 따라 결정한 '용도지목'을 사용하고 있다.

66. 토지등록에 있어서 개개의 토지를 중심으로 등록부를 편성하는 것으로, 하나의 토지에 하나의 등기용지를 두는 방식은?
① 물적 편성주의
② 인적 편성주의
③ 연대적 편성주의
④ 물적·인적 편성주의

Answer 62. ④ 63. ③ 64. ① 65. ② 66. ①

해설 토지등록부의 편성방법
1. 물적 편성주의 : 토지 중심으로 대장 작성
2. 인적 편성주의 : 소유자 중심 대장 작성
3. 연대적 편성주의 : 신청순서에 따라 작성
4. 물적·인적 편성주의 : 물적 편성주의에 인적 편성주의 가미

67. 우리나라의 지적도에 등록해야 할 사항으로 볼 수 없는 것은?
① 지번
② 필지의 경계
③ 토지의 소재
④ 소관청의 명칭

해설 지적도면의 등록사항
1. 토지의 소재
2. 지번
3. 지목
4. 경계
5. 지적도면의 색인도(인접도면의 연결 순서를 표시하기 위하여 기재한 도표와 번호)
6. 지적도면의 제명 및 축척
7. 도곽선과 그 수치
8. 좌표에 의하여 계산된 경계점 간의 거리(경계점좌표등록부를 갖춰 두는 지역으로 한정)
9. 삼각점 및 지적기준점의 위치
10. 건축물 및 구조물 등의 위치

68. 지목의 설정 원칙으로 옳지 않은 것은?
① 용도경중의 원칙
② 일시변경의 원칙
③ 주지목추종의 원칙
④ 사용목적추종의 원칙

해설 지목설정의 원칙
1. 1필1지목의 원칙 : 1필의 토지에는 1개의 지목만을 설정하는 원칙이며, 1필의 일부가 용도 변경된 경우에는 분할 후에 지목을 변경
2. 주지목추종의 원칙 : 주된 토지의 편익을 위해 설치된 소면적의 도로, 구거 등의 지목은 이를 따로 정하지 않고 주된 토지의 사용목적 및 용도에 따라 지목을 설정하는 원칙
3. 등록선후의 원칙 : 도로, 철도용지, 하천, 제방, 구거, 수도용지 등의 지목이 중복되는 경우에는 먼저 등록된 토지의 사용목적·용도에 따라 지번을 설정하는 원칙
4. 용도경중의 원칙 : 도로, 철도용지, 하천, 제방, 구거, 수도용지 등의 지목이 중복되는 경우에는 중요 토지의 사용목적 및 용도에 따라 지목을 설정하는 원칙
5. 일시변경불가의 원칙 : 임시적·일시적 용도의 변경 시 등록전환 또는 지목변경불가의 원칙
6. 사용목적추종의 원칙 : 도시계획사업, 토지구획정리사업, 농지개량사업 등의 완료에 따라 조성된 토지는 사용목적에 따라 지목을 설정하여야 한다는 원칙

69. 다음 중 토렌스 시스템의 기본 이론에 해당하지 않는 것은?

① 거울이론   ② 보장이론   ③ 보험이론   ④ 커튼이론

해설 토렌스 시스템의 3대 기본원칙
1. 거울이론(mirror principle) : 토지권리증서의 등록은 토지거래의 사실을 이론의 여지없이 완벽하게 반영하는 거울과 같다는 이론
2. 커튼이론(curtain principle) : 소유권의 법적 상태와 관련한 확실성을 보장하기 위하여 단지 현재의 등기부에 등기된 사항만 논의되어야 한다는 이론
3. 보험이론(insurance principle) : 토지등록이 토지의 권리를 아주 정확하게 반영한 것이나 인간의 과실로 인하여 착오가 발생하는 경우에 피해를 입은 사람은 누구나 피해보상에 관한 한 법률적으로 선의의 제3자와 동등한 입장에 놓여야만 된다는 이론

70. 구한말 지적제도의 설명과 가장 거리가 먼 것은?

① 1901년 지계발행 전담기구인 지계아문이 탄생되었다.
② 구한말 내부관제에 지적이라는 용어가 처음 등장하였다.
③ 양전사업의 총본산인 양지아문이 독립관청으로 설치되었다.
④ 조선지적협회를 설립하여 광대이동지 정리제도와 기업자 측량제도가 폐지되었다.

해설 조선지적협회는 일제강점기인 1938년에 설립되었다.

71. 우리나라 토지조사사업 당시 조사측량기관은?

① 부(府)나 면(面)   ② 임야조사위원회
③ 임시토지조사국   ④ 토지조사위원회

해설 토지조사사업의 조사측량기관은 임시토지조사국이다.

<토지조사사업과 임야조사사업의 사정(査定)사항 비교>

구분	토지조사사업	임야조사사업
사정권자	임시토지조사국장	도지사
심의기관	–	임야심사위원회
조사 및 측량기관	임시토지조사국	부 또는 면
자문기관	지방토지조사위원회	–
재결기관	고등토지조사위원회	임야조사위원회

72. 조선시대의 토지제도에 대한 설명으로 옳지 않은 것은?

① 조선시대의 지번설정제도에는 부번제도가 없었다.
② 사표(四標)는 토지의 위치로서 동서남북의 경계를 표시한 것이다.
③ 양안의 내용 중 시주(時主)는 토지의 소유자이고, 시작(詩作)은 소작인을 나타낸다.
④ 조선시대의 양전은 원칙적으로 20년마다 한 번씩 실시하여 새로이 양안을 작성하게 되어있다.

Answer 69. ② 70. ④ 71. ③ 72. ①

해설 조선시대에는 양전 순서에 따라 5결의 토지마다 천자문의 자번호를 부여(천자문의 자는 토지의 구역, 번호는 지번을 의미함)하는 일자오결제도(一字五結制度)와 양전이 끝난 이후에 개간한 토지에는 인접지의 자번호에 지번(枝番)을 붙여 사용하는 부번제도를 실시하였다.

73. 다음 중 토지가옥조사회와 국토조사측량협회를 운영하는 나라는?
① 대만 ② 독일 ③ 일본 ④ 한국

해설 일본은 지적과 등기의 이원화 체제로 창설되었으며, 지적조사사업에 따른 측량업무는 국토조사측량협회, 토지이동에 따른 측량업무는 토지가옥조사사협회, 측지측량업무는 측량협회에서 처리한다.

74. 다음 중 지적의 용어와 관련이 없는 것은?
① Capital ② Kataster ③ Kadaster ④ Capitastrum

해설 지적의 어원
1. 프랑스의 브론데임(Blondheim) 교수와 스페인의 일머(Ilmoor D.) 교수는 지적(Cadastre)이라는 용어가 그리스어 카타스티콘(katastikhon)에서 유래된 것으로 공책(notebook)이란 의미를 가진다고 봄
2. 미국의 맥엔트리(J.G. McEntyre) 교수는 라틴어인 카타스트럼(catastrum) 또는 캐피타스트럼(capitastrum)에서 유래되었다고 봄
3. katastikhon과 capitastrum 또는 catastrum은 모두 "세금 부과"의 뜻을 내포하고 있고, Katastichon은 kata(위에서 아래로)와 stikhon(부과)의 합성어로 조세등록이란 의미이기 때문에 지적의 어원은 조세에서 출발한 것으로 보는 것이 보편적 견해임

75. 토지조사사업 당시 소유권 조사에서 사정한 사항은?
① 강계, 면적 ② 강계, 소유자
③ 소유자, 지번 ④ 소유자, 면적

해설 토지조사사업 당시 사정의 대상은 토지소유자와 토지강계이다.

76. 고려 말기 토지대장의 편제를 인적 편성주의에서 물적 편성주의로 바꾸게 된 주요 제도는?
① 자호(字號)제도 ② 결부(結負)제도
③ 전시과(田柴科)제도 ④ 일자오결(一字五結)제도

해설 고려 후기에 창설된 자호제도는 토지의 정확한 파악을 목적으로 시행한 지번제도이며, 토지를 중심으로 토지등록부를 편성하는 물적 편성주의는 지번을 기초로 한다.

77. 임야조사위원회에 대한 설명으로 옳지 않은 것은?
① 위원장은 조선총독부 정무총감으로 하였다.
② 위원장은 내무부장인 사무관을 도지사가 임명하였다.
③ 재결에 대한 특수한 재판기관으로 종심이라 할 수 있다.
④ 위원장 및 위원으로 조직된 합의체의 부제(部制)로 운영한다.

Answer 73. ③ 74. ① 75. ② 76. ① 77. ②

해설 임야조사위원회
1. 임야조사사업에서 도지사의 소유권 및 경계에 대한 사정에 불복이 있는 사람은 사정공시기간 만료 후 60일 내에 임야조사위원회에 불복신청을 하도록 하였다.
2. 임야조사위원회는 사정에 대한 불복신청 및 사정 또는 재결에 대한 재심신청을 심판하는 특수한 재판기관으로 종심이라 할 수 있다.
3. 1918년 4월 칙령 제110호로 공포되어 동년 5월 1일부터 시행되었으며 위원장 및 위원으로 조직된 합의체의 부제(部制)로 운영하였다.
4. 위원장은 조선총독부 정무총감이며 위원은 조선총독부 판사 및 고등관 중에서 내각이 임명하였다.
5. 부에는 부장을 두었고, 위원장은 한 부의 부장이 되었으며, 다른 부장은 위원 중에서 조선총독이 임명하였다.
6. 회의는 부장을 포함한 5인 이상의 위원이 출석하여 개최하고, 출석위원의 과반수로 결의하며, 가부동수일 때에는 부장이 결정하였다.

78. 다음과 같은 특징을 갖는 지적제도를 시행한 나라는?

- 토지대장은 양전도장, 양전장적, 전적 등 다양한 명칭으로 호칭되었다.
- 과전법의 실시와 함께 자호제도가 창설되어 정단위로 자호를 붙여 대장에 기록하였다.
- 수등이척제를 측량의 척도로 사용하였다.

① 고구려 ② 백제
③ 고려   ④ 조선

해설 고려시대의 양안은 도전장(都田帳), 양전도장(量田都帳), 양전장적(量田帳籍), 도전정(導田丁), 도행(導行), 전적(田積), 적(籍), 전부(田簿), 안(案), 원적(元籍) 등 다양한 명칭이 있었으며, 과전법을 실시하고 자호제도를 창설하였으며, 수등이척제를 실시하여 조선에 승계되었다.

79. 다음 중 우리나라 지적제도의 역할과 가장 거리가 먼 것은?

① 토지재산권의 보호   ② 국가인적자원의 관리
③ 토지행정의 기초자료 ④ 토지기록의 법적 효력

해설 국가의 인적자원 관리는 지적제도의 역할과는 관련성이 약하다.

80. 토지조사사업의 근거법령은 토지조사법과 토지조사령이다. 임야조사사업의 근거법령은?

① 임야조사령   ② 조선조사령
③ 임야대장규칙   ④ 조선임야조사령

해설 임야조사사업은 「조선임야조사령(1918. 5. 1 제령 제5호)」을 근거로 시행되었다.

Answer 78. ③ 79. ② 80. ④

05 지적관계법규

81. 공간정보의 구축 및 관리 등에 관한 법률에서 규정하고 있는 벌칙에 해당하지 않는 것은?
① 자격 취소, 자격정지, 견책, 훈계
② 1년 이하의 징역 또는 1천만 원 이하의 벌금
③ 2년 이하의 징역 또는 2천만 원 이하의 벌금
④ 3년 이하의 징역 또는 3천만 원 이하의 벌금

해설 공간정보의 구축 및 관리 등에 관한 법률에서 규정하고 있는 벌칙으로는 1년 이하의 징역 또는 1천만 원 이하의 벌금, 2년 이하의 징역 또는 2천만 원 이하의 벌금, 3년 이하의 징역 또는 3천만 원 이하의 벌금, 과태료가 있다.

82. 공간정보의 구축 및 관리 등에 관한 법률에서 규정하고 있는 용어의 정의로 옳지 않은 것은?
① "경계"란 필지별로 경계점들을 직선으로 연결하여 지적공부에 등록한 선을 말한다.
② "지목"이란 토지의 주된 용도에 따라 토지의 종류를 구분하여 지적공부에 등록한 것을 말한다.
③ "지번부여지역"이란 지번을 부여하는 단위지역으로서 읍·면 또는 이에 준하는 지역을 말한다.
④ "등록전환"이란 임야대장 및 임야도에 등록된 토지를 토지대장 및 지적도에 옮겨 등록하는 것을 말한다.

해설 "지번부여지역"이란 지번을 부여하는 단위지역으로서 동·리 또는 이에 준하는 지역을 말한다.

83. 공간정보의 구축 및 관리 등에 관한 법령상 중앙지적위원회의 구성 등에 관한 설명으로 옳은 것은?
① 위원장은 국토교통부장관이 임명하거나 위촉한다.
② 부위원장은 국토교통부의 지적업무 담당 국장이 된다.
③ 위원장 및 부위원장을 제외한 위원의 임기는 2년으로 한다.
④ 위원장 1명과 부위원장 1명을 제외하고, 5명 이상 10명 이하의 위원으로 구성한다.

해설 중앙지적위원회 구성
1. 위원장, 부위원장 각 1명을 포함하여 5명 이상 10명 이하의 위원으로 구성
2. 위원장은 국토교통부 지적업무 담당국장, 부위원장은 국토교통부 지적업무 담당과장으로 구성
3. 위원은 지적에 관한 학식과 경험이 풍부한 자 중에서 국토교통부장관이 임명하거나 위촉하며, 임기는 2년

Answer 81. ① 82. ③ 83. ③

84. 공간정보의 구축 및 관리 등에 관한 법률상 고의로 지적측량성과를 사실과 다르게 한 자에 대한 벌칙으로 옳은 것은?

① 1년 이하의 징역 또는 1천만 원 이하의 벌금
② 2년 이하의 징역 또는 2천만 원 이하의 벌금
③ 3년 이하의 징역 또는 3천만 원 이하의 벌금
④ 5년 이하의 징역 또는 5천만 원 이하의 벌금

해설 벌칙의 종류 및 부과대상
1. 2년 이하의 징역 또는 2천만 원 이하의 벌금
   ① 측량기준점표지를 이전 또는 파손하거나 그 효용을 해치는 행위를 한 자
   ② 고의로 측량성과 또는 수로조사성과를 사실과 다르게 한 자
   ③ 측량업의 등록을 하지 아니하거나 거짓이나 그 밖의 부정한 방법으로 측량업의 등록을 하고 측량업을 한 자
   ④ 성능검사를 부정하게 한 성능검사대행자
   ⑤ 성능검사대행자의 등록을 하지 아니하거나 거짓이나 그 밖의 부정한 방법으로 성능검사대행자의 등록을 하고 성능검사업무를 한 자
2. 3년 이하의 징역 또는 3천만 원 이하의 벌금
   측량업자나 수로사업자로서 속임수, 위력, 그 밖의 방법으로 측량업 또는 수로사업과 관련된 입찰의 공정성을 해친 자
3. 1년 이하의 징역 또는 1천만 원 이하의 벌금
   ① 무단으로 측량성과 또는 측량기록을 복제한 자
   ② 측량기술자가 아님에도 불구하고 측량을 한 자
   ③ 업무상 알게 된 비밀을 누설한 측량기술자 또는 수로기술자
   ④ 둘 이상의 측량업자에게 소속된 측량기술자 또는 수로기술자
   ⑤ 다른 사람에게 측량업등록증 또는 측량업등록수첩을 빌려주거나 자기의 성명 또는 상호를 사용하여 측량업무를 하게 한 자
   ⑥ 다른 사람의 측량업등록증 또는 측량업등록수첩을 빌려서 사용하거나 다른 사람의 성명 또는 상호를 사용하여 측량업무를 한 자
   ⑦ 지적측량수수료 외의 대가를 받은 지적측량기술자
   ⑧ 거짓으로 다음 각 목의 신청을 한 자
   - 신규등록 신청
   - 등록전환 신청
   - 분할 신청
   - 합병 신청
   - 지목변경 신청
   - 바다로 된 토지의 등록말소 신청
   - 축척변경 신청
   - 등록사항의 정정 신청
   - 도시개발사업 등 시행지역의 토지이동 신청
   ⑨ 다른 사람에게 자기의 성능검사대행자 등록증을 빌려 주거나 자기의 성명 또는 상호를 사용하여 성능검사대행업무를 수행하게 한 자
   ⑩ 다른 사람의 성능검사대행자 등록증을 빌려서 사용하거나 다른 사람의 성명 또는 상호를 사용하여 성능검사대행업무를 수행한 자

Answer 84. ②

85. 등기관이 등기를 한 후 지체 없이 그 사실을 지적소관청 또는 건축물대장 소관청에 통지하여야 하는 것이 아닌 것은?

① 부동산 표시의 변경
② 소유권의 보존 또는 이전
③ 소유권의 말소 또는 말소회복
④ 소유권의 등기명의인표시의 변경 또는 경정

해설 소유권변경 사실의 통지
등기관이 다음 각 호의 등기를 하였을 때에는 지체 없이 그 사실을 토지의 경우에는 지적소관청에, 건물의 경우에는 건축물대장 소관청에 각각 알려야 한다.
- 소유권의 보존 또는 이전
- 소유권의 등기명의인표시의 변경 또는 경정
- 소유권의 변경 또는 경정
- 소유권의 말소 또는 말소회복

※ 부동산의 표시의 변경은 지적소관청에서 등기관서에 촉탁한다.(신규등록 제외)

86. 국토의 계획 및 이용에 관한 법률상 광역계획권을 지정한 날부터 3년이 지날 때까지 관할 시장 또는 군수로부터 광역도시계획의 승인 신청이 없는 경우의 광역도시계획의 수립권자는?

① 대통령
② 국무총리
③ 관할 도지사
④ 국토교통부장관

해설 광역도시계획의 수립권자
1. 광역계획권이 같은 도의 관할 구역에 속하여 있는 경우 : 관할 시장 또는 군수가 공동으로 수립
2. 광역계획권이 둘 이상의 시·도의 관할 구역에 걸쳐 있는 경우 : 관할 시·도지사가 공동으로 수립
3. 광역계획권을 지정한 날부터 3년이 지날 때까지 관할 시장 또는 군수로부터 광역도시계획의 승인 신청이 없는 경우 : 관할 도지사가 수립
4. 국가계획과 관련된 광역도시계획의 수립이 필요한 경우나 광역계획권을 지정한 날부터 3년이 지날 때까지 관할 시·도지사로부터 광역도시계획의 승인 신청이 없는 경우 : 국토교통부장관이 수립

87. 공간정보의 구축 및 관리 등에 관한 법령상 토지의 합병을 신청할 수 있는 경우는?

① 합병하려는 토지의 지적도 및 임야도의 축척이 서로 다른 경우
② 합병하려는 토지가 등기된 토지와 등기되지 아니한 토지인 경우
③ 합병하려는 토지의 소유자별 공유지분이 다르거나 소유자의 주소가 서로 다른 경우
④ 합병하려는 각 필지의 지목은 같으나 일부 토지의 용도가 다르게 되어 합병 신청과 동시에 용도에 따라 분할 신청을 하는 경우

해설 토지합병
1. 신청대상
   지번부여지역으로서 소유자와 용도가 같고 지반이 연속된 토지
2. 합병하려는 토지에 다음 각 호의 등기가 있는 경우에는 합병 가능
   ① 소유권·지상권·전세권 또는 임차권의 등기
   ② 승역지에 대한 지역권의 등기
   ③ 합병하려는 토지 전부에 대한 등기원인 및 그 연월일과 접수번호가 같은 저당권의 등기

3. 합병을 신청할 수 없는 토지
① 합병하려는 토지의 지번부여지역, 지목 또는 소유자가 서로 다른 경우
② 합병하려는 토지의 지적도 및 임야도의 축척이 서로 다른 경우
③ 합병하려는 각 필지의 지반이 연속되지 아니한 경우
④ 합병하려는 토지가 등기된 토지와 등기되지 아니한 토지인 경우
⑤ 합병하려는 각 필지의 지목은 같으나 일부 토지의 용도가 다르게 되어 분할대상 토지인 경우(다만, 합병 신청과 동시에 토지의 용도에 따라 분할 신청을 하는 경우는 제외)
⑥ 합병하려는 토지의 소유자별 공유지분이 다르거나 소유자의 주소가 서로 다른 경우
⑦ 합병하려는 토지가 구획정리, 경지정리 또는 축척변경을 시행하고 있는 지역의 토지와 그 지역 밖의 토지인 경우

88. 지적업무처리규정상 직경 2mm 및 3mm의 2중원 안에 십자선을 표시하는 지적기준점은?

① 위성기준점
② 1등 삼각점
③ 지적삼각점
④ 수준점

해설 지적기준점 등의 제도
① 삼각점 및 지적기준점(제4조에 따라 지적측량수행자가 설치하고, 그 지적기준점성과를 지적소관청이 인정한 지적기준점을 포함한다.)은 0.2밀리미터 폭의 선으로 다음 각 호와 같이 제도한다.
가. 위성기준점은 직경 2밀리미터 및 3밀리미터의 2중원 안에 십자선을 표시하여 제도한다.
• 위성기준점

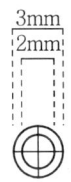

나. 1등 및 2등삼각점은 직경 1밀리미터, 2밀리미터 및 3밀리미터의 3중원으로 제도한다. 이 경우 1등삼각점은 그 중심원 내부를 검은색으로 엷게 채색한다.
• 1등삼각점   • 2등삼각점

 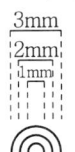

다. 3등 및 4등삼각점은 직경 1밀리미터 및 2밀리미터의 2중원으로 제도한다. 이 경우 3등삼각점은 그 중심원 내부를 검은색으로 엷게 채색한다.
• 3등삼각점   • 4등삼각점

 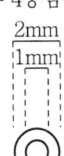

Answer 88. ①

라. 지적삼각점 및 지적삼각보조점은 직경 3밀리미터의 원으로 제도한다. 이 경우 지적삼각점은 원 안에 십자선을 표시하고, 지적삼각보조점은 원 안에 검은색으로 엷게 채색한다.

• 지적삼각점 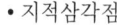 • 지적삼각보조점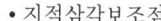

마. 지적도근점은 직경 2밀리미터의 원으로 다음과 같이 제도한다.
• 지적도근점

89. 국토의 계획 및 이용에 관한 법률에 따른 용도지구에 대한 설명으로 옳지 않은 것은?

① 경관지구 : 경관의 보전·관리 및 형성을 위하여 필요한 지구
② 방재지구 : 화재위험을 예방하기 위하여 필요한 지구
③ 보호지구 : 문화재, 중요 시설물(항만, 공항 등 대통령령으로 정하는 시설물을 말한다) 및 문화적·생태적으로 보존가치가 큰 지역의 보호와 보존을 위하여 필요한 지구
④ 고도지구 : 쾌적한 환경 조성 및 토지의 효율적 이용을 위하여 건축물 높이의 최저한도 또는 최고한도를 규제할 필요가 있는 지구

해설 1. 용도지구
토지의 이용 및 건축물의 용도·건폐율·용적률·높이 등에 대한 용도지역의 제한을 강화하거나 완화하여 적용함으로써 용도지역의 기능을 증진시키고 경관·안전 등을 도모하기 위하여 도시·군관리계획으로 결정하는 지역을 말한다.
2. 용도지구의 종류
① 경관지구 : 경관의 보전·관리 및 형성을 위하여 필요한 지구
② 고도지구 : 쾌적한 환경 조성 및 토지의 효율적 이용을 위하여 건축물 높이의 최고한도를 규제할 필요가 있는 지구
③ 방화지구 : 화재의 위험을 예방하기 위하여 필요한 지구
④ 방재지구 : 풍수해, 산사태, 지반의 붕괴, 그 밖의 재해를 예방하기 위하여 필요한 지구
⑤ 보호지구 : 문화재, 중요 시설물(항만, 공항 등 대통령령으로 정하는 시설물을 말한다) 및 문화적·생태적으로 보존가치가 큰 지역의 보호와 보존을 위하여 필요한 지구
⑥ 취락지구 : 녹지지역·관리지역·농림지역·자연환경보전지역·개발제한구역 또는 도시자연공원구역의 취락을 정비하기 위한 지구
⑦ 개발진흥지구 : 주거기능·상업기능·공업기능·유통물류기능·관광기능·휴양기능 등을 집중적으로 개발·정비할 필요가 있는 지구
⑧ 특정용도제한지구 : 주거 및 교육환경 보호나 청소년 보호 등의 목적으로 오염물질 배출시설, 청소년 유해시설 등 특정시설의 입지를 제한할 필요가 있는 지구
⑨ 복합용도지구 : 지역의 토지이용 상황, 개발 수요 및 주변 여건 등을 고려하여 효율적이고 복합적인 토지이용을 도모하기 위하여 특정시설의 입지를 완화할 필요가 있는 지구

90. 토지의 이동을 조사하는 자가 측량 또는 조사 등을 필요로 하여 토지 등에 출입하거나 일시 사용함으로 인하여 손실을 받은 자가 있는 경우의 손실보상에 대한 설명으로 옳지 않은 것은?

① 손실을 받은 자가 있으면 그 행위를 한 자는 그 손실을 보상하여야 한다.
② 손실보상에 관하여는 손실을 보상할 자와 손실을 받은 자가 협의하여야 한다.
③ 손실을 보상할 자 또는 손실을 받은 자는 손실보상에 관한 협의가 성립되지 아니하는 경우 관할 토지수용위원회에 재결을 신청할 수 있다.
④ 재결에 불복하는 자는 재결서 정본을 송달받은 날부터 3개월 이내에 중앙토지수용위원회에 이의를 신청할 수 있다.

해설 손실보상
① 손실보상 대상
측량기준점을 설치 또는 토지의 이동을 조사하기 위하여 타인의 토지 등에 출입하거나 일시 사용한 경우로서 장애물을 변경하거나 제거한 경우
② 손실보상자
행위를 한 자
③ 손실보상액 결정 및 이의신청 등
• 손실을 보상할 자와 손실을 받을 자가 협의하여 보상액을 결정
• 손실을 보상할 자와 손실을 받을 자가 협의가 성립되지 아니하거나 협의를 할 수 없는 때에는 관할 토지수용위원회에 재결을 신청
④ 재결에 불복이 있는 자
관할토지수용위원회의 재결에 불복하는 자는 재결서 정본을 송달받은 날부터 30일 이내에 중앙토지수용위원회에 이의를 신청
⑤ 토지수용위원회 재결
"공익사업을 위한 토지 등의 취득 및 보상에 관한 법률" 준용

91. 부동산등기법상 미등기 토지의 소유권 보존등기를 신청할 수 없는 자는?

① 토지대장에 소유자로서 등록되어 있는 것을 증명하는 자
② 수용으로 인하여 소유권을 취득하였음을 증명하는 자
③ 확정판결에 의하여 자기의 소유권을 증명하는 자
④ 구청장 또는 면장의 서면에 의하여 자기의 소유권을 증명하는 자

해설 미등기 토지 또는 건물에 관한 소유권보존등기 신청
1. 토지대장, 임야대장 또는 건축물대장에 최초의 소유자로 등록되어 있는 자 또는 그 상속인, 그 밖의 포괄승계인
2. 확정판결에 의하여 자기의 소유권을 증명하는 자
3. 수용으로 인하여 소유권을 취득하였음을 증명하는 자
4. 특별자치도지사, 시장, 군수 또는 구청장(자치구의 구청장을 말한다)의 확인에 의하여 자기의 소유권을 증명하는 자(건물의 경우로 한정한다)

Answer 90. ④ 91. ④

92. 공간정보의 구축 및 관리 등에 관한 법령상 주된 용도의 토지에 편입하여 1필지로 할 수 있는 경우에 해당하는 것은?

① 1,000m² 내의 110m²의 답
② 10,000m² 내의 250m²의 전
③ 4,000m² 내의 350m²의 과수원
④ 5,000m²인 과수원 내의 50m²의 대지

해설 1필지
1. 1필지로 정할 수 있는 기준
   지번부여지역의 토지로서 소유자와 용도가 같고 지반이 연속된 토지
2. 양입지
   ① 주된 용도의 토지의 편의를 위하여 설치된 도로·구거 등의 부지
   ② 주된 용도의 토지에 접속되거나 주된 용도의 토지로 둘러싸인 토지로서 다른 용도로 사용되고 있는 토지
3. 양입지로 정할 수 없는 토지
   ① 종된 용도의 토지의 지목이 대인 경우
   ② 종된 용도의 토지면적이 주된 용도의 토지면적의 10퍼센트를 초과하는 경우
   ③ 종된 토지의 면적이 330제곱미터를 초과하는 경우
   ※ 1,000m² 내의 110m²의 답 : 종된 용도의 토지면적이 주된 용도의 토지면적의 10퍼센트를 초과로 편입 안 됨
   ※ 10,000m² 내의 250m²의 전 : 종된 용도의 토지면적이 주된 용도의 토지면적의 10퍼센트 이내로 편입됨
   ※ 4,000m² 내의 350m²의 과수원 : 종된 토지의 면적이 330제곱미터를 초과하는 경우로 편입 안 됨
   ※ 5,000m²인 과수원 내의 50m²의 대지 : 종된 용도의 토지의 지목이 대인 경우로 편입 안 됨

93. 공간정보의 구축 및 관리 등에 관한 법령상 지적공부에 등록할 때 지목을 '대'로 설정할 수 없는 것은?

① 택지조성공사가 준공된 토지
② 목장용지 내의 주거용 건축물의 부지
③ 과수원 내에 있는 주거용 건축물의 부지
④ 제조업 공장시설물 부지 내의 의료시설 부지

해설 1. 대
   ① 영구적 건축물 중 주거·사무실·점포와 박물관·극장·미술관 등 문화시설과 이에 접속된 정원 및 부속시설물의 부지
   ② 관계 법령에 따른 택지조성공사가 준공된 토지
2. 목장용지
   다음 각 목의 토지. 다만, 주거용 건축물의 부지는 "대"로 한다.
   ① 축산업 및 낙농업을 하기 위하여 초지를 조성한 토지
   ② 「축산법」 제2조 제1호에 따른 가축을 사육하는 축사 등의 부지
   ③ 가목 및 나목의 토지와 접속된 부속시설물의 부지

3. 과수원
   사과·배·밤·호두·귤나무 등 과수류를 집단적으로 재배하는 토지와 이에 접속된 저장고 등 부속시설물의 부지(다만, 주거용 건축물의 부지는 "대"로 한다.)
4. 공장용지
   ① 제조업을 하고 있는 공장시설물의 부지
   ② 관계 법령에 따른 공장부지 조성공사가 준공된 토지
   ③ ①, ② 토지와 같은 구역에 있는 의료시설 등 부속시설물의 부지

94. 지적기준점측량의 절차 순서로 옳은 것은?

① 계획의 수립 → 준비 및 현지답사 → 선점 및 조표 → 관측 및 계산과 성과표의 작성
② 선점 및 조표 → 계획의 수립 → 준비 및 현지답사 → 관측 및 계산과 성과표의 작성
③ 준비 및 현지답사 → 계획의 수립 → 선점 및 조표 → 관측 및 계산과 성과표의 작성
④ 준비 및 현지답사 → 선점 및 조표 → 계획의 수립 → 관측 및 계산과 성과표의 작성

해설 지적기준점측량의 절차
① 계획의 수립
② 준비 및 현지답사
③ 선점 및 조표
④ 관측 및 계산과 성과표의 작성

95. 공간정보의 구축 및 관리 등에 관한 법령상 축척변경위원회의 심의·의결 사항이 아닌 것은?

① 청산금의 이의신청에 관한 사항
② 축척변경 시행계획에 관한 사항
③ 축척변경의 확정공고에 관한 사항
④ 지번별 제곱미터당 금액의 결정과 청산금의 산정에 관한 사항

해설 축척변경위원회의 심의·의결사항
① 축척변경 시행계획에 관한 사항
② 지번별 제곱미터당 금액의 결정과 청산금의 산정에 관한 사항
③ 청산금의 이의신청에 관한 사항
④ 그 밖에 축척변경과 관련하여 지적소관청이 회의에 부치는 사항

96. 공간정보의 구축 및 관리 등에 관한 법령상 토지의 이동에 해당하는 것은?

① 경계복원   ② 토지합병
③ 지적도 작성   ④ 소유권이전등기

해설 "토지의 이동"이란 토지의 표시를 새로 정하거나 변경 또는 말소하는 것으로 신규등록, 등록전환, 분할, 합병, 지목변경, 바다로 된 토지의 등록말소, 축척변경, 등록사항정정 등이 해당된다.
※ 경계복원 : 지적도 및 임야도에 등록된 경계 또는 경계점좌표등록부에 등록된 좌표에 의한 경계를 현지에 정확히 표시하여 일필지의 한계를 구분하여 주는 것을 말한다.(경계복원측량)

Answer 94. ① 95. ③ 96. ②

97. 공간정보의 구축 및 관리 등에 관한 법령상 지적공부의 복구자료에 해당하지 않는 것은?

① 측량 준비도
② 토지이동정리 결의서
③ 법원의 확정판결서 정본 또는 사본
④ 부동산등기부등본 등 등기사실을 증명하는 서류

해설 지적공부 복구자료
① 지적공부의 등본
② 측량 결과도
③ 토지이동정리 결의서
④ 부동산등기부등본 등 등기사실을 증명하는 서류
⑤ 지적소관청이 작성하거나 발행한 지적공부의 등록내용을 증명하는 서류
⑥ 복제된 지적공부
⑦ 법원의 확정판결서 정본 또는 사본

98. 공간정보의 구축 및 관리 등에 관한 법령상 지적전산자료의 이용에 대한 심사 신청을 받은 관계 중앙행정기관의 장이 심사하여야 할 사항이 아닌 것은?

① 소유권 침해 여부
② 신청 내용의 타당성
③ 개인의 사생활 침해 여부
④ 자료의 목적 외 사용 방지 및 안전관리대책

해설 지적전산자료 심사사항
1. 지적전산자료 승인권자의 심사사항
  ① 신청 내용의 타당성, 적합성 및 공익성
  ② 개인의 사생활 침해 여부
  ③ 자료의 목적 외 사용 방지 및 안전관리대책
  ④ 신청한 사항의 처리가 전산정보처리조직으로 가능한지 여부
  ⑤ 신청한 사항의 처리가 지적업무 수행에 지장을 주지 않는지 여부
2. 중앙행정기관의 심사사항
  ① 신청 내용의 타당성, 적합성 및 공익성
  ② 개인의 사생활 침해 여부
  ③ 자료의 목적 외 사용 방지 및 안전관리대책

99. 지적소관청으로부터 측량성과에 대한 검사를 받지 않아도 되는 것만 나열한 것은?

① 지적기준점측량, 분할측량
② 경계복원측량, 지적현황측량
③ 신규등록측량, 등록전환측량
④ 지적공부복구측량, 축척변경측량

100. 지적재조사사업에 관한 기본계획 수립 시 포함하여야 하는 사항으로 옳지 않은 것은?
① 지적재조사사업의 시행기간
② 지적재조사사업에 관한 기본방향
③ 지적재조사사업의 시·군별 배분 계획
④ 지적재조사사업에 필요한 인력 확보계획

해설 기본계획의 수립
1. 지적재조사사업에 관한 기본방향
2. 지적재조사사업의 시행기간 및 규모
3. 지적재조사사업비의 연도별 집행계획
4. 지적재조사사업비의 특별시·광역시·도·특별자치도·특별자치시 및 「지방자치법」 제175조에 따른 대도시로서 구(區)를 둔 시(이하 "시·도"라 한다)별 배분 계획
5. 지적재조사사업에 필요한 인력의 확보에 관한 계획
6. 그 밖에 지적재조사사업의 효율적 시행을 위하여 필요한 사항으로서 대통령령으로 정하는 사항

Answer 100. ③

2019년 기출문제

2019년 제1회 지적기사

2019년 제2회 지적기사

2019년 제3회 지적기사

2019년 시행

Engineer Cadastral Surveying

2019년 제1회 지적기사

01 지적측량

SUBJECT

01. 경계점좌표등록부를 갖춰 두는 지역의 측량에 대한 설명으로 옳은 것은?

① 경계점좌표등록부를 갖춰 두는 지역에 있는 각 필지의 경계점을 측정할 때에는 도선법 또는 원호법에 따라 좌표를 산출하여야 한다.
② 경계점좌표등록부를 갖춰 두는 지역에 있는 각 필지의 경계점 측점번호는 오른쪽 위에서부터 왼쪽으로 경계를 따라 일련번호를 부여한다.
③ 기존의 경계점좌표등록부를 갖춰 두는 지역의 경계점에 접속하여 지적확정측량을 하는 경우 동일한 경계점의 측량성과의 차이는 0.10m 이내여야 한다.
④ 기존의 경계점좌표등록부를 갖춰 두는 지역의 경계점에 접속하여 지적확정측량을 하는 경우 동일한 경계점의 측량성과가 서로 다를 때에는 새로이 측량한 성과를 좌표로 결정한다.

해설 지적측량 시행규칙 제23조(경계점좌표등록부를 갖춰 두는 지역의 측량)
① 경계점좌표등록부를 갖춰 두는 지역에 있는 각 필지의 경계점을 측정할 때에는 도선법·방사법 또는 교회법에 따라 좌표를 산출하여야 한다.
② 다만, 필지의 경계점이 지형·지물에 가로막혀 경위의를 사용할 수 없는 경우에는 간접적인 방법으로 경계점의 좌표를 산출할 수 있다.
③ 각 필지의 경계점 측점번호는 왼쪽 위에서부터 오른쪽으로 경계를 따라 일련번호를 부여한다.
④ 기존의 경계점좌표등록부를 갖춰 두는 지역의 경계점에 접속하여 경위의측량방법 등으로 지적확정측량을 하는 경우 동일한 경계점의 측량성과가 서로 다를 때에는 경계점좌표등록부에 등록된 좌표를 그 경계점의 좌표로 본다.
⑤ 이 경우 동일한 경계점의 측량성과의 차이는 0.10미터 이내여야 한다.

02. 지적도면의 작성에 대한 설명으로 옳은 것은?

① 경계점 간 거리는 2mm 크기의 아라비아숫자로 제도한다.
② 도곽선의 수치는 2mm 크기의 아라비아숫자로 제도한다.
③ 도면에 등록하는 지번은 5mm 크기의 고딕체로 한다.
④ 삼각점 및 지적기준점은 0.5mm 폭의 선으로 제도한다.

Answer 1. ③ 2. ②

해설 지적업무처리규정
① 경계점좌표등록부 등록지역의 도면에 등록할 경계점 간 거리는 검은색의 1.0~1.5mm 크기의 아라비아숫자로 제도한다.
② 도곽선의 수치는 2mm 크기의 아라비아숫자로 제도한다.
③ 도면에 등록하는 지번은 2mm 이상 3mm 이하 크기의 명조체로 한다.
④ 삼각점 및 지적기준점은 0.2mm 폭의 선으로 제도한다.

03. 전파기 또는 광파기측량방법에 따른 지적삼각점의 점간거리는 몇 회 측정하여야 하는가?
① 2회　　② 3회　　③ 4회　　④ 5회

해설 지적측량 시행규칙 제9조(지적삼각점측량의 관측 및 계산)
점간거리는 5회 측정하여 그 측정치의 최대치와 최소치의 교차가 평균치의 10만분의 1 이하일 때에는 그 평균치를 측정거리로 하고, 원점에 투영된 평면거리에 따라 계산한다.

04. A점에서 트랜싯으로 B점을 시준한 결과, 표척눈금이 5.20m, 기계고가 3.70m, AB의 경사거리가 45m이었다면, AB 두 지점의 수평거리는?
① 44.67m　　② 44.70m　　③ 44.85m　　④ 44.97m

해설 $D = \sqrt{l^2 - (H-i)^2}$
여기서, D : 수평거리, l : 경사거리, H : 표척눈금, i : 기계고
$D = \sqrt{45^2 - (5.20 - 3.7)^2} = 44.97\text{m}$

05. 면적측정의 방법과 관련한 아래 내용의 ㉠과 ㉡에 들어갈 알맞은 말은?

> 면적이 (㉠) 이상인 필지를 분할하는 경우 분할 후의 면적이 분할 전 면적의 80% 이상이 되는 필지의 면적을 측정할 때에는 분할 전 면적의 20% 미만이 되는 필지의 면적을 먼저 측정한 후, 분할 전 면적에서 그 측정된 면적을 빼는 방법으로 할 수 있다. 다만, 동일한 측량결과도에서 측정할 수 있는 경우와 (㉡)에 따라 면적을 측정하는 경우에는 그러하지 아니한다.

① ㉠ : 3,000m², ㉡ : 전자면적측정법
② ㉠ : 3,000m², ㉡ : 좌표면적측정법
③ ㉠ : 5,000m², ㉡ : 전자면적측정법
④ ㉠ : 5,000m², ㉡ : 좌표면적측정법

해설 지적측량 시행규칙 제20조(면적측정의 방법 등)
면적이 <u>5천제곱미터</u> 이상인 필지를 분할하는 경우 분할 후의 면적이 분할 전 면적의 80퍼센트 이상이 되는 필지의 면적을 측정할 때에는 분할 전 면적의 20퍼센트 미만이 되는 필지의 면적을 먼저 측정한 후, 분할 전 면적에서 그 측정된 면적을 빼는 방법으로 할 수 있다. 다만, 동일한 측량결과도에서 측정할 수 있는 경우와 <u>좌표면적계산법</u>에 따라 면적을 측정하는 경우에는 그러하지 아니하다.

06. 경위의측량방법으로 세부측량을 실시할 때 측량대상 토지의 경계점 간 실측거리와 경계점의 좌표에 따라 계산한 거리의 교차는 얼마 이내여야 하는가?(단, L은 실측거리로서 미터단위로 표시한 수치이다.)

① $6 + \dfrac{L}{10}$ 센티미터 이내

② $5 + \dfrac{L}{10}$ 센티미터 이내

③ $4 + \dfrac{L}{10}$ 센티미터 이내

④ $3 + \dfrac{L}{10}$ 센티미터 이내

해설 지적측량 시행규칙 제26조(세부측량성과의 작성)

$3 + \dfrac{L}{10}$ 센티미터 이내(이 경우 L은 실측거리로서 미터단위로 표시한 수치)

07. 두 점 간의 거리가 222m이고 두 점 간의 방위각이 33°33′33″일 때 횡선차는?

① 122.72m　② 145.26m　③ 185.00m　④ 201.56m

해설 $\triangle y = \sin 33°33′33″ \times 222 = 122.72\text{m}$

08. 지적도근점측량의 배각법에서 종횡선 오차는 어느 방법으로 배분하여야 하는가?

① 반수에 비례하여 배분한다.
② 콤파스 법칙에 의해 배분한다.
③ 트랜싯 법칙에 의해 배분한다.
④ 측정변의 길이에 반비례하여 배분한다.

해설 지적측량 시행규칙 제15조(지적도근점측량에서의 연결오차의 허용범위와 종선 및 횡선오차의 배분)
배각법에 따르는 경우 각 측선의 종선차 또는 횡선차 길이에 비례하여 배분하며 트랜싯 법칙에 의해 배분한다.
- 컴퍼스 법칙 : 각관측과 거리관측의 정확도가 같을 때 조정하는 방법으로 각 측선길이에 비례하여 폐합오차를 배분한다.
- 트랜싯 법칙 : 다각측량의 정확도가 거리관측의 정확도보다 높을 때 조정하는 방법으로 종선과 횡선의 크기에 비례하여 폐합오차를 배분한다.

09. 경위의측량방법으로 세부측량을 한 경우 측량결과도에 작성하여야 할 사항이 아닌 것은?

① 측정점의 위치, 측량기하적
② 측량결과도의 제명 및 번호
③ 측량대상 토지의 점유현황선
④ 측량대상 토지의 경계점 간 실측거리

Answer　6. ④　7. ①　8. ③　9. ①

해설 지적측량 시행규칙 제17조(측량준비 파일의 작성), 제26조(세부측량성과의 작성)

경위의측량방법의 경우 측량준비도	경위의측량방법의 경우 측량결과도
1. 측량대상 토지의 경계와 경계점의 좌표 및 부호도·지번·지목 2. 인근 토지의 경계와 경계점의 좌표 및 부호도·지번·지목 3. 행정구역선과 그 명칭 4. 지적기준점 및 그 번호와 지적기준점 간의 방위각 및 그 거리 5. 경계점 간 계산거리 6. 도곽선과 그 수치 7. 그 밖에 국토교통부장관이 정하는 사항	1. 측정점의 위치(측량계산부의 좌표를 전개하여 적는다), 지상에서 측정한 거리 및 방위각 2. 측량대상 토지의 경계점 간 실측거리 3. 측량대상 토지의 토지이동 전의 지번과 지목(2개의 붉은 색으로 말소한다) 4. 측량결과도의 제명 및 번호(연도별로 붙인다)와 지적도의 도면번호 5. 신규등록 또는 등록전환하려는 경계선 및 분할경계선 6. 측량대상 토지의 점유현황선 7. 측량 및 검사의 연월일, 측량자 및 검사자의 성명·소속 및 자격등급 또는 기술등급
평판측량방법의 경우 측량준비도	평판측량방법의 경우 측량결과도
1. 측량대상 토지의 경계선·지번 및 지목 2. 인근 토지의 경계선·지번 및 지목 3. 임야도를 갖춰 두는 지역에서 인근 지적도의 축척으로 측량을 할 때에는 임야도에 표시된 경계점의 좌표를 구하여 지적도에 전개(展開)한 경계선. 다만, 임야도에 표시된 경계점의 좌표를 구할 수 없거나 그 좌표에 따라 확대하여 그리는 것이 부적당한 경우에는 축척비율에 따라 확대한 경계선을 말한다. 4. 행정구역선과 그 명칭 5. 지적기준점 및 그 번호와 지적기준점 간의 거리, 지적기준점의 좌표, 그 밖에 측량의 기점이 될 수 있는 기지점 6. 도곽선(圖廓線)과 그 수치 7. 도곽선의 신축이 0.5밀리미터 이상일 때에는 그 신축량 및 보정(補正) 계수 8. 그 밖에 국토교통부장관이 정하는 사항	1. 측정점의 위치, 측량기하적 및 지상에서 측정한 거리 2. 측량대상 토지의 토지이동 전의 지번과 지목(2개의 붉은 선으로 말소한다) 3. 측량결과도의 제명 및 번호(연도별로 붙인다)와 도면번호 4. 신규등록 또는 등록전환하려는 경계선 및 분할경계선 5. 측량대상 토지의 점유현황선 6. 측량 및 검사의 연월일, 측량자 및 검사자의 성명·소속 및 자격등급 또는 기술등급

10. 동일조건으로 거리를 측량한 결과가 다음과 같을 때 최확치로 옳은 것은?

25.475±0.030, 25.470±0.020, 25.484±0.040

① 25.471 ② 25.473 ③ 25.475 ④ 25.483

해설 • 경중률 계산 : 동일조건에서 거리를 측정했을 때 경중률은 평균제곱오차의 자승에 반비례한다.

$$P_A : P_B : P_C = \frac{1}{0.030^2} : \frac{1}{0.020^2} : \frac{1}{0.040^2} = 1,111 : 2,500 : 625$$

• 최확값

$$L_o = 25.4 + \frac{0.075 \times 1,111 + 0.070 \times 2,500 + 0.084 \times 625}{1,111 + 2,500 + 625} = 25.4 + 0.073 = 25.473$$

11. 트랜싯 법칙에 대한 설명으로 가장 옳은 것은?

① 변의 수에 비례하여 오차를 배분하는 방식이다.
② 측선장에 반비례하여 오차를 배분하는 방식이다.
③ 거리측정의 정밀도가 각 관측의 정밀도에 비하여 높다.
④ 각 관측의 정밀도가 거리측정의 정밀도에 비하여 높다.

해설 트랜싯 법칙
다각측량의 정확도가 거리관측의 정확도보다 높을 때 조정하는 방법으로 종선과 횡선의 크기에 비례하여 폐합오차를 배분한다.

12. 경위의측량방법과 전파기측량방법에 따라 교회법으로 지적삼각보조점측량을 하는 기준으로 옳지 않은 것은?

① 수평각 관측은 2대회의 방향관측법에 의한다.
② 삼각형의 각 내각은 30° 이상 120° 이하로 한다.
③ 2방향의 교회에 의하여 결정하려는 경우, 각 내각의 관측치의 합계와 180°와의 차가 ±50초 이내이어야 한다.
④ 지적삼각보조점표지의 점간거리는 평균 1km 이상 3km 이하로 한다. 단, 다각망도선법에 따르는 경우는 제외한다.

해설 지적측량 시행규칙 제11조(지적삼각보조점의 관측 및 계산)

측량 종류	지적삼각보조점 측량	
점간거리	1~3km(단, 다각망도선법일 때 평균 0.5~1km 이하)	
측량 방법	경위의측량법	전·광파기측량법
	교회법	
망 구성	3방향 교회, 부득이한 경우 2방향, 내각의 합이 180도와 차가 ±40초 이내일 때 내각에 고르게 배분	
삼각형 내각	30°~120°	
수평각 관측	2대회 방향관측법(윤곽도 : 0°, 90°)	

13. 방위각 271°30′의 방위는?

① N89°30′E
② N1°30′W
③ N88°30′W
④ N90°W

해설 방위는 시계방향으로 90°씩 관측하며 N과 S를 기준축으로 하고 각각의 상한별로 정한다.
따라서 360°−271°30′=88°30′
방위각 271°30′은 N, W 방위 사이에 있으므로 N88°30′W가 된다.

Answer 11. ④ 12. ③ 13. ③

14. 광파기측량방법에 따라 다각망도선법으로 지적삼각보조점측량을 할 때 1도선의 거리 기준으로 옳은 것은?

① 1km 이하   ② 2km 이하
③ 3km 이하   ④ 4km 이하

해설 지적측량 시행규칙 제10조(지적삼각보조점측량)
1도선의 거리(기지점과 교점 또는 교점과 교점 간의 점간거리의 총합계를 말한다)는 4킬로미터 이하로 한다.

15. 다각망도선법에 따르는 경우 지적도근점표지의 점간거리는 평균 몇 m 이하로 하여야 하는가?

① 500m   ② 1,000m
③ 2,000m   ④ 3,000m

해설 지적측량 시행규칙 제2조(지적기준점표지의 설치·관리 등)
지적도근점표지의 점간거리는 다각망도선법에 따르는 경우에는 평균 500미터 이하로 한다.

16. 두 점 A, D 사이의 거리를 AB, BC, CD의 3구간으로 나누어 측정한 결과 아래 표와 같은 값을 얻었다면 AD 사이 전체길이와 표준편차는?

$$AB = 79.263m \pm 0.015m$$
$$BC = 74.537m \pm 0.012m$$
$$CD = 71.082m \pm 0.010m$$

① 224.882m ± 0.020m   ② 224.882m ± 0.022m
③ 224.882m ± 0.026m   ④ 224.882m ± 0.030m

해설 • 전체길이
$AB + BC + CD = 79.263 + 74.537 + 71.082 = 224.882m$
• 부정오차의 전파법칙에 의해
$\sigma(\text{표준편차}) = \pm\sqrt{m_1^2 + m_2^2 + m_3^2} = \sqrt{(0.015)^2 + (0.012)^2 + (0.010)^2} = \pm 0.022$
∴ 224.882m ± 0.022m

17. 산100임을 산지전용하여 대지로 조성하는 경우 지적공부에 등록하기 위한 측량으로 옳은 것은?

① 등록말소   ② 등록전환   ③ 신규등록   ④ 축척변경

해설 공간정보의 구축 및 관리 등에 관한 법률 제2조(정의)
"등록전환"이란 임야대장 및 임야도에 등록된 토지를 토지대장 및 지적도에 옮겨 등록하는 것을 말한다.

18. 지적삼각점성과를 관리할 때 지적삼각점성과표에 기록·관리하여야 할 사항이 아닌 것은?

① 설치기관   ② 자오선수차
③ 좌표 및 표고   ④ 지적삼각점의 명칭

해설 지적측량 시행규칙 제4조(지적기준점성과표의 기록·관리 등)

지적삼각점성과표	지적삼각보조점 및 지적도근점성과표
1. 지적삼각점의 명칭과 기준 원점명 2. 좌표 및 표고 3. 경도 및 위도(필요한 경우로 한정한다) 4. 자오선수차(子午線收差) 5. 시준점(視準點)의 명칭, 방위각 및 거리 6. 소재지와 측량연월일 7. 그 밖의 참고사항	1. 번호 및 위치의 약도 2. 좌표와 직각좌표계 원점명 3. 경도와 위도(필요한 경우로 한정한다) 4. 표고(필요한 경우로 한정한다) 5. 소재지와 측량연월일 6. 도선등급 및 도선명 7. 표지의 재질 8. 도면번호 9. 설치기관 10. 조사연월일, 조사자의 직위·성명 및 조사 내용

19. 다음 중 온도에 따른 줄자의 신축을 팽창계수에 따라 보정한 오차의 조정과 관련이 있는 것은?

① 착오 ② 과대오차 ③ 계통오차 ④ 우연오차

해설 계통오차
온도변화에 따른 강철테이프의 신축은 선형으로 나타나며 팽창계수를 알 수 있다면 정오차와의 차이를 계산해서 오차를 조정할 수 있다.

20. 6개의 삼각형으로 구성된 유심 다각망에서 중심각오차(e)가 $-10.6''$, 각 삼각형의 내각오차의 합($\Sigma \varepsilon$)이 $+20.8''$일 때에 각 삼각형의 r각의 보정치(Ⅱ)는?

① $+3.6''$ ② $+3.8''$ ③ $+4.0''$ ④ $+4.4''$

해설 보정치(Ⅱ) $= \dfrac{\Sigma\varepsilon - 3e}{2n} = \dfrac{+20.8 - [3 \times (-10.6)]}{2 \times 6} = \dfrac{52.6}{12} = +4.4''$

02 응용측량

21. 평판을 이용하여 측량한 결과 경사분획(n)이 10, 수평거리(D)가 50m, 표척의 읽은 값(ℓ)이 1.50m, 기계고(I)가 1.0m, 기계를 세운 점의 지반고(HA)가 20m인 경우 표척을 세운 지점의 지반고는?

① 21.1m ② 21.6m
③ 22.7m ④ 24.5m

Answer 19. ③ 20. ④ 21. ④

해설 평판에 의한 시거법에서 $D = \dfrac{100}{n} \times l$

여기서, D : 수평거리, n : 분획, l : 시준고

$l = \dfrac{D \times n}{100} = 5\text{m}$

∴ 지반고=기계를 세운 점의 지반고(HA)+시준고(l)+기계고−표척 읽음값=20+5+1.5−1=24.5m

22. 터널측량에 대한 설명 중 옳지 않은 것은?

① 터널측량은 크게 터널 내 측량, 터널 외 측량, 터널 내외 연결측량으로 구분할 수 있다.
② 터널 내 측량에서는 망원경의 십자선 및 표척에 조명이 필요하다.
③ 터널의 길이 방향은 주로 트래버스 측량으로 행한다.
④ 터널 내외 곡선설치는 일반적으로 지상에서와 같이 편각법을 주로 사용한다.

해설 터널 내의 곡선설치는 지거법에 의한 곡선설치, 접선편거와 현편거에 의한 방법을 이용하여 설치하며 내접다각형법과 외접다각형법이 있다.

23. 수준측량에서 표척(수준척)을 세우는 횟수를 짝수로 하는 주된 이유는?

① 표척의 영점오차 소거
② 시준축에 의한 오차의 소거
③ 구차의 소거
④ 기차의 소거

해설 수준측량에서 영점오차 소거 방법
- 처음에 세운 표척이 마지막에 오도록 한다.
- 이기점이 홀수가 되도록 한다.
- 표척을 세운 횟수가 짝수가 되도록 한다.

24. 항공사진을 촬영하기 위한 비행고도가 3,000m일 때, 평지에 있는 200m 높이의 언덕에 대한 사진상 최대 기복변위는?(단, 항공사진 1장의 크기는 23cm×23cm이다.)

① 7.67mm
② 10.84mm
③ 15.33mm
④ 21.68mm

해설 $\triangle r = \dfrac{h}{H} \cdot r_{\max}$ 에서 비고에 의한 최대변위는 사진상의 주점에서 모서리(지표)까지의 거리와 같다.

$r_{\max} = \dfrac{\sqrt{2}}{2}a = \dfrac{\sqrt{2}}{2} \times 0.23 = 0.163\text{m}$ 이므로 $\dfrac{200}{3,000} \times 0.163 = 0.01086\text{m} = 10.86\text{mm}$

25. 지형도에서 92m 등고선상의 A점과 118m 등고선상의 B점 사이에 일정한 기울기 8%의 도로를 만들었을 때, AB 사이 도로의 실제 경사거리는?

① 347m
② 339m
③ 332m
④ 326m

Answer 22. ④　23. ①　24. ②　25. ④

해설 높이 = 경사도 × 수평거리

$$수평거리 = \frac{높이}{경사도} = \frac{26}{0.08} = 325\text{m}$$

$$경사거리 = \sqrt{26^2 + 325^2} = 326.038\text{m}$$

26. GNSS 측량을 위하여 어느 곳에서나 같은 시간대에 관측할 수 있어야 하는 위성의 최소 개수는?

① 2개　　　　　　　　　② 4개
③ 6개　　　　　　　　　④ 8개

해설 GNSS에 의한 측량을 위해서는 최소 4개 이상의 위성으로부터 신호를 받아야 한다.

27. 짧은 선의 간격, 굵기, 길이 및 방향 등으로 지표의 기복을 나타내는 지형 표시 방법은?

① 영선법　　　　　　　　② 등고선법
③ 점고법　　　　　　　　④ 채색법

해설 영선법(우모법)에서 급경사는 굵고 짧게, 완경사는 가늘고 길게 새털 모양으로 표시한다. 기복의 판별은 좋으나 정확도가 낮다.

28. 곡선설치에서 캔트(cant)의 의미는?

① 확폭　　　　　　　　　② 편경사
③ 종곡선　　　　　　　　④ 매개변수

해설 곡선부를 통과하는 열차는 원심력을 받기 때문에 밖으로 밀려나가려고 하는데, 이것을 막기 위해 바깥 레일을 안쪽 레일 외면보다 높이는 것을 캔트라 한다. 이를 위해서는 속도, 곡선반경, 레일간격 등을 고려하여야 한다.

29. 터널 내 두 점의 좌표(X, Y, Z)가 각각 A(1,328.0m, 810.0m, 86.3m), B(1,734.0m, 589.0m, 112.4m)일 때, A, B를 연결하는 터널의 경사거리는?

① 341.52m　　　　　　　② 341.98m
③ 462.25m　　　　　　　④ 462.99m

해설 AB의 경사거리 $= \sqrt{(X_b - X_a)^2 + (Y_b - Y_a)^2 + (Z_b - Z_a)^2}$

$= \sqrt{(1,734 - 1,328)^2 + (589 - 810)^2 + (112.4 - 86.3)^2} = 462.99\text{m}$

30. 30km×20km의 토지를 사진 크기 18cm×18cm, 초점거리 150mm, 종중복도 60%, 횡중복도 30%, 축척 1:30000로 촬영할 때, 필요한 총 모델수는?

① 65모델　　　　　　　　② 74모델
③ 84모델　　　　　　　　④ 98모델

해설 모델수에 의한 사진매수

종 모델수 $= \dfrac{S_1(\text{코스의 종길이})}{B(\text{종기선길이})} = \dfrac{S_1}{ma\left(1-\dfrac{p}{100}\right)} = \dfrac{30,000}{30,000 \times 0.18 \times \left(1-\dfrac{60}{100}\right)} = 14$매

횡 모델수 $= \dfrac{S_2(\text{코스의 횡길이})}{C_0(\text{횡기선길이})} = \dfrac{S_2}{ma\left(1-\dfrac{q}{100}\right)} = \dfrac{20,000}{30,000 \times 0.18 \times \left(1-\dfrac{30}{100}\right)} = 6$매

총 모델수 = 종 모델수 × 횡 모델수 = 14×6 = 84모델

31. GPS 위성의 궤도 주기로 옳은 것은?

① 약 6시간
② 약 10시간
③ 약 12시간
④ 약 18시간

해설 GPS 측량의 인공위성은 55° 궤도 경사각에 위도 60°의 6개 궤도로 구성되어 있으며, 고도는 약 20,183km이고, 약 12시간 주기로 운행한다.

32. 지형도의 이용과 가장 거리가 먼 것은?

① 도로, 철도, 수로 등의 도상 선정
② 종단면도 및 횡단면도의 작성
③ 간접적인 지적도 작성
④ 집수면적의 측정

해설 지형도는 등경사선을 관측하여 종단면도 및 횡단면도를 작성하고 도로, 철도, 수로 등의 도상 선정과 저수량의 관측에 의한 집수면적의 측정에 이용한다.

33. 그림과 같이 지역에 정지작업을 하였을 때, 절토량과 성토량이 같게 되는 지반고는?(단, 각 구역의 면적은 16m²으로 동일하고, 지반고 단위는 m이다.)

① 13.78m
② 14.09m
③ 14.15m
④ 14.23m

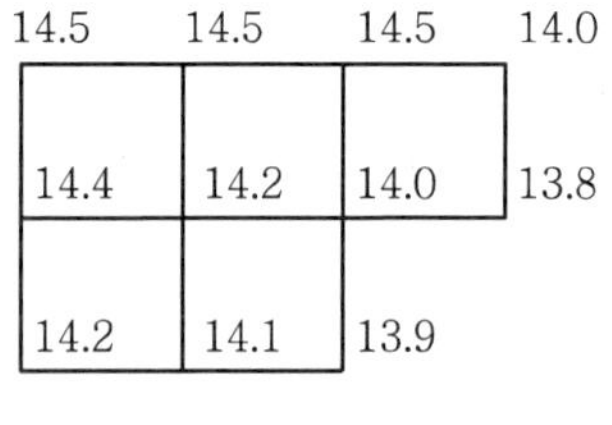

	14.5	14.5	14.5	14.0
	14.4	14.2	14.0	13.8
	14.2	14.1	13.9	

해설 $\sum h_1 = 14.5+14+13.8+13.9+14.2 = 70.4$

$\sum h_2 = 14.3+14.1+14.1+14.4 = 56.9$

$\sum h_3 = 14.0$

$\sum h_4 = 14.2$

$V_0 = \dfrac{1}{4}A(1\sum h_1 + 2\sum h_2 + 3\sum h_3 + 4\sum h_4) = \dfrac{1}{4} \times 16(70.4+(2\times 56.9)+(3\times 14)+(4\times 14.2)) = 1,132\text{m}^2$

$h = \dfrac{V_0}{nA} = \dfrac{1,132}{5\times 16} = 14.15\text{m}$ ∴ 14.15m

34. 그림과 같이 경사지에 폭 6.0m의 도로를 만들고자 한다. 절토 기울기 1 : 0.7, 절토고 2.0m, 성토기울기 1 : 1, 성토고 5.0m일 때, 필요한 용지폭(x_1+x_2)은?(단, 여유폭 a는 1.50m로 한다.)

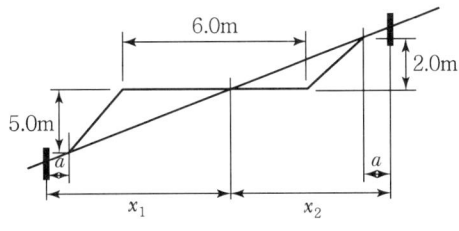

① 16.9m ② 15.4m
③ 11.8m ④ 7.9m

해설 $x_1 = \dfrac{6}{2} + 5 + 1.5 = 9.5\text{m}$

$x_2 = \dfrac{6}{2} + 1.4 + 1.5 = 5.9\text{m}$ ∴ $x_1 + x_2 = 15.4\text{m}$

35. 노선의 중심점 간 길이가 20m이고 단곡선의 반지름 $R=100\text{m}$일 때, 중심점 간 길이(20m)에 대한 편각은?

① 5°40′ ② 5°20′
③ 5°44′ ④ 5°54′

해설 편각(σ) = $1,718.87' \dfrac{\ell}{R} = 1,718.87' \dfrac{20}{100} = 5°43'46''$

36. 거리 80m 떨어진 곳에 표척을 세워 기포가 중앙에 있을 때와 기포관의 눈금이 5눈금 이동했을 때, 표척 읽음 값의 차이가 0.09m이었다면 이 기포관의 곡률반지름은?(단, 기포관 한 눈금의 간격은 2mm이고, $\rho''=206,265''$이다.)

① 8.9m ② 9.1m
③ 9.4m ④ 9.6m

해설 $R : S = D : L$
여기서, D : 표척이동거리, L : 시준거리, S : 눈금이동거리
$R = \dfrac{S \times D}{L} = \dfrac{0.01 \times 80}{0.09} = 8.88\text{m}$

37. 곡선설치법에서 원곡선의 종류가 아닌 것은?

① 렘니스케이트 ② 복심곡선
③ 반향곡선 ④ 단곡선

해설 노선측량 중 곡선설치법에서 원곡선의 종류에는 단곡선, 복심곡선, 반향곡선, 머리핀곡선, 완화곡선이 있다.

Answer 34. ② 35. ③ 36. ① 37. ①

38. 입체시에 의한 과고감에 대한 설명으로 옳은 것은?

① 사진의 초점거리와 비례한다.
② 사진 촬영의 기선 고도비에 비례한다.
③ 입체시할 경우 눈의 위치가 높아짐에 따라 작아진다.
④ 렌즈 피사각의 크기와 반비례한다.

해설 과고감은 지표면의 기복을 과장하여 나타낸 것으로 낮고 평탄한 지역의 판독에 도움이 되지만, 경사면은 실제보다 급하게 보이므로 오판에 주의하여야 한다. 과고감은 기선고도비에 비례한다.

과고감을 주는 요인
- 기선의 변화
- 초점거리의 변화
- 촬영고도의 차
- 눈의 높이에 의한 차
- 눈을 옆으로 돌렸을 때의 변화

39. GPS 신호에서 P코드의 1/10 주파수를 가지는 C/A코드의 파장 크기로 옳은 것은?

① 100m
② 200m
③ 300m
④ 400m

해설 C/A코드
- 1ms(milli-second)인 PPN code
- 주파수는 1.023MHz이며 파장은 300m
- L1 반송파에 변조되어 SPS 사용자에게 제공
- SPS(Standard Positioning Service : 표준측위서비스) - 민간용

40. 회전주기가 일정한 인공위성에 의한 원격탐사의 특성이 아닌 것은?

① 얻어진 영상이 정사투영에 가깝다.
② 판독이 자동적이고 정량화가 가능하다.
③ 넓은 지역을 동시에 측정할 수 있다.
④ 어떤 지점이든 원하는 시기에 관측할 수 있다.

해설 원격탐측은 비행기나 인공위성 등에 탑재된 센서(Sensor)를 사용하여 지표의 대상물에서 반사 또는 방사된 전자 스펙트럼을 측정하고 이들의 자료를 이용하여 대상물이나 현상에 관한 정보를 얻는 기법이다.

원격탐측의 특징
- 짧은 시간 내에 넓은 지역을 동시에 측정할 수 있으며 반복 측정이 가능하다.
- 다중파장대에 의한 지구표면 정보획득이 용이하여 측정자료가 기록되어 판독이 자동적이고 정량화가 가능하다.
- 회전주기가 일정하므로 원하는 지점 및 시기에 관측하기가 어렵다.
- 관측이 좁은 시야각으로 얻어진 영상은 정사투영에 가깝다.
- 탐사된 자료가 즉시 이용될 수 있으며 재해, 환경문제 해결에 편리하다.

03 토지정보체계론

41. 다음 중 지적 행정에 웹 LIS를 도입한 효과로 가장 거리가 먼 것은?

① 중복된 업무를 처리하지 않을 수 있다.
② 지적 관련 정보와 자원을 공유할 수 있다.
③ 업무의 중앙 집중 및 업무별 중앙 제어가 가능하다.
④ 시간과 거리에 제한을 받지 않고 민원을 처리할 수 있다.

해설 전국적으로 통일된 시스템의 활용으로 각 시·도 분산시스템 상호 간 및 중앙시스템 사이의 인터페이스가 확보되어 신속하고 효율적인 업무 처리가 가능하다.

42. 지적관련 전산화 사업의 시기가 빠른 순으로 올바르게 나열한 것은?

① 토지·임야대장 전산화 → 지적도면 전산화 → KLIS 구축 → 부동산종합공부시스템 구축
② 지적도면 전산화 → 토지·임야대장 전산화 → KLIS 구축 → 부동산종합공부시스템 구축
③ 지적도면 전산화 → 토지·임야대장 전산화 → 부동산종합공부시스템 구축 → KLIS 구축
④ 토지·임야대장 전산화 → KLIS 구축 → 지적도면 전산화 → 부동산종합공부시스템 구축

해설
1. 토지·임야대장 전산화 : 1978년 시범사업 실시
2. 지적도면 전산화 : 1994년 시범사업 실시
3. KLIS 구축 : 2003년 한국토지정보시스템 착수보고
4. 부동산종합공부시스템 구축 : 2011년 11종 통합(지적 7종, 건축물 4종)

43. 다음 용어의 설명 중 잘못된 것은?

① "국가공간정보체계"란 관리기관이 구축 및 관리하는 공간정보체계를 말한다.
② "공간정보데이터베이스"란 공간정보를 체계적으로 정리하여 사용자가 검색하고 활용할 수 있도록 가공한 정보의 집합체를 말한다.
③ "국가공간정보통합체계"란 기본공간정보데이터베이스를 기반으로 국가공간정보체계를 통합 또는 연계하여 행정안전부장관이 구축·운영하는 공간정보체계를 말한다.
④ "공간정보체계"란 공간정보를 효율적으로 수집·저장·가공·분석·표현할 수 있도록 서로 유기적으로 연계된 컴퓨터의 하드웨어·소프트웨어·데이터베이스 및 인적자원의 결합체를 말한다.

해설 국가공간정보 기본법 제2조 제6항
"국가공간정보통합체계"란 건설교통부장관이 기본공간정보데이터베이스를 기반으로 국가공간정보체계를 통합 또는 연계하여 국토교통부장관이 구축·운용하는 공간정보체계를 말한다.

Answer 41. ③ 42. ① 43. ③

44. 다음 토지정보시스템의 공간데이터 취득 방법 중 성격이 다른 하나는?

① GPS에 의한 방법
② GOGO에 의한 방법
③ 스캐너에 의한 방법
④ 토털스테이션에 의한 방법

해설 래스터 구조 도형자료 입력방법 : 스캐너

45. 다음 중 공간자료의 파일형식이 다른 것은?

① BIL
② DGN
③ DWG
④ SHP

해설
- MicroStation의 ISFF 파일 포맷 : 확장자는 DGN으로 하나의 이진 파일로 구성되며 속성 데이터를 포함하지 않는다.
- AutoCAD의 DXF(Drawing eXchange Format) 파일 포맷 : DWG – AutoCAD에서 벡터 그래픽을 저장하기 위한 표준 파일 형식
- ArcView의 SHP/SHX/DBF 파일 포맷 : 공간데이터 정보가 들어 있는 SHP 파일, 인덱스 정보가 들어 있는 SHX 파일, 속성정보가 들어 있는 DBF 파일 3개로 구성되어 있다.

46. 공간 데이터에서 나타나는 오차의 발생원으로 볼 수 없는 것은?

① 원시자료 이용 시 나타나는 오차
② 데이터 모델의 표현 시 발생하는 경우
③ 데이터의 처리과정과 공간 분석 시에 발생하는 오차
④ 수치 데이터를 생성 및 편집하는 단계에서 발생하는 오차

해설 데이터 모델

데이터베이스를 구축할 때 체계화된 구조를 갖추는 것이 필요한데, 이때 데이터베이스 구조를 명시하기 위한 개념들의 집합을 데이터 모델(data model)이라 한다. 데이터 모델은 데이터베이스의 구조뿐만 아니라 이런 구조에서 허용되는 연산 그리고 이런 구조와 연산에 대한 제약 조건을 포함하는 개념이다. 데이터 모델로는 계층적 데이터 모델, 네트워크형 데이터 모델, 관계형 데이터 모델, 객체 지향형 데이터 모델 등이 있다.

47. 국가공간정보 기본법에서는 다음과 같이 공간정보를 정의하고 있다. ㉠, ㉡, ㉢에 들어갈 용어가 모두 올바르게 나열된 것은?

> 공간정보란 지상·지하·(㉠)·수중 등 공간상에 존재하는 자연적 또는 인공적인 (㉡)에 대한 위치정보 및 이와 관련된 (㉢) 및 의사결정에 필요한 정보를 말한다.

① ㉠ : 공중, ㉡ : 개체, ㉢ : 지형정보
② ㉠ : 지표, ㉡ : 객체, ㉢ : 도형정보
③ ㉠ : 지표, ㉡ : 개체, ㉢ : 속성정보
④ ㉠ : 수상, ㉡ : 객체, ㉢ : 공간적 인지

해설 국가공간정보 기본법 제2조 제1항
"공간정보"란 지상·지하·수상·수중 등 공간상에 존재하는 자연적 또는 인공적인 객체에 대한 위치정보 및 이와 관련된 공간적 인지 및 의사결정에 필요한 정보를 말한다.

48. 토털스테이션과 지적측량 운영프로그램 등이 설치된 컴퓨터를 연결하여 세부측량을 수행함으로써 필지경계 정보를 취득하는 측량방법은?

① GNSS
② 경위의측량
③ 전자평판측량
④ 네트워크 RTK 측량

해설 전자평판측량 : 토털스테이션과 전자평판을 연결한 후 전자평판에서 측량준비도파일을 이용하여 지적측량업무를 수행하는 측량을 말한다.

49. 데이터 분석에 대한 설명이 옳은 것은?

① 재부호화란 속성값의 숫자나 명칭을 변경하는 작업이다.
② 네트워크 분석은 어떤 객체 둘레에 특정한 폭을 가진 구역을 구축하는 것이다.
③ 질의검색이란 취득한 자료를 대상으로 최댓값, 표준편차, 분산 등의 분석과 상관관계 조사 등을 실시할 수 있다.
④ 근접분석은 하나의 레이어 또는 커버리지 위에 다른 레이어를 올려놓고 두 레이어에 나타난 형상들 간의 관계를 분석하는 것이다.

해설
- 네트워크 분석 : 하나의 지점에서 다른 지점으로 이동 시 최적 경로를 선정하는 것으로 최단거리 탐색, 최적 경로 분석, 자원 할당 분석 등에 주로 사용되는 것
- 질의검색 : 작업자가 부여하는 조건에 따라 속성 데이터베이스에서 정보를 추출하는 것
- 근접분석 : 공간상에서 주어진 지점과 주변의 객체들이 얼마나 가까운지를 파악하는 데 활용되는 근접(근린)분석

50. 지적도 전산화 작업의 목적으로 옳지 않은 것은?

① 정확한 지적측량자료의 이용
② 지적도의 대량 생산 및 배포
③ 대민서비스의 질적 수준 향상
④ 지적도 원형 보관·관리의 어려움 해소

해설 지적도는 지적소관청에서 작성하고 관리한다.

51. 주요 DBMS에서 채택하고 있는 표준 데이터베이스 질의어는?

① SQL
② COBOL
③ DIGEST
④ DELPHI

해설 SQL(Structured Query Language : 구조화 질의어)
SQL은 데이터 정의, 데이터 조작, 제어 기능에 대한 명령을 모두 포함하고 있다.

52. 데이터베이스에서 데이터의 표준 유형을 분류할 때 기능측면의 분류에 해당하지 않는 것은?

① 기술 표준
② 데이터 표준
③ 프로세스 표준
④ 메타데이터 표준

해설 표준 유형 분류
1. 기능 측면: 데이터 표준, 기술 표준, 프로세스 표준, 조직 표준
2. 데이터 측면
   - 내적 요소: 데이터 모형 표준, 데이터 내용 표준, 메타데이터 표준
   - 외적 요소: 데이터 품질 표준, 데이터 수집 표준, 위치참조 표준, 데이터 교환 표준
3. 영역 측면: 국지적 범주, 국가 범주, 국가 간 범주, 국제 범주

53. 실세계 GIS의 데이터베이스로 구축하는 과정을 추상화 수준에 따라 분류할 때 이에 해당하지 않는 것은?

① 개념적 모델
② 논리적 모델
③ 물리적 모델
④ 수리적 모델

해설 데이터 모델링의 3단계
1. 개념적 데이터 모델링
   - 조직, 사용자의 데이터 요구사항을 찾고 분석하는 데서 시작
   - 상위의 문제에 대한 구조화를 쉽게 하여 사용자와 개발자가 시스템 기능에 대해 논의할 수 있는 기반 형성
   - 개념적 데이터 모델은 추상적이고, 시스템이 어떻게 구성되는지 이해하는 데 유용
2. 논리적 데이터 모델링
   - 비즈니스 정보의 논리적인 구조와 규칙을 명확하게 표현하는 기법 또는 과정
   - 데이터 모델링의 가장 핵심이 되는 부분
   - 식별자 확정, 정규화, M:M관계 해소, 참조 무결성 규칙 정의
   - 추가적으로 이력 관리에 대한 전략을 정의하여 논리적 데이터 모델에 반영
3. 물리적 데이터 모델링
   - 논리적 데이터 모델이 데이터 저장소로 컴퓨터 하드웨어에 표현될 부분의 정의
   - 테이블, 칼럼 등으로 표현되는 물리적인 저장구조와 사용될 저장 장치 결정
   - 자료를 추출하기 위해 사용될 접근 방법 등 결정

54. 다음 중 지적 관련 속성정보를 데이터베이스에 입력하기에 가장 적합한 장비는?

① 스캐너
② 플로터
③ 키보드
④ 디지타이저

해설 지적 관련 속성정보는 일반적으로 텍스트로 구성되어 있으므로 키보드를 통한 입력방법이 적합하다.

55. Web GIS에 대한 설명으로 옳지 않은 것은?

① 클라이언트-서버 형태의 시스템으로 대용량 공간자료의 저장, 관리와 분산처리가 가능하다.
② 전문적인 GIS 개발자들이 특정 목적의 GIS 응용 프로그램을 개발할 수 있도록 하는 개발지원도구이다.
③ 인터넷 기술을 GIS와 접목시켜 네트워크 환경에서 GIS 서비스를 제공할 수 있도록 구축한 시스템이다.
④ 데이터베이스와 웹의 상호 연결로 시공간상의 한계를 극복하고 실시간으로 정보 취득과 공유가 가능하다.

해설 Web GIS(Internet GIS)
- 인터넷 기술과 GIS 기술을 접목하여 지리정보의 입력, 수정, 조작, 분석, 출력 등 GIS 데이터와 서비스의 제공이 인터넷 환경에서 가능하도록 구축된 GIS
- 인터넷을 이용한 분석이나 확대, 축소 및 기본적인 질의가 가능하다.
- 다른 기종 간에 접속이 가능한 시스템으로 네트워크상에서 움직이기 때문에 각종 시스템에 접속이 가능하다.

56. 아래 내용의 ㉠, ㉡에 들어갈 용어가 올바르게 나열된 것은?

> 수치지도는 영어로 digital map으로 일컬어진다. 좀 더 명확한 의미에서는 도형자료만을 수치로 나타낸 것을 (㉠)라 하고, 도형자료와 관련 속성을 함께 지닌 수치지도를 (㉡)라고 칭한다.

① ㉠ : 레전드, ㉡ : 레이어
② ㉠ : 레전드, ㉡ : 커버리지
③ ㉠ : 커버리지, ㉡ : 레이어
④ ㉠ : 레이어, ㉡ : 커버리지

해설
- 레이어는 한 주제를 다루는 데 중첩되는 다양한 자료들로 한 커버리지의 자료 파일을 말한다. 이 중첩 자료들은 데이터베이스 내에서 공통된 좌표 체계를 가지며 보통 하나의 주제를 갖는다.
- 커버리지는 지형·지물 혹은 주제적으로 일치하는 점·선·면으로 구성되어 있으며, 그들의 속성은 속성 테이블에 저장된다. 지도자료 파일, 지도를 위한 수치 형식의 자료, 보통 한 가지의 주제 또는 형식의 자료로서 공간 자료와 속성 자료를 갖고 있는 수치지도이며, 하나의 인공위성 영상에 포함되는 지상의 면적을 의미하기도 한다.

57. 토지대장의 고유번호 중 행정구역코드를 구성하는 자리 수 기준으로 옳지 않은 것은?

① 리-3자리
② 시·도-2자리
③ 시·군·구-3자리
④ 읍·면·동-3자리

해설 고유번호의 구성은 행정구역코드 10자리(시·도 2자리, 시·군·구 3자리, 읍·면·동 3자리, 리 2자리), 대장구분 1자리, 본번 4자리, 부번 4자리로 합계 19자리이다.

Answer 55. ② 56. ④ 57. ①

58. PBLIS와 NGIS의 연계로 나타나는 장점으로 가장 거리가 먼 것은?

① 토지관련 자료의 원활한 교류와 공동활용
② 토지의 효율적인 이용 증진과 체계적 국토개발
③ 유사한 정보시스템의 개발로 인한 중복투자 방지
④ 지적측량과 일반측량의 업무통합에 따른 효율성 증대

해설 PBLIS(KLIS)와 NGIS의 연계 파급효과
- 정보의 체계적 관리 및 활용으로 부동산 및 지적행정 서비스 혁신
- 정보 통합관리를 통한 데이터 표준화, 통합화 및 정보의 공동 활용으로 인한 범국가적인 소요 비용 절감
- 수요기관별, 사용목적별 맞춤형 DB를 제공함으로써 기관 간 중복투자 방지

59. 나무줄기와 같은 구조를 가지고 있으며, 가장 상위의 계층을 뿌리라 할 때 뿌리를 제외한 모든 객체들은 부모-자녀의 관계를 갖는 데이터 모델은?

① 관계형 데이터 모델
② 계층형 데이터 모델
③ 객체지향형 데이터 모델
④ 네트워크 데이터 모델

해설 계층형 데이터 모델
계층구조(트리(Tree) 형태)에서 가장 위의 계급을 root(근원)라 하며, root 역시 레코드의 형태를 갖는다. root를 제외한 모든 레코드는 부모 레코드와 자식 레코드를 갖는다.

60. 벡터 데이터의 위상구조를 이용하여 분석이 가능한 내용이 아닌 것은?

① 분리성
② 연결성
③ 인접성
④ 포함성

해설 위상구조를 이용한 분석 가능한 내용
- 연결성 : 두 개 이상의 객체가 연결되어 있는지를 판단한다.
- 인접성 : 두 개의 객체가 서로 인접하는지를 판단한다.
- 포함성 : 특정 영역 내에 무엇이 포함되어 있는지를 판단한다.

04 지적학

61. 지주총대의 사무에 해당하지 않는 것은?

① 신고서류 취급 처리
② 소유자 및 경계 사정
③ 동리의 경계 및 일필지조사의 안내
④ 경계표에 기재된 성명 및 지목 등의 조사

해설 지주총대
1. 개념 : 지주총대(地主總代)는 토지조사법과 토지조사령에 의해 토지조사사업 지역 내의 동·리마다 1~2인 또는 2인 이상이 선정되어 조사 및 측량에 관한 사무에 종사하도록 한 지주(토지소유자)를 의미한다.
2. 지주총대 유의사항(1910. 8. 24. 토지조사국 고시 제3호, 토지조사법 시행규칙 제4조에 의하여 선정된 지주총대의 명시 요령)
   1) 토지조사의 취지 홍보, 소유자·이해관계자의 임무 고지 및 사업진행상 관민의 편리 도모
   2) 토지조사에 관하여 총대의 사사로운 행위 금지
   3) 지주총대의 종사 업무
      • 조사 및 측량의 안내
      • 신고 서류의 취급
      • 강계표의 설치 및 보조
      • 소유자와 이해관계자의 실지 입회 및 소환
      • 토지의 이동에 관한 사항
      • 기타 조사관리의 지시 이행
   4) 1동리의 강계를 확정할 때 신고 서류의 신속한 취합
   5) 신고서와 매 구역의 강계표에 기재한 성명, 지목, 자번호 등을 조사하고 부합여부 확인
   6) 조사관리에게 신고사항 또는 미신고 토지에 관한 참고 사항의 신고
3. 지주총대 유의사항의 운영 : 지주총대 유의사항은 약 3년 동안 시행되다가 1913년 제정된 "임시토지조사국 조사규정(1913. 6. 7. 총독부 훈령 제5호)"에 통합됨
※ 토지조사사업의 사정권자는 임시토지조사국장이다.

62. 지적국정주의에 대한 내용으로 옳지 않은 것은?

① 토지의 표시사항을 국가가 결정한다.
② 토지소유권의 변동은 등기를 해야 효력이 발생한다.
③ 토지의 표시방법에 대하여 통일성, 획일성, 일관성을 유지하기 위함이다.
④ 소유자의 신청이 없을 경우 국가가 직권으로 이를 조사 또는 측량하여 결정한다.

해설 지적국정주의(國定主義)
1. 국정주의라 함은 지적공부의 등록 사항인 토지소재, 지번, 지목, 경계 또는 좌표와 면적은 국가의 공권력에 의해 오직 국가만이 결정할 수 있는 권한을 가진다는 이념
2. 소유자가 자연인, 국가, 지방자치단체, 법인 또는 비법인 사단·재단 등에 관계없이 필지를 구성하는 기본 요소 등은 국가기관의 장인 시장, 군수, 구청장이 등록이란 행정처분으로 결정한다는 이념
3. 토지행정의 전국적인 통일성, 일관성, 획일성을 확보하기 위함
4. 우리나라는 지적제도 창설 당시부터 지적국정주의를 채택하고 있음
5. 지적공부의 등록 주체를 국가가 법으로 규정하여 국가가 모든 토지를 조사하여 의무적으로 등록하게 하는 제도

Answer 62. ②

63. 다음 중 지적재조사의 효과로 볼 수 없는 것은?

① 지적과 등기의 책임부서 명확화
② 국토개발과 토지이용의 정확한 자료제공
③ 행정구역의 합리적 조장을 위한 기초자료
④ 토지소유권의 공시에 대한 국민의 신뢰확보

해설 지적재조사의 효과
1. 행정적 측면
   ① 토지정보의 인프라 구축 및 토지정보관리체계의 확립으로 다양한 행정정보 활용
   ② 토지관련 정보의 공동 활용으로 효율적인 부동산 정책의 실현
   ③ 토지분쟁의 근원적 해소로 지적행정 및 국가정책의 공신력이 증대
   ④ 국토 면적이 증가되어 새로운 국익이 창출
2. 경제적 측면
   ① 위치정보 서비스 제공 등 국토공간정보 관련 산업의 발전으로 신규 고용창출
   ② 국토정보의 통합관리로 중복투자 및 예산낭비 방지
   ③ 국토정보와 통신기술의 결합으로 경제적 파급효과를 극대화
   ④ 해외시장 개척과 통일에 대비한 기술력 향상 도모
3. 사회적 측면
   ① 토지 및 부동산의 효율적 관리로 세수증대 및 공평과세의 실현
   ② 현실과 부합되는 토지정보 구축으로 건전한 토지 거래질서 확립
   ③ 국내 기술진에 의한 새로운 지적제도 구축으로 일재잔재 청산
4. 대국민서비스 측면
   ① 입체적이고 다양한 3차원 지적서비스를 제공
   ② 향후 유비쿼터스 환경에서 신속하고 정확한 서비스 제공
   ③ 전 국토의 과학적인 관리와 집약적인 활용으로 국민의 삶의 질이 향상
※ 지적과 등기의 책임부서를 명확히 하는 것은 지적재조사의 효과로 볼 수 없다.

64. 다음 중 토지조사사업의 일필지 조사 내용에 해당하지 않는 것은?

① 임차인 조사
② 지목의 조사
③ 경계 및 지역의 조사
④ 증명 및 등기필 토지의 조사

해설 일필지 조사의 내용
지주의 조사, 강계 및 지역의 조사, 지목의 조사, 증명 및 등기필지의 조사, 각종의 특별조사

65. 대한제국 정부에서 문란한 토지제도를 바로잡기 위하여 시행하였던 근대적 공시제도의 과도기적 제도는?

① 등기제도   ② 양안제도
③ 입안제도   ④ 지권제도

Answer 63. ① 64. ① 65. ④

해설 토지조사사업 이전의 토지거래증서
1. 문기(文記) : 토지 및 가옥을 매수 또는 매도 시에 작성한 매매계약서
2. 입안(立案) : 등기권리증의 일환으로 토지매매를 증명하는 제도로서 1892년까지 시행
3. 양안(量案) : 토지의 위치·등급·형상·면적·사표·소유자 등을 기록한 장부로서 현재의 토지대장과 같은 개념이며, 토지조사사업 전까지 시행
4. 가계(家契) : 가옥의 소유권을 증명하는 관문서로 가권(家券)이라고도 하며, 1893년부터 1906년까지 시행
5. 지계(地契) : 전답의 소유권을 증명하는 관문서로 지권(地券)이라고도 하며, 1893년부터 1905년까지 시행
6. 토지가옥증명제도 : 토지가옥의 매매, 교환, 증여 시에 토지가옥증명대장에 기재 공시하는 실질심사주의 제도이며, 1906년부터 1910년까지 시행
7. 등기 : 토지조사사업 이후에 실시
※ 구한말에 권세가나 토호의 양민 토지 침탈이 많았고, 부동산 거래질서가 문란해져 입안 없이도 매매문기의 취득만으로 부동산 소유권이 이전됨에 따라 부동산 소유권의 국가 통제수단으로 입안을 대신하기 위하여 1901년 지계아문을 설치하여 지계제도를 시행함

66. 토지멸실에 의한 등록말소에 속하는 것은?

① 등록전환에 의한 말소
② 등록변경에 따른 말소
③ 토지합병에 따른 말소
④ 바다로 된 토지의 말소

해설 토지멸실에 의한 등록말소
1. 토지등록의 말소의 개념
   1) 토지의 멸실에 따른 등록말소는 물권의 대상인 토지가 자연적·인위적인 원인으로 사실상 소멸되고 또 등록요건을 갖춘 토지가 그 요건을 상실할 경우 그에 대한 법상의 등록내용과 등록효력을 상실하도록 하는 행정처분
   2) 해면성 말소가 대표적이며 등록전환, 합병의 경우는 엄밀한 의미의 말소는 아님
2. 바다로 된 토지의 등록말소
   1) 지적소관청은 지적공부에 등록된 토지가 지형의 변화 등으로 바다로 된 경우에 토지소유자에게 등록말소 신청을 하도록 통지
   2) 신청기한 : 신청 통지를 받은 날부터 90일 이내에 지적소관청에 신청
   3) 신청대상 : 원상으로 회복될 수 없거나 다른 지목의 토지로 될 가능성이 없는 경우
   4) 등록말소 및 회복
      • 토지소유자가 등록말소 신청을 하지 않으면 직권으로 그 지적공부의 등록사항을 말소
      • 회복등록을 하려면 그 지적측량성과 및 등록말소 당시의 지적공부 등 관계 자료에 따라 등록
      • 지적공부의 등록사항을 말소하거나 회복등록하였을 때에는 그 정리 결과를 토지소유자 및 해당 공유수면의 관리청에 통지

67. 양전개정론을 주장한 학자와 그 저서의 연결이 옳은 것은?

① 김정호 – 속대전
② 이기 – 해학유서
③ 정약용 – 경국대전
④ 서유구 – 목민심서

Answer 66. ④ 67. ②

해설 양전개정론을 주장한 학자와 저서
1. 정약용 : 목민심서(牧民心書)
2. 서유구 : 의상경계책(擬上經界策)
3. 이기 : 해학유서(海鶴遺書)
※ 김정호는 양전개정론과 관계가 없음

68. 우리나라의 지적제도와 등기제도에 대한 설명이 옳지 않은 것은?
① 지적과 등기 모두 형식주의를 기본이념으로 한다.
② 지적과 등기 모두 실질적 심사주의를 원칙으로 한다.
③ 지적은 공신력을 인정하고, 등기는 공신력을 인정하지 않는다.
④ 지적은 토지에 대한 사실관계를 공시하고 등기는 토지에 대한 권리관계를 공시한다.

해설 지적제도와 등기제도의 비교

구분	지적제도	등기제도
기본이념	국정주의, 형식주의, 공개주의	형식주의(성립요건주의)
등록방법	직권등록주의, 단독신청주의	당사자신청주의, 공동신청주의
심사방법	실질적 심사주의	형식적 심사주의
공신력	인정	불인정
편제방법	물적편성주의	물적편성주의
처리방법	신고의 의무, 직권조사처리	신청주의
신청방법	단독신청주의	공동신청주의
담당부서	국토교통부－시·도 지적담당부서－시·군·구 지적담당부서	법무부－대법원－지방법원·지원·등기소
공부	토지, 임야대장, 공유지연명부, 대지권등록부, 지적도, 임야도, 경계점등록부, 지적전산파일 등	토지등기부, 건물등기부, 입목등기부, 상업등기부, 선박등기부, 법인등기부, 공장등기부 등
기능	토지의 물리적 현황 공시	토지에 대한 권리관계를 공시
등록사항	토지소재, 지번, 지목, 경계, 면적, 소유자주소·성명 등	소유권, 저당권, 전세권, 지역권, 지상권 등
기타	지적측량실시	절차적 요식행위요구

69. 토지조사사업 당시 토지의 사정이 의미하는 것은?
① 경계와 면적으로 확정하는 것이다.
② 지번, 지목, 면적으로 확정하는 것이다.
③ 소유자와 지목을 확정하는 행정행위이다.
④ 소유자와 강계를 확정하는 행정행위이다.

해설 토지조사사업의 사정
1. 개념
   ① 사정이란 토지조사부와 지적도에 의하여 토지의 소유자 및 그 강계를 확정하는 행정처분
   ② 사정은 이전의 권리와 무관한 창설적, 확정적 효력이 있음
2. 사정기관
   ① 사정권자 : 지방토지조사위원회의 자문을 받아 당시 임시토지조사국장이 실시
   ② 조사 및 측량기관 : 임시토지조사국
3. 사정의 대상
   ① 사정의 대상은 토지소유자와 토지강계
   ② 토지소유자는 자연인, 법인, 서원, 종중 등을 인정
   ③ 토지의 강계는 강계선만이 사정의 대상이 되었고 지역선은 제외

70. 토지조사사업에서 측량에 관계되는 사항을 구분한 7가지 항목에 해당하지 않는 것은?

① 삼각측량 ② 지형측량
③ 천문측량 ④ 이동지측량

해설 토지조사 내용
1. 사무 : 9개 종목으로 구분하여 실시
   ① 준비조사   ② 일필지조사
   ③ 분쟁지조사   ④ 지위등급조사
   ⑤ 장부조사   ⑥ 지방토지조사위원회
   ⑦ 사정   ⑧ 고등토지조사위원회
   ⑨ 이동지정리
2. 측량 : 7개 종목으로 구분하여 실시
   ① 삼각측량   ② 도근측량
   ③ 면적계산   ④ 세부측량
   ⑤ 지적도 등의 조제 ⑥ 이동지측량
   ⑦ 지형측량

71. 다음 중 근대지적의 시초로, 과세지적이 대표적인 나라는?

① 일본   ② 독일
③ 프랑스 ④ 네덜란드

해설 프랑스의 지적제도
1. 개요 : 1804년 프랑스 공화정부의 초대 황제로 즉위한 나폴레옹은 1807년 9월 15일 지적법(Napoleonien Cadastre Act)을 제정하고 대단지 내의 필지에 대한 조사를 시행하여 근대 지적제도를 탄생시킴
2. 프랑스 지적제도의 창설과정 : 프랑스의 지적제도는 나폴레옹 지적법에 따라 1808년부터 1850년까지 군인과 측량사를 동원하여 전국에 걸쳐 실시한 지적측량성과에 의하여 완성되었으며 토지에 대한 공평한 과세와 소유권에 관한 분쟁을 해결하기 위하여 창설됨
3. 측량위원회의 사업 : 프랑스의 지적조사를 위하여 나폴레옹은 미터법을 창안한 드람브르(Delambre)를 위원장으로 한 측량위원회를 발족시켜 프랑스 전 국토에 대하여 다음과 같은 세부사업을 시행하여

지적도와 지적부를 작성하여 근대적인 지적제도를 창설함
① 필지 측량의 실시
② 필지별 생산량 조사
③ 소유자 조사
④ 축척 1/5000 지적도 및 지적대장 작성
4. 프랑스 지적제도의 영향 : 프랑스의 지적제도는 나폴레옹의 영토 확장과 더불어 유럽의 전역에 대한 지적제도의 창설에 직접적인 영향을 미치게 됨

72. 우리나라에서 지적이라는 용어가 법률상 처음 등장한 것은?

① 1895년 내부관제
② 1898년 양지아문 직원급 처무규정
③ 1901년 지계아문 직원급 처무규정
④ 1910년 토지조사법

해설 1895년 내부(內部) 관제가 공포되어 주현국, 토목국, 판적국 등 5국을 두었으며, 판적국(版籍局)은 "호구적에 관한 사항"과 "지적에 관한 사항"을 관장토록 하였는데 여기에서 "지적"이라는 용어가 처음 쓰이기 시작함

73. 형식적 심사에 의하여 개설하는 토지등록부의 보존등기를 위하여 일반적으로 권원증명이 되는 서류는?

① 공증인정서   ② 인감증명서   ③ 인우보증서   ④ 토지대장등본

해설 지적과 등기의 관계
1. 등기와 등록대상이 동일토지라는 점에서 밀접한 관계이다.
2. 등기와 등록은 그 목적물의 표시 및 소유권의 표시는 항상 부합되어야 한다.
3. 등기에 있어서 토지표시에 관한 사항은 지적공부, 등록의 경우 소유권에 관한 사항은 등기부를 기초로 한다.
4. 다만 미등기 토지의 소유자 표시에 관한 사항은 지적공부를 기초로 한다.

74. 우리나라에서 지적공부에 토지표시 사항을 경정 등록하기 위하여 채택하고 있는 심사방법은?

① 공증심사   ② 대질심사   ③ 실질심사   ④ 형식심사

해설 실질적 심사주의(實質的審査主義)
1. 실질적 심사주의는 지적공부에 새로이 등록하는 사항이나 이미 등록된 사항의 변경 등록은 국가기관의 장인 시장·군수·구청장이 지적관계법령에 의한 절차상의 적법성뿐만 아니라 실체법상 사실관계의 부합 여부를 조사하여 지적공부에 등록하여야 한다는 이념으로서 사실심사주의라고도 함
2. 지적측량수행자가 실시한 측량성과는 반드시 소관청이 측량검사를 실시해야 하며 지목변경, 합병 등 토지이동 신청이 있는 경우에는 현지 출장하여 토지 확인 조사를 실시하여 사실관계와 부합여부를 확인한 후 지적공부를 정리해야 함

75. 양안 작성 시 실제로 현장에 나가 측량하여 기록하는 것은?

① 야초책　　② 정서책　　③ 정초책　　④ 중초책

해설 양안의 작성 단계(광무양전의 경우)
1. 야초책(野草冊) 양안 : 실제 측량에 의해 기록·작성된 최초의 양안
2. 중초책(中草冊) 양안 : 관아에서 야초책 양안을 모아 편집하여 작성
3. 정서책(正書冊) 양안 : 양지아문에서 정리하여 완성한 양안
※ 광무양전이란 1898년 7월 6일 양지아문이 창설된 때부터 1904년 4월 19일 지계아문이 폐지되기까지의 기간에 시행한 양전사업을 통해 만들어진 양안으로서 신양안이라고도 함

76. 경계불가분의 원칙에 관한 설명으로 옳은 것은?

① 3개의 단위 토지 간을 구획하는 선이다.
② 토지의 경계에는 위치, 길이, 넓이가 있다.
③ 같은 토지에 2개 이상의 경계가 있을 수 있다.
④ 토지의 경계는 인접 토지에 공통으로 작용한다.

해설 경계불가분의 원칙
토지경계는 유일무이한 것으로 어느 한쪽의 필지에만 전속하는 것이 아니고 인접토지에 공통으로 작용하기 때문에 이를 분리할 수 없다는 원칙

77. 다음 중 고조선시대의 토지제도로 옳은 것은?

① 과전법(科田法)　　② 두락제(斗落制)
③ 정전제(井田制)　　④ 수등이척제(隨等異尺制)

해설 토지제도의 설명
1. 과전법(科田法) : 조선 초 토지국유제 확립과 국가재정 안정을 위해 실시한 전제개혁으로 토지겸병, 사유화를 방지하고 토지공유제 유지를 목적으로 함
2. 두락제(斗落制) : 백제 때 토지면적 산정을 위한 기준을 정한 제도이며, 전답에 뿌리는 씨앗의 수량으로 면적을 표시하는 제도
3. 정전제(井田制) : 고조선시대의 토지구획 방법으로 균형 있는 촌락의 설치와 토지의 분급 및 수확량을 파악하기 위하여 시행되었던 지적제도로서 당시 납세의 의무를 지게 하여 소득의 1/9을 조공으로 바치게 함
4. 수등이척제(隨等異尺制) : 현재의 지적측량인 양전을 실시하는 기준인 측량척(量田尺)을 전품(田品)에 따라 각각 다른 측량척을 사용한 것을 의미하며, 고려시대에 전품을 3등급으로 구분한 수등이척제를 실시하여 조선에 승계된 후 세종 때에 전품을 6등급으로 구분한 수등이척제를 실시함

78. 지적행정을 재무과와 사세청의 지도·감독하에 세무서에서 담당한 연도로 옳은 것은?

① 1949년 12월 31일
② 1960년 12월 31일
③ 1961년 12월 31일
④ 1975년 12월 31일

Answer　75. ①　76. ④　77. ③　78. ③

해설 지적행정조직의 변천과정

1. **재무부 사세국 직세과** : 1948년 8월 15일 대한민국 정부수립 이후 동년 동월 17일 재무부사무분장규칙의 공포로 지적업무는 재무부 사세국 직세과의 지세상속계에서 담당
2. **재무부 사세국 토지취득세과** : 1951년 12월 1일 사세국에 토지취득세과를 신설하여 지적업무가 이관되어 서울·대전·광주·부산 등 4개 사세청과 81개 세무서에서 담당
3. **내무부 지방국 지방세과** : 1962년 1월 1일부터 재산세, 취득세, 농지세 등 토지세가 국세에서 지방세로 조정됨에 따라 지적사무가 내무부로 전환되어 내무부 지방국 지방세과와 10개 시·도와 181개 시·군·구로 지적업무가 이관되었으며, 1964년 5월 27일 대통령령 제1824호로 공포된 내무부 직제 개정의 건에 의해 내무부 지방세과에 최초로 지적계가 신설
4. **내무부 지방국 세정과** : 1970년 3월 12일 대통령령 제4722호로 공포된 내무부직제개정령에 의해 지방세과가 세정과로 개편하여 지적업무를 담당
5. **내무부 지방재정국 지적과** : 1976년 12월에 전국 최초로 서울특별시 재무국에 지적과가 신설된 이후 1977년 6월 3일 대통령령 제8586호로 공포된 내무부직제 중 개정령에 의해 내무부 지방재정국에 지적과가 설치됨으로써 중앙행정부서에 지적과 설치

구분	조직	기간	비고
재무부	사세국 직세과 및 토지취득세과	1948. 8. 15. ~ 1961. 12. 31.	• 정부수립 이후 직세과 지세상속계에서 지적업무 담당 • 1950. 12. 1. 지적법 제정 • 1951. 12. 1. 토지취득세과를 신설하여 지적업무 담당
내무부	지적과	1962. 1. 1. ~ 1998. 2. 27.	• 지적업무 담당기관 　1차-시·군·구 　2차-시·도 　3차-내무부 • 1962. 1. 1. 지방국 지방세과에서 지적사무 담당 • 1964. 5. 27. 지방세과 지적계 신설 • 1977. 6. 3. 지방재정국 지적과 신설
행정자치부	지적과	1998. 2. 28. ~ 2008. 2. 28.	• 내부부와 총무처를 통합 • 지방세제국 지적과 설치
국토교통부	지적기획과	2008. 2. 29. ~ 현재	• 지적업무를 국토해양부로 이관 • 2008. 2. 29. 주택토지실 국토정보정책관 국토정보산업지원과 및 국토정보센터를 설치하여 지적업무 담당 • 2008. 4. 국토정보지리원에 지적업무 일부 이관 • 2009. 5. 11. 지적기획과, 국가공간정보센터로 명칭 변경 • 2009. 12. 10. 「측량·수로조사 및 지적에 관한 법률」 제정으로 지적법 폐지

79. 우리나라 토지대장과 같이 토지를 지번순서에 따라 등록하고 분할되더라도 본법과 관련하여 편철하고 소유자의 변동이 있을 때에 이를 계속 수정하여 관리하는 토지등록부 편성 방법은?

① 물적편성주의　　　　　　　　　② 인적편성주의
③ 연대적편성주의　　　　　　　　④ 물적·인적편성주의

해설 토지등록부의 편성주의
1. 물적편성주의
   ① 개별 토지를 중심으로 등록부를 편성
   ② 지번순서에 따라 등록
   ③ 가장 우수하고 합리적이며 많이 쓰임
   ④ 토지이용, 관리, 개발측면에 편리
   ⑤ 소유자별 파악에 곤란
2. 인적편성주의
   ① 동일소유자의 모든 토지를 대장에 기록
   ② 세지적의 소산
   ③ 토지이용, 관리, 개발 등 토지행정에 지장
   ④ 인명목록, 전산프로그램 개발 등으로 약점을 보완
   ⑤ 네덜란드에서 채택
3. 연대적편성주의
   ① 신청순서에 따라 순차적으로 대장 작성
   ② 프랑스의 등기부와 미국의 recording system이 이에 속함
   ③ 등기부 편성방법으로 가장 유효하나 그 자체만으로 공시기능을 발휘하지 못함
4. 인적물적편성주의
   ① 물적편성주의를 기본으로 운영하되 인적편성주의 요소를 가미
   ② 소유자별 토지등록부를 동시에 작성
   ③ 스위스, 독일의 경우 둘 이상의 토지를 하나의 용지에 기록
   ④ 토지대장도 소유자별 토지등록카드와 함께 지번별 목록, 성명별 목록 등을 작성 운용

80. 토지조사사업 당시 토지의 사정에 대하여 불복이 있는 경우 이의 재결 기관은?

① 도지사
② 임시토지조사국장
③ 고등토지조사위원회
④ 지방토지조사위원회

해설 토지사정의 절차
1. 사정은 30일간 공시
2. 불복하는 자는 공시기간 만료 후 60일 이내에 고등토지조사위원회(高等土地調査委員會)에 이의를 제기하여 재결을 요청할 수 있도록 함

토지조사사업과 임야조사사업의 사정(査定)사항 비교

구분	토지조사사업	임야조사사업
사정권자	임시토지조사국장	도지사
사정기관	—	임야심사위원회
조사 및 측량기관	임시토지조사국	부 또는 면
자문기관	지방토지조사위원회	—
재결기관	고등토지조사위원회	임야조사위원회

Answer 80. ③

05 지적관계법규

81. 지적공부의 열람, 등본 발급 및 수수료에 대한 설명으로 옳지 않은 것은?
① 성능검사대행자가 하는 성능검사 수수료는 현금으로 내야 한다.
② 인터넷으로 지적도면을 발급할 경우 그 크기는 가로 21cm, 세로 30cm이다.
③ 지적기술자격을 취득한 자가 지적공부를 열람하는 경우에는 수수료를 면제한다.
④ 전산파일로 된 경우에는 당해 지적소관청이 아닌 다른 지적소관청에 신청할 수 있다.

82. 공간정보의 구축 및 관리 등에 관한 법률상 축척변경에 대한 설명으로 옳지 않은 것은?
① 작은 축척을 큰 축척으로 변경하는 것을 말한다.
② 임야도의 축척을 지적도의 축척으로 바꾸는 것을 말한다.
③ 축척변경은 지적도에 등록된 경계점의 정밀도를 높이기 위해 시행한다.
④ 축척변경에 관한 사항을 심의·의결하기 위하여 지적소관청에 축척변경위원회를 둔다.

해설 임야도의 축척을 지적도의 축척으로 바꾸는 것은 등록전환을 말한다.

83. 공간정보의 구축 및 관리 등에 관한 법률상 지목이 다른 하나는?
① 골프장   ② 수영장   ③ 스키장   ④ 승마장

해설 지목
1. 유원지 : 일반 공중의 위락·휴양 등에 적합한 시설물을 종합적으로 갖춘 수영장·유선장·낚시터·어린이놀이터·동물원·식물원·민속촌·경마장·야영장 등의 토지와 이에 접속된 부속시설물의 부지
2. 체육용지
    ① 국민의 건강증진 등을 위한 체육활동에 적합한 시설과 형태를 갖춘 종합운동장·실내체육관·야구장·골프장·스키장·승마장·경륜장 등 체육시설의 토지와 이에 접속된 부속시설물의 부지
    ② 체육시설로서의 영속성과 독립성이 미흡한 정구장·골프연습장·실내수영장 및 체육도장, 유수를 이용한 요트장 및 카누장 등의 토지는 제외

84. 부동산등기법에 따라 미등기의 토지에 관한 소유권보존등기를 신청할 수 없는 자는?
① 토지대장에 최초의 소유자로 등록되어 있는 자
② 확정판결에 의하여 자기의 소유권을 증명하는 자
③ 수용으로 인하여 소유권을 취득하였음을 증명하는 자
④ 토지에 대하여 지적소관청의 확인에 의하여 자기의 소유권을 증명하는 자

Answer 81. ③   82. ②   83. ②   84. ④

해설 미등기의 토지 또는 건물에 관한 소유권보존등기 신청자
1. 토지대장, 임야대장 또는 건축물대장에 최초의 소유자로 등록되어 있는 자 또는 그 상속인, 그 밖의 포괄승계인
2. 확정판결에 의하여 자기의 소유권을 증명하는 자
3. 수용으로 인하여 소유권을 취득하였음을 증명하는 자
4. 특별자치도지사, 시장, 군수 또는 구청장(자치구의 구청장을 말한다)의 확인에 의하여 자기의 소유권을 증명하는 자(건물의 경우로 한정한다)

85. 지적삼각점성과표에 기록·관리하여야 하는 사항 중 필요한 경우로 한정하여 기록·관리하는 사항은?

① 자오선수차
② 경도 및 위도
③ 시준점의 명칭
④ 좌표 및 표고

해설 지적삼각점성과표에 기록·관리할 사항
1. 지적삼각점의 명칭과 기준 원점명
2. 좌표 및 표고
3. 경도 및 위도(필요한 경우로 한정한다)
4. 자오선수차
5. 시준점의 명칭, 방위각 및 거리
6. 소재지와 측량연월일
7. 그 밖의 참고사항

86. 다음 중 지적소관청이 관할 등기관서에 등기를 촉탁하여야 하는 경우가 아닌 것은?

① 토지의 신규등록을 하는 경우
② 토지가 지형의 변화 등으로 바다로 된 경우
③ 지번을 변경할 필요가 있다고 인정되는 경우
④ 하나의 지번부여지역에 서로 다른 축척의 지적도가 있는 경우

해설 등기촉탁의 대상
1. 토지의 이동이 있는 경우(신규등록 제외)
2. 지번을 변경한 때
3. 축척변경을 한 때
4. 바다로 된 토지의 등록말소
5. 행정구역 명칭변경
6. 등록사항의 오류를 지적소관청이 직권으로 조사, 측량하여 정정한 때

87. 공간정보의 구축 및 관리 등에 관한 법률상 2년 이하의 징역 또는 2천만 원 이하의 벌금에 처하는 자로 옳지 않은 것은?

① 측량성과를 국외로 반출한 자
② 고의로 측량성과 또는 수로조사성과를 사실과 다르게 한 자
③ 측량기준점표지를 이전 또는 파손하거나 그 효용을 해치는 행위를 한 자
④ 측량업자로서 속임수, 위력(威力), 그 밖의 방법으로 측량업과 관련된 입찰의 공정성을 해친 자

Answer   85. ②   86. ①   87. ④

해설 벌칙의 종류 및 부과대상
1. 3년 이하의 징역 또는 3천만 원 이하의 벌금
   측량업자나 수로사업자로서 속임수, 위력, 그 밖의 방법으로 측량업 또는 수로사업과 관련된 입찰의 공정성을 해친 자
2. 2년 이하의 징역 또는 2천만 원 이하의 벌금
   ① 측량기준점표지를 이전 또는 파손하거나 그 효용을 해치는 행위를 한 자
   ② 고의로 측량성과 또는 수로조사성과를 사실과 다르게 한 자
   ③ 측량업의 등록을 하지 아니하거나 거짓이나 그 밖의 부정한 방법으로 측량업의 등록을 하고 측량업을 한 자
   ④ 성능검사를 부정하게 한 성능검사대행자
   ⑤ 성능검사대행자의 등록을 하지 아니하거나 거짓이나 그 밖의 부정한 방법으로 성능검사대행자의 등록을 하고 성능검사업무를 한 자

88. 토지의 이동이 있을 때 지적공부에 등록하는 지번·지목·면적·경계 또는 좌표를 결정하는 자는?
① 시·도지사 ② 지적소관청
③ 지적측량업자 ④ 행정안전부장관

해설 토지의 조사·등록
1. 토지의 등록
   국토교통부장관은 모든 토지에 대하여 필지별로 소재·지번·지목·면적·경계 또는 좌표 등을 조사·측량하여 지적공부에 등록
2. 등록의 결정권자
   지적공부에 등록하는 지번·지목·면적·경계 또는 좌표는 토지의 이동이 있을 때 토지소유자의 신청을 받아 지적소관청이 결정. 다만, 신청이 없으면 지적소관청이 직권으로 조사·측량하여 결정

89. 지적삼각점의 지적측량성과와 검사성과와의 연결교차 허용범위로 옳은 것은?
① 0.10m 이내 ② 0.15m 이내
③ 0.20m 이내 ④ 0.25m 이내

해설 지적측량성과의 결정
① 지적측량성과와 검사성과의 연결교차가 다음 허용범위 이내일 때 측량성과로 결정한다.
   1. 지적삼각점 : 0.20미터
   2. 지적삼각보조점 : 0.25미터
   3. 지적도근점
      가. 경계점좌표등록부 시행지역 : 0.15미터
      나. 그 밖의 지역 : 0.25미터
   4. 경계점
      가. 경계점좌표등록부 시행지역 : 0.10미터
      나. 그 밖의 지역 : 10분의 3M밀리미터(M은 축척분모)
② 지적측량성과를 전자계산기기로 계산하였을 때에는 그 계산성과자료를 측량부 및 면적측정부로 본다.

90. 공간정보의 구축 및 관리 등에 관한 법률에서 정의한 용어의 설명으로 옳지 않은 것은?

① "필지"란 대통령령으로 정하는 바에 따라 구획되는 토지의 등록단위를 말한다.
② "경계"란 필지별로 경계점들을 직선으로 연결하여 지적공부에 등록한 선을 말한다.
③ "토지의 표시"란 지적공부에 토지의 소재·지번(地番), 지목(地目), 면적·경계 또는 좌표를 등록한 것을 말한다.
④ "측량기준점"이란 지적삼각점, 지적삼각보조점, 지적수준점을 말한다.

해설 "측량기준점"이란 측량의 정확도를 확보하고 효율성을 높이기 위하여 특정 지점을 측량기준에 따라 측정하고 좌표 등으로 표시하여 측량 시에 기준으로 사용되는 점을 말한다.

91. 지적재조사에 관한 특별법상 납부고지된 조정금에 이의가 있는 토지소유자는 납부고지를 받은 날부터 며칠 이내에 지적소관청에 이의신청을 할 수 있는가?

① 7일 ② 15일 ③ 30일 ④ 60일

해설 조정금에 관한 이의신청
① 수령통지 또는 납부고지된 조정금에 이의가 있는 토지소유자는 수령통지 또는 납부고지를 받은 날부터 60일 이내에 지적소관청에 이의신청을 할 수 있다.
② 지적소관청은 이의신청을 받은 날부터 30일 이내에 제30조에 따른 시·군·구 지적재조사위원회의 심의·의결을 거쳐 이의신청에 대한 결과를 신청인에게 서면으로 알려야 한다.

92. 다음 중 지적소관청이 지적공부의 등록사항에 잘못이 있는지를 직권으로 조사·측량하여 정정할 수 있는 경우에 해당하지 않는 것은?

① 미등기 토지의 소유자를 변경하는 경우
② 지적공부의 작성 또는 재작성 당시 잘못 정리된 경우
③ 토지이동정리 결의서의 내용과 다르게 정리된 경우
④ 지적도 및 임야도에 등록된 필지가 면적의 증감 없이 경계의 위치만 잘못된 경우

해설 등록사항의 직권정정 대상
1. 토지이동정리 결의서의 내용과 다르게 정리된 경우
2. 지적도 및 임야도에 등록된 필지가 면적의 증감 없이 경계의 위치만 잘못된 경우
3. 필지가 각각 다른 지적도나 임야도에 등록되어 있는 경우로서 지적공부에 등록된 면적과 측량한 실제 면적은 일치하지만 지적도나 임야도에 등록된 경계가 서로 접합되지 않아 지적도나 임야도에 등록된 경계를 지상의 경계에 맞추어 정정하여야 하는 토지가 발견된 경우
4. 지적공부의 작성 또는 재작성 당시 잘못 정리된 경우
5. 지적측량성과와 다르게 정리된 경우
6. 지적측량의 적부심사에 따라 지적공부의 등록사항을 정정하여야 하는 경우
7. 지적공부의 등록사항이 잘못 입력된 경우
8. 「부동산등기법」 제37조 제2항에 따른 통지가 있는 경우(지적소관청의 착오로 잘못 합병한 경우만 해당)
9. 면적 환산이 잘못된 경우
※ 미등기 토지에 대하여 토지소유자의 성명 또는 명칭, 주민등록번호, 주소 등에 관한 사항의 정정을 신청한 경우로서 그 등록사항이 명백히 잘못된 경우에는 가족관계 기록사항에 관한 증명서에 따라 정정하여야 하며 직권정정 대상은 아니다.

Answer 90. ④ 91. ④ 92. ①

93. 지적소관청을 직접 방문하여 1필지를 기준으로 토지대장 또는 임야대장에 대한 열람신청을 하거나 등본발급신청을 할 경우 납부해야 하는 수수료는?

① 열람 : 200원, 등본발급 : 300원
② 열람 : 300원, 등본발급 : 500원
③ 열람 : 500원, 등본발급 : 700원
④ 열람 : 700원, 등본발급 : 1,000원

해설 업무 종류에 따른 수수료의 금액

1. 지적공부의 열람 신청		
가. 방문 열람		
1) 토지대장	1필지당	300원
2) 임야대장	1필지당	300원
3) 지적도	1장당	400원
4) 임야도	1장당	400원
5) 경계점좌표등록부	1필지당	300원
나. 인터넷 열람		
1) 토지대장	1필지당	무료
2) 임야대장	1필지당	무료
3) 지적도	1장당	무료
4) 임야도	1장당	무료
5) 경계점좌표등록부	1필지당	무료
2. 지적공부의 등본 발급 신청		
가. 방문 발급		
1) 토지대장	1필지당	500원
2) 임야대장	1필지당	500원
3) 지적도	가로 21cm, 세로 30cm	700원
4) 임야도	가로 21cm, 세로 30cm	700원
5) 경계점좌표등록부	1필지당	500원
나. 인터넷 발급		
1) 토지대장	1필지당	무료
2) 임야대장	1필지당	무료
3) 지적도	가로 21cm, 세로 30cm	무료
4) 임야도	가로 21cm, 세로 30cm	무료
5) 경계점좌표등록부	1필지당	무료
3. 지적전산자료의 이용 또는 활용 신청		
가. 자료를 인쇄물로 제공하는 경우	1필지당	30원
나. 자료를 자기디스크 등 전산매체로 제공하는 경우	1필지당	20원
4. 부동산종합공부의 인터넷 열람 신청	1필지당	무료
5. 부동산종합증명서 발급 신청		
가. 방문 발급		
1) 종합형	1필지당	1,500원
2) 맞춤형	1필지당	1,000원
나. 인터넷 발급		
1) 종합형	1필지당	1,000원
2) 맞춤형	1필지당	800원

Answer 93. ②

6. 지적공부정리 신청		
가. 신규등록 신청	1필지당	1,400원
나. 등록전환 신청	1필지당	1,400원
다. 분할 신청	분할 후 1필지당	1,400원
라. 합병 신청	합병 전 1필지당	1,000원
마. 지목변경 신청	1필지당	1,000원
바. 바다로 된 토지의 등록말소 신청	1필지당	무료
사. 축척변경 신청	1필지당	1,400원
아. 등록사항의 정정 신청	1필지당	무료
자. 법 제86조에 따른 토지이동 신청	확정 후 1필지당	1,400원

94. 공간정보의 구축 및 관리 등에 관한 법령상 지목설정이 올바르게 연결된 것은?

① 체육용지 – 실내체육관, 승마장
② 유원지 – 스키장, 어린이놀이터
③ 잡종지 – 원상회복을 조건으로 돌을 캐내는 곳
④ 염전 – 동력을 이용하여 소금을 제조하는 공장시설물의 부지

해설 지목
1. 체육용지
   ① 국민의 건강증진 등을 위한 체육활동에 적합한 시설과 형태를 갖춘 종합운동장·실내체육관·야구장·골프장·스키장·승마장·경륜장 등 체육시설의 토지와 이에 접속된 부속시설물의 부지
   ② 체육시설로서의 영속성과 독립성이 미흡한 정구장·골프연습장·실내수영장 및 체육도장, 유수를 이용한 요트장 및 카누장, 산림 안의 야영장 등의 토지는 제외
2. 염전
   ① 바닷물을 끌어들여 소금을 채취하기 위하여 조성된 토지와 이에 접속된 제염장 등 부속시설물의 부지
   ② 천일제염 방식으로 하지 아니하고 동력으로 바닷물을 끌어들여 소금을 제조하는 공장시설물의 부지는 제외
3. 유원지
   ① 일반 공중의 위락·휴양 등에 적합한 시설물을 종합적으로 갖춘 수영장·유선장·낚시터·어린이놀이터·동물원·식물원·민속촌·경마장 등의 토지와 이에 접속된 부속시설물의 부지
   ② 이들 시설과의 거리 등으로 보아 독립적인 것으로 인정되는 숙식시설 및 유기장의 부지와 하천·구거 또는 유지 분류되는 것은 제외
3. 잡종지
   ① 아래에 해당하는 토지
      • 갈대밭, 실외에 물건을 쌓아두는 곳, 돌을 캐내는 곳, 흙을 파내는 곳, 야외시장, 비행장, 공동우물
      • 영구적 건축물 중 변전소, 송신소, 수신소, 송유시설, 도축장, 자동차운전학원, 쓰레기 및 오물처리장 등의 부지
      • 다른 지목에 속하지 않는 토지
   ② 원상회복을 조건으로 돌을 캐내는 곳 또는 흙을 파내는 곳으로 허가된 토지는 제외

Answer 94. ①

95. 다음 중 도시·군관리계획의 입안권자가 아닌 자는?

① 군수
② 구청장
③ 광역시장
④ 특별시장

해설 도시·군관리계획의 입안권자
① 특별시장·광역시장·특별자치시장·특별자치도지사·시장 또는 군수는 관할 구역에 대하여 도시·군관리계획을 입안하여야 한다.
② 특별시장·광역시장·특별자치시장·특별자치도지사·시장 또는 군수는 다음 각 호의 어느 하나에 해당하면 인접한 특별시·광역시·특별자치시·특별자치도·시 또는 군의 관할 구역 전부 또는 일부를 포함하여 도시·군관리계획을 입안할 수 있다.
 1. 지역여건상 필요하다고 인정하여 미리 인접한 특별시장·광역시장·특별자치시장·특별자치도지사·시장 또는 군수와 협의한 경우
 2. 인접한 특별시·광역시·특별자치시·특별자치도·시 또는 군의 관할 구역을 포함하여 도시·군기본계획을 수립한 경우
③ 인접한 특별시·광역시·특별자치시·특별자치도·시 또는 군의 관할 구역에 대한 도시·군관리계획은 관계 특별시장·광역시장·특별자치시장·특별자치도지사·시장 또는 군수가 협의하여 공동으로 입안하거나 입안할 자를 정한다.
④ 협의가 성립되지 아니하는 경우 도시·군관리계획을 입안하려는 구역이 같은 도의 관할 구역에 속할 때에는 관할 도지사가, 둘 이상의 시·도의 관할 구역에 걸쳐 있을 때에는 국토교통부장관(제40조에 따른 수산자원보호구역의 경우 해양수산부장관을 말한다. 이하 이 조에서 같다)이 입안할 자를 지정하고 그 사실을 고시하여야 한다.
⑤ 국토교통부장관은 다음 각 호의 어느 하나에 해당하는 경우에는 직접 또는 관계 중앙행정기관의 장의 요청에 의하여 도시·군관리계획을 입안할 수 있다. 이 경우 국토교통부장관은 관할 시·도지사 및 시장·군수의 의견을 들어야 한다.
 1. 국가계획과 관련된 경우
 2. 둘 이상의 시·도에 걸쳐 지정되는 용도지역·용도지구 또는 용도구역과 둘 이상의 시·도에 걸쳐 이루어지는 사업의 계획 중 도시·군관리계획으로 결정하여야 할 사항이 있는 경우
 3. 특별시장·광역시장·특별자치시장·특별자치도지사·시장 또는 군수가 제138조에 따른 기한까지 국토교통부장관의 도시·군관리계획 조정 요구에 따라 도시·군관리계획을 정비하지 아니하는 경우
⑥ 도지사는 다음 각 호의 어느 하나의 경우에는 직접 또는 시장이나 군수의 요청에 의하여 도시·군관리계획을 입안할 수 있다. 이 경우 도지사는 관계 시장 또는 군수의 의견을 들어야 한다.
 1. 둘 이상의 시·군에 걸쳐 지정되는 용도지역·용도지구 또는 용도구역과 둘 이상의 시·군에 걸쳐 이루어지는 사업의 계획 중 도시·군관리계획으로 결정하여야 할 사항이 포함되어 있는 경우
 2. 도지사가 직접 수립하는 사업의 계획으로서 도시·군관리계획으로 결정하여야 할 사항이 포함되어 있는 경우

96. 지적기준점성과의 관리 등에 대한 설명으로 옳은 것은?

① 지적도근점성과는 지적소관청이 관리한다.
② 지적삼각점성과는 지적소관청이 관리한다.
③ 지적삼각보조점성과는 시·도지사가 관리한다.
④ 지적소관청이 지적삼각점을 변경하였을 때에는 그 측량성과를 국토교통부장관에게 통보한다.

해설 지적기준점성과의 관리
1. 지적삼각점성과는 특별시장·광역시장·도지사 또는 특별자치도지사가 관리하고, 지적삼각보조점성과 및 지적도근점성과는 지적소관청이 관리할 것
2. 지적소관청이 지적삼각점을 설치하거나 변경하였을 때에는 그 측량성과를 시·도지사에게 통보할 것
3. 지적소관청은 지형·지물 등의 변동으로 인하여 지적삼각점성과가 다르게 된 때에는 지체 없이 그 측량성과를 수정하고 그 내용을 시·도지사에게 통보할 것

97. 지적측량업의 등록에 필요한 기술능력의 등급별 인원 기준으로 옳은 것은?(단, 상위 등급의 기술능력으로 하위 등급의 기술능력을 대체하는 경우는 고려하지 않는다.)
① 고급기술인 1명 이상
② 중급기술인 1명 이상
③ 초급기술인 1명 이상
④ 지적분야의 초급기능사 2명 이상

해설 지적측량업의 등록기준

구분	기술인력	장비
지적 측량업	1. 특급기술자 1명 또는 고급 기술자 2명 이상 2. 중급기술자 2명 이상 3. 초급기술자 1명 이상 4. 지적 분야의 초급기능사 1명 이상	1. 토털스테이션 1대 이상 2. 출력장치 1대 이상 • 해상도 : 2400DPI×1200DPI • 출력범위 : 600밀리미터×1060밀리미터 이상

98. 새로운 권리에 관한 등기를 마쳤을 때, 작성한 등기필정보를 등기권리자에게 통지하지 아니하는 경우로 옳지 않은 것은?
① 등기권리자를 대위하여 등기신청을 한 경우
② 국가 또는 지방자치단체가 등기권리자인 경우
③ 등기권리자가 등기필정보의 통지를 원하지 아니하는 경우
④ 등기필정보통지서를 수령할 자가 등기를 마친 때부터 1개월 이내에 그 서면을 수령하지 않은 경우

해설 등기필정보의 통지
① 등기관이 새로운 권리에 관한 등기를 마쳤을 때에는 등기필정보를 작성하여 등기권리자에게 통지하여야 한다. 다만, 다음 각 호의 어느 하나에 해당하는 경우에는 그러하지 아니하다.
 1. 등기권리자가 등기필정보의 통지를 원하지 아니하는 경우
 2. 국가 또는 지방자치단체가 등기권리자인 경우
 3. 대법원규칙으로 정하는 경우
② 등기권리자와 등기의무자가 공동으로 권리에 관한 등기를 신청하는 경우에 신청인은 그 신청정보와 함께 통지받은 등기의무자의 등기필정보를 등기소에 제공하여야 한다. 승소한 등기의무자가 단독으로 권리에 관한 등기를 신청하는 경우에도 또한 같다.

Answer 97. ③ 98. ④

99. 지적소관청이 토지이동현황 조사계획을 수립하는 단위는?

① 도 단위
② 시 단위
③ 시·도 단위
④ 시·군·구 단위

해설 토지의 조사·등록
① 지적소관청은 토지의 이동현황을 직권으로 조사·측량하여 토지의 지번·지목·면적·경계 또는 좌표를 결정하려는 때에는 토지이동현황 조사계획을 수립하여야 한다. 이 경우 토지이동현황 조사계획은 시·군·구별로 수립하되, 부득이한 사유가 있는 때에는 읍·면·동별로 수립할 수 있다.
② 지적소관청은 토지이동현황 조사계획에 따라 토지의 이동현황을 조사한 때에는 토지이동 조사부에 토지의 이동현황을 적어야 한다.
③ 지적소관청은 토지이동현황 조사 결과에 따라 토지의 지번·지목·면적·경계 또는 좌표를 결정한 때에는 이에 따라 지적공부를 정리하여야 한다.

100. 국토의 계획 및 이용에 관한 법률상 심의를 거치지 아니하고 한 차례만 2년 이내의 기간 동안 개발행위허가의 제한을 연장할 수 있는 지역이 아닌 곳은?

① 기반시설부담구역으로 지정된 지역
② 지구단위계획구역으로 지정된 지역
③ 개발행위로 인하여 주변의 환경·경관·미관·문화재 등이 크게 오염되거나 손상될 우려가 있는 지역
④ 도시·군관리계획을 수립하고 있는 지역으로서 그 도시·군관리계획이 결정될 경우 용도지역의 변경이 예상되고 그에 따라 개발행위허가의 기준이 크게 달라질 것으로 예상되는 지역

해설 개발행위허가의 제한
① 중앙도시계획위원회나 지방도시계획위원회의 심의를 거쳐 한 차례만 3년 이내의 기간 동안 개발행위허가를 제한
  1. 녹지지역이나 계획관리지역으로서 수목이 집단적으로 자라고 있거나 조수류 등이 집단적으로 서식하고 있는 지역 또는 우량 농지 등으로 보전할 필요가 있는 지역
  2. 개발행위로 인하여 주변의 환경·경관·미관·문화재 등이 크게 오염되거나 손상될 우려가 있는 지역
② 중앙도시계획위원회나 지방도시계획위원회의 심의를 거치지 아니하고 한 차례만 2년 이내의 기간 동안 개발행위허가의 제한을 연장 가능한 지역
  1. 도시·군기본계획이나 도시·군관리계획을 수립하고 있는 지역으로서 그 도시·군기본계획이나 도시·군관리계획이 결정될 경우 용도지역·용도지구 또는 용도구역의 변경이 예상되고 그에 따라 개발행위허가의 기준이 크게 달라질 것으로 예상되는 지역
  2. 지구단위계획구역으로 지정된 지역
  3. 기반시설부담구역으로 지정된 지역

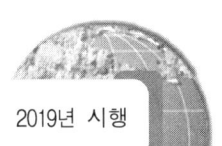

2019년 제2회 지적기사

Engineer Cadastral Surveying

01 지적측량

01. 사각망조정계산에서 각규약, 변규약, 점규약 조건식의 수로 올바르게 짝지어진 것은?

① 각규약 : 2개, 변규약 : 1개, 점규약 : 1개
② 각규약 : 1개, 변규약 : 3개, 점규약 : 0개
③ 각규약 : 3개, 변규약 : 1개, 점규약 : 0개
④ 각규약 : 3개, 변규약 : 1개, 점규약 : 1개

해설 1. 각규약
$T = L - L' - (P-1) = 6 - 0 - (4-1) = 3$
(T : 각규약, L : 총 변수, L' : 한쪽만 관측한 변수, P : 삼각점의 총수)

2. 변규약
$N = B + L - 2P + 2 = 1 + 6 - 2 \times 4 + 2 = 1$
(N : 변규약, B : 기선 수, L : 총 변수, P : 삼각점의 총수)

3. 점규약
$S = W - (l-1) = 2 - (3-1) = 0$
(S : 점규약, W : 측점에서 관측한 각의 수, l : 한 측점에 연결된 변의 수)

02. 다음 중 데오드라이트의 3축 조건으로 옳지 않은 것은?

① 시준축⊥수평축
② 수평축⊥수직축
③ 수직축⊥기포관축
④ 시준축//연직축

해설 경위의는 시준축, 수평축, 수직축으로 이루어져 있으며 이들은 다음과 같은 관계를 갖춰야 한다.
시준축⊥수평축, 수평축⊥수직축, 기포관축⊥수직축

03. 다음 중 평판측량방법에 따른 세부측량을 교회법으로 하는 경우의 기준 및 방법에 대한 설명으로 옳지 않은 것은?

① 전방교회법 또는 측방교회법에 따른다.
② 방향각의 교각은 30° 이상 150° 이하로 한다.
③ 광파조준의를 사용하는 경우 방향선의 도상길이는 최대 30cm 이하로 한다.

Answer 1. ③ 2. ④ 3. ④

④ 측량결과 시오삼각형이 생긴 경우 내접원의 반지름이 1mm 이하일 때에는 그 중심을 점의 위치로 한다.

해설 지적측량 시행규칙 제18조(세부측량의 기준 및 방법 등)
1. 전방교회법 또는 측방교회법
2. 3방향 이상의 교회
3. 방향각의 교각은 30도 이상 150도 이하
4. 방향선의 도상길이는 평판의 방위표정(方位標定)에 사용한 방향선의 도상길이 이하로서 10센티미터 이하. 다만, 광파조준의(光波照準儀) 또는 광파측거기를 사용하는 경우에는 30센티미터 이하
5. 측량결과 시오(示誤)삼각형이 생긴 경우 내접원의 지름이 1밀리미터 이하일 때에는 그 중심을 점의 위치로 한다.

04. 경위의로 수평각을 측정하는데 50m 떨어진 곳에 지름 2cm인 폴(pole)의 외곽을 시준했을 때 수평각에 생기는 오차량은?

① 약 41초
② 약 83초
③ 약 98초
④ 약 102초

해설 오차량을 θ라 하고, 지름 2cm인 폴(pole)의 외곽을 시준하였으므로 편차는 1cm라고 하면
$50m \times \theta = 0.01m$
$\rho = 206,265''$이므로
$\theta = \dfrac{0.01 \times 206,265''}{50} = 41.253''$ ∴ 약 41초

05. 광파기측량방법에 따라 다각망도선법으로 지적도근점측량을 할 때 1도선의 점의 수는 몇 개 이하로 하여야 하는가?

① 10개
② 20개
③ 30개
④ 40개

해설 지적측량 시행규칙 제12조(지적도근점측량)
경위의측량방법이나 전파기 또는 광파기측량방법에 따라 다각망도선법으로 지적도근점측량을 할 때에는 다음의 기준에 따른다.
1. 3점 이상의 기지점을 포함한 결합다각방식에 따른다.
2. 1도선의 점의 수는 20점 이하로 한다.

06. 평판측량방법에 따른 세부측량을 도선법으로 하는 경우, 변의 수가 16개인 도선의 도상허용오차 한도는?

① 1.0mm
② 1.1mm
③ 1.2mm
④ 1.3mm

해설 지적측량 시행규칙 제18조(세부측량의 기준 및 방법 등)
$\dfrac{\sqrt{N}}{3} = \dfrac{\sqrt{16}}{3} = \dfrac{4}{3} = 1.3mm$

07. 삼각측량에 의해 계산된 측지방위각과 천문측량에 의해 측정된 값을 비교하여 그 차이를 조정함으로써 보다 정확한 위치를 결정하기 위해 이용하는 관계식은?

① 리먼(Lehman) 정리
② 가우스(Gauss) 정리
③ 라플라스(Laplace) 정리
④ 르장드르(Legendre) 정리

해설 천문방위각(A_a), 천문경도(λ_a), 측지경도(λ_g), 위도(φ)를 알면 타원체면상 계산에 필요한 측지방위각(A_g)을 구할 수 있다.
$A_g = A_a - (\lambda_a - \lambda_g) \sin\varphi$

08. 지적측량성과를 결정함에 있어 측량성과와 검사성과의 연결교차 허용범위의 연결이 옳은 것은? (단, M은 축척분모)

① 지적삼각점 : 0.15m
② 지적삼각보조점 : 0.20m
③ 지적도근점(경계점좌표등록부 시행지역) : 0.15m
④ 경계점(경계점좌표등록부 시행지역) : 10분의 3Mmm

해설 지적측량 시행규칙 제27조(지적측량성과의 결정)

구분		연결교차
지적삼각점		0.20미터
지적삼각보조점		0.25미터
지적도근점	경계점좌표등록부 시행지역	0.15미터
	그 밖의 지역	0.25미터
경계점	경계점좌표등록부 시행지역	0.10미터
	그 밖의 지역	10분의 3M밀리미터(M은 축척분모)

09. 지적도근점측량에서 연결오차의 허용범위 기준을 결정하는 경우, 경계점좌표등록부를 갖춰 두는 지역의 축척분모는 얼마로 하여야 하는가?

① 500
② 600
③ 1200
④ 3000

해설 지적측량 시행규칙 제15조(지적도근점측량에서의 연결오차의 허용범위와 종선 및 횡선오차의 배분)
경계점좌표등록부를 갖춰 두는 지역의 축척분모는 500으로 하고, 축척이 6천분의 1인 지역의 축척분모는 3천으로 할 것. 이 경우 하나의 도선에 속하여 있는 지역의 축척이 2 이상일 때에는 대축척의 축척분모에 따름

10. 점간 거리를 3회 측정하여 23cm, 24cm, 25cm의 측정치를 얻었다면, 평균제곱근오차는?

① $\pm \dfrac{1}{\sqrt{2}}$
② $\pm \dfrac{1}{\sqrt{3}}$
③ $\pm \dfrac{1}{2}$
④ $\pm \dfrac{1}{3}$

해설 $m_0 = \pm \sqrt{\dfrac{v_1^2 + v_2^2 \cdots + v_n^2}{n(n-1)}} = \pm \sqrt{\dfrac{\sum vv}{n(n-1)}}$

여기서, m_0 : 평균제곱근오차, v : 잔차, n : 측정횟수

최확치 $= \dfrac{\ell_1 + \ell_2 + \ell_3}{3} = \dfrac{23 + 24 + 25}{3} = 24$

$v_1 = \ell_1 - S_0 = 23 - 24 = -1$
$v_2 = \ell_2 - S_0 = 24 - 24 = 0$
$v_3 = \ell_3 - S_0 = 25 - 24 = 1$
$\sum vv = v_1^2 + v_2^2 + v_3^2 = -1^2 + 0^2 + 1^2 = 2$
$m_0 = \pm \sqrt{\dfrac{2}{3(3-1)}} = \pm \dfrac{1}{\sqrt{3}}$

11. 지적소관청은 지적도면의 관리에 필요한 경우에는 지번부여지역마다 일람도와 지번색인표를 작성하여 갖춰둘 수 있다. 이때 일람도를 작성하지 아니할 수 있는 경우는 도면이 몇 장 미만일 때인가?

① 4장
② 5장
③ 6장
④ 7장

해설 지적업무처리규정 제38조(일람도의 제도)
도면의 장수가 4장 미만인 경우에는 일람도의 작성을 하지 아니할 수 있다.

12. 다각망도선법에 따른 지적삼각보조점의 관측 및 계산 기준에 대한 설명으로 옳지 않은 것은?(단, n은 폐색변을 포함한 변의 수, S는 도선의 거리를 1천으로 나눈 수를 말한다.)

① 수평각 관측은 배각법에 따를 수 있다.
② 관측은 20초독 이상의 경위의를 사용하도록 한다.
③ 도선별 연결오차는 $(0.05 + 0.05 \times S)$미터 이하로 한다.
④ 종·횡선오차의 배부는 종·횡선차 길이에 비례하여 배부한다.

해설 지적측량 시행규칙 제11조(지적삼각보조점의 관측 및 계산)
도선별 연결오차는 $0.05 \times S$미터 이하

Answer 10. ② 11. ① 12. ③

13. 면적측정 방법에 관한 아래 내용 중 ㉠, ㉡에 알맞은 것은?

> 전자면적측정기에 따른 면적측정에 있어서 도상에서 (㉠)회 측정하여 그 교차가 허용면적 이하일 때에는 그 평균치를 측정면적으로 정하는데, 허용면적의 계산식은 (㉡)이다.

① ㉠ : 2회, ㉡ : $A = 0.023M\sqrt{F}$
② ㉠ : 2회, ㉡ : $A = 0.023^2 M\sqrt{F}$
③ ㉠ : 3회, ㉡ : $A = 0.026M\sqrt{F}$
④ ㉠ : 3회, ㉡ : $A = 0.026^2 M\sqrt{F}$

해설 지적측량 시행규칙 제20조(면적측정의 방법 등)
전자면적측정기에 따른 면적측정은 도상에서 2회 측정하여 그 교차가 다음 계산식에 따른 허용면적 이하일 때에는 그 평균치를 측정면적으로 한다.
$A = 0.023^2 M\sqrt{F}$
여기서, A : 허용면적, M : 축척분모, F : 2회 측정한 면적의 합계를 2로 나눈 수

14. 수평각 관측에서 망원경의 정위와 반위로 관측하는 목적은?

① 눈금오차를 방지하기 위하여
② 연직축 오차를 방지하기 위하여
③ 시준축 오차를 제거하기 위하여
④ 굴절보정 오차를 제거하기 위하여

해설 정 · 반위 관측의 목적
정 · 반위 관측의 목적은 기계적 결함과 기계 조정의 불완전 등의 오차를 소거하고 시준축 오차를 제거하기 위함이다.

15. 배각법에 의한 지적도근점측량 시 종 · 횡선차 합이 각각 200.25m, -150.44m, 종 · 횡선차 절대치의 합이 각각 200.25m, 150.44m, 출발점의 좌표값이 각각 1,000.00m, 1,000.00m, 도착점의 좌표값이 각각 1,200.15m, 849.58m일 때 연결오차로 옳은 것은?

① 0.10m
② 0.11m
③ 0.12m
④ 0.13m

해설 $\sum \Delta x$: 종선차 합계=200.25
$\sum \Delta y$: 횡선차 합계=150.44
기지종선차=도착점의 X좌표−출발점의 X좌표=1,200.15−1,000.00=200.15
기지횡선차=도착점의 Y좌표−출발점의 Y좌표=849.58−1,000.00=−150.42
종선오차(f_x)=$\sum \Delta x$−기지종선차=200.25−200.15=0.10
횡선오차(f_y)=$\sum \Delta y$−기지횡선차=150.44−150.42=0.02
∴ 연결오차=$\sqrt{(f_x)^2+(f_y)^2}=\sqrt{0.10^2+0.02^2}=0.10$

Answer 13. ② 14. ③ 15. ①

16. 좌표면적계산법에 따른 면적측정 시 산출면적의 결정 기준으로 옳은 것은?

① 10분의 1m²까지 계산하여 1m² 단위로 정한다.
② 100분의 1m²까지 계산하여 1m² 단위로 정한다.
③ 100분의 1m²까지 계산하여 10분의 1m² 단위로 정한다.
④ 1000분의 1m²까지 계산하여 10분의 1m² 단위로 정한다.

해설 지적측량 시행규칙 제20조(면적측정의 방법 등)
좌표면적계산법에 따른 산출면적은 1천분의 1제곱미터까지 계산하여 10분의 1제곱미터 단위로 정한다.

17. 지적삼각보조점측량을 다각망도선법에 의할 경우 폐색오차의 범위로 옳은 것은?(단, n은 폐색변을 포함한 변의 수이다.)

① $\pm 10\sqrt{n}$ 초 이내
② $\pm 20\sqrt{n}$ 초 이내
③ $\pm 30\sqrt{n}$ 초 이내
④ $\pm 40\sqrt{n}$ 초 이내

해설 지적측량 시행규칙 제11조(지적삼각보조점의 관측 및 계산)
경위의측량방법, 전파기 또는 광파기측량방법과 다각망도선법에 따른 지적삼각보조점의 관측 및 계산에서 도선별 평균방위각과 관측방위각의 폐색오차(閉塞誤差)는 $\pm 10\sqrt{n}$ 초 이내로 한다.

18. 시·도지사가 지적삼각점성과를 관리할 때 지적삼각점성과표에 기록·관리하여야 하는 사항에 해당하지 않는 것은?

① 자오선수차 ② 표지의 재질 ③ 좌표 및 표고 ④ 지적삼각점의 명칭

해설 지적측량 시행규칙 제4조(지적기준점성과표의 기록·관리 등)

지적삼각점성과표	지적삼각보조점 및 지적도근점성과표
1. 지적삼각점의 명칭과 기준 원점명 2. 좌표 및 표고 3. 경도 및 위도(필요한 경우로 한정한다) 4. 자오선수차(子午線收差) 5. 시준점(視準點)의 명칭, 방위각 및 거리 6. 소재지와 측량연월일 7. 그 밖의 참고사항	1. 번호 및 위치의 약도 2. 좌표와 직각좌표계 원점명 3. 경도와 위도(필요한 경우로 한정한다) 4. 표고(필요한 경우로 한정한다) 5. 소재지와 측량연월일 6. 도선등급 및 도선명 7. 표지의 재질 8. 도면번호 9. 설치기관 10. 조사연월일, 조사자의 직위·성명 및 조사 내용

19. 지적삼각점의 계산에서 자오선수차의 계산단위는?

① 초 아래 1자리
② 초 아래 3자리
③ 초 아래 5자리
④ 초 아래 6자리

Answer 16. ④ 17. ① 18. ② 19. ①

해설 지적측량 시행규칙 제9조(지적삼각점측량의 관측 및 계산)
지적삼각점의 계산은 진수(眞數)를 사용하여 각규약(角規約)과 변규약(邊規約)에 따른 평균계산법 또는 망평균계산법에 따르며, 자오선수차의 단위는 초 아래 1자리

20. 축척이 3000분의 1인 지역에서 등록전환을 하는 경우 면적이 2,500m²일 때 등록전환에 따른 오차의 허용범위로 옳은 것은?

① ±101m² ② ±102m² ③ ±202m² ④ ±203m²

해설 공간정보의 구축 및 관리 등에 관한 법률 시행령 제19조(등록전환이나 분할에 따른 면적 오차의 허용범위 및 배분 등)
임야대장의 면적과 등록전환될 면적의 오차 허용범위는 다음과 같다.
$A = 0.026^2 M\sqrt{F}$
여기서, A : 오차 허용면적, M : 임야도 축척분모, F : 등록전환될 면적
축척이 3천분의 1인 지역의 축척분모는 6천으로 한다.
$A = 0.026^2 \times 6{,}000\sqrt{2{,}500} = 202.8$ ∴ ±202m²

02 응용측량

21. 노선측량 순서에서 중심선을 선정하고 도상 및 현지에 설치하는 단계는?

① 계획조사측량 ② 실시설계측량 ③ 세부측량 ④ 노선선정

해설 노선측량의 작업순서는 도상계획 → 답사 → 예측 → 실시설계, 용지측량 → 공사측량 순이며 중심선 선정 및 설치하는 단계는 실시설계측량 단계이다.

22. 그림과 같이 터널 내 수준측량에서 A점의 표고가 450.50m이었다면 B점의 표고는?

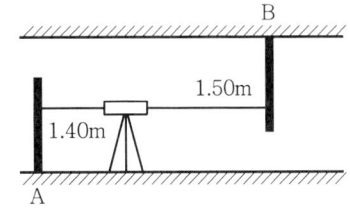

① 450.40m ② 450.60m ③ 453.40m ④ 453.60m

해설 B점의 표고=A점의 표고+$a-b$=450.5+1.4-(-1.5)=453.4m
※ 천정에 있음에 유의

23. 터널측량에 관한 설명으로 옳지 않은 것은?

① 터널측량은 크게 터널 내 측량, 터널 외 측량, 터널 내외 연결측량으로 나눈다.
② 터널 내외 연결측량은 지상측량의 좌표와 지하측량의 좌표를 같게 하는 측량이다.
③ 터널 내외 연결측량 시 추를 드리울 때는 보통 피아노선이 이용된다.
④ 터널 내외 연결측량 방법 중 가장 일반적인 것은 다각법이다.

해설 터널측량은 도로, 철도 등 수평에 가까운 터널측량뿐 아니라 수직갱, 경사갱 등도 포함되며 크게 갱 외 측량, 갱 내 측량, 갱 내외 연결측량으로 구분하며 측량방법은 트랜싯에 의한 트래버스 측량 등을 한다.

24. 사진의 크기가 23cm×23cm이고 사진의 주점기선길이가 8cm이었다면 종중복도는?

① 약 43%　② 약 65%　③ 약 67%　④ 약 70%

해설 $m_1P_1 = m_1P_2$, $\dfrac{a}{2} - m_1m_2$ 여기서, $m_1m_2 = b_0$(주점기선길이) $= \dfrac{23}{2} - 8 = 3.5$cm

$m_1P_1 = m_1P_2 = 3.5$cm

$\therefore \dfrac{p_1m_1 + m_1m_2 + m_2p_2}{a} = \dfrac{3.5 + 8 + 3.5}{23} = 0.652 ≒$ 약 65%

25. 수준측량 시 중간점이 많을 경우에 가장 편리한 야장기입법은?

① 고차식　② 승강식　③ 교차식　④ 기고식

해설 수준측량에서 중간점이 많을 경우 가장 적당한 야장 기입 방법은 기고식이다.

26. 축척 1 : 1000의 도면을 이용하여 측정한 면적이 2,600m²였다. 이 도면의 종·횡 크기가 모두 1.5%씩 줄어 있었다면 실제면적은?

① 2,510m²　② 2,520m²　③ 2,610m²　④ 2,680m²

해설 도면이 줄어 있으므로 실제면적은 커지며,
$A = A'(1+\partial)^2$
여기서, ∂ : 가로, 세로 수축량
$\therefore 2,600 \times (1+0.015)^2 = 2,678.58$m²　$\therefore 2,680$m²

27. 지하시설물관이나 케이블에 교류전류를 흐르게 하여 발생시킨 교류자장을 측정하여 평면위치 및 깊이를 측정하는 측량방법은?

① 원자탐사법　② 음파탐사법　③ 전자유도탐사법　④ 지중레이다탐사법

해설 지하시설물 관측방법
전자유도 측량기법이 대표적으로 측량방법에는 전자유도 측량기법, 지중레이다 측량기법, 음파관측기법이 있으며, 교류전류를 흐르게 하여 발생시킨 교류 전자기장을 측정하여 위치 및 깊이를 측정하는 방법은 전자유도탐사방법이다.

28. 곡선길이가 104.7m이고, 곡선반지름이 100m일 때, 곡선시점과 곡선종점 간의 곡선길이와 직선거리(장현)의 거리 차는?

① 4.7m ② 5.3m ③ 10.9m ④ 18.1m

해설 곡선시점과 곡선종점 간의 거리 차=곡선길이−곡선반지름=104.7m−100m=4.7m

29. 등고선에 대한 설명으로 옳지 않은 것은?

① 계곡선 간격이 100m이면 주곡선 간격은 20m이다.
② 계곡선은 주곡선보다 굵은 실선으로 그린다.
③ 주곡선 간격이 10m이면 축척 1 : 10000 지형도이다.
④ 간곡선 간격이 2.5m이면 주곡선 간격은 5m이다.

해설 축척별 등고선의 간격

등고선의 간격	기호	1/10000	1/25000	1/50000
주곡선	가는 실선	5m	10m	20m
간곡선	가는 파선	2.5m	5m	10m
보조곡선(조곡선)	가는 점선	1.25m	2.5m	5m
계곡선	굵은 실선	25m	50m	100m

30. 종·횡방향의 거리가 25km×10km인 지역을 종중복(P) 60%, 횡중복(Q) 30%, 사진축척 1 : 5000으로 촬영하였을 때의 입체 모델수는?(단, 사진의 크기는 23cm×23cm이다).

① 356매 ② 534매 ③ 625매 ④ 715매

해설 모델수에 의한 사진매수

종 모델수 $= \dfrac{S_1(\text{코스의 종길이})}{B(\text{종기선길이})} = \dfrac{S_1}{ma\left(1-\dfrac{p}{100}\right)} = \dfrac{25,000}{5,000 \times 0.23 \times \left(1-\dfrac{60}{100}\right)} = 54.35 = 55$매

횡 모델수 $= \dfrac{S_2(\text{코스의 횡길이})}{C_0(\text{횡기선길이})} = \dfrac{S_2}{ma\left(1-\dfrac{q}{100}\right)} = \dfrac{10,000}{5,000 \times 0.23 \times \left(1-\dfrac{30}{100}\right)} = 12.42 = 13$매

총 모델수=종 모델수×횡 모델수=55×13=715매

31. GNSS 측량의 구성에서 제어부분(지상관제국)이 실시하는 주 임무에 해당되지 않는 것은?

① 수신기의 위치결정 및 시각비교
② 궤도와 시각결정을 위한 위성의 추적
③ 위성의 궤도 수정 및 위성 상태 유지·관리
④ 위성시간의 동일화 및 위성으로의 자료전송

Answer 28. ① 29. ③ 30. ④ 31. ①

해설 GPS 구성요소는 우주부문, 제어부문, 사용자부문으로 구분된다. 제어부문은 GPS 위성의 위치계산과 전체 GPS의 운용, 제어 및 위성의 작동상태를 감독하고 궤도와 시각결정을 위한 위성의 추적, 전리층 및 대류층의 주기적인 모형화와 위성시간의 동일화, 위성으로의 자료전송 등을 담당한다.

32. 정밀도 저하율(DOP ; Dilution of Precision)에 대한 설명으로 틀린 것은?
① 정밀도 저하율의 수치가 클수록 정확하다.
② 위성들의 상대적인 기하학적 상태가 위치결정에 미치는 오차를 표시한 것이다.
③ 무차원수로 표시된다.
④ 시간의 정밀도에 의한 DOP의 형식을 TDOP라 한다.

해설 위성의 배치상태에 의한 오차(DOP)를 정밀도 저하율이라 하며 GDOP(기하학적 정밀도 저하율), PDOP(위치 정밀도 저하율), HDOP(수평 정밀도 저하율), VDOP(수직 정밀도 저하율), RDOP(상대 정밀도 저하율), TDOP(시간 정밀도 저하율)로 구분된다. 정밀도 저하율은 수치가 적을수록 정확하며 일반적으로 PDOP은 3~5까지가, HDOP은 2.5 이하가 적당하며 가장 좋은 배치상태일 때를 1로 한다.

33. 하천, 호수, 항만 등의 수심을 숫자로 도상에 나타내는 지형표시 방법은?
① 등고선법　② 음영법　③ 모형법　④ 점고법

해설 점고법은 지면상에 있는 임의의 점의 표고를 도상에 있는 숫자에 의하여 지표를 나타내는 방법이며 하천, 항만, 해양 등의 심천을 나타내는 경우에 사용한다.

34. 그림과 같이 곡선중점(E)을 E'로 이동하여 교각의 변화 없이 새로운 곡선을 설치하고자 한다. 새로운 곡선의 반지름은?

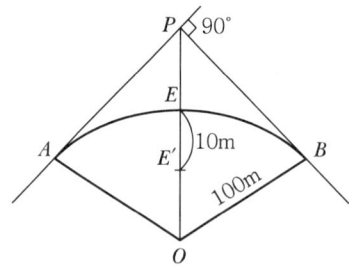

① 68m　② 90m　③ 124m　④ 200m

해설 노선측량에서 외할 $E=SL=R\left(\sec\frac{I}{2}-1\right)$　　　$E'=R'\left(\sec\frac{I}{2}-1\right)$

곡선의 중점을 내측으로 $e=10\text{m}$만큼 옮겼다고 하면 $E=E'+e$

$R\left(\sec\frac{I}{2}-1\right)=R'\left(\sec\frac{I}{2}-1\right)+e$

$\therefore R=R'+\dfrac{e}{\left(\sec\frac{I}{2}-1\right)}=100+\dfrac{10}{\sec 45°-1}=124.142\text{m}$

35. 단일 주파수 수신기와 비교할 때, 이중 주파수 수신기의 특징에 대한 설명으로 옳은 것은?

① 전리층 지연에 의한 오차를 제거할 수 있다.
② 단일 주파수 수신기보다 일반적으로 가격이 저렴하다.
③ 이중 주파수 수신기는 C/A코드를 사용하고 단일 주파수 수신기는 P코드를 사용한다.
④ 단거리 측량에 비하여 장거리 기선측량에서는 큰 이점이 없다.

해설 GPS 신호의 반송파의 정보는 PRN 부호와 항법메세지로 이루어져 있으며 L1 반송파는 1,575.42MHz(154×10.23MHz) 주파수, L2 반송파는 1,227.60MHz(120×10.23MHz) 주파수로 전송한다. 반송파 관측방식에 의한 위치결정원리는 위성에서 보낸 파장과 지상에서 수신된 파장의 위상차를 관측하여 거리를 측정하고, 이중 주파수 수신기를 사용하면 GPS 오차 중 전리층에 의한 전파지연의 오차를 예방할 수 있다.

36. 지형도를 이용하여 작성할 수 있는 자료에 해당되지 않는 것은?

① 종·횡 단면도 작성
② 표고에 의한 평균유속 결정
③ 절토 및 성토 범위의 결정
④ 등고선에 의한 체적 계산

해설 지형도의 이용
등경사선을 관측하여 종단면도 및 횡단면도를 작성하고 도로, 철도, 수로 등의 도상 선정과 저수량의 관측에 의한 집수면적의 측정, 절토 및 성토 범위의 결정, 등고선에 의한 체적 계산에 있다.

37. 폭이 넓은 하천을 횡단하여 정밀하게 수준측량을 실시할 때 가장 좋은 방법은?

① 교호수준측량에 의해 실시
② 삼각측량에 의해 실시
③ 시거측량에 의해 실시
④ 육분의에 의해 실시

해설 교호수준(고저)측량은 하천이나 계곡 등 직접 수준측량을 할 수 없는 경우, 즉 중앙에 기계를 세울 수 없을 때에 직접 또는 간접으로 실시하는 방법이다. 교호수준측량을 하면 전시, 후시의 등거리가 안 되어 생기는 오차인 시준오차, 구차, 기차 등이 소거되며 가장 큰 오차는 시준축 오차이다.

38. 반지름이 다른 2개의 원곡선이 그 접속점에서 공통접선을 갖고 그것들의 중심이 공통접선에 대하여 같은 쪽에 있는 곡선은?

① 반향곡선
② 머리핀곡선
③ 복심곡선
④ 종단곡선

해설 복심곡선
반경이 다른 2개의 단곡선이 그 접속점에서 공통접선을 갖고 곡선의 중심이 공통접선과 같은 방향에 있을 때 이것을 복심곡선이라 한다.

Answer 35. ① 36. ② 37. ① 38. ③

39. 다음 중 수동적 센서에 해당하는 것은?

① 항공사진카메라 ② SLAR(Side Looking Airborne Radar)
③ 레이다 ④ 레이저 스캐너

해설 원격탐측은 비행기나 인공위성에 탑재된 센서(Sensor)를 이용하여 지표의 대상물에서 반사 또는 방사된 전자 스펙트럼을 측정하고 이들의 자료를 이용하여 대상물이나 현상에 관한 정보를 얻는 기법이다. 능동적 센서는 크게 Radar 방식과 Laser 방식으로 구분하며 SLAR는 능동적 센서에 속하고, 수동적 센서에는 선주사방식과 Flamming(카메라 방식)이 있다.

40. 굴뚝의 높이를 구하기 위하여 A, B점에서 굴뚝 끝의 경사각을 관측하여 A점에서는 30°, B점에서는 45°를 얻었다. 이때 굴뚝의 표고는?(단, AB의 거리는 22m, A, B 및 굴뚝의 하단은 모두 일직선 상에 있고, 기계고(I.H.)는 A, B 모두 1m이다.)

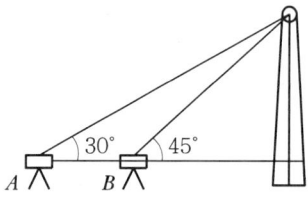

① 30m ② 31m ③ 33m ④ 35m

해설 사인법칙에 의거하여 계산하면 $\dfrac{a}{\sin A} = \dfrac{b}{\sin B} = \dfrac{c}{\sin C} = 2R$

$\dfrac{22}{\sin 15°} = \dfrac{b}{\sin 30°} \rightarrow b = 42.5\text{m}$, $\dfrac{42.5}{\sin 90°} = \dfrac{c}{\sin 45°} \rightarrow c = 30.05\text{m}$

∴ 30+기계고(1m)=31m

03 토지정보체계론

41. 토지정보체계의 특징에 해당되지 않는 것은?

① 지형도 기반의 지적정보를 대상으로 하는 위치참조 체계이다.
② 토지이용계획 및 토지관련 정책자료 등 다목적으로 활용이 가능하다.
③ 토지 1필지의 이동정리에 따른 정확한 자료가 저장되고 검색이 편리하다.
④ 지적도의 경계점 좌표를 수치로 등록함으로써 각종 계획업무에 활용할 수 있다.

해설 토지정보체계는 필지 단위로 지적공부를 전산화한 시스템으로 지적도 기반의 위치참조 체계이다.

42. 해당구역의 명칭이 변경될 때에 지적소관청은 시·도지사를 경유하여 국토교통부장관에게 행정구역변경일 며칠 전까지 행정구역의 코드변경을 요청하여야 하는가?

① 7일 전   ② 10일 전   ③ 15일 전   ④ 30일 전

해설 행정구역코드의 변경(지적업무처리규정 제26조)
행정구역의 명칭이 변경된 때에는 소관청은 시·도지사를 경유하여 국토해양부장관에게 행정구역변경일 10일 전까지 행정구역의 코드변경을 요청하여야 한다.

43. 지적전산자료에 오류가 발생한 때의 정비내역 보존기간으로 옳은 것은?

① 2년   ② 3년   ③ 5년   ④ 영구

해설 지적전산자료의 정비(지적업무처리규정 제6조)
지적소관청은 정비내역을 3년간 보존하여야 한다.

44. 공간자료교환의 표준(SDTS)에 대한 설명으로 옳지 않은 것은?

① NGIS의 데이터 교환 표준화로 제정되었다.
② 모든 종류의 공간자료들을 호환 가능하도록 하기 위한 내용을 기술하고 있다.
③ 위상구조로서의 순서(order), 연결성(connectivity), 인접성(adjacency) 정보를 규정하고 있다.
④ 국방 분야의 지리정보 데이터 교환 표준으로 미국과 주요 NATO 국가들이 채택하여 사용하고 있다.

해설 DIGEST(Digital Geographic Exchange STandard) : 국방 분야의 지리정보 데이터 교환 표준으로 미국을 비롯한 주요 NATO 국가들이 채택하여 사용하고 있다.

45. 토지정보시스템의 속성정보가 아닌 것은?

① 일람도 자료   ② 대지권등록부
③ 토지·임야대장   ④ 경계점좌표등록부

해설 토지정보시스템의 속성정보
토지소재, 지번, 지목, 행정구역, 면적, 소유권(변동사항, 공유자, 주민등록번호), 토지등급, 토지이동사항(합병, 분할, 신규등록, 등록전환) 등

46. 우리나라 지적도에서 사용하는 평면직각좌표계의 경우 중앙경계선에서의 축척계수는?

① 0.9996   ② 0.9999   ③ 1.0000   ④ 1.5000

해설 공간정보의 구축 및 관리 등에 관한 법률 시행령 [별표 2](직각좌표의 기준)
우리나라에서의 직각좌표는 TM(Transverse Mercator : 횡단 머케이터) 방법으로 표시한다. X축은 좌표계 원점의 자오선에 일치하여야 하며, 원점축척계수=1.0000이다.

Answer 42. ② 43. ② 44. ④ 45. ① 46. ③

47. 필지중심토지정보시스템의 구성 체계 중 지적측량업무를 지원하는 시스템으로서 지적측량업무의 자동화를 통하여 생산성과 정확성을 높여주는 시스템은?

① 지적측량시스템
② 지적행정시스템
③ 공간정보관리시스템
④ 지적공부관리시스템

해설 필지중심토지정보시스템의 구성
① 지적공부관리시스템 : 사용자권한관리/지적측량검사업무/토지이동관리/지적일반업무관리/창구민원관리/토지기록자료조회 및 출력/지적통계관리/정책정보관리 등
② 지적측량시스템 : 지적삼각측량/지적삼각보조측량/도근측량/세부측량 등
③ 지적측량성과작성시스템 : 토지이동지 조서작성/측량준비도/측량결과도/측량성과도 등

48. 도시 현황의 파악 및 도시 계획, 도시 정비, 도시기반 시설의 관리를 효율적으로 수행할 수 있는 시스템은?

① 교통정보시스템(TIS)
② 도시정보시스템(UIS)
③ 자원정보시스템(RIS)
④ 환경정보시스템(EIS)

해설 도시정보체계(UIS ; Urban Information System)
① 도시지역의 다양한 위치정보와 속성정보를 데이터베이스화하여 통합적·체계적으로 관리함으로써 효율적인 도시경영 및 도시계획 수립을 지원하는 시스템
② 효율적인 도시관리 및 행정서비스 향상의 정보 기반구축으로 시설물을 입체적으로 관리할 수 있다.
③ 활용사례 : 개발가능지 분석, 토지이용변화 분석, 경관분석 및 경관계획

49. 다음 중 필지를 개별화하고 대장과 도면의 등록사항을 연결하는 역할을 하는 것은?

① 면적
② 지목
③ 지번
④ 주민등록번호

해설 토지의 필지를 명백하게 식별하는 필지식별자, 필지에 하나의 지번이 부여되어 있는 지번식별자가 있다.

50. 필지식별자(Parcel Identifier)에 대한 설명으로 옳지 않은 것은?

① 경우에 따라서 변경이 가능하다.
② 지적도에 등록된 모든 필지에 부여하여 개별화한다.
③ 필지별 대장의 등록사항과 도면의 등록사항을 연결시킨다.
④ 각 필지의 등록사항의 저장, 검색, 수정 등을 처리하는 데 이용한다.

해설 필지식별자는 부동산 식별자, 단일필지 식별번호라고도 한다.
• 토지의 분할 및 합병 시에 수정이 가능하여야 한다.
• 토지거래에 있어서 변화가 없고 영구적이어야 한다.

51. 공간의 관계를 정의하는 데 쓰이는 수학적 방법으로서 입력된 자료의 위치를 좌표값으로 인식하고 각각의 자료 간의 정보를 상대적 위치로 저장하며, 선의 방향, 특성 간의 관계, 연결성, 인접성 등을 정의하는 것을 무엇이라고 하는가?

① 속성정보 ② 위상관계
③ 위치관계 ④ 위치정보

해설 위상관계(Topology)
① 연결되어 있는 인접한 요소 간의 공간적 관계이다.
② 점, 선, 면으로 객체 간의 공간 관계를 파악할 수 있다.
③ 위상모형의 가장 큰 장점은 관계된 점의 좌표를 사용하지 않고 공간분석이 가능하다는 것이다.
④ 다각형의 형상(shape), 인접성(neighborhood), 계급성(hierarchy)을 묘사할 수 있는 정보를 제공한다.

52. 토지정보시스템의 도형자료 입력에 주로 사용하는 방식이 아닌 것은?

① 레이아웃(layout) 방식 ② 스캐닝(scanning) 방식
③ 디지타이징(digitizing) 방식 ④ COGO(coordinate geometry) 방식

해설 자료입력 방식
① 벡터구조 도형자료 : 디지타이징
② 래스터구조 도형자료 : 스캐닝
③ 측량에 의한 자료취득(COGO : Coordinate Geometry)

53. 지적 관련 전산시스템을 나타내는 용어의 표기로 옳지 않은 것은?

① 지리정보시스템-GIS ② 토지관리정보시스템-LIMS
③ 한국토지정보시스템-KLIS ④ 필지중심토지정보시스템-PBLIS

해설 토지관리정보시스템-LMIS(Land Management Information System)

54. 지형도와 지적도를 중첩할 때 도면과 도면의 비연속되는 부분을 수정하는 데 이용될 수 있는 참고자료로 가장 유용한 것은?

① 식생도 ② 지질도
③ 정사사진 ④ 토지이용도

해설 정사사진
① 중심투영인 항공사진 또는 인공위성의 영상을 지도와 같은 정사 투영법으로 제작한 사진
② 항공사진을 보정하여 지도처럼 만든 사진. 지표면의 비고(比高)에 의하여 발생하는 사진상의 각 점의 왜곡을 보정하여 사진상에서 항상 동일 축척이 되도록 만든 사진

55. 다음 중 데이터베이스 관리 시스템(DBMS)의 기본 기능에 해당하지 않는 것은?

① 정의기능 ② 제어기능
③ 조작기능 ④ 표준화기능

해설 DBMS 기능
① 정의기능 : 하나의 데이터베이스 형태로 여러 사용자들이 요구하는 대로 데이터를 기술해 줄 수 있도록 데이터를 조작하는 기능
② 제어기능 : 데이터의 무결성 유지
③ 조작기능 : 처리절차의 용이성

56. 래스터 자료의 압축방법에 해당되지 않는 것은?
① 블록 코드(Block code) 기법
② 체인 코드(Chain code) 기법
③ 포인트 코드(Point code) 기법
④ 연속분할 코드(Run-length) 기법

해설 래스터 자료 압축방법
① 체인 코드(Chain Code) 방법 : 대상지역에 해당하는 격자들의 연속적인 연결 상태를 파악하여 압축시키는 방법
② 연속분할 코드(Run-Length Code) 방법 : 각 행마다 왼쪽에서 오른쪽으로 진행하면서 처음 시작하는 셀에서 끝나는 셀까지 동일한 수치값을 가지는 셀들을 묶어 압축시키는 방식
③ 블록 코드(Black Code) 방법 : 2차원 정방형 블록으로 분할하여 객체에 대한 데이터를 구축하는 방법
④ 사지수형(Quadtree) 방법 : 크기가 다른 정사각형을 이용하며, 공간을 4개의 동일한 면적으로 분할하는 작업을 하나의 속성값이 존재할 때까지 반복하는 래스터 자료 압축 방법

57. 지적도를 스캐너로 입력한 전산자료에 포함될 수 있는 오차로 가장 거리가 먼 것은?
① 기계적인 오차
② 도면등록 시의 오차
③ 입력도면의 평탄성 오차
④ 벡터 자료의 래스터 자료로서의 변환과정에서의 오차

해설 스캐닝(스캐너로 입력하는 작업)
① 스캐너로 도면을 읽어서 래스터 형태로 저장한 다음 벡터화 소프트웨어를 이용하여 벡터화하는 방법이다.
② 스캐닝을 완료한 후에 래스터파일별로 먼저 도면보정 작업을 수행한 후 래스터파일을 화면에 표시하면서 벡터라이징을 수행한다.
③ 기계적인 오차 : 스캐너의 정밀도에 따라 이미지 자료의 변형이 발생된다.
④ 도면등록 시의 오차, 입력도면의 평탄성 오차 : 손상된 도면의 경우 스캐닝에 의한 인식이 원활하지 못할 수 있다.

58. 토지정보체계를 구축할 때 좌표를 입력하여 도형자료를 작성하는 데 가장 적합한 원시자료는?
① 경계점등록부 자료
② 공유지연명부 자료
③ 대지권등록부 자료
④ 토지대장 및 임야대장 자료

해설 경계점좌표등록부
지적공부 중 하나로 도해지적의 단점을 보완하기 위하여 지적에 관한 사항을 좌표 형태로 나타내는 것

59. 한국토지정보시스템에 대한 설명으로 옳은 것은?

① 한국토지정보시스템은 지적공부관리시스템과 지적측량성과작성시스템으로만 구성되어 있다.
② 한국토지정보시스템은 국토교통부의 토지관리정보시스템과 개별공시지가관리시스템을 통합한 시스템이다.
③ 한국토지정보시스템은 국토교통부의 토지관리정보시스템과 행정안전부의 시·군·구 지적행정시스템을 통합한 시스템이다.
④ 한국토지정보시스템은 필지중심토지정보시스템과 토지관리정보시스템을 통합·연계한 시스템이다.

해설 한국토지정보시스템(KLIS ; Korea Land Information System)
(구)건설교통부의 토지 관련 업무를 다루는 시스템(LMIS)과 (구)행정자치부의 지적 관련 업무 처리 시스템(PBLIS)이 분리되어 운영됨에 따른 자료의 이중 관리 및 정확성 문제 등을 해결하기 위하여 구축된 통합정보시스템

60. 다음 중 래스터 형식의 자료에 해당되는 파일 포맷은?

① DWG   ② DXF   ③ SHAPE   ④ GeoTIF

해설 상용 래스터 자료 포맷
• BMP(Microsoft Windows Device Independent Bitmap)
• JPG(Joint Photographic experts Group)
• TIFF(Tagged Image File Format)
• ADRG(ARC Digital Raster Graphic), BSQ(Band SeQuential), BIL(Band Inerleaved by Line), BIP(Band Inerleaved by Pixel), ERDAS, IMAGINE, GRASS, JPEG, NIFF, RLC, BMP, TIFF, GeoTIFF

04 지적학

SUBJECT

61. 토지조사사업 시 일필지측량의 결과로 작성한 도부(개황도)의 축척에 해당되지 않는 것은?

① 1/600   ② 1/1200   ③ 1/2400   ④ 1/3000

해설 개황도
1. 개황도의 개념 : 일필지조사 완료 후 그 강계 및 지역을 보측하여 개략적 현황을 그리고 각종 조사사항을 기재하여 장부 조제의 참고자료 또는 세부측량의 안내에 쓰인 도면
2. 개황도의 규격
   ① 길이 : 1척 6촌
   ② 너비 : 1척 2촌
   ③ 2푼의 방안을 그려 사용

Answer   59. ④   60. ④   61. ④

④ 축척 : 1/600, 1/1200, 1/2400
⑤ 1개 동·리마다 따로 조제
3. 개황도의 기재사항
① 가지번 및 지번
② 지목 및 사용세목
③ 지주의 성명 및 이해관계인의 성명
④ 지위등급
⑤ 행정구역의 강계
⑥ 죽목, 초생지, 기타 강계의 목표로 할 수 있는 것
⑦ 삼각점, 도근점
4. 개황도의 폐지 : 1912년 11월부터 일필지 조사와 측량을 병행 실시하여 안내도는 필요 없게 되고, 세부측량원도를 등사하여 지위등급도로 사용함으로써 개황도는 폐지됨

62. 매 20년마다 양전을 실시하여 작성하도록 경국대전에 나타난 것은?

① 문권(文券) ② 양안(量案) ③ 입안(立案) ④ 양전대장(量田臺帳)

해설 양안(量案)
1. 양안의 개념 : 고려시대부터 시작되어 조선시대를 거쳐 일제시대의 토지조사사업 전까지 세금의 징수를 목적으로 양전에 의해 작성된 토지기록부 또는 토지대장
2. 양안의 종류 : 시대, 사용처, 관리처에 따라 전적(田籍), 양안, 양안등서책, 전안, 전답안 등으로 부름
3. 작성목적 : 토지에 대한 세징수를 위해 작성되었으며, 토지조사사업의 실시로 폐지
4. 양안의 규정
   ① 경국대전 호전(戶典) 양전조(量田條)에는 "모든 전지는 6등급으로 구분하고 20년마다 다시 측량하여 장부를 만들어 호조(戶曹)와 그 도(道) 그 읍(邑)에 비치한다."고 규정
   ② 3부씩 작성하여 호조, 본도, 본읍에 보관
5. 기재내용 : 토지소재지, 천자문의 자호, 지번, 양전 방향, 토지형태, 지목, 사표, 장광척, 면적, 등급, 결부속, 소유자 등을 기록함

63. 다음 중 물권의 객체로서 토지를 외부에서 인식할 수 있는 토지등록의 원칙은?

① 공고(公告)의 원칙 ② 공시(公示)의 원칙
③ 공신(公信)의 원칙 ④ 공증(公證)의 원칙

해설 토지등록의 원칙
1. 등록의 원칙(登錄의 原則) : 토지에 관한 모든 표시사항을 지적공부에 반드시 등록해야 하며 토지의 이동이 생기면 지적공부에 변동사항을 정리 등록해야 한다는 원칙으로서 토지표시의 등록주의라고도 함
2. 신청의 원칙(申請의 原則) : 토지의 등록은 토지소유자의 신청을 전제로 처리하는 원칙이며, 토지의 등록은 토지소유자의 신청을 전제로 하되 신청이 없을 때에는 직권으로 조사·측량하여 처리하도록 함
3. 특정화의 원칙(特定化의 原則) : 권리객체로서의 모든 토지는 반드시 특정적이고 단순하며 명확한 방법에 의하여 인식할 수 있도록 개별화하여야 한다는 원칙
4. 국정주의 및 직권주의(國定主義 및 職權主義)
   ① 국정주의 : 지적공부의 등록사항인 토지소재, 지번, 지목, 경계 또는 좌표와 면적 등은 국가의 공권력에 의하여 국가만이 이를 결정할 수 있는 권한을 가진다는 원칙

② 직권주의 : 모든 필지는 필지단위로 구획하여 국가기관인 소관청이 강제적으로 지적공부에 등록 공시하여야 한다는 원칙
5. 공시의 원칙 및 공개주의(公示의 原則 및 公開主義)
① 공시의 원칙 : 토지등록의 법적 지위에 있어서 토지의 이동이나 물권의 변동은 반드시 외부에 알려야 한다는 원칙
② 공개주의 : 토지에 관한 등록사항은 지적공부에 등록하고 이를 일반에 공지하여 누구나 이용하고 활용할 수 있게 하여야 한다는 원칙
6. 공신의 원칙(公信의 原則) : 등기를 믿고 권리행위를 한 선의의 거래자를 보호하여 진실로 등기내용과 같은 권리관계가 존재한 것처럼 법률효과를 인정하려는 원칙

64. 토지등기를 위하여 지적제도가 해야 할 가장 중요한 역할은?

① 필지 확정
② 소유권 심사
③ 지목의 결정
④ 지번의 설정

해설 지적과 등기의 관계
1. 등기와 등록대상이 동일토지라는 점에서 밀접한 관계이다.
2. 등기와 등록은 그 목적물의 표시 및 소유권의 표시에 항상 부합되어야 한다.
3. 등기에 있어서 토지표시에 관한 사항은 지적공부를 기초로 하고, 등록(지적)의 경우 소유권에 관한 사항은 등기부를 기초로 한다.
4. 단, 미등기 토지의 소유자 표시에 관한 사항은 지적공부를 기초로 한다.
※ 토지의 등기를 위해서는 반드시 지적의 필지확정이 선행되어야 한다.

65. 대한제국시대의 행정조직이 아닌 것은?

① 사세청
② 탁지부
③ 양지아문
④ 지계아문

해설 대한제국에서 지적업무는 양지아문(1898. 7.~1901. 9.) → 지계아문(1901. 10.~1904. 4.) → 탁지부 양지국 및 양지과에서 담당하였다. 대한민국에 들어와서는 재무부 사세국 및 서울·대전·광주·부산 사세청과 세무서에서 지적업무를 담당하였다가 내무부와 행정자치부를 거쳐 현재는 국토교통부에서 지적업무를 담당하고 있다.

66. 토지조사사업 시의 사정(査定)에 대한 설명으로 옳지 않은 것은?

① 사정권자는 당시 고등토지위원회의 장이었다.
② 토지소유자 및 그 강계를 확정하는 행정처분이다.
③ 사정권자는 사정을 하기 전 지방토지위원회의 자문을 받았다.
④ 토지의 강계는 지적도에 등록된 토지의 경계선인 강계선이 대상이었다.

해설 토지조사사업의 조사 및 측량기관은 임시토지조사국이며, 사정권자는 임시토지조사국장이다.

67. 조세, 토지관리 및 지적사무를 담당하였던 백제의 지적 담당기관은?

① 공부
② 조부
③ 호조
④ 내두좌평

해설 삼국시대 지적사무 담당기관

구분	고구려	백제	신라
지적담당 관리	주부, 울절	내두좌평, 곡내부, 조부, 지리박사, 산학박사	상대등, 조부, 산학박사, 산사

68. 결수연명부에 관한 설명으로 옳은 것은?

① 소유권의 분계(分界)를 확정하는 대장
② 지반의 고저가 있는 토지를 정리한 장부
③ 강계(彊界) 지역을 조사하여 등록한 장부
④ 지세대장을 겸하여 토지조사 준비를 위해 만든 과세부

해설 결수연명부
1. 조선총독부가 결수연명부규칙(1911년)을 제정하여 지세를 부과하는 토지를 전, 답, 대, 잡종지로 구분하여 작성
2. 부, 군, 면마다 비치하여 지세징수 업무에 활용한 공적 장부
3. 각 재무감독국별로 상이한 형태와 내용으로 작성된 징세대장의 통일된 양식 필요
4. 과세지견취도와 상호 보완적인 관계이며, 이를 기초로 토지신고서가 작성되고 토지대장이 만들어짐
※ 과세를 목적으로 한 징세대장이며, 토지대장의 원시적인 형태

69. 다음 중 지적의 형식주의에 대한 설명으로 옳은 것은?

① 지적공부에 등록할 사항은 국가의 공권력에 의하여 국가만이 이를 결정할 수 있다.
② 지적공부에 등록된 사항을 일반 국민에게 공개하여 정당하게 이용할 수 있도록 하여야 한다.
③ 지적공부에 새로이 등록하거나 변경된 사항은 사실 관계의 부합여부를 심사하여 등록하여야 한다.
④ 국가의 통치권이 미치는 모든 영토를 필지 단위로 구획하여 지적공부에 등록·공시하여야만 배타적인 소유권이 인정된다.

해설 지적형식주의(形式主義)
1. 형식주의라 함은 국가의 통치권이 미치는 모든 영토를 필지 단위로 구획하여 지번, 지목, 경계, 좌표, 면적 등을 정한 다음 국가기관의 장인 시장, 군수, 구청장이 비치하고 있는 공적 장부인 지적공부에 등록·공시해야만이 효력이 인정된다는 이념
2. 모든 토지는 지적공부에 등록·공시해야만이 토지 등기가 가능하게 되어서 토지에 대한 평가, 과세, 거래, 토지이용계획 등의 기존 자료로 활용될 수 있는데 이는 형식주의에 의한 공시효력을 인정하고 있기 때문

70. 1필지에 하나의 지번을 붙이는 이유로서 가장 관계없는 것은?
① 물권객체 표시　　② 제한물권 설정
③ 토지의 개별화　　④ 토지의 독립화

해설 지번의 개념
1. 지번의 의의 : 지번이란 지리적 위치의 고정성과 토지의 특정화, 개별성을 확보하기 위해 리·동의 단위로 필지마다 아라비아숫자로 순차적으로 부여하여 지적공부에 등록한 번호를 말한다.
2. 지번의 특성 : 특정성, 동질성, 종속성, 불가분성, 연속성
3. 지번의 역할 : 장소의 기준, 물권표시의 기준, 공간계획의 기준
4. 지번의 기능
   ① 토지의 고정화　　② 토지의 특정화
   ③ 토지의 개별화　　④ 토지위치의 확인
   ⑤ 토지이용의 편리성　⑥ 토지관계 자료의 연결매체 기능
5. 지번의 표기
   ① 지번은 아라비아숫자로 표기한다.
   ② 임야대장 및 임야도에 표시하는 지번은 숫자 앞에 "산"자를 붙여 표시한다.
   ③ 지번은 본번과 부번으로 구성하되, 본번과 부번 사이에 "-"표시로 연결한다.
※ 제한물권의 설정은 지번과 관계가 멀다.

71. 토지에 대한 일정한 사항을 조사하여 지적공부에 등록하기 위하여 반드시 선행되어야 할 사항은?
① 토지번호의 확정　　② 토지용도의 결정
③ 1필지의 경계설정　　④ 토지소유자의 결정

해설 일필지의 정의
1. 일필지는 "지적공부에 등록하는 토지의 법률적인 단위구역"으로서 "법적인 토지등록단위"
2. 일필지는 폐다각형으로 규정되며 지번, 지목, 경계 및 면적 등의 사항이 정해짐
※ 토지의 조사 및 지적공부 등록을 위해서는 일필지의 확정이 선행되어야 한다.

72. 영국의 토지등록제도에 있어서 경계의 구분이 아닌 것은?
① 고정경계　　② 보증경계　　③ 일반경계　　④ 특별경계

해설 특성에 따른 경계의 분류
1. 일반경계(General Boundary)
   ① 1875년 영국 토지등록제도에서 규정
   ② 토지경계가 도로, 하천, 해안선, 담, 울타리, 도랑 등 자연적 지형지물로 이루어진 경우
   ③ 지가가 저렴한 농촌지역 등에서 토지등록방법으로 이용
2. 고정경계(Fixed Boundary)
   ① 지적측량에 의하여 결정된 경계
   ② 일반경계와 법률적 효력은 유사하나 그 정확도가 높음
   ③ 경계선에 대한 정부 보증이 불인정
3. 보증경계(Guaranteed Boundary) : 정밀지적측량이 시행되고 토지소관청의 사정이 완료되어 확정된 경계

Answer　70. ②　71. ③　72. ④

73. 다음 중 지목의 변천에 관한 설명으로 옳은 것은?

① 2000년의 지목의 수는 28개이었다.
② 토지조사사업 당시 지목의 수는 21개이었다.
③ 최초 지적법이 제정된 후 지목의 수는 24개이었다.
④ 지목 수의 증가는 경제발전에 따른 토지이용의 세분화를 반영하는 것이다.

해설 지목의 변천내용
1. 1910년~1950년 : 토지조사령에 의거하여 전, 답, 대 등 18개 지목으로 구분
2. 1950년~1975년 : (구)지적법에 의거하여 21개 지목으로 구분(지소 → 지소+유지, 잡종 → 잡종지+염전+광천지)
3. 1976년~현재
   ① 28개 지목으로 구분
   ② 10개 지목 신설 : 과수원, 목장용지, 공장용지, 학교용지, 운동장, 유원지, 주차장, 주유소용지, 창고용지, 양어장
   ③ 6개 지목을 3개 지목으로 통합 : 철도용지+철도선로 → 철도용지, 수도용지+수도선로 → 수도용지, 유지+지소 → 유지
   ④ 지목 명칭 변경 : 공원지 → 공원, 사사지 → 종교용지, 성첩 → 사적지, 분묘지 → 묘지
   ⑤ 1991년 운동장을 체육용지로 변경
   ⑥ 2002년 1월 4개 지목 신설 : 주차장, 주유소용지, 창고용지, 양어장

74. 토지조사사업에 의하여 작성된 지적공부는?

① 토지대장, 지적도
② 임야대장, 임야도
③ 토지대장, 수치지적부
④ 임야대장, 수치지적부

해설 토지조사사업에 의해 토지대장과 지적도가 만들어졌고, 임야조사사업에 의해 임야대장과 임야도가 만들어졌다.
토지조사사업과 임야조사사업 비교

구분	토지조사사업	임야조사사업
기간	1910~1918(8년 8개월)	1916~1924(8년)
총경비	2,040여 만 원	380여 만 원
투입인력	7,000여 명	4,600여 명
대장작성	토지대장 109,998책	임야대장 22,202책
도면작성	지적도 812,093매	임야도 116,984매
도면축척	1/600, 1/1200, 1/2400	1/3000, 1/6000
조사측량기관	임시토지조사국장	부(府) 또는 면(面)
사정기관	토지조사국장	도지사
자문기관	지방토지조사위원회	도지사(조정기관)
재결기관	고등토지조사위원회	임야심사위원회
사정	19,107,520필	3,479,915필

Answer 73. ④ 74. ①

75. 다음 중 토지대장의 일반적인 편성 방법이 아닌 것은?

① 인적편성주의 ② 물적편성주의
③ 구역별편성주의 ④ 연대적편성주의

해설 토지대장(토지등록부)의 편성방법
1. 물적편성주의 : 토지 중심으로 대장 작성
2. 인적편성주의 : 소유자 중심으로 대장 작성
3. 연대적편성주의 : 신청순서에 따라 작성
4. 물적인적편성주의 : 물적편성주의에 인적편성주의 가미

76. 지적도의 도곽선이 갖는 역할로서 옳지 않은 것은?

① 면적의 통계 산출에 이용된다.
② 도면 신축량 측정의 기준선이다.
③ 도북 방위선의 표시에 해당한다.
④ 인접 도면과의 접합 기준선이 된다.

해설 도곽선의 역할
1. 지적도와 임야도의 작성 기준선
2. 도곽 내 모든 토지의 위치관계를 명확히 하는 기준선
3. 인접도면과의 접합을 맞추는 기준선
4. 도북방위선의 표시
5. 지적측량기준점의 전개 및 도면 신축량 측정의 기준선
6. 거리 및 면적보정의 기준선
7. 외업에서 측량준비도와 실지의 부합여부 확인 기준선
8. 도면 내에 필지를 등록할 수 있는 한계를 나타내는 선

77. 지적국정주의를 처음 채택한 때는?

① 해방 이후 ② 일제 말엽
③ 토지조사 당시 ④ 5.16 혁명 이후

해설 우리나라는 토지조사사업 당시부터 지적국정주의를 채택하여 조사와 측량을 실시하였다.

78. 우리나라의 등기제도에 관한 내용으로 옳지 않은 것은?

① 법적 권리관계를 공시한다.
② 단독 신청주의를 채택하고 있다.
③ 형식적 심사주의를 기본 이념으로 한다.
④ 공신력을 인정하지 않고 확정력만을 인정하고 있다.

해설 우리나라의 등기제도는 당사자신청주의, 공동신청주의를 채택하고 있다.

Answer 75. ③ 76. ① 77. ③ 78. ②

79. 고려시대 토지장부의 명칭으로 옳지 않은 것은?

① 양안(量案)
② 원적(元籍)
③ 전적(田籍)
④ 양전도장(量田都帳)

해설 시대에 따른 양안의 명칭
1. 고려시대 : 도전장(都田帳), 양전도장(量田都帳), 양전장적(量田帳籍), 도전정(導田丁), 도행(導行), 전적(田積), 적(籍), 전부(田簿), 안(案), 원적(元籍) 등
2. 조선시대 : 양안, 양안등서책(量案謄書冊), 전안(田案), 전답안(田畓案), 성책(成冊), 양명등서차(量名謄書次), 전답결대장, 전답결타량정안, 전답타량책, 전답타량안, 전답결정안, 전답양안, 전답행번, 양전도행장 등

80. 다목적지적제도의 구성요소가 아닌 것은?

① 기본도
② 지적중첩도
③ 측지기본망
④ 주민등록파일

해설 다목적지적(Multipurpose Cadastre)
1. 다목적지적의 개념
   ① 토지이용의 효율화를 위해 토지에 대한 모든 관련 자료를 일필지를 기초로 집적관리하고 공급하는 제도로서 토지 관련정보의 종합적인 기록유지와 공급의 종합토지정보시스템
   ② 토지에 관한 등록자료의 용도가 다양화함에 따라 더 많은 자료를 관리하고 이를 신속하고 정확하게 공급하기 위한 제도
   ③ 토지의 각종 등록 자료의 관리 및 공급으로 토지이용의 효율성을 추구하는 제도
   ④ 종합지적 또는 통합지적이라 함
   ⑤ 토지소유권, 토지이용, 토지평가, 토지자원관리에 관한 의사결정에 필요한 정보를 포함
   ⑥ 등록 자료의 통계, 추정, 검증, 분석이 가능한 프로그램에 의하여 컴퓨터시스템으로 운영할 때 가능한 종합적 토지정보시스템
2. 다목적지적의 구성요소
   ① 측지기본망(Geodetic Reference Network) : 토지 경계와 지형 간에 상관관계를 맺어주고 지적도의 경계선을 현지 복원하도록 정확도를 유지하는 기초점의 연결망
   ② 기본도(Base Map) : 측지기본망을 기초로 작성된 지형도
   ③ 지적중첩도(Cadastral Overlay) : 측지기본망 및 기본도와 연계 활용하고 토지경계를 식별할 수 있도록 지적도와 시설물, 토지이용, 지역지구도 등을 결합한 상태의 도면
   ④ 필지식별번호(Unique Parcel Identification Number) : 각 필지별 등록사항의 저장, 수정 등을 용이하게 처리할 수 있는 가변성 없는 고유번호를 말하며 대표적인 것이 지번
   ⑤ 토지자료파일(Land Data File) : 정보의 검색 및 다른 자료철에 보관된 정보를 연결시킬 수 있는 필지식별번호가 포함된 일련의 공부 또는 자료철

05 지적관계법규

81. 용도지역 안에서 건폐율의 최대한도를 20% 이하로 규정하고 있는 지역에 해당되지 않는 것은?

① 녹지지역 ② 보전관리지역 ③ 계획관리지역 ④ 자연환경보전지역

해설 용도지역 안에서의 건폐율 제한

20% 이하	보전녹지지역, 생산녹지지역, 자연녹지지역, 보전관리지역, 생산관리지역, 농림지역, 자연환경보전지역
40% 이하	계획관리지역
50% 이하	제1종 전용주거지역, 제2종 전용주거지역, 제3종 일반주거지역
60% 이하	제1종 일반주거지역, 제2종 일반주거지역
70% 이하	준주거지역, 근린상업지역, 전용공업지역, 일반공업지역, 준공업지역
80% 이하	일반상업지역, 유통상업지역
90% 이하	중심상업지역

82. 합병 조건이 갖추어진 4필지(99-1, 100-10, 111, 125)를 합병할 경우 새로이 설정하여야 하는 지번은?(단, 합병 전의 필지에 건축물이 없는 경우이다)

① 99-1 ② 100-10 ③ 111 ④ 125

해설 합병에 따른 지번부여
① 합병 전 지번 중 순서가 빠른 지번으로 부여
② 합병 전 지번이 본번과 부번이 혼재할 경우 본번 중 선순위 지번으로 부여
③ 토지소유자가 합병 전의 필지에 주거·사무실 등의 건축물이 있어서 그 건축물이 위치한 지번을 합병 후의 지번으로 신청할 때에는 그 지번을 합병 후의 지번으로 부여

83. 지적공부에 등록하는 지목의 설정기준으로 옳은 것은?

① 토지의 공시지가 ② 토지의 주된 용도
③ 토지의 지형 지세 ④ 토지의 토성 분포

해설 지목의 개념
① 지목(Land Category)은 토지의 주된 사용목적 또는 용도에 따라 토지의 종류를 구분하여 표시하는 명칭
② 토지의 소재·지번·경계 또는 좌표 및 면적 등과 함께 필지구성의 중요 요소
③ 지목변경이란 지적공부에 등록된 지목을 국토의 이용 및 계획에 관한 법률, 건축법 등 관계법령에 의한 각종 인허가 및 준공 등에 의하여 토지의 주된 사용목적 및 용도가 변경됨에 따라 다른 지목으로 바꾸어 등록하는 것을 말함

Answer 81. ③ 82. ③ 83. ②

84. 축척변경 시행지역의 토지는 언제 토지의 이동이 있는 것으로 보는가?
① 축척변경 승인신청일
② 축척변경 시행공고일
③ 축척변경 확정공고일
④ 축척변경 청산금 교부일

해설 축척변경 시행지역의 토지는 확정공고일에 토지의 이동이 있는 것으로 본다.

85. 부동산등기법상 등기관이 토지등기기록의 표제부에 기록하여야 할 사항이 아닌 것은?
① 면적
② 지목
③ 좌표
④ 등기원인

해설 등기관이 토지등기기록의 표제부에 기록하여야 할 사항
1. 표시번호
2. 접수연월일
3. 소재와 지번
4. 지목
5. 면적
6. 등기원인

86. 부동산등기법상 등기할 수 있는 권리가 아닌 것은?
① 유치권
② 임차권
③ 저당권
④ 권리질권

해설 등기할 수 있는 권리
1. 소유권
2. 지상권
3. 지역권
4. 전세권
5. 저당권
6. 권리질권
7. 채권담보권
8. 임차권

87. 공간정보의 구축 및 관리 등에 관한 법률상 토지의 이동으로 볼 수 없는 것은?
① 지적도에 등록된 경계변경
② 지적공부에 등록된 지목변경
③ 토지대장에 등록된 소유권변경
④ 경계점좌표등록부에 등록된 좌표변경

해설 "토지의 이동"이란 토지의 표시를 새로 정하거나 변경 또는 말소하는 것으로 토지대장에 등록된 소유권변경은 토지소유자의 변경에 관한 사항으로 등기관서에서 등기한 것을 증명하는 등기필증, 등기완료통지서, 등기사항증명서 또는 등기관서에서 제공한 등기전산정보자료에 따라 정리한다.

88. 공간정보의 구축 및 관리 등에 관한 법률상 축척변경에 관한 설명으로 옳지 않은 것은?

① 지적소관청이 축척변경의 확정공고를 하였을 때에는 지체 없이 축척변경에 따라 확정된 사항을 지적공부에 등록하여야 한다.
② 청산금의 납부 및 지급이 완료되었을 때에는 지적소관청은 7일 이내에 축척변경의 확정공고를 하여야 한다.
③ 축척변경의 확정공고에 따라 해당 사항을 지적공부에 등록하는 때에 지적도는 확정측량 결과도 또는 경계점좌표에 따른다.
④ 축척변경위원회는 5명 이상 10명 이하의 위원으로 구성하되, 위원의 2분의 1 이상을 토지소유자로 하여야 한다.

해설 축척변경 확정공고
① 청산금의 납부 및 지급이 완료되었을 때에는 지적소관청은 지체 없이 다음의 사항을 포함하여 축척변경의 확정공고를 하여야 한다.
- 토지의 소재 및 지역명
- 축척변경 지번별 조서
- 청산금 조서
- 지적도의 축척
② 지적소관청은 확정공고를 하였을 때에는 지체 없이 축척변경에 따라 확정된 사항을 다음의 기준에 따라 지적공부에 등록하여야 한다.
- 토지대장은 확정공고된 축척변경 지번별 조서에 따를 것
- 지적도는 확정측량 결과도 또는 경계점좌표에 따를 것
③ 축척변경 시행지역의 토지는 확정공고일에 토지의 이동이 있는 것으로 본다.

89. 국토의 계획 및 이용에 관한 법률의 정의에 따른 도시·군관리계획에 포함되지 않는 것은?

① 기반시설의 설치·정비 또는 개량에 관한 계획
② 광역계획권의 기본구조와 발전방향에 관한 계획
③ 지구단위계획구역의 지정 또는 변경에 관한 계획
④ 용도지역·용도지구의 지정 또는 변경에 관한 계획

해설 도시·군관리계획
1. 정의
특별시·광역시·특별자치시·특별자치도·시 또는 군의 개발·정비 및 보전을 위하여 수립하는 토지 이용, 교통, 환경, 경관, 안전, 산업, 정보통신, 보건, 복지, 안보, 문화 등에 관한 계획을 말함
2. 도시·군관리계획의 내용
① 용도지역·용도지구의 지정 또는 변경에 관한 계획
② 개발제한구역, 도시자연공원구역, 시가화조정구역, 수산자원보호구역의 지정 또는 변경에 관한 계획
③ 기반시설의 설치·정비 또는 개량에 관한 계획
④ 도시개발사업이나 정비사업에 관한 계획
⑤ 지구단위계획구역의 지정 또는 변경에 관한 계획과 지구단위계획
⑥ 입지규제최소구역의 지정 또는 변경에 관한 계획과 입지규제최소구역계획
※ 광역도시계획 : 광역계획권의 장기발전방향을 제시하는 계획

Answer 88. ② 89. ②

90. 지적소관청이 등록사항을 정정할 때 그 정정사항이 토지소유자에 관한 사항인 경우 정정을 위한 관련 서류가 아닌 것은?

① 등기필증
② 등기완료통지서
③ 등기사항증명서
④ 인접 토지소유자의 승낙서

해설 1. 등록사항의 정정이 토지소유자에 관한 사항인 경우 신청서류
① 등기필증, 등기완료통지서, 등기사항증명서 또는 등기관서에서 제공한 등기전산정보자료
② 미등기 토지에 대하여 토지소유자의 성명 또는 명칭, 주민등록번호, 주소 등에 관한 사항의 정정을 신청한 경우는 가족관계 기록사항에 관한 증명서
2. 등록사항의 정정으로 인접 토지의 경계가 변경되는 경우 신청서류
① 인접 토지소유자의 승낙서
② 인접토지소유자가 승낙하지 아니하는 경우에는 이에 대항할 수 있는 확정판결서 정본

91. 직경 2밀리미터 및 3밀리미터의 2중원 안에 십자선을 표시하여 제도하는 측량기준점은?

① 위성기준점
② 지적도근점
③ 지적삼각점
④ 지적삼각보조점

해설 측량기준점 제도 방법
1. 위성기준점은 직경 2밀리미터 및 3밀리미터의 2중원 안에 십자선을 표시하여 제도
2. 1등 및 2등삼각점은 직경 1밀리미터, 2밀리미터 및 3밀리미터의 3중원으로 제도하며, 이 경우 1등삼각점은 그 중심원 내부를 검은색으로 얇게 채색
3. 3등 및 4등삼각점은 직경 1밀리미터 및 2밀리미터의 2중원으로 제도하며, 이 경우 3등삼각점은 그 중심원 내부를 검은색으로 얇게 채색
4. 지적삼각점 및 지적삼각보조점은 직경 3밀리미터의 원으로 제도한다. 이 경우 지적삼각점은 원 안에 십자선을 표시하고, 지적삼각보조점은 원 안에 검은색으로 얇게 채색
5. 지적도근점은 직경 2밀리미터의 원으로 제도

위성기준점	1등삼각점	2등삼각점	지적삼각점	지적삼각보조점	지적도근점
3mm/2mm	3mm/2mm/1mm	3mm/2mm/1mm	3mm	3mm	2mm
⊕	◉	◉	⊕	●	○

92. 공간정보의 구축 및 관리 등에 관한 법률에서 규정하고 있는 사항 중 옳지 않은 것은?

① 지적도에는 소유자의 주소, 지번, 지목, 경계 등을 등록하여야 한다.
② 국토의 효율적인 관리와 해상교통의 안전 및 국민의 소유권 보호에 기여함을 목적으로 한다.
③ 시·도지사나 지적소관청은 지적기준점성과와 그 측량기록을 보관하고 일반인이 열람할 수 있도록 하여야 한다.
④ 토지소유자는 지목변경을 할 토지가 있으면 그 사유가 발생한 날부터 60일 이내에 지적소관청에 지목변경을 신청하여야 한다.

해설 1. 지적(임야)도의 등록사항
① 토지의 소재
② 지번
③ 지목
④ 경계
⑤ 지적도면의 색인도
⑥ 지적도면의 제명 및 축척
⑦ 도곽선과 그 수치
⑧ 좌표에 의하여 계산된 경계점 간의 거리(경계점좌표등록부를 갖춰 두는 지역으로 한정)
⑨ 삼각점 및 지적기준점의 위치
⑩ 건축물 및 구조물 등의 위치
2. 토지(임야)대장의 등록사항
① 토지의 소재
② 지번
③ 지목
④ 면적
⑤ 소유자의 성명 또는 명칭, 주소 및 주민등록번호
⑥ 토지의 고유번호
⑦ 지적도 또는 임야도의 번호와 필지별 토지대장 또는 임야대장의 장번호 및 축척
⑧ 토지의 이동사유
⑨ 토지소유자가 변경된 날과 그 원인
⑩ 토지등급 또는 기준수확량등급과 그 설정·수정 연월일
⑪ 개별공시지가와 그 기준일

93. 지적업무처리규정상 일람도 및 지번색인표의 등재사항 중 일람도에 등재하여야 하는 사항으로 옳지 않은 것은?
① 도곽선과 그 수치
② 도면의 제명 및 축척
③ 지번·도면번호 및 결번
④ 지번부여지역의 경계 및 인접지역의 행정구역명칭

해설 1. 일람도 등록사항
① 지번부여지역의 경계 및 인접지역의 행정구역명칭
② 도면의 제명 및 축척
③ 도곽선과 그 수치
④ 도면번호
⑤ 도로·철도·하천·구거·유지·취락 등 주요 지형·지물의 표시
2. 지번색인표 등록사항
① 제명
② 지번·도면번호 및 결번

Answer 93. ③

94. 공간정보의 구축 및 관리 등에 관한 법령상 지적소관청이 직권으로 지적공부에 등록된 사항을 정정할 수 없는 경우는?

① 지적측량성과와 다르게 정리된 경우
② 지적공부의 등록사항이 잘못 입력된 경우
③ 토지이동정리 결의서의 내용과 다르게 정리된 경우
④ 지적도에 등록된 필지가 면적증감이 있고 경계의 위치가 잘못된 경우

해설 등록사항의 직권정정
1. 대상
  ① 토지이동정리 결의서의 내용과 다르게 정리된 경우
  ② 지적도 및 임야도에 등록된 필지가 면적의 증감 없이 경계의 위치만 잘못된 경우
  ③ 필지가 각각 다른 지적도나 임야도에 등록되어 있는 경우로서 지적공부에 등록된 면적과 측량한 실제면적은 일치하지만 지적도나 임야도에 등록된 경계가 서로 접합되지 않아 지적도나 임야도에 등록된 경계를 지상의 경계에 맞추어 정정하여야 하는 토지가 발견된 경우
  ④ 지적공부의 작성 또는 재작성 당시 잘못 정리된 경우
  ⑤ 지적측량성과와 다르게 정리된 경우
  ⑥ 지적측량의 적부심사에 따라 지적공부의 등록사항을 정정하여야 하는 경우
  ⑦ 지적공부의 등록사항이 잘못 입력된 경우
  ⑧ 「부동산등기법」 제37조 제2항에 따른 통지가 있는 경우(지적소관청의 착오로 잘못 합병한 경우만 해당)
  ⑨ 면적 환산이 잘못된 경우
2. 등록사항의 정정 신청(인접 토지의 경계가 변경되는 경우)
  ① 인접 토지소유자의 승낙서
  ② 인접 토지소유자가 승낙하지 아니하는 경우에는 이에 대항할 수 있는 확정판결서 정본
  ※ 토지소유자가 등록사항정정 신청 시 제출서류
    • 경계 또는 면적의 변경을 가져오는 경우 : 등록사항정정 측량성과도
    • 그 밖에 등록사항을 정정하는 경우 : 변경사항을 확인할 수 있는 서류
3. 지적측량의 정지
  지적공부의 등록사항 중 경계나 면적 등 측량을 수반하는 토지의 표시가 잘못된 경우에는 지적소관청은 그 정정이 완료될 때까지 지적측량을 정지시킬 수 있다.

95. 지번부여지역의 일부가 행정구역의 개편으로 다른 지번부여지역에 속하게 될 때 지번정리 방법은?

① 토지소재만 변경 정리한다.
② 종전 지번에 부호를 붙여 정한다.
③ 지적소관청이 새로 그 지번을 부여하여야 한다.
④ 변경된 지번부여지역의 최종본번에 부번을 붙여 정리한다.

해설 지번의 부여방법
  ① 지번은 지적소관청이 지번부여지역별로 차례대로 부여
  ② 지적소관청은 지적공부에 등록된 지번을 변경할 필요가 있다고 인정되면 시·도지사나 대도시 시장의 승인을 받아 지번부역지역의 전부 또는 일부에 대하여 지번을 새로 부여

96. 토지등록에 있어서 등록의 주체와 객체가 가장 올바르게 짝지어진 것은?

① 권리 – 필지
② 소유자 – 토지
③ 지적소관청 – 토지
④ 행정안전부장관 – 필지

해설 토지의 조사·등록
① 국토교통부장관은 모든 토지에 대하여 필지별로 소재·지번·지목·면적·경계 또는 좌표 등을 조사·측량하여 지적공부에 등록하여야 한다.
② 지적공부에 등록하는 지번·지목·면적·경계 또는 좌표는 토지의 이동이 있을 때 토지소유자의 신청을 받아 지적소관청이 결정한다. 다만, 신청이 없으면 지적소관청이 직권으로 조사·측량하여 결정할 수 있다.

97. 부동산등기법의 규정에 의해 등기할 수 없는 권리는?

① 소유권 및 저당권
② 지상권 및 임차권
③ 지역권 및 전세권
④ 점유권 및 유치권

해설 1. 부동산등기법상 등기대상인 권리
① 소유권
② 지상권(구분 지상권 포함), 지역권, 전세권, 저당권
③ 임차권, 환매권
④ 부동산물권변동 및 임차권, 환매권을 목적으로 하는 채권적 청구권(가등기 가능)
2. 등기대상이 아닌 권리
① 점유권
② 유치권
③ 동산질권

98. 공간정보의 구축 및 관리 등에 관한 법률상 지적측량의 적부심사에 관한 내용으로 옳은 것은?

① 지적측량업자가 중앙지적위원회에 지적측량 적부심사를 청구하여, 지적소관청이 이를 심의·의결한다.
② 지적소관청이 지방지적위원회에 지적측량 적부심사를 청구하여, 관할 시·도지사가 이를 심의·의결한다.
③ 지적소관청이 중앙지적위원회에 지적측량 적부심사를 청구하여, 국토교통부장관이 이를 심의·의결한다.
④ 토지소유자가 관할 시·도지사를 거쳐 지방지적위원회에 지적측량 적부심사를 청구하고, 지방지적위원회가 이를 심의·의결한다.

해설 지적측량 적부심사 처리절차
① 청구인이 관할 시·도지사에게 심사청구서에 아래 서류를 첨부하여 지적측량 적부심사를 청구
  • 토지소유자 및 이해관계인 : 지적측량을 의뢰하여 발급받은 지적측량 성과
  • 지적측량수행자 : 직접 실시한 지적측량성과
② 시·도지사는 30일 이내에 다음 내용을 조사하여 지방지적위원회에 회부
  • 다툼이 되는 지적측량의 경위 및 그 성과
  • 해당 토지에 대한 토지이동 및 소유권 변동 연혁

Answer 96. ③ 97. ④ 98. ④

• 해당 토지 주변의 측량기준점, 경계, 주요 구조물 등 현황 실측도
③ 지방지적위원회는 60일 이내에 심의·의결(부득이한 경우 30일 이내에서 한 번만 연장 가능)하고, 의결서를 시·도지사에게 송부
④ 시·도지사는 7일 이내에 지적측량 적부심사 청구인 및 이해관계인에게 그 의결서를 통지
⑤ 의결서를 받은 자가 지방지적위원회의 의결에 불복하는 경우에는 90일 이내에 국토교통부장관에게 재심사 청구
⑥ 시·도지사는 의결서를 받은 자가 재심사를 청구하지 아니하면 그 의결서 사본을 지적소관청에 송부
⑦ 지방지적위원회 의결서 사본을 받은 지적소관청은 그 내용에 따라 지적공부의 등록사항을 정정하거나 측량성과를 수정
⑧ 지방지적위원회의 의결 후 90일 이내에 재심사를 청구하지 않는 경우에는 해당 지적측량성과에 대하여 다시 지적측량 적부심사청구를 할 수 없음

99. 공간정보의 구축 및 관리 등에 관한 법규상 지적전산자료의 이용 또는 활용 신청 시 자료를 인쇄물로 제공할 때 수수료로 옳은 것은?

① 1필지당 10원   ② 1필지당 20원   ③ 1필지당 30원   ④ 1필지당 40원

해설 지적전산자료의 수수료

지적전산자료 제공방법	수수료
인쇄물로 제공하는 때	1필지당 30원
자기디스크 등 전산매체로 제공하는 때	1필지당 20원

100. 지적서고의 기준면적이 잘못된 것은?

① 10만 필지 이하 : 90m^2
② 10만 필지 초과 20만 필지 이하 : 110m^2
③ 20만 필지 초과 30만 필지 이하 : 130m^2
④ 30만 필지 초과 40만 필지 이하 : 150m^2

해설 지적서고의 기준면적

지적공부 등록 필지 수	지적서고의 기준면적
10만 필지 이하	80m^2
10만 필지 초과 20만 필지 이하	110m^2
20만 필지 초과 30만 필지 이하	130m^2
30만 필지 초과 40만 필지 이하	150m^2
40만 필지 초과 50만 필지 이하	165m^2
50만 필지 초과	180m^{2}에 60만 필지를 초과하는 10만 필지마다 10m^{2}를 가산한 면적

Engineer Cadastral Surveying

2019년 제3회 지적기사

01 지적측량

01. 지적삼각점측량 · 방법의 기준으로 옳지 않은 것은?

① 미리 지적삼각점표지를 설치하여야 한다.
② 지적삼각점표지의 점간거리는 평균 2km 이상 5km 이하로 한다.
③ 삼각형의 각 내각은 30° 이상 120° 이하로 한다. 단 망평균계산법과 삼변측량에 따르는 경우에는 그러하지 아니한다.
④ 지적삼각점의 명칭은 측량지역이 소재하고 있는 시·군의 명칭 중 한 글자를 선택하고 시·군 단위로 일련번호를 붙여서 정한다.

해설 지적측량 시행규칙 제8조(지적삼각점측량)
지적삼각점의 명칭은 측량지역이 소재하고 있는 특별시·광역시·도 또는 특별자치도(이하 "시·도"라 한다)의 명칭 중 두 글자를 선택하고 시·도 단위로 일련번호를 붙여서 정한다.

02. 축척 500분의 1 도곽선에 신축량이 1.8mm 줄었을 경우 면적보정계수는?

① 0.9895 ② 1.0106 ③ 1.0213 ④ 1.1140

해설 면적보정계수 $Z = \dfrac{X \cdot Y}{\Delta X \cdot \Delta Y}$

여기서, Z : 보정계수, X : 도곽선종선길이, Y : 도곽선 횡선길이
ΔX : 신축된 도곽선종선길이의 합/2, ΔY : 신축된 도곽선횡선길이의 합/2

도곽 신축량 -6mm를 미터단위 거리로 환산하면
-0.0018m$\times 500 = -0.9$m
$\Delta X = 150 - 0.9 = 149.1$ $\Delta Y = 200 - 0.9 = 199.1$

면적보정계수를 계산하면
$Z = \dfrac{150 \times 200}{149.1 \times 199.1} = 1.0106$

Answer 1. ④ 2. ②

03. A점과 B점의 종선좌표값은 같고 B점의 횡선좌표가 A점보다 큰 값을 가지고 있다. 교회점 계산 시 내각을 이용하여 방위각을 계산하는 경우, P점의 위치가 A점에서 3상한에 존재할 때 V_a를 구하는 식은?

① $V_a^b + \alpha$ ② $V_a^b - \alpha$ ③ $\beta + V_a^b$ ④ $\alpha - V_a^b$

해설 P점이 A점에서 3상한에 존재하므로 $V_a^b + \alpha$

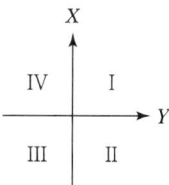

04. 경위의측량방법으로 세부측량을 할 때 연직각에 대한 관측방법으로 옳은 것은?

① 정반으로 1회 관측하여 그 교차가 1분 이내이면 평균치로 한다.
② 정반으로 2회 관측하여 그 교차가 1분 이내이면 평균치로 한다.
③ 정반으로 1회 관측하여 그 교차가 5분 이내이면 평균치로 한다.
④ 정반으로 2회 관측하여 그 교차가 5분 이내이면 평균치로 한다.

해설 지적측량 시행규칙 제18조(세부측량의 기준 및 방법 등)
연직각의 관측은 정반으로 1회 관측하여 그 교차가 5분 이내일 때에는 그 평균치를 연직각으로 하되, 분단위로 독정(讀定)

05. 30m의 천줄자를 사용하여 A, B 두 점 간의 거리를 측정하였더니 1.6km였다. 이 천줄자를 표준길이와 비교 검정한 결과 30m에 대하여 20mm가 짧았다면 올바른 거리는?

① 1,596m   ② 1,597m   ③ 1,599m   ④ 1,601m

해설 $D_0 = D\left(1 + \dfrac{c}{L}\right) = 1,600\left(1 - \dfrac{0.02}{30}\right) = 1,598.9\text{m}$ ∴ 1,599m

여기서, D : 측정거리, c : 줄자 오차, L : 실제 줄자길이

06. 배각법에 의한 지적도근점의 각도관측 시 측각오차의 배분 방법으로 옳은 것은?

① 반수에 비례하여 각 측선의 관측각에 배분한다.
② 반수에 반비례하여 각 측선의 관측각에 배분한다.
③ 변의 수에 비례하여 각 측선의 관측각에 배분한다.
④ 변의 수에 반비례하여 각 측선의 관측각에 배분한다.

해설 지적측량 시행규칙 제14조(지적도근점의 각도관측을 할 때의 폐색오차의 허용범위 및 측각오차의 배분)
• 배각법에 따르는 경우 : 측선장(測線長)에 반비례하여 각 측선의 관측각에 배분
• 방위각법에 따르는 경우 : 변의 수에 비례하여 각 측선의 방위각에 배분

07. 참값을 구하기 어려우므로 여러 번 관측하여 얻은 관측값으로부터 최확값을 얻기 위한 조정방법이 아닌 것은?

① 간이법 ② 미정계수법 ③ 최소조정법 ④ 라플라스 변수법

해설 여러 번 관측하여 구한 관측값으로부터 최확값을 얻기 위한 조정 방법으로는 간이법, 미정계수법, 최소조정법이 있다.

08. 1910년대 토지조사사업 당시 채택한 준거타원체의 편평률은?

① 1/293.47 ② 1/297.00 ③ 1/298.26 ④ 1/299.15

해설 회전타원체는 수학적으로 정의되는 타원체로서 기복이 없으며 좁은 지역을 대상으로 할 경우에는 구체로 간주될 수 있다. 편평률은 장반경과 단반경으로 결정하게 되는데, 우리나라는 독일인 베셀이 발표한 값을 사용하고 있다.

명칭	발표년도	장반경(km)	단반경(km)	편평률	사용국
Bessel	1841	6,377.397	6,356.079	1/299.15	한국, 일본, 동남아, 소련, 독일

$$편평률 = \frac{a-b}{a} = \frac{6,377.397 - 6,356.079}{6,377.397} = \frac{1}{299.15}$$

09. 평판측량을 위해 평판을 세울 때의 오차 중 결과에 가장 큰 영향을 주는 것은?

① 평판이 수평으로 되지 않을 때
② 평판의 구심이 올바르지 않을 때
③ 평판의 표정이 올바르지 않을 때
④ 앨리데이드의 조정이 불충분할 때

해설 평판의 표정이 올바르지 않을 때 모든 측량 결과에 누적되어 영향을 미친다.

10. 아래 그림의 망형으로 소구점을 구할 때 필요한 최소 조건식(규약)은?

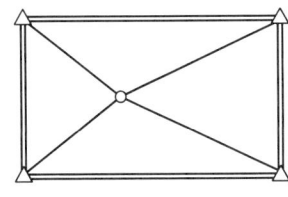

① 4개 ② 7개 ③ 9개 ④ 11개

해설
- 각 조건식 수=기지점 수+삼각형 수−1=4+4−1=7개
- 변 조건식 수=기선의 수+소구점 수−3=4+1−3=2개
- ∴ 9개

11. 평판측량방법에 따른 세부측량에서 지상경계선과 도상경계선의 부합여부를 확인하는 방법으로 옳지 않은 것은?

① 현형법 ② 거리비교교회법 ③ 도상원호교회법 ④ 지상원호교회법

해설 지적측량 시행규칙 제18조(세부측량의 기준 및 방법 등)
평판측량방법에 따른 세부측량에서 경계점은 기지점을 기준으로 하여 지상경계선과 도상경계선의 부합 여부를 현형법(現形法)·도상원호(圖上圓弧)교회법·지상원호(地上圓弧)교회법 또는 거리비교확인법 등으로 확인하여 정한다.

12. 경위의측량방법과 교회법에 따른 지적삼각보조점의 관측 및 계산 기준으로 옳지 않은 것은?
① 변의 길이를 계산하는 단위는 cm이다.
② 수평각 관측은 2대회의 방향관측법에 따른다.
③ 관측은 20초독 이상의 경위의를 사용하여야 한다.
④ 수평각의 측각공차는 기지각과의 차가 ±40초 이내여야 한다.

해설 지적측량 시행규칙 제11조(지적삼각보조점의 관측 및 계산)
수평각의 측각공차는 기지각과의 차가 ±50초 이내

13. 관측 시의 장력 $P=20$kg일 때, 관측 길이 $L=49.0055$m인 기선의 인장에 대한 보정량은?(단, 단면적 $A=0.03342$cm², 표준장력 $P_0=5$kg, 탄성계수 $E=200$kg/m²)
① $+0.011$m ② -0.011m ③ $+0.022$m ④ -0.022m

해설 $C_P = \dfrac{L}{A \times E}(P - P_0)$
단위는 cm로 통일하면
$C_P = \dfrac{4,900.55}{0.03342 \times 2,000,000} \times (20-5) = 1.0998$cm
∴ 0.011m

14. 지상 경계의 구획을 형성하는 구조물 등의 소유자가 다른 경우 지상 경계를 결정하는 기준으로 옳은 것은?
① 그 소유권에 따라 지상 경계를 결정한다.
② 도상 경계에 따라 지상 경계를 결정한다.
③ 면적이 넓은 쪽을 따라 지상 경계를 결정한다.
④ 그 구조물 등의 중앙을 따라 지상 경계를 결정한다.

해설 소유자가 다른 필지의 지상 경계는 그 소유권에 따라 지상 경계를 결정한다.

15. 방향관측법으로 수평각을 3대회 관측할 때 각 방향각은 몇 회를 측정하게 되는가?
① 2회 ② 3회 ③ 4회 ④ 6회

해설 1대회의 방향관측은 정·반위 각각 2회씩 관측하므로 3대회 관측은 6회 관측

16. 축척 600분의 1 지역에서 지적도근점측량을 실시하여 측정한 수평거리의 총합계가 1,600m이었을 때 연결오차는?(단, 1등도선인 경우이다.)

① 2.4m 이하　② 0.24m 이하　③ 2.7m 이하　④ 0.27m 이하

해설 지적측량 시행규칙 제15조(지적도근점측량에서의 연결오차의 허용범위와 종선 및 횡선오차의 배분)

지적도근점측량에서 연결오차의 허용범위 중 1등도선은 해당 지역 축척분모의 $\frac{1}{100}\sqrt{n}$ 센티미터 이하로 하며 이 경우 n은 각 측선의 수평거리의 총합계를 100으로 나눈 수와 같다.

축척분모 × $\frac{1}{100}\sqrt{n}$ = 600 × $\frac{1}{100}\sqrt{16}$ = 24　∴ 24cm 이하

17. 우리나라 토지조사사업 당시 기선측량을 실시한 지역 수는?

① 7개소　② 10개소　③ 13개소　④ 19개소

해설 대전, 노량진, 안동, 하동, 의주, 평양, 영산포, 간성, 함흥, 길주, 강계, 혜산진, 고건원(13개 지역)

18. 경위의측량방법에 따른 세부측량을 하여 측량대상 토지의 경계점 간 실측거리가 50m이었을 때 경계점의 좌표에 따라 계산한 거리와의 교차는 얼마 이내이어야 하는가?

① 5cm 이내　② 8cm 이내　③ 10cm 이내　④ 12cm 이내

해설 지적측량 시행규칙 제26조(세부측량성과의 작성)

경위의측량방법으로 세부측량을 하였을 때 측량대상 토지의 경계점 간 실측거리와 경계점의 좌표에 따라 계산한 거리의 교차는 $3+\frac{L}{10}$ 센티미터 이내여야 한다. 이 경우 L은 실측거리로서 미터단위로 표시한 수치를 말한다.

$3+\frac{L}{10} = 3+\frac{50}{10} = 8$　∴ 8cm

19. 평판측량방법에 따른 세부측량 시 임야도를 갖춰 두는 지역의 거리측정단위로 옳은 것은?

① 5cm　② 20cm　③ 40cm　④ 50cm

해설 지적측량 시행규칙 제18조(세부측량의 기준 및 방법 등)

거리측정단위는 지적도를 갖춰 두는 지역에서는 5센티미터로 하고, 임야도를 갖춰 두는 지역에서는 50센티미터로 한다.

20. 지적도근점측량에서 변장의 거리가 200m인 측점에서 2cm 편위한 경우 측각오차는?

① 21″　② 31″　③ 36″　④ 42″

해설 $\Delta\alpha = \sin^{-1}\frac{2}{20,000} = 20.6″$　∴ 21″

Answer　16. ②　17. ③　18. ②　19. ④　20. ①

02 응용측량

21. 촬영기준면으로부터 비행고도 4,350m에서 촬영한 연직사진의 크기가 23cm×23cm이고 이 사진의 촬영면적이 48km²라면 카메라의 초점거리는?

① 14.4cm
② 17.0cm
③ 21.0cm
④ 47.9cm

해설 촬영면적이 48km², 사진의 크기가 23×23이므로 $\sqrt{48\text{km}^2} ≒ 6.928\text{km}$
먼저 축척을 구하면 $0.23 \times m = 6,928$ ∴ $m = 30,121$
$f = \dfrac{H}{m} = \dfrac{4,350}{30,121} = 0.1444\text{m} = 14.4\text{cm}$

22. 경사 터널 내 고저차를 구하기 위해 그림과 같이 고저각 α, 경사거리 L을 측정하여 다음과 같은 결과를 얻었다. A, B 간의 고저차는?(단, I.H=1.15m, H.P=1.56m, L=31.00m, $\alpha = +30°$)

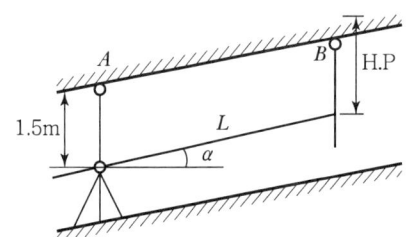

① 15.09m
② 15.91m
③ 18.31m
④ 18.21m

해설 $H = L\sin\alpha + \text{H.P} - \text{I.H} = 31\sin30° + 1.56 - 1.15 = 15.91\text{m}$

23. 터널을 만들기 위하여 A, B 두 점의 좌표를 측정한 결과 A점은 N(X)A=1,000.00m, E(Y)A=250.00m, B점은 N(X)B=1,500.00m, E(Y)B=50.00m이었다면 AB의 방위각은?

① 21°48′05″
② 158°11′55″
③ 201°48′05″
④ 338°11′55″

해설 $X_B - X_A = 500\text{m}$
$Y_B - Y_A = -200\text{m}$
AB 방위각은 $\tan^{-1} = \dfrac{200}{500} = 21°48′05.07″$이며, X : (+), Y : (−)로 3사분면에 있으므로
∴ $360° - 21°48′05.07″ = 338°11′54.93″$

24. 수준측량에서 각 점들이 중력방향에 직각으로 이루어진 곡면을 뜻하는 용어는?

① 지평면(Horizontal Plane) ② 수준면(Level Surface)
③ 연직면(Plumb Plane) ④ 특별기준면(Special Datum Plane)

해설 수준면은 어떤 한 면 위의 임의점에서 수선을 내려 그 방향이 지구의 중력 방향을 향하는 곡면을 말한다.

25. 네트워크 RTK GNSS 측량의 특징이 아닌 것은?

① 실내·외 어디에서도 측량이 가능하다.
② 1대의 GNSS 수신기만으로도 측량이 가능하다.
③ GNSS 상시관측소를 기준국으로 사용한다.
④ 관측자가 1명이어도 관측이 가능하다.

해설 GNSS 측량은 위성으로부터 신호를 받아야 하므로 실외에서만 가능하다.

26. 수준측량에서 전시와 후시의 거리를 같게 함으로써 소거할 수 있는 주요 오차는?

① 망원경의 시준선이 기포관축에 평행하지 않아 생기는 오차
② 시준하는 순간 기포가 중앙에 있지 않아 생기는 오차
③ 전시와 후시의 야장기입을 잘못하여 생기는 오차
④ 표척이 표준길이와 달라서 생기는 오차

해설 수준측량에서 전·후시 거리를 같게 함으로써 제거되는 오차
① 레벨의 조정이 불완전하여 시준선이 기포관축과 평행하지 않아 생기는 오차를 제거한다.
② 지구의 곡률오차와 빛의 굴절오차를 제거한다.
③ 초점나사를 움직일 필요가 없으므로 그로 인해 생기는 오차를 제거한다.

27. GNSS의 구성체계에 포함되지 않는 부문은?

① 우주부문 ② 사용자부문
③ 제어부문 ④ 탐사부문

해설 GNSS 구성요소는 우주부문, 제어부문, 사용자부문으로 구분된다.

28. 상향기울기 7.5/1,000와 하향기울기 45/1,000인 두 직선에 반지름 2,500m인 원곡선을 종단곡선으로 설치할 때, 곡선시점에서 25m 떨어져 있는 지점의 종거 y값은 약 얼마인가?

① 0.1m ② 0.3m
③ 0.4m ④ 0.5m

해설 $l = \dfrac{R}{2}\left(\dfrac{m}{1,000} - \dfrac{n}{1,000}\right) = \dfrac{2,500}{2}\left(\dfrac{7.5}{1,000} - \dfrac{-45}{1,000}\right) = 65.6\text{m}$

여기서 m과 n은 상향기울기 : "+", 하향기울기 : "−"임

종거 $y = \dfrac{d}{2L}x^2 = \dfrac{d}{2(2l)}x^2 = \dfrac{0.0656}{2(2 \times 65.6)}20^2 = 0.1\text{m}$

또는 $y = \dfrac{x^2}{2R} = \dfrac{20^2}{2 \times 2,500} = 0.08\text{m} ≒ 0.1\text{m}$

29. 지형도의 이용과 가장 거리가 먼 것은?

① 연직단면의 작성
② 저수용량, 토공량의 산정
③ 면적의 도상 측정
④ 지적도 작성

해설 지형도를 이용하여 등경사선의 관측, 저수량의 관측, 각종 단면도의 작성이 가능하며 지적도는 지적측량에 의해서만 가능하다.

30. 다음 중 원곡선의 종류가 아닌 것은?

① 반향 곡선
② 단곡선
③ 렘니스케이트 곡선
④ 복심 곡선

해설 노선측량 중 곡선설치법에서 원곡선의 종류에는 단곡선, 복심곡선, 반향곡선, 머리핀곡선, 완화곡선이 있다.

31. 수치사진측량 작업에서 영상정합 이전의 전처리작업에 해당하지 않는 것은?

① 영상개선
② 영상복원
③ 방사보정
④ 경계선탐색

해설 영상정합(Image Matching)은 영상 중 한 영상의 한 위치에 해당하는 실제의 객체가 다른 영상의 어느 위치에 형성되었는가를 발견하는 작업으로서 영상정합 이전의 전처리 단계에는 영상개선, 영상복원, 방사보정 등이 있다.

32. 캔트의 계산에 있어서 곡선반지름만을 반으로 줄이면 캔트의 크기는 어떻게 되는가?

① 반으로 준다.
② 변화가 없다.
③ 2배가 된다.
④ 4배가 된다.

해설 캔트(Cant)
곡선부를 통과하는 차량이 원심력이 발생하여 접선방향으로 탈선하려는 것을 방지하기 위해 바깥쪽 노면을 안쪽 노면보다 높이는 정도를 말하며, 완화곡선에서 곡선반경의 증가율은 캔트의 감소율과 동률(다른 부호)이므로 반지름이 1/2배 되면 캔트는 2배가 된다.

33. 수준측량으로 지반고(G.H)를 구하는 식은?(단, B.S : 후시, F.S : 전시, I.H : 기계고)

① G.H=I.H+F.S
② G.H=I.H+B.S
③ G.H=I.H−F.S
④ G.H=I.H−B.S

해설 지반고=기계고(지반고+후시) − 전시

34. 평탄한 지형에서 초점거리 150mm인 카메라로 촬영한 축척 1 : 15,000 사진상에서 굴뚝의 길이가 2.4mm, 주점에서 굴뚝 윗부분까지의 거리가 20cm로 측정되었다. 이 굴뚝의 실제 높이는?

① 20m
② 27m
③ 30m
④ 36m

해설 $\triangle r = \dfrac{h}{H} r$, $\dfrac{1}{m} = \dfrac{f}{H}$

여기서, $\triangle r$: 기복변위량, h : 비고, H : 촬영고도, r : 연직점 또는 주점으로부터의 거리, f : 초점거리
$H = 15,000 \times 0.15 = 2,250$m
$h = \dfrac{\triangle r}{r} H = \dfrac{0.0024}{0.2} \times 2,250 = 27$m

35. 그림과 같은 지역에 정지작업을 하였을 때, 절토량과 성토량이 같아지는 지반고는?(단, 각 구역의 크기(4m×4m)는 동일하다.)

	9.5	9.3	9.1	9.0
	9.4	9.2	9.0	8.8
	9.2	9.1	8.9	[단위 : m]

① 8.95m
② 9.05m
③ 9.15m
④ 9.35m

해설 $\sum h_1 = 9.5 + 9 + 8.8 + 8.9 + 9.2 = 45.4$
$\sum h_2 = 9.3 + 9.1 + 9.1 + 9.4 = 36.9$
$\sum h_3 = 9.0$
$\sum h_4 = 9.2$
$V_0 = \dfrac{1}{4} A (1\sum h_1 + 2\sum h_2 + 3\sum h_3 + 4\sum h_4) = \dfrac{1}{4} \times 16 (45.4 + (2 \times 36.9) + (3 \times 9) + (4 \times 9.2)) = 732$m^2
$h = \dfrac{V_0}{nA} = \dfrac{732}{5 \times 16} = 9.15$m

36. 클로소이드 곡선의 매개변수를 2배 증가시키고자 한다. 이때 곡선의 반지름이 일정하다면 완화곡선의 길이는 몇 배가 되는가?

① 2
② 4
③ 8
④ 14

해설 클로소이드의 파라미터(매개변수) $A = \sqrt{RL}$ 이므로 매개변수를 2배 증가시키고 반지름이 일정하다면 완화곡선의 길이 L은 4배가 된다.

Answer 34. ② 35. ③ 36. ②

37. 지상 1km²의 면적이 어떤 지형도상에서 400cm²일 때 이 지형도의 축척은?

① 1 : 1000
② 1 : 5000
③ 1 : 25000
④ 1 : 50000

해설 축척은 $\dfrac{1}{축척(M)} = \dfrac{도상거리}{지상의 거리}$ 이므로 면적을 거리로 환산하면 $\dfrac{0.2}{1,000} = \dfrac{1}{5,000}$

38. GPS에서 사용되는 L1과 L2신호의 주파수로 옳은 것은?

① 150MHz와 400MHz
② 420.9MHz와 585.53MHz
③ 1,575.42MHz와 1,227.60MHz
④ 1,832.12MHz와 3,236.94MHz

해설 GPS 신호의 반송파의 정보는 PRN 부호와 항법메세지로 이루어져 있으며 L1 반송파는 1,575.42MHz (154×10.23MHz) 주파수, L2 반송파는 1,227.60MHz(120×10.23MHz) 주파수로 전송한다. 반송파 관측방식에 의한 위치결정원리는 위성에서 보낸 파장과 지상에서 수신된 파장의 위상차를 관측하여 거리를 측정한다.

39. 항공사진 측량에서 산지는 실제보다 돌출하여 높고 기복이 심하며, 계곡은 실제보다 깊고, 사면은 실제의 경사보다 급하게 느껴지는 것은 무엇에 의한 영향인가?

① 형상
② 음영
③ 색조
④ 과고감

해설 과고감은 지표면의 기복을 과장하여 나타낸 것으로 낮고 평탄한 지역의 판독에 도움이 되지만, 경사면은 실제보다 급하게 보이므로 오판에 주의하여야 한다.

40. 축척 1 : 50000의 지형도에서 A점과 B점 사이의 거리를 도상에서 관측한 결과 16mm였다. A점의 표고가 230m, B점의 표고가 320m일 때, 이 사면의 경사는?

① 1/9
② 1/10
③ 1/11
④ 1/12

해설 실제거리(D)=50,000×0.16=800m
경사(i) = $\dfrac{H}{D} = \dfrac{(320-230)}{800} = \dfrac{1}{9}$

03 토지정보체계론

41. 토지정보시스템의 구성요소에 해당되지 않는 것은?
① 소프트웨어 ② 정보이용자
③ 데이터베이스 ④ 인력 및 조직

해설 LIS의 4가지 구성요소
인력 및 조직, 자료, 소프트웨어, 하드웨어

42. 전자평판측량 및 위성측량방법으로 관측 후 지적측량정보를 처리할 수 있는 시스템에 따라 작성된 측량결과도 파일과 토지이동정리를 위한 지번, 지목 및 경계점의 좌표가 포함된 파일은?
① 측량준비파일 ② 측량성과파일
③ 측량현황파일 ④ 측량부데이터베이스

해설 지적측량성과작성시스템
① 지적측량신청에서 지적공부정리까지 데이터베이스를 공동으로 사용하여 전산으로 처리할 수 있도록 작성된 시스템
② 소관청에서 추출된 도면데이터파일을 이용하여 해당 필지를 측량하기 위한 지적측량 준비도를 작성하며, 현장에서 측량된 자료를 지적측량시스템과 연계하여 지적측량성과를 작성하는 시스템
③ 작성된 지적측량성과를 이용하여 지적공부관리시스템의 토지이동업무에 필요한 각종 자료를 생성하여 시·군·구의 지적측량업무를 전산화한 시스템
④ 지적측량성과 : 지적측량을 실시하여 작성한 측량부, 측량원도 및 면적 관측부에 등재된 측량성과. 기초측량을 실시하고 그 성과를 기록한 측량부와 세부측량을 실시하고 측량 결과를 기록한 측량원도 및 필지별 면적 관측 결과를 기록한 면적 관측부 등에 등재된 측량성과

43. 스캐너 및 좌표독취기 장비를 이용한 좌표취득 특성으로 옳지 않은 것은?
① 작업환경이 양호하여 작업진행이 수월하다.
② 정밀도가 높아 도곽을 기준점으로 변위작업이 가능하다.
③ 스캐너에 의한 작업은 스캐닝 및 이미지파일 수신시간 소요된다.
④ 스캐너는 축이 고정되어 있어 이동식 장비보다 오차 발생요인은 적으나 작업영역이 한정되어 있다.

해설 스캐너
① 이미지나 문자 자료를 컴퓨터가 처리할 수 있는 형태로 정보를 변환하여 입력할 수 있는 장치
② 복사기처럼 평면 위에 스캔할 자료를 올려놓으면 아래 부분의 스캔 장치가 작동하는 평판 스캔 방식이 대부분이다.
③ 스캐너의 종류에는 평판 스캐너와 원통형 스캐너가 있다.

Answer 41. ② 42. ② 43. ④

44. 도시정보시스템에 대한 설명으로 옳지 않은 것은?

① 토지와 건물의 속성만을 입력할 수 있는 시스템이다.
② UIS라고 하며 Urban Information System의 약어이다.
③ 도시 전반에 관한 사항을 관리·활용하는 종합적이고 체계적인 정보시스템이다.
④ 지적도 및 각종 지형도, 도시계획도, 토지이용계획도, 도로교통시설물 등의 지리정보를 데이터베이스화 한다.

해설 도시정보체계(UIS ; Urban Information System)
① 도시지역의 다양한 위치정보와 속성정보를 데이터베이스화하여 통합적·체계적으로 관리함으로써 효율적인 도시경영 및 도시계획 수립을 지원하는 시스템
② 도시 현황 파악 및 도시 계획, 도시 정비, 도시 기반 시설의 관리를 효과적으로 수행할 수 있는 시스템
③ 각종 도시계획을 효율적이고 과학적으로 수립 가능하다.

45. 스캐너에 의한 반자동 입력방식의 작업과정을 순서대로 올바르게 나열한 것은?

① 준비 → 래스터 데이터 취득 → 벡터화 → 편집 → 출력 및 저장
② 준비 → 벡터화 및 도형 인식 → 편집 → 래스터 데이터 취득 → 출력 및 저장
③ 준비 → 편집 → 벡터화 및 도형 인식 → 래스터 데이터 취득 → 출력 및 저장
④ 준비 → 편집 → 래스터 데이터 취득 → 벡터화 및 도형 인식 → 출력 및 저장

해설 스캐닝
① 스캐너로 도면을 읽어서 래스터 형태로 저장한 다음 벡터화 소프트웨어를 이용하여 벡터화하는 방법이다.
② 스캐닝을 완료한 후에 래스터파일별로 먼저 도면보정 작업을 수행한 후 래스터파일을 화면에 표시하면서 벡터라이징을 수행한다.
③ 지적도의 경우 도곽좌표를 알고 있으므로 벡터라이징할 때 도곽좌표를 표시해주면 나중에 변형된 것을 바로 잡을 수 있다.

46. 국가의 공간정보의 제공과 관련한 내용으로 옳지 않은 것은?

① 공간정보이용자에게 제공하기 위하여 국가공간정보센터를 설치·운영하고 있다.
② 수집된 공간정보는 제공의 효율화를 위해 분석 또는 가공하지 않고 원 자료 형태로 제공하여야 한다.
③ 관리기관이 공공기관일 경우는 자료를 제출하기 전에 주무기관의 장과 미리 협의하여야 한다.
④ 국토교통부장관은 국가공간정보센터의 운영에 필요한 공간정보를 생산 또는 관리하는 관리기관의 장에게 자료의 제출을 요구할 수 있다.

해설 국가공간정보센터 운영규정 제5조의2(공간정보데이터베이스 구축)
① 국토교통부장관은 수집한 공간정보 등을 데이터베이스로 구축·관리하여야 한다.
② 국토교통부장관은 구축한 공간정보데이터베이스를 관리기관의 장이 구축한 공간정보데이터베이스와 호환이 가능하도록 관리하여야 한다.

Answer 44. ① 45. ① 46. ②

47. 벡터 데이터와 래스터 데이터의 구조에 관한 설명으로 옳지 않은 것은?
① 래스터 데이터는 중첩분석이나 모델링이 유리하다.
② 벡터 데이터는 자료구조가 단순하여 중첩분석이 쉽다.
③ 벡터 데이터는 좌표계를 이용하여 공간정보를 기록한다.
④ 벡터 데이터는 점, 선, 면으로 래스터 데이터는 격자로 도형의 정보를 표현한다.

해설 래스터 데이터는 자료구조가 단순하여 중첩분석이 쉽다.

48. 지적재조사사업 측량 대행자의 전산시스템 등록업무와 관련이 없는 것은?
① 경계점 표지등록부 전산등록
② 해당 사업지구 사용자 전산등록 및 승인 요청
③ 지적재조사사업지구 등 실시계획에 관한 사항 전산등록
④ 일필지측량 완료 후 지적확정조서에 관한 사항 전산등록

해설 지적재조사행정시스템 운영규정 제11조(대행자 업무)
1. 해당 사업지구 사용자 전산등록 및 승인 요청
2. 일필지측량 완료 후 지적확정조서에 관한 사항 전산등록
3. 일필지 현지조사에 관한 사항 전산등록
4. 대국민공개시스템 및 모바일 현장지원 시스템 활용
5. 경계점 표지등록부 전산등록
6. 그 밖에 지적재조사 측량규정에 의한 측량 성과 전산등록 등

49. 벡터형식의 토지정보 자료구조 중 위상관계 없이 점, 선, 다각형을 단순한 좌표로 저장하는 방식은?
① 블록코드 모형   ② 스파게티 모형
③ 체인코드 모형   ④ 커버리지 모형

해설 스파게티 자료
① 객체들 간에 정보를 갖지 못하고 국숫발처럼 좌표들이 길게 연결되어 있어 스파게티 구조라고 한다.
② 상호 연관성에 관한 정보가 없어 인접한 객체들의 특징과 관련성, 연결성을 파악하기 어렵다.
③ 인접한 다각형 간의 공통의 경계는 반드시 두 번 기록되어야 한다.
④ 스파게티 자료구조는 하나의 점(X, Y좌표)을 기본으로 하고 있어 구조가 간단하므로 이해하기 쉽다.
⑤ 객체들 간의 공간관계에 대한 정보는 입력되지 않으므로 공간분석에서 필요한 정보를 별도로 계산하여야 하므로 비효율적이다.

50. 다음 중 표고를 나타내는 자료가 아닌 것은?
① DEM   ② DLG
③ DTM   ④ TIN

해설 수치표고모델 유형
① 격자형 : DEM
② 벡터형 : 등고선, DTED, DTM, TIN

51. DBMS 방식의 자료 관리의 장점이 아닌 것은?

① 중앙제어가 가능하다.
② 자료의 중복을 최대한 감소시킬 수 있다.
③ 시스템 구성이 파일방식에 비해 단순하다.
④ 데이터베이스 내의 자료는 다른 사용자와의 호환이 가능하다.

해설 DBMS 장점
① 자료의 검색 및 수정이 자체적으로 제어되므로 중앙제어장치로 운영될 수 있다.
② DB 내의 자료는 다른 사용자와 함께 호환이 자유롭게 되므로 효율적이다.
③ 사용자 요구에 부합하도록 적절한 양식을 제공함으로써 자료의 중복을 최대한 줄일 수 있다.
④ 중복된 자료를 최대한 감소시킴으로써 경제적이고 효율성 높은 방안을 제시할 수 있다.
⑤ 도형 및 속성자료 간에 물리적으로 명확한 관계가 정의될 수 있다.
⑥ 데이터베이스의 공유와 동시 접근이 가능하다.

52. 다음 중 지적전산업무에 속하지 않는 것은?

① 용도지역 고시
② 지적측량성과 작성
③ 부동산종합공부의 운영
④ 지적공부의 데이터베이스화

해설 용도지역
토지의 합리적 이용 및 관리를 위하여 「국토의 계획 및 이용에 관한 법률」에 근거하여 해당 토지의 용도에 일정한 행정규제를 가함으로써 해당 지역의 적합한 용도에 사용되도록 지정된 곳(도시지역, 관리지역, 농림지역, 자연환경보전지역 등 4가지로 구분)

53. 필지중심토지정보시스템(PBLIS)에 대한 설명으로 옳지 않은 것은?

① LMIS와 통합되어 KLIS로 운영되어 왔다.
② 각종 지적행정업무의 수행과 정책정보를 제공할 목적으로 개발되었다.
③ 지적전산화사업의 지적도면자료와 지적행정시스템의 속성 데이터베이스를 연계하여 구축되었다.
④ 개발 초기에 토지관리업무시스템, 공간자료관리시스템, 토지행정지원시스템으로 구성되었다.

해설 PBLIS 구성
① 지적공부관리시스템 : 사용자권한관리/지적측량검사업무/토지이동관리/지적일반업무관리/창구민원관리/토지기록자료조회 및 출력/지적통계관리/정책정보관리 등
② 지적측량시스템 : 지적삼각점측량/지적삼각보조점측량/도근점측량/세부측량 등
③ 지적측량성과작성시스템 : 토지이동지 조서작성/측량준비도/측량결과도/측량성과도 등

54. 격자구조를 압축 및 저장하는 기법 중 각각의 열(列) 진행방향에 대해 동일한 속성값을 갖는 격자(cell)들을 하나로 묶어 길이와 위치를 저장하는 방식은?

① Quadtree 기법
② Block code 기법
③ Chain code 기법
④ Run-length code 기법

해설 연속 분할 코드(Run-Length Code) 방법
① 각 행마다 왼쪽에서 오른쪽으로 진행하면서 처음 시작하는 셀에서 끝나는 셀까지 동일한 수치값을 가지는 셀들을 묶어 압축시키는 방식
② 동일한 속성 값을 개별적으로 저장하는 대신 하나의 런(run)에 해당하는 속성 값이 한 번만 저장

55. GIS에서 위성영상 자료의 활용 등에 관한 설명으로 옳지 않은 것은?
① 벡터 데이터 구조로 처리·저장되므로 데이터 호환이 매우 쉽다.
② 인공위성 상용영상의 해상도가 높아지면서 GIS에서 활용이 크다.
③ 원격탐사 및 영상처리는 공간데이터를 다루는 특성화된 기술이다.
④ 데이터가 컴퓨터로 바로 처리할 수 있는 디지털 형태라는 점에서 GIS와 통합되고 있다.

해설 위성영상 자료는 래스터 데이터 구조이다.

56. 다음 중 임야도의 도형자료를 스캐너로 편집한 자료형태는?
① 속성정보
② 메타데이터
③ 벡터 데이터
④ 래스터 데이터

해설 스캐너로 임야도를 읽어서(스캐닝하여) 래스터 데이터 형태로 저장한다.

57. 토지정보시스템(LIS)의 구축 목적으로 옳지 않은 것은?
① 지적재조사의 기반 확보
② 다목적 지적정보체계 구축
③ 도시기반시설의 유지 및 관리
④ 지적 관련 민원의 신속·정확한 처리

해설 LIS 구축 목적
① 토지와 관련된 정책자료의 다목적 활용
② 토지관련 과세자료로 활용(토지소유자의 현황 파악)
③ 지적공부의 노후화 극복
④ 지적민원사항의 신속한 처리

58. 레이어의 중첩에 대한 설명으로 옳지 않은 것은?
① 레이어별로 필요한 정보를 추출해 낼 수 있다.
② 일정한 정보만을 처리하기 때문에 정보가 단순하다.
③ 새로운 가설이나 이론 및 시뮬레이션을 통해 정보를 추출하는 모델링 작업을 수행할 수 있다.
④ 형상들의 공간관계를 파악할 수 있으며 특정지점의 주변 환경에 대한 정보를 얻고자 하는 경우에도 사용할 수 있다.

Answer 55. ① 56. ④ 57. ③ 58. ②

해설 중첩의 특징
① 서로 다른 레이어의 정보와 합성함으로써 수치연산의 적용이 가능하며, 이것에 의해 새로운 속성 값을 생성한다.
② Layer를 중첩하여 각각의 층이 가지고 있는 정보를 합하여 각종 관련정보를 해석할 수 있다.
③ 각종 주제도를 통합 또는 분산 관리할 수 있다.
④ 사용자의 입장에서도 필요한 자료만을 제공받을 수 있어 편리하다.
⑤ 다량의 정보 중에서도 각각 Layer를 달리하고 있으므로 Layer별로 자료를 제공할 수 있다.

59. 지적행정에서 웹(Web) 기반의 LIS를 도입함으로써 발생하는 효과가 아닌 것은?
① 정보와 자원을 공유할 수 있다.
② 업무별 분산처리를 실현할 수 있다.
③ 서버의 구축비용을 절감할 수 있다.
④ 시간과 거리에 제한을 받지 않으며 민원을 처리할 수 있다.

해설 웹 기반의 토지정보체계의 도입에 따른 기대효과
① 시간과 거리의 제약을 받지 않는다.
② 신속하고 효율적인 민원 업무 처리가 가능하다.
③ 정보와 자원을 공유할 수 있다.
④ 업무처리에 있어 중복을 피할 수 있다.

60. 표면 모델링에 대한 설명으로 옳지 않은 것은?
① 선형으로 나타나는 불완전한 표면의 대표적인 것은 등고선 또는 등치선이다.
② 불안전한 표면은 격자의 x, y 좌표가 알려져 있고, z좌표 값만 입력하면 된다.
③ 수집되는 데이터의 특성과 표현방법에 따라 완전한 표면과 불완전한 표면으로 구분된다.
④ 완전한 표면은 관심대상지역이 분할되어 있고 각각의 분할된 구역에 다양환 z값을 가지고 있다.

해설 주어진 지역에서 연속적으로 분포되어 표면으로 나타나는 현상을 컴퓨터 환경에서 표현하기 위한 방법을 표면 모델링(surface modeling)이라고 한다.
① 완전한 표면은 관심대상지역이 분할되어 있고 각각의 분할된 구역별로 하나의 z값을 가지고 있거나, 수학적인 함수에 의해 대상지역의 모든 지점들이 z값을 갖고 있는 경우에 표현되는 표면이라고 볼 수 있다.
② 다른 선형의 불완전한 표면은 산등성이나 계곡, 경사 등과 같은 구조적인 선으로 나타나는 경우도 있다.

04 지적학

61. 다음 지적의 기본이념에 대한 설명으로 옳지 않은 것은?

① 지적공개주의 : 지적공부에 등록하여야만 효력이 발생한다는 이념
② 지적국정주의 : 지적공부의 등록사항은 국가만이 결정할 수 있다는 이념
③ 직권등록주의 : 모든 필지는 강제적으로 지적공부에 등록·공시해야 한다는 이념
④ 실질적 심사주의 : 지적공부의 등록사항이나 변경등록은 지적 관련 법률상 적법성과 사실관계 부합여부를 심사하여 지적공부에 등록한다는 이념

해설 지적의 기본이념의 종류
1. 지적국정주의 : 지적공부의 등록사항은 국가만이 이를 결정할 수 있다는 이념
2. 지적형식주의 : 등록사항은 지적공부에 등록·공시하여야만 효력이 인정되는 이념
3. 지적공개주의 : 지적공부의 등록사항은 소유자, 이해관계인 등에게 공개하여 이용하게 한다는 이념
4. 실질적 심사주의(사실심사) : 등록이나 변경등록은 절차상의 적법성뿐만 아니라 사실관계의 부합여부를 심사한다는 이념
5. 직권등록주의(강제등록주의) : 모든 필지는 강제적으로 등록·공시하여야 한다는 이념

62. 다음 중 토지의 분할이 속하는 것은?

① 등록전환   ② 사법처분   ③ 행정처분   ④ 형질변경

해설 토지의 이동은 지적소관청이 토지의 표시사항을 새로이 정하거나 변경 또는 말소하는 행정처분을 말하며, 다음과 같은 유형이 있다.
1. 지적측량이 필요한 토지의 이동 : 신규등록, 등록전환, 분할, 등록사항정정, 바다로 된 토지의 등록말소 등
2. 토지조사 및 확인이 필요한 토지의 이동 : 합병, 지목변경 등
3. 기타 토지의 이동 : 도시개발사업 등의 신고, 지번변경, 행정구역의 명칭변경 등

63. 지표면의 형태, 토지의 고저, 수륙의 분포상태 등 땅이 생긴 모양에 따라 결정하는 지목은?

① 용도지목   ② 복식지목   ③ 지형지목   ④ 토성지목

해설 지목의 분류
1. 토지의 현황에 따른 분류
   ① 지형지목 : 지표면의 형상, 토지의 고저 등 토지의 모양에 따라 결정한 지목
   ② 토성지목 : 지층, 암석, 토양 등 토지의 성질에 따라 결정한 지목
   ③ 용도지목 : 토지의 현실적 용도에 따라 결정한 지목(우리나라 및 대부분의 국가에서 사용)
2. 지목의 구성내용에 따른 분류
   ① 단식지목 : 1개의 토지에 대하여 한 가지 기준에 의해 분류된 지목(전, 답 등)
   ② 복식지목 : 1개의 토지에 대하여 둘 이상의 기준에 따라 분류된 지목(녹지대 등)

Answer 61. ① 62. ③ 63. ③

64. 지적도나 임야도에서 도곽선의 역할과 가장 거리가 먼 것은?

① 도면접합의 기준
② 도곽신축 보정의 기준
③ 토지합병 시의 필지결정기준
④ 지적측량기준점 전개의 기준

해설 도곽선의 역할
1. 지적도와 임야도의 작성 기준선
2. 도곽 내 모든 토지의 위치관계를 명확히 하는 기준선
3. 인접도면과의 접합을 맞추는 기준선
4. 도북방위선의 표시
5. 지적측량기준점의 전개 및 도면 신축량 측정의 기준선
6. 거리 및 면적보정의 기준선
7. 외업에서 측량준비도와 실지의 부합여부 확인 기준선
8. 도면 내에 필지를 등록할 수 있는 한계를 나타내는 선

65. 토지조사사업 당시 일부 지목에 대하여 지번을 부여하지 않았던 이유로 옳은 것은?

① 소유자 확인 불명
② 과세적 가치의 희소
③ 경계선의 구분 곤란
④ 측량조사작업의 어려움

해설 토지조사사업 당시 불조사의 원인
1. 토지가 과세 등 아무런 경제적 이권이 없고 면적측정 등 노력이 요구되기 때문
2. 예산, 인원 등에 비추어 경제적 가치가 없는 토지는 조사대상에서 제외
3. 기타 특수한 사정에 의하여 조사대상에서 제외

66. 토지조사사업에서 지목은 모두 몇 종류로 구분하였는가?

① 18종
② 21종
③ 24종
④ 28종

해설 지목수의 변천

구분	토지조사사업 ~지세령 개정 전	지세령 개정 ~조선지세령 개정 전	조선지세령 개정 ~1차 지적법 전문 개정 전	1차 지적법 전문개정 ~2차 지적법 전문 개정 전	2차 지적법 전문개정 ~현재
시행기간	1910~1917	1918~1942	1943~1975	1976~2001	2002~현재
지목 수	18개 지목	19개 지목	21개 지목	24개 지목	28개 지목

67. 지적법이 제정되기까지의 순서를 올바르게 나열한 것은?

① 토지조사법 → 토지조사령 → 지세령 → 조선지세령 → 조선임야조사령 → 지적법
② 토지조사법 → 지세령 → 토지조사령 → 조선지세령 → 조선임야조사령 → 지적법
③ 토지조사법 → 토지조사령 → 지세령 → 조선임야조사령 → 조선지세령 → 지적법
④ 토지조사법 → 지세령 → 조선임야조사령 → 토지조사령 → 조선지세령 → 지적법

Answer 64. ③ 65. ② 66. ① 67. ③

해설 지적법령의 연혁
 1. 대한제국의 지적법령
  ① 토지가옥증명규칙(1906. 10. 26. 칙령 제65호)
  ② 토지가옥전당집행규칙(1906. 10. 26. 칙령 제80호)
  ③ 대구시가토지측량규정(1907. 5. 16.)
  ④ 삼림법(1908. 1. 24. 법률 제1호)
  ⑤ 토지가옥소유권증명규칙(1908. 7. 16. 칙령 제47호)
  ⑥ 토지조사법(1910. 8. 23. 법률 제7호)
 2. 일제강점기의 지적법령
  ① 토지조사령(1912. 8. 13. 제령 제2호)
  ② 도근측량 실시규정(1913. 10. 5. 임시토지조사국 훈령 제17호)
  ③ 세부측도 실시규정(1913. 10. 5. 임시토지조사국 훈령 제18호)
  ④ 제도적산 실시규정(1914. 6. 30. 임시토지조사국 훈령 제25호)
  ⑤ 지세령(1914. 3. 16. 제령 제1호)
  ⑥ 토지대장규칙(1914. 4. 25. 조선총독부령 제45호)
  ⑦ 조선임야조사령(1918. 5. 1. 제령 제5호)
  ⑧ 임야대장규칙(1920. 8. 23. 조선총독부령 제113호)
  ⑨ 토지측량규칙(1921. 3. 18. 조선총독부 훈령 제10호)
  ⑩ 임야측량규정(1935. 6. 12. 조선총독부 훈령 제27호)
  ⑪ 조선지세령(1943. 3. 31. 제령 제6호)
 3. 대한민국의 지적법령
  ① 지적법(1950. 12. 1. 법률 제165호)
  ② 지적측량규정(1954. 11. 12. 대통령령 제951호)
  ③ 지적측량사규정(1960. 12. 31. 국무원령 제176호)
  ④ 측량·수로조사 및 지적에 관한 법률(2009. 6. 9. 법률 제9774호)
  ⑤ 공간정보의 구축 및 관리 등에 관한 법률(2017. 10. 24. 법률 제12936호)

68. 경계불가분의 원칙에 대한 설명과 가장 거리가 먼 것은?
 ① 필지 사이의 경계는 분리할 수 없다.
 ② 경계는 인접토지에 공통으로 작용된다.
 ③ 경계는 위치와 길이만 있고 너비는 없다.
 ④ 동일한 경계가 축척이 다른 도면에 각각 등록된 경우 둘 중 하나의 경계만을 최종 경계로 결정한다.

해설 경계의 제원칙
 1. 축척종대의 원칙 : 동일 경계가 다른 도면에 각각 등록된 때는 큰 축척에 따른다는 원칙
 2. 경계불가분의 원칙 : 경계는 유일무이한 것으로 인접 토지에 공통으로 작용하므로 이를 분리할 수 없다는 원칙
 ※ ④와 같은 경우 큰 축척(예를 들어 동일한 경계가 1200분의 1 도면과 6000분의 1 도면에 각각 등록된 경우에는 1200분의 1 도면에 등록된 경계를 따름)을 따른다.

Answer 68. ④

69. 고려시대의 토지제도에 관한 설명으로 옳지 않은 것은?

① 당나라의 토지제도를 모방하였다.
② 광무개혁(光武改革)을 실시하였다.
③ '도행'이나 '작'이라는 토지 장부가 있었다.
④ 고려 말에는 전제가 극도로 문란해져서 이에 대한 개혁으로 과전법이 실시되었다.

해설 고려시대 토지제도
1. 고려 초기 태조는 당나라의 토지제도를 모방하였고, 경종은 전제개혁에 착수하였으며, 문종은 전지측량을 단행
2. 고려 후기 과전법을 실시하고, 양안도 초·중기와 다른 과전법에 적합한 양식으로 변경
3. 고려시대 양안의 명칭 : 도전장(都田帳), 양전도장(量田都帳), 양전장적(量田帳籍), 도전정(導田丁), 도행(導行), 전적(田積), 적(籍), 전부(田簿), 안(案), 원적(元籍), 작 등
※ 광무개혁은 1896년 아관파천 직후부터 1904년 러일전쟁이 일어나기 직전까지 주로 보수파가 주도한 개혁이며, 1897년 고종이 황제에 등극하고 대한제국을 선포한 후 집권층이 주도한 근대적 개혁을 의미한다.

70. 대규모 지역의 지적측량에 부가하여 항공사진측량을 병용하는 것과 가장 관계가 깊은 지적원리는?

① 공기능성의 원리
② 능률성의 원리
③ 민주성의 원리
④ 정확성의 원리

해설 현대지적의 원리
1. 공기능성의 원리 : 공기능성의 본원적 의미는 어떤 집단 속에서 대다수의 개인에게 공통되는 이해 또는 목적을 가지는 것으로 불특정 다수자의 이익의 추구이며, 사적 이익이라는 개별적 추구를 공적 입장에서 보호하자는 조화에 바탕을 두고 있으며, 모든 지적사항은 필요에 따라 공개되어야 하며 객관적이고 정확성이 있어야 함
2. 민주성의 원리 : 현대지적의 민주성이란 제도의 운영주체와 객체가 내적인 면에서 인간화가 이루어지고 외적인 면에서 주민의 뜻이 반영되는 행정이라 할 수 있으며 정책결정에서 국민의 참여, 국민에 대한 충실한 봉사, 국민에 대한 행정적 책임 등이 확보되는 상태를 말함
3. 능률성의 원리 : 지적의 능률성은 토지현황을 조사하여 지적공부를 만드는 데 따르는 실무활동의 능률과 주어진 여건과 실행과정에서 이론개발 및 그 전달과정의 개선을 뜻하며 지적활동의 과학화, 기술화 내지 합리화, 근대화를 지칭하는 것
4. 정확성의 원리 : 토지의 정보를 수록하는 지적은 사회과학적 방법과 자연과학적 방법이 함께 접근되어야 하며 지적의 정확성이 현대지적의 기능을 최고화하기 위한 원리

71. 하천으로 된 민유지의 소유권 정리는?

① 국가   ② 국방부   ③ 토지소유자   ④ 지방자치단체

해설 민유지란 토지의 소유자가 국가, 지자체 등이 아닌 일반 국민 개개인이 소유한 토지를 말하며, 민유지인 토지의 일부 또는 전체가 하천으로 된 경우일지라도 토지보상을 실시하고 토지의 소유권을 국가 또는 지자체 등으로 이전하지 않는 이상 토지의 소유자는 여전히 현재의 토지소유자이다.

72. 다음 지번의 부번(附番) 방법 중 진행방향에 의한 분류에 해당하지 않는 것은?

① 기우식법 ② 단지식법 ③ 사행식법 ④ 도엽단위법

해설 지번부여방법의 종류
1. 진행방향에 따른 분류 : 사행식, 기우식, 단지식
2. 부여단위에 따른 분류 : 지역단위법, 도엽단위, 단지단위법
3. 기번위치에 따른 분류 : 북동기번법, 북서기번법

73. 토지등록에 대한 설명으로 가장 거리가 먼 것은?

① 토지 거래를 안전하고 신속하게 해 준다.
② 토지의 공개념을 실현하는 데 활용될 수 있다.
③ 지적소관청이 토지등록사항을 공적 장부에 기록 공시하는 행정행위이다.
④ 국가가 공적 장부에 기록된 토지의 이동 및 수정사항을 규제하는 법률적 행위이다.

해설 토지의 등록이란 국가기관인 소관청이 토지등록사항의 공시를 위해 토지에 대한 장부를 비치하고 토지소유자 및 이해관계인에게 필요한 정보를 제공하기 위한 행정행위이다.

74. 토렌스 시스템의 커튼이론(curtain principle)에 대한 설명으로 가장 옳은 것은?

① 선의의 제3자에게는 보험 효과를 갖는다.
② 사실심사 시 권리의 진실성에 직접 관여하여야 한다.
③ 토지등록이 토지의 권리 관계를 완전하게 반영한다.
④ 토지등록 업무는 매입 신청자를 위한 유일한 정보의 기초이다.

해설 토렌스 시스템의 3대 기본원칙
1. 거울이론(mirror principle) : 토지권리증서의 등록은 토지거래의 사실을 이론의 여지없이 완벽하게 반영하는 거울과 같다는 이론
2. 커튼이론(curtain principle) : 소유권의 법적 상태와 관련한 확실성을 보장하기 위하여 단지 현재의 등기부에 등기된 사항만 논의되어야 한다는 이론
3. 보험이론(insurance principle) : 토지등록이 토지의 권리를 아주 정확하게 반영한 것이나 인간의 과실로 인하여 착오가 발생하는 경우에 피해를 입은 사람은 누구나 피해보상에 관한 한 법률적으로 선의의 제3자와 동등한 입장에 놓여야만 된다는 이론

75. 법률 체제를 갖춘 우리나라 최초의 지적법으로 이 법의 폐지 이후 대부분의 내용이 토지조사령에 계승된 것은?

① 삼림법 ② 지세법 ③ 토지조사법 ④ 조선임야조사령

해설 토지조사법과 토지조사령의 관계
1. 토지조사법(1910. 8. 23. 법률 제7호) : 대한제국 정부는 1910. 3. 15. 토지조사국 관제를 제정하며 토지조사국을 설치하고 근대적인 지적제도를 창설하기 위하여 전 국토에 대한 토지조사사업을 실시할 목적으로 토지조사법을 제정·공포하여 토지조사 및 측량에 착수하였으나 1910. 10. 국권피탈로 인해 시행이 중단되었다.

2. 토지조사령(1912. 8. 13. 제령 제2호) : 조선총독부에 임시토지조사국을 설치해 토지조사법에 일부 내용을 추가하여 토지조사령을 제정·공포하고 토지조사사업을 본격적으로 수립하게 되었으며 토지조사령은 대한제국에서 제정한 토지조사법의 내용을 계승·발전시켰다.
3. 토지조사법과 토지조사령의 관계 : 대한제국의 토지조사법과 조선총독부의 토지조사령은 토지조사사업에 대한 시대적 연관관계에 있다고 할 수 있다. 또한 이 두 법령의 특징은 토지조사사업이 완료되면 법적 효력이 정지되는 한시적인 법의 형태로 운영되었으며 토지조사사업의 행정적인 부분에 한해서 규정하였으므로 측량에 관련된 분야는 칙령, 제령, 부령, 규정, 규칙 등을 별도로 제정·시행하였다.

76. 토지조사사업 당시 분쟁의 원인에 해당되지 않는 것은?

① 미개간지
② 토지 소속의 불분명
③ 역둔토의 정리 미비
④ 토지 점유권 증명의 미비

해설 분쟁지 발생의 원인
1. 토지소속의 불분명
2. 역둔토 등의 정리 미비
3. 세제의 결함
4. 미간지
5. 제언의 모경
6. 토지소유권 증명의 미비
7. 권리서식의 미비

77. 토지조사사업 및 임야조사사업에 대한 설명으로 옳은 것은?

① 임야조사사업의 사정기관은 도지사였다.
② 토지조사사업의 사정기관은 시장, 군수였다.
③ 토지조사사업 당시 사정의 공시는 60일간 하였다.
④ 토지조사사업의 재결기관은 지방토지조사위원회였다.

해설 토지조사사업과 임야조사사업 비교

구분	토지조사사업	임야조사사업
기간	1910~1918(8년 8개월)	1916~1924(8년)
총경비	2,040여 만 원	380여 만 원
투입인력	7,000여 명	4,600여 명
대장작성	토지대장 109,998책	임야대장 22,202책
도면작성	지적도 812,093매	임야도 116,984매
도면축척	1/600, 1/1200, 1/2400	1/3000, 1/6000
조사측량기관	임시토지조사국장	부(府) 또는 면(面)
사정기관	토지조사국장	도지사
자문기관	지방토지조사위원회	도지사(조정기관)
재결기관	고등토지조사위원회	임야심사위원회
사정	19,107,520필	3,479,915필

Answer 76. ④ 77. ①

78. 토지대장의 편성방법 중 현행 우리나라에서 채택하고 있는 방법은?

① 물적편성주의 ② 인적편성주의
③ 연대적편성주의 ④ 인적물적편성주의

해설 토지등록부의 편성방법
1. 물적편성주의 : 토지 중심으로 대장 작성
2. 인적편성주의 : 소유자 중심으로 대장 작성
3. 연대적편성주의 : 신청순서에 따라 작성
4. 물적인적편성주의 : 물적편성주의에 인적편성주의 가미
※ 우리나라는 물적편성주의에 의해 개개의 토지를 중심으로 토지대장을 작성한다.

79. 토지대장의 편성 방법 중 리코딩시스템(Recording system)이 해당하는 것은?

① 물적편성주의 ② 연대적 편성주의
③ 인적편성주의 ④ 면적별 편성주의

해설 연대적 편성주의
1. 신청순서에 따라 순차적으로 대장 작성
2. 프랑스의 등기부와 미국의 recording system이 이에 속함
3. 등기부 편성방법으로 가장 유효하나 그 자체만으로 공시기능을 발휘하지 못함

80. 토지조사사업 당시 토지대장은 1동·리마다 조제하되 약 몇 매를 1책으로 하였는가?

① 200매 ② 300매
③ 400매 ④ 500매

해설 토지조사사업 당시의 토지대장
1. 일필지를 1매의 대장에 작성하여 1동·리마다 약 200필지를 1책으로 하여 작성
2. 토지대장의 등록사항
  ① 동·리별 지번, 지목, 지적(地積 : 면적), 사정년월일, 소유자 주소, 성명 등을 기재
  ② 공유지는 공유지연명부에 성명과 지분 기재
  ③ 일필지마다 등급 및 임대가격, 경지의 경우는 기준수확량을 표시
  ④ 질권 설정자의 주소, 성명을 적색으로 표시

Answer 78. ① 79. ② 80. ①

05 지적관계법규

81. 공간정보의 구축 및 관리 등에 관한 법령상 지목변경 없이 등록전환을 신청할 수 없는 경우는?

① 도시·군관리계획선에 따라 토지를 분할하는 경우
② 관계 법령에 따른 토지의 형질변경 또는 건축물의 사용을 승인하는 경우
③ 임야도에 등록된 토지가 사실상 형질변경되었으나 지목변경을 할 수 없는 경우
④ 대부분의 토지가 등록전환되어 나머지 토지를 임야도에 계속 존치하는 것이 불합리한 경우

해설 등록전환 신청
임야대장 및 임야도에 등록된 토지를 토지대장 및 지적도에 옮겨 등록하는 것
1. 신청기한 : 등록전환 사유가 발생한 날부터 60일 이내에 지적소관청에 신청
2. 신청대상
   ① 관계법령에 따른 토지의 형질변경 또는 건축물의 사용승인 등으로 인하여 지목을 변경하여야 할 토지
   ② 예외(지목변경 없이 등록전환할 수 있는 토지)
      • 대부분의 토지가 등록전환되어 나머지 토지를 임야도에 계속 존치하는 것이 불합리한 경우
      • 임야도에 등록된 토지가 사실상 형질변경되었으나 지목변경을 할 수 없는 경우
      • 도시관리계획선에 따라 토지를 분할하는 경우
3. 신청서류 : 관계법령에 따라 토지의 형질변경 등의 공사가 준공되었음을 증명하는 서류의 사본

82. 공간정보의 구축 및 관리 등에 관한 법규상 측량업자의 지위승계 신고에 첨부하여야 할 서류로 옳지 않은 것은?

① 합병공고문
② 지적측량업등록증
③ 양도·양수 계약서 사본
④ 상속인임을 증명할 수 있는 서류

해설 측량업자의 지위승계 신고서에 첨부할 서류
① 측량업 양도·양수 신고의 경우 : 양도·양수 계약서 사본
② 측량업 상속 신고의 경우 : 상속인임을 증명할 수 있는 서류
③ 측량업 법인 합병 신고의 경우 : 합병계약서 사본, 합병공고문, 합병에 관한 사항을 의결한 총회 또는 창립총회의 결의서 사본

83. 등기의 일반적 효력에 관한 사항으로 옳지 않은 것은?

① 공신력
② 대항적 효력
③ 추정적 효력
④ 순위 확정적 효력

Answer 81. ② 82. ② 83. ①

해설 **등기의 일반적 효력**
① 권리변동의 효력 : 부동산에 관한 법률행위로 인한 물권의 득실변경은 등기하여야 효력이 생긴다.
② 대항력 : 채권은 등기를 함으로써 그 권리의 내용에 관하여 당사자 이외의 제3자에게도 대항할 수 있는 효력이 생긴다.
③ 순위확정 : 같은 부동산에 관하여 등기한 권리의 순위는 법률에 다른 규정이 없으면 등기한 순서에 따른다.
④ 점유적 효력 : 부동산소유자로 등기되어 있는 자가 10년간 소유의 의사로 평온·공연하게 선의이며 과실없이 그 부동산을 점유한 때에는 소유권을 취득한다.
⑤ 후등기저지력 : 어떤 등기가 존재하는 이상 그것이 실체법상의 효력을 가지지 못하는 무효의 등기라 하더라도 형식상의 효력을 가지므로 법적 요건과 절차에 따라 그것을 말소하지 않고서는 그 등기와 양립할 수 없는 등기를 할 수 없다.
⑥ 권리 추정력 : 등기의 추정력은 제3자에 대한 관계뿐만 아니라 권리변동의 당사자 사이에도 미친다. 이에 따라 등기의 진실성을 부인하려는 자는 그 사실의 주장과 입증책임이 있다.

84. 공간정보의 구축 및 관리 등에 관한 법률상 토지를 수용하거나 사용할 수 있는 경우는?

① 타인의 토지를 출입할 경우
② 장애물의 형상을 변경할 경우
③ 기본측량 시 필요하다고 인정하는 경우
④ 축척변경 측량 시 경계표지를 설치할 경우

해설 **토지수용 및 사용**
① 국토교통부장관은 기본측량을 실시하기 위하여 필요하다고 인정하는 경우에는 토지, 건물, 나무 그 밖의 공작물을 수용하거나 사용
② 수용 또는 사용 및 손실보상에 관하여는 공익사업을 위한 토지 등의 취득 및 보상에 관한 법률을 적용

85. 다음 중 축척변경위원회의 구성에 대한 설명으로 옳은 것은?

① 위원은 지적소관청이 위촉한다.
② 축척변경 시행지역의 토지소유자가 7명 이하일 때 토지소유자 전원을 위원으로 위촉하여야 한다.
③ 10명 이상 15명 이하의 위원으로 구성하되, 위원의 3분의 2 이상을 축척변경 시행지역의 토지소유자로 하여야 한다.
④ 위원장은 위원 중에서 지적에 관하여 전문지식을 가지고 해당 지역의 사정에 정통한 사람 중에서 국토교통부장관이 지명한다.

해설 **축척변경위원회 구성**
① 축척변경위원회는 5명 이상 10명 이하의 위원으로 구성하되, 위원의 2분의 1 이상을 토지소유자로 하여야 한다. 이 경우 그 축척변경 시행지역의 토지소유자가 5명 이하일 때에는 토지소유자 전원을 위원으로 위촉하여야 한다.
② 위원장은 위원 중에서 지적소관청이 지명한다.
③ 위원은 다음 각 호의 사람 중에서 지적소관청이 위촉한다.
• 해당 축척변경 시행지역의 토지소유자로서 지역 사정에 정통한 사람

Answer 84. ③ 85. ①

• 지적에 관하여 전문지식을 가진 사람
④ 축척변경위원회의 위원에게는 예산의 범위에서 출석수당과 여비, 그 밖의 실비를 지급한다.

86. 공간정보의 구축 및 관리 등에 관한 법률상 토지소유자가 하여야 하는 신청을 대신할 수 없는 자는?(단, 등록사항 정정 대상토지는 제외한다.)

① 토지점유자
② 채권을 보전하기 위한 채권자
③ 학교용지, 도로, 수도용지 등의 지목으로 될 토지의 경우 그 해당사업의 시행자
④ 지방자치단체가 취득하는 토지의 경우 그 토지를 관리하는 지방자치단체의 장

해설 토지이동 신청의 대위
① 공공사업 등에 따라 학교용지·도로·철도용지·제방·하천·구거·유지·수도용지 등의 지목으로 되는 토지인 경우 : 해당 사업의 시행자
② 국가나 지방자치단체가 취득하는 토지인 경우 : 해당 토지를 관리하는 행정기관의 장 또는 지방자치단체의 장
③ 주택법에 따른 공동주택의 부지인 경우 : 집합건물의 소유 및 관리에 관한 법률에 따른 관리인(관리인이 없는 경우에는 공유자가 선임한 대표자) 또는 해당 사업의 시행자
④ 「민법」 제404조에 따른 채권자

87. 공간정보의 구축 및 관리 등에 관한 법률의 기본원칙이 아닌 것은?

① 토지표시의 공시
② 등록사항의 국가결정
③ 등록사항의 실질적 심사
④ 등록사항의 형식적 심사

해설 공간정보의 구축 및 관리 등에 관한 법률 제64조
①항에서 "국토교통부장관은 모든 토지에 대하여 필지별로 소재·지번·지목·면적·경계 또는 좌표 등을 조사·측량하여 지적공부에 등록하여야 한다"라고 하여 토지표시의 공시 및 등록사항의 국가결정 원칙을 말하고, ②항에서 "지적공부에 등록하는 지번·지목·면적·경계 또는 좌표는 토지의 이동이 있을 때 토지소유자의 신청을 받아 지적소관청이 결정한다. 다만, 신청이 없으면 지적소관청이 직권으로 조사·측량하여 결정할 수 있다"라고 하여 등록사항의 실질적 심사를 기본원칙으로 하고 있음을 알 수 있다.

88. 다음 중 1년 이하의 징역 또는 1천만 원 이하의 벌금에 처하는 경우는?

① 고의로 측량성과를 다르게 한 자
② 정당한 사유 없이 측량을 방해한 자
③ 지적측량수수료 외의 대가를 받은 지적측량기술자
④ 본인 또는 배우자가 소유한 토지에 대한 지적측량을 한 자

해설 1. 1년 이하의 징역 또는 1천만 원 이하의 벌금
① 무단으로 측량성과 또는 측량기록을 복제한 자
② 측량기술자가 아님에도 불구하고 측량을 한 자
③ 업무상 알게 된 비밀을 누설한 측량기술자 또는 수로기술자
④ 둘 이상의 측량업자에게 소속된 측량기술자 또는 수로기술자

⑤ 다른 사람에게 측량업등록증 또는 측량업등록수첩을 빌려주거나 자기의 성명 또는 상호를 사용하여 측량업무를 하게 한 자

⑥ 다른 사람의 측량업등록증 또는 측량업등록수첩을 빌려서 사용하거나 다른 사람의 성명 또는 상호를 사용하여 측량업무를 한 자

⑦ 지적측량수수료 외의 대가를 받은 지적측량기술자

⑧ 거짓으로 다음 각 목의 신청을 한 자
- 신규등록 신청
- 등록전환 신청
- 분할 신청
- 합병 신청
- 지목변경 신청
- 바다로 된 토지의 등록말소 신청
- 축척변경 신청
- 등록사항의 정정 신청
- 도시개발사업 등 시행지역의 토지이동 신청

⑨ 다른 사람에게 자기의 성능검사대행자 등록증을 빌려 주거나 자기의 성명 또는 상호를 사용하여 성능검사대행업무를 수행하게 한 자

⑩ 다른 사람의 성능검사대행자 등록증을 빌려서 사용하거나 다른 사람의 성명 또는 상호를 사용하여 성능검사대행업무를 수행한 자

2. 3년 이하의 징역 또는 3천만 원 이하의 벌금
측량업자나 수로사업자로서 속임수, 위력, 그 밖의 방법으로 측량업 또는 수로사업과 관련된 입찰의 공정성을 해친 자

3. 2년 이하의 징역 또는 2천만 원 이하의 벌금
① 측량기준점표지를 이전 또는 파손하거나 그 효용을 해치는 행위를 한 자
② 고의로 측량성과 또는 수로조사성과를 사실과 다르게 한 자
③ 측량업의 등록을 하지 아니하거나 거짓이나 그 밖의 부정한 방법으로 측량업의 등록을 하고 측량업을 한 자
④ 성능검사를 부정하게 한 성능검사대행자
⑤ 성능검사대행자의 등록을 하지 아니하거나 거짓이나 그 밖의 부정한 방법으로 성능검사대행자의 등록을 하고 성능검사업무를 한 자

89. 도시·군관리계획으로 결정하는 주거지역의 분류 및 설명으로 옳은 것은?

① 준주거지역 : 편리한 주거환경을 조성하기 위하여 필요한 지역
② 전용주거지역 : 양호한 주거환경을 보호하기 위하여 필요한 지역
③ 일반준주거지역 : 근린지역에서의 일용품 및 서비스의 공급을 위하여 필요한 지역
④ 일반주거지역 : 주거기능을 위주로 일부 상업기능 및 업무기능을 보완하기 위하여 필요한 지역

해설 주거지역의 분류
① 전용주거지역 : 양호한 주거환경을 보호하기 위하여 필요한 지역
② 일반주거지역 : 편리한 주거환경을 조성하기 위하여 필요한 지역
③ 준주거지역 : 주거기능을 위주로 이를 지원하는 일부 상업기능 및 업무기능을 보완하기 위하여 필요한 지역

Answer 89. ②

90. 공간정보의 구축 및 관리 등에 관한 법령상 지적위원회에 관한 설명으로 옳지 않은 것은?

① 지적위원회는 중앙지적위원회와 지방지적위원회가 있다.
② 지방지적위원회의 위원장 및 부위원장을 제외한 위원의 임기는 2년으로 한다.
③ 지방지적위원회는 지적측량 적부심사청구를 회부받은 날부터 60일 이내에 심의·의결하여야 한다.
④ 중앙지적위원회의 위원장은 국토교통부의 지적업무 담당 과장이 되고, 부위원장은 위원 중에서 임명한다.

해설 지적위원회
국토교통부에 중앙지적위원회를, 시·도에 지방지적위원회를 둔다.
1. 중앙지적위원회
   1) 기능
      지적측량 적부심사에 관한 최고 심의의결기관
   2) 심의·의결사항
      ① 지적 관련 정책 개발 및 업무 개선 등에 관한 사항
      ② 지적측량기술의 연구·개발 및 보급에 관한 사항
      ③ 지적측량 적부심사(適否審査)에 대한 재심사(再審査)
      ④ 측량기술자 중 지적분야 측량기술자의 양성에 관한 사항
      ⑤ 지적기술자의 업무정지 처분 및 징계요구에 관한 사항
   3) 중앙지적위원회 구성
      ① 위원장, 부위원장 각 1명을 포함하여 5명 이상 10명 이하의 위원으로 구성
      ② 위원장은 국토교통부 지적업무 담당국장, 부위원장은 국토교통부 지적업무 담당과장으로 구성
      ③ 위원은 지적에 관한 학식과 경험이 풍부한 자 중에서 국토교통부장관이 임명하거나 위촉하며, 임기는 2년
      ④ 중앙지적위원회의 간사는 국토교통부의 지적업무 담당 공무원 중에서 국토교통부장관이 임명하며, 회의 준비, 회의록 작성 및 회의 결과에 따른 업무 등 중앙지적위원회의 서무를 담당
2. 지방지적위원회
   1) 기능
      지적측량에 대한 적부심사청구사항의 심의·의결기관
   2) 조직의 구성 및 운영
      ① 위원장, 부위원장 각 1명을 포함하여 5명 이상 10명 이하의 위원으로 구성
      ② 위원장은 시·도 지적업무 담당국장, 부위원장은 시·도 지적업무 담당과장으로 구성
      ③ 위원은 지적에 관한 학식과 경험이 풍부한 자 중에서 국토교통부장관이 임명하거나 위촉하며, 임기는 2년
   3) 지적측량적부심사 처리절차
      ① 청구인이 관할 시·도지사에게 심사청구서에 아래 서류를 첨부하여 지적측량 적부심사를 청구
         • 토지소유자 및 이해관계인 : 지적측량을 의뢰하여 발급받은 지적측량성과
         • 지적측량수행자 : 직접 실시한 지적측량성과
      ② 시·도지사는 30일 이내에 다음 내용을 조사하여 지방지적위원회에 회부
         • 다툼이 되는 지적측량의 경위 및 그 성과
         • 해당 토지에 대한 토지이동 및 소유권 변동 연혁
         • 해당 토지 주변의 측량기준점, 경계, 주요 구조물 등 현황 실측도

③ 지방지적위원회는 60일 이내에 심의·의결(부득이한 경우 30일 이내에서 한 번만 연장 가능)하고, 의결서를 시·도지사에게 송부
④ 시·도지사는 7일 이내에 지적측량 적부심사 청구인 및 이해관계인에게 그 의결서를 통지
⑤ 의결서를 받은 자가 지방지적위원회의 의결에 불복하는 경우에는 90일 이내에 국토교통부장관에게 재심사 청구
⑥ 시·도지사는 의결서를 받은 자가 재심사를 청구하지 아니하면 그 의결서 사본을 지적소관청에 송부
⑦ 지방지적위원회 의결서 사본을 받은 지적소관청은 그 내용에 따라 지적공부의 등록사항을 정정하거나 측량성과를 수정
⑧ 지방지적위원회의 의결 후 90일 이내에 재심사를 청구하지 않는 경우에는 해당 지적측량성과에 대하여 다시 지적측량 적부심사청구를 할 수 없음

91. 다음 중 공간정보의 구축 및 관리 등에 관한 법률의 목적으로 볼 수 없는 것은?

① 해상교통의 안전
② 토지개발의 촉진
③ 국토의 효율적 관리
④ 국민의 소유권 보호에 기여

해설 공간정보의 구축 및 관리 등에 관한 법률의 목적
측량 및 수로조사의 기준 및 절차와 지적공부(地籍公簿)·부동산종합공부(不動産綜合公簿)의 작성 및 관리 등에 관한 사항을 규정함으로써 국토의 효율적 관리와 해상교통의 안전 및 국민의 소유권 보호에 기여함을 목적으로 한다.

92. 국토의 계획 및 이용에 관한 법률상 입지규제최소구역에서의 다른 법률 규정을 적용하지 아니할 수 있는 사항으로 옳지 않은 것은?

① 「도로법」 제40조에 따른 접도구역
② 「주차장법」 제19조에 따른 부설주차장의 설치
③ 「문화예술진흥법」 제9조에 따른 건축물에 대한 미술작품의 설치
④ 「주택법」 제35조에 따른 주택의 배치, 부대시설·복리시설의 설치기준 및 대지조성 기준

해설 입지규제최소구역에서의 다른 법률의 적용 특례(다른 법률 규정을 적용하지 않을 수 있는 사항)
① 「주택법」 제35조에 따른 주택의 배치, 부대시설·복리시설의 설치기준 및 대지조성기준
② 「주차장법」 제19조에 따른 부설주차장의 설치
③ 「문화예술진흥법」 제9조에 따른 건축물에 대한 미술작품의 설치

93. 다음 중 지적소관청이 관할 등기관서에 등기촉탁을 하는 사유에 해당되지 않는 것은?

① 축척변경
② 신규등록
③ 등록사항의 직권정정
④ 행정구역 개편에 따른 지번부여

해설 등기촉탁의 대상
① 토지의 이동이 있는 경우(신규등록 제외)
② 지번을 변경한 때
③ 축척변경을 한 때

Answer 91. ② 92. ① 93. ②

④ 바다로 된 토지의 등록말소
⑤ 행정구역 명칭변경
⑥ 등록사항의 오류를 지적소관청이 직권으로 조사, 측량하여 정정한 때

94. 공간정보의 구축 및 관리 등에 관한 법령상 용어의 정의로 옳은 것은?

① "경계점"이란 구면좌표를 이용하여 계산한다.
② "토지의 이동"이란 토지의 표시를 새로이 정하는 경우만을 말한다.
③ "지적공부"란 정보처리시스템에 저장된 것을 제외한 토지대장, 임야대장 등을 말한다.
④ "토지의 표시"란 지적공부에 토지의 소재·지번·지목·면적·경계 또는 좌표를 등록한 것을 말한다.

해설 1. 경계점 : 필지를 구획하는 선의 굴곡점으로서 지적도나 임야도에 도해(圖解) 형태로 등록하거나 경계점좌표등록부에 좌표 형태로 등록하는 점을 말한다.
2. 토지의 이동 : 토지의 표시를 새로 정하거나 변경 또는 말소하는 것을 말한다.
3. 지적공부 : 토지대장, 임야대장, 공유지연명부, 대지권등록부, 지적도, 임야도 및 경계점좌표등록부 등 지적측량 등을 통하여 조사된 토지의 표시와 해당 토지의 소유자 등을 기록한 대장 및 도면(정보처리시스템을 통하여 기록·저장된 것을 포함한다)을 말한다.

95. 부동산등기법상 등기관이 토지 등기기록의 표제부에 기록하여야 하는 사항으로 옳지 않은 것은?

① 경계
② 면적
③ 지목
④ 지번

해설 토지 등기기록의 표제부에 기록하여야 할 사항
① 표시번호
② 접수연월일
③ 소재와 지번
④ 지목
⑤ 면적
⑥ 등기원인

96. 부동산등기법상 토지가 멸실된 경우 그 토지소유권의 등기명의인은 그 사실이 있는 때부터 얼마 이내에 그 등기를 신청하여야 하는가?

① 1개월 이내
② 2개월 이내
③ 3개월 이내
④ 6개월 이내

해설 멸실등기의 신청
토지가 멸실된 경우에는 그 토지 소유권의 등기명의인은 그 사실이 있는 때부터 1개월 이내에 그 등기를 신청하여야 한다.

Answer 94. ④ 95. ① 96. ①

97. 공간정보의 구축 및 관리 등에 관한 법률상 지적공부 등록사항의 정정에 대한 내용으로 옳지 않은 것은?

① 등록사항의 정정이 토지소유자에 관한 사항일 경우 지적공부등본에 의하여야 한다.
② 토지소유자는 지적공부의 등록사항에 잘못이 있음을 발견하면 지적소관청에 그 정정을 신청할 수 있다.
③ 지적소관청은 지적공부의 등록사항에 잘못이 있음을 발견하면 대통령령으로 정하는 바에 따라 직권으로 조사·측량하여 정정할 수 있다.
④ 등록사항의 정정으로 인접 토지의 경계가 변경되는 경우 그 정정은 인접 토지소유자의 승낙서를 제출하여야 한다.(토지소유자가 승낙하지 아니하는 경우는 이에 대항할 수 있는 확정판결서 정본을 제출한다.)

해설 등록사항의 정정
1. 의의
   지적공부의 등록사항에 잘못이 있음을 발견한 때 토지소유자의 신청 또는 지적소관청이 직권으로 조사·측량하여 정정하는 것을 말한다.
2. 등록사항의 직권정정
   1) 대상
      ① 토지이동정리 결의서의 내용과 다르게 정리된 경우
      ② 지적도 및 임야도에 등록된 필지가 면적의 증감 없이 경계의 위치만 잘못된 경우
      ③ 필지가 각각 다른 지적도나 임야도에 등록되어 있는 경우로서 지적공부에 등록된 면적과 측량한 실제면적은 일치하지만 지적도나 임야도에 등록된 경계가 서로 접합되지 않아 지적도나 임야도에 등록된 경계를 지상의 경계에 맞추어 정정하여야 하는 토지가 발견된 경우
      ④ 지적공부의 작성 또는 재작성 당시 잘못 정리된 경우
      ⑤ 지적측량성과와 다르게 정리된 경우
      ⑥ 지적측량의 적부심사에 따라 지적공부의 등록사항을 정정하여야 하는 경우
      ⑦ 지적공부의 등록사항이 잘못 입력된 경우
      ⑧ 「부동산등기법」제37조 제2항에 따른 통지가 있는 경우(지적소관청의 착오로 잘못 합병한 경우만 해당)
      ⑨ 면적 환산이 잘못된 경우
   2) 지적공부의 등록사항 중 경계나 면적 등 측량을 수반하는 토지의 표시가 잘못된 경우에는 지적소관청은 그 정정이 완료될 때까지 지적측량을 정지시킬 수 있다.
   3) 등록사항의 정정 신청(인접 토지의 경계가 변경되는 경우)
      ① 인접 토지소유자의 승낙서
      ② 인접 토지소유자가 승낙하지 아니하는 경우에는 이에 대항할 수 있는 확정판결서 정본
   4) 토지소유자가 등록사항정정 신청 시 제출서류
      ① 경계 또는 면적의 변경을 가져오는 경우 : 등록사항정정 측량성과도
      ② 그 밖에 등록사항을 정정하는 경우 : 변경사항을 확인할 수 있는 서류
3. 토지소유자에 관한 등록사항의 정정
   1) 등기필증, 등기완료통지서, 등기사항증명서 또는 등기관서에서 제공한 등기전산정보자료에 따라 정정
   2) 미등기 토지에 대하여 토지소유자의 성명 또는 명칭, 주민등록번호, 주소 등에 관한 사항의 정정을 신청한 경우로서 그 등록사항이 명백히 잘못된 경우에는 가족관계 기록사항에 관한 증명서에 따라 정정

Answer 97. ①

98. 측량업자로서 속임수, 위력(威力), 그 밖의 방법으로 측량업과 관련된 입찰의 공정성을 해친 자에 대한 벌칙 기준은?

① 300만 원 이하의 과태료
② 1년 이하의 징역 또는 1천만 원 이하의 벌금
③ 2년 이하의 징역 또는 2천만 원 이하의 벌금
④ 3년 이하의 징역 또는 3천만 원 이하의 벌금

해설 3년 이하의 징역 또는 3천만 원 이하의 벌금
측량업자나 수로사업자로서 속임수, 위력, 그 밖의 방법으로 측량업 또는 수로사업과 관련된 입찰의 공정성을 해친 자

99. 국토교통부장관, 해양수산부장관 또는 시·도지사가 측량업자에게 측량업의 등록을 취소하거나 1년 이내의 기간을 정하여 영업의 정지를 명할 수 있는 경우에 해당하지 않는 것은?

① 고의 또는 과실로 측량을 부정확하게 한 경우
② 거짓이나 그 밖의 부정한 방법으로 측량업의 등록을 한 경우
③ 지적측량업자가 업무 범위를 위반하여 지적측량을 한 경우
④ 정당한 사유 없이 측량업의 등록을 한 날부터 1년 이내에 영업을 시작하지 아니한 경우

해설 측량업의 등록취소 등의 대상
① 고의 또는 과실로 측량을 부정확하게 한 경우
② 정당한 사유 없이 측량업의 등록을 한 날부터 1년 이내에 영업을 시작하지 아니하거나 계속하여 1년 이상 휴업한 경우
③ 측량업 등록사항의 변경신고를 하지 아니한 경우
④ 지적측량업자가 업무 범위를 위반하여 지적측량을 한 경우
⑤ 지적측량업자가 지적측량수행자의 성실의무 등을 위반한 경우
⑥ 보험가입 등 필요한 조치를 하지 아니한 경우
⑦ 지적측량업자가 지적측량수수료를 고시한 금액보다 과다 또는 과소하게 받은 경우
⑧ 다른 행정기관이 관계 법령에 따라 등록취소 또는 영업정지를 요구한 경우

100. 지적측량 시행규칙에 따른 지적측량의 실시기준 중 지적도근점측량을 실시하여야 하는 경우로 옳은 것은?

① 측량지역의 지형상 지적삼각점의 재설치가 필요한 경우
② 세부측량을 하기 위하여 지적삼각보조점의 설치가 필요한 경우
③ 측량지역의 면적이 해당 지적도 1장에 해당하는 면적 이상인 경우
④ 지적도근점의 설치 또는 재설치를 위하여 지적삼각점이나 지적삼각보조점의 설치가 필요한 경우

해설 지적도근점측량을 실시해야 하는 경우
① 축척변경을 위한 측량을 하는 경우
② 도시개발사업 등으로 인하여 지적확정측량을 하는 경우
③ 「국토의 계획 및 이용에 관한 법률」의 도시지역에서 세부측량을 하는 경우
④ 측량지역의 면적이 해당 지적도 1장에 해당하는 면적 이상인 경우
⑤ 세부측량을 하기 위하여 특히 필요한 경우

2020년 기출문제

2020년 통합 제1·2회 지적기사

2020년 제3회 지적기사

2020년 제4회 지적기사

Engineer Cadastral Surveying

2020년 통합 제1·2회 지적기사

01 지적측량

01. 중부원점지역에 설치된 지적삼각점의 경위도좌표에 해당되는 것은?

① 북위 37°43′23″ 동경 129°58′53″
② 북위 36°56′18″ 동경 128°34′35″
③ 북위 35°32′36″ 동경 126°24′36″
④ 북위 34°23′14″ 동경 125°21′46″

해설 중부원점지역의 경위도
경도는 동경 127°00′, 위도는 북위 38°00′이며 적용구역은 동경 126°~128° 사이이다.

02. 지적도의 축척이 600분의 1인 지역에서 산출면적이 327.55m²일 때 결정면적은?

① 327m²
② 327.5m²
③ 327.6m²
④ 328m²

해설 공간정보의 구축 및 관리 등에 관한 법률 시행령 제60조(면적의 결정 및 측량계산의 끝수처리)
지적도의 축척이 600분의 1인 지역과 경계점좌표등록부에 등록하는 지역의 토지 면적은 제곱미터 이하 한 자리 단위로 한다.

03. 지적도근점측량에서 변장거리가 200m, 측점에서 5cm 오차가 있었다면 측각치의 오차는?

① 22″
② 32″
③ 42″
④ 52″

해설 $\theta = \dfrac{\rho''}{S} \times s = \dfrac{206265''}{200} \times s = 52''$

04. 각을 측정할 때 발생할 수 있는 오차에 해당되지 않는 것은?

① 정오차
② 과대오차
③ 우연오차
④ 확률중등오차

해설 각을 측정할 때 발생할 수 있는 오차 : 정오차, 과대오차, 우연오차

Answer 1. ③ 2. ③ 3. ④ 4. ④

05. 다음 중 경위의측량방법과 평판측량방법으로 세부측량을 할 때 측량준비 파일 작성에 공통적으로 포함되는 사항이 아닌 것은?

① 도곽선과 그 수치
② 행정구역선과 그 명칭
③ 측량대상 토지의 지번 및 지목
④ 인근 토지의 경계점의 좌표 및 경계선

해설 지적측량 시행규칙 제17조(측량준비 파일의 작성)

경위의측량방법에 의한 측량준비도 기재사항	평판측량방법에 의한 측량준비도 기재사항
1. 측량대상 토지의 경계와 경계점의 좌표 및 부호도·지번·지목 2. 인근 토지의 경계와 경계점의 좌표 및 부호도·지번·지목 3. 행정구역선과 그 명칭 4. 지적측량기준점 및 그 번호와 지적측량기준점 간의 방위각 및 그 거리 5. 경계점 간 계산거리 6. 도곽선과 그 수치 7. 그 밖에 국토교통부장관이 정하는 사항	1. 측량대상 토지의 경계선·지번 및 지목 2. 인근 토지의 경계선·지번 및 지목 3. 임야도를 비치하는 지역에서 인근 지적도의 축척으로 측량을 하고자 하는 때에는 임야도에 표시된 경계점의 좌표를 구하여 지적도에 전개한 경계선. 다만, 임야도에 표시된 경계점의 좌표를 구할 수 없거나 그 좌표에 의하여 확대하여 그리는 것이 부적당한 때에는 축척비율에 따라 확대한 경계선을 말한다. 4. 행정구역선과 그 명칭 5. 지적측량기준점 및 그 번호와 지적측량기준점 간의 거리, 지적측량기준점의 좌표, 그 밖에 측량의 기점이 될 수 있는 기지점 6. 도곽선과 그 수치 7. 도곽선의 신축이 0.5밀리미터 이상인 때에는 그 신축량 및 보정계수 8. 그 밖에 국토교통부장관이 정하는 사항

06. 전자면적측정기에 의한 면적측정 기준에 대한 설명으로 옳은 것은?

① 측정면적은 1만분의 1제곱미터까지 계산하여 10분의 1제곱미터 단위로 정한다.
② 측정면적은 1천분의 1제곱미터까지 계산하여 10분의 1제곱미터 단위로 정한다.
③ 측정면적은 1천분의 1제곱미터까지 계산하여 100분의 1제곱미터 단위로 정한다.
④ 측정면적은 1만분의 1제곱미터까지 계산하여 100분의 1제곱미터 단위로 정한다.

해설 지적측량 시행규칙 제20조(면적측정의 방법 등)
좌표면적계산법에 따른 산출면적은 1천분의 1제곱미터까지 계산하여 10분의 1제곱미터 단위로 정한다.

07. 다음 그림에서 전제장 $l(\overline{PA} = \overline{PB})$의 길이(㉠)와 전제면적(㉡)으로 옳은 것은?(단, $\theta = 82°21'50''$, $L = 5$m이다.)

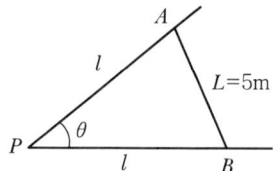

① ㉠ : 3.364m, ㉡ : 9.74m²   ② ㉠ : 3.797m, ㉡ : 7.14m²
③ ㉠ : 3.896m, ㉡ : 18.82m² ④ ㉠ : 3.988m, ㉡ : 14.29m²

해설 전제장 $l = \dfrac{L}{2} \times \csc\dfrac{\theta}{2} = \dfrac{5}{2} \times \csc\dfrac{82°21'50''}{2} = 3.797\text{m}$

전제면적 $A = \left(\dfrac{L}{2}\right)^2 \times \cot\dfrac{\theta}{2} = \left(\dfrac{5}{2}\right)^2 \times \cot\dfrac{82°21'50''}{2} = 7.14\text{m}^2$

08. 전파기 또는 광파기측량방법에 따라 다각망도선법으로 지적삼각보조점측량을 할 때 기지점과 교점을 포함하여 1도선의 점의 수는 몇 점 이하로 하여야 하는가?

① 5점 이하   ② 10점 이하
③ 15점 이하 ④ 20점 이하

해설 지적측량 시행규칙 제10조(지적삼각보조점측량)
1도선(기지점과 교점 간 또는 교점과 교점 간을 말한다)의 점의 수는 기지점과 교점을 포함하여 5개 이하로 한다.

09. 토털스테이션을 이용한 작업의 장점으로 가장 거리가 먼 것은?

① 각과 거리를 동시에 측정할 수 있다.
② 전자기록 장치를 사용할 수 있어 작업효율이 높다.
③ 날씨나 장애물의 영향을 받지 않아 항상 작업이 가능하다.
④ 측정에 있어 사용자에 따른 눈금읽기 오차로 인한 실수를 피할 수 있다.

해설 토털스테이션은 날씨나 장애물의 영향을 받는다.

10. 지적도근점측량에서 측각오차를 배부할 때 소수점 아래의 단수처리방법은?

① 모두 올린다.   ② 모두 버린다.
③ 4사 5입법에 의한다.   ④ 5사 5입법에 의한다.

해설 측각오차의 배부는 5사 5입법에 의한다.

11. 표준자보다 5cm 긴 50m의 줄자를 이용하여 정방형 토지의 면적을 측정한 결과 40,000m²이었다면, 이 토지의 정확한 면적은?

① 39,920m²   ② 39,980m²
③ 40,080m²   ④ 40,100m²

해설 40,000m²의 정방형 한 변의 길이 $l = \sqrt{40,000} = 200$m
200m를 50m 줄자로 재려면 200 ÷ 50 = 4회
$D_0 = D\left(1 + \dfrac{c}{L}\right) = 200\left(1 + \dfrac{0.05}{50}\right) = 200.2$m
정방형 토지의 면적 = 200.2 × 200.2 = 40,080.04m²

12. 지적삼각보조점측량에서 지적삼각보조점을 구성할 수 있는 망 형태로 옳은 것은?

① 교회망 또는 교점다각망
② 사각망 또는 교점다각망
③ 삼각쇄망 또는 교점다각망
④ 유심다각망 또는 교점다각망

해설 지적측량 시행규칙 제10조(지적삼각보조점측량)
지적삼각보조점은 교회망 또는 교점다각망(交點多角網)으로 구성한다.

13. 지적삼각점의 선점에 대한 설명으로 옳지 않은 것은?

① 사용이 편리하고 발견이 쉬운 장소가 좋다.
② 측량 지역의 특정 장소에 밀집하여 배치하도록 한다.
③ 지반이 견고하고, 가급적 시준선상에 장애물이 없도록 한다.
④ 후속 측량에 편리하고 영구적으로 보존할 수 있는 위치이어야 한다.

해설 지적삼각점 선점 시 주의사항
1. 각 삼각점은 서로 잘 볼 수 있을 뿐만 아니라 상호간에 심한 고저차가 없도록 한다.
2. 표지와 기계를 설치하였을 때 동요하지 않고 영구보존 할 수 있도록 지반이 견고하여야 한다.
3. 후속측량에 편리하고 교통, 철탑 등 장애물의 영향을 받지 않아야 한다.
4. 변의 길이가 사용하는 기계의 망원경으로 충분히 정확하게 시준 할 수 있는 거리이어야 한다.
5. 망조직이 간편하고 평균계산이 편리해야 한다.
6. 벌목을 많이 하여야 하거나, 높은 시준탑을 세우지 않아도 관측할 수 있어야 한다.
7. 측량대상 지역 전체를 감쌀 수 있도록 하여야 한다.

14. 수평각 측정에 있어서 측점에 편심이 있었을 때 측정한 측각오차에 관한 설명 중 옳지 않은 것은?

① 측각오차는 편심량과 편심방향에 관계가 있다.
② 측각오차의 크기는 보통 측점거리에 비례한다.
③ 편심방향이 시준방향에 직각인 경우에 측각오차가 가장 크다.
④ 시준방향과 편심방향이 같을 때에는 측각오차가 거의 없다.

해설 측각오차의 크기는 측점거리에 비례하지 않는다.

15. 시·도지사가 지적삼각점성과를 관리할 때 지적삼각점성과표에 기록·관리하여야 하는 사항이 아닌 것은?

① 자오선수차
② 좌표 및 표고
③ 소재지와 측량연월일
④ 번호 및 위치의 약도

해설 지적측량 시행규칙 제4조(지적기준점성과표의 기록·관리 등)

지적삼각점성과표	지적삼각보조점 및 지적도근점성과표
• 지적삼각점의 명칭과 기준 원점명 • 좌표 및 표고 • 경도 및 위도(필요한 경우로 한정한다) • 자오선수차(子午線收差) • 시준점(視準點)의 명칭, 방위각 및 거리 • 소재지와 측량연월일 • 그 밖의 참고사항	• 번호 및 위치의 약도 • 좌표와 직각좌표계 원점명 • 경도와 위도(필요한 경우로 한정한다) • 표고(필요한 경우로 한정한다) • 소재지와 측량연월일 • 도선등급 및 도선명 • 표지의 재질 • 도면번호 • 설치기관 • 조사연월일, 조사자의 직위·성명 및 조사 내용

16. 경위의측량방법에 따른 세부측량의 기준으로 옳은 것은?

① 거리측정단위는 0.01cm로 한다.
② 경계점의 점간거리는 1회 측정한다.
③ 관측은 30초독 이상의 경위의를 사용한다.
④ 수평각의 관측은 1대회의 방향관측법이나 2배각의 배각법에 따른다.

해설 지적측량 시행규칙 제18조(세부측량의 기준 및 방법 등)
1. 거리측정단위는 1센티미터
2. 점간거리를 측정하는 경우에는 2회 측정
3. 관측은 20초독 이상의 경위의 사용

17. 30m의 줄자로 120m의 거리를 4구간으로 나누어 측정하였다. 구간마다 ±5mm의 우연오차가 발생하였다면, 전 구간에서 발생할 우연오차는?

① ±5mm
② ±10mm
③ ±15mm
④ ±20mm

해설 우연오차 $= \pm\delta\sqrt{n} = \pm 5\sqrt{4} = \pm 10mm$

18. 평판측량방법으로 조준의를 사용하여 경사거리를 측정한 결과가 아래와 같은 경우 수평거리로 옳은 것은?(단, 경사거리는 74.3m, 경사분획은 6.5이다.)

① 72.3m
② 74.1m
③ 81.1m
④ 82.3m

해설 $L = l \times \dfrac{1}{\sqrt{1+(\dfrac{n}{100})^2}} = 74.3 \times \dfrac{1}{\sqrt{1+(\dfrac{6.5}{100})^2}} = 74.1m$

Answer 16. ④ 17. ② 18. ②

19. 30m 표준자보다 20mm가 짧은 스틸테이프를 사용하여 두 점의 거리를 측정한 결과 1.5km일 때, 두 점의 실제 거리는?

① 1,486m
② 1,490m
③ 1,494m
④ 1,499m

해설 $D_0 = D(1 - \frac{c}{L}) = 1,500(1 - \frac{0.02}{30}) = 1,499\text{m}$

여기서, D : 측정거리, c : 줄자오차, L : 실제 줄자길이

20. 배각법으로 지적도근점측량을 실시한 결과 횡선오차(f_y)가 +0.16m, 횡선차(Δy)의 절대치의 합계가 396.28일 때, 4cm를 배분할 횡선차는?

① 75.36m
② 86.95m
③ 99.07m
④ 105.30m

해설 $l = \frac{L}{e} \times C = \frac{396.28}{16} \times 4 = 99.07\text{m}$

02 응용측량

SUBJECT

21. 정밀도저하율(DOP)의 종류에 대한 설명으로 틀린 것은?

① GDOP : 기하학적 정밀도저하율
② HDOP : 시간 정밀도저하율
③ RDOP : 상대 정밀도저하율
④ PDOP : 위치 정밀도저하율

해설 GNSS 오차는 수신기와 위성들 간의 기하학적 배치에 따라 영향을 받으며 이때 측위 정확도의 영향을 표시하는 계수로 DOP(정밀도저하율)가 사용되며, GDOP(기하학적 정밀도저하율), PDOP(위치 정밀도저하율), HDOP(수평 정밀도저하율), VDOP(수직 정밀도저하율), RDOP(상대 정밀도저하율), TDOP(시간 정밀도저하율)로 구분된다.

22. 반지름 100m의 단곡선을 설치하기 위하여 교각 I를 관측하였더니 60°이었다. 곡선시점과 교점(IP) 간의 거리는?

① 45.25m
② 55.57m
③ 57.74m
④ 81.37m

해설 곡선시점(BC)과 교점(IP)과의 거리는 접선장을 말하며

$$접선장(TL) = R \tan \frac{I}{2} = 100 \tan \frac{60}{2} = 57.735\text{m}$$

23. GNSS 측량 시 이중주파수 관측을 통해 실질적으로 소거할 수 있는 오차는?

① 다중경로 오차
② 전리층 굴절 오차
③ 대류권 굴절 오차
④ 위성궤도 오차

해설 GNSS 신호의 반송파 정보는 PRN 부호와 항법메시지로 이루어져 있으며 L_1 반송파는 1,575.42MHz(154× 10.23MHz) 주파수, L_2 반송파는 1,227.60MHz(120× 10.23MHz) 주파수로 전송한다. 반송파 관측방식에 의한 위치결정원리는 위성에서 보낸 파장과 지상에서 수신된 파장의 위상차를 관측하여 거리를 측정하고, 이중주파수 수신기를 사용하면 GNSS 오차 중 전리층에 의한 전파지연의 오차를 예방할 수 있다.

24. 표고가 동일한 A, B 두 지점에서 지구중심 방향으로 깊이 1,000m인 수직터널을 각각 굴착하였다. 지표에서 150m 떨어진 두 점 간의 수평거리와 지하 1,000m 깊이의 두 점 간 수평거리의 차이는?(단, 지구의 반지름은 6,370km이다.)

① 2cm
② 4cm
③ 6cm
④ 8cm

해설 비례식을 이용하여 풀이하면 지구의 반지름(R)을 6,370km로 가정하고

$$6,370,000 : (6,370,000 - 1,000) = 150 : x, \quad x = \frac{6,369,000 \times 150}{6,370,000} = 149.9764\text{m}$$

$150 - 149.9764 = 0.02\text{m}$

25. 위성을 이용한 원격탐사의 일반적인 특징에 대한 설명으로 옳지 않은 것은?

① 넓은 지역을 짧은 시간에 관측할 수 있다.
② 육안으로 식별되지 않는 대상도 측정할 수 있다.
③ 어떤 대상이든 원하는 시간에 쉽게 관측할 수 있다.
④ 관측 시야각이 작아 취득한 영상은 정사투영에 가깝다.

해설 원격탐사

비행기나 인공위성 등에 탑재된 센서(Sensor)를 사용하여 지표의 대상물에서 반사 또는 방사된 전자 스펙트럼을 측정하고 이들의 자료를 이용하여 대상물이나 현상에 관한 정보를 얻는 기법으로 원격탐사의 특징은 다음과 같다.
- 짧은 시간내에 넓은 지역을 동시에 측정할 수 있으며 반복 측정이 가능하다.
- 다중파장대에 의한 지구표면 정보획득이 용이하여 측정자료가 기록되어 판독이 자동적이고 정량화가 가능하다.
- 회전주기가 일정하므로 원하는 지점 및 시기에 관측하기 어렵다.
- 관측이 좁은 시야각으로 얻은 영상은 정사투영에 가깝다.
- 탐사된 자료가 즉시 이용될 수 있으며 재해, 환경문제 해결에 편리하다.

Answer 23. ② 24. ① 25. ③

26. 그림과 같이 2개의 산꼭대기가 서로 만나는 곳으로 좋은 교통로가 되는 고개부분을 무엇이라 하는가?

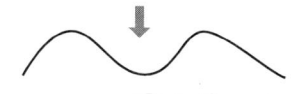

① 안부　　② 요지　　③ 능선　　④ 경사변환점

해설 안부란 산의 능선이 낮아져서 말안장 모양으로 된 곳을 말하며, 곡두침식(谷頭浸蝕)이 양쪽에서 일어나 능선이 낮아진 데서 생긴다. 산을 넘는 교통로는 대체로 이 부분을 이용하며 '고개'라고 부른다.

27. 교각 $I=60°$, 곡선반지름 $R=150m$인 노선의 기점에서 교점(IP)까지의 추가거리가 210.60m일 때 시단현의 편각은?(단, 중심말뚝은 40m마다 설치하는 것으로 가정한다.)

① 0°45′50″　　② 3°03′59″　　③ 6°16′20″　　④ 6°52′32″

해설 노선측량에서 $TL = R\tan\dfrac{I}{2} = 150\tan 30° = 86.6025$

노선 출발점에서 곡선시점까지의 거리 $BC = IP - TL = 210.60 - 86.60 = 124m$

∴ 노선출발점에서 곡선시점까지의 Chain당 거리 $BC = 124 ÷ 40 = No.3 + 4m$

시단현의 길이(l) 1Chain당 거리(40m) − 4m = 36m

∴ 시단현의 편각(σ) = $1718.87' \dfrac{l}{R} = 1718.87' \dfrac{36}{150} = 6°52'31.73''$

28. 축척 1 : 50000 지도상에서 도상거리가 8cm인 두 점 사이의 실제거리는?

① 1.6km　　② 4km　　③ 8km　　④ 16km

해설 실제거리 = 축척 × 도상거리 = 50,000 × 0.08 = 4,000m = 4km

29. 완화곡선의 성질에 대한 설명으로 옳은 것은?

① 완화곡선의 반지름은 종점에서 무한대가 된다.
② 완화곡선은 원곡선이 연속되는 경우에 설치되는 것으로 원곡선과 원곡선 사이에 설치하는 곡선이다.
③ 완화곡선의 접선은 종점에서 직선에 접한다.
④ 완화곡선의 종점에 있는 캔트는 원곡선의 캔트와 같게 된다.

해설 완화곡선
차량이 직선부에서 곡선부분으로 방향을 바꾸면 반지름이 달라지기 때문에 설치하는 선으로, 주로 차량에 사용되며 완화곡선의 특징은 다음과 같다.
- 곡선반경은 완화곡선의 시점에서 무한대, 종점에서 원곡선 R로 된다.
- 완화곡선의 접선은 시점에서 직선에, 종점에서 원호에 접한다.
- 완화곡선에 연한 곡선반경의 감소율은 캔트의 증가율과 동률(다른 부호)로 되고, 또 종점에 있는 캔트는 원곡선의 캔트와 같게 된다.

30. 수치사진측량의 영상정합(Image Matching)방법에 해당되지 않는 것은?

① 형상기준 정합
② 미분연산자 정합
③ 영역기준 정합
④ 관계형 정합

해설 영상정합(Image Matching)은 영상 중 한 영상의 한 위치에 해당하는 실제의 객체가 다른 영상의 어느 위치에 형성 되었는지 발견하는 작업으로서 상응하는 위치를 발견하기 위해서 유사성 측정을 이용하며 형상기준 정합, 영역기준 정합, 관계형 정합으로 구분된다.

31. 지형측량에서 산지의 형상, 토지의 기복 등을 나타내기 위한 지형의 표시방법이 아닌 것은?

① 등고선법
② 방사법
③ 음영법
④ 영선법

해설 지형의 표시방법에는 영선법(게바법, 우모법), 음영법(명암법), 점고선법, 등고선법이 있다.

32. GPS에 이용되는 WGS84 좌표계는 다음 중 어디에 해당하는가?

① 경위도좌표계
② 극좌표계
③ 평면직교좌표계
④ 지심좌표계

해설 WGS84(World Geodetic System 1984)는 전 세계에서 사용할 수 있는 통일좌표계로 세계측지측량기준계인 지심좌표계이다.

33. 항공사진의 특수 3점 중 기복변위의 중심점이 되는 것은?

① 연직점 ② 주점 ③ 등각점 ④ 표정점

해설 사진측량에서 사진상의 특수 3점에는 주점, 연직점, 등각점이 있다.
1. 주점 : 사진의 중심점으로 렌즈의 중심으로부터 화면상에 내린 수선의 발을 말한다.
2. 연직점 : 렌즈의 중심으로부터 지표면에 내린 수선의 발로 지표면과 수직으로 지표면에 기복이 있을 때 방사상의 기복변위가 발생한다.
3. 등각점 : 주점과 연직점을 2등분하여 교차하는 점을 말한다.

34. A, B 두 지점 간 지반고의 차를 구하기 위하여 왕복 관측한 결과, 그림과 같은 관측값을 얻었다. 지반고 차의 최확값은?

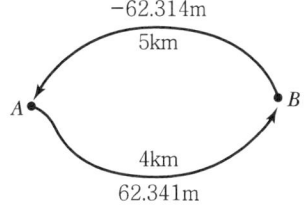

① 62.326m ② 62.329m ③ 62.334m ④ 62.341m

Answer 30. ② 31. ② 32. ④ 33. ① 34. ②

해설 경중률 $P_a : P_b = \dfrac{1}{4} : \dfrac{1}{5} = 5 : 4$

$$L = \dfrac{P_1 l_1 + P_2 l_2}{P_1 + P_2} = \dfrac{(62.341 \times 5) + (62.314 \times 4)}{5 + 4} = 62.329\text{m}$$

35. 등고선을 이용하여 결정하는 지성선(地性線)과 거리가 먼 것은?

① 삼각망 기선 ② 최대 경사선
③ 계곡선 ④ 능선

해설 지성선 : 지표면을 다수의 평면으로 이루어졌다고 생각할 때 이 평면의 접합부, 즉 접선을 말하며 지세선이라도 하며 능선(분수선), 합수선(합곡선, 계곡선), 경사변환선, 최대경사선으로 나뉜다.

36. 수준측량에서 중간시가 많을 경우 가장 편리한 야장기입법은?

① 승강식 ② 고차식 ③ 기고식 ④ 하강식

해설 기고식은 노선측량의 종단측량이나 횡단측량에 많이 쓰이며 중간시(간시)가 많을 때 편리하게 사용하는 야장기입방법이다.

37. 초점거리 15cm, 사진의 크기 23cm×23cm, 축척 1 : 20,000, 촬영기준면으로부터 종중복도 60%가 되도록 수립된 촬영계획을 촬영종기선장을 유지하며 종중복도를 50%로 변경하였을 때, 비행고도의 변화량은?

① 333m ② 420m ③ 550m ④ 600m

해설 촬영종기선길이$(B) = a \cdot m (1 - \dfrac{p}{100}) = 0.23 \times 20,000 (1 - \dfrac{60}{100}) = 1,840\text{m}$

비행고도=축척×초점거리=0.15×20,000=3,000m, 촬영종기선장을 유지한다고 하면

$1,840 = a \cdot m (1 - \dfrac{p}{100})$, $m = \dfrac{1,840}{0.23 \times 0.5} = 16,000$

비행고도=축척×초점거리=0.15×16,000=2,400m
∴ 비행고도의 차 3,000 − 2,400 = 600m

38. 터널측량에 대한 설명으로 틀린 것은?

① 터널 내 측량은 주로 굴착방향과 표고를 결정하기 위하여 실시한다.
② 터널 내·외 연결 측량은 지상측량의 좌표와 지하측량의 좌표를 연결하기 위하여 실시한다.
③ 터널 외 측량은 주로 굴착을 위한 기준점 설치를 목적으로 한다.
④ 세부측량은 터널의 단면 변형과 변위관리를 위해 시공 후 실시한다.

해설 터널측량은 도로, 철도 등 수평에 가까운 터널측량뿐만 아니라 수직갱, 경사갱 등도 포함되며 크게 갱외측량, 갱내측량, 갱내외 수준측량, 갱내외 연결측량으로 구분하며 측량방법은 트랜싯에 의한 트래버스측량 등을 한다.
※ 세부측량은 단면 변형과 변위 관리를 위해 시공 전 실시한다.

39. 노선측량의 완화곡선에서 클로소이드에 대한 설명으로 옳지 않은 것은?

① 클로소이드는 곡률이 곡선의 길이에 비례한다.
② 모든 클로소이드는 닮은꼴이다.
③ 종단곡선 설치에 가장 효과적이다.
④ 클로소이드의 요소에는 길이의 단위를 갖는 것과 단위가 없는 것이 있다.

해설 클로소이드 곡선은 곡률이 곡선장에 비례하는 곡선을 말하며 자동차가 일정속도로 달리고 그 앞바퀴의 회전속도를 일정하게 유지할 경우 그리는 운동궤적은 클로소이드가 되며 고속주행 도로에 적합하다. 클로소이드는 나선의 일종으로 수평곡선이다.
※ 종단곡선 설치에는 수직곡선을 사용한다.

40. 수준측량의 오차 중 우연오차에 해당되는 것은?

① 지구의 곡률에 의한 오차
② 빛의 굴절에 의한 오차
③ 표척의 눈금이 표준(검정)길이와 달라 발생하는 오차
④ 순간적인 레벨 시준측 변위에 의한 읽음 오차

해설 우연오차
발생 원인이 불명확하거나 원인을 알아도 오차가 일정하게 누적되지 않는 오차를 말하며 원인으로는 테이프나 체인의 눈금을 정확히 읽지 못하거나 온도가 측정 중에 시시각각 변할 때, 측정 중 장력을 유지하지 못하였을 때, 눈금의 수를 정확하게 읽을 수 없을 때 등이 있다.

03 토지정보체계론

SUBJECT

41. 토지대장의 데이터베이스 관리시스템은?

① C-ISAM
② Infor Database
③ Access Database
④ RDBMS(Relational DBMS)

해설 RDBMS(Relational Database Management System, 관계형 데이터베이스 관리시스템)의 특징
- 데이터베이스의 한 종류로, 역사가 오래되어 가장 신뢰성이 높고, 데이터 분류·정렬·탐색 속도가 빠름
- 관계형 데이터베이스란 2차원 테이블 형식을 이용하여 데이터를 정의하고 설명하는 데이터 모델
- 관계형 데이터베이스에서는 데이터를 속성과 데이터값으로 구조화(2차원 Table 형태로 만들어짐)
※ 데이터 구조화 : 속성과 데이터값 사이에서 관계를 찾아내고 이를 테이블 모양의 구조로 도식화

Answer 39. ③ 40. ④ 41. ④

42. 토지 관련 정보시스템의 구축 순서를 올바르게 나열한 것은?

① 지적행정시스템 → 필지중심토지정보시스템(PBLIS) → 토지관리정보체계(LMIS) → 한국토지정보시스템(KLIS)
② 필지중심토지정보시스템(PBLIS) → 토지관리정보체계(LMIS) → 한국토지정보시스템(KLIS) → 지적행정시스템
③ 토지관리정보체계(LMIS) → 지적행정시스템 → 필지중심토지정보시스템(PBLIS) → 한국토지정보시스템(KLIS)
④ 한국토지정보시스템(KLIS) → 토지관리정보체계(LMIS) → 지적행정시스템 → 필지중심토지정보시스템(PBLIS)

해설 구축순서 : 지적행정시스템 → 필지중심토지정보시스템 → 토지관리정보체계 → 한국토지정보시스템

43. 한국토지정보시스템(KLIS)에 대한 설명으로 옳은 것은?

① PBLIS와 LIS를 통합하여 구축한 것이다.
② 지하시설물 관리를 중심으로 구축한 것이다.
③ 토지 관련 정보를 공동 활용하기 위하여 구축한 시스템이다.
④ 과거 행정안전부에서 독자적으로 구축한 시스템이다.

해설 KLIS 구축배경
- 도형데이터는 PBLIS에서는 지적도, 임야도, 경계점좌표등록부를 사용하였고, LMIS는 연속지적도 사용
- PBLIS와 LMIS가 서로 중복되어 두 시스템을 하나의 시스템으로 통합
- 토지에 관련된 정보를 등록, 관리, 유지, 보수하여 토지정책, 토지행정 및 토지와 관련된 모든 정보를 포함하여 사용자에게 신속하고 정확하게 정보 제공

44. 규칙적인 격자(Cell)에 의하여 형상을 묘사하는 자료구조는?

① 벡터 자료구조   ② 속성 자료구조   ③ 필지 자료구조   ④ 래스터 자료구조

해설 래스터 자료의 특징
- 행과 열로 구성되는 격자망으로 셀(Cell)을 단위로 구성
- 각 픽셀의 형태와 크기는 그 자료 파일 내에서는 동일하며 배열 안에서 줄(Row)과 열(Column)의 위치에 의해 자동적으로 표시

45. 지적소관청이 부동산종합공부에 공통으로 등록하여야 하는 사항으로 옳지 않은 것은?

① 소재지   ② 관련 지번   ③ 건축물명칭   ④ 토지이동사유

해설 부동산종합공부
- 지적도 기반의 건축물, 소유자, 가격, 용도지역, 등기를 한눈에 보는 부동산종합공부
- 지적행정시스템, 한국토지정보시스템, 건축행정시스템, 부동산등기시스템에서 관리하고 있는 18종 부동산공부

46. 필지중심토지정보시스템에서 도형정보와 속성정보를 연계하기 위하여 사용되는 가변성이 없는 고유번호는?

① 객체식별번호　　　　　　　② 단일식별번호
③ 유일식별번호　　　　　　　④ 필지식별번호

해설 필지식별자
- 각 필지의 등록사항의 저장과 수정 등을 용이하게 처리할 수 있는 고유번호(지번)
- 지적정보에서 대장(속성)정보와 도면(도형)정보를 연계하는 역할 수행
- 필지식별자는 부동산 식별자, 단일필지 식별번호라고도 함
- 공부상에 등록된 사항과 실제 사항이 완벽하게 일치하며 유일무이함
- 토지 관련 정보를 등록하고 있는 각종 대장과 파일 간의 정보를 연결하거나 검색하는 기능 향상

47. 전산화 관련 자료의 구조 중 하나의 조직 안에서 다수의 사용자들이 공통으로 자료를 사용할 수 있도록 통합 저장되어 있는 운영 자료의 집합을 무엇이라고 하는가?

① DMS　　　　　　　　　　② Geocode
③ Database　　　　　　　　 ④ Expert System

해설 Database
- 서로 관련 있는 데이터들을 효율적으로 관리하기 위해 수집된 데이터들의 집합체
- 전산화 관련 자료의 구조 중 하나의 조직 안에서 다수의 사용자들이 공통으로 자료를 사용할 수 있도록 통합 저장되어 있는 운영자료의 집합

48. 필지중심토지정보시스템의 데이터베이스 설계에 대한 설명으로 옳지 않은 것은?

① 데이터베이스 설계는 기본 틀과 데이터의 관계를 논리적으로 연결해 주는 역할을 한다.
② 사용자 요구사항과 분야별 응용성, 다양한 데이터 간의 관계성 등을 고려하여 설계하여야 한다.
③ 데이터베이스 구조는 자료의 중복을 배제하고 자료의 공유 및 일관성을 유지할 수 있어야 한다.
④ 지적도면의 도곽은 필지경계가 수치화될 경우 의미가 없어서 도곽의 개념을 적용하지 않는다.

해설 지적도면의 도곽은 인접도면 접합 시 기준이 되고, 경계점 좌표를 등록할 때 절대적으로 필요하다.

49. 국가지리정보체계의 추진과정에 관한 내용으로 틀린 것은?

① 1995년부터 2000년까지 제1차 국가GIS사업 수행
② 2006년부터 2010년에는 제2차 국가GIS기본 계획 수립
③ 제1차 국가GIS사업에서는 지형도, 공통주제도, 지하시설물도의 DB 구축 추진
④ 제2차 국가GIS사업에서는 국가공간정보기반확충을 통한 디지털 국토 실현 추진

Answer　46. ④　47. ③　48. ④　49. ②

해설 NGIS 추진실적

구분	제1차 국가GIS사업 (1995~2000년)	제2차 국가GIS사업 (2001~2005년)	제3차 국가GIS사업 (2006~2008년)
기본계획	국가GIS사업으로 국토정보화의 기반 준비	국가공간정보기반을 확충하여 디지털 국토 실현	유비쿼터스 국토실현을 위한 기반 조성
지리정보 구축	• 지형도, 지적도 전산화 • 토지이용현황도 등 주제도 구축	도로, 하천, 건물, 문화재 등 부문 기본지리정보 구축	국가/해양기본도, 국가기준점, 공간영상 등 구축

50. 디지타이징에서 발생하는 오류가 아닌 것은?

① 방향의 혼동
② 오버슈트(Overshoot)
③ 언더슈트(Undershoot)
④ 슬리버 폴리곤(Sliver Polygon)

해설 벡터 편집에서의 오류유형 : Undershoot(못 미침), Overshoot(튀어나옴), Spike(스파이크), Sliver(슬리버), Overlapping(점, 선의 중복), Dangle(댕글), 라벨오류

51. 지적 데이터베이스 설계 시 면적필드의 변수로 사용하는 것은?

① Text
② Char
③ Integer
④ Floating

해설 부동소수점(Floating Point)
부동소수점 데이터 형식은 실수를 지수부와 가수부로 나누어서 표현한다.

52. 데이터베이스의 구축에 따른 장점으로 옳지 않은 것은?

① 자료의 중복을 방지할 수 있다.
② 통제의 분산화를 이룰 수 있다.
③ 자료의 효율적인 관리가 가능하다.
④ 같은 자료에 동시 접근이 가능하다.

해설 데이터베이스가 구축되면 집중된 통제에 따른 위험이 존재한다.

53. 지적재조사사업의 목적으로 옳지 않은 것은?

① 지적불부합지 문제 해소
② 토지의 경계복원능력 향상
③ 지하시설물 관리체계 개선
④ 능률적인 지적관리체계 개선

해설 지적재조사의 목적
• 국토의 효율적인 관리·토지정책 및 행정 수행의 기초자료 제공
• 국민의 토지소유권 보호·토지거래의 안전성 및 신속성 보장
• 지적정보를 공동 활용하여 중복투자 방지
• 지적행정의 효율성 및 능률성 도모

Answer 50. ① 51. ④ 52. ② 53. ③

54. SQL 언어 중 데이터조작어(DML)에 해당하지 않는 것은?
① DROP ② INSERT
③ DELETE ④ UPDATE

해설 데이터 조작어(DML : Data Manipulation Language)
• 사용자가 데이터베이스에 접근하여 데이터를 처리할 수 있는 데이터 언어
• 데이터베이스에 저장된 자료를 검색(select), 삽입(insert), 삭제(delete), 수정(update)하기 위해 사용되는 언어

55. 벡터 데이터의 구성요소에 대한 설명으로 틀린 것은?
① 점 사상은 차원은 없으나 심볼을 사용하여 지도나 컴퓨터상에 표현되는 객체이다.
② 지표상의 면사상 실체는 축척에 따라 면 또는 점사상으로 표현이 가능하다.
③ 선사상은 연속적인 선을 묘사하는 다수의 X, Y좌표 집합으로 아크, 체인, 스트링 등의 다양한 용어로 표현된다.
④ 선과 선을 가지고 추적할 수 있는 선형네트워크를 형성하기 위해서 자료구조에 포인터의 삽입이 불필요하다.

해설 선은 연속되는 점의 연결로서 공간상에 그 위치와 형상을 표현하는 1차원의 길이를 갖는 공간객체이며, 영차원인 포인터의 집합으로서 연속적인 포인터의 표현으로 이루어진다.

56. 두 개 또는 더 많은 레이어들에 대하여 불린(Boolean)의 OR 연산자를 적용하여 합병하는 방법으로, 기준이 되는 레이어의 모든 특징이 결과 레이어에 포함되는 중첩분석방법은?
① Clip ② Union
③ Identity ④ Intersection

해설 Union
• 2개 또는 더 많은 레이어들에 대하여 OR 연산자를 적용하여 합병하는 방법
• 기준이 되는 레이어의 모든 속성정보는 결과 레이어에 포함된다.

57. 위상 자료 구조를 만드는 과정에 해당하는 것은?
① 스캐닝 ② 디지타이징
③ 구조화 편집 ④ 정위치 편집

해설 구조화 편집
• 여러 개의 도면을 병합하는 과정에서 인접 도면 간의 도형구조를 병합하는 일련의 과정을 의미한다.
• 수치도면을 구성하는 선과 면의 기하구조와 위상 논리구조를 연결하는 작업, 인접도면 경계상의 접합 작업 등이 있다.
• 도면 접합 시의 경계 내 비도형 정보(텍스트)를 단일화하는 작업도 구조화 편집에 포함된다.

Answer 54. ① 55. ④ 56. ② 57. ③

58. 필지중심토지정보시스템(PBLIS)의 업무 및 시스템 개발 내용으로 옳지 않은 것은?

① 지적측량업무
② 지적공부관리업무
③ 지적소유권관리업무
④ 지적측량성과작성업무

해설 PBLIS 구성
1. 지적공부관리시스템 : 사용자권한관리/지적측량검사업무/토지이동관리/지적일반업무관리/창구민원관리/토지기록자료조회 및 출력/지적통계관리/정책정보관리 등
2. 지적측량시스템 : 지적삼각점측량/지적삼각보조점측량/도근점측량/세부측량 등
3. 지적측량성과작성시스템 : 토지이동지조서/측량준비도/측량결과도/측량성과도 등

59. 다음 그림의 경계선을 체인코드방법으로 올바르게 표기한 것은?

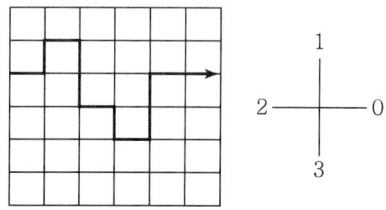

① 0,1,0,3,3,0,3,0,1,1,0,0
② $0,1,0,3^2,0,3,0,1^2,0^2$
③ ABACCACABBAA
④ $ABAC^2ACAB^2A^2$

해설 Chain Code 방법
시작점부터 연결 상태를 파악하기 위하여 각각의 방향에 대하여 임의의 수치를 부여한다. (동쪽=0, 서쪽=2, 남쪽=3, 북쪽=1)

60. 벡터 자료의 특징에 대한 설명이 아닌 것은?

① 위상구조를 가질 수 있다.
② 확대·축소하여도 선이 매끄럽다.
③ 자료의 표준화를 위해 geoTIFF가 개발되었다.
④ 객체의 크기와 방향성에 대한 정보를 가지고 있다.

해설 GeoTIFF
• 기하학적 지리좌표정보를 담을 수 있는 영상자료의 저장방식
• 파일헤더에 지리참조정보를 가지고 있는, TIFF 형식이 확장된 포맷이다.
• TIFF의 래스터 지리데이터를 플랫폼 공동이용 표준과 공동이용을 제공하기 위하여 데이터 사용자, 상업용 데이터 공급자, GIS 소프트웨어 개발자가 합의하여 개발하고 유지된다.

04 지적학

61. 거래안전의 도모 및 배타적 소유권 보호와 관련 있는 것은?

① 공개주의　　② 국정주의　　③ 증거주의　　④ 형식주의

해설 지적의 기본이념
1. 지적국정주의 : 토지의 소재, 지번, 지모, 면적, 경계 또는 좌표 등 지적공부의 등록사항은 국가만이 이를 결정할 수 있다는 이념
2. 지적형식주의 : 등록사항은 지적공부에 등록·공시하여야만 효력이 인정된다는 이념
3. 지적공개주의 : 지적공부의 등록사항은 소유자, 이해관계인 등에게 공개하여 모든 국민이 공평하게 이용하게 한다는 이념
4. 실질적 심사주의(사실심사주의) : 등록이나 변경등록은 절차상의 적법성뿐만 아니라 사실관계의 부합 여부를 심사한다는 이념
5. 직권등록주의(강제등록주의) : 모든 필지는 강제적으로 등록·공시해야 한다는 이념
※ 우리나라 지적제도는 토지에 대한 등록사항을 국가가 결정(국정주의)하고, 그 사항을 지적공부에 등록하는 형식을 갖추어야 하며(형식주의), 그 내용을 국민에게 공개하여 이용할 수 있도록 하고(공개주의) 있다. 따라서 지적공부의 등록사항을 지적공개주의에 의하여 모든 국민에게 공개함으로써 토지의 거래안전을 도모하고, 소유권을 보호할 수 있다.

62. 지적의 기능 및 역할로 옳지 않은 것은?

① 재산권의 보호　　② 토지관리에 기여
③ 공정과세의 기초 자료　　④ 쾌적한 생활환경 조성

해설 지적의 기능과 역할
1. 지적의 기능
① 사회적 기능 : 토지를 등록 공시하여 사회적으로 토지문제 해결의 중요한 역할을 함
② 법률적 기능
　• 사법적 기능 : 사인 간 토지거래의 용이성, 경비의 절감, 거래의 안전성 제공
　• 공법적 기능 : 지적법에 의한 토지등록은 법적 효력을 획득, 공적 확인의 자료가 됨
③ 행정적 기능
　• 토지 과세액 평가 및 부과징수의 수단
　• 공공계획수행 자료, 용지확보에 이용
　• 투기억제를 위한 토지 규제
　• 기타 각종 공공행정의 자료 제공
2. 지적의 실제적 기능
① 토지에 대한 기록의 법적인 효력 및 공시
② 국토 및 도시계획의 자료
③ 토지관리의 자료
④ 토지유통의 자료

⑤ 토지에 대한 평가기준
⑥ 지방행정의 자료
3. 지적의 역할
① 토지등기의 기초
② 토지평가의 기준
③ 토지과세의 기준
④ 토지거래의 기준
⑤ 토지이용계획의 기초
⑥ 주소표기의 기준(2014년 도로명주소법 시행 전까지 주소의 기준이었으며, 지금도 도로명주소가 없는 지역에서는 위치표시의 기준 역할을 함)
⑦ 토지관련 행정기초자료 제공

63. 우리나라의 지적제도와 등기제도에 대한 내용이 모두 옳은 것은?

구분		지적제도	등기제도
㉠	편제방법	물적 편성주의	인적 편성주의
㉡	심사방법	형식적 심사주의	실질적 심사주의
㉢	공신력	불인정	인정
㉣	토지제도의 기능	토지에 대한 물리적 현황의 등록공시	토지에 대한 법적 권리관계의 공시

① ㉠   ② ㉡   ③ ㉢   ④ ㉣

해설 지적제도와 등기제도의 비교

구분	지적제도	등기제도
기본이념	국정주의, 형식주의, 공개주의	형식주의(성립요건주의)
등록방법	직권등록주의, 단독신청주의	당사자신청주의, 공동신청주의
심사방법	실질적 심사주의	형식적 심사주의
공신력	인정(우리나라는 불인정)	불인정
편제방법	물적 편성주의	물적 편성주의
처리방법	신고의 의무. 직권조사처리	신청주의
신청방법	단독신청주의	공동신청주의
담당부서	국토교통부-시·도 지적담당부서-시·군·구 지적담당부서	법무부-대법원-지방법원·지원·등기소
공부	토지대장, 임야대장, 공유지연명부, 대지권등록부, 지적도, 임야도, 경계점등록부, 지적전산파일	토지등기부, 건물등기부, 입목등기부, 상업등기부, 선박등기부, 법인등기부, 공장등기부 등
기능	토지의 물리적 현황 공시	토지에 대한 권리관계 공시
등록사항	토지소재, 지번, 지목, 경계, 면적, 소유자주소·성명 등	소유권, 저당권, 전세권, 지역권, 지상권 등
기타	지적측량 실시	절차적 요식행위 요구

64. 지목설정에 대한 설명으로 옳지 않은 것은?

① 지목설정은 토지소유자의 신청이 있어야만 한다.
② 지목은 주된 사용목적 또는 용도에 따라 설정한다.
③ 지목은 하나의 필지에 하나의 지목만을 설정하여야 한다.
④ 지목설정은 행정기관인 지적소관청에서만 할 수 있다.

해설 우리나라는 지목뿐만 아니라 토지소재, 지번, 지목, 경계 또는 좌표 등 지적공부의 등록사항은 지적국정주의 원칙에 따라 국가(지적소관청)에서 결정하여 지적공부에 등록하며, 지목변경 등 토지의 이동이 발생한 경우에는 토지소유자가 신청하도록 하고 있으나, 토지소유자가 신청을 게을리할 경우에는 직권등록주의에 따라 지적소관청이 직권으로 조사·측량하여 지적공부에 새로이 등록한다.

65. 토지조사사업의 특징으로 틀린 것은?

① 근대적 토지제도가 확립되었다.
② 사업의 조사, 준비, 홍보에 철저를 기하였다.
③ 역둔토 등을 사유화하여 토지소유권을 인정하였다.
④ 도로, 하천, 구거 등을 토지조사사업에서 제외하였다.

해설 역둔토는 역토와 둔전의 총칭으로서, 일제는 1909년 6월부터 1910년 9월까지 탁지부 소관의 다른 국유지와 함께 전국의 역둔토 측량을 실시하여 총독부 소유로 국유화하였다. 이후 역둔토는 총독부 재무부에서 관장하다가 역둔토협회가 전담하였다.

66. 토지조사사업 초기의 임야도 표기방식에 대한 설명으로 틀린 것은?

① 임야 내 미등록 도로는 양홍색으로 표시하였다.
② 임야 경계와 토지 소재, 지번, 지목을 등록하였다.
③ 모든 국유 임야는 1/6000 지형도를 임야도로 간주하여 적용하였다.
④ 임야도의 크기는 남북 1척3촌2리(40cm), 동서 1척6촌5리(50cm)이었다.

해설 토지조사사업 당시 임야도의 형식
 1. 등록사항 : 토지소재, 지번, 지목, 경계 등
 2. 도곽크기 : 남북 1척3촌2리(40cm)×동서 1척6촌5리(50cm)
 3. 임야도 내 미등록지는 양홍색으로 묘화
 4. 면적이 매우 큰 국유임야는 1/50000 등의 지형도에 등록하여 임야도로 간주

67. 조선시대에 정약용의 양전개정론과 관계가 없는 것은?

① 경무법
② 망척제
③ 방량법
④ 어린도법

해설 정약용의 양전개정론
 • 정전제(井田制)의 시행을 전제로 방량법과 어린도법을 시행해야 함(목민심서)
 • 결부제하의 양전법은 전지의 측도가 어렵기 때문에 경무법으로 개정

Answer 64. ① 65. ③ 66. ③ 67. ②

- 일자오결제도와 사표의 부정확성을 시정하기 위해 어린도 작성
- 정전제(井田制)나 어린도(魚鱗圖) 같은 국토의 조직적 관리가 필요
- 전국의 전(田)을 사방 100척으로 된 정방형의 1결의 형태로 구분

※ 망척제는 이기가 해학유서에서 수등이척제의 개선방안으로 주장

68. 임야조사사업에 대한 설명으로 옳지 않은 것은?

① 토지조사사업에서 제외된 임야를 대상으로 하였다.
② 1916년 시험 조사로부터 1924년까지 시행하였다.
③ 임야 내에 개재된 임야 이외의 토지를 대상으로 하였다.
④ 농경지 사이에 있는 5만 평 이하의 낙산 임야를 대상으로 하였다.

해설 임야조사사업 개요
1. 사업기간 : 1916년 시험조사사업을 실시하여 1924년 사업 완료
2. 사업시행기관
   ① 조사방법 및 절차 : 토지조사와 유사
   ② 조사 및 측량기관 : 부 또는 면
   ③ 사정기관 : 도지사
   ④ 분쟁지 재결 : 도지사 산하 임야조사위원회에서 처리
3. 조사대상
   ① 토지조사사업에서 제외된 임야
   ② 임야 내에 개재된 임야 이외의 토지
4. 소유권 사정 : 1908년 시행된 삼림법의 소유신고 불이행으로 국유로 귀속된 민유임야는 양여 형식으로 원소유자에게 사정

69. 지적측량 대행제도를 운영하고 있지 않는 국가는?

① 독일 ② 스위스 ③ 프랑스 ④ 네덜란드

해설 각국의 지적측량제도
1. 국가직영체제 : 네덜란드, 대만, 미얀마, 인도네시아
2. 일부대행체제 : 프랑스, 스위스, 독일
3. 완전대행체제 : 한국, 일본

70. 지적공부의 효력으로 옳지 않은 것은?

① 공적인 기록이다.
② 등록 정보에 대한 공시력이 있다.
③ 토지에 대한 사실관계의 등록이다.
④ 등록된 정보는 모두 공신력이 있다.

해설 일반적으로 지적제도는 국정주의, 형식주의, 공개주의, 실질적 심사주의, 직원등록주의 등 지적의 기본이념에 따라 국가가 토지를 지적공부에 등록·공시·공개·사실심사·강제등록·갱신·관리하는 제도이므로 공신력을 부여하여야 하며, 특히 적극적 등록주의의 발전된 형태인 토렌스 시스템에서는 공신력을 인정받고 있다. 그러나 우리나라의 경우에 적극적 등록제도를 채택하고는 있지만 지적제도와 등기제도 모두 공신력을 인정받지 못하고 있다.

71. 토지등록의 법적 지위에 있어서 토지의 이동은 반드시 외부에 알려야 한다는 일반원칙은?

① 공시의 원칙 ② 공신의 원칙
③ 신고의 원칙 ④ 형식의 원칙

해설 토지등록의 원칙
1. 등록의 원칙(登錄의 原則) : 토지에 관한 모든 표시사항을 지적공부에 반드시 등록해야 하며 토지의 이동이 생기면 지적공부에 변동 사항을 정리 등록해야 한다는 원칙이며, 적극적 등록주의와 법지적을 채택하는 나라에서 적용됨
2. 신청의 원칙(申請의 原則) : 토지의 등록은 토지소유자의 신청을 전제로 처리한다는 원칙이며, 토지의 등록은 토지소유자의 신청을 전제로 하되 신청이 없을 때에는 직권으로 조사·측량하여 처리하도록 함
3. 특정화의 원칙(特定化의 原則) : 권리객체로서의 모든 토지는 반드시 특정적이고 단순하며 명확한 방법에 의하여 인식할 수 있도록 개별화해야 한다는 원칙
4. 국정주의 및 직권주의(國定主義 및 職權主義)
    ① 국정주의 : 지적공부의 등록사항인 토지소재, 지번, 지목, 경계 또는 좌표와 면적 등은 국가의 공권력에 의하여 국가만이 이를 결정할 수 있는 권한을 가진다는 원칙
    ② 직권주의 : 모든 필지는 필지단위로 구획하여 국가기관인 소관청이 강제적으로 지적공부에 등록 공시해야 한다는 원칙
5. 공시의 원칙 및 공개주의(公示의 原則 및 公開主義)
    ① 공시의 원칙 : 토지등록의 법적 지위에 있어서 토지의 이동이나 물권의 변동은 반드시 외부에 알려야 한다는 원칙
    ② 공개주의 : 토지에 관한 등록사항은 지적공부에 등록하고 이를 일반에 공지하여 누구나 이용하고 활용할 수 있게 해야 한다는 원칙
6. 공신의 원칙(公信의 原則) : 등기를 믿고 권리행위를 한 선의의 거래자를 보호하여 진실로 등기내용과 같은 권리관계가 존재한 것처럼 법률효과를 인정하려는 원칙

72. 지목 "임야"의 명칭이 변천된 과정으로 옳은 것은?

① 산림산야 → 삼림임야 → 임야 ② 산림원야 → 삼림산야 → 임야
③ 산림임야 → 산림산야 → 임야 ④ 삼림산야 → 산림원야 → 임야

해설 임야 지목의 변천
1. 산림원야(1907. 5. 16. 대구시가지 토지측량에 관한 타협사항)
2. 삼림산야(1908. 1. 21. 삼림법)
3. 임야(1910. 8. 24. 토지조사법)

73. 다음 중 지적 관련 법령의 변천순서로 옳은 것은?

① 토지조사량 → 조선임야조사령 → 지세령 → 조선지세령 → 지적법
② 토지조사령 → 지세령 → 조선임야조사령 → 조선지세령 → 지적법
③ 토지조사령 → 조선임야조사령 → 조선지세령 → 지세령 → 지적법
④ 토지조사령 → 조선지세령 → 조선임야조사령 → 지세령 → 지적법

Answer 71. ① 72. ② 73. ②

해설 지적법령의 연혁
1. 대한제국의 지적법령
    ① 토지가옥증명규칙(1906. 10. 26. 칙령 제65호)
    ② 토지가옥전당집행규칙(1906. 10. 26. 칙령 제80호)
    ③ 대구시가토지측량규정(1907. 5. 16.)
    ④ 삼림법(1908. 1. 24. 법률 제1호)
    ⑤ 토지가옥소유권증명규칙(1908. 7. 16. 칙령 제47호)
    ⑥ 토지조사법(1910. 8. 23. 법률 제7호)
2. 일제강점기 시대의 지적법령
    ① 토지조사령(1912. 8. 13. 제령 제2호)
    ② 도근측량 실시규정(1913. 10. 5. 임시토지조사국 훈령 제17호)
    ③ 세부측도 실시규정(1913. 10. 5. 임시토지조사국 훈령 제18호)
    ④ 제도적산 실시규정(1914. 6. 30. 임시토지조사국 훈령 제25호)
    ⑤ 지세령(1914. 3. 16. 제령 제1호)
    ⑥ 토지대장규칙(1914. 4. 25. 조선총독부령 제45호)
    ⑦ 조선임야조사령(1918. 5. 1. 제령 제5호)
    ⑧ 임야대장규칙(1920. 8. 23. 조선총독부령 제113호)
    ⑨ 토지측량규칙(1921. 3. 18. 조선총독부 훈령 제10호)
    ⑩ 임야측량규정(1935. 6. 12. 조선총독부 훈령 제27호)
    ⑪ 조선지세령(1943. 3. 31. 제령 제6호)
3. 대한민국의 지적법령
    ① 지적법(1950. 12. 1. 법률 제165호)
    ② 지적측량규정(1954. 11. 12. 대통령령 제951호)
    ③ 지적측량사규정(1960. 12. 31. 국무원령 제176호)
    ④ 측량·수로조사 및 지적에 관한 법률(2009. 6. 9. 법률 제9774호)
    ⑤ 공간정보의 구축 및 관리 등에 관한 법률(2014. 6. 3. 법률 제12738호)

74. 각 도에 측량사를 두어 광대지측량업무를 대행함으로써 사실상의 지적측량 일부 대행제도가 시작된 시기는?

① 1910년 ② 1918년 ③ 1923년 ④ 1938년

해설 지정측량사제도와 기업자측량제도
1. 의의 : 토지조사사업과 임야조사사업 완료 이후 토지이동이 빈번해지고 지적업무가 폭주하게 되어 세무관서의 기술 인력의 부족으로 지정측량사제도(指定測量士制度)와 기업자측량제도(企業者測量制度) 도입
2. 지정측량사제도와 기업자측량제도의 개념
    ① 지정측량사제도 : 각 도(道)에서 민간인 지적측량 기술자 1명씩을 지정하여 지적측량을 수행하는 제도
    ② 기업자측량제도 : 도로, 하천, 구거, 철도, 수도 등을 신설하거나 보수하는 기업자인 관청 또는 개인이 직접 지적측량 기술자를 채용하고 지적관청의 승인을 얻어 자기 사업에 따르는 지적측량을 수행하는 제도

3. 지정측량사제도와 기업자측량제도의 특징
   ① 토지조사사업(1910~1918) 완료 이후 지적공부를 부(府)·군(郡)·도(島)로 이관
   ② 임야조사사업(1916~1924) 완료 시까지 조선총독부 재무국과 각 도 및 부군에서 지적측량 직영
   ③ 토지 및 임야조사사업 완료 이후 급증한 지적측량의 효율적 수행을 위해 지정측량사제도와 기업자측량제도 도입
   ④ 지적측량은 지정측량사 또는 기업자측량사가 수행하고 측량검사는 지적소관청이 담당하는 이원적 체계로 운영
   ⑤ 지적측량 기술자에 대한 법적 자격 규정이 없고, 도(道)에서 행정적으로 그 자격을 인정하는 형식으로 운영
4. 지정측량사제도와 기업자측량제도의 문제점
   ① 지정측량사가 세무관서별로 각각 운영되고, 기업자 업무 증대에 따른 지적공부 이동정리 지연에 따라 전국적 통일성·획일성 결여
   ② 영리추구 및 과다경쟁 현상과 오지·낙도·산간 등 지적업무 수요가 적은 지역의 측량 기피현상 발생
   ③ 지정측량자의 자질문제 발생 및 국가의 통제·감독 곤란
5. 지정측량사제도와 기업자측량제도의 폐지
   ① 지정측량사제도와 기업자측량제도의 폐단과 문제점을 해소하고 지적측량업무의 전국적인 통일성을 확보하기 위해 조선지적협회가 설립(1938.1.17.)됨으로써 폐지
   ② 조선지적협회의 설립으로 지적측량대행제도가 시행됨
6. 우리나라 지적측량수행자제도의 변천과정

측량조직	기간	감독기관	운영목적 및 내용
국가직영 (임시토지조사국)	1910~1924	농공상부	토지조사사업으로 지적창설
기업자측량제도 지정측량자제도	1923~1938	재무국	세무감독국 단위로 운영
역둔토협회	1931~1938	재무국	역둔토 토지이동 측량전담
조선지적협회	1938~1945	재무국	지적측량 전담대행 기관
국가직영 (지정측량자제도)	1945~1949	재무국	해방이후 미군정시대
대한지적협회	1949~1977	재무부, 내무부	지적측량 전담 대행기관
대한지적공사	1977~2003	내무부, 행정자치부	지적측량 전담 대행기관
대한지적공사 지적측량업자	2004~2007	행정자치부	• 도해측량 : 지적공사 전담 • 수치측량·확정측량 : 경쟁체제
대한지적공사 지적측량업자	2008~2015	국토해양부, 국토교통부	• 도해측량 : 지적공사 전담 • 수치측량·확정측량 : 경쟁체제
한국국토정보공사 지적측량업자	2015~	국토교통부	• 도해측량 : 국토정보공사 전담 • 수치측량·확정측량 : 경쟁체제

75. 토지조사사업 당시 재결기관으로 옳은 것은?

① 부와 면
② 임시토지조사국
③ 임야심사위원회
④ 고등토지조사위원회

해설 토지조사사업 당시의 재결기관은 고등토지조사위원회이다.
토지조사사업과 임야조사사업의 비교

구분	토지조사사업	임야조사사업
기간	1910~1918(8년 8월개월)	1916~1924(8년)
총경비	2,040여 만 원	380여 만 원
투입인력	7,000여 명	4,600여 명
대장작성	토지대장 109,998책	임야대장 22,202책
도면작성	지적도 812,093매	임야도 116,984매
도면축척	1/600, 1/1,200, 1/2,400	1/3,000, 1/6,000
조사측량기관	임시토지조사국장	부(府) 또는 면(面)
사정기관	임시토지조사국장	도지사
자문기관	지방토지조사위원회	도지사(조정기관)
재결기관	고등토지조사위원회	임야심사위원회
사정	19,107,520필	3,479,915필

76. 토렌스 시스템의 기본이론인 거울이론에 대한 설명으로 옳은 것은?

① 토지등록부는 매입신청자를 위한 유일한 정보의 기초다.
② 토지권리증서의 등록은 토지의 거래 사실을 완벽하게 반영한다.
③ 선의의 제3자는 토지의 권리자와 등등한 입장에 놓여야 한다.
④ 토지권리에 대한 사실심사 시 권리의 진실성에 직접 관여하여야 한다.

해설 토렌스 시스템의 3대 기본원칙
1. 거울이론(Mirror Principle) : 토지권리증서의 등록은 토지거래의 사실을 이론의 여지없이 완벽하게 반영하는 거울과 같다는 이론
2. 커튼이론(Curtain Principle) : 소유권의 법적 상태와 관련한 확실성을 보장하기 위하여 단지 현재의 등기부에 등기된 사항만 논의되어야 한다는 이론
3. 보험이론(Insurance Principle) : 토지등록이 토지의 권리를 아주 정확하게 반영한 것이나, 인간의 과실로 인하여 착오가 발생하는 경우에 피해를 입은 사람은 누구나 피해보상에 관한 한 법률적으로 선의의 제3자와 동등한 입장에 놓여야만 된다는 이론

77. 노비의 이름을 빌려 부동산을 처분하기 위해 작성한 문서로 옳은 것은?

① 패지
② 불망기
③ 전세문기
④ 매려약관부 문기

해설 문기의 종류
1. 패지(牌旨) : 조선시대 전·답 등을 매매할 때 주인이 자신의 노비에게 대행시키면서 작성한 위임장으로서 패자(牌子)라고도 함
2. 불망기(不忘記) : 일정기간 돈을 빌리면서 전·답 등을 저당 잡히는 문서를 전당문기(典當文記), 수표(手標), 수기(手記), 불망기라고 함
3. 전세문기(傳貰文記) : 임대차의 일종으로서, 집주인(貸主)이 세입자(借主)로부터 일정한 금액을 받고 일정한 기간 동안 해당 가옥을 대여해주는 대차계약을 위해 작성하는 문기
4. 매려약관부 문기 : 부동산 매매를 할 경우 매도인이 다시 매수하기 위하여 권리를 유보하는 특약을 붙이는 문기

78. 초기의 지적도에 대한 설명으로 틀린 것은?

① 지적도에는 토지 경계와 지번, 지목이 등록되었다.
② 지적도 도곽 내의 산림에는 등고선을 표시하여 표고에 의한 지형구별이 용이하도록 하였다.
③ 토지분할의 경우에는 지적도 정리 시 신강계선을 흑색으로 정리하였으나 그 후 양홍색으로 변경하였다.
④ 조사지역 외의 토지에 대해서는 이용현황에 따라 활자로 산(山), 해(海), 호(湖), 도(道), 천(川), 구(溝) 등으로 표기하였다.

해설 초기 지적도의 형식
1. 작성방법 : 세부측량원도를 점사법 또는 직접자사법으로 등사한 후 작성
2. 정비작업 : 제반주기는 활판인쇄하고, 지번 및 지목도 압인기를 사용하여 작성
3. 지적도의 한지 이첩 : 빈번한 파손으로 1917년 이후 지적도와 일람도에 한지를 이첩하여 작성하였고, 그 이전에 작성된 도면도 한지를 이첩 후에 사용
4. 등록사항 : 경계, 지번, 지목 등을 등록하였고, 조사지역 외 토지는 이용현황에 따라 산(山), 해(海), 호(湖), 도(道), 천(川), 구(溝) 등으로 표기
5. 도곽크기 : 남북 1척(尺) 1촌(寸)×동서 1척(尺) 3촌(寸) 7분(分) 5리(厘)=(33cm×41.67cm)
6. 등고선을 표시하여 표고에 의한 지형 파악이 용이하도록 함
7. 토지 분할 후 정리 시에는 신강계선은 양홍선으로 제도하였으며, 나중에는 흑색선으로 제도

79. 토지 경계선의 위치가 가장 정확하여야 하는 것은?

① 법지적　　　　　　　　② 세지적
③ 경계지적　　　　　　　④ 유사지적

해설 세지적은 과세지적으로서 과세산정을 위한 면적본위로 운영되고, 경제지적(또는 유사지적)은 지형·지물에 중점을 두고 일필지의 경계에는 소홀하며, 법지적은 소유권지적으로서 소유권의 한계설정과 경계 복원 가능성을 강조하여 위치본위로 운영된다.

Answer　78. ③　79. ①

80. 토지소유권 권리의 특성 중 틀린 것은?

① 단일성 ② 완전성 ③ 탄력성 ④ 항구성

해설 소유권의 특성
1. 전면성 : 소유권은 물건의 사용가치와 교환가치를 전면적으로 지배하며, 일시적·부분적으로 지배하는 제한물권과 구별됨
2. 혼일성 : 소유권을 사용·수익·처분 등의 모든 권능이 한데 섞여 뭉쳐진 권리이며, 이런 혼일성으로 인하여 소유권과 제한물권이 동일인에게 귀속되면 제한물권은 소멸됨
3. 탄력성 : 소유권을 제한하는 물권이 소멸하면 소유권의 제한이 자동적으로 소멸되어 소유권은 종래대로 돌아감
4. 항구성 : 소유권은 시간적으로 제한이 없고 소멸시효에도 걸리지 않음

05 지적관계법규

81. 공간정보의 구축 및 관리 등에 관한 법률상 용어의 정의로 틀린 것은?

① "면적"이란 지적공부에 등록한 필지의 수평면상 넓이를 말한다.
② "지적소관청"이란 지적공부를 관리하는 특별자치장, 시장·군수 또는 구청장을 말한다.
③ "필지"란 토지의 주된 용도에 따라 토지의 종류를 구분하여 지적공부에 등록한 것을 말한다.
④ "토지의 표시"란 지적공부에 토지의 소재·지번(地番)·지목(地目)·면적·경계 또는 좌표를 등록한 것을 말한다.

해설 1. 필지
지번부여지역의 토지로서 소유자와 용도가 같고 지반이 연속된 토지(1필지)로 구획되는 토지의 등록단위
2. 지목
토지의 주된 용도에 따라 토지의 종류를 구분하여 지적공부에 등록한 것

82. 공간정보의 구축 및 관리 등에 관한 법률상 토지의 등록에 관한 설명으로 틀린 것은?

① 토지의 소재와 지번은 토지대장과 임야대장에 공통적으로 등록되는 사항이다.
② 국토교통부장관은 모든 토지에 대하여 필지별로 소재·지번·지목·면적·경계 또는 좌표 등을 조사·측량하여 지적공부에 등록하여야 한다.
③ 지적공부에 등록하는 지번·지번·면적·경계 또는 좌표는 토지의 이동이 있을 때 토지소유자(법인이 아닌 사단이나 재단의 경우에는 그 대표자나 관리인)의 신청을 받아 지적소관청이 결정한다.
④ 지적소관청은 지적공부에 등록된 지번을 변경할 필요가 있다고 인정하면 국토교통부장관의 승인을 받아 지번부여지역의 전부 또는 일부에 대하여 지번을 새로 부여할 수 있다.

해설 토지의 조사·등록
1. 토지의 등록
   국토교통부장관은 모든 토지에 대하여 필지별로 소재·지번·지목·면적·경계 또는 좌표 등을 조사·측량하여 지적공부에 등록
2. 등록의 결정권자
   지적공부에 등록하는 지번·지목·면적·경계 또는 좌표는 토지의 이동이 있을 때 토지소유자의 신청을 받아 지적소관청이 결정. 다만, 신청이 없으면 지적소관청이 직권으로 조사·측량하여 결정
3. 토지(임야)대장의 등록사항
   ① 토지의 소재
   ② 지번
   ③ 지목
   ④ 면적
   ⑤ 소유자의 성명 또는 명칭, 주소 및 주민등록번호
   ⑥ 토지의 고유번호
   ⑦ 지적도 또는 임야도의 번호와 필지별 토지대장 또는 임야대장의 장번호 및 축척
   ⑧ 토지의 이동사유
   ⑨ 토지소유자가 변경된 날과 그 원인
   ⑩ 토지등급 또는 기준수확량등급과 그 설정·수정 연월일
   ⑪ 개별공시지가와 그 기준일
4. 지번변경 승인신청
   ① 지적소관청은 지번변경 사유를 적은 승인신청서를 시·도지사 또는 대도시 시장에게 제출
   ② 시·도지사 또는 대도시 시장은 행정정보의 공동이용을 통하여 지번변경 대상지역의 지적도 및 임야도 확인
   ③ 신청을 받은 시·도지사 또는 대도시 시장은 지번변경 사유 등을 심사한 후 그 결과를 지적소관청에 통지

83. 국토의 계획 및 이용에 관한 법률에 따른 국토의 용도 구분 4가지에 해당하지 않는 것은?

① 관리지역 ② 농림지역
③ 도시지역 ④ 보존지역

해설 국토의 용도구분
국토는 토지의 이용실태 및 특성, 장래의 토지 이용 방향, 지역 간 균형발전 등을 고려하여 다음과 같은 용도지역으로 구분된다.
1. 도시지역 : 인구와 산업이 밀집되어 있거나 밀집이 예상되어 그 지역에 대하여 체계적인 개발·정비·관리·보전 등이 필요한 지역
2. 관리지역 : 도시지역의 인구와 산업을 수용하기 위하여 도시지역에 준하여 체계적으로 관리하거나 농림업의 진흥, 자연환경 또는 산림의 보전을 위하여 농림지역 또는 자연환경보전지역에 준하여 관리할 필요가 있는 지역
3. 농림지역 : 도시지역에 속하지 아니하는 「농지법」에 따른 농업진흥지역 또는 「산지관리법」에 따른 보전산지 등으로서 농림업을 진흥시키고 산림을 보전하기 위하여 필요한 지역
4. 자연환경보전지역 : 자연환경·수자원·해안·생태계·상수원 및 문화재의 보전과 수산자원의 보호·육성 등을 위하여 필요한 지역

Answer 83. ④

84. 등기관이 토지 등기기록의 표제부에 기록하여야 하는 사항으로 옳지 않은 것은?

① 이해관계자 ② 지목과 면적 ③ 등기원인 ④ 소재와 지번

해설 토지 등기기록의 표제부 등록사항
① 표시번호
② 접수연월일
③ 소재와 지번
④ 지목
⑤ 면적
⑥ 등기원인

85. 축척변경에 대한 내용으로 틀린 것은?(단, 예외의 경우는 고려하지 않는다.)

① 작은 축척을 큰 축척으로 변경하여 등록하는 것을 말한다.
② 임야도 축척에서 지적도 축척으로 옮겨 등록하는 것을 의미한다.
③ 축척변경위원회는 청산금의 이의신청에 관한 사항을 심의·의결한다.
④ 축척변경을 시행하고자 할 경우에는 시·도지사의 승인을 받아서 시행한다.

해설 축척변경
1. 의의
   축척변경이란 지적도에 등록된 경계점의 정밀도를 높이기 위하여 작은 축척을 큰 축척으로 변경하여 등록하는 것
2. 신청대상
   ① 잦은 토지의 이동으로 인하여 1필지의 규모가 작아서 소축척으로는 지적측량성과의 결정이나 토지의 이동에 따른 정리가 곤란할 때
   ② 하나의 지번부여지역 안에 서로 다른 축척의 지적도가 있는 때
   ③ 그 밖에 지적공부를 관리하기 위하여 필요하다고 인정되는 경우
3. 축척변경 승인신청
   ① 지적소관청은 축척변경을 하려는 때에는 축척변경사유를 기재한 승인신청서를 시·도지사 또는 대도시 시장에게 제출하여야 한다.
   ② 신청을 받은 시·도지사 또는 대도시 시장은 축척변경 사유 등을 심사한 후 그 승인 여부를 지적소관청에 통지하여야 한다.
4. 축척변경위원회 심의·의결사항
   ① 축척변경 시행계획에 관한 사항
   ② 지번별 제곱미터당 금액의 결정과 청산금의 산정에 관한 사항
   ③ 청산금의 이의신청에 관한 사항
   ④ 그 밖에 축척변경과 관련하여 지적소관청이 회의에 부치는 사항

등록전환
1. 의의
   임야대장 및 임야도에 등록된 토지를 토지대장 및 지적도에 옮겨 등록하는 것
2. 신청대상
   관계법령에 따른 토지의 형질변경 또는 건축물의 사용승인 등으로 인하여 지목을 변경하여야 할 토지

86. 부동산등기법상 등기할 수 없는 권리만으로 연결된 것은?

① 유치권-점유권
② 소유권-지역권
③ 지상권-전세권
④ 저당권-임차권

해설 등기할 수 있는 권리
등기는 구분건물의 표시와 다음의 어느 하나에 해당하는 권리의 설정, 보존, 이전, 변경, 처분의 제한 또는 소멸에 대하여 한다.
① 소유권
② 지상권
③ 지역권
④ 전세권
⑤ 저당권
⑥ 권리질권
⑦ 임차권

87. 도시개발사업 등이 준공되기 전에 사업시행자가 지번부여 신청을 하는 경우 처리방법으로 옳은 것은?

① 지번을 부여할 수 없다.
② 지번을 부여할 수 있다.
③ 가지번을 부여할 수 있다.
④ 행정안전부장관의 승인을 받아 지번을 부여할 수 있다.

해설 도시개발사업 등 준공 전 지번부여
① 도시개발사업 등이 준공되기 전에 사업시행자가 지번부여 신청을 하면 국토교통부령으로 정하는 바에 따라 지번을 부여할 수 있다.
② 지적소관청은 도시개발사업 등이 준공되기 전에 지번을 부여하는 때에는 사업계획도에 따라 부여하여야 한다.

88. 지적기준점표지의 설치·관리 등에 관한 내용으로 옳지 않은 것은?

① 지적도근점표지의 점간거리는 평균 50미터 이상 300미터 이하로 한다.
② 지적삼각보조점표지의 점간거리는 평균 1킬로미터 이상 3킬로미터 이하로 한다.
③ 지적도근점표지의 점간거리는 다각망도선법(多角網導線法)에 따르는 경우에는 평균 1킬로미터 이하로 한다.
④ 지적삼각보조점표지의 점간거리는 다각망도선법(多角網導線法)에 따르는 경우에는 평균 0.5킬로미터 이상 1킬로미터 이하로 한다.

해설 지적기준점표지의 설치·관리
1. 지적삼각점표지의 점간거리는 평균 2킬로미터 이상 5킬로미터 이하로 할 것
2. 지적삼각보조점표지의 점간거리는 평균 1킬로미터 이상 3킬로미터 이하로 할 것. 다만, 다각망도선법에 따르는 경우에는 평균 0.5킬로미터 이상 1킬로미터 이하로 한다.
3. 지적도근점표지의 점간거리는 평균 50미터 이상 300미터 이하로 할 것. 다만, 다각망도선법에 따르는 경우에는 평균 500미터 이하로 한다.

Answer 86. ① 87. ② 88. ③

89. 지목을 "대"로 구분할 수 없는 것은?

① 목장용지 내 주거용 건축물의 부지
② 영구적 건축물 중 변전소 시설의 부지
③ 과수원에 접속된 주거용 건축물의 부지
④ 국토의 계획 및 이용에 관한 법률 등 관계법령에 따른 택지조성공사가 준공된 토지

해설 1. 대
① 영구적 건축물 중 주거·사무실·점포와 박물관·극장·미술관 등 문화시설과 이에 접속된 정원 및 부속시설물의 부지
② 「국토의 계획 및 이용에 관한 법률」 등 관계 법령에 따른 택지조성공사가 준공된 토지
2. 잡종지
① 다음에 해당하는 토지
- 갈대밭, 실외에 물건을 쌓아두는 곳, 돌을 캐내는 곳, 흙을 파내는 곳, 야외시장, 비행장, 공동우물
- 영구적 건축물 중 변전소, 송신소, 수신소, 송유시설, 도축장, 자동차운전학원, 쓰레기 및 오물처리장 등의 부지
- 다른 지목에 속하지 않는 토지
② 원상회복을 조건으로 돌을 캐내는 곳 또는 흙을 파내는 곳으로 허가된 토지는 제외

90. 축척변경 시행지역의 토지소유자가 5명 이하인 경우, 토지소유자 중 위원으로 위촉하여야 하는 기준은?

① 0명
② 무작위 선정
③ 토지소유자 전원
④ 토지소유자 대표 1명

해설 축척변경위원회 구성
① 축척변경위원회는 5명 이상 10명 이하의 위원으로 구성하되, 위원의 2분의 1 이상을 토지소유자로 하여야 한다. 이 경우 그 축척변경 시행지역의 토지소유자가 5명 이하일 때에는 토지소유자 전원을 위원으로 위촉하여야 한다.
② 위원장은 위원 중에서 지적소관청이 지명한다.
③ 위원은 다음의 사람 중에서 지적소관청이 위촉한다.
- 해당 축척변경 시행지역의 토지소유자로서 지역 사정에 정통한 사람
- 지적에 관하여 전문지식을 가진 사람

91. 다음 중 관할등기소의 정의로 옳은 것은?

① 상급법원의 장이 위임하는 등기소
② 매도인의 소재지를 관할하는 지방법원, 그 지원(支院) 또는 등기소
③ 부동산의 소재지를 관할하는 지방법원, 그 지원(支院) 또는 등기소
④ 소유자의 소재지를 관할하는 지방법원, 그 지원(支院) 또는 등기소

Answer 89. ② 90. ③ 91. ③

해설 1. 관할등기소
부동산의 소재지를 관할하는 지방법원, 그 지원(支院) 또는 등기소
2. 등기사무와 관할등기소
① 부동산이 여러 등기소의 관할구역에 걸쳐 있을 때에는 각 등기소를 관할하는 상급법원의 장이 관할등기소를 지정한다.
② 대법원장은 어느 등기소의 관할에 속하는 사무를 다른 등기소에 위임하게 할 수 있다.
③ 어느 부동산의 소재지가 다른 등기소의 관할로 바뀌었을 때에는 종전의 관할 등기소는 전산정보처리조직을 이용하여 그 부동산에 관한 등기기록의 처리권한을 다른 등기소로 넘겨주는 조치를 하여야 한다.

92. 공간정보의 구축 및 관리 등에 관한 법령상 지적측량수수료에 관한 설명으로 틀린 것은?

① 지적측량 종목별 세부 산정기준은 국토교통부장관이 정한다.
② 지적측량수수료는 국토교통부장관이 매년 12월 말일까지 고시하여야 한다.
③ 국토교통부장관이 고시하는 표준품셈 중 지적측량품에 지적기술자의 정부노임단가를 적용하여 산정한다.
④ 지적소관청이 직권으로 조사·측량하여 지적공부를 정리한 경우, 조사·측량에 들어간 비용을 면제한다.

해설 지적측량수수료의 산정기준
① 지적측량수수료는 국토교통부장관이 고시하는 표준품셈 중 지적측량품에 지적기술자의 정부노임단가를 적용하여 산정한다.
② 지적측량 종목별 지적측량수수료의 세부 산정기준 등에 필요한 사항은 국토교통부장관이 정한다.
③ 지적측량수수료는 국토교통부장관이 매년 12월 31일까지 고시하여야 한다.
④ 지적소관청이 직권으로 조사·측량하여 지적공부를 정리한 경우에는 그 조사·측량에 들어간 비용을 토지소유자로부터 징수한다. 다만, 지적공부를 등록말소한 경우에는 그러하지 아니하다.

93. 다음 중 2년 이하의 징역 또는 2천만 원 이하의 벌금에 처하는 벌칙 기준을 적용받는 자는?

① 정당한 사유 없이 측량을 방해한 자
② 측량기술자가 아님에도 불구하고 측량을 한 자
③ 측량업의 등록을 하지 아니하고 측량업을 한 자
④ 측량업자로서 속임수로 측량업과 관련된 입찰의 공정성을 해친 자

해설 벌칙의 종류
1. 2년 이하의 징역 또는 2천만 원 이하의 벌금
① 측량기준점표지를 이전 또는 파손하거나 그 효용을 해치는 행위를 한 자
② 고의로 측량성과를 사실과 다르게 한 자
③ 측량성과를 국외로 반출한 자
④ 측량업의 등록을 하지 아니하거나 거짓이나 그 밖의 부정한 방법으로 측량업의 등록을 하고 측량업을 한 자
⑤ 성능검사를 부정하게 한 성능검사대행자
⑥ 성능검사대행자의 등록을 하지 아니하거나 거짓이나 그 밖의 부정한 방법으로 성능검사대행자의 등록을 하고 성능검사업무를 한 자

Answer 92. ④ 93. ③

2. 3년 이하의 징역 또는 3천만 원 이하의 벌금
   측량업자로서 속임수, 위력, 그 밖의 방법으로 측량업과 관련된 입찰의 공정성을 해친 자
3. 과태료
   ① 과태료 부과 금액 : 300만 원 이하
   ② 과태료 부과 대상
   - 정당한 사유 없이 측량을 방해한 자
   - 고시된 측량성과에 어긋나는 측량성과를 사용한 자
   - 거짓으로 측량기술자의 신고를 한 자
   - 측량업 등록사항의 변경신고를 하지 아니한 자
   - 측량업자의 지위 승계 신고를 하지 아니한 자
   - 측량업의 휴업·폐업 등의 신고를 하지 아니하거나 거짓으로 신고한 자
   - 본인, 배우자 또는 직계 존속·비속이 소유한 토지에 대한 지적측량을 한 자
   - 측량기기에 대한 성능검사를 받지 아니하거나 부정한 방법으로 성능검사를 받은 자
   - 성능검사대행자의 등록사항 변경을 신고하지 아니한 자
   - 성능검사대행업무의 폐업신고를 하지 아니한 자
   - 정당한 사유 없이 보고를 하지 아니하거나 거짓으로 보고를 한 자
   - 정당한 사유 없이 조사를 거부·방해 또는 기피한 자
   - 정당한 사유 없이 토지 등에의 출입 등을 방해하거나 거부한 자

94. 공간정보의 구축 및 관리 등에 관한 법령상 청산금의 납부고지 및 이의신청 기준으로 틀린 것은?

① 지적소관청은 수령통지를 한 날부터 6개월 이내에 청산금을 지급하여야 한다.
② 납부고지를 받은 자는 그 고지를 받은 날부터 6개월 이내에 청산금을 지적소관청에 내야 한다.
③ 지적소관청은 청산금의 결정을 공고한 날부터 1개월 이내에 토지소유자에게 청산금의 납부고지 또는 수령통지를 하여야 한다.
④ 납부고지되거나 수령통지된 청산금에 관하여 이의가 있는 자는 납부고지 또는 수령통지를 받은 날부터 1개월 이내에 지적소관청에 이의신청을 할 수 있다.

해설 1. 청산금 납부고지 및 수령통지
   ① 지적소관청은 청산금의 결정을 공고한 날부터 20일 이내에 토지소유자에게 청산금의 납부고지 또는 수령통지를 하여야 한다.
   ② 납부고지를 받은 자는 그 고지를 받은 날부터 6개월 이내에 청산금을 지적소관청에 내야 한다.
   ③ 지적소관청은 수령통지를 한 날부터 6개월 이내에 청산금을 지급하여야 한다.
   ④ 지적소관청은 청산금을 지급받을 자가 행방불명 등으로 받을 수 없거나 받기를 거부할 때에는 그 청산금을 공탁할 수 있다.
2. 이의신청
   ① 납부 고지되거나 수령 통지된 청산금에 관하여 이의가 있는 자는 납부고지 또는 수령통지를 받은 날부터 1개월 이내에 지적소관청에 이의신청을 할 수 있다.
   ② 이의신청을 받은 지적소관청은 1개월 이내에 축척변경위원회의 심의·의결을 거쳐 그 인용 여부를 결정한 후 지체 없이 그 내용을 이의신청인에게 통지하여야 한다.
   ③ 지적소관청은 청산금을 내야 하는 자가 기간 내에 청산금에 관한 이의신청을 하지 아니하고 기간 내에 청산금을 내지 아니하면 지방세 체납처분의 예에 따라 징수할 수 있다.

95. 지적소관청이 토지의 이동현황을 직권으로 조사·측량하여 토지의 지번·지목·면적·경계 또는 좌표를 결정하고자 하는 때에 토지이동현황조사계획 수립 기준으로 옳은 것은?

① 시·도별로 수립한다.
② 시·군·구별로 수립한다.
③ 한국국토정보공사의 지사별로 수립한다.
④ 측량수행자가 수립하여 지적소관청에 보고한다.

해설 토지의 조사·등록
① 지적소관청은 토지의 이동현황을 직권으로 조사·측량하여 토지의 지번·지목·면적·경계 또는 좌표를 결정하려는 때에는 토지이동현황 조사계획 수립
② 토지이동현황 조사계획은 시·군·구별로 수립하되, 부득이한 사유가 있는 때에는 읍·면·동별로 수립
③ 지적소관청은 토지이동현황 조사계획에 따라 토지의 이동현황을 조사한 때에는 토지이동 조사부에 토지의 이동현황 정리
④ 지적소관청은 토지이동현황 조사 결과에 따라 토지의 지번·지목·면적·경계 또는 좌표를 결정한 때에는 이에 따라 지적공부 정리
⑤ 지적소관청은 지적공부를 정리하려는 때에는 토지이동 조사부를 근거로 토지이동 조서를 작성하여 토지이동정리 결의서에 첨부

96. 공간정보의 구축 및 관리 등에 관한 법률상 벌칙규정으로서 1년 이하의 징역 또는 1천만 원 이하의 벌금에 해당되는 자는?

① 측량성과를 국외로 반출한 자
② 무단으로 측량성과 또는 측량기록을 복제한 자
③ 본인, 배우자 또는 직계 존속·비속이 소유한 토지에 대한 지적측량을 한 자
④ 측량업자가 속임수, 위력(威力), 그 밖의 방법으로 측량업과 관련된 입찰의 공정성을 해친 자

해설 1년 이하의 징역 또는 1천만 원 이하의 벌금
① 무단으로 측량성과 또는 측량기록을 복제한 자
② 심사를 받지 아니하고 지도 등을 간행하여 판매하거나 배포한 자
③ 측량기술자가 아님에도 불구하고 측량을 한 자
④ 업무상 알게 된 비밀을 누설한 측량기술자
⑤ 둘 이상의 측량업자에게 소속된 측량기술자
⑥ 다른 사람에게 측량업등록증 또는 측량업등록수첩을 빌려주거나 자기의 성명 또는 상호를 사용하여 측량업무를 하게 한 자
⑦ 다른 사람의 측량업등록증 또는 측량업등록수첩을 빌려서 사용하거나 다른 사람의 성명 또는 상호를 사용하여 측량업무를 한 자
⑧ 지적측량수수료 외의 대가를 받은 지적측량기술자
⑨ 거짓으로 다음의 신청을 한 자
  • 신규등록 신청
  • 등록전환 신청
  • 분할 신청
  • 합병 신청

- 지목변경 신청
- 바다로 된 토지의 등록말소 신청
- 축척변경 신청
- 등록사항의 정정 신청
- 도시개발사업 등 시행지역의 토지이동 신청

⑩ 다른 사람에게 자기의 성능검사대행자 등록증을 빌려주거나 자기의 성명 또는 상호를 사용하여 성능검사대행업무를 수행하게 한 자

⑪ 다른 사람의 성능검사대행자 등록증을 빌려서 사용하거나 다른 사람의 성명 또는 상호를 사용하여 성능검사대행업무를 수행한 자

97. 지상경계점등록부의 등록사항이 아닌 것은?

① 경계점의 사진 파일
② 경계점 위치 설명도
③ 토지의 소재와 지번
④ 경계점 등록자의 정보

해설 지상경계점등록부의 등록사항
① 토지의 소재
② 지번
③ 경계점 좌표(경계점좌표등록부 시행지역에 한정한다)
④ 경계점 위치 설명도
⑤ 공부상 지목과 실제 토지이용 지목
⑥ 경계점의 사진 파일
⑦ 경계점표지의 종류 및 경계점 위치

98. 국토의 계획 및 이용에 관한 법률에 따른 용도지구가 아닌 것은?

① 경관지구
② 고도지구
③ 문화지구
④ 보호지구

해설 용도지구의 지정
1. 경관지구 : 경관의 보전·관리 및 형성을 위하여 필요한 지구
2. 고도지구 : 쾌적한 환경 조성 및 토지의 효율적 이용을 위하여 건축물 높이의 최고한도를 규제할 필요가 있는 지구
3. 방화지구 : 화재의 위험을 예방하기 위하여 필요한 지구
4. 방재지구 : 풍수해, 산사태, 지반의 붕괴, 그 밖의 재해를 예방하기 위하여 필요한 지구
5. 보호지구 : 문화재, 중요 시설물(항만, 공항 등 대통령령으로 정하는 시설물을 말한다) 및 문화적·생태적으로 보존가치가 큰 지역의 보호와 보존을 위하여 필요한 지구
6. 취락지구 : 녹지지역·관리지역·농림지역·자연환경보전지역·개발제한구역 또는 도시자연공원구역의 취락을 정비하기 위한 지구
7. 개발진흥지구 : 주거기능·상업기능·공업기능·유통물류기능·관광기능·휴양기능 등을 집중적으로 개발·정비할 필요가 있는 지구
8. 특정용도제한지구 : 주거 및 교육 환경 보호나 청소년 보호 등의 목적으로 오염물질 배출시설, 청소년 유해시설 등 특정시설의 입지를 제한할 필요가 있는 지구
9. 복합용도지구 : 지역의 토지이용 상황, 개발 수요 및 주변 여건 등을 고려하여 효율적이고 복합적인 토지이용을 도모하기 위하여 특정시설의 입지를 완화할 필요가 있는 지구

99. 측량기하적에 대한 내용으로 틀린 것은?

① 측량대상토지의 점유현황선은 검은색 점선으로 표시한다.
② 측량결과의 파일 형식은 표준화된 공통포맷을 지원할 수 있어야 한다.
③ 측정점의 표시에서 측량자는 붉은색 짧은 십자선(+)으로 표시한다.
④ 측량대상토지에 지상구조물 등이 있는 경우와 새로이 설정하는 경계에 지상건물 등이 걸리는 경우에는 그 위치현황을 표시하여야 한다.

해설 측량기하적
① 평판점·측정점 및 방위표정에 사용한 기지점 등에는 방향선을 긋고 실측한 거리를 기재한다. 이 경우 측정점의 방향선 길이는 측정점을 중심으로 약 1센티미터로 표시한다.
② 평판점 및 측정점은 측량자는 직경 1.5밀리미터 이상 3밀리미터 이하의 원으로 표시하고, 검사자는 1변의 길이가 2밀리미터 이상 4밀리미터 이하의 삼각형으로 표시한다. 이 경우 평판점 옆에 평판이동 순서에 따라 $不_1$, $不_2$ …으로 표시한다.
③ 평판점의 결정 및 방위표정에 사용한 기지점은 측량자는 직경 1밀리미터와 2밀리미터의 2중원으로 표시하고, 검사자는 1변의 길이가 2밀리미터와 3밀리미터의 2중 삼각형으로 표시한다.
④ 평판점과 기지점 사이의 도상거리와 실측거리를 방향선상에 다음과 같이 기재한다.

(측 량 자)	(검 사 자)
(도상거리)/실측거리	△(도상거리)/△실측거리

⑤ 측량대상토지에 지상구조물 등이 있는 경우와 새로이 설정하는 경계에 지상건물 등이 걸리는 경우에는 그 위치현황을 표시하여야 한다.
⑥ 측량대상토지의 점유현황선은 붉은색 점선으로 표시한다.
⑦ 측정점의 표시는 측량자의 경우 붉은색 짧은 십자선(+)으로 표시하고, 검사자는 삼각형(△)으로 표시하며, 각 측정점은 붉은색 점선으로 연결한다.
⑧ 측량결과의 파일형식은 표준화된 공통포맷을 지원할 수 있어야 한다.

100. 경위의측량방법에 다른 세부측량의 관측 및 계산에 관한 기준으로 옳지 않은 것은?

① 도선법 또는 방사법에 따른다.
② 미리 각 경계점에 표지를 설치한다.
③ 관측은 20초독 이상의 경위의를 사용한다.
④ 연직각의 관측은 교차가 30초 이내인 때에 그 평균치를 연직각으로 하되, 초단위로 독정한다.

해설 경위의측량방법에 따른 세부측량의 관측 및 계산
① 미리 각 경계점에 표지를 설치하여야 한다.
② 도선법 또는 방사법에 따를 것
③ 관측은 20초독 이상의 경위의를 사용할 것
④ 수평각의 관측은 1대회의 방향관측법이나 2배각의 배각법에 따를 것. 다만, 방향관측법인 경우에는 1측회의 폐색을 하지 아니할 수 있다.
⑤ 연직각의 관측은 정반으로 1회 관측하여 그 교차가 5분 이내일 때에는 그 평균치를 연직각으로 하되, 분단위로 독정(讀定)할 것
⑥ 수평각의 측각공차는 다음 표에 따를 것

종별	1방향각	1회 측정각과 2회 측정각의 평균값에 대한 교차
공차	60초 이내	40초 이내

Answer 99. ① 100. ④

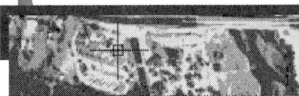

Engineer Cadastral Surveying

2020년 제3회 지적기사

01 지적측량

01. 지적삼각망 조정 시 국소조정이라고도 하며 수평각관측부의 출발차 또는 폐색차를 조정하는 것을 무엇이라고 하는가?

① 변규약
② 도형조건
③ 삼각규약
④ 측점조건

해설 ① 변규약 : 변조건이라고도 하며 삼각망 중 임의변의 길이는 어떤 경로로 계산하여도 그 값이 일정하여야 한다는 조건
② 도형조건 : 삼각망에서 모든 각도가 상관적으로 기하학상에서 생기는 오차를 조정하는 것으로 측점조정이 끝난 후에 하는 조정 조건
③ 삼각규약 : 관측한 각도(180°+구과량) 내각의 합계를 조정하는 규약
④ 측점조건 : 국소조정이라고도 하며 각 측점에서 관측한 각도의 관계에서 측점규약을 규약에 따라 조정하는 것을 말하며 둘레 각의 합이 360°가 되는 조건으로 다른 측점에서 관측한 각도와 관계없이 해당 측점에서 발생한 오차를 해당 측점에서 관측한 각도에 배분

02. 경계의 제도방법 기준으로 옳지 않은 것은?

① 경계는 0.1mm 폭의 선으로 제도한다.
② 경계점좌표등록부 등록지역의 도면에 등록할 경계점 간 거리는 붉은색으로 제도한다.
③ 경계점좌표등록부 등록지역의 도면에 등록할 경계점 간 거리는 1.0~1.5mm 크기의 아라비아숫자로 제도한다.
④ 지적기준점이 매설된 토지를 분할하는 경우 그 토지가 작아서 제도하기 곤란한 때에는 그 도면의 여백에 그 축척의 10배로 확대하여 제도할 수 있다.

해설 지적업무처리규정 제41조(경계의 제도)
① 경계는 0.1밀리미터 폭의 선으로 제도
② 경계점좌표등록부 등록지역의 도면(경계점 간 거리등록을 하지 아니한 도면을 제외한다)에 등록할 경계점 간 거리는 검은색의 1.0~1.5밀리미터 크기의 아라비아숫자로 제도
③ 지적기준점 등이 매설된 토지를 분할할 경우 그 토지가 작아서 제도하기가 곤란한 때에는 그 도면의 여백에 그 축척의 10배로 확대하여 제도할 수 있다.

03. 잔차를 v, 관측횟수를 n이라고 할 때, 최확치의 확률오차는?

① $\sqrt{\dfrac{[vv]}{n-1}}$ ② $\sqrt{\dfrac{[vv]}{n(n-1)}}$

③ $\pm 0.6745\sqrt{\dfrac{[vv]}{n-1}}$ ④ $\pm 0.6745\sqrt{\dfrac{[vv]}{n(n-1)}}$

해설 ① $\sqrt{\dfrac{[vv]}{n-1}}$: 관측치의 표준오차

② $\sqrt{\dfrac{[vv]}{n(n-1)}}$: 최확치의 표준오차

③ $\pm 0.6745\sqrt{\dfrac{[vv]}{n-1}}$: 관측치의 확률오차

④ $\pm 0.6745\sqrt{\dfrac{[vv]}{n(n-1)}}$: 최확치의 확률오차

04. 60m의 Steel Tape로 540m의 거리를 측정했다. 이때 60m의 거리를 잴 때마다 ±5mm의 평균제곱근 오차가 있었다면 전장측정치의 평균제곱근 오차는?

① ±5mm ② ±10mm
③ ±15mm ④ ±20mm

해설 60m 줄자로 540m를 측정하면 540÷60=9

$m_0 = \pm\sqrt{m_1^2 + m_2^2 + \cdots m_n^2}$

$m_1 = m_2 = m_3 = \cdots = m$ 이면

$m_0 = \pm\sqrt{n \times m^2} = \pm m\sqrt{n}$
$= \pm 5\sqrt{9} = \pm 15\text{mm}$

05. 지적측량의 방법 중 세부측량의 방법으로 옳지 않은 것은?

① 평판측량방법 ② 경위의측량방법
③ 전파기측량방법 ④ 전자평판측량방법

해설 지적측량 시행규칙 제7조(지적측량의 방법 등)
세부측량은 위성기준점, 통합기준점, 지적기준점 및 경계점을 기초로 하여 경위의측량방법, 평판측량방법, 위성측량방법 및 전자평판측량방법에 따른다.

06. A, B 두 점의 좌표가 아래와 같을 때 A, B 사이의 거리를 구하면?

- A점의 좌표(-100.25mm, 0.00m)
- B점의 좌표(0.00m, -200.18m)

① 99.93m ② 121.33m
③ 182.66m ④ 223.88m

Answer 3. ④ 4. ③ 5. ③ 6. ④

해설 $\Delta x = 0.00 - (-100.25) = 100.25\text{m}$
$\Delta y = -200.18 - 0.00 = -200.18\text{m}$
$\therefore l = \sqrt{100.25^2 + (-200.18)^2} = 223.88\text{m}$

07. 지적측량성과와 검사성과의 연결교차의 허용범위 기준으로 옳지 않은 것은?

① 지적삼각점 : 0.20m 이내
② 지적삼각보조점 : 0.20m 이내
③ 지적도근점(경계점좌표등록부 시행지역) : 0.15m 이내
④ 경계점(경계점좌표등록부 시행지역) : 0.10m 이내

해설 지적측량 시행규칙 제27조(지적측량성과의 결정)

구분		연결교차
지적삼각점		0.20미터
지적삼각보조점		0.25미터
지적도근점	경계점좌표등록부 시행지역	0.15미터
	그 밖의 지역	0.25미터
경계점	경계점좌표등록부 시행지역	0.10미터
	그 밖의 지역	10분의 3M밀리미터(M은 축척분모)

08. 다각망도선법의 망형태에 따른 최소조건식의 설명으로 옳지 않은 것은?

① Y망의 최소조건식 수는 3개이지만 조건식 수는 2개만 충족시키면 된다.
② X망의 최소조건식 수는 4개이지만 조건식 수는 3개만 충족시키면 된다.
③ A망의 최소조건식 수는 5개이지만 조건식 수는 4개만 충족시키면 된다.
④ 복합망은 어느 조건식을 사용하든지 최소조건식 수만 충족시키면 된다.

해설 A, H망은 최소조건식 수는 4개이지만 일반적으로 조건식 수는 3개만 만족하게 하면 된다.

09. 지적삼각점 사이의 거리를 광파기로 5회 측정한 결과 245.45m일 때 허용교차는?

① 0.2cm
② 0.1cm
③ 0.002cm
④ 0.001cm

해설 지적측량 시행규칙 제9조(지적삼각점측량의 관측 및 계산)
점간거리는 5회 측정하여 그 측정치의 최대치와 최소치의 교차가 평균치의 10만분의 1 이하일 때에는 그 평균치를 측정거리로 하고, 원점에 투영된 평면거리에 따라 계산한다.

$\dfrac{245.45}{100,000} = 0.0024545\text{m}$

$0.0024545\text{m} \times 100 = 0.24545\text{cm}$

$\therefore 0.2\text{cm}$

10. 경위의측량방법으로 세부측량을 할 때 측량준비 파일에 포함하여 작성하여야 하는 사항에 해당하지 않는 것은?

① 경계점 간 계산거리
② 인근 토지의 경계와 경계점의 좌표
③ 측량대상 토지의 경계와 경계점의 좌표
④ 지적기준점 및 그 번호와 지적기준점의 좌표

해설 지적측량 시행규칙 제17조(측량준비 파일의 작성)

경위의측량방법에 의한 측량준비도 기재사항	평판측량방법에 의한 측량준비도 기재사항
1. 측량대상 토지의 경계와 경계점의 좌표 및 부호도·지번·지목 2. 인근 토지의 경계와 경계점의 좌표 및 부호도·지번·지목 3. 행정구역선과 그 명칭 4. 지적측량기준점 및 그 번호와 지적측량기준점 간의 방위각 및 그 거리 5. 경계점 간 계산거리 6. 도곽선과 그 수치 7. 그 밖에 국토교통부장관이 정하는 사항	1. 측량대상 토지의 경계선·지번 및 지목 2. 인근 토지의 경계선·지번 및 지목 3. 임야도를 비치하는 지역에서 인근 지적도의 축척으로 측량을 하고자 하는 때에는 임야도에 표시된 경계점의 좌표를 구하여 지적도에 전개한 경계선. 다만, 임야도에 표시된 경계점의 좌표를 구할 수 없거나 그 좌표에 의하여 확대하여 그리는 것이 부적당한 때에는 축척비율에 따라 확대한 경계선을 말한다. 4. 행정구역선과 그 명칭 5. 지적측량기준점 및 그 번호와 지적측량기준점 간의 거리, 지적측량기준점의 좌표, 그 밖에 측량의 기점이 될 수 있는 기지점 6. 도곽선과 그 수치 7. 도곽선의 신축이 0.5밀리미터 이상인 때에는 그 신축량 및 보정계수 8. 그 밖에 국토교통부장관이 정하는 사항

11. 그림과 같은 사각망에서 $\Sigma\alpha = 360°00'32''$ 이고, $(\alpha_1+\alpha_2)-(\alpha_5+\alpha_6)=-4''$일 때 α_6에 배분할 조정량은?

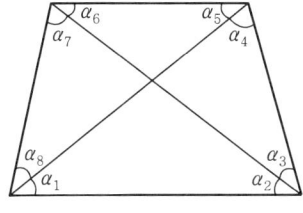

① $-3''$ ② $-5''$ ③ $+3''$ ④ $+5''$

해설 $360°00'32'' - 360°00'00'' = +32''$
여기서, $+32''$를 8개 각에 $4''$씩 $(-)$ 조정
$+32'' \div 8 = 4''$
$(\alpha_1+\alpha_2)-(\alpha_5+\alpha_6)=-4''$에서 $-4''$ 중에 α_6에 $-1''$ 조정
따라서 α_6각에 조정할 양 $\triangle\alpha = -4-1 = -5''$

Answer 10. ④ 11. ②

12. 다음 중 지적도근점측량을 반드시 시행하여야 하는 지역은?

① 토지분할지역
② 대단위 합병지역
③ 축척변경시행지역
④ 소규모등록전환지역

해설 지적측량 시행규칙 제6조(지적측량의 실시기준)
② 지적도근점측량은 다음 어느 하나에 해당하는 경우에 실시한다.
  1. 축척변경을 위한 측량을 하는 경우
  2. 도시개발사업 등으로 인하여 지적확정측량을 하는 경우
  3. 도시지역에서 세부측량을 하는 경우
  4. 측량지역의 면적이 해당 지적도 1장에 해당하는 면적 이상인 경우
  5. 세부측량을 하기 위하여 특히 필요한 경우
③ 세부측량은 법 제23조제1항 제2호·제3호·제4호 및 제5호의 경우에 실시한다.

공간정보의 구축 및 관리 등에 관한 법률 제23조(지적측량의 실시 등)
① 다음 각 호의 어느 하나에 해당하는 경우에는 지적측량을 하여야 한다.
  1. 제7조제1항제3호에 따른 지적기준점을 정하는 경우
  2. 제25조에 따라 지적측량성과를 검사하는 경우
  3. 다음 각 목의 어느 하나에 해당하는 경우로서 측량을 할 필요가 있는 경우
    가. 제74조에 따라 지적공부를 복구하는 경우
    나. 제77조에 따라 토지를 신규등록하는 경우
    다. 제78조에 따라 토지를 등록전환하는 경우
    라. 제79조에 따라 토지를 분할하는 경우
    마. 제82조에 따라 바다가 된 토지의 등록을 말소하는 경우
    바. 제83조에 따라 축척을 변경하는 경우
    사. 제84조에 따라 지적공부의 등록사항을 정정하는 경우
    아. 제86조에 따른 도시개발사업 등의 시행지역에서 토지의 이동이 있는 경우
    자. 「지적재조사에 관한 특별법」에 따른 지적재조사사업에 따라 토지의 이동이 있는 경우
  4. 경계점을 지상에 복원하는 경우
  5. 그 밖에 대통령령으로 정하는 경우

13. 100m+4.96mm의 정수를 표시한 권척을 사용하여 500m를 측정하였을 경우 바른 길이는?

① 500.000m
② 500.025m
③ 500.043m
④ 500.050m

해설 $D_0 = D(1 + \dfrac{c}{L}) = 500(1 + \dfrac{0.00496}{100}) = 500.025\text{m}$

14. 좌표면적계산법에 따른 면적측정을 하는 경우 면적을 정하는 단위 기준으로 옳은 것은?

① 10분의 1제곱미터 단위로 정한다.
② 100분의 1제곱미터 단위로 정한다.
③ 1,000분의 1제곱미터 단위로 정한다.
④ 10,000분의 1제곱미터 단위로 정한다.

해설 지적측량 시행규칙 제20조(면적측정의 방법 등)
좌표면적계산법에 따른 산출면적은 1천분의 1제곱미터까지 계산하여 10분의 1제곱미터 단위로 정한다.

15. 지적삼각보조점의 관측 및 계산방법으로 옳은 것은?

① 진수의 계산은 6자리 이상으로 한다.
② 1측회의 폐색공차는 ±30초 이내여야 한다.
③ 삼각형 내각관측의 합과 180도와의 차는 ±40초 이내여야 한다.
④ 수평각 관측의 윤곽도는 0도, 60도, 120도의 방향관측법에 의한다.

해설 지적측량 시행규칙 제11조(지적삼각보조점의 관측 및 계산)
1. 관측은 20초독 이상의 경위의를 사용할 것
2. 수평각 관측은 2대회(윤곽도는 0도, 90도로 한다)의 방향관측법에 따른다.
3. 수평각의 측각공차는 다음 표에 따를 것. 이 경우 삼각형 내각의 관측치를 합한 값과 180도와의 차는 내각을 전부 관측한 때에 적용한다.

종별	1방향각	1측회의 폐색	삼각형 내각관측의 합과 180도와의 차	기지각과의 차
공차	40초 이내	±40초 이내	±50초 이내	±50초 이내

4. 계산단위는 다음 표에 따를 것

종별	각	변의 길이	진수	좌표
공차	초	센티미터	6자리 이상	센티미터

16. 다음 그림과 같은 정삼각형 ABC의 내접원의 반지름(r)은?(단, $\overline{AB}$=10m)

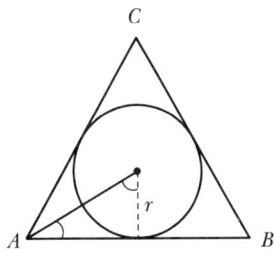

① 약 1.6m
② 약 2.9m
③ 약 3.5m
④ 약 4.1m

Answer 14. ① 15. ① 16. ②

해설
$r = \dfrac{2S}{a+b+c}$

$S = \sqrt{s(s-a)(s-b)(s-c)}$

$s = \dfrac{a+b+c}{2}$ $s = \dfrac{10+10+10}{2} = 15$

$S = \sqrt{15(15-10)(15-10)(15-10)} = 43.3$

$r = \dfrac{2 \times 43.3}{10+10+10} = 2.89$

∴ 2.9m

17. 경계점좌표등록부를 갖춰 두는 지역에 있는 각 필지의 경계점을 측정할 때 좌표를 산출하는 방법이 아닌 것은?

① 교회법   ② 도선법   ③ 방사법   ④ 지거법

해설 지적측량 시행규칙 제23조(경계점좌표등록부를 갖춰 두는 지역의 측량)
각 필지의 경계점을 측정할 때에는 도선법·방사법 또는 교회법에 따라 좌표를 산출한다.

18. 세부측량을 실시한 경우 지적소관청의 지적측량성과검사 시 검사항목이 아닌 것은?

① 기지점 사용의 적정 여부
② 지적기준점설치망 구성의 적정 여부
③ 측량준비도 및 측량결과도 작성의 적정 여부
④ 경계점 간 계산거리(도상거리)와 실측거리의 부합 여부

해설 지적업무처리규정 제26조(지적측량성과의 검사항목)
1. 기초측량
  가. 기지점사용의 적정 여부
  나. 지적측량기준점설치망 구성의 적정 여부
  다. 관측각 및 거리측정의 정확 여부
  라. 계산의 정확 여부
  마. 지적기준점 선점 및 표지설치의 정확 여부
  바. 지적측량기준점성과와 기지경계선과의 부합 여부
2. 세부측량
  가. 기지점사용의 적정 여부
  나. 측량준비도 및 측량결과도 작성의 적정 여부
  다. 기지점과 지상경계와의 부합 여부
  라. 경계점 간 계산거리(도상거리)와 실측거리의 부합 여부
  마. 면적측정의 정확 여부
  바. 관계법령의 분할제한 등의 저촉 여부. 다만, 제20조제3항은 제외한다.

Answer 17. ④ 18. ②

19. 경기도에 위치한 2등삼각점의 종선좌표(X)가 -3,156.78m, 횡산좌표(Y)가 +2,314.65m일 때, 이를 지적측량에서 사용하고 있는 좌표로 환산한 값으로 옳은 것은?

① X=496,843.22m, Y=202,314.65m
② X=196,843.22m, Y=502,314.65m
③ X=503,156.78m, Y=197,685.35m
④ X=546,843.22m, Y=197,685.35m

해설 공간정보의 구축 및 관리 등에 관한 법률 시행령 제7조(세계측지계 등)제3항

- 직각좌표의 기준
  세계측지계에 따르지 아니하는 지적측량의 경우에는 가우스상사이중투영법으로 표시하되, 직각좌표계 투영원점의 가산(加算)수치를 각각 X(N) 500,000m(제주도지역 550,000미터), Y(E) 200,000m로 하여 사용할 수 있다.
  X=500,000m-3,156.78m=496,843.22m
  Y=200,000m+2,314.65m=202,314.65m

20. 지적도근점측량을 배각법에 따르는 경우 연결오차의 배분방법으로 옳은 것은?

① 각 측선의 측선장에 비례하여 배분한다.
② 각 측선의 측선장에 반비례하여 배분한다.
③ 각 측선의 종·횡선차 길이에 비례하여 배분한다.
④ 각 측선의 종·횡선차 길이에 반비례하여 배분한다.

해설 지적측량 시행규칙 제14조(지적도근점의 각도관측을 할 때의 폐색오차의 허용범위 및 측각오차의 배분)
1. 배각법에 따르는 경우 : 측선장(測線長)에 반비례하여 각 측선의 관측각에 배분
2. 방위각법에 따르는 경우 : 변의 수에 비례하여 각 측선의 방위각에 배분

02 응용측량

21. GNSS측량에서 사이클 슬립(Cycle Slip)의 주된 원인은?

① 높은 위성의 고도
② 높은 신호 강도
③ 낮은 신호 잡음
④ 지형·지물에 의한 신호단절

해설 사이클 슬립(Cycle Slip) : 주판 단절로 반송파 위상 추적회로에서 반송파 위상치의 값을 순간적으로 놓침으로써 발생하는 오차로 주위의 지형·지물 등에 의해 신호가 단절되는 것을 말한다.

Answer 19. ① 20. ③ 21. ④

22. GPS 위성의 신호에 대한 설명 중 틀린 것은?

① L_1 반송파에는 C/A코드와 P코드가 포함되어 있다.
② L_2 반송파에는 C/A코드만 포함되어 있다.
③ L_1 반송파가 L_2 반송파보다 높은 주파수를 가지고 있다.
④ 위성에서 송신되는 신호는 대기의 상태에 따라 전파의 속도가 달라지는 것을 보정하기 위하여 파장이 다른 2가지의 전파를 동시에 수신한다.

해설 ② L_2 반송파에는 P코드만 포함되어 있다.

23. 터널측량 시 터널입구를 결정하기 위하여 측점 A, B, C, D 순으로 트래버스 측량한 결과가 아래와 같을 때, AD 간의 거리는?

[측량결과]
측선 AB : 거리=30m, 방위각=40°
측선 BC : 거리=35m, 방위각=120°
측선 CD : 거리=40m, 방위각=210°

① 40.45m ② 40.54m
③ 41.45m ④ 41.54m

해설 각 측선의 위거와 경거를 구하여 합계를 구한다.
A점의 위거=30×cos40°=22.98m, A점의 경거=30×sin40°=19.28m
B점의 위거=35×cos120°=−17.5m, B점의 경거=35×sin120°=30.31m
C점의 위거=40×cos21°=−34.64m, C점의 경거=40×sin210°=−20m
위거의 총합=22.98+(−17.5)+(−34.64)=−29.16m
경거의 총합=19.28+30.31+(−20)=29.59m
∴ AD 간의 거리= $\sqrt{(위거의 합)^2+(경거의 합)^2}$ = $\sqrt{(-29.16)^2+(29.59)^2}$ =41.543m

24. 단곡선에서 반지름 R=300m, 교각 I=60°일 때, 곡선길이(CL)는?

① 310.10m ② 315.44m
③ 314.16m ④ 311.55m

해설 곡선길이(CL)은=0.01745RI=0.01745×300×60°=314.10m

25. GNSS측량에서 구조적 요인에 의한 오차에 해당하지 않는 것은?

① 전리층 오차
② 대류층 오차
③ SA(Selective Availability) 오차
④ 위성궤도오차 및 시계오차

해설 GNSS 측량의 오차에는 크게 구조적 요인에 의한 오차, 위성의 배치 상황에 따른 오차(DOP), 선택적 가용성에 의한 오차(SA), 주파단절(Cycle Slip)이 있다. 구조적 요인에 의한 거리오차에는 위성시계 오차, 위성궤도 오차, 전리층과 대류권에 의한 전파지연, 전파적 잡음, 다중경로 오차가 있다.

26. 축척 1 : 50,000 지형도에서 등고선 간격을 20m로 할 때 도상에서 표시될 수 있는 최소 간격을 0.45mm로 할 경우 등고선으로 표현할 수 있는 최대 경사각은?

① 40.1°
② 41.6°
③ 44.6°
④ 46.1°

해설 먼저 수평거리를 구하면, 실제 거리=축척×도상거리=50,000×0.45=22.5m
경사각=$\tan^{-1}$(높이/수평거리)=$\tan^{-1}$(20/22.5)= 41.6335°

27. 수준측량에서 전시와 후시 거리를 같게 취하는 가장 큰 이유는?

① 시준축과 기포관축이 평행이 아니므로 생기는 오차의 제거를 위해
② 표척에 있을 수 있는 눈금오차의 제거를 위해
③ 표척이 연직이 아닐 때의 오차 제거를 위해
④ 관측을 편하게 하기 위해

해설 전·후시 거리를 같게 하면 시준선이 기포관축과 평행하지 않을 때 발생하는 오차를 제거할 수 있다.

28. 사진의 주점이나 표정점 등 제점의 위치를 인접한 사진에 옮기는 작업은?

① 점이사
② 표정
③ 투영
④ 정합

해설 사진상의 주점이나 표정점 등의 제점의 위치를 인접한 사진에 옮기는 작업은 점이사이다.

29. 편각법으로 원곡선을 설치할 때 기점으로부터 교점까지의 거리=123.45m, 교각(I)=40°20′, 곡선 반지름(R)=100m일 때 시단현의 길이는?(단, 중심말뚝의 간격은 20m이다.)

① 4.15m
② 6.72m
③ 13.28m
④ 14.18m

해설 노선측량에서 $TL=R\tan\dfrac{I}{2}=100\tan 20°10′=36.73$

노선 출발점에서 곡선시점까지의 거리는 $BC=IP-TL=123.45-36.73=86.72$m
노선출발점에서 곡선시점까지의 Chain당 거리는 $BC=86.72\div 20=$No.3+6.72m
∴ 시단현의 길이(l) 1Chain당 거리(20m)−6.72m=13.28m

30. 항공삼각측량에서 기본단위가 사진으로, 블록 내의 각 사진상의 관측된 기준점, 접합점의 사진좌표를 이용하여 최소제곱법으로 사진의 외부표정요소 및 접합점의 최확값을 결정하는 방법은?

① 다항식법 ② 독립 모델법
③ 광속조정법 ④ 그루버법

해설 광속법(번들조정법)
- 사진을 기본단위로 사용하며 다수의 광속을 공선조건에 따라 표정
- 상좌표를 사진좌표로 변환한 다음 직접 절대좌표로 환산
- 기준점 및 접합점을 이용하여 최소제곱법으로 절대좌표 산정
- 각 점의 사진좌표가 관측값에 이용되며, 가장 조정능력이 높은 방법

31. 갑, 을 2인이 두 점 간의 수준측량을 하여 고저차를 구하였더니 다음과 같았다면 최확값은?

갑 : 25.56±0.029m, 을 : 25.52±0.012m

① 25.515m ② 25.526m
③ 25.537m ④ 25.548m

해설 경중률은 오차 제곱에 반비례하므로

$$P_1 : P_2 = \frac{1}{0.029^2} : \frac{1}{0.012^2} = \frac{1}{64} : \frac{1}{16} = 1 : 4$$

최확값$(H) = \frac{(25.56 \times 1) + (25.52 \times 4)}{1+4} = 25.528\text{m}$

32. 지형의 표시방법 중에서 자연적 도법에 해당되는 것은?

① 영선법 ② 점고법
③ 채색법 ④ 등고선법

해설
1. 자연적 도법
   ① 영선법(형선법) : 경사가 급하면 선이 굵고, 완만하면 선이 가늘고 길게 된 새털모양으로 표시
   ② 음영법 : 고저차가 크므로 경사가 급한 곳에 주로 사용한다.
2. 부호적 도법
   ① 점고법 : 하천, 항만, 해양 등의 심천을 나타내는 경우에 사용
   ② 등고선법 : 등고선에 의하여 지표를 표시하는 방법

33. 노선측량에서 일반적으로 종단면도에 기입되는 항목이 아닌 것은?

① 관측점 간 수평거리 ② 절토 및 성토량
③ 계획선의 경사 ④ 관측점의 지반고

해설 종단면도 기입사항은 측점, 거리(추가거리), 지반고, 계획고, 계획선의 구배(경사), 절토고, 성토고이다.

34. 항공사진측량에서 동일한 지역을 사진의 크기와 촬영고도는 같게 하고, 카메라를 달리하여 촬영하였을 때, 1장의 사진에서 나타나는 초광각 카메라에 의한 촬영면적은 광각 카메라에 의한 촬영면적의 몇 배인가?(단, 초광각 카메라 초점거리=88mm, 광각카메라 초점거리=150mm)

① 약 2배　　　② 약 3배
③ 약 4배　　　④ 약 5배

해설 사진의 면적 $A = (m \times a)^2$ 이므로 $(0.088a)^2 : (0.150a)^2 = 2.9 ≒ 3$배

35. 수준측량의 야장기입법 중에서 완전한 검산을 계산으로 할 수 있으며 높은 정도를 필요로 하는 측량에 적합하나 중간점이 많을 경우 계산이 복잡하고 시간이 많이 소요되는 단점을 갖고 있는 것은?

① 고차식　　　② 기고식
③ 승강식　　　④ 종단식

해설 승강식은 전시에서 후시를 뺀 값이 고저차가 되므로 승·강의 난을 따로 만들어 기입하며 승·강의 총합을 구하면 전, 후시의 읽음수의 차와 비교하여 계산 결과를 검사할 수 있고 임의의 점의 표고를 구하기에 편리하나 중간점이 많을 때에는 계산이 복잡하다.

36. 완화곡선의 성질에 대한 설명으로 옳지 않은 것은?

① 곡선의 반지름은 완화곡선의 시점에서 무한대, 종점에서 원곡선의 반지름이 된다.
② 완화곡선의 접선은 시점에서 원호에, 종점에서 직선에 접한다.
③ 완화곡선에 연한 곡선반지름의 감소율은 캔트의 증가율과 같다.
④ 완화곡선의 종점에 있는 캔트는 원곡선의 캔트와 같다.

해설 완화곡선
차량이 직선부에서 곡선부분으로 방향을 바꾸면 반지름이 달라지기 때문에 설치하는 선으로, 주로 차량에 사용되며 완화곡선의 특징은 다음과 같다.
• 곡선반경은 완화곡선의 시점에서 무한대, 종점에서 원곡선 R로 된다.
• 완화곡선의 접선은 시점에서 직선에, 종점에서 원호에 접한다.
• 완화곡선에 연한 곡선반경의 감소율은 캔트의 증가율과 동률(다른 부호)로 되고, 또 종점에 있는 캔트는 원곡선의 캔트와 같게 된다.

37. 터널 내 수준측량의 특징에 대한 설명으로 옳은 것은?

① 지상에서의 수준측량방법과 장비 모두 동일하다.
② 관측점의 위치는 바닥레일의 중심점을 이용한다.
③ 이동식 답판을 주로 이용해야 안정성이 있다.
④ 수준측량을 위한 관측점은 천장에 설치되는 경우가 많다.

해설 터널측량에서는 지상측량과 다르게 측점을 보통 천장에 설치한다.

38. 항공사진을 실체시할 때 생기는 과고감에 영향을 미치는 인자가 아닌 것은?

① 사진의 크기
② 카메라의 초점거리
③ 기선고도비
④ 입체시할 경우 눈의 위치

해설 과고감은 지표면의 기복을 과장하여 나타낸 것으로 낮고 평탄한 지역의 판독에 도움이 되지만, 경사면은 실제보다 급하게 보이므로 오판에 주의하여야 하며 과고감은 인공 입체시를 하는 경우 과장되어 보이는 정도로 기선고도비에 비례한다. 과고감을 주는 요인은 다음과 같다.
- 기선의 변화
- 초점거리의 변화
- 촬영고도의 차
- 눈의 높이에 의한 차
- 눈을 옆으로 돌렸을 때의 변화

39. 다음 중 지형측량의 지성선에 해당되지 않는 것은?

① 합수선
② 능선(분수선)
③ 경사변환선
④ 주곡선

해설 지성선
지표면을 다수의 평면으로 이루어졌다고 생각할 때 이 평면의 접합부, 즉 접선을 말하며 지세선이라고도 한다. 능선(분수선), 합수선(합곡선), 경사변환선, 최대경사선으로 구분한다.

40. 등고선의 성질을 설명한 것으로 틀린 것은?

① 등고선은 등경사지에서 등간격으로 나타낸다.
② 등고선은 도면 내·외에서 반드시 폐합하는 폐곡선이다.
③ 등고선은 절벽이나 동굴에서는 교차할 수 있다.
④ 등고선은 급경사지에서는 간격이 넓고 완경사지에서는 좁다.

해설 등고선의 성질
- 동일 등고선상에 있는 모든 점은 같은 높이다.
- 등고선은 도면 내외에서 폐합하는 폐곡선이다.
- 지도의 도면 내에서 폐합하는 경우 등고선의 내부에 산정 또는 분지가 있다.
- 높이가 다른 두 등고선은 동굴이나 절벽의 지형이 아닌 곳에서는 교차하지 않으며, 동굴이나 절벽은 반드시 두 점에서 교차한다.
- 동등한 경사의 지표에서 양 등고선의 수평거리는 같다.
- 같은 경사의 평면일 때는 나란히 직선이 된다.
- 최대 경사의 방향은 등고선과 직각으로 교차한다.
- 등고선은 경사가 급한 곳은 간격이 좁고 완만한 경사지는 넓다.
- 등고선은 분수선과 직각으로 만난다.
- 등고선의 수평거리는 산꼭대기 및 산 밑에서는 크고 산 중턱에서는 작다.
- 등고선이 능선을 직각방향으로 횡단한 다음 능선 다른 쪽을 따라 거슬러 올라간다.

03 토지정보체계론

41. 관계형 DBMS에서 자료를 만들고 조회할 수 있는 도구로서 처음 개발된 것으로, DBMS를 제어하고 DBMS와 대화할 수 있는 관계형 데이터베이스의 표준 질의 언어는?

① SQL
② ADT
③ HTML
④ COBOL

해설 SQL(Structured Query Language, 구조화 질의어)
- SQL은 관계형 데이터베이스 관리 시스템(RDBMS)의 데이터를 관리하기 위해 설계된 특수 목적의 프로그래밍 언어
- 자료의 검색과 관리, 데이터베이스 스키마 생성과 수정, 데이터베이스 객체 접근 조정 관리를 위해 고안
- 미국표준연구소(ANSI)와 국제표준기구(ISO)에서 관계 데이터베이스 표준언어로 채택

42. 아래와 같이 주어진 수식이 의미하는 좌표변환은?(단, λ : 축척변환, (x_0, y_0) : 원점의 변위량, θ : 회전변환, (x', y') : 보정된 좌표, (x, y) : 보정 전 좌표)

$$\begin{bmatrix} x' \\ y' \end{bmatrix} = \lambda \begin{bmatrix} \cos\theta & -\sin\theta \\ \sin\theta & \cos\theta \end{bmatrix} \begin{bmatrix} x \\ y \end{bmatrix} + \begin{bmatrix} x_0 \\ y_0 \end{bmatrix}$$

① 투영변환
② 등각사상변환
③ 어파인(Affine)변환
④ 의사어파인(Pseudo-Affine)변환

해설 2차원 등각변환(Conformal Transformation) : 4변수 상사변환
- 한 좌표계에서 다른 좌표계로 변환 후에도 도형의 모양이 유지된다.
- 2차원 등각변환에서는 4개의 변환계수(축척계수 1, 축회전량 1, 원점 이동량 X축, 원점 이동량 Y축)가 필요하다.
- 따라서 변수 4개 값을 구하려면 최소한 2개의 기준점(양 좌표계상의 위치를 공통적으로 알고 있는 점) X, Y좌표가 필요하다. 그러나 2점 이상의 좌표가 주어진다면 최소제곱법으로 조정하여 보다 정확한 변환계수의 값을 산출할 수 있다.

43. 지적 분야에서 토지정보시스템 구축 목적으로 옳은 것은?

① 세계좌표계로의 변환에 대비
② 지적삼각점의 관리 부실 개선
③ 지적불부합에 의한 분쟁 해결
④ 토지 관련 정보의 효율적 이용 및 관리

Answer 41. ① 42. ② 43. ④

해설 토지정보체계 구축의 필요성
• 토지와 관련된 정책자료의 다목적 활용
• 여러 공공기관 및 부서 간의 토지정보 공유
• 토지관련 과세자료로 활용(토지소유자의 현황 파악)
• 지적민원사항의 신속한 처리
• 토지관련 정보의 효율적 관리 및 이용
• 다목적지적정보체계 구축

44. 데이터 취득 시 항공사진측량에서 중복촬영 사진의 도화 유형에 속하지 않는 것은?

① 기계도화기 ② 디지타이저
③ 해석식 도화기 ④ 수치사진측량시스템

해설 디지타이저(좌표독취기)
전기적으로 민감한 테이블을 사용하여 종이에 그려진 그림, 도표, 설계도, 지도의 X, Y좌표를 검출하여 컴퓨터에서 사용할 수 있는 수치자료로 변환하는 데 사용되는 장비

45. 데이터베이스시스템의 구성요소에 해당하지 않는 것은?

① 사용자 ② 운영체제
③ 하드웨어 ④ 데이터베이스관리시스템

해설 DBMS 구성요소
1. 데이터베이스 : 조직체의 응용 시스템들이 공유해서 사용하는 운영 데이터들이 구조적으로 통합된 모임
2. 사용자 : 관리자, 응용 프로그래머, 최종 사용자, 설계자, 오퍼레이터
3. DBMS : 사용자가 새로운 데이터베이스를 생성하고, 데이터를 효율적으로 질의하고 수정
4. 하드웨어 : 컴퓨터 본체를 포함한 디스크 장치

46. 한국토지정보시스템 구축에 따른 기대효과로 옳지 않은 것은?

① 업무 능률성 향상 ② 데이터 무결성 확보
③ 지적도 DB 활용 확보 ④ 2계층으로 시스템 확장성

해설 KLIS는 PBLIS와 LMIS의 기능을 모두 포함한 통합시스템으로 Gothic, SDE, ZEUS 등의 프로그램(3계층 클라이언트/서버 아키텍처)을 전면 수용하여 구축하였다.

47. 지적도면을 전산화함에 있어 정비해야 할 사항과 가장 거리가 먼 것은?

① 경계 정비 ② 도곽선 정비
③ 소유자 정비 ④ 도면번호 정비

해설 소유자는 토지대장에 등재된 속성정보이다.

48. 벡터 데이터에 비하여 래스터 데이터가 갖는 특징으로 옳지 않은 것은?

① 자료구조가 단순하다.
② 위상구조의 표현에 적합하다.
③ 중첩연산을 용이하게 구현할 수 있다.
④ 원격탐사자료와의 연계처리가 용이하다.

해설 래스터 데이터의 단점
• 위상구조를 부여하지 못하므로 공간적 관계를 다루는 분석이 어렵다.
• 객체단위로 선택하거나 자료의 이동, 삭제, 입력 등 편집이 어렵다.
• 해상도를 높이면 자료의 양이 크게 늘어난다.
• 형상 표현의 정확도가 떨어진다.(격자의 크기를 확대할 경우 객체의 경계가 매끄럽지 못하다.)
• 격자의 크기를 확대할 경우 자료의 양은 줄일 수 있으나 상대적으로 정보의 손실을 초래한다.

49. 지반 보강을 할 필요가 있는 사질토에 위치한 대지를 검색하여 공간정보데이터 중첩분석을 통해 얻어지는 결과로 옳은 것은?

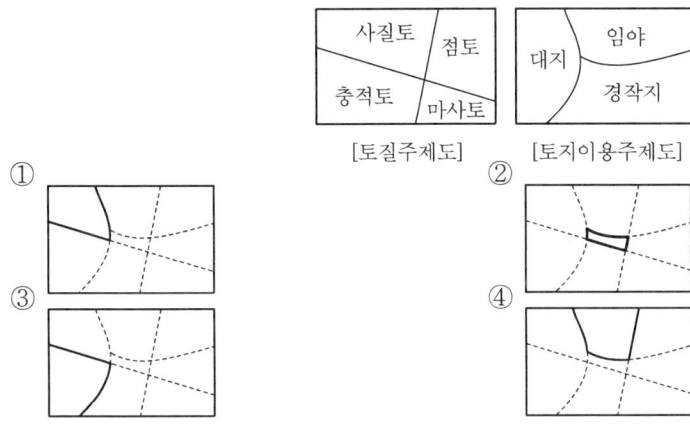

해설 사질토와 대지를 중첩(AND 조건)하면 ①과 같은 결과가 나타남

50. 경위의측량방법으로 세부측량을 하고자 할 때 측량준비파일의 작성에 있어 지적기준점 간 거리 및 방위각의 작성 표시 색으로 옳은 것은?

① 검은색 ② 노란색
③ 붉은색 ④ 파란색

해설 지적측량 시행규칙 제17조(측량준비 파일의 작성)
② 경위의측량방법으로 세부측량을 할 때에는 경계점좌표등록부와 지적도에 따라 다음 각 호의 사항을 포함한 측량준비 파일을 작성하여야 한다.
  1. 측량대상 토지의 경계와 경계점의 좌표 및 부호도 · 지번 · 지목
  2. 인근 토지의 경계와 경계점의 좌표 및 부호도 · 지번 · 지목

3. 행정구역선과 그 명칭
4. 지적기준점 및 그 번호와 지적기준점 간의 방위각 및 그 거리
5. 경계점 간 계산거리
6. 도곽선과 그 수치
7. 그 밖에 국토교통부장관이 정하는 사항

지적업무처리규정[별표 3]

측량파일 코드 일람표[제24조(측량기하적)제5항제4호 관련]

코드	내용	규격	도식	제도형태
1	지적경계선	기본값	———	검은색
10	지번, 지목	2mm	1591-10 대	검은색
71	도근점	2mm	○	검은색 원
211	현황선		----	붉은색 점선
217	경계점표지	2mm	○	붉은색 원
281	방위표정 방향선		→	파란색 실선 화살표
282	분할선	기본값	———	붉은색 실선
291	측정점		+	붉은색 십자선
292	측정점 방향선		⊥	붉은색 실선
294	평판점	1.5~3.0mm (규격 변동 가능)	○	검은색 원 옆에 파란색 $不_1, 不_2$ 등으로 표시
297	이동 도근점	2mm	○	붉은색 원
298	방위각 표정거리	2mm	$\dfrac{000-00-00}{000.000}$	붉은색

※ 기존 측량파일 코드의 내용·규격·도식은 "파란색"으로 표시한다.

51. 다음의 지적도 종류 중 지형과의 부합도가 가장 높은 도면은?

① 건물지적도
② 개별지적도
③ 연속지적도
④ 편집지적도

해설 편집지적도 : 개별(낱장) 지적도의 도곽을 기준으로 제작된 연속지적도가 지형과 부합되어 항공영상, 지형도 등과 중첩하여 지형에 근접하도록 시동시켜 편집한 도면을 말한다.

공간정보의 구축 및 관리 등에 관한 법률 제2조(정의)
19의2. "연속지적도"란 지적측량을 하지 아니하고 전산화된 지적도 및 임야도 파일을 이용하여, 도면상 경계점들을 연결하여 작성한 도면으로서 측량에 활용할 수 없는 도면을 말한다.

52. GIS 구축 시 좌표계의 설정이 중요한 공간데이터에 대한 설명으로 틀린 것은?

① 수집한 데이터의 좌표계가 무엇인지 파악하여 투영정의해야 한다.
② 투영정의 한 후에는 최종 구축할 좌표계로 투영변환 해야 한다.
③ 각기 다른 좌표계로 투영변환 할 때에는 변환인자가 필요하다.
④ 우리나라의 경우 X, Y좌표에 대한 가산수치는 모두 +500,000m, -200,000m이므로 확인하지 않아도 된다.

해설 공간정보의 구축 및 관리 등에 관한 법률 시행령 [별표 2] 직각좌표의 기준
세계측지계에 따르지 아니하는 지적측량의 경우에는 가우스상사이중투영법으로 표시하되, 직각좌표계 투영원점의 가산(加算)수치를 각각 X(N) 500,000미터(제주도지역 550,000미터), Y(E) 200,000m로 하여 사용할 수 있다.

53. 아래 내용에서 ( ) 안에 알맞은 것은?

> 지적소관청이 지번변경, 행정구역변경, 구획정리, 경지정리, 축척변경, 토지개발사업을 하고자 하는 때에는 ( )을 생성하여야 한다.

① 도곽파일 ② 복제파일 ③ 임시파일 ④ 토지이동파일

해설 지적업무처리규정 제52조(임시파일 생성)
① 지적소관청이 지번변경, 행정구역변경, 구획정리, 경지정리, 축척변경, 토지개발사업을 하고자 하는 때에는 임시파일을 생성하여야 한다.
② 제1항에 따라 임시파일이 생성되면 지번별조서를 출력하여 임시파일이 정확하게 생성되었는지 여부를 확인하여야 한다.

54. 항공사진을 활용한 토지정보 수집에 대한 설명으로 옳지 않은 것은?

① 항공사진을 스캐닝하여 공간 데이터에 대한 보조적 자료로 활용한다.
② 항공사진은 세부적인 정보를 얻을 수 있는 소축척의 정보 획득에 적합하다.
③ 항공사진은 사진 판독을 통하여 지질도, 토지이용도 등의 각종 주제도 제작 시 자료로 이용한다.
④ 변동사항이 광역적이지 않을 경우 간단히 최근의 항공사진과 비교함으로써 공간 데이터를 최신 정보로 수정할 수 있다.

해설 항공사진은 가시적으로 포괄적인 정보를 얻을 수 있는 소축척의 정보 획득에 적합하다.

55. 속성정보로 보기 어려운 것은?

① 임야도의 등록사항인 경계
② 경계점좌표등록부의 등록사항인 지번
③ 공유지연명부의 등록사항인 토지의 소재
④ 대지권등록부의 등록사항인 대지권 비율

해설 임야도의 등록사항인 경계는 도형정보이다.

56. PBLIS 구축의 직접적인 기대효과가 아닌 것은?
① 지적정보의 효율적 관리
② 지적정보 활용의 극대화
③ 지적재조사사업의 비용 절감
④ 지적행정업무의 획기적인 개선

해설 PBLIS는 지적재조사 기반 조성(지적재조사사업의 기반 프레임 제공)의 기대효과가 있음

57. 공간정보의 형태에 대한 설명 중 틀린 것은?
① 영역은 선에 의해 폐합된 형태로서 범위를 갖는다.
② 선은 점이 연결되어 만들어지는 2차원의 공간객체이다.
③ 점은 위치좌표계의 단 하나의 쌍으로 표현되는 대상이다.
④ 표면은 공간적 대상물의 범주로 간주되며 연속적인 자료의 표현이다.

해설 선은 연속되는 점의 연결로서 공간상에 그 위치와 형상을 표현하는 1차원의 길이를 갖는 공간객체이다.

58. 한국토지정보시스템의 개발 배경에 대한 설명으로 옳지 않은 것은?
① 필지중심토지정보시스템은 지적도를 기본도로 하였으며, 토지종합정보망은 지형도를 기본도로 하였다.
② 한국토지정보시스템은 구 행정자치부의 필지중심토지정보시스템과 구 건설교통부의 토지종합정보망을 통합하여 개발한 시스템이다.
③ 기존 전산화사업을 통해 구축된 데이터의 중복을 방지하고 데이터 간 이질감을 방지하기 위해 필지중심토지정보시스템과 토지종합정보망을 연계 통합하였다.
④ 한국토지정보시스템은 구 행정자치부가 담당하는 다양한 지적 관련 업무와 함께 구 건설교통부가 담당하는 토지행정업무 지원기능 및 공간자료 관리기능을 제공한다.

해설 필지중심토지정보시스템과 토지종합정보망은 지적도를 기본도로 하였다.

59. 지적전산자료의 이용에 대한 심사신청을 받은 관계 중앙행정기관의 장이 심사하는 사항에 해당하지 않는 것은?
① 개인의 사생활 침해 여부
② 신청내용의 타당성, 적합성 및 공익성
③ 자료의 이용에 따른 사용료 납부 방법
④ 자료의 목적 외 사용 방지 및 안전관리대책

해설 공간정보의 구축 및 관리 등에 관한 법률 시행령 제62조(지적전산자료의 이용 등)
① 지적전산자료를 이용하거나 활용하려는 자는 다음 각 호의 사항을 적은 신청서를 관계 중앙행정기관의 장에게 제출하여 심사를 신청하여야 한다.
 1. 자료의 이용 또는 활용 목적 및 근거
 2. 자료의 범위 및 내용
 3. 자료의 제공 방식, 보관 기관 및 안전관리대책 등
② 제1항에 따른 심사 신청을 받은 관계 중앙행정기관의 장은 다음 각 호의 사항을 심사한 후 그 결과를

신청인에게 통지하여야 한다.
1. 신청 내용의 타당성, 적합성 및 공익성
2. 개인의 사생활 침해 여부
3. 자료의 목적 외 사용 방지 및 안전관리대책

60. 토지정보시스템에 있어 객체(Object)와 관련이 먼 것은?
① 도로나 시설물 등도 해당된다.
② 공간정보를 근간으로 구성된다.
③ 정보의 생성, 저장, 관리기능 일체를 의미한다.
④ 공간상에 존재하는 일정 사물이나 특정 현상을 발생시키는 존재이다.

해설 객체(Object)는 데이터(실체)와 그 데이터에 관련되는 동작(절차, 방법, 기능)을 모두 포함한 개념이다.

04 지적학

61. 다음 중 지번의 특성에 해당하지 않는 것은?
① 연속성   ② 종속성
③ 특정성   ④ 형평성

해설 지번의 개념과 특성
1. 지번의 개념 : 지번이란 지리적 위치의 고정성과 토지의 특정화, 개별성을 확보하기 위해 리·동의 단위로 필지마다 아라비아숫자로 순차적으로 부여하여 지적공부에 등록한 번호를 말한다.
2. 지번의 특성
① 특정성
② 동질성
③ 종속성
④ 불가분성
⑤ 연속성

62. 신라의 토지측량에 사용된 구장산술의 방전장의 내용에 속하지 않는 토지형태는?
① 양전   ② 직전
③ 환전   ④ 구고전

해설 구장산술의 토지형태
1. 구장산술의 개념
① 저자 및 편찬 연대 미상인 동양최고 수학서적

Answer   60. ③   61. ④   62. ①

② 구장산술의 시초는 중국이며 원, 명, 청, 조선을 거쳐 일본에까지 영향을 미침
③ 9장 246문제로 구성됨
④ 삼국시대부터 산학관리의 시험 문제집으로 사용됨
2. 우리나라의 구장산술
① 삼국시대부터 구장산술을 이용하여 토지 측량
② 화사(畵使)가 화화적으로 지도나 도면을 만듦
③ 방전·직전·구고전·규전·제전·원전·호전·환전 등의 형태 설정

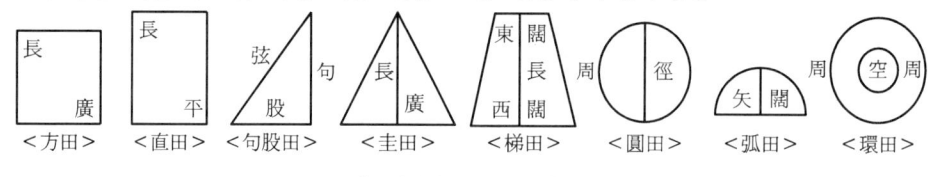

[구장산술 전의 형태]

63. 지적공부에 등록하는 면적에 관한 내용으로 틀린 것은?

① 국가만이 결정한다.
② 1제곱미터 단위로만 등록한다.
③ 계산은 오사오입법에 의한다.
④ 지적측량에 의하여 결정한다.

해설 면적의 개념과 결정방법
1. 면적의 개념
① 일반적으로 면적(Area)은 수평면상의 면적, 구면상의 면적, 경사면상의 면적으로 구분
② 현행 법에서는 면적을 지적측량에 의하여 지적공부상에 등록된 토지의 수평면적이라고 규정
③ 세부측량 시 필지마다 면적 측정
2. 면적의 결정방법
① 오사오입의 원칙
  • 경계점좌표등록부 시행지역 및 축척 1/600 지역 : 0.05m^2 초과는 올리고, 미만은 버리며, 0.05m^2인 경우에는 홀수만 올림
  • 축척 1/1000~1/6000 지역 : 0.5m^2 초과는 올리고, 미만은 버리며, 0.5m^2인 경우에는 홀수만 올림
② 면적의 최소등록단위
  • 경계점좌표등록부 시행지역 및 축척 1/600 지역 : 0.1m^2
    1필지의 면적이 0.1m^2 미만일 때에는 0.1m^2로 함
  • 축척 1/1000, 1/1200, 1/2400, 1/3000, 1/6000 지역 : 1m^2
    1필지의 면적이 1m^2 미만일 때에는 1m^2로 함
※ 지적국정주의 이념에 따라 지적공부의 등록사항인 토지소재, 지번, 지목, 경계 또는 좌표와 면적은 오직 국가(지적소관청)만이 결정할 수 있음

64. 독일의 지적제도에 관한 설명으로 틀린 것은?

① 등기제도와 지적제도는 행정부에서 통합하여 운영하고 있다.
② 각 주마다 주측량사무소와 지적사무소를 설치하여 운영하고 있다.
③ 연방정부는 내무부에서 측량 관련 업무를 담당하고 있으나 주정부에 대한 통제가 미비한 상태로 운영되고 있다.
④ 지적 관련 법령으로 민법, 지적법, 토지측량법, 지적 및 측량법, 부동산등기법 등으로 각 주마다 다르다.

해설 독일의 지적제도
1. 개요 : 1870년 측량에 착수하여 1900년 전국적인 지적제도 완료
2. 독일지적의 특징
   ① 지목은 8개의 대분류와 64개의 소분류로 구분되는데 건물 및 대지의 대분류 아래에 11종의 소분류 지목으로 구성
   ② 지적공부는 부동산지적도와 부동산지적부로 구성
   ③ 부동산지적도는 고립형지적도의 형태이나 단계적으로 연속형 지적도로 전환되고 있으며, 도로의 명칭, 건물의 위치, 건물번호, 토양의 종류 등 등록·관리
   ④ 부동산지적도는 측량용과 열람용으로 구분하여 작성하는데 측량용 지적도는 현지측량성과인 거리와 소유권사항 등을 등록하고, 열람용 지적도는 경계선, 지번, 건물의 위치 등 등록
   ⑤ 니더작센주의 지적도에는 차선경계, 가로등, 가로수 등을 등록하고 있으며, 함부르크주도 가로수 등록
   ⑥ 부동산지적부는 소유자별로 토지등록카드, 지번별 색인목록부, 성명별 목록부로 구성
   ⑦ 지적 관련 기본법은 측량법 및 지적법으로 토지 측량과 부동산의 등록에 관한 사항을 규정하며, 등기 관련 기본법인 등기법에 의하여 등기부의 조직, 등기 사무의 요건 등에 관한 사항 규정
   ⑧ 지적사무는 내무성에서, 등기사무는 법무성에서 각각 다른 법령에 의해 이원적으로 운영되고 있으나, 등기 공무원이 전문화되고 실질적 심사권을 갖고 있어 등기의 부실을 방지하고 있음
3. 지적행정조직
   ① 연방 정부의 지적사무는 내무성 지방국 지적과에서 담당하는데 그 업무 내용은 주정부 지적업무에 대한 지도 감독과 지적 수정 측량의 기본 계획에 대한 승인
   ② 주정부 책임 아래 지적사무는 토지 지적 측량국 또는 지적 측량국에서 담당하고 시·군단위의 지적 사무는 지적사무소에서 담당하고 있으며, 지적정보 기록·관리는 도단위 지역에서 시행
   ③ 전국의 모든 주정부는 동일한 형태의 지적행정조직과 기구를 갖고 있지 않고 독립적으로 운영

65. 토지조사사업에 대한 설명으로 틀린 것은?

① 토지조사사업은 일제가 식민지정책의 일환으로 실시하였다.
② 토지조사사업의 내용은 토지소유권 조사, 토지가격조사, 지형지모조사가 있다.
③ 토지조사사업은 사법적인 성격을 갖고 업무를 수행하였으며 연속성과 통일성이 있도록 하였다.
④ 축척 2만 5천분의 1 지형도를 작성하기 위해 축척 3천분의 1과 6천분의 1을 사용하여 세부측량을 함께 실시하였다.

Answer 64. ① 65. ④

해설 토지조사사업 당시 지형도는 1/50,000 724장, 1/25,000 144장, 1/10,000 54장, 특수지형도 3장 등 925장을 작성하였고 지적도는 1/600, 1/1200, 1/2400의 축척을 사용하고, 임야도는 1/3000, 1/6000, 1/50,000의 축척을 사용하여 측량을 실시하고 도면을 제작함

66. 현대 지적의 기능을 일반적 기능과 실제적 기능으로 구분하였을 때, 지적의 일반적 기능이 아닌 것은?

① 법률적 기능 ② 사회적 기능
③ 유통적 기능 ④ 행정적 기능

해설 지적의 기능
1. 지적의 일반적 기능
   ① 사회적 기능 : 토지를 등록·공시하여 사회적으로 토지문제 해결의 중요한 역할을 함
   ② 법률적 기능
      • 사법적 기능 : 사인간 토지거래의 용이성, 경비의 절감, 거래의 안전성 제공
      • 공법적 기능 : 지적법에 의한 토지등록은 법적 효력 획득, 공적 확인의 자료가 됨
   ③ 행정적 기능
      • 토지 과세액 평가 및 부과징수의 수단
      • 공공계획수행 자료, 용지확보에 이용
      • 투기억제를 위한 토지 규제
      • 기타 각종 공공행정의 자료 제공
2. 지적의 실제적 기능
   ① 토지에 대한 기록의 법적인 효력 및 공시
   ② 국토 및 도시계획의 자료
   ③ 토지관리의 자료
   ④ 토지유통의 자료
   ⑤ 토지에 대한 평가기준
   ⑥ 지방행정의 자료

67. 입안을 받지 않는 매매계약서를 무엇이라 하였는가?

① 휴도 ② 결연매매
③ 백문매매 ④ 지세명기

해설 문기 및 입안의 개념
1. 문기
   ① 문기의 개념 : 조선시대에 토지 및 가옥을 매수 또는 매도할 때 작성한 매매계약서를 말하며 '명문문권'이라고도 함
   ② 기재 내용 : 매도 연월일, 매수인, 매매의 이유, 그 토지의 권리 전승의 유래, 토지가옥의 소재처와 사표, 매매대금과 그 수취사실, 영구적 매도의 문언, 본문기의 허급 여부와 그 이유, 담보문언
   ③ 백문매매(白文賣買)
      • 문기는 신문기, 구문기, 명문문권, 매매문기, 매려문기 등 약 11종이 있으며 '백문매매'란 입안을

받지 않은 매매계약서를 뜻함
- 백문매매는 관습상 성행하였으며 후에 관에서도 합법화됨
- 백문매매의 성행은 입안(立案)의 폐지사유가 됨

2. 입안 : 토지가옥의 매매를 국가에서 증명하는 제도로서, 현재의 등기권리증과 같은 지적의 명의변경 절차
3. 양안 : 고려시대부터 시작되어 조선시대를 거쳐 일제시대의 토지조사사업 전까지 세금의 징수를 목적으로 양전에 의해 작성된 토지기록부 또는 토지대장

68. 조선시대의 양전법은 토지의 등급에 따라 상등전·중등전·하등전의 척도를 다르게 하는 수등이척제(水等異尺制)를 사용하였는데 이에 대한 설명으로 옳은 것은?

① 상등전은 농부수의 20지(指)
② 상등전은 농부수의 25지(指)
③ 중등전은 농부수의 20지(指)
④ 중등전은 농부수의 30지(指)

해설 양전(수등이척제)의 연혁
1. 고려 말 : 전품을 상·중·하 3등급으로 구분하고, 상전지는 2지의 10배, 중전지는 2지의 5배와 3지의 5배, 하전지는 3지의 10배 등의 계지척을 사용하여 각각 다르게 계산
2. 조선 초 : 상등전 20지, 중등전 25지, 하등전 30지로 3등급으로 구분·타량
3. 세종 25년(1443) : 전제를 정비하기 위해 전제상정소를 설치하고 이듬해 전품을 6등급으로 구분·타량하는 수등이척제 실시
4. 인조 12년(1643) : 임진왜란으로 혼란해진 양전제를 바로잡기 위해 호조에서 새로운 양전척인 갑술척을 제작하여 양전
5. 효종 4년(1653) : 전품 6등을 6종의 양전척으로 측량하던 것을 1등척 하나로 양전

69. 적극적 등록제도와 관련된 내용으로 틀린 것은?

① 토지등록의 효력은 정부에 의해 보장된다.
② 지적공부에 등록된 토지만이 권리가 인정된다.
③ 토렌스 시스템은 적극적 등록제도의 발전된 형태이다.
④ 적극적 등록제도를 채택한 국가는 영국, 프랑스, 네덜란드이다.

해설 소극적 등록주의와 적극적 등록주의
1. 소극적 등록제도
   ① 일필지의 소유권이 거래되면서 발생하는 거래증서를 변경·등록하는 제도
   ② 거래행위에 따른 토지등록은 사유재산 양도증서의 작성, 거래증서의 작성으로 구분되며 등록의무는 없고 신청에 의함
   ③ 토지등록부는 거래사항의 기록일 뿐 권리 자체의 등록과 보장을 의미하지는 않음
   ④ 네덜란드, 영국, 프랑스, 이탈리아, 미국의 일부 주, 캐나다 등에서 시행되며 오늘날 나라마다 보완되어 다양하게 변환된 형태로 나타남
2. 적극적 등록제도
   ① 토지등록은 일필지의 개념으로 법적 권리보장이 인증되고 국가에 의해 그러한 합법성과 효력 발생
   ② 기본원칙

Answer 68. ① 69. ④

- 지적공부에 등록되지 않는 토지는 어떠한 권리도 인정받을 수 없음
- 등록은 강제적이고 의무적
- 지적측량 시행 후 토지등기가 가능

③ 선의의 제3자 보호 : 토지등록상의 문제로 인한 피해는 법적으로 보장되고 국가에 소송을 제기할 수 있으며, 보상도 받을 수 있음
④ 토렌스 시스템은 적극적 등록주의가 발전된 형태
⑤ 우리나라, 스위스, 대만, 일본, 오스트레일리아, 뉴질랜드, 미국의 일부 주, 캐나다 일부 등의 국가에서 채택하고 있음

70. 관계(官契)에 대한 설명으로 옳은 것은?

① 민유지만 조사하여 관계를 발급하였다.
② 외국인에게도 토지소유권을 인정하였다.
③ 관계 발급의 신청은 소유자의 의무사항은 아니다.
④ 발급대상은 산천, 전답, 천택(川澤), 가사(家舍) 등 모든 부동산이었다.

해설 지계아문(地契衙門)과 대한제국전답관계(大韓帝國田畓官契)
1. 지계아문의 설치
   ① 1901년 지권(地券)의 발행과 양지 사무를 담당하는 지적중앙관청인 지계아문 설치
   ② 전답의 매매·양여 시 소유주는 반드시 "관계"를 받도록 하였으나 토지조사의 미비, 인식부족 등으로 중지
   ③ 1904년 탁지부 양지국으로 흡수 축소되고 지계아문은 폐지
2. 지계아문의 업무
   ① 관찰사가 지계감독사를 겸임하며, 각 도에 지계감리를 1명씩 파견하여 양전을 실시하고, '대한제국전답관계'라는 지계 발급
   ② 1905년 을사조약 체결이후 "토지가옥증명규칙"에 의거하여 토지가옥의 매매·교환·증여 시에 토지가옥증명대장에 기재·공시하는 실질심사주의 채택
   ③ 지계발급 대상인 전, 답, 산림, 천택, 가사의 소유권자는 의무적으로 관계 발급
3. 관계의 기재내용
   ① 대한제국 국민 중에 전답소유자는 관계가 필요하되 구계(舊契)는 지계아문에 수납
   ② 전답소유자가 해당 전답을 매매·양여하는 경우에는 관계를 반납하며, 전질(典質)하는 경우에는 해당 지방 관청에 허가를 얻은 후에 시행
   ③ 전답소유자가 관계발급을 원하지 않고, 매매·양여 시에 관계를 반납하지 않거나, 전질할 때에 관의 허가가 없으면 해당 전답은 일체 관에 귀속
   ④ 대한제국 국민 외에는 전답소유자가 되는 권리가 없으며, 차명·사적매매·전질·양여하는 자는 병일률(幷一律)에 처하고, 해당 전답은 일체 관에 귀속
   ⑤ 관계를 침수·소실·유실한 경우에는 영유자가 해당 지방관청에 보고하여 증거가 명확하면 재발급하되, 허위증거를 제출한 경우에는 해당 전답 가액을 지방관에게 책징
   ⑥ 전답관계는 3편을 작성하여 1편은 지계아문에 보존하고, 2편은 영유자에게 부여하며, 3편은 해당 지방 관청에 보존하여 매매·전질·양여시에 해당 지방관청 보존안건으로 부준(符准) 후에 시행
   ⑦ 관계를 발급할 때에 답(畓) 1부(負)에 엽전 5푼, 전(田) 1부에 엽전 3푼, 화전 1부에 엽전 1푼씩을 수입하여 지지(紙地) 및 인쇄비에 사용할 것
   ⑧ 전답을 매매하는 경우에는 원가에 백분의 일을 거두되 매매인이 절반씩 분담하여 해당 지방관청에 납부하고 지계아문에 수납

71. 지적에서 지번의 부번 진행방법 중 옳지 않은 것은?

① 고저식(高低式) ② 기우식(奇偶式)
③ 사행식(蛇行式) ④ 절충식(折衷式)

해설 진행방향에 따른 지번부여방법
1. 사행식
   ① 필지의 배열이 불규칙한 지역에서 진행순서에 따라 지번을 부여하는 방법
   ② 진행방향에 따라 지번이 순차적으로 연속됨
   ③ 농촌지역에 적합하나, 상하좌우로 볼 때 어느 방향에서는 지번을 뛰어넘는 단점이 있음
2. 기우식(또는 교호식)
   ① 도로를 중심으로 하여 한쪽은 홀수인 기수로, 그 반대쪽은 짝수인 우수로 지번을 부여하는 방법으로서 교호식이라고도 함
   ② 시가지 지역의 지번설정에 적합
3. 단지식(또는 블록식)
   ① 1단지마다 하나의 지번을 부여하고 단지 내 필지들은 부번을 부여하는 방법으로서 블록식이라고도 함
   ② 토지구획정리사업 및 농지개량사업시행지역에 적합
4. 절충식 : 사행식, 기우식 등을 적당히 혼합선택하여 지번을 부여하는 방식

72. 필지별 지번의 부번방식이 아닌 것은?

① 기번식 ② 문자식 ③ 분수식 ④ 자유식

해설 지번부여방법의 종류
1. 진행방향에 따른 분류 : 사행식, 기우식, 단지식
2. 부여단위에 따른 분류 : 지역단위법, 도엽단위, 단지단위법
3. 기번위치에 따른 분류 : 북동기번법, 북서기번법
4. 외국의 지번부여방법 : 분수식 지번제도, 기번제도, 자유부번제도

73. 토지조사부(土地調査簿)에 대한 설명으로 옳은 것은?

① 결수연명부로 사용된 장부이다. ② 입안과 양안을 통합한 장부이다.
③ 별책토지대장으로 사용된 장부이다. ④ 토지소유권의 사정원부로 사용된 장부이다.

해설 토지조사부
1. 개념 : 토지조사부는 토지소유권의 사정원부로 사용되었다가 토지조사가 완료되고 토지대장이 작성됨으로써 그 기능 상실
2. 토지조사부의 등록사항
   ① 동·리별 지번순에 따라 지번, 지목, 가지번, 지적(地積), 신고 연월일, 소유자의 주소·성명
   ② 분쟁 또는 사고 토지는 적요란에 요점 기재
   ③ 책 끝에 지목별 지적(地積)을 기재하고 필수를 집계 후 국유지와 민유지로 구분하여 합계
   ④ 공유지는 이름을 연기하여 적요란에 표시하고 2인 이상의 공유지는 따로 연명부를 작성하여 책 끝에 붙임

Answer 71. ① 72. ② 73. ④

74. 토지조사사업 당시 사정에 대한 재결기관은?

① 도지사
② 임시토지조사국장
③ 고등토지조사위원회
④ 지방토지조사위원회

해설 토지조사사업과 임야조사사업의 사정(査定)사항 비교

구분	토지조사사업	임야조사사업
사정권자	임시토지조사국장	도지사
사정기관	-	임야심사위원회
조사 및 측량기관	임시토지조사국	부 또는 면
자문기관	지방토지조사위원회	-
재결기관	고등토지조사위원회	임야조사위원회

75. 지적법의 3대 이념으로 옳은 것은?

① 지적공부주의
② 직권등록주의
③ 지적형식주의
④ 실질적 심사주의

해설 지적의 기본이념
1. 개요
    ① 지적제도는 국가의 통치권이 미치는 모든 영토를 필지별로 구획하여 각 필지별 토지소재, 지번, 지목, 경계, 면적 등 물리적 현황과 소유권 등 법적 권리관계를 등록공시하기 위한 제도
    ② 지적국정주의, 형식주의, 공개주의를 3대 이념, 실질적 심사주의와 직권등록주의를 더해 5대 이념이라 함
2. 기본이념의 종류
    ① 지적국정주의 : 지적공부의 등록사항은 국가만이 이를 결정할 수 있다는 이념
    ② 지적형식주의 : 등록사항은 지적공부에 등록·공시하여야만 효력이 인정된다는 이념
    ③ 지적공개주의 : 지적공부의 등록사항은 소유자, 이해관계인 등에게 공개하여 이용하게 해야 한다는 원칙
    ④ 실질적 심사주의(사실심사) : 등록이나 변경등록은 절차상의 적법성뿐만 아니라 사실관계의 부합 여부를 심사한다는 이념
    ⑤ 직권등록주의(강제등록주의) : 모든 필지는 강제적으로 등록·공시해야 한다는 이념

76. 필지의 성립요건으로 볼 수 없는 것은?

① 경계의 결정
② 정확한 측량성과
③ 지번 및 지목의 설정
④ 지표면을 인위적으로 구획한 폐쇄된 공간

해설 일필지
1. 일필지의 개념
    ① 필지는 법적으로 물권이 미치는 권리의 객체로서 토지의 등록단위, 소유단위, 이용단위
    ② 필지는 소유자와 용도가 동일하고 지반이 연속되어 하나의 지번이 부여되는 토지의 기본단위
    ③ 소유권의 단위인 동시에 경영의 단위
    ④ 토지에 대한 물권의 효력이 미치는 범위를 정하고 거래단위로서 개별화, 특정화하기 위하여 인위적

Answer 74. ③ 75. ③ 76. ②

　　　　으로 구획한 법적 등록단위

　　　⑤ 지적측량에 의하여 일정한 직선으로 연결한 폐합다각형으로 지적(임야)도 위에 나타남

2. 일필지의 정의

　　① 일필지는 "지적공부에 등록하는 토지의 법률적인 단위구역"으로서 "법적인 토지등록단위"

　　② 일필지는 폐다각형으로 규정되며 지번, 지목, 경계 및 면적 등의 사항이 정해짐

3. 일필지의 성립요건

　　① 지번부여 지역이 동일할 것

　　② 소유자가 동일할 것

　　③ 지목이 동일할 것

　　④ 지반이 연속되어 있을 것

　　⑤ 소유권 이외의 권리가 같을 것

　　⑥ 지적공부의 축척이 동일할 것

　　⑦ 등기 여부가 같을 것

※ 필지는 지적측량에 의해 결정된 폐합다각형으로 표현되지만 '정확한 측량성과'는 필지의 성립 요건이 아님

77. 토지조사사업 당시 험조장의 위치를 선정할 때 고려사항이 아닌 것은?

① 조류의 속도　　　　　　　　② 해저의 깊이
③ 유수 및 풍향　　　　　　　　④ 선착장의 편리성

해설 토지조사사업 당시 험조장
1. 위치 선정 고려사항 : 해당 지점의 최저·최고 조위의 개략적 위치, 해안선의 형상, 해저의 심천(깊이), 조류의 속도, 유빙 및 풍위 등을 고려하여 결정
2. 험조장 설치 및 수준측량 : 1913~1916년 인천, 목포, 진남포, 청진, 원산 등 5곳에 험조장을 설치하고 표고 측정

78. 토지표시사항은 지적공부에 등록하여야만 효력이 발생한다는 이념은?

① 공개주의　　② 국정주의　　③ 직권주의　　④ 형식주의

해설 형식주의란 국가의 통치권이 미치는 모든 영토를 필지 단위로 구획하여 지번, 지목, 경계, 좌표, 면적 등을 정한 다음 국가기관의 장인 시장, 군수, 구청장이 비치하고 있는 공적 장부인 지적공부에 등록·공시해야만이 효력이 인정된다는 이념

79. 다음 중 지적형식주의와 가장 관계있는 사항은?

① 공시의 원칙　　　　　　　　② 등록의 원칙
③ 특정화의 원칙　　　　　　　④ 인적 편성의 원칙

해설 등록의 원칙(登錄의 原則)
1. 토지에 관한 모든 표시사항을 지적공부에 반드시 등록해야 하며 토지의 이동이 생기면 지적공부에 변동 사항을 정리 등록해야 한다는 원칙으로서 토지표시의 등록주의라고도 함
2. 적극적 등록주의와 법지적을 채택하는 나라에서 적용되며 토지에 관한 모든 사항은 지적공부에 등록되어야 토지권리의 법률상 효력을 인정받는 원칙으로서 형식주의 규정이라 할 수 있음

80. 현존하는 지적기록 중 가장 오래된 것은?

① 매향비   ② 경국대전   ③ 신라장적   ④ 해학유서

해설 현존 지적기록의 작성시기

지적기록	작성시기	내용
신라장적	815년 (신라 경덕왕 7)	현존 최고(最古)의 우리나라 지적기록으로, 신라 말기 서원경 부근 4개 촌락의 토지 문서
매향비	1309년 (고려 충선왕 1)	강원도 고성군 삼일포 매향비 탁본에 토지의 크기, 사표 등 기록
경국대전	1460년 (조선 세조 6)	조선시대 기본 법전으로서 양전, 양안, 입안, 둔전 등에 대해 규정
해학유서	1955년	이기의 유고 문집으로 망척제, 전제망언 등 양전개정론 주장

05 지적관계법규

81. 좌표면적계산법으로 면적측정을 하는 경우 산출면적은 얼마까지 계산하는가?

① $\frac{1}{10}\text{m}^2$ ② $\frac{1}{100}\text{m}^2$ ③ $\frac{1}{1000}\text{m}^2$ ④ $\frac{1}{10,000}\text{m}^2$

해설 면적측정의 방법
1. 좌표면적계산법에 따른 면적측정
   ① 경위의측량방법으로 세부측량을 한 지역의 필지별 면적측정은 경계점 좌표에 따를 것
   ② 산출면적은 1천분의 1제곱미터까지 계산하여 10분의 1제곱미터 단위로 정할 것
2. 전자면적측정기에 따른 면적측정
   ① 도상에서 2회 측정하여 그 교차가 다음 계산식에 따른 허용면적 이하일 때에는 그 평균치를 측정면적으로 할 것
   $$A = 0.023^2 M\sqrt{F}$$
   여기서, A는 허용면적, M은 축척분모, F는 2회 측정한 면적의 합계를 2로 나눈 수
   ② 측정면적은 1천분의 1제곱미터까지 계산하여 10분의 1제곱미터 단위로 정할 것
3. 면적을 측정하는 경우 도곽선의 길이에 0.5밀리미터 이상의 신축이 있을 때에는 이를 보정하여야 한다.
   ① 도곽선의 신축량 계산
   $$S = \frac{\Delta X_1 + \Delta X_2 + \Delta Y_1 + \Delta Y_2}{4}$$
   여기서, S는 신축량, ΔX_1은 왼쪽 종선의 신축된 차, ΔX_2은 오른쪽 종선의 신축된 차, ΔY_1는 위쪽 횡선의 신축된 차, ΔY_2는 아래쪽 횡선의 신축된 차

$$신축차(mm) = \frac{1,000(L-L_0)}{M}$$

여기서, L은 신축된 도곽선 지상길이, L_0는 도곽선 지상길이, M은 축척분모

② 도곽선의 보정계수계산

$$Z = \frac{X \cdot Y}{\Delta X \cdot \Delta Y}$$

여기서, Z는 보정계수, X는 도곽선 종선길이, Y는 도곽선 횡선길이, ΔX는 신축된 도곽선 종선길이의 합/2, ΔY는 신축된 도곽선 횡선길이의 합/2을 말한다)

4. 면적이 5천제곱미터 이상인 필지를 분할하는 경우 분할 후의 면적이 분할 전 면적의 80퍼센트 이상이 되는 필지의 면적을 측정할 때에는 분할 전 면적의 20퍼센트 미만이 되는 필지의 면적을 먼저 측정한 후, 분할 전 면적에서 그 측정된 면적을 빼는 방법으로 할 수 있다.(다만, 동일한 측량결과도에서 측정할 수 있는 경우와 좌표면적계산법에 따라 면적을 측정하는 경우에는 그러하지 아니하다.)

82. 공간정보의 구축 및 관리 등에 관한 법률에 따른 용어의 정의가 틀린 것은?

① "지번"이란 필지에 부여하여 지적공부에 등록한 번호를 말한다.
② "등록전환"이란 지적도에 등록된 경계점의 정밀도를 높이는 것을 말한다.
③ "토지의 이동"이란 토지의 표시를 새로 정하거나 변경 또는 말소하는 것을 말한다.
④ "지목변경"이란 지적공부에 등록된 지목을 다른 지목으로 바꾸어 등록하는 것을 말한다.

해설 1. 등록전환
   임야대장 및 임야도에 등록된 토지를 토지대장 및 지적도에 옮겨 등록하는 것
2. 축척변경
   지적도에 등록된 경계점의 정밀도를 높이기 위하여 작은 축척을 큰 축척으로 변경하여 등록하는 것

83. 사용자권한 등록파일에 등록하는 사용자번호 및 비밀번호에 대한 설명으로 틀린 것은?

① 사용자의 비밀번호는 6자리부터 16자리까지의 범위에서 사용자가 정하여 사용한다.
② 사용자번호는 사용자권한 등록관리청별로 일련번호로 부여하여야 하며, 수시로 사용자번호를 변경하며 관리하여야 한다.
③ 사용자의 비밀번호는 다른 사람에게 누설하여서는 아니 되며, 사용자는 비밀번호가 누설되거나 누설될 우려가 있는 때에는 즉시 이를 변경하여야 한다.
④ 사용자권한 등록관리청은 사용자가 다른 사용자권한 등록관리청으로 소속이 변경되거나 퇴직 등을 한 경우에는 사용자번호를 따로 관리하여 사용자의 책임을 명백히 할 수 있도록 하여야 한다.

해설 지적정보관리체계
1. 지적정보관리체계 담당자의 등록
   ① 국토교통부장관, 시·도지사 및 지적소관청은 지적공부정리 등을 지적정보관리체계로 처리하는 담당자를 사용자권한 등록파일에 등록하여 관리
   ② 지적정보관리시스템을 설치한 기관의 장은 그 소속공무원을 사용자로 등록하려는 때에는 지적정보관리시스템 사용자권한 등록신청서를 해당 사용자권한 등록관리청에 제출
   ③ 신청을 받은 사용자권한 등록관리청은 신청 내용을 심사하여 사용자권한 등록파일에 사용자의 이름

및 권한과 사용자번호 및 비밀번호 등록
④ 사용자권한 등록관리청은 사용자의 근무지 또는 직급이 변경되거나 사용자가 퇴직 등을 한 경우에는 사용자권한 등록내용 변경
2. 사용자번호 및 비밀번호 등록
① 사용자권한 등록파일에 등록하는 사용자번호는 사용자권한 등록관리청별로 일련번호로 부여하여야 하며, 한번 부여된 사용자번호는 변경할 수 없음
② 사용자권한 등록관리청은 사용자가 다른 사용자권한 등록관리청으로 소속이 변경되거나 퇴직 등을 한 경우에는 사용자번호를 따로 관리
③ 사용자의 비밀번호는 6자리부터 16자리까지의 범위에서 사용자가 정하여 사용
④ 사용자의 비밀번호는 다른 사람에게 누설하여서는 아니 되며, 사용자는 비밀번호가 누설되거나 누설될 우려가 있는 때에는 즉시 이를 변경

84. 지목을 '도로'로 구분할 수 있는 토지가 아닌 것은?

① 고속도로의 휴게소 부지
② 1필지에 진입하는 통로로 이용되는 토지
③ 「도로법」 등 관계 법령에 따라 도로로 개설된 토지
④ 일반 공중의 교통 운수를 위해 차량운행에 필요한 설비를 갖추어 이용되는 토지

해설 도로
① 일반 공중의 교통 운수를 위하여 보행이나 차량운행에 필요한 일정한 설비 또는 형태를 갖추어 이용되는 토지
② 도로법 등 관계 법령에 따라 도로로 개설된 토지
③ 고속도로의 휴게소 부지
④ 2필지 이상에 진입하는 통로로 이용되는 토지

85. 축척변경에 따른 청산금을 산출한 결과, 증가된 면적에 대한 청산금의 합계와 감소된 면적에 대한 청산금의 합계에 차액이 생긴 경우 부족액의 부담권자는?

① 국토교통부
② 토지소유자
③ 지방자치단체
④ 한국국토정보공사

해설 청산금 산정
① 청산을 할 때에는 축척변경위원회의 의결을 거쳐 지번별로 제곱미터당 금액(이하 "지번별 제곱미터당 금액"이라 한다)을 정하여야 한다. 이 경우 지적소관청은 시행공고일 현재를 기준으로 그 축척변경 시행지역의 토지에 대하여 지번별 제곱미터당 금액을 미리 조사하여 축척변경위원회에 제출하여야 한다.
② 청산금은 작성된 축척변경 지번별 조서의 필지별 증감면적에 지번별 제곱미터당 금액을 곱하여 산정한다.
③ 지적소관청은 청산금을 산정하였을 때에는 청산금 조서(축척변경 지번별 조서에 필지별 청산금 명세를 적은 것을 말한다)를 작성하고, 청산금이 결정되었다는 뜻을 15일 이상 공고하여 일반인이 열람할 수 있게 하여야 한다.
④ 청산금을 산정한 결과 증가된 면적에 대한 청산금의 합계와 감소된 면적에 대한 청산금의 합계에 차액이 생긴 경우 초과액은 그 지방자치단체의 수입으로 하고, 부족액은 그 지방자치단체가 부담한다.

86. 이미 완료된 등기에 대해 등기 절차상에 착오 또는 유루(遺漏)가 발생하여 원시적으로 등기사항과 실제사항과의 불일치가 발생되었을 때 이를 시정하기 위해 행하여지는 등기는?

① 경정등기
② 기입등기
③ 부기등기
④ 회복등기

해설 ① 경정등기 : 등기의 일부에 착오 또는 유루가 있을 때 그것을 시정하기 위하여 하는 등기
② 기입등기 : 새로운 등기 원인이 생겼을 때 그것을 등기부에 기재하는 것으로 소유권 보전 등기, 소유권 이전 등기, 저당권 설정 등기 등이 있다.
③ 부기등기 : 독립한 등기란을 가지지 못하고 이미 설정한 주등기에 덧붙여서 그 일부를 변경하는 등기
④ 회복등기 : 등기부의 전부 또는 일부가 멸실되었다가 회복절차에 따라 회복시키는 등기를 말한다. 천재지변 등에 의한 멸실회복등기와 구 등기가 부적법하게 말소된 경우에 하는 말소회복등기가 있다.

87. 측량기하적에 대한 설명으로 틀린 것은?

① 측정점의 방향선 길이는 측정점을 중심으로 약 2센티미터로 표시한다.
② 평판점·측정점 및 방위표정에 사용한 기지점 등에는 방향선을 긋고 실측한 거리를 기재한다.
③ 평판점은 측량자의 경우 직경 1.5밀리미터 이상 3밀리미터 이하의 검은색 원으로 표시한다.
④ 평판점의 결정 및 방위표정에 사용한 기지점은 측량자의 경우 직경 1밀리미터와 2밀리미터의 2중원으로 표시한다.

해설 측량기하적
① 평판점·측정점 및 방위표정에 사용한 기지점 등에는 방향선을 긋고 실측한 거리를 기재한다. 이 경우 측정점의 방향선 길이는 측정점을 중심으로 약 1센티미터로 표시한다. 다만, 전자측량시스템에 따라 작성할 경우 필지선이 복잡한 때는 방향선과 측정거리를 생략할 수 있다.
② 평판점 및 측정점은 측량자는 직경 1.5밀리미터 이상 3밀리미터 이하의 원으로 표시하고, 검사자는 1변의 길이가 2밀리미터 이상 4밀리미터 이하의 삼각형으로 표시한다. 이 경우 평판점 옆에 평판이동 순서에 따라 不$_1$, 不$_2$ …으로 표시한다.
③ 평판점의 결정 및 방위표정에 사용한 기지점은 측량자는 직경 1밀리미터와 2밀리미터의 2중원으로 표시하고, 검사자는 1변의 길이가 2밀리미터와 3밀리미터의 2중 삼각형으로 표시한다.
④ 평판점과 기지점 사이의 도상거리와 실측거리를 방향선상에 다음과 같이 기재한다.

(측 량 자)   (검 사 자)
$\frac{(도상거리)}{실측거리}$ $\frac{\triangle(도상거리)}{\triangle 실측거리}$

88. 지적재조사사업에 따른 경계 확정 시기로 옳지 않은 것은?

① 이의신청 기간에 이의를 신청하지 아니하였을 때
② 경계결정위원회의 의결을 거쳐 결정되었을 때
③ 이의신청에 대한 결정에 대하여 30일 이내에 불복의사를 표명하지 아니하였을 때
④ 이의신청에 대한 결정에 불복하여 행정소송을 제기한 경우 그 판결이 확정되었을 때

Answer 86. ① 87. ① 88. ③

해설 지적재조사사업에 따른 경계의 확정시기
① 이의신청 기간에 이의를 신청하지 아니하였을 때
② 이의신청에 대한 결정에 대하여 60일 이내에 불복의사를 표명하지 아니하였을 때
③ 경계에 관한 결정이나 이의신청에 대한 결정에 불복하여 행정소송을 제기한 경우에는 그 판결이 확정되었을 때

89. 공간정보의 구축 및 관리 등에 관한 법률에서 규정한 지적측량수행자의 성실의무 등에 관한 내용으로 옳지 않은 것은?

① 지적측량수행자는 업무상 알게 된 비밀을 누설하여서는 아니 된다.
② 지적측량수행자는 지적측량수수료 외에는 어떠한 명목으로도 그 업무와 관련된 대가를 받으면 아니 된다.
③ 지적측량수행자는 본인, 배우자 또는 직계 존속·비속이 소유한 토지에 대한 지적측량을 하여서는 아니 된다.
④ 지적측량수행자는 신의와 성실로써 공정하게 지적측량을 하여야 하며, 정당한 사유 없이 지적측량 신청을 거부하여서는 아니 된다.

해설 1. 지적측량수행자의 성실의무
① 지적측량수행자는 신의와 성실로써 공정하게 지적측량을 하여야 하며, 정당한 사유 없이 지적측량 신청을 거부하여서는 아니 된다.
② 지적측량수행자는 본인, 배우자 또는 직계 존속·비속이 소유한 토지에 대한 지적측량을 하여서는 아니 된다.
③ 지적측량수행자는 지적측량수수료 외에는 어떠한 명목으로도 그 업무와 관련된 대가를 받으면 아니 된다.
2. 측량기술자의 의무
① 측량기술자는 신의와 성실로써 공정하게 측량을 하여야 하며, 정당한 사유 없이 측량을 거부하여서는 아니 된다.
② 측량기술자는 정당한 사유 없이 그 업무상 알게 된 비밀을 누설하여서는 아니 된다.
③ 측량기술자는 둘 이상의 측량업자에게 소속될 수 없다.
④ 측량기술자는 다른 사람에게 측량기술경력증을 빌려주거나 자기의 성명을 사용하여 측량업무를 수행하게 하여서는 아니 된다.

90. 다음 중 2년 이하의 징역 또는 2천만 원 이하의 벌금에 해당하는 자는?
① 거짓으로 축척변경 신청을 한 자
② 고의로 측량성과를 사실과 다르게 한 자
③ 속임수로 측량업과 관련된 입찰의 공정성을 해친 자
④ 심사를 받지 아니하고 지도 등을 간행하여 판매하거나 배포한 자

해설 벌칙의 종류 및 부과대상
1. 3년 이하의 징역 또는 3천만 원 이하의 벌금
    측량업자로서 속임수, 위력, 그 밖의 방법으로 측량업과 관련된 입찰의 공정성을 해친 자
2. 2년 이하의 징역 또는 2천만 원 이하의 벌금
    ① 측량기준점표지를 이전 또는 파손하거나 그 효용을 해치는 행위를 한 자
    ② 고의로 측량성과를 사실과 다르게 한 자
    ③ 측량업의 등록을 하지 아니하거나 거짓이나 그 밖의 부정한 방법으로 측량업의 등록을 하고 측량업을 한 자
    ④ 성능검사를 부정하게 한 성능검사대행자
    ⑤ 성능검사대행자의 등록을 하지 아니하거나 거짓이나 그 밖의 부정한 방법으로 성능검사대행자의 등록을 하고 성능검사업무를 한 자
3. 1년 이하의 징역 또는 1천만 원 이하의 벌금
    ① 무단으로 측량성과 또는 측량기록을 복제한 자
    ② 심사를 받지 아니하고 지도 등을 간행하여 판매하거나 배포한 자
    ③ 측량기술자가 아님에도 불구하고 측량을 한 자
    ④ 업무상 알게 된 비밀을 누설한 측량기술자
    ⑤ 둘 이상의 측량업자에게 소속된 측량기술자
    ⑥ 다른 사람에게 측량업등록증 또는 측량업등록수첩을 빌려주거나 자기의 성명 또는 상호를 사용하여 측량업무를 하게 한 자
    ⑦ 다른 사람의 측량업등록증 또는 측량업등록수첩을 빌려서 사용하거나 다른 사람의 성명 또는 상호를 사용하여 측량업무를 한 자
    ⑧ 지적측량수수료 외의 대가를 받은 지적측량기술자
    ⑨ 거짓으로 다음 각 목의 신청을 한 자
        • 신규등록 신청
        • 등록전환 신청
        • 분할 신청
        • 합병 신청
        • 지목변경 신청
        • 바다로 된 토지의 등록말소 신청
        • 축척변경 신청
        • 등록사항의 정정 신청
        • 도시개발사업 등 시행지역의 토지이동 신청
    ⑩ 다른 사람에게 자기의 성능검사대행자 등록증을 빌려주거나 자기의 성명 또는 상호를 사용하여 성능검사대행업무를 수행하게 한 자
    ⑪ 다른 사람의 성능검사대행자 등록증을 빌려서 사용하거나 다른 사람의 성명 또는 상호를 사용하여 성능검사대행업무를 수행한 자

91. 국토의 계획 및 이용에 관한 법률상의 용도지역 중 행위제한 시 자연공원법, 수도법 또는 문화재보호법의 규정이 적용되는 지역은?

① 녹지지역　　　　　　　　　　② 계획관리지역
③ 보전관리지역　　　　　　　　④ 자연환경보전지역

Answer　91. ④

해설 용도지역에서의 행위제한
① 농림지역 중 농업진흥지역, 보전산지 또는 초지인 경우에는 각각 「농지법」, 「산지관리법」 또는 「초지법」에서 정하는 바에 따른다.
② 자연환경보전지역 중 「자연공원법」에 따른 공원구역, 「수도법」에 따른 상수원보호구역, 「문화재보호법」에 따라 지정된 지정문화재 또는 천연기념물과 그 보호구역, 「해양생태계의 보전 및 관리에 관한 법률」에 따른 해양보호구역인 경우에는 각각 「자연공원법」, 「수도법」 또는 「문화재보호법」 또는 「해양생태계의 보전 및 관리에 관한 법률」에서 정하는 바에 따른다.
③ 자연환경보전지역 중 수산자원보호구역인 경우에는 「수산자원관리법」에서 정하는 바에 따른다.

92. 토지의 표시 변경에 관한 등기를 할 필요가 있는 경우에는 지적소관청은 지체 없이 관할등기관서에 그 등기를 촉탁하여야 하는데, 다음 중 등기촉탁이 가능하지 않은 것은?

① 등록전환 ② 신규등록 ③ 지번변경 ④ 축척변경

해설 1. 등기촉탁
① 지적소관청은 신규등록을 제외한 토지의 표시 변경에 관한 등기를 할 필요가 있는 경우에는 지체 없이 관할 등기관서에 그 등기를 촉탁하여야 한다.
② 이 경우 등기촉탁은 국가가 국가를 위하여 하는 등기로 본다.
2. 등기촉탁의 대상
① 토지의 이동이 있는 경우(신규등록 제외)
② 지번을 변경한 때
③ 축척변경을 한 때
④ 바다로 된 토지의 등록말소
⑤ 행정구역 명칭변경
⑥ 등록사항의 오류를 지적소관청이 직권으로 조사, 측량하여 정정한 때

93. 수수료를 현금으로만 내야 하는 사항으로 옳은 것은?

① 측량성과 사본 발급 신청 수수료
② 지적기준점성과의 열람 및 등본 수수료
③ 성능검사대행자가 하는 성능검사 수수료
④ 측량성과의 국외 반출 허가 신청 수수료

해설 수수료
1. 납부대상
① 지적기준점성과의 열람 또는 그 등본의 발급 신청
② 측량업의 등록 신청
③ 측량업등록증 및 측량업등록수첩의 재발급 신청
④ 지적공부의 열람 및 등본 발급 신청
⑤ 지적전산자료의 이용 또는 활용 신청
⑥ 신규등록, 등록전환, 분할, 합병, 지목변경, 바다로 된 토지의 등록말소, 등록사항의 정정, 도시개발사업 등 시행지역의 토지이동 신청
⑦ 측량기기의 성능검사 신청

⑧ 성능검사대행자의 등록신청
⑨ 성능검사대행자 등록증의 재발급 신청
2. 납부방법
현금, 수입인지, 수입증지, 전자화폐, 전자결제(예외 : 성능검사수수료와 공간정보산업협회 등에 위탁된 업무의 수수료는 현금으로 납부)

94. 공간정보의 구축 및 관리 등에 관한 법률상 지목의 명칭으로 옳은 것은?

① 소지, 염전, 도로용지, 광천지
② 사적지, 광천지, 운동장, 유원지
③ 주차장용지, 잡종지, 양어장, 임야
④ 공장용지, 창고용지, 목장용지, 주유소용지

해설 지목의 종류
전・답・과수원・목장용지・임야・광천지・염전・대・공장용지・학교용지・주차장・주유소용지・창고용지・도로・철도용지・제방・하천・구거・유지・양어장・수도용지・공원・체육용지・유원지・종교용지・사적지・묘지・잡종지

95. 시・도별 지적삼각점의 명칭이 잘못된 것은?

① 충청북도 : 충청
② 서울특별시 : 서울
③ 부산광역시 : 부산
④ 제주특별자치도 : 제주

해설 시・도별 지적삼각점의 명칭

기관명	명칭	기관명	명칭	기관명	명칭
서울특별시	서울	울산광역시	울산	전라북도	전북
부산광역시	부산	경기도	경기	전라남도	전남
대구광역시	대구	강원도	강원	경상북도	경북
인천광역시	인천	충청북도	충북	경상남도	경남
광주광역시	광주	충청남도	충남	제주특별자치도	제주
대전광역시	대전	세종특별자치시	세종		

96. 공간정보의 구축 및 관리 등에 관한 법령상 1필지로 정할 수 있는 기준에 해당하지 않는 것은?

① 지반이 연속된 토지
② 토지의 용도가 동일
③ 토지의 소유자가 동일
④ 동일한 지적측량방법에 의한 토지

해설 1필지 기준과 양입지
1. 1필지로 정할 수 있는 기준
지번부여지역의 토지로서 소유자와 용도가 같고 지반이 연속된 토지
2. 양입지
① 주된 용도의 토지의 편의를 위하여 설치된 도로・구거(도랑) 등의 부지
② 주된 용도의 토지에 접속되거나 주된 용도의 토지로 둘러싸인 토지로서 다른 용도로 사용되고 있는 토지

Answer 94. ④ 95. ① 96. ④

3. 양입지로 정할 수 없는 토지
  ① 종된 용도의 토지의 지목이 대인 경우
  ② 종된 용도의 토지 면적이 주된 용도의 토지 면적의 10퍼센트를 초과하는 경우
  ③ 종된 토지의 면적이 330제곱미터를 초과하는 경우

97. 거짓으로 분할 신청을 한 경우 벌칙 기준으로 옳은 것은?
① 300만 원 이하의 과태료
② 1년 이하의 징역 또는 1천만 원 이하의 벌금
③ 2년 이하의 징역 또는 1천만 원 이하의 벌금
④ 3년 이하의 징역 또는 3천만 원 이하의 벌금

해설 1. 거짓으로 분할 신청을 한 경우 벌칙 기준
      1년 이하의 징역 또는 1천만 원 이하의 벌금
   2. 300만 원 이하의 과태료 부과대상
      ① 정당한 사유 없이 측량을 방해한 자
      ② 고시된 측량성과에 어긋나는 측량성과를 사용한 자
      ③ 거짓으로 측량기술자의 신고를 한 자
      ④ 측량업 등록사항의 변경신고를 하지 아니한 자
      ⑤ 측량업자의 지위 승계 신고를 하지 아니한 자
      ⑥ 측량업의 휴업·폐업 등의 신고를 하지 아니하거나 거짓으로 신고한 자
      ⑦ 본인, 배우자 또는 직계 존속·비속이 소유한 토지에 대한 지적측량을 한 자
      ⑧ 측량기기에 대한 성능검사를 받지 아니하거나 부정한 방법으로 성능검사를 받은 자
      ⑨ 성능검사대행자의 등록사항 변경을 신고하지 아니한 자
      ⑩ 성능검사대행업무의 폐업신고를 하지 아니한 자
      ⑪ 정당한 사유 없이 보고를 하지 아니하거나 거짓으로 보고를 한 자
      ⑫ 정당한 사유 없이 조사를 거부·방해 또는 기피한 자
      ⑬ 정당한 사유 없이 토지 등에의 출입 등을 방해하거나 거부한 자

98. 등기관이 토지에 관한 등기를 하였을 때 지적소관청에 지체 없이 그 사실을 알려야 하는 대상에 해당하지 않는 것은?
① 소유권의 변경 또는 경정
② 소유권의 보존 또는 이전
③ 소유권의 등록 또는 등록정정
④ 소유권의 말소 또는 말소회복

해설 소유권변경 사실의 통지
① 등기관이 등기를 하였을 때에는 지체 없이 그 사실을 토지의 경우에는 지적소관청에, 건물의 경우에는 건축물대장 소관청에 각각 알려야 한다.
② 소유권변경 사실 통지 대상
  • 소유권의 보존 또는 이전
  • 소유권의 등기명의인표시의 변경 또는 경정
  • 소유권의 변경 또는 경정
  • 소유권의 말소 또는 말소회복

99. 국토의 계획 및 이용에 관한 법률상 공동구관리자로 옳은 것은?

① 구청장
② 특별시장
③ 국토교통부장관
④ 행정안전부장관

해설 공동구
1. 정의
   전기·가스·수도 등의 공급설비, 통신시설, 하수도시설 등 지하매설물을 공동 수용함으로써 미관의 개선, 도로구조의 보전 및 교통의 원활한 소통을 위하여 지하에 설치하는 시설물
2. 공동구의 관리·운영
   ① 공동구는 특별시장·광역시장·특별자치시장·특별자치도지사·시장 또는 군수가 관리한다. 다만, 공동구의 효율적인 관리·운영을 위하여 필요하다고 인정하는 경우에는 그 관리·운영을 위탁할 수 있다.
   ② 공동구관리자는 5년마다 해당 공동구의 안전 및 유지관리계획을 수립·시행하여야 한다.
   ③ 공동구관리자는 1년에 1회 이상 공동구의 안전점검을 실시하여야 하며, 안전점검결과 이상이 있다고 인정되는 때에는 지체 없이 정밀안전진단·보수·보강 등 필요한 조치를 하여야 한다.
   ④ 공동구관리자는 공동구의 설치·관리에 관한 주요 사항의 심의 또는 자문을 하게 하기 위하여 공동구협의회를 둘 수 있다.

100. 사업시행자가 지적소관청에 토지 이동에 대한 신청을 할 수 없는 사업은?

① 도시개발사업
② 주택건설사업
③ 축척변경사업
④ 산업단지개발사업

해설 도시개발사업 등 시행지역의 토지이동 신청에 관한 특례
도시개발사업, 농어촌정비사업, 주택건설사업, 산업단지개발사업 등 대통령령으로 정하는 토지개발사업의 시행자는 그 사업의 착수·변경 및 완료 사실을 지적소관청에 신고
※ 축척변경사업은 지적소관청이 토지소유자의 신청 또는 직권으로 일정한 지역을 정하여 축척변경을 시행하는 사업이다.

Answer 99. ② 100. ③

Engineer Cadastral Surveying

2020년 제4회 지적기사

01 지적측량

01. 광파거리측량기의 프리즘 정수와 관련하여 보정하는 사항은?

① 경사보정　　② 기상보정
③ 영점보정　　④ 투영보정

해설 프리즘 정수(Pprism Constant) : 광파에 의한 거리측정 기구에서 발산된 광은 프리즘 내부를 통하여 반사되는데 내부의 길이를 공기 중의 거리로 환산하면 2배가 길어지며 프리즘 보정과 관련 있는 보정은 영점보정(Zero Correction)

02. 경계점좌표등록부 시행지역에서 지적도근점의 측량성과와 검사성과의 연결교차 기준은?

① 0.15m 이내　　② 0.20m 이내
③ 0.25m 이내　　④ 0.30m 이내

해설 지적측량 시행규칙 제27조(지적측량성과의 결정)

구분		연결교차
지적삼각점		0.20미터
지적삼각보조점		0.25미터
지적도근점	경계점좌표등록부 시행지역	0.15미터
	그 밖의 지역	0.25미터
경계점	경계점좌표등록부 시행지역	0.10미터
	그 밖의 지역	10분의 3M밀리미터(M은 축척분모)

03. 축척 1200분의 1 지역에서 도곽선의 신축량이 +2.0mm일 때 도곽의 신축에 따른 면적보정계수는?

① 0.99328　　② 0.99224　　③ 0.98929　　④ 0.98844

해설 지적측량 시행규칙 제20조(면적측정의 방법 등)
1. 지상의 신축량으로 환산하기 위해 축척을 곱한다.(1/1200)
　이때 신축량의 mm 단위를 m 단위로 환산한다.
　X축=1200×0.002=2.4m
　Y축=1200×0.002=2.4m

Answer　1. ③　2. ①　3. ③

2. 면적보정계수를 구한다.

$$Z = \frac{X \cdot Y}{\Delta X \cdot \Delta Y} \qquad Z = \frac{400 \times 500}{402.4 \times 502.4} = 0.98929$$

여기서, Z는 보정계수, X는 도곽선종길이, Y는 도곽선횡길이, ΔX는 신축된 도곽선종길이의 합/2, ΔY는 신축된 도곽선횡길이의 합/2을 말한다.

04. 세부측량 중 베셀법에 의한 방식은 어디에 해당하는가?

① 방사법
② 전방교회법
③ 측방교회법
④ 후방교회법

해설 평판측량방법의 후방교회법에는 트레이싱 용지를 이용하는 방법, 레만방법, 베셀 방법이 있다.

05. 도선법과 다각망도선법에 따른 지적도근점의 각도 관측에서 도선별 폐색오차의 허용범위 기준으로 틀린 것은?(단, n은 폐색변을 포함한 변의 수를 말한다.)

① 방위각법에 따르는 경우 : 1등도선 $\pm\sqrt{n}$ 분 이내
② 방위각법에 따르는 경우 : 2등도선 $\pm 2\sqrt{n}$ 분 이내
③ 배각법에 따르는 경우 : 1등도선 $\pm 20\sqrt{n}$ 초 이내
④ 배각법에 따르는 경우 : 2등도선 $\pm 30\sqrt{n}$ 초 이내

해설 지적측량 시행규칙 제14조(지적도근점의 각도관측을 할 때의 폐색오차의 허용범위 및 측각오차의 배분)
도선법과 다각망도선법에 따른 지적도근점의 각도관측을 할 때의 폐색오차의 허용범위는 다음과 같다.

측량방법	등급	폐색오차
배각법	1등	$\pm 20\sqrt{n}$ (초)
배각법	2등	$\pm 30\sqrt{n}$ (초)
방위각법	1등	$\pm\sqrt{n}$ (분)
방위각법	2등	$\pm 1.5\sqrt{n}$ (분)

06. 평판측량방법에 따른 세부측량을 방사법으로 하는 경우 1방향의 도상길이는 몇 cm 이하로 하여야 하는가?

① 3cm ② 5cm ③ 8cm ④ 10cm

해설

측량방법	평판측량방법		
	교회법	도선법	방사법
방향선	• 10cm 이하 광파조준의 • 광파측거기 사용 시 : 30cm 이하	• 8cm 이하 • 광파조준의, 광파측거기 사용 시 : 30cm 이하	• 10cm 이하 • 광파조준의 사용 시 : 30cm 이하

Answer 4. ④ 5. ② 6. ④

07. 평판측량방법에 따른 세부측량을 교회법으로 할 때 방향각의 교각은?

① 30° 이상 150° 이하로 한다.
② 20° 이상 130° 이하로 한다.
③ 30° 이상 120° 이하로 한다.
④ 50° 이상 130° 이하로 한다.

해설 지적측량 시행규칙 제18조(세부측량의 기준 및 방법 등)
평판측량방법에 따른 세부측량을 교회법으로 하는 경우 방향각의 교각은 30° 이상 150° 이하로 한다.

08. 우리나라 토지조사사업 당시 대삼각본점측량의 방법으로 틀린 것은?

① 전국 13개소에 기선을 설치하였다.
② 관측은 기선망에서 12대회의 방향관측을 실시하였다.
③ 대삼각점은 평균 점간거리 30km로 23개의 삼각망으로 구분하였다.
④ 대삼각점은 위도 20°, 경도 15°의 방안 내에 10점이 배치되도록 하였다.

해설 대삼각(본점)측량
대삼각측량은 대삼각본점과 대삼각보점을 설치하기 위한 측량이며 대삼각본점에 해당하는 측량은 측지학적인 삼각측량이다.
- 일본의 대마도 1등삼각점을 연락망으로 우리나라의 절영도와 거제도를 기점으로 함
- 전국에 13개의 기선을 설치하고 삼각형의 평균변장을 약 30km로 23개의 삼각망 구성
- 위도 15′, 경도 20′의 방안에 대략 1점을 배치하여 전국에 400점 배치
- 기선망의 수평각은 12대회의 각관측법
- 내각의 폐색차는 2″ 이내, 본점망은 6대회의 각관측법, 내각의 폐색차는 5″ 이내

09. 지적삼각보조점측량을 다각망도선법에 의하여 시행하는 경우에 대한 설명으로 옳은 것은?

① 1도선의 거리는 4km 이하로 한다.
② 4점 이상의 기지점을 포함한 결합다각방식에 따른다.
③ 1도선의 점의 수는 기지점과 교점을 제외하고 5점 이하로 한다.
④ 1도선의 점의 수는 기지점과 교점을 포함하여 6점 이하로 한다.

해설 지적측량 시행규칙 제10조(지적삼각보조점측량)
전파기 또는 광파기측량방법에 따라 다각망도선법으로 지적삼각보조점측량을 할 때에는 다음과 같다.
1. 3개 이상의 기지점을 포함한 결합다각방식에 따른다.
2. 1도선(기지점과 교점 간 또는 교점과 교점 간을 말한다)의 점의 수는 기지점과 교점을 포함하여 5개 이하로 한다.
3. 1도선의 거리(기지점과 교점 또는 교점과 교점 간의 점간거리의 총합계를 말한다)는 4킬로미터 이하로 한다.

10. 지적삼각보조점의 각 점에서 같은 정도로 측정하여 생기는 각도오차의 소거방법으로 옳은 것은? (단, 2방향 교회에 의하고, 각 내각의 합계와 180도와의 차가 ±40초 이내인 경우)

① 변장에 비례하여 배분한다.
② 각의 크기에 비례하여 배분한다.
③ 각의 크기에 역비례하여 배분한다.
④ 삼각형의 각 내각에 고르게 배분한다.

해설 지적측량 시행규칙 제10조(지적삼각보조점측량)
3방향의 교회에 따를 것. 다만, 지형상 부득이하여 2방향의 교회에 의하여 결정하려는 경우에는 각 내각을 관측하여 각 내각의 관측치의 합계와 180도와의 차가 ±40초 이내일 때에는 이를 각 내각에 고르게 배분하여 사용할 수 있다.

11. 고초원점의 평면직각종횡선수치는 얼마인가?

① $X=0m$, $Y=0m$
② $X=10,000m$, $Y=30,000m$
③ $X=500,000m$, $Y=200,000m$
④ $X=550,000m$, $Y=200,000m$

해설 고초원점은 구소삼각원점 11개 원점 중 하나이며, 구소삼각원점은 대상지역의 중앙에 원점을 두었고 원점에 대한 평면직각종횡선 좌표는 X=0m, Y=0m로서 위치별 상한에 따라 X축이나 Y축에 + 또는 - 부호가 붙는다.
　※ 구소삼각원점은 조본원점·고초원점·율곡원점·현창원점·소라원점·망산원점·계양원점·가리원점·등경원점·구암원점 및 금산원점의 총 11개의 원점이 있다.

12. 지적삼각점측량에서 A점의 종선좌표가 1,000m, 횡선좌표가 2,000m, AB 간의 평면거리가 3,210.987m, AB 간의 방위각이 333°33′33.3″일 때의 B점의 횡선좌표는?

① 496.789m
② 570.237m
③ 798.466m
④ 1322.123m

해설 B점의 횡선좌표=2000+(sin333°33′33.3″×3210.987)=570.237m

13. 경위의측량방법에 따른 세부측량에서 연직각의 관측은 정반으로 1회 관측하여 그 교차가 얼마 이내일 때에 그 평균치를 연직각으로 하는가?

① 2분 이내
② 3분 이내
③ 4분 이내
④ 5분 이내

해설 지적측량 시행규칙 제18조(세부측량의 기준 및 방법 등)
연직각의 관측은 정반으로 1회 관측하여 그 교차가 5분 이내일 때에는 그 평균치를 연직각으로 하되, 분단위로 독정(讀定)한다.

Answer　10. ④　11. ①　12. ②　13. ④

14. 지적삼각점측량에 대한 설명으로 옳지 않은 것은?
 ① 지적삼각점표지는 관측 후에 설치한다.
 ② 삼각형의 각 내각은 30도 이상 120도 이하로 한다.
 ③ 지적삼각점의 일련번호는 측량지역이 소재하고 있는 시·도 단위로 부여한다.
 ④ 지적삼각점의 명칭은 측량지역이 소재하고 있는 시·도의 명칭 중 두 글자를 선택한다.

> **해설** 지적측량 시행규칙 제8조(지적삼각점측량)
> 1. 지적삼각점측량을 할 때에는 미리 지적삼각점표지 설치한다.
> 2. 지적삼각점의 명칭은 측량지역이 소재하고 있는 특별시·광역시·도 또는 특별자치도(이하 "시·도라" 한다)의 명칭 중 두 글자를 선택하고 시·도 단위로 일련번호를 붙여서 정한다.
> 3. 삼각형의 각 내각은 30도 이상 120도 이하로 한다. 다만, 망평균계산법과 삼변측량에 따르는 경우에는 그러하지 아니한다.

15. 다음 중 지적삼각점성과를 관리하는 자는?
 ① 지적소관청 ② 시·도지사
 ③ 국토교통부장관 ④ 행정안전부장관

> **해설** 지적측량 시행규칙 제4조(지적기준점성과표의 기록·관리 등)
> 시·도지사가 지적삼각점성과를 관리한다.

16. 교회법에서 삼각형의 3내각을 같은 정도로 측정하였을 때에 그 합계 180°와의 차에 대한 배부는?
 ① 각의 크기에 비례하여 배부한다. ② 3등분하여 각각에 1/3씩 배부한다.
 ③ 각의 크기에 역비례하여 배부한다. ④ 대변의 크기에 비례하여 배부한다.

> **해설** 지적측량 시행규칙 제10조(지적삼각보조점측량)
> 각 내각을 관측하여 각 내각의 관측치의 합계와 180도와의 차가 ±40초 이내일 때에는 이를 각 내각에 고르게 배분한다.

17. 축척 1000분의 1로 평판측량을 할 때 제도의 허용오차 $q=0.2$mm 이내로 하려면 지적도근점을 중심으로 반경 몇 cm 이내에 있도록 평판을 설치하여야 하는가?
 ① 6cm ② 10cm
 ③ 15cm ④ 20cm

> **해설** 반경$(x) = \dfrac{q \times 1000}{2} = \dfrac{0.2 \times 1000}{2} = 100$mm
> ∴ 10cm

18. 지적삼각점측량 시 두 지점의 기지점에서 소구점까지 평면거리가 각각 4,700m, 3,900m일 때, 두 기지점에서 소구점의 표고를 계산한 교차는 얼마 이하이어야 하는가?
 ① 0.46m ② 0.47m ③ 0.48m ④ 0.50m

해설 | 지적측량 시행규칙 제9조(지적삼각점측량의 관측 및 계산)
2개의 기지점(旣知點)에서 소구점(所求點)의 표고를 계산한 결과 그 교차가 0.05미터+0.05(S_1+S_2)미터 이하일 때에는 그 평균치를 표고로 할 것. 이 경우 S_1과 S_2는 기지점에서 소구점까지의 평면거리로서 킬로미터 단위로 표시한 수를 말한다.
∴ 0.05미터+0.05(S_1+S_2)=0.05m+0.05(4.7+3.9)=0.48m

19. 지적도의 제도방법으로 틀린 것은?
① 도면의 윗방향은 항상 북쪽이 되어야 한다.
② 경계선은 경계점과 경계점 사이를 직선으로 연결한다.
③ 등록전환 할 때에는 지적도의 그 지번 및 지목을 말소한다.
④ 말소된 경계를 다시 등록할 때에는 말소 정리 이전의 자료로 원상회복 정리한다.

해설 | 지적업무처리규정 제46조(토지의 이동에 따른 도면의 제도)
등록전환 할 때에는 임야도의 그 지번 및 지목을 말소한다.

20. 수평각을 관측하는 경우 망원경을 정반으로 하여 측정하는 가장 큰 목적은?
① 망원경이 회전되기 때문에
② 관측오차를 발견하기 위하여
③ 외심오차를 발견하기 위하여
④ 기계조정에 의한 오차를 소거하기 위하여

해설 | 수평각 관측을 할 때 망원경 정·반 관측 목적은 기계적 결함과 기계 조정의 불완전 등의 오차를 소거하기 위함이다.

02 응용측량

21. 축척 1 : 50,000 지형도에서 길이가 6.58cm인 두 점 A, B의 길이가 항공사진 촬영한 사진에서 23.03cm이었다면 항공사진의 촬영고도는?(단, 사진기의 초점거리는 21cm이다.)
① 2,000m   ② 2,500m   ③ 3,000m   ④ 3,500m

해설 | 먼저 수평거리를 구하면 실제거리=축척×도상거리=50,000×0.0658=3,290m
항공사진의 축척을 구하면 축척=$\frac{실제거리}{도상거리}=\frac{3290}{0.2303}=14,285.71$
촬영고도(H)=초점거리(f)×축척분모(m)=0.21×14,285=2,999.85m≒3,000m

Answer | 19. ③   20. ④   21. ③

22. 등고선의 성질에 대한 설명으로 틀린 것은?

① 등고선의 최대경사선과 직교한다.
② 동일 등고선상에 있는 모든 점은 높이가 같다.
③ 등고선은 절벽이나 동굴의 지형을 제외하고는 교차하지 않는다.
④ 등고선은 폭포와 같이 도면 내외 어느 곳에서도 폐합되지 않는 경우가 있다.

해설 등고선의 성질
- 동일 등고선상에 있는 모든 점은 같은 높이다.
- 등고선은 도면 내외에서 폐합하는 폐곡선이다.
- 지도의 도면 내에서 폐합하는 경우 등고선의 내부에 산정 또는 분지가 있다.
- 높이가 다른 두 등고선은 동굴이나 절벽의 지형이 아닌 곳에서는 교차하자 않으며, 동굴이나 절벽은 반드시 두 점에서 교차한다.
- 동등한 경사의 지표에서 양 등고선의 수평거리는 같다.
- 같은 경사의 평면일 때는 나란히 직선이 된다.
- 최대 경사의 방향은 등고선과 직각으로 교차한다.
- 등고선은 경사가 급한 곳은 간격이 좁고 완만한 경사지는 넓다.
- 등고선은 분수선과 직각으로 만난다.
- 등고선의 수평거리는 산꼭대기 및 산 밑에서는 크고 산 중턱에서는 작다.
- 등고선이 능선을 직각방향으로 횡단한 다음 능선 다른 쪽을 따라 거슬러 올라간다.

23. 다음 중 수동적 센서 방식이 아닌 것은?

① 사진방식 ② 선주사방식
③ Laser 방식 ④ Vidicon 방식

해설 원격탐측은 비행기나 인공위성에 탑재된 센서(Sensor)를 이용하여 지표의 대상물에서 반사 또는 방사된 전자 스펙트럼을 측정하고 이들의 자료를 이용하여 대상물이나 현상에 관한 정보를 얻는 기법을 말한다. 능동적 센서는 크게 Radar 방식과 Laser 방식으로 구분하고 SLAR는 능동적 센서에 속하며, 수동적 센서에는 선주사방식과 Flamming(카메라 방식) 등이 있다.

24. 초점거리 210mm, 사진크기 18cm×18cm인 카메라로 평지를 촬영한 항공사진 입체모델의 주점기선장이 60mm라면 종중복도는?

① 56%   ② 61%   ③ 67%   ④ 72%

해설 $m_1P_1 = m_1P_2$, $\dfrac{a}{2} - m_1m_2$ 여기서, $m_1m_2 = b_0$(주점기선길이), $= \dfrac{18}{2} - 6 = 3\text{cm}$

$m_1P_1 = m_1P_2 = 3\text{cm}$

$\therefore \dfrac{m_1P_1 + m_1m_2 + m_2P_2}{a} = \dfrac{3+6+3}{18} = 0.666 ≒ 67\%$

25. 단곡선 설치에 있어서 접선과 현이 이루는 각을 이용하여 곡선을 설치하는 방법은?

① 편각설치법 ② 지거설치법
③ 중앙종거법 ④ 현편거법

해설 단곡선 설치방법 중 편각설치방법은 접선과 현이 이루는 각을 이용하여 곡선을 설치하는 방법으로 도로 및 철도에 널리 사용되며 곡선반경이 작으면 오차가 따른다.

26. 축척 1 : 5,000의 지형측량에서 위치의 허용오차를 도상 ±0.5mm, 실제 관측 높이의 허용오차를 ±1.0m로 하는 경우에 토지의 경사가 25°인 지형에서 발생할 수 있는 등고선의 최대 오차는?

① ±2.51m ② ±2.17m ③ ±2.04m ④ ±1.83m

해설 등고선 오차(표고이동량)
ΔH = 높이오차(dh)+위치오차(dl)×$\tan\theta$
= 1.0+(0.0005×5000)tan25° = 2.166m

27. 그림과 같이 측점 A의 밑에 기계를 세워 천장에 설치된 측점 A, B를 관측하였을 때 두 점의 높이차(H)는?

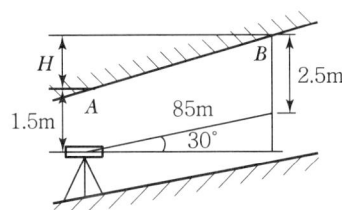

① 42.5m ② 43.5m ③ 45.5m ④ 46.5m

해설 ΔH+기계고(IH)=시준고(S)+경사거리(L)×$\sin\alpha$, $\Delta H = S + L\sin\alpha - IH$ = 2.5+85×sin30°−1.5 = 43.5m
※ 천장에 측점이 있는 것에 주의

28. GNSS 측량에서 위도, 경도, 고도, 시간에 대한 차분해(Differential Solution)를 얻기 위해 필요한 최소 위성의 수는?

① 2 ② 4 ③ 6 ④ 8

해설 GNSS에 의한 측량을 위해서는 최소 4개 이상의 위성으로부터 신호를 받아야 한다.

29. 수준기의 감도가 20″인 레벨(Level)을 사용하여 40m 떨어진 표척을 시준할 때 발생할 수 있는 시준 오차는?

① ±0.5mm ② ±3.9mm
③ ±5.2mm ④ ±8.5mm

해설 감도 $\theta'' = \dfrac{pl}{nD} \times p''$ ∴ $l = \dfrac{\theta'' nD}{p''}$

여기서, l : 오차, n : 눈금수, D : 거리, p'' : 206062″

∴ $l = \dfrac{20'' \times 1 \times 40}{206,265''} = 0.0039\text{m} = 3.9\text{mm}$

30. 지하시설물측량에 대한 설명으로 옳은 것은?

① 전자기유도법 – 고가이고 판독기술이 요구된다.
② 지하레이더탐사법 – 비금속 탐지가 가능하다.
③ 음파탐사법 – 지중에 있는 강자성체의 이상자기를 조사하는 방법이다.
④ 전기탐사법 – 문화유적지 조사, 지중금속체 탐지에는 부적합하다.

해설 지하시설물 측량방법으로 지구 물리학적 측정방법인 전파탐사법, 음향탐사법, 적외선탐사법, 자장탐사법, 원자탐사법 등이 사용되며, 전파에 의한 전파탐사방법이 주로 이용되고 비금속 탐지 등의 관측방법은 지하레이더탐사법이 사용된다.

31. 수준측량에서 n회 기계를 설치하여 높이를 측정할 때 1회 기계 설치에 따른 표준오차가 $\hat{\sigma}_r$이면 전체 높이에 대한 오차는?

① $n\hat{\sigma}_r$
② $\dfrac{\sqrt{\hat{\sigma}_r}}{n}$
③ $\hat{\sigma}_r$
④ $\sqrt{n}\,\hat{\sigma}_r$

해설 수준측량에서 기계 설치의 표준오차와 전체 높이의 오차는 같다.

32. 노선측량의 작업 단계를 A~E와 같이 나눌 때, 일반적인 작업순서로 옳은 것은?

| A : 실시설계측량 | B : 계획조사측량 | C : 노선선정 |
| D : 용지 및 공사측량 | E : 세부측량 | |

① A-C-D-E-B
② A-C-B-D-E
③ C-A-D-B-E
④ C-B-A-E-D

해설 노선측량의 일반적인 작업순서는 노선선정(도상계획)→계획조사측량→실시설계측량→세부측량→용지 및 공사 측량 순으로 진행된다.

33. 현장에서 수준측량을 정확하게 수행하기 위해서 고려해야 할 사항이 아닌 것은?

① 전시와 후시의 거리를 가능한 한 동일하게 한다.
② 기포가 중앙에 있을 때 읽는다.
③ 표척이 연직으로 세워졌는지 확인한다.
④ 레벨의 설치 횟수는 홀수회로 끝나도록 한다.

Answer 30. ② 31. ④ 32. ④ 33. ④

해설 레벨과 표척과의 거리를 길게 취하면 취한 만큼 레벨의 거치점수가 적어지므로 정밀도가 좋고 능률적이며, 설치 횟수를 홀수회로 할 필요는 없다.

34. 설치되어 있는 기준점만으로 세부측량을 실시하기에 부족할 경우 설치되어 있는 기준점을 기준으로 지형측량에 필요한 새로운 측점을 관측하여 결정된 기준점은?

① 도근점　　② 경사변환점　　③ 등각점　　④ 이점

해설 도근점 : 삼각점 등이 부족한 지형의 측량을 위해 삼각점에 비해 정도는 낮으나 지형측량 등의 세부측량의 기준점으로 많이 사용하고 있으며 지형도를 만들 때 필요한 측량을 하기 위한 측점

35. 터널의 시점(P)과 종점(Q)의 좌표를 $P(1,200, 800, 75)$, $Q(1,600, 600, 100)$로 하여 터널을 굴진할 경우 경사각은?(단, 좌표단위 : m)

① 2°11′59″　　② 2°13′19″
③ 3°11′59″　　④ 3°13′19″

해설 PQ의 거리 = $\sqrt{(1,600-1,200)^2+(600-800)^2} = 447.21\text{m}$
PQ의 높이차 = 100-75 = 25m
터널경사도 = $\tan^{-1}\dfrac{25}{447.21} = 3°11′58.66″$

36. GPS에서 이용하는 좌표계는?

① WGS84　　② Bessel　　③ JGD2000　　④ ITRF2000

해설 GPS시스템의 기준좌표계는 세계측지측량기준계로 지심좌표계인 WGS좌표계를 쓰고 있으며, WGS좌표계에는 WGS60, WGS66, WGS72, WGS84가 있고 그중에서도 WGS84를 GPS시스템의 기준좌표계로 쓰고 있다.

37. 축척 1 : 50,000의 지형도에서 A의 표고가 235m, B의 표고가 563m일 때 두 점 A, B 사이 주곡선 간격의 등고선 수는?

① 13　　② 15　　③ 17　　④ 18

해설 등고선의 간격 중 축척 1/50,000 주곡선 간격은 20m이며 A점과 B점의 표고차는 563m-235m=328m∴ 표고의 간격인 220m인 주곡선으로부터 580m의 주곡선까지 17개가 삽입된다.

38. 완화곡선의 성질에 대한 설명으로 틀린 것은?

① 곡선의 반지름은 시점에서 원곡선의 반지름이 되고 종점에서는 무한대이다.
② 완화곡선의 접선은 시점에서 직선, 종점에서 원호에 접한다.
③ 완화곡선에 연한 곡선반지름의 감소율은 캔트의 증가율과 동률로 된다.
④ 종점에 있는 캔트는 원곡선의 캔트와 같게 된다.

Answer　34. ①　35. ③　36. ①　37. ③　38. ①

해설 완화곡선

차량이 직선부에서 곡선부분으로 방향을 바꾸면 반지름이 달라지기 때문에 설치하는 선으로, 주로 차량에 사용되며 완화곡선의 특징은 다음과 같다.
- 곡선반경은 완화곡선의 시점에서 무한대, 종점에서 원곡선 R로 된다.
- 완화곡선의 접선은 시점에서 직선에, 종점에서 원호에 접한다.
- 완화곡선에 연한 곡선반경의 감소율은 캔트의 증가율과 동률(다른 부호)로 되고, 또 종점에 있는 캔트는 원곡선의 캔트와 같게 된다.

39. 동서(종방향) 45km, 남북(횡방향) 25km인 직사각형의 토지를 종중복도 60%, 횡중복도 30%, 초점거리 150mm, 촬영고도 3,000m, 사진크기 23cm×23cm로 촬영하였을 경우에 필요한 입체모델 수는?

① 100   ② 125   ③ 150   ④ 200

해설 먼저 축척을 구하면 축척분모$(m) = \dfrac{촬영고도(H)}{초점거리(f)} = \dfrac{3000}{0.15} = 20,000$

모델 수에 의한 사진매수

종모델 수 $= \dfrac{S_1(코스의\ 종길이)}{B(종기선길이)} = \dfrac{S_1}{ma(1-\dfrac{p}{100})} = \dfrac{45,000}{20,000 \times 0.23 \times (1-\dfrac{60}{100})} = 24.46 = 25$매

횡모델 수 $= \dfrac{S_2(코스의\ 횡길이)}{C_0(횡기선길이)} = \dfrac{S_2}{ma(1-\dfrac{q}{100})} = \dfrac{25,000}{20,000 \times 0.23 \times (1-\dfrac{30}{100})} = 7.76 = 8$매

총모델 수 = 종모델 수 × 횡모델 수 = 25×8 = 200모델

40. 곡선의 반지름이 250m, 교각 80°20′의 원곡선을 설치하려고 한다. 시단현에 대한 편각이 2°10′이라면 시단현의 길이는?

① 16.29m   ② 17.29m   ③ 17.45m   ④ 18.91m

해설 시단현의 편각$(\sigma) = 1718.87' \dfrac{l}{R}$ 여기서, l은 시단현 길이

$l = \dfrac{\sigma \cdot R}{1718.87'} = \dfrac{2°10' \times 250}{1718.87'} = 18.907$m

03 토지정보체계론

41. 토지정보시스템의 발전 과정에 대한 설명으로 옳지 않은 것은?

① 1950년대 미국 워싱턴 대학에서 연구를 시작하여 1960년대 캐나다의 자원관리를 목적으로 CGIS(Canadian GIS)가 개발되어 각국에 보급되었다.
② 1970년대에는 GIS전문회사가 출현되어 토지나 공공시설의 관리를 목적으로 시범적인 개발계획을 수행하였다.
③ 1980년대에는 개발도상국의 GIS도입과 구축이 활발히 진행되면서 위상정보의 구축과 관계형 데이터베이스의 기술발전 및 워크스테이션 도입으로 활성화되었다.
④ 1990년대에는 Network 기술의 발달로 중앙집중형에서 지역 분산형 데이터베이스의 구축으로 변환되어 경제적인 공간데이터베이스의 구축과 운용이 가능하게 되었다.

해설 GIS의 발전과정

연도	발전과정
1960년도	미국과 캐나다에서 시작, 전산지도의 개념으로 주로 래스터 자료구조, 정부 등 공공기관에서 주로 사용
1970년도	컴퓨터의 급속한 발전, CAD의 등장/벡터 자료 구조의 일부 수용, 자원관리 및 환경관리·공공시설관리에 주로 활용
1980년도	GIS의 저변 확대기, 벡터 자료구조 및 위상구조의 본격적인 활용, 공간정보와 속성정보의 유기적 연관 및 공간분석 기능, 워크스테이션 등장/RDMS 등장, 정부 하부조직 및 민간 영역에서 GIS의 활발한 도입
1990년도	H/W, S/W의 급속한 발전, 저장 매체 및 통신기술의 발달, Internet GIS 등장/3D GIS의 등장, 중앙 집중형 데이터베이스의 구축

42. 한국토지정보시스템 운영기관의 장이 데이터를 백업해야 하는 주기는?

① 일 1회   ② 주 1회   ③ 월 1회   ④ 연 1회

해설 국토지정보시스템 운영규정(2015.12.29. 폐지) 제19조(백업 및 복구)
한국토지정보시스템 운영기관의 장은 데이터베이스의 장애 및 복구를 위하여 월 1회 백업을 수행하여야 한다.

43. SDTS(Spatial Data Transfer Standard)를 통한 데이터변환에 있어 최소 단위의 체적으로 표현되는 3차원 객체의 정의는?

① Chain   ② Voxel   ③ GT-ring   ④ 2D-Manifold

Answer   41. ④   42. ③   43. ②

해설 복셀(Voxel)
3D 공간의 한 점을 정의한 일단의 그래픽 정보로, 픽셀이 2D 공간에서 x, y좌표로 된 점을 정의한 것이기 때문에 제3의 좌표 z가 필요하다.

44. 국토교통부장관이 시·군·구 자료를 취합하여 지적통계를 작성하는 주기로 옳은 것은?

① 매일   ② 매주   ③ 매월   ④ 매년

해설 부동산종합공부시스템 운영 및 관리규정 제18조(지적통계 작성)
① 지적소관청에서는 지적통계를 작성하기 위한 일일마감, 월마감, 년마감을 하여야 한다.
② 국토교통부장관은 매년 시·군·구 자료를 취합하여 지적통계를 작성한다.

45. 토지정보체계의 특징으로 옳지 않은 것은?

① 편리한 자료 검색
② 전문화에 따른 호환성 배제
③ 변동자료의 신속·정확한 처리
④ 토지권리에 대한 분석과 정보 제공

해설 토지정보체계는 토지에 관한 제반 정보를 전산화하여 효율적으로 관리하는 데 목적이 있으므로 지적 관련 자료 및 민원을 신속·정확하게 처리하는 데 역점을 두어야 하고, 서로 호환성이 보장되어야 한다.

46. 사용자권한 등록관리청이 지적정보관리체계 사용자권한 등록 신청 내용을 심사하여 사용자권한 등록파일에 등록하여야 하는 사항을 모두 나열한 것은?

① 사용자의 소속 및 권한과 비밀번호
② 사용자의 이름 및 권한과 사용자번호
③ 사용자의 이름 및 권한과 사용자번호 및 비밀번호
④ 사용자의 소속 및 사용자번호 및 권한과 비밀번호

해설 공간정보의 구축 및 관리 등에 관한 법률 시행규칙 제76조(지적정보관리체계 담당자의 등록 등)
신청을 받은 사용자권한 등록관리청은 신청 내용을 심사하여 사용자권한 등록파일에 사용자의 이름 및 권한과 사용자번호 및 비밀번호를 등록하여야 한다.

47. 도형자료의 입력 방법에 대한 설명으로 옳지 않은 것은?

① 수치형태의 자료입력 방법은 키보드를 이용한다.
② 항공사진에 의한 도면자료 입력은 디지타이저를 이용한다.
③ 스캐너에 의한 방법은 별도의 자료변환 작업을 필요로 한다.
④ 도형자료 입력은 수치형태의 자료 입력과 도면형태의 자료 입력이 있다.

해설 항공사진에 의한 도면자료 입력은 스캐너를 이용한다.

48. 벡터 자료를 래스터 자료로 자료 변환하는 것은?

① 섹션화 ② 필터링 ③ 벡터라이징 ④ 래스터라이징

해설 벡터라이징과 래스터라이징
1. 벡터라이징 : 래스터 방식을 벡터 방식으로 바꾸는 방법
2. 래스터라이징 : 벡터 방식을 래스터 방식으로 바꾸는 방법

49. 데이터베이스에서 속성자료의 형태에 대한 설명으로 옳지 않은 것은?

① 법규집, 일반보고서 등의 자료를 말한다.
② 통계자료, 관측자료, 범례 등의 형태로 구성되어 있다.
③ 선 또는 다각형과 입체의 형태로 표현되는 자료이다.
④ 지리적 객체와 관련된 정보와 문자 형식으로 구성되어 있다.

해설 도형자료
선 또는 다각형과 입체의 형태로 표현되는 자료

50. 한국토지정보시스템에 대한 설명으로 옳은 것은?

① PBLIS와 LMIS를 통합하여 새로 구축한 시스템이다.
② 지하시설물관리를 중심으로 각 지자체에서 구축한 것이다.
③ 한국토지정보시스템은 National Geographic Information Systems의 약자로 NGIS라 한다.
④ 한국토지정보시스템은 지적공부관리시스템과 지적측량성과시스템으로 구성되어 있다.

해설 한국토지정보시스템(KLIS : Korea Land Information System)
구)건설교통부의 토지 관련 업무를 다루는 시스템(LMIS)과 구)행정자치부의 지적 관련 업무 처리 시스템(PBLIS)이 분리되어 운영됨에 따른 자료의 이중 관리 및 정확성 문제 등을 해결하기 위하여 구축된 통합정보시스템이다.

51. 한국토지정보시스템에서 사용할 수 있는 GIS엔진이 아닌 것은?

① Java ② Zeus ③ Gothic ④ ArcSDE

해설 PBLIS와 LMIS에서 사용했던 Gothic, ArcSDE, Zeus 등의 프로그램을 전면 수용할 수 있도록 KLIS를 개발하였다.

52. 래스터 자료의 중첩분석에서 A XOR B의 결과로 옳은 것은?(단, 그림에서 음영 셀은 참값을 의미한다.)

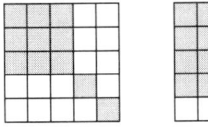

데이터 A   데이터 B

① 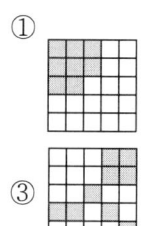　②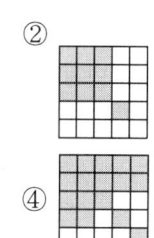

③　④

해설 배타적 논리합(XOR)

53. 제2차 NGIS(국가GIS)사업의 주요 추진전략에 해당하지 않는 것은?

① 지리정보의 통합
② 기본지리정보 구축
③ GIS 전문인력 양성
④ 지리정보 유통체계 구축

해설 제2차 NGIS(2001~2005) 부문별 추진계획
- 기본지리정보 구축
- GIS 활용체계 구축
- 지리정보유통체계 구축
- GIS 산업육성
- NGIS 표준화
- GIS 전문인력 양성 및 홍보
- 지원연구 및 제도개선

54. 벡터 자료의 저장 모형 중 위상(Topology)모형에 대한 설명으로 옳지 않은 것은?

① 좌표데이터만을 사용할 때보다 다양한 공간 분석이 가능하다.
② 공간 객체 간의 위상정보를 저장하는 데 보편적으로 사용되는 방식이다.
③ 인접한 폴리곤 간의 공통 경계는 각 폴리곤에 대하여 반드시 두 번 기록되어야 한다.
④ 다각형의 형상(Shape), 인접성(Neighborhood), 계급성(Hierarchy)을 묘사할 수 있는 정보를 제공한다.

해설 스파게티 자료
인접한 다각형(폴리곤) 간의 공통의 경계는 반드시 두 번 기록되어야 한다.

55. 지적정보관리체계로 처리하는 지적공부정리 등의 사용자권한 등록파일을 등록할 때의 사용자 비밀번호 설정 기준으로 옳은 것은?

① 4자리부터 12자리까지의 범위에서 사용자가 정하여 사용한다.
② 6자리부터 16자리까지의 범위에서 사용자가 정하여 사용한다.
③ 영문을 포함하여 3자리부터 12자리까지의 범위에서 사용자가 정하여 사용한다.
④ 영문을 포함하여 5자리부터 16자리까지의 범위에서사용자가 정하여 사용한다.

해설 공간정보의 구축 및 관리 등에 관한 법률 시행규칙 제77조(사용자번호 및 비밀번호 등)
사용자의 비밀번호는 6자리부터 16자리까지의 범위에서 사용자가 정하여 사용한다.

56. 지적재조사사업 시스템의 구축과 관련한 내용으로 옳지 않은 것은?

① 공개시스템으로 구축한다.
② 토지현황조사, 새로운 지적공부 및 등기촉탁, 건축물 위치 및 건물 표시 등의 정보를 시스템에 입력한다.
③ 토지소유자 등이 지적재조사사업과 관련한 정보를 인터넷 등을 통하여 실시간 열람할 수 있도록 구축한다.
④ 취득된 필지경계 정보의 안정적인 관리를 위하여 관련 행정정보와의 연계 활용이 발생하지 않도록 보안 시스템으로 구축한다.

해설 지적재조사사업 시스템 주요서비스

구분	대국민 공개시스템	지적재조사 사업관리시스템
실시계획	• 실시계획 공람·공고 조회 • 주민설명회 공고 조회 • 토지소유자 동의서 작성 • 소유자 대상 토지 조회 • 의견 등록	• 사업대상 후보지 분석 및 선정 • 실시계획 공람공고 등록 • 사업지구 지정 신청 • 토지소유자 동의서 등록 • 의견등록 조회 및 답변
사업지구 지정	• 사업지구 지정 공람·공고 조회 • 지적측량 대행자 고시 • 측량대행자 정보 등록 사진, 연락처 포함	• 사업지구 지정 관리 • 측량대행자 인증 관리 • 사업관리카드 생성 및 입력
재조사측량	• 측량준비도 다운로드(대행자) • 일필지 조사서 작성(대행자) • 일필지 조사서 조회 • 측량성과파일 업로드(대행자)	• 측량준비도 생성 및 등록 • 측량준비도 파싱/필지 등록 • 일필지 조사서 기초자료 생성 • 측량성과파일 파싱/필지 등록
경계확정	• 지적확정조서 등록(대행자) • 이의신청 등록	• 지적확정조서 생성 • 경계결정(확정) 통지서 생성 • 이의신청 조회 및 답변
사업완료	• 사업완료 공고 조회 • 조정금조서 조회 • 조정금 이의신청 등록	• 조정금 산정 • 조정금조서 작성 • 조정금 이의신청 조회 및 답변 • 사업완료 공고 등록 • 지적공부 자료 연계 반영

57. 다음 중 SQL과 같은 표준 질의어를 사용하여 복잡한 질의를 간단하게 표현할 수 있게 하는 데이터베이스 모형은?

① 관계형(Relational)
② 계층형(Hierarchical)
③ 네트워크형(Network)
④ 객체지향형(Object-oriented)

해설 관계형 데이터 모델
- 모든 데이터들이 테이블과 같은 형태로 나타내는 것으로, 데이터베이스를 구축하는 가장 전형적인 모델이다.
- SQL과 같은 표준 질의어를 사용하여 복잡한 질의를 간단하게 표현할 수 있는 데이터베이스 모형이다.

58. 두 개 이상의 커버리지 오버레이로 인해 폴리곤의 경계에 생기는 작은 영역을 일컫는 것은?

① 슬리버(Sliver)
② 스파이크(Spike)
③ 오버슈트(Overshoot)
④ 언더슈트(Undershoot)

해설 Sliver(슬리버) 폴리곤
- 하나의 선으로 연결되어야 할 곳에서 두 개의 선으로 어긋나게 입력되어 불필요한 폴리곤을 형성한 상태
- 오류에 의해 발생하는 선 사이의 틈, 두 다각형 사이에 작은 공간이 있어서 접촉되지 않는 다각형, 선이 입력되어야 할 곳에서 두 개의 선으로 약간 어긋나게 입력

59. 토지정보시스템의 구성요소에 해당하지 않는 것은?

① 인적자원
② 처리시간
③ 소프트웨어
④ 공간데이터베이스

해설 토지정보시스템의 4가지 구성요소
인력 및 조직, 자료, 소프트웨어, 하드웨어

60. 지적업무처리규정상 다음 내용의 (   ) 안에 들어갈 말로 알맞은 것은?

> 지적소관청이 지번변경, 행정구역변경, 구획정리, 경지정리, 축척변경, 토지개발사업을 하고자 하는 때에는 (   )을 생성하여야 한다.

① 도곽파일　　② 복제파일　　③ 임시파일　　④ 토지이동파일

해설 지적업무처리규정 제52조(임시파일 생성)
① 지적소관청이 지번변경, 행정구역변경, 구획정리, 경지정리, 축척변경, 토지개발사업을 하고자 하는 때에는 임시파일을 생성하여야 한다.
② 제1항에 따라 임시파일이 생성되면 지번별 조서를 출력하여 임시파일이 정확하게 생성되었는지 여부를 확인하여야 한다.

04 지적학

61. 지적공부에 등록하는 경계에 있어 경계불가분의 원칙이 적용되는 가장 큰 이유는?

① 면적의 크기에 따르기 때문이다.
② 경계의 중앙 선택 원칙 때문이다.
③ 설치자의 소속으로 결정하기 때문이다.
④ 경계선은 길이와 위치만 존재하기 때문이다.

해설 경계불가분 원칙
- 토지의 경계는 유일무이한 것으로 어느 한쪽의 필지에만 전속되는 것이 아니고 연접한 토지에 공통으로 작용되기 때문에 이를 분리할 수 없다는 이론
- 토지의 경계선은 위치와 길이만 있을 뿐 넓이와 크기가 존재하지 않음

62. 토지표시사항 등록의 심사원칙은?

① 대행심사 ② 서류심사 ③ 실질심사 ④ 형식심사

해설 실질적 심사주의(實質的 審査主義)
- 실질적 심사주의는 지적공부에 새로이 등록하는 사항이나 이미 등록된 사항의 변경 등록은 국가기관의 장인 시장·군수·구청장이 지적법령에 의한 절차상의 적법성뿐만 아니라 실체법상 사실관계의 부합 여부를 조사하여 지적공부에 등록하여야 한다는 이념으로 사실심사주의라고도 함
- 지적측량수행자가 실시한 측량성과는 반드시 소관청이 측량검사를 실시해야 하며 지목변경, 합병 등 토지이동 신청이 있는 경우에는 현지에서 토지 확인 조사를 실시하여 사실관계와 부합 여부를 확인한 후 지적공부를 정리해야 함

63. 임야조사사업 당시의 사정(査定)기관으로 옳은 것은?

① 도지사 ② 읍·면장 ③ 임야조사위원회 ④ 임시토지조사국장

해설 1910~1918년 시행된 토지조사사업의 사정권자는 임시토지조사국장이며, 1916~1924년 시행된 임야조사사업의 사정권자는 도장관(도지사)이다.

64. 수등이척제에 대한 개선으로 망척제를 주장한 학자는?

① 이기 ② 서유구 ③ 정약용 ④ 정약전

해설 이기의 양전개정론
① 종래의 양전법인 수등이척제를 개선하기 위해 망척제(網尺制)를 주장하였다.
② 망척제 : 정방형의 눈을 가진 그물로 전지를 측량하여 면적을 산출하는 방법이다.

Answer 61. ④ 62. ③ 63. ① 64. ①

③ 전안(田案) 작성 시 반드시 도면과 지적을 갖추어야 한다고 함.
④ 망척도
- 전지(田地)를 측량할 때 정방형의 눈들을 가진 그물을 사용하여 그물 속에 들어온 정방형의 눈을 계산하여 면적을 산출하는 방식
- 수등이척제에 대한 개선방법으로 망척제를 주장
- 이기의 저서 「해학유서」를 통해 제기됨

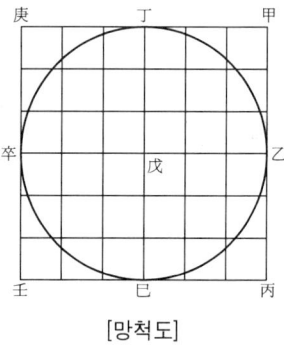

[망척도]

65. 토지소유권 보장제도의 변천과정으로 옳은 것은?

① 지계제도 → 증명제도 → 입안제도
② 입안제도 → 지계제도 → 증명제도
③ 증명제도 → 입안제도 → 지계제도
④ 지계제도 → 입안제도 → 증명제도

해설 토지소유권 보장제도의 변천
1. 토지증명제도(소유권증명제도)의 발전과정
   ① 양안제도 : 고려시대부터 조선시대까지 시행되고 토지조사사업의 실시로 폐지
   ② 입안제도 : 1892년까지 시행됨
   ③ 지계제도 : 1893~1905년까지 13년간 시행됨
   ④ 토지가옥증명제도 : 1906~1910년까지 5년간 시행
   ⑤ 지적 및 등기제도 : 토지조사사업 이후에 실시
2. 토지증명제도(소유권증명제도)의 내용
   ① 문기(文記) : 토지 및 가옥을 매수 또는 매도시에 작성한 매매계약서
   ② 입안(立案) : 등기권리증의 일환으로 토지매매를 증명하는 제도
   ③ 양안(量案) : 토지대장으로, 위치·등급·형상·면적·사표·소유자 기록
   ④ 가계(家契) : 가옥의 소유권을 증명하는 관문서로 가권(家券)이라고도 함
   ⑤ 지계(地契) : 전답의 소유권을 증명하는 관문서로 지권(地券)이라고도 함

66. 지적공개주의를 실현하는 방법에 해당하지 않는 것은?

① 지적공부를 직접 열람하거나 등본에 의하여 외부에서 알 수 있도록 하는 방법
② 지적공부에 등록된 사항을 실지에 복원하여 등록된 결정 사항을 파악하는 방법
③ 지적공부의 등록된 사항과 실지상황이 불일치할 경우 실지상황에 따라 변경 등록하는 방법
④ 등록사항에 대하여 소유자의 신청이 없는 경우 국가가 직권으로 이를 조사 또는 측량하여 결정하는 방법

해설 지적공개주의(公開主義)
- 공개주의란 지적공부에 등록된 사항은 토지소유자나 이해관계인 등 일반 국민에게 신속 정확하게 공개하여 모든 국민이 공평하게 이용할 수 있도록 해야 한다는 이념
- 국가의 통치권이 미치는 모든 영토를 지적공부에 등록·공시하여 국가기관의 행정 목적에만 이용하는 것이 아니라 다른 국가 기관이나 지방자치단체 및 공공기관 및 일반 국민에게 공개하여 국가 및 개인의 각종 토지정책의 기초 자료로 활용할 수 있다는 이념

67. 지적제도와 등기제도가 통합된 넓은 의미의 지적제도에서의 3요소이며, 네덜란드의 J. L. G. Henssen이 구분한 지적의 3요소로만 나열된 것은?

① 소유자, 권리, 필지
② 측량, 필지, 지적파일
③ 필지, 측량, 지적공부
④ 권리, 지적도, 토지대장

해설 지적의 3대 구성요소(내부요소)
1. 개요
   ① J. L. G. Henssen과 국내 학자들이 주장한 소유자, 권리, 필지는 광의적 개념이며, 원영희와 지종덕이 주장한 토지, 등록, 공부는 협의적 의미로 이해하는 것이 타당
   ② 이왕무 등은 토지, 경계설정과 측량, 등록, 지적공부를 지적의 주요 구성요소로 봄
2. 광의적 개념
   ① 소유자(Person) : 토지를 소유할 수 있는 권리의 주체로서 소권 및 기타권리를 갖는 자를 말하며 자연인, 법인, 사단, 재단, 종중, 지방자치단체, 국가 등 포함
   ② 권리(Right) : 토지를 소유할 수 있는 법적 권리로서 토지의 사용, 수익, 처분이 가능한 토지의 소유권과 저당권, 지역권, 지상권, 임차권 등의 기타 권리
   ③ 필지(Parcel) : 필지는 법적으로 물권이 미치는 권리의 객체일필지는 토지의 등록단위, 소유단위, 이용단위가 됨
3. 협의적 개념
   ① 토지 : 지적제도는 토지를 대상으로 성립하고 일필지로 등록하며 그 대상과 범위는 국토의 개념과 같음
   ② 등록 : 토지의 물권을 객체화하기 위해 일정한 기준의 등록단위를 정해 일정사항(토지소재, 지번, 지목, 경계, 면적 등)을 등록하는 법률행위로서 모든 토지는 공부에 등록함으로써 법률적인 효력 발생
   ③ 공부 : 토지를 구획하여 일정사항을 기록한 공적장부로서 그 형식과 규격을 법으로 정하며 국가는 항상 이를 일정한 장소에 비치하여 국민이 활용할 수 있도록 함

68. 토지조사사업 당시의 재결기관(裁決機關)으로 옳은 것은?

① 도지사
② 부와 면
③ 임시토지조사국장
④ 고등토지조사위원회

해설 토지 및 임야조사사업
1. 사정권자
   ① 토지조사사업 : 토지조사국장
   ② 임야조사사업 : 도지사
2. 조사측량기관
   ① 토지조사사업 : 토지조사국
   ② 임야조사사업 : 부 또는 면
   ※ 사정 : 토지조사사업 당시 토지조사부와 지적도에 의하여 토지의 소유자 및 그 강계를 확정하는 행정처분이다. 사정권자는 지방토지조사위원회의 자문을 받아 당시 임시토지조사국장이 사정하였고, 사정은 30일간 공시하고 불복하는 자는 60일 이내에 고등토지조사위원회에 재결을 요청하였으며 재결 시 효력발생일은 사정일로 소급하였다.

Answer 67. ① 68. ④

3. 재결기관
   ① 토지조사사업 : 고등토지조사위원회
   ② 임야조사사업 : 임야조사위원회

69. 고려시대에 양전을 담당한 중앙기구로서의 특별관서가 아닌 것은?

① 급전도감　　② 사출도감　　③ 절급도감　　④ 정치도감

해설 고려시대의 지적담당기관
호조에서 관장하였으며, 급전도감, 식목도감에서 지적업무 담당
1. 호부(戶部) : 호구(戶口), 공부(貢賦), 전량(錢糧) 등을 관장하는 부서로서 토지계량과 토지등록인 지적사무도 함께 관장하였으며, 충렬왕 원년(1275)에 판도사로 명칭 변경
2. 급전도감(給田都監) : 고려 초 전시과의 시행에 따라 토지를 분배하기 위하여 설치한 부서로서 토지제도의 문란으로 폐지되었다가 고종 44년(1257)에 부활되었으나, 공양왕 4년(1392)에 다시 폐지됨
3. 정치도감(整治都監) : 고려 말 폐단이 많은 전지(田地)를 개혁하기 위해 충목왕 3년(1347)에 설치한 부서로서 충정왕 1년(1349)에 폐지
4. 절급도감(折給都監) : 고려 말 토지를 균등하게 분급하기 위해 우왕 8년(1382)에 설치하였고, 창왕 1년(1388)에 다시 설치하여 양전을 실시하도록 하였으나 공양왕 즉위(1389) 후 급전도감이 대신함

70. 토지의 매매 및 소유자의 등록요구에 의하여 필요한 경우 토지를 지적공부에 등록하는 방법은?

① 권원등록제도　　② 분산등록제도
③ 수복등록제도　　④ 일괄등록제도

해설 지적공부의 등록방법
1. 분산등록제도
   ① 토지등록이 필요한 경우마다 토지를 지적공부에 등록하는 제도로서 주로 국토면적이 넓은 국가에서 채택하며 지형도를 기본도로 사용
   ② 장점 : 일시에 많은 예산이 소요되지 않음
   ③ 단점 : 지적공부등록에 관한 예측이 불가능하며, 필지별 등록단가가 높음
2. 일괄등록제도
   ① 일정지역 내의 모든 토지를 일시에 조사·측량하여 지적공부에 등록하는 제도
   ② 한국, 대만 등 국토면적이 좁고 인구가 많은 국가에서 채택
   ③ 국토관리에 정확도가 높은 지적도를 기본도로 활용
   ④ 장점 : 분산등록제도에 비해 소유권보호가 안전하고, 국토의 체계적 이용관리 가능하며, 필지별 등록단가가 저렴함
   ⑤ 단점 : 초기에 많은 비용 소요

71. 다음 중 토지정보시스템(LIS)이 해당하는 지적은?

① 법지적　　② 과세지적
③ 경계지적　　④ 다목적지적

Answer　69. ②　70. ②　71. ④

해설 다목적지적(Multi-Purposs Cadastre)
- 토지이용의 효율화를 위해 토지에 대한 모든 관련 자료를 일필지를 기초로 집적관리하고 공급하는 제도로서 토지 관련 정보의 종합적인 기록유지와 공급의 종합토지정보시스템
- 토지에 관한 등록자료의 용도가 다양화함에 따라 더 많은 자료의 관리와 이를 신속하고 정확하게 공급하기 위한 제도
- 토지의 각종 등록 자료의 관리 및 공급으로 토지이용의 효율성을 추구하는 제도
- 종합지적 또는 통합지적이라고도 함
- 토지소유권, 토지이용, 토지평가, 토지자원관리에 관한 의사결정에 필요한 정보 포함
- 등록 자료의 통계, 추정, 검증, 분석이 가능한 프로그램에 의하여 컴퓨터시스템으로 운영할 때 가능한 종합적 토지정보시스템

72. 다음 지적불부합지의 유형 중 아래의 설명에 해당하는 것은?

> 지적도근점의 위치가 부정확하거나 지적도근점의 사용이 어려운 지역에서 현황측량 방식으로 대단위지역의 이동측량을 할 경우에 일필지의 단위면적에는 큰 차이가 없으나 토지경계선이 인접한 토지를 침범해 있는 형태다.

① 공백형 ② 중복형 ③ 편위형 ④ 불규칙형

해설 지적불부합지의 유형
1. 중복형
   ① 일필지의 일부가 중복 등록되는 경우
   ② 등록전환 시의 과실 및 기준점측량시 사용한 원점이 서로 상이할 경우 원점지역의 접촉지역(리·동 계가 접하는 곳)에서 많이 발생
   ③ 측량 당시 기등록된 인접 토지의 경계선 확인이 불충분하여 발생
   ④ 발견이 쉽지 않고 상당기간 오류가 진행된 상태에서 권리행사가 계속되어 이를 정정하기 어려움
2. 공백형
   ① 경계가 마주한 토지가 지적도상에는 떨어져 있는 것처럼 공백부가 발생한 경우
   ② 삼각점 또는 도근점의 계열과 도선의 배열이 상이한 경우에 신규등록이나 등록전환측량의 오류로 나타나기도 함
   ③ 측량기술상의 오류 등으로 등록시기와 측량자가 다른 경우에 많이 발생
   ④ 수 필지씩 산재되어 있는 경우가 많고 집단적으로 발생하는 경우는 드묾
3. 편위형
   ① 도근점의 위치부정확 또는 현황측량방식에 의한 집단지 이동의 경우에 발생하는 유형으로 측판점의 위치결정 오류에 의한 경우가 대부분
   ② 가장 흔한 유형이며 쉽게 발견되지 않아 소유자의 저항이 적어 오래 방치되는 경향이 많음
   ③ 이 지역에서 이동측량신청이 있는 경우 측량사는 부득이하게 국지적인 경계결정처리를 하는 경우가 많아 불부합지는 증가하게 됨
   ④ 규모가 크고 집단적이어서 정정을 위한 행정처리가 어려움
4. 불규칙형
   ① 일정한 방향으로 밀리거나 중복되지 않고 산발적으로 오류가 발생한 경우
   ② 기초점 자체의 위치오류, 경계결정의 착오, 소유자 간의 경계혼동 등 다양한 원인들이 복합적으로

Answer 72. ③

누적되어 정확한 원인분석이 어려움
③ 세부측량 당시부터 누적된 경우가 많음
5. 위치오류형
① 1필의 토지가 형상과 면적은 일치하나 지적공부와 지상의 위치가 다른 곳에 위치한 유형
② 주로 세부측량 시 도근점이나 기지경계선에서 멀리 떨어진 산림 속의 경작지, 산답(山沓) 등에서 많이 발생
③ 임야 내의 독립적인 전·답 및 정위치에 등록되지 않은 도서 등은 비교적 정정이 용이하여 도면상 위치만 변경
④ 연속된 산답의 경우 인접 임야와 정위치에 등록될 필지와의 관계에서 정정 시 어려움이 따름

73. 다음 중 양안에 기재된 사항에 해당하지 않는 것은?

① 신구 토지 소유자
② 토지 소재, 지번, 면적
③ 측량 순서, 토지 등급
④ 토지 모양(지형), 사표(四標)

해설 양안(量案)
1. 양안의 개념 : 고려시대부터 시작되어 조선시대를 거쳐 일제시대의 토지조사사업 전까지 세금의 징수를 목적으로 양전에 의해 작성된 토지기록부 또는 토지대장
2. 양안의 종류 : 시대, 사용처, 관리처에 따라 전적(田籍), 양안, 양안등서책, 전안, 전답안, 도전장, 도행 등 다양한 명칭으로 부름
3. 작성목적 : 토지에 대한 세징수를 위해 작성되었으며, 토지조사사업의 실시로 폐지
4. 기재내용
① 토지소재지, 천자문의 자호, 지번, 양전 방향, 토지형태, 지목, 사표, 장광척, 면적, 등급, 결부속, 소유자 등 기록
② 고려시대 : 지목, 전형(토지형태), 토지소유자, 양전방향, 사표, 결수, 총결수
③ 조선시대 : 논밭의 소재지, 지목, 면적, 자호, 전형(토지형태), 토지소유자, 양전방향, 사표, 장광척, 등급, 결부수, 경작 여부 등

74. 토지 등록방법인 인적 편성주의에 대한 설명으로 옳은 것은?

① 개개의 토지를 중심으로 등록부를 편성하는 방식이다.
② 당사자의 신청 순서에 따라 순차적으로 등록·편성하는 방식이다.
③ 동일 소유자에게 속하는 모든 토지를 당해 소유자의 대장에 기록하는 방식이다.
④ 2개 이상의 토지를 하나의 등기용지인 공동용지를 사용하여 등록하는 방식이다.

해설 토지등록부
1. 토지등록부의 개념
① 토지등록부는 토지소관청이 작성·비치하는 공부
② 토지의 소재, 지번, 지목, 면적, 소유자 주소·성명 등을 기재한 장부
③ 국가별 특성에 따라 여러 가지 편성방법을 사용하는데 물적 편성주위, 인적 편성주의, 연대적 편성주의, 물적·인적 편성주의로 대별
2. 물적 편성주의
① 개별 토지를 중심으로 등록부 편성
② 지번순서에 따라 등록

Answer 73. ① 74. ③

   ③ 가장 우수하고 합리적, 많이 쓰임
   ④ 장점 : 토지이용, 관리, 개발측면에 편리
   ⑤ 단점 : 소유자별 파악이 곤란
  3. 인적 편성주의
   ① 동일 소유자의 모든 토지를 대장에 기록
   ② 세지적의 소산
   ③ 토지이용, 관리, 개발 등 토지행정에 지장
   ④ 인명목록, 전산프로그램개발 등으로 약점 보완
   ⑤ 네덜란드에서 채택
  4. 연대적 편성주의
   ① 신청순서에 따라 순차적으로 대장 작성
   ② 프랑스의 등기부와 미국의 Recording System이 이에 속함
   ③ 등기부 편성방법으로 가장 유효하나 그 자체만으로 공시기능을 발휘하지 못함
  5. 물적 · 인적 편성주의
   ① 물적편성주의를 기본으로 운영하되 인적 편성주의 요소 가미
   ② 소유자별 토지등록부를 동시에 작성
   ③ 스위스, 독일의 경우 둘 이상의 토지를 하나의 용지에 기록
   ④ 토지대장도 소유자별 토지등록카드와 함께 지번별 목록, 성명별 목록 등을 작성 운용

75. 지방토지조사위원회에 대한 설명으로 옳지 않은 것은?

① 각 도에 설치하였다.
② 토지사정의 자문기관이었다.
③ 위원장은 조선총독부 정무총감이 맡았다.
④ 위원장 1명과 상임위원 5명으로 구성되었다.

해설 지방토지조사위원회
 1. 개념 : 토지조사국장의 토지 사정 시 소유자 및 그 강계의 조사에 관한 자문에 응하는 기관
 2. 조직의 구성과 운영
  ① 각 도에 설치하며 위원장 1인, 상임위원 5인, 필요시 3인 이내의 임시위원으로 구성
  ② 위원장은 도지사이며, 위원장을 포함한 정원의 반수 이상 출석으로 개최, 출석위원의 과반수로 의결하고, 가부 동수에는 위원장이 결정
 3. 성과 : 분쟁지 총 2,209건 중 토지조사국장의 사정에 반대한 것은 12건에 불과함

76. 지적의 요건에 해당하지 않는 것은?

① 경제성 ② 공개성 ③ 안전성 ④ 정확성

해설 지적제도의 특징
 1. 영국의 심프슨
  ① 안정성 : 토지 소유권 및 기타권리는 일단 등록되면 안전한 불가침의 영역
  ② 간편성 : 소유권 등록은 단순한 형태로 사용, 절차는 명확하고 확실해야 함
  ③ 정확성과 신속성 : 지적제도의 효율성을 위해 토지등록은 정확하고 신속해야 함
  ④ 저렴성 : 소유권 등록에 의하여 소유권을 입증하는 것보다 저렴한 것은 없음

Answer 75. ③ 76. ②

⑤ 적합성 : 상황변화에 상관없이 결정적인 요소는 적합해야 하고 비용, 인력, 기술에 유용해야 함
⑥ 등록의 완전성 : 등록은 모든 토지에 대하여 완전하여야 하며 최근 상황을 반영하여야 함
2. 유병찬
① 법적 측면에서 안정성
② 제도적 측면에서 공정성
③ 기술적 측면에서 정확성
④ 경제적 측면에서 경제성

77. 임야조사사업의 특징에 대한 설명으로 옳지 않은 것은?

① 토지조사사업에 비해 적은 인원으로 업무를 수행하였다.
② 토지조사사업을 시행하면서 축적된 기술을 이용하여 사업을 완성하였다.
③ 면적이 넓어 토지조사사업에 비해 많은 예산을 투입하여 사업을 완성하였다.
④ 임야는 토지에 비하여 경제적 가치가 낮아 정확도가 낮은 소축척을 사용하였다.

해설 토지조사사업과 임야조사사업 비교

구분	토지조사사업	임야조사사업
기간	1910~1918(8년 8개월)	1916~1924(8년)
총경비	2,040여 만 원	380여 만 원
투입인력	7,000여 명	4,600여 명
대장작성	토지대장 109,998책	임야대장 22,202책
도면작성	지적도 812,093매	임야도 116,984매
도면축척	1/600, 1/1,200, 1/2,400	1/3,000, 1/6,000
조사측량기관	임시토지조사국장	부(府) 또는 면(面)
사정기관	임시토지조사국장	도지사
자문기관	지방토지조사위원회	도지사(조정기관)
재결기관	고등토지조사위원회	임야심사위원회
사정	19,107,520필	3,479,915필

78. 현대지적의 일반적 기능이 아닌 것은?

① 사회적 기능   ② 경제적 기능   ③ 법률적 기능   ④ 행정적 기능

해설 지적의 기능
1. 지적의 일반적 기능
① 사회적 기능 : 지적은 모든 토지를 지적측량을 통해 공부에 등록하여 공시기능을 확립함으로써 사회적으로 토지문제 해결의 중요한 역할을 한다.
② 법률적 기능
• 사법적 기능 : 사인 간 토지거래의 용이성, 경비의 절감, 거래의 안전성을 제공한다.
• 공법적 기능 : 지적법에 의한 토지등록은 법적 효력을 갖게 되고 공적 확인의 자료가 된다.

③ 행정적 기능
- 토지와 관련한 과세액 평가 및 부과징수의 수단
- 택지개발, 주택건설 등 공공계획수행에 필요한 자료 및 용지확보에 이용
- 투기억제를 위한 토지 규제
- 기타 각종 공공행정의 자료제공에 지적이 이용됨

2. 지적의 실제적 기능
① 토지에 대한 기록의 법적인 효력 및 공시
② 국토 및 도시계획의 자료
③ 토지 관리의 자료
④ 토지유통의 자료
⑤ 토지에 대한 평가기준
⑥ 지방 행정의 자료

79. 의상경계책(擬上經界策)을 주장한 양전개혁론자는?

① 이기 ② 김성규 ③ 서유구 ④ 정약용

해설 조선후기 양전개정론 학자와 저서
1. 정약용의 「목민심서(牧民心書)」: 정전제(井田制)의 시행을 전제로 방량법과 어린도법 도입 주장
2. 서유구의 「의상경계책(擬上經界策)」: 양전법을 방량법, 어린도법으로 개정
3. 이기의 「해학유사(海鶴遺事)」: 수등이척제에 대한 개선방법으로 망척제 도입 주장

80. 다음 중 현존하는 우리나라의 가장 오래된 지적자료는?

① 경자양안 ② 광무양안 ③ 신라장적 ④ 결수연명부

해설 신라장적문서(新羅帳籍文書)
- 1933년 일본 나라지방의 동대사(東大寺), 정창원(正倉院), 중창(中倉)에 보관되어 있는 2장의 통일신라시대의 문서
- 현존하는 가장 오래된 지적공부
- 서원경(西原京) 인근의 사해점촌, 살하지촌, 모촌, 서원경모촌 등 4개 촌락의 지형과 전답 크기, 연령별·남녀별 인구, 전출입 현황, 가축의 증감과 뽕나무, 잣나무, 호두나무 등의 숫자까지 기록
- 통일신라시대 촌락의 경제상황 및 국가의 수취기반과 백성들의 생활상을 파악할 수 있는 귀중한 자료

Answer 79. ③ 80. ③

05 지적관계법규

81. 측량기준점의 설치를 위해 토지 등의 출입 등에 따라 손실이 발생하였을 때, 손실을 보상할 자와 손실을 받은 자의 협의가 성립되지 아니한 경우 재결을 신청할 수 있는 곳은?

① 시·도지사
② 중앙지적위원회
③ 행정안전부장관
④ 관할 토지수용위원회

해설 손실보상
1. 손실보상 대상 : 측량기준점을 설치 또는 토지의 이동을 조사하기 위하여 타인의 토지 등에 출입하거나 일시 사용한 경우로서 죽목, 그 밖의 장애물을 변경하거나 제거한 경우
2. 손실보상자 : 행위를 한 자
3. 손실보상액 결정 및 이의신청 등
   • 손실을 보상할 자와 손실을 받은 자가 협의하여 보상액 결정
   • 손실을 보상할 자와 손실을 받은 자가 협의가 성립되지 아니하거나 협의를 할 수 없는 때에는 관할 토지수용위원회에 재결 신청
4. 재결에 불복이 있는 자 : 관할토지수용위원회의 재결에 불복하는 자는 재결서 정본을 송달받은 날부터 30일 이내에 중앙토지수용위원회에 이의 신청
5. 토지수용위원회 재결 : 공익사업을 위한 토지 등의 취득 및 보상에 관한 법률 준용

82. 공간정보의 구축 및 관리 등에 관한 법령상 잡종지로 지목을 설정할 수 없는 것은?

① 야외시장
② 돌을 캐내는 곳
③ 자동차운전학원의 부지
④ 원상회복을 조건으로 흙을 파내는 곳으로 허가된 토지

해설 잡종지
① 다음에 해당하는 토지
   • 갈대밭, 실외에 물건을 쌓아두는 곳, 돌을 캐내는 곳, 흙을 파내는 곳, 야외시장, 비행장, 공동우물
   • 영구적 건축물 중 변전소, 송신소, 수신소, 송유시설, 도축장, 자동차운전학원, 쓰레기 및 오물처리장 등의 부지
   • 다른 지목에 속하지 않는 토지
② 원상회복을 조건으로 돌을 캐내는 곳 또는 흙을 파내는 곳으로 허가된 토지는 제외

83. 주된 용도의 토지에 편입하여 1필지로 할 수 있는 종된 토지로 옳은 것은?

① 주된 지목의 토지 면적이 1,148m²인 토지로 종된 지목의 토지 면적이 116m²인 토지
② 주된 지목의 토지 면적이 2,230m²인 토지로 종된 지목의 토지 면적이 231m²인 토지
③ 주된 지목의 토지 면적이 3,125m²인 토지로 종된 지목의 토지 면적이 228m²인 토지

Answer 81. ④ 82. ④ 83. ③

④ 주된 지목의 토지 면적이 3,350m²인 토지로 종된 지목의 토지 면적이 332m²인 토지

해설 1필지
1. 1필지로 정할 수 있는 기준
   지번부여지역의 토지로서 소유자와 용도가 같고 지반이 연속된 토지
2. 양입지
   ① 주된 용도의 토지의 편의를 위하여 설치된 도로·구거(도랑) 등의 부지
   ② 주된 용도의 토지에 접속되거나 주된 용도의 토지로 둘러싸인 토지로서 다른 용도로 사용되고 있는 토지
3. 양입지로 정할 수 없는 토지
   ① 종된 용도의 토지의 지목이 대인 경우
   ② 종된 용도의 토지 면적이 주된 용도의 토지 면적의 10%를 초과하는 경우
   ③ 종된 토지의 면적이 330m²를 초과하는 경우
   ※ ①, ②번 : 종된 지목의 토지 면적이 주된 토지의 면적의 10%를 초과한 경우로, 별필지의 지목으로 정해야 함
   ④번 : 종된 지목의 토지 면적이 330m²를 초과한 경우로 별필지의 지목으로 정해야 함

84. 토지대장의 등록사항에 해당하지 않는 것은?

① 면적 ② 지번 ③ 대지권 비율 ④ 토지의 소재

해설 1. 토지(임야)대장의 등록사항
   ① 토지의 소재
   ② 지번
   ③ 지목
   ④ 면적
   ⑤ 소유자의 성명 또는 명칭, 주소 및 주민등록번호
   ⑥ 토지의 고유번호
   ⑦ 지적도 또는 임야도의 번호와 필지별 토지대장 또는 임야대장의 장번호 및 축척
   ⑧ 토지의 이동사유
   ⑨ 토지소유자가 변경된 날과 그 원인
   ⑩ 토지등급 또는 기준수확량등급과 그 설정·수정 연월일
   ⑪ 개별공시지가와 그 기준일
2. 대지권등록부의 등록사항
   ① 토지의 소재
   ② 지번
   ③ 대지권 비율
   ④ 소유자의 성명 또는 명칭, 주소 및 주민등록번호
   ⑤ 토지의 고유번호
   ⑥ 전유부분의 건물표시
   ⑦ 건물의 명칭
   ⑧ 집합건물별 대지권등록부의 장번호
   ⑨ 토지소유자가 변경된 날과 그 원인
   ⑩ 소유권 지분

Answer 84. ③

85. 성능검사대행자의 등록을 취소하여야 하는 경우가 아닌 것은?

① 거짓이나 부정한 방법으로 성능검사를 한 경우
② 업무정지기간 중에 계속하여 성능검사대행 업무를 한 경우
③ 다른 행정기관이 관계 법령에 따라 등록취소 또는 업무정지를 요구한 경우
④ 다른 사람에게 자기의 성명 또는 상호를 사용하여 성능검사대행업무를 수행하게 한 경우

해설 성능검사대행자의 등록취소
1. 등록취소권자 : 시·도지사
2. 등록취소
   ① 거짓이나 그 밖의 부정한 방법으로 등록을 한 경우
   ② 다른 사람에게 자기의 성능검사대행자 등록증을 빌려주거나 자기의 성명 또는 상호를 사용하여 성능검사대행업무를 수행하게 한 경우
   ③ 거짓이나 부정한 방법으로 성능검사를 한 경우
   ④ 업무정지기간 중에 계속하여 성능검사대행업무를 한 경우
3. 등록취소 또는 1년 이내의 기간의 정하여 업무정지 처분
   ① 등록기준에 미달하게 된 경우
   ② 등록사항 변경신고를 하지 아니한 경우
   ③ 정당한 사유 없이 성능검사를 거부하거나 기피한 경우
   ④ 다른 행정기관이 관계 법령에 따라 등록취소 또는 업무정지를 요구한 경우

86. 공간정보의 구축 및 관리 등에 관한 법령에 따른 성능검사대행자의 등록기준으로 옳은 것은?

① 기술인력 중 기술인과 기능사는 상호 대체할 수 있다.
② 기술인력에 해당하는 사람은 상시 근무하는 사람이 아니어도 된다.
③ 외국인이 측량기기 성능검사대행자 등록을 신청하는 경우 영업소를 설치하지 않아도 된다.
④ 일반성능검사대행자와 금속관로탐지기 성능검사대행자를 중복해서 신청하는 경우에는 기술인력을 50% 감면할 수 있다.

해설 성능검사대행자의 등록기준

구분	시설 및 장비	기술능력
일반 성능검사대행자	콜리미터 시설 1조 이상	1. 측량 및 지형공간정보 분야 고급기술인 또는 정밀측정 산업기사로서 실무경력 10년 이상인 사람 1명 이상 2. 측량 분야의 중급기능사 또는 계량 및 측정 분야의 실무경력이 3년 이상인 사람 1명 이상
관로 탐지기 성능검사대행자	1. 금속 관로 탐지기 검사시설 1식 이상 2. 비금속 관로 탐지기 검사시설 1식 이상	1. 측량 및 지형공간정보 분야 고급기술인 또는 정밀측정 산업기사로서 실무경력 10년 이상인 사람 1명 이상 2. 측량 분야의 중급기능사 또는 계량 및 측정 분야의 실무경력이 3년 이상인 사람 1명 이상

비고
1. 콜리미터 시설의 설치 장소는 진동 등의 영향으로부터 성능 측정에 지장이 없는 장소여야 한다.

1의2. 시설 및 장비는 자기 소유여야 한다. 다만, 금속 관로 탐지기 검사시설 및 비금속 관로 탐지기 검사시설은 임차하여 사용할 수 있다.
2. 기술인력 중 1명은 측량기술자(별표 5의 비고 라목에 따른 측량 분야 기능사 또는 「건설기술 진흥법 시행령」 별표 1의 토목 분야의 측량 및 지형공간정보 기술인을 말한다)이어야 한다.
3. 기술인력에 해당하는 사람은 상시 근무하는 사람이어야 하며, 국가기술자격법에 따라 그 자격이 정지된 사람과 이 법(공간정보관리법) 및 건설기술 진흥법에 따라 업무정지처분 중인 사람은 제외한다.
4. 상위 등급의 기술인력으로 하위 등급의 기술인력을 대체할 수 있다. 다만, 기술인력 중 기술인과 기능사는 상호 대체할 수 없다.
5. 일반성능검사대행자와 금속관로탐지기성능검사대행자를 중복해서 신청하는 경우에는 기술인력을 50% 감면할 수 있다.
6. 외국인이 측량기기성능검사대행자 등록을 신청하는 경우에는 「상법」 제614조에 따라 영업소를 설치하고 등가하여야 한다.
7. 기술인력에 해당하는 사람 또는 임원이 외국인인 경우에는 출입국관리법 시행령에 따른 주재·기업투자 또는 무역경영의 체류자격을 갖춘 사람이어야 한다.

87. 임야도 작성 시 구계(區界)와 동계(洞界)가 겹치는 경우 제도하는 방법은?

① 구계만 그린다.
② 동계만 그린다.
③ 필지 경계만 그린다.
④ 구계와 동계를 겹쳐 그린다.

해설 행정구역선의 제도
① 도면에 등록할 행정구역선은 0.4밀리미터 폭으로 제도한다. 다만, 동·리의 행정구역선은 0.2밀리미터 폭으로 한다.
② 시·도계는 실선 4밀리미터와 허선 2밀리미터로 연결하고 실선 중앙에 실선과 직각으로 교차하는 1밀리미터의 실선을 긋고, 허선에 직경 0.3밀리미터의 점 1개를 제도한다.
③ 시·군계는 실선과 허선을 각각 3밀리미터로 연결하고, 허선에 0.3밀리미터의 점 2개를 제도한다.
④ 읍·면·구계는 실선 3밀리미터와 허선 2밀리미터로 연결하고, 허선에 0.3밀리미터의 점 1개를 제도한다.
⑤ 동·리계는 실선 3밀리미터와 허선 1밀리미터로 연결하여 제도한다.
⑥ 행정구역선이 2종 이상 겹치는 경우에는 최상급 행정구역선만 제도한다.
⑦ 행정구역선은 경계에서 약간 띄워서 그 외부에 제도한다.

88. 도시·군기본계획에 포함되어야 할 사항으로 옳은 것은?

① 도시개발사업이나 정비사업의 계획에 관한 사항
② 지구단위계획구역의 지정 또는 변경에 관한 사항
③ 공간구조, 생활권의 설정 및 인구의 배분에 관한 사항
④ 도시자연공원구역의 지정 또는 변경 계획에 관한 사항

해설 도시·군기본계획에 포함되어야 할 사항
① 지역적 특성 및 계획의 방향·목표에 관한 사항
② 공간구조, 생활권의 설정 및 인구의 배분에 관한 사항
③ 토지의 이용 및 개발에 관한 사항
④ 토지의 용도별 수요 및 공급에 관한 사항
⑤ 환경의 보전 및 관리에 관한 사항

Answer 87. ① 88. ③

⑥ 기반시설에 관한 사항
⑦ 공원·녹지에 관한 사항
⑧ 경관에 관한 사항
⑧의2. 기후변화 대응 및 에너지절약에 관한 사항
⑧의3. 방재·방범 등 안전에 관한 사항
⑨ 제2호부터 제8호까지, 제8호의2 및 제8호의3에 규정된 사항의 단계별 추진에 관한 사항

89. 합병하고자 하는 4필지의 지번이 99-1, 100-10, 222, 325인 경우 지번의 결정 방법으로 옳은 것은?(단, 토지소유자가 별도의 신청을 하는 경우는 고려하지 않는다.)

① 222로 한다.
② 325로 한다.
③ 99-1로 한다.
④ 100-10으로 한다.

해설 토지이동에 따른 지번 부여
1. 합병에 따른 지번부여
   ① 합병 전 지번 중 순서가 빠른 지번으로 부여
   ② 합병 전 지번이 본번과 부번이 혼재할 경우 본번 중 선순위 지번으로 부여
   ③ 토지소유자가 합병 전의 필지에 주거·사무실 등의 건축물이 있어서 그 건축물이 위치한 지번을 합병 후의 지번으로 신청할 때에는 그 지번을 합병 후의 지번으로 부여
2. 분할에 따른 지번부여
   ① 분할 후의 필지 중 1필지의 지번은 분할 전의 지번으로 하고, 나머지 필지의 지번은 본번의 최종 부번 다음 순번으로 부번 부여
   ② 주거·사무실 등 건축물이 있는 필지에 대해서는 분할 전의 지번을 우선하여 부여
3. 신규등록, 등록전환에 따른 지번 부여
   ① 신규등록, 등록전환의 경우 당해 지번부여지역 내 인접토지의 본번에 부번을 붙여서 부여
   ② 지번부여지역의 최종 본번의 다음 순번부터 본번으로 하여 순차적으로 지번을 부여할 수 있는 경우
   • 대상토지가 그 지번부여지역의 최종 지번의 토지에 인접하여 있는 경우
   • 대상토지가 이미 등록된 토지와 멀리 떨어져 있어서 등록된 토지의 본번에 부번을 부여하는 것이 불합리한 경우
   • 대상토지가 여러 필지로 되어 있는 경우
4. 지적확정측량을 실시한 지역의 지번부여
   ① 사업지역 내 편입된 토지 중 본번만으로 부여
   ② 종전 지번의 수가 새로 부여할 지번의 수보다 적을 때에는 블록단위로 하나의 본번을 부여한 후 필지별로 부번을 부여하거나 최종 본번 다음 순번부터 본번으로 하여 지번 부여
5. 지번부여지역의 지번변경, 행정구역 개편에 따라 새로 지번 부여, 축척변경 시행지역의 지번부여는 지적확정측량을 실시한 지역의 지번부여 준용

90. 지적재조사사업을 하고자 하는 목적으로 가장 적합한 것은?

① 정확한 과세부과
② 행정구역의 조정
③ 합리적인 토지개발
④ 효율적인 토지관리

해설 지적재조사에 관한 특별법의 목적
토지의 실제 현황과 일치하지 아니하는 지적공부(地籍公簿)의 등록사항을 바로잡고 종이에 구현된 지적

(地籍)을 디지털 지적으로 전환함으로써 국토를 효율적으로 관리함과 아울러 국민의 재산권 보호에 기여함을 목적으로 한다.

91. 공간정보의 구축 및 관리 등에 관한 법률에 따른 용어의 정의로 틀린 것은?

① "지번"이란 필지에 부여하여 지적공부에 등록한 번호를 말한다.
② "경계"란 필지별로 경계점들을 직선으로 연결하여 지적공부에 등록한 선을 말한다.
③ "지목"이란 토지의 주된 용도에 따라 토지의 종류를 구분하여 지적공부에 등록한 것을 말한다.
④ "등록전환"이란 토지대장 및 지적도에 등록된 토지를 임야대장 및 임야도에 옮겨 등록하는 것을 말한다.

해설 등록전환
1. 의의
   임야대장 및 임야도에 등록된 토지를 토지대장 및 지적도에 옮겨 등록하는 것
2. 신청대상
   관계법령에 따른 토지의 형질변경 또는 건축물의 사용승인 등으로 인하여 지목을 변경하여야 할 토지

92. 특별시·광역시·특별자치시·특별자치도·시 또는 군의 개발·정비 및 보전을 위하여 수립하는 도시·군관리계획에 포함되지 않는 것은?

① 도시개발사업이나 정비사업에 관한 계획
② 기반시설의 설치·정비 또는 개량에 관한 계획
③ 기본적인 공간구조와 장기발전방향을 제시하는 종합계획
④ 용도지역·용도지구의 지정 또는 변경에 관한 계획

해설 도시·군관리계획
1. 정의
   특별시·광역시·특별자치시·특별자치도·시 또는 군의 개발·정비 및 보전을 위하여 수립하는 토지 이용, 교통, 환경, 경관, 안전, 산업, 정보통신, 보건, 복지, 안보, 문화 등에 관한 계획
2. 도시·군관리계획의 내용
   ① 용도지역·용도지구의 지정 또는 변경에 관한 계획
   ② 개발제한구역, 도시자연공원구역, 시가화조정구역(市街化調整區域), 수산자원보호구역의 지정 또는 변경에 관한 계획
   ③ 기반시설의 설치·정비 또는 개량에 관한 계획
   ④ 도시개발사업이나 정비사업에 관한 계획
   ⑤ 지구단위계획구역의 지정 또는 변경에 관한 계획과 지구단위계획
   ⑥ 입지규제최소구역의 지정 또는 변경에 관한 계획과 입지규제최소구역계획
   ※ 도시·군기본계획 : 특별시·광역시·특별자치시·특별자치도·시 또는 군의 관할 구역에 대하여 기본적인 공간구조와 장기발전방향을 제시하는 종합계획으로서 도시·군관리계획 수립의 지침이 되는 계획

Answer 91. ④ 92. ③

93. 토지이동으로 볼 수 있는 것은?

① 경계의 정정
② 소유권의 변경
③ 지상권의 변경
④ 소유자의 주소변경

해설 1. 토지의 이동이란 토지의 표시를 새로 정하거나 변경 또는 말소하는 것을 말하는 것으로 경계의 정정은 토지의 이동에 해당된다.
2. 소유권의 변경, 소유자의 주소변경은 소유권에 관한 사항이며, 지상권의 변경은 용익권에 관한 사항이다.

94. 지적소관청이 토지의 표시 변경에 관한 등기를 촉탁하는 사유가 아닌 것은?

① 신규등록
② 축척변경
③ 등록사항의 정정
④ 지번변경에 따른 지번의 부여

해설 지적소관청이 토지의 표시 변경에 관한 등기를 촉탁하는 사유
① 토지의 이동이 있는 경우(신규등록 제외)
② 지번을 변경한 때
③ 축척변경을 한 때
④ 바다로 된 토지의 등록말소
⑤ 행정구역 명칭변경
⑥ 등록사항의 오류를 지적소관청이 직권으로 조사, 측량하여 정정한 때

95. 지적삼각점성과표에 기록·관리하여야 하는 사항 중 필요한 경우로 한정하여 기재하는 것은?

① 자오선수차
② 경도 및 위도
③ 좌표 및 표고
④ 시준점의 명칭

해설 지적삼각점 성과표에 기록·관리하여야 할 사항
① 지적삼각점의 명칭과 기준 원점명
② 좌표 및 표고
③ 경도 및 위도(필요한 경우로 한정한다)
④ 자오선수차(子午線收差)
⑤ 시준점(視準點)의 명칭, 방위각 및 거리
⑥ 소재지와 측량연월일
⑦ 그 밖의 참고사항

96. 등기관이 토지 소유권의 이전 등기를 한 경우 지체 없이 그 사실을 누구에게 알려야 하는가?

① 이해관계인 ② 지적소관청 ③ 관할 등기소 ④ 행정안전부장관

해설 소유권변경 사실의 통지
등기관이 다음의 등기를 하였을 때에는 지체 없이 그 사실을 토지의 경우에는 지적소관청에, 건물의 경우에는 건축물대장 소관청에 각각 알려야 한다.
① 소유권의 보존 또는 이전
② 소유권의 등기명의인표시의 변경 또는 경정

Answer 93. ① 94. ① 95. ② 96. ②

③ 소유권의 변경 또는 경정
④ 소유권의 말소 또는 말소회복

97. 지적업무처리규정에서 사용하는 용어의 뜻에 대한 내용으로 틀린 것은?

① "지적측량파일"이란 측량준비파일, 측량현형파일 및 측량성과파일을 말한다.
② "토탈스테이션"이란 경위의측량방법에 따른 기초측량 및 세부측량에 사용되는 장비를 말한다.
③ "측량부"란 기초측량 또는 세부측량성과를 결정하기 위하여 사용한 관측부·계산부 등 이에 수반되는 기록을 말한다.
④ 기초측량에서의 "기지점"이란 지적기준점 또는 지적도면상 필지를 구획하는 선의 경계점과 상호 부합되는 지상의 경계점을 말한다.

해설 기지점(旣知點)
기초측량에서는 국가기준점 또는 지적기준점을 말하고, 세부측량에서는 지적기준점 또는 지적도면상 필지를 구획하는 선의 경계점과 상호 부합되는 지상의 경계점을 말한다.

98. 부동산등기법상 등기부에 관한 설명으로 옳지 않은 것은?

① 등기부는 영구히 보존하여야 한다.
② 공동인명부와 도면은 영구히 보존하여야 한다.
③ 등기부는 토지등기부와 건물등기부로 구분한다.
④ 등기부란 전산정보처리조직에 의하여 입력·처리된 등기정보자료를 대법원규칙으로 정하는 바에 따라 편성한 것을 말한다.

해설 등기부
① 전산정보처리조직에 의하여 입력·처리된 등기정보자료를 대법원규칙으로 정하는 바에 따라 편성한 것을 말한다.
② 토지등기부(土地登記簿)와 건물등기부(建物登記簿)로 구분한다.
③ 등기부는 영구(永久)히 보존하여야 한다.
④ 등기부의 부속서류는 전쟁·천재지변이나 그 밖에 이에 준하는 사태를 피하기 위한 경우 외에는 등기소 밖으로 옮기지 못한다. 다만, 신청서나 그 밖의 부속서류에 대하여는 법원의 명령 또는 촉탁(囑託)이 있거나 법관이 발부한 영장에 의하여 압수하는 경우에는 그러하지 아니하다.
※ 공동인명부와 도면은 부동산등기부 전산화사업의 완료로 2011.10.13. 부동산등기법 전면 개정 때 관련 규정이 모두 삭제되었다.

99. 지적공부에 등록된 지번을 변경하여 새로이 부여할 경우 승인을 받아야 하는 자로 옳은 것은?

① 행정안전부장관
② 군수·구청장
③ 중앙지적위원회 위원장
④ 특별시장·광역시장·도지사

해설 지번변경 승인신청
① 지적소관청은 지번변경 사유를 적은 승인신청서를 시·도지사 또는 대도시 시장에게 제출
② 시·도지사 또는 대도시 시장은 행정정보의 공동이용을 통하여 지번변경 대상지역의 지적도 및 임야도 확인

Answer 97. ④ 98. ② 99. ④

③ 신청을 받은 시·도지사 또는 대도시 시장은 지번변경 사유 등을 심사한 후 그 결과를 지적소관청에 통지

100. 60일 이내에 토지의 이동 신청을 하지 않아도 되는 것은?
① 경계정정 신청
② 신규등록 신청
③ 지목변경 신청
④ 형질변경에 따른 분할 신청

해설 경계정정 신청은 이동사유가 발생할 때 신청하는 것으로 신청기간을 따로 정하지 않는다.

2021년 기출문제

2021년 제1회 지적기사

2021년 제2회 지적기사

2021년 제3회 지적기사

Engineer Cadastral Surveying

2021년 제1회 지적기사

01 지적측량

01. 오차의 성질에 관한 설명으로 옳지 않은 것은?

① 정오차는 측정횟수에 비례하여 증가한다.
② 부정오차는 일정한 크기와 방향으로 나타난다.
③ 우연오차는 상차라고도 하며, 측정횟수의 제곱근에 비례한다.
④ 1회 측정 후 우연오차를 b라 하면 n회 측정의 우연오차는 $b\sqrt{n}$이다.

해설 부정오차의 성질
- 발생원인이 불명확한 오차를 말한다.
- 서로 상쇄되기도 하므로 상차라고도 한다.
- 최소제곱법에 의한 확률법칙에 의해 처리가 가능하다.
- 원인을 알아도 소거가 불가능하다.
- 오차 원인의 방향이 일정하지 않다.
- 우연오차라고도 한다.

02. 점 P에서 점 A를 지나며 방위각이 β인 직선까지의 수선장(d)을 구하는 식으로 옳은 것은?

① $d = \Delta X \cos\beta - \Delta Y \sin\beta$
② $d = \Delta Y \cos\beta - \Delta X \sin\beta$
③ $d = \Delta X \sin\beta - \Delta Y \cos\beta$
④ $d = \Delta Y \sin\beta - \Delta X \cos\beta$

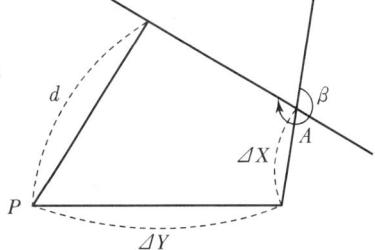

해설 $\angle ATS = 360° - \beta$

$d = QR + RP_1 = AS + RP_1$
$\quad = \Delta x \sin(360 - \beta) + \Delta y \cos(360 - \beta)$
$\quad = \Delta y \cos\beta - \Delta x \sin\beta$

∴ $\Delta Y(Y_2 - Y_1)$에는 $\cos\alpha$를 곱하고
$\Delta X(X_2 - X_1)$에는 $\sin\alpha$를 곱한다.

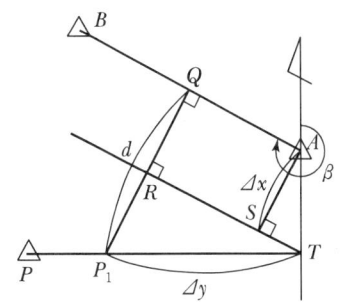

Answer 1. ② 2. ②

03. 광파기측량방법과 도선법에 따른 지적도근점 간의 수평거리를 2회 측정한 결과가 각각 149.95m, 150.05m이었을 때 결정거리는?

① 149.90m ② 150.00m
③ 150.10 ④ 재측정

해설 지적측량 시행규칙 제13조(지적도근점의 관측 및 계산)
점간거리를 측정하는 경우에는 2회 측정하여 그 측정치의 교차가 평균치의 3천분의 1 이하인 때에는 그 평균치를 점간거리로 할 것. 이 경우 점간거리가 경사거리인 때에는 수평거리로 계산하여야 한다.
평균값 = (149.95 + 150.05)/2 = 150m
측정치의 교차 = 150.05 − 149.95 = 0.1m
0.1/150 = 1/1,500
따라서 3천분의 1보다 교차가 크므로 재측정을 하여야 한다.

04. A, B 기지점으로부터 소구점의 표고를 계산하고자 A, B 각 지점에서 소구점까지 평면거리를 관측한 결과 1km, 2km이었다. 이때 두 기지점으로부터 구한 소구점의 표고에 대한 교차 한계는?

① 0.1m ② 0.2m
③ 0.3m ④ 0.4m

해설 지적측량 시행규칙 제9조(지적삼각점측량의 관측 및 계산)
2개의 기지점(既知點)에서 소구점(所求點)의 표고를 계산한 결과 그 교차가 0.05미터 + 0.05($S_1 + S_2$)미터 이하일 때에는 그 평균치를 표고로 한다.
이 경우 S_1과 S_2는 기지점에서 소구점까지의 평면거리로서 킬로미터 단위로 표시한 수를 말한다.
∴ 0.05m + 0.05($S_1 + S_2$)m = 0.05m + 0.05(1+2)m = 0.2m

05. 경위의측량방법과 다각망도선법에 따른 지적도근점의 관측에서 시가지 지역, 축척변경지역 및 경계점좌표등록부 시행지역의 수평각 관측방법은?

① 교회법 ② 배각법
③ 방위각법 ④ 방향각법

해설 지적측량 시행규칙 제13조(지적도근점의 관측 및 계산)
경위의측량방법, 전파기 또는 광파기측량방법과 도선법 또는 다각망도선법에 따른 지적도근점의 관측과 계산할 때 수평각의 관측방법은 다음 기준에 따른다.
1. 시가지 지역, 축척변경지역 및 경계점좌표등록부 시행지역에 대하여는 배각법에 따른다.
2. 그 밖의 지역에 대하여는 배각법과 방위각법을 혼용한다.

06. 축척이 1,200분의 1인 지역 토지의 면적을 전자면적측정기로 2회 측정한 결과가 각각 138,232m², 138,347m²이었을 때 처리방법으로 옳은 것은?(단, 측정한 면적의 교차가 허용면적 이하인 경우)

① 재측량하여야 한다. ② 평균치를 측정면적으로 한다.
③ 작은 면적을 측정면적으로 한다. ④ 큰 면적을 측정면적으로 한다.

Answer 3. ④ 4. ② 5. ② 6. ②

해설 지적측량 시행규칙 제20조(면적측정의 방법 등)

전자면적측정기에 따른 면적측정은 도상에서 2회 측정하여 그 교차가 다음 계산식에 따른 허용면적 이하일 때에는 그 평균치를 측정면적으로 한다.
물론 허용범위 이상일 때는 재측정하여야 한다.

$A = 0.023^2 M\sqrt{F}$

(A는 허용면적, M은 축척분모, F는 2회 측정한 면적의 합계를 2로 나눈 수)

- 허용교차 $A = 0.023^2 M\sqrt{F} = 0.023^2 \times 1,200\sqrt{138,290} = 236.1$
  ∴ 허용교차 $= \pm 236\text{m}^2$이며
- 측정면적의 교차 $= 138,232 - 138,347 = 115\text{m}^2$
- 따라서 측정면적의 교차 115m^2는 허용교차 $\pm 236\text{m}^2$ 범위 내이므로 평균하여 측정면적으로 한다.

07. 지적도근점측량에 의하여 계산된 연결오차가 허용범위 이내인 경우 연결오차와 배분방법이 옳은 것은?(단, 방위각법에 의하는 경우를 기준으로 한다.)

① 각 측선장에 비례하여 배분한다.
② 각 방위각의 크기에 비례하여 배분한다.
③ 각 측선장의 반수에 비례하여 배분한다.
④ 각 측선의 종횡선차 길이에 비례하여 배분한다.

해설 지적측량 시행규칙 제15조(지적도근점측량에서의 연결오차의 허용범위와 종선 및 횡선오차의 배분)

1. 배각법에 따르는 경우 : 다음의 계산식에 따라 각 측선의 종선차 또는 횡선차 길이에 비례하여 배분

   $T = -\dfrac{e}{L} \times l$

   (T는 각 측선의 종선차 또는 횡선차에 배분할 센티미터 단위의 수치, e는 종선오차 또는 횡선오차, L은 종선차 또는 횡선차의 절대치의 합계, l은 각 측선의 종선차 또는 횡선차를 말한다.)

2. 방위각법에 따르는 경우 : 다음의 계산식에 따라 각 측선장에 비례하여 배분할 것

   $C = -\dfrac{e}{L} \times l$

   (C는 각 측선의 종선차 또는 횡선차에 배분할 센티미터 단위의 수치, e는 종선오차 또는 횡선오차, L은 각 측선장의 총합계, l은 각 측선의 측선장을 말한다.)

08. 삼각형의 각 변의 길이가 각각 30m, 40m, 50m일 때 이 삼각형의 면적은?

① 600m² ② 756m²
③ 1,000m² ④ 1,200m²

해설 $S = \dfrac{1}{2}(30 + 40 + 50) = 60\text{m}$

$S = \sqrt{s(s-a)(s-b)(s-c)} = \sqrt{60(60-30)(60-40)(60-50)}$
$= 600\text{m}^2$

Answer 7. ① 8. ①

09. 경위의측량방법에 따른 지적삼각점의 관측 및 계산에 대한 기준으로 옳은 것은?

① 1측회의 폐색 공차는 ±40초 이내로 한다.
② 관측은 20초독 이상의 경위의를 사용한다.
③ 1방향각의 수평각 공차는 30초 이내로 한다.
④ 삼각형의 각 내각은 30° 이상 150° 이하로 한다.

해설 지적측량 시행규칙 제9조(지적삼각점측량의 관측 및 계산)
1. 관측은 10초독(秒讀) 이상의 경위의를 사용한다.
2. 수평각 관측은 3대회(大回, 윤곽도는 0도, 60도, 120도로 한다)의 방향관측법에 따른다.
3. 수평각의 측각공차(測角公差)는 다음 표에 따른다.

종별	1방향각	1측회(測回)의 폐색(閉塞)	삼각형 내각관측의 합과 180도와의 차	기지각(旣知角)과의 차
공차	30초 이내	±30초 이내	±30초 이내	±40초 이내

10. 지적삼각점측량의 시행에 있어 내각을 n회 측정하였을 경우, 경중률(Weight)의 부여방법은?

① n
② n^2
③ $1/n$
④ $n(n-1)$

해설 경중률(Weight)
- 경중률은 관측횟수에 비례한다.($W_1 : W_2 = N_1 : N_2$)
- 경중률은 관측거리에 반비례한다.($W_1 : W_2 = \dfrac{1}{S_1} : \dfrac{1}{S_2}$)
- 경중률은 부정오차의 제곱에 반비례한다.($W_1 : W_2 = \dfrac{1}{\varepsilon_1^2} : \dfrac{1}{\varepsilon_2^2}$)

11. 지적측량에서의 직각좌표는 어떤 투영법으로 표시함을 기준으로 하는가?(단, 세계측지계에 따르지 아니하는 지적측량의 경우)

① 베셀법
② 가우스법
③ 가우스쿠르거법
④ 가우스상사이중투영법

해설 공간정보의 구축 및 관리 등에 관한 법률 시행령 제7조(직각좌표의 기준) 제3항
세계측지계에 따르지 아니하는 지적측량의 경우에는 가우스상사이중투영법으로 표시하되, 직각좌표계 투영원점의 가산(加算)수치를 각각 $X(N)$500,000m(제주도지역 550,000미터), $Y(E)$200,000m로 하여 사용할 수 있다.
$X = 500,000\text{m} - 3,156.78\text{m} = 496,843.22\text{m}$
$Y = 200,000\text{m} + 2,314.65\text{m} = 202,314.65\text{m}$

12. 평판측량에서 발생할 수 있는 오차가 아닌 것은?

① 시준오차 ② 연결오차
③ 외심오차 ④ 정준오차

해설 측판측량에서 발생하는 오차의 종류는 다음과 같다.
- 측량기계오차 : 외심, 시준, 자침오차
- 측판설치오차 : 정준, 구심, 표정오차
- 측량오차 : 방사법, 교회법, 지거법에 의한 오차

13. 지적삼각보조점의 수평각을 관측하는 방법에 대한 기준으로 옳은 것은?

① 도선법에 따른다.
② 2대회의 방향관측법에 따른다.
③ 3대회의 방향관측법에 따른다.
④ 관측 지역에 따라 방위각법과 배각법을 혼용한다.

해설 지적측량 시행규칙 제11조(지적삼각보조점의 관측 및 계산)
수평각 관측은 2대회의 방향관측법(윤곽도는 0도, 90도로 한다)

14. 지구를 평면으로 가정할 때 정도 $1/10^6$에서 거리오차는?(단, 지구의 곡률반경은 6,370km이다.)

① 1.2cm ② 2.2cm
③ 3.2cm ④ 4.2cm

해설 $\dfrac{d-D}{D} = \dfrac{1}{12}\left(\dfrac{D}{r}\right)^2 = \dfrac{1}{10^6}$

$r = 6,370$km이므로

$D = \sqrt{\dfrac{12 \times r^2}{10^6}} = \sqrt{\dfrac{12 \times 6,370^2}{10^6}} = 22.066$km

거리오차$(d-D) = \dfrac{D}{10^6} = \dfrac{22.066}{10^6} = 0.022066$m

∴ 거리오차$(d-D) = 2.21$cm

15. 전파기 또는 광파기측량방법에 따라 다각망도선법으로 지적삼각보조점측량을 할 때의 기준으로 틀린 것은?

① 1도선의 거리는 4km 이하로 한다.
② 삼각형의 각 내각은 30도 이상 150도 이하로 한다.
③ 3점 이상의 기지점을 포함한 결합다각방식에 따른다.
④ 1도선의 점의 수는 기지점과 교점을 포함하여 5점 이하로 한다.

해설 지적측량 시행규칙 제10조(지적삼각보조점측량)
1. 3점 이상의 기지점을 포함한 결합다각방식에 따른다.
2. 1도선(기지점과 교점 간 또는 교점과 교점 간을 말한다)의 점의 수는 기지점과 교점을 포함하여 5점 이하로 한다.
3. 1도선의 거리(기지점과 교점 또는 교점과 교점 간의 점간거리의 총합계를 말한다)는 4킬로미터 이하로 한다.
4. 삼각형의 각 내각은 30도 이상 120도 이하로 한다.

16. 지적삼각점측량에서 점표가 기울어진 상단을 시준 관측하고 편심거리(l)를 측정한 결과 시준선에서 직각 방향으로 1.6m이었다. 이로 인한 각도오차(θ)는?(단, 삼각점 간 거리(S)는 3km이다.)

① 0′ 34″ ② 1′ 34″ ③ 1′ 50″ ④ 2′ 50″

해설 $\theta = \dfrac{\varepsilon}{R}\rho'' = \dfrac{1.6}{3,000} \times 206,265 = 110''$ ∴ 1′ 50″

17. 반지름 11km 이내의 면적을 기준으로 평면측량을 시행한다면 이 측량의 정밀도는?

① 1/5,000 ② 1/10,000
③ 1/500,000 ④ 1/1,000,000

해설 평면측량과 대지측량의 한계에 관한 문제로서 아래 그림과 식에 의해 계산을 하면 각각의 정밀도에 따른 거리와 면적이 표와 같다. 본 문제의 반지름 11km 이내의 면적을 계산을 하면 측량의정밀도는 $1/10^6$, 즉 1/1,000,000이 된다.

허용 정밀도	반경	직경	면적
$1/10^6$	11km	22km	380km²
$1/10^5$	35km	70km	3,848km²
$1/10^4$	111km	222km	38,708km²

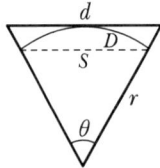

$\dfrac{d-D}{D} = \dfrac{1}{12}\left(\dfrac{D}{r}\right)^2$

여기서, D : 실제거리, d : 평면거리, r : 지구곡률반경

18. 토지의 이동에 따른 도면의 제도방법 기준이 틀린 것은?
① 이동 전 지번 및 지목을 말소하고 새로 설정된 지번 및 지목을 가로쓰기로 제도한다.
② 지적공부에 등록된 토지가 바다가 된 때에는 경계, 지번 및 지목을 말소한다.
③ 도곽선에 걸쳐 있는 필지를 분할하는 경우 그 도곽선 밖에 필지의 경계, 지번 및 지목을 제도한다.
④ 합병할 때에는 합병되는 필지 사이의 경계, 지번 및 지목을 말소한 후 새로 부여하는 지번과 지목을 제도한다.

해설 지적업무처리규정 제46조(토지의 이동에 따른 도면의 제도)
도곽선에 걸쳐 있는 필지가 분할되어 도곽선 밖에 분할경계가 제도된 때에는 도곽선 밖에 제도된 필지의 경계를 말소하고, 그 도곽선 안에 필지의 경계, 지번 및 지목을 제도한다.

19. 지적확정측량 결과도 작성 시 포함하여야 할 사항으로 틀린 것은?

① 경계점 간 계산거리 및 실측거리
② 확정 경계선에 지상구조물 등이 걸리는 경우에는 그 위치 현황
③ 지적기준점 및 그 번호와 지적기준점 간 방위각 및 거리
④ 확정된 필지의 경계(경계점좌표를 전개하여 연결한 선) 및 면적

해설 지적측량 시행규칙 제17조(측량준비 파일의 작성), 제26조(세부측량성과의 작성)
1. 측량대상 토지의 경계와 경계점의 좌표 및 부호도·지번·지목
2. 인근 토지의 경계와 경계점의 좌표 및 부호도·지번·지목
3. 행정구역선과 그 명칭
4. 지적기준점 및 그 번호와 지적기준점 간의 방위각 및 그 거리
5. 경계점 간 계산거리
6. 도곽선과 그 수치
7. 측정점의 위치(측량계산부의 좌표를 전개하여 적는다), 지상에서 측정한 거리 및 방위각
8. 측량대상 토지의 경계점 간 실측거리
9. 측량대상 토지의 토지이동 전의 지번과 지목(2개의 붉은색으로 말소한다)
10. 측량결과도의 제명 및 번호(연도별로 붙인다)와 지적도의 도면번호
11. 신규등록 또는 등록전환하려는 경계선 및 분할경계선
12. 측량대상 토지의 점유현황선
13. 측량 및 검사의 연월일, 측량자 및 검사자의 성명·소속 및 자격등급 또는 기술등급

20. 다음 중 구면삼각법을 평면삼각법으로 간주하여 계산할 때 적용하는 이론은?

① 가우스(Gauss) 정리
② 르장드르(Legendre) 정리
③ 뫼스니에(Measnier) 정리
④ 가우스쿠르거(Gauss-Kruger) 정리

해설 르장드르(Legendre)의 정리
구면삼각형의 각 내각에서 구과량의 1/3씩을 빼면 지구표면의 좁은 범위 안에서는 평면삼각형과 같다. 실제 계산에서는 구과량의 1/3씩을 구면삼각형의 내각에서 각각 뺀 후 평면삼각형으로 간주하여 계산한다. 따라서 1등 삼각측량과 같이 매우 높은 정밀도를 요구하는 측량을 제외한 측지측량에서는 르장드르 정리를 이용하며, 평면측량에서와 같이 매우 좁은 지역에서는 구과량의 크기가 매우 작으므로(약 200km² 당 1″ 정도) 무시한다.

02 응용측량

21. 그림에서 $\overline{BC}$와 평행한 $\overline{xy}$로 면적율 $m:n=1:4$의 비율로 분할하고자 한다. AB=75m일 때 $\overline{Ax}$의 거리는?

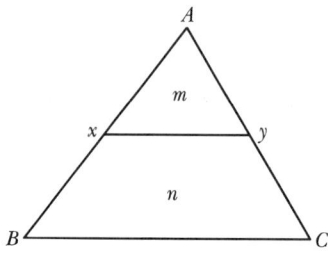

① 15.0m
② 18.8m
③ 33.5m
④ 37.5m

해설 xy와 BC가 평행이므로 $Ax = AB\sqrt{\dfrac{\triangle Axy}{\triangle Axy + \square xyBC}} = 75\sqrt{\dfrac{1}{1+4}} = 33.54\text{m}$

22. 회전주기가 일정한 위성을 이용한 원격탐사의 특징에 대한 설명으로 옳지 않은 것은?

① 탐사된 자료가 즉시 이용될 수 있으며, 재해 및 환경문제 해결에 편리하다.
② 관측이 좁은 시야각으로 행하여지므로 얻어진 영상은 정사투영에 가깝다.
③ 회전주기가 일정하므로 원하는 지점 및 시기에 관측하기가 쉽다.
④ 짧은 시간 내에 넓은 지역을 동시에 측정할 수 있으며 반복 측정이 가능하다.

해설 원격탐측(Remote Sensing)
지상이나 항공기 및 인공위성 등의 탑재기(Platform)에 설치된 탐측기(Sensor)를 이용하여 지표, 지상, 지하, 대기권 및 우주공간의 대상들에서 반사 혹은 방사되는 전자기파를 탐지하고 이들 자료로부터 토지, 환경 및 자원에 대한 정보를 얻어 이를 해석하는 기법이며 특징은 다음과 같다.
- 짧은 시간 내에 넓은 지역을 동시에 측정할 수 있으며 반복 측정 가능하다.
- 다중파장대에 의한 지구표면 정보획득이 용이하여 측정자료가 기록되어 판독이 자동적이고 정량화가 가능하다.
- 회전주기가 일정하므로 원하는 지점 및 시기에 관측하기 어렵다.
- 관측이 좁은 시야각으로 얻은 영상은 정사투영에 가깝다.
- 탐사된 자료가 즉시 이용될 수 있으며 재해, 환경문제 해결에 편리하다.

23. 지성선상의 중요점의 위치와 표고를 측정하여, 이 점들을 기준으로 등고선을 삽입하는 등고선 측정방법은?

① 좌표점법 ② 종단점법
③ 횡단점법 ④ 직접법

해설 등고선의 측정방법 중 간접측정방법에는 방사절측법, 목측에 의한 방법, 방안법(좌표점고법, 모눈종이법), 기준점법(종단점법), 횡단점법이 있으며 종단점법은 기지점에서부터 몇 개의 측선을 설정하고 그 선상의 지반고와 거리를 재고 등고선을 삽입하는 방법을 말한다.

24. 비행고도 3,000m인 항공기에서 초점거리 150mm인 카메라로 촬영한 실제 길이 50m 교량의 수직사진에서의 길이는?

① 1.0mm ② 1.5mm ③ 2.0mm ④ 2.5mm

해설 먼저 사진의 축척을 구하면 사진의 축척(M) = $\frac{비행고도}{초점거리}$ = 20,000 = $\frac{3,000}{0.15}$

도상거리 = $\frac{실제거리}{축척분모}$ = $\frac{50}{20,000}$ = 0.0025m = 2.5mm

25. 지형도에 의한 댐의 저수량 측정에 사용할 수 있는 방법으로 적당한 것은?

① 영선법 ② 채색법 ③ 음영법 ④ 등고선법

해설 등고선법
동일표고의 점을 연결한 곡선, 등고선에 의하여 지형의 높이(지표)를 표시하는 방법으로 토량의 산정 및 용량, 저수량 측정에 사용된다.

26. 원심력의 변화를 곡선의 길이에 따라 점진적으로 반영하도록 직선부와 곡선부 사이에 삽입하는 곡선은?

① 횡단곡선 ② 완화곡선 ③ 반향곡선 ④ 복심곡선

해설 완화곡선(Transition Curve) : 차량의 급격한 회전 시 원심력에 의한 횡방향의 힘 작용으로 인해 발생하는 차량운행의 불안감과 승차감의 저하를 방지하기 위해 곡률을 0에서 조금씩 증가시켜 일정한 값에 이르게 하기 위해 직선부와 곡선부 사이에 두는 매끄러운 곡선으로, 원곡선과 직선 사이에 존재한다.

27. 지형도 작성 시 활용하는 지형 표시방법과 거리가 먼 것은?

① 방사법 ② 영선법 ③ 채색법 ④ 점고법

해설 방사법
측량 구역이 넓고 장애물이 없을 때 한 측점에 평판을 세워 그 점 주위에 목표점의 방향과 거리를 측정하는 방법이다. 지형측량에서 지형의 표시방법은 크게 자연적 도법과 부호적 도법으로 구분하고 있으며 자연적 도법에는 형선법(영선법), 음영법이 있고 부호적 도법에는 점고법, 등고선법, 채색법이 있다.

Answer 23. ② 24. ④ 25. ④ 26. ② 27. ①

28. 노선측량에서 단곡선의 설치방법 중 접선과 현이 이루는 각을 이용하여 곡선을 설치하는 방법은?

① 편각법
② 중앙종거법
③ 장현지거법
④ 좌표에 의한 설치법

해설 편각법 : 단곡선을 설치하는 데 가장 많이 사용되며 접선과 현이 이루는 각, 즉 편각을 이용하여 곡선을 설치하며 도로, 철도, 수로 등에 많이 사용하는 방법이다.

29. 항공삼각측량(Aerial Triangulation)방법에 대한 설명으로 옳은 것은?

① 다항식조정법(Polynomial Method)은 가장 최근에 제안된 방법이다.
② 독립모델조정법(Independent Model Triangulation)은 공선조건식을 사용한다.
③ 광속조정법(Bundle Adjustment Method)은 공면조건식을 이용한다.
④ 광속조정법(Bundle Adjustment Method)은 사진좌표를 기본 단위로 사용한다.

해설 광속조정법(번들조정법)
- 사진을 기본단위로 사용하며 다수의 광속을 공선조건에 따라 표정
- 상좌표를 사진좌표로 변환한 다음 직접절대좌표로 환산
- 기준점 및 정합점을 이용하여 최소제곱법으로 절대좌표를 산정
- 각 점의 사진좌표가 관측값에 이용되며, 가장 조정 능력이 높은 방법

30. GNSS의 구성요소에 해당되지 않는 것은?

① 위성에 대한 우주부문
② 지상 관제소에서의 제어부문
③ 경영 활동을 위한 영업부문
④ 측량용 수신기에 대한 사용자부문

해설 GPS 구성요소 : 우주부문, 제어부문, 사용자부문

31. 곡선의 종류 중 원곡선 두 개가 접속점에서 각각 다른 방향으로 굽어진 형태의 곡선으로 주로 계곡부에 이용되는 것은?

① 단곡선 ② 복선곡선 ③ 완화곡선 ④ 반향곡선

해설 반향곡선 : 반경이 같지 않은 2개의 원곡선이 1개의 공통접선의 양쪽에 서로 곡선 중심을 가지고 연결된 곡선으로 주로 계곡부에 이용된다.

32. 직접수준측량에서 2km를 왕복하는 데 오차가 ±4mm 발생했다면 이와 같은 정밀도로 하여 4.5km를 왕복했을 때의 오차는?

① ±5.0mm ② ±5.5mm ③ ±6.0mm ④ ±6.5mm

해설 수준측량에서 오차는 거리(S)의 제곱근에 비례하므로

$\sqrt{2}\,\text{km} : 4\text{mm} = \sqrt{4.5}\,\text{km} : x$

$x = \dfrac{4\sqrt{4.5}}{\sqrt{2}} = 6\text{mm}$

Answer 28. ① 29. ④ 30. ③ 31. ④ 32. ③

33. 터널 내에서 천장에 고정점 A, B를 관측한 결과가 그림과 같을 때 두 지점 간의 고저차는?(단, a=1.15m, S=25.30m, b=1.75m, α=30°)

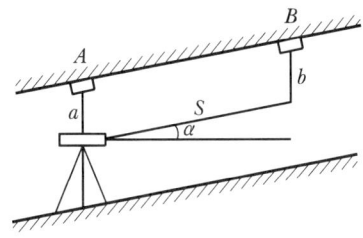

① 11.50m ② 13.25m ③ 20.76m ④ 22.51m

해설 천장에 측점이 있는 것을 주의한다. ΔH+기계고($I.H$)=시준고(S)+경사거리(L)×$\sin\alpha$
$\Delta H = S(b) + L\sin\alpha - I.H(a) = 1.75 + 25.3 \times \sin30° - 1.15 = 13.25\text{m}$

34. GNSS의 오차 중 반송파가 지상의 수신기를 향하여 직접 송신되지 못하고 주변의 다른 장애물에 반사된 후 수신기에 수신될 때 생기는 오차는?

① 수신기오차
② 위성의 궤도오차
③ 대기조건에 의한 오차
④ 다중 전파경로에 의한 오차

해설 GNSS 측량의 오차 : 크게 구조적 원인에 의한 오차, 위성의 배치 상황에 따른 오차(DOP), 선택적 가용성에 의한 오차(SA), 주파단절(Cycle Slip)이 있다. 구조적 원인에 의한 오차에는 위성시계오차, 위성궤도오차, 전리층과 대류층의 전파지연, 다중경로오차 등이 있고 보통 수신기에서 오차가 발생하며 다중경로오차는 위성신호가 주위 장애물 등으로 직진파로 수신하지 못하고 반사 또는 굴절하여 수신할 때 발생하는 오차이다.

35. GNSS에서 의사거리 결정에 영향을 주는 오차의 원인으로 거리가 먼 것은?

① 대기굴절에 의한 오차
② 위성의 시계오차
③ 수신 위치의 기온 변화에 의한 오차
④ 위성의 기하학적 위치에 따른 오차

해설 의사거리
인공위성과 지상수신기 사이의 거리측정 값으로 인공위성에서 송신되어 수신기로 도착된 송신 신호를 PRN(Pseudo Range Noise) 인식 코드로 비교하여 측정하고 송수신기 시계의 시간오차가 발생되며 거리는 기하학적인 실제 거리와 달라 의사거리라고 하며 항법장치에 주로 사용된다.
GPS 측량의 오차에는 크게 구조적 원인에 의한 오차, 위성의 배치 상황에 따른 오차(DOP), 선택적 가용성에 의한 오차(SA), 주파단절(Cycle Slip)이 있으며, 다시 구조적 원인에 의한 오차에는 위성시계오차, 위성궤도오차, 전리층과 대류층의 전파지연, 다중경로오차, 수신기에서 발생하는 오차가 있다.

Answer 33. ② 34. ④ 35. ③

36. 수준측량에서 굴절오차와 관측거리의 관계를 설명한 것으로 옳은 것은?

① 거리의 제곱에 비례한다.
② 거리의 제곱에 반비례한다.
③ 거리의 제곱근에 비례한다.
④ 거리의 제곱근에 반비례한다.

해설 수준측량에서 굴절오차는 거리의 제곱에 비례한다.

37. 지상거리 500m인 두 개의 수직터널에 의하여 깊이 700m의 터널 내외를 연결하는 경우에 두 수직터널의 지상거리와 터널 내 연결점의 거리 차는?(단, 지구반지름 R=6,370km이다.)

① 4.5m ② 5.5m
③ 4.5cm ④ 5.5cm

해설 $L = \dfrac{L_0 \cdot H}{R} = \dfrac{700 \times 500}{6,370,000} = 5.5\text{cm}$

여기서, L_0 : 터널길이, L : 수평거리, H : 표고차, R : 지구반지름

38. 초점거리 100mm인 카메라로 촬영한 축척 1:5,000 수직사진에서 사진크기 23cm×23cm, 종중복도 60%인 경우에 기선고도비는?

① 0.61 ② 0.92
③ 1.09 ④ 0.25

해설 촬영고도(H)=초점거리(f)×축척분모(m)=500m

$B = am\left(1 - \dfrac{P}{100}\right) = 0.23 \times 5,000\left(1 - \dfrac{60}{100}\right) = 460\text{m}$

여기서, B : 촬영기선 길이, a : 화면크기, m : 축척분모, P : 종중복도

$h = \dfrac{B}{H} = \dfrac{460}{500} = 0.92$

여기서, h : 기선고도비, B : 촬영기선 길이, H : 촬영고도

39. 곡선반지름 R=80m, 곡선길이 L=20m일 때 클로소이드의 매개변수 A의 값은?

① 40m ② 60m ③ 100m ④ 160m

해설 클로소이드의 파라미터(매개변수) $A = \sqrt{RL} = \sqrt{80 \times 20} = 40\text{m}$

40. A점의 표고가 100.56m이고 A와 B점의 지표에 세운 표적의 관측값이 각각 a=+5.5m, b=+2.3m라 할 때 B점의 표고는?

① 97.36m ② 101.46m ③ 103.76m ④ 108.36m

해설 A점의 표고+a−b=100.56+5.5−2.3=103.76m

Answer 36. ① 37. ④ 38. ② 39. ① 40. ③

03 토지정보체계론

41. 스파게티(Spaghetti) 모형에 대한 설명으로 옳지 않은 것은?

① 자료구조가 단순하여 파일의 용량이 작다.
② 하나의 점(X, Y좌표)을 기본으로 하고 있어 구조가 간단하므로 이해하기 쉽다.
③ 객체들 간의 공간 관계에 대한 정보가 입력되므로 공간분석에 효율적이다.
④ 상호 연관성에 관한 정보가 없어 인접한 객체들의 특징과 관련성을 파악하기 힘들다.

해설 스파게티 모형은 객체들 간의 공간관계에 대한 정보는 입력되지 않으므로 공간분석에서 필요한 정보를 별도로 계산하여야 하므로 비효율적이다.

42. 데이터 품질 측정의 구성요소에 해당하지 않는 것은?(단, KS X ISO 19157 : 2013을 기준으로 한다.)

① 설명　　　② 이름　　　③ 정의　　　④ 완전성

해설 데이터 품질 측정의 구성요소
- 측정 식별자
- 이름
- 별칭
- 요소 이름
- 기본 측정
- 정의
- 설명
- 파라미터
- 값 유형
- 값 구조
- 참조 정보
- 보기

43. 지적공부의 효율적인 관리 및 활용을 위하여 지적정보 전담 관리기구를 설치·운영하는 자는?

① 국토교통부장관
② 행정안전부장관
③ 국토지리정보원장
④ 한국국토정보공사장

해설 공간정보의 구축 및 관리 등에 관한 법률 제70조 제1항
국토교통부장관은 지적공부의 효율적인 관리 및 활용을 위하여 지적정보 전담 관리기구를 설치·운영한다.

44. 토지 고유번호의 코드 구성 기준으로 옳은 것은?

① 행정구역코드 9자리, 대장구분 2자리, 본번 4자리, 부번 4자리, 합계 19자리로 구성
② 행정구역코드 9자리, 대장구분 1자리, 본번 4자리, 부번 5자리, 합계 19자리로 구성
③ 행정구역코드 10자리, 대장구분 1자리, 본번 4자리, 부번 4자리, 합계 19자리로 구성
④ 행정구역코드 10자리, 대장구분 1자리, 본번 3자리, 부번 5자리, 합계 19자리로 구성

Answer　41. ③　42. ④　43. ①　44. ③

해설 부동산종합공부시스템 운영 및 관리규정 제19조 제1항
고유번호는 행정구역코드 10자리(시·도 2, 시·군·구 3, 읍·면·동 3, 리 2), 대장구분 1자리, 본번 4자리, 부번 4자리를 합한 19자리로 구성한다.

45. 국토교통부장관이 지적공부에 관한 전산자료를 갱신하여야 하는 기간의 기준으로 옳은 것은?
① 수시   ② 매월   ③ 매 분기   ④ 매년

해설 국가공간정보센터 운영규정 제6조(자료의 정확성 유지)
공간정보의 변동자료를 수시로 처리하여 공간정보의 정확성이 유지될 수 있도록 관리하여야 한다.

46. 데이터에 대한 정보로서 데이터의 내용, 품질, 조건 및 기타 특성에 대한 정보를 포함하는 정보의 이력서라 할 수 있는 것은?
① 인덱스(Index)   ② 라이브러리(Library)
③ 메타데이터(Metadata)   ④ 데이터베이스(Database)

해설 메타데이터 : 지리정보자료의 내용이나 품질, 상태, 제작시점, 제작자, 소유권자, 좌표체계 등 특성에 관한 제반사항을 나타내는 부가자료이다.

47. DBMS의 "정의" 기능에 대한 설명이 아닌 것은?
① 데이터의 물리적 구조를 명세한다.
② 데이터의 논리적 구조와 물리적 구조 사이의 변환이 가능하도록 한다.
③ 데이터베이스의 논리적 구조와 그 특성을 데이터 모델에 따라 명세한다.
④ 데이터베이스를 공용하는 사용자의 요구에 따라 체계적으로 접근하고 조작할 수 있다.

해설 DBMS 정의의 기능
- 데이터의 형(Type)과 구조, 데이터가 DB에 저장될 때의 제약조건 등을 명시하는 기능이다.
- 데이터와 데이터의 관계를 명확하게 명세할 수 있어야 하며, 원하는 데이터 연산은 무엇이든 명세할 수 있어야 한다.

48. 국가지리정보체계사업(NGIS)의 단계별 주요 목표에 대한 설명으로 옳은 것은?
① 제1차 사업은 1995년부터 시작되었으며, 수치지도의 표준화 활용방안을 주요 목표로 설정하였다.
② 제2차 사업은 2001년부터 시작되었으며, 지적도 전산화를 주요 목표로 하였다.
③ 제3차 사업은 2006년부터 시작되었으며, 수치지도의 작성을 주요 목표로 하였다.
④ 제4차 사업은 2010년부터 시작되었으며, 언제·어디서나·누구나 자유롭게 활용할 수 있는 그린(Green) 공간정보 구축을 목표로 하였다.

해설 (NGIS)의 단계별 주요 목표
- 제1차 국가지리정보체계 기본계획(1995~2000) : 국가GIS사업으로 국토정보화의 기반 준비
- 제2차 국가지리정보체계 기본계획(2001~2005) : 국가공간정보기반을 확충하여 디지털 국토 실현
- 제3차 국가지리정보체계 기본계획(2006~2010) : 유비쿼터스 국토 실현을 위한 기반조성

Answer 45. ① 46. ③ 47. ④ 48. ④

- 제4차 국가공간정보정책 기본계획(2010~2012) : 녹색성장을 위한 그린(GREEN) 공간정보사회 실현
- 제5차 국가공간정보정책 기본계획(2013~2017) : 공간정보로 실현하는 국민행복과 국가발전
- 제6차 국가공간정보정책 기본계획(2018~2022) : 공간정보 융·복합 르네상스로 살기 좋고 풍요로운 스마트코리아 실현

49. 필지중심토지정보시스템 중 지적소관청에서 일반적으로 많이 사용하는 시스템은?
① 지적측량시스템
② 지적행정시스템
③ 지적공부관리시스템
④ 지적측량성과작성시스템

해설 PBLIS 시스템 구성
- 지적공부관리시스템 : 사용자권한관리/지적측량검사업무/토지이동관리/지적일반업무관리/창구민원관리/토지기록자료조회 및 출력/지적통계관리/정책정보관리 등
- 지적측량시스템 : 지적삼각점측량/지적삼각보조점측량/도근점측량/세부측량 등
- 지적측량성과작성시스템 : 토지이동지조서/측량준비도/측량결과도/측량성과도 등

50. 다음 중 NGIS의 데이터 교환 표준 포맷은?
① MOSS
② DX-90
③ TIGER
④ SDTS

해설 SDTS(Spatial Data Transfer Standard)
- 1995년 12월 우리나라 NGIS 데이터 교환 표준으로 SDTS가 채택됨
- 미국 연방정부의 표준으로 채택되어 광범위한 자료의 호환을 위한 규약

51. 스캐닝 방식을 이용하여 지적전산 파일을 생성할 경우, 선명한 영상을 얻기 위한 방법으로 옳지 않은 것은?
① 해상도를 최대한 낮게 한다.
② 원본 형상의 보존 상태를 양호하게 한다.
③ 하프톤 방식의 스캐닝 시에는 되도록 속도를 느리게 한다.
④ 크기가 큰 영상은 영역을 세분하여 차례로 스캐닝한다.

해설 선명한 영상을 얻기 위한 방법
- 원본 형상의 보존 상태를 양호하게 한다.
- 하프톤 방식의 스캐닝 시에는 되도록 속도를 느리게 한다.
- 크기가 큰 영상은 영역을 세분하여 차례로 스캐닝한다.

52. 래스터 데이터 구조에 비해 벡터 데이터 구조가 갖는 장점으로 옳지 않은 것은?
① 자료구조가 단순하다.
② 위상자료구조를 가질 수 있다.
③ 복잡한 현실세계에 대한 세밀한 묘사를 할 수 있다.
④ 세밀한 묘사에 비해 데이터 용량이 상대적으로 작다.

Answer 49. ③ 50. ④ 51. ① 52. ①

해설 벡터 데이터 구조는 복잡하며, 래스터 데이터 구조보다 관리하기 어렵다.

53. 공간정확도를 확인하기 위해서는 샘플링이 필요하다. 모집단에 대한 기존지식을 활용하여 모집단을 몇 개의 소집단으로 구분하고, 각 소집단 내에서 랜덤(Random)추출하는 방법으로 구성요소들보다 더욱 동질적이 될 수 있도록 추출하는 방법은?
① 계통샘플링(Systematic Sampling)
② 단순 무작위 샘플링(Simple Random Sampling)
③ 층화 무작위 샘플링(Stratified Random Sampling)
④ 층화계통 비정렬 샘플링(Stratified Systematic Unaligned Sampling)

해설 지리적 샘플링
1. 목적
   ① 표본 크기의 정확도 검사를 위한 표본점들의 수와 관련이 있는 반면, 지리적 샘플링방법은 표본점들의 공간 분포와 관련이 있다.
   ② 지리적 샘플링방법의 설계 목적은 오차행렬에 도입되는 공간적인 편의를 피하기 위함이다.
2. 샘플링방법
   ① 단순 무작위(임의) 샘플링(Simple Random Sampling) : 각 점이 무작위로 선택되는 것이며, 각 점의 선택 기회가 동일하다.

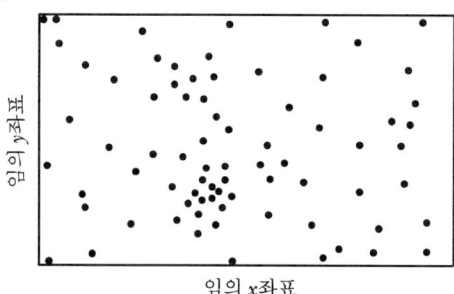

   ② 계통 샘플링(Systematic Sampling) : 먼저 초기점을 무작위로 선택하고, 또 다른 점들을 결정하기 위해 고정된 간격을 선택한다.

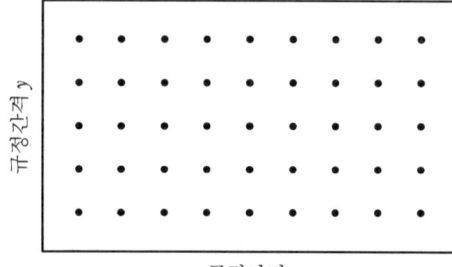

③ 층화 무작위(임의) 샘플링(Stratified Random Sampling) : 연구 지역을 층들로 세분하고, 각 층 안에서 표본점들은 무작위로 선택된다.

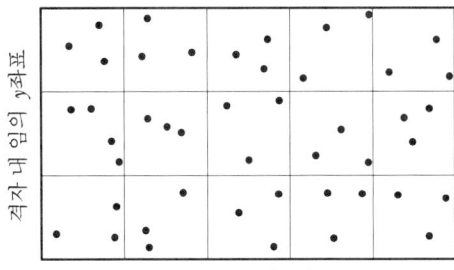

④ 층화계통 비정렬 샘플링(Stratified Systematic Unaligned Sampling) : 임의, 계통, 층화된 샘플링의 이점을 갖는 샘플링 방법이다.

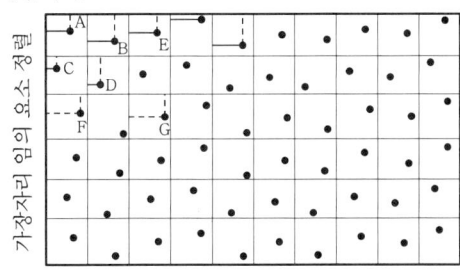

54. 다음 중 데이터 표준화의 내용에 해당하지 않는 것은?
① 데이터 교환의 표준화
② 데이터 분석의 표준화
③ 데이터 품질의 표준화
④ 데이터 위치참조의 표준화

해설 GIS 표준화
1. 기능 측면
   ① 응용 표준 : GIS 이용에 대한 지침을 제시하는 표준
   ② 데이터 표준 : 지리 데이터의 교환 포맷이나 구조를 기술하는 표준
   ③ 기술 표준 : 컴퓨터 기술의 사용에 관련된 다양한 측면에 대한 표준과 전송규약을 포함
   ④ 전문 실무 표준 : 실무자의 자격심사나 전문능력 인증 등
2. 데이터 측면
   ① 내적 요소 : 데이터 모형 표준, 데이터 내용 표준, 메타데이터 표준
   ② 외적 요소 : 데이터 품질 표준, 데이터 수집 표준, 위치참조 표준, 데이터 교환 표준
3. 영역 측면 : 국지적 범주, 국가 범주, 국가 간 범주, 국제 범주

55. 사용자가 데이터베이스에 접근하여 데이터를 처리할 수 있도록 하는 것으로 데이터의 검색, 삽입, 삭제 및 갱신 등과 같은 조작을 하는 데 사용되는 데이터 언어는?

① DLL(Data Link Language)
② DCL(Data Control Language)
③ DDL(Data Definition Language)
④ DML(Data Manipulation Language)

해설 데이터 조작어(DML) : 데이터 검색(요청), 갱신(변경), 삽입, 삭제 등을 체계적으로 처리하기 위해 데이터 접근 수단 등을 정하는 기능

56. 스캐너를 활용한 공간자료 구축과정에 대한 설명으로 옳지 않은 것은?

① 손상된 도면을 입력하기 어렵고 벡터화가 불안전한 부분들의 인식·점검이 필요하며 래스터 및 벡터자료 편집용 소프트웨어가 필요하다.
② 스캐너의 정밀도에 따라 이미지 자료의 변형이 발생하며 벡터라이징 과정에서 자료를 선택적으로 분리하기 어렵다는 단점이 있다.
③ 스캐너 장비는 평판 스캐너와 원통형 스캐너가 있으며 일반적으로 평판 스캐너 성능이 우수하여 더 많이 활용된다.
④ 파장이 적을수록 래스터의 수가 늘어나서 스캐닝의 결과로서 생성되는 데이터의 양이 늘어난다는 단점이 있다.

해설 스캐너
- 평판 스캐너 : 도면을 평평한 테이블 위에 부착한 후 레이저 광선을 이용하여 스캐닝 헤드가 빠른 속도로 도면 위를 회전하면서 도면의 정보를 읽어내는 방식이다. 정밀도가 우수하지만, 일반적으로 독취시간이 원통형 스캐너보다 길어서 작업처리 효율 측면에서는 우수하다고 볼 수 없다.
- 원통형 스캐너 : 도면을 원통형 드럼에 부착한 후 스캐닝 헤드는 움직이지 않고 드럼이 회전하면서 도면을 읽어내는 방식
- 지적원도 이미지파일 제작에 사용되는 스캔은 평판밀착 스캔방식으로 하여야 한다.(지적원도 데이터베이스 구축 작업 기준)

57. 속성자료 입력 시 발생할 수 있는 가장 일반적인 오차는?

① 도면인식 오차
② 자동입력 오차
③ 통계처리 오차
④ 입력자 착오 오차

해설 속성자료를 입력할 때 입력자의 착오로 인한 오류가 발생할 수 있으므로 입력한 자료를 출력하여 재검토한 후 오류가 발견되면 수정하여야 한다.

58. OGC(Open GIS Consortium 또는 Open Geodata Consortium)에 대한 설명으로 틀린 것은?

① 지리정보를 객체지향으로 정의하기 위한 명세서라 할 수 있다.
② 지리정보와 관련된 여러 처리방식에 대하여 개방형 시스템적인 접근을 시도하였다.
③ 지리정보를 활용하고 관련 응용분야를 주요 업무로 하고 있는 공공기관 및 민간기관으로 구성된 컨소시엄이다.
④ OGIS(Open GIS)를 개발하고 추진하는 데 필요한 합의된 절차를 정립할 목적으로 비영리의 협회 형태로 설립되었다.

해설 객체지향
- 실제 세계를 모델링하여 소프트웨어를 개발하는 방법
- 일반적으로 말하는 물건을 의미하지만 물건은 단순한 데이터가 아니고 그 데이터의 조작방법에 대한 정보도 포함하고 있어 그것을 대상으로서 다루는 수법

59. 다음 중 래스터 데이터의 자료압축방법이 아닌 것은?

① 블록 코드(Block Code) 방법
② 체인 코드(Chain Code) 방법
③ 트랜스 코드(Trans Code) 방법
④ 런렝스 코드(Run-Length Code) 방법

해설 래스터자료 압축방법
- 체인 코드(Chain Code) 방법 : 대상지역에 해당하는 격자들의 연속적인 연결 상태를 파악하여 압축하는 방법
- 연속 분할 코드(Run-Length Code) 방법 : 래스터 데이터의 각 행마다 왼쪽에서 오른쪽으로 진행하면서 처음 시작하는 셀과 끝나는 셀까지 동일한 수치 값을 가지는 셀들을 묶어 압축하는 방식
- 블록 코드(Block Code) 방법 : 2차원 정방형 블록으로 분할하여 객체에 대한 데이터를 구축하는 방법
- 사지수형(Quadtree) 방법 : 크기가 다른 정사각형을 이용하며, 공간을 4개의 동일한 면적으로 분할하는 작업을 하나의 속성 값이 존재할 때까지 반복하는 래스터자료 압축방법

60. 다음 중 LIS/GIS의 기능적 요소에 해당하지 않는 것은?

① 데이터 생산
② 데이터 입력
③ 데이터 처리
④ 데이터 해석

해설 GIS의 기능적 측면
특정 목적을 달성하기 위해 체계적인 방법으로 정보를 수집(입력), 저장, 분석(해석), 표현(처리)하는 시스템

Answer 58. ① 59. ③ 60. ①

04 지적학

61. 지압(地押)조사에 대한 설명으로 옳은 것은?
① 신고, 신청에 의하여 실시하는 토지조사이다.
② 토지의 이동 측량 성과를 검사하는 성과검사이다.
③ 분쟁지의 경계와 소유자를 확정하는 토지조사이다.
④ 무신고 이동지를 발견하기 위하여 실시하는 토지검사이다.

해설 토지검사와 지압조사
  1. 토지검사
    1) 개념
      ① 토지검사란 토지에 대한 변경이 있는 경우 세무관리가 지세관계법령에 의하여 실시하는 검사로서 신고 또는 신청사항의 확인을 목적으로 함
      ② 무신고 이동지조사를 위한 토지검사는 지압조사라 하여 일반 토지검사와 구별함
    2) 토지검사의 시행사항
      ① 비과세지성(국유지성은 제외)
      ② 분할지의 지위품 등이 비동일할 경우
      ③ 지목 및 임대가격의 설정 또는 수정
      ④ 각종 면세연기, 감세연기 또는 연기연장
      ⑤ 재해지 면세 및 사립학교용지 면세
      ⑥ 지적오류 정정
    3) 토지검사의 생략
      ① 비과세지 상호 간의 지목변환
      ② 조선지적협회에 대행하여 이를 소관청이 인정한 경우
      ③ 도면 및 기타자료에 의해 임대가격이 적당하다고 인정된 경우
    4) 토지검사의 시행
      ① 매년 6월~9월 시행이 원칙이나, 필요시 임시 시행이 가능함
      ② 업무처리내용은 토지검사수첩에 등재
  2. 지압조사
    1) 개념 : 토지의 이동이 있을 경우 관계법령에 따라 토지소유자가 지적소관청에 신고하도록 되어 있으나 이것이 잘 이행되지 못할 경우에는 그 신고 없는 이동지를 조사·발견할 목적으로 국가가 자진하여 현지조사를 하는 것을 말한다.
    2) 조사방법
      ① 지적소관청이 지압조사를 하려 할 때에는 그 집행계획서를 미리 수리조합, 지적협회 등에 통지하여 협력을 요구하도록 하고
      ② 업무의 통일 및 직원의 훈련 등에 필요한 경우는 본 조사 이전에 모범조사를 할 수 있도록 하였으며
      ③ 지적약도 및 임야약도는 실지에 휴대하고 정, 리, 동마다 그 수위의 지번의 토지부터 순차적으로 실리와 도면을 대조하여 이동의 유무를 조사하는 것을 원칙으로 하고

④ 지압조사를 할 구역 내의 지적약도 및 임야약도에 대해서는 미리 이동정리의 적부를 조사하여 정리 누락된 것이 있으면 즉각 이를 보완하였으며
⑤ 조사결과 발견된 무신고 이동지는 "무신고 이동지 정리부"에 등재함으로써 그 사정을 명료하게 하여 정리에 만전을 기하였다.

62. 토지조사사업에 대한 설명으로 틀린 것은?

① 사정권자는 임시 토지조사국장이었다.
② 조사측량기관은 임시 토지조사국이었다.
③ 도면축척은 1/1200, 1/2400, 1/3000이었다.
④ 조사대상은 전국 평야부의 토지 및 낙산임야이다.

해설 토지조사사업 및 임야조사사업에 의하여 작성된 지적도의 축척은 1:600, 1:1,200, 1:2,400이며 임야도의 축척은 1:3,000, 1:6,000이다.

63. 다음 중 지적의 요건으로 볼 수 없는 것은?

① 안전성   ② 정확성
③ 창조성   ④ 효율성

해설 지적제도의 특징
• 안정성 : 토지 소유권 및 기타권리는 일단 등록되면 안전한 불가침의 영역
• 간편성 : 소유권 등록은 단순한 형태로 사용, 절차는 명확하고 확실해야 함
• 정확성과 신속성 : 지적제도의 효율성을 위해 토지등록은 정확하고 신속해야 함
• 저렴성 : 소유권 등록에 의하여 소유권을 입증하는 것보다 저렴한 것은 없음
• 적합성 : 상황변화에 상관없이 결정적인 요소는 적합해야 하고 비용, 인력, 기술에 유용해야 함
• 등록의 완전성 : 등록은 모든 토지에 대하여 완전하여야 하며 최근 상황을 반영하여야 함
※ 창조성은 지적의 요건과 관계가 멀다.

64. 우리나라 지적제도의 기본이념에 해당하는 것은?

① 지적민정주의   ② 인적편성주의
③ 지적형식주의   ④ 지적비밀주의

해설 지적의 기본이념
• 지적국정주의 : 지적공부의 등록사항은 국가만이 이를 결정할 수 있다는 이념
• 지적형식주의 : 등록사항은 지적공부에 등록·공시하여야만 효력이 인정되는 이념
• 지적공개주의 : 지적공부의 등록사항은 소유자, 이해관계인 등 국민에게 공개하여 이용하게 함
• 실질적 심사주의(사실심사) : 등록이나 변경등록은 절차상의 적법성뿐만 아니라 사실관계의 부합여부를 심사한다는 이념
• 직권등록주의(강제등록주 또는 적극적 등록주의) : 모든 필지는 강제적으로 등록·공시하여야 함

Answer 62. ③   63. ③   64. ③

65. 다음 지적재조사사업에 관한 설명으로 옳은 것은?

① 지적재조사사업은 지적소관청이 시행한다.
② 지적소관청은 지적재조사사업에 관한 기본 계획을 수립하여야 한다.
③ 지적재조사사업에 관한 주요 정책을 심의·의결하기 위하여 지적소관청 소속으로 중앙지적재조사위원회를 둔다.
④ 시·군·구의 지적재조사사업에 관한 주요 정책을 심의·의결하기 위하여 국토교통부장관 소속으로 시·군·구 지적재조사위원회를 둘 수 있다.

해설 지적재조사사업
- 국토교통부장관은 지적재조사사업을 효율적으로 시행하기 위하여 지적재조사사업에 관한 기본계획을 5년 단위로 수립함
- 지적소관청은 기본계획을 통지받았을 때에는 지적재조사사업에 관한 실시계획을 수립함
- 국토교통부장관 소속으로 중앙지적재조사위원회를 둠
- 시·도지사 소속으로 시·도 지적재조사위원회를 둠
- 지적소관청 소속으로 시·군·구 지적재조사위원회를 둠
- 지적소관청은 지적재조사사업을 시행하며, 측량·조사 등을 책임수행기관에 위탁할 수 있음

66. 다음 중 지적제도와 등기제도를 처음부터 일원화하여 운영한 국가는?

① 대만
② 독일
③ 일본
④ 네덜란드

해설 국가별 지적제도 및 등기제도 운영 현황
① 프랑스 : 지적공부는 토지대장, 건물대장, 지적도, 도엽기록부 및 색인부로 구성됨. 지적업무는 중앙은 경제·재정·산업무의 세무국 산하 지적과와 등기과에서 운영되고, 지방은 지방사무국(시·도), 지적사무소(시·군)에서 담당하고, 지적과 등기가 이원화되어 있으나 접수창구의 일원화와 전산화로 사실상 일원화로 운영
② 독일 : 지적제도는 행정부에서 관할하고, 등기제도는 사법부에서 관할하는 이원화 체제로 운영되는 국가. 지적공부는 부동산지적부, 부동산지적도, 수치지적부 등으로 구성되어 있고, 등기부는 물적 편성주의에 따라 개별 부동산을 중심으로 편성하고 있으며, 관계 법률은 지적 및 측량법과 부동산등기법으로 이원화되어 있고, 각 주별로 상이한 법률을 제정하여 운영
③ 스위스 : 지적공부가 부동산등록부, 소유자별 대장, 지적도, 수치지적부로 구성되어 있으며, 지적과 등기가 일원화 처리됨
④ 네덜란드 : 창설 당시부터 지적과 등기가 통합되어 운영되는 국가로서, 지적공부는 위치대장, 부동산등록부, 지적도로 구성되어 있고, 지적업무는 중앙은 주택·도시계획·환경성에서 관장하고 지방은 지방지적청에서 관장
⑤ 일본 : 지적공부는 토지 및 건물등기부, 지적도가 있으며, 지적업무는 법무성에서 관장하고 측량은 토지가옥조사사가 시행하며, 1960년 부동산등기법이 개정되어 등기제도와 지적제도가 통합됨
⑥ 대만 : 지적공부는 토지등기부, 건축물등기부, 지적도가 있으며 지적업무는 내정부 지적국에서 담당하고 측량은 공무원이 직접 시행하며, 대만정부 수립 후 1930년 국민당 정부가 제정·공포하여 대륙본토에서 시행하던 토지법을 대만에도 그대로 적용하여 지적과 등기를 일원화하여 지정사무소에서 지적 및 등기업무를 처리함
※ 우리나라는 독일과 같이 지적제도는 행정부, 등기제도는 사법부에서 이원체제로 운영

67. 입안제도(立案制度)에 대한 설명으로 옳지 않은 것은?

① 입안은 매수인의 소재관(所在官)에게 제출하였다.
② 토지매매 후 100일 이내에 하는 명의변경 절차이다.
③ 입안받지 못한 문기는 효력을 인정받지 못하였다.
④ 조선시대에 토지거래를 관(官)에 신고하고 증명을 받는 것이다.

해설 입안(立案)
1. 입안의 개념
   ① 토지가옥의 매매를 국가에서 증명하는 제도로서, 현재의 등기권리증과 같은 지적의 명의변경 절차
   ② 진실한 권리자 보호 및 거래의 안전보장에 기여함을 목적으로 함
2. 입안의 내용 및 효력
   ① 기재내용 : 입안일자, 입안관청명, 입안사유, 당해관의 서명
   ② 입안의 효력 : 매매계약에 대한 확정력, 공증력이 부여되어 권리관계가 명확해짐
3. 입안의 작성절차
   ① 계약성립 후 소유권이 이전되면 매수인이 매매문기 등을 첨부하여 입안청구의 소지를 매도인의 소재관에게 100일 이내에 제출(목적물 소재관에게 청구하는 예외도 있음)
   ② 한성부는 당하관이 화압하고, 당상관 1명이 화압한 다음 입안의 성급을 결정하여 관인을 날인
   ③ 관은 매매당사자, 증인, 필집 등을 조사하고 매매의 합법성을 확인하여 입안 발급
4. 입안의 규정
   ① 속전등록 : 입안기한의 규정은 없으나 입안받지 않는 토지는 몰관한다고 규정
   ② 경국대전 : 토지가옥의 매매는 백일 이내(3년에서 단축), 상속은 1년 이내에 입안하도록 규정
5. 입안의 폐지
   ① 입안은 강행적이고, 필요적 제도였으나 초기부터 잘 지켜지지 않았고, 조선 후기에 사문화되어 대전회통에 폐지를 명문화함
   ② 입안의 사문화 이유 : 절차의 비현실성, 매매당사자·증인·집필인 등 출두 기피, 과중한 작지부담
   ③ 백문매매(白文賣買)의 성행 : 백문매매는 문기의 일종으로 입안을 받지 않는 매매계약서를 뜻하며, 관습상 성행하여 후에 관에서도 합법화되었으나 입안(立案) 폐지사유가 됨
※ 입안은 매도인의 소재관에게 제출하는 것이 원칙

68. 다음 중 지적의 개념 연결이 잘못된 것은?

① 법지적 - 소유지적
② 세지적 - 과세지적
③ 수치지적 - 입체지적
④ 다목적지적 - 정보지적

해설 지적제도의 분류
1. 발전과정에 따른 분류
   ① 세지적 : 농경시대에 개발된 최초의 지적제도로서 과세지적이라 하며, 면적본위로 운영
   ② 법지적 : 산업화시대에 개발된 제도로서 소유권지적이라 하며, 위치본위로 운영
   ③ 다목적지적 : 컴퓨터를 활용하여 토지에 관한 다양하고 많은 자료관리와 신속·정확한 공급이 가능한 제도로서 종합지적 또는 통합지적이라 함
2. 표시방법(측량방법)에 따른 분류
   ① 도해지적 : 토지경계를 도해적으로 등록하는 제도
   ② 수치지적 : 토지경계점을 수학적 좌표(X, Y)로 등록하는 제도

Answer 67. ① 68. ③

3. 등록대상(등록방법)에 따른 분류
    ① 2차원지적 : 토지의 수평면상 투영만을 가상하여 경계를 등록·공시하는 제도로서 평면지적이라 함
    ② 3차원지적 : 토지의 지표, 지하, 공중에 형성되는 선·면·높이를 등록·관리하는 제도로서 입체지적이라 함

69. 다음 경계 중 정밀지적측량이 수행되고 지적소관청으로부터 사정의 행정처리가 완료된 것은?
① 고정경계
② 보증경계
③ 일반경계
④ 특정경계

해설 특성에 따른 경계의 구분
1. 일반경계(General Boundary)
    ① 1875년 영국 토지등록제도에서 규정
    ② 토지경계가 도로, 하천, 해안선, 담, 울타리, 도랑 등 자연적 지형지물로 이루어진 경우
    ③ 지가가 저렴한 농촌지역 등에서 토지등록방법으로 이용
2. 고정경계(Fixed Boundary)
    ① 지적측량에 의하여 결정된 경계
    ② 일반경계와 법률적 효력은 유사하나 그 정확도가 높음
    ③ 경계선에 대한 정부 보증이 불인정됨
3. 보증경계(Guaranteed Boundary)
    ① 정밀지적측량이 시행되고 토지소관청의 사정이 완료되어 확정된 경계
    ② 경계가 법률적으로 보장되나 정확도에 대한 특별한 보장은 없음

70. 토지의 이익에 영향을 미치는 문서의 공적 등기를 보전하는 것을 주된 목적으로 하는 등록제도는?
① 권원등록제도
② 소극적 등록제도
③ 적극적 등록제도
④ 날인증서등록제도

해설 토지등록제도의 유형
- 날인증서등록제도 : 토지의 이익에 영향을 미치는 공적 등기를 보전하는 제도로서, 모든 등록된 문서는 미등록문서와 후순위등록문서보다 우선권을 갖는다. 그러나 문서는 거래에 대한 기록에 불과하므로 당사자의 법적권리에 대한 부여관계를 입증하지 못하고 따라서 그 거래의 유효성을 증명하지 못한다.
- 권원등록제도 : 날인증서등록제도의 결점을 보완하기 위한 제도로서 공적 기관에서 보존되는 특정인의 토지에 대한 권리와 그 권리들이 존속되는 한계에 대한 권위 있는 등록이다.
- 소극적 등록제도 : 일필지의 소유권이 거래되면서 발생하는 거래증서를 변경·등록하는 제도로서, 거래행위에 따른 토지등록은 사유재산양도증서의 작성, 거래증서의 작성으로 구분되며 등록의무는 없고 신청에 의한다.
- 적극적 등록제도 : 토지등록은 일필지의 개념으로 법적 권리보장이 인증되고 국가에 의해 그러한 합법성과 효력이 발생한다. 따라서 지적공부에 등록되지 않는 토지는 어떠한 권리도 인정받을 수 없고, 등록은 강제적이고 의무적이며, 공적 지적측량이 시행되어야 토지등기가 가능하다.
- 토렌스시스템(Torrens System) : 적극적 등록제도의 발전형태로서 오스트레일리아의 Robert Torrens경에 의하여 창안되었으며 법률적으로 토지의 권리를 확인하는 대신 토지의 권원(title)을 등록하는 제도이다.

71. 조선시대 이성계와 그를 지지하는 신진세력들에 의하여 추진된 제도로서, 토지의 국유화에 의한 사전(私田)의 재분배와 수확량의 10분의 5가 일반화되었던 수조율(收租率)을 대폭 경감하여 국고와 경작자 사이에 개재하는 중간착취를 배제하고자 하는 목적으로 시행된 제도는?

① 과전법 ② 역분전
③ 전시과 ④ 정전제

해설 농경시대 주요 토지제도
- 과전법(科田法) : 고려 말 사전(私田) 혁과 및 권문세족의 경제적 기반 약화를 목적으로 실시되어 조선에 승계되었으며, 조선 초 토지국유제를 확립과 국가재정 안정을 위해 실시한 전제개혁으로 토지겸병, 사유화를 방지하고 토지공유제 유지를 목적으로 관료들에게 계급적 신분과 관위의 고하에 따라 토지를 차등하여 지급한 제도이다.
- 역분전(役分田) : 940년(고려 태조 23년) 관계(官階)에 관계없이 공로·인품·충성도 등 논공행상에 따라 차등하여 지급한 수조지(收租地)로서 고려시대 전시과의 모체가 되었다.
- 전시과(田柴科) : 고려시대에 관료에게 등급을 구분하여 차등을 두어 수조권(收租權)을 지급한 토지제도로서 경종 1년(976)에 마련되어 목종 1년(998) 개편되고, 문종 30년(1076년) 최종적으로 완성되었으며, 곡물을 재배하는 농지인 전지(田地)와 땔감을 공급받는 산림인 시지(柴地)로 구분된다.
- 정전제(丁田制) : 신라 성덕왕 21년(722)에 시작된 통일신라시대의 토지제도로서 정년(丁年)에 해당하는 백성들에게 정전(丁田)이라고 하는 토지를 지급하고 모든 부역(賦役)과 전조(田租)를 국가에 바치게 하였으며, 당나라의 균전제(均田制)와 유사한 특징이 있다.
- 정전제(井田制) : 고조선시대의 토지구획 방법으로 균형 있는 촌락의 설치와 토지의 분급 및 수확량을 파악하기 위하여 시행 되었던 지적제도로서 당시 납세의 의무를 지게 하여 소득의 1/9을 조공으로 바치게 하였다.

72. 다목적지적제도를 구축하는 이유로 가장 거리가 먼 것은?

① 토지 공개념 도입 용이
② 토지소유현황 파악 용이
③ 정확한 토지 과세정보의 획득
④ 중복업무 방지로 인한 국가 토지행정의 효율성 증대

해설 다목적지적제도
1. 개념 : 다목적지적은 토지이용의 효율화를 위해 토지에 대한 모든 관련 자료를 일필지를 기초로 집적관리하고 공급하는 제도로서 토지 관련 정보의 종합적인 기록·유지와 공급의 종합토지정보시스템이다.
2. 내용
    ① 사회의 발달과 그 기능의 복잡화·분업화로 토지에 대한 세금징수 및 소유권보호뿐만 아니라 토지이용의 효율화를 위하여 출연한 토지 관련 정보의 종합적 기록·유지 및 공급의 종합적 토지정보시스템이 이에 해당한다.
    ② 이 제도에서는 토지소유권, 토지이용, 토지평가, 토지자원관리에 관한 의사결정에 필요한 정보를 포함한다.
    ③ 방대한 등록자료에 대한 통계·추정·검증·분석이 가능한 프로그램을 개발하여 컴퓨터시스템으로 운영할 때 더욱 효율적이다.

Answer 71. ① 72. ①

3. 목적
   ① 토지 관련 정보의 계속적인 종합기록을 제공
   ② 토지정보는 필지단위로 등록되며, 지속적이고 손쉽게 정보 획득 가능
   ③ 공공목적상 토지 관련 정보를 종합적으로 제공
4. 특징
   ① 다양한 필지관계 정보를 기록·보관·제공
   ② 소유토지단위를 토지정보의 공간적 기본단위로 사용
   ③ 공공기관과 국민 모두에게 봉사하는 대규모 공동체 지향적 정보시스템
   ④ 토지 관련 정보의 종합적인 기록을 필지를 단위로 계속적인 형태로 제공
5. 요소
   ① 측지기본망(Geodetic Reference Network)
   ② 기본도(Base Map)
   ③ 지적중첩도(Cadastral Overlay)
   ④ 필지식별번호(Unique Parcel Identification Number)
   ⑤ 토지자료파일(Land Data File)
   ※ 토지 공개념은 토지의 소유, 이용 및 개발에 관한 공적인 개념으로서 다목적지적의 구축과는 관련이 없다.

73. 신라시대에 시행한 토지측량 방식으로 토지를 여러 형태로 구분하여 측량하기 쉽도록 하였던 것은?

① 결부제 ② 경무법
③ 연산법 ④ 구장산술

해설 구장산술
1. 개요 : 구장산술의 저자 및 편찬연대는 정확히 알 수 없으나 중국에서 들여와 삼국시대부터, 조선을 거쳐 일본에까지 커다란 영향을 미쳤다. 삼국시대에는 지형을 측량하기 쉬운 형태로 구분하여 화사(畫師)가 회화적으로 지도나 지적도 등을 만들었으며, 방전·직전·구고전·규전·제전·원전·호전·환전 등의 형태를 설정하였다.
2. 구장산술의 구성 : 제1장 방전(方田), 제2장 속미(粟米), 제3장 쇠분(衰分), 제4장 소광(少廣), 제5장 상공(商功), 제6장 균수(均輸), 제7장 영부족(盈不足), 제8장 방정(方程), 제9장 구고(句股)
3. 구장산술의 특징
   ① 제1장에서 제9장까지로 구성되어 있음
   ② 제9장 구고장은 토지의 면적계산과 측량술에 관련이 깊음
   ③ 고대 농경사회에서 세금부과를 목적으로 수확량 측정 및 토지를 측량
   ④ 당시 중국에서 일상적으로 사용되는 문제와 계산법을 거의 총망라
   ⑤ 진, 한, 삼국시대를 걸친 중국수학의 결과물로 선진(先秦) 이래의 유문(遺文)을 모은 것
4. 구장산술의 형태(전형)

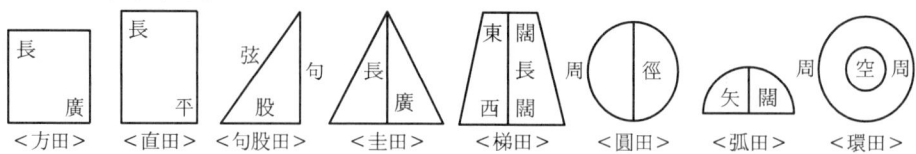

Answer 73. ④

5. 구장산술의 활용

구 분	고구려	백제	신라
지적담당 관리	• 주부 • 울절	• 내두좌평 • 곡내부 • 조부 • 지리박사 • 산학박사	• 상대등 • 조부 • 산학박사 • 산사
길이의 단위	척	• 척 • 동위척(학설)	• 척 • 동위척 • 당척
면적의 단위	경무법(頃畝法)	• 두락제(斗落制) • 결부제(結負制)	결부제(結負制)
지적도면· 토지대장	• 봉역도 • 요동성총도	도적	촌락장전 등
측량방식	• 구장산술(九章算術) • 방전장(方田章) • 구고장(句股章)	구장산술(九章算術)	구장산술(九章算術)

74. 현행 지목 중 차문자(次文字) 표기를 따르지 않는 것은?

① 주차장　　　② 유원지　　　③ 공장용지　　　④ 종교용지

해설 지목의 표기방법
1. 대장 : 지목 명칭의 전체를 기재
2. 도면 : 지목을 뜻하는 부호를 기재
   ① 두문자 표기지목 : 지목의 첫 번째 문자를 지목표기의 부호로 사용하는 지목으로서, 전·답·대 등 24개 지목이 여기에 해당된다.
   ② 차문자 표기지목 : 지목명칭의 두 번째 문자를 지목표기의 부호로 사용하는 지목으로서, 장(공장용지)·천(하천)·원(유원지)·차(주차장)로 표기한다.

75. 다음 중 오늘날의 토지대장과 유사한 것이 아닌 것은?

① 문기(文記)　　　　　　② 양안(量案)
③ 도전장(都田帳)　　　　④ 타량성책(打量成冊)

해설 양안
1. 양안(量案)
   ① 양안은 고려와 조선시대에 양전에 의해 작성된 토지대장으로 전적(田籍)이라고도 함
   ② 양안의 명칭 : 시대, 사용처, 관리처에 따라 전적, 양안, 양안등서책, 전안, 전답안 등
   ③ 작성목적 : 토지에 대한 세징수를 위해 작성되었으며, 토지조사사업의 실시로 폐지됨
   ④ 양안의 규정 : 경국대전에 20년마다 양전을 실시하여 새로이 양안을 작성하여 호조, 본도, 본읍에 비치하도록 규정함
   ⑤ 기재내용 : 토지소재지, 천자문의 자호, 지번, 양전 방향, 토지형태, 지목, 사표, 장광척, 면적, 등급, 결부속, 소유자 등

Answer　74. ④　75. ①

2. 고려시대 양안의 명칭 : 도전장(都田帳), 양전도장(量田都帳), 양전장적(量田帳籍), 도전정(導田丁), 도행(導行), 전적(田積), 적(籍), 전부(田簿), 안(案), 원적(元籍) 등
3. 조선시대 양안의 명칭 : 양안, 양안등서책(量案謄書冊), 전안(田案), 전답안(田畓案), 성책(成冊), 양명등서차(量名謄書次), 전답결대장, 전답결타량정안, 전답타량책, 전답타량안, 전답결정안, 전답양안, 전답행번, 양전도행장 등

※ 문기(文記) : 조선시대에 토지 및 가옥을 매수 또는 매도할 때 작성한 매매계약서를 말하며 '명문 문권'이라고도 함

76. 토지조사사업 당시 지번의 부번방식으로 가장 많이 사용된 것은?

① 기우식 ② 단지식 ③ 사행식 ④ 절충식

해설 지번부여방법

1. 지번부여방법의 종류
   ① 진행방향에 따른 분류 : 사행식, 기우식, 단지식
   ② 부여단위에 따른 분류 : 지역단위법, 도엽단위, 단지단위법
   ③ 기번위치에 따른 분류 : 북동기번법, 북서기번법
2. 진행방향에 따른 방법
   1) 사행식
      ① 필지의 배열이 불규칙한 지역에서 진행순서에 따라 지번 부여
      ② 진행방향에 따라 지번이 순차적으로 연속
      ③ 농촌지역에 적합
      ④ 상하좌우로 볼 때 어느 방향에서는 지번이 뛰어넘는 단점이 있음
   2) 기우식(또는 교호식)
      ① 도로를 중심으로 한쪽은 홀수인 기수, 반대쪽은 짝수인 우수로 지번을 부여
      ② 시가지 지역의 지번설정에 적합
   3) 단지식(또는 Block식)
      ① 1단지마다 하나의 지번을 부여하고 단지 내 필지들은 부번을 부여하는 방법
      ② 토지구획, 농지개량사업 시행지역에 적합
3. 부여단위에 따른 방법
   1) 지역단위법
      ① 1개의 지번설정지역 전체를 대상으로 하여 순차적으로 지번 부여
      ② 지번부여지역이 좁거나 도면매수가 적은 지역에 적합
   2) 도엽단위법
      ① 도엽단위로 세분하여 지번 부여
      ② 넓거나 도면매수가 많은 지역에 적합
   3) 단지단위법
      ① 1개의 지번설정지역을 지적(임야)도의 단지단위로 세분하여 지번을 부여
      ② 다수의 소규모 단지로 구성된 토지구획, 농지개량사업지역에 적합
4. 기번위치에 따른 방법
   1) 북동기번법
      ① 북동쪽에서 남서쪽으로 순차적으로 지번 부여
      ② 한자지번 지역에 적합

2) 북서기번법
① 북서에서 남동쪽으로 순차적으로 지번 부여
② 아라비아숫자 지번지역에 적합
※ 우리나라는 토지조사사업 당시 사행식에 의한 지번부여방식이 주로 사용되었으므로, 농촌지역을 중심으로 많은 필지의 지번이 사행식에 의하여 부여됨

77. 조선지세령(朝鮮地稅令)에 관한 내용으로 틀린 것은?

① 1943년에 공포되어 시행되었다.
② 전문 7장과 부칙을 포함한 95개의 조문으로 되어 있었다.
③ 토지대장, 지적도, 임야대장에 관한 모든 규칙을 통합하였다.
④ 우리나라 세금의 대부분인 지세에 관한 사항을 규정하는 것이 주목적이었다.

해설 조선지세령(제령 제6호, 1943.3.31. 제정, 1943.4.1. 시행) : 그동안 각각 시행하던 지세 및 지적정리·지적측량 등 지적에 관한 각종 령과 예규를 통합하여 시행하였다.

78. 일반적으로 양안에 기재된 사항에 해당하지 않는 것은?

① 지번, 면적
② 측량순서, 토지등급
③ 토지형태, 사표(四標)
④ 신구 토지소유자, 토지가격

해설 양안의 기재내용
- 토지소재지, 천자문의 자호, 지번, 양전방향, 토지형태, 지목, 사표, 장광척, 면적, 등급, 결부속, 소유자 등을 기록함
- 고려시대 : 지목, 전형(토지형태), 토지소유자, 양전방향, 사표, 결수, 총결수
- 조선시대 : 논밭의 소재지, 지목, 면적, 자호, 전형(토지형태), 토지소유자, 양전방향, 사표, 장광척, 등급, 결부수, 경작여부 등
※ 토지의 가격은 기재하지 않음

79. 일필지에 대한 내용으로 틀린 것은?

① 자연적으로 형성된 토지단위
② 토지소유권이 미치는 구획단위
③ 토지의 법률적 단위로서, 거래단위
④ 국가의 권력으로 결정하는 등록단위

해설 일필지의 개념
- 필지는 법적으로 물권이 미치는 권리의 객체로서 토지의 등록단위·소유단위·이용단위·경영의 단위
- 필지는 소유자와 용도가 동일하고 지반이 연속되어 하나의 지번이 부여되는 토지의 기본단위
- 토지에 대한 물권의 효력이 미치는 범위를 정하고 거래단위로서 개별화, 특정화시키기 위하여 인위적으로 구획한 법적 등록단위
- 지적측량에 의해 일정한 직선으로 연결한 폐합다각형으로 지적(임야)도 위에 나타남

Answer 77. ③ 78. ④ 79. ①

80. 지번의 특성에 해당되지 않는 것은?
① 토지의 식별
② 토지의 가격화
③ 토지의 특정화
④ 토지의 위치 추측

해설 지번의 개념
1. 지번의 의의 : 지번이란 지리적 위치의 고정성과 토지의 특정화, 개별성을 확보하기 위해 리·동의 단위로 필지마다 아라비아 숫자로 순차적으로 부여하여 지적공부에 등록한 번호
2. 지번의 특징과 기능
   1) 지번의 특성
      ① 특정성
      ② 동질성
      ③ 종속성
      ④ 불가분성
      ⑤ 연속성
   2) 지번의 역할
      ① 장소의 기준
      ② 물권표시의 기준
      ③ 공간계획의 기준
   3) 지번의 기능
      ① 토지의 고정화
      ② 토지의 특정화
      ③ 토지의 개별화
      ④ 토지위치의 확인
      ⑤ 행정주소표기 : 도로명주소법이 시행된 2014년 이전까지 주소표기의 기준이 됨
      ⑥ 토지이용의 편리성
      ⑦ 토지관계 자료의 연결매체(필지식별자) 기능
3. 지번의 표기
   ① 지번은 아라비아숫자로 표기
   ② 임야대장 및 임야도에 표시하는 지번은 숫자 앞에 "산" 자를 붙여 표시
   ③ 지번은 본번과 부번으로 구성하되, 본번과 부번 사이에 "-"표시로 연결

Answer 80. ②

05 지적관계법규

81. 토지 등의 출입 등에 손실보상에 관하여 손실을 보상할 자와 손실을 받은 자의 협의가 성립되지 않거나 협의를 할 수 없는 경우 재결을 신청할 수 있는 곳은?

① 지적소관청
② 중앙지적위원회
③ 지방지적위원회
④ 관할 토지수용위원회

해설 손실보상 협의
1. 손실보상 대상 : 측량기준점을 설치 또는 토지의 이동을 조사하기 위하여 타인의 토지 등에 출입하거나 일시 사용한 경우로서 죽목, 그 밖의 장애물을 변경하거나 제거한 경우
2. 손실보상자 : 행위를 한 자
3. 손실보상액 결정 및 이의신청 등
   ① 손실을 보상할 자와 손실을 받을 자가 협의하여 보상액을 결정
   ② 손실을 보상할 자와 손실을 받을 자가 협의가 성립되지 아니하거나 협의를 할 수 없는 때에는 관할 토지수용위원회에 재결을 신청
4. 재결에 불복이 있는 자
   관할 토지수용위원회의 재결에 불복하는 자는 재결서 정본을 송달받은 날부터 30일 이내에 중앙토지수용위원회에 이의를 신청
5. 토지수용위원회 재결 : 공익사업을 위한 토지 등의 취득 및 보상에 관한 법률 준용

82. 부동산등기법에 따라 등기할 수 있는 권리가 아닌 것은?

① 소유권
② 저당권
③ 점유권
④ 지상권

해설 부동산등기법상 등기의 대상
1. 등기대상인 권리
   ① 소유권
   ② 지상권, 지역권, 전세권, 저당권
   ③ 임차권
   ④ 채권담보권
2. 등기대상이 아닌 권리
   ① 점유권
   ② 유치권
   ③ 동산질권

Answer 81. ④ 82. ③

83. 국토의 계획 및 이용에 관한 법률상 용도지역의 지정목적으로 옳은 것은?

① 도시기능을 증진시키고 미관·경관·안전 등을 도모
② 시가지의 무질서한 확산 방지로 계획적·단계적인 토지이용의 도모
③ 산업과 인구의 과대한 도시 집중을 방지하여 기반시설의 설치에 필요한 용지 확보
④ 토지의 이용 및 건축물의 용도, 건폐율, 용적률, 높이 등을 제한함으로써 토지의 경제적·효율적 이용 도모

해설 용도지역의 지정목적
토지의 이용 및 건축물의 용도, 건폐율, 용적률, 높이 등을 제한함으로써 토지를 경제적·효율적으로 이용하고 공공복리의 증진을 도모하기 위함

84. 공간정보의 구축 및 관리 등에 관한 법령상 지목의 구분에 따라 한강을 이용한 경정장의 지목으로 옳은 것은?

① 하천
② 유원지
③ 잡종지
④ 체육용지

해설
1. 하천
    자연의 유수(流水)가 있거나 있을 것으로 예상되는 토지
    ※ 경정장은 자연의 유수인 한강을 이용하여 경기를 하므로 지목은 하천으로 함이 타당하다.
2. 유원지
    일반 공중의 위락·휴양 등에 적합한 시설물을 종합적으로 갖춘 수영장·유선장(遊船場)·낚시터·어린이놀이터·동물원·식물원·민속촌·경마장·야영장 등의 토지와 이에 접속된 부속시설물의 부지
3. 잡종지
    다음 각 목의 토지. 다만, 원상회복을 조건으로 돌을 캐내는 곳 또는 흙을 파내는 곳으로 허가된 토지는 제외
    가. 갈대밭, 실외에 물건을 쌓아두는 곳, 돌을 캐내는 곳, 흙을 파내는 곳, 야외시장 및 공동우물
    나. 변전소, 송신소, 수신소 및 송유시설 등의 부지
    다. 여객자동차터미널, 자동차운전학원 및 폐차장 등 자동차와 관련된 독립적인 시설물을 갖춘 부지
    라. 공항시설 및 항만시설 부지
    마. 도축장, 쓰레기처리장 및 오물처리장 등의 부지
    바. 그 밖에 다른 지목에 속하지 않는 토지
4. 체육용지
    국민의 건강증진 등을 위한 체육활동에 적합한 시설과 형태를 갖춘 종합운동장·실내체육관·야구장·골프장·스키장·승마장·경륜장 등 체육시설의 토지와 이에 접속된 부속시설물의 부지. 다만, 체육시설로서의 영속성과 독립성이 미흡한 정구장·골프연습장·실내수영장 및 체육도장과 유수(流水)를 이용한 요트장 및 카누장 등의 토지는 제외

85. 지적재조사사업에 관한 기본계획 수립 시 포함하여야 하는 사항으로 옳지 않은 것은?
① 지적재조사사업의 시행기간
② 지적재조사사업에 관한 기본방향
③ 지적재조사사업비의 시·군별 배분계획
④ 지적재조사사업에 필요한 인력 확보계획

해설 지적재조사사업에 관한 기본계획 수립 시 포함하여야 하는 사항
1. 지적재조사사업에 관한 기본방향
2. 지적재조사사업의 시행기간 및 규모
3. 지적재조사사업비의 연도별 집행계획
4. 지적재조사사업비의 특별시·광역시·도·특별자치도·특별자치시 및 「지방자치법」 제175조에 따른 대도시로서 구(區)를 둔 시(이하 "시·도"라 한다)별 배분 계획
5. 지적재조사사업에 필요한 인력의 확보에 관한 계획
6. 그 밖에 지적재조사사업의 효율적 시행을 위하여 필요한 사항으로서 대통령령으로 정하는 사항

86. 다음 중 지번을 새로이 부여해야 할 경우가 아닌 것은?
① 등록전환
② 신규등록
③ 임야분할
④ 지목변경

해설 지번을 새로이 부여해야 할 경우
- 신규등록 : 새로 조성된 토지와 지적공부에 등록되어 있지 아니한 토지를 지적공부에 등록하는 것을 말한다.
- 등록전환 : 임야대장 및 임야도에 등록된 토지를 토지대장 및 지적도에 옮겨 등록하는 것을 말한다.
- 분할 : 지적공부에 등록된 1필지를 2필지 이상으로 나누어 등록하는 것을 말한다.
- 합병 : 지적공부에 등록된 2필지 이상을 1필지로 합하여 등록하는 것을 말한다.
- 지적확정측량 : 도시개발사업 등의 사업이 끝나 토지의 표시를 새로 정하기 위하여 실시하는 지적측량을 말한다.
※ 지목변경 : 지적공부에 등록된 지목을 다른 지목으로 바꾸어 등록하는 것으로 지번은 그대로 둔다.

87. 토지의 지번이 결번되는 사유에 해당되지 않는 것은?
① 지번의 변경
② 토지의 분할
③ 행정구역의 변경
④ 도시개발사업의 시행

해설 토지의 결번
1. 의의 : 지번을 부여한 이후에 토지 합병 등의 사유로 인하여 지적공부에 등록되지 않은 지번이 발생하는 것
2. 결번의 발생 사유
   ① 행정구역 변경으로 지번부여 지역 내 일부가 다른 지번부여지역으로 편입된 경우
   ② 도시개발사업 등의 시행으로 종전 지번이 폐쇄된 경우
   ③ 지번변경으로 결번이 발생한 경우
   ④ 토지합병의 경우

⑤ 등록전환에 의해 임야대장 등록지의 지번이 말소된 경우
⑥ 축척변경으로 결번이 발생한 경우
⑦ 바다로 된 토지의 등록말소의 경우
⑧ 지번정정의 경우
3. 결번대장 : 결번 발생 시에는 지체 없이 그 사유를 결번대장에 등록하여 영구히 보존

88. 공간정보의 구축 및 관리 등에 관한 법률상 1년 이하의 징역 또는 1천만 원 이하의 벌금 대상으로 옳은 것은?

① 정당한 사유 없이 측량을 방해한 자
② 측량업 등록사항의 변경신고를 하지 아니한 자
③ 무단으로 측량성과 또는 측량기록을 복제한 자
④ 고시된 측량성과에 어긋나는 측량성과를 사용한 자

해설 1. 1년 이하의 징역 또는 1천만 원 이하의 벌금
① 무단으로 측량성과 또는 측량기록을 복제한 자
② 측량기술자가 아님에도 불구하고 측량을 한 자
③ 업무상 알게 된 비밀을 누설한 측량기술자
④ 둘 이상의 측량업자에게 소속된 측량기술자
⑤ 다른 사람에게 측량업등록증 또는 측량업등록수첩을 빌려주거나 자기의 성명 또는 상호를 사용하여 측량업무를 하게 한 자
⑥ 다른 사람의 측량업등록증 또는 측량업등록수첩을 빌려서 사용하거나 다른 사람의 성명 또는 상호를 사용하여 측량업무를 한 자
⑦ 지적측량수수료 외의 대가를 받은 지적측량기술자
⑧ 거짓으로 다음 각 목의 신청을 한 자
• 신규등록 신청   • 등록전환 신청
• 분할 신청   • 합병 신청
• 지목변경 신청   • 바다로 된 토지의 등록말소 신청
• 축척변경 신청   • 등록사항의 정정 신청
• 도시개발사업 등 시행지역의 토지이동 신청

2. 3년 이하의 징역 또는 3천만 원 이하의 벌금
측량업자로서 속임수, 위력, 그 밖의 방법으로 측량업과 관련된 입찰의 공정성을 해친 자

3. 2년 이하의 징역 또는 2천만 원 이하의 벌금
① 측량기준점표지를 이전 또는 파손하거나 그 효용을 해치는 행위를 한 자
② 고의로 측량성과를 사실과 다르게 한 자
③ 측량업의 등록을 하지 아니하거나 거짓이나 그 밖의 부정한 방법으로 측량업의 등록을 하고 측량업을 한 자
④ 성능검사를 부정하게 한 성능검사대행자
⑤ 성능검사대행자의 등록을 하지 아니하거나 거짓이나 그 밖의 부정한 방법으로 성능검사대행자의 등록을 하고 성능검사업무를 한 자

89. 측량업의 등록취소 및 영업정지에 관한 설명으로 옳지 않은 것은?

① 다른 사람에게 자기의 측량업 등록증을 빌려준 경우 등록취소 사유가 된다.
② 거짓이나 그 밖의 부정한 방법으로 측량업을 등록한 경우 등록을 취소하여야 한다.
③ 영업정지기간 중에 측량업을 영위한 경우일지라도 등록취소가 아닌 재차의 영업정지 명령이 내려질 수 있다.
④ 지적측량업자가 법 규정에 의한 지적측량수수료보다 과소하게 받은 경우도 등록취소 및 영업정지 처분의 대상이 된다.

해설 측량업의 등록을 취소하거나 1년 이내의 기간을 정하여 영업의 정지 대상
1. 고의 또는 과실로 측량을 부정확하게 한 경우
2. 거짓이나 그 밖의 부정한 방법으로 측량업의 등록을 한 경우(등록취소 대상)
3. 정당한 사유 없이 측량업의 등록을 한 날부터 1년 이내에 영업을 시작하지 아니하거나 계속하여 1년 이상 휴업한 경우
4. 측량업을 하려는 자가 업종별로 대통령령이 정하는 등록기준에 미달하게 된 경우. 다만, 일시적으로 등록기준에 미달되는 등 대통령령으로 정하는 경우는 제외(등록취소 대상)
5. 측량업 등록사항의 변경신고를 하지 아니한 경우
6. 지적측량업자가 업무 범위를 위반하여 지적측량을 한 경우
7. 법 제47조(측량업등록의 결격사유) 각 호의 어느 하나에 해당하게 된 경우. 다만, 측량업자가 같은 조 제5호에 해당하게 된 경우로서 그 사유가 발생한 날부터 3개월 이내에 그 사유를 없앤 경우는 제외(등록취소 대상)
8. 다른 사람에게 자기의 측량업등록증 또는 측량업등록수첩을 빌려주거나 자기의 성명 또는 상호를 사용하여 측량업무를 하게 한 경우(등록취소 대상)
9. 지적측량업자가 법 제50조(지적측량수행자의 성실의무 등)를 위반한 경우
10. 보험가입 등 필요한 조치를 하지 아니한 경우
11. 영업정지기간 중에 계속하여 영업을 한 경우(등록취소 대상)
12. 임원의 직무정지 명령을 이행하지 아니한 경우
13. 지적측량업자가 지적측량수수료를 고시한 금액보다 과다 또는 과소하게 받은 경우
14. 다른 행정기관이 관계 법령에 따라 등록취소 또는 영업정지를 요구한 경우
15. 측량업자가 측량기술자의 국가기술자격증을 대여받은 사실이 확인된 경우(등록취소)

90. 부동산등기법상 합필의 등기를 할 수 없는 것은?

① 소유권 등기가 있는 토지
② 전세권 등기가 있는 토지
③ 승역지에 하는 지역권의 등기가 있는 토지
④ 합병하려는 모든 토지에 있는 등기원인 및 그 연월일과 접수번호가 상이한 저당권에 관한 등기가 있는 토지

해설 부동산등기법상 합필의 등기를 할 수 있는 토지
- 소유권·지상권·전세권·임차권 및 승역지에 하는 지역권의 등기
- 합필하려는 모든 토지에 있는 등기원인 및 그 연월일과 접수번호가 동일한 저당권에 관한 등기
- 합필하려는 모든 토지에 법 제81조 제1항 각 호의 등기사항이 동일한 신탁등기

91. 공간정보의 구축 및 관리 등에 관한 법률상 규정된 지목의 종류로 옳지 않은 것은?

① 운동장   ② 유원지   ③ 잡종지   ④ 철도용지

해설 1. 지목(Land Category)의 정의 : 토지의 주된 사용목적 또는 용도에 따라 토지의 종류를 구분하여 표시
2. 지목의 종류 : 전·답·과수원·목장용지·임야·광천지·염전·대·공장용지·학교용지·주차장·주유소용지·창고용지·도로·철도용지·제방(堤防)·하천·구거·유지·양어장·수도용지·공원·체육용지·유원지·종교용지·사적지·묘지·잡종지

92. 다음 중 지적공부에 등록하는 토지의 표시가 아닌 것은?

① 소유자
② 지번과 지목
③ 토지의 소재
④ 경계 또는 좌표

해설 지적공부에 등록하는 토지의 표시사항
토지의 소재·지번(地番)·지목(地目)·면적·경계 또는 좌표

93. 국토의 계획 및 이용에 관한 법률에 따른 도시·군관리계획에 포함되지 않는 것은?

① 지적불부합지역의 지적재조사에 관한 계획
② 기반시설의 설치·정비 또는 개량에 관한 계획
③ 용도지역·용도지구의 지정 또는 변경에 관한 계획
④ 지구단위계획구역의 지정 또는 변경에 관한 계획과 지구단위계획

해설 도시·군관리계획
1. 정의
특별시·광역시·특별자치시·특별자치도·시 또는 군의 개발·정비 및 보전을 위하여 수립하는 토지 이용, 교통, 환경, 경관, 안전, 산업, 정보통신, 보건, 복지, 안보, 문화 등에 관한 계획을 말함
2. 내용
① 용도지역·용도지구의 지정 또는 변경에 관한 계획
② 개발제한구역, 도시자연공원구역, 시가화조정구역, 수산자원보호구역의 지정 또는 변경에 관한 계획
③ 기반시설의 설치·정비 또는 개량에 관한 계획
④ 도시개발사업이나 정비사업에 관한 계획
⑤ 지구단위계획구역의 지정 또는 변경에 관한 계획과 지구단위계획
⑥ 입지규제최소구역의 지정 또는 변경에 관한 계획과 입지규제최소구역계획

94. 축척변경 시행지역의 토지는 어느 때에 토지의 이동이 있는 것으로 보는가?

① 청산금 산출일
② 청산금 납부일
③ 축척변경 승인공고일
④ 축척변경 확정공고일

해설 축척변경 확정공고
1. 청산금의 납부 및 지급이 완료되었을 때에는 지적소관청은 지체 없이 다음의 사항을 포함하여 축척변경의 확정공고를 하여야 한다.
① 토지의 소재 및 지역명
② 축척변경 지번별조서

Answer 91. ① 92. ① 93. ① 94. ④

③ 청산금 조서
④ 지적도의 축척

2. 지적소관청은 확정공고를 하였을 때에는 지체 없이 축척변경에 따라 확정된 사항을 다음의 기준에 따라 지적공부에 등록하여야 한다.
   ① 토지대장은 확정공고된 축척변경 지번별 조서에 따를 것
   ② 지적도는 확정측량 결과도 또는 경계점좌표에 따를 것
3. 축척변경 시행지역의 토지는 확정공고일에 토지의 이동이 있는 것으로 본다.

95. 경위의측량방법으로 세부측량을 한 경우 측량결과도에 적어야 하는 사항이 아닌 것은?

① 방위각
② 측량기하적
③ 지상에서 측정한 거리
④ 측량대상 토지의 점유현황선

해설 1. 경위의측량방법으로 세부측량을 한 경우 측량결과도에 적어야 하는 사항
   ① 측정점의 위치, 지상에서 측정한 거리 및 방위각
   ② 측량대상 토지의 경계점 간 실측거리
   ③ 측량대상 토지의 토지이동 전의 지번과 지목
   ④ 측량결과도의 제명 및 번호와 지적도의 도면번호
   ⑤ 신규등록 또는 등록전환하려는 경계선 및 분할경계선
   ⑥ 측량대상 토지의 점유현황선
   ⑦ 측량 및 검사의 연월일, 측량자 및 검사자의 성명·소속 및 자격등급 또는 기술등급

2. 평판측량방법으로 세부측량을 한 경우 측량결과도에 적어야 하는 사항
   ① 측정점의 위치, 측량기하적 및 지상에서 측정한 거리 및 방위각
   ② 측량대상 토지의 토지이동 전의 지번과 지목
   ③ 측량결과도의 제명 및 번호와 지적도의 도면번호
   ④ 신규등록 또는 등록전환하려는 경계선 및 분할경계선
   ⑤ 측량대상 토지의 점유현황선
   ⑥ 측량 및 검사의 연월일, 측량자 및 검사자의 성명·소속 및 자격등급 또는 기술등급

96. 축척변경에 따른 청산금을 산정한 결과 증가된 면적에 대한 청산금의 합계와 감소된 면적에 대한 청산금의 합계에 차액이 생긴 경우 부족액은 누가 부담하는가?

① 지적소관청
② 지방자치단체
③ 국토교통부장관
④ 증가된 면적의 토지소유자

해설 청산금 산정
• 청산을 할 때에는 축척변경위원회의 의결을 거쳐 지번별로 제곱미터당 금액을 정하여야 한다. 이 경우 지적소관청은 시행공고일 현재를 기준으로 그 축척변경 시행지역의 토지에 대하여 지번별 제곱미터당 금액을 미리 조사하여 축척변경위원회에 제출하여야 한다.
• 청산금은 작성된 축척변경 지번별 조서의 필지별 증감면적에 지번별 제곱미터당 금액을 곱하여 산정한다.
• 지적소관청은 청산금을 산정하였을 때에는 청산금 조서를 작성하고, 청산금이 결정되었다는 뜻을 15일 이상 공고하여 일반인이 열람할 수 있게 하여야 한다.
• 청산금을 산정한 결과 증가된 면적에 대한 청산금의 합계와 감소된 면적에 대한 청산금의 합계에 차액이 생긴 경우 초과액은 그 지방자치단체의 수입으로 하고, 부족액은 그 지방자치단체가 부담한다.

Answer 95. ② 96. ②

97. 전파기 또는 광파기측량방법에 따른 지적삼각점의 관측과 계산 기준으로 틀린 것은?

① 표준편차가 ±(5mm+5ppm) 이상인 정밀측거기를 사용한다.
② 삼각형의 내각계산은 기지각과의 차가 ±40초 이내이어야 한다.
③ 점간거리는 3회 측정하고 원점에 투영된 수평거리로 계산하여야 한다.
④ 측정치의 최대치와 최소치의 교차가 평균치의 10만분의 1 이하일 때는 그 평균치를 측정거리로 한다.

해설 전파기 또는 광파기측량방법에 따른 지적삼각점의 관측과 계산 기준
- 표준편차가 ±(5mm+5ppm) 이상인 정밀측거기를 사용할 것
- 점간거리는 5회 측정하여 그 측정치의 최대치와 최소치의 교차가 평균치의 10만분의 1 이하일 때에는 그 평균치를 측정거리로 하고, 원점에 투영된 평면거리에 따라 계산할 것
- 삼각형의 내각은 세 변의 평면거리에 따라 계산하며, 기지각과의 차에 관하여는 ±40초 이내일 것

98. 지적공부의 '대장'으로만 나열된 것은?

① 토지대장, 임야도
② 대지권등록부, 지적도
③ 공유지연명부, 토지대장
④ 경계점좌표등록부, 일람도

해설 지적공부
지적공부란 토지대장, 임야대장, 공유지연명부, 대지권등록부, 지적도, 임야도 및 경계점좌표등록부 등 지적측량 등을 통하여 조사된 토지의 표시와 해당 토지의 소유자 등을 기록한 대장 및 도면을 말하며 크게 대장과 도면으로 분류할 수 있다.
- 대장 : 토지대장, 임야대장, 공유지연명부, 대지권등록부
- 도면 : 지적도, 임야도
- 경계점좌표등록부 : 도시개발사업 등에 따라 새로이 지적공부에 등록하는 토지에 대해 작성한다.
- 일람도 : 하나의 지번부여지역에 어떤 시설이 있는지 한 번에 볼 수 있게 만든 도면으로 지적소관청은 지적도면의 관리에 필요한 경우에는 지번부여지역마다 일람도와 지번색인표를 작성하여 갖추두고 있다.

99. 다음 중 면적의 최소 등록단위가 다른 하나는?(단, 경계점좌표등록부에 등록하는 지역의 경우는 고려하지 않는다.)

① 1/600
② 1/1,000
③ 1/2,400
④ 1/6,000

해설 1. 면적의 최소 등록단위 : $1m^2$
예외) 지적도의 축척이 1/600인 지역, 경계점좌표등록부에 등록하는 지역 : $0.1m^2$
2. 지적도면의 축척
- 지적도 : 1/500, 1/600, 1/1,000, 1/1,200, 1/2,400, 1/3,000, 1/6,000
- 임야도 : 1/3,000, 1/6,000

100. 지목변경 및 합병을 하여야 하는 토지가 있을 때 작성하는 현지조사서에 포함되어야 하는 사항에 해당되지 않는 것은?
① 조사자의 의견
② 소유자의 변동이력
③ 토지의 이동현황
④ 관계법령의 저촉여부

해설 지목변경, 합병, 등록전환 시 확인·조사 사항
- 토지의 이용현황
- 관계법령의 저촉여부
- 조사자의 의견, 조사연월일 및 조사자 직·성명

Answer 100. ②

2021년 제2회 지적기사

01 지적측량

01. 경위의측량방법으로 세부측량을 하였을 때 측량대상 토지의 경계점 간 실측거리와 경계점의 좌표에 따라 계산한 거리의 교차 기준은?(단, L은 실측거리로서 미터단위로 표시한 수치를 말한다.)

① $\frac{3L}{10}$ 센티미터 이내
② $\frac{3L}{100}$ 센티미터 이내
③ $3+\frac{L}{10}$ 센티미터 이내
④ $3+\frac{L}{100}$ 센티미터 이내

해설 지적측량 시행규칙 제26조(세부측량성과의 작성)

측량대상 토지의 경계점 간 실측거리와 경계점의 좌표에 따라 계산한 거리의 교차는 $3+\frac{L}{10}$ 센티미터 이내여야 한다. 이 경우 L은 실측거리로서 미터 단위로 표시한 수치를 말한다.

02. 지적삼각점성과표에 기록·관리하여야 하는 사항이 아닌 것은?

① 부호 및 위치의 약도
② 소재지와 측량연월일
③ 시준점의 명칭, 방위각 및 거리
④ 지적삼각점의 명칭과 기준 원점명

해설 지적측량 시행규칙 제4조(지적기준점성과표의 기록·관리 등)

지적삼각점성과표	지적삼각보조점 및 지적도근점성과표
1. 지적삼각점의 명칭과 기준 원점명 2. 좌표 및 표고 3. 경도 및 위도(필요한 경우로 한정한다) 4. 자오선수차(子午線收差) 5. 시준점(視準點)의 명칭, 방위각 및 거리 6. 소재지와 측량연월일 7. 그 밖의 참고사항	1. 번호 및 위치의 약도 2. 좌표와 직각좌표계 원점명 3. 경도와 위도(필요한 경우로 한정한다) 4. 표고(필요한 경우로 한정한다) 5. 소재지와 측량연월일 6. 도선등급 및 도선명 7. 표지의 재질 8. 도면번호 9. 설치기관 10. 조사연월일, 조사자의 직위·성명 및 조사 내용

03. 다각망도선법에 따른 지적도근점측량에 대한 설명으로 옳은 것은?
① 1도선의 점의 수는 최대 40점 이하로 한다.
② 각 도선의 교점은 지적도근점의 번호 앞에 '교점' 자를 붙인다.
③ 3점 이상의 기지점을 포함한 결합다각방식에 따른다.
④ 영구표지를 설치하지 않는 경우, 지적도근점의 번호는 시·군·구별로 부여한다.

해설 지적측량 시행규칙 제12조(지적도근점측량)
1. 각 도선의 교점은 지적도근점의 번호 앞에 '교' 자를 붙인다.
2. 영구표지를 설치하는 경우, 지적도근점의 번호는 시·군·구별로 부여한다.
3. 1도선의 점의 수는 20개 이하로 한다.

04. 어떤 도선측량에서 변장거리 800m, 측점 8점, Δx의 폐합차 7cm, Δy의 폐합차 6cm의 결과를 얻었다. 이때 정도를 구하는 올바른 식은?

① $\dfrac{\sqrt{0.07^2 + 0.06^2}}{(8-1)800}$ ② $\dfrac{\sqrt{0.07^2 + 0.06^2}}{800}$

③ $\sqrt{\dfrac{0.07^2 + 0.06^2}{8 \times 800}}$ ④ $\sqrt{\dfrac{0.07^2 + 0.06^2}{800}}$

해설 정도 = $\dfrac{측정오차}{거리}$

05. 다음 중 지적도근점측량에서 지적도근점을 구성하는 도선의 형태에 해당하지 않는 것은?
① 개방도선 ② 결합도선
③ 폐합도선 ④ 다각망도선

해설 지적측량 시행규칙 제12조(지적도근점측량)
지적도근점은 결합도선·폐합도선(廢合道線)·왕복도선 및 다각망도선으로 구성하여야 한다.
지적도근점측량에서는 개방도선이나 회귀도선을 사용하지 않는다.
1. 개방도선(Open Traverse)
   ① 기지점에서 시작되어 미지점에서 끝나는 측량방법으로서 이러한 도선의 형태에서는 현지 측정에 대하여 방향과 거리의 착오나 오차를 검사할 수 있는 방법이 없다.
   ② 출발점 이외에는 기지점이나 가정좌표점이 포함되지 않아 검증할 수 있는 도근점이 없기 때문에 개방도선은 높은 정확도를 요하는 목적의 측량이나 지적측량에서는 사용하지 못하도록 규정하고 있다.
2. 폐합도선(Loop Traverse)
   ① 수평위치를 알 수 있는 한 점에서 출발하여 다시 동일한 점에 되돌아와 폐합하는 도선이다.
   ② 각에 대한 내부검정이 가능하다.
   ③ 도선의 표정에 따른 각과 거리의 오차 중에서 정오차만을 분리해서 알 수 있으므로 보정상 문제가 있다.
   ④ 정밀을 필요로 하는 측량에는 부적합하며 이 방법 이외의 다른 측량방법으로는 해결이 곤란한 부득이한 경우를 제외하고는 사용하지 않는 것이 좋다.

Answer 3. ③ 4. ② 5. ①

3. 결합도선(Connecting Traverse)
① 기지점에서 시작하여 다른 수평기지점에 결합하는 측량방법이다.
② 도근도선의 형태는 계산적으로 검정이 가능하며 기지방향과 거리에 있어서의 정오차의 검사도 가능하기 때문에 유리하다.
③ 폐합도선의 일정이지만 출발점에 다시 되돌아와 폐합시키지 않고 다른 기지점에 폐색시킴으로써 보다 높은 신뢰성을 가질 수 있는 것이 장점이다.
④ 따라서 지적도근측량에서는 주로 이 방법에 의하여 시행하도록 규정하고 있다.

06. 지적삼각점측량에서 진북방향각의 계산단위로 옳은 것은?

① 초 아래 1자리
② 초 아래 2자리
③ 초 아래 3자리
④ 초 아래 4자리

해설 지적삼각점의 계산은 진수(眞數)를 사용하여 각규약(角規約)과 변규약(邊規約)에 따른 평균계산법 또는 망평균계산법에 따르며, 자오선수차의 단위는 초 아래 1자리로 하며, 자오선수차와 진북방향각은 그 절대값은 같고 부호만 다르다.

※ 진북방향각 : 도북방향각의 기준방향에서 자오선방향과 이루는 각을 뜻하며 원점의 좌측에 있는 측점에서는 (+)가 되고 원점의 우측에 있는 측점에서는 (−)가 된다.

07. 우리나라 직각좌표계의 원점축척계수로 옳은 것은?

① 0.9996
② 0.9997
③ 0.9999
④ 1.0000

해설 우리나라 직각좌표계의 원점축척계수는 1.0000

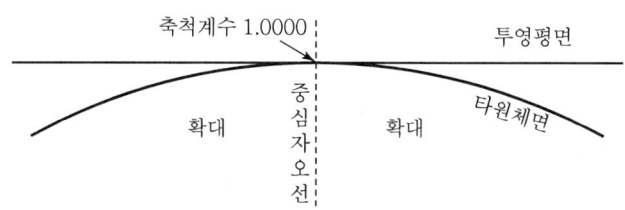

08. 지적삼각점 간 거리가 2.5km에서 각도오차가 1′20″가 발생되었다면 위치오차는?

① 0.3m
② 0.5m
③ 1.0m
④ 1.4m

해설 • 위치오차 = 관측오차/206,265 × 관측거리
= 1′20″/206,265 × 2,500m = 1.0m

09. 지적삼각보조점표지의 점간거리 기준으로 옳은 것은?(단, 다각망도선법에 따르는 경우다.)

① 평균 2km 이상 5km 이하
② 평균 1km 이상 3km 이하
③ 평균 0.5km 이상 1km 이하
④ 평균 0.3km 이상 5km 이하

해설 지적측량 시행규칙 제2조(지적기준점표지의 설치·관리 등)
지적기준점표지의 설치는 다음과 같다.
1. 지적삼각점표지의 점간거리는 평균 2킬로미터 이상 5킬로미터 이하로 한다.
2. 지적삼각보조점표지의 점간거리는 평균 1킬로미터 이상 3킬로미터 이하로 한다. 다만, 다각망도선법(多角網道線法)에 따르는 경우에는 평균 0.5킬로미터 이상 1킬로미터 이하로 한다.
3. 지적도근점표지의 점간거리는 평균 50미터 이상 300미터 이하로 할 것. 다만, 다각망도선법에 따르는 경우에는 평균 500미터 이하로 한다.

10. 평판측량방법으로 세부측량을 할 때에 지적도, 임야도에 따라 작성하는 측량준비 파일에 포함시켜야 할 사항이 아닌 것은?

① 인근 토지의 경계선·지번 및 지목
② 측량대상 토지의 경계선·지번 및 지목
③ 지적기준점 간의 거리, 지적기준점의 좌표
④ 지적기준점 간의 방위각 및 경계점 간 계산거리

해설 지적측량 시행규칙 제17조(측량준비 파일의 작성)

평판측량방법에 의한 측량준비도 기재사항	경위의측량방법에 의한 측량준비도 기재사항
1. 측량대상 토지의 경계선·지번 및 지목 2. 인근 토지의 경계선·지번 및 지목 3. 임야도를 비치하는 지역에서 인근 지적도의 축척으로 측량을 하고자 하는 때에는 임야도에 표시된 경계점의 좌표를 구하여 지적도에 전개한 경계선. 다만, 임야도에 표시된 경계점의 좌표를 구할 수 없거나 그 좌표에 의하여 확대하여 그리는 것이 부적당한 때에는 축척비율에 따라 확대한 경계선을 말한다. 4. 행정구역선과 그 명칭 5. 지적측량기준점 및 그 번호와 지적측량기준점 간의 거리, 지적측량기준점의 좌표, 그 밖에 측량의 기점이 될 수 있는 기지점 6. 도곽선과 그 수치 7. 도곽선의 신축이 0.5밀리미터 이상인 때에는 그 신축량 및 보정계수 8. 그 밖에 국토교통부장관이 정하는 사항	1. 측량대상 토지의 경계와 경계점의 좌표 및 부호도·지번·지목 2. 인근 토지의 경계와 경계점의 좌표 및 부호도·지번·지목 3. 행정구역선과 그 명칭 4. 지적측량기준점 및 그 번호와 지적측량기준점 간의 방위각 및 그 거리 5. 경계점 간 계산거리 6. 도곽선과 그 수치 7. 그 밖에 국토교통부장관이 정하는 사항

11. 전파기측량방법에 따라 다각망도선법으로 지적삼각보조점측량을 할 때 1도선의 거리는 얼마 이하로 하여야 하는가?

① 0.5km 이하
② 1km 이하
③ 3km 이하
④ 4km 이하

해설 지적측량 시행규칙 제10조(지적삼각보조점측량)
1. 3점 이상의 기지점을 포함한 결합다각방식에 따른다.
2. 1도선(기지점과 교점 간 또는 교점과 교점 간을 말한다)의 점의 수는 기지점과 교점을 포함하여 5점 이하로 한다.

Answer 10. ④ 11. ④

3. 1도선의 거리(기지점과 교점 또는 교점과 교점 간의 점간거리의 총합계를 말한다)는 4킬로미터 이하로 한다.
※ 삼각형의 각 내각은 30도 이상 120도 이하로 한다.

12. UTM 좌표계에 대한 설명으로 옳은 것은?

① 종선좌표의 원점은 위도 38°선이다.
② 중앙자오선에서 멀수록 축척계수는 작아진다.
③ 우리나라는 UTM 좌표 53, 54 종대에 속해 있다.
④ UTM 투영은 적도선을 따라 6° 간격으로 이루어진다.

해설 UTM좌표계
- 지구를 베셀치를 사용하는 회전타원체로 보고 지구 전체를 경도 6°씩 60개의 구역(종대)으로 나눈다.
- 각 종대는 180°W 자오선에서 동쪽으로 6° 간격으로 1~60까지 번호를 붙인다.
- 중앙자오선에서 축척계수는 0.9996m이다.
- 종대에서 위도는 남북의 80° 간격으로 20구역(횡대)으로 나눈다.
- 우리나라는 51~52종대 S~T 횡대에 속한다.
- 경도의 원점은 중앙자오선이며, 위도의 원점은 적도상에 있다.
- 길이의 단위는 m이다.

13. 지적도 및 임야도에 등록하는 도곽선의 용도가 아닌 것은?

① 토지경계의 측정 기준
② 도곽신축량의 측정 기준
③ 인접 도면과의 접합 기준
④ 지적측량기준점 전개 시의 기준

해설 도곽선의 용도(역할)
- 도곽신축량을 측정하는 기준
- 인접 도면과의 접합 기준
- 지적측량기준점 전개 시의 기준
- 측량준비파일에서의 도북방향 기준
- 외업 시 측량준비파일과 지상현황의 부합 여부 확인의 기준

14. 지적기준점을 19점 설치하여 측량하는 경우 측량기간으로 옳은 것은?

① 4일　　② 5일　　③ 6일　　④ 7일

해설 공간정보의 구축 및 관리 등에 관한 법률 시행규칙 제25조(지적측량 의뢰 등)
1. 지적측량의 측량기간 : 5일
2. 측량검사기간 : 4일
3. 지적기준점을 설치하여 측량 또는 측량검사를 하는 경우
   ① 지적기준점이 15점 이하인 경우 : 4일
   ② 지적기준점이 15점을 초과하는 경우 : 4일에 15점을 초과하는 4점마다 1일을 가산
4. 지적측량 의뢰인과 지적측량수행자가 서로 합의하여 따로 기간을 정하는 경우에는 그 기간에 따르되, 전체 기간의 4분의 3은 측량기간으로, 전체 기간의 4분의 1은 측량검사기간으로 본다.

15. 데오드라이트의 기계오차 중 수평각 관측 시 고려하지 않아도 되는 것은?

① 기포관 조정
② 수평축의 조정
③ 십자선 종선의 조정
④ 망원경 수준기의 조정

해설 트랜싯의 조정조건
- 제1조정(평반기포관의 조정) : 평반기포관축은 연직축에 직교해야 한다.
- 제2조정(십자종선의 조정) : 십자종선은 수평축에 직교해야 한다.
- 제3조정(수평축의 조정, 지주의 조정) : 수평축은 연직축에 직교해야 한다.
- 제4조정(십자횡선의 조정) : 십자선의 교점은 정확하게 망원경의 중심(광축)과 일치하고 십자횡선은 수평축과 평행해야 한다.
- 제5조정(망원경 기포관의 조정) : 망원경에 장치된 기포관축과 시준선은 평행해야 한다.
- 제6조정(연직분도원 버니어 조정, 제로 세팅) : 시준선이 수평(기포관의 기포가 중앙)일 때 연직분도원의 0도가 버티어의 0과 일치해야 한다.

16. 거리측량을 할 때 발생하는 오차 중 우연오차의 원인이 아닌 것은?

① 테이프의 길이가 표준길이와 다를 때
② 온도가 측정 중에 시시각각으로 변할 때
③ 눈금의 끝수를 정확히 읽을 수 없을 때
④ 측정 중 장력을 일정하게 유지하지 못하였을 때

해설 테이프의 길이가 표준길이와 달라서 발생하는 오차는 정오차로서 원인과 상태를 파악하면 제거가 가능한 오차이다.

17. 조준의(앨리데이드)가 갖추어야 할 조건으로 틀린 것은?

① 시준판의 눈금은 정확하여야 한다.
② 기포관축은 자의 밑면과 평행이어야 한다.
③ 시준면은 조준의의 밑면에 직교되어야 한다.
④ 시준판을 세웠을 때 밑면에 평행하여야 한다.

해설 조준의(앨리데이드)의 조건
- 수평눈금 모서리는 반드시 직선이어야 한다.
- 조준의(앨리데이드)의 수평눈금은 정확해야 한다.
- 시준판에 새겨진 눈금은 반드시 시준판의 내측간격의 1/100이 되어야 한다.
- 시준면은 조준의의 밑면에 직각이 되어야 한다.
- 시준공의 크기는 직경 4~6mm의 것이 보통이다.
- 수준기의 감도는 기포관의 곡률반경 1.0~1.5mm의 것이 적당하다.
- 시준공은 아랫면에 대해 동일 수직선상에 있어야 한다.
- 시준기축은 기준아랫면에 평행이 되어야 한다.
- 기포관축은 자의 밑면과 평행이어야 한다.

Answer 15. ④ 16. ① 17. ④

18. A점의 좌표가 (1000.00, 1000.00)이고 $\overline{AP}$의 방위각이 60°00′00″ $\overline{AP}$의 거리가 3,000m일 때 P점의 좌표는?(단, 좌표의 단위는 m이다.)

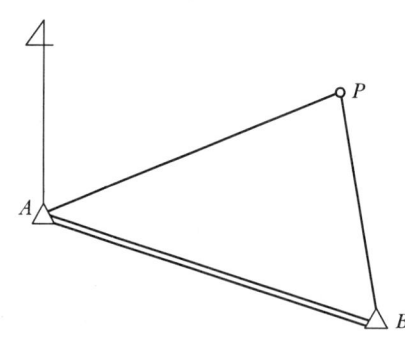

① (1,500.00, 1,000.00)
② (2,476.89, 2,611.29)
③ (2,500.00, 3,598.08)
④ (3,611.28, 3,776.09)

해설 $X_P = X_A + AP \times \cos V_A^P = 1,000.00 + 3,000 \times \cos 60°00′00″ = 2,500.00$

$Y_P = Y_A + AP \times \sin V_A^P = 1,000.00 + 3,000 \times \sin 60°00′00″ = 3,598.08$

19. $\alpha = 58°40′50″$, $\overline{AC} = 64.85$, $\overline{BD} = 59.60$m인 아래 도형의 면적은?

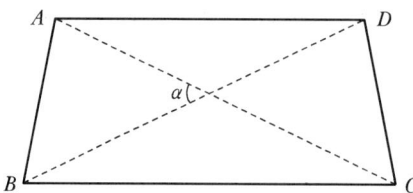

① 1,650.9m²
② 1,805.4m²
③ 1,950.9m²
④ 2,005.4m²

해설 $\overline{AC}$와 $\overline{BD}$가 교차하는 지점을 O라 하면

$\overline{AO}$의 거리는 $\overline{AC}$ 거리의 $\frac{1}{2}$이 된다.

또한 $\overline{BO}$의 거리는 $\overline{BD}$ 거리의 $\frac{1}{2}$이 된다.

$\triangle BOC$는 $180° - 58°40′50″ = 121°19′10″$

$\triangle AOB$와 $\triangle COD$는 마주 보는 각이 같으며 두 변이 같으므로 삼각형의 면적이 같다.
$\triangle AOD$와 $\triangle BOC$ 또한 마주 보는 각이 같으며 두 변이 같으므로 삼각형의 면적이 같다.
그러므로
$\overline{AO} = 64.85 \div 2 = 32.425$m
$\overline{BO} = 59.60 \div 2 = 29.80$m

$\triangle AOB$의 면적 $= \frac{1}{2}ab \times \sin\alpha = \frac{1}{2}(32.425 \times 29.8 \times \sin 58°40′50″) = 412.73$m²

ΔAOD의 면적 $= \frac{1}{2}ab \times \sin\alpha = \frac{1}{2}(32.425 \times 29.8 \times \sin 121°19'10'') = 412.73\text{m}^2$

따라서 △AOB와 △COD의 면적은 같으므로
$412.73\text{m}^2 \times 2 = 825.46\text{m}^2$
△AOD와 △BOC 또한 면적이 같으므로
$412.73\text{m}^2 \times 2 = 825.46\text{m}^2$
∴ $825.46\text{m}^2 \times 2 = 1,650.9\text{m}^2$

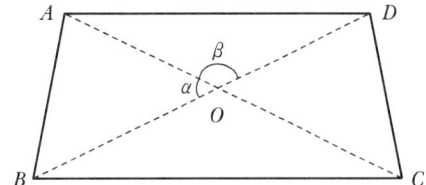

20. 지적삼각점측량을 할 때 사용하고자 하는 삼각점의 변동 유무를 확인하는 기준은?

① 기지각과의 오차가 ±30초 이내
② 기지각과의 오차가 ±40초 이내
③ 기지각과의 오차가 ±50초 이내
④ 기지각과의 오차가 ±60초 이내

해설 지적측량 시행규칙 제9조(지적삼각점측량의 관측 및 계산)
기지각(既知角)과의 차는 ±40초 이내로 한다.

02 응용측량

SUBJECT

21. 지형도에서 92m 등고선상의 A점과 118m 등고선상의 B점 사이에 기울기가 8%로 일정한 도로를 만들었을 때, AB 사이 도로의 실제 경사거리는?

① 347m
② 339m
③ 332m
④ 326m

해설 높이 = 경사도 × 수평거리
수평거리 = $\frac{높이}{경사도} = \frac{26}{0.08} = 325\text{m}$ 이므로
경사거리 = $\sqrt{26^2 + 325^2} = 326.038\text{m}$

22. GNSS 측량에서 다중경로오차가 발생할 가능성이 가장 큰 곳은?

① 사막
② 수중
③ 지하
④ 건물 옆

Answer 20. ② 21. ④ 22. ④

해설 GNSS 측량의 오차 : 크게 구조적 원인에 의한 오차, 위성의 배치 상황에 따른 오차(DOP), 선택적 가용성에 의한 오차(SA), 주파단절(Cycle Slip)이 있다. 구조적 원인에 의한 오차에는 위성시계오차, 위성궤도오차, 전리층과 대류층의 전파지연, 다중경로오차 등이 있고 보통 수신기에서 오차가 발생하며 다중경로오차는 위성신호가 주위 장애물 등으로 직진파로 수신하지 못하고 반사 또는 굴절하여 수신할 때 발생하는 오차이다.

23. 궤도간격 1.067m인 철도에서 곡선반지름이 5,000m인 곡선궤도를 속도 100km/h로 주행할 경우에 캔트(Cant)의 높이는?(단, 중력가속도 g=9.8m/s²)

① 17mm   ② 25mm   ③ 31mm   ④ 60mm

해설 캔트(Cant) : 곡선부를 통과하는 차량이 원심력이 발생하여 접선방향으로 탈선하려는 것을 방지하기 위해 바깥쪽 노면을 안쪽 노면보다 높이는 정도를 말하며 편경사라 한다.

캔트의 높이 $h = \dfrac{v^2 S}{gR} = \dfrac{\left(100 \times \dfrac{1,000}{3,600}\right)^2 \times 1.037}{9.8 \times 5,000} = 0.0168\text{m} = 17\text{mm}$

24. 수준측량 시 중간시가 많은 경우 가장 편리한 야장기입방법은?

① 기고식   ② 고차식
③ 승강식   ④ 기준면식

해설 기고식 : 노선측량의 종단측량이나 횡단측량에 많이 쓰이며 중간시(간시)가 많을 때 편리하게 사용하는 야장기입방법이다.

25. 회전주기가 일정한 위성을 이용한 원격탐사의 특징으로 틀린 것은?

① 짧은 시간에 넓은 지역을 동시에 측정할 수 있으며 반복측정이 주기적으로 가능하여 대상물의 변화를 감지할 수 있다.
② 다중파장대에 의한 지구표면의 다양한 정보의 취득이 용이하며 관측 자료가 수치로 기록되어 판독에 있어서 자동적인 작업수행이 가능하고 정량화하기 쉽다.
③ 관측이 넓은 시야각으로 행해지므로 얻어진 영상은 중심투영에 가깝다.
④ 탐사된 자료가 즉시 이용될 수 있으며 재해 및 환경문제의 해결에 유용하게 이용될 수 있다.

해설 원격탐사 : 비행기나 인공위성 등에 탑재된 센서(Sensor)를 사용하여 지표의 대상물에서 반사 또는 방사된 전자 스펙트럼을 측정하고 이들의 자료를 이용하여 대상물이나 현상에 관한 정보를 얻는 기법으로 특징은 다음과 같다.
- 짧은 시간 내에 넓은 지역을 동시에 측정할 수 있으며 반복 측정 가능하다.
- 다중파장대에 의한 지구표면 정보획득이 용이하며 측정자료가 기록되어 판독이 자동적이고 정량화가 가능하다.
- 회전주기가 일정하므로 원하는 지점 및 시기에 관측하기가 어렵다.
- 관측이 좁은 시야각으로 얻어진 영상은 정사투영에 가깝다.
- 탐사된 자료가 즉시 이용될 수 있으며 재해, 환경문제 해결에 편리하다.

26. 클로소이드 곡선에 대한 설명으로 옳지 않은 것은?

① 클로소이드 형식에는 기본형, S형, 나선형, 복합형 등이 있다.
② 모든 클로소이드는 닮은꼴이다.
③ 단위 클로소이드의 모든 요소들은 단위가 없다.
④ 매개변수(A)에 의해 클로소이드의 크기가 정해진다.

해설 클로소이드 곡선 : 곡률이 곡선장에 비례하는 곡선을 말한다. 자동차가 일정속도로 달리고 그 앞바퀴의 회전속도를 일정하게 유지할 경우 그리는 운동궤적은 클로소이드가 되고 고속주행 도로에 적합하며 형식은 다음과 같다.
- 기본형 : 직선-클로소이드-원곡선
- S형 : 반향곡선 사이에 2개의 클로소이드 삽입
- 난형 : 복심곡선 사이에 클로소이드 삽입
- 凸형 : 같은 방향으로 구부러진 2개의 클로소이드를 직선적으로 삽입
- 복합형 : 같은 방향으로 구부러진 2개의 클로소이드를 이은 것

27. 수직 터널에 의하여 지상과 지하의 측량을 연결할 때의 수선측량에 대한 설명으로 틀린 것은?

① 깊은 수직 터널에 내리는 추는 50~60kg 정도의 추를 사용할 수 있다.
② 추를 드리울 때, 깊은 수직 터널에서는 보통 피아노선이 이용된다.
③ 수직 터널 밑에는 물이나 기름을 담은 물통을 설치하고 내린 추가 그 물통 속에서 동요하지 않게 한다.
④ 수직 터널 밑에서 수선의 위치를 결정하는 데는 수선이 완전 정지하는 것을 기다린 후 1회 관측값으로 결정한다.

해설 갱내외 연결측량방법
- 추는 얕은 수갱일 경우 철선, 동선 등이 사용되며 무게는 5kg 이하이다.
- 깊은 수갱은 피아노선을 사용하며 추는 50~60kg의 무게이다.
- 수갱 밑바닥에는 물 또는 기름을 넣은 통을 놓고 추의 진동을 감소시킨다.
- 추가 진동하므로 직각방향으로 추선 진동의 위치를 10회 이상 관측하고 평균값을 관측값으로 한다.

28. 축척 1 : 25,000의 항공사진을 200km/h로 촬영할 경우에 최장노출시간이 1/100초였다면 사진에서 허용 흔들림량은?

① 0.002mm
② 0.02mm
③ 0.2mm
④ 2mm

해설 최장노출시간(T_s) = $\dfrac{\Delta S \times m}{V} = \dfrac{\frac{1}{100} \times \left(200 \times 1,000 \times \frac{1}{3,600}\right)}{25,000} = 0.0000222\text{m} = 0.02\text{mm}$

여기서, ΔS : 흔들림량, m : 축척분모, V : 속도(초속)

Answer 26. ③ 27. ④ 28. ②

29. 영상정합의 종류에서 객체의 점, 선, 면의 밝기값 등을 이용하는 정합은?

① 단순정합
② 관계형 정합
③ 형상기준 정합
④ 영역기준 정합

해설 영상정합(Image Matching): 영상 중 한 영상의 한 위치에 해당하는 실제의 객체가 다른 영상의 어느 위치에 형성되었는가를 발견하는 작업으로서 상응하는 위치를 발견하기 위해서 유사성 측정을 이용한다.
※ 관계형 정합: 점, 선, 면의 밝기값을 이용한다.

30. 원곡선의 설치에서 곡선반지름이 150m, 시단현의 길이가 15m이면 시단현에 의한 편각은?

① 2°6′35″
② 2°51′53″
③ 3°44′35″
④ 5°44′53″

해설 편각 $\sigma = 1,718.87' \dfrac{1}{R} = 1,718.87' \times \dfrac{15}{150} = 2°51'53.22''$

31. 터널 안에서 A점의 좌표가 (1,749.0, 1,134.0, 126.9), B점의 좌표가 (2,419.0, 987.0, 149.4)일 때 A, B점을 연결하는 터널을 굴진하는 경우 이 터널의 경사거리는?(단, 좌표의 단위는 m이다.)

① 685.94m
② 686.19m
③ 686.31m
④ 686.57m

해설 AB의 거리 $= \sqrt{(2,419-1,749)^2 + (987-1,134)^2} = 685.94\,\text{m}$

AB의 높이차 $= 149.4 - 126.9 = 22.5\,\text{m}$

터널경사도 $= \tan^{-1} \dfrac{22.5}{685.94} = 1°52'3.4''$

∴ 경사거리 $= 685.94 \div \cos 1°52'43.4'' = 686.31\,\text{m}$

32. 축척 1:50,000 지형도에서 주곡선의 간격은?

① 5m
② 10m
③ 20m
④ 100m

해설 등고선의 종류는 계곡선, 주곡선, 간곡선, 보조곡선 등으로 분류하며 축척 50,000분의 1 지형도에서는 계곡선 100m, 주곡선 20m, 간곡선 10m, 보조곡선 5m로 되어 있다.

33. A, B 두 개의 수준점에서 P점을 관측한 결과가 표와 같을 때 P점의 최확값은?

구분	관측값	거리
$A \to P$	80.258m	4km
$B \to P$	80.218m	3km

① 80.235m
② 80.238m
③ 80.240m
④ 80.258m

Answer 29. ② 30. ② 31. ③ 32. ③ 33. ①

해설 경중률 $P_a : P_b = \dfrac{1}{4} : \dfrac{1}{3} = 3 : 4$

$$L_0 = \dfrac{P_1 l_1 + P_2 l_2}{P_1 + P_2} = \dfrac{(80.258 \times 3)+(80.218 \times 4)}{3+4} = 80.235\text{m}$$

34. GNSS 측량방법 중 후처리방식이 아닌 것은?

① Static 방법 ② Kinematic 방법
③ Pseudo-Kinematic 방법 ④ Real-Time Kinematic 방법

해설 GNSS 관측방법 중 상대관측방법(간섭계측위) : 1대의 수신기는 기지점에, 다른 수신기는 미지점에 설치하여 2점 간에 도달하는 전파의 시간적 지연을 측정하여 2점 간의 거리를 정확히 구하여 미지점의 위치를 결정하는 방법이다.

1. Static 측량
  ① 2개 이상의 수신기를 각 측점에 고정하고 동시에 4개 이상의 위성으로부터 신호를 30분 이상 수신하는 방식으로서 수신된 신호를 컴퓨터처리에 의해 각 수신기의 위치 및 거리를 계산하는 후처리 위치결정방식이다.
  ② 계산된 위치 및 거리 정확도가 수 mm 정도(1ppm~0.01ppm)로 높으며 삼각점 등 기준점의 신설, 측지기준점측량, VLBI의 보완 또는 대체측량에 이용된다.
2. Kinematic 측량
  ① 기지점 수신기를 고정국, 다른 수신기를 이동국으로 하여 이동국을 순차적으로 이동하면서 신호를 수초~수분 동안 수신하는 방식으로 관측자료를 후처리하여 위치를 결정하는 방식이다.
  ② 수 mm~수 cm 정확도로 이동차량의 위치결정, 지형측량, 각종 공사측량 등에 이용된다.
3. RTK(Real Time Kinematic) 측량
  실시간 이동측량은 기지점의 고정국과 미지점의 이동국 간의 위치관계를 라디오모뎀 등을 이용하여 실시간으로 처리하는 체계이다.

35. 원곡선에서 교각(I)이 90°일 때, 외할(E)이 25m라고 하면 곡선반지름은?

① 35.6m ② 46.2m ③ 60.4m ④ 93.7m

해설 외할$(E) = R\left(\sec\dfrac{I}{2} - 1\right)$, $25 = R(\sec 45° - 1)$, $R = \dfrac{25}{\sec 45° - 1} = 60.4\text{m}$

36. 레벨의 시준축이 기포관축과 평행하지 않으므로 인한 오차를 소거하는 방법으로 옳은 것은?

① 후시한 후 곧바로 전시한다.
② 전시와 후시의 거리를 같게 한다.
③ 표척을 정확히 수직으로 세운다.
④ 표척을 시준선의 좌우로 약간 기울인다.

해설 수준측량에서 전시, 후시 거리를 같게 함으로써 제거되는 오차
• 레벨의 조정이 불완전하여 시준선이 기포관축과 평행하지 않을 때 발생하는 오차

Answer 34. ④ 35. ③ 36. ②

- 지구의 곡률오차와 빛의 굴절오차
- 초점나사를 움직일 필요가 없으므로 그로 인해 생기는 오차를 제거

37. GPS를 구성하는 위성의 궤도 주기로 옳은 것은?

① 약 6시간 ② 약 12시간
③ 약 18시간 ④ 약 24시간

해설 GPS 측량의 인공위성은 55° 궤도 경사각에 위도 60°의 6개 궤도로 구성되어 있으며, 고도는 약 20,183km 이고, 약 12시간 주기로 운행한다.

38. 지형의 표시방법이 아닌 것은?

① 평행선법 ② 점고법
③ 등고선법 ④ 우모법

해설 지형의 표시방법으로 영선법(게바법, 우모법), 음영법(명암법), 점고선법, 등고선법이 있다.

39. 카메라의 초점거리가 153mm, 촬영 경사각이 4.5°로 평지를 촬영한 항공사진이 있다. 이 사진에서 등각점과 주점의 거리는?

① 5.4mm ② 5.2mm
③ 6.0mm ④ 3.6mm

해설 등각점 : 주점과 연직점을 2등분하여 교차하는 점을 말하고 $mj = f \times \tan\dfrac{i}{2}$

$0.153 \times \tan\dfrac{4.5}{2} = 0.006\text{m}$

40. 지물과 지모의 대상으로 짝지어진 것으로 옳은 것은?

① 지물 : 산정, 평야, 구릉, 계곡
② 지모 : 수로, 계곡, 평야, 도로
③ 지물 : 교량, 평야, 수로, 도로
④ 지모 : 산정, 구릉, 계곡, 평야

해설
- 지물 : 지표면 위의 자연적, 인위적 물체(하천, 호수, 도로, 철도 건축물 등)
- 지모 : 지표면의 기복 상태(능선, 계곡, 언덕, 산정, 구릉, 평야 등)

03 토지정보체계론

41. 도형정보의 입력 방법 중 디지타이징 방식에 비하여 스캐닝 방식이 갖는 특징으로 옳지 않은 것은?

① 특정 주제만을 선택하여 입력시킬 수 없다.
② 레이어별로 나뉘어 입력되므로 비용이 저렴하다.
③ 복잡한 도면을 입력할 경우에 작업시간이 단축된다.
④ 손상된 도면의 경우 스캐닝에 의한 인식이 원활하지 못할 수 있다.

해설 스캐닝 방식은 정보의 종류별로 레이어를 구분하여 입력할 수 없다.

42. 제5차 국가공간정보정책 기본계획 기간으로 옳은 것은?

① 2005년~2010년　　② 2010년~2015년
③ 2013년~2017년　　④ 2014년~2019년

해설 국가공간정보정책 기본계획 기간
- 제1차 : 1995~2000
- 제2차 : 2001~2005
- 제3차 : 2006~2010
- 제4차 : 2010~2012
- 제5차 : 2013~2017
- 제6차 : 2018~2022

43. 지적측량성과작성시스템에서 지적측량접수 프로그램을 이용하여 작성된 측량성과 검사 요청서 파일 포맷 형식으로 옳은 것은?

① *.jsg　　② *.srf　　③ *.sif　　④ *.cif

해설 지적측량성과작성시스템에서 지적공부관리 파일 확장자

파일 확장자	파일명	파일 내용
*.iuf	정보이용승인신청서	지적측량을 의뢰하면 측량접수 프로그램을 이용하여 작성하는 파일
*.sif	측량검사요청서	지적측량을 의뢰하면 측량접수 프로그램에서 접수사항을 입력하면 *.iuf 파일과 동시에 작성된 파일
*.cif	측량준비파일	측량수행자가 정보이용승인신청서 파일로 송부하면 소관청이 지적측량업무관리부에 등록하고 측량준비파일을 추출하여 생성된 파일
*.dat	측량결과파일	소관청에서 추출한 준비파일을 지적측량작성시스템에서 측량결과를 정리한 파일로 지적측량검사를 요청할 경우 첨부된 파일
*.srf	측량성과검사결과	지적측량성과검사가 정상적으로 완료되면 측량성과검사결과를 작성하여 지적측량수행자에게 송부하는 파일

Answer 41. ② 42. ③ 43. ③

44. 데이터베이스관리시스템(DBMS)의 주요기능에 대한 설명으로 틀린 것은?
① 데이터를 안정적으로 관리한다.
② 하드디스크에 매체를 저장할 수 있다.
③ 데이터에 대한 효율적인 검색을 지원한다.
④ 각종 데이터베이스의 질의 언어를 지원한다.

해설 DBMS에서 데이터는 중앙에서 관리하기 때문에 각각의 응용에서 개별적인 하드디스크에 파일을 유지할 필요가 없다.

45. 다음 중 지형 및 공간과 관련된 모든 종류의 공간자료들을 서로 호환이 가능하도록 하기 위하여 만들어진 대표적인 교환표준은?
① SPPS
② SDTS
③ GIST
④ NIST

해설 1995년 12월 우리나라 NGIS 데이터 교환표준으로 SDTS가 채택되었다.

46. 데이터 처리 시 대상물이 두 개의 유사한 색조나 색깔을 가지고 있는 경우 소프트웨어적으로 구별하기 어려워서 발생되는 오류는?
① 선의 단절
② 방향의 혼돈
③ 불분명한 경계
④ 주기와 대상물의 혼돈

해설 벡터화 과정에서의 오류
① 선의 단절 : 사람의 눈으로는 조그마한 선의 끊어짐을 발견하지 못하지만 매우 짧은 선의 단절이 발생하여도 선이 끊어지게 된다. 이런 경우 단절된 선을 수작업으로 연결해 주어야 한다.
② 방향의 혼돈 : T자형의 수직선을 만나면 어떤 방향으로 이동하여야 할지 정확하게 판단하지 못해 생기는 오류
③ 불분명한 경계 : 대상물이 두 개의 유사한 색조나 색깔을 가지고 있는 경우 소프트웨어적으로 구별하기 어려워서 발생되는 오류
④ 주기와 대상물의 혼돈 : 예를 들어 seoul의 o는 폴리곤으로 볼 수도 있고 문자로 인식할 수도 있다.

47. 기존 종이지적도면을 스캐닝 방식으로 입력할 경우, 격자영상에 생긴 잡음(Noise)을 제거하는 단계는?
① 스캐닝 단계
② 필터링 단계
③ 위상정립 단계
④ 세선화(Thining) 단계

해설 필터링 단계
- 격자데이터에 생긴 여러 형태의 잡음을 윈도우(필터)를 이용해 제거하고,
- 연속적이지 않은 외곽선을 연속적으로 이어주는 영상처리의 과정
- 위성영상의 전반에 걸쳐 불규칙한 잡음(Speckle Noise)이 발생하여 이를 보정하는 단계

48. 개인이나 기업이 직접 지적소관청을 방문하지 않고, 원하는 시간에 인터넷상에서 민원을 처리할 수 있도록 개발된 토지정보시스템은?

① GIS   ② PIS   ③ OGC   ④ WEB LIS

해설 웹 기반의 토지정보체계(WEB LIS)의 구축 효과
- 시간과 거리의 제약을 받지 않는다.
- 신속하고 효율적인 민원 업무 처리가 가능하다.
- 정보와 자원을 공유할 수 있다.
- 업무 처리에 있어 중복을 피할 수 있다.
- 업무별 분산처리를 실현할 수 있다.

49. 시설물관리를 위한 수치지도를 바탕으로 건축, 전기, 설비, 통신, 가스, 도로 등의 위치정보를 데이터베이스로 구축하고 공간데이터와 연관되는 속성자료를 입력하여 시설물에 대한 유지보수 활동을 효과적으로 지원할 수 있는 체계는 무엇인가?

① FM   ② ITS   ③ UGIS   ④ Telematics

해설 시설물관리(FM : Facilities Management)
- 도로, 상하수도, 전기 등의 자료를 수치지도화하고 시설물의 속성을 입력하여 데이터베이스를 구축함으로써 시설물 관리활동을 효율적으로 지원하는 시스템
- 대규모 공장, 관로망 또는 공공시설물 등에 대한 제반 정보를 처리하는 시스템
- 건축, 전기, 설비, 통신 등 도면 자동화를 통해 구축된 수치지도를 바탕으로 지상 및 지하의 각종 시스템상에 구축하여 지원하는 시스템

50. 3차원 지적정보를 구축할 때, 지상 건축물의 권리관계 등록과 가장 밀접한 관련성을 가지는 도형정보는?

① 수치지도   ② 층별 권원도   ③ 토지피복도   ④ 토지이용계획도

해설 층별도는 지상위치가 아닌 건물의 일부분을 소유하는 문제에 대한 법률문제와 권리보증을 위한 도면으로서 층별도 권원등록을 한 건물 일부에 대한 보조도면이 층별 권원이다.

51. 캐나다의 지적제도와 지적공부 전산화 과정에 대한 설명으로 옳지 않은 것은?

① 캐나다의 국립지리원(Ordnance Survey)은 1971년에 설립되었으며 대축척 수치지도를 작성한다.
② 'GeoConnections'은 캐나다 지리정보체계를 인터넷상에서 활용할 수 있도록 하기 위해 개발한 프로그램이다.
③ CEONet은 캐나다와 세계적인 지리와 지구관측 상품과 서비스에 대한 정보를 포함한다.
④ 지리정보관계기관 위원회는 14개의 연방부처와 민간분야 관련 산업협의회와 학계로 구성된다.

해설 캐나다에서는 1999년 5월 기존의 국가지리정보기반 구축과 관련된 사업 일체를 GeoConnections이라는 개념으로 재정리하였다.

Answer   48. ④   49. ①   50. ②   51. ①

52. 다음 중 OGC(Open GIS Consortium)에 관한 설명으로 옳지 않은 것은?

① 지리정보와 관련된 여러 처리방식에 대하여 개방형 시스템적인 접근을 시도하였다.
② 지리정보를 활용하고 관련 응용분야를 주요업무로 하는 공공기관 및 민간기관들로 구성된 컨소시엄이다.
③ ISO/TC211의 활동이 시작되기 이전에 미국의 표준화기구를 중심으로 추진된 지리정보 표준화기구이다.
④ OGIS(Open Geodata Interoperability Specification)를 개발하고 추진하는 데 필요한 합의된 절차를 정립할 목적으로 설립되었다.

해설 CEN/TC287 : ISO/TC211 활동이 시작되기 이전에 유럽의 표준화기구를 중심으로 추진된 유럽의 지리정보 표준화기구

53. 지적전산자료의 이용 및 활용에 관한 사항으로 틀린 것은?

① 지적공부의 형식으로는 복사할 수 없다.
② 필요한 최소한도 안에서 신청하여야 한다.
③ 지적파일 자체를 제공하라고 신청할 수는 없다.
④ 승인받은 자료의 이용·활용에 관한 사용료는 무료이다.

해설 지적전산자료의 이용 또는 활용에 관한 승인을 받은 자는 국토교통부령으로 정하는 사용료를 내야 한다. 다만, 국가나 지방자치단체에 대해서는 사용료를 면제한다.

54. 토지정보체계에서 차원이 다른 공간객체는?

① 노드
② 링크
③ 아크
④ 체인

해설 공간자료의 표현
- 0차원 공간객체 : 점(Point), 노드(Node)
- 1차원 공간객체 : 스트링(String), 아크(Arc), 링크(Link), 체인(Chain)
- 2차원 공간객체 : 폴리곤(Polygon), 내부에어리어(Interior Area)

55. GIS의 일반적 작업순서로 옳은 것은?

① 실세계 → 데이터 수집 → DB 구축 → 분석 → 결과 도출 → 사용자
② 실세계 → DB 구축 → 데이터 수집 → 분석 → 결과 도출 → 사용자
③ 실세계 → 분석 → DB 구축 → 데이터 수집 → 결과 도출 → 사용자
④ 실세계 → 데이터 수집 → 분석 → DB 구축 → 결과 도출 → 사용자

해설 GIS 구축 절차
자료 수집 및 입력 → DB 구축 및 관리 → 검색 및 변환 → 분석 → 출력

56. 시·군·구(자치구가 아닌 구 포함) 단위의 지적공부에 관한 전산자료의 이용 및 활용에 관한 승인권자로 옳은 것은?

① 지적소관청
② 시·도지사 또는 지적소관청
③ 국토교통부장관 또는 시·도지사
④ 국토교통부장관, 시·도지사 또는 지적소관청

해설 부동산종합공부 전산자료 제공 승인권자
- 기초자치단체(시·군·구)의 범위에 속하는 자료 : 시·군·구(자치구가 아닌 구를 포함)의 장
- 시·도 단위의 자료 또는 2개 이상의 기초자치단체에 걸친 범위에 속하는 자료 : 시·도지사
- 전국단위의 자료 또는 2개 이상의 시·도에 걸친 범위에 속하는 자료 : 국토교통부장관

57. 다음 중 벡터 데이터의 위상구조에 대한 설명으로 옳지 않은 것은?

① 다양한 공간분석을 가능하게 해주는 구조이다.
② 지형·지물들 간의 공간관계를 인식할 수 있다.
③ 데이터의 갱신 시 위상구조는 신경 쓰지 않아도 된다.
④ 다중연결을 통하여 각 지형·지물은 다른 지형·지물과 연결될 수 있다.

해설 스파게티 구조 특징
- 객체가 좌표에 의한 그래픽 형태(점·선·면적)로 저장되며 구조화되지 않은 그래픽 모형을 말한다(데이터 갱신 시 위상 구조는 신경 쓰지 않아도 된다).
- 도면을 독취할 때 작성된 자료와 비슷하며 자료구조가 단순하여 파일의 용량이 작은 장점이 있다.
- 상호 연관성에 관한 정보가 없어 인접한 객체들의 특징과 관련성, 연결성을 파악하기 어렵다.

58. 데이터베이스의 모형 중 트리(Tree) 형태의 구조로 행정구역을 나타내는 레이어 등에 효율적으로 적용될 수 있는 것은?

① 계급형 ② 관계형 ③ 관망형 ④ 평면형

해설 트리(Tree) 형태
- 가장 위의 계급을 Root(근원)라 하며, Root 역시 레코드의 형태를 갖는다. Root를 제외한 모든 레코드는 부모 레코드와 자식 레코드를 갖는다.
- 모든 레코드는 일 대 일 (1 : 1) 혹은 일 대 다수(1 : n)의 관계를 갖고 있기 때문에 한 개의 부모 레코드만 갖는다.

59. 지리정보데이터 교환표준은 각 국가마다 상이하다. 세계 각국의 데이터 교환표준이 서로 잘못 연결된 것은?

① 한국 – DXF
② 미국 – SDTS
③ NATO 국가 – DIGEST
④ 유럽 교통 관련 표준 – GDF

해설 1995년 12월 우리나라 NGIS 데이터 교환 표준으로 SDTS가 채택되었다.

Answer 56. ① 57. ③ 58. ① 59. ①

60. 다음 중 공간데이터 모델링 과정에 포함되지 않는 것은?

① 개념적 모델링
② 논리적 모델링
③ 물리적 모델링
④ 위상적 모델링

해설 공간데이터 모델링
- 실세계에서 관심 대상이 되는 데이터만 추출하여 추상적인 형태로 나타낸 것을 데이터 모델링이라고 한다.
- 모델링 과정 : 요구사항 수집과 분석 → 개념적 설계 → 개념적 스키마 → 논리적 설계 → 논리적 스키마 → 정규화 → 물리적 설계 → 물리적 스키마
- 개념적 모델 : 관심대상이 되는 데이터의 구성요소를 추상적인 개념으로 나타낸 것
- 내부(논리)적 모델 : 데이터의 구성요소를 논리적인 개념으로 나타낸 것으로 계층형 네트워크형, 관계형, 객체지향 데이터 모델 등이 있다.
- 물리적 모델 : 데이터의 정보가 컴퓨터에 저장되는 것으로 저장단위로 구체적으로 정의된다.

04 지적학

61. 다목적지적제도에서의 토지등록 사항으로 보기 어려운 것은?

① 지하시설물
② 지상 건축물
③ 토지의 위치
④ 당해 토지의 상속권

해설 다목적지적제도
1. 다목적지적(Multi-Purposs Cadastre)의 개념
   ① 다목적지적은 토지이용의 효율화를 위해 토지에 대한 모든 관련 자료를 일필지를 기초로 집적관리하고 공급하는 제도로서 토지 관련 정보의 종합적인 기록·유지와 공급의 종합토지정보시스템
   ② 토지에 관한 등록자료의 용도가 다양화함에 따라 더 많은 자료의 관리와 이를 신속하고 정확하게 공급하기 위한 제도
   ③ 토지의 각종 등록자료의 관리 및 공급으로 토지이용의 효율성을 추구하는 제도
   ④ 종합지적 또는 통합지적이라 함
   ⑤ 토지소유권, 토지이용, 토지평가, 토지자원관리에 관한 의사결정에 필요한 정보를 포함
   ⑥ 등록자료의 통계, 추정, 검증, 분석이 가능한 프로그램에 의하여 컴퓨터시스템으로 운영할 때 가능한 종합적 토지정보시스템
2. 다목적지적의 등록내용
   ① 기준점, 토지자산, 지역권, 공공도로, 철도, 송유관, 수로, 습지, 지하시설물, 토양, 산림
   ② 사용권, 토지 표시사항(위치·면적·경계), 가격 표시사항(토지 및 건축물)
   ③ 토지소유권 표시사항, 기타 권리 표시사항, 토지에 관한 소득
   ④ 토지이용현황, 시설물자료(상수도·가스·전기 등), 인구통계자료(주택·가구당 인구수·직업 등)

62. 토지조사사업 당시 소유자는 같으나 지목이 상이하여 별필(別筆)로 해야 하는 토지들의 경계선과 소유자를 알 수 없는 토지와의 구획선으로 옳은 것은?

① 강계선(疆界線) ② 경계선(境界線)
③ 지세선(地勢線) ④ 지역선(地域線)

해설 강계선과 지역선 및 경계선의 구분
1. 강계선
   ① 토지조사사업 당시 강계선과 지역선을 구별함
   ② 토지조사령에 의하여 토지조사국장의 사정을 거친 선
   ③ 소유자가 다른 토지 간의 경계선이며 강계선의 상대편 토지는 소유자와 지목이 다르다는 원칙이 성립
   ④ 토지소유자와 지목이 동일하고 지반이 연속된 토지는 1필지로 함을 원칙
2. 지역선
   ① 토지조사사업 당시 소유자는 같으나 지목이 다른 경우, 지반이 연속되지 않는 경우 등 지적 정리상 별필로 하여야 하는 토지 간의 경계선으로 사정을 거치지 않음
   ② 소유자가 같은 토지와의 구획선, 소유자를 알 수 없는 토지와의 구획선, 토지조사사업의 시행지와 미시행지의 지계선이 대상
   ③ 지역선의 반대쪽은 소유자가 같을 수도 있고 다를 수도 있음
3. 경계선 : 임야조사사업 당시의 경계선이며, 도지사의 사정을 거친 선

63. 일필지의 경계설정 방법이 아닌 것은?

① 보완설 ② 분급설 ③ 점유설 ④ 평분설

해설 지상경계결정의 처리방법
- 점유설 : 현재 점유하고 있는 구획선이 하나일 경우 그를 양 토지의 경계로 한다.
- 평분설 : 점유상태를 확정할 수 없는 경우 분쟁지를 2등분하여 양지에 소속시킨다.
- 보완설 : 새로이 결정한 경계가 다른 확정된 자료에 비추어 형평타당하지 못할 때 그에 따른 보완(지적측량 등)을 한다.

64. 지적재조사사업 추진을 위한 구체적인 기본계획이 최초로 수립된 시기는?

① 1992년 ② 1995년 ③ 1997년 ④ 2000년

해설 지적재조사의 추진경위
- 1994년 지적재조사 실험사업 실시 : 1994년 12월 경남 창원시 2개 동에서 실험사업 실시
- 1995년 지적재조사사업 추진 1차 기본계획 : 관련 부처의 반대로 인하여 특별법(안) 국회상정을 보류하여 입법이 무산
- 2000년 지적재조사사업 추진 2차 기본계획 수립 : 지방자치단체의 단계적 지적불부합지 정비사업 추진을 권고하는 감사원의 조치에 따라 중단
- 2002년 지적불부합지정리 기본계획 : 2001년 감사원의 권고조치에 따라 2004년부터 2010년까지 전국의 '지적불부합지사업'을 계획
- 2006년 토지조사특별법 입법 발의 : 노현송 의원이 토지조사특별법을 발의하였으나 기획재정부에서 '선 시범사업 후 특별법 제정'을 요청하여 '디지털지적구축 시범사업'으로 추진 결정

Answer 62. ④ 63. ② 64. ②

- 2008년 디지털지적 구축사업 추진 : 2008년부터 2010년까지 총 150억 원의 예산을 들여 전국 17개 지적 불부합 지구를 대상으로 시범사업 실시
- 2011년 지적재조사특별법 제정 : 2011년 4월 김기현 의원이 지적재조사특별법을 발의하여 2011.9.16 제정하고, 2012년부터 2030년까지 19년에 걸친 지적재조사 기본계획을 확정하여 추진 예정

65. 지적을 아래와 같이 정의한 학자는?

> 지적은 과세의 기초자료를 제공하기 위하여 한 나라의 부동산의 규모와 가치 및 소유권을 등록하는 제도이다.

① A. Toffler
② G. McEntyre
③ S. R. Simpson
④ Henssen, J. L. G.

해설 지적의 정의
- 대만의 래장(來璋) : 토지의 위치, 경계, 종류, 면적, 권리상태 및 사용상태를 기재한 도책이다.
- 미국의 J. G. McEntyre : 토지에 대한 법률상의 용어로서 조세를 부과하기 위한 부동산의 양, 가치 및 소유권의 공적인 등록이다.
- 네덜란드의 J. L. G. Henssen : 국내의 모든 부동산에 관한 데이터를 체계적으로 정리하여 등록하는 것이다.
- 영국 S. R. Simpson : 과세의 기초를 제공하기 위하여 한 나라 안의 부동산의 수량과 소유권 및 가격을 등록한 공부이다.

66. 지적제도의 외부요소에 속하지 않는 것은?

① 교육적 요소
② 법률적 요소
③ 사회적 요소
④ 지리적 요소

해설 지적의 구성요소
1. 외부요소
   ① 지리적 요소 : 지형, 식생, 토지이용 및 기후 등 최적 지적측량방법의 결정에 영향을 미침
   ② 법률적 요소 : 지적법령은 지적제도의 운용에 있어서 경제성과 효율성을 도모하는 중요한 역할을 함
   ③ 사회·정치·경제적 요소 : 일국의 토지소유권제도는 사회적, 정치적 요소들이 작용한 산물이므로 지적제도에는 이러한 요소들이 신중하게 평가되어야 함
2. 내부요소
   1) 개요
      ① J. L. G. Henssen과 국내 학자들이 주장한 소유자, 권리, 필지는 광의적 개념이며, 원영희와 지종덕이 주장한 토지, 등록, 공부는 협의적 의미로 이해하는 것이 타당
      ② 이왕무 등은 토지, 경계설정과 측량, 등록, 지적공부를 지적의 주요 구성요소로 봄
   2) 광의적 개념
      ① 소유자(Person) : 토지를 소유할 수 있는 권리의 주체로서 소유권 및 기타권리를 갖는 자를 말하며 자연인, 법인, 사단, 재단, 종중, 지방자치단체, 국가 등이 포함
      ② 권리(Right) : 토지를 소유할 수 있는 법적권리로서 토지의 사용, 수익, 처분이 가능한 토지의 소유권과 저당권, 지역권, 지상권, 임차권 등의 기타 권리

③ 필지(Parcel) : 법적으로 물권이 미치는 권리의 객체일필지는 토지의 등록단위, 소유단위, 이용단위가 됨
3) 협의적 개념
① 토지 : 지적제도는 토지를 대상으로 성립하고 일필지로 등록하며 그 대상과 범위는 국토의 개념과 같음
② 등록 : 토지의 물권을 객체화하기 위해 일정한 기준의 등록단위를 정해 일정사항(토지소재, 지번, 지목, 경계, 면적 등)을 등록하는 법률행위로서 모든 토지는 공부에 등록함으로써 법률적인 효력이 발생
③ 공부 : 공부는 토지를 구획하여 일정사항을 기록한 공적장부로서 그 형식과 규격을 법으로 정하며 국가는 항상 이를 일정한 장소에 비치하여 국민이 활용할 수 있도록 함

67. 지적공부에 원칙적으로 등록할 수 없는 토지는?

① 간석지
② 해안 빈지
③ 하천 포락지
④ 해안 방풍림

해설 간석지, 빈지, 포락지, 방풍림의 개념
1. 간석지 등의 법적 개념(공유수면 관리 및 매립에 관한 법률 제2조)
   ① 간석지 : 만조수위선(滿潮水位線)과 간조수위선(干潮水位線) 사이
   ② 바닷가(해안 빈지) : 해안선으로부터 지적공부(地籍公簿)에 등록된 지역까지의 사이
   ③ 포락 : 지적공부에 등록된 토지가 물에 침식되어 수면 밑으로 잠긴 토지
2. 간석지 등의 일반적인 정의
   ① 간석지 : 하천에 의해서 하구에 운반된 점토와 모래 같은 미립물질이 해수의 운반작용으로 하구나 그 인접 해안에 퇴적된 지형(개펄) 또는 조차가 큰 해안에서 조류에 의해 퇴적된 미립물질이 썰물 때에는 노출되고 밀물 때에는 해수면 아래로 잠기는 넓고 평탄한 해안퇴적지형
   ② 해안 빈지 : 일반적으로 바다와 육지 사이의 토지(1999년 공유수면 관리 및 매립에 관한 법률이 개정됨에 따라 빈지(濱地)에서 바닷가로 변경)
   ③ 하천 포락지 : 지적공부에 등록된 토지가 하천의 물에 침식되어 수면 밑으로 잠긴 토지
   ④ 해안 방풍림 : 폭풍 등 강풍이나 바다 물결, 모래를 막기 위하여 해안지역에 나무로 조성된 숲
   ※ 간석지는 영해와 배타적 경제수역과 함께 바다에 포함되므로 원칙적으로 지적공부에 등록할 수 없음

68. 임야조사사업에 대한 설명으로 틀린 것은?

① 조사 및 측량기관은 부 또는 면이다.
② 임야조사사업 당시 사정의 대상은 소유자 및 경계이다.
③ 토지조사에서 제외된 임야 등의 토지에 대한 행정처분이다.
④ 사정권자는 지방토지조사위원회의 자문을 받아 당시 토지조사국장이 실시하였다.

해설 임야조사사업의 개요
1. 사업기간 : 1916년 시험조사 실시~1924년 완료
2. 사업내용
   ① 조사방법 및 절차는 토지조사사업과 유사함
   ② 조사 및 측량기관 : 부 또는 면
   ③ 사정기관 : 도지사

④ 사정내용 : 소유자 및 경계
⑤ 분쟁지 재결 : 도지사 산하 임야조사위원회에서 처리함
3. 조사대상
① 토지조사사업에서 제외된 임야
② 임야 내에 개재된 임야 이외의 토지
4. 임야도 축척 : 1/3,000, 1/6,000

69. 토지조사사업 당시 지번의 설정을 생략한 지목은?

① 성첩
② 임야
③ 지소
④ 잡종지

해설 토지조사사업 당시 조사지
1. 조사대상 지목
   ① 전, 답, 대, 지소(당시 지소에 유지 포함), 잡종지(당시 지목에 염전, 광천지 포함), 임야(다른 조사지 사이에 개재하는 것에 한함)
   ② 사사지, 분묘지, 공원지, 철도용지, 수도용지
   ③ 도로, 하천, 구거, 제방, 성첩, 철도선로, 수도선로
2. 조사의 예외(구 지적법 제37조의 대상)
   ① 도로·하천·구거·제방·성첩·철도선로·수도선로는 지목만 조사하고 특별한 사정이 없으면 지반을 측량하거나 지번을 부여하지 않음
   ② 1950년 제정된 구 지적법 부칙 제37조 제2항의 규정에 따라 지적공부에 등록될 때까지 지속됨

70. 고구려의 토지 면적 측정에 관한 설명으로 틀린 것은?

① 토지의 면적 단위는 경무법을 사용하였다.
② 면적의 단위로 '정, 단, 무, 보'를 사용하였다.
③ 구고장은 측량에 따른 계산에 관한 문제를 다루었다.
④ 방전장은 주로 논이나 밭의 넓이를 계산하였다.

해설 고구려의 토지제도
• 토지측량 단위로 경무법, 길이 단위로 척(尺)을 사용
• 구장산술(九章算術)에 의한 방전장(方田章) 및 구고장(句股章)의 면적측량법을 사용
• 주부(主簿)라는 직책을 두어 전적(田籍)에 관련한 사항을 관장
※ 1910년 토지조사사업의 시행으로 정, 단, 무, 보, 평 등의 척관법이 시행되었다.

71. 지목의 설정 원칙으로 옳지 않은 것은?

① 용도경중의 원칙
② 일시변경의 원칙
③ 주지목추종의 원칙
④ 사용목적추종의 원칙

해설 지목설정의 원칙
• 1필 1지목의 원칙 : 1필의 토지에는 1개의 지목만을 설정하는 원칙이며, 1필의 일부가 용도 변경된 경우에는 분할 후에 지목을 변경

Answer 69. ① 70. ② 71. ②

- 주지목추종의 원칙 : 주된 토지의 편익을 위해 설치된 소면적의 도로, 구거 등의 지목은 이를 따로 정하지 않고 주된 토지의 사용목적 및 용도에 따라 지목을 설정하는 원칙
- 등록선후의 원칙 : 도로, 철도용지, 하천, 제방, 구거, 수도용지 등의 지목이 중복되는 경우에는 먼저 등록된 토지의 사용목적, 용도에 따라 지번을 설정하는 원칙
- 용도경중의 원칙 : 도로, 철도용지, 하천, 제방, 구거, 수도용지 등의 지목이 중복되는 경우에는 중요 토지의 사용목적 및 용도에 따라 지목을 설정하는 원칙
- 일시변경불가의 원칙 : 임시적, 일시적 용도의 변경 시 등록전환 또는 지목변경불가의 원칙
- 사용목적추종의 원칙 : 도시계획사업, 토지구획정리사업, 농지개량사업 등의 완료에 따라 조성된 토지는 사용목적에 따라 지목을 설정하여야 한다는 원칙

72. 토지조사사업 당시 재결한 경계의 효력발생 시기는?

① 재결일
② 재결확정일
③ 재결서 접수일
④ 사정일에 소급

해설 토지조사사업 당시 토지사정의 개요
- 토지의 사정 : 사정이란 토지조사부와 지적도에 의하여 토지의 소유자 및 그 강계를 확정하는 행정처분으로서, 사정은 이전의 권리와 무관한 창설적·확정적 효력이 있음
- 사정기관 : 사정은 지방토지조사위원회의 자문을 받아 당시 토지조사국장이 실시하였으며, 조사 및 측량은 토지조사국에서 실시함
- 사정의 대상 : 토지소유자와 토지강계만을 대상으로 하였으며, 토지소유자는 자연인, 법인, 서원, 종중 등을 인정하였고, 토지의 강계는 강계선만이 사정의 대상이 되었으며 지역선은 제외함
- 사정의 절차 : 사정은 30일간 공시하였고, 이에 불복하는 자는 공시기간 만료 후 60일 이내에 고등토지조사위원회(高等土地調査委員會)에 이의를 제기하여 재결을 요청할 수 있도록 함
- 사정의 효력 : 사정은 원시취득의 효력을 가지며, 재결 시에도 효력발생일을 사정일로 소급함

73. 백문매매(白文賣買)에 대한 설명으로 옳은 것은?

① 오늘날의 토지대장에 해당한다.
② 입안을 받지 않는 계약서를 말한다.
③ 구문기에서 소유자란이 없는 것을 뜻한다.
④ 조선건국 초기에 성행되었던 토지등기제도의 일종이다.

해설 백문매매(白文賣買)
- 조선시대의 토지거래증서인 문기는 토지가옥의 매매 시에 매도인과 매수인의 합의 외에도 대가의 수수 목적물 인도 시에 서면으로 작성하는 계약서로서, 문기 또는 명문문권이라 한다.
- 문기의 일종으로 입안을 받지 않는 매매계약서를 뜻한다.
- 관습상 성행하였으며 후에 관에서도 합법화되었다.
- 백문매매의 성행은 입안(立案)의 폐지사유가 되었다.

74. 지적공부에 대한 설명으로 옳은 것은?

① 토지대장은 국가가 작성하여 비치하는 공적장부를 말한다.
② 경계점좌표등록부는 지적공부에 해당되지 않는다.
③ 지적공부 중 대장에 해당되는 것은 토지대장, 임야대장만을 말한다.
④ 지적공부 중 도면에 해당되는 것은 지적도, 임야도, 도시계획도를 말한다.

해설 지적공부

토지대장, 임야대장, 공유지연명부, 대지권등록부, 지적도, 임야도 및 경계점좌표등록부 등 지적측량 등을 통하여 조사된 토지의 표시와 해당 토지의 소유자 등을 기록한 대장 및 도면(정보처리시스템을 통하여 기록·저장된 것을 포함한다)을 말한다.(공간정보의 구축 및 관리 등에 관한 법률 제2조 19호)

75. 우리나라 지적제도에 토지대장과 임야대장이 2원적(二元的)으로 있게 된 가장 큰 이유는?

① 측량기술이 보급되지 않았기 때문이다.
② 삼각측량에 시일이 너무 많이 소요되었기 때문이다.
③ 토지나 임야의 소유권제도가 확립되지 않았기 때문이다.
④ 우리나라의 지적제도가 조사사업별 구분에 의하여 다르게 하였기 때문이다.

해설 토지조사사업에 의해 토지대장과 지적도가 작성되었으며, 임야조사사업에 의해 임야대장과 임야도가 작성되었다.

구 분	토지조사사업	임야조사사업
기 간	1910~1918년(8년 8개월)	1916~1924년(8년)
총경비	2,040여 만 원	380여 만 원
투입인력	7,000여 명	4,600여 명
대장작성	토지대장 109,998책	임야대장 22,202책
도면작성	지적도 812,093매	임야도 116,984매
도면축척	1/600, 1/1,200, 1/2,400	1/3,000, 1/6,000
조사측량기관	임시토지조사국장	부(府) 또는 면(面)
사정기관	임시토지조사국장	도지사
자문기관	지방토지조사위원회	도지사(조정기관)
재결기관	고등토지조사위원회	임야심사위원회
사 정	19,107,520필	3,479,915필

76. 토지등록제도 중 모든 토지를 공부에 강제등록시키는 제도를 취하지 않는 나라는?

① 스위스
② 프랑스
③ 네덜란드
④ 오스트리아

해설 프랑스는 토지를 지적공부에 필요시마다 분산하여 등록하는 분산등록제도 및 도로, 구거, 하천 등 지형지물에 의한 블록별로 지적도면을 작성함으로써 도곽 개념이 없고 인접도면과 접합 불가능한 고립형 지적도(Island Map or Insular Map) 형식을 채택하고 있다.

77. 다음 중 최초로 부동산(토지) 등기부를 작성할 때 등기 내용을 확인하는 기초 장부로 사용하였던 것은?

① 재결조서 ② 토지대장 ③ 토지조사부 ④ 토지가옥증명부

해설 토지대장을 기초로 등기부가 작성되어 1918년 전국에 등기령이 실시되었다.

78. 지적은 지형, 지질 또는 국유, 민유 등 소유관계에 구애됨이 없이 어떤 객체를 대상으로 하는가?

① 공부 ② 등록 ③ 지물 ④ 필지

해설 일필지는 "지적공부에 등록하는 토지의 법률적인 단위구역"으로서 "법적인 토지등록단위"이다. 따라서 지적의 객체는 필지(筆地)를 대상으로 한다.

79. 아래 내용이 의미하는 토지등록제도는?

> 모든 토지는 지적공부에 등록해야 하고 등록 전 토지표시 사항은 항상 실제와 일치하게 유지해야 한다.

① 권원등록제도
② 소극적 등록제도
③ 적극적 등록제도
④ 날인증서등록제도

해설 토지등록제도의 유형
- 날인증서등록제도 : 토지의 이익에 영향을 미치는 공적등기를 보전하는 제도로서, 모든 등록된 문서는 미등록문서와 후순위등록문서보다 우선권을 갖는다. 그러나 문서는 거래에 대한 기록에 불과하므로 당사자의 법적 권리에 대한 부여관계를 입증하지 못하고 따라서 그 거래의 유효성을 증명하지 못한다.
- 권원등록제도 : 날인증서등록제도의 결점을 보완하기 위한 제도로서 공적 기관에서 보존되는 특정인의 토지에 대한 권리와 그 권리들이 존속되는 한계에 대한 권위 있는 등록이다.
- 소극적 등록제도 : 일필지의 소유권이 거래되면서 발생하는 거래증서를 변경·등록하는 제도로서, 거래행위에 따른 토지등록은 사유재산양도증서의 작성, 거래증서의 작성으로 구분되며 등록의무는 없고 신청에 의한다.
- 적극적 등록제도 : 토지등록은 일필지의 개념으로 법적 권리보장이 인증되고 국가에 의해 그러한 합법성과 효력이 발생한다. 따라서 지적공부에 등록되지 않은 토지는 어떠한 권리도 인정받을 수 없고, 등록은 강제적이고 의무적이며, 공적 지적측량이 시행되어야 토지등기가 가능하다.
- 토렌스시스템(Torrens System) : 적극적 등록제도의 발전형태로서 오스트레일리아의 Robert Torrens 경에 의하여 창안되었으며 법률적으로 토지의 권리를 확인하는 대신 토지의 권원(title)을 등록하는 제도이다.

80. 우리나라 토지소유권 보장제도의 변천순서를 올바르게 나열한 것은?

① 입안제도 → 지계제도 → 증명제도
② 입안제도 → 증명제도 → 지계제도
③ 증명제도 → 지계제도 → 입안제도
④ 지계제도 → 증명제도 → 입안제도

Answer 77. ② 78. ④ 79. ③ 80. ①

해설 우리나라 토지소유권 보장제도의 변천순서
• 입안제도 : 조선 초~1892년까지 입안제도가 실시됨
• 지계제도 : 1893~1905년까지 13년 동안 시행
• 토지가옥 증명제도 : 1906~1910년까지 5년간 도입

05 지적관계법규

81. 공간정보의 구축 및 관리 등에 관한 법률상 양벌규정에 해당 행위가 아닌 것은?(단, 법인 또는 개인이 그 위반행위를 방지하기 위하여 해당 업무에 관하여 상당한 주의와 감독을 게을리하지 아니한 경우는 고려하지 않는다.)

① 고의로 측량성과를 사실과 다르게 한 자
② 둘 이상의 측량업자에게 소속된 측량기술자
③ 직계 존속·비속이 소유한 토지에 대한 지적측량을 한 자
④ 측량업자로서 속임수, 위력(威力), 그 밖의 방법으로 측량업과 관련된 입찰의 공정성을 해친 자

해설 양벌규정 : 법인의 대표자나 법인 또는 개인의 대리인, 사용인, 그 밖의 종업원이 그 법인 또는 개인의 업무에 관하여 벌칙 제107조, 제108조, 제109조의 어느 하나에 해당하는 위반행위를 하면 그 행위자를 벌하는 외에 그 법인 또는 개인에게도 해당 조문의 벌금형을 과하는 것을 말한다.
1. 벌칙(제107조) : 3년 이하의 징역 또는 3천만 원 이하의 벌금
   측량업자로서 속임수, 위력, 그 밖의 방법으로 측량업과 관련된 입찰의 공정성을 해친 자
2. 벌칙(제108조) : 2년 이하의 징역 또는 2천만 원 이하의 벌금
   ① 측량기준점표지를 이전 또는 파손하거나 그 효용을 해치는 행위를 한 자
   ② 고의로 측량성과를 사실과 다르게 한 자
   ③ 측량성과를 국외로 반출한 자
   ④ 측량업의 등록을 하지 아니하거나 거짓이나 그 밖의 부정한 방법으로 측량업의 등록을 하고 측량업을 한 자
   ⑤ 성능검사를 부정하게 한 성능검사대행자
   ⑥ 성능검사대행자의 등록을 하지 아니하거나 거짓이나 그 밖의 부정한 방법으로 성능검사대행자의 등록을 하고 성능검사업무를 한 자
3. 벌칙(제109조) : 1년 이하의 징역 또는 1천만 원 이하의 벌금
   ① 무단으로 측량성과 또는 측량기록을 복제한 자
   ② 심사를 받지 아니하고 지도 등을 간행하여 판매하거나 배포한 자
   ③ 측량기술자가 아님에도 불구하고 측량을 한 자
   ④ 업무상 알게 된 비밀을 누설한 측량기술자
   ⑤ 둘 이상의 측량업자에게 소속된 측량기술자
   ⑥ 다른 사람에게 측량업등록증 또는 측량업등록수첩을 빌려주거나 자기의 성명 또는 상호를 사용하여 측량업무를 하게 한 자

⑦ 다른 사람의 측량업등록증 또는 측량업등록수첩을 빌려서 사용하거나 다른 사람의 성명 또는 상호를 사용하여 측량업무를 한 자
⑧ 지적측량수수료 외의 대가를 받은 지적측량기술자
⑨ 거짓으로 다음 각 목의 신청을 한 자
  가. 신규등록 신청
  나. 등록전환 신청
  다. 분할 신청
  라. 합병 신청
  마. 지목변경 신청
  바. 바다로 된 토지의 등록말소 신청
  사. 축척변경 신청
  아. 등록사항의 정정 신청
  자. 도시개발사업 등 시행지역의 토지이동 신청
⑩ 다른 사람에게 자기의 성능검사대행자 등록증을 빌려주거나 자기의 성명 또는 상호를 사용하여 성능검사대행업무를 수행하게 한 자
⑪ 다른 사람의 성능검사대행자 등록증을 빌려서 사용하거나 다른 사람의 성명 또는 상호를 사용하여 성능검사대행업무를 수행한 자

※ 과태료 부과 대상(제111조)
1. 정당한 사유 없이 측량을 방해한 자
2. 고시된 측량성과에 어긋나는 측량성과를 사용한 자
3. 거짓으로 측량기술자의 신고를 한 자
4. 측량업 등록사항의 변경신고를 하지 아니한 자
5. 측량업자의 지위 승계 신고를 하지 아니한 자
6. 측량업의 휴업·폐업 등의 신고를 하지 아니하거나 거짓으로 신고한 자
7. 본인, 배우자 또는 직계 존속·비속이 소유한 토지에 대한 지적측량을 한 자
8. 측량기기에 대한 성능검사를 받지 아니하거나 부정한 방법으로 성능검사를 받은 자
9. 성능검사대행자의 등록사항 변경을 신고하지 아니한 자
10. 성능검사대행업무의 폐업신고를 하지 아니한 자
11. 정당한 사유 없이 보고를 하지 아니하거나 거짓으로 보고를 한 자
12. 정당한 사유 없이 조사를 거부·방해 또는 기피한 자
13. 정당한 사유 없이 토지 등에의 출입 등을 방해하거나 거부한 자

82. 성능검사대행자의 등록을 1년 이내의 기간을 정하여 업무정지 처분을 할 수 있는 경우가 아닌 것은?

① 등록사항 변경신고를 하지 아니한 경우
② 정당한 사유 없이 성능검사를 거부하거나 기피한 경우
③ 업무정지기간 중에 계속하여 성능검사대행 업무를 한 경우
④ 다른 행정기관이 관계 법령에 따라 등록취소 또는 업무정지를 요구한 경우

해설 1. 성능검사대행자의 등록을 1년 이내의 기간을 정하여 업무정지 처분을 할 수 있는 경우
   ① 시정명령을 따르지 아니한 경우

Answer 82. ③

② 등록기준에 미달하게 된 경우. 다만, 일시적으로 등록기준에 미달하는 등 대통령령으로 정하는 경우는 제외
③ 등록사항 변경신고를 하지 아니한 경우
④ 정당한 사유 없이 성능검사를 거부하거나 기피한 경우
⑤ 다른 행정기관이 관계 법령에 따라 등록취소 또는 업무정지를 요구한 경우
2. 성능검사대행자의 등록을 취소해야 하는 경우
① 거짓이나 그 밖의 부정한 방법으로 등록을 한 경우
② 다른 사람에게 자기의 성능검사대행자 등록증을 빌려주거나 자기의 성명 또는 상호를 사용하여 성능검사대행업무를 수행하게 한 경우
③ 거짓이나 부정한 방법으로 성능검사를 한 경우
④ 업무정지기간 중에 계속하여 성능검사대행업무를 한 경우

83. 시장, 군수가 도시·군관리계획을 입안하고자 할 때 기초조사 사항이 아닌 것은?

① 재해의 발생현황 및 추이
② 토지이용 상황 및 지가변동 상황
③ 기반시설 및 주거수준의 현황과 전망
④ 기후·지형·자원·생태 등 자연적 여건

해설 도시·군관리계획을 입안하고자 할 때 기초조사 사항
- 기후·지형·자원·생태 등 자연적 여건
- 기반시설 및 주거수준의 현황과 전망
- 풍수해·지진 그 밖의 재해의 발생현황 및 추이
- 도시·군관리계획과 관련된 다른 계획 및 사업의 내용
- 그 밖에 도시·군관리계획의 수립에 필요한 사항

84. 다음 중 토지의 이동 신청·신고 기간이 잘못 연결된 것은?

① 등록전환 : 그 사유가 발생한 날부터 60일 이내
② 지목변경 : 그 사유가 발생한 날부터 60일 이내
③ 합병 : 그 사유가 발생한 날부터 60일 이내
④ 도시개발사업 착수 신고 : 그 사유가 발생한 날부터 60일 이내

해설 토지의 이동 신청·신고 기간
- 등록전환 : 그 사유가 발생한 날부터 60일 이내
- 지목변경 : 그 사유가 발생한 날부터 60일 이내
- 합병 : 그 사유가 발생한 날부터 60일 이내
- 도시개발사업 착수 신고 : 그 사유가 발생한 날부터 15일 이내

85. 공간정보의 구축 및 관리 등에 관한 법률에 따른 지적측량을 수행 시 타인의 토지 등에의 출입에 관한 설명으로 옳은 것은?

① 급한 경우에는 소유자에게 통지 없이 출입할 수 있다.
② 토지 등의 점유자는 정당한 사유 없이 업무집행을 거부하지 못한다.
③ 토지 등의 소유자·관리자를 알 수 없을 경우에도 관리인에게 미리 통지하여야 한다.
④ 타인의 토지 등에 출입 시 권한을 표시하는 허가증을 지니고 있으면 통지 없이 출입할 수 있다.

해설 지적측량 수행 시 타인의 토지 등에의 출입 등

구 분	특 징
출입목적	1. 측량 2. 측량기준점을 설치하거나 토지의 이동 조사
출입에 대한 통지 등	1. 타인의 토지·건물·공유수면 등에 출입하거나 일시 사용할 수 있으며, 특히 필요한 경우에는 나무, 흙, 돌, 그 밖의 장애물을 변경하거나 제거할 수 있다. 2. 타인의 토지등에 출입하려는 자는 관할 특별자치시장, 특별자치도지사, 시장·군수 또는 구청장의 허가를 받아야 하며, 출입하려는 날의 3일 전까지 해당 토지등의 소유자·점유자 또는 관리인에게 그 일시와 장소를 통지(다만, 행정청인 자는 허가를 받지 아니하고 타인의 토지등에 출입할 수 있다.) 3. 해 뜨기 전이나 해가 진 후에는 그 토지등의 점유자의 승낙 없이 택지나 담장 또는 울타리로 둘러싸인 타인의 토지에 출입할 수 없다.
토지 등을 일시 사용하거나 장애물을 변경 또는 제거	1. 소유자·점유자 또는 관리인의 동의를 받아야 한다.(다만, 소유자·점유자 또는 관리인의 동의를 받을 수 없는 경우 행정청인 자는 관할 특별자치시장, 특별자치도지사, 시장·군수 또는 구청장에게 그 사실을 통지하여야 하며, 행정청이 아닌 자는 미리 관할 특별자치시장, 특별자치도지사, 시장·군수 또는 구청장의 허가를 받아야 한다.) 2. 토지 등을 사용하려는 날이나 장애물을 변경 또는 제거하려는 날의 3일 전까지 그 소유자·점유자 또는 관리인에게 통지하여야 한다.(다만, 토지등의 소유·점유자 또는 관리인이 현장에 없거나 주소 또는 거소가 분명하지 아니할 때에는 관할 특별자치시장, 특별자치도지사, 시장·군수 또는 구청장에게 통지하여야 한다.)
토지 등의 점유자의 의무	1. 토지 등의 점유자는 정당한 사유 없이 타인의 토지·건물·공유수면 등에 출입하거나 일시 사용 또는 필요한 경우의 장애물 변경 등을 거부하지 못한다. 2. 토지 등의 소유자 또는 점유자는 그 소유하거나 점유 또는 관리하는 토지 등에 지적기준점표지가 있는 때에는 이를 선량한 관리자로서 보호하여야 한다.
증표와 허가증	행위를 하려는 자는 권한을 표시하는 허가증을 제시
허가증 발급권자	관할 특별자치시장, 특별자치도지사, 시장·군수 또는 구청장

86. 지적측량수행자가 손해배상책임을 보장하기 위하여 보증보험에 가입하여야 하는 금액으로 옳은 것은?

① 지적측량업자 1억 원 이상, 한국국토정보공사 20억 원 이상
② 지적측량업자 1억 원 이상, 한국국토정보공사 10억 원 이상
③ 지적측량업자 2억 원 이상, 한국국토정보공사 20억 원 이상
④ 지적측량업자 2억 원 이상, 한국국토정보공사 10억 원 이상

Answer 85. ② 86. ①

해설 손해배상책임의 보장 보증금액
- 지적측량업자 : 보장기간 10년 이상 및 보증금액 1억 원 이상
- 한국국토정보공사 : 보증금액 20억 원 이상

87. 도시개발사업 등이 준공되기 전에 사업시행자가 지번부여신청을 할 경우 지적소관청은 무엇을 기준으로 지번을 부여하여야 하는가?

① 측량준비도   ② 지번별 조서   ③ 사업계획도   ④ 확정측량 결과도

해설 도시개발사업 등 준공 전 지번부여
지적소관청은 도시개발사업 등이 준공되기 전에 지번을 부여하는 때에는 사업계획도에 따라 부여하여야 한다.

88. 다음 중 도시·군관리계획의 입안권자가 아닌 자는?

① 군수   ② 구청장   ③ 광역시장   ④ 특별시장

해설 도시·군관리계획의 입안권자
특별시장·광역시장·특별자치시장·특별자치도지사·시장 또는 군수는 관할 구역에 대하여 도시·군관리계획을 입안하여야 한다.

89. 부동산등기법에 따라 미등기의 토지에 관한 소유권보존등기를 신청할 수 없는 자는?

① 토지대장에 최초의 소유자로 등록되어 있는 자
② 확정판결에 의하여 자기의 소유권을 증명하는 자
③ 수용으로 인하여 소유권을 취득하였음을 증명하는 자
④ 토지에 대하여 지적소관청의 확인에 의하여 자기의 소유권을 증명하는 자

해설 미등기 토지(건물) 소유권보존등기의 신청인
- 토지대장, 임야대장 또는 건축물대장에 최초의 소유자로 등록되어 있는 자 또는 그 상속인, 그 밖의 포괄승계인
- 확정판결에 의하여 자기의 소유권을 증명하는 자
- 수용으로 인하여 소유권을 취득하였음을 증명하는 자
- 특별자치도지사, 시장, 군수 또는 구청장(자치구의 구청장을 말한다)의 확인에 의하여 자기의 소유권을 증명하는 자(건물의 경우로 한정한다)

90. 부동산등기법의 수용으로 인한 등기에 관한 내용이다. (   ) 안에 들어갈 내용으로 옳은 것은?

> 수용으로 인한 소유권이전등기를 하는 경우 그 부동산의 등기기록 중 소유권, 소유권 외의 권리, 그 밖의 처분제한에 관한 등기가 있으면 그 등기를 직권으로 말소하여야 한다. 다만, 그 부동산을 위하여 존재하는 (   )의 등기 또는 토지수용위원회의 재결(裁決)로써 존속(存續)이 인정된 권리의 등기는 그러하지 아니한다.

① 소유권   ② 지역권   ③ 지상권   ④ 저당권

해설 수용으로 인한 등기 신청
- 수용으로 인한 소유권이전등기는 등기권리자가 단독으로 신청할 수 있다.
- 등기권리자는 등기명의인이나 상속인, 그 밖의 포괄승계인을 갈음하여 부동산의 표시 또는 등기명의인의 표시의 변경, 경정 또는 상속, 그 밖의 포괄승계로 인한 소유권이전의 등기를 신청할 수 있다.
- 국가 또는 지방자치단체가 등기권리자인 경우에는 국가 또는 지방자치단체는 지체 없이 등기소에 촉탁하여야 한다.
- 등기관이 수용으로 인한 소유권이전등기를 하는 경우 그 부동산의 등기기록 중 소유권, 소유권 외의 권리, 그 밖의 처분제한에 관한 등기가 있으면 그 등기를 직권으로 말소하여야 한다. 다만, 그 부동산을 위하여 존재하는 지역권의 등기 또는 토지수용위원회의 재결로써 존속이 인정된 권리의 등기는 그러하지 아니하다.

91. 공간정보의 구축 및 관리 등에 관한 법률에서 규정된 용어의 정의로 틀린 것은?

① "경계"란 필지별로 경계점들을 곡선으로 연결하여 지적공부에 등록한 선을 말한다.
② "면적"이란 지적공부에 등록한 필지의 수평면상 넓이를 말한다.
③ "신규등록"이란 새로 조성된 토지와 지적공부에 등록되어 있지 아니한 토지를 지적공부에 등록하는 것을 말한다.
④ "축척변경"이란 지적도에 등록된 경계점의 정밀도를 높이기 위하여 작은 축척을 큰 축척으로 변경하여 등록하는 것을 말한다.

해설 "경계"란 필지별로 경계점들을 직선으로 연결하여 지적공부에 등록한 선을 말한다.

92. 다음 중 지목변경에 해당하는 것은?

① 밭을 집터로 만드는 행위
② 밭의 흙을 파서 논으로 만드는 행위
③ 산을 절토(切土)하여 대(垈)로 만드는 행위
④ 지적공부상의 전(田)을 대(垈)로 변경하는 행위

해설 "지목변경"은 지적공부에 등록된 지목을 다른 지목으로 바꾸어 등록하는 것을 말한다.

93. 공간정보의 구축 및 관리 등에 관한 법령에 따른 지목에 관한 내용으로 틀린 것은?

① 산림 안에 야영장으로 활용하는 부지는 체육용지로 한다.
② 공장용지를 지적도면에 등록할 때에는 '장'으로 표기한다.
③ 토지의 주된 용도에 따라 토지의 종류를 구분하여 지적공부에 등록한 것을 말한다.
④ 1필지가 둘 이상의 용도로 활용되는 경우에는 주된 용도에 따라 지목을 설정한다.

해설 산림 안에 야영장으로 활용하는 부지는 영속성이 없는 일시적인 용도로 사용하므로 주지목추종의 원칙에 의해 임야로 봄이 타당하다.

※ 체육용지
국민의 건강증진 등을 위한 체육활동에 적합한 시설과 형태를 갖춘 종합운동장·실내체육관·야구장·골프장·스키장·승마장·경륜장 등 체육시설의 토지와 이에 접속된 부속시설물의 부지. 다만, 체육시

Answer 91. ① 92. ④ 93. ①

설로서의 영속성과 독립성이 미흡한 정구장·골프연습장·실내수영장 및 체육도장과 유수를 이용한 요트장 및 카누장 등의 토지는 제외한다.

94. 공간정보의 구축 및 관리 등에 관한 법령상 임야대장에 등록하는 1필지의 최소면적 단위는?(단, 지적도의 축척이 600분의 1인 지역과 경계점좌표등록부에 등록하는 지역의 토지면적은 제외한다.)

① 0.1제곱미터 ② 1제곱미터
③ 10제곱미터 ④ 100제곱미터

해설
1. 면적의 최소 등록단위 : $1m^2$
   (예외) 지적도의 축척이 1/600인 지역, 경계점좌표등록부에 등록하는 지역 : $0.1m^2$
2. 지적도면의 축척
   • 지적도 : 1/500, 1/600, 1/1,000, 1/1,200, 1/2,400, 1/3,000, 1/6,000
   • 임야도 : 1/3,000, 1/6,000

95. 경위의측량방법에 따른 지적삼각점의 관측과 계산 기준으로 틀린 것은?

① 관측은 10초독 이상의 경위의를 사용한다.
② 수평각 관측은 3대회의 방향관측법에 따른다.
③ 수평각의 측각공차에서 1방향각의 공차는 40초 이내로 한다.
④ 수평각의 측각공차에서 1측회의 폐색공차는 ±30초 이내로 한다.

해설 지적삼각점측량의 관측 및 계산
① 경위의측량방법에 따른 지적삼각점의 관측과 계산은 다음 각 호의 기준에 따른다.
  1. 관측은 10초독 이상의 경위의를 사용할 것
  2. 수평각 관측은 3대회(윤곽도는 0도, 60도, 120도로 한다)의 방향관측법에 따를 것
  3. 수평각의 측각공차는 다음 표에 따를 것

종별	1방향각	1측회(測回)의 폐색(閉塞)	삼각형 내각관측의 합과 180도와의 차	기지각(既知角)과의 차
공차	30초 이내	±30초 이내	±30초 이내	±40초 이내

② 전파기 또는 광파기측량방법에 따른 지적삼각점의 관측과 계산은 다음 각 호의 기준에 따른다.
  1. 전파 또는 광파측거기는 표준편차가 ±[5밀리미터+5피피엠(ppm)] 이상인 정밀측거기를 사용할 것
  2. 점간거리는 5회 측정하여 그 측정치의 최대치와 최소치의 교차가 평균치의 10만분의 1 이하일 때에는 그 평균치를 측정거리로 하고, 원점에 투영된 평면거리에 따라 계산할 것
  3. 삼각형의 내각은 세 변의 평면거리에 따라 계산하며, 기지각과의 차에 관하여는 제1항 제3호를 준용할 것

96. 도로명주소법상 "도로명주소안내시설"에 해당하지 않는 것은?

① 도로명판 ② 건물번호판
③ 지역번호판 ④ 지역안내판

해설 "도로명주소안내시설"이란 도로명판, 건물번호판, 지역안내판 및 기초번호판을 말한다.

97. 지적업무처리규정상 현지측량방법에 대한 내용으로 틀린 것은?

① 지적측량을 완료한 때에는 반드시 측량결과도에 측정점 위치설명도를 작성하여야 한다.
② 전자평판측량에 따른 세부측량은 지적기준점을 기준으로 실시하여야 하며 면적측정은 전산처리방법에 따른다.
③ 지적측량수행자가 지적공부의 표지에 잘못이 있음을 발견한 때에는 지체 없이 지적소관청에 문서로 통보하여야 한다.
④ 지적확정측량지구 안에서 지적측량을 하고자 할 경우에는 종전에 실시한 지적확정측량성과를 참고하여 성과를 결정하여야 한다.

해설 지적업무처리규정상 현지측량방법

① 지적측량을 할 때에는 토지소유자 및 이해관계인을 입회시켜 측량에 필요한 질문을 하거나 참고자료의 제시를 요구할 수 있다.
② 지적측량결과도에는 토지소유자 및 이해관계인의 서명·전자서명 또는 날인을 받아야 한다. 다만, 토지소유자 및 이해관계인이 입회하지 못하는 경우와 입회는 하였으나 서명 또는 날인을 거부하는 때에는 그 사유를 기재하여야 한다.
③ 각종 인가·허가 등의 내용과 다르게 토지의 형질이 변경되었을 경우에는 그 변경된 토지의 현황대로 측량성과를 결정하여야 한다.
④ 세부측량성과를 결정하기 위하여 사용하는 기지점은 지적기준점이어야 한다. 다만, 도면의 기지점이 정확하고 보존이 양호하여 기지점을 이용하여도 측량에 지장이 없다고 인정되는 축척 1천분의 1 이하의 지역에는 그러하지 아니하다.
⑤ 제4항에 따른 지적기준점은 세부측량을 하기 전에 설치하여야 하며, 그 설치비용을 지적측량의뢰인에게 부담시켜서는 아니 된다. 다만, 「지적측량 시행규칙」 제6조 제2항 제1호·제2호 또는 제4호에 해당하는 경우, 51필지 이상 연속지 또는 집단지 세부측량 시에 지적기준점을 설치할 경우 및 제4항 단서에 따른 기지점에 따라 세부측량을 할 지역에서 지적측량의뢰인이 지적기준점의 설치를 요구할 경우에는 그러하지 아니하다.
⑥ 지적확정측량지구 안에서 지적측량을 하고자 할 경우에는 종전에 실시한 지적확정측량성과를 참고하여 성과를 결정하여야 한다.
⑦ 지적측량을 완료한 때에는 분할 등록될 경계점의 위치 또는 경계복원점의 위치를 지적기준점·담장모서리 및 전신주 등 주위 고정물로부터 거리를 측정하여 지적측량의뢰인 및 이해관계인에게 확인시키고, 측량결과도 여백에 그 거리를 기재하거나 경위의측량방법에 따른 평면직각종횡선좌표 등 측정점의 위치설명도를 작성하여야 한다. 다만, 주위 고정물이 없는 경우와 도로, 구거, 하천 등 연속·집단된 토지 등의 경우에는 작성을 생략할 수 있다.
⑧ 지적측량수행자는 지적측량자료조사 또는 지적측량결과, 지적공부의 토지의 표시에 잘못이 있음을 발견한 때에는 지체 없이 지적소관청에 관계자료 등을 첨부하여 문서로 통보하고, 지적측량의뢰인에게 그 내용을 통지하여야 한다.
⑨ 법원의 감정측량을 할 때에는 별표 2의 법원감정측량 처리절차에 따른다.
⑩ 전자평판측량에 따른 세부측량은 지적기준점을 기준으로 실시하여야 하며, 면적측정은 전산처리방법에 따른다.
⑪ 제10항에 따른 세부측량 시 평판점의 이동거리는 「지적측량 시행규칙」 제2조 제1항 제3호에서 정한 지적도근점표지의 점간거리 이내로 한다.
⑫ 지적기준점이 없는 지역에서 전자평판측량을 실시할 때에는 보존이 용이한 고정물을 선점하여 보조점으로 사용할 수 있다. 이 경우 설치된 보조점은 후속측량에 사용할 수 있도록 하여야 한다.

Answer 97. ①

⑬ 현형법으로 지적측량의 성과를 결정하려면 경계점은 반드시 지적공부 등록당시의 축척으로 하며, 기지점을 기준으로 지상경계선과 도상경계선의 부합여부를 확인하여야 한다.
⑭ 이미 작성되어 있는 지적측량파일을 이용하여 측량할 경우에는 기존 파일에서 지상경계선과 도상경계가 잘 부합되는 기지점과 신청토지 주변을 추가로 실측하여 성과를 결정하여야 한다.

98. 기존의 경계점좌표등록부를 갖춰 두는 지역의 경계점에 접속하여 경위의측량방법 등으로 지적확정측량을 하는 경우 동일한 경계점의 측량성과가 서로 다른 경우에는 어떻게 하여야 하는가?

① 경계점의 측량성과 차이가 0.15m 이내이면 확정측량성과에 따른다.
② 경계점의 측량성과 차이가 0.15m 초과이면 확정측량성과에 따른다.
③ 경계점의 측량성과 차이가 0.10m 이내이면 확정측량성과에 따른다.
④ 경계점의 측량성과 차이가 0.10m 초과이면 확정측량성과에 따른다.

해설 지적측량성과의 결정
① 지적측량성과와 검사 성과의 연결교차가 다음 각 호의 허용범위 이내일 때에는 그 지적측량성과에 관하여 다른 입증을 할 수 있는 경우를 제외하고는 그 측량성과로 결정하여야 한다.
  1. 지적삼각점 : 0.20미터
  2. 지적삼각보조점 : 0.25미터
  3. 지적도근점
     가. 경계점좌표등록부 시행지역 : 0.15미터
     나. 그 밖의 지역 : 0.25미터
  4. 경계점
     가. 경계점좌표등록부 시행지역 : 0.10미터
     나. 그 밖의 지역 : 10분의 $3M$밀리미터(M은 축척분모)
② 지적측량성과를 전자계산기기로 계산하였을 때에는 그 계산성과자료를 측량부 및 면적측정부로 본다.

99. 지적서고의 연중 평균습도 기준으로 옳은 것은?

① 20±5퍼센트
② 30±5퍼센트
③ 50±5퍼센트
④ 65±5퍼센트

해설 지적서고의 설치기준
① 지적서고는 지적사무를 처리하는 사무실과 연접하여 설치
② 지적서고의 구조
  1. 골조는 철근콘크리트 이상의 강질로 할 것
  2. 지적서고의 면적은 기준면적에 따를 것
  3. 바닥과 벽은 2중으로 하고 영구적인 방수설비를 할 것
  4. 창문과 출입문은 2중으로 하되, 바깥쪽 문은 반드시 철제로 하고 안쪽 문은 곤충·쥐 등의 침입을 막을 수 있도록 철망 등을 설치할 것
  5. 온도 및 습도 자동조절장치를 설치하고, 연중 평균온도는 섭씨 20±5도를, 연중 평균습도는 65±5퍼센트를 유지할 것
  6. 전기시설을 설치하는 때에는 단독퓨즈를 설치하고 소화장비를 갖춰 둘 것
  7. 열과 습도의 영향을 받지 아니하도록 내부공간을 넓게 하고 천장을 높게 설치할 것

100. 정당한 사유 없이 지적측량 및 토지이동 조사에 필요한 토지 등에의 출입 등을 방해하거나 거부한 자에 대한 조치로 옳은 것은?

① 300만 원 이하의 과태료
② 1년 이하의 징역 또는 1천만 원 이하의 벌금
③ 2년 이하의 징역 또는 2천만 원 이하의 벌금
④ 3년 이하의 징역 또는 3천만 원 이하의 벌금

해설 과태료 부과
① 과태료 부과 금액 : 300만 원 이하의 과태료를 부과
② 과태료 부과 대상
  1. 정당한 사유 없이 측량을 방해한 자
  2. 고시된 측량성과에 어긋나는 측량성과를 사용한 자
  3. 거짓으로 측량기술자의 신고를 한 자
  4. 측량업 등록사항의 변경신고를 하지 아니한 자
  5. 측량업자의 지위 승계 신고를 하지 아니한 자
  6. 측량업의 휴업·폐업 등의 신고를 하지 아니하거나 거짓으로 신고한 자
  7. 본인, 배우자 또는 직계 존속·비속이 소유한 토지에 대한 지적측량을 한 자
  8. 측량기기에 대한 성능검사를 받지 아니하거나 부정한 방법으로 성능검사를 받은 자
  9. 성능검사대행자의 등록사항 변경을 신고하지 아니한 자
  10. 성능검사대행업무의 폐업신고를 하지 아니한 자
  11. 정당한 사유 없이 보고를 하지 아니하거나 거짓으로 보고를 한 자
  12. 정당한 사유 없이 조사를 거부·방해 또는 기피한 자
  13. 정당한 사유 없이 토지 등에의 출입 등을 방해하거나 거부한 자
③ 정당한 사유 없이 교육을 받지 아니한 자에게는 100만 원 이하의 과태료를 부과
④ 과태료는 대통령령으로 정하는 바에 따라 국토교통부장관, 시·도지사, 대도시 시장 또는 지적소관청이 부과·징수

Answer 100. ①

2021년 제3회 지적기사

01 지적측량

01. 지적도근점측량에서 다각망도선법의 관측방위각 계산식으로 옳은 것은?(단, T_1 : 출발기지방위각, $\sum a$: 관측각의 합, n : 폐색변을 포함한 변수)

① $T_1 + \sum a + 180°(n-1)$
② $T_1 - \sum a + 180°(n-1)$
③ $T_1 + \sum a - 180°(n-1)$
④ $T_1 - \sum a + 180°(n+1)$

해설 $T_1 + \sum a - 180°(n-1)$

02. 지적삼각점측량의 조정계산에서 기지내각에 맞도록 오차를 조정하는 것을 무엇이라 하는가?
① 각조정   ② 망조정   ③ 삼각조정   ④ 측참조정

해설 망조정 : 기지내각에 맞도록 조정하는 것을 말한다.

03. 지적도근점 두 점 A, B 간의 종·횡선차가 아래와 같을 때 V_a^b는?

- 종선차 $\Delta X_a^b = 345.67$m
- 횡선차 $\Delta Y_a^b = -456.78$m

① 37°07′00″
② 52°38′24″
③ 52°53′00″
④ 307°07′00″

해설 $\theta = \tan^{-1}\dfrac{\Delta Y}{\Delta X} = \tan^{-1}\dfrac{-456.78}{345.67} = 52°53′00″$, 4상한이므로
$360° - 52°53′00″ = 307°07′00″$

04. 지적측량에서 각을 측정할 경우 발생하는 오차가 아닌 것은?
① 착오   ② 정오차   ③ 과밀오차   ④ 부정오차

해설 성질에 의한 오차분류
1. 착오, 과실, 과대오차
   관측자의 미숙, 부주의에 의한 오차로서 관측자가 주의하면 오차를 줄일 수 있다.

Answer 1. ③ 2. ② 3. ④ 4. ③

2. 정오차, 계통오차, 누차
   일정한 조건에서 같은 방향과 같은 크기로 발생되는 오차로서 누적되므로 누차라고도 하며 원인과 상태를 파악하면 제거가 가능하다.
3. 부정오차, 우연오차, 상차
   ① 발생원인이 불명확한 오차
   ② 오차 원인의 방향이 일정하지 않다.
   ③ 서로 상쇄되기도 하므로 상차라고도 한다.
   ④ 최소제곱법에 의한 확률법칙에 의해 처리가 가능하다.
   ⑤ 원인을 알아도 소거가 불가능하다.

05. 지적삼각보조점측량의 다각망도선법 Y망에서 1도선의 거리의 합이 3865.74m일 때 연결오차의 허용범위는?

① 0.16m 이하
② 0.19m 이하
③ 0.22m 이하
④ 0.25m 이하

해설 지적측량 시행규칙 제11조(지적삼각보조점의 관측 및 계산)
도선별 연결오차는 $0.05 \times S$미터 이하로 할 것. 이 경우 S는 도선의 거리를 1천으로 나눈 수를 말한다.

연결오차 $= 0.05 \times S$미터 $= 0.05 \times \dfrac{3865.74}{1,000} = 0.19$

∴ 연결오차 $= 0.19\text{m}$ 이하

06. 관측값의 표준편차(σ)와 경중률(w)과의 관계로 옳은 것은?(단, n : 관측횟수)

① $w = \dfrac{1}{\sigma}$
② $w = \dfrac{\sqrt{n}}{\sigma}$
③ $w = \dfrac{1}{\sigma^2}$
④ $w = \sqrt{\dfrac{n}{\sigma}}$

해설 각 관측값의 경중률은 상대적인 중요도 또는 가능하다면 관측값의 표준편차로부터 얻는다.
표준편차(σ)와 경중률(w)과의 관계는 $w = \dfrac{1}{\sigma^2}$

07. 좌표면적계산법에 따른 면적측정의 기준으로 옳은 것은?

① 평판측량방법으로 세부측량을 시행한 지역의 면적측정방법이다.
② 도곽선의 길이에 0.3mm 이상의 신축이 있을 경우 보정하여야 한다.
③ 산출면적은 100분의 1m²까지 계산하여 10분의 1m² 단위로 정한다.
④ 경위의측량방법으로 세부측량을 한 지역의 필지별 면적측정은 경계점 좌표에 따른다.

해설 지적측량 시행규칙 제20조(면적측정의 방법 등)
좌표면적계산법에 따른 면적측정은 다음 각 호의 기준에 따른다.
1. 경위의측량방법으로 세부측량을 한 지역의 필지별 면적측정은 경계점 좌표에 따른다.
2. 산출면적은 1천분의 1제곱미터까지 계산하여 10분의 1제곱미터 단위로 정한다.

Answer 5. ② 6. ③ 7. ④

08. 대삼각(본점)측량에 관한 설명으로 옳지 않은 것은?

① 전국에 13개소의 기선을 설치하였다.
② 기선망의 수평각은 12대회 각관측법으로 실시하였다.
③ 르장드르(Legendre) 정리에 의하여 구과량을 계산하였다.
④ 대삼각점을 평균 점간거리 20km의 20개 삼각망으로 구성하였다.

해설 대삼각측량은 대삼각본점과 대삼각보점을 설치하기 위한 측량이며 대삼각본점에 해당하는 측량은 측지학적인 삼각측량이다.

대삼각측량
- 일본의 대마도 1등삼각점을 연락망으로 우리나라의 절영도와 거제도를 기점으로 한다.
- 전국에 13개의 기선을 설치하고 삼각형의 평균변장을 약 30km로 23개의 삼각망 구성
- 위도 15′, 경도 20′의 방안에 대략 1점을 배치하여 전국에 400점을 배치
- 기선망의 수평각은 12대회의 각관측법
- 내각의 폐색차는 2″ 이내, 본점망은 6대회의 각관측법, 내각의 폐색차는 5″ 이내
- 르장드르(Legendre) 정리에 의하여 구과량 계산

09. 지적기준점측량의 절차가 올바르게 나열된 것은?

① 계획의 수립 → 선점 및 조표 → 준비 및 현지답사 → 관측 및 계산과 성과표의 작성
② 계획의 수립 → 준비 및 현지답사 → 선점 및 조표 → 관측 및 계산과 성과표의 작성
③ 준비 및 현지답사 → 계획의 수립 → 선점 및 조표 → 관측 및 계산과 성과표의 작성
④ 준비 및 현지답사 → 선점 및 조표 → 계획의 수립 → 관측 및 계산과 성과표의 작성

해설 지적측량 시행규칙 제7조(지적측량의 방법 등)
- 계획의 수립
- 준비 및 현지답사
- 선점(選點) 및 조표(調標)
- 관측 및 계산과 성과표의 작성

10. 지적측량 시행규칙상 평판측량방법으로 세부측량을 한 경우 측량결과도에 적어야 할 사항이 아닌 것은?

① 신규등록 또는 등록전환하려는 경계선 및 분할경계선
② 측정점의 위치, 측량기하적 및 지상에서 측정한 거리
③ 이동지의 경계선, 지번, 지목, 토지소유자의 등기의 연월일
④ 측량 및 검사의 연월일, 측량자 및 검사자의 성명과 자격등급

해설 토지소유자의 등기 사항은 측량결과도 기재사항이 아니다.

11. 지적삼각점측량에서 수평각의 측각공차 기준으로 옳은 것은?

① 1방향각 : 40초 이내
② 1측회의 폐색 : ±30초 이내
③ 기지각과의 차 : ±30초 이내
④ 삼각형 내각관측의 합과 180°와의 차 : ±40초 이내

해설 지적측량 시행규칙 제9조(지적삼각점측량의 관측 및 계산)

수평각의 측각공차(測角公差)

종별	1방향각	1측회(測回)의 폐색(閉塞)	삼각형 내각관측의 합과 180도와의 차	기지각(旣知角)과의 차
공차	30초 이내	±30초 이내	±30초 이내	±40초 이내

12. 실선과 허선을 각각 3mm로 연결하고, 허선에 0.3mm의 점 2개를 제도하는 행정구역선은?

① 국계
② 시·도계
③ 시·군계
④ 동·리계

해설 지적업무처리규정 제44조(행정구역선의 제도)

구분	설명	도식
국계	실선 4밀리미터와 허선 3밀리미터로 연결하고 실선 중앙에 실선과 직각으로 교차하는 1밀리미터의 실선을 긋고, 허선에 직경 0.3밀리미터의 점 2개를 제도	
시·도계	실선 4밀리미터와 허선 2밀리미터로 연결하고 실선 중앙에 실선과 직각으로 교차하는 1밀리미터의 실선을 긋고, 허선에 직경 0.3밀리미터의 점 1개를 제도	
시·군계	실선과 허선을 각각 3밀리미터로 연결하고, 허선에 0.3밀리미터의 점 2개를 제도	
읍·면·구계	실선 3밀리미터와 허선 2밀리미터로 연결하고, 허선에 0.3밀리미터의 점 1개를 제도	
동·리계	실선 3밀리미터와 허선 1밀리미터로 연결하여 제도	
기타	• 행정구역선이 2종 이상 겹치는 경우에는 최상급 행정구역선만 제도 • 행정구역선은 경계에서 약간 띄워서 그 외부에 제도 • 행정구역의 명칭은 도면여백의 넓이에 따라 4밀리미터 이상 6밀리미터 이하의 크기로 경계 및 지적측량기준점 등을 피하여 같은 간격으로 띄워서 제도 • 도로·철도·하천·유지 등의 고유명칭은 3밀리미터 이상 4밀리미터 이하의 크기로 같은 간격으로 띄워서 제도	

13. 그림에서 E_1=20m, θ=150°일 때 S_1은?

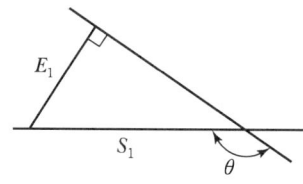

① 10.0m
② 23.1m
③ 34.6m
④ 40.0m

해설 $180° - 150° = 30°$

$$S_1 = \frac{E_1}{\sin\theta} = \frac{20}{\sin 30°} = 40.0m$$

14. 부정오차의 특성으로 옳지 않은 것은?
① 정오차와 유사한 특성을 갖는다.
② 관측과정에서 부분적으로는 상쇄되기도 한다.
③ 최소제곱법의 원리를 사용하여 처리하기도 한다.
④ 원인이 명확하지 않으며, 오차의 크기가 불규칙적이다.

해설 부정오차
- 발생원인이 불명확한 오차를 말한다.
- 서로 상쇄되기도 하므로 상차라고도 한다.
- 최소제곱법에 의한 확률법칙에 의해 처리가 가능하다.
- 원인을 알아도 소거가 불가능하다.
- 오차 원인의 방향이 일정하지 않다.

15. 교회법에 의하여 지적삼각보조점측량을 실시할 경우 수평각 관측의 윤곽도는?
① 0°, 90°
② 0°, 120°
③ 0°, 45°, 90°
④ 0°, 60°, 120°

해설 지적측량 시행규칙 제11조(지적삼각보조점의 관측 및 계산)
수평각 관측은 2대회(윤곽도는 0도, 90도로 한다)의 방향관측법

16. 경위의측량방법에 따른 세부측량을 실시할 경우, 축척변경 시행지역의 측량결과도는 얼마의 축척으로 작성하여야 하는가?(단, 시·도지사의 승인을 얻는 경우는 고려하지 않는다.)
① 1/500
② 1/1,000
③ 1/3,000
④ 1/6,000

해설 지적측량 시행규칙 제18조(세부측량의 기준 및 방법 등)

측량결과도 축척

지 역	축 척
일반지역	그 토지의 지적도와 동일한 축척
도시개발사업 등의 시행지역과 축척변경 시행지역	500분의 1
농지의 구획정리 시행지역	1000분의 1
	6천분의 1

17. 경계점좌표등록부 시행지역에서 지적도근점측량의 성과와 검사 성과의 연결교차는 얼마 이내이어야 하는가?

① 0.10m 이내 ② 0.15m 이내 ③ 0.20m 이내 ④ 0.25m 이내

해설 지적측량 시행규칙 제27조(지적측량성과의 결정)

대 상		연결교차
지적삼각점		0.20미터
지적삼각보조점		0.25미터
지적도근점	경계점좌표등록부 시행지역	0.15미터
	그 밖의 지역	0.25미터
경계점	경계점좌표등록부 시행지역	0.10미터
	그 밖의 지역	10분의 3M밀리미터 (M은 축척분모)

18. 경위의측량방법에 따른 세부측량을 할 때, 토지의 경계가 곡선인 경우 직선으로 연결하는 곡선의 중앙종거의 길이 기준으로 옳은 것은?

① 5cm 이상 10cm 이하 ② 10cm 이상 15cm 이하
③ 15cm 이상 20cm 이하 ④ 20cm 이상 25cm 이하

해설 지적측량 시행규칙 제18조(세부측량의 기준 및 방법 등)
직선으로 연결하는 곡선의 중앙종거(中央縱距)의 길이는 5센티미터 이상 10센티미터 이하로 한다.

19. 5km 간격의 지적삼각점 간 거리측량을 1/50,000의 정밀도로 실시하고자 할 때, 각과 거리의 균형을 위한 각측량오차의 한계는?

① 1초 ② 4초 ③ 10초 ④ 15초

해설 정밀도 $\times \rho'' = \dfrac{1}{50,000} \times 206,265'' = 0°0'4.13''$

20. 특별소삼각원점의 좌표(종선좌표, 횡선좌표)는?

① (10,000m, 30,000m) ② (20,000m, 60,000m)
③ (200,000m, 600,000m) ④ (500,000m, 200,000m)

Answer 17. ② 18. ① 19. ② 20. ①

해설 원점별 좌표

원점명	X	Y
통일원점	500,000(제주지역 : 550,000)	200,000
구소삼각원점	0	0
특별소삼각원점	10,000	30,000

02 응용측량

21. 터널 내 중심선 측량 시 다보(도벨, Dowel)를 설치하는 주된 이유는?
① 중심말뚝 간 시통이 잘 되도록 하기 위하여
② 차량 등에 의한 기준점 파손을 막기 위하여
③ 후속작업을 위해 쉽게 제거할 수 있도록 하기 위하여
④ 측량시 쉽게 발견할 수 있도록 하기 위하여

해설 터널측량에서 갱외측량 시 중심선 측량의 목적은 중심선 방향의 확인, 갱내 중심거리 측량, 중심선상의 기준점 측량, 지형측량 등이며, 도벨을 설치하는 주된 이유는 기준점 파손 등을 예방하기 위함이다.

22. 다음 중 지질, 토양, 수자원, 삼림 조사 등의 판독작업에 가장 적합한 사진은?
① 적외선사진   ② 흑백사진   ③ 반사사진   ④ 위색사진

해설 적외선사진 : 적외선을 이용한 사진으로 최근 사용빈도가 증가하는 경향이며 지도작성뿐만 아니라 지질, 토양, 수자원 및 삼림조사 등의 판독작업에 이용되고 있다.

23. 초점거리 210mm의 카메라로 비고가 50m인 구릉지에서 촬영한 사진의 축척이 1 : 15,000이다. 이 사진의 비고에 의한 최대 기복변위량은?(단, 사진크기=23cm×23cm, 종중복도=60%)
① ±0.15mm   ② ±0.26mm   ③ ±1.5mm   ④ ±2.6mm

해설 $\Delta r = \dfrac{h}{H} \cdot r_{max}$ 에서 비고에 의한 최대변위는 사진상의 주점에서 모서리(지표)까지의 거리이므로

$r_{max} = \dfrac{\sqrt{2}}{2}a = \dfrac{\sqrt{2}}{2} \times 0.23 = 0.163\text{m}$

비행고도$(H) = m \times f = 15,000 \times 0.21 = 3,150\text{m}$

최대 기복변위 $\Delta r = \dfrac{h}{H} \cdot r_{max} = \dfrac{50}{3,150} \times 0.163 = 0.002587\text{m} = 2.6\text{mm}$

24. 그림과 같은 수평면과 45°의 경사를 가진 사면의 길이($\overline{AB}$)가 25m이다. 이 사면의 경사를 30°로 완화한다면 사면의 길이($\overline{AC}$)는?

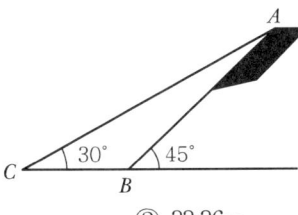

① 32.36m ② 33.36m
③ 34.36m ④ 35.36m

해설 사인법칙에 따라 계산하면 $\sin 45° = \dfrac{x}{25}$, $x = 25 \times \sin 45° = 17.677$m

$\sin 30° = \dfrac{17.677}{x}$, $x = \dfrac{17.677}{\sin 30°} = 35.354$m

25. 종단곡선에서 상향기울기 $\dfrac{4.5}{1,000}$, 하향기울기 $\dfrac{35}{1,000}$인 두 노선이 반지름이 2,000m인 원곡선 상에서 교차할 때 곡선길이(L)는?

① 49.5m ② 44.5m
③ 39.5m ④ 34.5m

해설 $l = \dfrac{R}{2}\left(\dfrac{m}{1,000} - \dfrac{m}{1,000}\right) = \dfrac{2,000}{2}\left(\dfrac{4.5}{1,000} - \dfrac{-35}{1,000}\right) = 39.5$m

여기서, m과 n은 상향구배 : "+", 하향구배 : "−"

26. 축척 1 : 10,000의 항공사진에서 건물의 시차를 측정하니 상부가 19.33mm, 하부가 16.83mm이었다면 건물의 높이는?(단, 촬영고도=800m, 사진상의 기선길이=68mm)

① 19.4m ② 29.4m
③ 39.4m ④ 49.4m

해설 시차차 공식 $\Delta P = \dfrac{h}{H} \times b_0$

여기서, h : 비고, H : 촬영고도, b_0 : 주점기선길이

ΔP = 상부 − 하부이므로 $\Delta P = 19.33 - 16.83 = 2.5$mm

$h = \dfrac{H}{b_0} \times \Delta P = \dfrac{0.0025 \times 80}{0.068} = 29.4$m

27. 1:25,000 지형도상에서 어떤 산정상으로부터 산기슭까지의 수평거리를 측정하니 48mm이었다. 산정상의 표고는 454m, 산기슭의 표고가 12m일 때 이 사면의 경사는?(단, 사면의 경사는 동일한 것으로 가정한다.)

① 1/2.7　　　② 1/4.0　　　③ 1/5.7　　　④ 1/9.2

해설 실제거리(D) = 25,000 × 0.048 = 1,20m

경사(i) = $\dfrac{H}{D}$ = $\dfrac{(454-12)}{1,200}$ = 0.3683333 ≒ $\dfrac{1}{2.7}$

28. 각관측 장비를 이용하여 고저각을 관측하고 두 지점 간의 수평거리를 알고 있을 때 적용할 수 있는 간접수준측량의 방법은?

① 삼각수준측량　　　② 스타디아 측량
③ 수직표척에 의한 측량　　　④ 수평표척에 의한 측량

해설 간접수준측량은 레벨 이외의 기구를 사용하여 고저차를 구하는 다음과 같은 방법이 있다.
- 2점 간의 연직각과 수평거리를 구하여 고저차를 구하는 삼각수준측량
- 2점 간의 연직각과 사거리를 관측하여 고저차를 구하는 시거측량
- 평판에 앨리데이드에 의한 측량
- 기압수준측량
- 중력에 의한 방법

29. 지성선 중에서 빗물이 이것을 따라 좌우로 흐르게 되는 선으로 지표면이 높은 곳의 꼭대기 점을 연결한 선은?

① 합수선(계곡선)　　② 경사변환선　　③ 분수선(능선)　　④ 최대경사선

해설 능선(분수선) : 지표면이 높은 곳의 꼭대기 점을 연결한 선으로 빗물이 이것을 경계로 좌우로 흐르게 되므로 분수선 또는 능선이라 한다.

30. 중력장을 고려한 수직위치에 대한 설명으로 틀린 것은?

① 기하학적 수직위치인 정표고는 직접고저측량에 의하여 두 점 간의 비고를 구하려 할 때, 중력 등퍼텐셜면의 비평행성을 고려하여야 한다.
② 어느 지점의 수직위치는 일반적으로 지오이드로부터 그 지점에 이르는 연직선의 길이인 정표고로 표시한다.
③ 여러 구간으로 나누어 직접고저측량을 실시할 경우, 고저측량의 비고 요소의 합은 정표고의 차와 정확히 일치한다.
④ 직접고저측량을 실시할 경우, 고저측량만으로는 물리적인 의미를 가질 수 없고 중력측량과 결합해야 한다.

해설 정표고는 동일 수준면상에서 값이 반드시 같지는 않기 때문에 고저측량의 비고 요소의 합과 정표고의 차가 정확히 일치하지 않는다.

Answer　27. ①　28. ①　29. ③　30. ③

31. 표고를 알고 있는 기지점에서 중요한 지성선을 따라 측선을 설치하고, 측선을 따라 여러 점의 표고와 거리를 측량하여 등고선을 측량하는 방법은?

① 방안법　　② 횡단점법
③ 영선법　　④ 종단점법

해설 등고선의 측정방법 중 간접측정방법에는 방사절측법, 목측에 의한 방법, 방안법(좌표점고법, 모눈종이법), 기준점법(종단점법), 횡단점법이 있으며 종단점법은 기지점에서부터 몇 개의 측선을 설정하고 그 선상의 지반고와 거리를 재고 등고선을 삽입하는 방법을 말한다.

32. 레벨의 중심에서 100m 떨어진 곳에 표척을 세워 1.921m를 관측하고 기포가 5눈금 이동 후에 1.994m를 관측하였다면 이 기포관의 1눈금 이동에 대한 경사각(감도)은?

① 약 40″　　② 약 30″　　③ 약 20″　　④ 약 10″

해설 $\alpha = \dfrac{\rho l}{nD} = \dfrac{(1.921-1.994)\times 206265''}{5\times 100} = 0°0'30.11''$

여기서, α : 기포관의 감도
ρ : 206,265″
l : 기포가 수평일 때 읽음값과 기포가 움직였을 때의 높이차($l_1 - l_2$)
n : 이동눈금수
D : 수평거리

33. GPS 측량에서 나타나는 오차의 종류 중 현재 영향을 받지 않는 오차는?

① 위성시계오차　　② 위성궤도오차
③ 대기권오차　　④ 선택적 가용성(SA) 오차

해설 GPS 측량의 오차에는 크게 구조적 요인에 의한 오차, 위성의 배치 상황에 따른 오차(DOP), 선택적 가용성에 의한 오차(SA), 주파단절(Cycle Slip)이 있으며 선택적 가용성(SA) 오차는 2002년 클린턴 정부에서 해제되어 현재는 없는 오차임

34. GNSS 측량에서 의사거리(Pseudo-range)에 대한 설명으로 옳지 않은 것은?

① 인공위성과 지상수신기 사이의 거리 측정값이다.
② 대류권과 이온층의 신호지연으로 인한 오차의 영향력이 제거된 관측값이다.
③ 기하학적인 실제거리와 달라 의사거리라 부른다.
④ 인공위성에서 송신되어 수신기로 도착된 신호의 송신시간을 PRN 인식 코드로 비교하여 측정한다.

해설 의사거리
인공위성과 지상수신기 사이의 거리측정값으로, 인공위성에서 송신되어 수신기로 도착된 송신신호를 PRN(Pseudo Range Noise) 인식 코드로 비교하여 측정하고 송수신기 시계의 시간오차가 발생되며 거리는 기하학적인 실제 거리와 달라 의사거리라고 하며 항법장치에 주로 사용된다.

35. 노선측량에서 노선선정을 할 때 고려사항으로 가장 우선시되는 것은?

① 교통량 및 경제성　　② 건설비와 측량비
③ 곡선설치의 난이도　　④ 공사기간

해설 노선선정에서 가장 고려해야 할 사항은 교통량과 경제성이다.

36. 터널측량의 작업 단계 중 지표에 설치된 중심선을 기준으로 하여 터널의 입구에서 굴착을 시작하여 굴착이 진행됨에 따라 터널 내의 중심선을 설정하는 작업은?

① 지표 설치　　② 지하 설치
③ 조사　　　　④ 예측

해설 터널측량작업 절차
- 조사(답사) : 미리 실내에서 개략적인 계획을 세우고 현장 부근의 지형이나 지질을 조사하여 터널의 위치를 예정한다.
- 예측 : 조사에 결과에 따라 터널위치를 약측에 의하여 지표에 중심선을 미리 표시하고 다시 도면상에 터널을 설치할 위치를 검토한다.
- 지표 설치 : 예측의 결과에서 정한 중심선을 현지의 지표에 정확히 설정하고 이때 갱문이나 수갱의 위치를 결정하고 터널의 연장도 정밀 관측한다.
- 지하 설치 : 지표에 설치된 중심선을 기준으로 하고 갱문에서 굴착을 시작하고 굴착이 진행함에 따라 갱내의 중심선을 설정하는 작업을 말한다.

37. 노선측량에서 시공이 완료될 때까지 반드시 보존되어야 할 측점은?

① 교점(I.P)　　　　② 곡선중점(S.P)
③ 곡선시점(B.C)　　④ 곡선종점(E.C)

해설 노선측량에서 시공이 완료될 때까지 교점(I.P)이 보존되어야 한다.

38. 삼각형의 세 꼭짓점의 좌표가 $A(3,4)$, $B(6,7)$, $C(7,1)$일 때에 삼각형의 면적은?(단, 좌표의 단위는 m이다.)

① $12.5m^2$　　② $11.5m^2$
③ $10.5m^2$　　④ $9.5m^2$

해설 삼각형의 면적
각각의 거리를 구하면
$\overline{AB}=\sqrt{3^2+3^2}=4.24m$, $\overline{BC}=\sqrt{1^2+(-6)^2}=6.08m$,
$\overline{AC}=\sqrt{4^2+(-3)^2}=5m$ 이므로 헤론의 공식을 이용하면
$S=\dfrac{a+b+c}{2}=\dfrac{4.24+6.08+5}{2}=7.66$
$S=\sqrt{s(s-a)(s-b)(s-c)}$ 이므로
$\sqrt{7.66(7.66-4.24)(7.66-6.08)(7.66-5)}=10.5m^2$

Answer 35. ①　36. ②　37. ①　38. ③

39. 사진의 특수 3점은 주점, 등각점, 연직점을 말하는데, 이 특수 3점이 일치하는 사진은?
① 수평사진 ② 저각도 경사사진 ③ 고각도 경사사진 ④ 엄밀수직사진

해설 엄밀수직사진 : 광축과 연직선이 거의 일치하도록 상공에서 촬영한 경사각 3° 이내의 사진을 말한다.

40. GNSS 위치결정에서 정확도와 관련된 위성의 위치 상태에 관한 내용으로 옳지 않은 것은?
① 결정좌표의 정확도는 정밀도 저하율(DOP)과 단위관측정확도의 곱에 의해 결정된다.
② 3차원 위치는 TDOP(Time DOP)에 의해 정확도가 달라진다.
③ 최적의 위성배치는 한 위성은 관측자의 머리 위에 있고 다른 위성의 배치가 각각 120°를 이룰 때이다.
④ 높은 DOP는 위성의 배치 상태가 나쁘다는 것을 의미한다.

해설 GNSS 오차는 수신기와 위성들 간의 기하학적 배치에 따라 영향을 받고 이때 측위 정확도의 영향을 표시하는 계수로 DOP(정밀도 저하율)가 사용되며 이를 GDOP(기하학적 정밀도 저하율), PDOP(위치 정밀도 저하율), HDOP(수평 정밀도 저하율), VDOP(수직 정밀도 저하율), RDOP(상대 정밀도 저하율), TDOP(시간 정밀도 저하율)로 구분한다. 3차원 위치는 TDOP에 의해서 정확도가 달라지는 것이 아니다.

03 토지정보체계론 SUBJECT

41. 벡터 자료구조에 비하여 래스터 자료구조가 갖는 장단점으로 옳지 않은 것은?
① 자료의 구조가 단순하다.
② 그래픽 자료의 양이 방대하다.
③ 여러 레이어의 중첩이 용이하다.
④ 복잡한 자료를 최소한의 공간에 저장시킬 수 있다.

해설 벡터 자료구조의 장점
복잡한 자료를 최소한의 공간에 저장시킬 수 있다.

42. 도로, 상하수도, 전기시설 등의 자료를 수치 지도화하고 시설물의 속성을 입력하여 데이터베이스를 구축함으로써 시설물 관리활동을 효율적으로 지원하는 시스템은?
① FM(Facility Management)　② LIS(Land Information System)
③ UIS(Urban Information System)　④ CAD(Computer-Aided Drafting)

해설 GIS 관련 정보체계
• LIS(토지정보체계) : 토지소유자, 토지가액, 세액평가 그리고 토지경계 등 주로 토지에 관련된 주제 및 통계자료들을 다루는 컴퓨터체계

- UIS(도시정보체계) : 도시지역의 다양한 위치정보와 속성정보를 데이터베이스화하여 통합적·체계적으로 관리함으로써 효율적인 도시경영 및 도시계획 수립을 지원하는 시스템
- CAD(컴퓨터 이용 설계) : 설계와 제도 분야에 컴퓨터를 도입하여 작업을 효율적으로 수행하는 것

43. 지방자치단체가 지적공부 및 부동산종합공부 정보를 전자적으로 관리·운영하는 시스템은?

① 한국토지정보시스템 ② 부동산종합공부시스템
③ 지적행정시스템   ④ 국가공간정보시스템

해설 공간정보의 구축 및 관리 등에 관한 법률 제76조의2
지적소관청은 부동산의 효율적 이용과 부동산과 관련된 정보의 종합적 관리·운영을 위하여 부동산종합공부를 관리·운영한다.

44. 필지식별번호에 관한 설명으로 틀린 것은?

① 필지에 관련된 모든 자료의 공통적 색인번호의 역할을 한다.
② 필지의 등록사항 변경 및 수정에 따라 변화할 수 있도록 가변성이 있어야 한다.
③ 각 필지의 등록사항의 저장과 수정 등을 용이하게 처리할 수 있는 고유번호를 말한다.
④ 토지 관련 정보를 등록하고 있는 각종 대장과 파일 간의 정보를 연결하거나 검색하는 기능을 향상시킨다.

해설 필지식별번호
- 각 필지의 등록사항의 저장과 수정 등을 용이하게 처리할 수 있는 고유번호(지번)
- 토지거래에 있어서 변화가 없고 영구적(불변성)이어야 함
- 공부상에 등록된 사항과 실제 사항이 완벽하게 일치하며 유일무이
- 토지 관련 정보를 등록하고 있는 각종 대장과 파일 간의 정보를 연결하거나 검색하는 기능 향상

45. 토지정보체계의 특징에 해당되지 않는 것은?

① 지형도 기반의 지적정보를 대상으로 하는 위치참조체계이다.
② 토지이용계획 및 토지 관련 정책자료 등 다목적으로 활용이 가능하다.
③ 토지 1필지의 이동정리에 따른 정확한 자료가 저장되고 검색이 편리하다.
④ 지적도의 경계점 좌표를 수치로 등록함으로써 각종 계획업무에 활용할 수 있다.

해설 토지정보체계
지적도 기반의 지적정보를 대상으로 하는 위치참조체계이다.

46. 지적도 전산화작업으로 구축된 도면의 데이터별 레이어 번호로 옳지 않은 것은?

① 지번 : 10   ② 지목 : 11
③ 문자정보 : 12   ④ 필지경계선 : 1

해설 레이어 부여기준 : 필지선(1), 행정경계선-동,리(2), 축척(12), 소유자(13)
지적원도 데이터베이스 구축 작업기준 [별표 2] 참고

Answer 43. ② 44. ② 45. ① 46. ③

47. 다음 중 평면직각좌표계의 이점이 아닌 것은?

① 지도 구면상에 표시하기가 쉽다.
② 관측값으로부터 평면직각좌표를 계산하기 편리하다.
③ 평판측량, 항공사진측량 등 많은 측량작업과 호환성이 좋다.
④ 평면직각좌표로부터 거리, 수평각, 면적을 계산하기 편리하다.

해설 평면직각좌표계
- 지구 표면을 어떤 조건에 따라 평면에 투영해서 평면상에 직각 좌표값으로 각 지점의 위치를 표시하는 방법
- 우리나라에서 직각좌표는 TM(Transverse Mercator, 횡단 머케이터) 방법으로 표시한다.

48. 토털스테이션과 지적측량 운영프로그램 등이 설치된 컴퓨터를 연결하여 세부측량을 수행함으로써 필지경계 정보를 취득하는 측량방법은?

① GNSS
② 경위의측량
③ 전자평판측량
④ 네트워크 RTK 측량

해설 전자평판측량
- 줄자로 2점 간의 거리를 측정하다가 광파측거기로 거리를 측정하고, 목판 위에 종이를 펼쳐놓고 연필로 필지의 형태를 그리던 도해측량은 컴퓨터를 이용한 전자평판을 사용하고 있음
- 전자평판측량방법의 정확도는 토털스테이션 장비의 정확도와 일치한다. 전자평판은 토털스테이션이나 GPS 등과 같이 측량의 정확도가 높고, 여름에는 손에 땀이 나고 겨울에 추위로 인해 종이 위에 그림을 그리기 어려운 점을 해결하는 등 사용자 운영환경을 향상시키고, 과대오차 및 개인오차를 소거할 수 있는 측량장비이다.

49. 부동산종합공부시스템의 하부 시스템 중 토지민원발급 시스템에 대한 설명으로 옳지 않은 것은?

① 토지민원발급 시스템은 현재 시·군·구까지만 민원열람 및 발급이 가능한 상황이다.
② 개별공시지가 확인서의 발급수수료를 관리하고 발급지역 및 발급지역별 사용자를 등록하여 관리할 수 있다.
③ 지적 및 토지관리 업무를 통하여 등록 및 관리되는 속성정보와 공간정보를 민원인에게 실시간으로 제공하는 시스템이다.
④ 시·군·구 토지민원발급 담당자가 수행하는 업무를 토지민원발급 시스템을 이용하여 효율적이고 체계적인 방식으로 처리할 수 있도록 지원하는 시스템이다.

해설 부동산종합공부시스템
- 지방자치단체가 지적공부 및 부동산종합공부 정보를 전자적으로 관리·운영하는 시스템
- 지적공부를 열람하거나 그 등본을 발급받으려는 자는 시장, 군수, 구청장 또는 읍·면·동의 장에게 신청할 수 있다.(공간정보의 구축 및 관리에 관한 법률 제75조)

Answer 47. ① 48. ③ 49. ①

50. 지리정보의 특성인 공간적 위상관계에 대한 설명으로 옳지 않은 것은?

① 근접성은 대상물의 주변에 존재하는 대상물과의 관계를 의미한다.
② 연결성은 실제로 연결된 대상물들 사이의 관계를 의미한다.
③ 근접성은 서로 다른 계층에서 서로 다르게 인식될 수 있는 대상물의 관계를 의미한다.
④ 공간적 위상관계의 특성을 바탕으로 조건에 만족하는 지역이나 조건을 검색 및 분석할 수 있다.

해설 인접성(근접성)
같은 계층에서 서로 이웃하여 있는 폴리곤 간의 관계를 의미한다.

51. 관계형 데이터베이스관리시스템에서 자료를 만들고 조회할 수 있는 것은?

① ASP
② JAVA
③ Perl
④ SQL

해설 SQL(Structured Query Language) 특성
- 관계형 데이터베이스관리시스템에서 자료의 검색과 관리, 데이터베이스 스키마 생성과 수정, 데이터베이스 객체 접근 조정 관리를 위해 고안되었다.
- 데이터베이스로부터 정보를 얻거나 갱신하기 위한 표준 대화식 프로그래밍 언어이다.
- 데이터 정의어, 데이터 조작어, 데이터 제어어를 모두 지원한다.

52. 벡터지도의 오류 유형 및 이에 대한 설명으로 틀린 것은?

① Overshoot : 어떤 선분까지 그려야 하는데 그 선분을 지나쳐 그려진 경우
② Undershoot : 어떤 선분이 아래에서 위로 그려져야 하는데 수평으로 그려진 경우
③ 레이블 입력 오류 : 지번 등이 다르게 기입되는 경우 또는 없거나 2개가 존재하는 경우
④ Sliver Polygon : 지적필지를 표현할 때 필지가 아닌데도 경계불일치로 조그만 폴리곤이 생겨 필지로 인식되는 오류

해설 언더슈트(Undershoot)
어떤 선분까지 그려야 하는데 그 선분까지 미치지 못한 경우

53. 벡터 데이터의 특징이 아닌 것은?

① 자료의 갱신과 유지관리가 편리하다.
② 격자간격에 의존하여 면으로 표현된다.
③ 각기 다른 위상구조로 중첩기능을 수행하기 어렵다.
④ 좌표를 이용하여 복잡한 자료를 최소의 공간에 저장할 수 있다.

해설 래스터 데이터가 격자간격에 의존하여 면으로 표현된다.

54. 다음 GIS 작업 흐름도에서 A, B, C 부분에 들어가야 할 내용과 분석방법으로 옳은 것은?

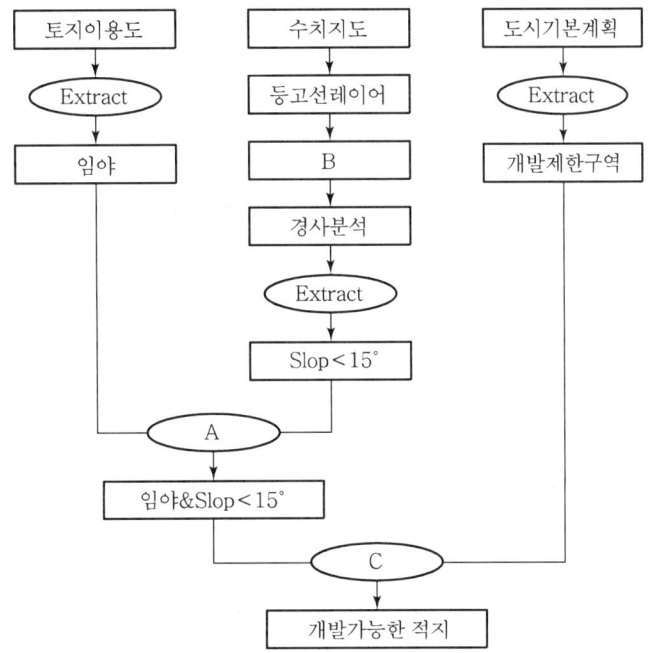

① A : Extract, B : DEM, C : Erase
② A : Extract, B : Buffer Polygon, C : Intersect
③ A : Intersect, B : DEM, C : Erase
④ A : Intersect, B : Buffer Polygon, C : Extract

해설 적지분석 흐름도
- 토지이용도에서 임야를 추출(Extract)하고, 수치지도에서 등고선레이어를 이용하여 DEM(B)을 구축하고, 그중에서 경사도가 15° 이하인 지역의 레이어를 중첩시켜,
- 중첩유형의 교집합의 개념인 Intersect(A)는 boolean의 AND 연산자를 적용하여, 임야이면서 경사도가 15° 이하인 지역의 레이어를 제작하고,
- 개발가능한 지역이라도 도시기본계획상 개발제한구역은 개발할 수 없으므로 개발제한구역을 제외 [Erase(C)]함으로써
- 개발가능한 적지(최적지)를 찾아내는 공간분석 흐름도이다.

Answer 54. ③

55. 다음은 DEM 데이터의 DN 값이다. A→B 방향의 경사도로 옳은 것은?(단, 셀의 크기는 100×100m 이다.)

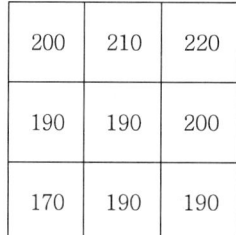
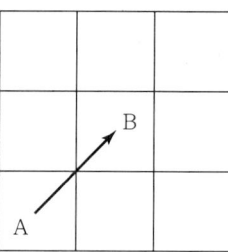

① −14.2%
② −20.0%
③ +14.2%
④ +20.0%

해설 경사도

$A \rightarrow B$ 거리 $= \sqrt{(100^2+100^2)} = 141.4213562\text{m}$, $A \rightarrow B$ 높이 $= +20\text{m}$

각도 $= \tan^{-1}(20 \div 141.42) = 8.049466976$

경사도 $= \tan(\text{각도}) \times 100\% = 14.14\%$

56. 공간데이터 분석에 대한 설명으로 옳지 않은 것은?

① 질의검색이란 사용자가 특정 조건을 제시하면 데이터베이스 내에서 주어진 조건을 만족하는 레코드를 찾아내는 기법이다.
② 중첩분석은 도형자료에 적용되는 것으로 하나의 레이어 또는 커버리지 위에 다른 레이어를 올려놓고 비교하고 분석하는 기법이다.
③ 버퍼는 점(Point), 선(Line), 면(Polygon)의 공간객체 중 면(Polygon)에 해당하는 객체에서만 일정한 폭을 가진 구역을 정하는 기법이다.
④ 네트워크 분석은 서로 연관된 일련의 선형 형상물로 도로, 철도와 같은 교통망이나 전기, 전화, 하천과 같은 연결성과 경로를 분석하는 기법이다.

해설 버퍼 분석
- 버퍼 거리(Buffer Distance)는 직선거리인 유클리디언 거리(Euclidian Distance)를 주로 이용한다.
- 선사상을 입력하더라도 버퍼 분석의 결과는 면사상으로 표현된다.
- 면사상 주면에 버퍼 존(Buffer Zone)을 형성하는 경우 면사상의 가장자리에 있는 지역을 설정한다.

57. 행정구역의 명칭이 변경된 때에 지적소관청은 시·도지사를 경유하여 국토교통부장관에게 행정구역변경일 며칠 전까지 행정구역의 코드변경을 요청하여야 하는가?

① 5일
② 10일
③ 20일
④ 30일

해설 부동산종합공부시스템 운영 및 관리규정 제20조(행정구역코드의 변경) 제1항
행정구역의 명칭이 변경된 때에는 지적소관청은 시·도지사를 경유하여 국토교통부장관에게 행정구역변경일 10일 전까지 행정구역의 코드변경을 요청하여야 한다.

58. 관계형 데이터베이스모델(Relational Database Model)의 기본 구조 요소로 옳지 않은 것은?

① 소트(Sort)　　　　　　　　② 행(Record)
③ 테이블(Table)　　　　　　 ④ 속성(Attribute)

해설 관계형 데이터베이스모델
- 모든 데이터들을 테이블과 같은 형태로 나타내는 것으로 데이터베이스를 구축하는 가장 전형적인 모델이다.
- 데이터 구조는 릴레이션(Relation, 테이블의 열과 행의 집합)으로 표현된다. 2차원 테이블 형태로 테이블은 다수의 열로 구성되고, 각 열에는 정해진 범위의 값이 저장(레코드)된다.

59. 파일처리시스템에 비하여 데이터베이스 관리시스템(DBMS)이 갖는 특징으로 옳지 않은 것은?

① 시스템의 구성이 단순하여 자료의 손실 가능성이 낮다.
② 다른 사용자와 함께 자료호환을 자유롭게 할 수 있어 효율적이다.
③ DBMS에서 제공되는 서비스 기능을 이용하여 새로운 응용프로그램의 개발이 용이하다.
④ 직접적으로 사용자와의 연계를 위한 기능을 제공하여 복잡하고 높은 수준의 분석이 가능하다.

해설 DBMS 개념
- 데이터베이스를 보다 편리하게 정의하고, 생성하며, 조작할 수 있도록 해주는 범용 소프트웨어 시스템
- 시스템의 고장이나 권한이 없는 사용자로부터 데이터를 안전하게 보호한다.
- 데이터의 일관성 유지 : 데이터의 중복을 제거할 수 있으므로 데이터의 불일치는 발생하지 않는다.

60. 속성자료를 설명한 내용으로 옳지 않은 것은?

① 속성자료는 점, 선, 면적의 형태로 구성되어 있다.
② 속성자료는 각종 정책적·경제적 행정적인 자료에 해당하는 글자와 숫자로 구성된 자료이다.
③ 범례는 도형자료의 속성을 설명하기 위한 자료로 도로명, 심벌, 주기 등으로 글자, 숫자, 기호, 색상으로 구성되어 있다.
④ 경계점좌표등록부는 토지소재, 지번, 좌표, 토지의 고유번호, 도면번호, 경계점좌표 등록부의 장번호, 부호 및 부호도 등에 대한 사항이 속성정보에 해당한다.

해설 도형(벡터)자료는 실세계에서 나타나는 다양한 대상물이나 현상을 X, Y와 같은 실제 좌표에 의한 점, 선, 다각형을 이용하여 표현하는 자료구조이다.

04 지적학

61. 아래의 설명에 해당하는 토지제도는?

- 신라 말기에 극도로 문란해졌던 토지제도를 바로잡아 국가 재정을 확립하고, 민생을 안정시키기 위하여 관리들의 경제적 기반을 마련하도록 고려시대에 창안된 것이다.
- 문무 신하에게 지급된 전토(田土)인데 이는 공훈전적인 성격이 강했다.

① 경무전 ② 반전제 ③ 역분전 ④ 전부전

해설 역분전(役分田)
940년(고려 태조 23년) 관계(官階)에 관계없이 공로·인품·충성도 등 논공행상에 따라 차등하여 지급한 수조지(收租地)로서 고려시대 전시과의 모체가 되었다.

62. 토지조사사업 당시 토지소유자와 강계를 사정하기에 앞서 진행한 절차는?
① 조선총독부의 심의
② 토지조사부의 심의
③ 중앙토지위원회의 자문
④ 지방토지위원회의 자문

해설 사정(査定)이란 토지조사부와 지적도에 의하여 토지의 소유자 및 그 강계를 확정하는 행정처분으로서, 사정은 지방토지조사위원회의 자문을 받아 당시 토지조사국장이 실시하였으며, 조사 및 측량은 토지조사국에서 실시하였다.

63. 다음 중 입안제도(立案制度)에 대한 설명으로 옳지 않은 것은?
① 토지매매계약서이다.
② 관에서 교부하는 형식이었다.
③ 조선 후기에는 백문매매가 성행하였다.
④ 소유권 이전 후 100일 이내에 신청하였다.

해설 입안제도(立案制度)
1. 입안의 개념
  ① 토지가옥의 매매를 국가에서 증명하는 제도로서, 현재의 등기권리증과 같은 지적의 명의변경 절차
  ② 진실한 권리자 보호 및 거래의 안전보장에 기여함을 목적으로 함
2. 입안의 내용 및 효력
  ① 기재내용 : 입안일자, 입안관청명, 입안사유, 당해관의 서명
  ② 입안의 효력 : 매매계약에 대한 확정력, 공증력이 부여되어 권리관계가 명확해짐
3. 입안의 작성절차
  ① 계약성립 후 소유권이 이전되면 매수인이 매매문기 등을 첨부하여 입안청구의 소지를 매도인의 소재관에게 100일 이내에 제출(목적물 소재관에게 청구하는 예외도 있음)

Answer 61. ③   62. ④   63. ①

② 한성부는 당하관이 화압하고, 당상관 1명이 화압한 다음 입안의 성급을 결정하여 관인을 날인
③ 관은 매매당사자, 증인, 필집 등을 조사하고 매매의 합법성을 확인하여 입안 발급
4. 입안의 규정
① 속전등록 : 입안기한의 규정은 없으나 입안받지 않는 토지는 몰관한다고 규정
② 경국대전 : 토지가옥의 매매는 백일 이내(3년에서 단축), 상속은 1년 이내에 입안하도록 규정
5. 입안의 폐지
① 입안은 강행적이고, 필요적 제도였으나 초기부터 잘 지켜지지 않았고, 조선 후기에 사문화되어 대전회통에 폐지를 명문화함
② 입안의 사문화 이유 : 절차의 비현실성, 매매당사자·증인·집필인 등 출두 기피, 과중한 작지부담
③ 백문매매(白文賣買)의 성행 : 백문매매는 문기의 일종으로 입안을 받지 않는 매매계약서를 뜻하며, 관습상 성행하여 후에 관에서도 합법화되었으나 입안(立案) 폐지사유가 됨
※ 조선시대의 토지매매계약서는 "문기"를 의미한다.

64. 지상 경계를 결정하기 곤란한 경우에 경계 결정의 방법에 대한 일반적인 원칙(이론)이 아닌 것은?

① 보완설 ② 점유설 ③ 지배설 ④ 평분설

해설 지상경계결정의 처리방법
- 점유설 : 현재 점유하고 있는 구획선이 하나일 경우 그를 양 토지의 경계로 한다.
- 평분설 : 점유상태를 확정할 수 없는 경우 분쟁지를 2등분하여 양지에 소속시킨다.
- 보완설 : 새로이 결정한 경계가 다른 확정된 자료에 비추어 형평타당하지 못할 때 그에 따른 보완(지적측량 등)을 한다.

65. 지적재조사의 목적과 가장 거리가 먼 것은?

① 지적공부의 질적 향상 ② 합리적인 국가 경계 설정
③ 토지의 경계 복원력 향상 ④ 지적불부합지 문제의 해소

해설 지적재조사사업의 목적
- 지적불부합지 문제 해소
- 토지의 경계복원력 향상
- 일필지의 표시를 명확히 하여 능률적인 지적관리체제로 개선
- 지적공부의 정확도 및 지적에 포함되는 요소들의 확장
- 지적관리를 현대화하기 위한 수단
※ 국가 경계의 설정은 국제적인 외교와 관계된 개념이다.

66. 토지소유권 권리의 특성이 아닌 것은?

① 탄력성 ② 혼일성 ③ 항구성 ④ 불완전성

해설 소유권의 개념과 특성
- 소유권의 개념 : 법률의 범위 안에서 그 소유물을 사용, 수익, 처분할 수 있는 권리
- 소유권의 특성 : 전면성(포괄성), 혼일성, 탄력성, 항구성

Answer 64. ③ 65. ② 66. ④

67. 간주지적도에 등록된 토지는 토지대장과는 별도로 대장을 작성하였다. 다음 중 그 명칭에 해당하지 않는 것은?

① 산토지대장
② 별책토지대장
③ 임야토지대장
④ 을호토지대장

해설 간주지적도
- 간주지적도의 개념 : 간주지적도란 지적도로 간주하는 임야도를 의미하며, 토지조사지역 밖인 산림지대에 조사대상 지목인 전, 답, 대 등 과세지가 있더라도 지적도에 등록하지 않고 그 지목만을 수정하여 임야도에 등록하였음
- 산토지대장 : 간주지적도에 등록된 토지는 그 대장을 별도로 작성하고 산토지대장이라고 하였으며, 별책토지대장, 을호토지대장이라고도 함

68. 지번설정에서 사행식 방법이 가장 적합한 지역은?

① 경지정리지역
② 택지조성지역
③ 도로변의 주택구획지역
④ 지형이 불규칙한 농경지

해설 지번부여방법
1. 지번부여방법의 종류
   ① 진행방향에 따른 분류 : 사행식, 기우식, 단지식
   ② 부여단위에 따른 분류 : 지역단위법, 도엽단위, 단지단위법
   ③ 기번위치에 따른 분류 : 북동기번법, 북서기번법
2. 사행식
   ① 필지의 배열이 불규칙한 지역에서 진행순서에 따라 지번 부여
   ② 진행방향에 따라 지번이 순차적으로 연속
   ③ 농촌지역에 적합
   ④ 상하좌우로 볼 때 어느 방향에서는 지번이 뛰어넘는 단점이 있음

69. 토렌스시스템의 기본 이론이 아닌 것은?

① 거울이론
② 보험이론
③ 지가이론
④ 커튼이론

해설 토렌스시스템의 3대 기본원칙
- 거울이론(Mirror Principle) : 토지권리증서의 등록은 토지거래의 사실을 이론의 여지없이 완벽하게 반영하는 거울과 같다는 이론
- 커튼이론(Curtain Principle) : 소유권의 법적 상태와 관련한 확실성을 보장하기 위하여 단지 현재의 등기부에 등기된 사항만 논의되어야 한다는 이론
- 보험이론(Insurance Principle) : 토지등록이 토지의 권리를 아주 정확하게 반영한 것이나 인간의 과실로 인하여 착오가 발생하는 경우에 피해를 입은 사람은 누구나 피해보상에 관한 한 법률적으로 선의의 제3자와 동등한 입장에 놓여야만 된다는 이론

70. 토지조사사업에 따른 지적제도의 확립에 대한 설명으로 틀린 것은?

① 토지의 경계와 소유권은 고등토지조사위원회에서 사정하였다.
② 사정은 강력한 행정처분을 확정하는 원시취득의 효력이 있었다.
③ 토지의 일필지에 대한 위치 및 형상과 경계를 측정하여 지적도에 등록하였다.
④ 측량성과에 의거 토지의 소재, 지번, 지목, 소유권 등을 조사하여 토지대장에 등록하였다.

해설 토지조사사업의 사정은 토지조사부와 지적도에 의하여 토지의 소유자 및 그 강계를 확정하는 행정처분으로서 지방토지조사위원회의 자문을 받아 당시 임시토지조사국장이 실시하였다.

71. 지번에 결번이 생겼을 경우 처리하는 방법은?

① 결번된 토지대장카드를 삭제한다.
② 결번대장을 비치하여 영구히 보존한다.
③ 결번된 지번을 삭제하고 다른 지번을 설정한다.
④ 신규등록 시 결번을 사용하여 결번이 없도록 한다.

해설 결번(Missing Parcel Number)
- 결번의 의의 : 지번을 부여한 이후에 토지 합병 등의 사유로 인하여 지적공부에 등록되지 않은 지번이 발생하는 것
- 결번의 원인 : 토지의 합병, 등록전환, 행정구역의 변경, 도시개발사업의 시행, 토지구획정리사업, 경지정리사업, 지번변경, 축척변경 등
- 결번대장 : 결번 발생 시에는 지체 없이 그 사유를 결번대장에 등록하여 영구히 보존

72. 우리나라 법정지목을 구분하는 중심적 기준은?

① 토지의 성질
② 토지의 용도
③ 토지의 위치
④ 토지의 지형

해설 지목(Land Category)
토지의 주된 사용목적 또는 용도에 따라 토지의 종류를 구분하여 표시하는 명칭이다.

73. 다음 중 우리나라 지적제도의 원리에 해당하는 것은?

① 성립 요건주의
② 직권 등록주의
③ 소극적 등록주의
④ 형식적 심사주의

해설 지적의 기본이념
- 지적국정주의 : 지적공부의 등록사항은 국가만이 이를 결정할 수 있다는 이념
- 지적형식주의 : 등록사항은 지적공부에 등록·공시 하여야만 효력이 인정되는 이념
- 지적공개주의 : 지적공부의 등록사항은 소유자, 이해관계인 등에게 공개하여 이용하게 하여야 한다는 이념
- 실질적 심사주의(사실심사) : 등록이나 변경등록은 절차상의 적법성뿐만 아니라 사실관계의 부합여부를 심사한다는 이념
- 직권등록주의(강제등록주의) : 모든 필지는 강제적으로 등록·공시하여야 한다는 이념

Answer 70. ① 71. ② 72. ② 73. ②

74. 특별한 기준을 두지 않고 당사자의 신청순서에 따라 토지등록부를 편성하는 방법은?

① 물적 편성주의
② 인적 편성주의
③ 연대적 편성주의
④ 인적·물적 편성주의

해설 토지등록부의 편성주의
1. 물적 편성주의
   ① 개별 토지를 중심으로 등록부를 편성
   ② 지번순서에 따라 등록
   ③ 가장 우수하고 합리적, 많이 쓰임
   ④ 장점 : 토지이용, 관리, 개발 측면에 편리
   ⑤ 단점 : 소유자별 파악이 곤란
2. 인적 편성주의
   ① 동일소유자의 모든 토지를 대장에 기록
   ② 세지적의 소산
   ③ 토지이용, 관리, 개발 등 토지행정에 지장
   ④ 인명목록, 전산프로그램개발 등으로 약점을 보완
   ⑤ 네덜란드에서 채택
3. 연대적 편성주의
   ① 신청순서에 따라 순차적으로 대장 작성
   ② 프랑스의 등기부와 미국의 Recording System이 이에 속함
   ③ 등기부 편성방법으로 가장 유효하나 그 자체만으로 공시기능을 발휘하지 못함
4. 인적·물적 편성주의
   ① 물적 편성주의를 기본으로 운영하되 인적 편성주의 요소를 가미
   ② 소유자별 토지등록부를 동시에 작성
   ③ 스위스, 독일의 경우 둘 이상의 토지를 하나의 용지에 기록
   ④ 토지대장도 소유자별 토지등록카드와 함께 지번별 목록, 성명별 목록 등을 작성·운용

75. 다음 중 지적공부의 성격이 다른 것은?

① 산토지대장　② 토지조사부　③ 별책토지대장　④ 을호토지대장

해설 간주지적도 : 지적도로 간주하는 임야도를 의미하며, 간주지적도에 등록된 토지는 그 대장을 별도로 작성하고 산토지대장이라고 하였으며, 별책토지대장, 을호토지대장이라고도 하였다.

76. 1807년에 나폴레옹이 지적법을 발효시키고 대단지 내의 필지에 대한 조사를 위하여 발족된 위원회에서 프랑스 전 국토에 대하여 시행한 세부사업에 해당하지 않는 것은?

① 소유자 조사
② 필지측량 실시
③ 필지별 생산량 조사
④ 축척 1/5,000 지형도 작성

해설 프랑스의 지적제도
1. 개요 : 1804년 프랑스 공화정부의 초대 황제로 즉위한 나폴레옹은 1807년 9월 15일 지적법(Napoleonien Cadastre Act)을 제정하고 대단지 내의 필지에 대한 조사를 시행하여 근대 지적제도를 탄생시킴

Answer　74. ③　75. ②　76. ④

2. 측량위원회의 사업 : 프랑스의 지적조사를 위하여 나폴레옹은 미터법을 창안한 드람브르(Delambre)를 위원장으로 한 측량위원회를 발족시켜 프랑스 전 국토에 대하여 다음과 같은 세부사업을 시행하여 지적도와 지적부를 작성하여 근대적인 지적제도를 창설
① 필지측량 실시
② 필지별 생산량 조사
③ 소유자 조사
④ 축척 1/5,000 지적도 및 지적대장 작성
3. 프랑스 지적제도의 영향 : 프랑스의 지적제도는 나폴레옹의 영토 확장과 더불어 유럽의 전역에 대한 지적제도의 창설에 직접적인 영향을 미치게 됨

77. 지적의 구성요소 중 외부요소에 해당되지 않는 것은?

① 법률적 요소
② 사회적 요소
③ 지리적 요소
④ 환경적 요소

해설 지적의 구성요소
1. 외부요소
    ① 지리적 요소 : 지형, 식생, 토지이용 및 기후 등 최적 지적측량방법의 결정에 영향을 미침
    ② 법률적 요소 : 지적법령은 지적제도의 운용에 있어서 경제성과 효율성을 도모하는 중요한 역할을 함
    ③ 사회·정치·경제적 요소 : 일국의 토지소유권제도는 사회적·정치적 요소들이 작용한 산물이므로 지적제도에는 이러한 요소들이 신중하게 평가되어야 함
2. 내부요소
    1) 개요
        ① J. L. G. Henssen과 국내 학자들이 주장한 소유자, 권리, 필지는 광의적 개념이며, 원영희와 지종덕이 주장한 토지, 등록, 공부는 협의적 의미로 이해하는 것이 타당
        ② 이왕무 등은 토지, 경계설정과 측량, 등록, 지적공부를 지적의 주요 구성요소로 봄
    2) 광의적 개념
        ① 소유자(Person) : 토지를 소유할 수 있는 권리의 주체로서 소유권 및 기타권리를 갖는 자를 말하며 자연인, 법인, 사단, 재단, 종중, 지방자치단체, 국가 등이 포함
        ② 권리(Right) : 토지를 소유할 수 있는 법적 권리로서 토지의 사용, 수익, 처분이 가능한 토지의 소유권과 저당권, 지역권, 지상권, 임차권 등의 기타 권리
        ③ 필지(Parcel) : 필지는 법적으로 물권이 미치는 권리의 객체일필지는 토지의 등록단위, 소유단위, 이용단위가 됨
    3) 협의적 개념
        ① 토지 : 지적제도는 토지를 대상으로 성립하고 일필지로 등록하며 그 대상과 범위는 국토의 개념과 같음
        ② 등록 : 토지의 물권을 객체화하기 위해 일정한 기준의 등록단위를 정해 일정사항(토지소재, 지번, 지목, 경계, 면적 등)을 등록하는 법률행위로서 모든 토지는 공부에 등록함으로써 법률적인 효력이 발생
        ③ 공부 : 공부는 토지를 구획하여 일정사항을 기록한 공적 장부로서 그 형식과 규격을 법으로 정하며 국가는 항상 이를 일정한 장소에 비치하여 국민이 활용할 수 있도록 함

Answer 77. ④

78. 다목적지적의 구성요건에 해당하지 않는 것은?

① 기본도　　　　　　　　② 지적도
③ 측량계산부　　　　　　④ 측지기준망

해설 다목적지적의 구성요소
- 측지기본망(Geodetic Reference Network) : 토지경계와 지형 간에 상관관계를 맺어주고 지적도의 경계선을 현지 복원하도록 정확도를 유지하는 기초점의 연결망
- 기본도(Base Map) : 측지기본망을 기초로 작성된 지형도
- 지적중첩도(Cadastral Overlay) : 측지기본망 및 기본도와 연계·활용하고 토지경계를 식별할 수 있도록 지적도와 시설물, 토지이용, 지역지구도 등을 결합한 상태의 도면
- 필지식별번호(Unique Parcel Identification Number) : 각 필지별 등록사항의 저장, 수정 등을 용이하게 처리할 수 있는 가변성 없는 고유번호를 말하며 대표적인 것이 지번
- 토지자료파일(Land Data File) : 정보의 검색 및 다른 자료철에 보관된 정보를 연결시킬 수 있는 필지식별번호가 포함된 일련의 공부 또는 자료철

79. 적극적 등록주의(Positive System) 지적제도에 있어서 토지등록방법상 그 내용으로 하지 않는 것은?

① 직권주의　　　　　　　② 실질적 검사
③ 형식적 검사　　　　　　④ 모든 토지 등록

해설 적극적 등록제도
1. 토지등록제도의 유형
   ① 날인증서등록제도
   ② 권원등록제도
   ③ 소극적 등록제도
   ④ 적극적 등록제도
   ⑤ 토렌스시스템(Torrens System)
2. 적극적 등록제도
   1) 토지등록은 일필지의 개념으로 법적 권리보장이 인증되고 국가에 의해 그러한 합법성과 효력이 발생
   2) 기본원칙
      ① 지적공부에 등록되지 않은 토지는 어떠한 권리도 인정받을 수 없음
      ② 등록은 강제적이고 의무적
      ③ 지적측량 시행 후 토지등기가 가능
   3) 선의의 제3자 보호 : 토지등록상의 문제로 인한 피해는 법적으로 보장되고 국가에 소송을 제기할 수 있으며, 보상도 받을 수 있음
   4) 소유권의 안정성과 거래의 안정성이 유지되는 장점이 있으나, 시스템의 운영에 많은 비용이 소요되고 등록 절차가 복잡하다는 단점이 있음
   5) 우리나라, 스위스, 대만, 일본, 뉴질랜드, 오스트레일리아, 미국의 일부 주, 캐나다 일부 등의 국가에서 채택하고 있으며, 토렌스시스템은 적극적 등록주의의 발전된 형태임

80. 토지조사사업 당시 일필지조사 사항의 업무가 아닌 것은?
① 지목의 조사
② 지번의 조사
③ 지주의 조사
④ 분쟁지의 조사

해설 토지조사사업의 소유권 조사
토지조사사업 당시 소유권조사는 준비조사, 일필지조사 및 분쟁지조사의 3종류로 함
- 준비조사 : 면, 동·리의 명칭 및 경계를 조사하고 토지신고서를 정리하며, 지방의 경제 및 관습을 조사하는 것을 주 임무로 하였다.
- 일필지조사 : 지주의 조사, 강계의 조사, 지목의 조사 및 지번의 조사 등 4개로 구분하였다.
- 분쟁지조사 : 불분명한 국유지와 민유지, 미정리된 역둔토, 소유권이 불확실한 미개간지 정리 등 토지소유권에 관한 쟁의를 결정하였다.

05 지적관계법규

81. 지적소관청이 토지의 표시 변경에 관한 등기를 할 필요가 있는 경우 관할 등기관서에 등기촉탁을 하여야 하는 사유에 해당하지 않는 것은?
① 축척변경
② 신규등록
③ 바다로 된 토지의 등록말소
④ 행정구역개편으로 인한 지번변경

해설 등기촉탁
1. 의의
   ① 지적소관청은 신규등록을 제외한 토지의 표시 변경에 관한 등기를 할 필요가 있는 경우에는 지체 없이 관할 등기관서에 그 등기를 촉탁하여야 한다.
   ② 이 경우 등기촉탁은 국가가 국가를 위하여 하는 등기로 본다.
2. 등기촉탁의 대상
   ① 토지의 이동이 있는 경우(신규등록 제외)
   ② 지번을 변경한 때
   ③ 축척변경을 한 때
   ④ 바다로 된 토지의 등록말소
   ⑤ 행정구역 명칭변경
   ⑥ 등록사항의 오류를 지적소관청이 직권으로 조사, 측량하여 정정한 때
3. 등기촉탁의 절차
   ① 지적소관청은 등기관서에 토지표시의 변경에 관한 등기를 촉탁하려는 때에는 토지표시변경등기 촉탁서에 그 취지를 적어야 한다.
   ② 토지표시의 변경에 관한 등기를 촉탁한 때에는 토지표시변경등기 촉탁대장에 그 내용을 적어야 한다.

Answer 80. ④ 81. ②

82. 등록전환측량에 대한 설명으로 옳지 않은 것은?

① 토지대장에 등록하는 면적은 임야대장의 면적을 그대로 따른다.
② 등록전환 할 일단의 토지가 2필지 이상으로 분할될 경우 1필지로 등록전환 후 지목별로 분할하여야 한다.
③ 1필지 전체를 등록전환 할 경우에는 임야대장등록사항과 토지대장등록사항의 부합여부를 확인해야 한다.
④ 경계점좌표등록부를 비치하는 지역과 연접되어 있는 토지를 등록전환 하려면 경계점좌표등록부에 등록하여야 한다.

해설 등록전환측량

- 1필지 전체를 등록전환 할 경우에는 임야대장등록사항과 토지대장등록사항의 부합여부 등을 확인하고 토지의 경계와 이용현황 등을 조사하기 위한 측량을 하여야 한다.
- 등록전환 할 일단의 토지가 2필지 이상으로 분할되어야 할 토지의 경우에는 1필지로 등록전환 후 지목별로 분할하여야 한다. 이 경우 등록전환 할 토지의 지목은 임야대장에 등록된 지목으로 설정하되, 분할 및 지목변경은 등록전환과 동시에 정리한다.
- 경계점좌표등록부를 비치하는 지역과 연접되어 있는 토지를 등록전환 하려면 경계점좌표등록부에 등록하여야 한다.
- 토지대장에 등록하는 면적은 등록전환측량의 결과에 따라야 하며, 임야대장의 면적을 그대로 정리할 수 없다.
- 1필지의 일부를 등록전환 하려면 등록전환으로 인하여 말소하여야 할 필지의 면적은 반드시 임야분할측량결과도에서 측정하여야 한다.
- 임야도에 도곽선 또는 도곽선수치가 없거나, 1필지 전체를 등록전환 할 경우에만 등록전환으로 인하여 말소해야 할 필지의 임야측량결과도를 등록전환측량결과도에 함께 작성할 수 있다.
- 토지의 형질변경이 수반되는 등록전환측량은 토목공사 등이 완료된 후에 실시하여야 하며, 각종 인가·허가 등의 내용과 다르게 토지의 형질이 변경되었을 경우에는 그 변경된 토지의 현황대로 측량성과를 결정하여야 한다.

83. 국제기관 및 외국정부의 부동산등기용 등록번호를 지정·고시하는 자는?

① 외교부장관
② 국토교통부장관
③ 행정안전부장관
④ 출입국·외국인정책본부장

해설 부동산등기용 등록번호의 부여절차

- 국가·지방자치단체·국제기관 및 외국정부의 등록번호는 국토교통부장관이 지정·고시한다.
- 주민등록번호가 없는 재외국민의 등록번호는 대법원 소재지 관할 등기소의 등기관이 부여하고, 법인의 등록번호는 주된 사무소 소재지 관할 등기소의 등기관이 부여한다.
- 법인 아닌 사단이나 재단 및 국내에 영업소나 사무소의 설치 등기를 하지 아니한 외국법인의 등록번호는 시장, 군수 또는 구청장(자치구가 아닌 구의 구청장을 포함한다)이 부여한다.
- 외국인의 등록번호는 체류지(국내에 체류지가 없는 경우에는 대법원 소재지에 체류지가 있는 것으로 본다)를 관할하는 지방출입국·외국인관서의 장이 부여한다.

84. 도로명주소법에서 사용하는 용어의 정의로 옳지 않은 것은?

① "기초번호"란 도로구간에 행정안전부령으로 정하는 간격마다 부여된 번호를 말한다.
② "상세주소"란 건물등 내부의 독립된 거주·활동 구역을 구분하기 위하여 부여된 동(棟)번호, 층수 또는 호(號)수를 말한다.
③ "도로명주소"란 도로명, 건물번호 및 상세주소(상세주소가 있는 경우만 해당한다)로 표기하는 주소를 말한다.
④ "사물주소"란 도로명과 건물번호를 활용하여 건물 등에 해당하지 아니하는 시설물의 위치를 특정하는 정보를 말한다.

해설 "사물주소"란 도로명과 기초번호를 활용하여 건물 등에 해당하지 아니하는 시설물의 위치를 특정하는 정보를 말한다.

85. 공간정보의 구축 및 관리 등에 관한 법령상 국토교통부장관의 권한을 국토지리정보원장에게 위임하는 사항이 아닌 것은?

① 기본측량성과의 정확도 검증 의뢰
② 측량업자의 지위 승계 신고의 수리
③ 측량업의 휴업·폐업 등의 신고 수리
④ 지적측량업자의 등록취소에 대한 청문

해설 권한의 위임
① 국토교통부장관이 국토지리정보원장에게 위임하는 사항
 1. 측량기술자(지적기술자는 제외한다)의 업무정지
 2. 측량업의 등록
 3. 측량업등록증 및 측량업등록수첩의 발급
 4. 측량업의 등록사항 변경신고의 수리
 5. 측량업자의 지위 승계 신고의 수리
 6. 측량업의 휴업·폐업 등의 신고 수리
 7. 측량업의 등록취소 및 영업정지와 등록취소 및 영업정지 사실의 공고
 8. 측량기기의 성능검사의 실시
 9. 한국국토정보공사의 측량기기 성능검사에 대한 실태점검 및 시정명령
 10. 성능검사대행자 등록증 발급사실 통지의 접수
 11. 성능검사대행자 등록 취소사실 통지의 접수
 12. 측량제도 발전을 위한 시책의 추진과 국제기구 및 국가 간 협력 활동의 추진
 13. 측량업무 종사자에 대한 교육훈련
 14. 성능검사대행자 및 그 소속 직원에 대한 교육
 15. 측량업자(지적측량업자는 제외한다)에 대한 보고 접수 및 조사
 16. 측량업자(지적측량업자는 제외한다)의 등록취소에 대한 청문
 17. 기본측량 실시를 위한 토지, 건물, 나무, 그 밖의 공작물의 수용 또는 사용
 18. 위탁받은 측량 업무의 수행
 19. 과태료의 부과·징수

Answer 84. ④ 85. ④

(다만, 성능검사대행자의 등록사항 변경을 신고하지 아니한 자, 성능검사대행업무의 폐업신고를 하지 아니한 자에 대한 과태료의 부과·징수는 제외)
20. 원점의 특례지역 지정·고시
21. 측량업등록의 공고
22. 측량업등록증 또는 측량업등록수첩의 재발급
23. 측량의 대가 기준의 고시
② 국토교통부장관이 시·도지사에게 위임하는 사항
성능검사대행자의 측량기기 성능검사에 대한 실태점검 및 시정명령

86. 공간정보의 구축 및 관리 등에 관한 법률에서 규정하고 있는 경계의 의미로 옳은 것은?

① 계곡·능선 등의 자연적 경계
② 토지소유자가 표시한 지상경계
③ 지적도나 임야도에 등록한 경계
④ 지상에 설치한 담장·둑 등의 인위적인 경계

해설 공간정보의 구축 및 관리 등에 관한 법률에서 규정하고 있는 경계의 의미
필지별로 경계점들을 직선으로 연결하여 지적공부에 등록한 선을 말한다.

87. 경계점좌표등록부의 등록사항이 아닌 것은?

① 지목
② 지번
③ 토지의 소재
④ 토지의 고유번호

해설 경계점좌표등록부의 등록사항
• 토지의 소재   • 지번
• 좌표   • 토지의 고유번호
• 지적도면의 번호 • 필지별 경계점좌표등록부의 장번호
• 부호 및 부호도

88. 경위의측량방법에 따른 세부측량에 대한 설명으로 옳은 것은?

① 거리측정단위는 1미터로 한다.
② 농지의 구획정리 시행지역의 측량결과도의 축척을 500분의 1로 한다.
③ 방향관측법인 경우에 수평각의 관측은 1측회의 폐색을 하지 아니할 수 있다.
④ 1방향각 수평각의 측각공차는 60초 이내로 하고, 1회 측정각과 2회 측정각의 평균값에 대한 교차는 30초 이내로 한다.

해설 1. 경위의측량방법에 따른 세부측량 기준
① 거리측정단위는 1센티미터로 할 것
② 측량결과도는 그 토지의 지적도와 동일한 축척으로 작성할 것. 다만, 도시개발사업 등의 시행지역(농지의 구획정리지역은 제외한다)과 축척변경 시행지역은 500분의 1로 하고, 농지의 구획정리 시행지역은 1천분의 1로 하되, 필요한 경우에는 미리 시·도지사의 승인을 받아 6천분의 1까지 작성할 수 있다.

③ 토지의 경계가 곡선인 경우에는 가급적 현재 상태와 다르게 되지 아니하도록 경계점을 측정하여 연결할 것. 이 경우 직선으로 연결하는 곡선의 중앙종거의 길이는 5센티미터 이상 10센티미터 이하로 한다.
2. 경위의측량방법에 따른 세부측량의 관측 및 계산 기준
   ① 미리 각 경계점에 표지를 설치하여야 한다. 다만, 부득이한 경우에는 그러하지 아니하다.
   ② 도선법 또는 방사법에 따를 것
   ③ 관측은 20초독 이상의 경위의를 사용할 것
   ④ 수평각의 관측은 1대회의 방향관측법이나 2배각의 배각법에 따를 것. 다만, 방향관측법인 경우에는 1측회의 폐색을 하지 아니할 수 있다.
   ⑤ 연직각의 관측은 정반으로 1회 관측하여 그 교차가 5분 이내일 때에는 그 평균치를 연직각으로 하되, 분단위로 독정할 것
   ⑥ 수평각의 측각공차는 다음 표에 따를 것

종별	1방향각	1회 측정각과 2회 측정각의 평균값에 대한 교차
공차	60초 이내	40초 이내

   ⑦ 계산방법은 다음 표에 따를 것

종별	각	변의 길이	진수	좌표
공차	초	센티미터	5자리 이상	센티미터

89. 축척변경에 따른 청산금의 납부고지 등에 관한 설명으로 옳은 것은?

① 지적소관청은 청산금의 수령통지를 한 날부터 9개월 이내에 청산금을 지급하여야 한다.
② 지적소관청은 청산금의 결정을 공고한 날부터 1개월 이내에 청산금의 수령통지를 하여야 한다.
③ 지적소관청은 청산금의 결정을 공고한 날부터 1개월 이내에 토지소유자에게 납부고지를 하여야 한다.
④ 청산금의 납부고지를 받은 자는 그 고지를 받은 날부터 6개월 이내에 청산금을 지적소관청에 내야 한다.

해설 청산금 납부고지 및 수령통지
• 지적소관청은 청산금의 결정을 공고한 날부터 20일 이내에 토지소유자에게 청산금의 납부고지 또는 수령통지를 하여야 한다.
• 납부고지를 받은 자는 그 고지를 받은 날부터 6개월 이내에 청산금을 지적소관청에 내야 한다.
• 지적소관청은 수령통지를 한 날부터 6개월 이내에 청산금을 지급하여야 한다.
• 지적소관청은 청산금을 지급받을 자가 행방불명 등으로 받을 수 없거나 받기를 거부할 때에는 그 청산금을 공탁할 수 있다.

90. 지목설명에 관한 설명으로 옳지 않은 것은?

① 종합운동장 부지의 지목은 "체육용지"로 한다.
② 모래땅, 습지, 황무지의 지목은 "잡종지"로 한다.
③ 과수원 내 주거용 건축물 부지의 지목은 "대"로 한다.
④ 축산업 및 낙농업을 하기 위하여 초지를 조성한 토지의 지목은 "목장용지"로 한다.

Answer 89. ④ 90. ②

해설 1. 임야
산림 및 원야(原野)를 이루고 있는 수림지(樹林地)·죽림지·암석지·자갈땅·모래땅·습지·황무지 등의 토지
2. 잡종지
다음 각 목의 토지. 다만, 원상회복을 조건으로 돌을 캐내는 곳 또는 흙을 파내는 곳으로 허가된 토지는 제외한다.
① 갈대밭, 실외에 물건을 쌓아두는 곳, 돌을 캐내는 곳, 흙을 파내는 곳, 야외시장 및 공동우물
② 변전소, 송신소, 수신소 및 송유시설 등의 부지
③ 여객자동차터미널, 자동차운전학원 및 폐차장 등 자동차와 관련된 독립적인 시설물을 갖춘 부지
④ 공항시설 및 항만시설 부지
⑤ 도축장, 쓰레기처리장 및 오물처리장 등의 부지
⑥ 그 밖에 다른 지목에 속하지 않는 토지

91. 밭에 있는 비닐하우스에 채소를 재배하는 토지와 같은 지목을 갖는 것은?

① 소류지
② 죽림지·간석지
③ 식용을 목적으로 죽순을 재배하는 토지
④ 물을 상시적으로 이용하여 미나리를 재배하는 토지

해설 지목의 종류
• 유지 : 물이 고이거나 상시적으로 물을 저장하고 있는 댐·저수지·소류지·호수·연못 등의 토지와 연·왕골 등이 자생하는 배수가 잘 되지 아니하는 토지
• 임야 : 산림 및 원야를 이루고 있는 수림지·죽림지·암석지·자갈땅·모래땅·습지·황무지 등의 토지
• 전 : 물을 상시적으로 이용하지 않고 곡물·원예작물(과수류는 제외한다)·약초·뽕나무·닥나무·묘목·관상수 등의 식물을 주로 재배하는 토지와 식용으로 죽순을 재배하는 토지
• 답 : 물을 상시적으로 직접 이용하여 벼·연·미나리·왕골 등의 식물을 주로 재배하는 토지

92. 광파기측량방법에 따라 다각망도선법으로 지적삼각보조점측량을 할 때의 기준으로 옳은 것은?

① 결합도선에 의하고 부득이한 때에는 왕복도선에 의할 수 있다.
② 3점 이상의 기지점을 포함한 결합다각방식에 의한다.
③ 1도선의 거리는 3킬로미터 이상 5킬로미터 이하로 한다.
④ 1도선의 점의 수는 기지점과 교점을 제외하고 5점 이하로 한다.

해설 전파기 또는 광파기측량방법에 따라 다각망도선법으로 지적삼각보조점측량을 할 때 기준
1. 3점 이상의 기지점을 포함한 결합다각방식에 따를 것
2. 1도선(기지점과 교점 간 또는 교점과 교점 간을 말한다)의 점의 수는 기지점과 교점을 포함하여 5점 이하로 할 것
3. 1도선의 거리(기지점과 교점 또는 교점과 교점 간의 점간거리의 총합계를 말한다)는 4킬로미터 이하로 할 것

93. 다음 설명의 ( ) 안에 공통으로 들어갈 알맞은 용어는?

> 토지의 이동에 따른 면적 등의 결정방법에서 ( )에 따른 경계·좌표 또는 면적은 따로 지적측량을 하지 아니하고 ( ) 후 필지의 경계 또는 좌표와 ( ) 후 필지의 면적의 구분에 따라 결정한다.

① 등록전환
② 분할
③ 복원
④ 합병

해설 토지의 이동에 따른 면적 등의 결정방법
① 합병에 따른 경계·좌표 또는 면적은 따로 지적측량을 하지 아니하고 다음 각 호의 구분에 따라 결정한다.
  1. 합병 후 필지의 경계 또는 좌표 : 합병 전 각 필지의 경계 또는 좌표 중 합병으로 필요 없게 된 부분을 말소하여 결정
  2. 합병 후 필지의 면적 : 합병 전 각 필지의 면적을 합산하여 결정
② 등록전환이나 분할에 따른 면적을 정할 때 오차가 발생하는 경우 그 오차의 허용 범위 및 처리방법 등에 필요한 사항은 대통령령으로 정한다.

94. 공간정보의 구축 및 관리 등에 관한 법률에서 규정한 용어의 정의로 옳지 않은 것은?

① "지번"이란 필지에 부여하여 등기부등본에 등록한 번호를 말한다.
② "필지"란 대통령령으로 정하는 바에 따라 구획되는 토지의 등록단위를 말한다.
③ "지목"이란 토지의 주된 용도에 따라 토지의 종류를 구분하여 지적공부에 등록한 것을 말한다.
④ "지번부여지역"이란 지번을 부여하는 단위지역으로서 동·리 또는 이에 준하는 지역을 말한다.

해설 "지번"이란 필지에 부여하여 지적공부에 등록한 번호를 말한다.

95. 토지이동을 수반하지 않고 토지대장을 정리하는 경우는?

① 등록전환정리
② 토지분할정리
③ 토지합병정리
④ 소유권변경정리

해설 소유권변경정리는 등기관서에서 등기한 것을 증명하는 등기필증, 등기완료통지서, 등기사항증명서 또는 등기관서에서 제공한 등기전산정보자료에 따라 정리한다.

Answer 93. ④ 94. ① 95. ④

96. 지적측량수행자가 손해배상책임을 보장하기 위하여 보증보험에 가입하여야 하는 금액 기준으로 옳은 것은?

① 지적측량업자 : 1억 원 이상
② 지적측량업자 : 5천만 원 이상
③ 한국국토정보공사 : 5억 원 이상
④ 한국국토정보공사 : 10억 원 이상

해설 지적측량수행자의 손해배상책임의 보장
1. 보증보험 가입금액
   ① 지적측량업자 : 보장기간이 10년 이상이고 보증금액이 1억 원 이상인 보증보험
   ② 한국국토정보공사 : 보증금액이 20억 원 이상인 보증보험
2. 지적측량업자는 지적측량업 등록증을 발급받은 날부터 10일 이내에 보증보험에 가입하고 보증보험에 가입하였을 때는 이를 증명하는 서류를 시·도지사에게 제출
3. 보증보험에 가입한 지적측량수행자가 그 보증보험을 다른 보증보험으로 변경하려는 경우에는 이미 가입한 보험의 효력이 있는 기간 중에 다른 보험으로 가입
4. 보증보험에 가입한 지적측량수행자가 보증보험기간의 만료로 인하여 다시 보증보험에 가입하려는 경우에는 그 보증기간 만료일까지 다시 보증보험에 가입

97. 공간정보의 구축 및 관리 등에 관한 법령상 축척변경위원회에 대한 설명으로 옳지 않은 것은?

① 위원장은 위원 중에서 지적소관청이 지명한다.
② 축척변경 시행지역의 토지소유자가 5명 이하일 때에는 토지소유자 전원을 위원으로 위촉하여야 한다.
③ 축척변경위원회는 10명 이상 20명 이하의 위원으로 구성하되, 위원의 3분의 1 이상을 토지소유자로 하여야 한다.
④ 위원은 해당 축척변경 시행지역의 토지소유자로서 지역 사정에 정통한 사람, 지적에 관하여 전문지식을 가진 사람 중에서 지적소관청이 위촉한다.

해설 축척변경위원회
1. 구성
   ① 축척변경위원회는 5명 이상 10명 이하의 위원으로 구성하되, 위원의 2분의 1 이상을 토지소유자로 하여야 한다. 이 경우 그 축척변경 시행지역의 토지소유자가 5명 이하일 때에는 토지소유자 전원을 위원으로 위촉하여야 한다.
   ② 위원장은 위원 중에서 지적소관청이 지명한다.
   ③ 위원은 다음 각 호의 사람 중에서 지적소관청이 위촉한다.
      • 해당 축척변경 시행지역의 토지소유자로서 지역 사정에 정통한 사람
      • 지적에 관하여 전문지식을 가진 사람
   ④ 축척변경위원회의 위원에게는 예산의 범위에서 출석수당과 여비, 그 밖의 실비를 지급한다.
2. 기능
   ① 축척변경 시행계획에 관한 사항
   ② 지번별 제곱미터당 금액의 결정과 청산금의 산정에 관한 사항
   ③ 청산금의 이의신청에 관한 사항
   ④ 그 밖에 축척변경과 관련하여 지적소관청이 회의에 부치는 사항

98. 국토의 계획 및 이용에 관한 법률에 따른 기반시설의 종류에 해당하지 않는 것은?

① 환경기초시설
② 보건위생시설
③ 물류·유통정비시설
④ 공공·문화체육시설

해설 국토의 계획 및 이용에 관한 법률에 따른 기반시설의 종류
- 도로·철도·항만·공항·주차장 등 교통시설
- 광장·공원·녹지 등 공간시설
- 유통업무설비, 수도·전기·가스공급설비, 방송·통신시설, 공동구 등 유통·공급시설
- 학교·공공청사·문화시설 및 공공필요성이 인정되는 체육시설 등 공공·문화체육시설
- 하천·유수지·방화설비 등 방재시설
- 장사시설 등 보건위생시설
- 하수도, 폐기물처리 및 재활용시설, 빗물저장 및 이용시설 등 환경기초시설

99. 부동산등기법상 등기부등본의 갑구 또는 을구의 기재사항으로 옳지 않은 것은?

① 지목
② 관리자
③ 등기원인 및 그 연월일
④ 접수연월일 및 접수번호

해설 등기부의 구성
1. 표제부
   ① 토지등기기록 표제부 : 표시번호란, 접수란, 소재지번란, 지목란, 면적란, 등기원인 및 기타사항란
   ② 건물등기기록의 표제부 : 표시번호란, 접수란, 소재지번 및 건물번호란, 건물내역란, 등기원인 및 기타사항란
2. 갑구와 을구 : 순위번호란, 등기목적란, 접수란, 등기원인란, 권리자 및 기타사항란

100. 국토의 계획 및 이용에 관한 법률의 목적으로 가장 옳은 것은?

① 고도의 경제 성장 유지
② 국토 및 해양의 이용 질서 확립
③ 환경보전 및 중앙집권체제의 강화
④ 공공복리의 증진과 국민의 삶의 질 향상

해설 국토의 계획 및 이용에 관한 법률의 목적
국토의 이용·개발과 보전을 위한 계획의 수립 및 집행 등에 필요한 사항을 정함
- 공공복리를 증진
- 국민의 삶의 질을 향상

Answer 98. ③ 99. ① 100. ④

2022년 기출문제

2022년 제1회 지적기사

2022년 제2회 지적기사

2022년 제3회 지적기사

Engineer Cadastral Surveying

2022년 제1회 지적기사

01 지적측량

01. 두 점 간의 거리가 222m이고, 두 점 간의 방위각이 33°33′33″일 때 횡선차는?
① 122.72m
② 145.26m
③ 185.00m
④ 201.56m

해설 $\triangle y = \sin 33°33′33″ \times 222 = 122.72\text{m}$

02. 교회법에 따른 지적삼각보조점의 관측 및 계산 기준으로 옳은 것은?
① 3배각법에 따른다.
② 3대회의 방향관측법에 따른다.
③ 1방향각의 측각공차는 50초 이내로 한다.
④ 관측은 20초독 이상의 경위의를 사용한다.

해설 지적측량 시행규칙 제11조(지적삼각보조점의 관측 및 계산)
1. 관측은 20초독 이상의 경위의를 사용한다.
2. 수평각 관측은 2대회(윤곽도는 0도, 90도로 한다)의 방향관측법에 따른다.
3. 1방향각의 측각공차는 40초 이내로 한다.

03. 경계점좌표등록부를 갖춰 두는 지역에 있는 각 필지의 경계점을 측정할 때 측점번호의 부여 방법으로 옳은 것은?
① 오른쪽 위에서부터 왼쪽으로 경계를 따라 일련번호를 부여한다.
② 왼쪽 위에서부터 오른쪽으로 경계를 따라 일련번호를 부여한다.
③ 오른쪽 아래에서부터 왼쪽으로 경계를 따라 일련번호를 부여한다.
④ 왼쪽 아래에서부터 오른쪽으로 경계를 따라 일련번호를 부여한다.

해설 지적측량 시행규칙 제23조(경계점좌표등록부를 갖춰 두는 지역의 측량)
각 필지의 경계점 측점번호는 왼쪽 위에서부터 오른쪽으로 경계를 따라 일련번호를 부여한다.

Answer 1. ① 2. ④ 3. ②

04. 배각법에 의하여 지적도근점측량을 시행할 경우 측각오차 계산식으로 옳은 것은?(단, e는 각오차, T_1은 출발기지방위각, $\sum_a$는 관측각의 합, n은 폐색변을 포함한 변수, T_2는 도착기지방위각)

① $e = T_1 + \sum_a - 180(n-1) + T_2$
② $e = T_1 + \sum_a - 180(n-1) - T_2$
③ $e = T_1 - \sum_a - 180(n-1) + T_2$
④ $e = T_1 - \sum_a - 180(n-1) - T_2$

해설 $e = T_1 + \sum a - 180(n-1) - T_2$

05. 축척이 서로 다른 도면에 동일 경계선이 등록되어 있는 경우 어느 경계선에 따라야 하는가?

① 평균하여 결정한다.
② 축척이 큰 것에 따른다.
③ 축척이 작은 것에 따른다.
④ 토지소유자 의견에 따라야 한다.

해설 대축척 우선의 원칙에 따라 축척이 큰 도면의 지적경계선에 따른다.

06. 지적삼각보조점측량을 Y망으로 실시하여 1도선의 거리의 합계가 1,654.15m이었을 때 연결오차는 최대 얼마 이하로 하여야 하는가?

① 0.03m 이하
② 0.05m 이하
③ 0.07m 이하
④ 0.08m 이하

해설 지적측량 시행규칙 제11조(지적삼각보조점의 관측 및 계산)
도선별 연결오차는 $0.05 \times S$미터 이하로 할 것. 이 경우 S는 도선의 거리를 1천으로 나눈 수를 말한다.

연결오차 $= 0.05 \times S$미터 $= 0.05 \times \dfrac{1{,}654.15}{1{,}000} = 0.0827075$

∴ 0.08m 이하

07. A, B 두 점의 좌표에 의하여 산출한 AB의 역방위각으로 옳은 것은?(단, $X_A = 356.77\text{m}$, $Y_A = 965.44\text{m}$, $X_B = 251.32\text{m}$, $Y_B = 412.07\text{m}$)

① 79°12′40″
② 100°47′20″
③ 169°12′40″
④ 349°47′20″

해설
$\triangle_x = B_x - A_x = 251.32 - 356.77 = -105.45$
$\triangle_y = B_y - A_y = 412.07 - 965.44 = -553.37$
$\theta = \tan^{-1}\left(\dfrac{\triangle Y}{\triangle X}\right) = \tan^{-1}\dfrac{-553.37}{-105.45} = 79°12′40″$

이때, $\triangle_x$와 $\triangle_y$ 값 모두 (−)이므로 3상한이며
3상한 $= 180° + \theta$
$= 180° + 79°12′40″ = 259°12′40″$
A, B 두 점의 방위각은 259°12′40″이며
∴ 역방위각 $= 259°12′40″ - 180° = 79°12′40″$

상한	부호		상한별 방위 θ의 산출	방위각(V)
	종선차Δx	횡선차Δy		
I	+	+	$V = \theta$	0°~90°
II	−	+	$V = 180° - \theta$	90°~180°
III	−	−	$V = 180° + \theta$	180°~270°
IV	+	−	$V = 360° - \theta$	270°~360°

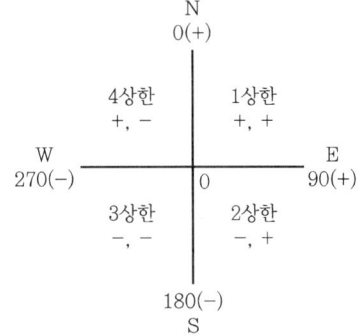

08. 배각법에 따른 지적도근점의 각도관측에서 폐색변을 포함한 변수가 9변일 때 관측방위각의 폐색오차 허용한계는?(단, 1등도선이다)

① ±30초 이내 ② ±45초 이내
③ ±60초 이내 ④ ±90초 이내

해설 지적측량 시행규칙 제14조(지적도근점의 각도관측을 할 때의 폐색오차의 허용범위 및 측각오차의 배분)

측량방법	등급	폐색오차
배각법	1등	±20$\sqrt{n}$ (초)
	2등	±30$\sqrt{n}$ (초)
방위각법	1등	±$\sqrt{n}$ (분)
	2등	±1.5$\sqrt{n}$ (분)

∴ 폐색오차 허용한계 = ±20$\sqrt{n}$ = 20 × $\sqrt{9}$ = 60초

09. 지적삼각점성과를 관리할 때 지적삼각점성과표에 기록·관리하여야 할 사항이 아닌 것은?

① 설치기관 ② 자오선수차
③ 좌표 및 표고 ④ 지적삼각점의 명칭

해설 지적측량 시행규칙 제4조(지적기준점성과표의 기록·관리 등)

지적삼각점성과표	지적삼각보조점 및 지적도근점성과표
1. 지적삼각점의 명칭과 기준 원점명 2. 좌표 및 표고 3. 경도 및 위도(필요한 경우로 한정한다) 4. 자오선수차(子午線收差) 5. 시준점(視準點)의 명칭, 방위각 및 거리 6. 소재지와 측량연월일 7. 그 밖의 참고사항	1. 번호 및 위치의 약도 2. 좌표와 직각좌표계 원점명 3. 경도와 위도(필요한 경우로 한정한다) 4. 표고(필요한 경우로 한정한다) 5. 소재지와 측량연월일 6. 도선등급 및 도선명 7. 표지의 재질 8. 도면번호 9. 설치기관 10. 조사연월일, 조사자의 직위·성명 및 조사 내용

Answer 8. ③ 9. ①

10. 지적도근점측량에서 연결오차의 허용범위에 대한 기준으로 틀린 것은?(단, n은 각 측선의 수평거리의 총합계를 100으로 나눈 수)

① 1등 도선은 해당 지역 축척분모의 $\frac{1}{100}\sqrt{n}$ cm 이하로 한다.

② 2등 도선은 해당 지역 축척분모의 $\frac{1}{100}\sqrt{n}$ cm 이하로 한다.

③ 경계점좌표등록부를 갖춰 두는 지역의 축척분모는 500으로 한다.

④ 하나의 도선에 속하여 있는 지역의 축척이 2 이상일 때에는 소축척의 축척분모에 따른다.

해설 지적도근점측량 연결오차 허용범위

1. 1등 도선 : 해당 지역 축척분모의 $\frac{1}{100}\sqrt{n}$ 센티미터 이하
2. 2등 도선 : 해당 지역 축척분모의 $\frac{1.5}{100}\sqrt{n}$ 센티미터 이하

여기서, n=각 측선의 수평거리의 총합계를 100으로 나눈 수
3. 경계점좌표등록부를 갖춰 두는 지역의 축척분모는 500
4. 축척이 1/6,000인 지역의 축척분모는 3,000
5. 하나의 도선에 축척이 2 이상일 때 축척의 축척분모 적용

11. 지적측량의 방법으로 옳지 않은 것은?

① 수준측량방법 ② 경위의측량방법 ③ 사진측량방법 ④ 위성측량방법

해설 지적측량 시행규칙 제5조(지적측량의 구분 등)
지적측량은 평판(平板)측량, 전자평판측량, 경위의(經緯儀)측량, 전파기(電波機) 또는 광파기(光波機)측량, 사진측량 및 위성측량 등의 방법에 따른다.

12. 평판측량에서 "폐합오차/측선길이의 합계"가 나타내는 것은?

① 표준오차 ② RMSE ③ 잔차 ④ 폐합비

해설 폐합비 = $\frac{폐합오차}{총측선의 길이}$ 로 나타낸다.

13. 지적삼각점측량에서 수평각의 측각공차에 대한 기준으로 옳은 것은?

① 기지각과의 차는 ±40초 이상
② 삼각형 내각관측의 합과 180도와의 차는 ±40초 이내
③ 1측회의 폐색차는 ±30초 이상
④ 1방향각은 30초 이내

해설 지적측량 시행규칙 제9조(지적삼각점측량의 관측 및 계산)

종별	1방향각	1측회(測回)의 폐색(閉塞)	삼각형 내각관측의 합과 180도와의 차	기지각(旣知角)과의 차
공차	30초 이내	±30초 이내	±30초 이내	±40초 이내

Answer 10. ④ 11. ① 12. ④ 13. ④

14. 토지를 분할하는 경우, 분할 후 각 필지면적의 합계와 분할 전 면적과의 오차 허용범위를 구하는 식으로 옳은 것은?(단, A : 오차허용면적, M : 축척분모, F : 원면적)

① $A = 0.023^2 \cdot M\sqrt{F}$
② $A = 0.026^2 \cdot M\sqrt{F}$
③ $A = 0.023 \cdot M\sqrt{F}$
④ $A = 0.026 \cdot M\sqrt{F}$

해설 공간정보의 구축 및 관리 등에 관한 법률 시행령 제19조(등록전환이나 분할에 따른 면적 오차의 허용범위 및 배분 등)
임야대장의 면적과 등록전환될 면적의 오차 허용범위는 다음과 같다.
$A = 0.026^2 M\sqrt{F}$
여기서, A : 오차 허용면적, M : 임야도 축척분모, F : 등록전환될 면적
이 경우 오차의 허용범위를 계산할 때 축척이 3천분의 1인 지역의 축척분모는 6천으로 한다.

15. 평판측량방법에 따른 세부측량을 교회법으로 하는 경우의 기준으로 옳은 것은?

① 2방향의 교회에 따른다.
② 전방교회법 또는 후방교회법을 사용한다.
③ 방향각의 교각은 30도 이상 120도 이하로 한다.
④ 광파조준의를 사용하는 경우 방향선의 도상길이는 30cm 이하로 할 수 있다.

해설 지적측량 시행규칙 제18조(세부측량의 기준 및 방법 등)
1. 전방교회법 또는 측방교회법
2. 3방향 이상의 교회
3. 방향각의 교각은 30도 이상 150도 이하
4. 방향선의 도상길이는 평판의 방위표정(方位標定)에 사용한 방향선의 도상길이 이하로서 10센티미터 이하. 다만, 광파조준의(光波照準儀) 또는 광파측거기를 사용하는 경우에는 30센티미터 이하
5. 측량결과 시오(示誤)삼각형이 생긴 경우 내접원의 지름이 1밀리미터 이하일 때에는 그 중심을 점의 위치로 한다.

16. 공간정보의 구축 및 관리 등에 관한 법률에 따른 측량기준(세계측지계)에서 회전타원체의 편평률로 옳은 것은?(단, 분모는 소수 둘째 자리까지 표현한다)

① 294.98분의 1
② 298.26분의 1
③ 299.15분의 1
④ 299.26분의 1

해설 공간정보의 구축 및 관리 등에 관한 법률 시행령 제7조(세계측지계 등)
① 법 제6조제1항에 따른 세계측지계(世界測地系)는 지구를 편평한 회전타원체로 상정하여 실시하는 위치측정의 기준
1. 회전타원체의 장반경(張半徑) 및 편평률(扁平率)
가. 장반경 : 6,378,137미터
나. 편평률 : 298.257222101분의 1
∴ 편평률=298.26분의 1

Answer 14. ② 15. ④ 16. ②

17. 면적계산에서 두 변이 각각 20m±5cm, 30m±7cm이었다면 사각형면적 600m²에 대한 표준편차는?

① ±0.06m²
② ±0.63m²
③ ±1.32m²
④ ±2.05m²

해설 $S = a \cdot c$ 이므로 S의 평균제곱오차 M을 계산하면
$$M = \pm \sqrt{(y^2 \cdot m_1^2) + (x^2 \cdot m_2^2)} = \pm \sqrt{(y \cdot m_1)^2 + (x \cdot m_2)^2}$$
$$= \pm \sqrt{(30 \times 0.05)^2 + (20 \times 0.07)^2}$$
$$= \pm 2.05 \text{m}^2$$

18. 수평각 관측 시 경위의 기계오차 소거방법으로 틀린 것은?

① 연직축이 연직되지 않아 발생하는 오차는 망원경의 정·반 관측을 평균한다.
② 시준축과 수평축이 직교하지 않아 발생하는 오차는 망원경의 정·반 관측을 평균한다.
③ 시준선이 기계의 중심을 통과하지 않아 발생하는 오차는 망원경의 정·반 관측을 평균한다.
④ 회전축에 대하여 망원경의 위치가 편심되어 있어 발생하는 오차는 망원경의 정·반 관측을 평균한다.

해설 연직축오차는 정·반 관측하여 평균해도 그 오차를 소거할 수 없다.

19. 지적소관청은 지적도면의 관리가 필요한 경우에는 지번부여지역마다 일람도와 지번색인표을 작성하여 갖춰둘 수 있다. 도면이 몇 장 미만일 경우 일람도를 작성하지 아니할 수 있는가?

① 4장
② 5장
③ 6장
④ 7장

해설 지적업무처리규정 제38조(일람도의 제도)
도면의 장수가 4장 미만인 경우에는 일람도의 작성을 하지 아니할 수 있다.

20. 지적삼각점 O점에 기계를 세우고 지적삼각점 A, B점을 시준하여 수평각 $\angle AOB$를 측정할 경우 측각의 최대오차를 30″까지 하려면 O점에서 편심거리는 최대 얼마까지 허용되는가?(단, $AO = BO = $ 2km이다)

① 27.1cm 정도
② 28.9cm 정도
③ 29.1cm 정도
④ 30.9cm 정도

해설 $\tan \theta = \dfrac{x}{2{,}000}$
$x = 2{,}000 \times \tan 30''$
$= 29.1 \text{cm}$

Answer 17. ④ 18. ① 19. ① 20. ③

02 응용측량

21. 도로의 개설을 위하여 편입되는 대상용지와 경계를 정하는 측량으로서 설계가 완료된 이후에 수행할 수 있는 노선측량 단계는?

① 용지측량
② 다각측량
③ 공사측량
④ 조사측량

해설 노선측량의 작업순서는 도상계획 → 답사 → 예측 → 실시설계, 용지측량 → 공사측량 순이며 용지측량은 편입용지와 도로의 경계를 정하는 단계로 실시설계가 완료된 이후에 진행되는 측량이다.

22. 정밀수준측량에서 수준망을 측량한 결과로 환폐합차가 6.0mm이었다면 편도거리는?[단, 허용 환폐합차=$2\text{mm}\sqrt{S}$, S : 편도관측거리(km)]

① 4.0km
② 6.0km
③ 9.0km
④ 16.0km

해설 우리나라 기본수준측량의 허용오차

구분	1등 수준측량	2등 수준측량	비고
왕복	$2.5\text{mm}\sqrt{L}$	$5\text{mm}\sqrt{L}$	2km 왕복했을 때 L은 노선거리(km)
폐합차	$2.5\text{mm}\sqrt{L}$	$5\text{mm}\sqrt{L}$	

여기서, 환폐합차가 $6.0\text{mm} = 2\text{mm}\sqrt{S} = \sqrt{S} = \frac{6}{2}$, $S = 9\text{km}$

23. 그림과 같은 등고선에서 AB의 수평거리가 60m일 때 경사도(Incline)로 옳은 것은?

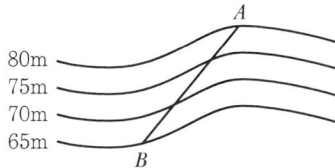

① 10%
② 15%
③ 20%
④ 25%

해설 높이=경사도×수평거리, 경사도=$\frac{\text{높이}}{\text{수평거리}} = \frac{15}{60} = 0.25$

24. 노선측량의 곡선 설치에 대한 설명으로 옳지 않은 것은?

① 고속도로의 완화곡선으로 주로 클로소이드 곡선을 설치한다.
② 완화곡선의 곡선반지름은 시점에서 무한대, 종점에서 원곡선으로 된다.
③ 반향곡선은 2개의 원호가 공통절선의 양측에 있는 곡선이다.
④ 종단곡선으로는 주로 3차 포물선이 사용된다.

해설 클로소이드는 나선의 일종으로 수평곡선의 종류이며, 종단곡선 설치에는 수직곡선을 사용한다.

25. 곡선반지름 $R=2,500$m, 캔트(Cant) 100mm인 철도선로를 설계할 때, 적합한 설계속도는?(단, 레일간격은 1m로 가정한다)

① 50km/h
② 60km/h
③ 150km/h
④ 178km/h

해설 차량이 곡선부를 주행할 때 외측으로 향하려는 원심력이 작용하며, 이 원심력 때문에 차량이 횡골(Skidding) 또는 전도(Over Turning)될 위험이 있다. 이 위험성을 피하기 위하여 도로에서는 노면에 횡단경사를 두어 외측을 높이는데 이를 편경사(Super-elevation)라고 한다. 한편 철도에서는 레일이 있으므로 횡골의 위험은 없으나 전도를 방지하기 위하여 곡선부 레일의 바깥쪽은 안쪽보다 높게 하는데 이를 캔트(Cant)라 한다.

$$C = \frac{bV^2}{gR}$$

여기서, C : 캔트, b : 차도간격, V : 주행속도, g : 중력가속도(9.81m/sec), R : 곡률반경

따라서 $V = \sqrt{\frac{CgR}{b}} = \sqrt{\frac{0.1 \times 9.81 \times 2500}{1}} = 49.5227$(여기서는 초속임)

다시 시속으로 바꾸어 주면 49.5227×3,600=178,281.72≒178km/h

26. 사이클슬립(Cycle Slip)이나 멀티패스(Multipath)의 오차를 줄일 목적으로 낮은 위성의 고도각을 제한하기도 한다. 일반적으로 제한하는 위성의 고도각범위로 옳은 것은?

① 10° 이상
② 15° 이상
③ 30° 이상
④ 40° 이상

해설 위성측량에서 위성의 고도각(절사각)은 15° 이상으로 한다.

27. 지형도의 난외주기 사항에 「NJ 52-13-17-3 대천」과 같이 표시되어 있을 때, 표시사항 중 경도 180° 선에서 동으로 6°마다 붙인 경도구역을 의미하는 숫자는?

① 52
② 13
③ 17
④ 3

해설 지형도의 난외주기는 도엽 이름, 경·위도, 축척, 방위, 범례 등을 표기한 것으로 NJ 52에서 N은 지구의 북과 남을 나타내며 우리나라는 북반구에 위치해 있으므로 N을 쓰며 J는 적도에서 북쪽으로 4도마다 알파벳을 붙여 북쪽구역을 나타내며 위도 36도에서 40도 구역에 속하고, 52는 경도 306~312도 사이의 구간으로 NJ 52는 경도구역을 의미한다.

28. 지표에서 거리 1,000m 떨어진 A, B지점에서 수직터널에 의하여 터널 내외의 연결측량을 하는 경우 두 수직터널의 깊이가 지구 중심방향으로 1,500m라 할 때, 두 지점 간의 지표거리와 지하거리의 차이는?(단, 지구를 반지름 R=6,370km의 구로 가정)

① 15cm ② 24cm
③ 48cm ④ 52cm

해설 $L = \dfrac{L_0 H}{R}$ 여기서, L : 수평거리, L_0 : 터널길이, H : 표고차, R : 지구반지름

$= \dfrac{1,500 \times 1,000}{6,370,000} = 0.235\text{m}$

29. 해발고도 250m의 평탄한 지역을 사진축척 1 : 10,000으로 촬영한 연직사진의 촬영고도는?(단, 카메라의 초점거리는 150mm이다)

① 1,500m ② 1,700m
③ 1,750m ④ 1,800m

해설 촬영고도(H)=초점거리(f)×축척분모(m)=0.15×10,000=1,500m이고, 여기에 해발고도를 더하면
1,500+250=1,750m

30. 다음 중 원곡선의 종류가 아닌 것은?

① 반향곡선 ② 단곡선
③ 렘니스케이트 곡선 ④ 복심곡선

해설 노선측량 곡선 설치법 중 원곡선 설치법에는 단곡선, 복심곡선, 반향곡선, 머리핀곡선, 완화곡선이 있다.

31. 터널이 긴 경우 굴진 공정기간의 단축을 위하여 중간에 수직터널이나 경사터널을 설치하고 본 터널과의 좌표를 일치시키기 위하여 실시하는 측량은?

① 지하수준측량 ② 터널 내 고저측량
③ 터널 내 중심선측량 ④ 터널 내외 연결측량

해설 터널측량에는 도로, 철도 등 수평에 가까운 터널측량뿐 아니라 수직갱, 경사갱 등도 포함되고 크게 갱외측량, 갱내측량, 갱내 외 수준측량, 갱내 외 연결측량으로 구분하며 측량방법은 트랜싯에 의한 트래버스 측량 등을 한다. 갱내측량에서는 지상측량방법과 동일한 방법을 사용할 수 없으며, 수직터널이나 경사터널을 본터널에 연결하는 측량은 터널 내외 연결측량이다.

32. 촬영고도 1,500m에서 촬영된 항공사진에 나타난 굴뚝 정상의 시차가 17.32mm이고, 굴뚝 밑부분의 시차는 15.85mm이었다면 이 굴뚝의 높이는?

① 103.7m ② 113.3m
③ 123.7m ④ 127.3m

Answer 28. ② 29. ③ 30. ③ 31. ④ 32. ④

해설 시차차에 의한 비고량 계산식

$$h = \frac{H}{P_r + \Delta P} \times \Delta P$$

여기서 h : 높이, H : 비행고도, P_a : 정상의 시차, P_r : 기준면의 시차

$\Delta P = P_a - P_r$ 이므로

$$\frac{1,500,000}{15.85 + (17.32 - 15.85)} \times (17.32 - 15.85) = 12,730.9 \text{mm} = 127.3 \text{m}$$

33. 초점거리 210mm, 사진크기 23cm×23cm의 카메라로 촬영한 평탄한 지역의 항공사진 주점기선 장이 70mm이었다면 인접사진과의 중복도는?

① 60%
② 65%
③ 70%
④ 75%

해설 $m_1 P_1 = m_1 P_2$, $\dfrac{a}{2} - m_1 m_2 = \dfrac{23}{2} - 7 = 4.5 \text{cm}$

여기서, $m_1 m_2 = b_0$(주점기선길이)

$m_1 P_1 = m_1 P_2 = 4.5 \text{cm}$

$\therefore \dfrac{p_1 m_1 + m_1 m_2 + m_1 p_2}{a} = \dfrac{4.5 + 7 + 4.5}{23} = 0.6956 ≒ 70\%$

34. 수준측량 시 중간점이 많을 경우에 가장 편리한 야장기입법은?

① 고차식
② 승강식
③ 기고식
④ 교차식

해설 노선측량 야장기입법 중에서 종단측량이나 횡단측량에 많이 쓰이며 중간점이 많을 때 가장 적당한 방법은 기고식이다.

35. 표척 2개를 사용하여 수준측량 할 때 기계의 배치횟수를 짝수로 하는 주된 이유는?

① 표척의 영점오차를 제거하기 위하여
② 표척수의 안전한 작업을 위하여
③ 작업능률을 높이기 위하여
④ 레벨의 조정이 불완전하기 때문에

해설 수준측량에서 영점오차 소거방법
1. 처음에 세운 표척이 마지막에 오도록 한다.
2. 이기점이 홀수가 되도록 한다.
3. 표척을 세운 횟수가 짝수가 되도록 한다.

36. GNSS 측량을 위하여 어느 곳에서나 같은 시간대에 관측할 수 있어야 하는 위성의 최소 개수는?

① 2개
② 4개
③ 6개
④ 8개

해설 GNSS에 의한 측량을 위해서는 최소 4개 이상의 위성으로부터 신호를 받아야 한다.

37. 등고선의 성질에 대한 설명으로 옳은 것은?

① 동굴과 낭떠러지에서는 교차할 수 없다.
② 등고선은 한 도곽 내에서 반드시 폐합한다.
③ 등고선은 경사가 급한 곳에서는 간격이 넓다.
④ 등고선상에 있는 모든 점은 각각의 다른 고유한 표고값을 갖는다.

해설 등고선의 성질
1. 동일 등고선상에 있는 모든 점은 같은 높이다.
2. 등고선은 도면 내외에서 폐합하는 폐곡선이다.
3. 지도의 도면 내에서 폐합하는 경우 등고선의 내부에 산정 또는 분지가 있다.
4. 높이가 다른 두 등고선은 동굴이나 절벽의 지형이 아닌 곳에서는 교차하지 않으며, 동굴이나 절벽은 반드시 두 점에서 교차한다.
5. 동등한 경사의 지표에서 양 등고선의 수평거리는 같다.
6. 같은 경사의 평면일 때는 나란히 직선이 된다.
7. 최대 경사의 방향은 등고선과 직각으로 교차한다.
8. 등고선은 경사가 급한 곳에서는 간격이 좁고 완만한 경사지는 넓다.
9. 등고선은 분수선과 직각으로 만난다.
10. 등고선의 수평거리는 산꼭대기 및 산 밑에서는 크고 산중턱에서는 작다.
11. 등고선이 능선을 직각방향으로 횡단한 다음 능선 다른 쪽을 따라 거슬러 올라간다.

38. 사진의 표정 중 절대표정에 의하여 결정(조정)되는 사항이 아닌 것은?

① 축척
② 위치
③ 수준면
④ 초점거리

해설 절대표정으로 축척의 결정, 수준면의 결정(표고, 경사결정), 위치의 결정을 한다.

39. GNSS의 직접적인 활용분야와 가장 거리가 먼 것은?

① 긴급구조 및 방재
② 터널 내 중심선 측량
③ 지상측량 및 측지측량기준망 설정
④ 지형공간정보 및 시설물관리

해설 터널측량에서 갱외측량 시 중심선측량의 목적은 중심선 방향의 확인, 갱내 중심거리측량, 중심선상의 기준점측량, 지형측량 등으로 GNSS 측량은 관측을 위한 상공이 확보되지 않으면 불가능하다.

40. 지형도를 이용하여 작성할 수 있는 자료에 해당되지 않는 것은?

① 종·횡단면도 작성
② 표고에 의한 평균유속 결정
③ 절토 및 성토범위의 결정
④ 등고선에 의한 체적 계산

해설 지형도의 이용목적은 등경사선을 관측하여 종단면도 및 횡단면도를 작성하고 도로, 철도, 수로 등의 도상선정과 저수량의 관측에 의한 집수면적의 측정, 절토 및 성토범위의 결정, 등고선의 체적 계산에 있다.

Answer 37. ① 38. ④ 39. ② 40. ②

03 토지정보체계론

41. 다음 위상정보 중 하나의 지점에서 또 다른 지점으로 이동 시 경로 선정이나 자원의 배분 등과 가장 밀접한 것은?
① 중첩성(Overlay)
② 연결성(Connectivity)
③ 계급성(Hierarchy or Containment)
④ 인접성(Neighborhood or Adjacency)

해설 연결성(Connectivity)
① 공간 객체 사이의 연결에 대한 정보로서, 서로 연결된 지역의 공간 객체들의 특징을 파악하는 것
② 시각적으로 연결되는 모든 도형요소는 정확히 수치적으로 연결되어야만 한다.

42. 지리현상의 공간적 분석에서 시간개념을 도입하여, 시간변화에 따른 공간변화를 이해하기 위한 방법과 가장 밀접한 관련이 있는 것은?
① Temporal GIS
② Embedded SW
③ Target Platform
④ Terminating Node

해설 Temporal GIS
GIS에 구축된 정보의 공간적 변화가 갱신되고 있으나, 인간과 환경의 상호 관련된 지리현상의 공간적 분석에서 시간의 개념을 도입하여 시간의 변화에 따른 공간변화를 이해하는 방법이다.

43. 지방자치단체가 지적공부 및 부동산종합공부 정보를 전자적으로 관리·운영하는 시스템은?
① 국토정보시스템
② 지적행정시스템
③ 국가공간정보시스템
④ 부동산종합공부시스템

해설 부동산종합공부시스템
부동산 관련 공적 장부 18종을 통합하여 맞춤형 부동산종합증명서 창구발급 및 열람서비스를 제공한다.

44. 데이터베이스관리시스템에 대한 설명으로 옳은 것은?
① 파일시스템보다 도입비용이 저렴하다.
② 데이터베이스관리시스템은 하드웨어의 집합체이다.
③ 내부스키마는 하나의 데이터베이스에 하나만 존재한다.
④ 외부스키마는 자료가 실제로 저장되는 방법을 기술한 것이다.

해설 내부스키마
데이터베이스의 논리적 구조를 설계한다.

Answer 41. ② 42. ① 43. ④ 44. ③

45. 종이형태의 지적도면을 디지타이저를 이용하여 입력할 경우 자료형태로 옳은 것은?
① 셀(Cell) 자료　　② 메시(Mesh) 자료
③ 벡터(Vector) 자료　　④ 래스터(Raster) 자료

해설 벡터(Vector) 자료
　　종이형태의 지적도면을 디지타이저를 이용하여 입력할 경우 자료형태이다.
　※ 메시(Mesh) 자료
　　폴리곤이 모여서 하나의 3차원 물체를 만들게 되는데 이것을 메시라고 한다. 즉, 메시는 폴리곤이 모여서 만들어진 3차원 공간상의 객체(Object)이다.

46. 부동산종합공부시스템 전산자료의 오류를 정비할 경우 정비내역은 몇 년간 보관하여야 하는가?
① 1년　　② 2년
③ 3년　　④ 영구

해설 부동산종합공부시스템 운영 및 관리규정 제8조(전산자료 장애·오류의 정비)
　　전산자료를 정비한 때에는 그 정비내역을 3년간 보존하여야 한다.

47. 위상관계의 특성과 관계가 없는 것은?
① 단순성　　② 연결성
③ 인접성　　④ 포함성

해설 위상관계
　　1. GIS에서 지도요소들 간의 공간적 관계를 유지하는 데 사용되는 강력한 데이터구조
　　2. 실제 각각의 점, 선, 면은 그들이 어디에 위치하고 무엇과 연결되어 있으며, 그 주위에 무엇이 있는지를 알고 있다.

48. 한국토지정보시스템의 구성내용에 해당하지 않는 것은?
① 건축행정정보시스템　　② 지적공부관리시스템
③ 데이터베이스변환시스템　　④ 도로명 및 건물번호관리시스템

해설 2022년 현재의 KLIS에서는 지적공부, 공시지가 등 9종의 업무가 "부동산종합공부시스템"으로 이관되어 부동산개발업, 중개업, 토지거래허가 등 토지행정 업무로 운영되고 있음

49. 다음 용어와 상호 관련이 없는 것끼리 묶은 것은?
① FM-수치모델　　② AM-도면자동화
③ CAD-컴퓨터설계　　④ LBS-위치기반정보시스템

해설 시설물 관리(Facility Management)
　　공공시설물이나 건축물, 관로망 등에 대한 지도 및 도면과 같은 제반 정보를 수치자료로 입력하여 시설물에 대한 정보들을 효율적으로 운영·관리하는 종합체계이다.

Answer　45. ③　46. ③　47. ①　48. ①　49. ①

50. 지적재조사사업시스템의 구축과 관련한 내용으로 옳지 않은 것은?

① 공개형 시스템으로 구축한다.
② 일필지 조사, 새로운 지적공부 및 등기촉탁, 건축물 위치 및 건물 표시 등의 정보를 시스템에 입력한다.
③ 토지소유자 등이 지적재조사사업과 관련한 정보를 인터넷 등을 통하여 실시간 열람할 수 있도록 구축한다.
④ 취득된 필지경계 정보의 안정적인 관리를 위해 관련 행정정보와의 연계 활용이 발생하지 않도록 보안시스템으로 구축한다.

해설 지적재조사사업 시스템(바른땅 시스템)
지적재조사를 총괄하는 시스템 기반 통합관리체계로서 국민과 함께하는 소통 참여형 공개서비스이다.

51. 메타데이터(Metadata)에 대한 설명으로 옳지 않은 것은?

① 자료에 대한 내용, 품질, 사용조건 등을 기술한다.
② 정확한 정보를 유지하기 위한 수정 및 갱신은 불가능하다.
③ 데이터의 원활한 교환을 지원하기 위한 틀을 제공함으로써 데이터의 공유를 극대화할 수 있다.
④ 취득하려는 자료가 사용목적에 적합한 품질의 데이터인지를 확인할 수 있는 정보가 제공되어야 한다.

해설 Metadata
공간 데이터세트(Data-set)들의 기본적인 성격을 설명하는 것으로서, 실제 자료는 아니지만 자료에 따라 유용한 정보를 목록화하여 제공한다.

52. 토지정보체계에 대한 설명으로 틀린 것은?

① 토지정보체계는 토지에 관한 정보를 제공함으로써 토지관리를 지원한다.
② 토지정보체계의 유용성은 토지자료의 유연성과 획일성에 중점을 두고 있다.
③ 토지정보체계는 토지이용계획, 토지 관련 정책자료 등에 다목적으로 활용이 가능하다.
④ 토지정보체계의 운영은 자료의 수집 및 자료의 처리·유지·검색·분석·보급 등도 포함한다.

해설 유용성
부동산의 용도에 따른 이용가치를 말하는 것으로 개인의 주관적인 필요보다는 모두에게 객관적으로 쓸모가 있다는 뜻이다.

53. 래스터 구조에 비하여 벡터 구조가 갖는 장점으로 옳지 않은 것은?

① 데이터 압축이 용이하다.
② 위상에 관한 정보가 제공된다.
③ 복잡한 현실세계의 묘사가 가능하다.
④ 지도를 확대하여도 형상이 변하지 않는다.

해설 벡터 데이터 구조는 복잡하며, 래스터 데이터 구조보다 관리하기가 어렵다.

Answer 50. ④ 51. ② 52. ② 53. ①

54. 스캐너를 이용하여 지적도면을 전산입력할 경우 발생하는 오차가 아닌 것은?
① 기계적인 오차
② 도면등록 시의 오차
③ 입력도면의 평탄성 오차
④ 벡터 자료를 래스터 자료로 변환 시의 오차

해설 스캐너는 물리적인 H/W이고, 래스터화(벡터 → 래스터)는 S/W이므로 입력오차보다는 변환오차가 발생한다.

55. 전국 단위의 지적전산자료를 이용·활용하는 데 따른 승인권자에 해당하는 자는?
① 교육부장관
② 국토교통부장관
③ 국토지리정보원장
④ 한국국토정보공사장

해설 국토교통부장관, 시·도지사 또는 지적소관청은 심사를 거쳐 승인하였을 때에는 지적전산자료 이용·활용 승인대장에 그 내용을 기록·관리하고 승인한 자료를 제공하여야 한다.

56. 국가나 지방자치단체가 지적전산자료를 이용하는 경우 사용료의 납부방법으로 옳은 것은?
① 사용료를 면제한다.
② 사용료를 수입증지로 납부한다.
③ 사용료를 수입인지로 납부한다.
④ 규정된 사용료의 절반을 현금으로 납부한다.

해설 승인을 받은 자는 국토교통부령으로 정하는 사용료를 내야 한다. 다만, 국가나 지방자치단체에 대해서는 사용료를 면제한다.

57. 아래 내용의 ㉠, ㉡에 들어갈 용어가 올바르게 나열된 것은?

> 수치지도는 영어로 Digital Map으로 일컬어진다. 좀 더 명확한 의미에서는 도형자료만을 수치로 나타낸 것을 (㉠)라 하고, 도형자료와 관련 속성을 함께 지닌 수치지도를 (㉡)라고 한다.

① ㉠ : Legend, ㉡ : Layer
② ㉠ : Coverage, ㉡ : Layer
③ ㉠ : Layer, ㉡ : Coverage
④ ㉠ : Legend, ㉡ : Coverage

해설 커버리지는 지형·지물 혹은 주제적으로 일치하는 점·선·면으로 구성되어 있으며, 그들의 속성은 속성 테이블에 저장된다.

58. 지적업무의 정보화를 목표로 1977년부터 시작된 사전 기반조성 작업이 아닌 것은?
① 지적 법령 정비
② 토지·임야대장 부책화
③ 소유자 주민등록번호 등재 정리
④ 토지소유자의 유형별 구분 및 고유번호 부여

Answer 54. ④ 55. ② 56. ① 57. ③ 58. ②

해설 지적법 제1차 개정(제1차 전부개정) – 지적제도 현대화
미터법 도입, 소유자의 주민등록번호 등록, 사진측량과 수치측량방법의 도입, 축척변경제도의 도입, 대장 서식의 카드화 전환 등

59. 디지타이징 입력에 의한 도면의 오류를 수정하는 방법으로 틀린 것은?

① 선의 중복 : 중복된 두 선을 제거함으로써 쉽게 오류를 수정할 수 있다.
② 라벨오류 : 잘못된 라벨을 선택하여 수정하거나 제 위치에 옮겨주면 된다.
③ Undershoot and Overshoot : 두 선이 목표지점을 벗어나거나 못 미치는 오류를 수정하기 위해서는 선분의 길이를 늘려주거나 줄여야 한다.
④ Sliver Polygon : 폴리곤이 겹치지 않게 적절하게 위치를 이동시킴으로써 제거될 수 있는 경우도 있고, 폴리곤을 형성하고 있는 부정확하게 입력된 선분을 만든 버텍스들을 제거함으로써 수정될 수도 있다.

해설 선의 중복
중복된 두 선 중에서 한 개의 선을 제거함으로써 쉽게 오류를 수정할 수 있다.

60. 데이터 정의어(Data Definition Language) 중에서 이미 설정된 테이블의 정의를 수정하는 명령어는?

① DROP TABLE
② MOVE TABLE
③ ALTER TABLE
④ CHANGE TABLE

해설 데이터 정의어
데이터베이스, 테이블, 필드, 인덱스 등 객체(Object)를 생성하고(CREATE), 변경하거나(ALTER) 삭제하는(DROP), 이름 변경(RENAME) 등 기능이 있다.

04 지적학

SUBJECT

61. 임야조사사업 당시 도지사가 사정한 임야경계의 구획선을 무엇이라고 하였는가?

① 경계선
② 묘유선
③ 지세선
④ 지역선

해설 토지 및 임야 조사사업 당시 사정선의 구분
1. 강계선 : 사정선으로서, 토지조사 당시 확정된 소유자가 다른 토지 간의 경계선이며, 강계선의 상대는 소유자와 지목이 다르다는 원칙이 성립된다.
2. 지역선 : 소유자가 같은 토지와의 구획선 또는 소유자를 알 수 없는 토지와의 구획선 및 토지조사사업의 시행지와 미시행지와의 지계선을 말한다.
3. 경계선 : 임야조사사업 당시의 사정선으로, 강계선과 같은 개념이다.

62. 경계불가분의 원칙이 의미하는 것으로 옳은 것은?

① 인접지와의 경계선은 공통이다.
② 경계선은 면적이 큰 것을 위주로 한다.
③ 먼저 조사한 선을 그 경계선으로 한다.
④ 토지조사 당시의 사정은 말소가 불가능하다.

해설 경계의 원칙
1. 축척종대의 원칙
   ① 동일한 경계가 축척이 다른 도면에 각각 등록되어 있을 때에는 축척이 큰 것에 따른다는 이론으로서, 축척이 큰 도면이 축척이 작은 도면보다 정밀도가 높다고 인정되기 때문
   ② 동일한 경계가 축척 1/1,200과 1/6,000 도면에 동시에 등록되어 있을 경우에는 1/1,200 도면에 의하며, 1/1,200 도면과 경계점좌표등록부에 동시에 등록되어 있을 경우에는 경계점좌표등록부에 등록된 경계에 따름
2. 경계불가분의 원칙
   ① 토지의 경계는 유일무이한 것으로 어느 한쪽의 필지에만 전속되는 것이 아니고 연접한 토지에 공통으로 작용되기 때문에 이를 분리할 수 없다는 이론
   ② 따라서 토지의 경계선은 위치와 길이만 있을 뿐 넓이와 크기가 존재하지 않음

63. "지적은 특정한 국가나 지역 내에 있는 재산을 지적측량에 의해 체계적으로 정리해 놓은 공부다." 라고 정의한 학자는?

① Kaufmann
② S. R. Simpson
③ J. L. G. Henssen
④ J. G. McEntyre

해설 지적의 정의(외국 학자)
1. 대만의 래장(來璋, 1981) : 지적이란 토지의 위치, 경계, 종류, 면적, 권리상태 및 사용상태를 기재한 도책이다.
2. 미국의 J. G. M. Entyre : 토지에 대한 법률상의 용어로서 조세를 부과하기 위한 부동산의 양, 가치 및 소유권의 공적인 등록이다.
3. 네덜란드의 J. L. G. Henssen : 국내의 모든 부동산에 관한 데이터를 체계적으로 정리하여 등록하는 것이다.
4. 영국 S. R. Simpson : 과세의 기초를 제공하기 위하여 한 나라 안의 부동산의 수량과 소유권 및 가격을 등록한 공부이다.

64. 소극적 등록제도에 대한 설명으로 옳지 않은 것은?

① 권리자체의 등록이다.
② 지적측량과 측량도면이 필요하다.
③ 토지등록을 의무화하고 있지 않다.
④ 서류의 합법성에 대한 사실조사가 이루어지는 것은 아니다.

Answer 62. ① 63. ③ 64. ①

해설 소극적 등록제도(Negative System)
1. 일필지의 소유권이 거래되면서 발생하는 거래증서를 변경·등록하는 제도
2. 거래행위에 따른 토지등록은 사유재산 양도증서의 작성, 거래증서의 작성으로 구분되며 원칙적으로 등록의무는 없고 신청에 의함
3. 양도증서의 작성은 사인 간의 계약에 의하여 발생하며, 거래증서의 등록은 법률가에 의해 취급되므로, 토지등록부는 거래사항의 기록일 뿐 권리자체의 등록과 보장을 의미하지는 않음
4. 거래증서의 등록은 정부가 수행하나 합법성과 유용성에 대해 사실조사가 이루어지지 않으므로 거래의 등록이 소유권 증명에 관한 증거나 증빙이 되지 못함
5. 이 제도는 일반적으로 지적측량과 측량도를 필요로 하는 특징이 있으며, 네덜란드, 영국, 프랑스, 미국의 일부 주, 캐나다 등의 국가에서 시행되며 최근에는 국가마다 보완되어 다양하게 변환된 형태로 나타남
※ 토지의 권원(Title)을 등록하는 제도는 토렌스시스템이다.

> **참고** 토지등록제도의 유형
> 1. 등록형태에 따른 분류 : 사적 양도제도, 날인증서등록제도, 권원등록제도
> 2. 등록의무에 따른 분류 : 소극적 등록제도, 적극적 등록제도(토렌스시스템 포함)

65. 경계복원측량의 법률적 효력 중 소관청 자신이나 토지소유자 및 이해관계인에게 정당한 변경절차가 없는 한 유효한 행정처분에 복종하도록 하는 것은?

① 구속력 ② 공정력 ③ 강제력 ④ 확정력

해설 경계복원측량의 효력(토지등록의 효력과 같음)
1. 행정처분의 구속력 : 경계복원의 행정처분이 유효하는 한 정당한 절차 없이 그 존재를 누구나 부정하거나 효력을 기피할 수 없으며, 소관청은 물론 상대방까지도 그 존재를 부정할 수 없는 구속력이 발생
2. 공정력 : 경계복원측량은 행정처분이므로 시행 즉시 공정력이 생긴다. 즉, 경계복원측량에 의해 지표상에 경계점의 표지를 설치하면 이로써 행정행위는 끝남
3. 확정력 : 적법하게 이루어진 경계복원측량은 당연히 확정력이 발생하여 누구도 그 효력을 다툴 수 없는 불가쟁력이 생김
4. 강제력 : 행정처분의 내용을 사법부에 의존하지 않고 행정청 자체의 힘으로 실현할 수 있는 효력으로서, 경계복원측량에 의해 경계점에 경계점표지를 설치할 경우 소관청은 이를 강제적으로 실현할 수 있는 권한을 갖게 됨

66. 대한제국 시대에 양전사업을 전담하기 위해 설치한 최초의 독립기관은?

① 탁지부 ② 양지아문 ③ 지계아문 ④ 임시토지조사국

해설 양지아문
1. 1898년 6월 내부 대신 박정양과 농공부 대신 이도재가 토지측량에 관한 청의서를 제출
2. 1898년 11월 양지아문을 설치하고 전국의 양전업무를 관장하도록 하여 양전 독립기구 탄생
3. 1901년 지계아문이 설치되어 양전업무를 이관한 후 1902년 양지아문이 폐지됨
4. 미국인 기사 거렴(레이몬드 크럼)을 초빙하여 서울 시내를 측량하고 견습생을 교육하였으며 전국의 양전을 실시
5. 민영환의 흥화학교 등 국내의 100여 개 학교에서도 측량교육을 실시

6. 각 도에 양무감을 두고, 각 군에 양무위원을 파견하여 견습생을 대동하고 양전 실시
7. 전국 토지의 약 1/3가량 양전하였으나 국내의 사정으로 중지

참고 구한말 토지제도 관리관청의 변화

구분	조직	기간	담당업무	비고
내부	토목국	1895. 3. 26.	토지측량, 토지수량에 관한 사항	1893~1905년에 지계제도와 가계 제도가 시행된 시기임
	판적국		지적 및 관유지 처분에 관한 업무	
양지 아문	본부	1898. 7. 6. ~1901. 9. 9.	제반사무 총괄 및 정리	• 양지아문은 독립기구이나 관련 부처인 내부, 탁지부, 농공상부 등과 협조체계 유지 • 미국인 기사 거렴(레이몬드 크럼)을 초빙하여 측량 실시 및 지적측량교육 실시
	실무진		각 지방의 양전사무 주관 업무 수행 및 양전에 대한 조사	
	기술진		양전 실무 수행	
지계 아문		1901. 10. ~1904. 4.	"대한제국전답관계"라고 하는 지계를 발급함	• 일본인 기사 채용 • 토지가옥증명규칙 시행
탁지부	양지국	1904. 4.	양전업무 수행	지계아문 폐지
	양지과	1905. 2.	• 전세·유세지 조사 • 지세의 부과·징수	• 양지과로 기구 축소 • 대구, 평양, 전주에 양지과의 출장소 설치

67. 토지조사사업 시 일필지측량의 결과로 작성한 도부(개황도)의 축척에 해당되지 않는 것은?

① 1/600 ② 1/1,200 ③ 1/2,400 ④ 1/3,000

해설 개황도

1. 개황도의 개념
   ① 개황도는 일필지조사를 완료한 후 그 강계 및 지역을 보측하여 개략적인 현황을 그리고 각종 조사사항을 기재하여 장부조제의 참고자료 또는 세부측량의 안내에 쓰인 도면이다.
   ② 1912년 11월부터 일필지조사와 측량을 병행 실시하여 안내도는 필요 없게 되었고, 세부측량원도를 등사하여 지위등급도로 사용함으로써 개황도는 폐지되었다.
2. 개황도의 규격
   ① 길이 : 1척 6촌
   ② 너비 : 1척 2촌
   ③ 2푼의 방안을 그려 사용
   ④ 축척 : 1/600, 1/1,200, 1/2,400
   ⑤ 1개 동, 리마다 따로 조제
3. 개황도의 기재사항
   ① 가지번 및 지번
   ② 지목 및 사용세목
   ③ 지주의 성명 및 이해관계인의 성명
   ④ 지위등급
   ⑤ 행정구역의 강계
   ⑥ 죽목, 초생지, 기타 강계의 목표로 할 수 있는 것
   ⑦ 삼각점, 도근점

Answer 67. ④

68. 지적재조사사업의 목적으로 옳지 않은 것은?

① 경계복원능력의 향상
② 지적불부합지의 해소
③ 토지거래질서의 확립
④ 능률적인 지적관리체계 개선

해설 지적재조사의 목적
1. 공적 측면에서 국토의 효율적인 관리, 토지정책 및 행정 수행의 기초자료 제공
2. 사적 측면에서 국민의 토지소유권 보호, 토지거래의 안전성 및 신속성 보장
3. 측량·정보처리 기술의 혁신 및 지적불부합이 야기되는 지적제도의 전면 개선
4. 토지 관련 정보의 신속·정확한 제공
5. 지적정보를 공동 활용하여 중복투자 방지
6. 지적행정의 효율성 및 능률성 도모
※ 토지거래질서의 확립은 부동산정책으로 해결한 부분이다.

69. 양전법 개정을 위한 새로운 양전방안으로, 정전제의 시행을 전제로 하는 방량법과 어린도법을 주장한 학자는?

① 이기
② 서유구
③ 정약용
④ 정약전

해설 조선후기 양전개정론 학자와 저서
① 정약용의 「목민심서(牧民心書)」: 정전제(井田制)의 시행을 전제로 방량법과 어린도법 도입을 주장
② 서유구의 「의상경계책(擬上經界策)」: 양전법을 방량법, 어린도법으로 개정
③ 이기의 「해학유사(海鶴遺事)」: 수등이척제에 대한 개선방법으로 망척제 도입을 주장

70. 토지조사 및 임야조사사업 시 사정사항으로서 소유자를 사정하였는데, 물권객체로서의 소유자 사정의 본질이라 할 수 있는 것은?

① 소유권의 이전
② 기존 소유권의 승계
③ 기존 소유권의 확인
④ 기존 소유권의 공증

해설 사정이란 토지조사부와 지적도 등에 의하여 토지의 소유자 및 그 강계(경계)를 확정하는 행정처분으로서, 사정은 이전의 권리와 무관한 창설적·확정적 효력이 있다. 따라서 사정은 원시취득의 효력을 가지며, 재결 시에도 효력발생일을 사정일로 소급한다.

71. 조선시대의 속대전(續大典)에 따르면 양안(量案)에서 토지의 위치로서 동, 서, 남, 북의 경계를 표시한 것을 무엇이라고 하였는가?

① 자번호
② 사주(四柱)
③ 사표(四標)
④ 주명(主名)

해설 사표(四標)
1. 고려와 조선의 양안에 수록된 사항으로서, 토지의 위치를 간략하게 표시한 것
2. 속대전에 모든 토지는 사표와 주명(主名)을 양안에 수록토록 규정
3. 기록내용: 동서남북의 토지소유자와 지목, 자번호, 양전방향, 토지등급, 토지형태, 토지의 동서길이와 남북너비, 토지면적 등

4. 사표의 특징
   ① 사표의 기원은 통일신라 진성여왕 5년 담양 개선사지 석등의 명문기록
   ② 주위 4필지의 지적정보를 파악 가능
   ③ 자호는 지번, 사표는 도면의 역할
   ④ 1899년 광무양전 때 아산군 양안에 전답도형의 도기가 최초로 나옴

72. 물권의 객체로서 토지를 외부에서 인식할 수 있는 토지등록의 원칙은?

① 공고(公告)의 원칙
② 공시(公示)의 원칙
③ 공신(公信)의 원칙
④ 공증(公證)의 원칙

해설 토지등록의 원칙
1. 등록의 원칙(登錄의 原則) : 토지에 관한 모든 표시사항을 지적공부에 반드시 등록해야 하며 토지의 이동이 생기면 지적공부에 변동사항을 정리·등록해야 한다는 원칙으로서 토지표시의 등록주의라고도 함
2. 신청의 원칙(申請의 原則) : 토지의 등록은 토지소유자의 신청을 전제로 하되 신청이 없을 때에는 직권으로 조사·측량하여 처리하도록 함
3. 특정화의 원칙(特定化의 原則) : 권리객체로서의 모든 토지는 반드시 특정적이고 단순하며 명확한 방법에 의하여 인식할 수 있도록 개별화하여야 한다는 원칙
4. 국정주의 및 직권주의(國定主義 및 職權主義)
   ① 국정주의 : 지적공부의 등록사항인 토지소재, 지번, 지목, 경계 또는 좌표와 면적 등은 국가의 공권력에 의하여 국가만이 이를 결정할 수 있는 권한을 가진다는 원칙
   ② 직권주의 : 모든 필지는 필지단위로 구획하여 국가기관인 소관청이 강제적으로 지적공부에 등록·공시하여야 한다는 원칙
5. 공시의 원칙 및 공개주의(公示의 原則, 公開主義)
   ① 공시의 원칙 : 토지등록의 법적 지위에 있어서 토지의 이동이나 물권의 변동은 반드시 외부에 알려야 한다는 원칙
   ② 공개주의 : 토지에 관한 등록사항은 지적공부에 등록하고 이를 일반에 공지하여 누구나 이용하고 활용할 수 있게 하여야 한다는 원칙
6. 공신의 원칙(公信의 原則) : 등기를 믿고 권리행위를 한 선의의 거래자를 보호하여 진실로 등기내용과 같은 권리관계가 존재한 것처럼 법률효과를 인정하려는 원칙

73. 현대지적의 원리 중 지적행정을 수행함에 있어 국민의사의 우월적 가치가 인정되며, 국민에 대한 충실한 봉사, 국민에 대한 행정책임 등의 확보를 목적으로 하는 것은?

① 능률성의 원리
② 민주성의 원리
③ 정확성의 원리
④ 공기능성의 원리

해설 현대지적의 원리
1. 공기능성의 원리 : 공기능성의 본원적 의미는 어떤 집단 속에서 대다수의 개인에게 공통되는 이해 또는 목적을 가지는 것으로 불특정 다수자의 이익의 추구이고, 사적 이익이라는 개별적 추구를 공적 입장에서 보호하자는 조화에 바탕을 두고 있으며, 모든 지적사항은 필요에 따라 공개되어야 하며 객관적이고 정확성이 있어야 함

2. 민주성의 원리 : 현대지적의 민주성이란 제도의 운영주체와 객체가 내적인 면에서 인간화가 이루어지고, 외적인 면에서 주민의 뜻이 반영되는 행정이라 할 수 있으며 정책결정에서 국민의 참여, 국민에 대한 충실한 봉사, 국민에 대한 행정적 책임 등이 확보되는 상태를 말함
3. 능률성의 원리 : 지적의 능률성은 토지현황을 조사하여 지적공부를 만드는 데 따르는 실무활동의 능률과 주어진 여건과 실행과정에서 이론개발 및 그 전달과정의 개선을 뜻하며 지적활동의 과학화, 기술화 내지 합리화, 근대화를 지칭하는 것
4. 정확성의 원리 : 토지의 정보를 수록하는 지적은 사회과학적 방법과 자연과학적 방법이 함께 접근되어야 하며 지적의 정확성이 현대지적의 기능을 최대화하기 위한 원리

74. 지적의 역할로서 옳지 않은 것은?

① 공시기능
② 사실관계증명
③ 감정평가 자료
④ 소유권 이외의 권리 확립

해설 지적의 기능과 역할
1. 지적의 기능
  1) 사회적 기능 : 토지를 등록·공시하여 사회적으로 토지문제 해결의 중요한 역할을 함
  2) 법률적 기능
    ① 사법적 기능 : 사인 간 토지거래의 용이성, 경비의 절감, 거래의 안전성을 제공
    ② 공법적 기능 : 지적법에 의한 토지등록은 법적 효력을 획득, 공적 확인의 자료가 됨
  3) 행정적 기능
    ① 토지과세액 평가 및 부과징수의 수단
    ② 공공계획수행 자료, 용지확보에 이용
    ③ 투기억제를 위한 토지 규제
    ④ 기타 각종 공공행정의 자료 제공
2. 지적의 실제적 기능
  ① 토지에 대한 기록의 법적인 효력 및 공시
  ② 국토 및 도시계획의 자료
  ③ 토지관리의 자료
  ④ 토지유통의 자료
  ⑤ 토지에 대한 평가기준
  ⑥ 지방행정의 자료
3. 지적의 역할
  ① 토지등기의 기초
  ② 토지평가의 기준
  ③ 토지과세의 기준
  ④ 토지거래의 기준
  ⑤ 토지이용계획의 기초
  ⑥ 주소표기의 기준(2014년 도로명주소법 시행 전까지 주소의 기준이었으며, 지금도 도로명주소가 없는 지역에서는 위치표시의 기준 역할을 함)
  ⑦ 토지 관련 행정기초자료 제공

75. 일본의 지적 관련 제도와 거리가 먼 것은?

① 법무성 ② 지가공시법
③ 부동산등기법 ④ 부동산등기부

해설 일본의 지적제도
1. 개요 : 일본은 메이지유신 이후 1873년 '지조개정사업'을 추진하여 1876~1882년에 걸쳐 근대적인 지적 제도를 창설하였으나, 당시의 기술력이 부족하여 등록필지의 크기·형태·면적 등이 실제와 달라 토지 분쟁 등 여러 가지 문제가 발생하자 1951년 국토조사법을 제정하여 지적재조사사업을 추진하고 있다.
2. 일본 지적의 특징
   ① 1884년 지조조례가 제정되어 지조세율, 측량방법, 지가결정방법, 지목변경 등 토지이동의 신청절차 등을 규정
   ② 1887년 지권제도를 폐지하고 토지대장제도를 신설
   ③ 1931년 지조법을 제정하여 지조조례를 폐지하고, 각 세무서에 토지대장을 비치하고 토지의 소재, 지번, 지목, 면적, 임대가격, 소유자의 성명, 주소 등을 등록하도록 규정
   ④ 1951년에 국토조사사업을 제정하고 국토청 주관으로 국토조사에 착수
   ⑤ 1960년 부동산등기법이 개정되어 등기제도와 지적제도가 통합됨으로써 지적에 관한 사항은 부동산 등기법에서 규정함
   ⑥ 등기부는 표제부와 권리부로 구분되어 토지대장의 역할을 하는 표제부는 토지소재, 지번, 지목, 면적 등을 표시하고 있고, 등기부의 역할을 하는 권리부는 토지의 권리관계를 공시하고 있음
   ⑦ 지적행정조직은 중앙에는 법무성에서 지적업무를 관장하며, 지방에는 지방법무국 산하의 지국과 출장소에서 관장
   ⑧ 일필지 이동조사는 법무성이 담당하고, 국토조사는 국토교통성이 담당하여 법률과 조직이 이원화되 어 있음
   ⑨ 관련 자격이 토지가옥조사사와 측량사로 2중 구조로 되어 있음
   ⑩ 국토조사에 의하여 조사·측량한 결과 지적도와 지적부를 작성
   ⑪ 지적부는 필지마다 토지소재, 지번, 지목, 면적, 소유자 등을 조사하여 등록
   ⑫ 토지가옥조사사의 측량 및 조사 성과를 기준으로 조사도가 작성
   ⑬ 지적측량 성과에 대한 검사는 등기관이 서류상으로만 검사
   ⑭ 시정촌에서 과세대장과 도면을 정리하여 과세사무에 활용
   ⑮ 부동산등기법에 의한 지도를 비치하지 못한 출장소에서는 메이지 시대에 작성된 자한도(字限圖)를 공도로 하여 활용
   ⑯ 지적도 축척은 도시지역은 1/250, 1/500, 농촌지역은 1/500, 1/1,000, 임야지역은 1/1,000, 1/2,500, 1/5,000이다.

76. 토지의 권리 공시에 치중한 부동산등기와 같은 형식적 심사를 가능하게 한 지적제도의 특성으로 볼 수 없는 것은?

① 지적공부의 공시 ② 지적측량의 대행
③ 토지표시의 실질심사 ④ 최초 소유자의 사정 및 사실조사

해설 지적측량은 실질적 심사를 가능하게 한 지적제도의 특성이다. 그리고 지적측량의 국가 직영, 완전 대행, 부분 대행 등에 관한 사항은 나라별로 다르게 운영되고 있다.

77. 임시토지조사국의 특별조사기관에서 수행한 업무가 아닌 것은?

① 분쟁지조사 ② 외업특별검사
③ 지지(地誌)자료조사 ④ 증명 및 등기필지조사

해설 임시토지조사국 특별조사기관의 업무
1. 특별세부측도 성적검사
2. 분쟁지조사
3. 급여 및 장려제도조사
4. 고원고사
5. 외업특별검사
6. 지지자료조사

78. 대한제국정부에서 문란한 토지제도를 바로잡기 위하여 시행하였던 근대적 공시제도의 과도기적 제도는?

① 등기제도 ② 양안제도 ③ 입안제도 ④ 지권제도

해설 토지조사사업 이전의 토지거래증서
1. 문기(文記) : 토지 및 가옥을 매수 또는 매도 시에 작성한 매매계약서
2. 입안(立案) : 등기권리증의 일환으로 토지매매를 증명하는 제도로서 1892년까지 시행
3. 양안(量案) : 토지의 위치・등급・형상・면적・사표・소유자 등을 기록한 장부로서 현재의 토지대장과 같은 개념이며, 토지조사사업 전까지 시행
4. 가계(家契) : 가옥의 소유권을 증명하는 관문서로 가권(家券)이라고도 하며, 1893년부터 1906년까지 시행
5. 지계(地契) : 전답의 소유권을 증명하는 관문서로 지권(地券)이라고도 하며, 1893년부터 1905년까지 13년간 시행
6. 토지가옥증명제도 : 토지가옥의 매매, 교환, 증여 시에 토지가옥증명대장에 기재・공시하는 실질심사주의제도이며, 1906년부터 1910년까지 시행
7. 등기 : 토지조사사업 이후에 실시
※ 구한말에 권세가나 토호의 양민토지 침탈이 많았고, 부동산 거래질서가 문란해져 입안 없이도 매매문기의 취득만으로 부동산 소유권이 이전됨에 따라 부동산 소유권의 국가 통제수단으로 입안을 대신하기 위하여 1901년 지계아문을 설치하여 지계제도를 시행함

79. 다음 중 두문자(頭文字) 표기방식의 지목이 아닌 것은?

① 과수원 ② 사적지 ③ 양어장 ④ 유원지

해설 지목의 표기방법
1. 대장에 지목등록 : 지목명칭의 전체를 기재
2. 도면에 지목등록 : 지목을 뜻하는 부호를 기재
   ① 두문자 표기지목 : 지목의 첫 번째 문자를 지목표기의 부호로 사용하는 지목으로서 전, 답, 대 등 24개 지목이 여기에 해당된다.
   ② 차문자 표기지목 : 지목명칭의 두 번째 문자를 지목표기의 부호로 사용하는 지목으로서 장(공장용지), 천(하천), 원(유원지), 차(주차장) 등 네 개의 지목이 차문자 방식으로 표기된다.

80. 토지조사사업 당시 소유권조사에서 사정한 사항은?
① 강계, 면적
② 소유자, 지번
③ 강계, 소유자
④ 소유자, 면적

해설 토지조사사업 당시 소유권조사는 준비조사, 일필지조사 및 분쟁지조사로 구분하여 실시하였으며, 사정의 대상은 소유자와 강계를 대상으로 하였다.

05 지적관계법규

81. 지적재조사사업의 실시계획 수립권자는?
① 시·도지사
② 지적소관청
③ 국토교통부장관
④ 한국국토정보공사장

해설 지적재조사사업의 실시계획
1. 실시계획 수립권자 : 지적소관청
2. 실시계획 수립 내용
   ① 지적재조사사업의 시행자
   ② 지적재조사지구의 명칭
   ③ 지적재조사지구의 위치 및 면적
   ④ 지적재조사사업의 시행시기 및 기간
   ⑤ 지적재조사사업비의 추산액
   ⑥ 토지현황조사에 관한 사항
   ⑦ 그 밖에 지적재조사사업의 시행을 위하여 필요한 사항으로서 대통령령으로 정하는 사항

82. 지적측량을 수반하는 토지이동으로 옳지 않은 것은?
① 분할
② 등록전환
③ 신규등록
④ 지목변경

해설 1. 지적측량을 수반하는 토지이동
   ① 지적기준점을 정하는 경우
   ② 지적측량성과를 검사하는 경우
   ③ 지적공부를 복구하는 경우
   ④ 등록전환하는 경우
   ⑤ 토지를 분할하는 경우
   ⑥ 바다가 된 토지의 등록을 말소하는 경우
   ⑦ 축척을 변경하는 경우
   ⑧ 지적공부의 등록사항을 정정하는 경우

Answer 80. ③ 81. ② 82. ④

⑨ 도시개발사업 등의 시행지역에서 토지의 이동이 있는 경우
⑩ 경계점을 지상에 복원하는 경우
2. 지적측량을 수반하지 않는 토지이동
① 합병
② 지목변경

83. 중앙지적위원회의 심의·의결사항이 아닌 것은?

① 지적측량기술의 연구·개발 및 보급에 관한 사항
② 지적 관련 정책 개발 및 업무 개선 등에 관한 사항
③ 지적소관청이 회부하는 청산금의 이의신청에 관한 사항
④ 지적기술자의 업무정지 처분 및 징계요구에 관한 사항

해설 1. 중앙지적위원회의 심의·의결사항
① 지적 관련 정책 개발 및 업무 개선 등에 관한 사항
② 지적측량기술의 연구·개발 및 보급에 관한 사항
③ 지적측량 적부심사에 대한 재심사
④ 측량기술자 중 지적분야 측량기술자의 양성에 관한 사항
⑤ 지적기술자의 업무정지 처분 및 징계요구에 관한 사항
2. 축척변경위원회의 심의·의결사항
① 축척변경 시행계획에 관한 사항
② 지번별 제곱미터당 금액의 결정과 청산금의 산정에 관한 사항
③ 청산금의 이의신청에 관한 사항
④ 그 밖에 축척변경과 관련하여 지적소관청이 회의에 부치는 사항

84. 도로명주소법령상 국가지점번호 표기 및 국가지점번호판의 표기대상 시설물에 대한 설명으로 틀린 것은?

① 국가지점번호는 주소정보기본도에 기록하고 관리하여야 한다.
② 국가지점번호는 가로와 세로의 길이가 각각 10m인 격자를 기본단위로 한다.
③ 국가지점번호의 표기대상 시설물은 지면 또는 수면으로부터 50cm 이상 노출되어 이동이 가능한 시설물로 한정한다.
④ 국가지점번호 표기·확인의 방법 및 절차, 국가지점번호판의 설치 절차 및 그 밖에 필요한 사항은 대통령령으로 정한다.

해설 1. 국가지점번호 표기
① 행정안전부장관은 국토 및 이와 인접한 해양에 대통령령으로 정하는 바에 따라 국가지점번호를 부여하고, 이를 고시하여야 한다.
② 고시된 국가지점번호는 구조·구급 활동 등의 위치 표시로 활용한다.
③ 공공기관의 장은 철탑, 수문, 방파제 등 대통령령으로 정하는 시설물을 설치하는 경우에는 국가지점번호를 표기하여야 한다.
④ 공공기관의 장은 구조·구급 및 위치 확인 등을 쉽게 하기 위하여 필요하면 대통령령으로 정하는 장소에 국가지점번호판을 설치할 수 있다.

⑤ 공공기관의 장이 시설물에 국가지점번호를 표기하거나 국가지점번호판을 설치하려는 경우에는 해당 국가지점번호가 적절한지를 행정안전부장관에게 확인받아야 한다.
⑥ 국가지점번호 표기·확인의 방법 및 절차, 국가지점번호판의 설치 절차 및 그 밖에 필요한 사항은 대통령령으로 정한다.

2. 국가지점번호의 표기대상 시설물
국가지점번호의 표기대상 시설물은 지면 또는 수면으로부터 50cm 이상 노출되어 고정된 시설물로 한정하며, 설치한 날부터 1년 이내에 철거가 예정된 시설물은 제외한다.

3. 국가지점번호판의 설치
① 공공기관의 장은 시설물의 일부분에 국가지점번호를 표기해야 한다.
② 공공기관의 장은 국가지점번호판을 설치하려는 경우에는 지면에서 국가지점번호판 하단까지의 높이가 1.5미터 이상이 되도록 설치해야 한다.
③ 국가지점번호를 표기하거나 국가지점번호판을 설치하려는 경우 그 기재 사항과 국가지점번호판의 규격 등은 행정안전부령으로 정한다.
④ 공공기관의 장은 국가지점번호를 표기하거나 국가지점번호판을 설치하려는 경우 시설물 또는 국가지점번호판의 설치 위치를 정하고, 행정안전부령으로 정하는 바에 따라 행정안전부장관에게 국가지점번호의 확인을 신청해야 한다. 이 경우 공공기관의 장은 행정안전부장관이 정하는 수수료를 납부해야 한다.
⑤ 행정안전부장관은 제4항에 따른 신청을 받은 경우 그 신청을 받은 날부터 20일 이내에 현장조사를 실시하고, 그 결과를 해당 공공기관의 장에게 통보해야 한다.
⑥ 공공기관의 장은 제5항에 따른 통보를 받은 날부터 30일 이내에 통보 내용에 따라 해당 시설물 또는 전용지주에 국가지점번호를 표기하거나 국가지점번호판을 설치하고, 3일 이내에 그 사실을 행정안전부장관에게 통보해야 한다.
⑦ 행정안전부장관은 제6항에 따른 통보를 받은 경우 그 결과를 해당 시·도지사 및 시장·군수·구청장에게 통보해야 한다.
⑧ 시장 등은 제7항에 따른 통보를 받은 경우 해당 국가지점번호를 주소정보를 종합적으로 수록한 도면(이하 "주소정보기본도"라 한다)에 기록하고 관리해야 한다.

85. 토지표시의 변경등기에 관한 내용으로 틀린 것은?

① 등기명의인에게 등기신청의무가 있다.
② 합필의 등기와 합병의 등기는 같은 것이다.
③ 토지등기부의 표제부에 등기된 사항에 변동이 있을 때 하는 등기이다.
④ 신청서에 토지대장 정보나 임야대장 정보를 첨부정보로서 제공하여야 한다.

해설 토지표시의 변경등기
1. 토지의 분할, 합병이 있는 경우와 토지등기기록의 표제부 등기사항에 변경이 있는 경우에는 그 토지 소유권의 등기명의인은 그 사실이 있는 때부터 1개월 이내에 그 등기를 신청하여야 한다.
2. 토지의 표시변경등기를 신청하는 경우에는 그 토지의 변경 전과 변경 후의 표시에 관한 정보를 신청정보의 내용으로 등기소에 제공하여야 한다.
3. 토지의 표시변경등기를 신청하는 경우에는 그 변경을 증명하는 토지대장 정보나 임야대장 정보를 첨부정보로서 등기소에 제공하여야 한다.
※ 부동산등기법에서 합필의 등기는 토지의 표시에 관한 등기를 말하고, 합병의 등기는 건물의 표시에 관한 등기를 말한다.

Answer 85. ②

86. 국토의 계획 및 이용에 관한 법률에서 도시·군관리계획에 해당하지 않는 것은?

① 도시개발사업이나 정비사업에 관한 계획
② 기반시설의 설치·정비 또는 개량에 관한 계획
③ 기본적인 공간구조와 장기발전방향에 대한 계획
④ 용도지역·용도지구의 지정 또는 변경에 관한 계획

해설 도시·군관리계획
1. 정의
   특별시·광역시·특별자치시·특별자치도·시 또는 군의 개발·정비 및 보전을 위하여 수립하는 토지 이용, 교통, 환경, 경관, 안전, 산업, 정보통신, 보건, 복지, 안보, 문화 등에 관한 계획을 말함
2. 도시·군관리계획의 내용
   ① 용도지역·용도지구의 지정 또는 변경에 관한 계획
   ② 개발제한구역, 도시자연공원구역, 시가화조정구역, 수산자원보호구역의 지정 또는 변경에 관한 계획
   ③ 기반시설의 설치·정비 또는 개량에 관한 계획
   ④ 도시개발사업이나 정비사업에 관한 계획
   ⑤ 지구단위계획구역의 지정 또는 변경에 관한 계획과 지구단위계획
   ⑥ 입지규제최소구역의 지정 또는 변경에 관한 계획과 입지규제최소구역계획
   ※ 도시·군기본계획 : 특별시·광역시·특별자치시·특별자치도·시 또는 군의 관할구역에 대하여 기본적인 공간구조와 장기발전방향을 제시하는 종합계획으로서 도시·군관리계획 수립의 지침이 되는 계획을 말한다.

87. 토지의 이동과 관련하여 세부측량을 실시할 때 면적을 측정하지 않는 경우는?

① 지적공부의 복구·신규등록을 하는 경우
② 등록전환·분할 및 축척변경을 하는 경우
③ 등록된 경계점을 지상에 복원만 하는 경우
④ 면적 및 경계의 등록사항을 정정하는 경우

해설 세부측량 시 면적측정 대상
1. 지적공부의 복구·신규등록·등록전환·분할 및 축척변경을 하는 경우
2. 등록사항 정정에 따라 면적 또는 경계를 정정하는 경우
3. 도시개발사업 등으로 인한 토지의 이동에 따라 토지의 표시를 새로 결정하는 경우
4. 경계복원측량 및 지적현황측량에 면적측정이 수반되는 경우

88. 측량업의 등록을 하려는 자가 국토교통부장관 또는 시·도지사에게 제출하여야 할 첨부서류에 해당하지 않는 것은?

① 측량업 사무소의 등기부등본
② 보유하고 있는 장비의 명세서
③ 보유하고 있는 측량기술자의 명단
④ 보유하고 있는 측량기술자의 측량기술경력증명서

Answer 86. ③ 87. ③ 88. ①

해설 지적측량업의 등록
1. 지적측량업의 등록기준
   지적측량업을 영위하고자 하는 자는 기술자격·기술능력·설비 등의 등록기준을 갖추어 도지사에게 지적측량업의 등록을 하여야 함
2. 지적측량업 등록에 필요한 첨부서류
   ① 기술인력을 갖춘 사실을 증명하기 위한 서류
      • 보유하고 있는 측량기술자의 명단
      • 인력에 대한 측량기술경력증명서
   ② 장비를 갖춘 사실을 증명하기 위한 서류
      • 보유하고 있는 장비의 명세서
      • 장비의 성능검사서 사본
      • 소유권 또는 사용권을 보유한 사실을 증명할 수 있는 서류

89. 지적전산자료를 이용하거나 활용하려는 자로부터 심사신청을 받은 관계 중앙행정기관의 장이 심사하여야 할 사항에 해당되지 않는 것은?

① 개인의 사생활 침해 여부
② 신청인의 지적전산자료 활용 능력
③ 신청내용의 타당성, 적합성 및 공익성
④ 자료의 목적 외 사용 방지 및 안전관리대책

해설 지적전산자료를 이용하거나 활용할 때 심사사항
1. 지적전산자료 이·활용 시 심사할 사항
   ① 자료의 이용 또는 활용 목적 및 근거
   ② 자료의 범위 및 내용
   ③ 자료의 제공 방식, 보관기관 및 안전관리대책 등
2. 중앙행정기관의 심사사항
   ① 신청내용의 타당성, 적합성 및 공익성
   ② 개인의 사생활 침해 여부
   ③ 자료의 목적 외 사용 방지 및 안전관리대책

90. 경계에 관한 설명으로 옳은 것은?

① 연접되는 토지 간에 높낮이 차이가 있을 경우 그 지물 또는 구조물의 상단부가 경계설정기준이 된다.
② 도로·구거 등의 토지에 절토된 부분이 있는 경우에는 그 경사면의 상단부가 경계설정의 기준이 된다.
③ 공간정보의 구축 및 관리 등에 관한 법률상 경계란 경계점좌표등록부에 등록된 좌표의 연결을 말한다. 즉, 물리적 경계를 의미한다.
④ 공간정보의 구축 및 관리 등에 관한 법률상 경계란 지적도 또는 임야도에 등록된 경계점 및 굴곡점의 연결을 말한다. 즉, 지표상의 경계를 의미한다.

Answer 89. ② 90. ②

해설 1. 공간정보의 구축 및 관리 등에 관한 법률상 경계
   필지별로 경계점들을 직선으로 연결하여 지적공부에 등록한 선을 말하며, 경계점은 필지를 구획하는 선의 굴곡점으로서 지적도나 임야도에 도해 형태로 등록하거나 경계점좌표등록부에 좌표 형태로 등록하는 점을 말한다.
2. 공간정보의 구축 및 관리 등에 관한 법률상 경계설정의 기준
   ① 연접되는 토지 간에 높낮이 차이가 없는 경우 : 그 구조물 등의 중앙
   ② 연접되는 토지 간에 높낮이 차이가 있는 경우 : 그 구조물 등의 하단부
   ③ 도로·구거 등의 토지에 절토(땅깎기)된 부분이 있는 경우 : 그 경사면의 상단부
   ④ 토지가 해면 또는 수면에 접하는 경우 : 최대만조위 또는 최대만수위가 되는 선
   ⑤ 공유수면매립지의 토지 중 제방 등을 토지에 편입하여 등록하는 경우 : 바깥쪽 어깨부분

91. 등록전환측량과 분할측량에 대한 설명으로 틀린 것은?

① 토지의 형질변경이 수반되는 등록전환측량은 토목공사 등이 시작되기 전에 실시하여야 한다.
② 합병된 토지를 합병 전의 경계대로 분할하려면 합병 전 각 필지의 면적을 분할 후 필지의 면적으로 한다.
③ 분할측량 시에 측량대상토지의 점유현황이 도면에 등록된 경계와 일치하지 않으면 분할 등록될 경계점을 지상에 복원하여야 한다.
④ 1필지의 일부를 등록전환하려면 등록전환으로 인하여 말소하여야 할 필지의 면적은 반드시 임야분할측량결과도에서 측정하여야 한다.

해설 1. 등록전환측량
   ① 1필지 전체를 등록전환 할 경우에는 임야대장등록사항과 토지대장등록사항의 부합여부 등을 확인하고 토지의 경계와 이용현황 등을 조사하기 위한 측량을 하여야 한다.
   ② 등록전환 할 일단의 토지가 2필지 이상으로 분할되어야 할 토지의 경우에는 1필지로 등록전환 후 지목별로 분할하여야 한다. 이 경우 등록전환 할 토지의 지목은 임야대장에 등록된 지목으로 설정하되, 분할 및 지목변경은 등록전환과 동시에 정리한다.
   ③ 경계점좌표등록부를 비치하는 지역과 연접되어 있는 토지를 등록전환 하려면 경계점좌표등록부에 등록하여야 한다.
   ④ 토지대장에 등록하는 면적은 등록전환측량의 결과에 따라야 하며, 임야대장의 면적을 그대로 정리할 수 없다.
   ⑤ 1필지의 일부를 등록전환 하려면 등록전환으로 인하여 말소하여야 할 필지의 면적은 반드시 임야분할측량결과도에서 측정하여야 한다.
   ⑥ 임야도에 도곽선 또는 도곽선수치가 없거나, 1필지 전체를 등록전환 할 경우에만 등록전환으로 인하여 말소해야 할 필지의 임야측량결과도를 등록전환측량결과도에 함께 작성할 수 있다.
   ⑦ 토지의 형질변경이 수반되는 등록전환측량은 토목공사 등이 완료된 후에 실시하여야 하며, 각종 인가·허가 등의 내용과 다르게 토지의 형질이 변경되었을 경우에는 그 변경된 토지의 현황대로 측량성과를 결정하여야 한다.
2. 분할측량
   ① 측량대상토지의 점유현황이 도면에 등록된 경계와 일치하지 않으면 분할측량 시에 그 분할등록될 경계점을 지상에 복원하여야 한다.
   ② 합병된 토지를 합병 전의 경계대로 분할하려면 합병 전 각 필지의 면적을 분할 후 각 필지의 면적으로 한다. 이 경우 분할되는 토지 중 일부가 등록사항정정대상토지이면 분할정리 후 그 토지에만 등록사항정정대상토지임을 등록하여야 한다.

92. 측량기준점을 설치하거나 토지의 이동을 조사하는 자가 타인의 토지 등에 출입하는 것에 대한 내용으로 틀린 것은?

① 허가증의 발급권자는 국토교통부장관이다.
② 토지 등의 점유자는 정당한 사유 없이 출입행위를 방해하거나 거부하지 못한다.
③ 출입 행위를 하려는 자는 그 권한을 표시하는 허가증을 지니고 관계인에게 이를 내보여야 한다.
④ 해 뜨기 전이나 해가 진 후에는 그 토지 등의 점유자의 승낙 없이 택지나 담장 또는 울타리로 둘러싸인 타인의 토지에 출입할 수 없다.

해설 타인의 토지 등에의 출입

구분	특징
출입목적	1. 측량 2. 측량기준점을 설치하거나 토지의 이동을 조사 3. 필요한 경우에는 나무, 흙, 돌, 그 밖의 장애물을 변경하거나 제거할 수 있다.
출입에 대한 통지	1. 타인의 토지 등에 출입하고자 하는 때에는 관할 특별자치시장, 특별자치도지사, 시장·군수 또는 구청장의 허가를 받아야 하며, 출입하려는 날의 3일 전까지 해당 토지 등의 소유자·점유자 또는 관리인에게 그 일시와 장소를 통지 2. 행정청인 자는 허가를 받지 아니하고 타인의 토지 등에 출입할 수 있다.
토지 등을 일시사용하거나 장애물을 변경	타인의 토지 등을 일시적으로 사용하거나, 장애물을 변경 또는 제거하려는 자는 토지 등을 사용하려는 날이나 장애물을 변경 또는 제거하려는 날의 3일 전까지 그 소유자·점유자 또는 관리인에게 통지한다. 다만, 소유자·점유자 또는 관리인을 알 수 없는 때에는 그러하지 아니한다.
토지 소유자의 의무	1. 토지 등의 소유자·점유자 또는 관리인은 정당한 사유 없이 방해하거나 거부하지 못한다. 2. 토지 등의 소유자·점유자 또는 관리인은 그 소유하거나 점유 또는 관리하는 토지 등에 지적기준점표지가 있는 때에는 이를 선량한 관리자의무로써 보호하여야 한다.
권한을 표시하는 허가증	행위를 하려는 자는 관계인에게 제시
허가증 발급권자	관할특별자치시장, 특별자치도지사, 시장·군수 또는 구청장

93. 공간정보의 구축 및 관리 등에 관한 법률상 지적측량 적부심사청구 사안에 대한 시·도지사의 조사사항이 아닌 것은?

① 지적측량 기준점 설치 연혁
② 다툼이 되는 지적측량의 경위 및 그 성과
③ 해당 토지에 대한 토지이동 및 소유권 변동 연혁
④ 해당 토지 주변의 측량기준점, 경계, 주요 구조물 등 현황 실측도

해설 지적측량 적부심사청구 사안에 대한 시·도지사의 조사사항
1. 다툼이 되는 지적측량의 경위 및 그 성과
2. 해당 토지에 대한 토지이동 및 소유권 변동 연혁
3. 해당 토지 주변의 측량기준점, 경계, 주요 구조물 등 현황 실측도

Answer 92. ① 93. ①

94. 도로명주소법에서 사용하는 용어 중 아래에서 설명하는 것은?

> 도로명과 기초번호를 활용하여 건물 등에 해당하지 아니하는 시설물의 위치를 특정하는 정보를 말한다.

① 사물주소
② 상세주소
③ 지번주소
④ 도로명주소

해설 도로명주소법에서 사용하는 용어
1. 사물주소 : 도로명과 기초번호를 활용하여 건물 등에 해당하지 아니하는 시설물의 위치를 특정하는 정보를 말한다.
2. 상세주소 : 건물 등 내부의 독립된 거주·활동구역을 구분하기 위하여 부여된 동(棟)번호, 층수 또는 호(號)수를 말한다.
3. 도로명주소 : 도로명, 건물번호 및 상세주소(상세주소가 있는 경우만 해당한다)로 표기하는 주소를 말한다.
※ 지번주소 : 지번이란 필지에 부여하여 지적공부에 등록한 번호로 지번주소는 지번을 기준으로 주소로 사용하는 것을 말하며 현재는 도로를 기준으로 주소를 확정하는 도로명주소를 사용하고 있다.

95. 지적기준점성과의 관리 등에 대한 설명으로 옳은 것은?
① 지적도근점성과는 지적소관청이 관리한다.
② 지적삼각점성과는 지적소관청이 관리한다.
③ 지적삼각보조점성과는 시·도지사가 관리한다.
④ 지적소관청이 지적삼각점을 변경하였을 때에는 그 측량성과를 국토교통부장관에게 통보한다.

해설 지적기준점성과의 관리
1. 지적삼각점성과는 특별시장·광역시장·도지사 또는 특별자치도지사(이하 "시·도지사"라 한다)가 관리하고, 지적삼각보조점성과 및 지적도근점성과는 지적소관청이 관리할 것
2. 지적소관청이 지적삼각점을 설치하거나 변경하였을 때에는 그 측량성과를 시·도지사에게 통보할 것
3. 지적소관청은 지형·지물 등의 변동으로 인하여 지적삼각점성과가 다르게 된 때에는 지체 없이 그 측량성과를 수정하고 그 내용을 시·도지사에게 통보할 것

96. 공간정보의 구축 및 관리 등에 관한 법률에 따른 지목의 종류가 아닌 것은?
① 양어장
② 철도용지
③ 수도선로
④ 창고용지

해설 지목의 종류
전·답·과수원·목장용지·임야·광천지·염전·대(垈)·공장용지·학교용지·주차장·주유소용지·창고용지·도로·철도용지·제방(堤防)·하천·구거(溝渠)·유지(溜池)·양어장·수도용지·공원·체육용지·유원지·종교용지·사적지·묘지·잡종지로 구분하여 정한다.
※ 수도선로 : 지적법 시행(1950. 12. 1.) 당시 지목으로 제1차 지적법 전문개정(1975. 12. 31.) 시 수도선로와 수도용지를 토지이용계획과 부동산평가의 측면에서 활용하도록 현재의 수도용지로 조정함

Answer 94. ① 95. ① 96. ③

97. 지적기준점의 제도방법으로 틀린 것은?

① 2등삼각점은 직경 1mm, 2mm 및 3mm의 3중원으로 제도한다.
② 지적삼각보조점은 직경 3mm의 원으로 제도하고 원 안에 십자선을 표시한다.
③ 위성기준점은 직경 2mm 및 3mm의 2중원 안에 십자선을 표시하여 제도한다.
④ 3등삼각점은 직경 1mm 및 2mm의 2중원으로 제도하고 중심원 내부를 검은색으로 엷게 채색한다.

해설 지적기준점의 제도방법
1. 삼각점 및 지적기준점은 0.2밀리미터 폭의 선으로 다음 각 호와 같이 제도한다.
 ① 위성기준점은 직경 2밀리미터 및 3밀리미터의 2중원 안에 십자선을 표시하여 제도한다.
  • 위성기준점

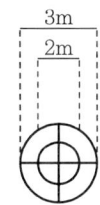

 ② 1등 및 2등 삼각점은 직경 1밀리미터, 2밀리미터 및 3밀리미터의 3중원으로 제도한다. 이 경우 1등 삼각점은 그 중심원 내부를 검은색으로 엷게 채색한다.
  • 1등 삼각점   • 2등 삼각점

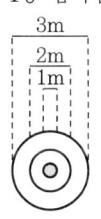 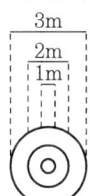

 ③ 3등 및 4등 삼각점은 직경 1밀리미터 및 2밀리미터의 2중원으로 제도한다. 이 경우 3등 삼각점은 그 중심원 내부를 검은색으로 엷게 채색한다.
  • 3등 삼각점   • 4등 삼각점

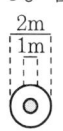 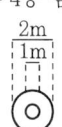

 ④ 지적삼각점 및 지적삼각보조점은 직경 3밀리미터의 원으로 제도한다. 이 경우 지적삼각점은 원 안에 십자선을 표시하고, 지적삼각보조점은 원 안에 검은색으로 엷게 채색한다.
  • 지적삼각점   • 지적삼각보조점

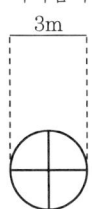 

Answer 97. ②

⑤ 지적도근점은 직경 2밀리미터의 원으로 다음과 같이 제도한다.
- 지적도근점

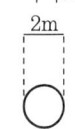

⑥ 지적기준점의 명칭과 번호는 그 지적기준점의 윗부분에 2밀리미터 이상 3밀리미터 이하 크기의 명조체로 제도한다. 다만, 레터링으로 작성할 경우에는 고딕체로 할 수 있으며 경계에 닿는 경우에는 다른 위치에 제도할 수 있다.

2. 지적기준점표지를 폐기한 때에는 도면에 등록된 그 지적기준점 표시사항을 말소한다.

98. 지적재조사에 관한 특별법령상 지상경계점등록부의 등록사항으로 틀린 것은?

① 토지의 소재, 지번, 지목
② 측량성과결정에 사용된 기준점명
③ 경계점 번호 및 표지종류
④ 경계설정기준 및 경계형태

해설 지상경계점등록부의 등록사항
1. 토지의 소재
2. 지번
3. 지목
4. 작성일
5. 위치도
6. 경계점 번호 및 표지종류
7. 경계설정기준 및 경계형태
8. 경계위치
9. 경계점 세부설명 및 관련 자료
10. 작성자의 소속·직급(직위)·성명
11. 확인자의 직급·성명

99. 토지의 이동신청 및 지적정리에 관한 설명으로 옳은 것은?

① 토지소유자의 토지의 이동신청 없이는 지적정리를 할 수 없다.
② 토지의 이동신청은 사유가 발생한 날부터 60일 이내에 신청하여야 한다.
③ 지적소관청은 토지의 표시에 관한 변경등기가 필요한 경우 그 등기완료의 통지서를 접수한 날부터 10일 이내에 토지소유자에게 지적정리를 통지하여야 한다.
④ 지적소관청은 토지의 표시에 관한 변경등기가 필요하지 아니한 경우 지적공부에 등록한 날부터 7일 이내에 토지소유자에게 지적정리를 통지하여야 한다.

해설 토지이동의 신청과 시기

구분	신청대상	신청자 및 시기
신규등록신청	신규등록 할 토지	토지소유자는 사유가 발생한 날부터 60일 이내에 지적소관청에 신청
등록전환신청	등록전환 할 토지	
분할신청	지적공부에 등록된 1필지의 일부가 형질변경 등으로 용도가 변경된 경우	토지소유자는 용도가 변경된 날부터 60일 이내에 지적소관청에 신청
합병신청	합병하고자 할 때	기한 없음
	공동주택의 부지, 도로, 제방, 하천, 구거, 유지, 공장용지·학교용지·철도용지·수도용지·공원·체육용지	토지소유자는 사유가 발생한 날부터 60일 이내에 지적소관청에 신청
지목변경신청	지목변경 할 토지	토지소유자는 사유가 발생한 날부터 60일 이내에 지적소관청에 신청
바다로 된 토지의 등록말소	지적소관청이 등록말소신청 통지를 한 토지	• 토지소유자가 통지를 받은 날부터 90일 이내에 지적소관청에 신청 • 토지소유자가 90일 이내에 등록말소신청을 하지 아니하면 지적소관청이 직권으로 등록말소
도시개발사업 등의 시행지역의 토지이동 신청	사업시행자는 도시개발사업 등의 착수·변경 또는 완료 사실의 신고와 도시개발사업 등과 관련 토지의 이동이 필요한 경우	사업시행자는 사유가 발생한 날부터 15일 이내에 지적소관청에 신고

지적정리의 통지
1. 직권에 의한 지적정리 통지
   지적소관청이 지적공부에 등록하거나 지적공부를 복구·말소 또는 등기촉탁을 한 때에는 당해 토지소유자에게 통지하여야 한다. 다만, 통지받는 자의 주소 또는 거소를 알 수 없는 때에는 당해 시·군·구의 게시판에 게시하거나 일간신문 또는 시·군·구의 공보에 게재함으로써 소유자에게 통지된 것으로 본다.
2. 지적정리 통지대상
   ① 토지소유자의 신청이 없어 지적소관청이 직권으로 조사 또는 측량하여 지번, 지목, 경계 또는 좌표와 면적을 결정할 때
   ② 지적소관청이 지번을 변경한 때
   ③ 지적소관청이 지적공부를 복구한 때
   ④ 바다로 된 토지의 등록·말소 통지
   ⑤ 도시계획사업, 도시개발사업, 농지개량사업 등에 의해 지적공부를 정리했을 때
   ⑥ 대위신청에 의해 지적공부를 정리했을 때
   ⑦ 행정구역개편으로 인하여 새로이 지번을 정할 때
   ⑧ 지적공부에 등록된 사항에 오류가 있음을 발견하여 지적소관청이 직권으로 등록사항을 정정한 때
   ⑨ 토지표시의 변경에 관하여 관할 등기소에 등기를 촉탁한 때
3. 통지의 시기
   ① 토지의 표시에 관한 변경등기가 필요한 경우 : 그 등기완료의 통지서를 접수한 날부터 15일 이내
   ② 토지의 표시에 관한 변경등기가 필요하지 아니한 경우 : 지적공부에 등록한 날부터 7일 이내

100. 지목 및 지목의 제도에 대한 설명으로 틀린 것은?

① 지번 및 지목을 제도하는 경우 지번 다음에 지목을 제도한다.
② 부동산종합공부시스템이나 레터링으로 작성하는 경우에는 굴림체로 할 수 있다.
③ 필지의 중앙에 제도하기가 곤란한 때에는 가로쓰기가 되도록 도면을 돌려서 제도할 수 있다.
④ 지번의 글자 간격은 글자크기의 1/4 정도, 지번과 지목의 글자 간격은 글자크기의 1/2 정도 띄어서 제도한다.

해설 지번 및 지목의 제도
1. 지번 및 지목은 경계에 닿지 않도록 필지의 중앙에 제도한다. 다만, 1필지의 토지의 형상이 좁고 길어서 필지의 중앙에 제도하기가 곤란한 때에는 가로쓰기가 되도록 도면을 왼쪽 또는 오른쪽으로 돌려서 제도할 수 있다.
2. 지번 및 지목을 제도할 때에는 지번 다음에 지목을 제도한다. 이 경우 2밀리미터 이상 3밀리미터 이하 크기의 명조체로 하고, 지번의 글자 간격은 글자크기의 4분의 1 정도, 지번과 지목의 글자 간격은 글자크기의 2분의 1 정도 띄어서 제도한다. 다만, 부동산종합공부시스템이나 레터링으로 작성할 경우에는 고딕체로 할 수 있다.
3. 1필지의 면적이 작아서 지번과 지목을 필지의 중앙에 제도할 수 없는 때에는 ㄱ, ㄴ, ㄷ, … ㄱ^1, ㄴ^1, ㄷ^1, … ㄱ^2, ㄴ^2, ㄷ^2 … 등으로 부호를 붙이고, 도곽선 밖에 그 부호·지번 및 지목을 제도한다. 이 경우 부호가 많아서 그 도면의 도곽선 밖에 제도할 수 없는 때에는 별도로 부호도를 작성할 수 있다.
4. 부동산종합공부시스템에 따라 지번 및 지목을 제도할 경우에는 제2항 중 글자의 크기에 대한 규정과 제3항을 적용하지 아니할 수 있다.

Engineer Cadastral Surveying

2022년 제2회 지적기사

01 지적측량

SUBJECT

01. 전파기측량방법에 따라 교회법으로 지적삼각보조점측량을 할 때의 기준에 관한 아래 설명 중 ( )에 알맞은 말은?

> 지형상 부득이하여 2방향의 교회에 의하여 결정하려는 경우에는 각 내각을 관측하여 각 내각의 관측치의 합계와 180도와의 차가 ( ) 이내일 때에는 이를 각 내각에 고르게 배분하여 사용할 수 있다.

① ±20초 ② ±30초
③ ±40초 ④ ±50초

해설 지적측량 시행규칙 제10조(지적삼각보조점측량)
경위의측량방법과 전파기 또는 광파기측량방법에 따라 교회법으로 지적삼각보조점측량을 할 때에는 3방향의 교회에 따를 것. 다만, 지형상 부득이하여 2방향의 교회에 의하여 결정하려는 경우에는 각 내각을 관측하여 각 내각의 관측치의 합계와 180도와의 차가 ±40초 이내일 때에는 이를 각 내각에 고르게 배분하여 사용할 수 있다.

02. 수평각 관측에서 망원경의 정위와 반위로 관측하는 목적은?

① 양차를 방지하기 위하여
② 연직축오차를 방지하기 위하여
③ 시준축오차를 제거하기 위하여
④ 굴절보정오차를 제거하기 위하여

해설 정·반 관측의 목적
기계적 결함과 기계 조정의 불완전 등의 오차를 소거하고 시준축오차를 제거하기 위함이다.

03. 임야도를 갖춰 두는 지역의 세부측량에 있어서 지적기준점에 따라 측량하지 아니하고 지적도의 축척으로 측량한 후 그 성과에 따라 임야측량결과도를 작성할 수 있는 경우는?

① 임야도에 도곽선이 없는 경우
② 경계점의 좌표를 구할 수 없는 경우
③ 지적도근점이 설치되어 있지 않은 경우
④ 지적도에 기지점은 없지만 지적도를 갖춰 두는 지역에 인접한 경우

Answer 1. ③ 2. ③ 3. ①

해설 지적측량 시행규칙 제21조(임야도를 갖춰 두는 지역의 세부측량)
임야도를 갖춰 두는 지역의 세부측량은 위성기준점, 통합기준점, 삼각점, 지적삼각점, 지적삼각보조점 및 지적도근점에 따른다. 다만, 다음 각 호의 어느 하나에 해당하는 경우에는 위성기준점, 통합기준점, 삼각점, 지적삼각점, 지적삼각보조점 및 지적도근점에 따라 측량하지 아니하고 지적도의 축척으로 측량한 후 그 성과에 따라 임야측량결과도를 작성할 수 있다.
1. 측량대상토지가 지적도를 갖춰 두는 지역에 인접하여 있고 지적도의 기지점이 정확하다고 인정되는 경우
2. 임야도에 도곽선이 없는 경우

04. 아래 그림에서 l의 길이는?(단, $L=10\text{m}$, $\theta=75°45'26.7''$)

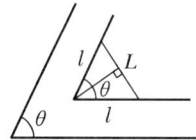

① 4.35m   ② 6.29m
③ 8.14m   ④ 9.42m

해설 $l = \dfrac{L}{2} \times \csc\dfrac{\theta}{2} = \dfrac{10}{2} \times \csc\dfrac{75°45'26.7''}{2} = 8.14\text{m}$

> **참고** cosec는 sin의 역수로서, 계산할 때는 $\dfrac{75°45'26.7''}{2} = 37°52'43.4''$의 sin값을 계산한 후 역수로 계산하며 역수로 계산할 때는 sin값이 있는 상태에서 계산기의 $1/x$라고 되어 있는 키를 선택하면 된다.

05. 평판측량방법에 따른 세부측량을 시행하는 경우 기지점을 기준으로 하여 지상경계선과 도상경계선의 부합 여부를 확인하는 방법에 해당하지 않는 것은?

① 현형법   ② 중앙종거법
③ 거리비교확인법   ④ 도상원호교회법

해설 지적측량 시행규칙 제18조(세부측량의 기준 및 방법 등)
평판측량방법에 따른 세부측량에서 경계점은 기지점을 기준으로 하여 지상경계선과 도상경계선의 부합 여부를 현형법(現形法)·도상원호(圖上圓弧)교회법·지상원호(地上圓弧)교회법 또는 거리비교확인법 등으로 확인하여 정한다.

06. 다음 중 잔차를 구하는 식은?

① 잔차=관측값−참값   ② 잔차=관측값−최확값
③ 잔차=기댓값−관측값   ④ 잔차=최확값−기댓값

해설 잔차는 관측값과 최확값의 차이로 구한다.

07. 다음 중 고대 지적 및 측량사와 가장 거리가 먼 것은?

① 고대 이집트의 나일강변
② 고대 인도의 타지마할 유적
③ 중국 전한(前漢)의 회남자(淮南子)
④ 고대 수메르(Sumer) 지방의 점토판

해설 고대 인도의 타지마할 유적
인도 공화국 우타르프라데시주 아그라에 소재한 대형묘이며 인도 건축미의 우수함을 보여주는 정수로서 대표적인 랜드마크이다.

08. 지적삼각점의 관측계산에서 자오선수차의 계산단위 기준은?

① 초 아래 1자리
② 초 아래 2자리
③ 초 아래 3자리
④ 초 아래 4자리

해설 지적측량 시행규칙 제9조(지적삼각점측량의 관측 및 계산)
지적삼각점의 계산은 진수(眞數)를 사용하여 각규약(角規約)과 변규약(邊規約)에 따른 평균계산법 또는 망평균계산법에 따르며, 자오선수차의 단위는 초 아래 1자리이다.

09. 지적삼각점을 설치하기 위하여 연직각을 관측한 결과가 최대치는 +25°42′37″이고 최소치는 +25°42′32″일 때 옳은 것은?

① 최대치를 연직각으로 한다.
② 평균치를 연직각으로 한다.
③ 최소치를 연직각으로 한다.
④ 연직각을 다시 관측하여야 한다.

해설 지적측량 시행규칙 제9조(지적삼각점측량의 관측 및 계산)
관측치의 최대치와 최소치의 교차가 30초 이내일 때에는 그 평균치를 연직각으로 한다.

10. 도곽선의 제도에 대한 설명으로 틀린 것은?

① 도면의 위 방향은 항상 북쪽이 되어야 한다.
② 도면에 등록하는 도곽선은 0.1mm의 폭으로 제도한다.
③ 도곽선 수치는 왼쪽 윗부분과 오른쪽 아랫부분에 제도한다.
④ 이미 사용하고 있는 도면의 도곽크기는 종전에 구획되어 있는 도곽과 그 수치로 한다.

해설 지적업무처리규정 제40조(도곽선의 제도)
① 도면의 위 방향은 항상 북쪽이 되어야 한다.
② 지적도의 도곽크기는 가로 40센티미터, 세로 30센티미터의 직사각형으로 한다.
③ 도곽의 구획은 영 제7조제3항 각 호에서 정한 좌표의 원점을 기준으로 하여 정하되, 그 도곽의 종횡선수치는 좌표의 원점으로부터 기산하여 영 제7조제3항에서 정한 종횡선수치를 각각 가산한다.
④ 이미 사용하고 있는 도면의 도곽크기는 종전에 구획되어 있는 도곽과 그 수치로 한다.
⑤ 도면에 등록하는 도곽선은 0.1밀리미터의 폭으로, 도곽선의 수치는 도곽선 왼쪽 아랫부분과 오른쪽 윗부분의 종횡선교차점 바깥쪽에 2밀리미터 크기의 아라비아숫자로 제도한다.

Answer 7. ② 8. ① 9. ② 10. ③

11. 다음 구소삼각지역의 직각좌표계 원점 중 평면직각종횡선수치의 단위를 간(間)으로 한 원점은?

① 고초원점
② 망산원점
③ 율곡원점
④ 조본원점

해설 사용단위별 원점의 구분

미터	간(間)
조본원점	망산원점
고초원점	계양원점
율곡원점	가리원점
현창원점	등경원점
소라원점	구암원점
	금산원점

12. 지적도근점측량에 대한 내용으로 틀린 것은?

① 1등 도선은 가·나·다 순으로, 2등 도선은 ㄱ·ㄴ·ㄷ 순으로 표기한다.
② 경위의측량방법에 따라 다각망도선법으로 할 때에는 3점 이상의 기지점을 포함한 결합다각 방식에 따른다.
③ 경위의측량방법에 따라 도선법으로 할 때에는 왕복도선에 따르며 지형상 부득이한 경우 개방도선에 따를 수 있다.
④ 경위의측량방법에 따라 도선법으로 할 때에 1도선의 점의 수는 부득이한 경우 50점까지로 할 수 있다.

해설 지적측량 시행규칙 제12조(지적도근점측량)
경위의측량방법에 따라 도선법으로 할 때에는 결합도선에 따르며 지형상 부득이한 경우 폐합도선 또는 왕복도선에 따를 수 있다.

13. 축척이 600분의 1인 지역에서 일필지로 산출된 면적이 10.550m²일 때 결정면적으로 옳은 것은?

① 10m²
② 10.5m²
③ 10.6m²
④ 11m²

해설 공간정보의 구축 및 관리 등에 관한 법률 시행령 제60조(면적의 결정 및 측량계산의 끝수처리)
지적도의 축척이 600분의 1인 지역과 경계점좌표등록부에 등록하는 지역의 토지면적은 제곱미터 이하 한 자리 단위로 한다.
따라서 10.55m²는 10.6m²로 결정한다.

14. 지적삼각점측량의 계산에서 진수는 몇 자리 이상을 사용하는가?

① 6자리 이상
② 7자리 이상
③ 8자리 이상
④ 9자리 이상

Answer 11. ② 12. ③ 13. ③ 14. ①

해설 지적측량 시행규칙 제9조(지적삼각점측량의 관측 및 계산)

종별	각	변의 길이	진수	좌표 또는 표고	경위도	자오선수차
단위	초	센티미터	6자리 이상	센티미터	초 아래 3자리	초 아래 1자리

15. 지적도근점측량에서 측정한 각 측선의 수평거리의 총합계가 1,550m일 때, 연결오차의 허용범위 기준은?(단, 600분의 1 지역과 경계점좌표등록부 시행지역에 걸쳐 있으며, 2등 도선이다)

① 25cm 이하   ② 29cm 이하   ③ 30cm 이하   ④ 35cm 이하

해설 지적측량 시행규칙 제15조(지적도근점측량에서의 연결오차의 허용범위와 종선 및 횡선오차의 배분)
하나의 도선에 속하여 있는 지역의 축척이 2 이상일 때에는 대축척의 축척분모에 따른다.

따라서 축척분모 $\times \dfrac{1.5}{100}\sqrt{n} = 500 \times \dfrac{1.5}{100}\sqrt{15.5} = 29.5$ ∴ 29cm 이하

16. 지적도근점측량 중 배각법에 의한 도선의 계산순서를 올바르게 나열한 것은?

㉠ 관측성과의 이기	㉡ 측각오차의 계산
㉢ 방위각의 계산	㉣ 관측각의 합계 계산
㉤ 각 측점의 종·횡선차의 계산	㉥ 각 측점의 좌표 계산

① ㉠-㉡-㉢-㉣-㉤-㉥   ② ㉠-㉡-㉣-㉢-㉥-㉤
③ ㉠-㉢-㉣-㉡-㉥-㉤   ④ ㉠-㉣-㉡-㉢-㉤-㉥

해설 배각법의 계산순서
1. 관측성과의 이기
2. 폐색변을 포함한 변수(n)계산
3. 관측각의 합계 계산
4. 측각오차 및 공차의 계산
5. 반수의 계산
6. 측각오차의 배부
7. 방위각의 계산
8. 각 측점의 종·횡선차의 계산
9. 종·횡선오차, 연결오차 및 공차의 계산
10. 종·횡선오차의 배부
11. 각 측점의 좌표 계산

17. 지적확정측량 시 그림과 같이 $\theta = 45°$, $L = 10$m일 때 우절면적은?

① 27.1m²
② 36.7m²
③ 60.4m²
④ 65.3m²

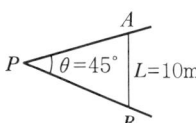

Answer 15. ②   16. ④   17. ③

해설 $A = \left(\dfrac{L}{2}\right)^2 \cot\dfrac{\theta}{2}$

$= \left(\dfrac{10}{2}\right)^2 \cot\dfrac{45°}{2}$

$= \dfrac{\left(\dfrac{10}{2}\right)^2}{\tan\dfrac{45°}{2}} = \dfrac{5^2}{\tan 22°30'} = 60.4\text{m}^2$

18. 지적측량에서 사용하는 구소삼각원점 중 가장 남쪽에 위치한 원점은?

① 가리원점 ② 구암원점
③ 망산원점 ④ 소라원점

해설

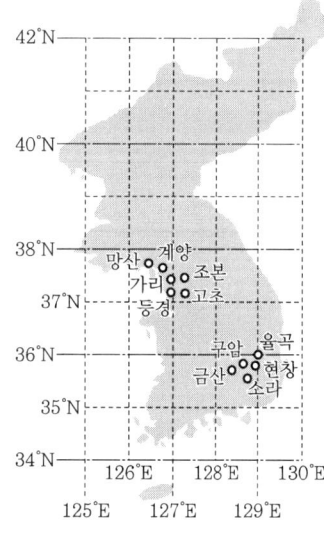

원점 명	위도	경도	실시지역
조본원점	37°26′35.262″N	127°14′07.397″E	경기(성남, 광주)
고초원점	37°09′03.530″N	127°14′41.585″E	경기(용인, 안성)
율곡원점	35°57′21.322″N	128°57′30.916″E	경북(영천, 경산)
현창원점	35°51′46.967″N	128°46′03.947″E	대구, 경북(경산)
소라원점	35°39′58.199″N	128°43′36.841″E	경북(청도)
망산원점	37°43′07.060″N	126°22′24.596″E	인천(강화)
계양원점	37°33′01.124″N	126°42′49.685″E	경기(부천, 김포), 인천
가리원점	37°25′30.532″N	126°51′59.430″E	경기(안양, 시흥, 광명), 인천
등경원점	37°11′52.885″N	126°51′32.845″E	경기(수원, 화성, 평택)
구암원점	35°51′30.878″N	128°35′46.186″E	대구(달성)
금산원점	35°43′46.532″N	128°17′26.070″E	대구(달성), 경북(고령)

19. 삼각측량에서 경도보정량 10″.405에 대한 설명으로 옳은 것은?

① 1등 삼각점 관측방향각의 상수로서 기지삼각점의 경도오차이다.
② 우리나라의 1등이 일본의 2등에 준성성과이므로 정확도 향상을 위해 필요하다.
③ 우리나라의 통일원점과 만주원점의 성과차이로 계산 시 수정을 요한다.
④ 동경원점의 오류수정 사항으로서 기지삼각점 사용 시 경도의 수정을 요한다.

해설 국토지리정보원에서 삼각점의 성과를 고시할 때 단서 조항으로 표시된 경도값에 10.405초를 더해서 사용하도록 명시하고 있다.

20. 지적삼각보조점측량에서 연결오차가 0.42m이고, 종선차가 0.22m이었다면 횡선차는?

① 0.21m   ② 0.36m   ③ 0.42m   ④ 0.48m

해설 연결오차 $= \sqrt{종선교차^2 + 횡선교차^2} = \sqrt{0.22^2 + x^2}$
$0.42 = \sqrt{종선교차^2 + x^2}$
$x^2 = \sqrt{0.42^2 - 0.22^2} = \sqrt{0.128} = 0.358$ ∴ 0.36m

02 응용측량

21. GNSS 측량에서 에포크(Epoch)의 의미로 옳은 것은?

① 신호를 수신하는 데이터 취득 간격
② 위성을 포함하는 대원(Great Circle)의 평면
③ 안테나와 수신기를 연결하는 케이블
④ 위성들의 위치를 기록한 표

해설 에포크(Epoch)는 GNSS 간섭위치를 결정할 때의 자료수신시간을 말하며, 수신시간 간격을 미리 설정하여 관측개시 시각을 결정한다.

22. 촬영고도 1,500m에서 찍은 인접사진에서 주점기선의 길이가 15cm이고, 어느 건물의 시차차가 3mm이었다면 건물의 높이는?

① 10m   ② 30m
③ 50m   ④ 70m

해설 $h = \dfrac{H}{b_0}\Delta p$에서 h=건물의 높이, H=비행고도, b_0=주점거리, Δp=시차차

$h = \dfrac{1,500}{0.15} \times 0.003 = 30\text{m}$

23. 두 점 간의 고저차를 A, B 두 사람이 정밀하게 측정하여 다음과 같은 결과를 얻었다. 두 점 간 고저차의 최확값은?

A : 68.994m±0.008m, B : 69.003m±0.004m

① 68.996m   ② 68.997m
③ 68.999m   ④ 69.001m

Answer   20. ②   21. ①   22. ②   23. ④

해설 경중률은 오차 제곱에 반비례하므로
$$P_1 : P_2 = \frac{1}{0.008^2} : \frac{1}{0.004^2} = \frac{1}{64} : \frac{1}{16} = 1 : 4$$
최확값(H) $= \dfrac{(68.994 \times 1) + (69.003 \times 4)}{1+4} = 69.001\text{m}$

24. GNSS 측량을 실시할 경우 고도관측의 일차적인 기준으로 옳은 것은?

① NGVD ② 지오이드
③ 평균해수면 ④ 기준타원체

해설 GNSS 측량 고도관측의 일차적인 기준은 기준타원체이다.

25. 터널의 준공을 위한 변형조사측량에 해당되지 않는 것은?

① 중심측량 ② 고저측량
③ 삼각측량 ④ 단면측량

해설 터널측량의 방법에는 지표중심측량, 단면측량, 지형측량, 고저측량 등이 있다.

26. 터널측량을 하여 터널 시점(A)과 종점(B)의 좌표와 높이(H)가 다음과 같을 때, 터널의 경사도는?

A(1125.68, 782.46), B(1546.73, 415.37) $H_A = 49.25$, $H_B = 86.39$ [단위 : m]

① 3°25′14″ ② 3°48′14″
③ 4°08′14″ ④ 5°08′14″

해설 AB의 거리 $= \sqrt{(1,546.73-1,125.68)^2 + (415.37-782.46)^2} = 558.60\text{m}$
AB의 높이차 $= 86.39 - 49.25 = 37.14\text{m}$
∴ 터널경사도 $= \tan^{-1} \dfrac{37.14}{558.60} = 3°48′13.91″$

27. GPS 위성신호인 L_1과 L_2의 주파수의 크기로 옳은 것은?

① $L_1 = 1,274.45\text{MHz}$, $L_2 = 1,567.62\text{MHz}$
② $L_1 = 1,367.53\text{MHz}$, $L_2 = 1,425.30\text{MHz}$
③ $L_1 = 1,479.23\text{MHz}$, $L_2 = 1,321.56\text{MHz}$
④ $L_1 = 1,575.42\text{MHz}$, $L_2 = 1,227.60\text{MHz}$

해설 GPS 신호의 반송파의 정보는 PRN 부호와 항법메시지로 이루어져 있다. L_1 반송파는 1,575.42MHz (154×10.23MHz) 주파수, L_2 반송파는 1,227.60MHz(120×10.23MHz) 주파수로 전송하며 반송파 관측방식에 의한 위치결정원리는 위성에서 보낸 파장과 지상에서 수신된 파장의 위상차를 관측하여 거리를 측정한다.

28. 지성선에 대한 설명으로 옳은 것은?

① 지표면의 다른 종류의 토양 간에 만나는 선
② 경작지와 산지가 교차되는 선
③ 지모의 골격을 나타내는 선
④ 수평면과 직교하는 선

해설 지성선

지모의 골격을 나타내는 선으로 지표면이 다수의 평면으로 이루어졌다고 생각할 때 이 평면의 접합부, 즉 접선을 말하며 지세선이라고도 한다. 능선(분수선), 합수선(합곡선, 계곡선), 경사변환선, 최대경사선으로 나뉘며 최대경사선(유하선)은 지표의 임의의 한 점에서 그 경사가 최대로 되는 방향을 표시한 선을 말하며, 등고선에 직각으로 교차하고 최소거리를 나타낸다.

29. 지모의 형태를 표시하고 표고의 높이를 쉽게 파악하기 위해 주곡선 5개마다 표시하는 등고선은?

① 계곡선
② 수애선
③ 간곡선
④ 조곡선

해설 등고선의 종류

1. 주곡선 : 지형을 표시하는 데 기본이 되는 곡선이다.
2. 계곡선 : 지모의 상태를 명시하고, 표고의 읽음을 쉽게 하기 위해서 주곡선 5개마다 1개를 굵게 표시한 곡선이다.
3. 간곡선 : 주곡선 간격의 1/2의 거리로 산정하며, 안부, 구배가 고르지 못한 완경사지, 그 외에 주곡선만으로는 지모의 상태를 명시할 수 없는 장소에 파선으로 표시하는 곡선이다.
4. 조곡선 : 간곡선 간격의 1/2의 거리로 간곡선만으로는 충분히 표시할 수 없는 불규칙한 지형을 표시할 때 점선으로 표시하는 곡선이다.

30. 수준측량 용어로 이 점의 오차는 다른 점에 영향을 주지 않으며 이 점만의 표고를 관측하기 위한 관측점을 의미하는 것은?

① 기준점
② 측점
③ 이기점
④ 중간점

해설 중간점

전시만 취하는 점으로 표고를 관측할 점을 말하며, 그 점에 오차가 발생하여도 다른 측량지역에는 오차의 영향을 전혀 끼치지 않는다.

31. 수준측량에서 전시와 후시를 등거리로 하는 것이 좋은 이유로 틀린 것은?

① 지구곡률오차를 소거할 수 있다.
② 레벨 조정 불완전에 의한 오차를 없앤다.
③ 시차에 의한 오차를 없앤다.
④ 대기굴절오차를 소거할 수 있다.

해설 전·후시 거리를 같게 하면 시준선이 기포관축과 평행하지 않을 때 발생하는 오차를 제거할 수 있다.

Answer 28. ③ 29. ① 30. ④ 31. ③

32. 노선측량에서 완화곡선의 성질을 설명한 것으로 틀린 것은?

① 완화곡선 종점의 캔트는 원곡선의 캔트와 같다.
② 완화곡선에 연한 곡률반지름의 감소율은 캔트의 증가율과 같다.
③ 완화곡선의 접선은 시점에서는 원호에, 종점에서는 직선에 접한다.
④ 완화곡선의 반지름은 시점에서는 무한대이며, 종점에서는 원곡선의 반지름과 같다.

해설 완화곡선(Transition Curve)
1. 정의 : 완화곡선은 차량의 급격한 회전 시 원심력에 의한 횡방향의 힘 작용으로 인해 발생하는 차량운행의 불안감과 승차감의 저하를 방지하기 위해 곡률을 0에서 조금씩 증가시켜 일정한 값에 이르게 하기 위해 직선부와 곡선부 사이에 두는 매끄러운 곡선이다.
2. 특성
① 완화곡선의 곡선반경은 시점에서 무한대이고, 종점에서 원곡선의 반지름과 같다.
② 완화곡선의 접선은 시점에서는 직선에 접하고, 종점에서는 원호에 접한다.
③ 완화곡선에 연한 곡선반경의 감소율은 캔트의 증가율과 같다.

33. 기복변위와 경사변위를 모두 제거한 사진으로 옳은 것은?

① 정사사진　　② 엄밀수직사진　　③ 엄밀수평사진　　④ 사진집성도

해설 정사사진
중심투영으로 인해서 비행고도에 따라 생긴 연직사진상의 왜곡을 보정한 사진으로 정사투영 보정에 기반한 공선조건식을 이용해 기복변위와 경사변위 기타 오차들을 제거한 사진을 말한다.

34. A점의 표고가 125m, B점의 표고가 155m인 등경사 지형에서 A점으로부터 표고 130m 등고선까지의 거리는?(단, AB의 거리는 250m이다)

① 31.76m　　② 41.67m　　③ 52.67m　　④ 58.76m

해설 비례식으로 생각하면
AB점의 표고차 : AB점의 수평거리=130m 지점의 표고차 : 수평거리
$30 : 250 = 5 : d_1$ ∴ $d_1 = \dfrac{250 \times 5}{30} = 41.67\text{m}$

35. 노선측량에서 곡선설치에 사용하는 완화곡선에 해당되지 않는 것은?

① 복심곡선　　　　　　　② 3차포물선
③ 클로소이드 곡선　　　　④ 렘니스케이트 곡선

해설 완화곡선의 종류
1. 클로소이드 곡선(Clothoid Curve)
2. 렘니스케이트 곡선(Lemniscate Curve)
3. 3차포물선(Cubic Parabola)

36. 등고선 측정방법 중 지성선상의 중요한 지점의 위치와 표고를 측정하여 이 점들을 기준으로 하여 등고선을 삽입하는 방법은?

① 횡단점법   ② 종단점법   ③ 좌표점법   ④ 방안법

해설 간접측정법에서 종단점법은 지성선의 방향이나 중요한 방향에 여러 개의 측선에 대해서 기준점에서 필요한 점까지의 거리와 높이를 관측하여 등고선을 그리는 방법으로 소축척이며 산지 등에 이용한다.

37. 원곡선 설치 시 교각이 60°, 반지름이 100m, 곡선시점 BC=No.5+8m일 때 도로기점에서 곡선종점 EC까지의 거리는?(단, 중심 말뚝간격은 25m이다)

① 212.72m   ② 220.72m
③ 237.72m   ④ 273.72m

해설 노선측량에서 곡선종점(EC)까지의 거리 = 곡선시점(BC) + 곡선길이(CL)
BC가 No.5+8m, 말뚝의 간격이 25m이므로 BC는 133m
$CL = 0.01745RI = 0.01745 \times 100 \times 60° = 104.7$m
∴ $EC = BC(133m) + CL(104.7m) = 237.7$m

38. 항공사진측량으로 고도 1km 상공에서 실거리가 500m인 교량을 촬영하였다면 사진에 나타난 교량의 길이는?(단, 카메라 초점거리는 150mm이다)

① 5.0cm   ② 7.5cm   ③ 13.3cm   ④ 30.0cm

해설 먼저 사진의 축척을 구하면 사진의 축척(M) = $\dfrac{비행고도}{초점거리}$ = $\dfrac{1,000}{0.15}$ = 6,666.7
도상거리 = $\dfrac{실제거리}{축척분모}$ = $\dfrac{500}{6,666.7}$ = 0.07499m = 7.5cm

39. 그림의 AB 간에 곡선을 설치하고자 하였으나 교점(P)에 접근할 수 없어 ∠ACD=140°, ∠CDB=90° 및 CD=200m를 관측하였다. C점에서 곡선시점(BC)까지의 거리는?(단, 곡선반지름은 300m이다)

① 643.35m
② 261.68m
③ 382.27m
④ 288.66m

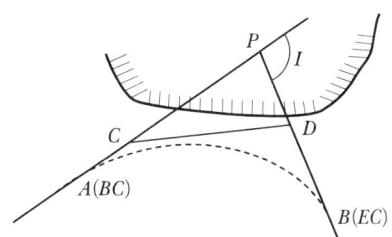

해설 그림에서 $\alpha = 180° - 140° = 40°$, $\beta = 180° - 90° = 90°$, $\tau = 180° - 40° - 90° = 50°$, 교각($I$)=130°이며 CD의 거리를 알고 있으므로 sin법칙으로 $\overline{C \sim IP}$거리를 구하면 $\overline{C \sim BC} = TL - (\overline{C \sim IP})$
∴ $R \cdot \tan\dfrac{I}{2} - \dfrac{CD}{\sin\tau} \times \sin\beta = 300 \times \tan\dfrac{130}{2} - \dfrac{200}{\sin 50°} \times \sin 90° = 382.27$m

Answer 36. ② 37. ③ 38. ② 39. ③

40. 항공사진에서 주점(Principal Point)에 관련된 설명으로 옳은 것은?
① 축척과 표점의 결정에 사용되는 지표상의 한 점이다.
② 동일한 개체가 중복된 인접영상에 나타나는 점을 의미한다.
③ 2장의 입체사진을 겹쳤을 때 중앙에 위치하는 점이다.
④ 마주 보는 지표의 대각선이 교차하는 점이다.

해설 주점은 사진의 중심점으로서 렌즈의 중심으로부터 화면에 내린 수선의 발, 즉 렌즈의 광축과 화면이 교차하는 점으로 보통 항공사진에서는 마주 보는 지표의 대각선이 서로 만나는 점이 주점의 위치이다.

03 토지정보체계론

41. 행정구역의 명칭이 변경된 때에 지적소관청은 국토교통부장관에게 행정구역변경일 며칠 전까지 행정구역의 코드변경을 요청하여야 하는가?
① 10일 전   ② 20일 전   ③ 30일 전   ④ 60일 전

해설 부동산종합공부시스템 운영 및 관리규정 제20조(행정구역코드의 변경)
지적소관청은 시·도지사를 경유하여 국토교통부장관에게 행정구역변경일 10일 전까지 행정구역의 코드변경을 요청하여야 한다.

42. 토지정보시스템의 속성정보가 아닌 것은?
① 일람도 자료   ② 대지권등록부
③ 토지·임야대장   ④ 경계점좌표등록부

해설 토지정보시스템의 속성정보
토지소재, 지번, 지목, 행정구역, 면적, 소유권(변동사항, 공유자, 주민등록번호), 토지등급, 토지이동사항(합병, 분할, 신규등록, 등록전환) 등

43. 벡터 데이터와 래스터 데이터의 구조에 관한 설명으로 옳지 않은 것은?
① 래스터 데이터는 중첩분석이나 모델링이 유리하다.
② 벡터 데이터는 자료구조가 단순하여 중첩분석이 쉽다.
③ 벡터 데이터는 좌표계를 이용하여 공간정보를 기록한다.
④ 벡터 데이터는 점, 선, 면으로 표현하고 래스터 데이터는 격자로 도형을 표현한다.

해설 벡터 데이터 구조는 복잡하며, 중첩 및 공간분석 기능을 수행하는 경우 공간연산이 상대적으로 어렵고 시간이 많이 소요된다.

Answer 40. ④ 41. ① 42. ① 43. ②

44. 다음을 Run Length 코드방식으로 표현하면 어떻게 되는가?

A	A	A	B
B	B	B	B
B	C	C	A
A	A	B	B

① 3A6B2C3A2B
② 1B3A4B1A2C3B2A
③ 1A2B2A1B1C2A1B1C3B1A1B
④ 2B1A1B1A1B1C1B1A1B1C2A2B1A

해설 연속분할 코드(Run-Length Code) 방법
래스터 데이터의 각 행마다 왼쪽에서 오른쪽으로 진행하면서 처음 시작하는 셀과 끝나는 셀까지 동일한 수치값을 가지는 셀들을 묶어 압축하는 방식이다.

45. 지적전산자료의 이용에 관한 설명으로 옳은 것은?

① 심사 및 승인을 거쳐 지적전산자료를 이용하는 모든 자는 사용료를 면제한다.
② 시·군·구 단위의 지적전산자료를 이용하고자 하는 자는 시·도지사 또는 지적소관청의 승인을 얻어야 한다.
③ 시·도 단위의 지적전산자료를 이용하고자 하는 자는 행정안전부장관 또는 시·도지사의 승인을 얻어야 한다.
④ 전국 단위의 지적전산자료를 이용하고자 하는 자는 국토교통부장관, 시·도지사 또는 지적소관청의 승인을 얻어야 한다.

해설 공간정보의 구축 및 관리 등에 관한 법률 시행령 제62조(지적전산자료의 이용 등)
지적전산자료의 이용 또는 활용에 관한 승인을 받은 자는 국토교통부령으로 정하는 사용료를 내야 한다. 다만, 국가나 지방자치단체에 대해서는 사용료를 면제한다.

부동산종합공부시스템 운영 및 관리규정 제10조(전산자료의 제공)
부동산종합공부 전산자료를 제공받으려는 자는 제공요청서를 작성하여 해당하는 운영기관의 장에게 제출하여야 한다.
1. 기초자치단체(시·군·구)의 범위에 속하는 자료 : 시·군·구(자치구가 아닌 구를 포함)의 장
2. 시·도 단위의 자료 또는 2개 이상의 기초자치단체에 걸친 범위에 속하는 자료 : 시·도지사
3. 전국 단위의 자료 또는 2개 이상의 시·도에 걸친 범위에 속하는 자료 : 국토교통부장관

46. 스파게티(Spaghetti) 모형에 대한 설명으로 옳지 않은 것은?

① 데이터 파일을 이용한 지도를 인쇄하는 단순 작업의 경우에 효율적인 도구로 사용된다.
② 개체들 간에 정보를 갖지 못하고 국수가락처럼 좌표들이 길게 연결된 구조를 말한다.
③ 상호 연관성에 관한 정보가 없어 인접한 객체들의 특징과 관련성, 연결성을 파악하기 어렵다.
④ 하나의 점이 X, Y 좌표를 기본으로 하고 있어 다른 모형에 비하여 구조가 복잡하고 이해하기 어렵다.

Answer 44. ① 45. ④ 46. ④

해설 스파게티 자료구조
1. 점, 선, 면 등의 객체(Object)들 간의 공간관계가 설정되지 못한 채 일련의 좌표에 의한 그래픽 형태로 저장되는 구조이다.
2. 공간분석에는 비효율적이지만 자료구조가 매우 간단하여 수치지도를 제작하고 갱신하는 경우에는 효율적인 자료구조이다.

47. 다음 중 지적행정에 웹 LIS를 도입한 효과로 가장 거리가 먼 것은?

① 중복된 업무를 처리하지 않아도 된다.
② 지적 관련 정보와 자원을 공유할 수 있다.
③ 업무의 중앙 집중 및 업무별 중앙 제어가 가능하다.
④ 시간과 거리에 제한을 받지 않고 민원을 처리할 수 있다.

해설 웹 기반의 토지정보체계(WEB LIS)의 구축 효과
1. 시간과 거리의 제약을 받지 않는다.
2. 신속하고 효율적인 민원업무처리가 가능하다.
3. 정보와 자원을 공유할 수 있다.
4. 업무처리에 있어 중복을 피할 수 있다.
5. 업무별 분산처리를 실현할 수 있다.

48. 토지정보시스템의 집중형 하드웨어 시스템에 대한 설명으로 틀린 것은?

① 초기 도입비용이 저렴하다.
② 시스템 장애 시 전체적인 피해가 발생한다.
③ 시스템 구성의 초기 단계에서 치밀한 계획이 필요하다.
④ 토지정보의 통합 관리로 전체적인 통제 및 유지가 가능하다.

해설 전국적으로 획일적인 시스템의 활용으로 각 시·도 분산시스템의 상호 간 또는 중앙시스템 간의 인터페이스를 완전하게 확보가 가능한 장점을 갖고 있으나, 시스템 구축 등으로 도입비용이 많이 드는 단점이 있다.

49. 지적도면을 스캐닝한 결과로 나타나는 격자구조에 대한 설명으로 옳은 것은?

① 디지타이징된 자료구조는 격자이다.
② 스캐닝된 격자구조는 선방향을 갖는다.
③ 격자구조의 정확도는 격자의 면적에 비례한다.
④ 격자의 크기가 작을수록 저장되는 자료는 늘어난다.

해설 래스터(격자) 자료
1. 디지타이징된 자료구조는 벡터 자료이고, 격자구조는 셀(Cell), 격자(Grid) 또는 화소(Pixel)로 구성되어 있다.
2. 스캐닝된 격자구조는 행과 열로 표현하는 격자좌표을 갖는다.
3. 격자구조의 정확도는 격자의 면적에 반비례한다.

50. 속성정보를 데이터베이스에 입력하기에 가장 적합한 장비는?
① 스캐너
② 키보드
③ 플로터
④ 디지타이저

해설 속성데이터 형태
1. 토지정보시스템의 토지대장의 등록사항으로 토지소재, 지번, 지목, 행정구역, 면적, 소유권(변동사항, 공유자, 주민등록번호), 토지등급, 토지이동사항(합병, 분할, 신규등록, 등록전환) 등이 있다.
2. 속성자료는 통계자료, 보고서, 관측자료, 범례 등의 형태로 구성되었으며 주로 글자나 숫자의 형태로 표현되는 자료이다.

51. 다음 중 KLIS 구축에 따른 시스템의 구성요건으로 옳지 않은 것은?
① 개방적 구조를 고려하여 설계
② 전국적인 통일된 좌표계 사용
③ 시스템의 확장성을 고려하여 설계
④ 파일처리 방식의 데이터관리시스템 설계

해설 한국토지정보시스템(KLIS)
1. 기능 : 토지행정 정보 생산·관리 및 외부기관 정보 제공
2. DB : 부동산개발업, 부동산중개업, 개발부담금 정보, 토지거래 허가 등

52. 자료에 대한 내용, 품질, 사용조건 등의 정보를 제공하는 것으로 데이터의 이력서라고도 하는 것은?
① Layer
② Index
③ SDTS
④ Metadata

해설 ① Layer : 자료계층
② Index : 중요한 단어나 항목, 인명 따위를 쉽게 찾아볼 수 있도록 일정한 순서에 따라 별도로 배열하여 놓은 목록
③ SDTS(Spatial Data Trasfer Standard) : 국가지리정보체계(NGIS)의 공간데이터 교환포맷

53. 토지정보시스템의 필요성을 가장 잘 설명한 것은?
① 기준점의 효율적 관리
② 지적재조사사업 추진
③ 지역측지계의 세계좌표계로의 변환
④ 토지 관련 자료의 효율적 이용과 관리

해설 토지정보체계
1. Land+Information+System으로 주요개념이 합성된 용어
2. 필지 단위로 지적공부를 전산화한 시스템
3. 지적 등 토지 관련 재산권 정보의 효율적 관리를 위해 전산화한 시스템
4. 협의의 개념은 지적을 중심으로 지적공부에 표시된 사항을 근거로 하는 시스템
5. 토지 관련 문제의 해결과 토지정책의 의사결정을 보조하는 시스템
6. 토지의 이용, 개발, 행정, 다목적지적 등 토지 관련 문제를 해결하기 위한 정보시스템
7. 법률적·행정적·경제적 기초하에 토지에 관한 자료를 체계적으로 수집한 시스템

Answer 50. ② 51. ④ 52. ④ 53. ④

54. 필지식별번호에 대한 설명으로 옳지 않은 것은?

① 각 필지에 부여하며 가변성이 있는 번호이다.
② 필지에 관련된 자료의 공통적인 색인번호 역할을 한다.
③ 필지별 대장의 등록사항과 도면의 등록사항을 연결하는 기능을 한다.
④ 각 필지별 등록사항의 저장과 수정 등을 용이하게 처리할 수 있는 고유번호이다.

해설 필지식별자
1. 각 필지 등록사항의 저장과 수정 등을 용이하게 처리할 수 있는 고유번호(지번)이다.
2. 지적정보에서 대장(속성)정보와 도면(도형)정보를 연계하는 역할을 수행한다.
3. 필지식별자는 부동산 식별자, 단일필지 식별번호라고도 한다.
4. 토지소유자가 기억하기 쉽고 이해하기 쉬워야 한다.
5. 토지의 분할 및 합병 시에 수정이 가능하여야 한다.
6. 토지거래에 있어서 변화가 없고 영구적이어야 한다.
7. 공부상에 등록된 사항과 실제 사항이 완벽하게 일치하며 유일무이하여야 한다.

55. GIS 데이터의 표준화 유형에 해당하지 않는 것은?

① 데이터 모형(Data Model)의 표준화
② 데이터 내용(Data Content)의 표준화
③ 데이터 정책(Data Institute)의 표준화
④ 위치참조(Location Reference)의 표준화

해설 GIS 데이터 측면에서 표준
1. 내적 요소 : 데이터 모형 표준, 데이터 내용 표준, 메타데이터 표준
2. 외적 요소 : 데이터 품질 표준, 데이터 수집 표준, 위치참조 표준, 데이터 교환 표준

56. 토지정보데이터의 처리 시 활용하는 벡터 데이터의 장점이 아닌 것은?

① 자료의 갱신과 유지관리에 편리하다.
② 객체의 크기와 방향성에 대한 정보를 가지고 있다.
③ 컴퓨터상에서 확대·축소하여도 선이 매끄럽고 정확한 형상묘사가 가능하다.
④ 격자의 크기 및 형태가 동일하므로 중첩분석이나 시뮬레이션에는 용이하다.

해설 래스터 데이터는 자의 크기 및 형태가 동일하므로 중첩분석이나 시뮬레이션에는 용이하다.

57. 현지측량 등으로 얻은 대상물의 좌표를 직접 입력하여 공간정보를 구축하는 방식은?

① 스캐닝
② COGO
③ DIGEST
④ 디지타이징

해설 측량에 의한 자료취득(COGO : Coordinate Geometry)
1. 현지측량 등으로 얻은 대상물의 좌표를 직접 입력하여 공간정보를 구축하는 방식이다.
2. 거리, 방향각 등 관측값을 입력하여 컴퓨터에서 각 점의 좌표를 계산하여 처리하는 방법이다.
3. 평판측량 방법, 수치측량 방법, 항공사진측량 방법, GPS 측량에 의한 방법, 위성영상에 의한 원격탐사 방법 등이 있다.

58. 국가지리정보시스템 구축사업 중 제1차 주제도 전산화사업이 아닌 것은?

① 지적도 ② 도로망도 ③ 도시계획도 ④ 지형지번도

해설 제1차 국가지리정보체계 기본계획(1995~2000)
1. 국가GIS사업으로 국토정보화의 기반 준비
2. 지형도, 공통주제도, 지하시설물도 등을 수치지도화하고, 데이터베이스를 구축하는 사업 등 국가공간정보의 기초가 되는 국가기본도 전산화에 주력

59. 다음 중 지도데이터의 표준화를 위하여 미국의 국가위원회(NCDCDS)에서 분류한 1차원 공간객체에 해당하지 않는 것은?

① 선(Line) ② 아크(Arc)
③ 면적(Area) ④ 스트링(String)

해설 공간자료의 표현
1. 0차원 공간객체 : 점(Point), 노드(Node)
2. 1차원 공간객체 : 스트링(String), 아크(Arc), 링크(Link), 체인(Chain)
3. 2차원 공간객체 : 폴리곤(Polygon), 내부에어리어(Interior Area)

60. 적합도를 판단하는 조건이 다음과 같을 때 표현식으로 옳은 것은?

> [조건] 사질토에 산림이 있거나 점토에 목초지가 있을 경우에는 적합하고 그렇지 않을 경우에는 부합

① IFF((토지이용="산림" OR 토질="사질토") OR (토지이용="목초지" AND 토질="점토"), "적합", "부적합")
② IFF((토지이용="산림" AND 토질="사질토") OR (토지이용="목초지" OR 토질="점토"), "적합", "부적합")
③ IFF((토지이용="산림" AND 토질="사질토") OR (토지이용="목초지" AND 토질="점토"), "적합", "부적합")
④ IFF((토지이용="산림" OR 토질="사질토") AND (토지이용="목초지" AND 토질="점토"), "적합", "부적합")

해설 논리함수
1. IF 함수 : IF(조건, 참일 때, 거짓일 때)의 형식을 갖고 조건이 참일 때 참값을, 조건이 거짓이면 거짓값을 반환
2. AND 함수 : AND(조건 1, 조건 2, …)의 형식을 갖고 AND 함수 안에 들어 있는 모든 조건이 참일 때 TRUE 값을, 하나라도 거짓이면 FALSE 값을 반환
3. OR 함수 : OR(조건 1, 조건 2, …)의 형식을 갖고 OR 함수 안에 들어 있는 조건이 하나라도 참이면 TRUE 값을, 그렇지 않고 모두가 거짓일 경우 FALSE 값을 반환
따라서, ① 사질토에 산림이 있어야 하므로 AND, ② 점토에 목초지가 있어야 하므로 AND, ①, ② 두 조건 중 하나라도 참이면 "적합"으로 둘 다 거짓일 경우 "부적합"값을 반환해야 하므로 OR 함수를 사용

04 지적학

61. 지적의 발생설을 토지측량과 밀접하게 관련지어 이해할 수 있는 이론은?

① 과세설
② 치수설
③ 지배설
④ 역사설

해설 지적의 발생설
1. 과세설 : 세금징수의 목적에서 출발
2. 치수설 : 토목측량술 및 치수에서 비롯됨
3. 지배설(통치설) : 통치적 수단에서 시작됨
4. 침략설 : 영토확장과 침략상 우위 목적

62. 일필지를 구획하기 위해 선차적으로 결정되어야 할 것은?

① 면적
② 지번
③ 지목
④ 경계

해설 일필지의 정의
1. 일필지는 "지적공부에 등록하는 토지의 법률적인 단위구역"으로서 "법적인 토지등록단위"
2. 일필지는 폐다각형으로 규정되며 지번, 지목, 경계 및 면적 등의 사항이 정해짐
※ 따라서 일필지 구획을 위해서는 경계 결정이 선행되어야 한다.

63. 결부제에 대한 설명으로 옳은 것은?

① 1척=10파
② 100파=1속
③ 100속=1부
④ 100부=1결

해설 결부법(結負法)
1. 개념 : 당초 토지수확량을 나타냈으나 이후 일정량의 수확량을 올리는 토지면적으로 변화하였으며, 결부에 따라 세액을 정하기 때문에 세율을 표시하는 말로도 쓰임
2. 결부법의 특징
   ① 토지의 면적과 수확량을 이중으로 표시
   ② 농지비옥도로 과세하는 주관적 방법
   ③ 매년 매결의 세가 동일하게 부과되는 결점이 있고, 과세원리상 불합리한 방법
   ④ 세액의 총액이 일정하므로 관리들의 횡포와 착취가 심하여 농민에게 불리함
   ⑤ 전국의 토지가 정확히 측량되지 않아 토지파악이 정확하지 못함
3. 전의 형태와 면적
   ① 전의 형태 : 방전(方田), 직전(直田), 구고전(句股田), 규전(圭田), 재전(梯田)
   ② 면적 : 결부법은 곡화 일악을 파(把), 10파을 속(束), 10속을 부(負), 100부를 1결(結)로하여 계산

64. 다음 중 지목의 변천에 관한 설명으로 옳은 것은?

① 2000년의 지목의 수는 28개이었다.
② 토지조사사업 당시 지목의 수는 21개이었다.
③ 최초 지적법이 제정된 후 지목의 수는 24개이었다.
④ 지목 수의 증가는 경제발전에 따른 토지이용의 세분화를 반영한 것이다.

해설 지목의 변천

1. 대구 시가지 토지측량에 관한 타합사항(1907. 5. 16.) : 17개 지목
2. 토지조사법(1910. 8. 23. 법률 제7호) : 17개 지목
3. 토지조사령(1912. 8. 13. 제령 제2호) : 18개 지목
4. 지세령 개정(1918. 6. 18. 제령 제9호) : 19개 지목
5. 조선지세령(1943. 3. 31. 제령 제6호) : 21개 지목
6. 지적법(1950. 12. 1. 법률 제165호) 제정 : 21개 지목
7. 제1차 지적법 전문개정(1975. 12. 31. 법률 제2801호) : 24개 지목
8. 제5차 개정 지적법(1991. 11. 30. 법률 제4405호) : 24개 지목
9. 제2차 지적법 전문개정(2001. 1. 26. 법률 제6389호) : 28개 지목

구분	토지조사사업~ 지세령 개정 전	지세령 개정~ 조선지세령 개정 전	조선지세령 개정~ 1차 지적법 전문개정 전	1차 지적법 전문개정~ 2차 지적법 전문개정 전	2차 지적법 전문개정~현재
시행 기간	1910~1917	1918~1942	1943~1975	1976~2001	2002~현재
지목 수	18개 지목	19개 지목	21개 지목	24개 지목	28개 지목
변천 과정	지목 창설 전, 답, 대, 지소, 임야, 잡종지, 사사지, 분묘지, 공원지, 철도용지, 수도용지, 도로, 하천, 구거, 제방, 성첩, 철도선로, 수도선로	1개 지목 신설 유지	2개 지목 신설 염전, 광천지	1. 6개 지목 신설 과수원, 목장용지, 공장용지, 학교용지, 운동장, 유원지 2. 3개 지목 통폐합 • 철도용지+철도선로 → 철도용지 • 수도용지+수도선로 → 수도용지 • 유지+지소 → 유지 3. 5개 지목 명칭 변경 • 공원지 → 공원 • 사사지 → 종교용지 • 성첩 → 사적지 • 분묘지 → 묘지 • 운동장 → 체육용지	4개 지목 신설 주차장, 주유소용지, 창고용지, 양어장

Answer 64. ④

65. 토지경계에 대한 설명으로 옳지 않은 것은?

① 지역선은 사정선과 같다.
② 강계선이란 사정선을 말한다.
③ 원칙적으로 지적(임야)도상의 경계를 말한다.
④ 지적공부상에 등록하는 단위토지인 일필지의 구획선을 말한다.

해설 토지 및 임야 조사사업 당시 사정선의 구분
1. 강계선 : 사정선으로서, 토지조사 당시 확정된 소유자가 다른 토지 간의 경계선이며, 강계선의 상대는 소유자와 지목이 다르다는 원칙이 성립된다.
2. 지역선 : 소유자가 같은 토지와의 구획선 또는 소유자를 알 수 없는 토지와의 구획선 및 토지조사사업의 시행지와 미시행지와의 지계선을 말한다.
3. 경계선 : 임야조사사업 당시의 사정선으로, 강계선과 같은 개념이다.
※ 강계선만이 사정의 대상이 되었고 지역선은 제외되었다.

66. 토지조사사업의 사정에 불복하는 자는 공시기간 만료 후 최대 며칠 이내에 고등토지조사위원회에 재결을 신청하여야 하는가?

① 10일   ② 30일   ③ 60일   ④ 90일

해설 토지조사사업의 사정
1. 개념 : 사정이란 토지조사부와 지적도에 의하여 토지의 소유자 및 그 강계를 확정하는 행정처분으로서, 사정은 이전의 권리와 무관한 창설적·확정적 효력이 있음
2. 사정권자 : 지방토지조사위원회의 자문을 받아 당시 토지조사국장이 실시
3. 사정의 대상 : 토지소유자와 토지강계
4. 사정의 절차 : 사정은 30일간 공시하였으며, 불복하는 자는 공시기간 만료 후 60일 이내에 고등토지조사위원회(高等土地調査委員會)에 이의를 제기하여 재결을 요청할 수 있도록 함

67. 지주총대의 사무에 해당되지 않는 것은?

① 신고서류 취급 처리
② 소유자 및 경계 사정
③ 동리의 경계 및 일필지조사의 안내
④ 경계표에 기재된 성명 및 지목 등의 조사

해설 지주총대(地主總代)
1. 개념 : 지주총대는 토지조사법과 토지조사령에 의해 토지조사사업 지역 내의 동·리마다 1~2인 또는 2인 이상이 선정되어 조사 및 측량에 관한 사무에 종사하도록 한 지주(토지소유자)를 의미한다.
2. 지주총대 유의사항(1910. 8. 24. 토지조사국 고시 제3호 토지조사법 시행규칙 제4조에 의하여 선정된 지주총대의 명시 요령)
    1) 토지조사의 취지 홍보, 소유자·이해관계자의 임무 고지 및 사업진행상 관민의 편리 도모
    2) 토지조사에 관하여 총대의 사사로운 행위 금지
    3) 지주총대의 업무
        ① 조사 및 측량의 안내

　　② 신고서류의 취급
　　③ 강계표의 설치 및 보조
　　④ 소유자와 이해관계자의 실지 입회 및 소환
　　⑤ 토지의 이동에 관한 사항
　　⑥ 기타 조사관리의 지시 이행
　4) 1동리의 강계를 확정할 때 신고서류의 신속한 취합
　5) 신고서와 매 구역의 강계표에 기재한 성명, 지목, 자번호 등을 조사하고 부합 여부 확인
　6) 조사관리에게 신고사항 또는 미신고토지에 관한 참고사항의 신고
3. 지주총대 유의사항의 운영 : 지주총대 유의사항은 약 3년 동안 시행되다가 1913년 제정된 "임시토지조사국 조사규정(1913. 6. 7. 총동부 훈령 제5호)"에 통합됨
※ 소유자 및 경계 사정에 관한 사무는 토지조사국(토지조사사업)과 도지사(임야조사사업)가 담당함

68. 지적의 분류 중 등록대상에 따른 분류가 아닌 것은?
① 도해지적　　　　　　　　　② 2차원지적
③ 3차원지적　　　　　　　　　④ 입체지적

해설 지적제도의 분류방법
1. 발전과정에 따른 분류 : 세지적, 법지적, 다목적지적
2. 표시방법에 따른 분류 : 도해지적, 수치지적
3. 등록대상에 따른 분류 : 2차원지적, 3차원지적
※ 2차원지적을 평면지적이라고 하며, 3차원지적은 입체지적이라 함

69. 지적제도의 특성으로 가장 거리가 먼 것은?
① 윤리성　　　　　　　　　　② 민원성
③ 전문성　　　　　　　　　　④ 지역성

해설 현대지적의 특성으로 역사성과 영구성, 반복민원성, 전문기술성, 서비스성과 윤리성, 정보원 등을 들고 있으며, 우리나라의 지적제도는 정확성 및 전국적인 통일성을 중시하고 있다. 따라서 지역성은 지적제도의 특성과 관련이 적다.

70. 토렌스시스템은 오스트레일리아의 Robert Torrens 경에 의해 창안된 시스템으로서, 토지권리 등록법안의 기초가 된다. 다음 중 토렌스시스템의 주요이론에 해당되지 않는 것은?
① 거울이론　　　　　　　　　② 권원이론
③ 보험이론　　　　　　　　　④ 커튼이론

해설 토렌스시스템의 3대 기본원칙
1. 거울이론(Mirror Principle) : 소유권에 관한 현재의 법적 상태는 오직 등기부에 의해서만 이론의 여지 없이 완벽하게 보인다는 원리
2. 커튼이론(Curtain Principle) : 소유권의 법적 상태와 관련한 확실성을 보장하기 위하여 단지 현재의 등기부에 등기된 사항만 논의되어야 한다는 이론
3. 보험이론(Insurance Principle) : 권원증명서에 등기된 모든 정보는 정부에 의하여 보장된다는 원리

71. 다음 지적측량의 행정적 효력 중 지적공부에 유효하게 등록된 표시사항은 일정한 기간이 경과된 후 그 상대방이나 이해관계인이 그 효력을 다툴 수 없으며 소관청 자체도 특별한 사유가 있는 경우를 제외하고 그 성과를 변경할 수 없는 처분행위의 효력은?

① 구속력　　② 확정력　　③ 강제력　　④ 추정력

해설 지적측량의 효력
1. 구속력 : 지적측량이 유효하게 존재하는 한 누구나 그 내용을 존중하고 복종해야 하며 결코 정당한 절차 없이 그 존재나 효력을 기피할 수 없다.
2. 공정력 : 지적측량에 하자가 있더라도 절대 무효인 경우를 제외하고는 소관청, 감독청, 법원 등의 기관에 의하여 쟁송 또는 직권으로 그 내용을 취소할 때까지 그 행위는 적법한 추정을 받고 그 누구도 부인하지 못하는 효력이다.
3. 확정력 : 일단 유효하게 성립된 지적측량은 일정한 기간이 경과한 뒤에 그 상대방이나 기타 이해관계인이 그 효력을 다툴 수 없으며 소관청도 특별한 사유가 없는 한 그 성과를 변경할 수 없다.
4. 강제력 : 지적측량은 권한을 가진 국가가 시행하는 행정행위이므로 그 내용을 실현하는 데 사법부의 힘에 의존하지 않고 행정청의 권한으로 집행할 수 있다.

72. 경국대전에 의한 공전(公田), 사전(私田)의 구분 중 사전(私田)에 속하는 것은?

① 적전(籍田)　　② 직전(職田)　　③ 관둔전(官屯田)　　④ 목장토(牧場土)

해설 조선시대 토지의 분류
1. 공전
① 고궁전 : 왕실창고와 궁을 위한 토지
② 녹봉전 : 특별 공신에게 내리는 토지
③ 공해전 : 중앙관청에 분급된 수조지
④ 역전 : 역참의 유지를 위한 토지
⑤ 군둔전 : 군수 축적을 위한 토지
2. 사전
① 과전 : 문무 관료에게 내리는 토지
② 직전 : 현직 관료에게 내리는 토지
③ 별역전 : 왕의 특명으로 지급된 토지
④ 공신전 : 공신에게 지급된 토지

73. 우리나라의 지적도에 등록해야 할 사항으로 볼 수 없는 것은?

① 지번　　② 필지의 경계　　③ 토지의 소재　　④ 소관청의 명칭

해설 지적공부의 등록사항
1. 토지(임야)대장의 등록사항
① 토지의 소재
② 지번
③ 지목
④ 면적
⑤ 소유자의 성명 또는 명칭, 주소 및 주민등록번호

⑥ 토지의 고유번호
⑦ 지적도 또는 임야도의 번호와 필지별 토지대장 또는 임야대장의 장번호 및 축척
⑧ 토지의 이동사유
⑨ 토지소유자가 변경된 날과 그 원인
⑩ 토지등급 또는 기준수확량등급과 그 설정·수정 연월일
⑪ 개별공시지가와 그 기준일

2. 지적(임야)도면의 등록사항
① 토지의 소재
② 지번
③ 지목
④ 경계
⑤ 지적도면의 색인도(인접도면의 연결 순서를 표시하기 위하여 기재한 도표와 번호)
⑥ 지적도면의 제명 및 축척
⑦ 도곽선과 그 수치
⑧ 좌표에 의하여 계산된 경계점 간의 거리(경계점좌표등록부를 갖춰 두는 지역으로 한정)
⑨ 삼각점 및 지적기준점의 위치
⑩ 건축물 및 구조물 등의 위치

74. 상고시대의 촌락의 설치와 토지분급 및 수확량의 파악을 위하여 시행하였던 제도는?

① 정전제(井田制) ② 결부제(結負制)
③ 두락제(斗落制) ④ 경무법(頃畝法)

해설 고조선의 《단기고사》에 균형 있는 촌락의 설치와 토지분급 및 수확량 파악을 위하여 정전제(井田制)를 실시한 기록이 있다. 이후 고구려에서는 경무법, 백제에서는 두락제와 결부제, 신라에서는 결부제를 사용하였다.

75. 토지등록제도의 유형에 포함되지 않는 것은?

① 임시등록제도 ② 소극적 등록제도
③ 적극적 등록제도 ④ 날인증서등록제도

해설 토지등록제도의 유형
1. 날인증서등록제도 : 토지의 이익에 영향을 미치는 공적등기를 보전하는 제도로서, 모든 등록된 문서는 미등록문서와 후순위등록문서보다 우선권을 갖는다. 그러나 문서는 거래에 대한 기록에 불과하므로 당사자의 법적 권리에 대한 부여관계를 입증하지 못하고 따라서 그 거래의 유효성을 증명하지 못한다.
2. 권원등록제도 : 날인증서등록제도의 결점을 보완하기 위한 제도로서 공적 기관에서 보존되는 특정인의 토지에 대한 권리와 그 권리들이 존속되는 한계에 대한 권위 있는 등록이다.
3. 소극적 등록제도 : 일필지의 소유권이 거래되면서 발생하는 거래증서를 변경·등록하는 제도로서, 거래행위에 따른 토지등록은 사유재산양도증서의 작성, 거래증서의 작성으로 구분되며 등록의무는 없고 신청에 의한다.
4. 적극적 등록제도 : 토지등록은 일필지의 개념으로 법적 권리보장이 인증되고 국가에 의해 그러한 합법성과 효력이 발생한다. 따라서 지적공부에 등록되지 않는 토지는 어떠한 권리도 인정받을 수 없고, 등록은 강제적이고 의무적이며, 공적 지적측량이 시행되어야 토지등기가 가능하다.

Answer 74. ① 75. ①

5. 토렌스시스템(Torrens System) : 토렌스시스템은 적극적 등록제도가 발전한 형태로서 오스트레일리아의 Robert Torrens 경이 창안하였으며 법률적으로 토지의 권리를 확인하는 대신 토지의 권원(Title)을 등록하는 제도이다.

76. 임야조사사업 당시 임야대장에 등록된 정(町), 단(段), 무(畝), 보(步)의 면적을 평으로 환산한 값이 틀린 것은?

① 1정(町)＝3,000평
② 1단(段)＝300평
③ 1무(畝)＝30평
④ 1보(步)＝3평

해설 척관법
1. 토지조사 당시 토지조사령에 따라 지적(地積)의 단위로 평(坪) 또는 보(步)를 사용
2. 구 지적법에서 토지대장등록지의 지적(地積)은 평(坪), 등록의 최소단위는 합(合)으로 함
3. 구 지적법에서 임야대장등록지의 지적(地積)은 무(畝), 등록의 최소단위는 보(步)로 함
4. 산토지대장은 30평(坪) 단위로 등록함
5. 기본단위
   ① 1坪(평) : 6尺(자 또는 척)×6尺＝1間(칸 또는 간)×1間
   ② 1合(합 또는 홉) : 1/10坪
   ③ 1步(보) : 1坪＝10合
   ④ 1畝(무 또는 묘) : 30坪
   ⑤ 1段(단) : 300坪＝10畝
   ⑥ 1町(정) : 3,000坪＝100畝＝10段

77. 역토(驛土)에 대한 설명으로 틀린 것은?

① 역토의 수입은 국고수입으로 하였다.
② 역토는 역참에 부속된 토지의 명칭이다.
③ 역토는 주로 군수비용을 충당하기 위한 토지였다.
④ 조선시대 초기에 역토에는 관둔전, 공수전 등이 있다.

해설 역토는 주요 도로에 설치된 역참에 부속된 토지로서 소속 관리의 급여, 말의 사육비 등 역참의 운영비용을 충당하기 위한 토지이다. 변경이나 군사요지에 설치해 군량에 충당한 토지는 둔전(屯田)이라고 한다.

78. 토지등록제도의 장점으로 보기 어려운 것은?

① 사인 간의 토지거래에 있어서 용이성과 경비절감을 기대할 수 있다.
② 토지에 대한 장기신용에 의한 안정성을 확보할 수 있다.
③ 지적과 등기에 공신력이 인정되고, 측량성과의 정확도가 향상될 수 있다.
④ 토지분쟁의 해결을 위한 개인의 경비측면이나, 시간적 절감을 가져오고 소송사건이 감소될 수 있다.

해설 토지등록제도의 특징
1. 토지소유권의 안정적 증진
2. 부동산투자에 대한 시장조작이 용이하고, 재산증식의 수단으로 이용

Answer 76. ④ 77. ③ 78. ③

3. 사인 간에 토지거래의 용이성 및 비용절감
4. 토지에 대한 장기신용에 대한 안정성
5. 토지의 평가나 토지과세자료의 확인기능
6. 토지개혁 및 개량을 통한 토지배분정책의 수행 및 토지이용의 효율화
7. 토지거래규제 및 토지공개념 실현
8. 도시, 주택, 교통 등 각종 공공계획에 이용
※ 토지등록의 공신력과 정확도는 토지등록제도의 유형에 따라 다름

79. 지적재조사사업의 사업내용으로 옳은 것은?

① 지가조사   ② 소유권조사   ③ 일필지조사   ④ 지형·지모조사

해설 지적재조사사업의 사업내용은 일필지조사와 지적재조사측량이며, 일필지조사는 지적재조사측량과 병행할 수 있다.

80. 토지등록의 편성방법에 해당되지 않는 것은?

① 물적 편성주의   ② 인적 편성주의   ③ 법률적 편성주의   ④ 연대적 편성주의

해설 토지등록부의 편성방법
1. 물적 편성주의 : 토지를 중심으로 대장 작성
2. 인적 편성주의 : 소유자를 중심으로 대장 작성
3. 연대적 편성주의 : 신청순서에 따라 대장 작성
4. 물적·인적 편성주의 : 물적 주의에 인적 주의 요소를 가미

05 지적관계법규

81. 축척변경 시행지역의 토지는 언제 토지의 이동이 있는 것으로 보는가?

① 등기 촉탁일   ② 청산금 지급완료일
③ 축척변경 시행공고일   ④ 축척변경 확정공고일

해설 축척변경 확정공고
1. 청산금의 납부 및 지급이 완료되었을 때에는 지적소관청은 지체 없이 다음의 사항을 포함하여 축척변경의 확정공고를 하여야 한다.
  ① 토지의 소재 및 지역명
  ② 축척변경 지번별 조서
  ③ 청산금 조서
  ④ 지적도의 축척

2. 지적소관청은 확정공고를 하였을 때에는 지체 없이 축척변경에 따라 확정된 사항을 다음의 기준에 따라 지적공부에 등록하여야 한다.
　　① 토지대장은 확정공고된 축척변경 지번별 조서에 따를 것
　　② 지적도는 확정측량 결과도 또는 경계점좌표에 따를 것
3. 축척변경 시행지역의 토지는 확정공고일에 토지의 이동이 있는 것으로 본다.

82. 공간정보의 구축 및 관리 등에 관한 법률상 용어의 정의로 옳지 않은 것은?

① "면적"이란 지적공부에 등록한 필지의 수평면상 넓이를 말한다.
② "토지의 이동"이란 토지의 표시를 새로 정하거나 변경 또는 말소하는 것을 말한다.
③ "경계"란 필지별 경계점들을 직선 혹은 곡선으로 연결하여 지적공부에 등록한 선을 말한다.
④ "지번부여지역"이란 지번을 부여하는 단위 지역으로서 동·리 또는 이에 준하는 지역을 말한다.

해설 "경계"란 필지별로 경계점들을 직선으로 연결하여 지적공부에 등록한 선을 말한다.

83. 공간정보의 구축 및 관리 등에 관한 법령상 지상경계의 결정기준에서 분할에 따른 지상경계를 지상 건축물에 걸리게 결정할 수 있는 경우로 틀린 것은?

① 법원의 확정판결이 있는 경우
② 토지를 토지소유자의 필요에 의해 분할하는 경우
③ 공공사업 등에 따라 지목이 학교용지로 되는 토지를 분할하는 경우
④ 도시개발사업 등의 사업시행자가 사업지구의 경계를 결정하기 위하여 토지를 분할하려는 경우

해설 분할에 따른 지상경계를 지상 건축물에 걸리게 결정할 수 있는 경우
1. 법원의 확정판결이 있는 경우
2. 공공사업 등에 따라 학교용지·도로·철도용지·제방·하천·구거·유지·수도용지 등의 지목으로 되는 토지를 분할하는 경우
3. 도시개발사업 등의 사업시행자가 사업지구의 경계를 결정하기 위하여 토지를 분할하려는 경우
4. 「국토의 계획 및 이용에 관한 법률」에 따른 도시·군관리계획 결정고시와 지형도면 고시가 된 지역의 도시·군관리계획선에 따라 토지를 분할하려는 경우

84. 공간정보의 구축 및 관리 등에 관한 법률상 측량업등록의 결격사유에 해당되는 자는?

① 피성년후견인 또는 피한정후견인
② 임원 중에 피성년후견인이 있는 법인
③ 측량업의 등록이 취소된 후 3년이 지난 자
④ 「국가보안법」 등을 위반하여 금고 이상의 집행유예를 선고받고 그 집행유예기간 중에 있는 자

해설 측량업등록의 결격사유
1. 피성년후견인 또는 피한정후견인
2. 금고 이상의 실형을 선고받고 그 집행이 끝나거나(집행이 끝난 것으로 보는 경우를 포함) 집행이 면제된 날부터 2년이 지나지 아니한 자

Answer　82. ③　83. ②　84. ④

3. 국가보안법 또는 형법 규정을 위반하여 금고 이상의 형의 집행유예를 선고받고 그 집행유예기간 중에 있는 자
4. 측량업의 등록이 취소된 후 2년이 지나지 아니한 자(피성년후견인 또는 피한정후견인에 해당하여 취소된 경우는 제외)
5. 임원 중에 위의 어느 하나에 해당하는 자가 있는 법인

85. 공간정보의 구축 및 관리 등에 관한 법령상 중앙지적위원회의 구성 등에 관한 설명으로 옳은 것은?

① 위원장은 국토교통부장관이 임명하거나 위촉한다.
② 부위원장은 국토교통부의 지적업무 담당 국장이 된다.
③ 위원장 및 부위원장을 제외한 위원의 임기는 2년으로 한다.
④ 위원장 1명과 부위원장 1명을 제외하고, 5명 이상 10명 이하의 위원으로 구성한다.

해설 중앙지적위원회의 구성
1. 위원장, 부위원장 각 1명을 포함하여 5명 이상 10명 이하의 위원으로 구성
2. 위원장은 국토교통부 지적업무 담당 국장, 부위원장은 국토교통부 지적업무 담당 과장으로 구성
3. 위원은 지적에 관한 학식과 경험이 풍부한 자 중에서 국토교통부장관이 임명하거나 위촉하며, 임기는 2년
4. 중앙지적위원회의 간사는 국토교통부의 지적업무 담당 공무원 중에서 국토교통부장관이 임명하며, 회의 준비, 회의록 작성 및 회의 결과에 따른 업무 등 중앙지적위원회의 서무를 담당

86. 공간정보의 구축 및 관리 등에 관한 법률상 용어 정의에서 "지적공부"로 볼 수 없는 것은?

① 면적측정부
② 대지권등록부
③ 토지·임야대장
④ 지적도와 임야도

해설 "지적공부"란 토지대장, 임야대장, 공유지연명부, 대지권등록부, 지적도, 임야도 및 경계점좌표등록부 등 지적측량 등을 통하여 조사된 토지의 표시와 해당 토지의 소유자 등을 기록한 대장 및 도면(정보처리시스템을 통하여 기록·저장된 것을 포함한다)을 말한다.

87. 지적공부 관리에 대한 내용으로 틀린 것은?

① 지적공부는 지적업무 담당 공무원과 지적측량수행자 외에는 취급하지 못한다.
② 도면은 말거나 접지 못하며 직사광선을 받게 하거나 건습이 심한 장소에서 취급하지 못한다.
③ 지적공부를 지적서고 밖으로 반출하고자 할 때에는 훼손이 되지 않도록 보관·운반함 등을 사용한다.
④ 지적공부 사용을 완료한 때에는 즉시 보관상자에 넣어야 하나 간이보관상자를 비치한 경우에는 그러하지 아니한다.

해설 지적공부의 관리
1. 지적공부는 지적업무 담당 공무원 외에는 취급하지 못한다.
2. 지적공부 사용을 완료한 때에는 즉시 보관상자에 넣어야 한다. 다만, 간이보관상자를 비치한 경우에는 그러하지 아니하다.

3. 지적공부를 지적서고 밖으로 반출하고자 할 때에는 훼손이 되지 않도록 보관·운반함 등을 사용한다.
4. 도면은 항상 보호대에 넣어 취급하되, 말거나 접지 못하며 직사광선을 받게 하거나 건습이 심한 장소에서 취급하지 못한다.

88. 지적측량성과도의 발급에 대한 내용으로 틀린 것은?

① 지적소관청은 지적측량성과도를 발급한 토지에 대하여 지적공부정리 신청 여부를 조사하여 필요한 조치를 하여야 한다.
② 측량성과도를 정보시스템으로 작성한 경우 측량의뢰인이 파일로 제공할 것을 요구하면 편집이 가능한 파일형식으로 변환하여 파일로 제공할 수 있다.
③ 각종 인가·허가 등의 내용과 다르게 토지의 형질이 변경되었을 경우, 각종 인·허가 등이 변경되어야 지적공부정리신청을 할 수 있다는 뜻을 지적측량성과도에 표시하여야 한다.
④ 경계복원측량과 지적현황측량 성과도를 지적측량의뢰인에게 송부하고자 하는 때에는 지체 없이 인터넷 등 정보통신망 또는 등기우편으로 송달하거나 직접 발급하여야 한다.

해설 지적측량성과도의 발급
1. 시·도지사 및 대도시 시장으로부터 지적측량성과 검사결과 측량성과가 정확하다고 통지를 받은 지적소관청은 측량성과 및 지적측량성과도를 지적측량수행자에게 발급하여야 한다.
2. 경계복원측량과 지적현황측량을 완료하고 발급한 측량성과도와 지적소관청에서 발급한 측량성과도를 지적측량수행자가 지적측량의뢰인에게 송부하고자 하는 때에는 지체 없이 인터넷 등 정보통신망 또는 등기우편으로 송달하거나 직접 발급하여야 한다.
3. 측량성과도를 정보시스템으로 작성한 경우 측량의뢰인이 파일로 제공할 것을 요구하면 편집이 불가능한 파일형식으로 변환하여 측량성과를 파일로 제공할 수 있다.
4. 지적소관청은 각종 인가·허가 등의 내용과 다르게 토지의 형질이 변경되어 그 변경된 토지의 현황대로 측량성과를 결정한 경우에는 그 측량성과에 따라 각종 인가·허가 등이 변경되어야 지적공부정리신청을 할 수 있다는 뜻을 지적측량성과도에 표시하고, 지적측량의뢰인에게 알려야 한다.
5. 지적소관청은 지적측량성과도를 발급한 토지에는 지적공부정리 신청 여부를 조사하여 필요한 조치를 하여야 한다.

89. 도로명주소법상 도로 및 건물 등의 위치에 관한 기초조사의 권한이 부여되지 않은 자는?

① 시·도지사
② 읍·면·동장
③ 행정안전부장관
④ 시장·군수·구청장

해설 도로명주소 기초조사 등
1. 행정안전부장관, 시·도지사 및 시장·군수·구청장은 기초번호, 도로명주소, 국가기초구역, 국가지점번호 및 사물주소의 부여·설정·관리 등을 위하여 도로 및 건물 등의 위치에 관한 기초조사를 할 수 있다.
2. 「도로법」에 따른 도로관리청은 도로구역을 결정·변경 또는 폐지한 경우 그 사실을 도로의 구분에 따라 행정안전부장관, 시·도지사 또는 시장·군수·구청장에게 통보하여야 한다.

90. 다음 중 토지소유자의 토지이동신청 기간기준이 다른 것은?

① 등록전환신청 ② 신규등록신청
③ 지목변경신청 ④ 바다로 된 토지의 등록말소신청

해설 토지이동의 신청과 시기

구분	신청 대상	신청자 및 시기
신규등록신청	신규등록 할 토지	토지소유자는 사유가 발생한 날부터 60일 이내에 지적소관청에 신청
등록전환신청	등록전환 할 토지	
분할신청	지적공부에 등록된 1필지의 일부가 형질변경 등으로 용도가 변경된 경우	토지소유자는 용도가 변경된 날부터 60일 이내에 지적소관청에 신청
합병신청	합병하고자 할 때	기한 없음
	공동주택의 부지, 도로, 제방, 하천, 구거, 유지, 공장용지·학교용지·철도용지·수도용지·공원·체육용지	토지소유자는 사유가 발생한 날부터 60일 이내에 지적소관청에 신청
지목변경신청	지목변경 할 토지	토지소유자는 사유가 발생한 날부터 60일 이내에 지적소관청에 신청
바다로 된 토지의 등록말소	지적소관청이 등록말소 신청 통지를 한 토지	• 토지소유자가 통지를 받은 날부터 90일 이내에 지적소관청에 신청 • 토지소유자가 90일 이내에 등록말소신청을 하지 아니하면 지적소관청이 직권으로 등록말소
도시개발사업 등의 시행지역의 토지이동 신청	사업시행자는 도시개발사업 등의 착수·변경 또는 완료 사실의 신고와 도시개발사업 등과 관련 토지의 이동이 필요한 경우	사업시행자는 사유가 발생한 날부터 15일 이내에 지적소관청에 신고

91. 도로명주소법령상 도로명 부여의 세부기준으로 옳은 것은?

① 도로명은 한글과 영문으로 표기할 것
② 도로구간만 변경된 경우에는 새로운 도로명을 사용할 것
③ 도로명에 숫자를 사용하는 경우 숫자는 한 번만 사용하도록 할 것
④ 도로명의 로마자 표기는 행정안전부장관이 고시하는 「국어의 로마자 표기법」을 따를 것

해설 도로명 부여의 세부기준
1. 도로명주소법 시행령에 따른 길에 숫자나 방위를 붙이려는 경우에는 다음의 어느 하나에 해당하는 방식으로 도로명을 부여할 것
   ① 기초번호방식 : 길의 시작지점이 분기되는 도로구간의 도로명, 길이 분기되는 지점의 기초번호와 '번길'을 차례로 붙여서 도로명을 부여할 것
   ② 일련번호방식 : 길의 시작지점이 분기되는 도로구간의 도로명, 길이 분기되는 지점의 일련번호(도로구간에 일정한 간격 없이 순차적으로 부여하는 번호를 말한다)와 '길'을 차례로 붙여서 도로명을 부여할 것

Answer 90. ④ 91. ③

③ 복합명사방식 : 주된 명사에 방위 등을 붙여 도로명을 부여할 것
2. 도로구간만 변경된 경우에는 기존의 도로명을 계속 사용할 것
3. 도로명에 숫자를 사용하는 경우 숫자는 한 번만 사용하도록 할 것
4. 도로명은 한글로 표기할 것(숫자와 온점을 포함할 수 있다)
5. 도로명의 로마자 표기는 문화체육관광부장관이 정하여 고시하는 「국어의 로마자 표기법」을 따를 것
6. 도로명주소법 시행령에 따른 도로의 유형을 안내하는 경우 다음과 같이 표기할 것
   ① 대로(大路) : Blvd
   ② 로(路) : St
   ③ 길(街) : Rd

92. 공간정보의 구축 및 관리 등에 관한 법령상 결번대장에 기재하여 영구히 보존해야 하는 결번발생 사유에 해당하지 않는 것은?

① 지목변경으로 지번에 결번이 발생한 경우
② 지번변경으로 지번에 결번이 발생한 경우
③ 지번정정으로 지번에 결번이 발생한 경우
④ 축척변경으로 지번에 결번이 발생한 경우

해설 결번(Missing Parcel Number)
1. 정의 : 지번을 부여한 이후에 토지합병 등의 사유로 인하여 지적공부에 등록되지 않은 지번이 발생하게 되는데 이를 결번이라고 한다.
2. 결번 발생사유
   ① 행정구역 변경으로 지번부여지역 내 일부가 다른 지번부여지역으로 편입이 된 경우
   ② 도시개발사업 등의 시행으로 종전 지번이 폐쇄된 경우
   ③ 지번변경으로 결번이 발생한 경우
   ④ 토지합병의 경우
   ⑤ 등록전환에 의해 임야대장 등록지의 지번이 말소된 경우
   ⑥ 축척변경으로 결번이 발생한 경우
   ⑦ 바다로 된 토지의 등록말소의 경우
   ⑧ 지번정정의 경우
3. 결번대장
   ① 결번 발생 시에는 지체 없이 그 사유를 결번대장에 등록하여 영구히 보존
   ② 결번대장 등록사항 : 동·리, 지번, 결번(연월일), 결번사유
※ "지목변경"이란 지적공부에 등록된 지목을 다른 지목으로 바꾸어 등록하는 것으로 지목만 변경이 되며 지번은 결번이 발생하지 않는다.

93. 지적측량 시행규칙상 세부측량의 기준 및 방법으로 옳지 않은 것은?

① 평판측량방법에 따른 세부측량은 교회법, 도선법 및 방사법(放射法)에 따른다.
② 평판측량방법에 따른 세부측량의 측량결과도는 그 토지가 등록된 도면과 동일한 축척으로 작성하여야 한다.
③ 평판측량방법에 따른 세부측량을 교회법으로 하는 경우 방향각의 교각은 45도 이상 120도 이하로 하여야 한다.
④ 평판측량방법에 따른 세부측량을 도선법으로 하는 경우 도선의 측선장은 도상길이 8cm 이하로 하여야 한다.

해설 세부측량의 기준 및 방법
1. 평판측량방법에 따른 세부측량은 다음 기준에 따른다.
   ① 거리측정단위는 지적도를 갖춰 두는 지역에서는 5센티미터로 하고, 임야도를 갖춰 두는 지역에서는 50센티미터로 할 것
   ② 측량결과도는 그 토지가 등록된 도면과 동일한 축척으로 작성할 것
   ③ 세부측량의 기준이 되는 위성기준점, 통합기준점, 삼각점, 지적삼각점, 지적삼각보조점, 지적도근점 및 기지점이 부족한 경우에는 측량상 필요한 위치에 보조점을 설치하여 활용할 것
   ④ 경계점은 기지점을 기준으로 하여 지상경계선과 도상경계선의 부합 여부를 현형법(現形法)·도상원호(圖上圓弧)교회법·지상원호(地上圓弧)교회법 또는 거리비교확인법 등으로 확인하여 정할 것
2. 평판측량방법에 따른 세부측량은 교회법·도선법 및 방사법(放射法)에 따른다.
3. 평판측량방법에 따른 세부측량을 교회법으로 하는 경우에는 다음 기준에 따른다.
   ① 전방교회법 또는 측방교회법에 따를 것
   ② 3방향 이상의 교회에 따를 것
   ③ 방향각의 교각은 30도 이상 150도 이하로 할 것
   ④ 방향선의 도상길이는 측판의 방위표정(方位標定)에 사용한 방향선의 도상길이 이하로서 10센티미터 이하로 할 것. 다만, 광파조준의(光波照準儀) 또는 광파측거기를 사용하는 경우에는 30센티미터 이하로 할 수 있다.
   ⑤ 측량결과 시오(示誤)삼각형이 생긴 경우 내접원의 지름이 1밀리미터 이하일 때에는 그 중심을 점의 위치로 할 것
4. 평판측량방법에 따른 세부측량을 도선법으로 하는 경우에는 다음 기준에 따른다.
   ① 위성기준점, 통합기준점, 삼각점, 지적삼각점, 지적삼각보조점 및 지적도근점, 그 밖에 명확한 기지점 사이를 서로 연결할 것
   ② 도선의 측선장은 도상길이 8센티미터 이하로 할 것. 다만, 광파조준의 또는 광파측거기를 사용할 때에는 30센티미터 이하로 할 수 있다.
   ③ 도선의 변은 20개 이하로 할 것
   ④ 도선의 폐색오차가 도상길이 $\frac{\sqrt{N}}{3}$ 밀리미터 이하인 경우 그 오차는 다음의 계산식에 따라 이를 각 점에 배분하여 그 점의 위치로 할 것

   $$M_n = \frac{e}{N} \times n$$

   여기서, M_n : 각 점에 순서대로 배분할 밀리미터 단위의 도상길이
   e : 밀리미터 단위의 오차, N : 변의 수, n : 변의 순서

Answer 93. ③

94. 다음 중 사용자권한 등록관리청에 해당하지 않는 것은?

① 지적소관청
② 시 · 도지사
③ 국토교통부장관
④ 국토지리정보원장

해설 지적정보관리체계 담당자의 등록
1. 국토교통부장관, 시 · 도지사 및 지적소관청은 지적공부정리 등을 지적정보관리체계로 처리하는 담당자를 사용자권한 등록파일에 등록하여 관리
2. 지적정보관리시스템을 설치한 기관의 장은 그 소속공무원을 사용자로 등록하려는 때에는 지적정보관리시스템 사용자권한 등록신청서를 해당 사용자권한 등록관리청에 제출
3. 신청을 받은 사용자권한 등록관리청은 신청 내용을 심사하여 사용자권한 등록파일에 사용자의 이름 및 권한과 사용자번호 및 비밀번호를 등록
4. 사용자권한 등록관리청은 사용자의 근무지 또는 직급이 변경되거나 사용자가 퇴직 등을 한 경우에는 사용자권한 등록내용을 변경

95. 국토의 계획 및 이용에 관한 법률의 정의에 따른 도시 · 군관리계획에 포함되지 않는 것은?

① 기반시설의 설치 · 정비 또는 개량에 관한 계획
② 광역계획권의 기본구조와 발전방향에 관한 계획
③ 지구단위계획구역의 지정 또는 변경에 관한 계획
④ 용도지역 · 용도지구의 지정 또는 변경에 관한 계획

해설 도시 · 군관리계획
1. 정의
   특별시 · 광역시 · 특별자치시 · 특별자치도 · 시 또는 군의 개발 · 정비 및 보전을 위하여 수립하는 토지 이용, 교통, 환경, 경관, 안전, 산업, 정보통신, 보건, 복지, 안보, 문화 등에 관한 계획을 말함
2. 도시 · 군관리계획의 내용
   ① 용도지역 · 용도지구의 지정 또는 변경에 관한 계획
   ② 개발제한구역, 도시자연공원구역, 시가화조정구역, 수산자원보호구역의 지정 또는 변경에 관한 계획
   ③ 기반시설의 설치 · 정비 또는 개량에 관한 계획
   ④ 도시개발사업이나 정비사업에 관한 계획
   ⑤ 지구단위계획구역의 지정 또는 변경에 관한 계획과 지구단위계획
   ⑥ 입지규제최소구역의 지정 또는 변경에 관한 계획과 입지규제최소구역계획

96. 지적재조사측량의 세부측량방법이 아닌 것은?

① 위성측량
② 평판측량
③ 항공사진측량
④ 토털스테이션측량

해설 지적재조사측량
1. 지적재조사측량은 지적기준점을 정하기 위한 기초측량과 일필지의 경계와 면적을 정하는 세부측량으로 구분한다.
2. 기초측량과 세부측량은 「공간정보의 구축 및 관리에 관한 법률 시행령」에 따른 국가기준점 및 지적기준점을 기준으로 측정하여야 한다.

Answer 94. ④ 95. ② 96. ②

3. 기초측량은 위성측량 및 토털스테이션측량(Total Station 測量 : 각도·거리 통합 측량기를 이용한 측량을 말한다)의 방법으로 한다.
4. 세부측량은 위성측량, 토털스테이션측량 및 항공사진측량 등의 방법으로 한다.

97. 부동산등기법상 미등기의 토지에 관한 소유권보존등기를 신청할 수 없는 자는?

① 시장의 확인에 의하여 자기의 소유권을 증명하는 자
② 확정판결에 의하여 자기의 소유권을 증명하는 자
③ 수용(收用)으로 인하여 소유권을 취득하였음을 증명하는 자
④ 임야대장에 최초의 소유자로 등록되어 있는 자의 상속인

해설 미등기의 토지 또는 건물에 관한 소유권보존등기 신청
1. 토지대장, 임야대장 또는 건축물대장에 최초의 소유자로 등록되어 있는 자 또는 그 상속인, 그 밖의 포괄승계인
2. 확정판결에 의하여 자기의 소유권을 증명하는 자
3. 수용(收用)으로 인하여 소유권을 취득하였음을 증명하는 자
4. 특별자치도지사, 시장, 군수 또는 구청장(자치구의 구청장을 말한다)의 확인에 의하여 자기의 소유권을 증명하는 자(건물의 경우로 한정한다)

98. 지적삼각보조점측량에서 다각망도선법에 의한 측량 시 1도선의 점의 수는 최대 몇 개까지로 할 수 있는가?(단, 기지점과 교점을 포함한 점의 수)

① 3개
② 5개
③ 7개
④ 9개

해설 지적삼각보조점측량 방법
1. 지적삼각보조점측량을 할 때에 필요한 경우에는 미리 지적삼각보조점표지를 설치하여야 한다.
2. 지적삼각보조점은 측량지역별로 설치순서에 따라 일련번호를 부여하되, 영구표지를 설치하는 경우에는 시·군·구별로 일련번호를 부여한다. 이 경우 지적삼각보조점의 일련번호 앞에 "보"자를 붙인다.
3. 지적삼각보조점은 교회망 또는 교점다각망(交點多角網)으로 구성하여야 한다.
4. 경위의측량방법과 전파기 또는 광파기측량방법에 따라 교회법으로 지적삼각보조점측량을 할 때에는 다음 기준에 따른다.
   ① 3방향의 교회에 따를 것. 다만, 지형상 부득이하여 2방향의 교회에 의하여 결정하려는 경우에는 각 내각을 관측하여 각 내각의 관측치의 합계와 180도와의 차가 ±40초 이내일 때에는 이를 각 내각에 고르게 배분하여 사용할 수 있다.
   ② 삼각형의 각 내각은 30도 이상 120도 이하로 할 것
5. 전파기 또는 광파기측량방법에 따라 다각망도선법으로 지적삼각보조점측량을 할 때에는 다음 기준에 따른다.
   ① 3점 이상의 기지점을 포함한 결합다각방식에 따를 것
   ② 1도선(기지점과 교점 간 또는 교점과 교점 간을 말한다)의 점의 수는 기지점과 교점을 포함하여 5점 이하로 할 것
   ③ 1도선의 거리(기지점과 교점 또는 교점과 교점 간의 점간거리의 총합계를 말한다)는 4킬로미터 이하로 할 것
6. 지적삼각보조점성과 결정을 위한 관측 및 계산의 과정은 지적삼각보조점측량부에 적어야 한다.

Answer 97. ① 98. ②

99. 중앙지적재조사위원회의 설명으로 틀린 것은?

① 중앙지적재조사위원회는 위원장 및 부위원장 각 1명을 포함한 15명 이상 20명 이하의 위원으로 구성한다.
② 중앙지적재조사위원회는 기본계획의 수립 및 변경, 관계 법령의 제정·개정 및 제도의 개선에 관한 사항 등을 심의·의결한다.
③ 위원이 최근 3년 이내에 심의·의결 안건과 관련된 업체의 임원 또는 직원으로 재직한 경우 그 안건의 심의·의결에서 제척된다.
④ 중앙지적재조사위원회의 위원장은 국토교통부장관이 되며, 위원장은 회의 개최 10일 전까지 회의 일시·장소 및 심의안건을 각 위원에게 통보하여야 한다.

해설 중앙지적재조사위원회
1. 중앙지적재조사위원회
   ① 지적재조사사업에 관한 주요 정책을 심의·의결하기 위하여 국토교통부장관 소속으로 중앙지적재조사위원회(이하 "중앙위원회"라 한다)를 둔다.
   ② 중앙위원회는 다음 각 호의 사항을 심의·의결한다.
      가. 기본계획의 수립 및 변경
      나. 관계 법령의 제정·개정 및 제도의 개선에 관한 사항
      다. 그 밖에 지적재조사사업에 필요하여 중앙위원회의 위원장이 회의에 부치는 사항
   ③ 중앙위원회는 위원장 및 부위원장 각 1명을 포함한 15명 이상 20명 이하의 위원으로 구성한다.
   ④ 중앙위원회의 위원장은 국토교통부장관이 되며, 부위원장은 위원 중에서 위원장이 지명한다.
   ⑤ 중앙위원회의 위원은 다음 각 호의 어느 하나에 해당하는 사람 중에서 위원장이 임명 또는 위촉한다.
      가. 기획재정부·법무부·행정안전부 또는 국토교통부의 1급부터 3급까지 상당의 공무원 또는 고위공무원단에 속하는 공무원
      나. 판사·검사 또는 변호사
      다. 법학이나 지적 또는 측량 분야의 교수로 재직하고 있거나 있었던 사람
      라. 그 밖에 지적재조사사업에 관하여 전문성을 갖춘 사람
   ⑥ 중앙위원회의 위원 중 공무원이 아닌 위원의 임기는 2년으로 한다.
   ⑦ 중앙위원회는 재적위원 과반수의 출석과 출석위원 과반수의 찬성으로 의결한다.
   ⑧ 그 밖에 중앙위원회의 조직 및 운영 등에 관하여 필요한 사항은 대통령령으로 정한다.
2. 중앙위원회의 운영
   ① 중앙지적재조사위원회의 위원장은 중앙위원회를 대표하고, 중앙위원회의 업무를 총괄한다.
   ② 위원장이 부득이한 사유로 직무를 수행할 수 없을 때에는 부위원장이 그 직무를 대행하고, 위원장과 부위원장이 모두 부득이한 사유로 그 직무를 수행할 수 없을 때에는 위원장이 미리 지명한 위원이 그 직무를 대행한다.
   ③ 위원장은 회의 개최 5일 전까지 회의 일시·장소 및 심의안건을 각 위원에게 통보하여야 한다. 다만, 긴급한 경우에는 회의 개최 전까지 통보할 수 있다.
   ④ 회의는 분기별로 개최한다. 다만, 위원장이 필요하다고 인정하는 때에는 임시회를 소집할 수 있다.
3. 중앙위원회의 간사
   중앙위원회의 사무를 처리하기 위하여 간사 1명을 두며, 간사는 국토교통부 소속 3급 공무원 또는 고위공무원단에 속하는 일반직공무원 중에서 국토교통부장관이 지명한다.

100. 공간정보의 구축 및 관리 등에 관한 법령상 지목설정이 잘못된 것은?

① 영구적인 봉안당 → 묘지
② 자연의 유수가 있는 토지 → 하천
③ 택지조성공사가 준공된 토지 → 대
④ 용・배수가 용이한 지역의 연・왕골 재배지 → 유지

해설 지목의 구분
1. 묘지
   사람의 시체나 유골이 매장된 토지, 「도시공원 및 녹지 등에 관한 법률」에 따른 묘지공원으로 결정・고시된 토지 및 「장사 등에 관한 법률」에 따른 봉안시설과 이에 접속된 부속시설물의 부지. 다만, 묘지의 관리를 위한 건축물의 부지는 "대"로 한다.
2. 하천
   자연의 유수(流水)가 있거나 있을 것으로 예상되는 토지
3. 대
   ① 영구적 건축물 중 주거・사무실・점포와 박물관・극장・미술관 등 문화시설과 이에 접속된 정원 및 부속시설물의 부지
   ② 「국토의 계획 및 이용에 관한 법률」 등 관계 법령에 따른 택지조성공사가 준공된 토지
4. 답
   물을 상시적으로 직접 이용하여 벼・연(蓮)・미나리・왕골 등의 식물을 주로 재배하는 토지

Answer 100. ④

2022년 제3회 지적기사

01 지적측량

01. 다음 오차의 종류 중 최소제곱법에 의하여 오차를 보정할 수 있는 것은?
① 누적오차 ② 착오
③ 정오차 ④ 우연오차

해설 우연오차는 측정 횟수의 제곱근에 비례하므로 최소제곱법의 이론에 의해 처리해야 한다.

02. 다음 중 지오이드(Geoid)에 대한 설명으로 옳은 것은?
① 지정된 점에서 중력방향에 직각을 이룬다.
② 수준원점은 지오이드면에 일치한다.
③ 지구타원체의 면과 지오이드면은 일치한다.
④ 기하학적인 타원체를 이루고 있다.

해설 지오이드는 평균해수면을 육지까지 연장해 놓은 가상적인 곡면으로 지구의 밀도가 균일하지 않기 때문에 지오이드표면도 불규칙한 표면을 이룬다.

지오이드의 특징
1. 위치에너지가 0인 면이며 연직선 중력방향에 수직인 면이다.
2. 물리적으로 가장 지구의 모양에 가깝다고 할 수 있다.
3. 수직위치의 기준면으로 사용한다.
4. 불규칙한 면이므로 수평위치의 기준면으로 사용하기에는 부적절하다.
5. 지구 표면이 전부 바다로 이루어져 있다고 가정한다면 정지 상태의 해수면이다.

03. 경위의측량방법에 따른 세부측량을 실시하는 경우 축척변경시행지역에 대한 측량결과도의 기본적인 축척은?
① 1/500 ② 1/1,000
③ 1/1,200 ④ 1/6,000

해설 지적측량 시행규칙 제18조(세부측량의 기준 및 방법 등)
축척변경 시행지역의 측량결과도는 500분의 1로 한다.

Answer 1. ④ 2. ① 3. ①

04. 경위의측량방법에 따른 지적삼각점의 관측과 계산에 대한 설명으로 옳은 것은?

① 1방향각의 수평각 측각공차는 30초 이내이다.
② 수평각 관측은 2대회의 방향관측법에 의한다.
③ 관측은 5초독(秒讀) 이상의 경위의를 사용한다.
④ 수평각 관측 시 윤곽도는 0도, 60도, 100도로 한다.

해설 지적측량 시행규칙 제9조(지적삼각점측량의 관측 및 계산)
1. 관측은 10초독(秒讀) 이상의 경위의를 사용할 것
2. 수평각 관측은 3대회(大回, 윤곽도는 0도, 60도, 120도로 한다)의 방향관측법에 따른다.
3. 수평각의 측각공차(測角公差)는 다음 표에 따른다.

종별	1방향각	1측회(測回)의 폐색(閉塞)	삼각형 내각관측의 합과 180도와의 차	기지각(旣知角)과의 차
공차	30초 이내	±30초 이내	±30초 이내	±40초 이내

05. 지적도근점의 번호를 부여하는 방법 기준이 옳은 것은?

① 영구표지를 설치하는 경우에는 시·군·구별로 일련번호를 부여한다.
② 영구표지를 설치하는 경우에는 시·도별로 일련번호를 부여한다.
③ 영구표지를 설치하지 아니하는 경우에는 동·리별로 일련번호를 부여한다.
④ 영구표지를 설치하지 아니하는 경우에는 읍·면별로 일련번호를 부여한다.

해설 지적측량 시행규칙 제12조(지적도근점측량)
영구표지를 설치하는 경우에는 시·군·구별로, 영구표지를 설치하지 아니하는 경우에는 시행지역별로 설치순서에 따라 일련번호를 부여한다.

06. 다음은 광파기측량방법에 따른 지적삼각점 관측 기준에 대한 설명이다. ( ) 안에 들어갈 내용으로 옳은 것은?

광파측거기는 표준편차가 ( ) 이상인 정밀측거기를 사용할 것

① ±[15mm+5ppm]　　② ±[5mm+15ppm]
③ ±[5mm+10ppm]　　④ ±[5mm+5ppm]

해설 지적측량 시행규칙 제9조(지적삼각점측량의 관측 및 계산)
전파 또는 광파측거기(光波測距機)는 표준편차가 ±[5밀리미터+5피피엠(ppm)] 이상인 정밀측거기를 사용한다.

07. 지적삼각보조점측량을 다각망도선법으로 시행할 경우 1도선의 거리의 기준은?

① 1km 이하　　② 2km 이하
③ 3km 이하　　④ 4km 이하

Answer　4. ①　5. ①　6. ④　7. ④

해설 지적측량 시행규칙 제10조(지적삼각보조점측량)
1도선의 거리(기지점과 교점 또는 교점과 교점 간의 점간거리의 총합계를 말한다)는 4킬로미터 이하로 한다.

08. 지적삼각보조점측량을 Y망으로 실시하여 1도선의 거리의 합계가 1,654.15m이었을 때, 연결오차는 최대 얼마 이하로 하여야 하는가?

① 0.033083m 이하
② 0.0496245m 이하
③ 0.066166m 이하
④ 0.0827075m 이하

해설 지적측량 시행규칙 제11조(지적삼각보조점의 관측 및 계산)
도선별 연결오차는 $0.05 \times S$미터 이하로 할 것. 이 경우 S는 도선의 거리를 1천으로 나눈 수를 말한다.
연결오차 $= 0.05 \times S$미터 $= 0.05 \times \dfrac{1,654.15}{1,000} = 0.0827075$

09. 광파기측량방법에 따라 다각망도선법으로 지적도근점측량을 하는 경우 필요한 최소 기지점 수는?

① 2점
② 3점
③ 5점
④ 7점

해설 지적측량 시행규칙 제12조(지적도근점측량)
다각망도선법으로 지적도근점측량을 하는 경우 기지점 수는 최소 3점 이상을 포함한 결합다각방식에 따른다.

10. 평판측량방법에 따른 세부측량의 기준 및 방법에 대한 설명 중 옳지 않은 것은?

① 지적도를 갖춰 두는 지역에서의 거리측정단위는 5cm로 한다.
② 임야도를 갖춰 두는 지역에서의 거리측정단위는 50cm로 한다.
③ 측량결과도는 축척 500분의 1로 작성한다.
④ 기지점이 부족한 경우에는 측량상 필요한 위치에 보조점을 설치하여 활용한다.

해설 지적측량 시행규칙 제18조(세부측량의 기준 및 방법 등)
측량결과도는 그 토지의 지적도와 동일한 축척으로 작성할 것. 다만, 도시개발사업 등의 시행지역(농지의 구획정리지역은 제외한다)과 축척변경 시행지역은 500분의 1로 하고, 농지의 구획정리 시행지역은 1천분의 1로 하되, 필요한 경우에는 미리 시·도지사의 승인을 받아 6천분의 1까지 작성할 수 있다.

11. 다각망도선법에 의하여 변수가 5변인 1도선의 관측각을 측정하여 합한 값이 716°55′10″이고 출발기지방위각이 46°31′18″일 때, 이 도선의 관측방위각은?

① 43°26′28″
② 170°23′52″
③ 243°26′28″
④ 350°23′52″

해설 관측방위각(T_2') = 출발기지방위각 + 교각의 값 $- 180°(n-1)$
= 46°31′18″ + 716°55′10″ $- 180°(5-1)$ = 43°26′28″

12. 평판측량방법에 따른 세부측량에서 지적도를 갖춰 두는 지역의 거리측정단위 기준으로 옳은 것은?

① 1cm   ② 5cm
③ 10cm   ④ 20cm

해설 지적측량 시행규칙 제18조(세부측량의 기준 및 방법 등)
거리측정단위는 지적도를 갖춰 두는 지역에서는 5센티미터로 하고, 임야도를 갖춰 두는 지역에서는 50센티미터로 한다.

13. 경위의측량방법에 따른 세부측량을 하는 경우, 토지의 경계가 곡선인 때에 직선으로 연결하는 곡선의 중앙종거의 길이는 얼마로 하여야 하는가?

① 5cm 내지 10cm   ② 10cm 내지 15cm
③ 15cm 내지 20cm   ④ 20cm 내지 25cm

해설 지적측량 시행규칙 제18조(세부측량의 기준 및 방법 등)
경위의측량방법에 따른 세부측량에서 토지의 경계가 곡선인 경우에는 가급적 현재 상태와 다르게 되지 아니하도록 경계점을 측정하여 연결해야 하는데 직선으로 연결하는 곡선의 중앙종거(中央縱距)의 길이는 5센티미터 이상 10센티미터 이하로 한다.

14. 다음 중 지적세부측량의 시행대상이 아닌 것은?

① 토지분할   ② 신규등록
③ 경계복원   ④ 지목변경

해설 지목변경은 측량을 수반하지 않고 지목만 변경하여 공부에 등록한다.

15. 경위의측량방법에 의한 세부측량을 실시할 때 연직각의 관측(정·반)값에 대한 허용 교차 범위에 대한 기준은?

① 90초 이내   ② 1분 이내
③ 3분 이내   ④ 5분 이내

해설 지적측량 시행규칙 제18조(세부측량의 기준 및 방법 등)
연직각의 관측은 정반으로 1회 관측하여 그 교차가 5분 이내일 때에는 그 평균치를 연직각으로 하되, 분단위로 독정(讀定)한다.

16. 다음 중 세부측량을 하는 경우 필지마다 면적을 측정하여야 하는 경우에 해당하지 않는 것은?

① 분할   ② 등록전환
③ 지목변경   ④ 지적공부 복구

해설 지적법시행규칙 제19조(면적측정의 대상)
1. 지적공부의 복구·신규등록·등록전환·분할 및 축척변경을 하는 경우
2. 면적 또는 경계를 정정하는 경우

Answer 12. ②   13. ①   14. ④   15. ④   16. ③

3. 도시개발사업 등으로 인한 토지의 이동에 의하여 토지의 표시를 새로 결정하는 경우
4. 경계복원측량 및 지적현황측량에 면적측정이 수반되는 경우
※ 지목변경이나 합병의 경우에는 대장상 면적에 오류가 없으면 대장 면적대로 등록한다.

17. 정오차에 대한 설명으로 틀린 것은?

① 원인과 상태를 알면 일정한 법칙에 따라 보정할 수 있다.
② 수학적 또는 물리적인 법칙에 따라 일정하게 발생한다.
③ 조건과 상태가 변화하면 그 변화량에 따라 오차의 양도 변화하는 계통오차이다.
④ 일반적으로 최소제곱법을 이용하여 조정한다.

해설 성질에 의한 오차분류
1. 착오, 과실, 과대오차
   관측자의 미숙, 부주의에 의한 오차로서 관측자가 주의하면 오차를 줄일 수 있다.
2. 정오차, 계통오차, 누차
   일정한 조건에서 같은 방향과 같은 크기로 발생되는 오차로서 누적되므로 누차라고도 하며 원인과 상태를 파악하면 제거가 가능하다.
3. 부정오차, 우연오차, 상차
   ① 발생원인이 불명확하다.
   ② 오차 원인의 방향이 일정하지 않다.
   ③ 서로 상쇄되기도 하므로 상차라고도 한다.
   ④ 최소제곱법에 의한 확률법칙에 의해 처리가 가능하다.
   ⑤ 원인을 알아도 소거가 불가능하다.

18. 면적측정의 방법으로 틀린 것은?

① 경위의측량방법으로 세부측량을 한 지역의 필지별 면적측정은 경계점 좌표에 의한다.
② 좌표면적계산법에 의한 산출면적은 1,000분의 1m²까지 계산하여 100분의 1m² 단위로 정한다.
③ 전자면적측정기에 의한 면적측정은 도상에서 2회 측정하여 그 교차가 허용면적 이하일 때에는 그 평균치를 측정면적으로 한다.
④ 전자면적측정기에 의한 측정면적은 1,000분의 1m²까지 계산하여 10분의 1m² 단위로 정한다.

해설 지적측량 시행규칙 제20조(면적측정의 방법 등)
1. 좌표면적계산법에 따른 면적측정 방법
   ① 경위의측량방법으로 세부측량을 한 지역의 필지별 면적측정은 경계점 좌표에 의한다.
   ② 산출면적은 1천분의 1제곱미터까지 계산하여 10분의 1제곱미터 단위로 정한다.
2. 전자면적측정기에 따른 면적측정 기준
   ① 도상에서 2회 측정하여 그 교차가 다음 계산식에 따른 허용면적 이하일 때에는 그 평균치를 측정면적으로 한다.
   $A = 0.023^2 M\sqrt{F}$
   (A는 허용면적, M은 축척분모, F는 2회 측정한 면적의 합계를 2로 나눈 수)
   ② 측정면적은 1천분의 1제곱미터까지 계산하여 10분의 1제곱미터 단위로 정한다.

19. 다음 중 임야도를 갖춰 두는 지역의 세부측량에서, 지적도의 축척에 따른 측량성과를 임야도의 축척으로 측량결과도에 표시하는 방법을 옳게 설명한 것은?

① 임야도의 축척에 따른 임야 경계선의 좌표를 구하여 임야측량결과도에 전개하여야 한다.
② 지적도의 축척에 따른 임야 분할선의 좌표를 구하여 임야측량결과도에 전개하여야 한다.
③ 임야 경계선과 도곽선을 접합하여 임의로 임야측량결과도에 전개하여야 한다.
④ 지적도의 축척에 따른 측량결과도에 표시된 경계점의 좌표를 구하여 임야측량결과도에 전개하여야 한다.

해설 지적측량 시행규칙 제17조(측량준비 파일의 작성)
임야도를 갖춰 두는 지역에서 인근 지적도의 축척으로 측량을 할 때에는 임야도에 표시된 경계점의 좌표를 구하여 지적도에 전개(展開)한 경계선. 다만, 임야도에 표시된 경계점의 좌표를 구할 수 없거나 그 좌표에 따라 확대하여 그리는 것이 부적당한 경우에는 축척비율에 따라 확대한 경계선을 말한다.

20. 도면에 등록하는 제도 폭이 다음의 순서대로 올바르게 짝지어진 것은?

경계 – 행정구역선(동 · 리) – 지적기준점

① 0.1mm – 0.2mm – 0.4mm   ② 0.1mm – 0.4mm – 0.2mm
③ 0.1mm – 0.2mm – 0.2mm   ④ 0.1mm – 0.1mm – 0.2mm

해설 경계선은 0.1mm로 제도하며 행정구역선(동 · 리)은 0.2mm, 지적측량기준점의 제도 폭은 0.2mm로 한다.
※ 주의 : 동 · 리의 행정구역선을 제외한 나머지 행정구역선은 0.4mm로 한다.

02 응용측량

21. 갱내에서 A점의 좌표 및 표고가 (1,328.0, 810.0, 86.3), B점의 좌표가 (1,734.0, 589.0, 112.4)일 때 A, B점을 연결하는 갱도를 굴진할 경우 이 갱도의 경사거리는?[단, 좌표=(X, Y, Z)이고 단위는 m]

① 341.5m   ② 363.1m
③ 421.6m   ④ 463.0m

해설 AB의 경사거리
$$\sqrt{(X_b-X_a)^2+(Y_b-Y_a)^2+(Z_b-Z_a)^2} = \sqrt{(1{,}734-1{,}328)^2+(589-810)^2+(112.4-86.3)^2}$$
$$=462.98\text{m}$$
∴ 463m이다.

Answer 19. ④　20. ③　21. ④

22. GPS 측량에서 이용하는 좌표계는?

① GRS-80
② ITRF2000
③ JGD2000
④ WGS-84

해설 GPS시스템의 기준좌표계는 세계측지측량기준계로 지심좌표계인 WGS좌표계를 쓰고 있으며 WGS좌표계에는 WGS-60, WGS-66, WGS-72, WGS-84가 있으며 그중에서도 WGS-84를 GPS시스템의 기준좌표계로 쓰고 있다.

23. 노선측량의 완화곡선에서 클로소이드에 대한 설명으로 옳지 않은 것은?

① 클로소이드는 곡률이 곡선의 길이에 비례한다.
② 모든 클로소이드는 닮은꼴이다.
③ 철도의 종단곡선 설치에 가장 효과적이다.
④ 클로소이드의 요소에는 길이의 단위를 갖는 것과 단위가 없는 것이 있다.

해설 클로소이드의 일반적 성질
1. 클로소이드는 나선의 일종이다.
2. 모든 클로소이드는 닮은꼴(상사형)이다.
3. 단위가 있는 것과 없는 것이 있다.
4. 크기가 다른 클로소이드 곡선은 파라미터 A에 의해 결정되며 A가 큰 클로소이드 곡선은 곡률의 증가가 완만하므로 자동차의 고속주행에 적합하여 고속도로에 많이 사용한다.
5. 확대율을 가지고 있다.
6. 표로써 요소를 구한다.

24. 우리나라 지형도 1/50,000에서 조곡선의 간격은?

① 2.5m
② 5m
③ 10m
④ 20m

해설 축척별 등고선의 간격

등고선의 간격	기호	1/10,000	1/25,000	1/50,000
주곡선	가는 실선	5m	10m	20m
간곡선	가는 파선	2.5m	5m	10m
보조곡선 (조곡선)	가는 점선	1.25m	2.5m	5m
계곡선	굵은 실선	25m	50m	100m

25. 지형을 표시하는 방법으로 적당하지 않은 것은?

① 음영법
② 영선법
③ 등고선법
④ 조감도법

해설 지형의 표시방법으로 영선법(게바법, 우모법), 음영법(명암법), 점고선법, 등고선법이 있다.

26. 종중복도 60%, 횡중복도 30%일 때 촬영 종기선의 길이와 촬영 횡기선의 길이의 비는?

① 6 : 3   ② 2 : 1   ③ 3 : 1   ④ 4 : 7

해설 촬영 종기선길이와 촬영 횡기선길이의 비
$am\left(1-\dfrac{60}{100}\right) : am\left(1-\dfrac{30}{100}\right) = am\,0.4 : am\,0.7 = 4 : 7$

27. 교호수준측량에서 측정값이 아래와 같을 때 A, B 두 점 사이의 고저차는?(단, a_1 = 2.52m, b_1 = 1.21m, a_2 = 3.53m, b_2 = 2.20m)

① 1.31m
② 1.32m
③ 1.33m
④ 1.34m

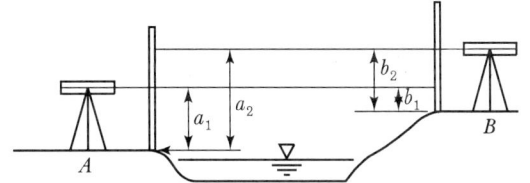

해설 $h = \dfrac{1}{2}((a_1-b_1)+(a_2-b_2)) = \dfrac{1}{2}((2.52-1.21)+(3.53-2.20)) = 1.32\text{m}$

28. 수준측량 시 중간시가 많은 경우 가장 편리한 야장기입방법은?

① 기준면식   ② 기고식   ③ 승강식   ④ 고차식

해설 기고식
임의의 점의 시준고를 구한 다음 여기에 임의의 점의 지반고에 그 후시를 더하여 기계고를 얻고 이것에서 다른 점의 전시를 빼면 그 점의 지반고를 얻는 방법이다. 노선측량의 종단측량이나 횡단측량에 많이 쓰이며 중간시(간시)가 많을 때 편리한 방법이다.

29. 곡선설치에서 캔트(Cant)의 의미는?

① 편경사   ② 확폭   ③ 종곡선   ④ 매개변수

해설 캔트(편경사)
곡선부를 통과하는 열차가 원심력을 받기 때문에 밖으로 밀려나가려고 하는데 이것을 막기 위해 바깥 레일을 안쪽 레일 외면보다 높이는 것을 캔트라 하고 이를 위해서는 속도, 곡선반경, 레일간격 등을 고려하여야 한다.

30. 지성선 중에서 빗물이 이것을 따라 좌우로 흐르게 되는 선으로 지표면이 높은 곳의 꼭대기 점을 연결한 선은?

① 합수선(계곡선)   ② 분수선(능선)
③ 경사변환선   ④ 최대경사선

해설 능선(분수선)
지표면이 높은 곳의 꼭대기 점을 연결한 선으로 빗물이 이것을 경계로 좌우로 흐르게 되므로 분수선 또는 능선이라 한다.

Answer   26. ④   27. ②   28. ②   29. ①   30. ②

31. 단곡선에서 반경(R)=200m이고 외할(E)이 15m일 때 교각(I)은?

① 41°23′14″ ② 43°03′28″
③ 45°37′36″ ④ 21°31′44″

해설 노선측량에서 외할 $E = SL = R\left(\sec\dfrac{I}{2} - 1\right)$

$15 = 200\left(\sec\dfrac{I}{2} - 1\right) = \sec\dfrac{I}{2} = 1.075$

∴ $I = 2\cos^{-1}\left(\dfrac{1}{1.075}\right) = 43°03′28.11″$

32. GPS 위성의 신호인 L_1과 L_2는 두 개의 PRNs(Pseudo-Random Noise codes)에 의해 변조된다. 이 코드의 명칭은?

① f_0 코드, f_1 코드
② Ψ 코드, Δ 코드
③ P코드, C/A 코드
④ IDOT 코드, IODE 코드

해설 GPS 반송파는 P코드와 C/A코드로 구분된다.
1. P코드
   ① 반복주기가 7일인 PRN code(Pseudo-Random Noise codes)이다.
   ② 주파수가 10.23MHz이며 파장은 30m이다.
   ③ AS mode로 동작하기 위해 Y-code로 암호화되어 PPS 사용자에게 제공된다.
      ※ PPS(Precise Positioning Service : 정밀측위서비스) - 군사용
2. C/A 코드
   ① 1ms(milli-scond)인 PPN code이다.
   ② 주파수는 1.023MHz이며 파장은 300m이다.
   ③ L_1 반송파에 변조되어 SPS 사용자에게 제공된다.
      ※ SPS(Standard Positioning Service : 표준측위서비스) - 민간용

33. 사진측량의 특성이라 할 수 없는 것은?

① 정량적·정성적 관측이 가능함
② 정확도의 균일성이 좋음
③ 분업화에 의한 능률성이 좋음
④ 기상조건의 영향을 받지 않음

해설 사진측량의 장단점
1. 사진측량의 장점
   ① 사진은 정량적·정성적인 측정이 가능하다.
   ② 거시적으로 관찰할 수 있으며, 재측이 용이하다.
   ③ 측정대상의 범위가 넓으며, 정도가 균일하다.
   ④ 작업이 능률적이며, 동적인 것도 측정 가능하다.
   ⑤ 넓은 지역에 경제성이 높고 기록보전이 용이하다.

Answer 31. ② 32. ③ 33. ④

2. 사진측량의 단점
   ① 일기의 영향을 많이 받는다.
   ② 좁은 지역에서는 비경제적이다.
   ③ 기자재가 고가라서 초기 시설 비용이 많이 든다.
   ④ 피사대상에 대한 식별의 난해가 있으므로 현장 작업으로 보완이 필요하다.

34. 초점거리 15cm의 카메라로 촬영한 사진상에서 철탑의 길이 4.8mm, 주점에서 철탑꼭지까지의 거리 20cm를 측정하였다. 실제 철탑의 높이가 36m라면 사진의 축척은?

① 1/5,000
② 1/6,000
③ 1/10,000
④ 1/20,000

해설 기복변위를 이용하여 구하는 공식

$\Delta r = \dfrac{h}{H} \times r$ 여기서, Δr : 변위량, h : 비고(실제 높이), H : 비행고도, r : 연직점까지의 거리

$\therefore H = \dfrac{h}{\Delta r} \times r = \dfrac{36}{0.0048} \times 0.2 = 1{,}500\text{m}$ $\therefore$ 축척 $= \dfrac{1}{m} = \dfrac{f}{H} = \dfrac{0.15}{1{,}500} = \dfrac{1}{10{,}000}$

35. 그림과 같이 산에 터널을 뚫기 위하여 다각측량을 실시한 결과가 표와 같을 때 직선 AF의 거리는?

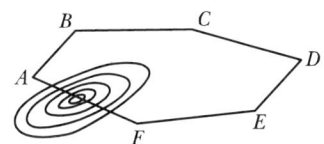

측선	위거(m)		경거(m)	
	+	−	+	−
$A-B$	33.107		22.887	
$B-C$	33.845		33.190	
$C-D$		21.360	57.184	
$D-E$		45.831	0.824	
$E-F$		45.273		32.410

① 93.499m
② 100.257m
③ 123.526m
④ 293.706m

해설 $\sum(+위거) = 33.107 + 33.845 = 66.952$
$\sum(-위거) = 21.360 + 45.831 + 45.273 = 112.464$
위거차 $= 112.464 - 66.952 = 45.512$
$\sum(+경거) = 22.887 + 33.190 + 57.184 + 0.824 = 114.085$
$\sum(-경거) = 32.410$
경거차 $= 32.410 - 114.085 = -81.675$
$\therefore$ 수평거리 $= \sqrt{(위거차^2 + 경거차^2)} = \sqrt{(45.512^2 + 81.675^2)} = 93.499\text{m}$

Answer 34. ③ 35. ①

36. 수준기의 감도가 30″인 레벨(Level)을 사용하여 50m 떨어진 표척을 시준할 때 시준값의 차이는 얼마나 발생하는가?

① ±0.5mm
② ±1.3mm
③ ±7.3mm
④ ±10.5mm

해설 감도 $\theta'' = \dfrac{L}{nD} \times \rho''$

$\therefore l = \dfrac{n\theta''D}{\rho''}$ 여기서, l : 오차, n : 눈금수, D : 거리

$l = \dfrac{30'' \times 50}{206,265''} = 0.00727\text{m} ≒ 7.3\text{mm}$

37. 축척 1/50,000 지형도에서 810m와 910m 사이에 표시되는 주곡선의 수는?

① 10개
② 9개
③ 5개
④ 2개

해설 축척 1/50,000 지형도 주곡선의 간격은 20m이고 표고차는 910-810=100m이므로 주곡선의 수는 5개이다.

38. 사진에 수직인 선과 중심점에서 연직인 선 사이의 각을 2등분하여 만나는 선이 사진상에는 한 개의 점으로 나타난다. 이 점을 무엇이라고 하는가?

① 연직점(Nadir Point)
② 주점(Principal Point)
③ 등각점(Iso-Point)
④ 소실점(Vanishing Point)

해설 사진측량에서 사진상의 특수 3점
1. 주점 : 사진의 중심점으로 렌즈의 중심으로부터 화면상에 내린 수선의 발을 말한다.
2. 연직점 : 렌즈의 중심으로부터 지표면에 내린 수선의 발로 지표면과 수직이다.
3. 등각점 : 주점과 연직점을 2등분하여 교차하는 점을 말한다.

39. 다음 중 대지표정 과정에서 직접 수행되는 것은?

① 화면거리의 조정
② 투영중심의 일치
③ 사진모델의 방위 결정
④ 표정점의 좌표 결정

해설 대지표정(절대표정)은 축척의 결정, 수준면의 결정(표고, 경사결정), 위치의 결정(위치, 방위의 결정)을 하며 대체로 축척을 결정한 다음 수준면을 결정하고 시차가 생기면 다시 상호표정으로 돌아가서 표정을 해나간다.

40. 편각법으로 원곡선을 설치할 때 기점으로부터 교점까지의 거리=123.45m, 교각(I)=40°20′, 곡선반경(R)=100m일 때 시단현의 길이는?(단, 중심말뚝의 간격은 20m이다)

① 13.28m
② 15.28m
③ 6.72m
④ 9.72m

해설 노선측량에서 $TL = R\tan\dfrac{I}{2} = 100\tan 20°10' = 36.73$

노선 출발점에서 곡선시점까지의 거리는 $BC = IP - TL = 123.45 - 36.73 = 86.72\text{m}$

노선출발점에서 곡선시점까지의 Chain당 거리는 $BC = 86.72 \div 20 = \text{No.3} + 6.72\text{m}$

∴ 시단현의 길이(l) = 1Chain당 거리(20m) − 6.72m = 13.28m

03 토지정보체계론

41. 한국토지행정시스템의 주요 처리업무가 아닌 것은?
① 개별공시지가 관리 ② 부동산개발업 관리
③ 부동산중개업 관리 ④ 개발부담금 관리

해설 한국토지행정시스템
지적공부, 공시지가 등 9종의 업무가 "부동산종합공부시스템"으로 이관되어 부동산개발업, 공인중개사, 개발부담금, 부동산중개업, 토지거래허가 등 토지행정정보를 제공하고 있다.

42. 부동산종합공부시스템 운영기관의 장은 전산장비를 수시로 점검·관리하되 정기점검의 기준으로 옳은 것은?
① 월 1회 이상 ② 연 2회 이상
③ 분기 1회 이상 ④ 연 1회 이상

해설 부동산종합공부시스템 운영 및 관리규정 제15조(전산장비의 설치 및 관리)
운영기관의 장은 부동산종합공부시스템의 전산장비를 수시로 점검·관리하되, 월 1회 이상 정기점검을 하여야 한다.

43. 토지정보시스템의 구성요소로 가장 거리가 먼 것은?
① 조직과 인력 ② 자료
③ 소프트웨어 ④ 처리시간

해설 토지정보시스템의 구성요소
1. 조직과 인력 : 가장 중요한 부분, 운영할 수 있는 조직 및 기술인력
2. 자료(데이터베이스) : 도형정보와 속성자료를 합친 모든 정보를 입력하여 보관하는 정보의 저장소
3. 소프트웨어 : 토지정보의 입력, 출력, 검색, 추출, 분석 등을 위한 컴퓨터 프로그램의 집합체
4. 하드웨어 : 입·출력 장치, 연산, 저장 등 컴퓨터 시스템

Answer 41. ① 42. ① 43. ④

44. 다음 중 일반지도와 비교하여 수치지도(Digital Map)의 장점이 아닌 것은?

① 축척이나 투영법의 변환이 용이하다.
② 초기 투자비용이 저렴하다.
③ 시스템 구축 후에는 제작기간이 적게 소요된다.
④ 다른 수치지도와의 통합출력이 용이하다.

해설 수치지도의 특성
1. 수치지도는 수치 데이터 취득 시에 항목마다 구분하여 코드화가 되어 있으므로 지도 데이터의 선택적 이용이 매우 용이하다.
2. 수치지도는 입력되어 있는 수치지도 데이터를 가공할 수 있다.
3. 수치지도 데이터는 속성정보에 의하여 여러 가지 정보를 추가할 수 있어 지도정보와 연결하여 지형공간정보시스템에 이용된다.
4. 종래 지도는 지면에 그리기 때문에 복잡한 공정과 많은 노력이 필요하지만 수치지도에서는 신속한 지도제작 및 출력할 수 있다.
5. 어떠한 도법으로도 출력이 가능하며 투영의 변환도 용이하고, 데이터와 연결함으로써 효과적인 지도를 작성할 수 있다.

45. 국가기본도에 대한 설명으로 틀린 것은?

① 국토 전역에 걸쳐 일정한 정확도와 축척으로 엄밀하게 제작하였다.
② 일정한 기준과 정확한 측량을 기초로 하여 국가에서 제작하는 기본도(지형도)를 말한다.
③ 우리나라는 축척 1:1,000을 기본도로 정하였다.
④ 1:25,000의 토지이용도 및 1:250,000의 지세도가 있다.

해설 우리나라 국가기본도의 축척은 1:5,000, 1:25,000, 1:50,000이다.

46. 토지정보체계의 관리 목적에 대한 설명으로 틀린 것은?

① 토지 관련 정보를 신속하고 정확하게 제공할 수 있다.
② 신뢰할 수 있는 최신의 토지등록데이터를 확보할 수 있도록 하는 것이다.
③ 토지대장과 도면 등을 안전하게 관리하기 위해 시·군·구에서 분산하여 운영하는 것이다.
④ 토지이용계획 및 토지 관련 정책자료 등 다목적으로 활용하는 것이다.

해설 전국적으로 통일된 시스템의 활용으로 각 시·도 분산시스템 상호 간 및 중앙시스템 사이의 인터페이스 안전 확보를 목적으로 하고 있다.

47. 지적 행정에 웹 LIS를 도입한 효과에 대한 설명으로 가장 거리가 먼 것은?

① 빠른 민원업무 처리를 기대할 수 있다.
② 업무의 중앙 집중을 실현할 수 있다.
③ 정보와 자원을 공유할 수 있다.
④ 시간과 거리에 제한을 받지 않으며 민원을 처리할 수 있다.

Answer 44. ② 45. ③ 46. ③ 47. ②

해설 웹 LIS는 자료는 시·군·구에서 입력·관리하고, 운영프로그램은 국토부에서 운용하여 국민(사용자)에게 신속한 정보를 제공할 수 있는 장점을 가지고 있으므로 업무의 중앙 집중이라 할 수 없다.

48. 래스터 구조의 장점을 바르게 설명한 것은?

① 자료구조가 벡터 자료구조에 비해 단순하다.
② 해상도가 증가하여도 자료량이 크게 증가하지 않는다.
③ 위상자료구조의 구축에 유리하다.
④ 지도를 확대하여도 형상이 변하지 않는다.

해설 래스터 자료와 벡터 자료의 특성 비교

비교항목	래스터 자료	벡터 자료
데이터 구조	단순한 데이터 구조	복잡한 데이터 구조
데이터양	데이터양이 많음, 해상도의 제곱에 비례	데이터양이 적음, 객체의 수에 비례
자료구조	면(화소, 셀)으로 표현	점·선·면으로 표현
지도표현	지도를 확대하면 격자가 커지기 때문에 형상을 인식하기가 어렵다.	지도를 확대하여도 형상이 변하지 않는다.

49. 수치지도를 생성하고자 할 때 기존의 도면이 존재할 경우에 이를 이용하는 방법으로 가장 적당한 것은?

① 토털스테이션을 이용한 측량
② 항공사진측량
③ 인공위성영상 활용
④ 디지타이징

해설 측량에 의한 자료취득(COGO : Coordinate Geometry)
평판측량방법, 토털스테이션 측량방법, 항공사진측량방법, GPS 측량에 의한 방법, 위성영상에 의한 원격탐사방법 등이 있다.

50. 다음은 지리정보의 특성인 공간적 위상관계에 대해 설명한 것이다. 옳지 않은 것은?

① 인접성은 대상물의 주변에 존재하는 대상물과의 관계를 의미한다.
② 연결성은 실제로 연결된 대상물 사이의 관계를 의미한다.
③ 근접성은 서로 다른 계층에서 서로 다르게 인식될 수 있는 대상물의 관계를 의미한다.
④ 공간적 위상관계의 특성을 바탕으로 조건에 만족하는 지역이나 조건을 검색 및 분석할 수 있다.

해설 위상구조를 이용하여 가능한 분석
1. 연결성 : 두 개 이상의 객체가 연결되어 있는지를 판단한다.
2. 인접성 : 두 개의 객체가 서로 인접하는지를 판단한다.
3. 포함성 : 특정 영역 내에 무엇이 포함되었는지를 판단한다.

51. 다음 중 지적도면의 수치 파일화 공정순서로 맞는 것은?

① 폴리곤 형성 → 도면신축 보정 → 지적도면 입력 → 좌표 및 속성 검사
② 폴리곤 형성 → 지적도면 입력 → 도면신 축보정 → 좌표 및 속성 검사
③ 지적도면 입력 → 도면신축 보정 → 폴리곤 형성 → 좌표 및 속성 검사
④ 지적도면 입력 → 좌표 및 속성 검사 → 도면신축 보정 → 폴리곤 형성

해설 지적원도 데이터베이스 구축 작업공정
1. 작업계획 수립
2. 작업 준비
3. 지적원도 이미지파일 제작
4. 좌표독취(벡터라이징)
5. 속성정보 입력
6. 지적원도 수치파일 제작
7. 검수도면 출력
8. 지적원도 수치파일 검수
9. 지적원도 신축 보정
10. 지적원도 보정파일 제작
11. 통일원점 좌표 변환
12. 도면 접합
13. 연속지적원도 제작
14. 세계측지계 좌표 변환
15. 구조화 편집
16. 데이터베이스 구축
17. 최종 성과 검사
18. 지적원도 데이터베이스 시스템 탑재 및 검증

52. 토지정보체계의 자료구축에 있어서 표준화의 필요성과 가장 관련이 적은 것은?

① 자료의 중복구축 방지로 비용을 절감할 수 있다.
② 자료구조의 단순화를 목적으로 한다.
③ 기존에 구축된 모든 데이터에 쉽게 접근할 수 있다.
④ 시스템 간의 상호연계성을 강화할 수 있다.

해설 표준화의 필요성
1. 경제적이고 효율적인 GIS 구축이 가능하다.
2. 수치적인 공간자료가 서로 다른 체계 사이에서 원래의 내용이 변형 없이 전달된다.
3. 기존에 구축된 모든 데이터에 쉽게 접근할 수 있다.
4. 다른 지적정보 활용시스템과의 정보교환조건을 정의하여 상호연동성을 확보할 수 있다.

53. 다음 중 경계선의 이중입력으로 인하여 폴리곤 사이가 벌어지는 오류를 뜻하는 것은?

① 오버슈터(Overshoot)
② 노드 중복
③ 슬리버(Sliver)
④ 스파이크(Spike)

해설 디지타이징 및 벡터 편집에서의 오류유형
1. Undershoot(못 미침) : 교차점이 만나지 못하고 선이 끝나는 것
2. Overshoot(튀어나옴) : 교차점을 지나 선이 끝나는 것
3. Spike(스파이크) : 교차점에서 두 개의 선분이 만나는 과정에서 생기는 것
4. Sliver(슬리버) : Polygon의 경계에 흔히 생기는 작은 영역
5. Overlapping(점, 선의 중복) : 점, 선이 이중으로 입력되어 있는 상태

2022년 시행

54. 사용자권한 등록파일에 등록된 사용자의 비밀번호에 대한 설명으로 틀린 것은?
① 사용자는 비밀번호가 누설될 우려가 있는 때에는 즉시 변경한다.
② 사용자의 비밀번호는 사용자가 6 내지 16자리로 정하여 사용한다.
③ 사용자의 비밀번호는 다른 사람에게 누설하여서는 아니 된다.
④ 사용자가 다른 사용자권한 등록관리청으로 소속을 변경한 경우에는 사용자번호를 즉시 변경한다.

해설 사용자권한 등록파일에 등록하는 사용자번호는 사용자권한 등록관리청별로 일련번호로 부여하여야 하며, 한번 부여된 사용자번호는 변경할 수 없다.

55. 다음 중 데이터베이스 구축의 장점이 아닌 것은?
① 자료의 독립성 유지가 가능하다.
② 통제의 분산화를 이룰 수 있다.
③ 자료의 중복을 방지할 수 있다.
④ 자료의 효율적인 관리가 가능하다.

해설 데이터베이스 구축의 장점
1. 새로운 응용을 용이하게 수행할 수 있다.
2. 여러 사용자가 같은 자료에 동시 접근이 가능하다.
3. 저장된 자료를 공동으로 이용할 수 있다.
4. 데이터의 무결성과 보완성을 유지할 수 있다.
5. 데이터의 표준화가 가능하다.

56. 다음 공간정보의 형태에 대한 설명 중 틀린 것은?
① 점은 위치좌표계의 단 하나의 쌍으로 표현되는 대상이다.
② 선은 점이 연결되어 만들어지는 집합니다.
③ 표면은 공간적 대상물의 범주로 간주되며 연속적인 자료의 표현이다.
④ 면적은 스파게티 선이 모여서 만들어진 닫힌 형태를 가지고 있다.

해설 벡터모델은 객체의 지리적 위치와 형상을 좌표, 크기와 방향으로 나타내는 것이다.
1. 점 : (x, y) 또는 (x, y, z)와 같은 한 쌍의 좌표로서 공간상에 위치를 표현하며 범위를 갖지 않는다.
2. 선 : 연속되는 점의 연결로서 공간상에 그 위치와 형상을 표현하는 1차원의 길이를 갖는 공간객체이다.
3. 면적 : 폴리곤형태인 선에 의해 폐합된 형태로서 범위는 2차원 공간객체이다.

57. 다음 중 현지측량 등으로 얻은 대상물의 좌표를 직접 입력하여 공간정보를 구축하는 방식에 해당하는 것은?
① 디지타이징
② 스캐닝
③ COGO(Coordinate Geometry)
④ 스크린 디지타이징

해설 측량에 의한 자료 취득(COGO : Coordinate Geometry)
1. 현지측량 등으로 얻은 대상물의 좌표를 직접 입력하여 공간정보를 구축하는 방식이다.
2. 거리, 방향각 등 관측값을 입력하여 컴퓨터에서 각 점의 좌표를 계산하여 처리한다.

Answer 54. ④ 55. ② 56. ④ 57. ③

3. 평판측량방법, 수치측량방법, 항공사진측량방법, GPS 측량에 의한 방법, 위성영상에 의한 원격탐사 방법 등이 있다.

※ 스크린 디지타이징 : 스캐너 기능을 이용하여 스캔한 이미지를 불러서 스크린상에서 디지타이징을 수행하는 기법이다.

58. 도시정보체계에 대한 설명으로 틀린 것은?

① 도시정보체계는 UIS라고 하며 Urban Information System의 약어이다.
② 도시정보체계는 토지의 속성과 건물의 속성만을 입력할 수 있는 시스템이다.
③ 도시종합관리의 기반시스템으로 시정업무의 전반에 활용할 수 있다.
④ 도시정보체계는 도시를 중심으로 구축한 GIS라고도 할 수 있다.

해설 도시정보체계는 도시 전반에 관한 사항을 관리·활용하는 종합적이고 체계적인 정보시스템이다.

59. 임야도를 스캐닝한 후 벡터라이징 과정의 원인에 의해 많은 좌표의 값이 저장된다. 임야도의 필지(폴리곤) 형태를 유지하면서 좌표의 값을 줄이는 것을 무엇이라 하는가?

① 좌표 삭감(Line Coordinate Thinning)
② 경계의 부합(Edge Matching)
③ 지도의 결합(Map Join)
④ 면적의 분할(Tiling)

해설 좌표 삭감
1. 객체의 형태를 변화시키지 않는 범위에서 적절히 좌표의 수를 줄임으로써 분석시간을 줄이는 등 여러 면에서 효율적일 수 있다.
2. 임야도를 스캐닝하여 구축한 도형자료는 벡터라이징 과정에 의해 필요한 수보다 많은 좌표의 값이 저장된다. 이때 임야도의 필지(폴리곤) 형태를 유지하면서 좌표의 수를 줄인다.

60. 다음 중 토지정보시스템을 구성하는 데 필요한 내용으로 가장 관련이 적은 것은?

① 기하학적 토지측량자료
② 소유권에 관한 법률자료
③ 시설물 유지보수를 위한 조사자료
④ 주거지에 관한 기술적 시설물자료

해설 토지정보시스템의 개념
1. Land+Information+System(주요 개념이 합성된 용어)
2. 지형분석, 토지의 이용, 개발, 행정, 다목적지적 등 토지 관련 문제해결을 위한 정보시스템
3. 지적 등 토지 관련 재산권정보의 효율적 관리를 위해 필지단위로 지적공부를 전산화한 시스템

04 지적학

61. 지목의 설정 원칙으로 옳지 않은 것은?

① 용도경중의 원칙
② 일시변경의 원칙
③ 주지목추종의 원칙
④ 사용목적추종의 원칙

해설 지목설정의 원칙
1. 1필1지목의 원칙 : 1필의 토지에는 1개의 지목만을 설정하는 원칙이며, 1필의 일부가 용도 변경된 경우에는 분할 후에 지목을 변경
2. 주지목추종의 원칙 : 주된 토지의 편익을 위해 설치된 소면적의 도로, 구거 등의 지목은 이를 따로 정하지 않고 주된 토지의 사용목적 및 용도에 따라 지목을 설정하는 원칙
3. 등록선후의 원칙 : 도로, 철도용지, 하천, 제방, 구거, 수도용지 등의 지목이 중복되는 경우에는 먼저 등록된 토지의 사용목적, 용도에 따라 지번을 설정하는 원칙
4. 용도경중의 원칙 : 도로, 철도용지, 하천, 제방, 구거, 수도용지 등의 지목이 중복되는 경우에는 중요 토지의 사용목적 및 용도에 따라 지목을 설정하는 원칙
5. 일시변경불가의 원칙 : 임시적·일시적 용도의 변경 시 등록전환 또는 지목변경불가의 원칙
6. 사용목적추종의 원칙 : 도시계획사업, 토지구획정리사업, 농지개량사업 등의 완료에 따라 조성된 토지는 사용목적에 따라 지목을 설정하여야 한다는 원칙

62. 토지조사사업 당시 소유자는 같으나 지목이 상이하여 별필(別筆)로 해야 하는 토지들의 경계선과 소유자를 알 수 없는 토지와의 구획선으로 옳은 것은?

① 강계선(疆界線)
② 경계선(境界線)
③ 지세선(地勢線)
④ 지역선(地域線)

해설 강계선과 지역선 및 경계선의 구분
1. 강계선
① 토지조사사업 당시 강계선과 지역선을 구별함
② 토지조사령에 의하여 토지조사국장의 사정을 거친 선
③ 소유자가 다른 토지 간의 경계선이며 강계선의 상대편 토지는 소유자와 지목이 다르다는 원칙이 성립
④ 토지소유자와 지목이 동일하고 지반이 연속된 토지는 1필지로 함을 원칙
2. 지역선
① 토지조사사업 당시 소유자는 같으나 지목이 다른 경우, 지반이 연속되지 않는 경우 등 지적 정리상 별필로 하여야 하는 토지간의 경계선으로 사정을 거치지 않음
② 소유자가 같은 토지와의 구획선, 소유자를 알 수 없는 토지와의 구획선, 토지조사사업의 시행지와 미시행지와의 지계선이 대상
③ 지역선의 반대쪽은 소유자가 같을 수도 있고 다를 수도 있음
3. 경계선 : 임야조사사업 당시의 경계선이며, 도지사의 사정을 거친 선

Answer 61. ② 62. ④

63. 일반적으로 양안에 기재된 사항에 해당하지 않는 것은?

① 지번, 면적
② 측량순서, 토지등급
③ 토지형태, 사표(四標)
④ 신구 토지소유자, 토지가격

해설 양안의 기재내용
1. 토지소재지, 천자문의 자호, 지번, 양전방향, 토지형태, 지목, 사표, 장광척, 면적, 등급, 결부속, 소유자 등
2. 고려시대 : 지목, 전형(토지형태), 토지소유자, 양전방향, 사표, 결수, 총결수 등
3. 조선시대 : 논밭의 소재지, 지목, 면적, 자호, 전형(토지형태), 토지소유자, 양전방향, 사표, 장광척, 등급, 결부수, 경작여부 등
※ 토지의 가격은 기재하지 않음

64. 토지의 이익에 영향을 미치는 문서의 공적 등기를 보전하는 것을 주된 목적으로 하는 등록제도는?

① 권원등록제도
② 소극적 등록제도
③ 적극적 등록제도
④ 날인증서등록제도

해설 토지등록제도의 유형
1. 날인증서등록제도 : 토지의 이익에 영향을 미치는 공적 등기를 보전하는 제도로서, 모든 등록된 문서는 미등록문서와 후순위등록문서보다 우선권을 갖는다. 그러나 문서는 거래에 대한 기록에 불과하므로 당사자의 법적 권리에 대한 부여관계를 입증하지 못하고 따라서 그 거래의 유효성을 증명하지 못한다.
2. 권원등록제도 : 날인증서등록제도의 결점을 보완하기 위한 제도로서 공적 기관에서 보존되는 특정인의 토지에 대한 권리와 그 권리들이 존속되는 한계에 대한 권위 있는 등록이다.
3. 소극적 등록제도 : 일필지의 소유권이 거래되면서 발생하는 거래증서를 변경·등록하는 제도로서, 거래행위에 따른 토지등록은 사유재산양도증서의 작성, 거래증서의 작성으로 구분되며 등록의무는 없고 신청에 의한다.
4. 적극적 등록제도 : 토지등록은 일필지의 개념으로 법적 권리보장이 인증되고 국가에 의해 그러한 합법성과 효력이 발생한다. 따라서 지적공부에 등록되지 않는 토지는 어떠한 권리도 인정받을 수 없고, 등록은 강제적이고 의무적이며, 공적 지적측량이 시행되어야 토지등기가 가능하다.
5. 토렌스 시스템(Torrens System) : 적극적 등록제도가 발전한 형태로서 오스트레일리아의 Robert Torrens 경이 창안하였고, 법률적으로 토지의 권리를 확인하는 대신 토지의 권원(Title)을 등록하는 제도이다.

65. 지압(地押)조사에 대한 설명으로 옳은 것은?

① 신고, 신청에 의하여 실시하는 토지조사이다.
② 토지의 이동측량성과를 검사하는 성과검사이다.
③ 분쟁지의 경계와 소유자를 확정하는 토지조사이다.
④ 무신고 이동지를 발견하기 위하여 실시하는 토지검사이다.

해설 토지검사와 지압조사
1. 토지검사
① 개념
• 토지검사란 토지에 대한 변경이 있는 경우 세무관리가 지세관계법령에 의하여 실시되는 검사로서 신고 또는 신청사항의 확인을 목적으로 하였다.

Answer 63. ④ 64. ④ 65. ④

- 무신고 이동지 조사를 위한 토지검사는 지압조사라 하여 일반토지검사와 구별하였다.
② 토지검사의 시행사항
- 비과세지성(국유지성은 제외)
- 분할지의 지위품 등이 비동일할 경우
- 지목 및 임대가격의 설정 또는 수정
- 각종 면세연기, 감세연기 또는 연기연장
- 재해지 면세 및 사립학교용지 면세
- 지적오류 정정
③ 토지검사의 생략
- 비과세지 상호 간의 지목변환
- 조선지적협회에 대행하여 이를 소관청이 인정한 경우
- 도면 및 기타자료에 의해 임대가격이 적당하다고 인정된 경우
④ 토지검사의 시행
- 매년 6월~9월 시행이 원칙이나, 필요시 임시 시행 가능
- 업무처리내용은 토지검사수첩에 등재

2. 지압조사
① 개념 : 토지의 이동이 있을 경우 관계법령에 따라 토지소유자가 지적소관청에 신고하도록 되어 있으나 이것이 잘 이행되지 못할 경우에는 그 신고 없는 이동지를 조사·발견할 목적으로 국가가 자진하여 현지조사를 하는 것을 말한다.
② 조사방법
- 지적소관청이 지압조사를 하려 할 때에는 그 집행계획서를 미리 수리조합, 지적협회 등에 통지하여 협력을 요구하도록 하고
- 업무의 통일 및 직원의 훈련 등에 필요한 경우는 본조사 이전에 모범조사를 할 수 있도록 하였으며
- 지적약도 및 임야약도는 실지에 휴대하고 정, 리, 동마다 그 수위의 지번의 토지부터 순차적으로 실리와 도면을 대조하여 이동의 유무를 조사하는 것을 원칙으로 하고
- 지압조사를 할 구역 내의 지적약도 및 임야약도에 대해서는 미리 이동정리의 적부를 조사하여 정리하고 누락된 것이 있으면 즉각 이를 보완하였으며
- 조사결과 발견된 무신고 이동지는 "무신고 이동지 정리부"에 등재함으로써 그 사정을 명료하게 하여 정리의 만전을 기하였다.

66. 토지소유권 권리의 특성 중 틀린 것은?

① 단일성　　　② 완전성　　　③ 탄력성　　　④ 항구성

해설 소유권의 특성
1. 전면성 : 소유권은 물건의 사용가치와 교환가치를 전면적으로 지배하며, 일시적·부분적으로 지배하는 제한물권과 구별됨
2. 혼일성 : 소유권을 사용·수익·처분 등의 모든 권능이 한데 섞여 뭉쳐진 권리이며, 이런 혼일성으로 인하여 소유권과 제한물권이 동일인에게 귀속되면 제한물권은 소멸됨
3. 탄력성 : 소유권을 제한하는 물권이 소멸하면 소유권의 제한이 자동적으로 소멸되어 소유권은 종래대로 돌아감
4. 항구성 : 소유권은 시간적으로 제한이 없고 소멸시효에도 걸리지 않음

Answer　66. ①

67. 초기의 지적도에 대한 설명으로 틀린 것은?

① 지적도에는 토지경계와 지번, 지목이 등록되었다.
② 지적도 도곽 내의 산림에는 등고선을 표시하여 표고에 의한 지형구별이 용이하도록 하였다.
③ 토지분할의 경우에는 지적도 정리 시 신강계선을 흑색으로 정리하였으나 그 후 양홍색으로 변경하였다.
④ 조사지역 외의 토지에 대해서는 이용현황에 따라 활자로 산(山), 해(海), 호(湖), 도(道), 천(川), 구(溝) 등으로 표기하였다.

해설 초기 지적도의 형식
1. 작성방법 : 세부측량원도를 점사법 또는 직접자사법으로 등사한 후 작성
2. 정비작업 : 제반주기는 활판인쇄하고, 지번 및 지목도 압인기를 사용하여 작성
3. 지적도의 한지이첩 : 빈번한 파손으로 1917년 이후 지적도와 일람도에 한지를 이첩하여 작성하였고, 그 이전에 작성된 도면도 한지를 이첩 후에 사용
4. 등록사항 : 경계, 지번, 지목 등을 등록하였고, 조사지역 외 토지는 이용현황에 따라 산(山), 해(海), 호(湖), 도(道), 천(川), 구(溝) 등으로 표기
5. 도곽크기 : 남북 1척(尺) 1촌(寸)×동서 1척(尺) 3촌(寸) 7분(分) 5리(厘)=(33cm×41.67cm)
6. 등고선을 표시하여 표고에 의한 지형 파악이 용이하도록 함
7. 토지 분할 후 정리 시에는 신강계선은 양홍선으로 제도하였으며, 나중에는 흑색선으로 제도

68. 토지조사사업 당시 재결기관으로 옳은 것은?

① 부와 면
② 임시토지조사국
③ 임야심사위원회
④ 고등토지조사위원회

해설 토지조사사업 당시의 재결기관은 고등토지조사위원회이다.
토지조사사업과 임야조사사업 비교

구분	토지조사사업	임야조사사업
기간	1910~1918(8년 8개월)	1916~1924(8년)
총경비	2,040여 만 원	380여 만 원
투입인력	7,000여 명	4,600여 명
대장작성	토지대장 109,998책	임야대장 22,202책
도면작성	지적도 812,093매	임야도 116,984매
도면축척	1/600, 1/1200, 1/2400	1/3000, 1/6000
조사측량기관	임시토지조사국장	부(府) 또는 면(面)
사정기관	토지조사국장	도지사
자문기관	지방토지조사위원회	도지사(조정기관)
재결기관	고등토지조사위원회	임야심사위원회
사정	19,107,520필	3,479,915필

69. 다음 중 지적 관련 법령의 변천순서로 옳은 것은?

① 토지조사령 → 조선임야조사령 → 지세령 → 조선지세령 → 지적법
② 토지조사령 → 지세령 → 조선임야조사령 → 조선지세령 → 지적법
③ 토지조사령 → 조선임야조사령 → 조선지세령 → 지세령 → 지적법
④ 토지조사령 → 조선지세령 → 조선임야조사령 → 지세령 → 지적법

해설 지적법령의 연혁
1. 대한제국의 지적법령
   ① 토지가옥증명규칙(1906. 10. 26. 칙령 제65호)
   ② 토지가옥전당집행규칙(1906. 10. 26. 칙령 제80호)
   ③ 대구시가토지측량규정(1907. 5. 16.)
   ④ 삼림법(1908. 1. 24. 법률 제1호)
   ⑤ 토지가옥소유권증명규칙(1908. 7. 16. 칙령 제47호)
   ⑥ 토지조사법(1910. 8. 23. 법률 제7호)
2. 일제강점기 시대의 지적법령
   ① 토지조사령(1912. 8. 13. 제령 제2호)
   ② 도근측량 실시규정(1913. 10. 5. 임시토지조사국 훈령 제17호)
   ③ 세부측도 실시규정(1913. 10. 5. 임시토지조사국 훈령 제18호)
   ④ 제도적산 실시규정(1914. 6. 30. 임시토지조사국 훈령 제25호)
   ⑤ 지세령(1914. 3. 16. 제령 제1호)
   ⑥ 토지대장규칙(1914. 4. 25. 조선총독부령 제45호)
   ⑦ 조선임야조사령(1918. 5. 1. 제령 제5호)
   ⑧ 임야대장규칙(1920. 8. 23. 조선총독부령 제113호)
   ⑨ 토지측량규칙(1921. 3. 18. 조선총독부 훈령 제10호)
   ⑩ 임야측량규정(1935. 6. 12. 조선총독부 훈령 제27호)
   ⑪ 조선지세령(1943. 3. 31. 제령 제6호)
3. 대한민국의 지적법령
   ① 지적법(1950. 12. 1. 법률 제165호)
   ② 지적측량규정(1954. 11. 12. 대통령령 제951호)
   ③ 지적측량사규정(1960. 12. 31. 국무원령 제176호)
   ④ 측량·수로조사 및 지적에 관한 법률(2009. 6. 9. 법률 제9774호)
   ⑤ 공간정보의 구축 및 관리 등에 관한 법률(2014. 6. 3. 법률 제12738호, 시행 2015. 6. 4.)

70. 토지조사사업 초기의 임야도 표기방식에 대한 설명으로 틀린 것은?

① 임야 내 미등록 도로는 양홍색으로 표시하였다.
② 임야 경계와 토지 소재, 지번, 지목을 등록하였다.
③ 모든 국유임야는 1/6,000 지형도를 임야도로 간주하여 적용하였다.
④ 임야도의 크기는 남북 1척 3촌 2리(40cm), 동서 1척 6촌 5리(50cm)이었다.

해설 토지조사사업 당시 임야도의 형식
1. 등록사항: 토지소재, 지번, 지목, 경계 등
2. 도곽크기: 남북 1척 3촌 2리(40cm)×동서 1척 6촌 5리(50cm)

Answer 69. ② 70. ③

3. 임야도 내 미등록지는 양홍색으로 묘화
4. 면적이 매우 큰 국유임야는 1/50,000 등의 지형도에 등록하여 임야도로 간주함

71. 토지조사사업의 특징으로 틀린 것은?

① 근대적 토지제도가 확립되었다.
② 사업의 조사, 준비, 홍보에 철저를 기하였다.
③ 역둔토 등을 사유화하여 토지소유권을 인정하였다.
④ 도로, 하천, 구거 등을 토지조사사업에서 제외하였다.

해설 역둔토는 역토와 둔전의 총칭으로서, 일제는 1909년 6월부터 1910년 9월까지 탁지부 소관의 다른 국유지와 함께 전국의 역둔토 측량을 실시하여 총독부 소유로 국유화하였다. 이후 역둔토는 총독부 재무부에서 관장하다가 역둔토협회가 전담하였다.

72. 토지조사사업에서 지목은 모두 몇 종류로 구분하였는가?

① 18종
② 21종
③ 24종
④ 28종

해설 지목 수의 변천

구분	토지조사사업~지세령 개정 전	지세령 개정~조선지세령 개정 전	조선지세령 개정~1차 지적법 전문개정 전	1차 지적법 전문개정~2차 지적법 전문개정 전	2차 지적법 전문개정~현재
시행기간	1910~1917	1918~1942	1943~1975	1976~2001	2002~현재
지목 수	18개 지목	19개 지목	21개 지목	24개 지목	28개 지목

73. 지표면의 형태, 토지의 고저, 수륙의 분포상태 등 땅이 생긴 모양에 따라 결정하는 지목은?

① 용도지목
② 복식지목
③ 지형지목
④ 토성지목

해설 지목의 분류
1. 토지의 현황에 따른 분류
   ① 지형지목 : 지표면의 형상, 토지의 고저 등 토지의 모양에 따라 결정한 지목
   ② 토성지목 : 지층, 암석, 토양 등 토지의 성질에 따라 결정한 지목
   ③ 용도지목 : 토지의 현실적 용도에 따라 결정한 지목(우리나라 및 대부분의 국가에서 사용)
2. 지목의 구성내용에 따른 분류
   ① 단식지목 : 1개의 토지에 대하여 한 가지 기준에 의해 분류된 지목(전, 답 등)
   ② 복식지목 : 1개의 토지에 대하여 둘 이상의 기준에 따라 분류된 지목(녹지대 등)

Answer 71. ③ 72. ① 73. ③

74. 지적도의 도곽선이 갖는 역할로서 옳지 않은 것은?

① 면적의 통계 산출에 이용된다.
② 도면 신축량 측정의 기준선이다.
③ 도북 방위선의 표시에 해당한다.
④ 인접 도면과의 접합 기준선이 된다.

해설 도곽선의 역할
1. 지적도와 임야도의 작성 기준선
2. 도곽 내 모든 토지의 위치관계를 명확히 하는 기준선
3. 인접 도면과의 접합을 맞추는 기준선
4. 도북 방위선 표시
5. 지적측량기준점의 전개 및 도면 신축량 측정의 기준선
6. 거리 및 면적보정의 기준선
7. 외업에서 측량준비도와 실지의 부합 여부 확인 기준선
8. 도면 내에 필지를 등록할 수 있는 한계를 나타내는 선

75. 다음 중 토지대장의 일반적인 편성방법이 아닌 것은?

① 인적 편성주의
② 물적 편성주의
③ 구역별 편성주의
④ 연대적 편성주의

해설 토지대장(토지등록부)의 편성방법
1. 물적 편성주의 : 토지 중심으로 대장 작성
2. 인적 편성주의 : 소유자 중심 대장 작성
3. 연대적 편성주의 : 신청순서에 따라 작성
4. 물적·인적 편성주의 : 물적 편성주의에 인적 편성주의 가미

76. 결수연명부에 관한 설명으로 옳은 것은?

① 소유권의 분계(分界)를 확정하는 대장
② 지반의 고저가 있는 토지를 정리한 장부
③ 강계(疆界) 지역을 조사하여 등록한 장부
④ 지세대장을 겸하여 토지조사 준비를 위해 만든 과세부

해설 결수연명부의 개념
1. 조선총독부가 결수연명부규칙(1911)을 제정하여 지세를 부과하는 토지를 전, 답, 대, 잡종지로 구분하여 작성
2. 부, 군, 면마다 비치하여 지세징수 업무에 활용한 공적 장부
3. 각 재무감독국별로 상이한 형태와 내용으로 작성된 징세대장의 통일된 양식 필요
4. 과세지견취도와 상호 보완적인 관계이며, 이를 기초로 토지신고서가 작성되고 토지대장이 만들어짐
※ 과세를 목적으로 한 징세대장이며, 토지대장의 원시적인 형태

Answer   74. ①   75. ③   76. ④

77. 양전개정론을 주장한 학자와 그 저서의 연결이 옳은 것은?

① 김정호 – 속대전
② 이기 – 해학유서
③ 정약용 – 경국대전
④ 서유구 – 목민심서

해설 양전개정론 학자와 저서
1. 정약용 : 목민심서(牧民心書)
2. 서유구 : 의상경계책(擬上經界策)
3. 이기 : 해학유사(海鶴遺事)
※ 김정호는 양전개정론과 관계없음

78. 우리나라 토지조사사업 당시 조사측량기관은?

① 부(府)나 면(面)
② 임야조사위원회
③ 임시토지조사국
④ 토지조사위원회

해설 토지조사사업의 조사측량기관은 임시토지조사국이다.

토지조사사업과 임야조사사업 비교

구분	토지조사사업	임야조사사업
사정권자	임시토지조사국장	도지사
사정기관	–	임야심사위원회
조사 및 측량기관	임시토지조사국	부 또는 면
자문기관	지방토지조사위원회	–
재결기관	고등토지조사위원회	임야조사위원회

79. 다음의 설명에 해당하는 학자는?

- 해학유서에서 망척제를 주장하였다.
- 전안을 작성하는 데 반드시 도면과 지적이 있어야 비로소 자세하게 갖추어진 것이라 하였다.

① 이기
② 서유구
③ 유진억
④ 정약용

해설 조선후기 양전개정론 학자와 저서
1. 정약용의 「목민심서(牧民心書)」 : 정전제(井田制)의 시행을 전제로 방량법과 어린도법 도입 주장
2. 서유구의 「의상경계책(擬上經界策)」 : 양전법을 방량법, 어린도법으로 개정
3. 이기의 「해학유사(海鶴遺事)」 : 수등이척제에 대한 개선방법으로 망척제 도입 주장

80. 적극적 등록제도에 대한 설명으로 옳지 않은 것은?

① 토지등록을 의무화하지 않는다.
② 토렌스 시스템은 이 제도가 발달된 형태이다.
③ 지적측량이 실시되지 않으면 토지의 등기도 할 수 없다.
④ 토지 등록상의 문제로 인해 선의의 제3자가 받은 피해는 법적으로 보호되고 있다.

해설 적극적 등록제도
1. 토지등록은 일필지의 개념으로 법적 권리보장이 인증되고 국가에 의해 그러한 합법성과 효력이 발생함
2. 기본원칙
   ① 지적공부에 등록되지 않은 토지는 어떠한 권리도 인정받을 수 없음
   ② 등록은 강제적이고 의무적
   ③ 지적측량 시행 후 토지등기 가능
3. 선의의 제3자 보호 : 토지등록상의 문제로 인한 피해는 법적으로 보장되고 국가에 소송을 제기할 수 있으며, 보상도 받을 수 있음
4. 토렌스 시스템은 적극적 등록주의가 발전된 형태

05 지적관계법규　　　SUBJECT

81. 축척변경에 따른 청산금의 산정 및 납부고지 등에 관한 설명으로 옳지 않은 것은?
① 청산금을 산정한 결과 차액이 생긴 경우 초과액은 그 지방자치단체의 수입으로 한다.
② 지적소관청은 청산금의 수령통지를 한 날부터 6개월 이내에 청산금을 지급하여야 한다.
③ 납부고지를 받은 자는 그 고지를 받은 날부터 9개월 이내에 청산금을 지적소관청에 내야 한다.
④ 청산금은 축척변경 지번별 조서의 필지별 증감면적에 지번별 제곱미터당 금액을 곱하여 산정한다.

해설 1. 청산금 산정
   ① 지적소관청은 축척변경에 관한 측량을 한 결과 측량 전에 비하여 면적의 증감이 있는 경우에는 그 증감면적에 대하여 청산을 하여야 한다.
   ② 청산을 할 때에는 축척변경위원회의 의결을 거쳐 지번별로 제곱미터당 금액을 정하여야 한다. 이 경우 지적소관청은 시행공고일 현재를 기준으로 그 축척변경 시행지역의 토지에 대하여 지번별 제곱미터당 금액을 미리 조사하여 축척변경위원회에 제출하여야 한다.
   ③ 청산금은 작성된 축척변경 지번별 조서의 필지별 증감면적에 지번별 제곱미터당 금액을 곱하여 산정한다.
   ④ 지적소관청은 청산금을 산정하였을 때에는 청산금 조서를 작성하고, 청산금이 결정되었다는 뜻을 15일 이상 공고하여 일반인이 열람할 수 있게 하여야 한다.
   ⑤ 청산금을 산정한 결과 증가된 면적에 대한 청산금의 합계와 감소된 면적에 대한 청산금의 합계에 차액이 생긴 경우 초과액은 그 지방자치단체의 수입으로 하고, 부족액은 그 지방자치단체가 부담한다.
2. 청산금 납부고지
   ① 지적소관청은 청산금의 결정을 공고한 날부터 20일 이내에 토지소유자에게 청산금의 납부고지 또는 수령통지를 하여야 한다.
   ② 납부고지를 받은 자는 그 고지를 받은 날부터 6개월 이내에 청산금을 지적소관청에 내야 한다.
   ③ 지적소관청은 수령통지를 한 날부터 6개월 이내에 청산금을 지급하여야 한다.
   ④ 지적소관청은 청산금을 받을 자가 행방불명 등으로 받을 수 없거나 받기를 거부할 때에는 그 청산금

Answer　81. ③

을 공탁할 수 있다.
⑤ 지적소관청은 청산금을 내야 하는 자가 기간 내에 청산금에 관한 이의신청을 하지 아니하고 기간 내에 청산금을 내지 아니하면 지방세 체납처분의 예에 따라 징수할 수 있다.

82. 국토의 계획 및 이용에 관한 법률상 보호지구로 지정하는 시설로 옳지 않은 것은?

① 공항
② 항만
③ 문화재
④ 녹지지역

해설 용도지구
1. 경관지구 : 경관의 보전·관리 및 형성을 위하여 필요한 지구
2. 고도지구 : 쾌적한 환경 조성 및 토지의 효율적 이용을 위하여 건축물 높이의 최고한도를 규제할 필요가 있는 지구
3. 방화지구 : 화재의 위험을 예방하기 위하여 필요한 지구
4. 방재지구 : 풍수해, 산사태, 지반의 붕괴, 그 밖의 재해를 예방하기 위하여 필요한 지구
5. 보호지구 : 문화재, 중요 시설물(항만, 공항 등 대통령령으로 정하는 시설물을 말한다) 및 문화적·생태적으로 보존가치가 큰 지역의 보호와 보존을 위하여 필요한 지구
6. 취락지구 : 녹지지역·관리지역·농림지역·자연환경보전지역·개발제한구역 또는 도시자연공원구역의 취락을 정비하기 위한 지구
7. 개발진흥지구 : 주거기능·상업기능·공업기능·유통물류기능·관광기능·휴양기능 등을 집중적으로 개발·정비할 필요가 있는 지구
8. 특정용도제한지구 : 주거 및 교육 환경 보호나 청소년 보호 등의 목적으로 오염물질 배출시설, 청소년 유해시설 등 특정시설의 입지를 제한할 필요가 있는 지구
9. 복합용도지구 : 지역의 토지이용 상황, 개발 수요 및 주변 여건 등을 고려하여 효율적이고 복합적인 토지이용을 도모하기 위하여 특정시설의 입지를 완화할 필요가 있는 지구

83. 공간정보의 구축 및 관리 등에 관한 법률상 1년 이하의 징역 또는 1천만 원 이하의 벌금 대상으로 옳은 것은?

① 정당한 사유 없이 측량을 방해한 자
② 측량업 등록사항의 변경신고를 하지 아니한 자
③ 무단으로 측량성과 또는 측량기록을 복제한 자
④ 고시된 측량성과에 어긋나는 측량성과를 사용한 자

해설 공간정보의 구축 및 관리 등에 관한 법률상 벌칙의 종류 및 대상
1. 1년 이하의 징역 또는 1천만 원 이하의 벌금
① 무단으로 측량성과 또는 측량기록을 복제한 자
② 심사를 받지 아니하고 지도 등을 간행하여 판매하거나 배포한 자
③ 측량기술자가 아님에도 불구하고 측량을 한 자
④ 업무상 알게 된 비밀을 누설한 측량기술자
⑤ 둘 이상의 측량업자에게 소속된 측량기술자
⑥ 다른 사람에게 측량업등록증 또는 측량업등록수첩을 빌려주거나 자기의 성명 또는 상호를 사용하여 측량업무를 하게 한 자
⑦ 다른 사람의 측량업등록증 또는 측량업등록수첩을 빌려서 사용하거나 다른 사람의 성명 또는 상호

를 사용하여 측량업무를 한 자
⑧ 지적측량수수료 외의 대가를 받은 지적측량기술자
⑨ 거짓으로 다음 신청을 한 자
- 신규등록 신청
- 등록전환 신청
- 분할 신청
- 합병 신청
- 지목변경 신청
- 바다로 된 토지의 등록말소 신청
- 축척변경 신청
- 등록사항의 정정 신청
- 도시개발사업 등 시행지역의 토지이동 신청
⑩ 다른 사람에게 자기의 성능검사대행자 등록증을 빌려주거나 자기의 성명 또는 상호를 사용하여 성능검사대행업무를 수행하게 한 자
⑪ 다른 사람의 성능검사대행자 등록증을 빌려서 사용하거나 다른 사람의 성명 또는 상호를 사용하여 성능검사대행업무를 수행한 자

2. 과태료 부과 대상
   1) 300만 원 이하
      ① 정당한 사유 없이 측량을 방해한 자
      ② 고시된 측량성과에 어긋나는 측량성과를 사용한 자
      ③ 거짓으로 측량기술자의 신고를 한 자
      ④ 측량업 등록사항의 변경신고를 하지 아니한 자
      ⑤ 측량업자의 지위 승계 신고를 하지 아니한 자
      ⑥ 측량업의 휴업·폐업 등의 신고를 하지 아니하거나 거짓으로 신고한 자
      ⑦ 본인, 배우자 또는 직계 존속·비속이 소유한 토지에 대한 지적측량을 한 자
      ⑧ 측량기기에 대한 성능검사를 받지 아니하거나 부정한 방법으로 성능검사를 받은 자
      ⑨ 성능검사대행자의 등록사항 변경을 신고하지 아니한 자
      ⑩ 성능검사대행업무의 폐업신고를 하지 아니한 자
      ⑪ 정당한 사유 없이 보고를 하지 아니하거나 거짓으로 보고를 한 자
      ⑫ 정당한 사유 없이 조사를 거부·방해 또는 기피한 자
      ⑬ 정당한 사유 없이 토지 등에의 출입 등을 방해하거나 거부한 자
   2) 100만 원 이하 : 정당한 사유 없이 교육을 받지 아니한 자

84. 지적재조사사업에 관한 기본계획 수립 시 포함하여야 하는 사항으로 옳지 않은 것은?
① 지적재조사사업의 시행기간
② 지적재조사사업에 관한 기본방향
③ 지적재조사사업의 시·군별 배분계획
④ 지적재조사사업에 필요한 인력 확보계획

해설 기본계획의 수립
1. 지적재조사사업에 관한 기본방향
2. 지적재조사사업의 시행기간 및 규모

Answer 84. ③

3. 지적재조사사업비의 연도별 집행계획
4. 지적재조사사업비의 특별시·광역시·도·특별자치도·특별자치시 및 「지방자치법」 제198조에 따른 대도시로서 구(區)를 둔 시(이하 "시·도"라 한다)별 배분계획
5. 지적재조사사업에 필요한 인력의 확보에 관한 계획
6. 그 밖에 지적재조사사업의 효율적 시행을 위하여 필요한 사항으로서 대통령령으로 정하는 사항

85. 지적소관청이 등록사항을 정정할 때 그 정정사항이 토지소유자에 관한 사항인 경우 정정을 위한 관련 서류가 아닌 것은?

① 등기필증
② 등기완료통지서
③ 등기사항증명서
④ 인접 토지소유자의 승낙서

해설 1. 등록사항의 정정이 토지소유자에 관한 사항인 경우 신청서류
① 등기필증, 등기완료통지서, 등기사항증명서 또는 등기관서에서 제공한 등기전산정보자료
② 미등기 토지에 대하여 토지소유자의 성명 또는 명칭, 주민등록번호, 주소 등에 관한 사항의 정정을 신청한 경우는 가족관계 기록사항에 관한 증명서
2. 등록사항의 정정으로 인접 토지의 경계가 변경되는 경우 신청서류
① 인접 토지소유자의 승낙서
② 인접 토지소유자가 승낙하지 아니하는 경우에는 이에 대항할 수 있는 확정판결서 정본

86. 토지등록에 있어서 등록의 주체와 객체가 가장 올바르게 짝지어진 것은?

① 권리 – 필지
② 소유자 – 토지
③ 지적소관청 – 토지
④ 행정안전부장관 – 필지

해설 토지의 조사·등록
1. 국토교통부장관은 모든 토지에 대하여 필지별로 소재·지번·지목·면적·경계 또는 좌표 등을 조사·측량하여 지적공부에 등록하여야 한다.
2. 지적공부에 등록하는 지번·지목·면적·경계 또는 좌표는 토지의 이동이 있을 때 토지소유자의 신청을 받아 지적소관청이 결정한다. 다만, 신청이 없으면 지적소관청이 직권으로 조사·측량하여 결정할 수 있다.

87. 다음 중 지적소관청이 관할 등기관서에 등기촉탁을 하는 사유에 해당되지 않는 것은?

① 축척변경
② 신규등록
③ 등록사항의 직권정정
④ 행정구역 개편에 따른 지번부여

해설 등기촉탁의 대상
1. 토지의 이동이 있는 경우(신규등록 제외)
2. 지번을 변경한 때
3. 축척변경을 한 때
4. 바다로 된 토지의 등록말소
5. 행정구역 명칭변경
6. 등록사항의 오류를 지적소관청이 직권으로 조사, 측량하여 정정한 때

88. 부동산등기법상 등기관이 토지 등기기록의 표제부에 기록하여야 하는 사항으로 옳지 않은 것은?

① 경계 ② 면적 ③ 지목 ④ 지번

해설 토지 등기기록의 표제부에 기록하여야 할 사항
1. 표시번호
2. 접수연월일
3. 소재와 지번
4. 지목
5. 면적
6. 등기원인

89. 다음 중 축척변경위원회의 구성에 대한 설명으로 옳은 것은?

① 위원은 지적소관청이 위촉한다.
② 축척변경 시행지역의 토지소유자가 7명 이하일 때 토지소유자 전원을 위원으로 위촉하여야 한다.
③ 10명 이상 15명 이하의 위원으로 구성하되, 위원의 3분의 2 이상을 축척변경 시행지역의 토지소유자로 하여야 한다.
④ 위원장은 위원 중에서 지적에 관하여 전문지식을 가지고 해당 지역의 사정에 정통한 사람 중에서 국토교통부장관이 지명한다.

해설 축척변경위원회 구성
1. 축척변경위원회는 5명 이상 10명 이하의 위원으로 구성하되, 위원의 2분의 1 이상을 토지소유자로 하여야 한다. 이 경우 그 축척변경 시행지역의 토지소유자가 5명 이하일 때에는 토지소유자 전원을 위원으로 위촉하여야 한다.
2. 위원장은 위원 중에서 지적소관청이 지명한다.
3. 위원은 다음 사람 중에서 지적소관청이 위촉한다.
   ① 해당 축척변경 시행지역의 토지소유자로서 지역 사정에 정통한 사람
   ② 지적에 관하여 전문지식을 가진 사람
4. 축척변경위원회의 위원에게는 예산의 범위에서 출석수당과 여비, 그 밖의 실비를 지급한다.

90. 공간정보의 구축 및 관리 등에 관한 법률상 지목이 다른 하나는?

① 골프장 ② 수영장
③ 스키장 ④ 승마장

해설 1. 유원지 : 일반 공중의 위락·휴양 등에 적합한 시설물을 종합적으로 갖춘 수영장·유선장·낚시터·어린이놀이터·동물원·식물원·민속촌·경마장·야영장 등의 토지와 이에 접속된 부속시설물의 부지
2. 체육용지
   ① 국민의 건강증진 등을 위한 체육활동에 적합한 시설과 형태를 갖춘 종합운동장·실내체육관·야구장·골프장·스키장·승마장·경륜장 등 체육시설의 토지와 이에 접속된 부속시설물의 부지
   ② 체육시설로서의 영속성과 독립성이 미흡한 정구장·골프연습장·실내수영장 및 체육도장, 유수를 이용한 요트장 및 카누장 등의 토지는 제외

Answer 88. ① 89. ① 90. ②

91. 지적기준점표지의 설치·관리 등에 관한 내용으로 옳지 않은 것은?

① 지적도근점표지의 점간거리는 평균 50미터 이상 300미터 이하로 한다.
② 지적삼각보조점표지의 점간거리는 평균 1킬로미터 이상 3킬로미터 이하로 한다.
③ 지적도근점표지의 점간거리는 다각망도선법(多角網導線)에 따르는 경우에는 평균 1킬로미터 이하로 한다.
④ 지적삼각보조점표지의 점간거리는 다각망도선법(多角網導線)에 따르는 경우에는 평균 0.5킬로미터 이상 1킬로미터 이하로 한다.

해설 지적기준점표지의 설치·관리
1. 지적삼각점표지의 점간거리는 평균 2킬로미터 이상 5킬로미터 이하로 할 것
2. 지적삼각보조점표지의 점간거리는 평균 1킬로미터 이상 3킬로미터 이하로 할 것. 다만, 다각망도선법에 따르는 경우에는 평균 0.5킬로미터 이상 1킬로미터 이하로 한다.
3. 지적도근점표지의 점간거리는 평균 50미터 이상 300미터 이하로 할 것. 다만, 다각망도선법에 따르는 경우에는 평균 500미터 이하로 한다.

92. 지적삼각점성과표에 기록·관리하여야 하는 사항 중 필요한 경우로 한정하여 기재하는 것은?

① 자오선수차
② 경도 및 위도
③ 좌표 및 표고
④ 시준점의 명칭

해설 지적삼각점 성과표에 기록·관리하여야 할 사항
1. 지적삼각점의 명칭과 기준 원점명
2. 좌표 및 표고
3. 경도 및 위도(필요한 경우로 한정한다.)
4. 자오선수차(子午線收差)
5. 시준점(視準點)의 명칭, 방위각 및 거리
6. 소재지와 측량연월일
7. 그 밖의 참고사항

93. 지적업무처리규정에서 사용하는 용어의 뜻에 대한 내용으로 틀린 것은?

① "지적측량파일"이란 측량준비파일, 측량현형파일 및 측량성과파일을 말한다.
② "토털스테이션"이란 경위의측량방법에 따른 기초측량 및 세부측량에 사용되는 장비를 말한다.
③ "측량부"란 기초측량 또는 세부측량성과를 결정하기 위하여 사용한 관측부·계산부 등 이에 수반되는 기록을 말한다.
④ 기초측량에서의 "기지점"이란 지적기준점 또는 지적도면상 필지를 구획하는 선의 경계점과 상호 부합되는 지상의 경계점을 말한다.

해설 기지점(既知點)
기초측량에서는 국가기준점 또는 지적기준점을 말하고, 세부측량에서는 지적기준점 또는 지적도면상 필지를 구획하는 선의 경계점과 상호 부합되는 지상의 경계점을 말한다.

Answer 91. ③ 92. ② 93. ④

94. 도시·군기본계획에 포함되어야 할 사항으로 옳은 것은?

① 도시개발사업이나 정비사업의 계획에 관한 사항
② 지구단위계획구역의 지정 또는 변경에 관한 사항
③ 공간구조, 생활권의 설정 및 인구의 배분에 관한 사항
④ 도시자연공원구역의 지정 또는 변경 계획에 관한 사항

해설 도시·군기본계획에 포함되어야 할 사항
1. 지역적 특성 및 계획의 방향·목표에 관한 사항
2. 공간구조, 생활권의 설정 및 인구의 배분에 관한 사항
3. 토지의 이용 및 개발에 관한 사항
4. 토지의 용도별 수요 및 공급에 관한 사항
5. 환경의 보전 및 관리에 관한 사항
6. 기반시설에 관한 사항
7. 공원·녹지에 관한 사항
8. 경관에 관한 사항
8의2. 기후변화 대응 및 에너지절약에 관한 사항
8의3. 방재·방범 등 안전에 관한 사항
9. 제2호부터 제8호까지, 제8호의2 및 제8호의3에 규정된 사항의 단계별 추진에 관한 사항

95. 다음 중 2년 이하의 징역 또는 2천만 원 이하의 벌금에 해당하는 자는?

① 거짓으로 축척변경 신청을 한 자
② 고의로 측량성과를 사실과 다르게 한 자
③ 속임수로 측량업과 관련된 입찰의 공정성을 해친 자
④ 심사를 받지 아니하고 지도 등을 간행하여 판매하거나 배포한 자

해설 벌칙의 종류 및 부과대상
1. 3년 이하의 징역 또는 3천만 원 이하의 벌금
   측량업자로서 속임수, 위력, 그 밖의 방법으로 측량업과 관련된 입찰의 공정성을 해친 자
2. 2년 이하의 징역 또는 2천만 원 이하의 벌금
   ① 측량기준점표지를 이전 또는 파손하거나 그 효용을 해치는 행위를 한 자
   ② 고의로 측량성과를 사실과 다르게 한 자
   ③ 측량성과를 국외로 반출한 자
   ④ 측량업의 등록을 하지 아니하거나 거짓이나 그 밖의 부정한 방법으로 측량업의 등록을 하고 측량업을 한 자
   ⑤ 성능검사를 부정하게 한 성능검사대행자
   ⑥ 성능검사대행자의 등록을 하지 아니하거나 거짓이나 그 밖의 부정한 방법으로 성능검사대행자의 등록을 하고 성능검사업무를 한 자
3. 1년 이하의 징역 또는 1천만 원 이하의 벌금
   ① 무단으로 측량성과 또는 측량기록을 복제한 자
   ② 심사를 받지 아니하고 지도 등을 간행하여 판매하거나 배포한 자
   ③ 측량기술자가 아님에도 불구하고 측량을 한 자
   ④ 업무상 알게 된 비밀을 누설한 측량기술자

Answer 94. ③ 95. ②

⑤ 둘 이상의 측량업자에게 소속된 측량기술자
⑥ 다른 사람에게 측량업등록증 또는 측량업등록수첩을 빌려주거나 자기의 성명 또는 상호를 사용하여 측량업무를 하게 한 자
⑦ 다른 사람의 측량업등록증 또는 측량업등록수첩을 빌려서 사용하거나 다른 사람의 성명 또는 상호를 사용하여 측량업무를 한 자
⑧ 지적측량수수료 외의 대가를 받은 지적측량기술자
⑨ 거짓으로 다음 신청을 한 자
 • 신규등록 신청
 • 등록전환 신청
 • 분할 신청
 • 합병 신청
 • 지목변경 신청
 • 바다로 된 토지의 등록말소 신청
 • 축척변경 신청
 • 등록사항의 정정 신청
 • 도시개발사업 등 시행지역의 토지이동 신청
⑩ 다른 사람에게 자기의 성능검사대행자 등록증을 빌려주거나 자기의 성명 또는 상호를 사용하여 성능검사대행업무를 수행하게 한 자
⑪ 다른 사람의 성능검사대행자 등록증을 빌려서 사용하거나 다른 사람의 성명 또는 상호를 사용하여 성능검사대행업무를 수행한 자

96. 등기관이 토지에 관한 등기를 하였을 때 지적소관청에 지체 없이 그 사실을 알려야 하는 대상에 해당하지 않는 것은?

① 소유권의 변경 또는 경정
② 소유권의 보전 또는 이전
③ 소유권의 등록 또는 등록정정
④ 소유권의 말소 또는 말소회복

해설 소유권변경 사실의 통지
1. 등기관이 등기를 하였을 때에는 지체 없이 그 사실을 토지의 경우에는 지적소관청에, 건물의 경우에는 건축물대장 소관청에 각각 알려야 한다.
2. 소유권변경 사실 통지 대상
① 소유권의 보존 또는 이전
② 소유권의 등기명의인표시의 변경 또는 경정
③ 소유권의 변경 또는 경정
④ 소유권의 말소 또는 말소회복

97. 축척변경에 따른 청산금을 산출한 결과, 증가된 면적에 대한 청산금의 합계와 감소된 면적에 대한 청산금의 합계에 차액이 생긴 경우 부족액의 부담권자는?

① 국토교통부 ② 토지소유자
③ 지방자치단체 ④ 한국국토정보공사

해설 청산금 산정
1. 청산을 할 때에는 축척변경위원회의 의결을 거쳐 지번별로 제곱미터당 금액(이하 "지번별 제곱미터당 금액"이라 한다)을 정하여야 한다. 이 경우 지적소관청은 시행공고일 현재를 기준으로 그 축척변경 시행지역의 토지에 대하여 지번별 제곱미터당 금액을 미리 조사하여 축척변경위원회에 제출하여야 한다.
2. 청산금은 작성된 축척변경 지번별 조서의 필지별 증감면적에 지번별 제곱미터당 금액을 곱하여 산정한다.
3. 지적소관청은 청산금을 산정하였을 때에는 청산금 조서(축척변경 지번별 조서에 필지별 청산금 명세를 적은 것을 말한다)를 작성하고, 청산금이 결정되었다는 뜻을 15일 이상 공고하여 일반인이 열람할 수 있게 하여야 한다.
4. 청산금을 산정한 결과 증가된 면적에 대한 청산금의 합계와 감소된 면적에 대한 청산금의 합계에 차액이 생긴 경우 초과액은 그 지방자치단체의 수입으로 하고, 부족액은 그 지방자치단체가 부담한다.

98. 지적재조사사업에 따른 경계 확정시기로 옳지 않은 것은?

① 이의신청 기간에 이의를 신청하지 아니하였을 때
② 경계결정위원회의 의결을 거쳐 결정되었을 때
③ 이의신청에 대한 결정에 대하여 30일 이내에 불복의사를 표명하지 아니하였을 때
④ 이의신청에 대한 결정에 불복하여 행정소송을 제기한 경우 그 판결이 확정되었을 때

해설 지적재조사사업에 따른 경계의 확정시기
1. 이의신청 기간에 이의를 신청하지 아니하였을 때
2. 이의신청에 대한 결정에 대하여 60일 이내에 불복의사를 표명하지 아니하였을 때
3. 경계에 관한 결정이나 이의신청에 대한 결정에 불복하여 행정소송을 제기한 경우에는 그 판결이 확정되었을 때

99. 지적소관청이 측량기준점의 설치를 위해 토지 등의 출입 등에 따라 손실이 발생하여, 손실을 받은 자와 협의가 성립되지 아니한 경우 재결을 신청할 수 있는 곳은?

① 시·도지사
② 중앙지적위원회
③ 행정안전부장관
④ 관할 토지수용위원회

해설 토지 등의 출입에 따른 손실보상
1. 손실보상 대상 : 측량기준점을 설치 또는 토지의 이동을 조사하기 위하여 타인의 토지 등에 출입하거나 일시 사용한 경우로서 장애물을 변경하거나 제거한 경우
2. 손실보상자 : 행위를 한 자
3. 손실보상액 결정 및 이의신청 등
   ① 손실을 보상할 자와 손실을 받을 자가 협의하여 보상액을 결정
   ② 손실을 보상할 자와 손실을 받은 자는 협의가 성립되지 아니하거나 협의를 할 수 없는 때에는 관할 토지수용위원회에 재결을 신청

Answer 98. ③ 99. ④

100. 경위의측량방법으로 세부측량을 한 경우 측량결과도에 적어야 하는 사항이 아닌 것은?

① 방위각
② 측량기하적
③ 지상에서 측정한 거리
④ 측량대상 토지의 점유현황선

해설 1. 경위의측량방법으로 세부측량을 한 경우 측량결과도에 적어야 하는 사항
　① 측정점의 위치, 지상에서 측정한 거리 및 방위각
　② 측량대상 토지의 경계점 간 실측거리
　③ 측량대상 토지의 토지이동 전의 지번과 지목
　④ 측량결과도의 제명 및 번호와 지적도의 도면번호
　⑤ 신규등록 또는 등록전환 하려는 경계선 및 분할경계선
　⑥ 측량대상 토지의 점유현황선
　⑦ 측량 및 검사의 연월일, 측량자 및 검사자의 성명·소속 및 자격등급 또는 기술등급
2. 평판측량방법으로 세부측량을 한 경우 측량결과도에 적어야 하는 사항
　① 측정점의 위치, 측량기하적 및 지상에서 측정한 거리 및 방위각
　② 측량대상 토지의 토지이동 전의 지번과 지목
　③ 측량결과도의 제명 및 번호와 지적도의 도면번호
　④ 신규등록 또는 등록전환하려는 경계선 및 분할경계선
　⑤ 측량대상 토지의 점유현황선
　⑥ 측량 및 검사의 연월일, 측량자 및 검사자의 성명·소속 및 자격등급 또는 기술등급

2023년 기출복원문제

2023년 제1회 지적기사

2023년 제2회 지적기사

2023년 제3회 지적기사

2023년 시행

Engineer Cadastral Surveying

2023년 제1회 지적기사

01 지적측량

SUBJECT

01. 북위 38°와 동경 127° 선이 교차되는 점을 중부원점이라 한다. 이때의 위도는?

① 측지위도 ② 지심위도 ③ 천문위도 ④ 극좌표

해설 위도에는 천문위도, 지심위도, 측지위도, 화성위도로 분류되며 경위도 좌표계에서는 경도와 위도로 지구 상에서의 제점의 위치를 표시하는데 이때 경도와 위도를 기준으로 하는 서부·중부·동부원점에서의 위도는 측지위도이다.

02. 다음 중 지적세부측량의 시행대상이 아닌 것은?

① 토지분할 ② 신규등록
③ 경계복원 ④ 지목변경

해설 지목변경은 측량을 수반하지 않고 지목만 변경하여 공부에 등록한다.

03. 지적삼각점 설치를 위한 망구성으로 사용되지 않는 것은?

① 삽입망 ② 교회망
③ 사각망 ④ 유심다각망

해설 지적측량 시행규칙 제8조(지적삼각점측량)
지적삼각점은 유심다각망(有心多角網)·삽입망(挿入網)·사각망(四角網)·삼각쇄(三角鎖) 또는 삼변(三邊)망으로 구성하여야 한다.

04. 어느 토지의 경계점 간 거리가 다음과 같을 때 토지의 면적은?

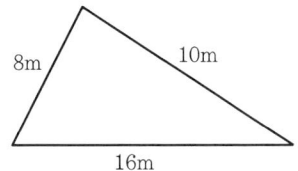

① 31.65m² ② 31.76m² ③ 32.45m² ④ 32.73m²

Answer 1. ① 2. ④ 3. ② 4. ④

해설 $s = \frac{1}{2}(a+b+c)$라 하면

$A = \sqrt{s(s-a)(s-b)(s-c)}$

$s = \frac{1}{2}(8+10+16) = 17$

$A = \sqrt{17(17-8)(17-10)(17-16)} = 32.73\text{m}^2$

05. 일람도의 각종 선의 제도방법으로 옳은 것은?

① 수도용지 : 남색 0.2mm 폭, 2선
② 철도용지 : 붉은색 0.1mm 폭, 2선
③ 취락지·건물 : 0.1mm 폭, 내부는 검은색 엷게 채색
④ 하천·구거·유지 : 붉은색 0.1mm 폭, 내부는 붉은색 엷게 채색

해설 지적업무 처리규정 제38조(일람도의 제도)
1. 수도용지 : 남색 0.1mm 폭, 2선
2. 철도용지 : 붉은색 0.2mm 폭, 2선
3. 하천·구거·유지 : 남색 0.1mm 폭, 2선, 내부는 남색 엷게 채색

06. 지적측량 중 지적기준점을 정하기 위한 기초측량을 3가지로 분류할 때 그 분류로 옳지 않은 것은?

① 지적삼각점측량
② 지적삼각보조점측량
③ 지적도근점측량
④ 지적사진측량

해설 공간정보의 구축 및 관리 등에 관한 법률 시행령 제8조(측량기준점의 구분)
지적기준점은 지적삼각점, 지적삼각보조점, 지적도근점으로 정하고 있다.
- 지적삼각점 : 지적측량 시 수평위치 측량의 기준으로 사용하기 위하여 국가기준점을 기준으로 하여 정한 기준점
- 지적삼각보조점 : 지적측량 시 수평위치 측량의 기준으로 사용하기 위하여 국가기준점과 지적삼각점을 기준으로 하여 정한 기준점
- 지적도근점 : 지적측량 시 필지에 대한 수평위치 측량 기준으로 사용하기 위하여 국가기준점, 지적삼각점, 지적삼각보조점 및 다른 지적도근점을 기초로 하여 정한 기준점

07. 지적삼각점의 관측 및 계산 기준에 관한 설명 중 옳지 않은 것은?

① 경위의측량방법에 의한 지적삼각점의 관측은 10초독 이상의 경위의를 사용한다.
② 광파기 측량방법에 의한 지적삼각점의 점간거리는 3회 이상 측정한다.
③ 지적삼각점의 점간거리는 원점에 투영된 평면거리에 의하여 계산한다.
④ 지적삼각점에 대한 연직각의 관측치는 관측치의 최대치와 최소치의 교차가 30초 이내인 때에는 그 평균치를 연직각으로 한다.

해설 지적측량 시행규칙 제9조(지적삼각점측량의 관측 및 계산)
1. 관측은 10초독 이상의 경위의를 사용한다.

2. 수평각 관측은 3대회(윤곽도는 0도, 60도, 120도로 한다)의 방향관측법에 의한다.
3. 점간거리는 5회 측정하여 그 측정치의 최대치와 최소치의 교차가 평균치의 10만분의 1 이하인 때에는 그 평균치를 측정거리로 한다.
4. 원점에 투영된 평면거리에 의하여 계산한다.
5. 연직각은 관측치의 최대치와 최소치의 교차가 30초 이내인 때에는 그 평균치를 연직각으로 한다.

08. 교회법에 의하여 지적삼각보조측량을 실시할 경우 수평각 관측의 윤곽도는?

① 0°, 45°, 90°
② 0°, 60°, 120°
③ 0°, 90°
④ 0°, 120°

해설 지적측량 시행규칙 제11조(지적삼각보조점의 관측 및 계산)
수평각 관측은 2대회(윤곽도는 0도, 90도로 한다)의 방향관측법에 따른다.

09. 전파기 또는 광파기측량방법에 따른 지적삼각점의 관측과 계산 기준이 틀린 것은?

① 표준편차가 ±(5mm+5ppm)이상인 정밀측거기를 사용한다.
② 점간거리는 3회 측정하고, 원점에 투영된 수평거리로 계산하여야 한다.
③ 측정치의 최대치와 최소치의 교차가 평균치의 10만분의 1 이하일 때는 그 평균치를 측정거리로 한다.
④ 삼각형의 내각계산은 기지각과의 차가 ±40초 이내이어야 한다.

해설 지적측량 시행규칙 제9조(지적삼각점측량의 관측 및 계산)
• 지적삼각점측량의 점간거리는 5회 측정하여 그 측정치의 최대치와 최소치의 교차가 평균치의 10만분의 1 이하일 때에는 그 평균치를 측정거리로 함
• 원점에 투영된 평면거리에 따라 계산

10. 다음 중 광파기측량방법과 다각망도선법에 따른 지적삼각보조점의 관측 및 계산에서 도선별 연결오차의 기준으로 옳은 것은?(단, S는 도선의 거리를 1천으로 나눈 수를 말한다.)

① (0.05×S)m 이하
② (0.10×S)m 이하
③ (0.5×S)m 이하
④ (1.0×S)m 이하

해설 지적측량 시행규칙 제11조(지적삼각보조점의 관측 및 계산)
도선별 연결오차는 0.05×S미터 이하로 할 것. 이 경우 S는 도선의 거리를 1천으로 나눈 수를 말한다.

11. 도곽선의 제도에 대한 설명 중 틀린 것은?

① 도면의 위 방향은 항상 북쪽이 되어야 한다.
② 이미 사용하고 있는 도면의 도곽크기는 종전에 구획되어 있는 도곽과 그 수치로 한다.
③ 도면에 등록하는 도곽선은 0.1 mm의 폭으로 제도한다.
④ 도곽선 수치는 왼쪽 윗부분과 오른쪽 아랫부분에 제도한다.

Answer 8. ③ 9. ② 10. ① 11. ④

해설 지적업무처리규정 제40조(도곽선의 제도)
① 도면의 위 방향은 항상 북쪽이 되어야 한다.
② 지적도의 도곽 크기는 가로 40센티미터, 세로 30센티미터의 직사각형으로 한다.
③ 도곽의 구획은 공간정보의 구축 및 관리 등에 관한 법률 시행령 제7조 제3항 각 호에서 정한 좌표의 원점을 기준으로 하여 정하되, 그 도곽의 종횡선수치는 좌표의 원점으로부터 기산하여 종횡선수치를 각각 가산한다.
④ 이미 사용하고 있는 도면의 도곽크기는 종전에 구획되어 있는 도곽과 그 수치로 한다.
⑤ 도면에 등록하는 도곽선은 0.1밀리미터의 폭으로, 도곽선의 수치는 도곽선 왼쪽 아랫부분과 오른쪽 윗부분의 종횡선교차점 바깥쪽에 2밀리미터 크기의 아라비아숫자로 제도한다.

12. 지적도근점의 위치를 선정하는 데 고려되어야 할 조건으로 타당하지 못한 것은?
① 후속 세부측량 작업이 용이한 위치에 선점
② 지적도근점의 표지 관리가 용이한 위치
③ 통과 교통이 많은 도로 중앙의 위치에 선점
④ 점간 상호 시준이 가능한 위치에 선점

해설 교통이 많은 도로 중앙의 경우 통과 차량으로 인해 관측에 방해를 받고 또한 여름의 경우 아지랑이가 더욱 심해 오차의 발생이 더욱 가중될 수 있다.

13. 평판측량방법에 따른 세부측량을 실시할 때 지상경계선과 도상경계선의 부합여부를 확인하는 방법은?
① 교회법 ② 도선법 ③ 방사법 ④ 현형법

해설 지적측량 시행규칙 제18조(세부측량의 기준 및 방법 등)
평판측량방법에 따른 세부측량에서 경계점은 기지점을 기준으로 하여 지상경계선과 도상경계선의 부합여부를 현형법(現形法)·도상원호(圖上圓弧)교회법·지상원호(地上圓弧)교회법 또는 거리비교확인법 등으로 확인하여 정한다.

14. 경위의측량방법에 의한 세부측량 시의 거리측정단위로 옳은 것은?
① 0.1cm ② 1cm ③ 5cm ④ 10cm

해설 지적측량 시행규칙 제18조(세부측량의 기준 및 방법 등)
경위의측량방법에 의한 세부측량을 할 때 거리측정단위는 1센티미터로 한다.

15. 지적도근점의 번호를 부여하는 방법 기준이 옳은 것은?
① 영구표지를 설치하는 경우에는 시·군·구별로 일련번호를 부여한다.
② 영구표지를 설치하는 경우에는 시·도별로 일련번호를 부여한다.
③ 영구표지를 설치하지 아니하는 경우에는 동·리별로 일련번호를 부여한다.
④ 영구표지를 설치하지 아니하는 경우에는 읍·면별로 일련번호를 부여한다.

해설 지적측량 시행규칙 제12조(지적도근점측량)
영구표지를 설치하는 경우에는 시·군·구별로, 영구표지를 설치하지 아니하는 경우에는 시행지역별로 설치순서에 따라 일련번호 부여

16. 좌표면적계산법으로 면적측정을 하는 경우 다음 내용의 ⊙과 ⓒ에 들어갈 말로 옳은 것은?

산출면적은 (⊙)까지 계산하여 (ⓒ)단위로 정할 것

① ⊙ : $\frac{1}{10}$m², ⓒ : 1m²
② ⊙ : $\frac{1}{100}$m², ⓒ : 1m²
③ ⊙ : $\frac{1}{1,000}$m², ⓒ : $\frac{1}{10}$m²
④ ⊙ : $\frac{1}{10,000}$m², ⓒ : $\frac{1}{10}$m²

해설 지적측량 시행규칙 제20조(면적측정의 방법 등)
좌표면적계산법에 따른 산출면적은 1천분의 1제곱미터까지 계산하여 10분의 1제곱미터 단위로 정함

17. 배각법에 의한 지적도근점의 각도관측 시, 측각오차의 배분 방법으로 옳은 것은?

① 측선장에 비례하여 각 측선의 관측각에 배분한다.
② 각 측선의 종·횡선차 길이에 비례하여 배분한다.
③ 변의 수에 비례하여 각 측선의 관측각에 배분한다.
④ 변의 수에 반비례하여 각 측선의 관측각에 배분한다.

해설 지적측량 시행규칙 제15조(지적도근점측량에서의 연결오차의 허용범위와 종선 및 횡선오차의 배분)
배각법에 따르는 경우 : 다음의 계산식에 따라 각 측선의 종선차 또는 횡선차 길이에 비례하여 배분

$$T = -\frac{e}{L} \times l$$

(T는 각 측선의 종선차 또는 횡선차에 배분할 센티미터 단위의 수치, e는 종선오차 또는 횡선오차, L은 종선차 또는 횡선차의 절대치의 합계, l은 각 측선의 종선차 또는 횡선차를 말한다)

18. 아래 그림의 망형으로 소구점을 구할 때 필요한 최소 조건식(규약)은?

① 4개 ② 7개 ③ 9개 ④ 11개

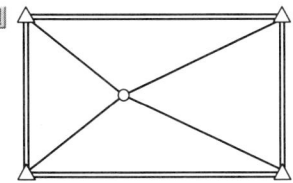

- 각 조건식 수=기지점 수+삼각형 수−1
  =4+4−1=7개
- 변 조건식 수=기선의 수+소구점 수−3
  =4+1−3=2개
- ∴ 9개

Answer 16. ③ 17. ② 18. ③

19. 지적측량에서 원점을 기준으로 지구표면을 평면으로 정하는 투영식은?

① 가우스상사 이중투영법 ② 가우스크뤼거도법
③ 등각횡원통도법 ④ 등거리횡원통도법

해설 원점을 기준으로 지구의 표면을 평면으로 정하는 투영식은 가우스상사 이중투영법으로 한다.

20. 축척변경시행지역 안의 토지소유자가 경계점표지를 설치하는 경계는 무엇을 기준으로 하는가?

① 경계복원측량 성과에 의한 경계
② 시행공고일 현재 점유상태의 경계
③ 소유자 간에 합의된 경계
④ 담장, 철조망 등의 지상 구조물

해설 공간정보의 구축 및 관리 등에 관한 법률 시행령 제71조(축척변경 시행공고 등)
축척변경 시행지역의 토지소유자 또는 점유자는 시행공고가 된 날(이하 "시행공고일"이라 한다)부터 30일 이내에 시행공고일 현재 점유하고 있는 경계에 국토교통부령으로 정하는 경계점표지를 설치하여야 한다.

02 응용측량

SUBJECT

21. 사진측정결과 종 모델수가 10모델, 횡방향의 코스는 8코스라면 필요한 수평위치 기준점(삼각점)의 수는?

① 160개 ② 168개 ③ 320개 ④ 336개

해설 총 모델수=종 모델수×횡 모델수=10×8=80모델, 삼각점수=총 모델수×2=80×2=160개

22. GNSS 위성신호에 대한 설명으로 옳지 않은 것은?

① L_1반송파에 C/A코드와 P코드가 실려 전달된다.
② L_2반송파에 P코드가 실려 전달된다.
③ P코드는 10.23MHz의 주파수를 가진다.
④ C/A코드는 P코드의 1/100의 주파수를 가진다.

해설 GNSS 반송파에는 P코드와 C/A코드로 구분된다.

P코드
- 반복주기가 7일인 PRN code(Pseudo-Random Noise codes)이다.
- 주파수가 10.23MHz이며 파장은 30m이다.

- AS mode로 동작하기 위해 Y-code로 암호화되어 PPS 사용자에게 제공된다.
- PPS(Precise Positioning Service : 정밀측위서비스) - 군사용

C/A코드
- 1ms(milli-second)인 PPN code
- 주파수는 1.023MHz이며 파장은 300m이다.
- L_1 반송파에 변조되어 SPS 사용자에게 제공
- SPS(Standard Positioning Service : 표준측위서비스) - 민간용

23. 촬영고도 5,000m인 항공사진상에 나타난 건물정상의 시차를 측정하니 19.32mm이고, 건물 밑 부분의 시차를 측정하니 18.88mm였다. 한 층의 건물 높이가 3m라 할 때 이 건물의 층수는?

① 약 24층　　　　　　　　② 약 30층
③ 약 35층　　　　　　　　④ 약 38층

해설　시차차에 의한 비고량 계산식은

$h = \dfrac{H}{P_r + \Delta P} \times \Delta P$

여기서, h : 높이, H : 비행고도, P_a : 정상의 시차
P_r : 기준면의 시차, $\Delta P = P_a - P_r = 19.32 - 18.88 = 0.44$이므로

$\dfrac{5,000,000}{18.88 + (19.32 - 18.88)} \times (19.32 - 18.88) = 113,871\text{mm} = 114\text{m}$, 114m÷3=38층

24. 원격탐사에 의한 측정에 영향을 미치는 요인과 가장 거리가 먼 것은?

① 물체의 반사 또는 방사
② 광원의 입사각과 물체 및 센서 위치관계
③ C-계수
④ 대기의 반사, 투과, 흡수, 산란

해설　원격탐측은 원거리상에서 대상물과 현상 정보를 해석하는 것으로써 탑재기에 탑재된 센서를 이용하여 지표의 대상물에서 반사 또는 방사된 전자스텍트럼을 측정하고 이들의 자료를 이용하여 대상물의 현상에 관한 정보를 얻는 기법을 말하며 C-계수는 항공사진 측량 도화기의 정밀도를 나타내는 계수이다.

25. 사진의 표정 중 절대표정에 의하여 결정(조정)되는 사항이 아닌 것은?

① 축척　　　② 위치　　　③ 수준면　　　④ 초점거리

해설　절대표정(대지표정)은 축척의 결정, 수준면의 결정(표고, 경사결정), 위치의 결정(위치, 방위의 결정)을 하며 대체로 축척을 결정한 다음 수준면을 결정하고 시차가 생기면 다시 상호표정으로 돌아가서 표정을 해나간다.

Answer　23. ④　24. ③　25. ④

26. 중앙종거법으로 곡선설치를 하려고 한다. 현의 길이 40.00m, 중앙종거 1.0m일 때 원곡선의 반지름은?

① 40.10m ② 80.50m ③ 160.10m ④ 200.50m

해설 중앙종거와 곡률반경의 관계는 $R = \dfrac{L^2}{8M} + \dfrac{M}{2}$ 이므로

$$\dfrac{40^2}{8} + \dfrac{1}{2} = 200.50\text{m}$$

27. 직접수준측량에 따른 오차 중 시준거리의 제곱에 비례하는 성질을 갖는 것은?

① 기포관축과 시준선이 평행하지 않음에 의한 오차
② 표척의 길이가 표준길이와 다름에 의한 오차
③ 지구의 곡률 및 대기 중 광선의 굴절로 인한 오차
④ 망원경의 시도 불명으로 인한 표척의 독취 오차

해설 오차 중 지구의 곡률(구차)과 대기의 굴절(기차)을 합한 양차(구차+기차)에서

$h = \dfrac{D^2}{2R}(1-K)$ 이므로 시준거리의 제곱에 비례한다.

28. 터널 양쪽 입구의 A점(568.25, 867.27)과 B점(432.72, 621.43)의 계획고가 각각 H_A = 262.562m, H_B = 274.634m일 때 이 터널의 기울기는?(단, 좌표단위는 m)

① 3.4% ② 4.3% ③ 5.6% ④ 6.5%

해설 h = 274.634 − 262.562 = 12.072m이고

AB의 거리(D) = $\sqrt{(432.72-568.25)^2 + (621.43-867.27)^2}$ = 280.723

사면의 경사 = $\dfrac{h}{D} = \dfrac{12.072}{280.723} = 0.043 = 4.3\%$

29. 교호수준측량의 장점으로 옳은 것은?

① 작업속도가 더 빠르다.
② 전시, 후시의 거리차가 일정하다.
③ 소규모 측량의 경우엔 경제적이다.
④ 구차 및 기차의 오차를 제거할 수 있다.

해설 교호수준측량은 하천이나 계곡 등 직접 수준측량을 할 수 없는 경우, 즉 중앙에 기계를 세울 수 없을 때에 직접 또는 간접으로 실시하는 방법이며 교호수준측량을 하면 전시, 후시의 등거리가 안 되어 생기는 오차, 즉 시준오차, 구차, 기차 등이 소거되며 가장 큰 오차는 시준축 오차이다.

Answer 26. ④ 27. ③ 28. ② 29. ④

30. 수치사진측량의 영상정합에서 두 영상의 특징(일반적 경계정보를 의미)을 기본 자료로 이용하며 두 영상에서 대응하는 특징을 발견함으로써 대응점을 찾아내는 정합은?

① 영역기준정합 ② 단순정합
③ 형상기준정합 ④ 관계형정합

해설 영상정합(Image Matching)은 영상 중 한 영상의 한 위치에 해당하는 실제의 객체가 다른 영상의 어느 위치에 형성되었는가를 발견하는 작업으로서 상응하는 위치를 발견하기 위해서 유사성 측정을 이용하며 형상기준정합(Feature Matching)에서는 상응점을 발견하기 위한 기본자료로서 특징(점, 선, 영역등이 될 수 있으나 일반적으로 경계정보를 의미)을 이용하고 두 영상에서 상응하는 특징을 발견함으로써 상응점을 찾아낸다.

31. 수준측량에서 사용하는 용어의 설명 중 틀린 것은?

① I.P(중간점) : 어떤 지점의 표고를 알기 위해 표척을 세워 전시를 취한 점
② B.S(후시) : 측량해 나가는 방향을 기준으로 기계의 후방을 시준한 값
③ T.P(이기점) : 기계를 옮기기 위해 어떤 점에서 전시와 후시를 취한 점
④ F.S(전시) : 표고를 알고자 하는 곳에 세운 표척의 시준값

해설 후시는 알고 있는 점에 세운 표척의 눈금을 읽는 것을 말한다.

32. 표고가 동일하고 지상에서 50m 떨어진 2개의 수직터널에서 연직으로 200m인 지점의 두 수직터널 간의 거리는 지상에서와 얼마나 차이가 발생하는가?(단, 지구 반지름은 6,370km이다.)

① 18cm ② 1.6cm
③ 0.16cm ④ 0.016cm

해설 비례식으로 구하면 $6,370,000 : 50 = (6,370,000-200) : x$
$x = \dfrac{50 \times 6,369,800}{6,370,000} = 49.99843$이므로 차이는 $50 - 49.99843 = 0.00157\text{m} = 0.16\text{cm}$

33. GNSS에서 위도, 경도, 고도, 시간에 대한 차분해(Differential Solution)를 얻기 위한 윗어의 최소 개수는?

① 1 ② 2
③ 4 ④ 8

해설 GNSS에 의한 측량을 위해서는 최소 4개 이상의 위성으로부터 신호를 받아야 한다.

34. 등고선의 성질에 관한 설명으로 옳지 않은 것은?

① 등고선은 최대경사선과 직교한다.
② 등고선은 폭포와 같이 도면 내외 어느 곳에서도 폐합되지 않는 경우가 있다.
③ 동일 등고선상에 있는 모든 점은 같은 높이이다.
④ 등고선은 절벽이나 동굴의 지형을 제외하고는 교차하지 않는다.

해설 등고선은 도면내나 외에서 반드시 폐합하는 폐곡선이다.

35. 사진 렌즈의 중심을 지나는 연직선이 사진면 및 지면과 교차하는 점에 대한 설명으로 옳은 것은?

① 사진의 경사각에 관계없이 이 점에서는 수직 사진의 축척과 같은 축척이 된다.
② 사진상의 각 비교점은 이 점을 중심으로 하는 방사선상에 있게 된다.
③ 사진상에 나타난 점과 그와 대응되는 실제점과의 상관성을 해석하기 위한 점이다.
④ 항공사진에서는 마주 보는 지표의 대각선이 서로 만나는 교점이 이 점의 위치가 된다.

해설 항공사진의 특수3점 중 주점은 사진의 중심점으로서 렌즈의 중심으로부터 화면에 내린 수선의 발로 렌즈의 광축과 화면이 교차하는 점이며 보통 항공사진에서는 마주 보는 지표의 대각선이 서로 만나는 점이 주점의 위치이고 사진상의 각 비교점은 주점을 중심으로 하는 방사선상에 있다.

36. 노선측량에서 철도를 개설하기 위한 측량의 순서로 옳은 것은?

① 노선선정-실측-예측-세부측량-공사측량
② 노선선정-예측-실측-세부측량-공사측량
③ 노선선정-실측-세부측량-예측-공사측량
④ 노선선정-예측-공사측량-실측-세부측량

해설 노선측량의 작업순서는 도상계획 → 답사 → 예측 → 공사측량의 순으로 진행되며 방법은 노선선정-계획조사(예측)-실시설계측량-세부측량-용지측량-공사측량(시공측량)으로 실시된다

37. 다음 중 완화곡선에 해당하는 것은?

① 반향곡선   ② 머리핀곡선
③ 단곡선   ④ 렘니스케이트

해설 완화곡선에는 3차 포물선, 고차 포물선, 반파장 사인, 렘니스케이트, 클로소이드 등이 있다.

38. 넓은 지역에 지성선을 따라 각 지점의 표고를 측정하여 이 점들을 기준으로 하여 등고선을 삽입하는 방법은?

① 횡단선법   ② 방안점법   ③ 지형점법   ④ 종단점법

해설 등고선의 측정방법 중 간접측정방법에는 방사절측법, 목측에 의한 방법, 방안법(좌표점고법, 모눈종이법), 기준점법(종단점법), 횡단점법이 있으며 종단점법은 기지점에서부터 몇 개의 측선을 설정하고 그 선상의 지반고와 거리를 재고 등고선을 삽입하는 방법을 말한다.

Answer 34. ② 35. ② 36. ② 37. ④ 38. ④

39. 곡선반경 300m의 단곡선을 시속 80km/h로 주행할 때, 캔트는 얼마로 해야 하는가?(단, 궤도간격=1,067mm, g=9.8m/sec²)

① 12cm ② 15cm ③ 18cm ④ 21cm

해설 캔트(Cant)는 곡선부를 통과하는 차량이 원심력이 발생하여 접선방향으로 탈선하려는 것을 방지하기 위해 바깥쪽 노면을 안쪽 노면보다 높이는 정도를 말하며 편경사라 한다.

캔트 $h = \dfrac{v^2 S}{gR} = \dfrac{\left(80 \times \dfrac{1,000}{3,600}\right)^2 \times 1.067}{9.8 \times 300} = 0.179\text{m} = 18\text{cm}$

40. 하천, 호수, 항만 등의 수심을 나타내기에 가장 적합한 지형표시 방법은?

① 단재법 ② 점고법 ③ 영선법 ④ 등고선법

해설 점고법은 지면상에 있는 임의의 점의 표고를 도상에 있는 숫자에 의하여 지표를 나타내는 방법이며 하천, 항만, 해양 등의 심천을 나타내는 경우에 사용한다.

03 토지정보체계론

41. 데이터에 대한 정보로서 데이터의 내용, 품질, 조건 및 기타 특성에 대한 정보를 포함하는 정보의 이력서라 할 수 있는 것은?

① 데이터베이스(Database) ② 라이브러리(Library)
③ 메타데이터(Metadata) ④ 인덱스(Index)

해설
① 데이터베이스 : 도형정보와 속성자료를 합친 모든 정보를 입력하여 보관하는 정보의 저장소
② 라이브러리 : 컴퓨터에서 독립적으로 실행되지 않고, 다른 프로그램의 실행을 도와주는 프로그램
③ 메타데이터 기본요소 : 개요 및 자료 소개, 자료 품질, 자료의 구성, 공간참조를 위한 정보, 형상 및 속성 정보, 정보 획득방법, 참조정보
④ 인덱스 : 데이터베이스에서 검색의 속도를 높이는 데 찾아보기 개념인 자료구조

42. 서로 다른 체계들 간의 자료를 공유하기 위한 공간자료교환 표준화를 지칭하는 것은?

① DIGEST ② SDTS ③ DX-90 ④ TC-287

해설 SDTS(Spatial Data Transfer Standard)
① 미국 연방 정부의 표준으로 채택되어 공간자료의 교환 표준
② 다른 체계들 간의 자료를 공유를 위한 공간자료의 교환 표준
③ 국가지리정보체계(NGIS)의 공간데이터 교환포맷

43. 토지정보시스템의 구성요소에 해당되지 않는 것은?

① 인력 및 조직 ② 데이터베이스 ③ 소프트웨어 ④ 정보이용자

해설 토지정보체계의 구성요소는 인력과 조직, 자료(데이터베이스), 소프트웨어, 하드웨어가 있다.

44. 벡터자료(Vector Data)의 장점이 아닌 것은?

① 복잡한 현실세계의 묘사가 가능하다.
② 위상자료구조를 가질 수 있다.
③ 저장 공간을 적게 차지한다.
④ 공간분석 기능을 쉽고 빠르게 처리할 수 있다.

해설 래스터자료의 장점
① 상대적으로 데이터 구조가 간단하다.
② 셀로 표현되므로 초보자들도 이해하기 쉽고 사용이 가능하다.
③ 각 셀에 속성값이 코드화되어 지도의 중첩이나 공간분석 기능을 쉽고 빠르게 처리할 수 있다.

45. 데이터베이스관리시스템(DBMS : Database Management System)에 대한 설명으로 틀린 것은?

① DBMS는 물리적인 시스템으로 데이터베이스를 생성·관리·제공하는 집합이라고 할 수 있다.
② DBMS는 데이터를 저장하고 정보를 추출 할 수 있는 효율적이고 편리한 방법을 사용자에게 제공하는데 목적이 있다.
③ DBMS의 주요 기능은 데이터를 안정적으로 관리하고 효율적인 검색 및 데이터베이스의 질의 언어를 지원하는 것이다
④ 파일처리방식에 비하여 시스템 구성이 단순해져 자료의 손실 가능성이 적어진다.

해설 DBMS는 소프트웨어의 규모가 크고 복잡하여 파일처리방식보다 많은 하드웨어 자원이 필요하다.

46. 현실 체계의 객체 및 객체와 관련되는 모든 형상의 점, 선, 면을 이용하여 마치 지도상에 나타난 것과 같이 표현되는 자료는?

① 벡터 자료 ② 래스터 자료 ③ 속성 자료 ④ 단위 자료

해설 벡터 자료는 객체의 지리적 위치와 형상을 점, 선, 면을 이용하고, 래스터 자료는 정사각형 격자형으로 구분된 점(최소단위 격자를 픽셀)을 이용한다.

47. 공간자료의 입력방법인 스캐닝에 대한 설명으로 옳지 않은 것은?

① 스캐너를 이용하여 정보를 신속하게 입력시킬 수 있다.
② 스캐너는 광학주사기 등을 이용하여 레이저 광선을 도면에 주사하여 반사되는 값에 수치값을 부여하여 데이터의 영상자료를 만드는 것이다.

③ 스캐너 영상자료는 GIS 소프트웨어를 이용하여 벡터라이징을 통해 수치지도로 제작된다.
④ 스캐닝은 문자나 그래픽 심벌과 같은 부수적 정보를 많이 포함한 도면을 입력하는 데 적합하다.

해설 스캐닝의 단점
① 스캐너의 정밀도에 따라 이미지 자료의 변형이 발생된다.
② 벡터라이징 과정에서 자료를 선택적으로 분리하기 어려워진다.
③ 특정 주제만을 선택하여 입력시킬 수 없다.
④ 공간해상도가 높을 경우 셀의 수가 많기 때문에 파일이 차지하는 용량이 크다.

48. LIS에서 커버리지(coverage)에 대한 설명으로 옳지 않은 것은?

① 단일주제와 관련된 도형자료만을 의미한다.
② 균등한 특성을 갖는 래스터정보의 기본요소를 의미한다.
③ 한 가지 주제 또는 형식의 자료로서 공간자료와 속성자료를 갖고 있는 수치지도를 의미한다.
④ 업무 활동 모형에서 업무 활동 상호간의 의존성 정도를 의미한다.

해설 Coverage는 벡터 데이터 저장의 기본단위(Layer 개념)이고, 한 가지 주제를 갖고 제작한 지도(지도침수흔적도, 관광안내도, 관내도 등)는 주제도이다.

49. 지적도면의 수치 파일화 공정순서로 옳은 것은?

① 폴리곤 형성 → 도면신축보정 → 지적도면 입력 → 좌표 및 속성검사
② 폴리곤 형성 → 지적도면 입력 → 도면신축보정 → 좌표 및 속성검사
③ 지적도면 입력 → 도면신축보정 → 폴리곤 형성 → 좌표 및 속성검사
④ 지적도면 입력 → 좌표 및 속성검사 → 도면신축보정 → 폴리곤 형성

해설 지적원도 데이터베이스 구축 작업공정

1. 작업계획 수립	2. 작업준비
3. 지적원도 이미지파일 제작	4. 좌표독취(벡터라이징)
5. 속성정보 입력	6. 지적원도 수치파일 제작
7. 검수도면 출력	8. 지적원도 수치파일 검수
9. 지적원도 신축보정	10. 지적원도 보정파일 제작
11. 통일원점 좌표변환	12. 도면접합
13. 연속지적원도 제작	14. 세계측지계 좌표변환
15. 구조화편집	16. 데이터베이스 구축
17. 최종 성과 검수	18. 지적원도 데이터베이스 시스템 탑재 및 검증

Answer 48. ③ 49. ④

50. 전산정보처리조직에서 사용자권한등록파일에 등록하는 사용자 권한에 속하지 않는 것은?

① 법인 아닌 사단·재단 등록번호의 업무관리
② 지적전산코드의 입력 및 삭제
③ 지적공부의 열람 및 등본발급의 관리
④ 표준지 공시지가 변동의 관리

해설 부동산종합공부시스템 운영 및 관리규정[별표 제1호]
개별공시지가 및 주택 가격정보 관리는 시·군·구(소관청) 업무에 해당되나, 표준지 공시지가는 국토교통부장관 업무에 해당됨

51. 지적전산자료의 이용 및 활용에 관한 사항 중 틀린 것은?

① 필요한 최소한도 안에서 신청하여야 한다.
② 지적파일 자체를 제공하라고 신청할 수는 없다
③ 지적공부의 형식으로는 복사할 수 없다.
④ 승인받은 자료의 이용·활용에 관한 사용료는 무료이다.

해설 공간정보의 구축 및 관리 등에 관한 법률 시행령 제62조 제6항
지적전산자료의 이용 및 활용에 관한 승인을 얻은 자는 국토교통부령이 정하는 사용료를 내야 한다. 다만, 국가나 지방자치단체에 대해서는 사용료를 면제한다.

52. 지적사무전산처리규정의 고유번호 구성에서 대장구분, 본번과 부번의 행정구역 코드의 구성은?

① 대장구분 1자리, 본번 4자리, 부번 4자리
② 대장구분 1자리, 본번 3자리, 부번 3자리
③ 대장구분 2자리, 본번 3자리, 부번 4자리
④ 대장구분 2자리, 본번 4자리, 부번 3자리

해설 부동산종합공부시스템 운영 및 관리규정 19조(코드의 구성)
고유번호는 행정구역코드 10자리(시·도 2, 시·군·구 3, 읍·면·동 3, 리 2), 대장구분 1자리, 본번 4자리, 부번 4자리를 합한 19자리로 구성한다.

53. 토지정보체계에 대한 설명으로 틀린 것은?

① 토지정보체계는 토지에 관한 정보를 제공함으로써 토지관리를 지원한다.
② 토지정보체계의 유용성은 토지자료의 유연성과 획일성에 중점을 두고 있다.
③ 토지정보체계 운영은 자료의 취득과 수집을 포함하고 그들의 처리, 유지, 검색, 분석, 보급 등도 포함한다.
④ 토지정보체계는 정보의 생산자를 위해서라기보다는 사용자의 이익을 위해 설계되었다.

해설 토지정보체계는 토지자료를 효율적으로 이용할 수 있도록 유용성(이용할 만한 특성) 측면에서 개발하였으므로, 토지자료의 유연성(탄력성)과 획일성(한결같은 성질)은 거리가 멀다.

Answer 50. ④ 51. ④ 52. ① 53. ②

54. 자동벡터화에 대한 설명으로 틀린 것은?

① 래스터자료를 소프트웨어에 의해 벡터화하는 것이다.
② 경우에 따라 수동 디지타이징보다 결과가 나쁠 수 있다.
③ 자동벡터화 후에 처리결과를 확인할 필요가 있다.
④ 위상구조화 작업도 신속하게 이루어진다.

해설 자동벡터화
① 자동벡터화 방법은 스캐너에 수집된 래스터데이터를 벡터화 소프트웨어를 사용하여 처리하는 방법으로 변환된 벡터데이터 수정, 레이어별 분류 등 후속작업이 필요함으로 일부 제한된 경우에만 사용하고 있다.
② 위상구조화 작업은 스파게티 구조를 별도의 소프트웨어를 이용하여 위상구조로 생성시키는 것을 말한다.

55. 다음 중 기존 공간 사상의 위치, 모양, 방향 등에 기초하여 공간 형상의 둘레에 특정한 폭을 가진 구역을 구축하는 공간분석 기법은?

① Buffer
② Dissolve
③ Interpolation
④ Classification

해설 공간분석 용어
① 디졸브(Dissolve) : 맵조인이나 제반 레이어를 합치는 과정에서 발생한 불필요한 폴리곤의 경계를 제거하는 과정
② 공간 보간(Interpolation) : 공간상에 알려진 표고값이나 속성값을 이용하여 표고나 속성값이 알려지지 않은 지점에 대한 값을 추정하는 것
③ 분류(Classification) : 정해진 기준이나 특징으로 전체의 데이터 그룹을 나누는 것

56. 디지타이징에서 발생하는 오류가 아닌 것은?

① 벡터라이징 오류
② 언더슈트(Undershoot)
③ 슬리버(Sliver)
④ 스파이크(Spike)

해설 벡터라이징
① 래스터자료를 벡터자료로 변환하는 것을 말함
② 방법은 벡터라이징 소프트웨어를 이용한 자동, 반자동, 스크린디지타이징 입력방식이 있음

57. 다음 중 공간데이터 관련 표준화와 관련이 없는 것은?

① IDW
② SDTS
③ CEN/TC
④ ISO/TC 211

해설 역거리 가중(Inverse Distance Weighted, IDW) 보간법
① 거리가 가까울수록(거리값이 작을수록) 높은 가중값이 적용
② 실측값으로부터 멀어질수록 가중되는 값의 영향력은 줄어든다

58. 국가나 지방자치단체가 지적전산자료를 이용하는 경우 사용료의 납부방법으로 옳은 것은?

① 사용료를 면제한다.
② 사용료를 수입증지로 납부한다.
③ 사용료를 수입인지로 납부한다.
④ 규정된 사용료의 절반을 현금으로 납부한다.

[해설] 지적전산자료의 이용 또는 활용을 승인을 받은 자는 국토교통부령으로 정하는 사용료를 내야 한다. 다만, 국가나 지방자치단체에 대해서는 사용료를 면제한다.

59. 데이터베이스의 일반적인 모형과 거리가 먼 것은?

① 입체형(Solid)
② 계급형(Hierarchical)
③ 관망형(Network)
④ 관계형(Relational)

[해설] 데이터베이스의 모형은 계층형, 네트워크형, 관계형, 객체지향형, 객체관계형이 있다.

60. 부동산종합공부시스템의 원활한 운영·관리를 위해 운영기관의 장의 역할이 아닌 것은?

① 부동산종합공부시스템 전산자료의 입력·수정·갱신 및 백업
② 부동산종합공부시스템 전산장비의 증설·교체
③ 부동산종합공부시스템의 지속적인 유지·보수
④ 부동산종합공부시스템의 응용프로그램 관리

[해설] 부동산종합공부시스템 운영 및 관리 규정 제4조(국토교통부장관 역할)
① 부동산종합공부시스템의 응용프로그램 관리
② 부동산종합공부시스템의 운영·관리에 관한 교육 및 지도·감독
③ 그 밖에 정보관리체계 운영·관리의 개선을 위하여 필요한 조치

04 지적학

SUBJECT

61. 현행 지목 중 차문자(次文字)를 따르지 않는 것은?

① 주차장   ② 유원지   ③ 공장용지   ④ 종교용지

[해설] 지목의 표기방법
1. 지목을 토지대장 및 임야대장 등에 등록하는 때에는 지목 전체를 표기
2. 지목을 지적도 및 임야도에 등록하는 때에는 지목을 뜻하는 기호를 표기
   ① 과수원 등 24개 지목은 두문자(지목의 첫 번째 글자)로 표기
   ② 하천, 유원지, 공장용지, 주차장 등 4개 지목은 차문자(지목의 두 번째 글자)로 표기(천, 원, 장, 차)

62. 토렌스시스템의 기본원리에 해당하지 않는 것은?

① 거울이론
② 거래이론
③ 커튼이론
④ 보험이론

해설 토렌스시스템의 3대 기본원칙에는 거울이론(Mirror Principle), 커튼이론(Curtain Principle), 보험이론(Insurance Principle)이 있다.

63. 지적재조사사업의 목적으로 옳지 않은 것은?

① 경계복원능력의 향상
② 지적불부합지의 해소
③ 토지거래질서의 확립
④ 능률적인 지적관리체제 개선

해설 지적재조사의 목적
1. 공적 측면에서 국토의 효율적인 관리, 토지정책 및 행정 수행의 기초자료 제공
2. 사적 측면에서 국민의 토지소유권 보호, 토지거래의 안전성 및 신속성 보장
3. 측량·정보처리 기술의 혁신 및 지적불부합이 야기되는 지적제도의 전면 개선
4. 토지관련 정보의 신속·정확한 제공
5. 지적정보를 공동 활용하여 중복투자 방지
6. 지적행정의 효율성 및 능률성 도모
※ 토지거래질서의 확립은 부동산정책으로 해결한 부분이다.

64. 다음 중 입안제도(立案制度)에 대한 설명으로 옳지 않은 것은?

① 토지매매계약서이다.
② 관에서 교부하는 형식이었다.
③ 조선 후기에는 백문매매가 성행하였다.
④ 소유권 이전 후 100일 이내에 신청하였다.

해설 입안제도(立案制度)
1. 입안의 개념
   ① 토지가옥의 매매를 국가에서 증명하는 제도로서, 현재의 등기권리증과 같은 지적의 명의변경 절차
   ② 진실한 권리자 보호 및 거래의 안전보장에 기여함을 목적으로 함
2. 입안의 내용 및 효력
   ① 기재내용 : 입안일자, 입안 관청명, 입안사유, 당해관의 서명
   ② 입안의 효력 : 매매계약에 대한 확정력, 공증력이 부여되어 권리관계가 명확해짐
3. 입안의 작성절차
   ① 계약성립 후 소유권이 이전되면 매수인이 매매문기 등을 첨부하여 입안청구의 소지를 매도인의 소재관에게 100일 이내에 제출(목적물 소재관에게 청구하는 예외도 있음)
   ② 한성부는 당하관이 화압하고, 당상관 1명이 화압한 다음 입안의 성급을 결정하여 관인을 날인
   ③ 관은 매매당사자, 증인, 필집 등을 조사하고 매매의 합법성을 확인하여 입안 발급
4. 입안의 규정
   ① 속전등록 : 입안기한의 규정은 없으나 입안 받지 않는 토지는 몰관한다고 규정
   ② 경국대전 : 토지가옥의 매매는 백일 이내(3년에서 단축), 상속은 1년 이내에 입안토록 규정

Answer 62. ② 63. ③ 64. ①

5. 입안의 폐지
   ① 입안은 강행적이고, 필요적 제도였으나 초기부터 잘 지켜지지 않았고, 조선후기에 사문화 되어 대전회통에 폐지를 명문화 함
   ② 입안의 사문화 이유 : 절차의 비현실성, 매매당사자·증인·집필인 등 출두 기피, 과중한 작지부담
   ③ 백문매매(白文賣買)의 성행 : 백문매매는 문기의 일종으로 입안을 받지 않는 매매계약서를 뜻하며, 관습상 성행하여 후에 관에서도 합법화되었으나 입안(立案) 폐지사유가 됨
   ※ 조선시대의 토지매매계약서는 "문기"를 의미한다.

65. 대규모 지역의 지적측량에 부가하여 항공사진측량을 병용하는 것과 가장 관계 깊은 지적원리는?

① 공기능의 원리
② 능률성의 원리
③ 민주성의 원리
④ 정확성의 원리

해설 현대지적의 원리
1. 공기능성의 원리 : 공기능성의 본원적 의미는 어떤 집단속에서 대다수의 개인에게 공통되는 이해 또는 목적을 가지는 것으로 불특정다수인의 이익의 추구이며, 사적 이익이라는 개별적 추구를 공적 입장에서 보호하자는 조화에 바탕을 두고 있으며, 모든 지적사항은 필요에 따라 공개되어야 하며 객관적이고 정확성이 있어야 함
2. 민주성의 원리 : 현대지적의 민주성이란 제도의 운영주체와 객체가 내적인 면에서 인간화가 이루어지고 외적인 면에서 주민의 뜻이 반영되는 행정이라 할 수 있으며 정책경정에서 국민의 참여, 국민에 대한 충실한 봉사, 국민에 대한 행정적 책임 등이 확보되는 상태를 말함
3. 능률성의 원리 : 지적의 능률성은 토지현황을 조사하여 지적공부를 만드는데 따르는 실무활동의 능률과 주어진 여건과 실행과정에서 이론개발 및 그 전달과정의 개선을 뜻하며 지적활동의 과학화, 기술화 내지 합리화, 근대화를 지칭하는 것
4. 정확성의 원리 : 토지의 정보를 수록하는 지적은 사회과학적 방법과 자연과학적 방법이 함께 접근되어야 하며 지적의 정확성이 현대지적의 기능을 최고화하기 위한 원리

66. 토렌스시스템의 커튼이론(Curtain Principle)에 대한 설명으로 가장 옳은 것은?

① 선의의 제3자에게는 보험 효과를 갖는다.
② 사실심사 시 권리의 진실성에 직접 관여하여야 한다.
③ 토지등록이 토지의 권리 관계를 완전하게 반영한다.
④ 토지등록 업무는 매입 신청자를 위한 유일한 정보의 기초다.

해설 토렌스시스템의 3대 기본원칙
1. 거울이론(Mirror Principle) : 토지권리증서의 등록은 토지거래의 사실을 이론의 여지없이 완벽하게 반영하는 거울과 같다는 이론
2. 커튼이론(Curtain Principle) : 소유권의 법적상태와 관련한 확실성을 보장하기 위하여 단지 현재의 등기부에 등기된 사항만 논의되어야 한다는 이론
3. 보험이론(Insurance Principle) : 토지등록이 토지의 권리를 아주 정확하게 반영한 것이나 인간의 과실로 인하여 착오가 발생하는 경우에 피해를 입은 사람은 누구나 피해보상에 관한 한 법률적으로 선의의 제3자와 동등한 입장에 놓여야만 된다는 이론

67. 다음 지적의 기본이념에 대한 설명으로 옳지 않은 것은?

① 지적공개주의 : 지정공부에 등록하여야만 효력이 발생한다는 이념
② 지적국정주의 : 지적공부의 등록사항은 국가만이 결정할 수 있다는 이념
③ 직권등록주의 : 모든 필지는 강제적으로 지적공부에 등록·공시해야 한다는 이념
④ 실질적심사주의 : 지적공부의 등록사항이나 변경등록은 지적 관련 법률상 적법성과 사실관계 부합여부를 심사하여 지적공부에 등록한다는 이념

해설 지적의 기본이념의 종류
1. 지적국정주의 : 지적공부의 등록사항은 국가만이 이를 결정할 수 있다는 이념
2. 지적형식주의 : 등록사항은 지적공부에 등록·공시하여야만 효력이 인정되는 이념
3. 지적공개주의 : 지적공부의 등록사항은 소유자, 이해관계인 등에게 공개하여 이용하게 함
4. 실질적심사주의(사실심사) : 등록이나 변경등록은 절차상의 적법성뿐만 아니라 사실관계의 부합여부를 심사한다는 이념
5. 직권등록주의(강제등록주의) : 모든 필지는 강제적으로 등록·공시하여야 함

68. 노비의 이름을 빌려 부동산을 처분하기 위해 작성한 문서로 옳은 것은?

① 패지
② 불망기
③ 전세문기
④ 매려약관부문기

해설 문기의 종류
1. 패지(牌旨) : 조선시대 전·답 등을 매매할 때 주인이 자신의 노비에게 대행시키면서 작성한 위임장으로서 패자(牌子)라고도 함
2. 불망기(不忘記) : 일정기간 돈을 빌리면서 전·답 등을 저당잡히는 문서를 전당문기(典當文記), 수표(手標), 수기(手記), 불망기라고 함
3. 전세문기(傳貰文記) : 임대차의 일종으로서, 집주인(貸主)이 세입자(借主)로부터 일정한 금액을 받고 일정한 기간 동안 해당 가옥을 대여해주는 대차계약을 위해 작성하는 문기
4. 매려약관부문기 : 부동산 매매를 할 경우 매도인이 다시 매수하기 위하여 권리를 유보하는 특약을 붙이는 문기

69. 지적측량 대행제도를 운영하고 있지 않은 국가는?

① 독일
② 스위스
③ 프랑스
④ 네덜란드

해설 각국의 지적측량제도
1. 국가직영체제 : 네덜란드, 대만, 미얀마, 인도네시아
2. 일부대행체제 : 프랑스, 스위스, 독일
3. 완전대행체제 : 한국, 일본

Answer 67. ① 68. ① 69. ④

70. 지번의 특성에 해당되지 않는 것은?

① 토지의 식별
② 토지의 가격화
③ 토지의 특정화
④ 토지의 위치 추측

해설 지번의 개념
1. 지번의 의의 : 지번이란 지리적 위치의 고정성과 토지의 특정화, 개별성을 확보하기 위해 리·동의 단위로 필지마다 아라비아 숫자로 순차적으로 부여하여 지적공부에 등록한 번호
2. 지번의 특징과 기능
   1) 지번의 특성
      ① 특정성
      ② 동질성
      ③ 종속성
      ④ 불가분성
      ⑤ 연속성
   2) 지번의 역할
      ① 장소의 기준
      ② 물권표시의 기준
      ③ 공간계획의 기준
   3) 지번의 기능
      ① 토지의 고정화
      ② 토지의 특정화
      ③ 토지의 개별화
      ④ 토지위치의 확인
      ⑤ 행정주소표기 : 도로명주소법이 시행된 2014년 이전까지 주소표기의 기준이 됨
      ⑥ 토지이용의 편리성
      ⑦ 토지관계 자료의 연결매체(필지식별자) 기능
3. 지번의 표기
   ① 지번은 아라비아 숫자로 표기한다.
   ② 임야대장 및 임야도에 표시하는 지번은 숫자 앞에 "산"자를 붙여 표시한다.
   ③ 지번은 본번과 부번으로 구성되되, 본번과 부번 사이에 "−"표시로 연결한다.

71. 고구려의 토지 면적 측정에 관한 설명으로 틀린 것은?

① 토지의 면적 단위는 경무법을 사용하였다.
② 면적의 단위로 '정, 단, 무, 보'를 사용하였다.
③ 구고장은 측량에 따른 계산에 관한 문제를 다루었다.
④ 방전장은 주로 논이나 밭의 넓이를 계산하였다.

해설 고구려의 토지제도
1. 토지측량 단위로 경무법과 척(尺)이 길이 단위로 사용
2. 구장산술(九章算術)에 의한 방전장(方田章) 및 구고장(句股章)의 면적 측량법을 사용
3. 주부(主簿)라는 직책을 두어 전적(田籍)에 관련한 사항을 관장
※ 1910년 토지조사사업의 시행으로 정, 단, 무, 보, 평 등의 척관법이 시행되었다.

Answer 70. ② 71. ②

72. 지적공부에 대한 설명으로 옳은 것은?
① 토지대장은 국가가 작성하여 비치하는 공적장부를 말한다.
② 경계점좌표등록부는 지적공부에 해당되지 않는다.
③ 지적공부 중 대장에 해당되는 것은 토지대장, 임야대장만을 말한다.
④ 지적공부 중 도면에 해당되는 것은 지적도, 임야도, 도시계획도를 말한다.

해설 지적공부란 토지대장, 임야대장, 공유지연명부, 대지권등록부, 지적도, 임야도 및 경계점좌표등록부 등 지적측량 등을 통하여 조사된 토지의 표시와 해당 토지의 소유자 등을 기록한 대장 및 도면(정보처리시스템을 통하여 기록·저장된 것을 포함한다)을 말한다(공간정보의 구축 및 관리 등에 관한 법률 제2조 19호).

73. 지상경계를 결정하기 곤란한 경우에 경계 결정의 방법에 대한 일반적인 원칙(이론)이 아닌 것은?
① 보완설   ② 점유설   ③ 지배설   ④ 평분설

해설 지상경계결정의 처리방법
1. 점유설: 현재 점유하고 있는 구획선이 하나일 경우 그를 양 토지의 경계로 한다.
2. 평분설: 점유상태를 확정할 수 없는 경우 분쟁지를 2등분하여 양지에 소속시킨다.
3. 보완설: 새로이 결정한 경계가 다른 확정된 자료에 비추어 형평타당하지 못할 때 그에 따른 보완(지적측량 등)을 한다.

74. 토지조사사업 당시 일필지조사 사항의 업무가 아닌 것은?
① 지목의 조사   ② 지번의 조사   ③ 지주의 조사   ④ 분쟁지의 조사

해설 토지조사사업의 소유권 조사
1. 토지조사사업 당시 소유권조사는 준비조사, 일필지조사 및 분쟁지조사의 3종류로 함
2. 준비조사: 면, 동·리의 명칭 및 경계를 조사하고 토지신고서를 정리하며 또 지방의 경제 및 관습을 조사하는 것을 주 임무로 하였다.
3. 일필지조사: 일필지조사는 지주의 조사, 강계의 조사, 지목의 조사 및 지번의 조사 등 4개로 구분하였다.
4. 분쟁지조사: 불분명한 국유지와 민유지, 미정리된 역둔토, 소유권이 불확실한 미개간지 정리 등 토지소유권에 관한 쟁의를 결정하였다.

75. 우리나라의 지적제도와 등기제도에 대한 설명이 옳지 않은 것은?
① 지적과 등기 모두 형식주의를 기본이념으로 한다.
② 지적과 등기 모두 실질적 심사주의를 원칙으로 한다.
③ 지적은 공신력을 인정하고, 등기는 공신력을 인정하지 않는다.
④ 지적은 토지에 대한 사실관계를 공시하고 등기는 토지에 대한 권리관계를 공시한다.

해설 지적제도와 등기제도의 비교

구분	지적제도	등기제도
기본이념	국정주의, 형식주의, 공개주의	형식주의(성립요건주의)
등록방법	직권등록주의, 단독신청주의	당사자신청주의, 공동신청주의

Answer 72. ① 73. ③ 74. ④ 75. ②

구분	지적제도	등기제도
심사방법	실질적심사주의	형식적심사주의
공신력	인정	불인정
편제방법	물적편성주의	물적편성주의
처리방법	신고의 의무, 직권조사처리	신청주의
신청방법	단독신청주의	공동신청주의
담당부서	국토교통부-시·도 지적담당부서 -시·군·구 지적담당부서	법무부-대법원-지방법원·지원·등기소
공부	토지, 임야대장, 공유지연명부, 대지권등록부, 지적도, 임야도, 경계점등록부, 지적전산파일	토지등기부, 건물등기부, 입목등기부, 상업등기부, 선박등기부, 법인등기부, 공장등기부 등
기능	토지의 물리적현황 공시	토지에 대한 권리관계를 공시
등록사항	토지소재, 지번, 지목, 경계, 면적, 소유자주소·성명 등	소유권, 저당권, 전세권, 지역권, 지상권 등
기타	지적측량실시	절차적 요식행위요구

76. 수치지적과 도해지적에 관한 설명으로 옳지 않은 것은?

① 수치지적은 비교적 비용이 저렴하고 고도의 기술을 요구하지 않는다.
② 수치지적은 도해지적보다 정밀하게 경계를 표시할 수 있다.
③ 도해지적은 대상 필지의 형태를 시각적으로 용이하게 파악할 수 있다.
④ 도해지적은 토지의 경계를 도면에 일정한 축척의 그림으로 그리는 것이다.

해설 도해지적과 수치지적의 비교
1. 도해지적과 수치지적의 의의
   ① 도해지적(Grephical Cadastre) : 토지경계를 도해적으로 측정하여 지적도 또는 임야도에 등록하고 토지경계의 효력을 도면에 등록된 경계에 의존하는 제도
   ② 수치지적(Numerical Cadastre) : 토지경계점을 수학적 좌표(X,Y)로 등록하는 제도로서 도해측량에 비해 측량의 정확성은 더 높고, 측량자의 주관적 판단 개입으로 인한 오차의 소지는 더 낮음
2. 도해지적과 수치지적의 장단점

구분	장점	단점
도해지적	① 토지형상의 시각적 파악이 용이 ② 측량 비용의 저렴성 ③ 고도의 기술이 요구되지 않음	① 축척별 허용오차가 다름 ② 도면신축발생, 보관관리 어려움 ③ 개인적·기계적·자연적 오차 유발 ④ 측량오차에 대한 신뢰성의 문제 발생
수치지적	① 자동제도에 의한 지적도 제작이 편리 ② 축척 제한없는 자유로운 도면작성 ③ 측량이 신속하며, 컴퓨터를 이용할 경우 내업이 간편 ④ 도해지적에 비해 정밀도가 높음	① 새로운 도면이 작성이 필요함 ② 등록당시의 측량기준점 사용여부에 따라 정확도에 영향을 받음 ③ 측량장비의 가격이 고가 ④ 측량사의 전문지식이 요구됨

77. 역토(驛土)에 대한 설명으로 틀린 것은?
① 역토는 역참에 부속된 토지의 명칭이다.
② 역토의 수입은 국고수입으로 하였다.
③ 역토는 주로 군수비용을 충당하기 위한 토지이다.
④ 조선시대 초기에 역토에는 관둔전, 공수전 등이 있다.

해설 역토와 둔전
1. 역토
① 역토는 신라, 고려시대 및 조선시대까지 이어져 1896년 폐지된 역참에 부속된 토지를 말함
② 신라시대부터 각 도의 주요지와 도 소재에서 군 소재지로 통하는 도로에 역참 설치하고 말과 인부를 항시 대기함
③ 역토는 타인에게 양도, 매매, 전대할 수 없으며, 역토의 매매는 엄중한 형벌을 과함
④ 역토가 황폐된 경우엔 즉시 다른 국유지로 보충
2. 둔전
① 둔전 또는 둔토는 국경지대의 군수품 충당을 위해 인근의 미간지를 주둔군에 부속시켜 개간, 경작시키면서 시작된 토지제도
② 둔전은 둔관을 보내 관리 감독함

78. 다음 중 지번을 설정하는 이유와 가장 거리가 먼 것은?
① 토지의 특정화
② 지리적 위치의 고정성 확보
③ 입체적 토지 표시
④ 토지의 개별화

해설 지번의 기능
1. 토지의 고정화
2. 토지의 특정화
3. 토지의 개별화
4. 토지위치의 확인
5. 행정주소표기, 토지이용의 편리성
6. 토지관계 자료의 연결매체 기능

79. 지적의 발생설 중 영토의 보존과 통치수단이라는 두 관점에 대한 이론은?
① 지배설 ② 치수설 ③ 침략설 ④ 과세설

해설 지적의 발생설
1. 지적발생설의 종류
① 과세설 : 세금징수의 목적에서 출발
② 치수설 : 토목측량술 및 치수에서 비롯됨
③ 지배설 : 통치적 수단에서 시작됨(통치설)
④ 침략설 : 영토확장과 침략상 우위 목적
2. 지배설
1) 의의

Answer 77. ③ 78. ③ 79. ①

① 지배설 또는 통치설은 영토의 보존과 통치수단이라는 두 관점에 대한 이론으로서 국토의 경계를 정하고 이것을 유지시키는 과정에서 지적이 발생했다는 관점
② 통치권자는 영토내 주민의 생활공간 확보 및 권력의지의 실현 위해 영토확장에 관심을 두며, 점령한 토지는 보존하려는 노력을 함
③ 지배설은 지적이 영토보존의 수단으로써 국가형태유지 및 집단생활을 위한 토지의 보호역할을 수행하는 과정에서 발생하였으며, 통치의 수단으로 이용되었다는 것을 의미
2) 지배설의 근거
① 이집트의 파라오, 그리스 미케네국왕은 국토를 소유하고 통치의 수단으로 사용
② 근세 일제 식민사에서도 토지조사사업을 제일 먼저 시행

80. 다음과 같은 특징을 갖는 지적제도를 시행한 나라는?

- 토지대장은 양전도장, 양전장적, 전적 등 다양한 명칭으로 호칭되었다.
- 과전법의 실시와 함께 자호제도가 창설되어 정단위로 자호를 붙여 대장에 기록하였다.
- 수등이척제를 측량의 척도로 사용하였다.

① 고구려   ② 백제   ③ 고려   ④ 조선

해설 고려시대의 양안은 도전장(都田帳), 양전도장(量田都帳), 양전장적(量田帳籍), 도전정(導田丁), 도행(導行), 전적(田積), 적(籍), 전부(田簿), 안(案), 원적(元籍) 등 다양한 명칭이 있었으며, 과전법을 실시하고 자호제도를 창설하였으며, 수등이척제를 실시하여 조선에 승계되었다.

05 지적관계법규

SUBJECT

81. 지적공부의 '대장'으로만 나열된 것은?

① 토지대장, 임야도
② 대지권등록부, 지적도
③ 경계점좌표등록부, 일람도
④ 공유지연명부, 토지대장

해설 지적공부란 토지대장, 임야대장, 공유지연명부, 대지권등록부, 지적도, 임야도 및 경계점좌표등록부 등 지적측량 등을 통하여 조사된 토지의 표시와 해당 토지의 소유자 등을 기록한 대장 및 도면을 말하며 크게 대장과 도면으로 분류할 수 있다.
1. 대장 : 토지대장, 임야대장, 공유지연명부, 대지권등록부
2. 도면 : 지적도, 임야도
※ 경계점좌표등록부 : 도시개발사업 등에 따라 새로이 지적공부에 등록하는 토지에 대해 작성한다.
※ 일람도 : 하나의 지번부여지역에 어떤 시설이 있는가 하는 것을 한 번에 볼 수 있게 만든 도면으로 지적소관청은 지적도면의 관리에 필요한 경우에는 지번부여지역마다 일람도와 지번 색인표를 작성하여 갖춰두고 있다.

82. 거짓으로 분할 신청을 한 경우 벌칙 기준으로 옳은 것은?

① 300만원 이하의 과태료
② 1년 이하의 징역 또는 1천만원 이하의 벌금
③ 2년 이하의 징역 또는 2천만원 이하의 벌금
④ 3년 이하의 징역 또는 3천만원 이하의 벌금

해설 거짓으로 분할 신청을 한 경우의 벌칙은 1년 이하의 징역 또는 1천만 원 이하의 벌금에 해당하며 대상은 아래와 같다.

1년 이하의 징역 또는 1천만 원 이하의 벌금
① 무단으로 측량성과 또는 측량기록을 복제한 자
② 심사를 받지 아니하고 지도등을 간행하여 판매하거나 배포한 자
③ 측량기술자가 아님에도 불구하고 측량을 한 자
④ 업무상 알게 된 비밀을 누설한 측량기술자
⑤ 둘 이상의 측량업자에게 소속된 측량기술자
⑥ 다른 사람에게 측량업등록증 또는 측량업등록수첩을 빌려주거나 자기의 성명 또는 상호를 사용하여 측량업무를 하게 한 자
⑦ 다른 사람의 측량업등록증 또는 측량업등록수첩을 빌려서 사용하거나 다른 사람의 성명 또는 상호를 사용하여 측량업무를 한 자
⑧ 지적측량수수료 외의 대가를 받은 지적측량기술자
⑨ 거짓으로 다음의 신청을 한 자
  • 신규등록 신청
  • 등록전환 신청
  • 분할 신청
  • 합병 신청
  • 지목변경 신청
  • 바다로 된 토지의 등록말소 신청
  • 축척변경 신청
  • 등록사항의 정정 신청
  • 도시개발사업 등 시행지역의 토지이동 신청
⑩ 다른 사람에게 자기의 성능검사대행자 등록증을 빌려 주거나 자기의 성명 또는 상호를 사용하여 성능검사대행업무를 수행하게 한 자
⑪ 다른 사람의 성능검사대행자 등록증을 빌려서 사용하거나 다른 사람의 성명 또는 상호를 사용하여 성능검사대행업무를 수행한 자

Answer 82. ②

83. 도로명주소법에서 사용하는 용어의 정의로 옳지 않은 것은?

① "기초번호"란 도로구간에 행정안전부령으로 정하는 간격마다 부여된 번호를 말한다.
② "상세주소"란 건물 등 내부의 독립된 거주·활동 구역을 구분하기 위하여 부여된 동(棟)번호, 층수 또는 호(號)수를 말한다.
③ "도로명주소"란 도로명, 건물번호 및 상세주소(상세주소가 있는 경우만 해당한다)로 표기하는 주소를 말한다.
④ "사물주소"란 도로명과 건물번호를 활용하여 건물 등에 해당하지 아니하는 시설물의 위치를 특정하는 정보를 말한다.

해설 "사물주소"란 도로명과 기초번호를 활용하여 건물 등에 해당하지 아니하는 시설물의 위치를 특정하는 정보를 말한다.

84. 공간정보의 구축 및 관리 등에 관한 법률상 지적전산자료의 이용 또는 활용 신청 시 자료를 인쇄물로 제공할 때 수수료로 옳은 것은?

① 1필지당 10원
② 1필지당 20원
③ 1필지당 30원
④ 1필지당 40원

해설 지적전산자료의 수수료

지적전산자료 제공 방법	수수료
인쇄물로 제공하는 때	1필지당 30원
자기디스크 등 전산매체로 제공하는 때	1필지당 20원

85. 성능검사대행자의 등록을 반드시 취소하여야 하는 경우로 옳은 것은?

① 등록기준에 미달하게 된 경우
② 등록사항 변경신고를 하지 아니한 경우
③ 거짓이나 부정한 방법으로 성능검사를 한 경우
④ 정당한 사유 없이 성능검사를 거부하거나 기피한 경우

해설 1. 성능검사대행자의 등록을 반드시 취소하여야 경우
   ① 거짓이나 그 밖의 부정한 방법으로 등록을 한 경우
   ② 다른 사람에게 자기의 성능검사대행자 등록증을 빌려 주거나 자기의 성명 또는 상호를 사용하여 성능검사대행업무를 수행하게 한 경우
   ③ 거짓이나 부정한 방법으로 성능검사를 한 경우
   ④ 업무정지기간 중에 계속하여 성능검사대행업무를 한 경우
2. 등록취소 또는 1년 이내의 기간을 정하여 업무정지 처분 대상
   ① 등록기준에 미달하게 된 경우.
   ② 등록사항 변경신고를 하지 아니한 경우
   ③ 정당한 사유 없이 성능검사를 거부하거나 기피한 경우
   ④ 다른 행정기관이 관계 법령에 따라 등록취소 또는 업무정지를 요구한 경우

86. 공간정보의 구축 및 관리 등에 관한 법률상 규정된 지목의 종류로 옳지 않은 것은?

① 운동장　　② 유원지　　③ 잡종지　　④ 철도용지

해설 1. 지목
　　지목(Land Category)은 토지의 주된 사용목적 또는 용도에 따라 토지의 종류를 구분하여 표시
2. 지목의 종류
　　전·답·과수원·목장용지·임야·광천지·염전·대·공장용지·학교용지·주차장·주유소용지·창고용지·도로·철도용지·제방(堤防)·하천·구거·유지·양어장·수도용지·공원·체육용지·유원지·종교용지·사적지·묘지·잡종지
　　※ 1991.11.30. 「지적법」 일부개정 시 운동장은 체육용지로 지목이 변경됨

87. 축척변경위원회에 관한 설명으로 틀린 것은?

① 5명 이상 10명 이하의 위원으로 구성한다.
② 위원의 2분의 1 이상을 토지소유자로 하여야 한다.
③ 청산금의 이의신청에 관한 사항을 심의·의결한다.
④ 위원장은 위원 중에서 시·도지사가 임명한다.

해설 축척변경위원회
1. 구성
　① 축척변경위원회는 5명 이상 10명 이하의 위원으로 구성하되, 위원의 2분의 1 이상을 토지소유자로 하여야 한다. 이 경우 그 축척변경 시행지역의 토지소유자가 5명 이하일 때에는 토지소유자 전원을 위원으로 위촉하여야 한다.
　② 위원장은 위원 중에서 지적소관청이 지명한다.
　③ 위원은 다음의 사람 중에서 지적소관청이 위촉한다.
　　• 해당 축척변경 시행지역의 토지소유자로서 지역 사정에 정통한 사람
　　• 지적에 관하여 전문지식을 가진 사람
　④ 축척변경위원회의 위원에게는 예산의 범위에서 출석수당과 여비, 그 밖의 실비를 지급한다.
2. 기능
　① 축척변경 시행계획에 관한 사항
　② 지번별 제곱미터당 금액의 결정과 청산금의 산정에 관한 사항
　③ 청산금의 이의신청에 관한 사항
　④ 그 밖에 축척변경과 관련하여 지적소관청이 회의에 부치는 사항
3. 회의
　① 축척변경위원회의 회의는 지적소관청이 축척변경위원회에 회부하거나 위원장이 필요하다고 인정할 때에 위원장이 소집
　② 축척변경위원회의 회의는 위원장을 포함한 재적위원 과반수의 출석으로 개의하고, 출석위원 과반수의 찬성으로 의결한다.
　③ 위원장은 축척변경위원회의 회의를 소집할 때에는 회의일시·장소 및 심의안건을 회의 개최 5일 전까지 각 위원에게 서면으로 통지

Answer　86. ①　87. ④

88. 공간정보의 구축 및 관리 등에 관한 법률상 용어의 정의로 틀린 것은?

① "면적"이란 지적공부에 등록한 필지의 수평면상 넓이를 말한다.
② "지적소관청"이란 지적공부를 관리하는 특별자치시장, 시장·군수 또는 구청장을 말한다.
③ "필지"란 토지의 주된 용도에 따라 토지의 종류를 구분하여 지적공부에 등록한 것을 말한다.
④ "토지의 표시"란 지적공부에 토지의 소재·지번(地番)·지목(地目)·면적·경계 또는 좌표를 등록한 것을 말한다.

해설 "필지"는 대통령령으로 정하는 바에 따라 구획되는 토지의 등록단위를 말하며, 토지의 주된 용도에 따라 토지의 종류를 구분하여 지적공부에 등록한 것은 지목을 말한다.

89. 다음 중 관할등기소의 정의로 옳은 것은?

① 상급법원의 장이 위임하는 등기소
② 매도인의 소재지를 관할하는 지방법원, 그 지원(支院) 또는 등기소
③ 부동산의 소재지를 관할하는 지방법원, 그 지원(支院) 또는 등기소
④ 소유자의 소재지를 관할하는 지방법원, 그 지원(支院) 또는 등기소

해설
1. 관할등기소
   부동산의 소재지를 관할하는 지방법원, 그 지원(支院) 또는 등기소
2. 등기사무와 관할등기소
   ① 부동산이 여러 등기소의 관할구역에 걸쳐 있을 때에는 각 등기소를 관할하는 상급법원의 장이 관할등기소를 지정한다.
   ② 대법원장은 어느 등기소의 관할에 속하는 사무를 다른 등기소에 위임하게 할 수 있다.
   ③ 어느 부동산의 소재지가 다른 등기소의 관할로 바뀌었을 때에는 종전의 관할등기소는 전산정보처리조직을 이용하여 그 부동산에 관한 등기기록의 처리권한을 다른 등기소로 넘겨주는 조치를 하여야 한다.

90. 지적측량업의 등록을 위한 지적측량업자의 결격사유에 해당되는 것은?

① 파산자로서 복권된 자
② 지적측량업의 등록이 취소된 후 2년이 경과되지 않은 자
③ 형의 집행유예 선고를 받고 그 유예기간이 경과된 자
④ 금고 이상의 실형을 선고받고 그 집행이 면제된 날부터 3년이 경과된 자

해설 지적측량업자의 결격사유
1. 피성년후견인 또는 피한정후견인
2. 금고 이상의 실형을 선고받고 그 집행이 끝나거나(집행이 끝난 것으로 보는 경우를 포함)행이 면제된 날부터 2년이 지나지 아니한 자
3. 금고 이상의 형의 집행유예를 선고받고 그 집행유예기간 중에 있는 자
4. 측량업의 등록이 취소된 후 2년이 지나지 아니한 자
5. 임원 중에 위 어느 하나에 해당하는 자가 있는 법인

91. 1필지 획정에 있어 주된 토지에 편입할 수 있는 토지에 관한 설명 중 옳지 않은 것은?

① 종된 토지의 지목이 '대' 이어야 한다.
② 종된 토지의 면적이 주된 토지의 면적의 10% 이내이어야 한다.
③ 종된 토지의 면적이 330m² 이하 이어야 한다.
④ 주된 토지의 편의를 위하여 설치된 도로·구거는 주된 용도의 토지에 편입하여 1필지로 할 수 있다.

해설 일필지
1. 1필지로 정할 수 있는 기준 : 지번부여지역의 토지로서 소유자와 용도가 같고 지반이 연속된 토지
2. 양입지
   ① 주된 용도의 토지의 편의를 위하여 설치된 도로·구거 등의 부지
   ② 주된 용도의 토지에 접속되거나 주된 용도의 토지로 둘러싸인 토지로서 다른 용도로 사용되고 있는 토지
3. 양입지로 정할 수 없는 토지
   ① 종된 용도의 토지의 지목이 대인 경우
   ② 종된 용도의 토지 면적이 주된 용도의 토지 면적의 10퍼센트를 초과
   ③ 종된 토지의 면적이 330제곱미터를 초과하는 경우

92. 지목의 구분설정에 관한 설명으로 옳지 않은 것은?

① 국토의 계획 및 이용에 관한 법률 등 관계법령에 의한 택지조성공사가 준공된 토지는 '대'로 한다.
② 축산법에 의한 가축을 사육하는 축사 등과 이에 접속된 부속시설물의 부지는 '목장용지'로 한다.
③ 영구적 건축물 중 변전소, 송신소, 도축장, 자동차운전학원 등의 부지는 '잡종지'로 한다.
④ 아파트, 공장 등 단일 용도의 일정한 단지 안에 설치된 통로는 '도로'로 한다.

해설 지목 : 토지의 주된 용도에 따라 토지의 종류를 구분하여 지적공부에 등록한 것으로 28개의 지목으로 구분한다.
1. 목장용지
   ① 축산업 및 낙농업을 하기 위하여 초지를 조성한 토지
   ② 「축산법」 제2조 제1호에 따른 가축을 사육하는 축사 등의 부지
2. 대
   ① 영구적 건축물 중 주거·사무실·점포와 박물관·극장·미술관 등 문화시설과 이에 접속된 정원 및 부속시설물의 부지
   ② 「국토의 계획 및 이용에 관한 법률」 등 관계 법령에 따른 택지조성공사가 준공된 토지
3. 도로
   ① 일반 공중의 교통 운수를 위하여 보행이나 차량운행에 필요한 일정한 설비 또는 형태를 갖추어 이용되는 토지
   ② 도로법 등 관계법령에 따라 도로로 개설된 토지
   ③ 고속도로의 휴게소 부지
   ④ 2필지 이상에 진입하는 통로로 이용되는 토지

Answer 91. ① 92. ④

4. 잡종지
① 아래에 해당하는 토지
- 갈대밭, 실외에 물건을 쌓아두는 곳, 돌을 캐내는 곳, 흙을 파내는 곳, 야외시장 및 공동우물
- 변전소, 송신소, 수신소 및 송유시설 등의 부지
- 여객자동차터미널, 자동차운전학원 및 폐차장 등 자동차와 관련된 시설물을 갖춘 부지
- 공항시설 및 항만시설 부지
- 도축장, 쓰레기처리장 및 오물처리장 등의 부지
- 그 밖에 다른 지목에 속하지 않는 토지

② 원상회복을 조건으로 돌을 캐내는 곳 또는 흙을 파내는 곳으로 허가된 토지는 제외

93. 다음 중 대지권등록부의 등록사항에 해당하지 않는 것은?

① 토지의 소재
② 대지권 비율
③ 소유자의 성명
④ 개별공시지가

해설 1. 대지권등록부의 등록사항
① 토지의 소재
② 지번
③ 대지권 비율
④ 소유자의 성명 또는 명칭, 주소 및 주민등록번호
⑤ 토지의 고유번호
⑥ 전유부분의 건물표시
⑦ 건물의 명칭
⑧ 집합건물별 대지권등록부의 장번호
⑨ 토지소유자가 변경된 날과 그 원인
⑩ 소유권 지분

2. 토지(임야)대장의 등록사항
① 토지의 소재
② 지번
③ 지목
④ 면적
⑤ 소유자의 성명 또는 명칭, 주소 및 주민등록번호
⑥ 토지의 고유번호
⑦ 지적도 또는 임야도의 번호와 필지별 토지대장 또는 임야대장의 장번호 및 축척
⑧ 토지의 이동사유
⑨ 토지소유자가 변경된 날과 그 원인
⑩ 토지등급 또는 기준수확량등급과 그 설정·수정 연월일
⑪ 개별공시지가와 그 기준일

94. 국토의 계획 및 이용에 관한 법률상 토지거래계약에 관한 허가구역의 지정대상이 되는 곳은?

① 토지의 거래가 성행하는 구역
② 지가가 급격히 상승할 우려가 있는 구역
③ 용도지역의 예정구역
④ 특수한 자연경관을 보호해야 할 구역

Answer 93. ④ 94. ②

해설 토지거래 허가구역의 지정
1. 지정권자 : 국토교통부장관 또는 시·도지사
2. 지정대상
   ① 토지의 투기적인 거래가 성행
   ② 지가가 급격히 상승하는 지역과 그러한 우려가 있는 지역
   ③ 광역도시계획, 도시·군기본계획, 도시·군관리계획 등 토지이용계획이 새로 수립되거나 변경되는 지역
   ④ 법령의 제정·개정 또는 폐지나 그에 따른 고시·공고로 인하여 토지이용에 대한 행위제한이 완화되거나 해제되는 지역
   ⑤ 법령에 따른 개발사업이 진행 중이거나 예정되어 있는 지역과 그 인근지역
   ⑥ 국토교통부장관 또는 특별시장·광역시장·특별자치시장·도지사·특별자치도지사가 투기우려가 있다고 인정하는 지역 또는 관계 행정기관의 장이 특별히 투기가 성행할 우려가 있다고 인정하여 국토교통부장관 또는 시·도지사에게 요청하는 지역

95. 토지소유자가 해야 할 신청을 대신할 수 없는 자는?

① 토지점유자
② 채권을 보전하기 위한 채권자
③ 학교용지, 도로, 수도용지 등의 지목으로 될 토지는 그 해당사업의 시행자
④ 지방자치단체가 취득하는 토지의 경우에는 해당 토지를 관리하는 지방자치단체의 장

해설 신청의 대위
1. 토지소유자가 하여야 할 신청을 대신할 수 있는 자는 다음과 같다.
   ① 공공사업 등에 따라 학교용지·도로·철도용지·제방·하천·구거·유지·수도용지 등의 지목으로 되는 토지인 경우 : 해당 사업의 시행자
   ② 국가나 지방자치단체가 취득하는 토지인 경우 : 해당 토지를 관리하는 행정기관의 장 또는 지방자치단체의 장
   ③ 주택법에 따른 공동주택의 부지인 경우 : 집합건물의 소유 및 관리에 관한 법률에 따른 관리인(관리인이 없는 경우에는 공유자가 선임한 대표자) 또는 해당 사업의 시행자
   ④ 「민법」 제404조에 따른 채권자
2. 주택법에 따른 주택건설사업의 시행자가 파산 등의 이유로 토지의 이동 신청을 할 수 없을 때에는 그 주택의 시공을 보증한 자 또는 입주예정자 등이 신청

96. 경위의측량방법에 따른 세부측량에 대한 설명으로 옳은 것은?

① 거리측정단위는 1미터로 한다.
② 농지의 구획정리 시행지역의 측량결과도의 축척을 500분의 1로 한다.
③ 방향관측법인 경우에 수평각의 관측은 1측회의 폐색을 하지 아니할 수 있다.
④ 1방향각 수평각의 측각공차는 60초 이내로 하고, 1회 측정각과 2회 측정각의 평균값에 대한 교차는 30초 이내로 한다.

Answer 95. ① 96. ③

해설 1. 경위의측량방법에 따른 세부측량 기준
① 거리측정단위는 1센티미터로 할 것
② 측량결과도는 그 토지의 지적도와 동일한 축척으로 작성할 것. 다만, 법 제86조에 따른 도시개발사업 등의 시행지역(농지의 구획정리지역은 제외한다)과 축척변경 시행지역은 500분의 1로 하고, 농지의 구획정리 시행지역은 1천분의 1로 하되, 필요한 경우에는 미리 시·도지사의 승인을 받아 6천분의 1까지 작성할 수 있다.
③ 토지의 경계가 곡선인 경우에는 가급적 현재 상태와 다르게 되지 아니하도록 경계점을 측정하여 연결할 것. 이 경우 직선으로 연결하는 곡선의 중앙종거의 길이는 5센티미터 이상 10센티미터 이하로 한다.

2. 경위의측량방법에 따른 세부측량의 관측 및 계산 기준
① 미리 각 경계점에 표지를 설치하여야 한다. 다만, 부득이한 경우에는 그러하지 아니하다.
② 도선법 또는 방사법에 따를 것
③ 관측은 20초독 이상의 경위의를 사용할 것
④ 수평각의 관측은 1대회의 방향관측법이나 2배각의 배각법에 따를 것 다만, 방향관측법인 경우에는 1측회의 폐색을 하지 아니할 수 있다.
⑤ 연직각의 관측은 정반으로 1회 관측하여 그 교차가 5분 이내일 때에는 그 평균치를 연직각으로 하되, 분단위로 독정할 것
⑥ 수평각의 측각공차는 다음 표에 따를 것

종별	1방향각	1회 측정각과 2회 측정각의 평균값에 대한 교차
공차	60초 이내	40초 이내

⑦ 계산방법은 다음 표에 따를 것

종별	각	변의 길이	진수	좌표
단위	초	센티미터	5자리 이상	센티미터

97. 지상경계의 결정기준으로 틀린 것은?

① 연접되는 토지 간에 높낮이 차이가 없는 경우 그 구조물 등의 중앙
② 연접되는 토지 간에 높낮이가 있는 경우 그 구조물 등의 하단부
③ 토지가 해면 또는 수면에 접하는 경우 최대만조위 또는 최대만수위가 되는 선
④ 공유수면매립지의 토지 중 제방 등을 토지에 편입하여 등록하는 경우 안쪽 어깨부분

해설 공간정보의 구축 및 관리 등에 관한 법률에서 정한 경계설정의 기준
1. 고저가 없는 경우 그 지물·구조물의 중앙
2. 고저가 있는 경우 그 지물·구조물의 하단
3. 최대만조위, 최대만수위가 되는 선
4. 절토된 토지는 그 경사면의 상단부
5. 공유수면매립지의 토지 중 제방 등을 토지에 편입 등록하는 경우 바깥쪽 어깨부분

<지상경계의 설정기준>

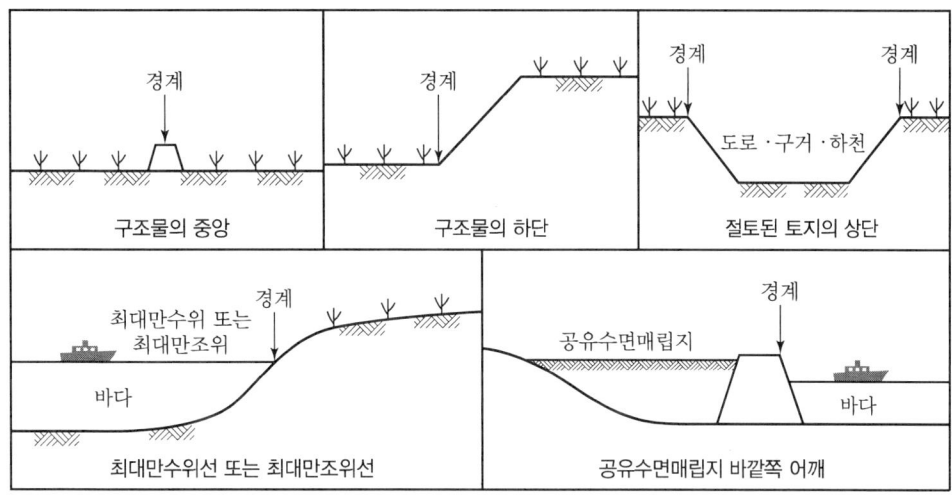

98. 토지이동을 수반하지 않고 토지대장을 정리하는 경우는?

① 소유권변경정리
② 토지분할정리
③ 토지합병정리
④ 등록전환정리

해설 토지이동의 종류

토지이동은 토지의 표시를 새로 정하거나 변경 또는 말소하는 것으로 지적측량을 수반하는 경우와 지적측량을 수반하지 않는 경우, 기타 등으로 분류된다.

1. 지적측량을 수반하는 경우
   - 지적기준점을 정하는 경우
   - 지적측량성과를 검사하는 경우
   - 지적공부를 복구하는 경우
   - 등록전환하는 경우
   - 토지를 분할하는 경우
   - 바다가 된 토지의 등록을 말소하는 경우
   - 축척을 변경하는 경우
   - 지적공부의 등록사항을 정정하는 경우
   - 도시개발사업 등의 시행지역에서 토지의 이동이 있는 경우
   - 경계점을 지상에 복원하는 경우
2. 지적측량을 수반하지 않는 경우
   - 합병
   - 지목변경
3. 기타
   - 지번변경
   - 행정구역변경
   ※ 소유권변경정리는 소유권에 관한 사항을 변경하는 것을 말한다.

Answer 98. ①

99. 지적측량 시행규칙상 지적소관청이 지적삼각보조점성과표 및 지적도근점성과표에 기록·관리하여야 하는 사항에 해당하지 않는 것은?

① 표지의 재질
② 직각좌표계 원점명
③ 소재지와 측량연월일
④ 지적위성기준점의 명칭

해설 지적기준점성과표의 기록·관리에 기록·관리할 사항
1. 지적삼각점성과표
   ① 지적삼각점의 명칭과 기준 원점명
   ② 좌표 및 표고
   ③ 경도 및 위도(필요한 경우로 한정한다)
   ④ 자오선수차
   ⑤ 시준점의 명칭, 방위각 및 거리
   ⑥ 소재지와 측량연월일
   ⑦ 그 밖의 참고사항
2. 지적삼각보조점성과표 및 지적도근점성과표
   ① 번호 및 위치의 약도
   ② 좌표와 직각좌표계 원점명
   ③ 경도와 위도(필요한 경우로 한정한다)
   ④ 표고(필요한 경우로 한정한다)
   ⑤ 소재지와 측량연월일
   ⑥ 도선등급 및 도선명
   ⑦ 표지의 재질
   ⑧ 도면번호
   ⑨ 설치기관
   ⑩ 조사연월일, 조사자의 직위·성명 및 조사 내용

100. 지적재조사사업에 관한 기본계획 수립 시 포함하여야 하는 사항으로 옳지 않은 것은?

① 지적재조사사업의 시행기간
② 지적재조사사업에 관한 기본방향
③ 지적재조사사업의 시·군별 배분계획
④ 지적재조사사업에 필요한 인력 확보계획

해설 기본계획의 수립
1. 지적재조사사업에 관한 기본방향
2. 지적재조사사업의 시행기간 및 규모
3. 지적재조사사업비의 연도별 집행계획
4. 지적재조사사업비의 특별시·광역시·도·특별자치도·특별자치시 및 「지방자치법」 제175조에 따른 대도시로서 구(區)를 둔 시별 배분 계획
5. 지적재조사사업에 필요한 인력의 확보에 관한 계획
6. 디지털 지적(地籍)의 운영·관리에 필요한 표준의 제정 및 그 활용
7. 지적재조사사업의 효율적 추진을 위하여 필요한 교육 및 연구·개발
8. 그 밖에 국토교통부장관이 지적재조사사업에 관한 기본계획의 수립에 필요하다고 인정하는 사항

Engineer Cadastral Surveying

2023년 제2회 지적기사

01 지적측량

01. 다음 그림의 삽입망 조정에서 삼각형 ABC를 이루어지는 산출 내각은?(단, $\gamma_1 = 96°04'44''$, $\gamma_2 = 68°39'10''$이다.)

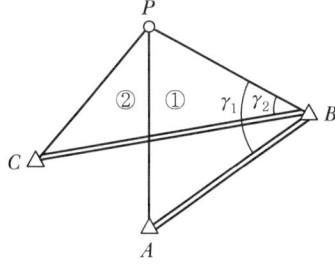

① 27° 25′ 34″　② 68° 39′ 10″　③ 96° 04′ 44″　④ 164° 43′ 54″

해설 $\angle ABC = \gamma_1 - \gamma_2$
　　　　 $= 96° 04' 44'' - 68° 39' 10''$
　　　　 $= 27° 25' 34''$

02. 다음 중 데오드라이트의 3축 조건으로 옳지 않은 것은?
① 시준축⊥수평축　　　　② 수평축⊥수직축
③ 수직축⊥기포관축　　　④ 시준축//연직축

해설 경위의는 시준축, 수평축, 수직축으로 이루어져 있으며 이들은 다음과 같은 관계를 갖춰야 한다.
시준축⊥수평축, 수평축⊥수직축, 기포관축⊥수직축

03. 다각망도선법의 망형태에 따른 최소조건식의 설명으로 옳지 않은 것은?
① Y망의 최소조건식 수는 3개이지만 조건식 수는 2개만 충족시키면 된다.
② X망의 최소조건식 수는 4개이지만 조건식 수는 3개만 충족시키면 된다.
③ A망의 최소조건식 수는 5개이지만 조건식 수는 4개만 충족시키면 된다.
④ 복합망은 어느 조건식을 사용하던지 최소조건식 수만 충족시키면 된다.

해설 A, H망은 최대조건식 수는 4개이지만 일반적으로 조건식 수는 3개만 만족하게 하면 됨

Answer　1. ①　2. ④　3. ③

04. 아래의 토지에서 AD // BC, AB // PQ 이고, AP=BQ 가 되도록 □ABQP의 면적(F)을 지정하는 경우, AP 의 길이를 구하는 식으로 옳은 것은?(단, L : AB의 길이)

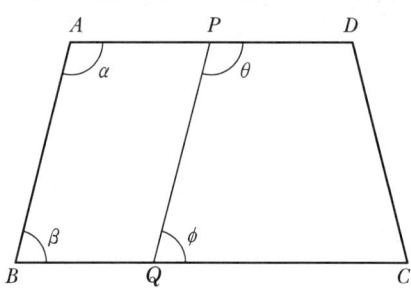

① $\dfrac{F}{L \times \sin\beta}$ ② $\dfrac{F}{L - \sin\beta}$ ③ $\dfrac{F}{L + \sin\beta}$ ④ $\dfrac{F}{L \div \sin\beta}$

해설 면적(F)을 지정하는 식은 다음과 같다.

$$\overline{AP} = \dfrac{F}{L \times \sin\beta}$$

05. UTM좌표계에 대한 설명으로 옳은 것은?
① 종선좌표의 원점은 위도 38°선이다.
② 중앙자오선에서 멀수록 축척계수는 작아진다.
③ UTM투영은 적도선을 따라 6° 간격으로 이루어진다.
④ 우리나라는 UTM좌표를 53, 54 종대에 속해있다.

해설 UTM좌표계
1. 지구를 벳셀치를 사용하는 회전타원체로 보고 지구전체를 경도 6°씩 60개의 구역(종대)으로 나눈다.
2. 각 종대는 180°W 자오선에서 동쪽으로 6°간격으로 1~60까지 번호를 붙인다.
3. 중앙자오선에서 축척계수는 0.9996m이다.
4. 종대에서 위도는 남북의 80° 간격으로 20구역(횡대)으로 나눈다.
5. 우리나라는 51~52종대 S~T횡대에 속한다.
6. 경도의 원점은 중앙 자오선이며, 위도의 원점은 적도상에 있다.
7. 길의의 단위는 m이다.

06. 경위의측량법에 따른 지적삼각점의 관측과 계산의 방법 및 기준에 대한 설명으로 옳지 않은 것은?
① 관측은 10초독 이상의 경위의를 사용한다.
② 수평각 관측은 3대회의 방향관측법에 따른다.
③ 수평각의 측각공차에서 1방향각의 공차는 40초 이내로 한다.
④ 수평각의 측각공차에서 1측회의 폐색공차는 ±30초 이내로 한다.

해설 지적측량 시행규칙 제9조(지적삼각점측량의 관측 및 계산)
① 경위의측량방법에 따른 지적삼각점의 관측과 계산은 다음과 같다.

1. 관측은 10초독(秒讀) 이상의 경위의를 사용할 것
2. 수평각 관측은 3대회(大回, 윤곽도는 0도, 60도, 120도로 한다)의 방향관측법에 따를 것
3. 수평각의 측각공차(測角公差)는 다음 표에 따른다.

종별	1방향각	1측회(測回)의 폐색(閉塞)	삼각형 내각관측의 합과 180도와의 차	기지각(旣知角)과의 차
공차	30초 이내	±30초 이내	±30초 이내	±40초 이내

07. 오차의 성질에 대한 설명 중 옳지 않은 것은?

① 값이 큰 오차일수록 발생확률도 높다.
② 우연오차는 확률법칙에 따라 전파된다.
③ 숙련된 지적측량기술자도 착오는 일으킨다.
④ 정오차는 측정회수를 거듭할수록 누적된다.

해설 값이 큰 오차는 발생 확률이 낮으며 오차를 발견하기가 쉽다.

08. 다음 중 지적삼각보조점표지의 점간거리는 평균 얼마를 기준으로 하여 설치하여야 하는가?(단, 다각망도선법에 따르는 경우는 고려하지 않는다.)

① 0.5km 이상 1km 이하
② 1km 이상 3km 이하
③ 2km 이상 4km 이하
④ 3km 이상 5km 이하

해설 지적측량 시행규칙 제2조(지적기준점표지의 설치·관리 등)
1. 지적삼각점표지의 점간거리는 평균 2킬로미터 이상 5킬로미터 이하로 한다.
2. 지적삼각보조점표지의 점간거리는 평균 1킬로미터 이상 3킬로미터 이하로 한다. 다만, 다각망도선법(多角網道線法)에 따르는 경우에는 평균 0.5킬로미터 이상 1킬로미터 이하로 한다.
3. 지적도근점표지의 점간거리는 평균 50미터 이상 300미터 이하로 할 것. 다만, 다각망도선법에 따르는 경우에는 평균 500미터 이하로 한다.

09. 경위의측량방법에 의하여 다각망도선법으로 지적도근측량을 하는 경우에 1도선의 점의 수는 얼마 이하로 하여야 하는가?

① 5점
② 10점
③ 20점
④ 30점

해설 지적측량 시행규칙 제12조(지적도근점측량) 경위의측량방법이나 전파기 또는 광파기측량방법에 의하여 다각망도선법으로 지적도근측량을 하는 때에는 다음과 같다.
1. 3점 이상의 기지점을 포함한 결합다각방식에 의한다.
2. 1도선의 점의 수는 20개 이하로 한다.

10. 우리나라 직각좌표계의 원점축척계수로 옳은 것은?

① 0.9996
② 0.9997
③ 0.9999
④ 1.0000

해설 우리나라 직각좌표계의 원점축척계수는 1.0000

Answer 7. ① 8. ② 9. ③ 10. ④

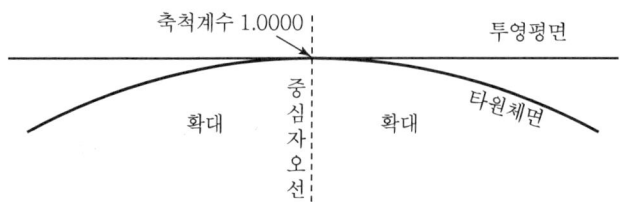

11. 전파기 또는 광파기측량법에 의한 지적삼각점의 관측과 계산에 관한 설명으로 틀린 것은?

① 표준편차가 ±(5mm+5ppm) 이상의 정밀측거기를 사용한다.
② 점간거리 측정은 5회 측정한다.
③ 측정치의 교차가 10만분의 1미터 이하일 때는 평균치를 측정거리로 하고, 원점에 투영된 평면거리로 계산하여야 한다.
④ 삼각형의 내각계산은 기지각과 차가 ±50초 이내이어야 한다.

해설 지적측량 시행규칙 제9조(지적삼각점측량의 관측 및 계산)
1. 전파 또는 광파측거기는 표준편차가 ±(5mm+5ppm) 이상인 정밀측거기를 사용할 것
2. 점간거리는 5회 측정하여 그 측정치의 최대치와 최소치의 교차가 평균치의 10만분의 1 이하인 때에는 그 평균치를 측정거리로 하고, 원점에 투영된 평면거리에 의하여 계산한다.
3. 삼각형의 내각은 세 변의 평면거리에 의하여 계산하며, 기지각과의 차는 ±40초 이내로 한다.

12. 지적도근점측량을 다각망도선법에 의하여 시행할 경우에 대한 설명으로 옳은 것은?

① 2점 이상의 기지점을 연결하는 다각망 도선법에 의한다.
② 2점 이상의 기지점을 상호 연결하는 방식에 의한다.
③ 3점 이상의 기지점을 상호 연결하는 방식에 의한다.
④ 3점 이상의 기지점을 포함한 결합다각방식에 의한다.

해설 지적측량 시행규칙 제12조(지적도근점측량) 기지점 수는 최소 3점 이상을 포함한 결합다각방식

13. 광파기측량방법에 따른 지적삼각보조점의 점간거리를 5회 측정한 결과의 평균치가 2435.44m일 때, 이 측정치의 최대치와 최소치의 교차가 최대 얼마 이하이어야 이 평균치를 측정거리로 할 수 있는가?

① 0.01m　② 0.02m　③ 0.04m　④ 0.06m

해설 점간거리는 5회 측정하여 그 측정치의 최대치와 최소치의 교차가 평균치의 10만분의 1 이하일 때에는 그 평균치를 측정거리로 하고, 원점에 투영된 평면거리에 따라 계산한다.

따라서 $\frac{2435.44}{100,000} = 0.024$

∴ 0.02m

14. 지적측량수행자가 지적세부측량을 실시할 때 지적측량성과의 검사항목에 해당되지 않는 것은?
   ① 면적측정의 정확여부
   ② 기지점과 도상경계와의 부합여부
   ③ 측량준비도 및 측량결과도 작성의 적정여부
   ④ 경계점 간 계산거리(도상거리)와 실측거리의 부합여부

   해설 기준점 간의 계산거리와 도상거리의 부합여부

15. 다음 중 필지에 대한 면적측정대상이 아닌 것은?
   ① 지적공부 복구
   ② 신규등록
   ③ 축척변경
   ④ 지목변경

   해설 지목변경은 실제의 지목과 공부상의 지목이 다를 경우 실제의 지목으로 변경하는 것으로서 면적은 공부상의 면적으로 함으로 별도의 측정하지 않는다.

16. 축척변경 시행지역에서 경위의 측량방법에 따른 세부측량을 실시할 경우, 측량결과도는 얼마의 축척으로 작성하여야 하는가?(단, 시·도지사의 승인을 얻는 경우는 고려하지 않는다.)
   ① 1/500
   ② 1/1,000
   ③ 1/3,000
   ④ 1/6,000

   해설 지적측량 시행규칙 제18조(세부측량의 기준 및 방법 등)

   <측량결과도 축척>

지 역	축 척
일반지역	그 토지의 지적도와 동일한 축척
도시개발사업 등의 시행지역과 축척변경 시행지역	500분의 1
농지의 구획정리 시행지역	1000분의 1
	6천분의 1

17. 면적측정의 방법으로 틀린 것은?
   ① 경위의측량방법으로 세부측량을 한 지역의 필지별 면적측정은 경계점좌표에 의한다.
   ② 좌표면적계산법에 의한 산출면적은 1,000분의 1m²까지 계산하여 100분의 1m²단위로 정한다.
   ③ 전자면적측정기에 의한 면적측정은 도상에서 2회 측정하여 그 교차가 허용면적 이하일 때에는 그 평균치를 측정면적으로 한다.
   ④ 전자면적측정기에 의한 측정면적은 1,000분의 1m²까지 계산하여 10분의 1m²단위로 정한다.

   해설 지적측량 시행규칙 제20조(면적측정의 방법 등)
   1. 좌표면적계산법에 따른 면적측정 방법
      ① 경위의측량방법으로 세부측량을 한 지역의 필지별 면적측정은 경계점 좌표에 의함
      ② 산출면적은 1천분의 1제곱미터까지 계산하여 10분의 1제곱미터 단위로 정함

2. 전자면적측정기에 따른 면적측정 기준
   ① 도상에서 2회 측정하여 그 교차가 다음 계산식에 따른 허용면적 이하일 때에는 그 평균치를 측정면적으로 함

   $A = 0.023^2 M\sqrt{F}$

   (A는 허용면적, M은 축척분모, F는 2회 측정한 면적의 합계를 2로 나눈 수)
   ② 측정면적은 1천분의 1제곱미터까지 계산하여 10분의 1제곱미터 단위로 정함

18. 평판측량방법으로 세부측량을 할 때에 지적도, 임야도에 따라 작성하는 측량준비 파일에 포함시켜야 할 사항이 아닌 것은?
① 인근 토지의 경계선·지번 및 지목
② 측량대상 토지의 경계선·지번 및 지목
③ 지적기준점 간의 거리, 지적기준점의 좌표
④ 지적기준점 간의 방위각 및 경계점 간 계산거리

해설 지적측량 시행규칙 제17조(측량준비 파일의 작성)

측판측량방법에 의한 측량준비도 기재사항	경위의측량방법에 의한 측량준비도 기재사항
1. 측량대상 토지의 경계선·지번 및 지목 2. 인근 토지의 경계선·지번 및 지목 3. 임야도를 비치하는 지역에서 인근 지적도의 축척으로 측량을 하고자 하는 때에는 임야도에 표시된 경계점의 좌표를 구하여 지적도에 전개한 경계선. 다만, 임야도에 표시된 경계점의 좌표를 구할 수 없거나 그 좌표에 의하여 확대하여 그리는 것이 부당한 때에는 축척비율에 따라 확대한 경계선을 말한다. 4. 행정구역선과 그 명칭 5. 지적측량기준점 및 그 번호와 지적측량기준점 간의 거리, 지적측량기준점의 좌표, 그 밖에 측량의 기점이 될 수 있는 기지점 6. 도곽선과 그 수치 7. 도곽선의 신축이 0.5밀리미터 이상인 때에는 그 신축량 및 보정계수 8. 그 밖에 국토교통부장관이 정하는 사항	1. 측량대상 토지의 경계와 경계점의 좌표 및 부호도·지번·지목 2. 인근 토지의 경계와 경계점의 좌표 및 부호도·지번·지목 3. 행정구역선과 그 명칭 4. 지적측량기준점 및 그 번호와 지적측량기준점 간의 방위각 및 그 거리 5. 경계점 간 계산거리 6. 도곽선과 그 수치 7. 그 밖에 국토교통부장관이 정하는 사항

19. 도면에 등록하는 제도 폭이 다음의 순서대로 올바르게 짝지어진 것은?

경계 – 행정구역선(동·리) – 지적기준점

① 0.1mm – 0.2mm – 0.4mm
② 0.1mm – 0.4mm – 0.2mm
③ 0.1mm – 0.2mm – 0.2mm
④ 0.1mm – 0.1mm – 0.2mm

해설 경계선은 0.1mm로 제도하며 행정구역선(동·리)은 0.2mm, 지적측량기준점의 제도 폭은 0.2mm로 한다.
(주의) 동·리의 행정구역을 제외한 나머지 행정구역선은 0.4mm로 한다.

20. 축척 1:500인 지역에서 측판측량을 교회법으로 실시할 때 방향선의 지상거리는 최대 얼마 이하로 하여야 하는가?

① 25m ② 50m ③ 75m ④ 100m

해설 지적측량 시행규칙 제18조(세부측량의 기준 및 방법 등)
측판측량을 교회법으로 실시할 때 방향선의 도상길이는 10센티미터 이하로 한다.
축척 1/600 지역의 지상거리로 환산하면 다음과 같다.
(이때, 단위에 주의할 것. 보기가 전부 m단위이므로 10센티미터를 미터로 환산해서 계산한다.)
※ 지상거리=도상거리×축척분모
　　　　　=0.1m×500=50m

02 응용측량

21. 사진측량의 해석방법 중 정량적 해석에 해당되는 것은?
① 환경 및 자원조사　　② 대기 및 수질오염조사
③ 지질 및 토지이용조사　　④ 지형지물의 위치 및 크기조사

해설 사진측량은 정량적·정성적인 측정이 가능하며 정량적 해석방법은 양과 크기를 가늠할수 있는 것으로 지형지물의 위치 및 크기조사가 정량적 해석방법에 해당한다

22. 수준측량의 야장기입법 중에서 완전한 검산을 계산으로 할 수 있으며 높은 정도를 필요로 하는 측량에 적합하나 중간점이 많을 경우 계산이 복잡하고 시간이 많이 소요되는 단점을 갖고 있는 것은?
① 고차식　　② 기고식
③ 승강식　　④ 종단식

해설 승강식은 전시에서 후시를 뺀 값이 고저차가 되므로 승·강의 난을 따로 만들어 기입하며 승·강의 총합을 구하면 전, 후시의 읽음수의 차와 비교하여 계산 결과를 검사할 수 있고 임의의 점의 표고를 구하기에 편리하나 중간점이 많을 때에는 계산이 복잡하다.

23. 초점거리 150mm, 축척 1:10,000으로 촬영한 연직사진에서 종중복도 50%, 사진의 크기 23×23cm일 때 기선고도비는?

① 0.667 ② 0.678 ③ 0.767 ④ 0.797

Answer　20. ②　21. ④　22. ③　23. ③

해설 촬영고도(H)=초점거리(f)×축척분모(m)=1,500m

$B=am(1-\dfrac{P}{100})$ (B : 촬영기선 길이, a : 화면크기, m : 축척분모, P : 종중복도)

$=0.23\times10,000\ (1-\dfrac{50}{100})=1,150$m

$h=\dfrac{B}{H}$ (h : 기선고도비, B : 촬영기선 길이, H : 촬영고도)$=\dfrac{1,150}{1,500}=0.767$

24. 완화곡선의 성질을 설명한 것으로 옳지 않은 것은?

① 곡선의 반지름은 완화곡선의 시점에서 무한대, 종점에서 원곡선의 반지름이 된다.
② 완화곡선의 접선은 시점에서 원호에, 종점에서 직선에 접한다.
③ 완화곡선에 연한 곡선반지름의 감소율은 캔트의 증가율과 같다.
④ 종점에 있는 캔트는 원곡선의 캔트와 같다.

해설 완화곡선이란 차량이 직선부에서 곡선부분으로 방향을 바꾸면 반지름이 달라지기 때문에 완화곡선을 설치하게 되는데 주로 차량에 사용되며 완화곡선의 성질은
① 곡선반경은 완화곡선의 시점에서 무한대, 종점에서 원곡선 R로 된다.
② 완화곡선의 접선은 시점에서 직선에, 종점에서 원호에 접한다.
③ 완화곡선에 연한 곡선반경의 감소율은 캔트의 증가율과 동률(다른부호)로 된다. 또 종점에 있는 캔트는 원곡선의 캔트와 같게 된다.

25. GNSS측량에서 의사거리(Pseudo Range)에 대한 설명으로 가장 적합한 것은?

① 인공위성과 기지점 사이의 거리측정값이다.
② 인공위성과 지상수신기 사이의 거리측정값이다.
③ 인공위성과 지상송신기 사이의 거리측정값이다.
④ 관측된 인공위성 상호간의 거리측정값이다.

해설 의사거리는 인공위성과 지상수신기 사이의 거리측정값으로 인공위성에서 송신되어 수신기로 도착된 송신 신호를 PRN(Pseudo Range Noise) 인식 코드로 비교하여 측정하며 송수신기의 시계의 시간 오차가 발생되며 거리는 기하학적인 실제 거리와 달라 의사거리라고 하며 항법장치에 주로 사용된다.

26. 지하시설물 관측방법에서 원래 누수를 찾기 위한 기술로 수도관로 중 PVC또는 플라스틱을 찾는데 이용되는 관측방법은?

① 전기관측법　　　　　　　　　　② 자장관측법
③ 음파관측법　　　　　　　　　　④ 자기관측법

해설 지하시설물 관측방법으로는 전자유도 측량기법이 대표적이며 측량방법에는 전자유도 측량기법, 지중레이다 측량기법, 음파관측 기법이 있으며 음파관측 기법은 측량이 불가능한 비금속 지하시설물에 이용되는데 물이 흐르는 관내부에 음파신호를 보내면 관내부에 음파가 발생하여 수신기를 이용 발생된 음파를 측정하는 방법이다.

27. 사진측량에서 높이가 220m인 탑의 변위가 16mm, 이 탑의 윗부분에서 연직점까지의 거리가 48mm로 사진상에 나타났다. 이 사진에서 굴뚝의 변위가 9mm이고, 굴뚝의 윗부분이 연직점으로부터 72mm 떨어져 있다면 이 굴뚝의 높이는?

① 80m ② 83m ③ 85m ④ 90m

해설 기복변위 $\Delta r = \dfrac{h}{H} \times r$ (h : 비고, H : 촬영고도, r : 연직점까지의 거리)에서

$h = \dfrac{H}{r} \times \Delta r$, $220,000 = \dfrac{H}{48} \times 16$, $H = 660,000$이므로

$h = \dfrac{H}{r} \times \Delta r = \dfrac{660,000}{72} \times 9 = 82,500$mm, ≒83m

28. 짧은 선의 간격, 굵기, 길이 및 방향 등으로 지표의 기복을 나타내는 것으로 우모법이라고도 하는 지형 표시방법은?

① 점고법 ② 등고선법 ③ 영선법 ④ 채색법

해설 지형의 표시방법으로 영선법(게바법, 우모법), 음영법(명암법), 점고선법, 등고선법이 있다.

29. 지형도에 표시하는 주곡선의 기호로 옳은 것은?

① 굵은 실선 ② 가는 실선 ③ 가는 파선 ④ 가는 점선

해설 축척별 등고선의 간격

등고선의 간격	기 호	1/10,000	1/25,000	1/50,000
주곡선	가는실선	5m	10m	20m
간곡선	가는파선	2.5m	5m	10m
보조곡선(조곡선)	가는점선	1.25m	2.5m	5m
계곡선	굵은실선	25m	50m	100m

30. 교각 55°, 곡선반지름 285m인 단곡선이 설치된 도로의 기점에서 교점(I.P.)까지의 추가거리가 423.87m일 때 시단현의 편각은?(단, 말뚝간의 중심거리는 20m이다.)

① 0°27′05″ ② 0°11′24″ ③ 1°45′16″ ④ 1°45′20″

해설 노선측량에서 TL = $R \tan \dfrac{I}{2}$ = 285 tan 27°30′ = 148.36

노선 출발점에서 곡선시점까지의 거리는 BC = IP − TL = 423.87 − 148.36 = 275.51m

∴ 노선출발점에서 곡선시점까지의 Chain당 거리는 BC = 275.51÷20 = No 13 + 15.51m

시단현의 길이(l) 1Chain당 거리 − 15.51m = 4.49m

∴ 시단현의 편각은 (σ) = 1,718.87′ $\dfrac{L}{R}$ = 1,718.87′ $\dfrac{4.49}{285}$ = 0°27′04.78″

∴ 0°27′05″

Answer 27. ② 28. ③ 29. ② 30. ①

31. 클로소이드의 곡선의 매개변수를 2배를 증가시키고자 한다. 이때 곡선의 반지름이 일정하다면 완화곡선의 길이는 몇 배로 되는가?

① 2   ② 4   ③ 8   ④ 14

해설 클로소이드의 파라미터(매개변수) $A = \sqrt{RL}$ 임으로 매개변수를 2배 증가시키고 반지름이 일정하다면 완화곡선의 길이 L은 4배가 증가한다.

32. SPOT 위성에 대한 설명으로 옳은 것은?

① 미국 NASA에서 발사한 자원탐사위성이다
② HRV는 흑백영상과 다중파장대영상을 탐측한다.
③ 입체시는 불가능하지만, 특성해석에는 적합하다.
④ LANDSAT과는 달리 경사관측이 불가능하다.

해설 SPOT 위성에는 HRV가 2대 탑재되어 있어 경사관측에 의한 입체 영상 획득이 가능하며 지형도 제작이 가능하고 HRV(High Resolution Visible) 탐측기는 다중파장대형과 흑백형으로 분류되며 각각에 따라 파장대, 영상소의 크기 및 수가 다르다.

33. 공선조건식을 이용하는 해석적 3차원 항공삼각측량 방법은?

① 에어로폴리곤법   ② 스트립 및 블록조정법
③ 독립모델법   ④ 번들조정법

해설 항공삼각측량방법에서 대상물의 좌표를 얻기 위한 조정법에는 기계법(입체도화기)과 해석법(정밀 좌표관측기)이 있으며 해석법에는 스트립 및 블록조정(Strip 및 Block Adjustment), 독립모델법(Independent Model), 광속법(Bundle Adjustment)이 있으며 공선조건식을 이용하는 해석법에는 번들조정법이 사용된다.

34. 공선 반지름 100m인 원곡선을 편각법에 의하여 설치할 때 노선의 중심말뚝 간격을 40m라 하면 이에 대한 편각은?

① 5° 44′   ② 10° 20′   ③ 11° 28′   ④ 13° 44′

해설 편각(σ) = $1,718.87' \frac{L}{R} = 1,718.87' \frac{40}{100} = 11°27'32.88''$

35. 정밀도저하율(DOP)의 종류에 대한 설명으로 틀린 것은?

① GDOP : 기하학적 정밀도저하율   ② HDOP : 시간 정밀도저하율
③ RDOP : 상대 정밀도저하율   ④ PDOP : 위치 정밀도저하율

해설 GNSS오차는 수신기와 위성들간의 기하학적 배치에 따라 영향을 받으며 이때 측위 정확도의 영향을 표시하는 계수로 DOP(정밀도저하율)이 사용되며, GDOP(기하학적 정밀도 저하율), PDOP(위치 정밀도 저하율), HDOP(수평 정밀도 저하율), VDOP(수직 정밀도 저하율), RDOP(상대 정밀도 저하율), TDOP(시간 정밀도 저하율)로 구분된다.

Answer 31. ② 32. ② 33. ④ 34. ③ 35. ②

36. 클로소이드의 형식 중 반향곡선 사이에 2개의 클로소이드를 삽입하는 것은?

① 복합형　　② S형　　③ 철형　　④ 난형

해설 클로소이드의 형식중 S형은 반향곡선의 사이에 클로소이드를 삽입한 것을 말한다.

37. 촬영고도가 760m, 사진주점기선장이 110mm일 때 지상의 비고는?(단, 시차차는 1.02mm이다.)

① 7.01m　　② 7.05m　　③ 7.12m　　④ 7.60m

해설 시차차를 구하는 공식은 $\Delta P = \dfrac{h}{H} \times b_0$ (h : 사진측량의 비고, H : 촬영고도, b_0 : 주점기선길이)

$\Delta P = \dfrac{h}{760} \times 0.11 = \dfrac{760 \times 0.00102}{0.11} = 7.047\text{m}$

∴ $h = 7.05\text{m}$

38. 일반적인 측량 방법과 비교할 때 사진측량의 장점에 대한 설명으로 옳지 않은 것은?

① 축척변경이 용이하다.
② 초기의 시설 및 정비 비용이 적게 든다.
③ 통제측정에 의한 기록보존이 용이하다.
④ 정량적 및 정성적 측량이 가능하다.

해설 사진측량의 장점
① 사진은 정량적·정성적인 측정이 가능하다.
② 거시적으로 관찰할 수 있으며, 재측이 용이하다.
③ 측정대상의 범위가 넓으며, 정도가 균일하다.
④ 작업이 능률적이며, 동적인 것도 측정 가능하다.
⑤ 넓은 지역에 경제성이 높고 기록보전이 용이하다.
※ 사진측량은 시설 및 장비의 비용이 고가이다.

39. 경사 터널 내에서 천정에 있는 A, B점을 관측한 결과로 A점의 좌표는 (2,375.00m, 3,763.00m)이고, B점의 좌표는 (2,781.00m, 3,542.00m)이며, A점의 지반고 982m, B점의 지반고 1,127m를 얻었다. 두 점의 경사도는?

① 7° 34′ 20″　　② 11° 22′ 46″
③ 17° 24′ 56″　　④ 28° 33′ 40″

해설 AB의 거리 $= \sqrt{(2,781-2,375)^2 + (3,542-3,763)^2} = 462.25\text{m}$

AB의 높이차 $= 1,127 - 982 = 145\text{m}$

터널경사도 $= \tan^{-1} \dfrac{145}{462.25} = 17° 24′ 56.73″$

Answer 36. ②　37. ②　38. ②　39. ③

40. 상호표정의 인자 중 촬영방향(x-축)을 회전축으로 한 회전운동 인자는?

① ϕ 　　② ω 　　③ κ 　　④ by

해설 사진측량의 상호표정이란 비행기가 촬영 당시에 가지고 있던 기울기를 도화기상에서 그대로 재현하는 과정을 말하며 촬영 당시 촬영면상에 이루어지는 종시차를 소거하여 목표지형물의 상대적 위치를 맞추는 작업으로 이런 위치를 맞추기 위해서는 상호표정 인자(κ, ω, ϕ, by, bz) 5가 사용되며 상호표정 인자 중 회전인자는 비행기의 수평회전을 재현해주는 κ, 비행기의 전후 기울기를 재현해주는 ϕ, 비행기의 촬영방향 좌우 기울기를 재현해주는 ω가 있다.

03 토지정보체계론

41. 다음 중 토지정보체계의 공간데이터 관리에 필요한 메타데이터(Metadata)에 관한 설명으로 가장 관련이 적은 것은?

① 데이터의 내용, 품질, 조건 및 특징을 저장한 데이터로 데이터의 이력서이다.
② 데이터의 공유를 위해서는 메타데이터의 표준화가 필요하다.
③ 속성정보에 대한 정보를 포함하지 못하여 계속적인 기술개발이 요구된다.
④ 데이터의 활용과 유통을 용이하게 한다.

해설 메타데이터는 취득하려는 자료가 사용 목적에 적합한 품질의 데이터인지를 확인할 수 있는 정보가 제공되어 공간정보 유통의 효율성을 제고시킬 수 있다.

42. 지적재조사사업으로 기대되는 효과와 거리가 먼 것은?

① 지적불부합지 문제 해소
② 토지의 경계복원력 향상
③ 국가재정 확충
④ 능률적인 지적관리체제로 개선

해설 지적재조사의 목적
　① 도해지적의 한계 극복
　② 불부합지의 근원적 해소
　③ 도상관리에서 지상관리원칙으로 전환
　④ 지적제도의 현대화
　⑤ 토지정보의 종합관리와 이용
　⑥ 능률적인 지적관리체제로 개선
　⑦ 토지의 경계복원력 향상

Answer　40. ②　41. ③　42. ③

43. 국가공간정보기본법에 의한 기본공간정보로 볼 수 없는 것은?

① 행정구역　　　　　② 도로
③ 지적　　　　　　　④ 개별공시지가

해설 국가공간정보기본법 제19조(기본공간정보의 취득 및 관리)
국토교통부장관은 지형·해안선·행정경계·도로 또는 철도의 경계·하천경계·지적, 건물 등 인공구조물의 공간정보, 그 밖에 대통령이 정하는 주요 공간정보를 기본공간정보로 선정하여 관보에 고시하여야 한다.

44. 지적도면을 디지타이징한 결과 교차점을 만나지 못하고 선이 끝나는 오류는?

① Spike　　　　　　② Overshoot
③ Undershoot　　　 ④ Sliver polygon

해설 언더슈트(Undershoot) : 어떤 선분까지 그려야 하는데 그 선분까지 미치지 못한 경우

45. 다음 중 토지정보시스템의 주된 구성요소로만 나열한 것은?

① 조직과 인력, 하드웨어 및 소프트웨어, 자료
② 하드웨어 및 소프트웨어, 통신장비, 네트워크
③ 자료, 보안장치, 시설
④ 지적측량, 조직과 인력, 네트워크

해설 구성요소
조직과 인력, 데이터베이스, 소프트웨어, 하드웨어

46. 한국토지정보시스템(KLIS)에서 제공하는 정보에 해당되지 않은 것은?

① 개발부담금　　　　② 부동산중개업
③ 부동산등기업　　　④ 부동산개발업

해설 KLIS 5대 토지행정업무
부동산개발업 관리, 공인중개사 관리, 개발부담금 관리, 부동산중개업 관리, 토지거래허가 관리

47. 스캐너에 의한 반자동 입력방식의 작업과정을 순서대로 올바르게 나열한 것은?

① 준비 → 래스터데이터 취득 → 벡터화 및 도형인식 → 편집 → 출력 및 저장
② 준비 → 벡터화 및 도형인식 → 편집 → 래스터데이터 취득 → 출력 및 저장
③ 준비 → 편집 → 벡터화 및 도형인식 → 래스터데이터 취득 → 출력 및 저장
④ 준비 → 편집 → 래스터데이터 취득 → 벡터화 및 도형인식 → 출력 및 저장

해설 스캐닝은 스캐너로 도면을 읽어서 래스터 형태로 저장한 다음 벡터화 소프트웨어를 이용하여 벡터화하는 방법

Answer　43. ④　44. ③　45. ①　46. ③　47. ①

48. 다음 중 관계형 DBMS 질의어는?

① SQL ② DLL ③ DLG ④ COGO

해설 ① SQL : Structured Query Language, 구조화 질의어)는 관계형데이터베이스 관리 시스템에서 자료의 검색과 관리, 데이터베이스 스키마 생성과 수정, 데이터베이스 객체 접근 조정 관리를 위해 고안된 컴퓨터 언어이다.
② DLL : dynamic link library, 동적 링크 라이브러리는 내부에는 다른 프로그램이 불러서 쓸 수 있는 다양한 함수들을 가지고 있는데, 확장DLL인 경우는 클래스를 가지고 있기도 한다.
③ DLG : Digital Line Graph, 미국 지질조사국(USGS)에서 구축한 데이터베이스로 위상구조를 가지고 있다.
④ COGO : Coordinate Geometry, 실제 현장에서 측량한 결과로 얻어진 자료를 이용하여 수치지도를 작성하는 방식이다.

49. 전산정보처리조직에서 사용하는 토지고유번호의 구성은?

① 행정구역코드 10자리, 대장구분 1자리, 본번 2자리, 부번 3자리 합계 16자리로 구성
② 행정구역코드 10자리, 대방구분 1자리, 본번 4자리, 부번 4자리 합계 18자리로 구성
③ 행정구역코드 10자리, 대장구분 1자리, 본번 4자리, 부번 4자리 합계 19자리로 구성
④ 행정구역코드 10자리, 대장구분 2자리, 본번 4자리, 부번 5자리 합계 21자리로 구성

해설 고유번호 : 19자리 (지적사무전산처리규정 제25조)-행정구역코드 10자리(시·도 2, 시·군·구 3, 읍·면·동 3, 리 2), 대장구분 1자리, 본번 4자리, 부번 4자리

50. 지적공부의 등록사항 중에서 토지소유자에 관한 사항에 잘못이 있어 등록사항으로 정정하는 경우 확인자료에 해당되지 않는 것은?

① 등기필증
② 토지대장 및 매매계약서
③ 등기부등본
④ 등기관서에서 제공한 등기전산 정보자료

해설 토지대장에 등록된 사항을 바로잡은 등록사항 정정을 할때, 매매계약서는 사인 간 계약서로 신뢰성이 결여되었다.

51. 공간정보의 위상관계의 특성과 관계가 먼 것은?

① 인접성 ② 연결성 ③ 단순성 ④ 포함성

해설 위상구조를 이용하여 가능한 분석
① 연결성 : 두 개 이상의 객체가 연결되어 있는지를 판단한다.
② 인접성 : 두 개의 객체가 서로 인접하는지를 판단한다.
③ 포함성 : 특정 영역 내에 무엇이 포함되었는지를 판단한다.

Answer 48. ① 49. ③ 50. ② 51. ③

52. 다음 중 데이터베이스 관리 시스템(DBMS)의 기본 기능과 거리가 먼 것은?
① 정의기능 ② 분석기능
③ 제어기능 ④ 조작기능

해설 DBMS의 기본기능
① 정의기능 : 하나의 데이터베이스 형태로 여러 사용자들이 요구하는 대로 데이터를 기술해 줄 수 있도록 데이터를 조작하는 기능
② 조작기능 : 사용자의 요구에 따라 체계적으로 액세스하고 조작하는 기능
③ 제어기능 : 공용의 목적에 맞도록 유지 관리하는 기능

53. 래스터데이터의 특징에 대한 설명으로 틀린 것은?
① 벡터데이터에 비해 상대적으로 데이터 구조가 단순하다.
② 입력되는 자료의 양이 많아 자료의 처리와 분석에 시간이 많이 걸린다.
③ 위상에 관한 정보가 제공되므로 관망분석과 같은 다양한 공간분석이 가능하다.
④ 격자구조에서 각각의 격자는 격자 내에 포함된 주제와 관련된 하나의 수치값만을 저장한다.

해설 위상구조를 가진 벡터데이터 모델은 선위상구조와 영역위상구조의 형태를 가지고 있으며, 선형위상구조는 도로중심망, 관망, 배전선로망 등 선형위상구조가 이루어지면 최단경로탐색, 흐름분석과 같은 네트워크분석을 할 수 있다.

54. 지적정보의 유형과 거리가 먼 것은?
① 위치정보 ② 지질정보 ③ 도형정보 ④ 속성정보

해설 위치정보(경계점좌표등록부에 등록된 종·횡선좌표), 도형정보(지적선), 속성정보(토지대장 등록사항)

55. 벡터데이터의 특징의 대한 설명이 아닌 것은?
① 확대·축소를 해도 선이 매끄럽다.
② 자료의 표준화를 위해 geoTIFF가 개발되었다.
③ 위상구조를 가질 수 있다.
④ 객체의 크기와 방향성에 대한 정보를 가지고 있다.

해설 geoTIFF는 레스터 이미지파일이다.

56. 두 선이 연결될 때 한 점에 엉뚱한 좌표가 입력되어 튀어나온 상태의 디지타이징(또는 벡터편집) 오류로 맞는 것은?
① Over Lapping ② Sliver Polygon
③ Spike ④ Under Shoot

해설 스파이크(Spike) : 교차점에서 두 선이 만나거나 연결될 때 한 점에 잘못된 좌표가 입력되어 튀어나온 상태

Answer 52. ② 53. ③ 54. ② 55. ② 56. ③

57. 토지정보시스템의 구축효과에 해당하지 않는 것은?
① 고용증대
② 정보의 공유화
③ 업무의 신속화
④ 원활한 의사결정의 지원

해설 토지정보체계 구축의 효과
① 체계적이고 과학적인 지적업무처리와 지적행정의 실현
② 전국적인 등본, 열람이 가능하게 되어 민원인의 편익 증진
③ 최신 자료 확보로 지적통계와 정책정보의 정확성 제고 및 온라인에 의한 신속성 확보

58. 도형정보의 입력방법 중 스캐닝 방식의 특징에 해당되지 않는 것은?
① 손상된 도면의 경우 스캐닝에 의한 인식이 원활하지 못하다.
② 복잡한 도면을 입력할 경우에 작업시간이 단축된다.
③ 레이어별로 나뉘어져 입력되므로 소요비용이 저렴하다.
④ 특정 주제안을 선택하여 입력시킬 수 없다.

해설 벡터데이터의 경우는 레이어별로 나뉘어져 입력할 수 있지만 래스터데이터(스캐닝)는 불가하다.

59. 경계점좌표등록부 비치지역의 지적도면을 전산화하는 방법으로 가장 적합한 것은?
① 등사방식
② 스캐닝방식
③ 디지타이징방식
④ 좌표입력방식

해설 좌표입력방식은 종·횡선좌표를 키보드로 입력하는 방식이다.

60. 다음 중 도형자료를 컴퓨터에 입력할 때 발생할 수 있는 오차와 가장 관련이 없는 것은?
① 위상구조화에 따른 오차
② 좌표 독취 과정에서의 오차
③ 벡터자료 변환 과정에서의 오차
④ 기계적인 오차

해설 위상구조화는 프로그램을 이용하여 자동으로 생성시킨다.

Answer 57. ① 58. ③ 59. ④ 60. ①

04 지적학

SUBJECT

61. 내수사(內需司) 등 7궁 소속의 토지 가운데 채소밭을 실측한 지도에 대한 설명으로 옳지 않은 것은?

① 사표식으로 주기되어 있다.
② 궁채전도(宮菜田圖)라 한다.
③ 지목과 지번이 기재되어 있다.
④ 면적은 삼사법으로 구적하였다.

해설 1908년 작성된 궁채전도의 축척은 1/200이며, 사표식으로 주기되어 있고, 난외에 주기되어 있으며, 지목과 지번은 기재되지 않았고, 면적측정은 삼사법을 사용하였다.

62. 나라별 지적제도에 대한 설명으로 옳지 않은 것은?

① 대만 : 일본의 식민지시대에 지적제도가 창설되었다.
② 스위스 : 적극적 권리의 지적체계를 가지고 있다.
③ 독일 : 최초의 지적조사는 1811년에 착수, 1832년에 확립하였다.
④ 프랑스 : 근대지적의 시초인 나폴레옹 지적으로서 과세지적의 대표이다.

해설 독일의 경우 1801년 바바리아(Bavaria) 지방에서 지적측량이 시작되어 1864에 완성되었지만 전반적인 지적조사는 1900년에 확립되었다.

63. 다음 중 물권의 객체로서 토지를 외부에서 인식할 수 있는 토지등록의 원칙은?

① 공고(公告)의 원칙
② 공시(公示)의 원칙
③ 공신(公信)의 원칙
④ 공증(公證)의 원칙

해설 토지등록의 원칙
1. 등록의 원칙(登錄의 原則) : 토지에 관한 모든 표시사항을 지적공부에 반드시 등록해야 하며 토지의 이동이 생기면 지적공부에 변동 사항을 정리 등록해야 한다는 원칙으로서 토지표시의 등록주의라고도 함
2. 신청의 원칙(申請의 原則) : 토지의 등록은 토지소유자의 신청을 전제로 처리하는 원칙이며, 토지의 등록은 토지소유자의 신청을 전제로 하되 신청이 없을 때에는 직권으로 조사·측량하여 처리하도록 함
3. 특정화의 원칙(特定化의 原則) : 권리객체로서의 모든 토지는 반드시 특정적이고 단순하며 명확한 방법에 의하여 인식할 수 있도록 개별화 하여야 한다는 원칙
4. 국정주의 및 직권주의(國定主義 및 職權主義)
  ① 국정주의 : 지적공부의 등록사항인 토지소재, 지번, 지목, 경계 또는 좌표와 면적 등은 국가의 공권력에 의하여 국가만이 이를 결정할 수 있는 권한을 가진다는 원칙
  ② 직권주의 : 모든 필지는 필지단위로 구획하여 국가기관인 소관청이 강제적으로 지적공부에 등록 공시하여야 한다는 원칙

Answer 61. ③ 62. ③ 63. ②

5. 공시의 원칙 및 공개주의(公示의 原則, 公開主義)
   ① 공시의 원칙 : 토지등록의 법적 지위에 있어서 토지의 이동이나 물권의 변동은 반드시 외부에 알려야 한다는 원칙
   ② 공개주의 : 토지에 관한 등록사항은 지적공부에 등록하고 이를 일반에 공지하여 누구나 이용하고 활용할 수 있게 하여야 함
6. 공신의 원칙(公信의 原則) : 등기를 믿고 권리행위를 한 선의의 거래자를 보호하여 진실로 등기내용과 같은 권리관계가 존재한 것처럼 법률효과를 인정하려는 원칙

64. 토지조사사업에서 측량에 관계되는 사항을 구분한 7가지 항목에 해당하지 않는 것은?
① 삼각측량　　　　　　　　　　② 천문측량
③ 지형측량　　　　　　　　　　④ 이동지측량

해설 토지조사 내용 : 사무는 9개 종목으로 구분하여 실시하고, 측량은 7개 종목으로 구분하여 실시
1. 사무 : 준비조사, 일필지조사, 분쟁지조사, 지위등급조사, 장부조사, 지방토지조사위원회, 사정, 고등토지조사위원회, 이동지정리
2. 측량 : 삼각측량, 도근측량, 면적계산, 세부측량, 지적도 등의 조제, 이동지측량, 지형측량

65. 이기가 해학유서에서 수등이척제에 대한 개선으로 주장한 제도로서, 전지(田地)를 측량할 때 정방형의 눈들을 가진 그물을 사용하여 면적을 산출하는 방법은?
① 일자오결제　　　　　　　　　② 망척제
③ 결부제　　　　　　　　　　　④ 방전제

해설 이기의 양전개정론(망척제)
1. 조선 후기 실학자인 이기는 저서 "해학유서"에서 종래의 양전법인 수등이척제를 개선하기 위해 망척제(網尺制)의 도입을 주장하였다.
2. 망척제는 정방형의 눈을 가진 그물로 토지를 측량하여 면적을 산출하는 방법이다.
3. 전안(田案) 작성 시 반드시 도면과 지적을 갖추어야 한다고 하였다.

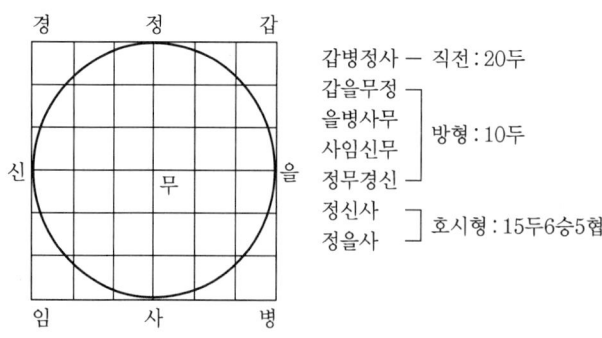

[망척제(網尺制)]

66. 현재 우리나라에서 채택하고 있는 지목제도는?
  ① 용도지목   ② 복식지목
  ③ 토질지목   ④ 지형지목

  해설 지목의 분류
  1. 토지의 현황에 따른 분류
    ① 지형지목 : 지표면의 형상, 토지의 고저 등 토지의 모양에 따라 결정한 지목
    ② 지성지목 : 지층, 암석, 토양 등 토지의 성질에 따라 결정한 지목
    ③ 용도지목 : 토지의 현실적 용도에 따라 결정한 지목
  2. 지목의 구성내용에 따른 분류
    ① 단식지목 : 전, 답 등과 같이 1개의 토지에 대하여 한 가지 기준에 의해 분류된 지목
    ② 복식지목 : 녹지대 등과 같이 1개의 토지에 대하여 둘 이상의 기준에 따라 분류된 지목
  ※ 용도지목은 우리나라 및 대부분의 국가에서 사용하고 있음

67. 임야조사사업의 목적에 해당되지 않는 것은?
  ① 소유권을 법적으로 확정
  ② 임야정책 및 산업건설의 기초자료 제공
  ③ 지세부담의 균형 조정
  ④ 지방재정의 기초 확립

  해설 임야조사의 목적
  1. 소유권의 법적 확정
  2. 지적제도 확립하여 국민의 이용과 임야정책 및 산업건설의 기초자료 제공
  3. 토지조사와 함께 지세부담의 균형을 조정하여 국가제정의 기초 확립
  4. 조선임업의 발달 진흥에 기여
  5. 국유지 색출 및 이용 개발

68. 다음 중 간주지적도에 관한 설명으로 틀린 것은?
  ① 임야도로서 지적도로 간주하게 된 것을 말한다.
  ② 간주지적도인 임야도에는 적색 1호선으로써 구역을 표시하였다.
  ③ 지적도 축척이 아닌 임야도 축척으로 측량하였다.
  ④ 대상은 토지조사 시행지역에서 약 200간(間) 이상 떨어진 지역으로 하였다.

  해설 간주지적도
  1. 간주지적도의 개념
    ① 간주지적도란 지적도로 간주하는 임야도를 말함
    ② 토지조사지역 밖인 산림지대에 조사대상 지목인 전, 답, 대 등 과세지가 있더라도 구태여 지적도에 등록하지 않고 그 지목만을 수정하여 임야도에 등록
    ③ 지적도 축척인 1/600, 1/1,200, 1/2,400으로 측량하지 않고 1/3,000, 1/6,000 축척으로 등록

Answer 66. ① 67. ④ 68. ②

2. 간주지적도의 필요성
   ① 토지조사령에 의한 조사대상 지목으로서 산림지대에 있는 전, 답, 대 등 지적도에 등록할 토지가 토지조사시행지역에서 약 200간(間)이상 떨어져서 기존의 지적도에 등록할 수 없음
   ② 증보도의 작성에 많은 노력과 비용이 소요
   ③ 도면의 매수가 증가되어 그 관리가 불편
3. 간주지적도 시행지역
   ① 토지조사령에 의한 조사대상 지목으로서 산림지대에 있는 전, 답, 대 등 지적도에 등록할 토지가 토지조사시행지역에서 약 200간(間)이상 떨어진 지역
   ② 조선 총독부가 1924. 4. 1. 임야도로서 지적도에 간주한 지역을 고시한 후 15차에 걸쳐 추가 고시
   ③ 대부분의 산간벽지와 도서지방이 간주지적도 지역에 속함
4. 간주지적도 시행지역의 토지대장
   ① 간주지적도에 등록된 토지는 그 대장을 별도로 작성하고, 산토지대장이라고 함
   ② 별책토지대장, 을호토지대장이라고도 함
   ③ 별책토지대장은 면적단위 30평 단위로 등록하였으며, 토지대장카드화 작업으로 제곱미터(m^2) 단위로 환산하여 등록
   ※ 임야도에 등록시된 간주지적도 지역은은 흑색3호선으로 표시함

69. 지적의 원리에 대한 설명으로 틀린 것은?
① 공(公)기능성의 원리는 지적공개주의를 말한다.
② 민주성의 원리는 주민참여의 보장을 말한다.
③ 능률성의 원리는 중앙집권적 통제를 말한다.
④ 정확성의 원리는 지적불부합지의 해소를 말한다.

해설 현대지적의 원리
1. 공기능성의 원리 : 공기능성의 본원적 의미는 어떤 집단속에서 대다수의 개인에게 공통되는 이해 또는 목적을 가지는 것으로 불특정다수자의 이익의 추구이며, 사적 이익이라는 개별적 추구를 공적 입장에서 보호하자는 조화에 바탕을 두고 있으며, 모든 지적사항은 필요에 따라 공개되어야 하며 객관적이고 정확성이 있어야 함
2. 민주성의 원리 : 현대지적의 민주성이란 제도의 운영주체와 객체가 내적인 면에서 인간화가 이루어지고 외적인 면에서 주민의 뜻이 반영되는 행정이라 할 수 있으며 정책경쟁에서 국민의 참여, 국민에 대한 충실한 봉사, 국민에 대한 행정적 책임 등이 확보되는 상태를 말함
3. 능률성의 원리 : 지적의 능률성은 토지현황을 조사하여 지적공부를 만드는데 따르는 실무활동의 능률과 주어진 여건과 실행과정에서 이론개발 및 그 전달과정의 개선을 뜻하며 지적활동의 과학화. 기술화 내지 합리화. 근대화를 지칭하는 것
4. 정확성의 원리 : 토지의 정보를 수록하는 지적은 사회과학적 방법과 자연과학적 방법이 함께 접근되어야 하며 지적의 정확성이 현대지적의 기능을 최고화하기 위한 원리

70. 지적의 어원과 관련이 없는 것은?
① Capitalism
② Catastrum
③ Capitastrum
④ Katastikhon

Answer 69. ③ 70. ①

해설 지적의 어원
1. 프랑스의 브론데임(Blondheim) 교수와 스페인의 일머(Ilmoor D.) 교수는 지적(Cadastre)이라는 용어가 그리스어 카타스티콘(Katastikhon)에서 유래된 것으로 공책(Notebook)이란 의미를 지니고 있다고 봄
2. 미국의 맥엔트리(J.G. McEntyre) 교수는 라틴어인 카타스트럼(Catastrum) 또는 캐피타스트럼(Capitastrum)에서 유래되었다고 봄
3. Katastikhon과 Capitastrum 또는 Catastrum은 모두 "세금 부과"의 뜻을 내포하고 있고, Katastichon은 Kata(위에서 아래로)와 Stikhon(부과)의 합성어로 조세등록이란 의미이기 때문에 지적의 어원은 조세에서 출발한 것으로 보는 것이 보편적인 견해

71. 시대와 사용처, 비치처에 따라 다르게 불리는 양안의 명칭에 해당하지 않는 것은?

① 도적(圖籍)
② 성책(成冊)
③ 전답타량안(田畓打量案)
④ 양전도행장(量田導行帳)

해설 양안의 명칭
1. 시대에 따른 구분
   ① 고려시대 양안의 명칭 : 도전장(都田帳), 양전도장(量田都帳), 양전장적(量田帳籍), 도전정(導田丁), 도행(導行), 전적(田積), 적(籍), 전부(田簿), 안(案), 원적(元籍) 등
   ② 조선시대 양안의 명칭 : 양안, 양안등서책(量案謄書冊), 전안(田案), 전답안(田畓案), 성책(成冊), 양명등서차(量名謄書次), 전답결대장, 전답결타량정안, 전답타량책, 전답타량안, 전답결정안, 전답양안, 전답행번, 양전도행장 등
2. 작성시기에 따른 구분 : 구양안, 신양안(광무양안)
3. 국왕의 열람을 거친 경우 : 어람양안(御覽量案)
4. 행정기관별 구분 : 군양안, 목양안, 면양안, 리양안, 각 궁의 궁타량성책, 아문둔전의 양안성책
5. 소유권에 따른 구분 : 모택양안(某宅量案), 노비타량성책(奴婢打量成冊), 연둔토, 목양토, 사전(寺田)
   ※ 도적(圖籍) : 백제에서 사용한 지적관련 장부로서 토지면적 산정기준인 두락제(斗落制)에 관한 내용 등을 기록함

72. 토지등록공부의 편성방법이 아닌 것은?

① 물적편성주의
② 인적편성주의
③ 세대별편성주의
④ 연대적편성주의

해설 토지등록부의 편성방법
① 물적편성주의 : 토지 중심으로 대장작성
② 인적편성주의 : 소유자 중심 대장작성
③ 연대적편성주의 : 신청순서에 따라 작성
④ 물적인적편성주의 : 물적편성주의에 인적편성주의 가미

73. 소극적 등록제도에 대한 설명으로 옳지 않은 것은?

① 권리자체의 등록이다.
② 지적측량과 측량도면이 필요하다.
③ 토지의 등록을 의무화하고 있지 않다.
④ 서류의 합법성에 대한 사실조사가 이루어지는 것은 아니다.

해설 소극적 등록제도와 적극적 등록제도
1. 소극적 등록제도
    ① 일필지의 소유권이 거래되면서 발생하는 거래증서를 변경·등록하는 제도
    ② 거래행위에 따른 토지등록은 사유재산 양도증서의 작성, 거래증서의 작성으로 구분되며 등록의무는 없고 신청에 의함
    ③ 토지등록부는 거래사항의 기록일 뿐 권리자체의 등록과 보장을 의미하지는 않음
    ④ 네덜란드, 영국, 프랑스, 미국의 일부 주에서 시행되며 오늘날 나라마다 보완되어 다양하게 변환된 형태로 나타남
    ※ 소극적 등록제도에서도 지적측량과 측량도면은 필요하며, 토지등록을 위한 신고사항에 대한 조사는 법 절차의 이행여부를 형식적으로 심사하는데 그침
2. 적극적 등록제도
    ① 토지등록은 일필지의 개념으로 법적 권리보장이 인증되고 국가에 의해 그러한 합법성과 효력이 발생
    ② 기본원칙
        • 지적공부에 등록되지 않는 토지는 어떠한 권리도 인정받을 수 없음
        • 등록은 강제적이고 의무적
        • 지적측량 시행 후 토지등기가 가능
    ③ 선의의 제3자 보호 : 토지등록상의 문제로 인한 피해는 법적으로 보장되고 국가에 소송을 제기할 수 있으며, 보상도 받을 수 있음
    ④ 토렌스시스템은 적극적 등록주의의 발전된 형태

74. 경계 결정 시 경계불가분의 원칙이 적용되는 이유로 옳지 않은 것은?

① 필지 간 경계는 1개만 존재한다.
② 경계는 인접 토지에 공통으로 작용한다.
③ 실지 경계 구조물의 소유권을 인정하지 않는다.
④ 경계는 폭이 없는 기하학적인 선의 의미와 동일하다.

해설 민법 제237조(경계표, 담의 설치권)는 "인접토지소유자는 공동비용으로 경계표나 담을 설치"(1항)하고, "비용은 쌍방이 절반하여 부담하고 측량비용은 면적에 비례하여 부담한다"(2항)고 규정하고 있으며, 민법 제239조(경계표 등의 공유추정)는 "경계에 설치된 경계표, 담, 구거 등은 상린자의 공유로 추정… 그러나 상린자일방의 단독비용으로 설치되었거나 담이 건물의 일부인 경우에는 그러하지 아니하다"고 규정하고 있어 경계구조물의 소유권을 인정하고 있다.

75. 지적국정주의에 대한 내용으로 옳지 않은 것은?

① 토지의 표시사항을 국가가 결정한다.
② 토지소유권의 변동은 등기를 해야 효력이 발생한다.
③ 토지의 표시방법에 대하여 통일성, 획일성, 일관성을 유지하기 위함이다.
④ 소유자의 신청이 없을 경우 국가가 직권으로 이를 조사 또는 측량하여 결정한다.

해설 지적국정주의(國定主義)
1. 국정주의라 함은 지적공부의 등록 사항인 토지소재, 지번, 지목, 경계 또는 좌표와 면적은 국가의 공권력에 의해 오직 국가만이 결정할 수 있는 권한을 가진다는 이념
2. 소유자가 자연인, 국가, 지방자치단체, 법인 또는 비법인 사단·재단 등에 관계없이 필지를 구성하는 기본 요소 등은 국가기관의 장인 시장, 군수, 구청장이 등록이란 행정처분으로 결정한다는 이념
3. 토지행정의 전국적인 통일성, 일관성, 획일성을 확보하기 위함
4. 우리나라는 지적제도 창설 당시부터 지적국정주의를 채택하고 있음
5. 지적공부의 등록 주체를 국가가 법으로 규정하여 국가가 모든 토지를 조사하여 의무적으로 등록하게 하는 제도

76. 경계불가분의 원칙에 대한 설명과 가장 거리가 먼 것은?

① 필지 사이의 경계는 분리할 수 없다.
② 경계는 인접토지에 공통으로 작용된다.
③ 경계는 위치와 길이만 있고 너비는 없다.
④ 동일한 경계가 축척이 다른 도면에 각각 등록된 경우 둘 중 하나의 경계만을 최종 경계로 결정한다.

해설 경계의 제원칙
1. 축척종대의 원칙 : 동일 경계가 다른 도면에 각각 등록된 때는 큰 축척에 따른다.
2. 경계불가분의 원칙 : 경계는 유일무이한 것으로 인접 토지에 공통으로 작용하므로 이를 분리할 수 없다는 원칙
※ ④와 같은 경우 큰 축척(예를 들어 동일한 경계가 1,200분의 1 도면과 6,000분의 1 도면에 각각 등록된 경우에는 1,200분의 1 도면에 등록된 경계를 따름)을 따른다.

77. 토지조사 때 사정한 경계에 불복하여 고등토지조사위원회에서 재결한 결과 사정한 경계가 변동되는 경우 그 변경의 효력이 발생되는 시기는?

① 재결일   ② 사정일   ③ 재결서 접수일   ④ 재결서 통지일

해설 토지조사사업의 사정
1. 사정의 개념
  ① 사정이란 토지조사부와 지적도에 의하여 토지의 소유자 및 그 강계를 확정하는 행정처분
  ② 사정은 이전의 권리와 무관한 창설적, 확정적 효력이 있음
2. 사정기관
  ① 사정권자 : 지방토지조사위원회의 자문을 받아 당시 임시토지조사국장이 실시
  ② 조사 및 측량기관 : 임시토지조사국

Answer   75. ②   76. ④   77. ②

3. 사정의 대상
   ① 사정의 대상은 토지소유자와 토지강계
   ② 토지소유자는 자연인, 법인, 서원, 종중 등을 인정
   ③ 토지의 강계는 강계선만이 사정의 대상이 되었고 지역선은 제외
4. 사정의 절차
   ① 사정은 30일간 공시
   ② 불복하는 자는 공시기간 만료 후 60일 이내에 고등토지조사위원회(高等土地調査委員會)에 이의를 제기하여 재결을 요청할 수 있도록 함
5. 사정의 효력
   ① 토지조사령은 "토지소유자의 권리는 사정의 확정 또는 재결에 의하여 확정한다"고 규정
   ② 사정은 원시취득의 효력을 가짐
   ③ 재결 시 효력발생일을 사정일로 소급

78. 토지대장의 편성 방법 중 리코딩시스템(Recording System)이 해당하는 것은?

① 물적편성주의
② 연대적편성주의
③ 인적적편성주의
④ 면적별편성주의

해설 연대적편성주의
1. 신청순서에 따라 순차적으로 대장 작성
2. 프랑스의 등기부와 미국의 Recording System이 이에 속함
3. 등기부 편성방법으로 가장 유효하나 그 자체만으로 공시기능을 발휘하지 못함

79. 동일한 지번부여지역 내에서 최종 지번이 1075이고, 지번이 545인 필지를 분할하여 1076, 1077로 표시하는 것과 같은 부번 방식은?

① 기번식 지번제도
② 분수식 지번제도
③ 사행식 부번제도
④ 자유식 지번제도

해설 외국의 지번부여 방법
1. 분수식 지번제도 : 원지번을 분자, 부번을 분모로 한 분수형태의 지번부여방식
2. 기번제도 : 인접지번 또는 지번의 자리수와 함께 원지번의 번호로 구성되어 지번의 근거가 남음
3. 자유부번제도 : 최종지번 다음번호를 부여하고 원지번은 소멸되는 방식

80. 매 20년마다 양전을 실시하여 작성하도록 경국대전에 나타난 것은?

① 문권(文券)
② 양안(量案)
③ 입안(立案)
④ 양전대장(量田臺帳)

해설 양안(量案)
1. 양안의 개념 : 고려시대부터 시작되어 조선시대를 거쳐 일제시대의 토지조사사업 전까지 세금의 징수를 목적으로 양전에 의해 작성된 토지기록부 또는 토지대장
2. 양안의 종류 : 시대, 사용처, 관리처에 따라 전적(田籍), 양안, 양안등서책, 전안, 전답안 등으로 부름
3. 작성목적 : 토지에 대한 세징수를 위해 작성되었으며, 토지조사사업의 실시로 폐지

4. 양안의 규정
   ① 경국대전 호전(戶典) 양전조(量田條)에는 "모든 전지는 6등급으로 구분하고 20년마다 다시 측량하여 장부를 만들어 호조(戶曹)와 그 도(道) 그 읍(邑)에 비치한다."고 규정
   ② 3부씩 작성하여 호조, 본도, 본읍에 보관
5. 기재내용 : 토지소재지, 천자문의 자호, 지번, 양전 방향, 토지형태, 지목, 사표, 장광척, 면적, 등급, 결부속, 소유자 등을 기록함

05 지적관계법규

SUBJECT

81. 공간정보의 구축 및 관리 등에 관한 법률상 지적측량 및 토지 이동 조사를 위해 타인의 토지에 출입하거나 일시 사용하는 경우에 대한 설명으로 옳지 않은 것은?

① 타인의 토지에 출입하려는 자는 관할 특별자치시장, 특별자치도지사, 시장·군수 또는 구청장의 허가를 받아야 한다.
② 타인의 토지를 출입하는 자는 소유자·점유자 또는 관리인의 동의 없이 장애물을 변경 또는 제거할 수 있다.
③ 토지의 점유자는 정당한 사유 없이 지적측량 및 토지이동 조사에 필요한 행위를 방해하거나 거부하지 못한다.
④ 지적측량 및 토지이동 조사에 필요한 행위를 하려는 자는 그 권한을 표시하는 허가증을 지니고 관계인에게 이를 내보여야 한다.

해설 토지등에의 출입 등

구분	내용
출입목적	1. 측량 2. 측량기준점을 설치하거나 토지의 이동 조사
출입에 대한 통지	1. 타인의 토지 등에 출입하려는 자는 관할 특별자치시장, 특별자치도지사, 시장·군수 또는 구청장의 허가를 받아야 하며, 출입하려는 날의 3일 전까지 해당 토지 등의 소유자·점유자 또는 관리인에게 그 일시와 장소를 통지하여야 한다. 2. 토지 등을 일시 사용하거나 장애물을 변경 또는 제거하려는 자는 토지 등을 사용하려는 날이나 장애물을 변경 또는 제거하려는 날의 3일 전까지 그 소유자·점유자 또는 관리인에게 통지하여야 한다. 다만, 토지 등의 소유자·점유자 또는 관리인이 현장에 없거나 주소 또는 거소가 분명하지 아니할 때에는 관할 특별자치시장, 특별자치도지사, 시장·군수 또는 구청장에게 통지하여야 한다. 3. 해 뜨기 전이나 해가 진 후에는 그 토지 등의 점유자의 승낙 없이 택지나 담장 또는 울타리로 둘러싸인 타인의 토지에 출입할 수 없다.

Answer 81. ②

구분	내용
토지 등을 일시사용하거나 장애물을 변경	1. 타인의 토지·건물·공유수면 등에 출입하거나 일시 사용할 수 있으며, 특히 필요한 경우에는 나무, 흙, 돌, 그 밖의 장애물을 변경하거나 제거할 수 있다. 2. 타인의 토지 등을 일시 사용하거나 장애물을 변경 또는 제거하려는 자는 그 소유자·점유자 또는 관리인의 동의를 받아야 한다. 다만, 소유자·점유자 또는 관리인의 동의를 받을 수 없는 경우 행정청인 자는 관할 특별자치시장, 특별자치도지사, 시장·군수 또는 구청장에게 그 사실을 통지하여야 한다. 3. 행정청이 아닌 자는 미리 관할 특별자치시장, 특별자치도지사, 시장·군수 또는 구청장의 허가를 받아야 한다. 4. 특별자치시장, 특별자치도지사, 시장·군수 또는 구청장은 허가를 하려면 미리 그 소자·점유자 또는 관리인의 의견을 들어야 한다.
토지소유자의 의무	1. 토지 등의 점유자는 정당한 사유 없이 행위를 방해하거나 거부하지 못한다. 2. 토지 등의 소유자·점유자 또는 관리인은 그 소유하거나 점유 또는 관리하는 토지 등에 지적측량기준점표지가 있는 때에는 이를 선량한 관리자의 의무로써 보호하여야 한다.
증표와 허가증	1. 행위를 하려는 자는 그 권한을 표시하는 허가증을 지니고 관계인에게 이를 내보여야 한다. (측량 및 토지이동조사 허가증) 2. 측량 및 토지이동조사 허가증 발급신청서를 관할 특별자치시장, 특별자치도지사, 시장·군수 또는 구청장(이하 "발급권자"라 한다)에게 제출하여야 한다.

82. 임야도 작성 시 구계(區界)와 동계(洞界)가 겹치는 경우 제도하는 방법은?

① 구계만 그린다.
② 동계만 그린다.
③ 필지와 경계만 그린다.
④ 구계와 동계를 겹쳐 그린다.

해설 행정구역선의 제도 : 도면에 등록할 행정구역선은 0.4밀리미터 폭으로 다음과 같이 제도한다. 다만, 동·리의 행정구역선은 0.2밀리미터 폭으로 한다.
1. 국계는 실선 4밀리미터와 허선 3밀리미터로 연결하고 실선 중앙에 실선과 직각으로 교차하는 1밀리미터의 실선을 긋고, 허선에 직경 0.3밀리미터의 점 2개를 제도한다.
2. 시·도계는 실선 4밀리미터와 허선 2밀리미터로 연결하고 실선 중앙에 실선과 직각으로 교차하는 1밀리미터의 실선을 긋고, 허선에 직경 0.3밀리미터의 점 1개를 제도한다.
3. 시·군계는 실선과 허선을 각각 3밀리미터로 연결하고, 허선에 0.3밀리미터의 점 2개를 제도한다.
4. 읍·면·구계는 실선 3밀리미터와 허선 2밀리미터로 연결하고, 허선에 0.3밀리미터의 점 1개를 제도한다.
5. 동·리계는 실선 3밀리미터와 허선 1밀리미터로 연결하여 제도한다.
6. 행정구역선이 2종 이상 겹치는 경우에는 최상급 행정구역선만 제도한다.
7. 행정구역선은 경계에서 약간 띄워서 그 외부에 제도한다.

83. 다음 벌칙 중 2년 이하의 징역 또는 2천만 원 이하의 벌금에 처하는 행위로 틀린 것은?

① 속임수, 위력, 그 밖의 방법으로 입찰의 공정성을 해친 자
② 측량기준점 표지를 이전 또는 파손하거나 그 효용을 해치는 행위를 한 자
③ 고의로 측량성과를 다르게 한 자
④ 측량업의 등록을 하지 아니하고 측량업을 한 자

해설 벌칙의 종류
  1. 2년 이하의 징역 또는 2천만 원 이하의 벌금
      ① 측량기준점표지를 이전 또는 파손하거나 그 효용을 해치는 행위를 한 자
      ② 고의로 측량성과를 사실과 다르게 한 자
      ③ 측량성과를 국외로 반출한 자
      ④ 측량업의 등록을 하지 아니하거나 거짓이나 그 밖의 부정한 방법으로 측량업의 등록을 하고 측량업을 한 자
      ⑤ 성능검사를 부정하게 한 성능검사대행자
      ⑥ 성능검사대행자의 등록을 하지 아니하거나 거짓이나 그 밖의 부정한 방법으로 성능검사대행자의 등록을 하고 성능검사업무를 한 자
  2. 3년 이하의 징역 또는 3천만 원 이하의 벌금
      측량업자로서 속임수, 위력, 그 밖의 방법으로 측량업과 관련된 입찰의 공정성을 해친 자

84. 지적측량업의 등록취소 및 영업정지에 관한 설명으로 옳지 않은 것은?

① 거짓 그 밖의 부정한 방법으로 지적측량업을 등록한 경우 등록을 취소하여야 한다.
② 타인에게 자기의 등록증을 대여해 준 경우 등록취소사유가 된다.
③ 영업정지기간 중에 지적측량업을 영위한 경우 등록취소가 아닌 재차의 영업정지 명령이 내려질 수 있다.
④ 지적측량업자가 법 규정에 의한 지적측량수수료보다 과소하게 받은 경우도 등록 취소 또는 영업정지처분의 대상이 된다.

해설 지적측량업의 등록취소
  1. 등록취소 등 결정권자 : 국토교통부장관 또는 시·도지사 또는 대도시 시장
  2. 등록취소 등의 방법 : 측량업의 등록을 취소하거나 1년 이내의 기간을 정하여 영업의 정지를 명할 수 있으며 ②·④·⑦·⑧·⑪ 또는 ⑮에 해당하는 경우에는 측량업의 등록을 취소하여야 한다
      ① 고의 또는 과실로 측량을 부정확하게 한 경우
      ② 거짓이나 그 밖의 부정한 방법으로 측량업의 등록을 한 경우(등록취소)
      ③ 정당한 사유 없이 측량업의 등록을 한 날부터 1년 이내에 영업을 시작하지 아니하거나 계속하여 1년 이상 휴업한 경우
      ④ 등록기준에 미달하게 된 경우 (다만, 일시적으로 등록기준에 미달되는 등의 경우는 제외)(등록취소)
      ⑤ 측량업 등록사항의 변경신고를 하지 아니한 경우
      ⑥ 지적측량업자가 업무 범위를 위반하여 지적측량을 한 경우
      ⑦ 측량업등록의 결격사유에 해당하게 된 경우(등록취소)
      ⑧ 다른 사람에게 자기의 측량업등록증 또는 측량업등록수첩을 빌려 주거나 자기의 성명 또는 상호를 사용하여 측량업무를 하게 한 경우(등록취소)

Answer 83. ① 84. ③

⑨ 지적측량업자가 지적측량수행자의 성실의무 등을 위반한 경우
⑩ 보험가입 등 필요한 조치를 하지 아니한 경우
⑪ 영업정지기간 중에 계속하여 영업을 한 경우(등록취소)
⑫ 임원의 직무정지 명령을 이행하지 아니한 경우
⑬ 지적측량업자가 지적측량수수료를 고시한 금액보다 과다 또는 과소하게 받은 경우
⑭ 다른 행정기관이 관계 법령에 따라 등록취소 또는 영업정지를 요구한 경우
⑮ 국가기술자격법을 위반하여 측량업자가 측량기술자의 국가기술자격증을 대여 받은 사실이 확인된 경우(등록취소)
3. 측량업자의 지위를 승계한 상속인이 측량업등록의 결격사유에 해당하는 경우에는 그 결격사유에 해당하게 된 날부터 6개월이 지난날까지는 적용하지 아니함.

85. 지적측량 시행규칙상 면적측정의 대상이 아닌 것은?

① 경계를 정정하는 경우
② 축척변경을 하는 경우
③ 토지를 합병하는 경우
④ 필지분할을 하는 경우

해설 면적측정 대상
① 지적공부의 복구·신규등록·등록전환·분할 및 축척변경을 하는 경우
② 면적 또는 경계를 정정하는 경우
③ 도시개발사업 등으로 인한 토지의 이동에 따라 토지의 표시를 새로 결정하는 경우
④ 경계복원측량 및 지적현황측량에 면적측정이 수반되는 경우
※ 합병에 따른 경계·좌표 또는 면적은 따로 지적측량을 하지 아니하고 다음에 따라 결정한다.
　1. 합병 후 필지의 경계 또는 좌표 : 합병 전 각 필지의 경계 또는 좌표 중 합병으로 필요 없게 된 부분을 말소하여 결정
　2. 합병 후 필지의 면적 : 합병 전 각 필지의 면적을 합산하여 결정

86. 등기관이 토지에 관한 등기를 하였을 때 지적소관청에 지체 없이 그 사실을 알려야 하는 대상에 해당하지 않는 것은?

① 소유권의 변경 또는 경정
② 소유권의 보전 또는 이전
③ 소유권의 등록 또는 등록정정
④ 소유권의 말소 또는 말소회복

해설 소유권변경 사실의 통지
① 등기관이 등기를 하였을 때에는 지체 없이 그 사실을 토지의 경우에는 지적소관청에, 건물의 경우에는 건축물대장 소관청에 각각 알려야 한다.
② 소유권변경 사실 통지 대상
　• 소유권의 보존 또는 이전
　• 소유권의 등기명의인표시의 변경 또는 경정
　• 소유권의 변경 또는 경정
　• 소유권의 말소 또는 말소회복

87. 도시·군기본계획에 포함되어야 할 사항으로 옳은 것은?

① 도시개발사업이나 정비사업의 계획에 관한 사항
② 지구단위계획구역의 지정 또는 변경에 관한 사항
③ 공간구조생활권의 설정 및 인구의 배분에 관한 사항
④ 도시자연공원구역의 지정 또는 변경 계획에 관한 사항

해설 도시·군기본계획에 포함되어야 할 사항
① 지역적 특성 및 계획의 방향·목표에 관한 사항
② 공간구조, 생활권의 설정 및 인구의 배분에 관한 사항
③ 토지의 이용 및 개발에 관한 사항
④ 토지의 용도별 수요 및 공급에 관한 사항
⑤ 환경의 보전 및 관리에 관한 사항
⑥ 기반시설에 관한 사항
⑦ 공원·녹지에 관한 사항
⑧ 경관에 관한 사항
⑧의2. 기후변화 대응 및 에너지절약에 관한 사항
⑧의3. 방재·방범 등 안전에 관한 사항
⑨ 제2호부터 제8호까지, 제8호의2 및 제8호의3에 규정된 사항의 단계별 추진에 관한 사항

88. 축척변경에 따른 청산금의 납부고지 등에 관한 설명으로 옳은 것은?

① 지적소관청은 청산금의 수령통지를 한 날부터 9개월 이내에 청산금을 지급하여야 한다.
② 지적소관청은 청산금의 결정을 공고한 날부터 1개월 이내에 청산금의 수령통지를 하여야 한다.
③ 지적소관청은 청산금의 결정을 공고한 날부터 1개월 이내에 토지소유자에게 납부고지를 하여야 한다.
④ 청산금의 납부고지를 받은 자는 그 고지를 받은 날부터 6개월 이내에 청산금을 지적소관청에 내야 한다.

해설 청산금 납부고지 및 수령통지
① 지적소관청은 청산금의 결정을 공고한 날부터 20일 이내에 토지소유자에게 청산금의 납부고지 또는 수령통지를 하여야 한다.
② 납부고지를 받은 자는 그 고지를 받은 날부터 6개월 이내에 청산금을 지적소관청에 내야 한다.
③ 지적소관청은 수령통지를 한 날부터 6개월 이내에 청산금을 지급하여야 한다.
④ 지적소관청은 청산금을 지급받을 자가 행방불명 등으로 받을 수 없거나 받기를 거부할 때에는 그 청산금을 공탁할 수 있다.

Answer 87. ③ 88. ④

89. 밭에 있는 비닐하우스에 채소를 재배하는 토지와 같은 지목을 갖는 것은?

① 소류지
② 죽림지·간석지
③ 식용을 목적으로 죽순을 재배하는 토지
④ 물을 상시적으로 이용하여 미나리를 재배하는 토지

해설 밭은 지목이 "전"이며 식용을 목적으로 죽순을 재배하는 토지도 지목이 "전"이다.

지목의 종류
1. 유지
   물이 고이거나 상시적으로 물을 저장하고 있는 댐·저수지·소류지·호수·연못 등의 토지와 연·왕골 등이 자생하는 배수가 잘 되지 아니하는 토지
2. 임야
   산림 및 원야를 이루고 있는 수림지·죽림지·암석지·자갈땅·모래땅·습지·황무지 등의 토지
3. 전
   물을 상시적으로 이용하지 않고 곡물·원예작물(과수류는 제외한다)·약초·뽕나무·닥나무·묘목·관상수 등의 식물을 주로 재배하는 토지와 식용으로 죽순을 재배하는 토지
4. 답
   물을 상시적으로 직접 이용하여 벼·연·미나리·왕골 등의 식물을 주로 재배하는 토지

90. 성능검사대행자의 등록을 1년 이내의 기간을 정하여 업무정지 처분을 할 수 있는 경우가 아닌 것은?

① 정당한 사유 없이 성능검사를 거부하거나 기피한 경우
② 등록사항 변경신고를 하지 아니한 경우
③ 업무정지기간 중에 계속하여 성능검사대행 업무를 한 경우
④ 다른 행정기관이 관계 법령에 따라 등록취소 또는 업무정지를 요구한 경우

해설 성능검사대행자의 등록취소
1. 등록취소권자 : 시·도지사
2. 시·도지사는 성능검사대행자가 다음 각 호의 어느 하나에 해당하는 경우에는 성능검사대행자의 등록을 취소하거나 1년 이내의 기간을 정하여 업무정지 처분을 할 수 있다. 다만, ①·④·⑥ 또는 ⑦에 해당하는 경우에는 성능검사대행자의 등록을 취소하여야 한다.
   ① 거짓이나 그 밖의 부정한 방법으로 등록을 한 경우(등록취소)
   ①의2. 측량기기의 성능검사에 따른 시정명령을 따르지 아니한 경우
   ② 측량검사대행자 등록기준에 미달하게 된 경우. 다만, 일시적으로 등록기준에 미달하는 등 대통령령으로 정하는 경우는 제외한다.
   ③ 측량검사대행자 등록사항 변경신고를 하지 아니한 경우
   ④ 다른 사람에게 자기의 성능검사대행자 등록증을 빌려 주거나 자기의 성명 또는 상호를 사용하여 성능검사대행업무를 수행하게 한 경우(등록취소)
   ⑤ 정당한 사유 없이 성능검사를 거부하거나 기피한 경우
   ⑥ 거짓이나 부정한 방법으로 성능검사를 한 경우(등록취소)
   ⑦ 업무정지기간 중에 계속하여 성능검사대행업무를 한 경우

Answer 89. ③ 90. ③

⑧ 다른 행정기관이 관계 법령에 따라 등록취소 또는 업무정지를 요구한 경우
3. 시·도지사는 성능검사대행자의 등록을 취소하였으면 취소 사실을 공고한 후 국토교통부장관에게 통지하여야 한다.

91. 이미 완료된 등기에 대해 등기 절차상에 착오 또는 유루(遺漏)가 발생하여 원시적으로 등기사항과 실체사항과의 불일치가 발생되었을 때 이를 시정하기 위해 행하여지는 등기는?

① 부기등기   ② 경정등기   ③ 회복등기   ④ 기입등기

해설
1. 경정등기
   등기 완료 후 등기의 일부가 등기절차상의 착오, 빠진 부분(유루)에 의해 원시적으로 실체관계와 불일치가 있는 경우 이를 실체관계에 부합하도록 시정하는 등기
2. 부기등기
   독립한 순위번호를 갖지 않고 기존의 등기에 부기번호를 붙여서 행하여지는 등기
3. 회복등기
   부동산 등기사항의 전부 또는 일부가 멸실되었다가 회복절차에 따라 회복시키는 등기를 말하며, 말소회복등기와 멸실회복등기가 있다.
4. 기입등기
   새로운 등기원인에 의한 권리의 발생이 있는 경우에 그 등기사항을 새로 등기부에 기재하는 등기(소유권보존·이전, 저당권 설정등기 등)

92. 지적소관청이 등록사항을 정정할 때 토지소유자에 관한 사항은 다음 중 무엇에 의하여 정정하여야 하는가?

① 등기필증   ② 지적공부등본
③ 법원의 확정판결서   ④ 지적공부정리결의서

해설 토지소유자에 관한 등록사항의 정정
① 등기필증, 등기완료통지서, 등기사항증명서 또는 등기관서에서 제공한 등기전산정보자료에 따라 정정
② 미등기 토지에 대하여 토지소유자의 성명 또는 명칭, 주민등록번호, 주소 등에 관한 사항의 정정을 신청한 경우로서 그 등록사항이 명백히 잘못된 경우에는 가족관계 기록사항에 관한 증명서에 따라 정정

93. 국토의 계획 및 이용에 관한 법령상 중층주택을 중심으로 편리한 주거환경을 조성하기 위하여 필요할 때 지정하는 용도지역은?

① 제1종 전용주거지역   ② 제2종 전용주거지역
③ 제1종 일반주거지역   ④ 제2종 일반주거지역

해설 주거지역의 구분
1. 전용주거지역 : 양호한 주거환경을 보호하기 위하여 필요한 지역
   ① 제1종 전용주거지역 : 단독주택 중심의 양호한 주거환경을 보호하기 위하여 필요한 지역
   ② 제2종 전용주거지역 : 공동주택 중심의 양호한 주거환경을 보호하기 위하여 필요한 지역

Answer 91. ② 92. ① 93. ④

2. 일반주거지역 : 편리한 주거환경을 조성하기 위하여 필요한 지역
   ① 제1종 일반주거지역 : 저층주택을 중심으로 편리한 주거환경을 조성하기 위하여 필요한 지역
   ② 제2종 일반주거지역 : 중층주택을 중심으로 편리한 주거환경을 조성하기 위하여 필요한 지역
   ③ 제3종 일반주거지역 : 중고층주택을 중심으로 편리한 주거환경을 조성하기 위하여 필요한 지역
3. 준주거지역 : 주거기능을 위주로 이를 지원하는 일부 상업기능 및 업무기능을 보완하기 위하여 필요한 지역

94. 부동산 표시의 변경등기가 아닌 것은?
① 건물 번호의 변경
② 소유권의 변경
③ 소재지의 명칭변경
④ 토지지번의 변경

해설 부동산 표시의 변경등기는 토지·건물 표시에 관한 등기를 말하며 소유권의 변경은 권리에 관한 등기에 해당된다.

95. 다음 중 바다로 된 토지의 등록말소 및 회복에 관한 설명으로 옳지 않은 것은?
① 토지소유자는 지적공부의 등록말소 신청을 하도록 통지를 받은 날부터 90일 이내에 등록말소 신청을 하여야 한다.
② 토지소유자가 기간 내에 등록말소신청을 하지 않은 경우 공유수면 관리청이 신청을 대신할 수 있다.
③ 지적소관청은 지적공부의 등록사항을 말소하거나 회복 등록하였을 때에는 그 정리 결과를 토지소유자 및 해당 공유수면의 관리청에 통지하여야 한다.
④ 지적소관청이 회복등록을 하려면 그 지적측량성과 및 등록말소 당시의 지적공부 등 관계 자료에 따라야 한다.

해설 바다가 된 토지의 등록말소
지적소관청은 지적공부에 등록된 토지가 지형의 변화 등으로 바다로 된 경우에 토지소유자에게 등록말소 신청을 하도록 통지
1. 신청기한 : 신청 통지를 받은 날부터 90일 이내에 지적소관청에 신청
2. 신청대상
   원상으로 회복될 수 없거나 다른 지목의 토지로 될 가능성이 없는 경우
3. 등록말소 및 회복
   • 토지소유자가 등록말소 신청을 하지 않으면 직권으로 그 지적공부의 등록사항을 말소
   • 회복등록을 하려면 그 지적측량성과 및 등록말소 당시의 지적공부 등 관계 자료에 따라 등록
   • 지적공부의 등록사항을 말소하거나 회복 등록하였을 때에는 그 정리 결과를 토지소유자 및 해당 공유수면의 관리청에 통지

96. 지적공부에 등록된 토지의 소유자가 단독에서 2인 이상으로 변경된 경우 소유자에 관한 사항을 정리해야 할 지적공부는?
① 지적도와 임야도
② 지적도와 토지대장
③ 임야도와 임야대장
④ 토지대장과 공유지연명부

해설 토지대장에 등록하는 소유자가 둘 이상이면 토지대장 외 공유지연명부에도 아래의 사항을 등록한다.
1. 토지의 소재
2. 지번
3. 소유권 지분
4. 소유자의 성명 또는 명칭, 주소 및 주민등록번호
5. 토지의 고유번호
6. 필지별 공유지연명부의 장번호
7. 토지소유자가 변경된 날과 그 원인

97. 측량업의 등록을 하려는 자가 국토교통부장관 또는 시·도지사에게 제출하여야 할 첨부서류에 해당하지 않는 것은?

① 보유하고 있는 측량기술자의 명단
② 보유하고 있는 측량기술자의 측량기술 경력증명서
③ 측량업 사무소의 등기부등본
④ 보유하고 있는 장비의 명세서

해설 지적측량업의 등록
1. 등록
  지적측량업을 영위하고자 하는 자는 기술자격·기술능력·설비 등의 등록기준을 갖추어 도지사에게 지적측량업의 등록을 하여야 함
2. 첨부서류
  ① 기술인력을 갖춘 사실을 증명하기 위한 서류
    • 보유하고 있는 측량기술자의 명단
    • 인력에 대한 측량기술 경력증명서
  ② 장비를 갖춘 사실을 증명하기 위한 서류
    • 보유하고 있는 장비의 명세서
    • 장비의 성능검사서 사본
    • 소유권 또는 사용권을 보유한 사실을 증명할 수 있는 서류

98. 지적재조사에 관한 특별법상 납부고지된 조정금에 이의가 있는 토지소유자는 납부고지를 받은 날부터 며칠 이내에 지적소관청에 이의신청을 할 수 있는가?

① 7일 ② 15일 ③ 30일 ④ 60일

해설 조정금에 관한 이의신청
① 수령통지 또는 납부고지된 조정금에 이의가 있는 토지소유자는 수령통지 또는 납부고지를 받은 날부터 60일 이내에 지적소관청에 이의신청을 할 수 있다.
② 지적소관청은 이의신청을 받은 날부터 30일 이내에 제30조에 따른 시·군·구 지적재조사위원회의 심의·의결을 거쳐 이의신청에 대한 결과를 신청인에게 서면으로 알려야 한다.

Answer 97. ③ 98. ④

99. 도로명주소법에서 사용하는 용어의 정의로 옳지 않은 것은?

① "기초번호"란 도로구간에 행정안전부령으로 정하는 간격마다 부여된 번호를 말한다.
② "상세주소"란 건물등 내부의 독립된 거주·활동 구역을 구분하기 위하여 부여된 동(棟)번호, 층수 또는 호(號)수를 말한다.
③ "도로명주소"란 도로명, 건물번호 및 상세주소(상세주소가 있는 경우만 해당한다)로 표기하는 주소를 말한다.
④ "사물주소"란 도로명과 건물번호를 활용하여 건물 등에 해당하지 아니하는 시설물의 위치를 특정하는 정보를 말한다.

해설 "사물주소"란 도로명과 기초번호를 활용하여 건물 등에 해당하지 아니하는 시설물의 위치를 특정하는 정보를 말한다.

100. 도시개발사업 등이 완료됨에 따라 지적확정측량을 실시한 지역의 각 필지에 지번을 새로 부여하는 방법과 다르게 지번을 부여하는 경우는?

① 토지를 합병할 때
② 지번부여지역의 지번을 변경할 때
③ 행정구역 개편에 따라 새로 지번을 부여할 때
④ 축척변경 시행지역의 필지에 지번을 부여할 때

해설 1. 지적확정측량, 지번변경, 행정구역변경, 축척변경을 실시한 지역의 지번부여
① 사업지역 내 편입된 토지 중 본번만으로 부여
② 종전 지번의 수가 새로 부여할 지번의 수보다 적을 때에는 블록단위로 하나의 본번을 부여한 후 필지별로 부번을 부여하거나 최종본번 다음 순번부터 본번으로 하여 지번을 부여
2. 합병에 따른 지번부여
① 합병 전 지번 중 순서가 빠른 지번으로 부여
② 합병 전 지번이 본번과 부번이 혼재할 경우 본번 중 선순위 지번으로 부여
③ 토지소유자가 합병 전의 필지에 주거·사무실 등의 건축물이 있어서 그 건축물이 위치한 지번을 합병 후의 지번으로 신청할 때에는 그 지번을 합병 후의 지번으로 부여

Engineer Cadastral Surveying

2023년 제3회 지적기사

01 지적측량

01. 지적도의 축척이 600분의 1 지역에서 산출면적이 327.55m²일 때 결정면적은?

① 327m²
② 327.5m²
③ 327.6m²
④ 328m²

해설 공간정보의 구축 및 관리 등에 관한 법률 시행령 제60조(면적의 결정 및 측량계산의 끝수처리)
지적도의 축척이 600분의 1인 지역과 경계점좌표등록부에 등록하는 지역의 토지 면적은 제곱미터 이하한 자리 단위로 함
따라서 327.55m²는 327.6m²로 결정한다.

02. 경위의측량방법에 따른 세부측량의 기준으로 옳은 것은?

① 거리측정단위는 0.01cm로 한다.
② 경계점의 점간거리는 1회 측정한다.
③ 관측은 30초독 이상의 경위의를 사용한다.
④ 수평각의 관측은 1대회의 방향관측법이나 2배각의 배각법에 따른다.

해설 지적측량 시행규칙 제18조(세부측량의 기준 및 방법 등)
1. 거리측정단위는 1센티미터
2. 점간거리를 측정하는 경우에는 2회 측정
3. 관측은 20초독 이상의 경위의를 사용

03. 지적측량성과와 검사 성과의 연결교차의 허용범위 기준으로 옳지 않은 것은?

① 지적삼각점 : 0.20m 이내
② 지적삼각보조점 : 0.20m 이내
③ 지적도근점(경계점좌표등록부 시행지역) : 0.15m 이내
④ 경계점(경계점좌표등록부 시행지역) : 0.10m 이내

Answer 1. ③ 2. ④ 3. ②

해설 지적측량 시행규칙 제27조(지적측량성과의 결정)

대 상		연결교차
지적삼각점		0.20미터
지적삼각보조점		0.25미터
지적도근점	경계점좌표등록부 시행지역	0.15미터
	그 밖의 지역	0.25미터
경계점	경계점좌표등록부 시행지역	0.10미터
	그 밖의 지역	10분의 3M밀리미터 (M은 축척분모)

04. 100m+4.96mm의 정수를 표시한 권척을 사용하여 500m를 측정하였을 경우 바른 길이는?

① 500.000m ② 500.025m ③ 500.043m ④ 500.050m

해설 $D_0 = D\left(1 + \dfrac{c}{L}\right) = 500\left(1 + \dfrac{0.00496}{100}\right) = 500.025\text{m}$

05. 지적도근점측량을 배각법에 따르는 경우 연결오차의 배분 방법으로 옳은 것은?

① 각 측선의 측선장에 비례하여 배분한다.
② 각 측선의 측선장에 반비례하여 배분한다.
③ 각 측선의 종·횡선차 길이에 비례하여 배분한다.
④ 각 측선의 종·횡선차 길이에 반비례하여 배분한다.

해설 지적측량 시행규칙 제15조(지적도근점측량에서의 연결오차의 허용범위와 종선 및 횡선오차의 배분)
1. 배각법에 따르는 경우 : 다음의 계산식에 따라 각 측선의 종선차 또는 횡선차 길이에 비례하여 배분

$T = -\dfrac{e}{L} \times l$

(T는 각 측선의 종선차 또는 횡선차에 배분할 센티미터 단위의 수치, e는 종선오차 또는 횡선오차, L은 종선차 또는 횡선차의 절대치의 합계, l은 각 측선의 종선차 또는 횡선차를 말한다)

2. 방위각법에 따르는 경우 : 다음의 계산식에 따라 각 측선장에 비례하여 배분할 것

$C = -\dfrac{e}{L} \times l$

(C는 각 측선의 종선차 또는 횡선차에 배분할 센티미터 단위의 수치, e는 종선오차 또는 횡선오차, L은 각 측선장의 총합계, l은 각 측선의 측선장을 말한다)

06. 다음 중 경위의 측량방법에 의한 세부측량을 할 때 준수하여야 할 사항을 잘못 적용한 것은?

① 토지의 경계가 곡선인 경우 직선으로 연결하는 곡선의 중앙 종거를 15cm으로 하였다.
② 미리 각 경계점에 표지를 설치하였다.
③ 관측에 10초독짜리 경위의를 사용하였다.
④ 수평각의 관측은 1대회의 방향관측법에 의하였다.

해설 지적측량 시행규칙 제18조(세부측량의 기준 및 방법 등)
1. 거리측정단위는 1센티미터로 하며 직선으로 연결하는 곡선의 중앙 종거의 길이는 5센티미터 내지 10센티미터로 한다.
2. 미리 각 경계점에 표지를 설치할 것
3. 도선법 또는 방사법에 의할 것
4. 관측은 20초독 이상의 경위의를 사용할 것
5. 수평각의 관측은 1대회의 방향관측법이나 2배각의 배각법에 의할 것. 다만, 방향관측법인 경우에는 1측회의 폐색을 하지 아니할 수 있다.

07. 우리나라 토지조사사업 당시 대삼각본점측량의 방법으로 틀린 것은?

① 전국 13개소 기선을 설치하였다.
② 관측은 기선망에서 12대회의 방향관측을 실시하였다.
③ 대삼각점은 평균 점간거리 30km로 23개의 삼각망으로 구분하였다.
④ 대삼각점은 위도 20′, 경도 15′의 방안 내의 10점이 배치되도록 하였다.

해설 대삼각(본점)측량
대삼각측량은 대삼각본점과 대삼각보점을 설치하기 위한 측량이며 대삼각본점에 해당하는 측량은 측지학적인 삼각측량이다.
1. 일본의 대마도 1등삼각점을 연락망으로 우리나라의 절영도와 거제도를 기점으로 함
2. 전국에 13개의 기선을 설치하고 삼각형의 평균변장을 약 30km로 23개의 삼각망 구성
3. 위도15′, 경도20′의 방안에 대략 1점을 배치하여 전국에 400점을 배치
4. 기선망의 수평각은 12대회의 각관측법
5. 내각의 폐색차는 2″ 이내, 본점망은 6대회의 각관측법, 내각의 폐색차는 5″ 이내

08. 지적삼각보조점의 각 점에서 같은 정도로 측정하여 생기는 각도오차의 소거방법으로 옳은 것은? (단, 2방향 교회에 의하고 각 내각의 합계와 180도와의 차가 ±40초 이내인 경우)

① 변장에 비례하여 배분한다.
② 각의 크기에 비례하여 배분한다.
③ 각의 크기에 역비례하여 배분한다.
④ 삼각형의 각 내각에 고르게 배분한다.

해설 지적측량 시행규칙 제10조(지적삼각보조점측량)
3방향의 교회에 따를 것. 다만, 지형상 부득이 하여 2방향의 교회에 의하여 결정하려는 경우에는 각 내각을 관측하여 각 내각의 관측치의 합계와 180도와의 차가 ±40초 이내일 때에는 이를 각 내각에 고르게 배분하여 사용할 수 있다.

09. ∠CAB를 측정함에 있어, B점의 중심을 시준하지 못하여 B′ 점을 시준한 때에 수평각 점표귀심을 계산하기 위한 시준점의 편심관측 보정량(X)은?(단, BE=1.5m, D=2km)

① 1′ 10″   ② 2′ 35″   ③ 3′ 58″   ④ 4′ 40″

해설 $\dfrac{BE}{\sin x} = \dfrac{D}{\sin 90°}$

$\sin x = \dfrac{BE \times \sin 90°}{D}$

$x = \sin^{-1}\left(\dfrac{BE \times \sin 90°}{D}\right)$

$x = \sin^{-1}\left(\dfrac{1.50 \times \sin 90°}{2,000}\right) = 2'34.7''$ ∴ 2'35''

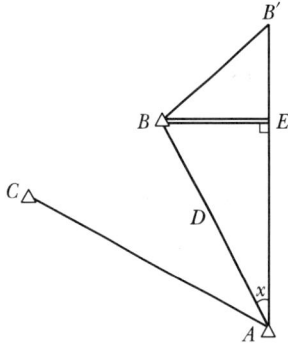

10. 경위의측량방법으로 세부측량을 하였을 때 측량대상 토지의 경계점 간 실측거리와 경계점의 좌표에 따라 계산한 거리의 교차 기준은?(단, L은 실측거리로서 미터단위로 표시한 수치를 말한다.)

① $\dfrac{3L}{10}$ 센티미터 이내
② $\dfrac{3L}{100}$ 센티미터 이내
③ $3 + \dfrac{L}{10}$ 센티미터 이내
④ $3 + \dfrac{L}{100}$ 센티미터 이내

해설 지적측량 시행규칙 제26조(세부측량성과의 작성)

측량대상 토지의 경계점 간 실측거리와 경계점의 좌표에 따라 계산한 거리의 교차는 $3 + \dfrac{L}{10}$ 센티미터 이내여야 한다. 이 경우 L은 실측거리로서 미터 단위로 표시한 수치

11. 다음 중 지적도근점측량에서 지적도근점을 구성하는 도선의 형태에 해당하지 않는 것은?

① 개방도선
② 결합도선
③ 폐합도선
④ 다각망도선

해설 지적측량 시행규칙 제12조(지적도근점측량)

지적도근점은 결합도선·폐합도선(廢合道線)·왕복도선 및 다각망도선으로 구성하여야 한다.
지적도근측량에서 개방도선이나 회귀도선을 사용하지 않는다.

12. 지적삼각점측량에서 진북방향각의 계산단위로 옳은 것은?

① 초아래 1자리
② 초아래 2자리
③ 초아래 3자리
④ 초아래 4자리

해설 지적측량 시행규칙 제9조(지적삼각점측량의 관측 및 계산)
지적삼각점의 계산은 진수(眞數)를 사용하여 각규약(角規約)과 변규약(邊規約)에 따른 평균계산법 또는 망평균계산법에 따르며, 자오선수차의 단위는 초 아래 1자리로 하며, 자오선수차와 진북방향각은 그 절대값은 같고 부호만 다르다.

13. 대삼각(본점)측량에 관한 설명으로 옳지 않은 것은?

① 전국에 13개소의 기선을 설치하였다.
② 대삼각점을 평균 점간거리 20km의 20개 삼각망으로 구성하였다.
③ 르장드르(Legendre)정리에 의하여 구과량을 계산하였다.
④ 기선망의 수평각은 12대회 각관측법으로 실시하였다.

해설 대삼각측량은 대삼각본점과 대삼각보점을 설치하기 위한 측량이며 대삼각본점에 해당하는 측량은 측지학적인 삼각측량이다.

대삼각측량
1. 일본의 대마도 1등삼각점을 연락망으로 우리나라의 절영도와 거제도를 기점으로 함
2. 전국에 13개의 기선을 설치하고 삼각형의 평균변장을 약 30km로 23개의 삼각망 구성
3. 위도15′, 경도20′의 방안에 대략 1점을 배치하여 전국에 400점을 배치
4. 기선망의 수평각은 12대회의 각관측법
5. 내각의 폐색차는 2″ 이내, 본점망은 6대회의 각관측법, 내각의 폐색차는 5″ 이내

14. 다음 그림에서 DC 방위각은?

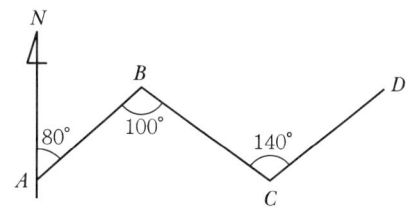

① 120°
② 300°
③ 340°
④ 350°

해설
$V_A^B = 80°$

$V_B^A = 80° + 180° = 260°$

$V_B^C = V_B^A - 100° = 260° - 100° = 160°$

$V_C^B = V_B^C + 180° = 160° + 180° = 340°$

$V_C^D = V_C^B + 140° = 340° + 140° = 480°$

$V_D^C = V_C^D - 180° = 480° - 180° = 300°$

Answer 12. ① 13. ② 14. ②

> **참고**
> 역방위각은 도착한 점에서 출발한 점을 시준했을 때의 방위각으로서 도착했을 때의 방위각에 180°를 더하거나 뺄 때 나오는 각이다.
> 1) 180°를 더하는 경우 : 도착방위각에 180°를 더해서 360°를 넘지 않는 경우
> 2) 180°를 빼는 경우 : 도착방위각에 180°를 더해서 360°를 넘는 경우

15. 지적삼각점의 관측계산에서 자오선수차의 계산단위 기준은?
① 초아래 1자리
② 초아래 2자리
③ 초아래 3자리
④ 초아래 4자리

해설 지적측량 시행규칙 제9조(지적삼각점측량의 관측 및 계산)
지적삼각점의 계산은 진수(眞數)를 사용하여 각규약(角規約)과 변규약(邊規約)에 따른 평균계산법 또는 망평균계산법에 따르며, 자오선수차의 단위는 초 아래 1자리

16. 광파기측량방법으로 지적삼각점을 관측할 경우 기계의 표준편차는 얼마 이상이어야 하는가?
① ±(5mm+5ppm) 이상
② ±(3mm+5ppm) 이상
③ ±(5mm+10ppm) 이상
④ ±(3mm+10ppm) 이상

해설 지적측량 시행규칙 제9조(지적삼각점측량의 관측 및 계산)
전파 또는 광파측거기(光波測距機)는 표준편차가 ±[5밀리미터+5피피엠(ppm)] 이상인 정밀측거기를 사용

17. 다음 중 세부측량을 하는 경우 필지마다 면적을 측정하여야 하는 경우에 해당하지 않는 것은?
① 분할
② 등록전환
③ 지목변경
④ 지적공부 복구

해설 지적측량 시행규칙 제19조(면적측정의 대상)
1. 지적공부의 복구·신규등록·등록전환·분할 및 축척변경을 하는 경우
2. 면적 또는 경계를 정정하는 경우
3. 도시개발사업 등으로 인한 토지의 이동에 의하여 토지의 표시를 새로이 결정하는 경우
4. 경계복원측량 및 지적현황측량에 의하여 면적측정이 수반되는 경우
※ 지목변경이나 합병의 경우에는 대장상 면적에 오류가 없으면 대장 면적대로 등록한다.

18. 평판측량방법에 따른 세부측량을 교회법으로 하는 경우 그 기준으로 틀린 것은?(단, 광파조준의 또는 광파측거기를 사용하는 경우는 고려하지 않는다.)
① 전방교회법 또는 측방교회법에 따른다.
② 3방향 이상의 교회에 따른다.
③ 방향각의 교각은 30도 이상 150도 이하로 한다.
④ 방향선의 도상길이는 측판의 방위표정에 사용한 방향선의 도상길이 이하로서 30m이하로 한다.

Answer 15. ① 16. ① 17. ③ 18. ④

해설 지적측량 시행규칙 제18조(세부측량의 기준 및 방법 등)
1. 전방교회법 또는 측방교회법
2. 3방향 이상의 교회
3. 방향각의 교각은 30도 이상 150도 이하
4. 방향선의 도상길이는 평판의 방위표정(方位標定)에 사용한 방향선의 도상길이 이하로서 10센티미터 이하
   다만, 광파조준의(光波照準儀) 또는 광파측거기를 사용하는 경우에는 30센티미터 이하
5. 측량결과 시오(示誤)삼각형이 생긴 경우 내접원의 지름이 1밀리미터 이하일 때에는 그 중심을 점의 위치로 함

19. 미지점에서 평판을 세우고 기지점을 시준한 방향선의 교차에 의하여 그 점의 도상위치를 구할 때 사용하는 측량방법은?

① 전방교회법 ② 원호교회법
③ 측방교회법 ④ 후방교회법

해설 후방교회법은 미지점에 측판을 세우고 기지점의 방향선에 의해 위치를 결정하는 방식으로 2점법, 3점법, 자침에 의한 방법 등이 있으나 3점법이 가장 대표적인 방법

20. 지적기준점의 제도방법 기준으로 옳지 않은 것은?

① 2등 삼각점은 직경 1mm, 2mm, 3mm의 3중원으로 제도한다.
② 위성 기준점은 직경 2mm, 3mm의 2중원으로 제도하고 원 안을 검은색으로 엷게 채색한다.
③ 지적삼각보조점은 직경 3mm의 원으로 제도하고 원 안을 검은색으로 엷게 채색한다.
④ 명칭과 번호는 2mm 이상 3mm 이하 크기의 명조체로 제도한다.

해설 지적업무처리규정 제43조(지적측량기준점 등의 제도)

기준점명칭	표시	내용
지적위성기준점		직경 2mm, 3mm의 2중 원안에 십자선 표시
지적삼각점		직경 3mm의 원으로 제도하고 원안에 십자선
지적삼각보조점		직경 3mm의 원으로 제도하고 원안에 검은색으로 엷게 채색한다.
지적도근점		직경 2mm의 원으로 제도

Answer 19. ④ 20. ②

02 응용측량

21. 원심력에 의한 곡선부의 차량탈선을 방지하기 위하여 곡선부의 횡단 노면 외측부를 높여주는 것은?

① 확폭 ② 캔트 ③ 종거 ④ 완화구간

해설 캔트(Cant) : 곡선부를 통과하는 차량이 원심력이 발생하여 접선방향으로 탈선하려는 것을 방지하기 위해 바깥쪽 노면을 안쪽 노면보다 높이는 정도를 말하며 편경사라 한다.

22. 수준측량에서 전·후시 거리를 같게 함으로서 제거되지 않는 오차는?

① 지구의 곡률오차 ② 표척눈금 부정에 의한 오차
③ 광선의 굴절오차 ④ 시준축 오차

해설 직접수준측량에서 전·후시를 같게 함으로서 제거되는 오차
① 레벨의 조정이 불완전하여 시준선이 기포관축과 평행하지 않을 때
② 지구의 곡률오차와 빛의 굴절오차를 제거
③ 초점나사를 움질일 필요가 없으므로 그로 인해 생기는 오차 제거

23. 도로의 중심선을 따라 20m 간격의 종단측량을 하여 다음과 같은 결과를 얻었다. 측점 1과 측점 5의 지반고를 연결하여 도로계획선을 설정한다면 이 계획선의 경사는?

측점	지반고(m)	측점	지반고(m)
No.1	53.63	No.4	70.65
No.2	52.32	No.5	50.83
No.3	60.67		

① −2.8% ② −3.5% ③ +3.5% ④ +2.8%

해설 측점1과 측점5의 높이차(h)는 53.63−50.83=2.8m

경사 = $\dfrac{높이}{수평거리} = \dfrac{2.8}{80} = 0.035$ ∴ 3.5%

측점 1보다 측점 5지반이 낮으므로 경사는 −3.5%

24. GNSS자료처리를 위하여 데이터의 호환을 위해 개발된 자료처리형식은?

① GPPS ② SKI ③ GPSurvey ④ RINEX

해설 GNSS 관측된 데이터에 대한 자료 처리 S/W는 장비사마다 다르므로 이를 호환하여 표준형식으로 사용이 가능하도록 한 것이 Rinex이다.

25. 항공사진(수직사진)의 축척을 구하는 식으로 옳은 것은?(단, M_b : 사진의 축척, f : 렌즈의 초점거리, H : 촬영고도)

① $M_b = f - H$
② $M_b = f + H$
③ $M_b = f \div H$
④ $M_b = f \times H$

해설 촬영고도(H)=초점거리(f)×축척분모(m) 임으로 사진의 축척은 $\dfrac{초점거리(f)}{촬영고도(H)}$

26. 상호표정인자 중 회전인자에 해당되지 않는 것은?

① by ② κ ③ ϕ ④ ω

해설 상호표정이란 비행기가 촬영 당시에 가지고 있던 기울기를 도화기 상에서 그대로 재현하는 과정을 말하며 상호표정인자 중 회전인자는 비행기의 수평회전을 재현해주는 κ, 비행기의 전후 기울기를 재현해주는 ϕ, 비행기의 좌우 기울기를 재현해주는 ω가 있다

27. GNSS측량의 Cycle Slip에 대한 설명으로 옳지 않은 것은?

① GPS 반송파 위상추적회로에서 반송파 위상차 값의 순간적인 차단으로 인한 오차이다.
② GPS안테나 주위의 지형·지물에 의한 신호단절 현상이다.
③ 높은 위성 고도각과 낮은 신호 잡음이 원인이 된다.
④ Static측량에서 비교적 작게 나타난다.

해설 GPS에서 사이클 슬립(Cycle Slip)은 주파 단절로 반송파 위상 추적회로에서 반송파 위상치의 값을 순간적으로 놓침으로 인해 발생하는 오차로 주위의 지형 지물등에 의해 신호가 단절되는 것을 말하며 원인으로는
① GPS 안테나 주위의 지형지물에 의한 신호의 차단으로 발생
② 비행기의 커브 회전 시 동체에 의한 위성시야의 차단으로 발생
③ 관측된 신호의 잡음이 높을 경우에 발생
④ 위성의 위치가 좋지 않거나 낮은 수신 고도각 불량으로 발생
⑤ 이동측량에서 많이 발생
⑥ 신호잡음, 수신각이나 수신기 위상중심 신호전파의 성능에 의해 발생

28. 지형도의 이용과 가장 거리가 먼 것은?

① 종단면도 및 횡단면도의 작성
② 도로, 절도, 수로 등의 도상 선정
③ 집수면적의 측정
④ 간접적인 지적도 작성

해설 지형도의 이용은 등경사선을 관측하여 종단면도 및 횡단면도를 작성하고 도로, 철도, 수로 등의 도상 선정과 저수량의 관측에 의한 집수면적의 측정에 있다.

29. 항공사진의 작업순서로 가장 적합한 것은?

① 촬영계획－촬영과 사진의 작성－판독기준작성－판독－현지조사－정리
② 촬영계획－촬영과 사진의 작성－현지조사－판독－판독기준작성－정리
③ 촬영계획－판독기준작성－촬영과 사진의 작성－판독－현지조사－정리
④ 촬영계획－판독가준작성－현지조사－촬영과 사진의 작성－정리－판독

해설 항공사진측량의 일반적인 작업순서는 촬영계획 → 촬영과 사진의 작성 → 판독기준의 작성 → 판독 → 지리조사 → 조정(정리) 이다.

30. 지형도에 표현되는 지형을 지모와 지물로 구분할 때 지물에 해당되는 것은?

① 도로   ② 계곡   ③ 평야   ④ 산정

해설 지형측량에서 지물은 도로, 철도, 시가지 촌락, 하천, 해암을 말한다.

31. 깊이 100m인 수직 터널을 공사하기 위해 터널외의 연결측량에 사용할 수 있는 가장 적합한 방법은?

① 사변형법   ② 지거법
③ 트랜싯과 추선에 의한 방법   ④ 삼각법

해설 한 개의 수갱(수직갱)에 의한 연결측량은 수직갱에 2개의 추를 매달아서 이것에 의해 연직면을 정하고 그 방위각을 지상에서 관측하여 지하의 측량으로 연결하는 방식을 취한다.

32. 단곡선 설치에 있어서 노선의 기점에서 교점(I.P)까지의 거리가 5,235m이고 접선장(T.L)이 320m였다면 시단현의 길이는 얼마인가?(단, 중심말뚝 간격은 20m임)

① 2m   ② 5m   ③ 10m   ④ 15m

해설 노선 출발점에서 곡선시점까지의 거리는 BC=IP－TL=5,235－320=4,915m
∴ 노선출발점에서 곡선시점까지의 Chain당 거리는 BC=4,915÷20=No 245+15m
시단현의 길이(l) 1Chain당 거리－15m=5m

33. 곡선반지름 R=250m, 교각 I=43° 58′ 27″인 단곡선을 설치하고자 항 때 접선장(T.L)은?

① 100.941m   ② 100.894m
③ 100.698m   ④ 100.449m

해설 노선측량에서 TL$=R \tan \dfrac{I}{2} = 250 \tan \dfrac{43°58′27″}{2} = 100.941$m

Answer 29. ① 30. ① 31. ③ 32. ② 33. ①

34. 다음 중 원곡선의 종류가 아닌 것은?

① 반향 곡선　　　　　　　　② 단곡선
③ 렘니스케이트 곡선　　　　④ 복심 곡선

해설 노선측량에서 곡선설치법에서 원곡선 설치법에는 단곡선, 복심곡선, 반향곡선, 머리핀곡선, 완화곡선이 있다.

35. 반지름 100m의 단곡선을 설치하기 위하여 교각 I를 관측하였더니 60°이었다. 곡선시점과 교점 (I.P.)간의 거리는?

① 45.25m　　　　　　　　② 55.57m
③ 57.74m　　　　　　　　④ 81.37m

해설 곡선시점(B.C)과 교점(I.P.)과의 거리는 접선장을 말하며

접선장(TL) = $R \tan \dfrac{I}{2}$ = $100 \tan \dfrac{60}{2}$ = 57.735m

36. 등고선 내의 면적이 저면부터 A_1=380m², A_2=350m², A_3=300m², A_4=100m², A_5=50m² 일 때 전체 토량은?(단, 등고선 간격은 5m이고 상단은 평평한 것으로 가정하여 각주공식에 의해 계산할 것)

① 2,950m³　　　　　　　　② 4,717m³
③ 4,767m³　　　　　　　　④ 5,900m³

해설 $V_0 = \dfrac{h}{3}[A_1 + A_n + 4(A_2 + A_4) + 2(A_3)] = \dfrac{5}{3}[380 + 50 + 4(350 + 100) + 2(300)] = 4,716.7$m = 4,717m

37. 고도 2,000m에서 촬영한 항공사진상의 굴뚝 정상과 최하단의 시차가 각각 17mm, 15mm이었다. 사진1, 사진2의 기선 길이가 각각 61mm, 63mm이었다면 이 굴뚝의 높이는 약 얼마인가?

① 35m　　② 45m　　③ 55m　　④ 65m

해설 시차차에 의한 비고량 계산식은

$h = \dfrac{H}{P_r + \Delta P} \times \Delta P$ 여기서, h : 높이, H : 비행고도, P_a : 정상의 시차

P_r : 기준면의 시차, $\Delta P = P_a - P_r$ 임으로

$\dfrac{2,000,000}{15 + (17-15)} \times (17-15) = 235,294.12$mm = 235.294m

$\Delta P = \dfrac{h}{H} \times b_0$에서 $h = \dfrac{H}{b_0} \times \Delta P$

Answer　34. ③　35. ③　36. ②　37. ④

$$= \frac{H}{\frac{\text{I}+\text{II}}{2}} \times \Delta P$$

$$= \frac{2,000,000}{\frac{61+63}{2}} \times 2 = 64,516.13 \text{mm}$$

$$= 65\text{m}$$

38. 원격탐사의 센서에 대한 설명으로 옳지 않은 것은?

① SLAR은 능동적 센서에 속한다.
② 비디콘 사진기는 수동적 센서에 속한다.
③ ETM+는 능동적 센서에 속한다.
④ HRV센서는 수동적 센서에 속한다.

해설 원격탐측은 비행기나 인공위성에 탑재된 센서(Sensor)를 이용하여 지표의 대상물에서 반사 또는 방사된 전자 스펙트럼을 측정하고 이들의 자료를 이용하여 대상물이나 현상에 관한 정보를 얻는 기법을 말하며 능동적 센서에는 크게 Radar방식과 Laser방식으로 구분하며 수동적 센서에는 선주사방식과 Flamming(카메라 방식)이 있고 ETM+는 수동적 센서에 속한다.

39. 항공삼각측량에서 조정을 위한 입력좌표로 사진좌표를 사용하는 해석방법은?

① 에어로 폴리곤법
② 블록조정법
③ 독립모델법
④ 번들조정법

해설 항공삼각측량방법에서 대상물의 좌표를 얻기 위한 조정법에는 기계법(입체도화기)과 해석법(정밀 좌표관측기)이 있으며 해석법에는 스트립 및 블록조정(Strip 및 Block Adjustment), 독립모델법(Independent Model), 광속법(Bundle Adjustment)이 있으며 입력좌표로 사진좌표를 해석하는 방법은 광속(번들조정)법이다.

40. 경사가 일정한 터널에서 두 점 AB 간의 경사거리가 150m이고 고저차가 15m일 때 AB 간의 수평거리는?

① 149.2m
② 148.5m
③ 147.2m
④ 146.5m

해설 삼각함수를 이용하여 $\sin\theta = \frac{15}{150}$ $\theta = \sin^{-1}\frac{15}{150} = 5°44'21.01''$이므로 수평거리는
∴ $\cos 5°44'21.01'' \times 150\text{m} = 149.25\text{m}$

03 토지정보체계론

41. 한국토지정보시스템(KLIS)에 대한 설명이 옳은 것은?
  ① 토지관련 정보를 공동 활용하기 위해 구축한 것이다.
  ② PBLIS와 LIS를 통합 구축한 것이다.
  ③ 지하시설물 관리를 중심으로 구축한 것이다.
  ④ 행정안전부에서 독자적으로 구축한 시스템이다.

  해설 KLIS의 개발은 대장데이터와 도면데이터를 전면적으로 전산화하여 다양한 토지관련 정보를 제공함으로 대국민서비스를 강화하는데 목적을 두고 있다.

42. 다음 중 Metadata에 대한 설명으로 옳지 않은 것은?
  ① 일관성 있는 데이터를 이용자에게 제공할 수 있다.
  ② 데이터가 색인화 되어 있어 사용하기에 편리하다.
  ③ 정보의 공유를 극대화한다.
  ④ 대용량의 데이터를 구축하는 것은 불가능하다.

  해설 Metadata는 대용량의 공간데이터를 구축하는데 비용과 시간을 절감할 수 있다.

43. 다음 중 벡터방식의 자료구조의 표현과 관계가 먼 것은?
  ① 점   ② 선   ③ 격자   ④ 면

  해설 격자구조는 래스터데이터이다.

44. 필지중심토지정보시스템(PBLIS)의 업무 및 시스템 개발 내용으로 옳지 않은 것은?
  ① 지적측량업무   ② 지적공부관리업무
  ③ 지적소유권관리업무   ④ 지적측량성과작성업무

  해설 PBLIS 구성
    ① 지적공부관리시스템
    ② 지적측량시스템
    ③ 지적측량성과작성시스템

Answer 41. ①   42. ④   43. ③   44. ③

45. 다음 중 데이터교환표준(SDTS : Spatial Data Transfer Standard)의 특징에 대한 설명이 옳지 않은 것은?

① 자료모델로는 Geometry와 Topology로 구별하여 정의하고 있다.
② 자료를 교환하기 위한 파일의 물리적 포맷을 말한다.
③ NGIS의 데이터 교환 표준화로 제정되었다.
④ 다양한 공간데이터의 교환 및 공유가 가능하다.

해설 데이터교환표준(SDTS)은 자료를 교환하기 위한 포맷이라기보다는 광범위한 자료의 호환을 위한 규약으로서 자료에 관한 정보를 서로 전달하기 위한 언어이다.

46. 격자자료를 압축 저장하는 방법에 해당하지 않는 것은?

① Run-length code
② Block code
③ Chain code
④ Spaghetti code

해설 래스터 데이터의 압축 방법은 체인 코드(Chain Code) 방법, 런 렝스 코드(Run-Length Code)방법, 블록 코드(Black Code)방법, 사지수형(Quadtree)방법이 있다.

47. DBMS방식의 자료관리의 장점이 아닌 것은?

① 시스템 구성이 파일방식에 비해 단순하다.
② 중앙제어가 가능하다.
③ 자료의 중복을 최대한 감소시킬 수 있다.
④ DB내의 자료는 다른 사용자와의 호환이 가능하다.

해설 DBMS 개념
① 데이터베이스를 보다 편리하게 정의하고, 생성하며, 조작할 수 있도록 해주는 범용 소프트웨어 시스템
② 데이터의 효과적이고 효율적인 저장과 액세스를 다루기 위해 설계되는 소프트웨어 애플리케이션
③ 한 조직체의 활동에 필요한 데이터를 수집하고, 조직적으로 저장해 두었다가 필요할 때 처리하여 의사 결정에 도움이 되는 정보를 생성하는 정보시스템

48. 지적전산자료를 이용·활용하는데 따른 승인권자에 속하는 것은?

① 국토지리정보원장
② 국토교통부장관
③ 한국국토정보공사장
④ 행정안전부장관

해설 지적전산자료 심사기관(공간정보의 구축 및 관리 등에 관한 법률 제76조)
① 전국단위의 지적전산자료 : 국토교통부장관
② 시·도 단위의 지적전산자료 : 시·도지사
③ 시·군·구 단위의 지적전산자료 : 소관청

Answer 45. ② 46. ④ 47. ① 48. ②

49. SQL 언어 중 데이터조작어(DML)에 해당하지 않는 것은?
① DROP
② INSERT
③ DELETE
④ UPDATE

해설 데이터 조작어(DML : Data Manipulation Language)
① 사용자가 데이터베이스에 접근하여 데이터를 처리할 수 있는 데이터 언어
② 데이터베이스에 저장된 자료를 검색(Select), 삽입(Insert), 삭제(Delete), 갱신(Update)하기 위해 사용되는 언어

50. 벡터데이터의 장점이 아닌 것은?
① 위상에 관한 정보가 제공된다.
② 원격탐사 자료와의 연계처리가 용이하다.
③ 객체별로 선택할 수 있다.
④ 자료갱신과 유지관리가 편리하다.

해설 래스터데이터는 원격탐사 자료와의 연계처리가 용이하다.

51. GIS의 자료 분석 과정 중, 도형자료와 속성자료가 각기 구축된 레이어 간의 정보를 합성하거나 수학적 변환기능을 이용하여 정보를 통합하는 분석 방법은?
① 중첩분석
② 표면분석
③ 합성분석
④ 검색분석

해설 중첩분석은 자료층(Layer)을 중첩(합성)하여 각각의 층이 가지고 있는 정보를 합하여 각종 관련정보를 해석하는 것을 말한다.

52. 지적전산화의 목적으로 가장 거리가 먼 것은?
① 지적민원처리의 신속성
② 전산화를 통한 중앙통제
③ 관련 업무의 능률과 정확도 향상
④ 토지관련 정책 자료의 다목적 활용

해설 지적공부전산화의 목적
① 토지정보의 다목적 활용
② 정책정보의 정확성 제고
③ 각 시·도 분산시스템의 상호간 또는 중앙시스템 간의 인터페이스를 완전하게 확보
④ 변동자료를 온라인 처리로 이동정리 등의 기존에 처리하던 업무의 이중성을 배제
⑤ 지적민원의 신속한 처리

Answer 49. ① 50. ② 51. ① 52. ②

53. 지적전산자료의 이용에 대한 심사신청을 받은 관계 중앙행정기관의 장이 심사하는 사항에 해당하지 않는 것은?

① 자료의 목적 외 사용방지 및 안전관리 대책
② 개인의 사생활 침해 여부
③ 자료의 이용에 따른 사용료 납부 방법
④ 신청내용의 타당성・적합성 및 공익성

해설 공간정보 구축 및 관리 등에 관한 법률 시행령 제62조 제2항

54. 다음 중 좌표가 입력되어야 할 곳에 못 미치게 입력되어 폴리곤이 폐합되지 않게 만드는 오류에 해당하는 것은?

① 오버슈트(over shoot) ② 언더슈트(under shoot)
③ 슬리버(sliver) ④ 스파이크(spike)

해설 디지타이징 및 벡터편집에서의 오류유형
① Overshoot(튀어나옴) : 교차점을 지나 선이 끝나는 것
② Undershoot(못미침) : 교차점이 만나지 못하고 선이 끝나는 것
③ Sliver Polygon(슬리버 폴리곤) : 두 개 이상의 Coverage에 대한 오버레이로 인해 Polygon의 경계에 흔히 생기는 작은 영역의 Feature
④ Spike(스파이크) : 교차점에서 두 개의 선분이 만나는 과정에서 생기는 것

55. 다음 중 취득된 공간자료의 자료구조 포맷이 다른 하나는?

① DXF ② BMP ③ JPEG ④ TIFF

해설 공간자료의 자료구조 포맷
① 벡터자료 : DXF
② 래스터자료 : BMP, JPEG, TIFF

56. 지적도면을 수치파일로 작성하는 경우 레이어로 지정할 수 없는 데이터는?

① 필지경계 ② 지번 ③ 도곽선 ④ 소유자

해설 소유자는 속성정보이다.

57. 메타데이터에 포함되는 기본요소에 해당하지 않는 것은?

① 데이터의 질
② 메타데이터의 작성자 및 작성일시
③ 메타데이터의 유통과정
④ 공간참조를 위해 사용된 지도투영법의 명칭

해설 메타데이터 기본요소
① 개요 및 자료소개
② 자료 품질
③ 자료의 구성
④ 공간참조를 위한 정보
⑤ 형상 및 속성 정보
⑦ 참조정보

58. 데이터베이스의 구조 중 트리(Tree)형태 구조로 데이터들이 구성되어 기록추가와 삭제가 용이한 반면, 지시자에 의해 설정된 경로만을 통해야 자료에 접근할 수 있는 단점을 가진 것은?
① 평면구조　　　　　　　　　② 계층구조
③ 조직망구조　　　　　　　　④ 관계구조

해설 계층구조(Hierarchical Structure)
① 트리(Tree) 형태
② 하나의 기록형태에 여러 가지 자료항목이 들어 있고, 파일 내의 각각의 기록들은 파일 내에 있는 상위 단계의 기록과 연계되어 있다.
③ 계층구조의 장점은 추가와 삭제가 용이하며, 상위 기록을 통해서 접근하면 자료의 검색속도가 빠르다.
④ 자료의 접근은 지시자에 의해서 설정된 경로만을 통해서 가능하다.

59. 토지정보체계의 구성요소에 해당하지 않는 것은?
① 하드웨어　　　　　　　　　② 데이터베이스
③ 보안시스템　　　　　　　　④ 전문인력

해설 토지정보체계의 구성요소 : 조직과 인력, 자료, 하드웨어, 소프트웨어

60. 다음 중 래스터자료를 벡터자료로 변환하는 것을 무엇이라 하는가?
① 벡터라이징　　　　　　　　② 래스터라이징
③ 스캐닝　　　　　　　　　　④ 디지타이징

해설 도면을 컴퓨터로 자동 입력(스캐닝_래스터 데이터)하여 CAD에서 작업한 것과 같은 도면 데이터(벡터 데이터)로 재생성하여 만들어 주는 것을 벡터라이징이라 한다.

Answer　58. ②　59. ③　60. ①

04 지적학

61. 토지조사사업 당시 재결기관으로 옳은 것은?
① 임시토지조사국 ② 고등토지조사위원회
③ 부와 면 ④ 임야심사위원회

해설 토지(임야)조사사업 당시의 재결기관
1. 토지조사사업 : 고등토지조사위원회
2. 임야조사사업 : 임야조사위원회

62. 일반적으로 양안에 기재된 사항에 해당하지 않는 것은?
① 지번, 면적
② 측량순서, 토지등급
③ 토지형태, 사표(四標)
④ 신구 토지소유자, 토지가격

해설 양안의 기재내용
1. 토지소재지, 천자문의 자호, 지번, 양전 방향, 토지형태, 지목, 사표, 장광척, 면적, 등급, 결부속, 소유자 등을 기록함
2. 고려시대 : 지목, 전형(토지형태), 토지소유자, 양전방향, 사표, 결수, 총결수
3. 조선시대 : 논밭의 소재지, 지목, 면적, 자호, 전형(토지형태), 토지소유자, 양전방향, 사표, 장광척, 등급, 결부수, 경작여부 등
※ 토지의 가격은 기재하지 않음

63. 다음 중 지적제도와 등기제도를 처음부터 일원화하여 운영한 국가는?
① 대만 ② 독일
③ 일본 ④ 네덜란드

해설 국가별 지적제도 및 등기제도 운영 현황
1. 프랑스 : 지적공부는 토지대장, 건물대장, 지적도, 도엽기록부 및 색인부로 구성되어 있으며, 지적업무는 중안은 경제·재정·산업무의 세무국 산하 지적과와 등기과에서 운영되고, 지방은 지방사무국(시·도), 지적사무소(시·군)에서 담당하고, 지적과 등기가 이원화 되어 있으나 접수창구의 일원화와 전산화로 사실상 일원화로 운영
2. 독일 : 독일은 지적제도는 행정부에서 관할하고, 등기제도는 사법부에서 관할하는 이원화 체제로 운영되는 국가로서, 지적공부는 부동산지적부, 부동산지적도, 수치지적부 등으로 구성되어 있고, 등기부는 물적 편성주의에 따라 개별 부동산을 중심으로 편성하고 있으며, 관계 법률은 지적 및 측량법과 부동산등기법으로 이원화되어 있고, 각 주별로 상이한 법률을 제정하여 운용

Answer 61. ② 62. ④ 63. ④

3. 스위스 : 지적공부가 부동산등록부, 소유자별대장, 지적도, 수치지적부로 구성되어 있으며, 지적과 등기가 일원화 처리됨
4. 네덜란드 : 네덜란드는 창설당시부터 지적과 등기가 통합되어 운영되는 국가로서, 지적공부는 위치대장, 부동산등록부, 지적도로 구성되어 있고, 지적업무는 중앙은 주택·도시계획·환경성에서 관장하고 지방은 지방지적청에서 관장
5. 일본 : 지적공부는 토지 및 건물등기부, 지적도가 있으며, 지적업무는 법무성에서 관장하고 측량은 토지가옥조사사가 시행하며, 1960년 부동산등기법이 개정되어 등기제도와 지적제도가 통합됨
6. 대만 : 지적공부는 토지등기부, 건축물등기부, 지적도가 있으며 지적업무는 내정부 지적국에서 담당하고 측량은 공무원이 직접 시행하며, 대만정부 수립 후 1930년 국민당 정부가 제정·공포하여 대륙 본토에서 시행하던 토지법을 대만에도 그대로 적용하여 지적과 등기를 일원화되어 지정사무소에서 지적 및 등기업무를 처리함

※ 우리나라는 독일과 같이 지적제도는 행정부, 등기제도는 사법부에서 이원체제로 운영

64. 다음 중 오늘날의 토지대장과 유사한 것이 아닌 것은?

① 문기(文記)
② 양안(量案)
③ 도전장(都田帳)
④ 타량성책(打量成冊)

해설 양안

1. 양안(量案)
    1) 양안은 고려와 조선시대에 양전에 의해 작성된 토지대장으로 전적(田籍)이라고도 함
    2) 양안의 명칭 : 시대, 사용처, 관리처에 따라 전적, 양안, 양안등서책, 전안, 전답안 등 많음
    3) 작성목적 : 토지에 대한 세 징수를 위해 작성되었으며, 토지조사사업의 실시로 폐지됨
    4) 양안의 규정 : 경국대전에 20년 마다 양전을 실시하여 새로이 양안을 작성하여 호조, 본도, 본읍에 비치토록 규정함
    5) 기재내용 : 토지소재지, 천자문의 자호, 지번, 양전 방향, 토지형태, 지목, 사표, 장광척, 면적, 등급, 결부속, 소유자 등
2. 고려시대 양안의 명칭 : 도전장(都田帳), 양전도장(量田都帳), 양전장적(量田帳籍), 도전정(導田丁), 도행(導行), 전적(田積), 적(籍), 전부(田簿), 안(案), 원적(元籍) 등
3. 조선시대 양안의 명칭 : 양안, 양안등서책(量案謄書冊), 전안(田案), 전답안(田畓案), 성책(成冊), 양명등서차(量名謄書次), 전답결대장, 전답결타량정안, 전답타량책, 전답타량안, 전답결정안, 전답양안, 전답행번, 양전도행장 등

※ 문기(文記) : 조선시대에 토지 및 가옥을 매수 또는 매도할 때 작성한 매매 계약서를 말하며 '명문 문권'이라고도 함

65. 지주총대의 사무에 해당되지 않는 것은?

① 신고서류 취급 처리
② 소유자 및 경계 사정
③ 동리의 경계 및 일필지조사의 안내
④ 경계표에 기재된 성명 및 지목 등의 조사

Answer 64. ① 65. ②

해설 **지주총대**
1. 개념 : 지주총대(地主總代)는 토지조사법과 토지조사령에 의해 토지조사사업 지역 내의 동·리마다 1~2인 또는 2인 이상이 선정되어 조사 및 측량에 관한 사무에 종사하도록 한 지주(토지소유자)를 의미한다.
2. 지주총대 유의사항(1910. 8. 24. 토지조사국 고시 제3호_토지조사법 시행규칙 제4조에 의하여 선정된 지주총대의 명시 요령)
   1) 토지조사의 취지 홍보, 소유자·이해관계자의 임무 고지 및 사업진행상 관민의 편리 도모
   2) 토지조사에 관하여 총대의 사사로운 행위 금지
   3) 지주총대의 종사 업무
      ① 조사 및 측량의 안내
      ② 신고 서류의 취급
      ③ 강계표의 설치 및 보조
      ④ 소유자와 이해관계자의 실지 입회 및 소환
      ⑤ 토지의 이동에 관한 사항
      ⑥ 기타 조사관리의 지시 이행
   4) 1동리의 강계를 확정할 때 신고 서류의 신속한 취합
   5) 신고서와 매 구역의 강계표에 기재한 성명, 지목, 자번호 등을 조사하고 부합여부 확인
   6) 조사관리에게 신고사항 또는 미신고 토지에 관한 참고 사항의 신고
3. 지주총대 유의사항의 운영 : 지주총대 유의사항은 약 3년 동안 시행되다가 1913년 제정된 "임시토지조사국 조사규정(1913.6.7. 총동부 훈령 제5호)"에 통합됨
※ 소유자 및 경계 사정에 관한 사무는 토지조사국(토지조사사업)과 도지사(임야조사사업)가 담당하였음

66. 지적의 분류 중 등록대상에 따른 분류가 아닌 것은?
① 도해지적
② 2차원지적
③ 3차원지적
④ 입체지적

해설 **지적제도의 분류방법**
1. 발전과정에 따른 분류 : 세지적, 법지적, 다목적지적
2. 표시방법에 따른 분류 : 도해지적, 수치지적
3. 등록대상에 따른 분류 : 2차원지적, 3차원지적
※ 2차원지적을 평면지적이라고 하며, 3차원지적은 입체지적이라 함

67. 역토(驛土)에 대한 설명으로 틀린 것은?
① 역토의 수입은 국고수입으로 하였다.
② 역토는 역참에 부속된 토지의 명칭이다.
③ 역토는 주로 군수비용을 충당하기 위한 토지였다.
④ 조선시대 초기에 역토에는 관둔전, 공수전 등이 있다.

해설 역토는 주요 도로에 설치된 역참에 부속된 토지로서 소속 관리의 급여, 말의 사육비 등 역참의 운영비용을 충당하기 위한 토지이다. 변경이나 군사요지에 설치해 군량에 충당한 토지는 둔전(屯田)이라고 한다.

Answer 66. ① 67. ③

68. 토지조사사업 당시의 지목 중 면세지에 해당하지 않는 것은?

① 분묘지   ② 사사지   ③ 수도선로   ④ 철도용지

해설 토지조사법(1910. 08. 24., 법률 제7호)에 의한 과세지 및 비과세지
1. 과세지 : 전답·대·지소·임야·잡종지(직접적인 수익이 있는 토지로서 현재 과세 중에 있으며 또는 장래 과세의 목적이 될 수 있는 토지)
2. 면세지 : 사사지(社寺地)·분묘지·공원지·철도용지·수도용지(직접적인 수익은 없으나 대부분이 공용에 속하며 지세를 면제하는 토지)
3. 비과세지 : 도로·하천·구거·제방·성첩·철도선로·수도선로(일반적으로 개인소유를 인정할 성질의 것이 못되고 전혀 과세의 목적으로 하지 않는 토지)

69. 토지등록의 법적 지위에 있어서 토지의 이동은 반드시 외부에 알려야 한다는 일반원칙은?

① 공시의 원칙   ② 공신의 원칙
③ 신고의 원칙   ④ 형식의 원칙

해설 토지등록의 원칙
1. 등록의 원칙(登錄의 原則) : 토지에 관한 모든 표시사항을 지적공부에 반드시 등록해야 하며 토지의 이동이 생기면 지적공부에 변동 사항을 정리 등록해야 한다는 원칙이며, 적극적등록주의와 법지적을 채택하는 나라에서 적용됨
2. 신청의 원칙(申請의 原則) : 토지의 등록은 토지소유자의 신청을 전제로 처리하는 원칙이며, 토지의 등록은 토지소유자의 신청을 전제로 하되 신청이 없을 때에는 직권으로 조사·측량하여 처리하도록 함
3. 특정화의 원칙(特定化의 原則) : 권리객체로서의 모든 토지는 반드시 특정적이고 단순하며 명확한 방법에 의하여 인식할 수 있도록 개별화하여야 한다는 원칙
4. 국정주의 및 직권주의(國定主義 및 職權主義)
   ① 국정주의 : 지적공부의 등록사항인 토지소재, 지번, 지목, 경계 또는 좌표와 면적 등은 국가의 공권력에 의하여 국가만이 이를 결정할 수 있는 권한을 가진다는 원칙
   ② 직권주의 : 모든 필지는 필지단위로 구획하여 국가기관인 소관청이 강제적으로 지적공부에 등록 공시하여야 한다는 원칙
5. 공시의 원칙 및 공개주의(公示의 原則, 公開主義)
   ① 공시의 원칙 : 토지등록의 법적 지위에 있어서 토지의 이동이나 물권의 변동은 반드시 외부에 알려야 한다는 원칙
   ② 공개주의 : 토지에 관한 등록사항은 지적공부에 등록하고 이를 일반에 공지하여 누구나 이용하고 활용할 수 있게 하여야 함
6. 공신의 원칙(公信의 原則) : 등기를 믿고 권리행위를 한 선의의 거래자를 보호하여 진실로 등기내용과 같은 권리관계가 존재한 것처럼 법률효과를 인정하려는 원칙

70. 임야조사사업에 대한 설명으로 틀린 것은?

① 조사 및 측량기관은 부 또는 면이다.
② 임야조사사업 당시 사정의 대상은 소유자 및 경계이다.
③ 토지조사에서 제외된 임야 등의 토지에 대한 행정처분이다.
④ 사정권자는 지방토지조사위원회의 자문을 받아 당시 토지조사국장이 실시하였다.

Answer 68. ③   69. ①   70. ④

해설 임야조사사업의 개요
1. 사업기간 : 1916년 시험조사실시 ~1924년 완료
2. 사업내용
   ① 조사방법 및 절차는 토지조사사업과 유사함
   ② 조사 및 측량기관 : 부 또는 면
   ③ 사정기관 : 도지사
   ④ 사정내용 : 소유자 및 경계
   ⑤ 분쟁지 재결 : 도지사 산하 임야조사위원회에서 처리함
3. 조사대상
   ① 토지조사사업에서 제외된 임야
   ② 임야 내에 개재된 임야 이외의 토지
4. 임야도 축척 : 1/3,000, 1/6,000

71. 우리나라 토지조사사업의 시행목적과 거리가 먼 것은?

① 토지의 가격조사
② 토지소유권 조사
③ 토지의 지질조사
④ 토지의 외모조사

해설 토지조사사업의 내용
1. 지적제도와 부동산등기제도의 확립을 위한 토지소유권 조사
2. 지세제도의 확립 위한 토지의 가격조사
3. 국토의 지리를 밝히는 토지의 외모조사

72. 다음 중 우리나라 지적관계법령의 제정순서가 옳은 것은?

① 토지조사령 → 조선임야조사령 → 지세령 → 지적법
② 조선임야조사령 → 토지조사령 → 지세령 → 지적법
③ 토지조사령 → 지세령 → 조선임야조사령 → 지적법
④ 지세령 → 조선임야조사령 → 토지조사령 → 지적법

해설 지적법령의 변천연혁
1. 대한제국의 지적법령
   ① 토지가옥증명규칙(1906. 10. 26. 칙령 제65호)
   ② 토지가옥전당집행규칙(1906. 10. 26. 칙령 제80호)
   ③ 대구시가토지측량규정(1907. 5. 16)
   ④ 삼림법(1908. 1. 24. 법률 제1호)
   ⑤ 토지가옥소유권증명규칙(1908. 7. 16. 칙령 제47호)
   ⑥ 토지조사법(1910. 8. 23. 법률 제7호)
2. 일제강점기 시대의 지적법령
   ① 토지조사령(1912. 8. 13. 제령 제2호)
   ② 도근측량 실시규정(1913. 10. 5. 임시토지조사국 훈령 제17호)
   ③ 세부측도 실시규정(1913. 10. 5. 임시토지조사국 훈령 제18호)
   ④ 제도적산 실시규정(1914. 6. 30. 임시토지조사국 훈령 제25호)
   ⑤ 지세령(1914. 3. 16. 제령 제1호)

⑥ 토지대장규칙(1914. 4. 25. 조선총독부령 제45호)
⑦ 조선임야조사령(1918. 5. 1. 제령 제5호)
⑧ 임야대장규칙(1920. 8. 23. 조선총독부령 제113호)
⑨ 토지측량규칙(1921. 3. 18. 조선총독부 훈령 제10호)
⑩ 임야측량규정(1935. 6. 12. 조선총독부 훈령 제27호)
⑪ 조선지세령(1943. 3. 31. 제령 제6호)

3. 대한민국의 지적법령
① 지적법(1950. 12. 1. 법률 제165호)
② 지적측량규정(1954. 11. 12. 대통령령 제951호)
③ 지적측량사규정(1960. 12. 31. 국무원령 제176호)
④ 측량·수로조사 및 지적에 관한 법률(2009. 6. 9. 법률 제9774호)
⑤ 공간정보의 구축 및 관리 등에 관한 법률(2014. 6. 3. 법률 제12738호)

73. 다음 중 지적의 요건으로 볼 수 없는 것은?

① 안전성   ② 정확성   ③ 창조성   ④ 효율성

해설 지적제도의 특징
1. 안정성 : 토지 소유권 및 기타권리는 일단 등록되면 안전한 불가침의 영역
2. 간편성 : 소유권 등록은 단순한 형태로 사용, 절차는 명확하고 확실해야 함
3. 정확성과 신속성 : 지적제도의 효율성을 위해 토지등록은 정확하고 신속해야 함
4. 저렴성 : 소유권 등록에 의하여 소유권을 입증하는 것보다 저렴한 것은 없음
5. 적합성 : 상황변화에 상관없이 결정적인 요소는 적합해야 하고 비용, 인력, 기술에 유용해야 함
6. 등록의 완전성 : 등록은 모든 토지에 대하여 완전하여야 하며 최근 상황을 반영하여야 함
※ 창조성은 지적의 요건과 관계가 멀다.

74. 다목적 지적의 구성요건에 해당하지 않는 것은?

① 기본도   ② 지적도
③ 측량계산부   ④ 측지기준망

해설 다목적지적의 구성요소
1. 측지기본망(Geodetic Reference Network) : 토지경계와 지형 간에 상관관계를 맺어주고 지적도의 경계선을 현지 복원하도록 정확도를 유지하는 기초점의 연결망
2. 기본도(Base Map) : 측지기본망을 기초 작성된 지형도
3. 지적중첩도(Cadastral Overlay) : 측지기본망 및 기본도와 연계활용하고 토지경계를 식별할 수 있도록 지적도와 시설물, 토지이용, 지역지구도 등을 결합한 상태의 도면
4. 필지식별번호(Unique Parcel Identification Number) : 각 필지별 등록사항의 저장, 수정 등을 용이하게 처리할 수 있는 가변성 없는 고유번호를 말하며 대표적인 것이 지번
5. 토지자료파일(Land Data File) : 정보의 검색 및 다른 자료철에 보관된 정보를 연결시킬 수 있는 필지식별번호가 포함된 일련의 공부 또는 자료철

75. 특별한 기준을 두지 않고 당사자의 신청순서에 따라 토지등록부를 편성하는 방법은?

① 물적편성주의
② 인적편성주의
③ 연대적편성주의
④ 인적·물적편성주의

해설 토지등록부의 편성주의
1. 물적편성주의
    ① 개별 토지를 중심으로 등록부를 편성
    ② 지번순서에 따라 등록
    ③ 가장 우수하고 합리적, 많이 쓰임
    ④ 장점 : 토지이용, 관리, 개발측면에 편리
    ⑤ 단점 : 소유자별 파악이 곤란
2. 인적편성주의
    ① 동일소유자의 모든 토지를 대장에 기록.
    ② 세지적의 소산
    ③ 토지이용, 관리, 개발 등 토지행정에 지장
    ④ 인명목록, 전산프로그램개발 등으로 약점을 보완
    ⑤ 네덜란드에서 채택
3. 연대적편성주의
    ① 신청순서에 따라 순차적으로 대장 작성
    ② 프랑스의 등기부와 미국의 Recording System이 이에 속함
    ③ 등기부 편성방법으로 가장 유효하나 그 자체만으로 공시기능을 발휘하지 못함
4. 인적물적편성주의
    ① 물적편성주의를 기본으로 운영하되 인적편성주의 요소를 가미.
    ② 소유자별 토지등록부를 동시에 작성
    ③ 스위스, 독일의 경우 둘이상의 토지를 하나의 용지에 기록함.
    ④ 토지대장도 소유자별 토지등록카드와 함께 지번별 목록, 성명별 목록 등을 작성 운용

76. 토지조사사업 당시 지번의 설정을 생략한 지목은?

① 성첩
② 임야
③ 지소
④ 잡종지

해설 토지조사사업 당시 조사지
1. 조사대상 지목
    ① 전, 답, 대, 지소(당시 지소에 유지 포함), 잡종지(당시 지목에 염전, 광천지 포함), 임야(다른 조사지 사이에 개재하는 것에 한함)
    ② 사사지, 분묘지, 공원지, 철도용지, 수도용지
    ③ 도로, 하천, 구거, 제방, 성첩, 철도선로, 수도선로
2. 조사의 예외(구 지적법 제37조의 대상)
    ① 도로·하천·구거·제방·성첩·철도선로·수도선로는 지목만 조사하고 특별한 사정이 없으면 지반을 측량하거나 지번을 부여하지 않음
    ② 1950년 제정된 구 지적법 부칙 제37조 제2항의 규정에 따라 지적공부에 등록될 때까지 지속됨

77. 조선시대에 정약용의 양전개정론과 관계가 없는 것은?

① 경무법　　　　　　　② 망척제
③ 방량법　　　　　　　④ 어린도법

해설 정약용의 양전 개정론
1. 정전제(井田制)의 시행을 전제로 방량법과 어린도법을 시행해야 함(목민심서)
2. 결부제하의 양전법은 전지의 측도가 어렵기 때문에 경무법으로 개정
3. 일자오결제도와 사표의 부정확성을 시정하기 위해 어린도를 작성
4. 정전제(井田制)나 어린도(魚鱗圖)같은 국토의 조직적 관리가 필요
5. 전국의 전(田)를 사방 100척으로 된 정방형의 1결의 형태로 구분
※ 망척제는 이기가 해학유서에서 수등이척제의 개선방안으로 주장

78. 철도용지와 하천 지목이 중복되는 토지의 지목설정 방법은?

① 등록선후의 원칙에 따른다.
② 필지 규모와 면적에 따른다.
③ 경제적 고부가 가치의 용도에 따른다.
④ 소관청 담당자의 주관적 직권으로 결정한다.

해설 도로, 철도용지, 하천, 제방, 구거, 수도용지 등의 지목이 중복되는 경우에는 먼저 등록된 토지의 사용목적, 용도에 따라 지번을 설정하며 이를 등록선후의 원칙이라 함
※ 다만 용도경중의 원칙과 혼동하지 말아야 함(용도경중의 원칙 : 도로, 철도용지, 하천, 제방, 구거, 수도용지 등의 지목이 중복되는 경우에는 중요 토지의 사용목적 및 용도에 따라 지목을 설정하는 원칙)
※ 지목설정의 원칙 : 1필1지목의 원칙, 주지목추종의 원칙, 등록선후의 원칙, 용도경중의 원칙, 일시변경 불가의 원칙, 사용목적추종의 원칙

79. 지목의 설정 원칙으로 옳지 않은 것은?

① 용도경중의 원칙　　　　② 일시변경의 원칙
③ 주지목추종의 원칙　　　④ 사용목적추종의 원칙

해설 지목설정의 원칙
1. 1필1지목의 원칙 : 1필의 토지에는 1개의 지목만을 설정하는 원칙이며, 1필의 일부가 용도 변경된 경우에는 분할 후에 지목을 변경
2. 주지목추종의 원칙 : 주된 토지의 편익을 위해 설치된 소면적의 도로, 구거 등의 지목은 이를 따로 정하지 않고 주된 토지의 사용목적 및 용도에 따라 지목을 설정하는 원칙
3. 등록선후의 원칙 : 도로, 철도용지, 하천, 제방, 구거, 수도용지 등의 지목이 중복되는 경우에는 먼저 등록된 토지의 사용목적. 용도에 따라 지번을 설정하는 원칙
4. 용도경중의 원칙 : 도로, 철도용지, 하천, 제방, 구거, 수도용지 등의 지목이 중복되는 경우에는 중요 토지의 사용목적 및 용도에 따라 지목을 설정하는 원칙
5. 일시변경불가의 원칙 : 임시적, 일시적용도의 변경 시 등록전환 또는 지목변경불가의 원칙
6. 사용목적추종의 원칙 : 도시계획사업, 토지구획정리사업, 농지개량사업 등의 완료에 따라 조성된 토지는 사용목적에 따라 지목을 설정하여야 한다는 원칙

Answer　77. ②　78. ①　79. ②

80. 우리나라 법정지목을 구분하는 중심적 기준은?

① 토지의 성질
② 토지의 용도
③ 토지의 위치
④ 토지의 지형

해설 지목(Land Category)은 토지의 주된 사용목적 또는 용도에 따라 토지의 종류를 구분하여 표시하는 명칭이다.

05 지적관계법규

81. 측량기하적에 대한 내용으로 틀린 것은?

① 측량대상토지의 점유현황선은 검은색 점선으로 표시한다.
② 측량결과의 파일 형식은 표준화된 공통포맷을 지원할 수 있어야 한다.
③ 측정점의 표시에서 측량자는 붉은 색 짧은 십자선(+)으로 표시한다.
④ 측량대상토지에 지상구조물 등이 있는 경우와 새로이 설정하는 경계에 지상건물 등이 걸리는 경우에는 그 위치현황을 표시하여야 한다.

해설 측량기하적
① 평판점·측정점 및 방위표정에 사용한 기지점 등에는 방향선을 긋고 실측한 거리를 기재한다. 이 경우 측정점의 방향선 길이는 측정점을 중심으로 약 1센티미터로 표시한다.
② 평판점 및 측정점은 측량자는 직경 1.5밀리미터 이상 3밀리미터 이하의 원으로 표시하고, 검사자는 한 변의 길이가 2밀리미터 이상 4밀리미터 이하의 삼각형으로 표시한다. 이 경우 평판점 옆에 평판이동순서에 따라 不$_1$, 不$_2$…를 표시한다.
③ 평판점의 결정 및 방위표정에 사용한 기지점은 측량자는 직경 1밀리미터와 2밀리미터의 2중원으로 표시하고, 검사자는 한 변의 길이가 2밀리미터와 3밀리미터의 이중 삼각형으로 표시한다.
④ 평판점과 기지점사이의 도상거리와 실측거리를 방향선상에 다음과 같이 기재한다.

(측 량 자)	(검 사 자)
(도상거리)	△(도상거리)
실측거리	△실측거리

⑤ 측량대상토지에 지상구조물 등이 있는 경우와 새로이 설정하는 경계에 지상건물 등이 걸리는 경우에는 그 위치현황을 표시하여야 한다.
⑥ 측량대상토지의 점유현황선은 붉은색 점선으로 표시한다.
⑦ 측정점의 표시는 측량자의 경우 붉은색 짧은 십자선(+)으로 표시하고, 검사자는 삼각형(△)으로 표시하며, 각 측정점은 붉은색 점선으로 연결한다.
⑧ 측량결과의 파일형식은 표준화된 공통포맷을 지원할 수 있어야 한다.

82. 토지의 표시 변경에 따른 관한 등기를 할 필요가 있는 경우에는 지적소관청은 지체 없이 관할등기관서에 그 등기를 촉탁하여야 하는데, 다음 중 등기촉탁이 가능하지 않은 것은?

① 등록전환 ② 신규등록
③ 지번변경 ④ 축척변경

해설 등기촉탁
1. 의의
   ① 지적소관청은 신규등록을 제외한 토지의 표시 변경에 관한 등기를 할 필요가 있는 경우에는 지체 없이 관할 등기관서에 그 등기를 촉탁하여야 한다.
   ② 이 경우 등기촉탁은 국가가 국가를 위하여 하는 등기로 본다.
2. 등기촉탁의 대상
   ① 토지의 이동이 있는 경우(신규등록 제외)
   ② 지번을 변경한 때
   ③ 축척변경을 한 때
   ④ 바다로 된 토지의 등록말소
   ⑤ 행정구역 명칭변경
   ⑥ 등록사항의 오류를 지적소관청이 직권으로 조사, 측량하여 정정한 때
3. 등기촉탁의 절차
   ① 지적소관청은 등기관서에 토지표시의 변경에 관한 등기를 촉탁하려는 때에는 토지표시변경등기 촉탁서에 그 취지를 적어야 한다.
   ② 토지표시의 변경에 관한 등기를 촉탁한 때에는 토지표시변경등기 촉탁대장에 그 내용을 적어야 한다.

83. 성능검사대행자의 등록을 취소하여야 하는 경우가 아닌 것은?

① 거짓이나 부정한 방법으로 성능검사를 한 경우
② 업무정지기간 중에 계속하여 성능검사대행 업무를 한 경우
③ 다른 행정기관이 관계 법령에 따라 등록취소 또는 업무정지를 요구한 경우
④ 다른 사람에게 자기의 성명 또는 상호를 사용하여 성능검사대행업무를 수행하게 한 경우

해설 성능검사대행자의 등록취소
1. 등록취소권자 : 시·도지사
2. 등록취소
   ① 거짓이나 그 밖의 부정한 방법으로 등록을 한 경우
   ② 다른 사람에게 자기의 성능검사대행자 등록증을 빌려 주거나 자기의 성명 또는 상호를 사용하여 성능검사대행업무를 수행하게 한 경우
   ③ 거짓이나 부정한 방법으로 성능검사를 한 경우
   ④ 업무정지기간 중에 계속하여 성능검사대행업무를 한 경우

Answer 82. ② 83. ③

84. 합병하고자 하는 4필지의 지번이 99-1, 100-10, 222, 325인 경우 지번의 결정방법으로 옳은 것은?(단, 소유자가 별도의 신청을 하는 경우는 고려하지 않는다.)

① 99-1   ② 100-10   ③ 222   ④ 325

해설 합병에 따른 지번 부여
1. 합병 전 지번 중 순서가 빠른 지번으로 부여
2. 합병 전 지번이 본번과 부번이 혼재할 경우 본번 중 선순위 지번으로 부여
3. 토지소유자가 합병 전의 필지에 주거·사무실 등의 건축물이 있어서 그 건축물이 위치한 합병 후의 지번으로 신청할 때에는 그 지번을 합병 후의 지번으로 부여

※ 합병기준 중 선순위 지번을 사용하나 본번이 있을 경우 본번 중 선순위를 사용하므로 본번인 222와 325 중 선순위인 222로 설정 함.

85. 지적소관청이 관리하는 지적기준점표지가 멸실되거나 훼손되었을 때에는 누가 이를 다시 설치하거나 보수하여야 하는가?

① 국토지리정보원장   ② 지적소관청
③ 시·도지사   ④ 국토교통부장관

해설 지적기준점표지의 조사 및 관리
① 지적소관청은 연 1회 이상 지적기준점표지의 이상 유무를 조사하여야 한다. 이 경우 멸실되거나 훼손된 지적기준점표지를 계속 보존할 필요가 없을 때에는 폐기할 수 있다.
② 지적소관청이 관리하는 지적기준점표지가 멸실되거나 훼손되었을 때에는 지적소관청은 다시 설치하거나 보수하여야 한다.

86. 축척변경 시행지역의 토지는 어느 때에 토지의 이동이 있는 것으로 보는가?

① 청산금 산출일   ② 청산금 납부일
③ 축척변경 승인공고일   ④ 축척변경 확정공고일

해설 축척변경 확정공고
1. 청산금의 납부 및 지급이 완료되었을 때에는 지적소관청은 지체 없이 다음의 사항을 포함하여 축척변경의 확정공고를 하여야 한다.
   ① 토지의 소재 및 지역명
   ② 축척변경 지번별조서
   ③ 청산금 조서
   ④ 지적도의 축척
2. 지적소관청은 확정공고를 하였을 때에는 지체 없이 축척변경에 따라 확정된 사항을 다음의 기준에 따라 지적공부에 등록하여야 한다.
   ① 토지대장은 확정 공고된 축척변경 지번별 조서에 따를 것
   ② 지적도는 확정측량 결과도 또는 경계점좌표에 따를 것
3. 축척변경 시행지역의 토지는 확정공고일에 토지의 이동이 있는 것으로 본다.

Answer   84. ③   85. ②   86. ④

87. 지적소관청이 지적공부의 등록사항에 잘못이 있음을 발견한 때 직권으로 조사·측량하여 정정할 수 있는 경우로 옳지 않은 것은?

① 지적측량성과와 다르게 정리된 경우
② 토지이동정리 결의서의 내용과 다르게 정리된 경우
③ 지적공부의 작성 또는 재작성 당시 잘못 정리된 경우
④ 임야도에 등록된 필지의 경계가 잘못되어 면적이 감소된 경우

해설 등록사항의 정정
1. 의의
   지적공부의 등록사항에 잘못이 있음을 발견한 때 토지소유자의 신청 또는 지적소관청이 직권으로 조사·측량하여 정정하는 것
2. 등록사항의 직권정정 대상
   ① 토지이동정리 결의서의 내용과 다르게 정리된 경우
   ② 지적도 및 임야도에 등록된 필지가 면적의 증감 없이 경계의 위치만 잘못된 경우
   ③ 필지가 각각 다른 지적도나 임야도에 등록되어 있는 경우로서 지적공부에 등록된 면적과 측량한 실제면적은 일치하지만 지적도나 임야도에 등록된 경계가 서로 접합되지 않아 지적도나 임야도에 등록된 경계를 지상의 경계에 맞추어 정정하여야 하는 토지가 발견된 경우
   ④ 지적공부의 작성 또는 재작성 당시 잘못 정리된 경우
   ⑤ 지적측량성과와 다르게 정리된 경우
   ⑥ 지적측량의 적부심사에 따라 지적공부의 등록사항을 정정하여야 하는 경우
   ⑦ 지적공부의 등록사항이 잘못 입력된 경우
   ⑧ 「부동산등기법」 제37조 제2항에 따른 통지가 있는 경우(지적소관청의 착오로 잘못 합병한 경우만 해당)
   ⑨ 면적 환산이 잘못된 경우

88. 지적공부에 등록하는 지목의 설정기준으로 옳은 것은?

① 토지의 토성 분포
② 토지의 지형 지세
③ 토지의 공시 지가
④ 토지의 주된 용도

해설 지목의 설정방법
① 필지마다 하나의 지목을 설정할 것
② 1필지가 둘 이상의 용도로 활용되는 경우에는 주된 용도에 따라 지목을 설정할 것
③ 토지가 일시적 또는 임시적인 용도로 사용될 때에는 지목을 변경하지 아니한다.

Answer 87. ④ 88. ④

89. 공간정보의 구축 및 관리 등에 관한 법률상 1년 이하의 징역 또는 1천만 원 이하의 벌금 대상으로 옳은 것은?

① 정당한 사유없이 측량을 방해한 자
② 측량업 등록사항의 변경신고를 하지 아니한 자
③ 무단으로 측량성과 또는 측량기록을 복제한 자
④ 고시된 측량성과에 어긋나는 측량성과를 사용한 자

해설 공간정보의 구축 및 관리 등에 관한 법률상 벌금의 종류
1. 1년 이하의 징역 또는 1천만 원 이하의 벌금
    ① 무단으로 측량성과 또는 측량기록을 복제한 자
    ② 심사를 받지 아니하고 지도 등을 간행하여 판매하거나 배포한 자
    ③ 측량기술자가 아님에도 불구하고 측량을 한 자
    ④ 업무상 알게 된 비밀을 누설한 측량기술자
    ⑤ 둘 이상의 측량업자에게 소속된 측량기술자
    ⑥ 다른 사람에게 측량업등록증 또는 측량업등록수첩을 빌려주거나 자기의 성명 또는 상호를 사용하여 측량업무를 하게 한 자
    ⑦ 다른 사람의 측량업등록증 또는 측량업등록수첩을 빌려서 사용하거나 다른 사람의 성명 또는 상호를 사용하여 측량업무를 한 자
    ⑧ 지적측량수수료 외의 대가를 받은 지적측량기술자
    ⑨ 거짓으로 다음 각 목의 신청을 한 자
        • 신규등록 신청
        • 등록전환 신청
        • 분할 신청
        • 합병 신청
        • 지목변경 신청
        • 바다로 된 토지의 등록말소 신청
        • 축척변경 신청
        • 등록사항의 정정 신청
        • 도시개발사업 등 시행지역의 토지이동 신청
    ⑩ 다른 사람에게 자기의 성능검사대행자 등록증을 빌려 주거나 자기의 성명 또는 상호를 사용하여 성능검사대행업무를 수행하게 한 자
    ⑪ 다른 사람의 성능검사대행자 등록증을 빌려서 사용하거나 다른 사람의 성명 또는 상호를 사용하여 성능검사대행업무를 수행한 자
2. 300만 원 이하의 과태료
    ① 정당한 사유 없이 측량을 방해한 자
    ② 고시된 측량성과에 어긋나는 측량성과를 사용한 자
    ③ 거짓으로 측량기술자의 신고를 한 자
    ④ 측량업 등록사항의 변경신고를 하지 아니한 자
    ⑤ 측량업자의 지위 승계 신고를 하지 아니한 자
    ⑥ 측량업의 휴업·폐업 등의 신고를 하지 아니하거나 거짓으로 신고한 자
    ⑦ 본인, 배우자 또는 직계 존속·비속이 소유한 토지에 대한 지적측량을 한 자
    ⑧ 측량기기에 대한 성능검사를 받지 아니하거나 부정한 방법으로 성능검사를 받은 자

⑨ 성능검사대행자의 등록사항 변경을 신고하지 아니한 자
⑩ 성능검사대행업무의 폐업신고를 하지 아니한 자
⑪ 정당한 사유 없이 보고를 하지 아니하거나 거짓으로 보고를 한 자
⑫ 정당한 사유 없이 조사를 거부·방해 또는 기피한 자
⑬ 정당한 사유 없이 토지등에의 출입 등을 방해하거나 거부한 자

90. 중앙지적위원회의 설명으로 옳은 것은?

① 중앙지적위원회 위원장은 국토교통부 지적업무 담당 국장이다.
② 중앙지적위원회 위원수는 5명 이상 20명 이하이다.
③ 중앙지적위원회는 위원장 1명과 부위원장 2명을 포함하여야 한다.
④ 중앙지적위원회의 위원을 위촉할 수 있는 자는 중앙지적위원회 위원장이다.

해설 중앙지적위원회의 구성
① 위원장 1명과 부위원장 1명을 포함하여 5명 이상 10명 이하의 위원으로 구성
② 위원장은 국토교통부의 지적업무 담당 국장이, 부위원장은 국토교통부의 지적업무 담당 과장으로 구성
③ 위원은 지적에 관한 학식과 경험이 풍부한 사람 중에서 국토교통부장관이 임명하거나 위촉
④ 위원장 및 부위원장을 제외한 위원의 임기는 2년
⑤ 중앙지적위원회의 간사는 국토교통부의 지적업무 담당 공무원 중에서 국토교통부장관이 임명하며, 회의 준비, 회의록 작성 및 회의 결과에 따른 업무 등 중앙지적위원회의 서무를 담당
⑥ 중앙지적위원회의 위원에게는 예산의 범위에서 출석수당과 여비, 그 밖의 실비를 지급 다만, 공무원인 위원이 그 소관 업무와 직접적으로 관련되어 출석하는 경우에는 제외

91. 국토의 계획 및 이용에 관한 법률에 따른 국토의 용도구분 4가지에 해당하지 않는 것은?

① 보존지역　　　　　　　　　　　② 관리지역
③ 도시지역　　　　　　　　　　　④ 농림지역

해설 국토의 용도구분
국토는 토지의 이용실태 및 특성, 장래의 토지 이용 방향, 지역 간 균형발전 등을 고려하여 다음과 같은 용도지역으로 구분
1. 도시지역 : 인구와 산업이 밀집되어 있거나 밀집이 예상되어 그 지역에 대하여 체계적인 개발·정비·관리·보전 등이 필요한 지역
2. 관리지역 : 도시지역의 인구와 산업을 수용하기 위하여 도시지역에 준하여 체계적으로 관리하거나 농림업의 진흥, 자연환경 또는 산림의 보전을 위하여 농림지역 또는 자연환경보전지역에 준하여 관리할 필요가 있는 지역
3. 농림지역 : 도시지역에 속하지 아니하는 「농지법」에 따른 농업진흥지역 또는 「산지관리법」에 따른 보전산지 등으로서 농림업을 진흥시키고 산림을 보전하기 위하여 필요한 지역
4. 자연환경보전지역 : 자연환경·수자원·해안·생태계·상수원 및 문화재의 보전과 수산자원의 보호·육성 등을 위하여 필요한 지역

92. 공간정보의 구축 및 관리 등에 관한 법령상 지적공부의 복구자료이면서 신규등록 신청 시 첨부하여야 할 공통적인 서류에 해당하는 것은?

① 측량결과도
② 토지이동정리 결의서
③ 법원의 확정판결서 정본 또는 사본
④ 부동산등기부등본 등 등기사실을 증명하는 서류

해설 지적공부 복구자료 및 신규등록 신청서류
1. 지적공부 복구자료
   ① 지적공부의 등본
   ② 측량결과도
   ③ 토지이동정리 결의서
   ④ 토지(건물)등기사항증명서 등 등기사실을 증명하는 서류
   ⑤ 지적소관청이 작성하거나 발행한 지적공부의 등록내용을 증명하는 서류
   ⑥ 복제된 지적공부
   ⑦ 법원의 확정판결서 정본 또는 사본
2. 신규등록 신청서류
   ① 법원의 확정판결서 정본 또는 사본
   ② 「공유수면 관리 및 매립에 관한 법률」에 따른 준공검사확인증 사본
   ③ 도시계획구역의 토지를 그 지방자치단체의 명의로 등록하는 때에는 기획재정부장관과 협의한 문서의 사본
   ④ 그 밖에 소유권을 증명할 수 있는 서류의 사본

93. 부동산등기법상 등기할 수 없는 권리만으로 연결된 것은?

① 소유권－지역권
② 지상권－전세권
③ 유치권－점유권
④ 저당권－임차권

해설 등기의 대상 및 권리
1. 부동산등기법상 등기의 대상 : 부동산물권으로서 소유권·지상권·지역권·전세권·저당권·권리질권과 채권으로서 부동산임차권·부동산환매권 등이 있으며 소유권이전청구권을 보전하기 위하여 하는 가등기
2. 등기대상인 권리
   ① 소유권
   ② 지상권(구분 지상권 포함), 지역권, 전세권
   ③ 임차권, 환매권
   ④ 부동산물권변동 및 임차권, 환매권을 목적으로 하는 채권적 청구권(가등기 가능)
3. 등기대상이 아닌 권리
   ① 점유권
   ② 유치권
   ③ 동산질권

Answer 92. ③ 93. ③

94. 토지의 지번이 결번되는 사유에 해당되지 않는 것은?

① 토지의 분할
② 지번의 변경
③ 행정구역의 변경
④ 도시개발사업의 시행

해설 결번(Missing Parcel Number)
1. 의의 : 지번을 부여한 이후에 토지 합병 등의 사유로 인하여 지적공부에 등록되지 않은 지번이 발생하게 되는데 이를 결번이라고 함
2. 결번의 발생 사유
   - 행정구역 변경으로 지번부여 지역 내 일부가 다른 지번부여지역으로 편입이 된 경우
   - 도시개발사업 등의 시행으로 종전 지번이 폐쇄된 경우
   - 지번변경으로 결번이 발생한 경우
   - 토지합병의 경우
   - 등록전환에 의해 임야대장 등록지의 지번이 말소된 경우
   - 축척변경으로 결번이 발생한 경우
   - 바다로 된 토지의 등록말소의 경우
   - 지번정정의 경우
3. 결번대장 : 결번 발생 시에는 지체 없이 그 사유를 결번 대장에 등록하여 영구히 보존

구분	결번	사유
신규등록	×	새로이 등록하므로 결번 발생하지 않음
등록전환	○	임야대장에서 토지대장으로 옮겨 등록하므로 임야대장 지번은 말소하므로 결번 발생
분할	×	분할 후의 필지 중 1필지의 지번은 분할 전의 지번으로 하므로 결번 발생하지 않음
합병	○	두 필지 이상의 토지를 합병하는 것으로 합병되는 필지는 말소되므로 결번이 됨
지목변경	×	지목이 변경되므로 지번은 그대로 있어 결번 발생되지 않음
바다가 된 토지의 등록말소	○	등록된 토지가 바다로 된 경우에는 등록 말소되므로 결번 발생

95. 다음 중 공익사업을 위한 토지 등의 취득 및 보상에 관한 법률을 적용하여야 하는 경우는?

① 국토교통부장관이 기본측량을 실시하기 위하여 토지를 사용함에 따른 손실보상에 관한 경우
② 지적소관청이 측량을 방해하는 장애물을 제거하는 경우
③ 축척변경위원회가 축척변경에 따른 청산금을 산정하는 경우
④ 지적측량수행자가 측량성과를 검사하기 위하여 타인의 토지에 출입하는 경우

해설 토지의 수용 및 사용
① 국토교통부장관은 기본측량을 실시하기 위하여 필요하다고 인정하는 경우에는 토지, 건물, 나무 그 밖의 공작물을 수용하거나 사용한다.
② 수용 또는 사용 및 손실보상에 관하여는 「공익사업을 위한 토지 등의 취득 및 보상에 관한 법률」을 적용한다.

Answer 94. ① 95. ①

96. 지적재조사사업에 따른 경계 확정 시기로 옳지 않은 것은?

① 이의신청 기간에 이의를 신청하지 아니하였을 때
② 경계결정위원회의 의결을 거쳐 결정되었을 때
③ 이의신청에 대한 결정에 대하여 30일 이내에 불복의사를 표명하지 아니하였을 때
④ 이의신청에 대한 결정에 불복하여 행정소송을 제기한 경우 그 판결이 확정되었을 때

해설 지적재조사사업에 따른 경계의 확정시기
① 이의신청 기간에 이의를 신청하지 아니하였을 때
② 이의신청에 대한 결정에 대하여 60일 이내에 불복의사를 표명하지 아니하였을 때
③ 경계에 관한 결정이나 이의신청에 대한 결정에 불복하여 행정소송을 제기한 경우에는 그 판결이 확정되었을 때

97. 도로명주소법에서 사용하는 용어 중 아래에서 설명하는 것은?

> 건물 등 내부의 독립된 거주·활동 구역을 구분하기 위하여 부여된 동(棟)번호, 층수 또는 호(號)수를 말한다.

① 사물주소　　② 상세주소　　③ 지번주소　　④ 도로명주소

해설 도로명주소법에서 사용하는 용어
1. 상세주소 : 건물 등 내부의 독립된 거주·활동 구역을 구분하기 위하여 부여된 동(棟)번호, 층수 또는 호(號)수를 말한다.
2. 사물주소 : 도로명과 기초번호를 활용하여 건물 등에 해당하지 아니하는 시설물의 위치를 특정하는 정보를 말한다.
3. 도로명주소 : 도로명, 건물번호 및 상세주소(상세주소가 있는 경우만 해당한다)로 표기하는 주소를 말한다.
※ 지번주소 : 지번이란 필지에 부여하여 지적공부에 등록한 번호로 지번주소는 지번을 기준으로 주소로 사용하는 것을 말하며 현재는 도로를 기준으로 주소를 확정하는 도로명주소를 사용하고 있다.

98. 다음 중 지적도·임야도·경계점좌표등록부에 공통으로 등록되는 사항으로만 나열된 것은?

① 토지의 소재, 지목
② 토지의 소재, 지번
③ 도면의 제명, 경계
④ 지적도면의 번호, 지목

해설 지적공부의 등록사항

구분	토지(임야)대장	공유지연명부	대지권등록부	지적(임야)도	경계점좌표등록부
토지소재	○	○	○	○	○
지번	○	○	○	○	○
지목	○	○	×	○	×
면적	○	×	×	×	×

구분	토지(임야)대장	공유지연명부	대지권등록부	지적(임야)도	경계점좌표등록부
좌표	×	×	×	×	○
소유권지분	×	○	×	×	×
대지권비율	×	×	○	×	×
전유부분의 건물표시	×	×	○	×	×
건물의 명칭	×	×	○	×	×
부호 및 부호도	×	×	×	×	○
개별공시지가와 그 기준일	○	×	×	×	×

99. 다음 중 등기명의인이 될 수 없는 것은?

① 서초구
② ○○주식회사
③ 권리능력 없는 사단 ○○ 종중 △△ 공파
④ 재단법인 ○○ 학원에서 운영하는 △△ 고등학교

해설 등기신청적격자

1. 의의
   등기명의인이 될 수 있는 자격을 등기신청의 당사자능력 또는 등기신청적격이라고 한다. 등기명의인이 될 수 있는 자는 자연인과 법인 그리고 권리능력 없는 사단이 재단이며, 민법상의 조합에는 권리능력이 없으므로 등기신청적격이 없다.
2. 등기신청적격자

등기신청적격자인 경우	등기신청적격자가 아닌 경우
자연인과 법인 권리능력없는 사단과 재단 특별시·광역시·도·시·군·구	민법상의 조합과 학교 권리능력없는 사단과 재단의 대표자 또는 관리인 읍·면·동

100. 국토의 계획 및 이용에 관한 법령상 개발행위 허가를 받아야 할 사항은?

① 사도법에 의한 사도개설 허가를 받아 분할하는 경우
② 토지의 일부가 도시·군계획시설로 지적고시 된 경우
③ 토지의 일부를 공공용지 또는 공용지로 하고자 하는 경우
④ 토지의 형질변경을 목적으로 하지 않는 흙·모래·자갈·바위 등이 토석을 채취하는 경우

해설 개발행위의 허가 대상

1. 건축물의 건축 또는 공작물의 설치
2. 토지의 형질 변경(경작을 위한 토지의 형질 변경은 제외한다)
3. 토석의 채취
4. 토지 분할(건축물이 있는 대지는 제외한다)
5. 녹지지역·관리지역 또는 자연환경보전지역에 물건을 1개월 이상 쌓아놓는 행위

Answer 99. ④ 100. ④

2024년 기출복원문제

2024년 제1회 지적기사

2024년 제2회 지적기사

2024년 제3회 지적기사

2024년 시행

Engineer Cadastral Surveying

2024년 제1회 지적기사

01 지적측량

01. 지적도근점측량에 의하여 계산된 연결오차가 허용범위 이내인 경우 연결오차와 배분방법이 옳은 것은?(단, 방위각법에 의하는 경우를 기준으로 한다.)

① 각 측선장에 비례하여 배분한다.
② 각 방위각의 크기에 비례하여 배분한다.
③ 각 측선장의 반수에 비례하여 배분한다.
④ 각 측선의 종횡선차 길이에 비례하여 배분한다.

해설 지적측량 시행규칙 제15조(지적도근점측량에서의 연결오차의 허용범위와 종선 및 횡선오차의 배분)
  1. 배각법에 따르는 경우 : 다음의 계산식에 따라 각 측선의 종선차 또는 횡선차 길이에 비례하여 배분

  $$T = -\frac{e}{L} \times l$$

  (T는 각 측선의 종선차 또는 횡선차에 배분할 센티미터 단위의 수치, e는 종선오차 또는 횡선오차, L은 종선차 또는 횡선차의 절대치의 합계, l은 각 측선의 종선차 또는 횡선차를 말한다)

  2. 방위각법에 따르는 경우 : 다음의 계산식에 따라 각 측선장에 비례하여 배분할 것

  $$C = -\frac{e}{L} \times l$$

  (C는 각 측선의 종선차 또는 횡선차에 배분할 센티미터 단위의 수치, e는 종선오차 또는 횡선오차, L은 각 측선장의 총합계, l은 각 측선의 측선장을 말한다)

02. 다음 중 광파기측량방법과 다각망도선법에 따른 지적삼각보조점의 관측 및 계산에서 도선별 연결오차의 기준으로 옳은 것은?(단, S는 도선의 거리를 1천으로 나눈 수를 말한다.)

① $(0.05 \times S)$m 이하
② $(0.10 \times S)$m 이하
③ $(0.5 \times S)$m 이하
④ $(1.0 \times S)$m 이하

해설 지적측량 시행규칙 제11조(지적삼각보조점의 관측 및 계산)
  도선별 연결오차는 $0.05 \times S$미터 이하로 할 것. 이 경우 S는 도선의 거리를 1천으로 나눈 수를 말한다.

Answer 01. ① 02. ①

03. 아래의 토지에서 $\overline{AD}//\overline{BC}$, $\overline{AB}//\overline{PQ}$이고, $\overline{AP}=\overline{BQ}$가 되도록 □ABQP의 면적($F$)을 지정하는 경우, $\overline{AP}$의 길이를 구하는 식으로 옳은 것은?(단, L : $\overline{AB}$의 길이)

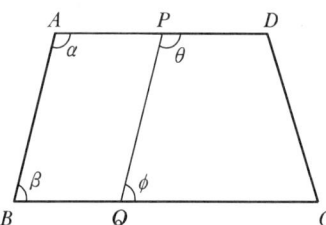

① $\dfrac{F}{L \times \sin\beta}$ ② $\dfrac{F}{L - \sin\beta}$

③ $\dfrac{F}{L + \sin\beta}$ ④ $\dfrac{F}{L \div \sin\beta}$

해설 면적(F)을 지정하는 식은 다음과 같다.
$$\overline{AP} = \dfrac{F}{L \times \sin\beta}$$

04. 교회법에 관한 설명 중 틀린 것은?
① 후방교회법에서 소구점을 구하기 위해서는 기지점에는 측판을 설치하지 않아도 된다.
② 전방교회법에서는 3점의 기지점에서 소구점에 대한 방향선 교차로 소구점의 위치를 구할 수 있다.
③ 측방교회법에 의하여 구하는 거리는 수평거리이다.
④ 전방교회법으로 구한 수평위치의 정확도는 후방교회법의 경우보다 항상 높다고 말할 수 있다.

해설 1. 전방교회법
 • 미지점에 대한 시준은 가능하나 장애물이 있어서 직접 거리측정이 곤란한 경우에 사용하는 방법이다.
 • 2점 이상의 기지점을 측판점으로 하여 미지점의 위치를 결정하는 방법이다.
 • 전방교회법은 교회법 중에서 가장 정확한 결과를 얻을 수 있는 방법이다.
2. 측방교회법
 • 전방교회법과 후방교회법을 혼합한 방법이다.
 • 두 점 또는 3점의 기지점 중 한 점의 기지점과 미지점에서만 기계를 세울 수 있을 때 사용한다.
 • 주로 소축척의 측량에 사용한다.
 • 정밀도 면에서 전방교회법보다 부족하나 후방교회법보다는 정밀하다.
3. 후방교회법
 • 구하고자 하는 소구점에 측판을 세우고 기지점의 방향선에 의하여 소구점을 결정하는 방법이다.
 • 지상의 기지점 어느 것에도 측판을 세울 필요가 없어서 작업은 쉬우나 그 정밀도는 전방교회법이나 측방교회법에 비해 낮다.
 • 2점법과 3점법, 자침에 의한 방법 등이 있으나 3점법이 가장 대표적인 방법이다.

05. 토지를 분할하는 경우, 분할 후 각 필지면적의 합계와 분할 전 면적과의 오차 허용범위를 구하는 식으로 옳은 것은?(단, A : 오차허용면적, M : 축척분모, F : 원면적)

① $A = 0.023^2 \cdot M\sqrt{F}$
② $A = 0.026^2 \cdot M\sqrt{F}$
③ $A = 0.023 \cdot M\sqrt{F}$
④ $A = 0.026 \cdot M\sqrt{F}$

해설 공간정보의 구축 및 관리 등에 관한 법률 시행령 제19조(등록전환이나 분할에 따른 면적 오차의 허용범위 및 배분 등)
임야대장의 면적과 등록전환될 면적의 오차 허용범위는 다음과 같다.
$A = 0.026^2 M\sqrt{F}$
여기서, A : 오차 허용면적, M : 임야도 축척분모, F : 등록전환될 면적
이 경우 오차의 허용범위를 계산할 때 축척이 3천분의 1인 지역의 축척분모는 6천으로 한다.

06. 다음 중 지적 관련 법률에 따른 측량기준에서 회전타원체의 편평률로 옳은 것은?

① 약 $\dfrac{1}{6,378}$
② 약 $\dfrac{1}{2,500}$
③ 약 $\dfrac{1}{500}$
④ 약 $\dfrac{1}{299}$

해설 회전타원체는 수학적으로 정의되는 타원체로서 기복이 없으며 좁은 지역을 대상으로 할 경우에는 구체로 간주될 수 있는 타원체로서 장반경과 단반경으로 편평률을 결정하게 되는데 우리나라는 독일인 베셀이 발표한 값을 사용하고 있다.

명칭	발표연도	장반경(km)	단반경(km)	편평률	사용국
Bessel	1841	6,377.397	6,356.079	1/299.15	한국, 일본, 동남아, 러시아, 독일

편평률 $= \dfrac{a-b}{a} = \dfrac{6,377.397 - 6,356.079}{6,377.397} = \dfrac{1}{299.15}$

∴ 편평률 = 약 $\dfrac{1}{299}$

07. 교회법에 따른 지적삼각보조점의 관측에서 2개의 삼각형으로부터 계산한 위치의 평균치를 지적삼각보조점의 위치로 하기 위한 연결교차의 기준은?

① 0.1m 이하
② 0.2m 이하
③ 0.3m 이하
④ 0.4m 이하

해설 지적측량 시행규칙 제11조(지적삼각보조점의 관측 및 계산)
2개의 삼각형으로부터 계산한 위치의 연결교차($\sqrt{종선교차^2 + 횡선교차^2}$을 말한다. 이하 같다)가 0.30미터 이하일 때에는 그 평균치를 지적삼각보조점의 위치로 함

Answer 05. ② 06. ④ 07. ③

08. 다음 중 경위의측량방법에 따른 지적삼각점의 관측에서 수평각의 측각공차 기준이 옳지 않은 것은?

① 1방향각 : ±30″ 이내
② 기지각과의 차 : ±30″ 이내
③ 1측회의 폐색 : ±30″ 이내
④ 삼각형 내각관측의 합과 180°와의 차 : ±30″ 이내

해설 지적측량 시행규칙 제11조(지적삼각보조점의 관측 및 계산)

종별	1방향각	1측회의 폐색	삼각형 내각관측의 합과 180도와의 차	기지각과의 차
공차	30초 이내	±30초 이내	±30초 이내	±40초 이내

09. 평판측량방법에 따른 세부측량의 기준 및 방법에 대한 설명 중 옳지 않은 것은?

① 지적도를 갖춰 두는 지역에서의 거리측정단위는 5cm로 한다.
② 임야도를 갖춰 두는 지역에서의 거리측정단위는 50cm로 한다.
③ 측량결과도는 축척 500분의 1로 작성한다.
④ 기지점이 부족한 경우에는 측량상 필요한 위치에 보조점을 설치하여 활용한다.

해설 지적측량 시행규칙 제18조(세부측량의 기준 및 방법 등)
측량결과도는 그 토지의 지적도와 동일한 축척으로 작성할 것. 다만, 도시개발사업 등의 시행지역(농지의 구획정리지역은 제외한다)과 축척변경 시행지역은 500분의 1로 하고, 농지의 구획정리 시행지역은 1천분의 1로 하되, 필요한 경우에는 미리 시·도지사의 승인을 받아 6천분의 1까지 작성할 수 있음

10. 축척변경 시행지역에서 경위의측량방법에 따른 세부측량을 실시할 경우, 측량결과도는 얼마의 축척으로 작성하여야 하는가?(단, 시·도지사의 승인을 얻는 경우는 고려하지 않는다.)

① 1/500   ② 1/1,000   ③ 1/3,000   ④ 1/6,000

해설 지적측량 시행규칙 제18조(세부측량의 기준 및 방법 등)
측량결과도는 그 토지의 지적도와 동일한 축척으로 작성한다. 다만, 도시개발사업 등의 시행지역(농지의 구획정리지역은 제외한다)과 축척변경 시행지역은 500분의 1로 하고, 농지의 구획정리 시행지역은 1천분의 1로 하되, 필요한 경우에는 미리 시·도지사의 승인을 받아 6천분의 1까지 작성할 수 있다.

11. 가구 정점 P의 좌표를 구하기 위한 길이 l은?(단, $\overline{AP} = \overline{BP}$, $L = 10$m, $\theta = 68°$)

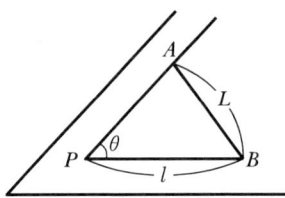

① 5.39m　　　② 6.03m　　　③ 8.94m　　　④ 13.35m

해설　$l = \dfrac{L}{2} \times \text{cosec}\dfrac{\theta}{2} = \dfrac{10}{2} \times \text{cosec}\dfrac{68°}{2} = 8.94\text{m}$

12. 다음 중 경위의측량방법에 따른 세부측량에서 토지의 경계가 곡선인 경우 직선으로 연결하는 곡선의 중앙종거의 길이 기준으로 옳은 것은?

① 1cm 이상 5cm 이하
② 3cm 이상 5cm 이하
③ 5cm 이상 7cm 이하
④ 5cm 이상 10cm 이하

해설　지적측량 시행규칙 제18조(세부측량의 기준 및 방법 등)
　　　직선으로 연결하는 곡선의 중앙종거(中央縱距)의 길이는 5센티미터 이상 10센티미터 이하로 한다.

13. 평판측량에서 "폐합오차/측선길이의 합계"가 나타내는 것은?

① 표준오차
② RMSE
③ 잔차
④ 폐합비

해설　폐합비 = $\dfrac{\text{폐합오차}}{\text{총측선의 길이}}$

14. 다음 중 직각좌표의 기준이 되는 직각좌표계 원점에 해당하지 않는 것은?

① 동부좌표계(동경 129° 00′ 북위 38° 00′)
② 중부좌표계(동경 127° 00′ 북위 38° 00′)
③ 서부좌표계(동경 125° 00′ 북위 38° 00′)
④ 남부좌표계(동경 123° 00′ 북위 38° 00′)

해설　직각좌표계 원점은 서부좌표계, 중부좌표계, 동부좌표계, 동해좌표계이다.

15. 지적측량기준점표지의 설치기준에 대한 설명으로 옳은 것은?

① 지적도근점표지의 점간거리는 평균 300m 이상 600m 이하로 한다.
② 지적삼각점표지의 점간거리는 평균 5km 이상 10km 이하로 한다.
③ 다각망도선법에 의한 지적삼각보조점표지의 점간거리는 평균 2km 이상 5km 이하로 한다.
④ 다각망도선법에 의한 지적도근점표지의 점간거리는 평균 500m 이하로 한다.

해설　지적측량 시행규칙 제2조(지적기준점표지의 설치·관리 등)
1. 지적삼각점표지의 점간거리는 평균 2킬로미터 이상 5킬로미터 이하
2. 지적삼각보조점표지의 점간거리는 평균 1킬로미터 이상 3킬로미터 이하. 다만, 다각망도선법(多角網道線法)에 따르는 경우에는 평균 0.5킬로미터 이상 1킬로미터 이하
3. 지적도근점표지의 점간거리는 평균 50미터 이상 300미터 이하. 다만, 다각망도선법에 따르는 경우에는 평균 500미터 이하로 한다.

16. 다음 중 전파기 또는 광파기측량방법에 따른 지적삼각점의 점간거리는 몇 회 측정하여야 하는가?

① 5회　　　　　　　　② 4회
③ 3회　　　　　　　　④ 2회

해설 지적측량 시행규칙 제9조(지적삼각점측량의 관측 및 계산)
전파기 또는 광파기측량방법에 따른 지적삼각점의 관측과 계산 중 점간거리는 5회 측정하여 그 측정치의 최대치와 최소치의 교차가 평균치의 10만분의 1 이하일 때에는 그 평균치를 측정거리로 하고, 원점에 투영된 평면거리에 따라 계산한다.

17. 배각법에 의한 지적도근점측량에서 도근점 간 거리가 102.37m일 때 각관측치 오차조정에 필요한 변장 반수는?

① 0.1　　　　　　　　② 0.9
③ 1.8　　　　　　　　④ 9.8

해설 반수 $= \dfrac{1,000}{102.37} = 9.8$

18. 배각법에 의한 지적도근점측량을 한 결과 한 측선의 길이가 52.47m이고, 초단위 오차는 18″, 변장반수의 총합계는 183.1일 때 해당 측선에 배분할 초단위의 각도로 옳은 것은?

① 2″　　　　　　　　② 5″
③ −2″　　　　　　　④ −5″

해설 지적측량 시행규칙 제14조(지적도근점의 각도관측을 할 때의 폐색오차의 허용범위 및 측각오차의 배분)
각도의 측정결과가 허용범위 이내인 경우 그 오차의 배분은 배각법에 따르는 경우 측선장(測線長)에 반비례하여 각 측선의 관측각에 배분

$K = -\dfrac{e}{R} \times r$

(K는 각 측선에 배분할 초단위의 각도, e는 초단위의 오차, R은 폐색변을 포함한 각 측선장의 반수의 총합계, r은 각 측선장의 반수. 이 경우 반수는 측선장 1미터에 대하여 1천을 기준으로 한 수를 말한다)

따라서, $-\dfrac{18}{183.1} \times 52.47 = -5.158$ ∴ −5″

19. 평판측량방법으로 거리를 측정하여 도곽선이 줄어든 경우 실측거리의 보정방법으로 옳은 것은?

① 실측거리에서 보정량을 뺀다.
② 실측거리에서 보정량을 곱한다.
③ 실측거리에서 보정량을 나눈다.
④ 실측거리에서 보정량을 더한다.

해설 지적측량 시행규칙 제18조(세부측량의 기준 및 방법 등)
도곽선이나 줄자가 늘어난 경우에는 실측거리에 보정량을 더하고, 줄어든 경우에는 실측거리에 보정량을 뺀다. 이것을 "신가축감"이라 한다.

20. 지적도를 작성하는 데 사용되는 경계선 및 행정구역선의 폭이 아닌 것은?

① 0.1mm
② 0.2mm
③ 0.4mm
④ 0.5mm

해설 경계선의 폭은 0.1mm로 하고 행정구역선의 폭은 0.4mm로 제도하되 동·리의 행정구역선은 0.2mm 폭으로 제도한다.

02 응용측량

21. 편각법에 의한 단곡선 설치에서 외할 250m, 교각 120°일 때 곡선 반지름은?

① 38.7m
② 125m
③ 250m
④ 750m

해설 노선측량에서 외할 $E = SL = R\left(\sec\dfrac{I}{2} - 1\right)$ 이므로

$$R = \dfrac{E}{\left(\sec\dfrac{I}{2} - 1\right)} = \dfrac{250}{(\sec 60° - 1)} = 250\text{m}$$

22. 곡선설치법에서 원곡선의 종류가 아닌 것은?

① 복심곡선
② 렘니스케이트
③ 반향곡선
④ 단곡선

해설 노선측량에서 곡선설치법 중 원곡선 설치법에는 단곡선, 복심곡선, 반향곡선, 머리핀곡선, 완화곡선이 있다.

23. 카메라의 초점거리가 153mm인 수직사진의 경우, 촬영축척을 1/5,000으로 하고자 할 때 촬영고도를 얼마로 해야 하는가?

① 153m
② 765m
③ 1,310m
④ 5,000m

해설 사진측량에서 초점거리(f)와 촬영고도(H)를 이용해 축척을 구하는 공식은

$$\text{사진의 축척}(M) = \dfrac{\text{촬영고도}(H)}{\text{초점거리}(f)}$$

촬영고도 = 초점거리 × 축척 = 153mm × 5,000 = 765m

Answer 20. ④ 21. ③ 22. ② 23. ②

24. 다음 중 원격탐사에 사용되는 전자 스펙트럼에서 가장 파장이 긴 것은?

① 자외선
② 초록색
③ 빨간색
④ 적외선

해설 자외선의 파장범위는 100A~0.4μm, 가시선 0.4~0.75μm, 적외선 0.75~1.5μm이다.

25. 완화곡선의 성질에 대한 설명으로 옳지 않은 것은?

① 완화곡선의 접선은 시점에서 직선에 접한다.
② 완화곡선의 접선은 종점에서 원호에 접한다.
③ 완화곡선에 연한 곡선반지름의 감소율은 캔트의 증가율과 같다.
④ 곡선반지름은 완화곡선의 시점에서 원곡선의 반지름과 같다.

해설 완화곡선의 성질
1. 곡선반지름은 완화곡선의 시점에서 무한대, 종점에서 원곡선 R로 된다.
2. 완화곡선의 접선은 시점에서 직선에, 종점에서 원호에 접한다.
3. 완화곡선에 연한 곡선반지름의 감소율은 캔트의 증가율과 동률(다른 부호)이 된다.
4. 종점에 있는 캔트는 원곡선의 캔트와 같게 된다.

26. 중복된 같은 고도의 항공사진이 연직사진일 경우 시차차로 알 수 있는 것은?

① 토지의 이용 상태
② 두 점 간의 높이
③ 사진의 축척
④ 1매의 사진이 포용하는 면적

해설 시차차를 구하는 공식은 $\Delta P = \dfrac{h}{H} \times b$ (h : 사진측량의 비고, H : 촬영고도, b : 주점기선길이)이므로 고저차인 두 점 간의 높이를 구할 수 있다.

27. 원격탐사의 센서에 대한 설명으로 옳지 않은 것은?

① SLAR은 능동적 센서에 속한다.
② 비디콘 사진기는 수동적 센서에 속한다.
③ ETM+는 능동적 센서에 속한다.
④ HRV 센서는 수동적 센서에 속한다.

해설 원격탐측은 비행기나 인공위성에 탑재된 센서(Sensor)를 이용하여 지표의 대상물에서 반사 또는 방사된 전자 스펙트럼을 측정하고 이들의 자료를 이용하여 대상물이나 현상에 관한 정보를 얻는 기법을 말하며 능동적 센서에는 크게 Radar방식과 Laser방식으로 구분하며 수동적 센서에는 선주사방식과 Flamming(카메라 방식)이 있고 ETM+는 수동적 센서에 속한다.

28. 터널 내에서의 수준측량 결과가 아래와 같을 때 B점의 지반고는?

(단위 : m)

측점	B.S.	F.S.	지반고
No. A	2.40		110.00
1	−1.20	−3.30	
2	−0.40	−0.20	
B		2.10	

① 112.20m ② 114.70m
③ 115.70m ④ 116.20m

해설 A점의 지반고는 110m이며 지반고=기계고(지반고+후시)−전시이다.
1점의 지반고=110+2.40−(−3.30)=115.7m
2점의 지반고=115.7+(−1.20)−(−0.20)=114.7m
B점의 지반고=114.7+(−0.40)−2.10=112.20m

29. 등고선의 간격이 2m인 지형도에서 100m 등고선상의 A점과 140m 등고선상의 B점 간을 일정기울기 7%의 도로로 만들면 AB간 도로의 실제 경사거리는?

① 572.83m ② 515.53m
③ 472.83m ④ 415.53m

해설 높이=경사도×수평거리
수평거리=$\dfrac{높이}{경사도}=\dfrac{40}{0.07}$=571.43m 이므로
경사거리=$\sqrt{40^2+571.43^2}$=572.83m

30. A, B 두 점의 표고가 각각 120m, 144m이고 두 점간의 경사가 1 : 2인 경우 표고가 130m 되는 지점을 C라 할 때, A점과 C점과의 경사거리는?

① 22.36m ② 25.85m
③ 28.28m ④ 29.82m

해설 경사가 1 : 2인 경우 수평거리가 2이고 높이가 1이므로 경사거리는 $\sqrt{5}$가 되므로 이를 비례식으로 풀어 보면 1 : $\sqrt{5}$ = 10m(AC점의 높이차) : x(경사거리)
$x=10\sqrt{5}$=22.36m

31. 수준측량의 기고식과 관계 있는 것은?

① 기계적 고도수정 ② 기압수준측량
③ 간접수준측량 ④ 야장기입계산

해설 기고식은 노선측량의 종단측량이나 횡단측량에 많이 쓰이며 중간시(간시)가 많을 때는 야장기입계산 방법을 사용하면 된다.

Answer 28. ① 29. ① 30. ① 31. ④

32. GPS 시스템 오차의 종류가 아닌 것은?

① 위성 시계 오차
② 대류권 굴절 오차
③ 위성 궤도 오차
④ 영상 표정 오차

해설 GPS 측량의 오차에는 크게 구조적 원인에 의한 오차, 위성의 배치 상황에 따른 오차(DOP), 선택적 가용성에 의한 오차(SA), 주파단절(Cycle Slip)이 있다. 그중 구조적 원인에 의한 오차에는 위성 시계 오차, 위성 궤도 오차, 전리층과 대류층의 전파지연, 다중경로 오차, 수신기에서 발생하는 오차가 있다.

33. GPS를 구성하는 위성의 궤도 주기로 옳은 것은?

① 약 6시간
② 약 12시간
③ 약 18시간
④ 약 24시간

해설 GPS 측량의 인공위성은 55° 궤도 경사각에 위도 60°의 6개 궤도로 구성되어 있으며, 고도는 약 20,183km이고, 약 12시간 주기로 운행한다.

34. 단곡선 설치에서 교각 $I=60°$, 반지름 $R=100$m일 때 중앙종거법에 의한 원곡선을 측정할 때 8등분점의 중앙종거는?

① 0.84m
② 1.71m
③ 2.71m
④ 3.27m

해설 $M_1 = R\left(1-\cos\dfrac{I}{2}\right)$, $M_2 = R\left(1-\cos\dfrac{I}{4}\right) ≒ \dfrac{M_1}{4}$, $M_3 = R\left(1-\cos\dfrac{I}{8}\right) ≒ \dfrac{M_2}{4} = \dfrac{M_1}{16}$

$= 100\left(1-\cos\dfrac{60°}{2}\right) = 13.4\text{m} = \dfrac{13.4}{16} = 0.84\text{m}$

35. 터널 측량에서 중심선 측량의 목적이 아닌 것은?

① 터널 중심선 방향의 확인
② 터널 입구 간의 거리 확인
③ 터널 입구의 중심선 상에 기준점 설치
④ 터널 외 기준점의 설치

해설 터널 측량에서 갱외측량 시 중심선 측량의 목적은 중심선 방향의 확인, 갱내 중심거리 측량, 중심선 상의 기준점 측량, 지형측량 등으로 나뉜다.

36. 현장에서 수준측량을 정확하게 수행하기 위해서 고려해야 할 사항이 아닌 것은?

① 전시와 후시의 거리를 동일하게 한다.
② 기포가 중앙에 있을 때 읽는다.
③ 표척이 연직으로 세워졌는지 확인한다.
④ 레벨의 설치 횟수는 홀수회로 끝나도록 한다.

Answer 32. ④ 33. ② 34. ① 35. ④ 36. ④

해설 레벨과 표척과의 거리를 길게 취하면 취한 만큼 레벨의 거치점수가 적어지므로 정밀도가 좋고 능률적이며 다만 설치 횟수를 홀수회로 할 필요는 없다.

37. 축척 1 : 10,000의 항공사진을 180km/h로 촬영할 경우, 허용 흔들림의 범위를 0.02mm로 한다면 최장노출시간은?

① 1/50초
② 1/100초
③ 1/150초
④ 1/250초

해설 먼저 촬영기선장을 구하면 $B = a \cdot m = 0.00002 \times 10,000 = 0.2$

최장노출시간$(T_s) = \dfrac{B}{V}$ (B : 촬영기선장, V : 속도(초속))이므로

$\dfrac{0.2}{180 \times 1,000 \times \dfrac{1}{3,600}} = 0.004초 = \dfrac{1}{250}$ 초

38. 우리나라에서 제작되고 있는 국가기본도에서 축척 1/10,000의 경도차 및 위도차는 얼마인가?

① 경도차 1′ 30″ 위도차 1′ 30″
② 경도차 3′ 00″ 위도차 3′ 00″
③ 경도차 7′ 30″ 위도차 7′ 30″
④ 경도차 15′ 00″ 위도차 15′ 00″

해설 우리나라 1/10,000 지형도의 경·위도차는 각 3분 도곽으로 구획(실거리 약 5.5km×4.4km 도상 55cm×44cm)한다.

39. GPS 측량에서 사이클 슬립(Cycle Slip)의 주된 원인은?

① 높은 위성의 고도
② 높은 신호강도
③ 낮은 신호잡음
④ 지형·지물에 의한 신호단절

해설 GPS에서 사이클 슬립(Cycle Slip)은 주판 단절로 반송파 위상 추적회로에서 반송파 위상치의 값을 순간적으로 놓침으로 인해 발생하는 오차로 주위의 지형지물 등에 의해 신호가 단절되는 것을 말한다.

40. 노선측량에서 중심선을 선정하고 설치(도상 및 현지)하는 단계의 측량은?

① 계획조사 측량
② 실시설계 측량
③ 세부측량
④ 노선선정

해설 노선측량의 작업순서는 도상계획 → 답사 → 예측 → 실시설계, 용지측량 → 공사측량 순이며 중심선 선정 및 설치하는 단계는 실시설계 측량 단계이다.

Answer 37. ④ 38. ② 39. ④ 40. ②

03 토지정보체계론

41. 운영체계(O/S)의 종류가 아닌 것은?
① Unix ② GEOS ③ Windows ④ OGC

해설 OGC(개방형 공간정보 컨소시엄, Open GIS Consortium)
지리 공간 정보 데이터의 호환성과 기술 표준을 연구하고 제정하는 비영리 민관 참여 국제기구

42. 자료에 대한 내용, 품질, 사용조건 등의 정보를 제공하는 것으로 데이터의 이력서라고도 하는 것은?
① 레이어 ② SDTS ③ 메타데이터 ④ 인덱스

해설 메타데이터가 중요한 이유는 공간 데이터에 대한 목록을 체계적으로 표준화된 방식으로 제공함으로써 데이터의 공유화를 촉진시키고, 대용량의 공간 데이터를 구축하는 데 드는 비용과 시간을 절감할 수 있기 때문이다.

43. 다음을 Run-Length 코드 방식으로 표현하면 어떻게 되는가?

A	A	A	B
B	B	B	B
B	C	C	A
A	A	B	B

① 1A2B2A1B1C2A1B1C3B1A1B
② 1B3A4B1A2C3B2A
③ 1A2B2A1B1C2A1B1C3B1A1B
④ 3A6B2C3A2B

해설 연속 분할 코드(Run-length Code) 방법
1. 래스터 데이터의 각 행마다 왼쪽에서 오른쪽으로 진행하면서 처음 시작하는 셀과 끝나는 셀까지 동일한 수치값을 가지는 셀들을 묶어 압축시키는 방식이다.
2. 런(Run)은 하나의 행에서 동일한 속성값을 갖는 격자를 의미한다.

44. 지방자치단체가 지적공부 및 부동산종합공부 정보를 전자적으로 관리·운영하는 시스템은?
① 한국토지정보시스템 ② 부동산종합공부시스템
③ 지적행정시스템 ④ 국가공간정보시스템

해설 공간정보의 구축 및 관리 등에 관한 법률 제76조의2(부동산종합공부의 관리 및 운영)
지적소관청은 부동산의 효율적 이용과 부동산과 관련된 정보의 종합적 관리·운영을 위하여 부동산종합공부를 관리·운영한다(법 제76조의 2).

45. 다음 중 위상 모형(Topology Mode)에 대한 설명이 아닌 것은?

① 인접 다각형을 나타내기 위해서는 경계선을 두 번씩 저장해야 하는 단점이 있다.
② 공간 객체 간의 위상정보를 저장하는 데 가장 많이 이용되는 방식이다.
③ 인접성 및 연결성 분석과 같은 공간분석이 가능하다.
④ 폴리곤으로 나타난 객체가 위상구조를 갖게 되면 폴리곤 구조는 형상(Shape), 인접성(Neighborhood), 계급성(Hierarchy)의 특성을 지닌다.

해설 위상 모형(Topology Mode)
위상 모형의 장점은 인접성 분석이나 연결성 분석과 같은 공간분석이 가능하며, 지리적 좌표에서 도출되어야 할 공간적인 관계를 구현하는 데 필요한 처리시간을 최대한 줄이는 저장 방법이다.

46. 다음 중 관계형 데이터베이스에서 자료의 추출(검색)에 사용되는 표준언어는?

① SQL
② Visual Basic
③ Visual C++
④ COBOL

해설 SQL(Structured Query Language, 구조화 질의어)
관계형 데이터베이스 관리 시스템의 데이터를 관리하기 위해 설계한 특수 목적의 프로그래밍 언어이다. 많은 수의 데이터베이스 관련 프로그램들에서 SQL을 표준으로 채택하고 있다.

47. 다음 중 토지정보시스템의 구성 요소로 거리가 먼 것은?

① 조직 및 인적자원
② 데이터베이스
③ 소프트웨어
④ 보완장비

해설 토지정보체계 구성요소
조직과 인력, 자료(데이터베이스), 소프트웨어, 하드웨어

48. 토지 소유자의 신규등록 신청에 의하여 지적공부 정리 신청이 있는 때에 검토하여 정리하여야 할 사항이 아닌 것은?

① 각종 코드의 적정여부
② 신청사항과 지적전산자료의 일치여부
③ 지적측량검사의 적정여부
④ 첨부된 서류의 적정여부

해설 신규등록
1. 처리절차 : 신규등록 측량 → 신규등록 신청 → 토지이동 정리결의 → 지적공부 정리 → 지적정리 통지 → 등기
2. 지적측량 의뢰 → 지적측량 → 성과검사 → 지적측량 성과도 교부
3. 측량성과가 정확하다고 인정되어 성과도가 교부되었기 때문에 지적공부 정리 단계에서는 지적측량검사의 적정여부는 검토하지 않음

49. 다음 중 경계선의 이중입력으로 서로 다른 폴리곤이 중첩되어 발생하는 불필요한 폴리곤을 무엇이라 하는가?

① 오버슈트(Overshoot) ② 노드중복(Overlap)
③ 슬리버(Sliver) ④ 스파이크(Spike)

해설 도면 디지타이징 과정에서 발생할 수 있는 오류

오버슈트	노드중복	슬리버	스파이크

50. 다음 중 NGIS의 데이터 교환 표준 포맷은?

① MOSS ② DX-90
③ TIGER ④ SDTS

해설 SDTS(Spatial Data Transfer Standard)
광범위한 자료의 호환을 위한 규약으로서, 국가지리정보체계(NGIS)의 공간데이터 교환 표준 포맷이다.

51. 지적부서가 아닌 부서에서 지적전산프로그램의 설치를 승인하고자 하는 때에 이를 활용할 수 있도록 하는 해당업무와 관계가 먼 것은?

① 소유권 변동 연혁 조회 ② 개별필지 과세변동 연혁 조회
③ 집합건물 소유권 연혁 조회 ④ 토지이동 연혁 조회

해설 지적부서가 아닌 부서 사용자 권한
1. 일필지기본사항 조회
2. 대지권등록부 조회
3. 공유지연명부 조회
4. 토지이동 연혁 조회
5. 소유권 변동 연혁 조회
6. 집합건물 소유권 연혁 조회

52. 다음 중 메타데이터의 역할을 가장 옳게 설명한 것은?

① 이질적인 자료 간의 결합을 촉진한다.
② 데이터의 기본 체계를 유지하여 일관성 있는 데이터를 제공한다.
③ 자료에 대한 접근현상을 실시간으로 보여준다.
④ 자료의 다양한 공간 분석 기준을 제시해 준다.

해설 메타데이터가 중요한 이유는 공간 데이터에 대한 목록을 체계적으로 표준화된 방식으로 제공함으로써 데이터의 공유화를 촉진시키고, 대용량의 공간 데이터를 구축하는 데 드는 비용과 시간을 절감할 수 있기 때문이다.

Answer 49. ③ 50. ④ 51. ② 52. ②

53. 다음 중 벡터데이터 구조에 관한 설명으로 가장 거리가 먼 것은?

① 복잡한 현실세계의 묘사가 가능하다.
② 래스터 데이터보다 자료구조가 단순하여 중첩분석이 쉽다.
③ 좌표계를 이용하여 공간정보를 기록한다.
④ 위상 관련 정보가 제공되어 네트워크 분석이 가능하다.

해설 벡터데이터와 래스터데이터의 비교

구분	벡터데이터	래스터데이터
도형 표현 방법	점, 선, 영역(면)으로 표현	면(화소, 셀)으로 표현
데이터 구조	복잡한 데이터 구조	단순한 데이터 구조
중첩분석	중첩분석 및 조합이 나쁨	각 단위의 형태와 크기가 균일하여 중첩분석 및 조합이 쉬움
네트워크 해석	네트워크 연결에 의한 분석 가능	네트워크 연결과 분석은 곤란

54. 다음 중 래스터데이터의 자료압축 방법이 아닌 것은?

① 런렝스코드 방법
② 체인코드 방법
③ 블록코드 방법
④ 트랜스코드 방법

해설 래스터데이터의 압축 방법
체인코드(Chain Code) 방법, 런렝스코드(Run-Length Code) 방법, 블록 코드(Block Code) 방법, 사지수형(Quadtree) 방법

55. 다음 중 아래와 같은 특징을 갖는 논리적인 데이터베이스 모델은?

- 다른 모델과 달리 각 개체는 각 레코드(Record)를 대표하는 기본 키(Primary Key)를 갖는다.
- 다른 모델에 비하여 관련 데이터 필드가 존재하는 한 필요한 정보를 추출하기 위한 질의 형태에 제한이 없다.
- 데이터의 갱신이 용이하고 융통성을 증대시킨다.

① 계층형 모델
② 네트워크형 모델
③ 관계형 모델
④ 객체지향형 모델

해설 관계형 모델은 자료 테이블 간의 공통필드에 의해 논리적인 연계를 구축함으로써 효율적인 자료관리 기능을 제고한다[구조는 릴레이션(Relation, 테이블의 열과 행의 집합)으로 표현된다].

56. 한국토지정보시스템(KLIS)의 정보제공 중 시·군·구 업무내용과 거리가 먼 것은?

① 부동산개발업
② 공인중개사
③ 개발부담금
④ 부동산중개업

해설 부동산개발업(부동산개발업등록현황, 행정처분, 사업실적 등)의 업무는 시·도에서 처리하고 있다.

Answer 53. ② 54. ④ 55. ③ 56. ①

57. 다음 토지정보시스템의 공간데이터 취득방법과 관련된 내용 중 성격이 다른 하나는?

① 스캐너에 의한 방법
② COGO에 의한 방법
③ GPS에 의한 방법
④ 토탈스테이션에 의한 방법

해설 스캐너에 의한 방법은 래스터 구조로 공간데이터를 취득하는 방법이다.

58. 스파게티(Spaghetti) 모형에 대한 설명으로 옳지 않은 것은?

① 하나의 점이 X·Y좌표를 기본으로 하고 있어 다른 모형에 비하여 구조가 복잡하고 이해하기 어렵다.
② 데이터 파일을 이용한 지도를 인쇄하는 단순작업의 경우에 효율적인 도구로 사용되었다.
③ 상호 연관성에 관한 정보가 없어 인접한 객체들의 특징과 관련성, 연결성을 파악하기 힘들다.
④ 객체들 간에 정보를 갖지 못하고 국수 가락처럼 좌표들이 길게 연결되어 있는 구조를 말한다.

해설 스파게티(Spaghetti) 모형은 하나의 점(X, Y좌표)을 기본으로 하고 있어 구조가 간단하여 이해하기 쉽다.

59. 다음 중 OGC(Open Geospatial Consortium)에 관한 설명이 옳지 않은 것은?

① OGIS(Open Geodata Interoperability Specification)를 개발하고 추진하는 데 필요한 합의 절차를 정립할 목적으로 설립되었다.
② 지리정보를 활용하고 관련 응용분야를 주로 업무로 하는 공공기관 및 민간기구들로 구성된 컨소시움이다.
③ ISO/TC211 활동이 시작되기 이전에 유럽의 표준화 기구를 중심으로 추진된 유럽의 지리정보 표준화 기구이다.
④ 지리정보와 관련된 여러 처리방식에 대하여 개방형 시스템적인 접근을 시도하였다.

해설 표준화 동향
1. ISO/TC211 : 국제표준화기구(ISO : International Organization for Standardization)는 1994년에 산하 기술위원회(TC : Technical Committee)인 ISO/TC211를 설립
2. CEN/TC287 : ISO/TC211 활동이 시작되기 이전에 유럽의 표준화 기구를 중심으로 추진된 유럽의 지리정보 표준화 기구

60. 자료 저장방식 중 하나인 데이터베이스(DB) 방식이 지니는 특성이 아닌 것은?

① 자료의 동시 공유
② 실시간 접근
③ 데이터의 정적 유지
④ 자료의 표준화

해설 DB 장점
1. 데이터의 독립성
2. 데이터의 중복성 배제
3. 데이터의 공유화
4. 데이터의 일관성 유지
5. 데이터의 무결성과 보완성
6. 데이터의 표준화
7. 새로운 응용프로그램의 용이성

Answer 57. ① 58. ① 59. ③ 60. ③

04 지적학

61. 토지조사사업 당시 분쟁의 원인에 해당되지 않는 것은?

① 미개간지
② 토지 소속의 불분명
③ 역둔토의 정리 미비
④ 토지 점유권 증명의 미비

해설 분쟁지 발생의 원인
1. 토지 소속의 불분명
2. 역둔토 등의 정리 미비
3. 세제의 결함
4. 미간지
5. 제언의 모경
6. 토지 소유권 증명의 미비
7. 권리서식의 미비

62. 다음 중 근세 유럽 지적제도의 효시로서, 근대적 지적제도가 가장 빨리 도입된 나라는?

① 네덜란드
② 독일
③ 스위스
④ 프랑스

해설 프랑스는 나폴레옹 지적법에 따라 1808년부터 1850년에 걸쳐 토지에 대한 공평한 과세와 소유권에 관한 분쟁을 해결하기 위하여 창설되고 근대적 지적제도의 효시가 되었으며, 나폴레옹의 영토 확장과 더불어 유럽의 전역에 대한 지적제도의 창설에 직접적인 영향을 미치게 됨

63. 간주지적도에 등록하는 토지대장의 명칭이 아닌 것은?

① 산토지대장
② 을호토지대장
③ 민유토지대장
④ 별책토지대장

해설 간주지적도
1. 간주지적도의 개념 : 간주지적도란 지적도로 간주하는 임야도를 의미하며, 토지조사지역 밖인 산림지대에 조사대상 지목인 전, 답, 대 등 과세지가 있더라도 구태여 지적도에 등록하지 않고 그 지목만을 수정하여 임야도에 등록하였음
2. 산토지대장 : 간주지적도에 등록된 토지는 그 대장을 별도로 작성하고 산토지대장이라고 하였으며, 별책토지대장 또는 을호토지대장이라고도 함

64. 다음 중 임야조사사업 당시의 사정(査定)기관으로 옳은 것은?

① 임시토지조사국장
② 도지사
③ 임야조사위원회
④ 읍·면장

Answer   61. ④   62. ④   63. ③   64. ②

해설 토지조사사업과 임야조사사업의 사정(査定)사항 비교

구분	토지조사사업	임야조사사업
사정권자	임시토지조사국장	도지사
사정기관	–	임야심사위원회
조사 및 측량기관	임시토지조사국	부 또는 면
자문기관	지방토지조사위원회	–
재결기관	고등토지조사위원회	임야조사위원회

65. 우리나라 토지조사사업의 시행목적으로 옳지 않은 것은?

① 토지의 가격조사
② 토지의 소유권조사
③ 토지의 지질조사
④ 토지의 외모조사

해설 토지조사사업의 내용
1. 지적제도와 부동산등기제도의 확립을 위한 토지의 소유권조사
2. 지세제도의 확립 위한 토지의 가격조사
3. 국토의 지리를 밝히는 토지의 외모조사

66. 토지경계에 대한 설명으로 옳지 않은 것은?

① 지역선이란 사정선과 같다.
② 강계선이란 사정선을 말한다.
③ 원칙적으로 지적(임야)도상의 경계를 말한다.
④ 지적공부상에 등록하는 단위토지인 일필지의 구획선을 말한다.

해설 토지조사사업 당시 경계선
1. 강계선 : 사정선으로서 토지조사사업 당시 확정된 소유자가 다른 토지 간의 경계선이며, 강계선의 상대는 소유자와 지목이 다르다는 원칙이 성립
2. 지역선 : 소유자가 같은 토지와의 구획선 또는 소유자를 알 수 없는 토지와의 구획선 및 토지조사사업의 시행지와 미시행지와의 지계선
3. 경계선 : 임야조사사업시의 사정선

67. 토지의 매매 및 소유자의 등록요구에 의하여 필요한 경우 토지를 지적공부에 등록하는 방법은?

① 권원등록제도
② 분산등록제도
③ 수복등록제도
④ 일괄등록제도

해설 지적공부의 등록방법
1. 분산등록제도
  ① 토지등록이 필요한 경우마다 토지를 지적공부에 등록하는 제도로서 주로 국토면적이 넓은 국가에서 채택하며 지형도를 기본도로 사용한다.
  ② 장점 : 일시에 많은 예산이 소요되지 않는다.
  ③ 단점 : 지적공부등록에 관한 예측이 불가능하며, 필지별 등록단가가 높다.

2. 일괄등록제도
   ① 일정 지역 내의 모든 토지를 일시에 조사 측량하여 지적공부에 등록하는 제도이다.
   ② 한국, 대만 등 국토면적이 좁고 인구가 많은 국가에서 채택한다.
   ③ 국토관리에 정확도가 높은 지적도를 기본도로 활용한다.
   ④ 장점 : 분산등록제도에 비해 안전한 소유권보호, 국토의 체계적 이용관리 가능 및 필지별 등록단가가 저렴하다.
   ⑤ 단점 : 초기에 많은 비용이 소요된다.
   ※ 권원등록제도는 토지등록제도의 유형 중 하나로서 국가에서 토지에 대한 권리와 그 권리들이 존속되는 한계를 등록하는 제도이다.

68. 지적재조사사업의 목적으로 옳지 않은 것은?

① 경계복원능력의 향상
② 지적불부합지의 해소
③ 토지거래질서의 확립
④ 능률적인 지적관리체제 개선

해설 지적재조사의 목적
1. 공적 측면에서 국토의 효율적인 관리, 토지정책 및 행정 수행의 기초자료 제공
2. 사적 측면에서 국민의 토지소유권 보호, 토지거래의 안전성 및 신속성 보장
3. 측량·정보처리 기술의 혁신 및 지적불부합이 야기되는 지적제도의 전면 개선
4. 토지 관련 정보의 신속·정확한 제공
5. 지적정보를 공동 활용하여 중복투자 방지
6. 지적행정의 효율성 및 능률성 도모
※ 토지거래질서의 확립은 부동산정책으로 해결할 부분이다.

69. "지적은 특정한 국가나 지역 내에 있는 재산을 지적측량에 의해 체계적으로 정리해 놓은 공부다."라고 정의한 학자는?

① Kaufmann
② S. R. Simpson
③ J. L. G. Henssen
④ J. G. Mc Entyre

해설 지적의 정의(외국 학자)
1. 대만의 래장(來璋) : 지적이란 토지의 위치, 경계, 종류, 면적, 권리상태 및 사용상태를 기재한 도책이다.
2. 미국의 J. G. Mc. Entyre : 토지에 대한 법률상의 용어로서 조세를 부과하기 위한 부동산의 양, 가치 및 소유권의 공적인 등록이다.
3. 네덜란드의 J. L. G. Henssen : 국내의 모든 부동산에 관한 데이터를 체계적으로 정리하여 등록하는 것이다.
4. 영국의 S. R. Simpson : 과세의 기초를 제공하기 위하여 한 나라 안의 부동산의 수량과 소유권 및 가격을 등록한 공부이다.

70. 현대지적의 원리 중 지적행정을 수행함에 있어 국민의사의 우월적 가치가 인정되며, 국민에 대한 충실한 봉사, 국민에 대한 행정책임 등의 확보를 목적으로 하는 것은?

① 능률성의 원리
② 민주성의 원리
③ 정확성의 원리
④ 공기능성의 원리

해설 현대지적의 원리
1. 공기능성의 원리 : 공기능성의 본원적 의미는 어떤 집단 속에서 대다수의 개인에게 공통되는 이해 또는 목적을 가지는 것으로 불특정다수자의 이익 추구이며, 사적 이익이라는 개별적 추구를 공적 입장에서 보호하자는 조화에 바탕을 두고 있으며, 모든 지적사항은 필요에 따라 공개되어야 하며 객관적이고 정확성이 있어야 함
2. 민주성의 원리 : 현대지적의 민주성이란 제도의 운영주체와 객체가 내적인 면에서 인간화가 이루어지고 외적인 면에서 주민의 뜻이 반영되는 행정이라 할 수 있으며 정책결정에서 국민의 참여, 국민에 대한 충실한 봉사, 국민에 대한 행정적 책임 등이 확보되는 상태를 말함
3. 능률성의 원리 : 지적의 능률성은 토지현황을 조사하여 지적공부를 만드는 데 따르는 실무활동의 능률과 주어진 여건과 실행과정에서 이론개발 및 그 전달과정의 개선을 뜻하며 지적활동의 과학화, 기술화 내지 합리화, 근대화를 지칭하는 것
4. 정확성의 원리 : 토지의 정보를 수록하는 지적은 사회과학적 방법과 자연과학적 방법이 함께 접근되어야 하며 지적의 정확성이 현대지적의 기능을 최고화하기 위한 원리

71. 고려시대에 양전을 담당한 중앙기구로서의 특별관서가 아닌 것은?

① 급전도감
② 사출도감
③ 절급도감
④ 정치도감

해설 고려시대 지적담당기관
1. 호조에서 관장하였으며, 급전도감, 식목도감에서 지적업무를 담당
2. 호부(戶部) : 호구(戶口), 공부(貢賦), 전량(錢糧) 등을 관장하는 부서로서 토지계량과 토지등록인 지적사무도 함께 관장하였으며, 충렬왕 원년(1275)에 판도사로 명칭 변경
3. 급전도감(給田都監) : 고려 초 전시과의 시행에 따라 토지를 분배하기 위하여 설치한 부서로서 토지제도의 문란으로 폐지되었다가 고종 44년(1257)에 부활되었으나, 공양왕 4년(1392)에 다시 폐지됨
4. 정치도감(整治都監) : 고려 말 폐단이 많은 전지(田地)를 개혁하기 위해 충목왕 3년(1347)에 설치한 부서로서 충정왕 1년(1349)에 폐지
5. 절급도감(折給都監) : 고려 말 토지를 균등하게 분급하기 위해 우왕 8년(1382)에 설치하였고, 창왕 1년(1388)에 다시 설치하여 양전을 실시하도록 하였으나 공양왕 즉위(1389) 후 급전도감이 대신함

72. 우리나라에서 지적이라는 용어가 법률상 처음 등장한 것은?

① 1895년 내부관제
② 1898년 양지아문 직원급 처무규정
③ 1901년 양지아문 직원급 처무규정
④ 1910년 토지조사사업

해설 1895년 내부관제를 공포하여 주현국, 토목국, 판적국 등 5개국을 두었으며, 이 중 판적국은 "호구적에 관한 사항"과 "지적에 관한 사항"을 관장토록 하였는데 여기에서 "지적"이라는 용어가 처음 쓰이기 시작함

73. 토지조사사업 시 일필지측량의 결과로 작성한 도부(개황도)의 축척에 해당되지 않는 것은?

① 1/600
② 1/1,200
③ 1/2,400
④ 1/3,000

해설 개황도
1. 개황도의 개념
   ① 개황도는 일필지조사를 완료한 후 그 강계 및 지역을 보측하여 개략적인 현황을 그리고 각종 조사사항을 기재하여 장부조제의 참고자료 또는 세부측량의 안내에 쓰인 도면이다.
   ② 1912년 11월부터 일필지조사와 측량을 병행 실시하여 안내도는 필요 없게 되었고, 세부측량원도를 등사하여 지위등급도로 사용함으로써 개황도는 폐지되었다.
2. 개황도의 규격
   ① 길이 : 1척 6촌
   ② 너비 : 1척 2촌
   ③ 2푼의 방안을 그려 사용
   ④ 축척 : 1/600, 1/1,200, 1/2,400
   ⑤ 1개 동, 리마다 따로 조제
3. 개황도의 기재사항
   ① 가지번 및 지번
   ② 지목 및 사용세목
   ③ 지주의 성명 및 이해관계인의 성명
   ④ 지위등급
   ⑤ 행정구역의 강계
   ⑥ 죽목, 초생지, 기타 강계의 목표로 할 수 있는 것
   ⑦ 삼각점, 도근점

74. 다음 지적불부합지의 유형 중 아래의 설명에 해당하는 것은?

> 지적도근점의 위치가 부정확하거나 지적도근점의 사용이 어려운 지역에서 현황측량방식으로 대단위지역의 이동측량을 할 경우에 일필지의 단위 면적에는 큰 차이가 없으나 토지경계선이 인접한 토지를 침범해 있는 형태다.

① 공백형
② 중복형
③ 편위형
④ 불규칙형

해설 지적불부합지의 유형
1. 중복형
   ① 일필지의 일부가 중복 등록되는 경우
   ② 등록전환 시의 과실 및 기준점측량 시 사용한 원점이 서로 상이할 경우 원점지역의 접촉지역(리·동계가 접하는 곳)에서 많이 발생
   ③ 측량당시 기 등록된 인접 토지의 경계선 확인이 불충분하여 발생
   ④ 발견이 쉽지 않고 상당기간 오류가 진행된 상태에서 권리행사가 계속되어 이를 정정하기가 어려움
2. 공백형
   ① 경계를 마주한 토지가 지적도상에는 떨어져 있는 것처럼 공백부가 발생한 경우

② 삼각점 또는 도근점의 계열과 도선의 배열이 상이한 경우에 신규등록이나 등록전환측량의 오류로 나타나기도 함
③ 측량기술상의 오류 등으로 등록시기와 측량자가 다른 경우에 많이 발생
④ 수 필지씩 산재되어 있는 경우가 많고 집단적으로 발생하는 경우는 적음

3. 편위형
① 도근점의 위치부정확 또는 현황측량방식에 의한 집단지 이동의 경우에 발생하는 유형으로 측판점의 위치결정 오류에 의한 경우가 대부분
② 가장 흔한 유형이며 쉽게 발견되지 않아 소유자의 저항이 적어 오래 방치되는 경향이 많음
③ 이 지역에서 이동측량신청이 있는 경우 측량사는 부득이하게 국지적인 경계결정처리를 하는 경우가 많아 불부합지는 증가하게 됨
④ 규모가 크고 집단적이어서 정정을 위한 행정처리가 어려움

4. 불규칙형
① 일정한 방향으로 밀리거나 중복되지 않고 산발적으로 오류가 발생한 경우
② 기초점 자체의 위치오류, 경계결정의 착오, 소유자 간의 경계혼동 등 다양한 원인들이 복합적으로 누적되어 정확한 원인분석이 어려움
③ 세부측량 당시부터 누적된 경우가 많음

5. 위치오류형
① 1필의 토지가 형상과 면적은 일치하나 지적공부와 지상의 위치가 다른 곳에 위치한 유형
② 주로 세부측량 시 도근점이나 기지경계선에서 멀리 떨어진 산림 속의 경작지, 산답(山畓) 등에서 많이 발생
③ 임야 내의 독립적인 전, 답 및 정위치에 등록되지 않은 도서 등은 비교적 정정이 용이하여 도면상 위치만 변경
④ 연속된 산답의 경우 인접 임야와 정위치에 등록될 필지와의 관계에서 정정 시 어려움이 따름

75. 의상경계책(擬上經界策)을 주장한 양전개혁론자는?

① 이기
② 김성규
③ 서유구
④ 정약용

해설 조선후기 양전개정론 학자와 저서
1. 정약용의 「목민심서(牧民心書)」: 정전제(井田制)의 시행을 전제로 방량법과 어린도법 도입을 주장
2. 서유구의 「의상경계책(擬上經界策)」: 양전법을 방량법, 어린도법으로 개정
3. 이기의 「해학유사(海鶴遺事)」: 수등이척제에 대한 개선방법으로 망척제 도입을 주장

76. 대한제국 정부에서 문란한 토지제도를 바로잡기 위하여 시행하였던 근대적 공시제도의 과도기적 제도는?

① 등기제도
② 양안제도
③ 입안제도
④ 지권제도

해설 토지조사사업 이전의 토지거래증서
1. 문기(文記): 토지 및 가옥을 매수 또는 매도 시에 작성한 매매계약서
2. 입안(立案): 등기권리증의 일환으로 토지매매를 증명하는 제도로서 1892년까지 시행

3. 양안(量案) : 토지의 위치·등급·형상·면적·사표·소유자 등을 기록한 장부로서 현재의 토지대장과 같은 개념이며, 토지조사사업 전까지 시행
4. 가계(家契) : 가옥의 소유권을 증명하는 관문서로 가권(家券)이라고도 하며, 1893년부터 1906년까지 시행
5. 지계(地契) : 전답의 소유권을 증명하는 관문서로 지권(地券)이라고도 하며, 1893년부터 1905년까지 13년간 시행
6. 토지가옥증명제도 : 토지가옥의 매매, 교환, 증여 시에 토지가옥증명대장에 기재 공시하는 실질심사주의제도이며, 1906년부터 1910년까지 시행

※ 구한말에 권세가나 토호의 양민 토지 침탈이 많았고, 부동산 거래질서가 문란해져 입안 없이 매매문기의 취득만으로 부동산 소유권이 이전됨에 따라 부동산 소유권의 국가 통제수단으로 입안을 대신하기 위하여 1901년 지계아문을 설치하여 지계제도를 시행하였으며, 등기제도는 토지조사사업 이후에 시행된 제도임

77. 다음 중 양안에 기재된 사항에 해당하지 않는 것은?

① 신구 토지소유자
② 토지 소재, 지번, 면적
③ 측량 순서, 토지 등급
④ 토지 모양(지형), 사표(四標)

해설 양안의 기재내용
1. 토지소재지, 천자문의 자호, 지번, 양전방향, 토지형태, 지목, 사표, 장광척, 면적, 등급, 결부속, 소유자 등을 기록함
2. 고려시대 : 지목, 전형(토지형태), 토지소유자, 양전방향, 사표, 결수, 총결수
3. 조선시대 : 논밭의 소재지, 지목, 면적, 자호, 전형(토지형태), 토지소유자, 양전방향, 사표, 장광척, 등급, 결부수, 경작여부 등
※ 양안에는 현재의 토지소유자를 기재함

78. 지적제도와 등기제도가 통합된 넓은 의미의 지적제도에서의 3요소이며, 네덜란드의 J.L.G. Henssen이 구분한 지적의 3요소로만 나열된 것은?

① 소유자, 권리, 필지
② 측량, 필지, 지적파일
③ 필지, 측량, 지적공무
④ 권리, 지적도, 토지대장

해설 지적의 3대 구성요소(내부요소)
1. 개요
  ① J.L.G.Henssen과 국내 학자들이 주장한 소유자, 권리, 필지는 광의적 개념이며, 원영희와 지종덕이 주장한 토지, 등록, 공부는 협의적 의미로 이해하는 것이 타당
  ② 이왕무 등은 토지, 경계설정과 측량, 등록, 지적공부를 지적의 주요 구성요소로 봄
2. 광의적 개념
  ① 소유자(Person) : 토지를 소유할 수 있는 권리의 주체로서 소유권 및 기타권리를 갖는 자를 말하며 자연인, 법인, 사단, 재단, 종중, 지방자치단체, 국가 등이 포함
  ② 권리(Right) : 토지를 소유할 수 있는 법적권리로서 토지의 사용, 수익, 처분이 가능한 토지의 소유권과 저당권, 지역권, 지상권, 임차권 등의 기타 권리

③ 필지(Parcel) : 필지는 법적으로 물권이 미치는 권리의 객체 일필지는 토지의 등록단위, 소유단위, 이용단위가 됨
3. 협의적 개념
① 토지 : 지적제도는 토지를 대상으로 성립하고 일필지로 등록하며 그 대상과 범위는 국토의 개념과 같음
② 등록 : 토지의 물권을 객체화하기 위해 일정한 기준의 등록단위를 정해 일정사항(토지소재, 지번, 지목, 경계, 면적 등)을 등록하는 법률행위로서 모든 토지는 공부에 등록함으로써 법률적인 효력이 발생
③ 공부 : 공부는 토지를 구획하여 일정사항을 기록한 공적장부로서 그 형식과 규격을 법으로 정하며 국가는 항상 이를 일정한 장소에 비치하여 국민이 활용할 수 있도록 함

79. 지방토지조사위원회에 대한 설명으로 옳지 않은 것은?

① 각 도에 설치하였다.
② 토지사정의 자문기관이었다.
③ 위원장은 조선총독부 정무총감이 맡았다.
④ 위원장 1명과 상임위원 5명으로 구성되었다.

해설 지방토지조사위원회
1. 설치 목적
   ① 임시토지조사국장의 토지 사정 자문기관
   ② 토지조사사업 당시 임시토지조사국장은 지방토지조사위원회의 자문을 얻어 각 필지에 대한 소유자 및 그 강계에 관한 사정을 실시함
2. 조직의 구성과 운영
   ① 지방토지조사위원회는 각 도에 설치하며 위원장 1인, 상임위원 5인, 필요시 3인 이내의 임시위원으로 구성하며, 의원장은 도지사로 함
   ② 위원장을 포함한 정원의 반수 이상의 출석으로 개최하고, 출석위원의 과반수로 의결하며, 가부동수일 경우에는 위원장이 결정

80. 다음 중 토지정보시스템(LIS)이 해당하는 지적은?

① 법지적
② 과세지적
③ 경계지적
④ 다목적지적

해설 지적의 발전과정과 토지정보시스템
1. 지적의 발전과정
   ① 세지적
      ㉠ 국가재정에 필요한 세금의 징수를 주목적으로 하는 제도이며 과세지적이라고도 함
      ㉡ 필지별 세액산정을 위해 면적본위로 운영
   ② 법지적
      ㉠ 토지거래의 안전과 소유권보호를 주목적으로 하는 제도로서 소유권지적이라 하며, 지적의 개념이 토지소유권 보호를 위한 기능으로 변화됨을 의미
      ㉡ 토지이용의 다양성과 상품성이 강조된 산업화시대(17세기 유럽)에 개발된 제도

Answer 79. ③ 80. ④

③ 다목적지적
  ㉠ 다목적지적은 토지이용의 효율화를 위해 토지에 대한 모든 관련 자료를 일필지를 기초로 집적관리하고 공급하는 제도로서 토지 관련 정보를 종합적으로 기록하고 공급하는 종합토지정보시스템
  ㉡ 토지에 관한 등록 자료의 용도가 다양해지면서 더 많은 자료를 관리하고 이를 신속하고 정확하게 공급하기 위한 제도로서 종합지적 또는 통합지적이라 함
  ㉢ 토지소유권, 토지이용, 토지평가, 토지자원관리에 관한 의사결정에 필요한 정보를 포함하며, 등록 자료의 통계, 추정, 검증, 분석이 가능한 프로그램에 의하여 컴퓨터시스템으로 운영할 때 가능한 종합적 토지정보시스템
2. 토지정보시스템(LIS)
  ① 토지정보시스템은 토지에 대한 관련 자료를 수집하여 토지데이터베이스를 구축하고 토지형태와 특성에 대한 지속적인 기록유지 및 집적관리를 통하여 토지에 대한 법적·행정적·경제적 문제를 발견하고 이에 대한 의사결정의 기초자료로 이용되는 체계로서 이를 위해 체계적인 데이터수집, 최신화, 자료처리, 자료배분 등을 수행한다.
  ② 따라서 LIS는 등록자료의 통계, 추정, 검증, 분석이 가능한 프로그램에 의하여 컴퓨터시스템으로 운영할 때 가능한 종합적 토지정보시스템인 다목적지적에 가깝다.

05 지적관계법규

81. 다음 벌칙 중 2년 이하의 징역 또는 2천만 원 이하의 벌금에 처하는 행위가 아닌 것은?
① 속임수, 위력, 그 밖의 방법으로 입찰의 공정성을 해친 자
② 측량기준점 표지를 이전 또는 파손하거나 그 효용을 해치는 행위를 한 자
③ 고의로 측량성과를 다르게 한 자
④ 측량업의 등록을 하지 아니하고 측량업을 한 자

해설 벌칙의 종류
1. 2년 이하의 징역 또는 2천만 원 이하의 벌금
  ① 측량기준점표지를 이전 또는 파손하거나 그 효용을 해치는 행위를 한 자
  ② 고의로 측량성과를 사실과 다르게 한 자
  ③ 측량성과를 국외로 반출한 자
  ④ 측량업의 등록을 하지 아니하거나 거짓이나 그 밖의 부정한 방법으로 측량업의 등록을 하고 측량업을 한 자
  ⑤ 성능검사를 부정하게 한 성능검사대행자
  ⑥ 성능검사대행자의 등록을 하지 아니하거나 거짓이나 그 밖의 부정한 방법으로 성능검사대행자의 등록을 하고 성능검사업무를 한 자
2. 3년 이하의 징역 또는 3천만 원 이하의 벌금
  측량업자로서 속임수, 위력, 그 밖의 방법으로 측량업과 관련된 입찰의 공정성을 해친 자

Answer 81. ①

82. 공간정보의 구축 및 관리 등에 관한 법률상 지적측량수수료에 관한 설명으로 틀린 것은?

① 국토교통부장관이 고시하는 표준품셈 중 지적측량품에 지적기술자의 정부노임단가를 적용하여 산정한다.
② 지적측량 종목별 세부 산정기준은 국토교통부장관이 정한다.
③ 지적소관청이 직권으로 조사·측량하여 지적공부를 정리한 경우, 조사·측량에 들어간 비용을 면제한다.
④ 지적측량수수료는 국토교통부장관이 매년 12월 말일까지 고시하여야 한다.

해설 수수료
1. 지적측량수수료의 산정기준
   ① 지적측량수수료는 국토교통부장관이 고시하는 표준품셈 중 지적측량품에 지적기술자의 정부임금단가를 적용하여 산정한다.
   ② 지적측량 종목별 지적측량수수료의 세부 산정기준 등에 필요한 사항은 국토교통부장관이 정한다.
2. 납부
   ① 토지의 이동에 따른 지적공부정리신청을 하는 때에는 신청인은 그 지방자치단체의 수입증지로 지적소관청에 납부한다.
   ② 국가 또는 지방자치단체가 신청하는 때 및 바다로 된 토지의 토지소유자가 지적공부의 등록말소를 신청하는 때에는 수수료를 면제한다.
   ③ 지적측량수수료는 지적측량 수행자에게 납부한다.
   ④ 지적측량수수료의 고시 : 국토교통부장관이 매년 12월 말에 고시한다.
   ⑤ 지적소관청이 직권으로 조사·측량하여 지적공부를 정리한 경우에 들어간 비용은 토지소유자에게 징수한다.

83. 다음 중 공간정보의 구축 및 관리 등에 관한 법률에서 정의하는 지적공부에 해당하지 않는 것은?

① 지적도
② 일람도
③ 공유지연명부
④ 대지권등록부

해설 1. 지적공부
토지대장, 임야대장, 공유지연명부, 대지권등록부, 지적도, 임야도 및 경계점좌표등록부 등 지적측량 등을 통하여 조사된 토지의 표시와 해당 토지의 소유자 등을 기록한 대장 및 도면(정보처리시스템을 통하여 기록·저장된 것을 포함한다)을 말한다.
2. 일람도
하나의 지번부여지역에 어떤 시설이 있는지를 한 번에 볼 수 있게 만든 도면

84. 공간정보의 구축 및 관리 등에 관한 법률 시행령상 지상 경계의 결정기준에서 분할에 따른 지상 경계를 지상건축물에 걸리게 결정할 수 있는 경우가 아닌 것은?

① 공공사업 등에 따라 지목이 학교용지로 되는 토지를 분할하는 경우
② 토지를 토지소유자의 필요에 의해 분할하는 경우
③ 도시개발사업 등의 사업시행자가 사업지구의 경계를 결정하기 위하여 토지를 분할하려는 경우
④ 법원의 확정판결이 있는 경우

해설 분할에 따른 지상 경계 결정의 예외
1. 법원의 확정판결이 있는 경우
2. 공공사업 등에 따라 학교용지·도로·철도용지·제방·하천·구거·유지·수도용지 등의 지목으로 되는 토지에 해당하는 토지를 분할하는 경우
3. 도시개발사업 등의 사업시행자가 사업지구의 경계를 결정하기 위하여 토지를 분할하려는 경우
4. 도시·군관리계획 결정고시와 지형도면 고시가 된 지역의 도시·군관리계획선에 따라 토지를 분할하려는 경우

85. 도시지역과 그 주변 지역의 무질서한 시가화를 방지하고 계획적·단계적인 개발을 도모하기 위하여 일정 기간 동안 시가화를 유보할 목적으로 지정하는 것은?

① 보존지구
② 개발제한구역
③ 시가화조정구역
④ 지구단위계획구역

해설
1. 시가화조정구역 : 도시의 무질서한 시가화 방지 목적으로 일정기간 시가화 유보
2. 보존지구 : 문화재, 중요 시설물 및 문화적·생태적으로 보존가치가 큰 지역의 보호와 보존을 위하여 필요한 지구
3. 개발제한구역 : 도시의 무질서한 확산 방지, 도시주변의 자연환경보전, 국가보안상 개발의 제한
4. 지구단위계획 : 도시·군계획 수립 대상지역의 일부에 대하여 토지 이용을 합리화하고 그 기능을 증진시키며 미관을 개선하고 양호한 환경을 확보하며, 그 지역을 체계적·계획적으로 관리하기 위하여 수립하는 도시·군관리계획

86. 국토의 계획 및 이용에 관한 법률상 도시·군관리계획 결정의 효력은 언제를 기준으로 그 효력이 발생하는가?

① 지형도면을 고시한 날부터
② 지형도면 고시가 된 날의 다음 날부터
③ 지형도면 고시가 된 날부터 3일 후부터
④ 지형도면 고시가 된 날부터 5일 후부터

해설 도시·군관리계획 결정의 효력은 지형도면을 고시한 날부터 발생한다.

87. 지적공부에 등록하기 위한 지목결정으로 옳지 않은 것은?

① 소관청에서 결정한다.
② 1필지에 1지목을 설정한다.
③ 토지의 주된 용도에 따라 결정한다.
④ 토지소유자가 신청하는 지목으로 설정한다.

해설
1. 지목의 설정방법
   ① 1필지마다 하나의 지목을 설정한다.
   ② 1필지가 둘 이상의 용도로 활용되는 경우에는 주된 용도에 따라 지목을 설정한다.
   ③ 토지가 일시적 또는 임시적인 용도로 사용될 때에는 지목을 변경하지 아니한다.
2. 토지등록의 결정권자
   지적공부에 등록하는 지번·지목·면적·경계 또는 좌표는 토지의 이동이 있을 때 토지소유자의 신청을 받아 지적소관청이 결정. 다만, 신청이 없으면 지적소관청이 직권으로 조사·측량하여 결정한다.

Answer 85. ③ 86. ① 87. ④

88. 지적재조사사업에 따른 경계 확정 시기로 옳지 않은 것은?

① 이의신청 기간에 이의를 신청하지 아니하였을 때
② 경계결정위원회의 의결을 거쳐 결정되었을 때
③ 이의신청에 대한 결정에 대하여 30일 이내에 불복의사를 표명하지 아니하였을 때
④ 이의신청에 대한 결정에 불복하여 행정소송을 제기한 경우 그 판결이 확정되었을 때

해설 지적재조사사업에 따른 경계의 확정시기
1. 이의신청 기간에 이의를 신청하지 아니하였을 때
2. 이의신청에 대한 결정에 대하여 60일 이내에 불복의사를 표명하지 아니하였을 때
3. 경계에 관한 결정이나 이의신청에 대한 결정에 불복하여 행정소송을 제기한 경우에는 그 판결이 확정되었을 때

89. 다음 중 주된 용도의 토지에 편입하여 1필지로 할 수 있는 종된 토지의 기준으로 옳은 것은?

① 주된 지목의 토지 면적이 1,148m²인 토지로 종된 지목의 토지 면적이 115m²인 토지
② 주된 지목의 토지 면적이 2,300m²인 토지로 종된 지목의 토지 면적이 231m²인 토지
③ 주된 지목의 토지 면적이 3,125m²인 토지로 종된 지목의 토지 면적이 228m²인 토지
④ 주된 지목의 토지 면적이 3,350m²인 토지로 종된 지목의 토지 면적이 332m²인 토지

해설 일필지와 양입지 기준
1. 1필지로 정할 수 있는 기준
   지번부여지역의 토지로서 소유자와 용도가 같고 지반이 연속된 토지
2. 양입지
   ① 주된 용도의 토지의 편의를 위하여 설치된 도로·구거(구거 : 도랑) 등의 부지
   ② 주된 용도의 토지에 접속되거나 주된 용도의 토지로 둘러싸인 토지로서 다른 용도로 사용되고 있는 토지
3. 양입지로 정할 수 없는 토지
   ① 종된 용도의 토지의 지목이 대인 경우
   ② 종된 용도의 토지 면적이 주된 용도의 토지 면적의 10%를 초과하는 경우
   ③ 종된 토지의 면적이 330m²를 초과하는 경우
   ※ ①, ②는 종된 지목의 토지 면적이 10%를 초과하여 주된 용도의 토지에 편입하여 1필지로 할 수 없고 ④는 종된 지목의 토지 면적이 330m²를 초과하여 주된 용도의 토지에 편입하여 1필지로 할 수 없다.

90. 이미 완료된 등기에 대해 등기 절차상에 착오 또는 유루(遺漏)가 발생하여 원시적으로 등기사항과 실체 사항과의 불일치가 발생되었을 때 이를 시정하기 위해 행하여지는 등기는?

① 부기등기
② 경정등기
③ 회복등기
④ 기입등기

해설 1. 경정등기
등기 완료 후 등기의 일부가 등기 절차상의 착오, 빠진 부분(유루)에 의해 원시적으로 실체관계와 불일치가 있는 경우 이를 실체관계에 부합하도록 시정하는 등기

2. 부기등기
   독립한 순위번호를 갖지 않고 기존의 등기에 부기번호를 붙여서 행하여지는 등기
3. 회복등기
   부동산 등기사항의 전부 또는 일부가 멸실되었다가 회복 절차에 따라 회복시키는 등기를 말하며, 말소회복등기와 멸실회복등기가 있음
4. 기입등기
   새로운 등기원인에 의한 권리의 발생이 있는 경우에 그 등기사항을 새로 등기부에 기재하는 등기(소유권보존·이전, 저당권 설정등기 등)

91. 다음 중 등기의 효력이 발생하는 시기는?

① 등기필증을 교부한 때
② 등기신청서를 접수한 때
③ 관련기관에 등기필통지를 한 때
④ 등기사항을 등기부에 기재한 때

해설 등기신청의 접수시기 및 등기의 효력발생시기
1. 등기신청은 등기신청정보가 전산정보처리조직에 저장된 때 접수된 것으로 본다.
2. 등기관이 등기를 마친 경우 그 등기는 접수한 때부터 효력을 발생한다.

92. 다음 중 지적삼각점성과표에 기록·관리하여야 하는 사항 중 필요한 경우로 한정하여 기재하는 것은?

① 자오선수차
② 경도 및 위도
③ 좌표 및 표고
④ 시준점의 명칭

해설 지적기준점성과표의 기록·관리
1. 지적삼각점의 명칭과 기준 원점명
2. 좌표 및 표고
3. 경도 및 위도(필요한 경우로 한정한다)
4. 자오선수차(子午線收差)
5. 시준점(視準點)의 명칭, 방위각 및 거리
6. 소재지와 측량연월일
7. 그 밖의 참고사항

93. 합병 조건이 갖추어진 4필지(99-1, 100-10, 111, 125)를 합병할 경우 새로이 설정하여야 하는 원칙적인 지번은?

① 99-1
② 100-10
③ 111
④ 125

해설 합병에 따른 지번부여
1. 합병 대상 지번 중 선순위의 지번을 그 지번으로 부여
2. 합병 전 지번이 본번과 부번이 혼재할 경우 본번 중 선순위 지번으로 부여
3. 토지소유자가 합병 전의 필지에 주거·사무실 등의 건축물이 있어서 그 건축물이 위치한 지번을 합병 후의 지번으로 신청할 때에는 그 지번을 합병 후의 지번으로 부여

Answer 91. ② 92. ② 93. ③

94. 공간정보의 구축 및 관리 등에 관한 법령상 지적소관청이 토지소유자에게 지적정리 등을 통지하여야 하는 시기로 옳은 것은?

① 토지의 표시에 관한 변경등기가 필요한 경우 : 그 등기완료의 통지서를 접수한 날부터 15일 이내
② 토지의 표시에 관한 변경등기가 필요한 경우 : 그 등기완료의 통지서를 접수한 날부터 30일 이내
③ 토지의 표시에 관한 변경등기가 필요하지 아니한 경우 : 지적공부에 등록한 날부터 15일 이내
④ 토지의 표시에 관한 변경등기가 필요하지 아니한 경우 : 지적공부에 등록한 날부터 30일 이내

해설 지적정리 통지의 시기
1. 토지의 표시에 관한 변경등기가 필요한 경우 : 그 등기완료의 통지서를 접수한 날부터 15일 이내
2. 토지의 표시에 관한 변경등기가 필요하지 아니한 경우 : 지적공부에 등록한 날부터 7일 이내

95. 공간정보의 구축 및 관리 등에 관한 법률 시행령상 지번 부여방법 기준으로 틀린 것은?

① 분할 시의 지번은 최종 본번을 부여한다.
② 합병 시의 지번은 합병 대상 지번 중 선순위 본번으로 부여할 수 있다.
③ 북서에서 남동으로 순차적으로 부여한다.
④ 신규등록 시 인접 토지의 본번에 부번을 붙여 부여한다.

해설 지번부여
1. 지번부여의 원칙
   우리나라는 북서에서 남동으로 순차적으로 지번을 부여하는 "북서기번법"을 채택한다.
2. 분할에 따른 지번부여
   ① 분할 후의 필지 중 1필지의 지번은 분할 전의 지번으로 하고, 나머지 필지의 지번은 본번의 최종 부번 다음 순번으로 부번을 부여한다.
   ② 주거·사무실 등 건축물이 있는 필지에 대해서는 분할 전의 지번을 우선하여 부여한다.
3. 합병에 따른 지번부여
   ① 합병 대상 지번 중 선순위의 지번을 그 지번으로 부여한다.
   ② 합병 전 지번이 본번과 부번이 혼재할 경우 본번 중 선순위 지번으로 부여한다.
   ③ 토지소유자가 합병 전의 필지에 주거·사무실 등의 건축물이 있어서 그 건축물이 위치한 지번을 합병 후의 지번으로 신청할 때에는 그 지번을 합병 후의 지번으로 부여한다.
4. 신규등록, 등록전환 등에 따른 지번 부여
   ① 신규등록, 등록전환의 경우 당해 지번부여지역 내 인접토지의 본번에 부번을 붙여서 부여
   ② 다음에 해당하는 경우에는 지번부여지역의 최종 본번의 다음 순번부터 본번으로 하여 순차적으로 지번 부여할 수 있다.
   • 대상토지가 그 지번부여지역의 최종 지번의 토지에 인접하여 있는 경우
   • 대상토지가 이미 등록된 토지와 멀리 떨어져 있어서 등록된 토지의 본번에 부번을 부여하는 것이 불합리한 경우
   • 대상토지가 여러 필지로 되어 있는 경우

96. 토지의 이동에 따른 지적공부의 정리 방법 등에 관한 설명으로 틀린 것은?

① 토지이동정리 결의서는 토지대장·임야대장 또는 경계점좌표등록부별로 구분하여 작성한다.
② 토지이동정리 결의서에는 토지이동신청서 또는 도시개발사업 등의 완료신고서 등을 첨부하여야 한다.
③ 소유자정리 결의서에는 등기필증, 등기부등본 또는 그 밖에 토지소유자가 변경되었음을 증명하는 서류를 첨부하여야 한다.
④ 토지이동정리 결의서 및 소유자정리 결의서의 작성에 필요한 사항은 대통령령으로 정한다.

해설 지적공부의 정리 방법 등
1. 토지이동정리 결의서 작성
   ① 토지이동정리 결의서는 토지이동 종목별로 구분하여 작성
   ② 토지이동정리 결의서에는 토지이동신청서와 필요시 토지이동에 필요한 서류를 첨부
2. 소유자정리 결의서 작성
   ① 등기필증, 등기완료통지서, 등기사항증명서 또는 등기관서에서 제공한 등기전산정보자료에 따라 정리
   ② 미등기토지의 소유자주소를 대장에 등록하고자 할 때에는 사정·재결 또는 국유지의 취득 당시 최초 주소를 등록
3. 지적공부정리방법, 토지이동정리 결의서 및 소유자정리 결의서 작성방법 등에 관하여 필요한 사항은 국토교통부령으로 정한다.

97. 공간정보의 구축 및 관리 등에 관한 법령상 잡종지로 지목을 설정할 수 없는 것은?

① 야외시장
② 돌을 캐내는 곳
③ 영구적 건축물인 자동차운전학원의 부지
④ 원상회복을 조건으로 흙을 파내는 곳으로 허가된 토지

해설 잡종지
다음 각 목의 토지(다만, 원상회복을 조건으로 돌을 캐내는 곳 또는 흙을 파내는 곳으로 허가된 토지는 제외한다)
1. 갈대밭, 실외에 물건을 쌓아두는 곳, 돌을 캐내는 곳, 흙을 파내는 곳, 야외시장 및 공동우물
2. 변전소, 송신소, 수신소 및 송유시설 등의 부지
3. 여객자동차터미널, 자동차운전학원 및 폐차장 등 자동차와 관련된 독립적인 시설물을 갖춘 부지
4. 공항시설 및 항만시설 부지
5. 도축장, 쓰레기처리장 및 오물처리장 등의 부지
6. 그 밖에 다른 지목에 속하지 않는 토지

Answer 96. ④ 97. ④

98. 다음 중 공간정보의 구축 및 관리 등에 관한 법률에서 규정하고 있는 내용이 아닌 것은?

① 토지공개념의 확보
② 측량의 기준 및 절차 규정
③ 지적공부의 작성 및 관리에 관한 사항 규정
④ 부동산종합공부의 작성 및 관리에 관한 사항 규정

해설 「공간정보의 구축 및 관리 등에 관한 법률」에서 규정하고 있는 내용
1. 측량의 기준 및 절차
2. 지적공부·부동산종합공부의 작성 및 관리 등에 관한 사항

99. 중앙지적위원회 위원의 임기는?(단, 위원장 및 부위원장을 제외한 위원)

① 1년   ② 2년   ③ 3년   ④ 4년

해설 중앙지적위원회의 구성과 운영
1. 위원장, 부위원장 각 1명 포함하여 5명 이상 10명 이하의 위원으로 구성
2. 위원장은 국토교통부 지적업무 담당국장, 부위원장은 국토교통부 지적업무 담당과장으로 구성
3. 위원은 지적에 관한 학식과 경험이 풍부한 자 중에서 국토교통부장관이 임명하거나 위촉하며, 임기는 2년
4. 위원장, 부위원장 포함 재적 위원 과반수 출석 개의, 출석위원 과반수 찬성으로 의결
5. 관계인을 출석시켜 의견 청취 및 필요시 현지 조사 가능
6. 위원장은 회의 5일 전까지 회의일시·장소 및 심의안건을 각 위원에게 서면 통지

100. 지적측량수행자가 과실로 지적측량을 부실하게 하여 지적측량의뢰인에게 재산상의 손해를 발생하게 한 경우, 지적측량의뢰인이 손해배상으로 보험금을 지급받기 위해 보험회사에 첨부하여 제출하는 서류가 아닌 것은?

① 지적측량의뢰인과 지적측량수행자 간의 손해 배상합의서
② 지적측량의뢰인과 지적측량수행자 간의 화해 조서
③ 지적위원회에서 손해 사실에 대하여 결정한 서류
④ 확정된 법원의 판결문 사본 또는 이에 준하는 효력이 있는 서류

해설 보험금 지급 시 필요한 서류
1. 지적측량의뢰인과 지적측량수행자 간의 손해배상합의서 또는 화해조서
2. 확정된 법원의 판결문 사본
3. 1. 또는 2.에 준하는 효력이 있는 서류

2024년 시행

Engineer Cadastral Surveying

2024년 | **제2회 지적기사**

01 지적측량

SUBJECT

01. 고초원점의 평면직각종횡선수치는 얼마인가?

① $X=0\text{m}, \ Y=0\text{m}$
② $X=10,000\text{m}, \ Y=30,000\text{m}$
③ $X=500,000\text{m}, \ Y=200,000\text{m}$
④ $X=550,000\text{m}, \ Y=200,000\text{m}$

해설 고초원점은 구소삼각원점 11개 원점 중에 하나이며 구소삼각원점은 대상지역의 중앙에 원점을 두었으며 원점에 대한 평면직각종횡선 좌표는 $X=0\text{m}, \ Y=0\text{m}$로서 위치별 상한에 따라 X축이나 Y축에 + 또는 - 부호가 붙는다.
참고로 구소삼각원점은 조본원점·고초원점·율곡원점·현창원점·소라원점·망산원점·계양원점·가리원점·등경원점·구암원점 및 금산원점의 총 11개의 원점이 있다.

02. 배각법에 의하여 지적도근점측량을 시행할 경우 측각오차 계산식으로 옳은 것은?(단, e는 각오차, T_1은 출발기지방위각, Σa는 관측각의 합, n은 폐색변을 포함한 변수, T_2는 도착기지방위각)

① $e = T_1 + \Sigma a - 180(n-1) + T_2$
② $e = T_1 + \Sigma a - 180(n-1) - T_2$
③ $e = T_1 - \Sigma a - 180(n-1) + T_2$
④ $e = T_1 - \Sigma a - 180(n-1) - T_2$

해설 각오차
1. 출발기지방위각(T_1)에 관측각의 합(Σa)을 더하고, 폐색변을 포함한 변수(n)에서 1을 빼준 값을 180과 곱한다.
2. 이 값을 출발기지방위각(T_1)에 관측각의 합(Σa)을 더한 값에서 빼준다.
3. 위의 값에서 도착기지방위각(T_2)을 뺀다.

Answer 01. ① 02. ②

03. 지적도근점측량에 따라 계산된 연결오차가 허용범위 이내인 경우 그 오차의 배분방법이 옳은 것은?

① 배각법에 따르는 경우 각 측선장에 비례하여 배분한다.
② 방위각법에 따르는 경우 각 측선장에 반비례하여 배분한다.
③ 배각법에 따르는 경우 각 측선의 종선차 또는 횡선차 길이에 비례하여 배분한다.
④ 방위각법에 따르는 경우 각 측선의 종선차 또는 횡선차 길이에 반비례하여 배분한다.

해설 지적측량 시행규칙 제15조(지적도근점측량에서의 연결오차의 허용범위와 종선 및 횡선오차의 배분)
1. 배각법에 따르는 경우 : 다음의 계산식에 따라 각 측선의 종선차 또는 횡선차 길이에 비례하여 배분

$$T = -\frac{e}{L} \times l$$

(T는 각 측선의 종선차 또는 횡선차에 배분할 센티미터 단위의 수치, e는 종선오차 또는 횡선오차, L은 종선차 또는 횡선차의 절대치의 합계, l은 각 측선의 종선차 또는 횡선차를 말한다)

2. 방위각법에 따르는 경우 : 다음의 계산식에 따라 각 측선장에 비례하여 배분할 것

$$C = -\frac{e}{L} \times l$$

(C는 각 측선의 종선차 또는 횡선차에 배분할 센티미터 단위의 수치, e는 종선오차 또는 횡선오차, L은 각 측선장의 총합계, l은 각 측선의 측선장을 말한다)

04. 오차의 성질에 대한 설명 중 옳지 않은 것은?

① 값이 큰 오차일수록 발생확률도 높다.
② 우연오차는 확률법칙에 따라 전파된다.
③ 숙련된 지적측량기술자도 착오는 일으킨다.
④ 정오차는 측정횟수를 거듭할수록 누적된다.

해설 값이 큰 오차는 발생확률이 낮으며 오차를 발견하기가 쉽다.

05. A점에서 트랜싯으로 B점을 시준한 결과, 표척눈금이 5.20m, 기계고가 3.70m, AB의 경사거리가 45m이었다면, AB 두 지점의 수평거리는?

① 44.67m
② 44.70m
③ 44.85m
④ 44.97m

해설

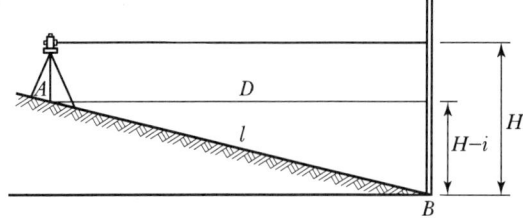

$$D = \sqrt{l^2 - (H-i)^2} = \sqrt{45^2 - (5.20 - 3.70)^2} = 44.97\,\text{m}$$

06. 두 점 간의 거리가 222m이고, 두 점 간의 방위각이 33° 33′ 33″일 때 횡선차는?
① 122.72m　　② 145.26m
③ 185.00m　　④ 201.56m

해설 $\triangle y = \sin 33° 33' 33'' \times 222 = 122.72\text{m}$

07. 지적도근점측량의 배각법에서 종횡선 오차는 어느 방법으로 배분하여야 하는가?
① 반수에 비례하여 배분한다.　　② 콤파스 법칙에 의해 배분한다.
③ 트랜싯 법칙에 의해 배분한다.　　④ 측정변의 길이에 반비례하여 배분한다.

해설 다각측량의 정확도가 거리관측의 정확도보다 높을 때 조정하는 방법으로 종선과 횡선의 크기에 비례하여 폐합오차를 배분한다.

08. 배각법으로 지적도근점측량을 실시한 결과 횡선오차(f_y)가 +0.16m, 횡선차($\triangle y$)의 절대치의 합계가 396.28일 때, 4cm를 배분할 횡선차는?
① 75.36m　　② 86.95m
③ 99.07m　　④ 105.30m

해설 $l = \dfrac{L}{e} \times C = \dfrac{396.28}{16} \times 4 = 99.07\text{m}$

09. 우리나라에서 지적도 제작에 사용한 투영 방식은?
① 가우스상사이중투영　　② 가우스-크뤼거 투영
③ WGS-84　　④ UTM 투영

해설 우리나라에서는 가우스-크뤼거 투영 도법이 발표되기 이전인 1910년대에 조선총독부가 시행한 삼각점의 대지측량좌표 계산에 이 도법이 사용되기 시작했다. 그 후, 6.25 동란으로 인하여 망실된 삼각점의 복구측량에서도 가우스상사이중투영법을 사용하게 됨으로써 현재의 국가기준삼각점에도 이 투영방식이 적용되고 있다.

10. 다음 중 지적도근점측량을 반드시 시행하여야 하는 지역은?
① 축척변경시행지역　　② 대단위 합병지역
③ 토지분할지역　　④ 소규모등록전환지역

해설 지적측량 시행규칙 제6조(지적측량의 실시기준)
1. 법 제83조에 따라 축척변경을 위한 측량을 하는 경우
2. 법 제86조에 따른 도시개발사업 등으로 인하여 지적확정측량을 하는 경우
3. 「국토의 계획 및 이용에 관한 법률」 제7조제1호의 도시지역에서 세부측량을 하는 경우
4. 측량지역의 면적이 해당 지적도 1장에 해당하는 면적 이상인 경우
5. 세부측량을 하기 위하여 특히 필요한 경우

Answer　06. ①　07. ③　08. ③　09. ①　10. ①

11. 임야도 작성 시 구계(區界)와 동계(洞界)가 겹치는 경우에는 어떻게 하는가?

① 구계만 그린다.
② 동계만 그린다.
③ 구계와 동계를 겹쳐 그린다.
④ 필지 경계만 그린다.

해설 지적업무처리규정 제44조(행정구역선의 제도)
행정구역선이 2종 이상 겹치는 경우에는 최상급 행정구역선만 제도한다. 따라서 구계가 동계보다 상위의 행정구역이므로 구계만 제도한다.

12. 1/500 도곽선에 신축량이 1.8mm 줄었을 경우 면적의 보정계수는?

① 1.0106
② 1.0101
③ 0.9899
④ 0.9896

해설 지적측량 시행규칙 제20조(면적측정의 방법 등)
1. 지상의 신축량으로 환산하기 위해 축척을 곱한다(1/500).
   이때 신축량의 mm단위를 m단위로 환산한다.
   X축 = $500 \times 0.0018 = 0.9$m
   Y축 = $500 \times 0.0018 = 0.9$m
2. 면적보정계수를 구한다.
   $$Z = \frac{X \cdot Y}{\Delta X \cdot \Delta Y} = \frac{150 \times 200}{150.9 \times 200.9} = 0.9896$$
   (Z는 보정계수, X는 도곽선종선길이, Y는 도곽선횡선길이, ΔX는 신축된 도곽선종선길이의 합/2, ΔY는 신축된 도곽선횡선길이의 합/2을 말한다)

13. 지적삼각점의 관측에 있어 광파측거기는 표준편차가 얼마 이상인 정밀측거기를 사용하여야 하는가?

① ±(5mm+5ppm)
② ±(5cm+5ppm)
③ ±(0.05mm+50ppm)
④ ±(0.05cm+50ppm)

해설 지적측량 시행규칙 제9조(지적삼각점측량의 관측 및 계산)
전파 또는 광파측거기(光波測距機)는 표준편차가 ±[5밀리미터+5피피엠(ppm)] 이상인 정밀측거기를 사용

14. 지적도의 축척이 1/600인 지역의 면적결정방법으로 옳은 것은?

① 산출면적이 123.15m²일 때는 123.2m²로 한다.
② 산출면적이 125.55m²일 때는 126m²로 한다.
③ 산출면적이 135.25m²일 때는 135.3m²로 한다.
④ 산출면적이 146.55m²일 때는 146.5m²로 한다.

해설 1. 지적도의 축척이 600분의 1인 지역과 경계점좌표 등록부에 등록하는 지역의 토지의 면적은 제곱미터 이하 한 자리 단위로 함

2. 단, 0.1제곱미터 미만의 끝수가 있는 경우
   0.05제곱미터 미만인 때에는 버리고, 0.05제곱미터를 초과하는 때에는 올리며, 0.05제곱미터인 때에는 구하고자 하는 끝자리의 숫자가 0 또는 짝수이면 버리고 홀수이면 올린다.
3. 다만, 1필지의 면적이 0.1제곱미터 미만인 때에는 0.1제곱미터로 한다.
∴ 따라서 위 보기에서는
   ① 123.15m²는 123.2m²
   ② 125.55m²는 125.6m²
   ③ 135.25m²는 135.2m²
   ④ 146.55m²는 146.6m²

15. 지적측량에서 망원경을 정·반위로 수평각을 관측하였을 때 산출 평균하여도 소거되지 않는 오차는?

① 편심오차 ② 시준축오차
③ 수평축오차 ④ 연직축오차

해설 정·반 관측의 목적은 기계적 결함과 기계 조정의 불완전 등의 오차를 소거하고 시준축오차를 제거하기 위함이지만 연직축오차는 소거되지 않는다.

16. 경계점좌표등록부 시행지역에서 경계점의 지적측량성과와 검사성과의 연결교차 허용범위 기준으로 옳은 것은?

① 0.10m 이내 ② 0.15m 이내
③ 0.20m 이내 ④ 0.25m 이내

해설 지적측량 시행규칙 제27조(지적측량성과의 결정)

대상		연결교차
지적삼각점		0.20미터
지적삼각보조점		0.25미터
지적도근점	경계점좌표등록부 시행지역	0.15미터
	그 밖의 지역	0.25미터
경계점	경계점좌표등록부 시행지역	0.10미터
	그 밖의 지역	10분의 3M밀리미터 (M은 축척분모)

17. 지적삼각보조점성과표에 기록·관리하여야 하는 사항에 해당하지 않는 것은?

① 도면번호
② 시준점의 명칭
③ 도선등급 및 도선명
④ 소재지와 측량연월일

Answer 15. ④ 16. ① 17. ②

> **해설** 지적측량 시행규칙 제4조(지적기준점성과표의 기록·관리 등)
> 지적기준점성과표에 기록·관리할 사항은 아래 표와 같다.
>
> | 지적삼각점성과표 | 지적삼각보조점 및 지적도근점성과표 |
> |---|---|
> | 1. 지적삼각점의 명칭과 기준 원점명
2. 좌표 및 표고
3. 경도 및 위도(필요한 경우로 한정한다)
4. 자오선수차(子午線收差)
5. 시준점(視準點)의 명칭, 방위각 및 거리
6. 소재지와 측량연월일
7. 그 밖의 참고사항 | 1. 번호 및 위치의 약도
2. 좌표와 직각좌표계 원점명
3. 경도와 위도(필요한 경우로 한정한다)
4. 표고(필요한 경우로 한정한다)
5. 소재지와 측량연월일
6. 도선등급 및 도선명
7. 표지의 재질
8. 도면번호
9. 설치기관
10. 조사연월일, 조사자의 직위·성명 및 조사 내용 |

18. 측판측량에 의한 세부측량 방법으로 옳지 않은 것은?

① 교회법
② 도선법
③ 비례법
④ 방사법

> **해설** 지적측량 시행규칙 제18조(세부측량의 기준 및 방법 등)
> 측판측량방법에 의한 세부측량은 교회법·도선법 및 방사법에 의한다.

19. 농지의 구획정리 시행지역을 경위의측량방법으로 시행할 때의 작성하는 측량결과도의 축척은?

① 1/500
② 1/600
③ 1/1,000
④ 1/1,200

> **해설** 지적측량 시행규칙 제18조(세부측량의 기준 및 방법 등)
> 도시개발사업 등의 시행지역(농지의 구획정리 지역을 제외한다)과 축척변경시행지역은 500분의 1로, 농지의 구획정리시행지역은 1천분의 1로 하되, 필요한 경우에는 미리 시·도지사의 승인을 얻어 6천분의 1까지 작성할 수 있다.

20. 경계점좌표등록부를 갖춰 두는 지역에서 각 필지의 경계점을 측정할 때 사용하는 측량방법으로 옳지 않은 것은?

① 교회법
② 배각법
③ 방사법
④ 도선법

> **해설** 지적측량 시행규칙 제23조(경계점좌표등록부를 갖춰 두는 지역의 측량)
> 경계점좌표등록부를 갖춰 두는 지역에 있는 각 필지의 경계점을 측정할 때에는 도선법·방사법 또는 교회법에 따라 좌표를 산출

02 응용측량

21. 수준 측량시 중간시가 많은 경우 가장 편리한 야장기입 방법은?

① 기고식　　　　　　　　　　② 고차식
③ 승강식　　　　　　　　　　④ 기준면식

해설 기고식은 노선측량의 종단측량이나 횡단측량에 많이 쓰이며 중간시(간시)가 많을 때 편리하게 사용하는 야장기입 방법이다.

22. 수준기의 감도가 40″인 레벨로 60m 전방에 세운 표척을 시준한 후 기포가 1눈금 이동하였을 때 발생하는 오차는?

① 0.006m　　　　　　　　　② 0.012m
③ 0.018m　　　　　　　　　④ 0.024m

해설 오차는 $a = \dfrac{pl}{nD}$ 에서 $l = \dfrac{anD}{p}$ (l : 오차, a : 감도, n : 눈금수, D : 거리)

$\dfrac{40 \times 1 \times 60}{206,265} = 0.0116\text{m}$ 이므로 ≒ 0.012m

23. 1/25,000의 지형도에서 등고선으로 나타낼 수 있는 최대의 경사각은 얼마인가?(단, 등고선의 위치 오차는 0.25mm이고 등고선 간격은 10m이다.)

① 57° 59′ 41″　　　　　　　② 43° 30′ 41″
③ 38° 39′ 41″　　　　　　　④ 14° 30′ 41″

해설 먼저 수평거리를 구하면 실제거리=축척×도상거리=25,000×0.25=6.25m이므로
경사각=$\tan^{-1}$(높이/수평거리)=$\tan^{-1}(10/6.25) = 57° 59′ 40.62″$

24. GPS 시스템 오차의 종류가 아닌 것은?

① 위성 시계 오차　　　　　　② 영상 표정 오차
③ 위성 궤도 오차　　　　　　④ 대류권 굴절 오차

해설 GPS 측량의 오차에는 크게 구조적 원인에 의한 오차, 위성의 배치 상황에 따른 오차(DOP), 선택적 가용성에 의한 오차(SA), 주파단절(Cycle Slip)이 있다. 그중 구조적 원인에 의한 오차에는 위성 시계 오차, 위성 궤도 오차, 전리층과 대류층의 전파지연, 수신기에서 발생하는 오차가 있다.

Answer　21. ①　22. ②　23. ①　24. ②

25. 수준측량에서 발생하는 오차 중 정오차인 것은?

① 표척을 잘못 읽어 생기는 오차
② 태양의 직사광선에 의한 오차
③ 지구곡률에 의한 오차
④ 시차에 의한 오차

해설 정오차는 원인이 명확하여 소거할 수 있는 오차로 수준측량에서 발생하는 정오차로는 지구의 곡률에 의한 오차, 광선의 굴절과 온도 변화에 의한 오차, 태양열에 의한 기계의 부동 팽창 오차와 공기의 부동 굴절에 의한 오차, 기계의 침하로 인한 오차, 표척의 경사로 인한 오차가 있다.

26. 다음 중 GPS측량에서 의사거리(Pseudo-Range)에 대한 설명으로 옳지 않은 것은?

① 인공위성과 지상수신기 사이의 거리 측정값이다.
② 대류권과 이온층의 신호지연으로 인한 오차의 영향력이 제거된 관측값이다.
③ 기하학적인 실제거리와 달리 의사거리라 부른다.
④ 인공위성에서 송신되어 수신기로 도착된 신호의 송신시간을 PRN 인식 코드로 비교하여 측정한다.

해설 의사거리는 인공위성과 지상수신기 사이의 거리측정값으로 인공위성에서 송신되어 수신기로 도착된 송신 신호를 PRN(Pseudo Range Noise) 인식 코드로 비교하여 측정하며 신호지연 등 송수신기 시계의 시간 오차가 발생하며 거리는 기하학적인 실제 거리와 달라 의사거리라고 하며 항법장치에 주로 사용된다.

27. 우리나라 지형도 1:50,000에서 조곡선의 간격은?

① 2.5m   ② 5m
③ 10m   ④ 20m

해설 축척별 등고선의 간격

등고선의 간격	기호	1/10,000	1/25,000	1/50,000
주곡선	가는 실선	5m	10m	20m
간곡선	가는 파선	2.5m	5m	10m
보조곡선 (조곡선)	가는 점선	1.25m	2.5m	5m
계곡선	굵은 실선	25m	50m	100m

Answer 25. ③ 26. ② 27. ②

28. 수준측량 야장에서 측정 5의 기계고와 지반고는?(단, 표의 단위는 m이다.)

측점	B.S	F.S		I.H	G.H
		T.P	I.P		
A	1.14				80
1	2.41	1.16			
2	1.64	2.68			
3			0.11		
4			1.23		
5	0.33	0.40			
B		0.65			

① 79.71m, 80.95m ② 79.91m, 80.63m
③ 81.28m, 80.95m ④ 82.39m, 80.63m

해설 A점의 지반고는 80m이며 기계고(지반고+후시)=80+1.14=81.14m
1점의 지반고는 80+1.14-1.16=79.98m
기계고는 79.98+2.41=82.39m
2점의 지반고=79.98+2.41-2.68=79.71m
기계고는 79.71+1.64=81.35m
3점의 지반고, 4점의 지반고는 중간점이므로
3, 4점의 지반고를 구하지 않고 바로 5점의 지반고를 구할 수 있으므로
5점의 지반고=79.71+1.64-0.40=80.95m
기계고는 80.95+0.33=81.28m

29. GNSS의 구성요소 중 위성을 추적하여 위성의 궤도와 정밀시간을 유지하고 관련 정보를 송신하는 역할을 담당하는 부문은?

① 우주부문 ② 제어부문
③ 수신부문 ④ 사용자부문

해설 GPS 구성요소로는 우주부문, 제어부문, 사용자부문으로 구분되며 제어부문은 GPS 위성의 위치계산과 전체 GPS의 운용, 제어 및 위성의 작동 상태를 감독하고 궤도와 시각결정을 위한 위성의 추적, 전리층 및 대류층의 주기적인 모형화와 위성시간의 동일화, 위성으로의 자료전송 등을 담당한다.

30. 수평각 관측의 측각오차 중 망원경을 정·반으로 관측하여 소거할 수 있는 오차가 아닌 것은?

① 시준축 오차 ② 수평축 오차
③ 연직축 오차 ④ 편심 오차

해설 연직축 오차는 연직축과 수평 기포관축과의 직교를 조정해야 한다.

Answer 28. ③ 29. ② 30. ③

31. A점의 표고가 128m, B점의 표고가 155m인 등경사 지형에서 A점으로부터 표고 130m 등고선까지의 거리는?(단, AB의 거리는 250m이다.)

① 2.00m   ② 18.52m   ③ 111.11m   ④ 203.70m

해설 비례식으로 생각하면
AB점의 표고차 : AB점의 수평거리 = 130m 지점의 표고차 : 수평거리
$27 : 250 = 2 : d_1$
$\therefore d_1 = \dfrac{250 \times 2}{27} = 18.52\text{m}$

32. 항공사진 판독의 일반적인 순서로 옳은 것은?
① 촬영의 계획 → 판독기준의 작성 → 현지조사 → 촬영과 사진작성 → 판독 → 정리
② 촬영의 계획 → 촬영과 사진작성 → 판독기준의 작성 → 판독 → 현지조사 → 정리
③ 판독기준의 작성 → 촬영의 계획 → 현지조사 → 촬영과 사진작성 → 판독 → 정리
④ 판독기준의 작성 → 촬영의 계획 → 촬영과 사진작성 → 현지조사 → 판독 → 정리

해설 항공사진 판독의 순서는 촬영의 계획 → 촬영과 사진의 작성 → 판독기준의 작성 → 판독 → 현지(지리)조사 → 정리(조정)의 순이다.

33. 다음 설명에 해당하는 판독의 요소는?

> 어떤 대상물의 윤곽을 파악하는 역할을 하며 판독 시 빛의 방향과 촬영 시의 빛의 방향을 일치시키면 입체감을 얻기 쉬워 이 요소를 활용하면 판독하기 용이하다.

① 색조   ② 음영   ③ 모양   ④ 질감

해설 사진판독의 요소
1. 주요소
    ① 색조(Tone, Color) : 피사체가 갖는 빛의 반사에 의한 것으로서 수목종류의 판독 등이 있다.
    ② 모양(Pattern) : 피사체의 배열상황에 의하여 판별하는 것으로서 사진상에서 볼 수 있는 식생, 지형 또는 지표상의 색조 등이 있다.
    ③ 질감(Texture) : 색조, 형상, 크기, 음영 등의 여러 요소의 조합으로 구성된 조밀함, 거침, 세밀함 등으로 표현한다.
    ④ 형상(Shape) : 개체나 목표물의 윤곽, 구성, 배치 및 일반적인 형태를 말한다.
    ⑤ 크기(Size) : 어느 피사체가 갖는 입체적, 평면적인 넓이와 길이를 말한다.
    ⑥ 음영(Shadow) : 어떤 대상물의 형태를 읽기 위해서는 그 자체가 갖는 색조 이외에도 대상물의 윤곽을 주는 음영이 큰 역할을 하며, 판독 시 빛의 방향과 촬영시의 빛의 방향을 일치시키는 것이 입체감을 얻기 쉽다.
2. 보조요소
    ① 상호위치관계(Location) : 어떤 사진상이 주위의 사진상과 어떠한 관계가 있는가 파악하는 것이다.
    ② 과고감(Vertical Exaggeration) : 과고감은 지표면의 기복을 과장하여 나타낸 것으로 낮고 평탄한 지역의 판독에 도움이 되지만, 경사면은 실제보다 급하게 보이므로 오판에 주의하여야 한다.
※ 수목의 판독에서 위치관계는 중요한 요소가 아니다.

34. 수준측량에서 전시(F.S : Fore Sight)에 대한 설명으로 옳은 것은?

① 미지점에 세운 표척의 눈금을 읽은 값
② 기준면으로부터 시준선까지의 높이를 읽은 값
③ 가장 먼저 세운 표척의 눈금을 읽은 값
④ 지반고를 알고 있는 점에 세운 표척의 눈금을 읽은 값

해설 전시는 구하려는 점(미지점)에 세운 표척의 읽음값을 말한다.

35. 지형도의 도식과 기호가 만족하여야 할 조건에 대한 설명으로 옳지 않은 것은?

① 간단하면서도 그리기 용이해야 한다.
② 지물의 종류가 기호로써 명확히 판별될 수 있어야 한다.
③ 지도는 깨끗이 만들어져야 하며, 도식의 의미를 잘 알 수 있어야 한다.
④ 지도의 사용목적과 축척의 크기에 관계없이 모두 동일한 모양과 크기로 빠짐없이 표시하여야 한다.

해설 지도는 사용목적에 따라 크기와 축척을 달리하여 작성한다.

36. 원곡선 설치 시 교각이 60°, 반지름이 100m, B.C=No.5+8m일 때 곡선의 E.C까지의 거리는? (단, 중심 말뚝간격은 20m이다.)

① 152.7m
② 162.7m
③ 212.7m
④ 272.5m

해설 노선측량에서 곡선종점(E.C)까지의 거리는 곡선시점(B.C)+곡선길이(C.L)이다.
B.C가 No.5+8m이고, 말뚝의 간격이 20m이므로 B.C는 108m이다.
$C.L = 0.01745RI = 0.01745 \times 100 \times 60° = 104.7m$
$E.C = B.C(108m) + C.L(104.7m) = 212.7m$

37. 그림과 같이 지역에 정지작업을 하였을 때, 절토량과 성토량이 같게 되는 지반고는?(단, 각 구역의 면적은 16m²으로 동일하고, 지반고 단위는 m이다.)

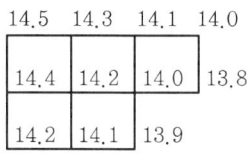

① 13.78m
② 14.09m
③ 14.15m
④ 14.23m

해설 $\sum h_1 = 14.5 + 14 + 13.8 + 13.9 + 14.2 = 70.4$
$\sum h_2 = 14.3 + 14.1 + 14.1 + 14.4 = 56.9$
$\sum h_3 = 14.0$

$$\sum h_4 = 14.2$$
$$V_0 = \frac{1}{4}A(1\sum h_1 + 2\sum h_2 + 3\sum h_3 + 4\sum h_4)$$
$$= \frac{1}{4} \times 16(70.4 + (2 \times 56.9) + (3 \times 14) + (4 \times 14.2)) = 1{,}132 \text{m}^2$$
$$h = \frac{V_0}{nA} = \frac{1{,}132}{5 \times 16} = 14.15 \text{m}$$
$$\therefore 14.15\text{m}$$

38. 노선측량의 단곡선 설치에서 교각 $I= 90°$, 곡선반지름 $R=150$m일 때 곡선거리(C.L.)는?

① 212.6m
② 216.3m
③ 223.6m
④ 235.6m

해설 곡선장(C.L.)=$0.01745RI$=$0.01745 \times 150 \times 90°$=235.575m

39. 다음 중 완화곡선에 대한 설명으로 옳지 않은 것은?

① 곡선반지름은 완화곡선의 시점에서 무한대, 종점에서 원곡선의 반지름으로 된다.
② 완화곡선의 접선은 시점에서 원호에, 종점에서 직선에 접한다.
③ 완화곡선에 연한 곡선반지름의 감소율은 캔트의 증가율과 동률로 된다.
④ 종점에 있는 캔트는 원곡선의 캔트와 같게 된다.

해설 완화곡선이란 차량이 직선부에서 곡선부분으로 방향을 바꾸면 반지름이 달라지기 때문에 완화곡선을 설치하게 되는데 주로 차량에 사용된다. 이러한 완화곡선의 성질은 다음과 같다.
1. 곡선반경은 완화곡선의 시점에서 무한대, 종점에서 원곡선 R로 된다.
2. 완화곡선의 접선은 시점에서 직선에, 종점에서 원호에 접한다.
3. 완화곡선에 연한 곡선반경의 감소율은 칸트의 증가율과 동률(다른 부호)로 된다. 또 종점에 있는 칸트는 원곡선의 칸트와 같게 된다.

40. GPS를 구성하는 위성의 궤도 주기로 옳은 것은?

① 약 6시간
② 약 12시간
③ 약 18시간
④ 약 24시간

해설 GPS측량의 인공위성은 55° 궤도 경사각에 위도 60°의 6개 궤도로 구성되어 있으며, 고도는 약 20,183km이고, 약 12시간 주기로 운행한다.

Answer 38. ④ 39. ② 40. ②

03 토지정보체계론

41. 해상력에 대한 설명으로 옳지 않은 것은?
① 해상력은 일반적으로 mm당 선의 수를 말한다.
② 해상력은 자료를 표현하는 최대단위를 의미한다.
③ 수치영상시스템에서의 공간해상력은 격자나 픽셀의 크기를 의미한다.
④ 일반적으로 항공사진이나 인공위성 영상의 경우에 해상력은 식별이 가능한 최소 객체를 의미한다.

해설 해상력은 자료를 표현하는 최소단위를 의미한다. 항공사진이나 인공위성 영상의 경우 해상력은 분별이 가능한 최소 객체를 의미(공간 해상력)한다.

42. 데이터베이스관리시스템에 대한 설명으로 옳은 것은?
① 파일시스템보다 도입비용이 저렴하다.
② 데이터베이스관리시스템은 하드웨어의 집합체이다.
③ 내부 스키마는 하나의 데이터베이스에 하나만 존재한다.
④ 외부 스키마는 자료가 실제로 저장되는 방법을 기술한 것이다.

해설 데이터베이스 스키마
1. 외부 스키마 : 사용자나 응용 프로그래머가 각 개인의 입장에서 필요로 하는 데이터베이스의 논리적 구조를 정의한 것(실제로 이용자가 취급하는 데이터 구조를 정의)
2. 개념 스키마 : 어떤 데이터가 저장되어 있으며, 데이터 간에는 어떤 관계가 존재하고, 어떤 무결성 제약조건이 명시되어 있는가를 기술
3. 내부 스키마 : 자료가 실제로 저장되는 물리적인 데이터의 구조

43. 데이터 정의어(Data Definition Language) 중에서 이미 설정된 테이블의 정의를 수정하는 명령어는?
① DROP TABLE
② MOVE TABLE
③ ALTER TABLE
④ CHANGE TABLE

해설 데이터 정의어는 데이터베이스, 테이블, 필드, 인덱스 등 객체(Object)를 생성(CREATE), 수정(ALTER), 삭제(DROP), 이름변경(RENAME) 등의 기능이 있다.

44. 관계형 데이터베이스 모델(Relational Database Model)의 기본 구조 요소로 옳지 않은 것은?
① 소트(Sort) ② 행(Record)
③ 테이블(Table) ④ 속성(Attribute)

해설 관계형 DBMS 데이터 모델
1. 릴레이션(Relation, 테이블의 열과 행의 집합)으로 표현된다.
2. 열은 속성(Attribute), 행은 튜플(Tuple)이라고 부른다.

45. 스파게티(Spaghetti) 모형에 대한 설명으로 옳지 않은 것은?
① 자료구조가 단순하여 파일의 용량이 작다.
② 하나의 점(X, Y좌표)을 기본으로 하고 있어 구조가 간단하므로 이해하기 쉽다.
③ 객체들 간의 공간관계에 대한 정보가 입력되므로 공간분석에 효율적이다.
④ 상호 연관성에 관한 정보가 없어 인접한 객체들의 특징과 관련성을 파악하기 힘들다.

해설 스파게티 모형은 객체들 간의 공간관계에 대한 정보는 입력되지 않으므로 공간분석에서 필요한 정보를 별도로 계산하여야 하므로 비효율적이다.

46. 다음 중 공간자료 교환포맷인 SDTS에 관한 설명이 옳지 않은 것은?
① 공간자료 간의 자료 독립성 확보를 목적으로 한다.
② 다양한 공간데이터의 교환 및 공유를 가능하게 한다.
③ 우리나라 NGIS의 공통 데이터 교환포맷이다.
④ 공간자료의 가치확대에 중요한 역할을 한다.

해설 SDTS(Spatial Data Transfer Standard)는 각 부분별 내용의 독립성을 인정하면서 광범위한 자료의 호환을 위한 규약으로서 자료에 관한 정보를 서로 전달하기 위한 언어이다.

47. 토지대장과 같은 속성정보를 컴퓨터에 입력하는 방법으로 가장 일반적인 것은?
① 스캐너 ② 디지타이저
③ 플로터 ④ 키보드

해설 토지대장에 등록된 지번, 지목, 소유자 등은 키보드를 이용하여 입력한다.

48. 다음 중 지적 관련 정보 중에서 도형자료로 활용할 수 있는 것은?
① 필지의 소재지 ② 필지의 지번
③ 필지의 경계 ④ 필지의 개별공시지가

해설 지적선(필지의 경계)은 연속되는 점을 연결하여 공간상에 그 위치와 형상을 표현하고 길이와 면적을 갖는 공간객체(도형자료)이다.

Answer 44. ① 45. ③ 46. ① 47. ④ 48. ③

49. 벡터자료의 저장 모형 중 위상(Topology)모형에 대한 설명으로 옳지 않은 것은?

① 공간객체 간의 위상정보를 저장하는 데 보편적으로 사용되는 방식이다.
② 좌표데이터만을 사용할 때보다 다양한 공간분석이 가능하다.
③ 인접한 폴리곤 간의 공통 경계는 각각의 폴리곤에 대하여 한 번씩 반드시 두 번 기록되어야 한다.
④ 다각형의 형상(Shape), 인접성(Neighborhood), 계급성(Hierarchy)을 묘사할 수 있는 정보를 제공한다.

해설 위상모형은 공간관계를 정의하는데 입력된 자료의 위치를 좌표값으로 인식하고 각각의 자료 간의 정보를 상대적 위치로 기록하고, 스파게티 모형은 인접한 폴리곤 간의 공통 경계는 각 폴리곤에 대하여 반드시 두 번 기록되어야 한다.

50. 다음 중 지적 도면을 전산화함에 있어 정비하여야 할 사항과 가장 거리가 먼 것은?

① 도면번호 정비
② 도곽선 정비
③ 소유자 정비
④ 경계 정비

해설 소유자는 토지(임야)대장에 등록된 정보이며, 지적도면에는 지번, 지목, 경계, 도곽선, 도면번호 등이 있다.

51. 다음 중 사용자가 데이터베이스에 접근하여 데이터를 처리할 수 있도록 하는 것으로 데이터의 검색, 삽입, 삭제 및 갱신 등과 같은 조작을 하는 데 사용되는 데이터 언어는?

① DDL(Data Definition Language)
② DML(Data Manipulation Language)
③ DCL(Data Control Language)
④ DLL(Data Link Language)

해설 관계형 데이터베이스(RDB)의 조작과 관리
1. DDL : 데이터베이스, 테이블, 필드, 인덱스 등 객체(Object)를 생성(CREATE)하고, 변경(ALTER)하거나 삭제(DROP), 이름변경(RENAME) 등을 하는 기능
2. DML : 데이터베이스에 저장된 자료를 선택(Select), 삽입(Insert), 삭제(Delete), 갱신(Update)하기 위해 사용되는 언어
3. DCL : 데이터를 보호하고 관리하는 목적으로 사용

52. 도로, 상하수도, 전기시설 등의 자료를 수치 지도화하고 시설물의 속성을 입력하여 데이터베이스를 구축함으로써 시설물 관리활동을 효율적으로 지원하는 시스템은?

① LIS(Land Information System)
② FM(Facility Management)
③ UIS(Urban Information System)
④ CAM(Computer-Aided Drafting)

해설 ① LIS : 공간기본단위를 필지(Parcel)로 구축하여 운영하는 시스템
② FM : 수치지도를 바탕으로 지상 및 지하의 각종 시설물을 관리하는 시스템
③ UIS : 도시 현황 파악 및 도시 계획, 도시 정비, 도시 기반 시설의 관리를 효과적으로 수행할 수 있는 시스템
④ CAM : 컴퓨터 지원 설계(Computer-Aided Design, Computer-Aided Design and Drafting)

53. 데이터베이스 관리시스템(DBMS)에 대한 설명으로 옳지 않은 것은?

① 다른 자료 저장 시스템에 비해 시스템의 구성이 단순하여 그로 인한 자료의 손실 가능성이 낮다.
② DMBS에서 제공되는 서비스 기능을 이용하여 새로운 응용프로그램의 개발이 용이하다.
③ 다른 사용자와 함께 자료호환을 자유로이 할 수 있어 효율적이다.
④ 직접적으로 사용자와의 연계를 위한 기능을 제공하여 복잡하고 높은 수준의 분석이 가능하다.

해설 DBMS은 소프트웨어의 구성이 복잡하고 이와 관련된 처리장비는 매우 고가이지만 데이터 공유기능, 일관성 유지, 무결성 유지, 보안 유지 등을 통해 데이터를 안전하게 보호할 수 있다.

54. 크기가 다른 정사각형을 이용하며, 공간을 4개의 동일한 면적으로 분할하는 작업을 하나의 속성값이 존재할 때까지 반복하는 래스터자료 압축 방법은?

① 런렝스코드(Run-length Code) 기법
② 체인코드(Chain Code) 기법
③ 블록코드(Block Code) 기법
④ 사지수형(Quadtree) 기법

해설 래스터 데이터의 압축 방법
1. 런렝스코드 기법 : 처음 시작하는 셀과 끝나는 셀까지 동일한 수치값을 가지는 셀들을 묶어 압축시키는 방식
2. 체인코드 기법 : 격자들의 연속적인 연결상태를 파악하여 압축시키는 방법
3. 블록코드 기법 : 2차원 정방형 블록으로 분할하여 객체에 대한 데이터를 구축하는 방법

55. 다음 중 디지타이징 방식과 스캐닝 방식을 이용하여 도형정보를 취득하는 것에 대한 설명이 옳지 않은 것은?

① 디지타이저와 스캐너 장비는 기계적인 오차가 존재한다.
② 자동으로 래스터자료를 벡터자료로 변환할 경우 오차가 발생할 수 있다.
③ 디지타이저를 이용하여 작업자가 수동으로 도면을 독취하는 경우 작업자의 숙련도가 오차에 영향을 준다.
④ 디지타이저를 이용하여 도면을 입력할 때 기준점이나 지적도의 좌표를 잘못 지정하더라도 독취자료의 일부분에만 오차가 발생한다.

해설 디지타이저를 이용하여 도면을 입력할 때 기준점이나 지적도의 좌표를 잘못 지정하면 독취자료 전체에서 오차가 발생한다.

56. 지적전산정보처리조직 담당자의 사용자번호 및 비밀번호에 관한 설명으로 옳은 것은?

① 사용자의 비밀번호가 누설될 우려가 있는 때에는 즉시 이를 변경하여야 한다.
② 필요한 경우 사용자번호는 변경할 수 있다.
③ 사용자번호는 전국적으로 일련번호를 부여한다.
④ 다른 사용자권한 등록관리청으로 소속이 변경된 경우 사용자번호를 변경된 관리청으로 이관하여 관리한다.

해설 사용자번호 및 비밀번호(공간정보의 구축 및 관리 등에 관한 법률 시행규칙 제77조)
  1. 사용자의 비밀번호는 6자리부터 16자리까지의 범위에서 사용자가 정하여 사용한다.
  2. 한 번 부여된 사용자번호는 변경할 수 없다.
  3. 사용자번호는 사용자권한 등록관리청별로 일련번호로 부여한다.
  4. 사용자가 다른 사용자권한 등록관리청으로 소속이 변경되거나 퇴직 등을 한 경우에는 사용자번호를 따로 관리하여 사용자의 책임을 명백히 할 수 있도록 하여야 한다.

57. 국토교통부장관은 언제를 기준으로 지적통계를 작성하여야 하는가?

① 매일
② 매주 말
③ 매월 말
④ 매년 말

해설 지적통계 작성(부동산종합공부시스템 운영 및 관리규정 제18조)
  1. 지적소관청에서는 지적통계를 작성하기 위한 일일마감, 월마감, 년마감을 하여야 한다.
  2. 국토교통부장관은 매년 시·군·구 자료를 취합하여 지적통계를 작성한다.

58. 다음 중 토지정보체계의 데이터베이스관리시스템을 구축하기 위한 논리적 데이터베이스 모형이 아닌 것은?

① 위상형(Topological)
② 관계형(Relational)
③ 네트워크형(Network)
④ 계층형(Hierarchical)

해설 데이터베이스 모형은 계층형, 네트워크형, 관계형, 객체지향형, 객체관계형이 있다.

59. 지적분야에서 토지정보시스템이 필요한 이유로 가장 옳은 것은?

① 지적삼각점의 관리 부실 개선
② 세계좌표계로의 변환에 대비
③ 토지 관련 정보의 효율적 관리 및 이용
④ 지적 불부합에 의한 분쟁 해결

해설 중복투자를 방지하고, 분산된 데이터 및 기능의 중복을 제거하여 부동산정보의 효율적 관리 및 고품질의 정책정보 제공

Answer 56. ① 57. ④ 58. ① 59. ③

60. 토지정보의 공간자료 형태 중 래스터데이터에 비하여 벡터데이터가 갖는 장점과 거리가 먼 것은?

① 그래픽과 관련된 속성정보의 추출 및 일반화, 갱신 등이 용이하다.
② 복잡한 현실세계의 묘사가 가능하다.
③ 자료구조가 단순하다.
④ 그래픽의 정확도가 높다.

해설 래스터데이터에 비하여 벡터데이터는 자료구조가 복잡하다.

04 지적학

61. 지적의 발생설을 토지측량과 밀접하게 관련지어 이해할 수 있는 이론은?

① 과세설 ② 치수설
③ 지배설 ④ 역사설

해설 지적발생설의 종류
1. 과세설 : 세금 징수의 목적에서 출발
2. 치수설 : 토목측량술 및 치수에서 비롯됨
3. 통치설 : 통치적 수단에서 시작됨
4. 침략설 : 영토 확장과 침략상 우위 목적

62. 다음 중 1단지마다 하나의 본번을 부여하고 단지 내 필지마다 부번을 부여하는 방법으로, 토지구획 및 농지개량사업시행지역 등의 지번설정에 적합한 것은?

① 선별식 ② 사행식
③ 단지식 ④ 기우식

해설 지번부여방법
1. 지번부여방법의 종류
   ① 진행방향에 따른 분류 : 사행식, 기우식, 단지식
   ② 부여단위에 따른 분류 : 지역단위법, 도엽단위, 단지단위법
   ③ 기번위치에 따른 분류 : 북동기번법, 북서기번법
2. 진행방향에 따른 방법
   ① 사행식
      ㉠ 필지의 배열이 불규칙한 지역에서 진행순서에 따라 지번 부여
      ㉡ 진행방향에 따라 지번이 순차적으로 연속
      ㉢ 농촌지역에 적합
      ㉣ 상하좌우로 볼 때 어느 방향에서는 지번이 뛰어넘는 단점이 있음

② 기우식(또는 교호식)
  ㉠ 도로를 중심으로 한쪽은 홀수인 기수, 반대쪽은 짝수인 우수로 지번을 부여
  ㉡ 시가지 지역의 지번설정에 적합
③ 단지식(또는 블록식)
  ㉠ 1단지마다 하나의 지번을 부여하고 단지 내 필지들은 부번을 부여하는 방법
  ㉡ 토지구획, 농지개량사업시행지역에 적합

63. 다음의 설명에서 ( )에 들어갈 알맞은 명칭은?

> 지역선은 토지조사사업 당시 소유자는 같으나 지목이 다른 관계로 별필의 토지경계선과 소유자를 알 수 없는 토지와의 구획선, 토지조사 시행지와 미시행지와의 경계선을 말하나, 토지조사 시행지와 미시행지와의 경계선은 별도로 (   )이라고도 불렀다.

① 지계선   ② 강계선   ③ 지구선   ④ 구역선

해설 강계선의 개념
1. 강계선: 사정선으로서 토지조사사업 당시 확정된 소유자가 다른 토지 간의 경계선이며, 강계선의 상대는 소유자와 지목이 다르다는 원칙이 성립
2. 지역선: 소유자가 같은 토지와의 구획선 또는 소유자를 알 수 없는 토지와의 구획선 및 토지조사사업의 시행지와 미시행지와의 지계선
3. 경계선: 임야조사사업시의 사정선
※ 토지조사사업의 시행지와 미시행지와의 경계를 지계선이라고 하였음

64. 우리나라에서 '지적'이라는 용어를 처음으로 사용한 것은?

① 내부관제(1895.3.26.)
② 탁지부관제(1897.5.19.)
③ 양지아문직원급처무규정(1898.7.6.)
④ 지계아문직원급처무규정(1901.10.20.)

해설 1895년 내부 관제를 공포하여 주현국, 토목국, 판적국 등 5개국을 두었으며, 이 중 판적국은 "호구적에 관한 사항"과 "지적에 관한 사항"을 관장토록 하였는데 여기에서 "지적"이라는 용어가 처음 쓰이기 시작했다.

65. 토지조사사업에서 지목은 모두 몇 종류로 구분하였는가?

① 15종   ② 18종   ③ 21종   ④ 24종

해설 지목의 변천내용
1. 1910~1950년: 토지조사령에 의거. 전, 답, 대 등 18개 지목으로 구분
2. 1950~1975년: 구지적법에 의거. 21개 지목으로 구분
   • 지소 → 지소, 유지
   • 잡종 → 잡종지, 염전, 광천지
3. 1976~2001년
   ① 24개 지목으로 구분
   ② 6개 지목 신설: 과수원, 목장용지, 공장용지, 학교용지, 운동장, 유원지

Answer 63. ① 64. ① 65. ②

③ 6개 지목을 3개 지목으로 통합
- 철도용지+철도선로 → 철도용지
- 수도용지+수도선로 → 수도용지
- 유지+지소 → 유지

④ 지목명칭 변경
- 공원지 → 공원
- 성첩 → 사적지
- 운동장 → 체육용지(1991년)
- 사사지 → 종교용지
- 분묘지 → 묘지(이상 1976년)

4. 2002년~현재
   4개 지목 신설 : 주차장, 주유소용지, 창고용지, 양어장

66. 모든 토지를 지적공부에 등록하고 등록된 토지표시사항을 항상 실제와 일치하도록 유지하는 지적제도의 원칙은?

① 적극적 등록주의
② 형식적 등록주의
③ 당사자 신청주의
④ 소극적 등록주의

해설 소극적 등록제도와 적극적 등록주의

1. 소극적 등록제도(Negative System)
   ① 일필지의 소유권이 거래되면서 발생하는 거래증서를 변경·등록하는 제도
   ② 거래행위에 따른 토지등록은 사유재산 양도증서의 작성, 거래증서의 작성으로 구분되며 원칙적으로 등록의무는 없고 신청에 의함
   ③ 양도증서의 작성은 사인 간의 계약에 의하여 발생하며, 거래증서의 등록은 법률가에 의해 취급되므로, 토지등록부는 거래사항의 기록일 뿐 권리자체의 등록과 보장을 의미하지는 않음
   ④ 거래증서의 등록은 정부가 수행하나 합법성과 유용성에 대해 사실조사가 이루어지지 않으므로 거래의 등록이 소유권 증명에 관한 증거나 증빙이 되지 못함
   ⑤ 이 제도는 일반적으로 지적측량과 측량도를 필요로 하는 특징이 있으며, 네덜란드, 영국, 프랑스, 미국의 일부 주, 캐나다 등의 국가에서 시행되며 최근에는 국가마다 보완되어 다양하게 변환된 형태로 나타남

2. 적극적 등록제도(Positive System)
   ① 토지등록은 일필지의 개념으로 법적권리보장이 인증되고 국가에 의해 그러한 합법성과 효력이 발생
   ② 기본원칙 : 지적공부에 등록되지 않는 토지는 어떠한 권리도 인정받을 수 없고, 등록은 강제적이고 의무적이며, 공적 지적측량이 시행되어야 토지등기가 가능
   ③ 선의의 제3자 보호 : 토지등록상의 문제로 인한 피해는 법적으로 보장되고 국가에 소송을 제기할 수 있으며, 보상도 받을 수 있음
   ④ 소유권의 안정성과 거래의 안정성이 유지되는 장점이 있으나, 시스템의 운영에 많은 비용이 소요되고 등록 절차가 복잡하다는 단점이 있음
   ⑤ 스위스, 오스트리아, 네덜란드, 대만, 일본, 뉴질랜드 등의 국가에서 채택하고 있으며, 토렌스 시스템은 적극적 등록주의의 발전된 형태임
   ※ 우리나라의 지적제도는 적극적 등록주의(직원등록주의 또는 등록강제주의)를 채택하고 있으므로 지적소관청은 모든 토지를 지적공부에 등록하며, 토지에 이동이 있는 경우에는 변경사항을 등록하고 있음

67. 현행 지목 중 차문자(次文字)를 따르지 않는 것은?

① 주차장 ② 유원지
③ 공장용지 ④ 종교용지

해설 지목의 표기방법
1. 대장 : 지목 명칭의 전체를 기재
2. 도면 : 지목을 뜻하는 부호를 기재
   ① 두문자 표기지목 : 지목의 첫 번째 문자를 지목표기의 부호로 사용하는 지목으로서, 전·답·대 등 24개 지목이 여기에 해당된다.
   ② 차문자 표기지목 : 지목명칭의 두 번째 문자를 지목표기의 부호로 사용하는 지목으로서, 장(공장용지)·천(하천)·원(유원지)·차(주차장)로 표기한다.

68. 임시토지조사국의 특별 조사기관에서 수행한 업무가 아닌 것은?

① 분쟁지 조사 ② 외업 특별검사
③ 지지(地誌)자료 조사 ④ 증명 및 등기필지조사

해설 임시토지조사국 특별조사기관의 임무
1. 특별세부측도 성적검사
2. 분쟁지 심사
3. 급여 및 장려제도 조사
4. 고원고사
5. 외업 특별검사
6. 지지자료 조사

69. 다음 중 지적제도와 등기제도를 처음부터 일원화하여 운영한 국가는?

① 대만 ② 독일
③ 일본 ④ 네덜란드

해설 국가별 지적제도 및 등기제도 운영 현황
1. 프랑스 : 지적공부는 토지대장, 건물대장, 지적도, 도엽기록부 및 색인부로 구성되어 있으며, 지적업무는 중앙은 경제·재정·산업무의 세무국 산하 지적과 등기과에서 운영되고, 지방은 지방사무국(시·도), 지적사무소(시·군)에서 담당하고, 지적과 등기가 이원화되어 있으나 접수창구의 일원화와 전산화로 사실상 일원화로 운영
2. 독일 : 독일은 지적제도는 행정부에서 관할하고, 등기제도는 사법부에서 관할하는 이원화 체제로 운영되는 국가로서, 지적공부는 부동산지적부, 부동산지적도, 수치지적부 등으로 구성되어 있고, 등기부는 물적 편성주의에 따라 개별 부동산을 중심으로 편성하고 있으며, 관계 법률은 지적 및 측량법과 부동산등기법으로 이원화되어 있고, 각 주별로 상이한 법률을 제정하여 운용
3. 스위스 : 지적공부가 부동산등록부, 소유자별대장, 지적도, 수치지적부로 구성되어 있으며, 지적과 등기가 일원화 처리됨
4. 네덜란드 : 네덜란드는 창설 당시부터 지적과 등기가 통합되어 운영되는 국가로서, 지적공부는 위치대장, 부동산등록부, 지적도로 구성되어 있고, 지적업무는 중앙은 주택·도시계획·환경성에서 관장하고 지방은 지방지적청에서 관장

Answer 67. ④ 68. ④ 69. ④

5. 일본 : 지적공부는 토지 및 건물등기부, 지적도가 있으며, 지적업무는 법무성에서 관장하고 측량은 토지가옥조사사가 시행하며, 1960년 부동산등기법이 개정되어 등기제도와 지적제도가 통합됨
6. 대만 : 지적공부는 토지등기부, 건축물등기부, 지적도가 있으며 지적업무는 내정부 지적국에서 담당하고 측량은 공무원이 직접 시행하며, 대만정부 수립 후 1930년 국민당 정부가 제정·공포하여 대륙 본토에서 시행하던 토지법을 대만에도 그대로 적용하여 지적과 등기를 일원화하고 지정사무소에서 지적 및 등기업무를 처리함

※ 우리나라는 독일과 같이 지적제도는 행정부, 등기제도는 사법부에서 이원체제로 운영

70. 토지등기를 위하여 지적제도가 해야 할 가장 중요한 역할은?

① 필지 확정
② 소유권 심사
③ 지목의 결정
④ 지번의 설정

해설 지적과 등기의 관계
1. 등기와 등록대상이 동일토지라는 점에서 밀접한 관계이다.
2. 등기와 등록은 그 목적물의 표시 및 소유권의 표시는 항상 부합되어야 한다.
3. 등기에 있어서 토지표시에 관한 사항은 지적공부를 기초로 하고, 등록(지적)의 경우 소유권에 관한 사항은 등기부를 기초로 한다.
4. 단, 미등기 토지의 소유자 표시에 관한 사항은 지적공부를 기초로 한다.
※ 토지의 등기를 위해서는 반드시 지적의 필지확정이 선행되어야 함

71. 토지조사사업 당시 토지의 사정에 대하여 불복이 있는 경우 이의 재결기관은?

① 임시토지조사국장
② 지방토지조사위원회
③ 도지사
④ 고등토지조사위원회

해설 토지사정의 절차
1. 사정은 30일간 공시
2. 불복하는 자는 공시기간 만료 후 60일 이내에 고등토지조사위원회(高等土地調査委員會)에 이의를 제기하여 재결을 요청할 수 있도록 함

토지조사사업과 임야조사사업의 사정(査定)사항 비교

구분	토지조사사업	임야조사사업
사정권자	임시토지조사국장	도지사
사정기관	–	임야심사위원회
조사 및 측량기관	임시토지조사국	부 또는 면
자문기관	지방토지조사위원회	–
재결기관	고등토지조사위원회	임야조사위원회

72. 토지조사사업에서 측량에 관계되는 사항을 구분한 7가지 항목에 해당하지 않는 것은?

① 삼각측량
② 천문측량
③ 지형측량
④ 이동지측량

해설 토지조사 내용
1. 사무 : 9개 종목으로 구분하여 실시
   ① 준비조사
   ② 일필지조사
   ③ 분쟁지조사
   ④ 지위등급조사
   ⑤ 장부조사
   ⑥ 지방토지조사위원회
   ⑦ 사정
   ⑧ 고등토지조사위원회
   ⑨ 이동지정리
2. 측량 : 7개 종목으로 구분하여 실시
   ① 삼각측량
   ② 도근측량
   ③ 면적계산
   ④ 세부측량
   ⑤ 지적도 등의 조제
   ⑥ 이동지측량
   ⑦ 지형측량

73. 토지조사사업의 사정에 불복하는 자는 공시기간 만료 후 최대 며칠 이내에 고등토지조사위원회에 재결을 신청하여야 하는가?

① 10일 ② 30일
③ 60일 ④ 90일

해설 토지조사사업의 사정
1. 사장 : 토지조사부와 지적도에 의하여 토지의 소유자 및 그 강계를 확정하는 행정처분
2. 사정권자 : 지방토지조사위원회의 자문을 받아 당시 토지조사국장이 실시
3. 대상 : 토지소유자와 토지강계
4. 절차 : 사정은 30일간 공시하였으며, 불복하는 자는 공시기간 만료 후 60일 이내에 고등토지조사위원회(高等土地調査委員會)에 이의를 제기하여 재결을 요청할 수 있도록 함

74. 토렌스시스템의 커튼이론(Curtain Principle)에 대한 설명으로 가장 옳은 것은?

① 토지등록 업무는 매입 신청자를 위한 유일한 정보의 기초다.
② 기초등록이 토지의 권리 관계를 완전하게 반영한다.
③ 선의의 제3자에게는 보험 효과를 갖는다.
④ 사실심사 시 권리의 진실성에 직접 관여하여야 한다.

해설 토렌스시스템의 3대 기본원칙
1. 거울이론(Mirror Principle)
   ① 소유권에 관한 현재의 법적상태는 오직 등기부에 의해서만 이론의 여지없이 완벽하게 보인다는 원리

Answer 73. ③ 74. ①

② 토지권리증서의 등록은 토지거래의 사실을 이론의 여지없이 완벽하게 반영하는 거울과 같다는 이론
③ 소유권증서와 관련된 모든 현재의 사실이 소유권의 원본에 확실히 반영된다는 원칙

2. 커튼이론(Curtain Principle)
    ① 소유권의 법적상태와 관련한 확실성을 보장하기 위하여 단지 현재의 등기부에 등기된 사항만 논의되어야 한다는 이론
    ② 현재의 소유권 증서는 완전한 것이며 이전의 증서나 왕실증여를 추적할 필요가 없다는 것
    ③ 토렌스제도에 의해 한번 권리증명서가 발급되면 당해 토지에 대한 이전의 모든 이해관계는 무효가 되며 현재의 소유권을 되돌아 볼 필요가 없다는 것

3. 보험이론(Insurance Principle)
    ① 권원증명서에 등기된 모든 정보는 정부에 의하여 보장된다는 원리
    ② 토지등록이 토지의 권리를 아주 정확하게 반영한 것이나 인간의 과실로 인하여 착오가 발생하는 경우에 피해를 입은 사람은 누구나 피해보상에 관한 법률적으로 선의의 제3자와 동등한 입장에 놓여야만 된다는 이론
    ③ 토지의 등록을 뒷받침하며 어떠한 경로로 인한 소유자의 손실을 방지하기 위하여 수정될 수 있다는 이론
    ④ 금전적 보상을 위한 이론이며 손실된 토지의 복구를 의미하는 것은 아님

75. 간주지적도에 등록된 토지는 토지대장과는 별도로 대장을 작성하였다. 다음 중 그 명칭에 해당하지 않는 것은?

① 산토지대장
② 별책토지대장
③ 임야토지대장
④ 을호토지대장

해설 간주지적도
1. 간주지적도의 개념 : 간주지적도란 지적도로 간주하는 임야도를 의미하며, 토지조사지역 밖인 산림지대에 조사대상 지목인 전, 답, 대 등 과세지가 있더라도 구태여 지적도에 등록하지 않고 그 지목만을 수정하여 임야도에 등록하였음
2. 산토지대장 : 간주지적도에 등록된 토지는 그 대장을 별도로 작성하고 산토지대장이라고 하였으며, 별책토지대장, 을호토지대장이라고도 함

76. 지적의 요건에 해당하지 않는 것은?

① 경제성
② 공개성
③ 안전성
④ 정확성

해설 국가가 토지에 대한 각종 현황을 공시하는 이유는 민주성, 효율성, 안전성, 경제성, 정확성 등 지적의 이념이 있기 때문이며, 이들 이념은 상호 밀접한 영향을 미치고 있어 어느 하나만 강조되면 나머지 이념의 확보가 곤란하므로 서로 간의 균형이 필요하다.

77. 우리나라에서 사용하고 있는 지목의 분류방식은?

① 지형지목
② 용도지목
③ 토성지목
④ 단식지목

해설 지목의 분류
1. 토지의 현황에 따른 분류
    ① 지형지목 : 지표면의 형상, 토지의 고저 등 토지의 모양에 따라 결정한 지목
    ② 지성지목 : 지층, 암석, 토양 등 토지의 성질에 따라 결정한 지목
    ③ 용도지목 : 토지의 현실적 용도에 따라 결정한 지목(우리나라 및 대부분의 국가에서 사용)
2. 지목의 구성내용에 따른 분류
    ① 단식지목 : 1개의 토지에 대하여 한 가지 기준에 의해 분류된 지목(전, 답 등)
    ② 복식지목 : 1개의 토지에 대하여 둘 이상의 기준에 따라 분류된 지목(녹지대 등)

78. 토지의 이익에 영향을 미치는 문서의 공적 등기를 보전하는 것을 주된 목적으로 하는 등록제도는?

① 날인증서 등록제도 ② 권원 등록제도
③ 적극적 등록제도 ④ 소극적 등록제도

해설 날인증서 등록제도
1. 토지등록제도의 유형
    ① 날인증서등록제도
    ② 권원등록제도
    ③ 소극적 등록제도
    ④ 적극적 등록제도
    ⑤ 토렌스시스템(Torrens System)
2. 날인증서 등록제도
    ① 토지의 이익에 영향을 미치는 공적등기를 보전하는 제도
    ② 기본원칙 : 모든 등록된 문서는 미등록문서와 후순위등록문서보다 우선권을 가짐
    ③ 단점 : 문서는 거래기록에 불과하므로 당사자의 법적권한을 입증하지 못하므로 그 거래의 유효성을 증명하지 못함

79. 우리나라에서 사용하고 있는 지목의 분류방식은?

① 지형지목 ② 용도지목
③ 토성지목 ④ 단식지목

해설 우리나라는 토지의 현실적 용도에 따라 결정한 지목인 용도지목을 사용하고 있다.

80. 조선시대의 토지제도에 대한 설명으로 옳지 않은 것은?

① 조선시대의 지번설정제도에는 부번제도가 없었다.
② 사표(四標)는 토지의 위치로서 도서남북의 경계를 표시한 것이다.
③ 양안의 내용 중 시주(時主)는 토지의 소유자이고, 시작(詩作)은 소작인을 나타낸다.
④ 조선시대의 양전은 원칙적으로 20년마다 한 번씩 실시하여 새로이 양안을 작성하게 되어 있다.

해설 조선시대에는 양전 순서에 따라 5결의 토지마다 천자문의 자번호를 부여(천자문의 자는 토지의 구역, 번호는 지번을 의미함)하는 일자오결제도(一字五結制度)와 양전이 끝난 이후에 개간한 토지에는 인접지의 자번호에 지번(枝番)을 붙여 사용하는 부번제도를 실시하였다.

Answer 78. ① 79. ② 80. ①

05 지적관계법규

81. 지적측량 시행규칙상 지적기준점표지의 설치·관리로서 옳지 않은 것은?
① 지적소관청은 연 1회 이상 지적기준점표지의 이상 유무를 조사하여야 한다.
② 지적삼각점표지의 점간거리는 평균 3킬로미터 이상 6킬로미터 이하로 하여야 한다.
③ 지적삼각보조점표지의 점간거리는 평균 1킬로미터 이상 3킬로미터 이하로 하여야 한다.
④ 다각망도선법에 따르는 경우 지적도근점 표지의 점간거리는 평균 500미터 이하로 하여야 한다.

해설 1. 지적기준점표지의 설치기준
① 지적삼각점표지의 점간거리는 평균 2킬로미터 이상 5킬로미터 이하로 한다.
② 지적삼각보조점표지의 점간거리는 평균 1킬로미터 이상 3킬로미터 이하로 한다. 다만, 다각망도선법에 따르는 경우에는 평균 0.5킬로미터 이상 1킬로미터 이하로 한다.
③ 지적도근점표지의 점간거리는 평균 50미터 이상 300미터 이하로 한다. 다만, 다각망도선법에 따르는 경우에는 평균 500미터 이하로 한다.
2. 지적기준점표지의 조사 및 관리
① 지적소관청은 연 1회 이상 지적기준점표지의 이상 유무를 조사하여야 한다. 이 경우 멸실되거나 훼손된 지적기준점표지를 계속 보존할 필요가 없을 때에는 폐기할 수 있다.
② 지적소관청이 관리하는 지적기준점표지가 멸실되거나 훼손되었을 때에는 지적소관청은 다시 설치하거나 보수하여야 한다.

82. 공간정보의 구축 및 관리 등에 관한 법령상 지적측량수행자의 손해보험 책임을 보장하기 위한 보증설정에 관한 설명으로 옳은 것은?
① 지적측량업자가 보증보험에 가입하여야 하는 보증금액은 5천만 원 이상이다.
② 한국국토정보공사가 보증보험에 가입하여야 하는 보증금액은 20억 원 이상이다.
③ 지적측량업자가 보증설정을 하였을 때에는 이를 증명하는 서류를 국토교통부장관에게 제출하여야 한다.
④ 지적측량업자는 지적측량업 등록증을 발급받은 날부터 30일 이내에 보증설정을 하여야 한다.

해설 손해배상책임의 보장
1. 지적측량수행자가 타인의 의뢰에 의하여 지적측량을 하는 경우 고의 또는 과실로 지적측량을 부실하게 함으로써 지적측량의뢰인이나 제3자에게 재산상의 손해를 발생하게 한 때에는 지적측량수행자는 그 손해를 배상할 책임이 있다.
2. 지적측량수행자가 손해배상책임을 보장하기 위하여 보증보험에 가입하거나 공간정보산업협회가 운영하는 보증 또는 공제에 가입하는 방법으로 보증설정을 하여야 한다.
① 지적측량업자 : 보장기간이 10년 이상이고 보증금액이 1억 원 이상
② 한국국토정보공사 : 보증금액이 20억 원 이상

3. 지적측량업자는 지적측량업 등록증을 발급받은 날부터 10일 이내에 보증설정을 해야 하며, 보증설정을 했을 때에는 이를 증명하는 서류를 등록한 시·도지사 또는 대도시 시장에게 제출해야 한다.
4. 보증설정을 한 지적측량수행자는 그 보증설정을 다른 보증설정으로 변경하려는 경우에는 해당 보증설정의 효력이 있는 기간 중에 다른 보증설정을 하고 그 사실을 증명하는 서류를 등록한 시·도지사 또는 대도시 시장에게 제출해야 한다.

83. 지번과 지목의 제도에 대한 설명으로 틀린 것은?

① 지번 및 지목을 제도하는 경우 지번 다음에 지목을 제도한다.
② 부동산종합공부시스템이나 레터링으로 작성하는 경우에는 굴림체로 할 수 있다.
③ 중앙에 제도하기 곤란한 때에는 가로쓰기가 되도록 도면을 돌려 제도할 수 있다.
④ 지번의 글자 간격은 글자 크기의 1/4 정도, 지번과 지목의 글자 간격은 글자 크기의 1/2 정도 띄워 제도한다.

해설 지번 및 지목의 제도
1. 지번 및 지목은 경계에 닿지 않도록 필지의 중앙에 제도한다. 다만, 1필지의 토지의 형상이 좁고 길어서 필지의 중앙에 제도하기가 곤란한 때에는 가로쓰기가 되도록 도면을 왼쪽 또는 오른쪽으로 돌려서 제도할 수 있다.
2. 지번 및 지목을 제도할 때에는 지번 다음에 지목을 제도한다. 이 경우 2밀리미터 이상 3밀리미터 이하 크기의 명조체로 하고, 지번의 글자 간격은 글자크기의 4분의 1정도, 지번과 지목의 글자 간격은 글자크기의 2분의 1정도 띄어서 제도한다. 다만, 부동산종합공부시스템이나 레터링으로 작성할 경우에는 고딕체로 할 수 있다.
3. 1필지의 면적이 작아서 지번과 지목을 필지의 중앙에 제도할 수 없는 때에는 ㄱ, ㄴ, ㄷ,…ㄱ¹, ㄴ¹, ㄷ¹…ㄱ², ㄴ², ㄷ² … 등으로 부호를 붙이고, 도곽선 밖에 그 부호·지번 및 지목을 제도한다. 이 경우 부호가 많아서 그 도면의 도곽선 밖에 제도할 수 없는 때에는 별도로 부호도를 작성할 수 있다.
4. 부동산종합시스템에 따라 지번 및 지목을 제도할 경우에는 글자의 크기에 대한 규정과 제2호 중 글자의 크기에 대한 규정과 제3호를 적용하지 아니할 수 있다.

84. 지적측량 적부심사 의결서를 받은 자가 지방지적위원회의 의결에 불복하는 경우에는 그 의결서를 받은 날부터 며칠 이내에 국토교통부장관을 거쳐 중앙지적위원회에 재심사를 청구할 수 있는가?

① 7일 이내
② 30일 이내
③ 60일 이내
④ 90일 이내

해설 지적측량의 적부심사 처리절차
1. 청구인이 심사청구서에 아래 서류를 첨부하여 관할 시·도지사를 거쳐 지방지적위원회에 지적측량 적부심사를 청구할 수 있다.
   ① 토지소유자 및 이해관계인 : 지적측량을 의뢰하여 발급받은 지적측량성과
   ② 지적측량수행자 : 직접 실시한 지적측량성과
2. 시·도지사는 30일 이내에 다음 내용을 조사하여 지방지적위원회에 회부하여야 한다.
   ① 다툼이 되는 지적측량의 경위 및 그 성과

② 해당 토지에 대한 토지이동 및 소유권 변동 연혁
③ 해당 토지 주변의 측량기준점, 경계, 주요 구조물 등 현황 실측도
3. 지방지적위원회는 60일 이내에 심의·의결하여야 한다. 다만, 부득이한 경우에는 그 심의기간을 해당 지적위원회의 의결을 거쳐 30일 이내에서 한 번만 연장할 수 있다.
4. 지방지적위원회는 지적측량 적부심사를 의결하였으면 위원장과 참석위원 전원이 서명 및 날인한 지적측량 적부심사 의결서를 시·도지사에게 송부하여야 한다.
5. 시·도지사는 의결서를 받은 날부터 7일 이내에 지적측량 적부심사 청구인 및 이해관계인에게 그 의결서를 통지하여야 한다.
6. 의결서를 받은 자가 지방지적위원회의 의결에 불복하는 경우에는 그 의결서를 받은 날부터 90일 이내에 국토교통부장관을 거쳐 중앙지적위원회에 재심사를 청구할 수 있다.
7. 제6항에 따른 재심사청구에 관하여는 제2항부터 제5항까지의 규정을 준용한다. 이 경우 "시·도지사"는 "국토교통부장관"으로, "지방지적위원회"는 "중앙지적위원회"로 본다.
8. 제7항에 따라 중앙지적위원회로부터 의결서를 받은 국토교통부장관은 그 의결서를 관할 시·도지사에게 송부하여야 한다.
9. 시·도지사는 제4항에 따라 지방지적위원회의 의결서를 받은 후 해당 지적측량 적부심사 청구인 및 이해관계인이 제6항에 따른 기간에 재심사를 청구하지 아니하면 그 의결서 사본을 지적소관청에 보내야 하며, 제8항에 따라 중앙지적위원회의 의결서를 받은 경우에는 그 의결서 사본에 제4항에 따라 받은 지방지적위원회의 의결서 사본을 첨부하여 지적소관청에 보내야 한다.
10. 제9항에 따라 지방지적위원회 또는 중앙지적위원회의 의결서 사본을 받은 지적소관청은 그 내용에 따라 지적공부의 등록사항을 정정하거나 측량성과를 수정하여야 한다.
11. 제9항 및 제10항에도 불구하고 특별자치시장은 제4항에 따라 지방지적위원회의 의결서를 받은 후 해당 지적측량 적부심사 청구인 및 이해관계인이 제6항에 따른 기간에 재심사를 청구하지 아니하거나 제8항에 따라 중앙지적위원회의 의결서를 받은 경우에는 직접 그 내용에 따라 지적공부의 등록사항을 정정하거나 측량성과를 수정하여야 한다.
12. 지방지적위원회의 의결이 있은 후 제6항에 따른 기간에 재심사를 청구하지 아니하거나 중앙지적위원회의 의결이 있는 경우에는 해당 지적측량성과에 대하여 다시 지적측량 적부심사청구를 할 수 없다.

85. 공간정보의 구축 및 관리 등에 관한 법령상 축척변경위원회에 대한 설명으로 옳지 않은 것은?

① 위원장은 위원 중에서 지적소관청이 지명한다.
② 축척변경 시행지역의 토지소유자가 5명 이하일 때에는 토지소유자 전원을 위원으로 위촉하여야 한다.
③ 축척변경위원회는 10명 이상 20명 이하의 위원으로 구성하되, 위원의 3분의 1 이상을 토지소유자로 하여야 한다.
④ 위원은 해당 축척변경 시행지역의 토지소유자로서 지역 사정에 정통한 사람, 지적에 관하여 전문지식을 가진 사람 중에서 지적소관청이 위촉한다.

해설 축척변경위원회 구성
1. 축척변경위원회는 5명 이상 10명 이하의 위원으로 구성하되, 위원의 2분의 1 이상을 토지소유자로 하여야 한다. 이 경우 그 축척변경 시행지역의 토지소유자가 5명 이하일 때에는 토지소유자 전원을 위원으로 위촉하여야 한다.

2. 위원장은 위원 중에서 지적소관청이 지명한다.
3. 위원은 다음 각 호의 사람 중에서 지적소관청이 위촉한다.
    ① 해당 축척변경 시행지역의 토지소유자로서 지역 사정에 정통한 사람
    ② 지적에 관하여 전문지식을 가진 사람
4. 축척변경위원회의 위원에게는 예산의 범위에서 출석수당과 여비, 그 밖의 실비를 지급한다.

86. 지적측량수행자가 지적측량을 시행한 후 성과의 정확성에 관한 검사를 받기 위해 소관청에 제출하는 서류로서 틀린 것은?

① 면적측정부
② 지적도
③ 측량결과도
④ 측량부

해설 지적측량 성과검사
1. 지적측량수행자는 측량부·측량결과도·면적측정부, 측량성과 파일 등 측량성과에 관한 자료를 지적소관청에 제출하여 그 성과의 정확성에 관한 검사를 받아야 한다.
2. 시·도지사 또는 대도시 시장은 검사를 하였을 때에는 그 결과를 지적소관청에 통지한다.
3. 지적삼각점측량성과 및 경위의측량방법으로 실시한 지적확정측량성과인 경우에는 아래와 같이 구분에 따라 검사를 받아야 한다.
    ① 국토교통부장관이 정하여 고시하는 면적 규모 이상의 지적확정측량성과 : 시·도지사 또는 대도시 시장(인구 50만 이상)
    ② 국토교통부장관이 정하여 고시하는 면적 규모 미만의 지적확정측량성과 : 지적소관청
4. 지적소관청은 「건축법」 등 관계 법령에 따른 분할제한 저촉 여부 등을 판단하여 측량성과가 정확하다고 인정하면 지적측량성과도를 지적측량수행자에게 발급하여야 하며, 지적측량수행자는 측량의뢰인에게 그 지적측량성과도를 포함한 지적측량 결과부를 지체 없이 발급한다.

87. 공간정보의 구축 및 관리 등에 관한 법률 시행령상 청산금의 납부고지 및 이의신청 기준으로 틀린 것은?

① 납부고지를 받은 자는 그 고지를 받은 날부터 6개월 이내에 청산금을 지적소관청에 내야 한다.
② 납부고지되거나 수령통지된 청산금에 관하여 이의가 있는 자는 납부고지 또는 수령통지를 받은 날부터 1개월 이내에 지적소관청에 이의신청을 할 수 있다.
③ 지적소관청은 수령통지를 한 날부터 6개월 이내에 청산금을 지급하여야 한다.
④ 지적소관청은 청산금의 결정을 공고한 날부터 1개월 이내에 토지소유자에게 청산금의 납부고지 또는 수령통지를 하여야 한다.

해설 1. 청산금 납부고지 및 수령통지
① 지적소관청은 청산금의 결정을 공고한 날부터 20일 이내에 토지소유자에게 청산금의 납부고지 또는 수령통지를 하여야 한다.
② 납부고지를 받은 자는 그 고지를 받은 날부터 6개월 이내에 청산금을 지적소관청에 내야 한다.
③ 지적소관청은 수령통지를 한 날부터 6개월 이내에 청산금을 지급하여야 한다.
④ 지적소관청은 청산금을 지급받을 자가 행방불명 등으로 받을 수 없거나 받기를 거부할 때에는 그 청산금을 공탁할 수 있다.

Answer 86. ② 87. ④

2. 이의신청
① 납부 고지되거나 수령 통지된 청산금에 관하여 이의가 있는 자는 납부고지 또는 수령통지를 받은 날부터 1개월 이내에 지적소관청에 이의신청을 할 수 있다.
② 이의신청을 받은 지적소관청은 1개월 이내에 축척변경위원회의 심의·의결을 거쳐 그 인용 여부를 결정한 후 지체 없이 그 내용을 이의신청인에게 통지하여야 한다.
③ 지적소관청은 청산금을 내야 하는 자가 기간 내에 청산금에 관한 이의신청을 하지 아니하고 기간 내에 청산금을 내지 아니하면 「지방행정제재·부과금의 징수 등에 관한 법률」에 따라 징수할 수 있다.

88. 주거기능 보호나 청소년 보호 등의 목적으로 청소년 유해시설 등 특정시설의 입지를 제한할 필요가 있는 경우에 지정하는 용도지구는?

① 개발진흥지구
② 특정용도제한지구
③ 시설보호지구
④ 보존지구

해설 용도지구의 지정
1. 경관지구 : 경관의 보전·관리 및 형성을 위하여 필요한 지구
2. 고도지구 : 쾌적한 환경 조성 및 토지의 효율적 이용을 위하여 건축물 높이의 최고한도를 규제할 필요가 있는 지구
3. 방화지구 : 화재의 위험을 예방하기 위하여 필요한 지구
4. 방재지구 : 풍수해, 산사태, 지반의 붕괴, 그 밖의 재해를 예방하기 위하여 필요한 지구
5. 보호지구 : 「국가유산기본법」 제3조에 따른 국가유산, 중요 시설물(항만, 공항 등 대통령령으로 정하는 시설물을 말한다) 및 문화적·생태적으로 보존가치가 큰 지역의 보호와 보존을 위하여 필요한 지구
6. 취락지구 : 녹지지역·관리지역·농림지역·자연환경보전지역·개발제한구역 또는 도시자연공원구역의 취락을 정비하기 위한 지구
7. 개발진흥지구 : 주거기능·상업기능·공업기능·유통물류기능·관광기능·휴양기능 등을 집중적으로 개발·정비할 필요가 있는 지구
8. 특정용도제한지구 : 주거 및 교육 환경 보호나 청소년 보호 등의 목적으로 오염물질 배출시설, 청소년 유해시설 등 특정시설의 입지를 제한할 필요가 있는 지구
9. 복합용도지구 : 지역의 토지이용 상황, 개발 수요 및 주변 여건 등을 고려하여 효율적이고 복합적인 토지이용을 도모하기 위하여 특정시설의 입지를 완화할 필요가 있는 지구

89. 60일 이내에 토지의 이동 신청을 하지 않아도 되는 것은?

① 신규등록 신청
② 지목변경 신청
③ 경계정정 신청
④ 형질변경에 따른 분할신청

해설 토지이동별 신청기간, 측량, 결번, 등기촉탁 대상

구분	신청(60일)	측량	결번발생	등기촉탁 대상	비고
신규등록	○	○	×	×	최초 소유권 결정 : 지적소관청
등록전환	○	○	○	○	축척변경, 지목변경 수반
분할	△	○	×	○	1필지 일부의 용도변경 시 → 신청 의무
합병	△	×	○	○	공동주택부지, 공공용지인 경우 → 신청의무
지목변경	○	×	×	○	일시적, 임시적 지목변경 불가
바다로 된 토지의 등록말소	×(90일)	△(필요시)	○	○	–
등록사항정정 (경계)	×	△(필요시)	×	○	–

90. 본등기의 일반적 효력으로 적합하지 않은 것은?

① 공신력인정
② 순위확정적효력
③ 점유적효력
④ 추정적효력

해설 1. 본등기
① 종국등기라고도 하며 등기의 본래의 효력, 즉 물권변동의 효력을 발생시키는 등기
② 내용에 따라 기입등기, 변경등기, 회복등기, 말소등기, 보존등기, 이전등기, 설정등기로 구분
③ 형식에 따라 주등기, 부기등기로 구분
2. 공신력
① 공시방법을 신뢰해서 거래한 자는 비록 그 공시방법이 진실한 권리관계와 일치하지 않더라도 그 공시된 대로의 권리를 인정하여 보호를 받아야 한다는 원칙
② 우리나라 부동산등기제도는 등기에 대한 공신력을 인정하지 않음

91. 공간정보의 구축 및 관리 등에 관한 법률상 지적측량 및 토지이동 조사를 위해 타인의 토지에 출입하거나 일시 사용하는 경우에 대한 설명으로 옳지 않은 것은?

① 타인의 토지에 출입하려는 자는 관할 특별자치시장, 특별자치도지사, 시장·군수 또는 구청장의 허가를 받아야 한다.
② 타인의 토지를 출입하는 자는 소유자·점유자 또는 관리인의 동의 없이 장애물을 변경 또는 제거할 수 있다.
③ 토지의 점유자는 정당한 사유 없이 지적측량 및 토지이동 조사에 필요한 행위를 방해하거나 거부하지 못한다.
④ 지적측량 및 토지이동 조사에 필요한 행위를 하려는 자는 그 권한을 표시하는 허가증을 지니고 관계인에게 이를 내보여야 한다.

Answer 90. ① 91. ②

해설 토지 등에 출입 등

구분	내용
출입 목적	1. 측량 2. 측량기준점을 설치하거나 토지의 이동 조사
출입에 대한 통지	1. 타인의 토지 등에 출입하려는 자는 관할 특별자치시장, 특별자치도지사, 시장·군수 또는 구청장의 허가를 받아야 하며, 출입하려는 날의 3일 전까지 해당 토지 등의 소유자·점유자 또는 관리인에게 그 일시와 장소를 통지하여야 한다. 2. 토지 등을 일시 사용하거나 장애물을 변경 또는 제거하려는 자는 토지 등을 사용하려는 날이나 장애물을 변경 또는 제거하려는 날의 3일 전까지 그 소유자·점유자 또는 관리인에게 통지하여야 한다. 다만, 토지 등의 소유자·점유자 또는 관리인이 현장에 없거나 주소 또는 거소가 분명하지 아니할 때에는 관할 특별자치시장, 특별자치도지사, 시장·군수 또는 구청장에게 통지하여야 한다. 3. 해 뜨기 전이나 해가 진 후에는 그 토지 등의 점유자의 승낙 없이 택지나 담장 또는 울타리로 둘러싸인 타인의 토지에 출입할 수 없다.
토지 등을 일시 사용하거나 장애물을 변경	1. 타인의 토지·건물·공유수면 등에 출입하거나 일시 사용할 수 있으며, 특히 필요한 경우에는 나무, 흙, 돌, 그 밖의 장애물을 변경하거나 제거할 수 있다. 2. 타인의 토지 등을 일시 사용하거나 장애물을 변경 또는 제거하려는 자는 그 소유자·점유자 또는 관리인의 동의를 받아야 한다. 다만, 소유자·점유자 또는 관리인의 동의를 받을 수 없는 경우 행정청인 자는 관할 특별자치시장, 특별자치도지사, 시장·군수 또는 구청장에게 그 사실을 통지하여야 한다. 3. 행정청이 아닌 자는 미리 관할 특별자치시장, 특별자치도지사, 시장·군수 또는 구청장의 허가를 받아야 한다. 4. 특별자치시장, 특별자치도지사, 시장·군수 또는 구청장은 허가를 하려면 미리 그 소유자·점유자 또는 관리인의 의견을 들어야 한다.
토지소유자의 의무	1. 토지 등의 점유자는 정당한 사유 없이 행위를 방해하거나 거부하지 못한다. 2. 토지 등의 소유자·점유자 또는 관리인은 그 소유하거나 점유 또는 관리하는 토지 등에 지적측량기준점표지가 있는 때에는 이를 선량한 관리자의 의무로써 보호하여야 한다.
증표와 허가증	1. 행위를 하려는 자는 그 권한을 표시하는 허가증을 지니고 관계인에게 이를 내보여야 한다(측량 및 토지이동조사 허가증). 2. 측량 및 토지이동조사 허가증 발급신청서를 관할 특별자치시장, 특별자치도지사, 시장·군수 또는 구청장(이하 "발급권자"라 한다)에게 제출하여야 한다.

92. 미등기토지의 소유권보존등기를 신청할 수 없는 자는?

① 관할 소관청장
② 토지대장상의 소유자
③ 확정판결에 의하여 자기의 소유권을 증명하는 자
④ 수용으로 인하여 소유권을 취득하였음을 증명하는 자

해설 미등기의 토지 또는 건물에 관한 소유권보존등기 신청자
1. 토지대장, 임야대장 또는 건축물대장에 최초의 소유자로 등록되어 있는 자 또는 그 상속인, 그 밖의 포괄승계인
2. 확정판결에 의하여 자기의 소유권을 증명하는 자
3. 수용(收用)으로 인하여 소유권을 취득하였음을 증명하는 자

4. 특별자치도지사, 시장, 군수 또는 구청장(자치구의 구청장을 말한다)의 확인에 의하여 자기의 소유권을 증명하는 자(건물의 경우로 한정한다)

93. 현행 공간정보의 구축 및 관리 등에 관한 법령상 신고사항에 속하는 토지이동은?

① 도시개발사업 등의 완료사실
② 신규등록할 토지가 발생한 경우
③ 지목변경에 따른 토지이동
④ 토지의 분할 및 합병

해설 토지이동의 신청과 신고 대상

구분	신청 또는 신고 대상	시기
신규등록	신규등록할 토지	사유가 발생한 날부터 60일 이내 지적소관청에 신청
등록전환	등록전환할 토지	
분할	형질변경 등으로 용도가 변경된 경우	
합병	공동주택의 부지, 도로, 제방, 하천, 구거, 유지, 공장용지·학교용지·철도용지·수도용지·공원·체육용지	
지목변경	지목변경할 토지	
바다로 된 토지의 등록말소	지적소관청이 등록말소 신청 통지를 한 토지	토지소유자가 통지를 받은 날부터 90일 이내에 지적소관청에 신청
도시개발사업 등	착수·변경 또는 완료 사실	사유가 발생할 날부터 15일 이내에 지적소관청에 신고

94. 지적측량업의 등록을 위한 지적측량업자의 결격사유에 해당되는 것은?

① 파산자로서 복권된 자
② 지적측량업의 등록이 취소된 후 2년이 경과되지 않은 자
③ 형의 집행유예 선고를 받고 그 유예기간이 경과된 자
④ 금고 이상의 실형을 선고받고 그 집행이 면제된 날부터 3년이 경과된 자

해설 지적측량업자의 결격사유
1. 피성년후견인 또는 피한정후견인
2. 금고 이상의 실형을 선고받고 그 집행이 끝나거나(집행이 끝난 것으로 보는 경우를 포함) 집행이 면제된 날부터 2년이 지나지 아니한 자
3. 금고 이상의 형의 집행유예를 선고받고 그 집행유예기간 중에 있는 자
4. 측량업의 등록이 취소된 후 2년이 지나지 아니한 자
5. 임원 중에 위 어느 하나에 해당하는 자가 있는 법인

95. 다음 중 지적공부에 등록하는 토지의 표시가 아닌 것은?

① 소유자
② 지번과 지목
③ 토지의 소재
④ 경계 또는 좌표

해설 토지의 표시란 지적공부에 토지의 소재·지번·지목·면적·경계 또는 좌표를 등록한 것을 말한다.

Answer 93. ① 94. ② 95. ①

96. 다음 중 도시·군 관리계획의 입안권자가 아닌 자는?

① 특별시장
② 광역시장
③ 군수
④ 구청장

해설 도시·군관리계획
1. 정의
   특별시·광역시·특별자치시·특별자치도·시 또는 군의 개발·정비 및 보전을 위하여 수립하는 토지이용, 교통, 환경, 경관, 안전, 산업, 정보통신, 보건, 복지, 안보, 문화 등에 관한 아래의 계획을 말한다.
   ① 용도지역·용도지구의 지정 또는 변경에 관한 계획
   ② 개발제한구역, 도시자연공원구역, 시가화조정구역, 수산자원보호구역의 지정 또는 변경에 관한 계획
   ③ 기반시설의 설치·정비 또는 개량에 관한 계획
   ④ 도시개발사업이나 정비사업에 관한 계획
   ⑤ 지구단위계획구역의 지정 또는 변경에 관한 계획과 지구단위계획
   ⑥ 도시혁신구역의지정 또는 변경에 관한 계획과 도시혁신계획
   ⑦ 복합용도구역의 지정 또는 변경에 관한 계획과 복합용도계획
   ⑧ 도시·군계획시설입체복합구역의 지정 또는 변경에 관한 계획
2. 도시·군관리계획의 입안권자
   특별시장·광역시장·특별자치시장·특별자치도지사·시장 또는 군수

97. 부동산등기법에 따른 용어의 정의 중 틀린 것은?

① "등기부"란 전산정보처리조직에 의하여 입력·처리된 등기정보자료를 대법원규칙으로 정하는 바에 따라 편성한 것을 말한다.
② "등기부부본자료"란 등기부의 멸실 방지를 위하여 전산으로 출력하여 별도의 장소에 보관한 자료를 말한다.
③ "등기기록"이란 1필의 토지 또는 1개의 건물에 관한 등기정보자료를 말한다.
④ "등기필정보"란 등기부에 새로운 권리자가 기록되는 경우에 그 권리자를 확인하기 위하여 등기관이 작성한 정보를 말한다.

해설 등기부부본자료란 등기부와 동일한 내용으로 보조기억장치에 기록된 자료를 말한다.

98. 지적전산자료를 이용하거나 활용하려는 자로부터 심사 신청을 받은 관계 중앙행정기관의 장이 심사하여야 할 사항에 해당되지 않는 것은?

① 신청인의 지적전산자료 활용 능력
② 신청 내용의 타당성, 적합성 및 공익성
③ 개인의 사생활 침해 여부
④ 자료의 목적 외 사용 방지 및 안전관리대책

해설 지적전산자료 심사사항
1. 국토교통부장관, 시·도지사 또는 지적소관청이 심사할 사항
   ① 관계 중앙행정기관의 장이 심사한 사항
   ② 신청한 사항의 처리가 전산정보처리조직으로 가능한지 여부
   ③ 신청한 사항의 처리가 지적업무수행에 지장을 주지 않는지 여부
2. 관계 중앙행정기관의 심사사항
   ① 신청 내용의 타당성, 적합성 및 공익성
   ② 개인의 사생활 침해 여부
   ③ 자료의 목적 외 사용 방지 및 안전관리대책

99. 거짓으로 분할 신청을 한 경우 벌칙 기준으로 옳은 것은?

① 300만 원 이하의 과태료
② 1년 이하의 징역 또는 1천만 원 이하의 벌금
③ 2년 이하의 징역 또는 2천만 원 이하의 벌금
④ 3년 이하의 징역 또는 3천만 원 이하의 벌금

해설 1년 이하의 징역 또는 1천만 원 이하의 벌금
1. 측량기술자가 아님에도 불구하고 측량을 한 자
2. 업무상 알게 된 비밀을 누설한 측량기술자 또는 수로기술자
3. 둘 이상의 측량업자에게 소속된 측량기술자 또는 수로기술자
4. 다른 사람에게 측량업등록증 또는 측량업등록수첩을 빌려주거나 자기의 성명 또는 상호를 사용하여 측량업무를 하게 한 자
5. 다른 사람의 측량업등록증 또는 측량업등록수첩을 빌려서 사용하거나 다른 사람의 성명 또는 상호를 사용하여 측량업무를 한 자
6. 지적측량수수료 외의 대가를 받은 지적측량기술자
7. 거짓으로 다음 각 목의 신청을 한 자
   ① 신규등록 신청
   ② 등록전환 신청
   ③ 분할 신청
   ④ 합병 신청
   ⑤ 지목변경 신청
   ⑥ 바다로 된 토지의 등록말소 신청
   ⑦ 축척변경 신청
   ⑧ 등록사항의 정정 신청
   ⑨ 도시개발사업 등 시행지역의 토지이동 신청
8. 다른 사람에게 자기의 성능검사대행자 등록증을 빌려 주거나 자기의 성명 또는 상호를 사용하여 성능검사대행업무를 수행하게 한 자
9. 다른 사람의 성능검사대행자 등록증을 빌려서 사용하거나 다른 사람의 성명 또는 상호를 사용하여 성능검사대행업무를 수행한 자

Answer 99. ②

100. 다음 중 지적측량업자의 업무 내용으로 옳은 것은?

① 도해지역에서의 지적측량
② 지적재조사 사업에 따라 실시하는 기준점 측량
③ 지적전산자료를 활용한 정보화사업
④ 도시개발사업 등이 완료됨에 따라 실시하는 지적도근점 측량

해설 지적측량업자의 업무 범위
1. 경계점좌표등록부가 있는 지역에서의 지적측량
2. 지적재조사사업에 따라 실시하는 지적재조사측량
3. 도시개발사업 등이 끝남에 따라 하는 지적확정측량
4. 지적전산자료를 활용한 정보화사업

Answer 100. ③

2024년 시행

Engineer Cadastral Surveying

2024년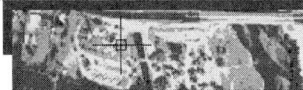

01 지적측량

01. 30m의 천줄자를 사용하여 A, B 두 점 간의 거리를 측정하였더니 1.6km였다. 이 천줄자를 표준길이와 비교 검정한 결과 30m에 대하여 20mm가 짧았다. 올바른 거리는?

① 1,601m
② 1,599m
③ 1,597m
④ 1,595m

해설 $D_0 = D\left(1 - \dfrac{c}{L}\right) = 1,600\left(1 - \dfrac{0.02}{30}\right) = 1,599\text{m}$

여기서, D : 측정거리, c : 줄자오차, L : 실제줄자 길이

02. 배각법에 의한 지적도근점의 각도관측 시 측각오차의 배분 방법으로 옳은 것은?

① 측선장에 비례하여 각 측선의 관측각에 배분한다.
② 측선장에 반비례하여 각 측선의 관측각에 배분한다.
③ 변의 수에 비례하여 각 측선의 관측각에 배분한다.
④ 변의 수에 반비례하여 각 측선의 관측각에 배분한다.

해설 지적측량 시행규칙 제14조(지적도근점의 각도관측을 할 때의 폐색오차의 허용범위 및 측각오차의 배분)
배각법에 따르는 경우 : 다음의 계산식에 따라 측선장(測線長)에 반비례하여 각 측선의 관측각에 배분

$Kn = -\dfrac{e}{S} \times s$

(Kn은 각 측선의 순서대로 배분할 분단위의 각도, e는 분단위의 오차, S는 폐색변을 포함한 변의 수, s는 각 측선의 순서를 말한다.)

03. 지적삼각점표지의 점간 평균거리는?

① 2km 이상 5km 이하
② 3km 이상 10km 이하
③ 5km 이상 20km 이하
④ 10km 이상 30km 이하

해설 지적측량 시행규칙 제2조(지적기준점표지의 설치·관리 등)
1. 지적삼각점표지의 점간거리는 평균 2킬로미터 이상 5킬로미터 이하
2. 지적삼각보조점표지의 점간거리는 평균 1킬로미터 이상 3킬로미터 이하. 다만, 다각망도선법(多角網道線法)에 따르는 경우에는 평균 0.5킬로미터 이상 1킬로미터 이하

Answer 01. ② 02. ② 03. ①

3. 지적도근점표지의 점간거리는 평균 50미터 이상 300미터 이하. 다만, 다각망도선법에 따르는 경우에는 평균 500미터 이하로 한다.

04. 다각망도선법에 따르는 경우, 지적도근점 표지의 점간거리는 평균 몇 m 이하로 하여야 하는가?

① 300m   ② 500m
③ 1,000m ④ 2,000m

해설 지적측량 시행규칙 제2조(지적기준점표지의 설치·관리 등)
지적도근점표지의 점간거리는 평균 50미터 이상 300미터 이하로 할 것. 다만, 다각망도선법에 따르는 경우에는 평균 500미터 이하

종류	도근접촉량		
측량 방법	도선법	다각망도선법	교회법
1도선 점수	40점, 10점 증가 가능	20점 이하	–
점간 거리	50~300m	50~500m	–
거리	–	–	200m
도선 및 방향	결합도선(부득이한 경우 왕복폐합도선)	3점 이상의 기지점을 포함한 결합다각방식	3방향 교회

05. 다음 그림에서 수선장(E)은?(단, $\triangle x = +124.380$m, $\triangle y = +19.301$m, $\alpha_o = 313°10'54''$, 그림은 개략도임)

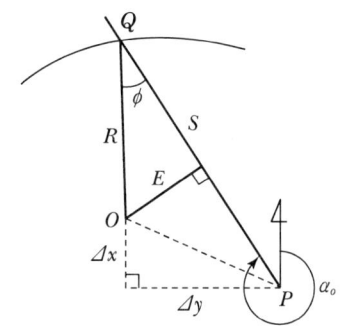

① 101.3m   ② 103.9m
③ 124.4m   ④ 156.4m

해설 수선장(E) $= \triangle y \cdot \cos\alpha - \triangle x \cdot \sin\alpha$
$= 19.301 \cdot \cos 313°10'54'' - 124.380 \cdot \sin 313°10'54''$
$= 103.9$m

06. 지적도에 지번 및 지목을 제도할 때 글자 크기는?

① 0.5mm 이상~1.0mm 이하
② 1.0mm 이상~2.0mm 이하
③ 2.0mm 이상~3.0mm 이하
④ 3.0mm 이상~4.0mm 이하

해설 지적업무처리규정 제42조(지번 및 지목의 제도)
1. 지번 및 지목은 경계에 닿지 않도록 필지의 중앙에 제도한다.
2. 다만, 1필지의 토지가 형상이 좁고 길어서 필지의 중앙에 제도하기가 곤란한 때에는 가로쓰기가 되도록 도면을 왼쪽 또는 오른쪽으로 돌려서 제도할 수 있다.
3. 지번 및 지목을 제도하는 때에는 지번 다음에 지목을 제도한다.
4. 이 경우 명조체의 2밀리미터 내지 3밀리미터의 크기로 제도한다.
5. 지번의 글자간격은 글자크기의 4분의 1 정도
6. 지번과 지목의 글자간격은 글자크기의 2분의 1 정도 띄워서 제도한다.
7. 다만, 레터링으로 작성하는 경우에는 고딕체로 할 수 있다.

07. 최소제곱법에 의한 확률법칙에 의해 처리할 수 있는 오차는?

① 정오차
② 부정오차
③ 착각
④ 과대오차

해설 부정오차(우연오차, 상차)
1. 발생 원인이 불명확한 오차
2. 오차 원인의 방향이 일정하지 않다.
3. 서로 상쇄되기도 하므로 상차라고도 한다.
4. 최소제곱법에 의한 확률법칙에 의해 처리가 가능하다.
5. 원인을 알아도 소거가 불가능하다.

08. 지적삼각보조점측량을 다각망도선법으로 실시할 경우 1도선에 최대로 들어갈 수 있는 점의 수는?

① 2점
② 3점
③ 4점
④ 5점

해설 지적측량 시행규칙 제10조(지적삼각보조점측량)
1도선(기지점과 교점 간 또는 교점과 교점 간을 말한다)의 점의 수는 기지점과 교점을 포함하여 5개 이하로 한다.

09. 지적소관청은 지적도면의 관리에 필요한 경우에는 지번부여지역마다 일람도와 지번색인표를 작성하여 갖춰둘 수 있다. 이때 일람도를 작성하지 아니할 수 있는 경우는 도면이 몇 장 미만일 때인가?

① 4장
② 5장
③ 6장
④ 7장

해설 지적업무처리규정 제38조(일람도의 제도)
일람도의 축척은 그 도면축척의 10분의 1로 한다. 다만, 도면의 장수가 많아서 1장에 작성할 수 없는 경우에는 축척을 줄여서 작성할 수 있으며, 도면의 장수가 4장 미만인 경우에는 일람도의 작성을 하지 아니할 수 있다.

Answer 06. ③ 07. ② 08. ④ 09. ①

10. UTM좌표계에 대한 설명으로 옳은 것은?

① 종선좌표의 원점은 위도 38°선이다.
② 중앙자오선에서 멀수록 축척계수는 작아진다.
③ 우리나라는 UTM좌표를 53, 54종대에 속해있다.
④ UTM투영은 적도선을 따라 6° 간격으로 이루어진다.

해설 UTM좌표계
1. 지구를 벳셀치를 사용하는 회전타원체로 보고 지구전체를 경도 6°씩 60개의 구역(종대)으로 나눈다.
2. 각 종대는 180°W 자오선에서 동쪽으로 6° 간격으로 1~60까지 번호를 붙인다.
3. 중앙자오선에서 축척계수는 0.9996m이다.
4. 종대에서 위도는 남북의 80° 간격으로 20구역(횡대)으로 나눈다.
5. 우리나라는 51~52종대 S~T횡대에 속한다.
6. 경도의 원점은 중앙자오선이며, 위도의 원점은 적도상에 있다.
7. 길이의 단위는 m이다.

11. 다음 중 지적측량 대상이 되지 않는 것은?

① 신규등록
② 분할
③ 지적현황측량
④ 지목변경

해설 지목변경은 현장의 지목을 확인한 후 공부상의 지목과 상이한 경우 실제 사용하고 있는 지목과 동일하게 지목을 변경하는 것이다.

12. 지적삼각점측량은 무엇을 기초로 하여 실시하는가?

① 삼각점과 도근점
② 삼각점과 수준점
③ 삼각점과 지적삼각점
④ 지적보조점과 수준점

해설 지적측량 시행규칙 제7조(지적측량의 방법 등)
1. 지적삼각점측량 : 위성기준점, 통합기준점, 삼각점 및 지적삼각점을 기초로 하여 경위의측량방법, 전파기 또는 광파기측량방법, 위성측량방법 및 국토교통부장관이 승인한 측량방법에 따르되, 그 계산은 평균계산법이나 망평균계산법에 따른다.
2. 지적삼각보조점측량 : 위성기준점, 통합기준점, 삼각점, 지적삼각점 및 지적삼각보조점을 기초로 하여 경위의측량방법, 전파기 또는 광파기측량방법, 위성측량방법 및 국토교통부장관이 승인한 측량방법에 따르되, 그 계산은 교회법(交會法) 또는 다각망도선법에 따른다.
3. 지적도근점측량 : 위성기준점, 통합기준점, 삼각점 및 지적기준점을 기초로 하여 경위의측량방법, 전파기 또는 광파기측량방법, 위성측량방법 및 국토교통부장관이 승인한 측량방법에 따르되, 그 계산은 도선법, 교회법 및 다각망도선법에 따른다.
4. 세부측량 : 위성기준점, 통합기준점, 지적기준점 및 경계점을 기초로 하여 경위의측량방법, 평판측량방법, 위성측량방법 및 전자평판측량방법에 따른다.

Answer 10. ④ 11. ④ 12. ③

13. 경위의측량방법에 따른 지적삼각점의 관측과 계산에 대한 설명으로 옳은 것은?

① 1방향각의 수평각 측각공차는 30초 이내이다.
② 수평각 관측은 2대회의 방향관측법에 의한다.
③ 관측은 5초독(秒讀) 이상의 경위의를 사용한다.
④ 수평각 관측 시 윤곽도는 0도, 60도, 100도로 한다.

해설 지적측량 시행규칙 제9조(지적삼각점측량의 관측 및 계산)
1. 관측은 10초독(秒讀) 이상의 경위의를 사용할 것
2. 수평각 관측은 3대회(大回, 윤곽도는 0도, 60도, 120도로 한다)의 방향관측법에 따를 것
3. 수평각의 측각공차(測角公差)는 다음 표에 따른다.

종별	1방향각	1측회(測回)의 폐색(閉塞)	삼각형 내각관측의 합과 180도와의 차	기지각(旣知角)과의 차
공차	30초 이내	±30초 이내	±30초 이내	±40초 이내

14. 지적삼각보조점을 설치하기 위한 측량방법이 아닌 것은?

① 경위의 측량방법
② 전파기 측량방법
③ 광파기 측량방법
④ 측판 측량방법

해설 측판 측량방법은 세부측량에서 도해지역의 측량 시에 사용하는 측량 방법이다.

15. 지적삼각보조점측량에서 지적삼각보조점을 구성할 수 있는 망 형태로 옳은 것은?

① 교회망 또는 교점다각망
② 사각망 또는 교점다각망
③ 삼각쇄망 또는 교점다각망
④ 유심다각망 또는 교점다각망

해설 지적측량 시행규칙 제10조(지적삼각보조점측량)
지적삼각보조점은 교회망 또는 교점다각망(交點多角網)으로 구성

16. 지적세부측량을 교회법으로 실시할 때의 기준으로 틀린 것은?

① 3방향 이상의 교회에 의할 것
② 방향각의 교각은 30° 이상 150° 이하로 할 것
③ 전방교회법 또는 후방교회법에 의할 것
④ 광파조준의를 사용하는 경우 방향선의 도상길이는 최대 30cm 이하로 할 것

해설 지적법시행규칙 제18조(세부측량의 기준 및 방법 등)
1. 전방교회법 또는 측방교회법에 따른다.
2. 3방향 이상의 교회에 따른다.
3. 방향각의 교각은 30도 이상 150도 이하로 한다.

Answer 13. ① 14. ④ 15. ① 16. ③

4. 방향선의 도상길이는 측판의 방위표정(方位標定)에 사용한 방향선의 도상길이 이하로서 10센티미터 이하로 할 것. 다만, 광파조준의(光波照準儀) 또는 광파측거기를 사용하는 경우에는 30센티미터 이하로 할 수 있다.
5. 측량결과 시오(示誤)삼각형이 생긴 경우 내접원의 지름이 1밀리미터 이하일 때에는 그 중심을 점의 위치로 한다.

17. 평판측량방법에 의한 세부측량을 교회법으로 하는 경우 방향각의 교각에 대한 설명으로 옳은 것은?

① 10° 이상 130° 이하로 한다.
② 20° 이상 140° 이하로 한다.
③ 30° 이상 150° 이하로 한다.
④ 40° 이상 160° 이하로 한다.

해설 지적측량 시행규칙 제18조(세부측량의 기준 및 방법 등)
평판측량방법에 따른 세부측량을 교회법으로 하는 경우에는 다음 각 호의 기준에 따른다.
1. 전방교회법 또는 측방교회법
2. 3방향 이상의 교회
3. 방향각의 교각은 30도 이상 150도 이하
4. 방향선의 도상길이는 평판의 방위표정(方位標定)에 사용한 방향선의 도상길이 이하로서 10센티미터 이하. 다만, 광파조준의(光波照準儀) 또는 광파측거기를 사용하는 경우에는 30센티미터 이하
5. 측량결과 시오(示誤)삼각형이 생긴 경우 내접원의 지름이 1밀리미터 이하일 때에는 그 중심을 점의 위치로 한다.

18. 경계점좌표등록부를 갖춰 두는 지역의 측량방법 및 기준이 옳지 않은 것은?

① 각 필지의 경계점을 측정할 때에는 도선법·방사법 또는 교회법에 따라 좌표를 산출하여야 한다.
② 필지의 경계점이 지형·지물에 가로막혀 경위의를 사용할 수 없는 경우에는 간접적인 방법으로 경계점의 좌표를 산출할 수 있다.
③ 기존의 경계점좌표등록부를 갖춰 두는 지역의 경계점에 접속하여 경위의측량방법 등으로 지적확정측량을 하는 경우 동일한 경계점의 측량성과가 서로 다를 때에는 경계점좌표등록부에 등록된 좌표를 그 경계점의 좌표로 본다.
④ 각 필지의 경계점 측점번호는 오른쪽 위에서부터 왼쪽으로 경계를 따라 일련번호를 부여한다.

해설 지적측량 시행규칙 제23조(경계점좌표등록부를 갖춰 두는 지역의 측량)
1. 경계점좌표등록부를 갖춰 두는 지역에 있는 각 필지의 경계점을 측정할 때에는 도선법·방사법 또는 교회법에 따라 좌표를 산출함. 다만, 필지의 경계점이 지형·지물에 가로막혀 경위의를 사용할 수 없는 경우에는 간접적인 방법으로 경계점의 좌표를 산출함
2. 각 필지의 경계점 측점번호는 왼쪽 위에서부터 오른쪽으로 경계를 따라 일련번호를 부여함
3. 기존의 경계점좌표등록부를 갖춰 두는 지역의 경계점에 접속하여 경위의측량방법 등으로 지적확정측량을 하는 경우 동일한 경계점의 측량성과가 서로 다를 때에는 경계점좌표등록부에 등록된 좌표를 그 경계점의 좌표로 함

19. 지적도의 축척이 1 : 600인 지역에서 토지를 분할하는 경우, 면적측정부의 원면적이 4,529m², 보정면적합계가 4,550m²일 때 어느 필지의 보정면적이 2,033m²이었다면 이 필지의 산출면적은?

① 2,019.8m² ② 2,023.6m²
③ 2,024.4m² ④ 2,028.2m²

해설 산출면적 = $\dfrac{원면적}{보정면적 합} \times 보정면적 = \dfrac{4,529}{4,550} \times 2,033 = 2,023.6$

20. 지상 1km²의 면적을 도상 4cm²로 표시한 도면의 축척은?

① 1/2,500 ② 1/5,000
③ 1/25,000 ④ 1/50,000

해설 $\sqrt{4} = 2\text{cm}$

$2\text{cm} = 0.02\text{m}$

$1\text{km}^2 = 1,000\text{m} \times 1,000\text{m}$

$\dfrac{0.02}{1,000} = \dfrac{1}{50,000}$

02 응용측량

SUBJECT

21. 터널측량의 일반적인 작업순서에 맞게 나열된 것은?

| A. 지표설치 | B. 계획 및 답사 | C. 예측 | D. 지하설치 |

① B → C → D → A ② C → B → A → D
③ B → C → A → D ④ C → B → D → A

해설 터널측량의 일반적인 작업 순서는 계획 → 답사(조사) → 예측 → (지상)중심선 측량 → (지하)중심선 측량 → 연결측량 → 수준측량 → 단면측량 순으로 진행된다.

22. 초점거리 150mm, 축척 1/10,000로 촬영한 연직사진에서 종중복도 50%, 화면의 크기 23 × 23cm일 때 기선고도비는 얼마인가?

① 0.667 ② 0.768
③ 0.678 ④ 0.797

해설 $H = f \cdot m = 0.15 \times 10,000 = 1,500$m

$B = a \cdot m = 0.23 \times 10,000 \left(1 - \dfrac{50}{100}\right) = 1,150$m

기선고도비 $= \dfrac{B}{H} = \dfrac{1,150}{1,500} = 0.768$

23. 지형도에 의한 댐의 저수량 측정에 사용할 방법으로 적당한 것은?

① 영선법
② 채색법
③ 음영법
④ 등고선법

해설 등고선법은 동일표고의 점을 연결한 곡선, 등고선에 의하여 지형의 높이(지표)를 표시하는 방법으로 토량의 산정 및 용량, 저수량 측정에 사용된다.

24. 사진측량에 있어서 정량적인 관측에 대한 설명으로 옳은 것은?

① 피사체의 특성을 해석하는 것이다.
② 지형, 지물의 위치, 형상 및 크기를 정하는 것이다.
③ 지형, 지물의 특성에 대한 해석이다.
④ 크기만을 측정하는 것이다.

해설 사진측량은 정량적·정성적인 측정이 가능하며 정량적 해석방법은 양과 크기를 가늠할 수 있는 것으로 지형, 지형지물의 위치 및 크기조사가 정량적 해석방법에 해당한다.

25. 축척 1 : 20,000의 사진을 제작하고자 할 때, 항공기의 속도를 180km/h, 흔들림의 허용량을 0.01mm라 할 때 최장 노출시간으로 옳은 것은?

① 1/50초
② 1/100초
③ 1/250초
④ 1/500초

해설 먼저 촬영기선장을 구하면 $B = a \cdot m = 0.00001 \times 20,000$

최장노출시간 $(T_s) = \dfrac{B}{V}$ 이므로

여기서, B : 촬영기선장, V : 속도(초속)

$\dfrac{0.2}{180 \times 1,000 \times \dfrac{1}{3,600}} = 0.004$초 $= \dfrac{1}{250}$초

26. 정밀도 저하율(DOP : Dilution of Precision)에 대한 설명으로 틀린 것은?

① 정밀도 저하율의 수치가 클수록 정확하다.
② 위성들의 상대적인 기하학적 상태가 위치결정에 미치는 오차를 표시한 것이다.
③ 무차원수로 표시된다.
④ 시간의 정밀도에 의한 DOP의 형식을 TDOP라 한다.

해설 위성의 배치상태에 의한 오차(DOP)는 정밀도 저하율이라 하며 GDOP(기하학적 정밀도 저하율), PDOP(위치 정밀도 저하율), HDOP(수평 정밀도 저하율), VDOP(수직 정밀도 저하율), RDOP(상대 정밀도 저하율), TDOP(시간 정밀도 저하율)로 구분되며 정밀도 저하율은 수치가 적을수록 정확하며 일반적으로 PDOP는 3~5까지가, HDOP는 2.5 이하가 적당하며 가장 좋은 배치상태일 때를 1로 한다.

27. 종단측량을 행하여 다음과 같은 결과값을 얻었을때 측점1과 측점5의 현재 지반고를 연결한 도로 계획선의 구배는?(단, 중심선의 간격은 20m임)

측점	지반고(m)	측점	지반고(m)
1	53.38	4	50.56
2	52.28	5	52.38
3	55.76		

① +1.00% ② -1.00%
③ +1.25% ④ -1.25%

해설 측점1과 측점5의 높이차(h)는 53.38-52.38=1m

구배 = $\dfrac{\text{높이}}{\text{수평거리}}$ = $\dfrac{1}{80}$ = 1.25%, 측점1보다 측점5 지반이 낮으므로 경사는 -1.25%

28. 짧은선의 간격, 굵기, 길이 및 방향 등으로 지표의 기복을 나타내는 것으로 우모법이라고도 하는 지형 표시 방법은?

① 점고법 ② 등고선법
③ 영선법 ④ 채색법

해설 영선법(우모법)은 급경사는 굵고 짧게, 완경사는 가늘고 길게 새털 모양으로 표시한다. 기복의 판별은 좋으나 정확도가 낮다.

29. 등고선의 성질에 대한 설명으로 옳은 것은?

① 등고선상에 있는 모든 점은 각각의 다른 표고를 갖고 있다.
② 동굴과 낭떠러지에서는 교차한다.
③ 등고선은 한 도곽 내에서 반드시 폐합한다.
④ 등고선은 경사가 급한 곳에서는 간격이 넓다.

해설 등고선의 성질
1. 동일 등고선상에 있는 모든 점은 같은 높이다.
2. 등고선은 도면 내외에서 폐합하는 폐곡선이다.
3. 지도의 도면 내에서 폐합하는 경우 등고선의 내부에 산정 또는 분지가 있다.
4. 두 쌍의 등고선의 볼록부가 상대할 때는 볼록부를 나타낸다.
5. 높이가 다른 두 등고선은 동굴이나 절벽의 지형이 아닌 곳에서는 교차하지 않으며, 동굴이나 절벽은 반드시 두 점에서 교차한다.
6. 동등한 경사의 지표에서 양 등고선의 수평거리는 같다.

7. 같은 경사의 평면일 때는 나란히 직선이 된다.
8. 최대 경사의 방향은 등고선과 직각으로 교차한다.
9. 등고선은 경사가 급한 곳에서는 간격이 좁고 완만한 경사지에서는 간격이 넓다.
10. 등고선은 분수선과 직각으로 만난다.
11. 등고선의 수평거리는 산꼭대기 및 산 밑에서는 크고 산중턱에서는 작다.
12. 등고선이 능선을 직각방향으로 횡단한 다음, 능선 다른 쪽을 따라 거슬러 올라간다.

30. 곡선설치법에서 원곡선의 종류가 아닌 것은?

① 복심곡선　　　　　　　　② 렘니스케이트
③ 반향곡선　　　　　　　　④ 단곡선

해설 노선측량에서 곡선설치법에서 원곡선 설치법에는 단곡선, 복심곡선, 반향곡선, 머리핀곡선, 완화곡선이 있다.

31. 경사면 위의 두 점(A, B)에서 A점의 표고는 180m, B점의 표고는 60m이고, AB의 수평거리는 200m이다. B로부터 표고 150m인 등고선까지의 수평거리는?

① 50m　　　　　　　　　　② 100m
③ 150m　　　　　　　　　　④ 200m

해설 비례식으로 생각하면
AB점의 표고차 : AB점의 수평거리＝150m 지점의 표고차 : 수평거리
$120 : 200 = 90 : d_1$
$\therefore d_1 = \dfrac{200 \times 90}{120} = 150\text{m}$

32. 완화곡선에 대한 설명 중 잘못된 것은?

① 완화곡선의 반지름은 시점에서 원의 반지름부터 시작하여 점차 증가하다가 무한대가 된다.
② 우리나라에서는 주로 도로는 완화곡선에 클로소이드 곡선을, 철도에는 3차 포물선을 사용한다.
③ 완화곡선의 접선은 시점에서 직선에 접하고 종점에서 원호에 접한다.
④ 완화곡선에 연한 곡선 반지름의 감소율은 캔트의 증가율과 같다.

해설 완화곡선이란 차량이 직선부에서 곡선부분으로 방향을 바꾸면 반지름이 달라지기 때문에 완화곡선을 설치하게 되는데 주로 차량에 사용되며 완화곡선의 성질은 다음과 같다.
1. 곡선반경은 완화곡선의 시점에서 무한대, 종점에서 원곡선 R로 된다.
2. 완화곡선의 접선은 시점에서 직선에, 종점에서 원호에 접한다.
3. 완화곡선에 연한 곡선반경의 감소율은 캔트의 증가율과 동률(다른 부호)로 된다. 또 종점에 있는 캔트는 원곡선의 캔트와 같게 된다.

33. 도로의 중심선을 따라 20m 간격의 종단측량을 하여 다음과 같은 결과를 얻었다. 측점1과 측점5의 지반고를 연결하여 도로계획선을 설정한다면 이 계획선의 경사는?

측점	지반고(m)	측점	지반고(m)
No.1	53.63	No.4	70.65
No.2	52.32	No.5	50.83
No.3	60.67		

① -2.8% ② -3.5% ③ +3.5% ④ +2.8%

해설 측점1과 측점5의 높이차(h)는 53.63-50.83=2.8m

$$경사 = \frac{높이}{수평거리} = \frac{2.8}{80} = 0.035$$

∴ 3.5%, 측점1보다 측점5 지반이 낮으므로 경사는 -3.5%

34. 노선측량의 완화곡선 중 차가 일정 속도로 달리고, 그 앞바퀴의 회전 속도를 일정하게 유지할 경우, 이 차가 그리는 주행궤적을 의미하는 완화곡선으로 고속도로의 곡선설치에 많이 이용되는 곡선은?

① 3차포물선 ② sin체감곡선
③ 클로소이드 ④ 렘니스케이트

해설 클로소이드 곡선은 곡률이 곡선장에 비례하는 곡선을 말하며 자동차가 일정속도로 달리고 그 앞바퀴의 회전속도를 일정하게 유지할 경우 그리는 운동궤적은 클로소이드가 되며 고속주행 도로에 적합하다.

35. 수준측량에서 발생하는 오차 중 정오차인 것은?

① 시차에 의한 오차 ② 태양의 직사광선에 의한 오차
③ 표척을 잘못 읽어 생기는 오차 ④ 지구곡률에 의한 오차

해설 정오차는 원인이 명확하여 소거할 수 있는 오차로 수준측량의 정오차로는 지구의 곡률에 의한 오차, 광선의 굴절과 온도 변화에 의한 오차, 태양열에 의한 기계의 부동 팽창 오차와 공기의 부동 굴절에 의한 오차, 기계의 침하로 인한 오차, 표척의 경사로 인한 오차가 있다.

36. 축척 1:25,000 지형도에서 등고선의 간격 10m를 묘사할 수 있는 도상 간격이 0.13mm일 경우 등고선으로 표현할 수 있는 최대 경사각으로 옳은 것은?

① 약 45° ② 약 60°
③ 약 72° ④ 약 90°

해설 먼저 수평거리를 구하면 실제거리=축척×도상거리=25,000×0.00013=3.25m이므로

경사각=$\tan^{-1}$(높이/수평거리)=$\tan^{-1}$(10/3.25)=71.9958=71°59′45″

Answer 33. ② 34. ③ 35. ④ 36. ③

37. 수준측량에 관한 용어의 설명으로 틀린 것은?

① 수평면(Level Surface)은 정지된 해수면을 육지까지 연장하여 얻은 곡면으로 연직방향에 수직인 곡면이다.
② 이기점(Turning Point)은 높이를 알고 있는 지점에 세운 표척을 시준한 점을 말한다.
③ 표고(Elevation)는 기준면으로부터 임의의 지점까지의 연직거리를 의미한다.
④ 수준점(Bench Mark)은 수직위치 결정을 보다 편리하게 하기 위하여 정확하게 표고를 관측하여 표시해 둔 점을 말한다.

해설 이기점은 레벨을 옮기기 위해 한 점에서 전시 및 후시를 동시에 취하는 점을 말한다.

38. 등고선의 성질에 대한 설명으로 틀린 것은?

① 등고선이 능선을 횡단할 때 능선과 직교한다.
② 지표의 경사가 완만하면 등고선의 간격은 넓다.
③ 등고선은 어떠한 경우라도 교차하거나 겹치지 않는다.
④ 등고선은 도면 안 또는 밖에서 폐합하는 폐곡선이다.

해설 등고선의 성질
1. 동일 등고선상에 있는 모든 점은 같은 높이다.
2. 등고선은 도면 내외에서 폐합하는 폐곡선이다.
3. 지도의 도면 내에서 폐합하는 경우 등고선의 내부에 산정 또는 분지가 있다.
4. 높이가 다른 두 등고선은 동굴이나 절벽의 지형이 아닌 곳에서는 교차하지 않으며, 동굴이나 절벽은 반드시 두 점에서 교차한다.
5. 동등한 경사의 지표에서 양 등고선의 수평거리는 같다.
6. 같은 경사의 평면일 때는 나란히 직선이 된다.
7. 최대 경사의 방향은 등고선과 직각으로 교차한다.
8. 등고선은 경사가 급한 곳에서는 간격이 좁고 완만한 경사지에서는 간격이 넓다.
9. 등고선은 분수선과 직각으로 만난다.
10. 등고선의 수평거리는 산꼭대기 및 산 밑에서는 크고 산중턱에서는 작다.
11. 등고선이 능선을 직각방향으로 횡단한 다음, 능선 다른 쪽을 따라 거슬러 올라간다.

39. 회전주기가 일정한 위성을 이용한 원격탐사 기법이 가지는 특징으로 틀린 것은?

① 짧은 시간에 넓은 지역을 동시에 측정할 수 있으며 반복측정이 주기적으로 가능하여 대상물의 변화를 감지할 수 있다.
② 다중파장대에 의한 지구표면의 다양한 정보의 취득이 용이하며 측정자료가 수치로 기록되어 판독에 있어서 자동적인 작업수행이 가능하고 정량화하기 쉽다.
③ 관측이 넓은 시야각으로 행해지므로 얻은 영상은 중심투영 영상에 가깝다.
④ 탐사된 자료가 즉시 이용될 수 있으며 재해 및 환경문제의 해결에 유용하게 이용될 수 있다.

해설 위성에 의한 원격탐사(Remote Sensing)는 관측이 좁은 시야각으로 얻은 영상이므로 정사투영에 가깝다.

40. 각 점들이 중력방향에 직각으로 이루어진 곡면을 뜻하는 용어로 옳은 것은?

① 지평면(Horizontal Plane)
② 수준면(Level Surface)
③ 연직면(Plumb Plane)
④ 특별기준면(Special Datum Plane)

해설 수준면은 연직선에 직교하는 모든 점을 잇는 곡면을 말한다.

03 토지정보체계론　SUBJECT

41. 다음 위상정보 중 하나의 지점에서 또 다른 지점으로의 이동 시 경로 선정이나 자원의 배분 등과 가장 밀접한 것은?

① 인접성(Neighborhood or Adjacency)
② 계급성(Hierarchy or Containment)
③ 중첩성(Overlay)
④ 연결성(Connectivity)

해설 연결성은 두 개 이상의 객체가 연결되어 있는지를 판단한다.

42. 래스터데이터 구조에 비해 벡터데이터 구조가 갖는 장점으로 옳지 않은 것은?

① 자료구조가 단순하다.
② 위상자료구조를 가질 수 있다.
③ 복잡한 현실세계에 대한 세밀한 묘사를 할 수 있다.
④ 세밀한 묘사에 비해 데이터 용량이 상대적으로 작다.

해설 벡터데이터 구조는 자료구조가 복잡하다.

43. 다음 중 데이터 표준화의 내용에 해당하지 않는 것은?

① 데이터 교환의 표준화
② 데이터 분석의 표준화
③ 데이터 품질의 표준화
④ 데이터 위치참조의 표준화

해설 데이터 표준화
1. 내적 요소 : 데이터 모형 표준, 데이터 내용 표준, 메타데이터 표준
2. 외적 요소 : 데이터 품질 표준, 데이터 수집 표준, 데이터 위치참조 표준, 데이터 교환 표준

Answer　40. ②　41. ④　42. ①　43. ②

44. 다음 중 공간상에 알려진 표고값이나 속성값을 이용하여 표고나 속성값이 알려지지 않은 지점에 대한 값을 추정하는 공간분석 기법은?

① 중첩분석법 ② 공간보간법
③ 공간패턴법 ④ 지형분석법

해설 공간보간법이란 구하고자 하는 지점의 값을 주변지점의 관측값으로부터 보간함수를 적용하여 추정하는 것으로, 실측되지 않는 지점의 값을 계산하는 방법이다.

45. 두 개 이상의 커버리지 오버레이로 인해 폴리곤의 경계에 생기는 작은 영역을 일컫는 것은?

① 슬리버(Sliver) ② 스파이크(Spike)
③ 오버슈트(Overshoot) ④ 언더슈트(Undershoot)

해설 슬리버 폴리곤(Sliver Polygon)
지적필지를 표현할 때 필지가 아닌데도 조그만 조각이 생겨 필지로 인식하는 경우

46. 토지정보시스템의 구성요소에 해당하지 않는 것은?

① 인적자원 ② 처리시간
③ 소프트웨어 ④ 공간데이터베이스

해설 LIS의 4가지 구성요소 : 조직(인력), 자료, 소프트웨어, 하드웨어

47. 관계형 DBMS에서 자료를 만들고 조회할 수 있는 도구로서 처음 개발된 것으로, DBMS를 제어하고, 대화할 수 있는 관계형 데이터베이스의 표준 질의 언어는?

① SQL ② ADT
③ HTML ④ COBOL

해설 SQL(Structured Query Language)은 사용자와 관계형 데이터베이스를 연결시켜주는 표준 검색언어이다.

48. 데이터베이스를 구축하는 목적과 거리가 먼 것은?

① 데이터의 일관성 유지 ② 데이터의 중복성 유지
③ 데이터의 무결성 유지 ④ 데이터의 공유

해설 데이터베이스 구축 장점
통제의 집중화, 데이터의 공유화, 중복성 배제, 독립성 유지, 통제의 집중화, 상호작용, 신뢰성, 유연성 등

49. 연속도면 제작편집에 관한 설명으로 거리가 먼 것은?

① 낱도곽 단위로 도곽신축을 보정한 후 인접하는 도면 간에 도곽접합을 실시한다.
② 연속도면은 경계복원측량이나 지적측량용으로 적합하다.
③ 경위의측량에 의한 지적도 작성 과정은 축척계수의 고려 없이 지표를 일대일로 정사투영한 것이다.
④ 연속도면을 제작하여 사용하는 것은 지적측량뿐 아니라 도시계획, 다른 GIS 응용시스템과의 연계를 위해 수행될 때 더욱 가치가 있다.

해설 지적도(낱도곽)로 경계복원측량이나 지적측량을 실시하여야 하며 연속도면은 참고용 도면에 불과하다.

50. 스파게티모델의 특징으로 옳지 않은 것은?

① 공간자료를 단순한 좌표목록으로 저장한다.
② 수작업에 의한 디지타이징 자료가 대표적이다.
③ 인접한 다각형을 나타낼 때 경계선은 2번씩 저장한다.
④ 객체들 간 공간관계가 설정되어 공간분석에 효율적이다.

해설 스파게티모델은 상호 연관성에 대한 정보(구조화되지 않은 그래픽 모형)가 없어 인접한 객체들과 관련성, 연결성을 파악할 수 없다.

51. 국가 또는 지방자치단체가 지적전산자료를 이용할 경우 수수료의 납부 방법으로 옳은 것은?

① 수수료를 수입증지로 납부한다.
② 수수료를 면제한다.
③ 규정된 사용료의 절반을 현금으로 납부한다.
④ 수수료를 수입인지로 납부한다.

해설 공간정보의 구축 및 관리 등에 관한 법률 제106조(수수료 등)
신청자가 국가, 지방자치단체 또는 지적측량수행자인 경우에는 수수료를 면제할 수 있다.

52. 다음 중 토지 정보시스템의 도형자료 입력에 주로 사용하는 방식이 아닌 것은?

① 레이아웃(Layout) 방식
② 스캐닝(Scanning) 방식
③ COGO(Coordinate) 방식
④ 디지타이징(Digitizing) 방식

해설 도형자료 입력방식
1. 측량에 의한 방식
2. 디지타이저에 의한 방식
3. 스캐너에 의한 방식

53. 다음 중 SDTS(Spatial Data Transfer Standard)에 관한 설명이 아닌 것은?

① 공간자료에 관한 정보를 서로 전달하는 언어의 성격을 지니고 있다.
② 미국, 호주, 한국 등의 국가에서 공간자료의 교환표준으로 채택하고 있다.
③ 자료의 교환표준을 구체적으로 사용 가능하도록 규정하고 설계한 프로파일을 제공한다.
④ 초기에는 국방분야의 공간자료 교환표준으로 개발되었으나 현재는 전 분야에 광범위하게 채택되고 있다.

해설 SDTS는 지리정보를 공유하고자 하는 목적으로 개발된 정보교환 매개체로 미국 연방정부에 의하여 개발되었다.

54. 다음 중 벡터구조에 비하여 격자구조가 갖는 장점이 아닌 것은?

① 네트워크 분석에 효과적이다.
② 자료의 중첩에 대한 조작이 용이하다.
③ 자료구조가 간단하다.
④ 원격탐사 자료와의 연계처리가 용이하다.

해설 네트워크 분석에 효과적인 것은 벡터구조이다.

55. 임야도를 스캐닝하여 구축한 도형자료는 벡터라이징 과정에 의해 필요한 수보다 많은 좌표의 값이 저장된다. 이때 임야도의 필지(폴리곤) 형태를 유지하면서 좌표의 수를 줄이는 것을 무엇이라 하는가?

① 좌표 삭감(Line Coordinate Thinning)   ② 경계의 부합(Edge Matching)
③ 지도의 결합(Map Join)   ④ 면적의 분할(Tiling)

해설 좌표 삭감
객체의 형태를 변화시키지 않는 범위에서 적절히 좌표수를 줄임으로써 공간데이터베이스 내에서 분석될 데이터의 양을 효율적으로 감소시키는 것은 물론, 여러 면에서 효율적일 수 있다.

56. 토지의 고유번호에 있어 행정구역코드의 변경절차에 대한 내용이 옳은 것은?

① 소관청은 행정구역변경일 10일 전까지 직권정정한다.
② 소관청이 시·도지사를 경유하여 국토해양부장관에게 행정구역변경일 10일 전까지 행정구역의 코드 변경을 요청하여야 한다.
③ 소관청이 시·도지사에게 행정구역변경일 30일 전까지 행정구역의 코드 변경을 요청하여야 한다.
④ 소관청이 시·도지사에게 행정구역변경일 60일 전까지 행정구역의 코드 변경을 요청하여야 한다.

해설 부동산종합공부시스템 운영 및 관리규정 제20조(행정구역코드의 변경)
행정구역의 명칭이 변경된 때에는 소관청은 시·도지사를 경유하여 국토교통부장관에게 행정구역변경일 10일 전까지 행정구역의 코드 변경을 요청하여야 한다.

Answer 53. ④ 54. ① 55. ① 56. ②

57. 지적재조사사업의 목적과 거리가 먼 것은?

① 지적불부합지 문제 해소
② 토지의 경계복원능력 향상
③ 지하시설물 관리체계 개선
④ 능률적인 지적관리체제 개선

해설 지적재조사의 목적
도해지적의 한계 극복, 지적불부합지의 근원적 해소, 도상관리에서 지상관리원칙으로 전환, 지적제도의 현대화, 토지정보의 종합관리와 이용, 능률적인 지적관리체제로 개선, 토지의 경계복원력 향상

58. 오버슈트, 슬리버는 다음 중 어떤 자료를 편집하는 중에 발생하는 오류인가?

① 항공사진의 영상처리
② 위성영상으로부터 정사영상제작
③ 벡터데이터 입력 및 편집
④ 래스터데이터의 편집

해설 디지타이징 및 벡터편집에서의 오류유형
언더슈트, 오버슈트, 스파이크, 슬리버 폴리곤, 오버래핑

59. 토지정보체계의 데이터베이스 관리에서 파일처리방식의 문제점이 아닌 것은?

① 시스템 구성이 복잡하고 비용이 많이 소요된다.
② 데이터의 독립성을 지원하지 못한다.
③ 사용자 접근을 제어하는 보안체제가 미흡하다.
④ 다수의 사용자 환경을 지원하지 못한다.

해설 파일처리 시스템의 한계
1. 데이터가 분리되고 격리되어 있다.
2. 상당량의 데이터가 중복되어 있다.
3. 응용 프로그램이 파일의 형식에 종속된다.
4. 파일 상호간에 종종 호환성이 없다.
5. 사용자가 데이터를 보는 방식 그대로 데이터를 표현하기 어렵다.

60. 데이터에 대한 정보로서 데이터의 내용, 품질, 조건 및 기타 특성에 대한 정보를 포함하는 정보의 이력서라 할 수 있는 것은?

① 데이터베이스(Database)
② 라이브러리(Library)
③ 메타데이터(Metadata)
④ 인덱스(Index)

해설 ① 데이터베이스(Database) : 서로 관련된 데이터들이 컴퓨터가 처리할 수 있는 형태로 저장, 스스로를 기술해 주는 통합된 레코드 모임
② 라이브러리(Library) : 컴퓨터 프로그램에서 자주 사용되는 프로그램들을 모아 놓은 것. 소프트웨어를 만들 때 쓰이는 클래스나 서브루틴들의 모임을 가리키는 말
③ 인덱스(Index) : 테이블에 대한 동작의 속도를 높이는 자료 구조를 일컬음. 인덱스는 정렬은 물론 데이터의 신속한 접근을 위해서도 사용

04 지적학

61. 다음 중 임야조사사업 당시의 사정(査定) 기관으로 옳은 것은?

① 임시토지조사국장
② 도지사
③ 임야조사위원회
④ 읍·면장

해설 임야조사사업의 사정
1. 개념 : 임야조사사업의 사정은 토지조사사업에서 제외된 임야와 임야 내에 개재된 임야 이외의 토지에 대한 행정처분
2. 사정기관
   ① 사정권자 : 도지사
   ② 조사 및 측량기관 : 부 또는 면
3. 사정의 대상
   ① 사정의 대상은 소유자 및 경계
   ② 임야조사서와 임야도에 의함
4. 사정의 절차
   ① 사정은 30일간 공시
   ② 불복하는 자는 공시기간 만료 후 60일 이내에 임야조사위원회에 재결을 요청

토지조사사업과 임야조사사업의 사정(査定)사항 비교

구분	토지조사사업	임야조사사업
사정권자	임시토지조사국장	도지사
사정기관	–	임야심사위원회
조사 및 측량기관	임시토지조사국	부 또는 면
자문기관	지방토지조사위원회	–
재결기관	고등토지조사위원회	임야조사위원회

62. 토지의 개별성·독립성을 인정하여 물권객체로 설정할 수 있도록 다른 토지와 구별되게 한 토지표시 사항은?

① 지번
② 지목
③ 면적
④ 개별공시지가

해설 지번(地番)은 지리적 위치의 고정성과 토지의 특정화, 개별성을 확보하기 위해 지적소관청이 지번부여 지역인 리·동의 단위로 필지마다 아라비아 숫자 1, 2, 3 등 순차적으로 부여하여 지적공부에 등록한 번호이다.

Answer 61. ② 62. ①

63. 지적의 토지표시사항의 특성으로 볼 수 없는 것은?

① 정확성　　　　　　　　② 다양성
③ 통일성　　　　　　　　④ 단순성

해설 지적공부의 등록사항인 토지표시사항은 토지의 소재, 지번, 지목, 면적, 경계 또는 좌표 등을 의미하며, 전국적인 통일성과 이를 위한 단순성 및 정확성이 요구되지만 다양성은 토지의 등록에 혼란을 야기할 수 있으므로 배제된다.

64. 동일한 지번부여지역 내에서 최종 지번이 1075이고, 지번이 545인 필지를 분할하여 1076, 1077로 표시하는 것과 같은 부번 방식은?

① 기번식 지번제도　　　　② 분수식 지번제도
③ 사행식 부번제도　　　　④ 자유식 지번제도

해설 지번부여 방식
1. 분수식 지번제도 : 원지번을 분자, 부번을 분모로 한 분수형태의 지번설정방식으로 독일, 오스트리아 등에서 사용하고 있다. 독일의 경우에는 6-2는 6/2로 표현하며 분할시 최종지번이 6/3이면 부번은 6/4, 6/5로 표시하며, 오스트리아, 핀란드, 불가리아 등의 경우에는 567번이 분할 시 최종지번이 123이면 부번은 124/567로 표시한다.
2. 기번식 지번제도 : 인접지번 또는 지번의 자리수와 함께 원지번의 번호로 구성되어 지번상의 근거를 알 수 있는 방법으로 사정지번이 모번지로 보존된다. 즉 989번이 분할 시 989^a와 989^b로, 989^b번이 분할 시 989^{b1}와 989^{b2}로 표시된다.
3. 자유식 지번제도 : 토지등록 구역 내에 최종지번 다음 번호를 부여하고 원지번은 소멸되는 방식이다.

65. 토지조사사업 당시 분쟁의 원인에 해당되지 않는 것은?

① 미개간지　　　　　　　② 토지 소속의 불분명
③ 역둔토의 정리 미비　　　④ 토지 점유권 증명의 미비

해설 분쟁의 원인
1. 토지 소속의 불분명　　2. 역둔토 등의 정리 미비
3. 세제의 결함　　　　　4. 미간지
5. 제언의 모경　　　　　6. 토지 소유권 증명의 미비
7. 권리서식의 미비

66. 토지조사사업 당시의 재결기관(裁決機關)으로 옳은 것은?

① 도지사　　　　　　　　② 부와 면
③ 임시토지조사국장　　　④ 고등토지조사위원회

해설 고등토지조사위원회는 토지조사사업 당시 토지의 사정에 대한 불복이 있는 경우 60일 이내에 불복신립을 하거나, 사정의 확정 후 일정한 요건의 경우에 재심을 청구할 수 있는데 이러한 불복신립 및 재결을 행하는 토지소유권 확정에 관한 최고의 심의기관이다.

67. 임야조사사업의 특징에 대한 설명으로 옳지 않은 것은?

① 토지조사사업에 비해 적은 인원으로 업무를 수행하였다.
② 토지조사사업을 시행하면서 축적된 기술을 이용하여 사업을 완성하였다.
③ 면적이 넓어 토지조사사업에 비해 많은 예산을 투입하여 사업을 완성하였다.
④ 임야는 토지에 비하여 경제적 가치가 낮아 정확도가 낮은 소축척을 사용하였다.

해설 임야조사사업 당시 임야의 면적은 넓었지만 필지 수가 적고 투입 인력이 적어 토지조사사업에 비해 적은 예산으로 사업을 완성하였다.

토지조사사업과 임야조사사업의 비교

구분	토지조사사업	임야조사사업
기간	1910~1918(8년 8월)	1916~1924(8년)
총경비	2,040여만 원	380여만 원
투입인력	7,000여 명	4,600여 명
대장작성	토지대장 109,998책	임야대장 22,202책
도면작성	지적도 812,093매	임야도 116,984매
도면축척	1/600, 1/1,200, 1/2,400	1/3,000, 1/6,000
조사측량기관	임시토지조사국장	부(府) 또는 면(面)
사정기관	토지조사국장	도지사
자문기관	지방토지조사위원회	도지사(조정기관)
재결기관	고등토지조사위원회	임야심사위원회
사정	19,107,520필	3,479,915필

68. 다음 중 우리나라에서 최초로 '지적'이라는 용어가 사용된 곳은?

① 경국대장
② 내부관제
③ 임야조사령
④ 토지조사법

해설 우리나라는 조선 후기인 1895년(고종32년) 3월 26일 내부 관제를 공포하여 주현국, 토목국, 판적국, 위생국, 회계국 등 5국을 두었으며, 판적국은 호구적에 관한 사항, 지적에 관한 사항, 무세관세지 처분 및 관리에 관한 사항, 관유지명목변환에 관한 사항 등을 관장하였는데 여기에서 '지적'이라는 용어가 처음 쓰이기 시작하였다.

69. 수등이척제에 대한 개선으로 망척제를 주장한 학자는?

① 이기
② 서유구
③ 정약용
④ 정약전

해설 이기의 양전개정론(망척제)
1. 전지를 측량할 때에 정방형의 눈들을 가진 그물을 사용하여 그물 속에 들어온 그물눈을 계산하여 면적을 산출하는 방법

Answer 67. ③ 68. ② 69. ①

2. 조선 후기 실학자인 이기는 저서 "해학유서"에 수등이척제에 대한 개선방법으로 "망척제"의 도입을 주장
3. 망척제는 정방형의 눈을 가진 그물로 토지를 측량하여 면적을 산출하는 방법
4. 전안(田案)작성 시 반드시 도면과 지적을 갖추어야 한다고 함

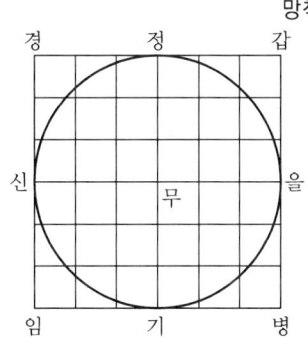

망척제

갑병정기 – 직전 : 20두

갑을무정
을병기무
기임신무
정무경신
} 방형 : 10두

정신기
정을기
} 호시형 : 15두6승5협

70. 역토의 종류에 해당되지 않는 것은?

① 마전　　　② 국둔전　　　③ 장전　　　④ 급주전

해설 역토(驛土)와 역참(驛站)
1. 역토의 개념 : 역토는 신라, 고려시대 및 조선시대까지 이어져 1896년 폐지된 역참에 부속된 토지를 말함
2. 역참의 특징 : 역참은 공용 문서·물품의 운송, 관리를 하는 데 공무상 여행에 필요한 말과 인부 및 숙박, 음식 등의 제공을 위하여 설치한 기관으로서 각 도(道)의 중요 지점과 도(道)소재지에서 군소재지로 통하는 도로에 약 40리(里)마다 1개의 역참(驛站)을 설치함
3. 역토의 종류
   ① 공수전(公須田) : 관리접대비를 충당하기 위한 것으로, 역의 대로, 중로, 소로에 따라 달리 지급됨
   ② 장전(長田) : 역장에게 지급(2결)
   ③ 부장전(副長田) : 부역장에게 지급(1.5결)
   ④ 급주전(急走田) : 급히 연락하는 이른바 급주졸(急走卒)에게 지급(50부)
   ⑤ 마위전(馬位田) : 말의 사육을 위해 지급(말의 등급에 따라 차등지급)
   ※ 국둔전은 관둔전 및 영아문둔전 등과 함께 둔전(屯田)에 속한다.

71. 소극적 등록제도에 대한 설명으로 옳지 않은 것은?

① 권리자체의 등록이다.
② 지적측량과 측량도면이 필요하다.
③ 토지 등록을 의무화하고 있지 않다.
④ 서류의 합법성에 대한 사실조사가 이루어지는 것은 아니다.

해설 토지등록제도의 유형과 소극적 등록제도
1. 토지등록제도의 유형
   ① 날인증서등록제도 : 토지의 이익에 영향을 미치는 공적등기를 보전하는 제도
   ② 권원등록제도 : 토지에 대한 권리와 그 권리의 존속 한계를 공적기관에서 보존하는 제도

③ 소극적 등록제도 : 일필지의 소유권이 거래되면서 발생하는 거래증서를 등록하는 제도
④ 적극적 등록제도 : 국가에 의해 토지등록에 대한 합법성과 효력이 인정되는 제도
⑤ 토렌스시스템 : 법률적으로 토지의 권리를 확인하는 대신 토지의 권원(Title)을 등록하는 제도
2. 소극적 등록제도와 적극적 등록제도
① 소극적 등록제도(Negative System)
㉠ 일필지의 소유권이 거래되면서 발생하는 거래증서를 변경·등록하는 제도
㉡ 거래행위에 따른 토지등록은 사유재산 양도증서의 작성, 거래증서의 작성으로 구분되며 원칙적으로 등록의무는 없고 신청에 의함
㉢ 양도증서의 작성은 사인간의 계약에 의하여 발생하며, 거래증서의 등록은 법률가에 의해 취급되므로, 토지등록부는 거래사항의 기록일 뿐 권리자체의 등록과 보장을 의미하지는 않음
㉣ 거래증서의 등록은 정부가 수행하나 합법성과 유용성에 대해 사실조사가 이루어지지 않으므로 거래의 등록이 소유권 증명에 관한 증거나 증빙이 되지 못함
㉤ 이 제도는 일반적으로 지적측량과 측량도를 필요로 하는 특징이 있으며, 네덜란드, 영국, 프랑스, 미국의 일부 주, 캐나다 등의 국가에서 시행되며 최근에는 국가마다 보완되어 다양하게 변환된 형태로 나타남
② 적극적 등록제도(Positive System)
㉠ 토지등록은 일필지의 개념으로 법적권리보장이 인증되고 국가에 의해 그러한 합법성과 효력이 발생
㉡ 기본원칙 : 지적공부에 등록되지 않은 토지는 어떠한 권리도 인정받을 수 없고, 등록은 강제적이고 의무적이며, 공적 지적측량이 시행되어야 토지등기가 가능
㉢ 선의의 제3자 보호 : 토지등록상의 문제로 인한 피해는 법적으로 보장되고 국가에 소송을 제기할 수 있으며, 보상도 받을 수 있음
㉣ 소유권의 안정성과 거래의 안정성이 유지되는 장점이 있으나, 시스템의 운영에 많은 비용이 소요되고 등록 절차가 복잡하다는 단점이 있음
㉤ 스위스, 오스트리아, 네덜란드, 대만, 일본, 뉴질랜드 등의 국가에서 채택하고 있으며, 토렌스시스템은 적극적 등록제도의 발전된 형태임

72. 경계복원측량의 법률적 효력 중 소관청 자신이나 토지소유자 및 이해관계인에게 정당한 변경절차가 없는 한 유효한 행정처분에 복종하도록 하는 것은?

① 구속력
② 공정력
③ 강제력
④ 확정력

해설 경계복원측량의 효력(토지등록의 효력과 같음)
1. 구속력 : 경계복원의 행정처분이 유효하는 한 정당한 절차 없이 그 존재를 누구나 부정하거나 효력을 기피할 수 없으며, 소관청은 물론 상대방까지도 그 존재를 부정할 수 없는 구속력이 발생
2. 공정력 : 경계복원측량은 행정처분이므로 시행 즉시 공정력이 생긴다. 즉 경계복원측량에 의해 지표상에 경계점의 표지를 설치하면 이로써 행정행위는 끝남
3. 확정력 : 적법하게 이루어진 경계복원측량은 당연히 확정력이 발생하여 누구도 그 효력을 다툴 수 없는 불가쟁력이 생김
4. 강제력 : 행정처분의 내용을 사법부에 의존하지 않고 행정청 자체의 힘으로 실현할 수 있는 효력으로서, 경계복원측량에 의해 경계점에 경계점표지를 설치할 경우 소관청은 이를 강제적으로 실현할 수 있는 권한을 갖게 됨

Answer 72. ①

73. 지적의 발생설 중 영토의 보존과 통치수단이라는 두 관점에 대한 이론은?

① 지배설　　② 치수설　　③ 침략설　　④ 과세설

해설 지적의 발생설
1. 지적발생설의 종류
   ① 과세설 : 세금징수의 목적에서 출발
   ② 치수설 : 토목측량술 및 치수에서 비롯됨
   ③ 지배설 : 통치적 수단에서 시작됨(통치설)
   ④ 침략설 : 영토확장과 침략상 우위 목적
2. 지배설
   ① 의의
      ㉠ 지배설 또는 통치설은 영토의 보존과 통치수단이라는 두 관점에 대한 이론으로서 국토의 경계를 정하고 이것을 유지시키는 과정에서 지적이 발생했다는 관점
      ㉡ 통치권자는 영토 내 주민의 생활공간 확보 및 권력의지의 실현을 위해 영토확장에 관심을 두며, 점령한 토지를 보존하려는 노력을 함
      ㉢ 지배설은 지적이 영토보존의 수단으로써 국가형태유지 및 집단생활을 위한 토지의 보호역할을 수행하는 과정에서 발생하였으며, 통치의 수단으로 이용되었다는 것을 의미
   ② 지배설의 근거
      ㉠ 이집트의 파라오, 그리스 미케네국왕은 국토를 소유하고 통치의 수단으로 사용
      ㉡ 근세 일제 식민사에서도 토지조사사업을 제일 먼저 시행

74. 국가의 재원을 확보하기 위한 지적제도로서 면적본위 지적제도라고도 하는 것은?

① 과세지적　　② 법지적
③ 다목적지적　　④ 경제지적

해설 발전과정에 따른 지적의 분류
1. 세지적(Fiscal Cadastre) : 국가재정에 필요한 세금의 징수를 주목적으로 하는 제도이며 면적본위로 운영되고 과세지적이라 함
2. 경제지적(Economic Cadastre) : 도시계획이나 농지개량사업의 기초가 되는 지적제도로서 유사지적이라고도 함
3. 법지적(Legal Cadastre) : 토지거래의 안전과 소유권보호를 주목적으로 하는 제도로서 위치본위로 운영되고 소유권지적이라고도 함
4. 다목적지적(Multi-Purpose Cadastre) : 토지에 관한 등록자료의 용도가 다양해지면서 더 많은 자료를 관리하고 이를 신속하고 정확하게 공급하기 위한 제도로서 컴퓨터시스템으로 운영되며 종합지적 또는 통합지적이라고도 함

75. 지적측량사규정에 국가공무원으로서 그 소속관서의 지적측량 사무에 종사하는 자로 정의하며, 내무부를 비롯하여 각 시·도와 시·군·구에 근무하는 공무원도 포함되었던 지적측량사는?

① 감정측량사　　② 대행측량사
③ 상치측량사　　④ 지정측량사

Answer　73. ①　74. ①　75. ③

해설 지적측량사의 명칭
1. 상치측량사(常置測量士) : 국가 공무원으로서 그 소속 관서의 지적측량 사무에 종사하는 자
2. 대행측량사(代行測量士) : 타인으로부터 지적법에 의한 측량 업무를 위탁받아 이를 행하는 자
※ 1930.12.31. 국무원령 제176호로 제정되고 1961.1.1. 시행된 지적측량사규정(地籍測量士規程) 제4조에서 지적측량사를 상치측량사와 대행측량사로 구분

76. 우리나라의 현행 지번 설정에 대한 원칙으로 옳지 않은 것은?

① 북서기번의 원칙
② 부번(副番)의 원칙
③ 종서(縱書)의 원칙
④ 아라비아숫자 지번의 원칙

해설 종서(縱書 : 세로쓰기)는 한문숫자로 지번을 부여할 때 사용한 방식이며, 아라비아숫자로 지번을 부여할 때는 횡서(橫書 : 가로쓰기)방식을 사용한다.

77. 경계불가분의 원칙에 관한 설명으로 옳은 것은?

① 3개의 단위 토지 간을 구획하는 선이다.
② 토지의 경계에는 위치, 길이, 넓이가 있다.
③ 같은 토지에 2개 이상의 경계가 있을 수 있다.
④ 토지의 경계는 인접 토지에 공통으로 작용한다.

해설 경계불가분의 원칙
토지경계는 유일무이한 것으로 어느 한쪽의 필지에만 전속하는 것이 아니고 인접토지에 공통으로 작용하기 때문에 이를 분리할 수 없다는 원칙

78. 토지조사사업 당시 일부 지목에 대하여 지번을 부여하지 않았던 이유로 옳은 것은?

① 소유자 확인 불명
② 과세적 가치의 희소
③ 경계선의 구분 곤란
④ 측량조사작업의 어려움

해설 토지조사사업 당시 일부 지목을 조사하지 않은 이유
1. 토지가 과세 등 아무런 경제적 이권이 없고 면적측정 등 노력이 요구되기 때문
2. 예산, 인원 등에 비추어 경제적 가치가 없는 토지는 조사대상에서 제외
3. 기타 특수한 사정에 의하여 조사대상에서 제외

79. 토지조사사업 당시 토지대장은 1동·리마다 조제하되 약 몇 매를 1책으로 하였는가?

① 200매
② 300매
③ 400매
④ 500매

해설 토지조사사업 당시의 토지대장
1. 일필지를 1매의 대장에 작성하여 1동·리마다 약 200필지를 1책으로 하여 작성
2. 토지대장의 등록사항
① 동·리별 지번, 지목, 지적(地積=면적), 사정년월일, 소유자 주소, 성명 등
② 공유지는 공유지연명부에 성명과 지분 기재

③ 일필지마다 등급 및 임대가격, 경지의 경우는 기준수확량을 표시함
④ 질권 설정자의 주소, 성명을 적색으로 표시함

80. 다음 중 오늘날의 토지대장과 유사한 것이 아닌 것은?
① 문기(文記)
② 양안(量案)
③ 도전장(都田帳)
④ 타량성책(打量成册)

해설 양안
1. 양안(量案)
   ① 양안은 고려와 조선시대에 양전에 의해 작성된 토지대장으로 전적(田籍)이라고도 함
   ② 양안의 명칭 : 시대, 사용처, 관리처에 따라 전적, 양안, 양안등서책, 전안, 전답안 등 많음
   ③ 작성목적 : 토지에 대한 세 징수를 위해 작성되었으며, 토지조사사업의 실시로 폐지됨
   ④ 양안의 규정 : 경국대전에 20년마다 양전을 실시하여 새로이 양안을 작성하여 호조, 본도, 본읍에 비치토록 규정함
   ⑤ 기재내용 : 토지소재지, 천자문의 자호, 지번, 양전 방향, 토지형태, 지목, 사표, 장광척, 면적, 등급, 결부속, 소유자 등
2. 고려시대 양안의 명칭 : 도전장(都田帳), 양전도장(量田都帳), 양전장적(量田帳籍), 도전정(導田丁), 도행(導行), 전적(田積), 적(籍), 전부(田簿), 안(案), 원적(元籍) 등
3. 조선시대 양안의 명칭 : 양안, 양안등서책(量案謄書册), 전안(田案), 전답안(田畓案), 성책(成册), 양명등서차(量名謄書次), 전답결대장, 전답결타량정안, 전답타량책, 전답타량안, 전답결정안, 전답양안, 전답행번, 양전도행장 등
※ 문기(文記) : 조선시대에 토지 및 가옥을 매수 또는 매도할 때 작성한 매매 계약서를 말하며 '명문문권'이라고도 함

05 지적관계법규

81. 다음 중 등기촉탁의 대상이 아닌 것은?
① 지번변경
② 축척변경
③ 직권등록사항 정정
④ 신규등록

해설 등기촉탁의 대상
1. 토지의 이동이 있는 경우(신규등록 제외)
2. 지번을 변경한 때
3. 축척변경을 한 때
4. 바다로 된 토지의 등록말소
5. 행정구역 명칭변경
6. 등록사항의 오류를 지적소관청이 직권으로 조사·측량하여 정정한 때

Answer 80. ① 81. ④

82. 공간정보의 구축 및 관리 등에 관한 법률상 성능검사대행자 등록의 결격사유가 아닌 것은?

① 피성년후견인 또는 피한정후견인
② 성능검사대행자 등록이 취소된 후 2년이 경과되지 아니한 자
③ 이 법을 위반하여 징역형의 집행유예를 선고받고 그 유예기간 중에 있는 자
④ 이 법을 위반하여 징역의 실형을 선고받고 그 집행이 종료(집행이 종료된 것으로 보는 경우를 포함한다)되거나 집행이 면제된 날부터 3년이 경과한 자

해설 성능검사대행자 등록의 결격사유
1. 피성년후견인 또는 피한정후견인
2. 이 법을 위반하여 징역의 실형을 선고받고 그 집행이 종료(집행이 종료된 것으로 보는 경우를 포함한다)되거나 집행이 면제된 날부터 2년이 경과되지 아니한 자
3. 이 법을 위반하여 징역형의 집행유예를 선고받고 그 유예기간 중에 있는 자
4. 성능검사대행자 등록이 취소된 후 2년이 경과되지 아니한 자
5. 임원 중에 제1호부터 제4호까지의 어느 하나에 해당하는 자가 있는 법인

83. 지적소관청을 직접 방문하여 1필지를 기준으로 토지대장 또는 임야대장에 대한 열람 신청을 하거나 등본발급신청을 할 경우 납부해야 하는 수수료는?

① 열람 : 200원, 등본발급 : 300원
② 열람 : 300원, 등본발급 : 500원
③ 열람 : 500원, 등본발급 : 700원
④ 열람 : 700원, 등본발급 : 1,000원

해설 지적공부·부동산종합공부 열람·발급 수수료

구분		신청 종목	방문 신청	인터넷 신청
수수료	지적공부 열람	토지(임야)대장, 경계점좌표등록부(1필지)	300원	무료
		지적(임야)도(1장)	400원	무료
	지적공부 발급	토지(임야)대장, 경계점좌표등록부(1필지)	500원	무료
		지적(임야)도(가로 21cm×30cm)	700원	무료
	부동산종합공부 열람	부동산종합증명서 종합형	없음	무료
		부동산종합증명서 맞춤형	없음	무료
	부동산종합공부 발급	부동산종합증명서 종합형	1,500원	1,000원
		부동산종합증명서 맞춤형	1,000원	800원
		※ 방문 발급 시 1통에 대한 발급수수료는 20장까지는 기본 수수료를 적용하고, 1통이 20장을 초과하는 때에는 초과 1장마다 50원의 수수료 추가 적용 (인터넷 발급은 적용하지 않음)		

84. 토지소유자가 해야 할 신청을 대신할 수 없는 자는?

① 토지점유자
② 채권을 보전하기 위한 채권자
③ 학교용지, 도로, 수도용지 등의 지목으로 되는 토지인 경우에는 해당사업의 시행자
④ 지방자치단체가 취득하는 토지의 경우에는 해당 토지를 관리하는 지방자치단체의 장

해설 토지이동 신청의 대위
토지소유자가 하여야 할 신청을 대신할 수 있는 자는 다음과 같다(다만, 등록사항 정정 대상토지는 제외한다).
1. 공공사업 등에 따라 학교용지·도로·철도용지·제방·하천·구거·유지·수도용지 등의 지목으로 되는 토지인 경우 : 해당 사업의 시행자
2. 국가나 지방자치단체가 취득하는 토지인 경우 : 해당 토지를 관리하는 행정기관의 장 또는 지방자치단체의 장
3. 주택법에 따른 공동주택의 부지인 경우 : 집합건물의 소유 및 관리에 관한 법률에 따른 관리인(관리인이 없는 경우에는 공유자가 선임한 대표자) 또는 해당 사업의 시행자
4. 「민법」제404조에 따른 채권자

85. 다음 중 일람도를 제도하는 경우 붉은색 0.2mm 폭의 2선으로 제도하여야 하는 것은?

① 지방도로
② 수도용지 중 선로
③ 하천·구거
④ 철도용지

해설 일람도는 하나의 지번부여지역에 어떤 시설이 있는가 하는 것을 한 번에 볼 수 있게 만든 도면으로 제도방법은 아래와 같다.
1. 도곽선과 그 수치는 0.1밀리미터의 폭으로, 도곽선의 수치는 도곽선 왼쪽 아랫부분과 오른쪽 윗부분의 종횡선교차점 바깥쪽에 2밀리미터 크기의 아라비아숫자로 제도
2. 도면번호는 3밀리미터의 크기
3. 인접 동·리 명칭은 4밀리미터, 그 밖의 행정구역 명칭은 5밀리미터의 크기
4. 지방도로 이상은 검은색 0.2밀리미터 폭의 2선으로, 그 밖의 도로는 0.1밀리미터의 폭으로 제도
5. 철도용지는 붉은색 0.2밀리미터 폭의 2선으로 제도
6. 수도용지 중 선로는 남색 0.1밀리미터 폭의 2선으로 제도
7. 하천·구거·유지는 남색 0.1밀리미터의 폭의 2선으로 제도하고, 그 내부를 남색으로 엷게 채색한다. 다만, 적은량의 물이 흐르는 하천 및 구거는 0.1밀리미터의 남색선으로 제도
8. 취락지·건물 등은 검은색 0.1밀리미터의 폭으로 제도하고, 그 내부를 검은색으로 엷게 채색하여 제도한 후 지구 안을 붉은색으로 엷게 채색하고, 그 중앙에 사업명 및 사업완료연도를 기재

86. 지적소관청이 관리하는 지적기준점표지가 멸실되거나 훼손되었을 때에는 누가 이를 다시 설치하거나 보수하여야 하는가?

① 국토지리정보원장
② 지적소관청
③ 시·도지사
④ 국토교통부장관

Answer 84. ① 85. ④ 86. ②

해설 지적기준점표지의 조사 및 관리
1. 지적소관청은 연 1회 이상 지적기준점표지의 이상 유무를 조사하여야 한다. 이 경우 멸실되거나 훼손된 지적기준점표지를 계속 보존할 필요가 없을 때에는 폐기할 수 있다.
2. 지적소관청이 관리하는 지적기준점표지가 멸실되거나 훼손되었을 때에는 지적소관청은 다시 설치하거나 보수하여야 한다.

87. 국토의 계획 및 이용에 관한 법상 보호지구로 지정하는 시설로 옳지 않은 것은?
① 공항
② 항만
③ 문화재
④ 녹지지역

해설 보호지구
국가유산, 중요 시설물(항만, 공항 등 대통령령으로 정하는 시설물을 말한다) 및 문화적·생태적으로 보존가치가 큰 지역의 보호와 보존을 위하여 필요한 지구를 말하며 아래와 같이 세분하여 지정할 수 있다.
1. 역사문화환경보호지구 : 국가유산·전통사찰 등 역사·문화적으로 보존가치가 큰 시설 및 지역의 보호와 보존을 위하여 필요한 지구
2. 중요시설물보호지구 : 중요시설물(제1항에 따른 시설물을 말한다. 이하 같다)의 보호와 기능의 유지 및 증진 등을 위하여 필요한 지구
3. 생태계보호지구 : 야생동식물서식처 등 생태적으로 보존가치가 큰 지역의 보호와 보존을 위하여 필요한 지구

88. 다음 중 공간정보의 구축 및 관리 등에 관한 법률에 따른 '경계'에 대한 정의로 옳은 것은?
① 토지 위에 설치된 담장
② 필지별로 경계점간을 직선으로 연결하여 지적공부에 등록한 선
③ 주요 지형·지물에 의하여 구획된 지표상의 경계
④ 전·답 등에 구획된 둑

해설 경계의 의미
1. 경계는 지역을 구분하여 표시하는 선으로서 일반적으로 토지소유권의 범위를 표시하는 구획선을 의미한다.
2. 경계는 소유권의 범위와 면적을 정하는 기준이 되며 위치와 거리만 있고 면적과 넓이는 없는 특징을 지닌다.
3. 공간정보의 구축 및 관리 등에 관한 법률에서 경계란 필지별로 경계점들을 직선으로 연결하여 지적공부에 등록한 선을 말한다.

89. 다음 중 등기신청서에 채권액과 채무자를 기재하여야 하는 설정등기는?
① 지상권
② 지역권
③ 전세권
④ 저당권

해설 저당권의 등기사항(다만, 제3호부터 제8호까지는 등기원인에 그 약정이 있는 경우에만 기록한다)
1. 채권액
2. 채무자의 성명 또는 명칭과 주소 또는 사무소 소재지

3. 변제기
4. 이자 및 그 발생기·지급시기
5. 원본(元本) 또는 이자의 지급장소
6. 채무불이행으로 인한 손해배상에 관한 약정
7. 「민법」 제358조 단서의 약정
8. 채권의 조건

90. 국토의 계획 및 이용에 관한 법률상 토지거래계약에 관한 허가구역의 지정대상이 되는 곳은?

① 토지의 거래가 성행하는 구역
② 지가가 급격히 상승할 우려가 있는 구역
③ 용도지역의 예정구역
④ 특수한 자연경관을 보호해야 할 구역

해설 토지거래허가구역의 지정 대상
1. 토지의 투기적인 거래가 성행하는 지역
2. 지가(地價)가 급격히 상승하는 지역
3. 지가(地價)가 급격히 상승할 우려가 있는 지역
※ 토지거래 허가구역 등은 기존 「국토의 계획 및 이용에 관한 법률」에서 2016.1.19., 타법개정으로 삭제되고 현 「부동산 거래신고 등에 관한 법률」에서 2017.1.20.부터 시행하고 있음

91. 지목의 구분설정에 관한 설명으로 옳지 않은 것은?

① 국토의 계획 및 이용에 관한 법률 등 관계법령에 의한 택지조성공사가 준공된 토지는 '대'로 한다.
② 축산법에 의한 가축을 사육하는 축사 등과 이에 접속된 부속시설물의 부지는 '목장용지'로 한다.
③ 영구적 건축물 중 변전소, 송신소, 도축장, 자동차운전학원 등의 부지는 '잡종지'로 한다.
④ 아파트, 공장 등 단일 용도의 일정한 단지 안에 설치된 통로는 '도로'로 한다.

해설 지목은 토지의 주된 용도에 따라 토지의 종류를 구분하여 지적공부에 등록한 것으로 28개의 지목으로 구분한다.
1. 목장용지
 ① 축산업 및 낙농업을 하기 위하여 초지를 조성한 토지
 ② 「축산법」 제2조제1호에 따른 가축을 사육하는 축사 등의 부지
 ③ 위의 토지와 접속된 부속시설물의 부지
2. 대
 ① 영구적 건축물 중 주거·사무실·점포와 박물관·극장·미술관 등 문화시설과 이에 접속된 정원 및 부속시설물의 부지
 ② 「국토의 계획 및 이용에 관한 법률」 등 관계 법령에 따른 택지조성공사가 준공된 토지
3. 도로
 ① 일반 공중의 교통 운수를 위하여 보행이나 차량운행에 필요한 일정한 설비 또는 형태를 갖추어 이용되는 토지

Answer 90. ② 91. ④

② 도로법 등 관계법령에 따라 도로로 개설된 토지
③ 고속도로의 휴게소 부지
④ 2필지 이상에 진입하는 통로로 이용되는 토지
4. 잡종지
다음 각 목의 토지(다만, 원상회복을 조건으로 돌을 캐내는 곳 또는 흙을 파내는 곳으로 허가된 토지는 제외한다)
① 갈대밭, 실외에 물건을 쌓아두는 곳, 돌을 캐내는 곳, 흙을 파내는 곳, 야외시장 및 공동우물
② 변전소, 송신소, 수신소 및 송유시설 등의 부지
③ 여객자동차터미널, 자동차운전학원 및 폐차장 등 자동차와 관련된 독립적인 시설물을 갖춘 부지
④ 공항시설 및 항만시설 부지
⑤ 도축장, 쓰레기처리장 및 오물처리장 등의 부지
⑥ 그 밖에 다른 지목에 속하지 않는 토지

92. 다음 중 축척변경에 대한 설명으로 틀린 것은?

① 축척변경위원회는 청산금의 이의신청에 관한 사항 등을 심의·의결한다.
② 작은 축척을 큰 축척으로 변경하여 등록하는 것을 말한다.
③ 임야도 축척에서 지적도 축척으로 옮겨 등록하는 것을 말한다.
④ 축척변경을 시행하고자 할 경우에는 시·도지사의 승인을 받아서 시행한다.

해설 축척변경
1. 의의 : 축척변경이라 함은 지적도에 등록된 경계점의 정밀도를 높이기 위하여 작은 축척을 큰 축척으로 변경하여 등록하는 것
2. 대상
    ① 잦은 토지의 이동으로 인하여 1필지의 규모가 작아서 소축척으로는 지적측량성과의 결정이나 토지의 이동에 따른 정리가 곤란할 때
    ② 하나의 지번부여지역 안에 서로 다른 축척의 지적도가 있는 때
3. 축척변경 신청자 : 토지소유자, 지적소관청
4. 축척변경 절차
    ① 신청 : 축척변경을 신청하는 토지소유자는 축척변경사유를 적은 신청서에 토지소유자 3분의 2이상의 동의서를 첨부하여 지적소관청에게 제출
    ② 승인신청
        ㉠ 지적소관청은 축척변경을 하려는 때에는 축척변경사유를 기재한 승인신청서에 다음의 서류를 첨부해서 시·도지사 또는 대도시 시장에게 제출
            • 축척변경의 사유
            • 지번 등 명세
            • 토지소유자의 동의서
            • 축척변경위원회의 의결서 사본
            • 그 밖에 축척변경 승인을 위하여 시·도지사 또는 대도시 시장이 필요하다고 인정하는 서류
        ㉡ 신청을 받은 시·도지사 또는 대도시 시장은 축척변경 사유 등을 심사한 후 그 승인 여부를 지적소관청에 통지

93. 토지 등의 출입 등에 따른 손실보상에 관하여, 손실을 보상할 자와 손실을 받은 자의 협의가 성립되지 않거나 협의를 할 수 없는 경우 재결을 신청할 수 있는 곳은?

① 지적소관청
② 중앙지적위원회
③ 지방지적위원회
④ 관할 토지수용위원회

해설 손실보상
1. 손실보상 대상
   측량을 하거나, 측량기준점을 설치하거나, 토지의 이동을 조사하는 자는 그 측량 또는 조사 등에 필요한 경우에는 타인의 토지·건물·공유수면 등에 출입하거나 일시 사용할 수 있으며, 특히 필요한 경우에는 나무, 흙, 돌, 그 밖의 장애물을 변경하거나 제거한 경우임
2. 손실보상자
   행위를 한 자
3. 손실보상액 결정 및 이의신청 등
   ① 손실보상은 토지, 건물, 나무, 그 밖의 공작물 등의 임대료·거래가격·수익성 등을 고려한 적정가격으로 함
   ② 손실을 보상할 자와 손실을 받을 자가 협의하여 보상액을 결정
   ③ 손실을 보상할 자와 손실을 받을 자가 협의가 성립되지 아니하거나 협의를 할 수 없는 때에는 관할 토지수용위원회에 재결을 신청
4. 재결에 불복이 있는 자 : 관할토지수용위원회의 재결에 불복하는 자는 재결서 정본을 송달받은 날부터 30일 이내에 중앙토지수용위원회에 이의를 신청
5. 토지수용위원회 재결 : 「공익사업을 위한 토지 등의 취득 및 보상에 관한 법률」 준용

94. 지적소관청으로부터 측량성과에 대한 검사를 받지 않아도 되는 것만을 옳게 나열한 것은?

① 지적기준점측량, 분할측량
② 지적공부복구측량, 축척변경측량
③ 경계복원측량, 지적현황측량
④ 신규등록측량, 등록전환측량

해설 지적측량 성과검사
1. 검사대상 : 지적측량
2. 지적측량의 종류
   ① 지적기준점을 정하는 경우
   ② 지적측량성과를 검사하는 경우
   ③ 지적공부를 복구하는 경우
   ④ 등록전환하는 경우
   ⑤ 토지를 분할하는 경우
   ⑥ 바다가 된 토지의 등록을 말소하는 경우
   ⑦ 축척을 변경하는 경우
   ⑧ 지적공부의 등록사항을 정정하는 경우
   ⑨ 도시개발사업 등의 시행지역에서 토지의 이동이 있는 경우
   ⑩ 경계점을 지상에 복원하는 경우

Answer 93. ④ 94. ③

3. 지적공부의 정리를 요하지 아니한 측량
   ① 경계복원측량 : 경계점을 지표상에 복원하기 위한 측량
   ② 지적현황측량 : 지상건축물 등의 현황을 지적도 및 임야도에 등록된 경계와 대비하여 표시하는 측량

95. 경계점좌표등록부의 등록사항에 해당하지 않는 것은?

① 토지의 소재
② 토지의 고유번호
③ 지적도면의 번호
④ 대지권 비율

해설 1. 경계점좌표등록부의 등록사항
   ① 토지의 소재
   ② 지번
   ③ 좌표
   ④ 토지의 고유번호
   ⑤ 지적도면의 번호
   ⑥ 필지별 경계점좌표등록부의 장번호
   ⑦ 부호 및 부호도
2. 대지권등록부의 등록사항
   ① 토지의 소재
   ② 지번
   ③ 대지권 비율
   ④ 소유자의 성명 또는 명칭, 주소 및 주민등록번호
   ⑤ 토지의 고유번호
   ⑥ 전유부분의 건물표시
   ⑦ 건물의 명칭
   ⑧ 집합건물별 대지권등록부의 장번호
   ⑨ 토지소유자가 변경된 날과 그 원인
   ⑩ 소유권 지분

96. 지적소관청이 직권으로 지적공부에 등록된 사항을 정정할 수 없는 경우는?

① 지적측량성과와 다르게 정리된 경우
② 토지이동정리 결의서의 내용과 다르게 정리된 경우
③ 지적공부의 작성 또는 재작성 당시 잘못 정리된 경우
④ 지적도에 등록된 필지가 면적의 증감이 있으며 경계 위치가 잘못된 경우

해설 등록사항의 직권정정
1. 대상
   ① 토지이동정리 결의서의 내용과 다르게 정리된 경우
   ② 지적도 및 임야도에 등록된 필지가 면적의 증감 없이 경계의 위치만 잘못된 경우
   ③ 필지가 각각 다른 지적도나 임야도에 등록되어 있는 경우로서 지적공부에 등록된 면적과 측량한 실제면적은 일치하지만 지적도나 임야도에 등록된 경계가 서로 접합되지 않아 지적도나 임야도에 등록된 경계를 지상의 경계에 맞추어 정정하여야 하는 토지가 발견된 경우

④ 지적공부의 작성 또는 재작성 당시 잘못 정리된 경우
⑤ 지적측량성과와 다르게 정리된 경우
⑥ 지적측량의 적부심사에 따라 지적공부의 등록사항을 정정하여야 하는 경우
⑦ 지적공부의 등록사항이 잘못 입력된 경우
⑧ 「부동산등기법」 제37조제2항에 따른 통지가 있는 경우(지적소관청의 착오로 잘못 합병한 경우만 해당)
⑨ 면적 환산이 잘못된 경우
2. 지적공부의 등록사항 중 경계나 면적 등 측량을 수반하는 토지의 표시가 잘못된 경우에는 지적소관청은 그 정정이 완료될 때까지 지적측량을 정지시킬 수 있다.

97. 토지소유자는 지목변경을 할 토지가 있으면 대통령령으로 정하는 바에 따라 그 사유가 발생한 날부터 며칠 이내에 지적소관청에 지목변경을 신청하여야 하는가?

① 60일
② 90일
③ 120일
④ 150일

해설 지목변경 신청기한
토지소유자가 60일 이내에 지적소관청에 지목변경을 신청

98. 도시개발사업 등이 완료됨에 따라 지적확정측량을 실시한 지역의 각 필지에 지번을 새로 부여하는 방법과 다르게 지번을 부여하는 경우는?

① 토지를 합병할 때
② 지번부여지역의 지번을 변경할 때
③ 행정구역 개편에 따라 새로 지번을 부여할 때
④ 축척변경 시행지역의 필지에 지번을 부여할 때

해설 1. 합병에 따른 지번부여
① 합병 대상 지번 중 선순위의 지번을 그 지번으로 부여
② 합병 전 지번이 본번과 부번이 혼재할 경우 본번 중 선순위 지번으로 부여
③ 토지소유자가 합병 전의 필지에 주거·사무실 등의 건축물이 있어서 그 건축물이 위치한 지번을 합병 후의 지번으로 신청할 때에는 그 지번을 합병 후의 지번으로 부여
2. 지적확정측량, 지번변경, 행정구역변경, 축척변경을 실시한 지역의 지번부여
① 사업지역 내 편입된 토지 중 다음 각 목의 지번을 제외한 본번만으로 부여
㉠ 지적확정측량을 실시한 지역의 종전의 지번과 지적확정측량을 실시한 지역 밖에 있는 본번이 같은 지번이 있을 때에는 그 지번
㉡ 지적확정측량을 실시한 지역의 경계에 걸쳐 있는 지번
② 종전 지번의 수가 새로 부여할 지번의 수보다 적을 때에는 블록단위로 하나의 본번을 부여한 후 필지별로 부번을 부여하거나 최종본번 다음 순번부터 본번으로 하여 차례로 지번을 부여

99. 토지소유자가 지적공부의 등록사항에 잘못이 있음을 발견하여 지적소관청에 그 정정을 신청할 때, 경계 또는 면적의 변경을 가져 오는 경우 신청서와 함께 첨부하여 제출하여야 하는 서류는?

① 등록사항정정측량성과도
② 토지대장등본
③ 등기전산정보자료
④ 축척변경 지번별 조서

해설 등록사항의 정정
1. 의의
   지적공부의 등록사항에 잘못이 있음을 발견한 때 토지소유자의 신청 또는 지적소관청이 직권으로 조사·측량하여 정정하는 것을 말한다.
2. 등록사항의 정정 신청(인접 토지의 경계가 변경되는 경우)
   ① 인접 토지소유자의 승낙서
   ② 인접 토지소유자가 승낙하지 아니하는 경우에는 이에 대항할 수 있는 확정판결서 정본
3. 토지소유자가 등록사항정정 신청 시 제출서류
   ① 경계 또는 면적의 변경을 가져오는 경우 : 등록사항정정 측량성과도
   ② 그 밖에 등록사항을 정정하는 경우 : 변경사항을 확인할 수 있는 서류

100. 토지소유자는 「주택법」에 따른 공동주택의 부지, 도로, 제방, 하천, 구거, 유지, 그 밖에 대통령령으로 정하는 토지로서 합병하여야 할 토지가 있으면 그 사유가 발생한 날부터 최대 얼마 이내에 지적소관청에 합병을 신청하여야 하는가?

① 30일
② 50일
③ 60일
④ 90일

해설 합병
지적공부에 등록된 2필지 이상을 1필지로 합하여 등록하는 것
1. 신청대상
   지번부여지역으로서 소유자와 용도가 같고 지반이 연속된 토지
2. 신청기한
   ① 원칙 : 신청기한 없음
   ② 예외 : 공동주택의 부지, 도로, 제방, 하천, 구거, 유지, 공장용지, 학교용지, 철도용지, 수도용지, 공원, 체육용지 등 토지로서 합병하여야 할 토지가 있으면 그 사유가 발생한 날부터 60일 이내에 지적소관청에 합병을 신청

ENGINEER CADASTRAL SURVEYING

2025년 기출복원문제

2025년 제1회 지적기사

2025년 제2회 지적기사

2025년 제3회 지적기사

2025년 시행

Engineer Cadastral Surveying

2025년 제1회 지적기사

01 지적측량

SUBJECT

01. 다음 중 지적측량을 실시하지 않아도 되는 경우는?
① 지적기준점을 정하는 경우
② 지적측량성과를 검사하는 경우
③ 경계점을 지상에 복원하는 경우
④ 토지를 합병하고 면적을 결정하는 경우

해설 지적측량 대상이 아닌 종목은 지번변경, 지목변경, 합병이다.

02. A, B점 간 거리를 50m 강제권척으로 측정하여 250m를 얻었다. 이 강제권척을 표준척과 비교하니 5mm가 줄어 있었다면 정확한 거리는?
① 249.975m
② 248.750m
③ 250.025m
④ 250.250m

해설 측정횟수 $= \dfrac{측정거리}{줄자길이} = \dfrac{250}{50} = 5$회
측정거리오차 $=$ 측정횟수 $\times$ 길이오차
$= 5 \times 5\text{mm} = 25\text{mm} = 0.025\text{m}$
신가축감에 의해 $250 - 0.025 = 249.975\text{m}$

03. 평판측량방법에 따른 세부측량 시 일반적인 방향선 또는 측선장의 도상길이로 옳지 않은 것은?
① 교회법은 10센티미터 이하
② 도선법은 10센티미터 이하
③ 광파조준의에 의한 도선법은 30센티미터 이하
④ 광파조준의에 의한 교회법은 30센티미터 이하

해설 지적측량 시행규칙 제18조(세부측량의 기준 및 방법 등)

측량 방법	평판측량방법		
	교회법	도선법	방사법

방향선	• 10cm 이하
	• 광파조준의, 광파측거기
	  사용 : 30cm 이하
		• 8cm 이하
		• 광파조준의, 광파측거기
		  사용 : 30cm 이하
			• 10cm 이하
			• 광파조준의 사용 : 30cm 이하

Answer 01. ④ 02. ① 03. ②

04. 앨리데이드를 이용하여 두 점 간의 경사거리와 경사분획을 측정한 결과 경사거리 80m, 경사분획 +15.5인 경우 두 점 간의 수평거리는 얼마인가?

① 79.1m   ② 79.5m   ③ 78.1m   ④ 78.5m

해설 지적측량 시행규칙 제18조(세부측량의 기준 및 방법 등)

$$D = l \times \frac{1}{\sqrt{1+\left(\frac{n}{100}\right)^2}} = 80 \times \frac{1}{\sqrt{1+\left(\frac{15.5}{100}\right)^2}} = 79.06$$

∴ 79.1m

05. 기지점 A를 측점으로 하고 전방교회법으로 다른 기지에 의하여 평판을 표정하는 측량방법은?

① 방향선법   ② 원호교회법
③ 측방교회법   ④ 후방교회법

해설 측방교회법

전방교회법과 후방교회법을 혼합한 방법으로, 두 점 또는 3점의 기지점 중 한 점의 기지점과 미지점에서만 기계를 세울 수 있을 때 사용하며 주로 소축척의 측량에 사용한다.

06. 축척 1/500에서 지적도근점측량 시 도선의 총길이가 3,318.55m일 때 2등도선인 경우 연결오차의 허용범위는?

① 0.29m 이내   ② 0.34m 이내
③ 0.43m 이내   ④ 0.92m 이내

해설 지적측량 시행규칙 제15조(지적도근점측량에서의 연결오차의 허용범위와 종선 및 횡선오차의 배분)

지적도근점측량에서 연결오차의 허용범위 중 2등도선은 해당 지역 축척분모의 $\frac{1.5}{100}\sqrt{n}$ 센티미터 이하로 하며, 이 경우 n은 각 측선의 수평거리의 총합계를 100으로 나눈 수를 말한다.

따라서 $n = 3,318.55\text{m} \div 100 = 33.1855\text{cm}$

축척분모 $\times \frac{1.5}{100}\sqrt{n} = 500 \times \frac{1.5}{100}\sqrt{33.1855} = 43.2\text{cm}$

∴ 0.43m 이내

07. 다음 중 지적도근점의 각도관측을 할 때 측정결과가 허용범위 이내인 경우의 오차 배분 기준으로 옳은 것은?

① 배각법에 따르는 경우 측선장에 비례하여 각 측선의 관측각에 배분한다.
② 방위각법에 따르는 경우 변의 수에 비례하여 각 측선의 방위각에 배분한다.
③ 배각법에 따르는 경우 변의 수에 반비례하여 각 측선의 관측각에 배분한다.
④ 방위각법에 따르는 경우 측선장에 반비례하여 각 측선의 방위각에 배분한다.

Answer   04. ①   05. ③   06. ③   07. ②

해설 지적측량 시행규칙 제14조(지적도근점의 각도관측을 할 때의 폐색오차의 허용범위 및 측각오차의 배분)
1. 배각법에 따르는 경우 : 측선장(測線長)에 반비례하여 각 측선의 관측각에 배분한다.
2. 방위각법에 따르는 경우 : 변의 수에 비례하여 각 측선의 방위각에 배분한다.

08. 지적도근점측량에서 지적도근점을 구성하여야 하는 도선으로 옳지 않은 것은?

① 결합도선　　　　　　　　② 폐합도선
③ 개방도선　　　　　　　　④ 왕복도선

해설 지적측량 시행규칙 제12조(지적도근점측량)
지적도근점은 결합도선·폐합도선(廢合道線)·왕복도선 및 다각망도선으로 구성하여야 한다.

09. 지적도 및 임야도가 갖추어야 할 재질의 특성이 아닌 것은?

① 내구성　　　　　　　　② 명료성
③ 신축성　　　　　　　　④ 정밀성

해설 지적도 및 임야도의 재질은 신축성이 적어야 한다.

10. 지적삼각점측량에서 진북방향각의 계산단위로 옳은 것은?

① 초아래 1자리　　　　　　② 초아래 2자리
③ 초아래 3자리　　　　　　④ 초아래 4자리

해설 지적측량 시행규칙 제9조(지적삼각점측량의 관측 및 계산)
지적삼각점의 계산은 진수(眞數)를 사용하여 각규약(角規約)과 변규약(邊規約)에 따른 평균계산법 또는 망평균계산법에 따르며, 자오선수차의 단위는 초아래 1자리로 하며, 자오선수차와 진북방향각은 그 절댓값은 같고 부호만 다르다.
※ 진북방향각 : 도북방향각의 기준방향에서 자오선방향과 이루는 각을 뜻하며, 원점의 좌측에 있는 측점에서는 (+)가 되고, 원점의 우측에 있는 측점에서는 (-)가 된다.

11. 평판측량방법에 따른 세부측량을 도선법으로 하는 경우, 도선의 변의 수 기준은?

① 10개 이하　　　　　　　② 20개 이하
③ 30개 이하　　　　　　　④ 40개 이하

해설 지적측량 시행규칙 제18조(세부측량의 기준 및 방법 등)
평판측량방법에 따른 세부측량을 도선법으로 하는 경우는 다음과 같다.
1. 위성기준점, 통합기준점, 삼각점, 지적삼각점, 지적삼각보조점 및 지적도근점, 그 밖에 명확한 기지점 사이를 서로 연결한다.
2. 도선의 측선장은 도상길이 8센티미터 이하로 할 것. 다만, 광파조준의 또는 광파측거기를 사용할 때에는 30센티미터 이하로 할 수 있다.
3. 도선의 변은 20개 이하로 한다.

Answer　08. ③　09. ③　10. ①　11. ②

12. 지적도근점의 각도관측에 있어서 폐색오차의 허용범위로 틀린 것은?(단, n은 폐색변을 포함한 변수이다.)

① 배각법에 의할 경우 1등도선 $\pm 20\sqrt{n}$ 초
② 배각법에 의할 경우 2등도선 $\pm 30\sqrt{n}$ 초
③ 방위각법에 의할 경우 1등도선 $\pm \sqrt{n}$ 분
④ 방위각법에 의할 경우 2등도선 $\pm 2\sqrt{n}$ 분

해설 지적측량 시행규칙 제14조(지적도근점의 각도관측을 할 때의 폐색오차의 허용범위 및 측각오차의 배분)

1배각과 3배각의 교차	폐색오차 제한			
	배각법		방위각법	
	1등	2등	1등	2등
30초 이내	$\pm 20\sqrt{n}$ (초) 이내	$\pm 30\sqrt{n}$ (초) 이내	$\pm \sqrt{n}$ (분)	$\pm 1.5\sqrt{n}$ (분)

13. 분할에 따른 신구면적 오차의 허용범위를 계산함에 있어서 축척 1/3,000 지역은 그 축척을 얼마로 계산하는가?

① 1/2,400
② 1/3,000
③ 1/5,000
④ 1/6,000

해설 공간정보의 구축 및 관리 등에 관한 법률 시행령 제19조(등록전환이나 분할에 따른 면적 오차의 허용범위 및 배분 등)
임야대장의 면적과 등록전환될 면적의 오차 허용범위는 다음의 계산식에 따른다. 이 경우 오차의 허용범위를 계산할 때 축척이 3천분의 1인 지역의 축척분모는 6천으로 한다.
$A = 0.026^2 M\sqrt{F}$
여기서, A : 오차 허용면적, M : 임야도 축척분모, F : 등록전환될 면적

14. 중부원점지역에서 사용하는 축척 1/600 지적도 1도곽에 포용되는 면적은?

① 20,000m²
② 30,000m²
③ 40,000m²
④ 50,000m²

해설 축척 1/600 지적도 1도곽의 지상 거리는 가로 250m, 세로 200m
따라서 250m×200m=50,000m²

15. 지적기준점측량의 작업순서로 가장 적합한 것은?

① 선점 → 관측 → 조표 → 계산
② 선점 → 계산 → 조표 → 관측
③ 조표 → 선점 → 관측 → 계산
④ 선점 → 조표 → 관측 → 계산

해설 지적측량 시행규칙 제7조(지적측량의 방법 등)
1. 계획의 수립
2. 준비 및 현지답사
3. 선점(選點) 및 조표(調標)
4. 관측 및 계산과 성과표의 작성

16. 축척 1/600인 지적도 시행지역에서 일람도를 작성할 때 일반적인 축척은?

① 1/600
② 1/1,200
③ 1/3,000
④ 1/6,000

해설 지적업무처리규정 제38조(일람도의 제도)
일람도의 축척은 그 도면축척의 10분의 1로 한다. 다만, 도면의 장수가 많아서 한 장에 작성할 수 없는 경우에는 축척을 줄여서 작성할 수 있으며, 도면의 장수가 4장 미만인 경우에는 일람도의 작성을 하지 아니할 수 있다.

17. 다음 중 온도에 따른 줄자의 신축을 팽창계수에 따라 보정한 오차의 조정과 관련이 있는 것은?

① 계통오차
② 착오
③ 우연오차
④ 과대오차

해설 계통오차(정오차)
1. 크기와 방향(또는 부호)을 알 수 있는 오차로서 계통오차, 누차라고도 한다.
2. 함수 관계식에 의하여 표시할 수 있는 일정한 법칙에 따라 발생하는 오차
3. 일정한 조건에서는 같은 크기의 오차가 언제나 같은 방향으로 일어나서 작은 오차가 모여 큰 오차가 되기도 한다.
4. 그 원인과 상태만 알게 되면 쉽게 제거할 수 있다.
5. 온도변화에 따른 강철테이프의 신축은 선형으로 나타나며 팽창계수를 알 수 있다면 정오차와의 차이를 계산해서 오차를 조정할 수 있다.

18. 축척이 3천분의 1인 지역에서 등록전환을 하는 경우 면적이 2,500m²일 때 등록전환에 따른 오차의 허용범위로 옳은 것은?

① 79.35m²
② 101.40m²
③ 158.70m²
④ 202.80m²

해설 공간정보의 구축 및 관리 등에 관한 법률 시행령 제19조(등록전환이나 분할에 따른 면적 오차의 허용범위 및 배분 등)
임야대장의 면적과 등록전환될 면적의 오차 허용범위는 다음 계산식에 따른다.
$A = 0.026^2 M\sqrt{F}$
여기서, A : 오차 허용면적, M : 임야도 축척분모, F : 등록전환될 면적
단, 축척이 3천분의 1인 지역은 6천분의 1로 계산한다.
$A = 0.026^2 \times 6,000 \sqrt{2,500} = 202.80\text{m}^2$
∴ 202.80m²

Answer 16. ④ 17. ① 18. ④

19. 임야도 작성 시 구계(區界)와 동계(洞界)가 겹치는 경우에는 어떻게 하는가?

① 구계만 그린다.
② 동계만 그린다.
③ 구계와 동계를 겹쳐 그린다.
④ 필지 경계만 그린다.

해설 지적업무처리규정 제44조(행정구역선의 제도)
행정구역선이 2종 이상 겹치는 경우에는 최상급 행정구역선만 제도한다.
따라서 구계가 동계보다 상위의 행정구역이므로 구계만 제도한다.

20. 축척변경 시행지역의 토지소유자가 경계점표지를 설치하는 경계는 무엇을 기준으로 하는가?

① 토지소유자 간에 합의된 경계
② 경계복원측량 성과에 의한 경계
③ 담장, 철조망 등의 지상 구조물 경계
④ 시행공고일 현재 점유하고 있는 경계

해설 공간정보의 구축 및 관리 등에 관한 법률 시행령 제71조(축척변경 시행공고 등)
축척변경 시행지역의 토지소유자 또는 점유자는 시행공고가 된 날(이하 "시행공고일"이라 한다)부터 30일 이내에 시행공고일 현재 점유하고 있는 경계에 국토교통부령으로 정하는 경계점표지를 설치하여야 한다.

02 응용측량

21. 축척 1 : 50,000의 지형도에서 주곡선의 간격은?

① 1m ② 5m
③ 10m ④ 20m

해설 등고선의 종류는 계곡선, 주곡선, 간곡선, 보조곡선 등으로 분류하며 축척 50,000분의 1 지형도에서는 계곡선 100m, 주곡선 20m, 간곡선 10m, 보조곡선 5m로 되어 있다.

22. GPS 신호에서 P 코드의 1/10 주파수를 가지는 C/A 코드의 파장 크기로 옳은 것은?

① 100m ② 200m
③ 300m ④ 400m

Answer 19. ① 20. ④ 21. ④ 22. ③

해설 GPS 반송파는 P 코드와 C/A 코드로 구분된다.
1. P 코드
   ① 반복주기가 7일인 PRN code(Pseudo-Random Noise code)이다.
   ② 주파수가 10.23MHz이며 파장은 30m이다.
   ③ AS mode로 동작하기 위해 Y-code로 암호화되어 PPS 사용자에게 제공된다.
   ④ PPS(Precise Positioning Service, 정밀측위서비스) : 군사용
2. C/A 코드
   ① 1ms(millisecond)인 PPN code
   ② 주파수는 1.023MHz이며 파장은 300m이다.
   ③ L1 반송파에 변조되어 SPS 사용자에게 제공
   ④ SPS(Standard Positioning Service, 표준측위서비스) : 민간용

23. 초점거리 15cm, 사진크기 23cm×23cm인 카메라로 종중복 60%로 촬영한 평지 연직사진의 축척이 1 : 10,000일 때 기선고도비는?

① 0.51
② 0.61
③ 0.71
④ 0.81

해설 촬영고도(H)=초점거리(f)×축척분모(m)=1,500m

$B = am\left(1 - \dfrac{P}{100}\right)$ (여기서, B : 촬영기선 길이, a : 화면크기, m : 축척분모, P : 종중복도)

$= 0.23 \times 10,000\left(1 - \dfrac{60}{100}\right) = 920\text{m}$

$h = \dfrac{B}{H}$ (여기서, h : 기선고도비, B : 촬영기선 길이, H : 촬영고도)

$= \dfrac{920}{1,500} = 0.61$

24. 터널 내 중심선 측량 시 도벨을 설치하는 주된 이유는?

① 중심말뚝 간 시통이 잘되도록 하기 위하여
② 차량 등에 의한 기준점 파손을 막기 위하여
③ 후속작업을 위해 쉽게 제거할 수 있도록 하기 위하여
④ 측량 시 쉽게 발견할 수 있도록 하기 위하여

해설 터널측량에서 갱외측량 시 중심선 측량의 목적은 중심선 방향의 확인, 갱내 중심거리 측량, 중심선상의 기준점 측량, 지형측량 등이며, 도벨을 설치하는 주된 이유는 기준점 파손 등을 예방하기 위함이다.

25. 반지름 100m의 단곡선을 설치하기 위하여 교각 I를 관측하였더니 60°이었다. 곡선시점(B.C)과 교점(I.P)의 거리는?

① 45.25m
② 55.57m
③ 57.74m
④ 81.37m

해설 곡선시점(B.C)과 교점(I.P)과의 거리는 접선장을 말한다.

접선장$(T.L) = R \tan \frac{I}{2} = 100 \tan \frac{60°}{2} = 57.735m$

∴ 57.74m

26. 수준 측량 시 중간시가 많은 경우 가장 편리한 야장 기입방법은?

① 기고식
② 고차식
③ 승강식
④ 기준면식

해설 기고식은 임의의 점의 시준고를 구한 다음 여기에 임의의 점의 지반고에 그 후시를 더하여 기계고를 얻고 이것에서 다른 점의 전시를 빼면 그 점의 지반고를 얻는 방법으로, 노선측량의 종단측량이나 횡단측량에 많이 쓰이며 중간시(간시)가 많을 때 편리한 방법이다.

27. 사진의 판독요소로 천연색 사진이 판독범위가 넓으며 천연색 사진에서 밭, 논, 수면 등을 판독할 때 가장 중요한 요소는?

① 색조
② 형상
③ 음영
④ 질감

해설 천연색 사진은 조사·판독에 쓰이고 도화에는 안 쓰이는 사진이며, 판독요소 중 가장 중요한 요소는 색조로 피사체가 갖는 빛의 반사에 의한 것으로 수목의 종류 등을 판독한다.

28. 지성선 중에서 등고선 간의 최소거리를 의미하는 것은?

① 경사변환선
② 합수선
③ 최대경사선
④ 분수선

해설 최대경사선(유하선)은 지표의 임의의 한 점에 있어서 그 경사가 최대로 되는 방향을 표시한 선을 말하며, 등고선에 직각으로 교차하고 최소거리를 나타낸다.

29. 교각 55°, 곡선반지름 285m인 단곡선이 설치된 도로의 기점에서 교점(I.P)까지의 추가거리가 423.87m일 때 시단현의 편각은?(단, 말뚝 간의 중심거리는 20m이다.)

① 0° 27′ 05″
② 0° 11′ 24″
③ 1° 45′ 16″
④ 1° 45′ 20″

해설 노선측량에서 $TL = R \tan \frac{I}{2} = 285 \tan 27°30' = 148.36$

노선출발점에서 곡선시점까지의 거리는 $BC = IP - TL = 423.87 - 148.36 = 275.51m$

∴ 노선출발점에서 곡선시점까지의 Chain당 거리는 $BC = 275.51 \div 20 = No.13 + 15.51m$

시단현의 길이(l) 1Chain당 거리 - 15.51m = 4.49m

∴ 시단현의 편각$(\sigma) = 1,718.87' \frac{L}{R} = 1,718.87' \frac{4.49}{285} = 0° 27' 04.78''$, ∴ 0° 27′ 05″

30. A, B 두 지점 간 지반고의 차를 구하기 위하여 왕복 관측한 결과 그림과 같은 관측값을 얻었을 때 최확값은?

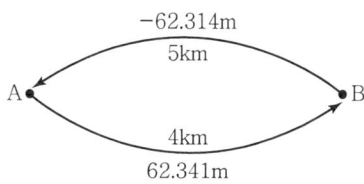

① 62.332m ② 62.329m
③ 62.334m ④ 62.341m

해설 경중률 $P_a : P_b = \dfrac{1}{4} : \dfrac{1}{5} = 5 : 4$

$L_0 = \dfrac{P_1 l_1 + P_2 l_2}{P_1 + P_2} = \dfrac{(62.341 \times 5) + (62.314 \times 4)}{5 + 4} = 62.329\text{m}$ 이다.

31. 굴뚝의 높이를 구하기 위하여 A, B점에서 굴뚝 끝의 경사각을 관측하여 A점에서 30°, B점에서 45°를 얻었다. 이때 굴뚝의 표고는?(단, AB의 거리는 22m, A, B 및 굴뚝의 하단은 일직선상에 있고, 기계고(I.H)는 A, B 모두 1m이다.)

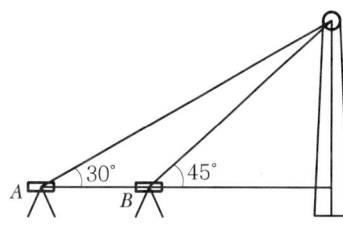

① 30m ② 31m
③ 33m ④ 35m

해설 사인법칙에 의거 계산하면 $\dfrac{a}{\sin A} = \dfrac{b}{\sin B} = \dfrac{c}{\sin C} = 2R$

$\dfrac{22}{\sin 15°} = \dfrac{b}{\sin 30°} \rightarrow b = 42.5\text{m}$, $\dfrac{42.5}{\sin 90°} = \dfrac{c}{\sin 45°} \rightarrow c = 30.05\text{m}$

∴ 30 + 기계고(1m) = 31m

32. 클로소이드의 곡선의 매개변수를 2배를 증가시키고자 한다. 이때 곡선의 반지름이 일정하다면 완화곡선의 길이는 몇 배로 되는가?

① 2 ② 4
③ 8 ④ 14

해설 클로소이드의 파라미터(매개변수)는 $A = \sqrt{RL}$ 이므로 매개변수를 2배 증가시키고 반지름이 일정하다면 완화곡선의 길이 L은 4배 증가한다.

33. 정밀도 저하율(DOP : Dilution Of Precision)의 특징이 아닌 것은?

① 정밀도 저하율의 수치가 클수록 정확하다.
② 위성들의 상대적인 기하학적 상태가 위치 결정에 미치는 오차를 표시한 것이다.
③ 무차원수로 표시된다.
④ 시간의 정밀도에 의한 DOP의 형식을 TDOP라 한다.

해설 위성의 배치상태에 의한 오차(DOP)는 정밀도 저하율이라 하며, GDOP(기하학적 정밀도 저하율), PDOP(위치 정밀도 저하율), HDOP(수평 정밀도 저하율), VDOP(수직 정밀도 저하율), RDOP(상대 정밀도 저하율), TDOP(시간 정밀도 저하율)로 구분된다. 정밀도 저하율은 수치가 작을수록 정확하고, 일반적으로 PDOP은 3~5까지가, HDOP은 2.5 이하가 적당하며, 가장 좋은 배치상태일 때를 1로 한다.

34. 터널 레벨측량의 특징에 대한 설명으로 옳은 것은?

① 지상에서의 수준측량방법과 장비 모두 동일하다.
② 수준점의 위치는 바닥레일의 중심점을 이용한다.
③ 이동식 답판을 주로 이용해야 안정성이 있다.
④ 수준점은 천정에 주로 설치한다.

해설 터널측량에서는 지상측량과 다르게 측점을 보통 천정에 설치한다.

35. 인공위성에 의한 원격탐사(Remote Sensing)의 특징에 대한 설명으로 틀린 것은?

① 짧은 시간 내에 넓은 지역을 동시에 관측할 수 있으며 반복 관측이 가능하다.
② 다중파장대에 의한 지구 표면 정보획득이 용이하고, 판독이 자동적이고 정량화가 가능하다.
③ 탐사된 자료가 즉시 이용될 수 있으며 재해, 환경문제 해결에 편리하다.
④ 회전주기를 자유롭게 조정할 수 있으므로 원하는 지점 및 시기에 관측하기 용이하다.

해설 원격탐측(Remote Sensing)
지상이나 항공기 및 인공위성 등의 탑재기(Platform)에 설치된 탐측기(Sensor)를 이용하여 지표, 지상, 지하, 대기권 및 우주공간의 대상들에서 반사 혹은 방사되는 전자기파를 탐지하고 이들 자료로부터 토지, 환경 및 자원에 대한 정보를 얻어 이를 해석하는 기법으로, 다음과 같은 특징을 가진다.
1. 짧은 시간 내에 넓은 지역을 동시에 측정할 수 있으며 반복 측정이 가능하다.
2. 다중파장대에 의한 지구 표면 정보획득이 용이하여 측정자료가 기록되어 판독이 자동적이고 정량화가 가능하다.
3. 회전주기가 일정하므로 원하는 지점 및 시기에 관측하기가 어렵다.
4. 관측이 좁은 시야각으로 얻어진 영상은 정사투영에 가깝다.
5. 탐사된 자료가 즉시 이용될 수 있으며 재해, 환경문제 해결에 편리하다.

36. 지형도에 의한 댐의 저수량 측정에 사용할 방법으로 적당한 것은?

① 영선법 ② 채색법
③ 음영법 ④ 등고선법

Answer 33. ① 34. ④ 35. ④ 36. ④

해설 등고선법은 동일표고의 점을 연결한 곡선, 등고선에 의하여 지형의 높이(지표)를 표시하는 방법으로 토량의 산정 및 용량, 저수량 측정에 사용된다.

37. 축척 1 : 20,000의 사진을 제작하고자 할 때, 항공기의 속도가 180km/h, 흔들림의 허용량이 0.01mm라 하면, 최장 노출시간으로 옳은 것은?

① 1/50초   ② 1/100초
③ 1/250초   ④ 1/500초

해설 먼저 촬영기선장을 구하면 $B = a \cdot m = 0.00001 \times 20,000$

최장노출시간(T_s) $= \dfrac{B}{V} = \dfrac{0.2}{180 \times 1,000 \times \dfrac{1}{3,600}} = 0.004\text{초} = \dfrac{1}{250}\text{초}$

여기서, B : 촬영기선장, V : 속도(초속)

38. 지상에서 이동하고 있는 물체가 사진에 나타나 그 이동한 물체를 입체시할 때, 그 운동이 기선 방향이면 물체가 뜨거나 가라앉아 보이는 현상은?

① 정사현상(Orthoscopic Effect)   ② 역현상(Pseudoscopic Effect)
③ 카메론 현상(Cameron Effect)   ④ 반사현상(Reflection Effect)

해설 카메론 효과(Cameron Effect)란 입체사진 위에서 이동한 사물을 실체시하면 입체시에 의한 과고감으로 입체상의 변화를 나타내는 시차가 발생하고, 그 운동이 기선 방향이면 물체가 뜨거나 가라앉아 보이는 현상을 말한다.

39. GPS 관측에 대한 설명으로 옳지 않은 것은?

① C/A 코드 및 P 코드로 의사거리를 관측하여 관측점의 위치를 계산한다.
② L1 주파의 위상(L1 Carrier Phase) 관측자료를 이용하여 정수파수의 정수치(Integer Number)를 구함으로써 mm 또는 cm 정도의 정밀한 기선벡터를 계산할 수 있다.
③ L1 주파의 위상(L1 Carrier Phase) 관측자료만으로 전리층 오차를 보정할 수 있다.
④ L1, L2 2주파의 위상관측자료를 이용하면 L1 1주파만 이용할 때보다 정수파수의 정수치(Integer Number)를 정확히 얻을 수 있다.

해설 전리층 오차를 보정하기 위해서는 L1, L2 모두 필요하다.

40. 종단측량을 행하여 표와 같은 결과를 얻었을 때 측점 1과 측점 5의 지반고를 연결한 도로 계획선의 경사도는?(단, 중심선의 간격은 20m이다.)

측점	지반고(m)	측점	지반고(m)
1	53.38	4	50.56
2	52.28	5	52.38
3	55.76		

Answer 37. ③ 38. ③ 39. ③ 40. ④

① +1.00%   ② −1.00%
③ +1.25%   ④ −1.25%

해설 측점 1과 측점 5의 높이차(h)는 $53.38-52.38=1m$, 거리 : 80m

구배 $=\dfrac{높이}{수평거리}=\dfrac{1}{80}=1.25\%$

측점 1보다 측점 5 지반이 낮으므로 경사는 −1.25%

03 토지정보체계론

SUBJECT

41. 우리나라 지적도에서 사용하는 평면직각좌표계의 경우 중앙경선에서의 축척계수는?

① 0.9996   ② 0.9999
③ 1.0000   ④ 1.0004

해설 투영원점 축척계수
1. 투영원점을 통과하는 자오선의 거리와 평면으로 투영된 거리의 비율을 말한다.
2. 공간정보의 구축 및 관리 등에 관한 법률 시행령 [별표 2] : 직각좌표계 원점(서부, 중부, 동부, 동해)에서 원점축척계수는 1.0000이다.

42. 다음 중 기존 공간 사상의 위치, 모양, 방향 등에 기초하여 공간 형상의 둘레에 특정한 폭을 가진 구역을 구축하는 공간분석 기법은?

① Buffer   ② Classification
③ Dissolve   ④ Interpolation

해설 버퍼(Buffer)
1. 공간 형상의 둘레에 특정한 폭을 가진 구역을 구축하는 것으로, 버퍼를 생성하는 과정을 버퍼링(Buffering)이라 한다.
2. 버퍼링은 점, 선 폴리곤 형상 주변에 생성할 수 있으며, 버퍼링한 결과는 모두 폴리곤으로 표현된다.
※ Classification(분류), Dissolve(용해, 흩어지다), Interpolation(보간법)

43. 다음 중 래스터데이터의 압축방법으로 각 행마다 왼쪽에서 오른쪽으로 진행하면서 처음 시작하는 셀과 끝나는 셀까지 동일한 수치값을 갖는 셀들을 묶어 압축하는 것은?

① Run-Length Code 기법   ② Quadtree 기법
③ Chain Code 기법   ④ Block Code 기법

Answer 41. ③ 42. ① 43. ①

[해설] 연속 분할 코드(Run-Length Code) 방법
1. 동일한 속성 값을 개별적으로 저장하는 대신 하나의 런(Run)에 해당하는 속성 값이 한 번만 저장된다.
2. Quadtree 방법과 함께 많이 쓰이는 격자자료 압축방법이다.
3. 런(Run)은 하나의 행에서 동일한 속성 값을 갖는 격자를 의미한다.

44. 다음 중 디지타이징에 의한 도면의 독취 과정에서 흔히 발생하는 오류에 해당하지 않는 것은?

① 슬리버(Sliver)
② 오버슈트(Overshoot)
③ 언더슈트(Undershoot)
④ 아웃슈트(Outshoot)

[해설] 디지타이징 입력 오류 유형

슬리버(Sliver)	오버슈트(Overshoot)	언더슈트(Undershoot)

45. 다음 중 해상력에 대한 설명으로 옳지 않은 것은?

① 해상력은 일반적으로 mm당 선의 수를 말한다.
② 해상력은 자료를 표현하는 최대단위를 의미한다.
③ 수치영상시스템에서의 공간해상력은 격자나 픽셀의 크기를 의미한다.
④ 일반적으로 항공사진이나 인공위성 영상의 경우 해상력은 식별이 가능한 최소 객체를 의미한다.

[해설] 해상력
1. 자료를 표현하는 최소단위를 의미한다.
2. 항공사진이나 인공위성 영상의 경우 해상력은 분별이 가능한 최소 객체를 의미(공간 해상력)한다.

46. 다음 중 수치지도를 생성하고자 할 때 기존에 존재하는 도면을 이용하는 방법으로 가장 적합한 것은?

① 토탈스테이션을 이용한 측량
② 항공사진측량
③ 인공위성영상의 활용
④ 디지타이징

[해설] 디지타이징은 디지타이저 판 위에 도면을 올리고 컴퓨터와 연결된 마우스를 이용하여 자료를 컴퓨터에 입력시키는 방법이다.

47. 스파게티 모형에 대한 설명으로 옳지 않은 것은?

① 상호 연관성에 관한 정보가 없어 인접한 객체들의 특징과 관련성, 연결성을 파악하기 어렵다.
② 폴리곤의 경계선이 공유되는 경우에도 두 번씩 반복해서 저장된다.
③ 객체가 좌표에 의한 그래픽 형태(점·선·면)로 저장되며 구조화되지 않은 그래픽 모형이다.
④ 하나의 점(X, Y좌표)을 기본으로 하고 있어 구조가 복잡하다.

해설 스파게티 모형은 하나의 점(X, Y좌표)을 기본으로 하고 있어 구조가 간단하므로 이해하기 쉽다.

48. 다음 중 벡터데이터에 대한 설명으로 옳지 않은 것은?

① 래스터데이터에 비하여 자료 구조가 복잡하다.
② 래스터데이터에 비하여 중첩 기능을 수행하기 어렵다.
③ 다양한 실세계의 공간 사상을 격자형태로 표현한다.
④ 위상에 관한 정보가 제공됨으로써 관망분석과 같은 공간분석이 가능하다.

해설 다양한 실세계의 공간 사상을 격자형태로 표현하는 것은 래스터데이터이다.

49. 다음 중 자료에 대한 내용, 품질, 사용조건 등의 정보를 제공하는 것으로 데이터의 이력서라고도 하는 것은?

① 레이어
② SDTS
③ 메타데이터
④ 인덱스

해설 ① 레이어 : 여러 개의 화상(畵像)을 겹쳐서 표시하기 위하여 사용하는 층
② SDTS : Spatial Data Transfer Standard
③ 메타데이터 : 데이터에 관한 구조화된 데이터로, 다른 데이터를 설명해 주는 데이터
④ 인덱스 : 본문 중의 중요한 항목·술어·인명·지명 등을 뽑아 한 곳에 모아, 이들의 본문 소재의 페이지를 기재한 것

50. 다음 중 현지측량 등으로 얻어진 대상물의 좌표를 직접 입력하여 공간정보를 구축하는 방식은?

① 디지타이징
② 스캐닝
③ COGO
④ DIGEST

해설 COGO(Coordinate Geometry)
1. 실제 현장에서 측량한 결과로 얻어진 자료를 이용하여 수치지도를 작성하는 방식이다.
2. 기존의 지도를 사용하는 디지타이징보다는 정확도가 훨씬 높다.
3. 최근에는 측량장비(EDM, GPS 등)의 발달로 활성화되어 있다.

51. 다음 중 지적전산화 목적으로 가장 거리가 먼 것은?

① 지적민원처리의 신속성
② 전산화를 통한 중앙통제
③ 관련 업무의 능률과 정확도 향상
④ 토지 관련 정책자료의 다목적 활용

해설 여러 공공기관 및 부서 간의 토지정보 공유, 토지기록변동자료의 신속한 온라인 처리 등은 중앙통제와는 거리가 멀다.

52. 다음 중 기존의 자료 저장 방식에 비하여 데이터베이스 방식이 가지는 장점으로 옳지 않은 것은?

① 초기의 구축비용이 적게 든다.
② 저장된 자료를 공동으로 이용할 수 있다.
③ 데이터의 무결성을 유지할 수 있다.
④ 데이터의 중복을 피할 수 있다.

해설 비용면에서 시스템을 구축할 때 관련 소프트웨어와 이와 관련된 처리장비가 매우 고가로 초기 구축비용이 많이 들어가는 단점이 있다.

53. 다음 중 지도의 형상과 주석을 설명하기 위한 도형요소와 가장 거리가 먼 것은?

① 문자　② 격자셀　③ 영상소　④ 기호

해설 GIS 자료구조
1. 도형요소는 도면(경계, 기호 등)에 관련된 사항
2. 속성요소는 대장(지목, 소유자 등)에 관련된 사항으로, 테이블 형태로 저장하고, 테이블 속성은 문자(Text)로 입력하고 있다.

54. 다음 중 래스터데이터의 저장형식에 해당하지 않는 것은?

① BMP　② JPEG　③ TIFF　④ DXF

해설 래스터 자료의 파일 포맷
1. BMP(Bitmap) : 비트맵 디지털 그림을 저장하는 데 쓰이는 그림 파일 포맷이다.
2. JPEG(Joint Photographic Coding Experts Group) : 사진 등의 정지화상을 통신에 사용하기 위해서 압축하는 기술의 표준이다.
3. TIFF(Tagged Image File Format) : 래스터자료 상호교환 포맷이다.

55. 다음 중 지적전산자료의 이용에 관한 설명으로 옳은 것은?

① 시·군·구 단위의 지적전산자료를 이용하고자 하는 자는 지적소관청 또는 도지사의 승인을 얻어야 한다.
② 시·도 단위의 지적전산자료를 이용하고자 하는 자는 시·도지사 또는 행정안전부장관의 승인을 얻어야 한다.
③ 전국 단위의 지적전산자료를 이용하고자 하는 자는 국토교통부장관, 시·도지사 또는 지적소관청의 승인을 얻어야 한다.
④ 심사 및 승인을 거쳐 지적전산자료를 이용하는 자는 사용료를 면제한다.

해설 공간정보의 구축 및 관리에 관한 법률 제76조(지적전산자료 이용)
1. 전국 단위의 지적전산자료 : 국토교통부장관, 시·도지사 또는 지적소관청
2. 시·도 단위의 지적전산자료 : 시·도지사 또는 지적소관청
3. 시·군·구(자치구가 아닌 구를 포함한다) 단위의 지적전산자료 : 지적소관청

4. 전산자료의 이용 또는 활용에 관한 승인을 받은 자는 국토교통부장관이 정하는 사용료를 내야 한다. 다만, 국가나 지방자치단체에 대하여서는 사용료를 면제한다.

56. 다음 중 토지정보체계에서 데이터베이스의 구축 시 발생하는 오차로 보기 어려운 것은?

① 데이터의 좌표변환 시 사용하는 투영법에 따른 오차
② 원본자료의 부정확성에 따른 오차
③ 자료의 논리적 일관성에 따른 오차
④ 데이터의 입력 과정에서 발생하는 오차

해설 논리적 일관성
1. 개념 일관성 : 항목이 관련된 개념적 스키마 규칙을 따름을 나타내는 척도
2. 영역 일관성 : 항목이 그것의 값 영역과 일치하고 있는지에 관한 척도
3. 포맷 일관성 : 데이터세트 내에서 데이터세트의 물리적 구조와 상충되지 않는지
4. 위상 일관성 : 데이터세트 내에서 도형 위상(연결 등)의 정확성

57. 컴퓨터 운영체계(Operating System)의 종류가 아닌 것은?

① Unix   ② Linux
③ Windows   ④ OGC

해설 OGC(개방형 공간 정보 컨소시엄, Open GIS Consortium)
1. OGIS(Open Geodata Interoperability Specification)를 개발하고 추진하는 데 필요한 합의된 절차를 정립할 목적으로 비영리의 협회 형태로 설립되었다.
2. 지리정보를 활용하고 관련 응용분야를 주요 업무로 하고 있는 공공기관 및 민간기관으로 구성된 컨소시엄이다.
3. OGC의 지리공간정보 표준은 북미와 유럽 연합은 물론 대다수 정부 기관에서 국가 공간정보 기반시설 개발에 활용하고 있다.

58. 다음 중 표준 데이터베이스 질의 언어인 SQL의 데이터 정의어에 해당하지 않는 것은?

① DROP   ② ALTER
③ CREATE   ④ INSERT

해설 SQL의 데이터 정의어(DDL : Data Definition Language)
1. 데이터베이스에서 데이터와 데이터 간의 관계를 정의하여 데이터베이스 구조를 설정
2. 데이터베이스, 테이블, 필드, 인덱스 등 객체를 생성(CREATE), 변경(ALTER), 삭제(DROP), 이름 변경(RENAME) 등 기능이 있음

59. 다음 중 두 개 또는 더 많은 레이어들에 대하여 불린(Boolean)의 OR 연산자를 적용하여 합병하는 방법으로 기준이 되는 레이어의 모든 특징이 결과 레이어에 포함되는 중첩 방법은?

① Intersect   ② Union
③ Identity   ④ Clip

해설 중첩 연산 기능

방법	입력 커버리지 / 연산기능 커버리지 / 산출된 커버리지
Intersect	
Union	
Identity	
Clip	

60. 다음 중 수치지도를 만들기 위한 원시자료로 어울리는 것은?

① 토지(임야)대장
② 주제도
③ 경계점좌표등록부
④ 단계구분도

해설 수치지도
1. 지표면·지하·수중 및 공간의 위치와 지형·지물 및 지명 등의 각종 지형공간정보를 전산시스템을 이용하여 일정한 축척에 따라 디지털 형태로 나타낸 것
2. 수치지도 작성 : 지적원도와 디지타이징을 이용하여 수동으로 입력하거나, 스캐너를 이용하여 자동 입력하여 제작한다.

04 지적학

SUBJECT

61. 토지조사사업의 사정에 불복하는 자는 공시기간 만료 후 최대 며칠 이내에 고등토지조사위원회에 재결을 신청하여야 하는가?

① 10일
② 30일
③ 60일
④ 90일

Answer 60. ③ 61. ③

해설 토지조사사업의 사정
1. 개념 : 토지조사사업의 사정은 토지조사부와 지적도에 의하여 토지의 소유자 및 그 강계를 확정하는 행정처분
2. 사정권자 : 지방토지조사위원회의 자문을 받아 당시 토지조사국장이 실시
3. 대상 : 토지소유자와 토지강계
4. 절차 : 사정은 30일간 공시하였으며, 불복하는 자는 공시기간 만료 후 60일 이내에 고등토지조사위원회에 이의를 제기하여 재결을 요청할 수 있도록 함

62. 지적의 발생설을 토지측량과 밀접하게 관련지어 이해할 수 있는 이론은?

① 과세설　　　　　　　　　　② 치수설
③ 지배설　　　　　　　　　　④ 역사설

해설 지적발생설의 종류
1. 과세설 : 세금징수의 목적에서 출발
2. 치수설 : 토목측량술 및 치수에서 비롯됨
3. 통치설 : 통치적 수단에서 시작됨
4. 침략설 : 영토 확장과 침략상 우위 목적

63. 다음 중 1단지마다 하나의 본번을 부여하고 단지 내 필지마다 부번을 부여하는 방법으로, 토지구획 및 농지개량사업시행지역 등의 지번 설정에 적합한 것은?

① 선별식　　　　　　　　　　② 사행식
③ 단지식　　　　　　　　　　④ 기우식

해설 지번부여방법
1. 지번부여방법의 종류
　① 진행방향에 따른 분류 : 사행식, 기우식, 단지식
　② 부여단위에 따른 분류 : 지역단위법, 도엽단위, 단지단위법
　③ 기번위치에 따른 분류 : 북동기번법, 북서기번법
2. 진행방향에 따른 방법
　1) 사행식
　　① 필지의 배열이 불규칙한 지역에서 진행순서에 따라 지번 부여
　　② 진행방향에 따라 지번이 순차적으로 연속
　　③ 농촌지역에 적합
　　④ 상하좌우로 볼 때 어느 방향에서는 지번이 뛰어넘는 단점이 있음
　2) 기우식(또는 교호식)
　　① 도로를 중심으로 한쪽은 홀수인 기수, 반대쪽은 짝수인 우수로 지번을 부여
　　② 시가지 지역의 지번 설정에 적합
　3) 단지식(또는 Block식)
　　① 1단지마다 하나의 지번을 부여하고 단지 내 필지들은 부번을 부여하는 방법
　　② 토지구획, 농지개량사업시행지역에 적합

64. 지적불합지의 유형 중 아래의 설명에 해당하는 것은?

지적도근점의 위치가 부정확하거나 지적도근점의 사용이 어려운 지역에서 현황측량방식으로 대단위지역의 이동측량을 할 경우에 일필지의 단위면적에는 큰 차이가 없으나 토지경계선이 인접한 토지를 침범해 있는 형태이다.

① 중복형 ② 편위형
③ 공백형 ④ 불규칙형

해설 지적불부합지의 유형
1. 중복형 : 일필지의 일부가 중복 등록되는 경우로 등록전환 시의 과실 및 기준점측량 시 사용한 원점이 서로 상이할 경우 원점지역의 접촉지역(리·동계가 접하는 곳)에서 많이 발생
2. 공백형 : 경계가 마주한 토지가 지적도상에는 떨어져 있는 것처럼 공백부가 발생한 경우로 삼각점 또는 도근점의 계열과 도선의 배열이 상이한 경우에 신규등록이나 등록전환측량의 오류로 나타나기도 함
3. 편위형 : 도근점의 위치 부정확 또는 현황측량방식에 의한 집단 이동의 경우에 발생하는 유형으로 측판점의 위치결정 오류에 의한 경우가 대부분이고 가장 흔한 유형이며 쉽게 발견되지 않아 소유자의 저항이 적어 오래 방치되는 경향이 많음
4. 불규칙형 : 일정한 방향으로 밀리거나 중복되지 않고 산발적으로 오류가 발생한 경우로서 기초점 자체의 위치오류, 경계결정의 착오, 소유자 간의 경계 혼동 등 다양한 원인들이 복합적으로 누적되어 정확한 원인분석이 어려움
5. 위치오류형 : 1필의 토지가 형상과 면적은 일치하나 지적공부와 지상의 위치가 다른 곳에 위치한 유형으로 주로 세부측량 시 도근점이나 기지경계선에서 멀리 떨어진 산림 속의 경작지, 산답(山畓) 등에서 많이 발생

65. 지적공부에 원칙적으로 등록할 수 없는 토지는?

① 간석지 ② 해안 빈지
③ 하천 포락지 ④ 해안 방풍림

해설 간석지, 빈지, 포락지, 방풍림의 개념
1. 간석지 등의 법적 개념(공유수면 관리 및 매립에 관한 법률 제2조)
   ① 간석지 : 만조수위선(滿潮水位線)과 간조수위선(干潮水位線) 사이
   ② 바닷가(해안 빈지) : 해안선으로부터 지적공부(地籍公簿)에 등록된 지역까지의 사이
   ③ 포락지 : 지적공부에 등록된 토지가 물에 침식되어 수면 밑으로 잠긴 토지
2. 간석지 등의 일반적인 정의
   ① 간석지 : 하천에 의해서 하구에 운반된 점토와 모래 같은 미립물질이 해수의 운반작용으로 하구나 그 인접해안에 퇴적된 지형(개펄) 또는 조차가 큰 해안에서 조류에 의해 퇴적된 미립 물질이 썰물 때에는 노출되고 밀물 때에는 해수면 아래로 잠기는 넓고 평탄한 해안 퇴적 지형
   ② 해안 빈지 : 일반적으로 바다와 육지 사이의 토지(1999년 공유수면 관리 및 매립에 관한 법률이 개정됨에 따라 빈지(濱地)에서 바닷가로 변경)
   ③ 하천 포락지 : 지적공부에 등록된 토지가 하천의 물에 침식되어 수면 밑으로 잠긴 토지
   ④ 해안 방풍림 : 폭풍 등 강풍이나 바다 물결, 모래를 막기 위하여 해안지역에 나무로 조성된 숲
   ※ 간석지는 영해와 배타적 경제수역과 함께 바다에 포함되므로 원칙적으로 지적공부에 등록할 수 없음

Answer 64. ② 65. ①

66. 다음 지적의 기본이념에 대한 설명으로 옳지 않은 것은?

① 지적공개주의 : 지정공부에 등록하여야만 효력이 발생한다는 이념
② 지적국정주의 : 지적공부의 등록사항은 국가만이 결정할 수 있다는 이념
③ 직권등록주의 : 모든 필지는 강제적으로 지적공부에 등록·공시해야 한다는 이념
④ 실질적 심사주의 : 지적공부의 등록사항이나 변경등록은 지적 관련 법률상 적법성과 사실관계 부합 여부를 심사하여 지적공부에 등록한다는 이념

해설 지적의 기본이념의 종류
1. 지적국정주의 : 지적공부의 등록사항은 국가만이 이를 결정할 수 있다는 이념
2. 지적형식주의 : 등록사항은 지적공부에 등록·공시하여야만 효력이 인정되는 이념
3. 지적공개주의 : 지적공부의 등록사항은 소유자, 이해관계인 등에게 공개하여 이용하게 함
4. 실질적 심사주의(사실심사) : 등록이나 변경등록은 절차상의 적법성뿐만 아니라 사실관계의 부합 여부를 심사한다는 이념
5. 직권등록주의(강제등록주의) : 모든 필지는 강제적으로 등록·공시하여야 함

67. 토지조사사업에서 지목은 모두 몇 종류로 구분하였는가?

① 15종　② 18종　③ 21종　④ 24종

해설 지목의 변천내용
1. 1910~1950년 : 토지조사령에 의거 전, 답, 대 등 18개 지목으로 구분
2. 1950~1975년 : 구지적법에 의거 21개 지목으로 구분
    ① 지소 → 지소, 유지
    ② 잡종 → 잡종지, 염전, 광천지
3. 1976~2001년
    ① 24개 지목으로 구분
    ② 6개 지목 신설 : 과수원, 목장용지, 공장용지, 학교용지, 운동장, 유원지
    ③ 6개 지목을 3개 지목으로 통합 : 철도용지+철도선로 → 철도용지, 수도용지+수도선로 → 수도용지, 유지+지소 → 유지
    ④ 지목명칭 변경 : 공원지 → 공원, 사사지 → 종교용지, 성첩 → 사적지, 분묘지 → 묘지(이상 1976년), 운동장 → 체육용지(1991년)
4. 2002년~현재 : 4개 지목 신설 → 주차장, 주유소용지, 창고용지, 양어장

68. 다음 중 자한도(字限圖)에 대한 설명으로 옳은 것은?

① 조선시대의 지적도
② 중국 원나라 시대의 지적도
③ 일본의 지적도
④ 중국 청나라 시대의 지적도

해설 자한도(字限圖)
1. 자한도(字限圖)는 자도(字圖) 또는 공도(公圖)라고도 부르는 일본 명치시대(1868~1912)의 지세개정사업 시에 토지대장과 함께 만들어진 도면
2. 검사측량이 실시되기는 하였지만 토지 소유권자가 경위도 위치와 상관없이 작성한 견취도와 같은 개념의 토지대장 부속지도

3. 자한도(字限圖)는 아직도 일본의 부동산등기법의 규정에 의한 지도 또는 건물도가 없는 지역의 등기소나 출장소에 지도에 준하는 도면으로 비치되어 활용되고 있음

69. 지적재조사사업의 목적으로 옳지 않은 것은?

① 경계복원능력의 향상
② 지적불부합지의 해소
③ 토지거래질서의 확립
④ 능률적인 지적관리체제 개선

해설 지적재조사의 목적
1. 공적 측면에서 국토의 효율적인 관리, 토지정책 및 행정 수행의 기초자료 제공
2. 사적 측면에서 국민의 토지소유권 보호, 토지거래의 안전성 및 신속성 보장
3. 측량·정보처리 기술의 혁신 및 지적불부합이 야기되는 지적제도의 전면 개선
4. 토지 관련 정보의 신속·정확한 제공
5. 지적정보를 공동 활용하여 중복투자 방지
6. 지적행정의 효율성 및 능률성 도모
※ 토지거래질서의 확립은 부동산정책으로 해결할 부분이다.

70. 근대 유럽 지적제도의 효시를 이루는 데 공헌한 국가는?

① 독일
② 네덜란드
③ 스위스
④ 프랑스

해설 프랑스는 나폴레옹 지적법에 따라 1808~1850년에 걸쳐 토지에 대한 공평한 과세와 소유권에 관한 분쟁을 해결하기 위하여 창설되어 근대적 지적제도의 효시가 되었으며, 나폴레옹의 영토 확장과 더불어 유럽의 전역에 대한 지적제도의 창설에 직접적인 영향을 미치게 됨

71. 다음 중 임야조사사업 당시의 사정(査定)기관으로 옳은 것은?

① 임시토지조사국장
② 도지사
③ 임야조사위원회
④ 읍·면장

해설 임야조사사업의 사정
1. 개념 : 임야조사사업의 사정은 토지조사사업에서 제외된 임야와 임야 내에 개재된 임야 이외의 토지에 대한 행정처분
2. 사정기관
   ① 사정권자 : 도지사
   ② 조사 및 측량기관 : 부 또는 면
3. 사정의 대상
   ① 사정의 대상은 소유자 및 경계
   ② 임야조사서와 임야도에 의함
4. 사정의 절차
   ① 사정은 30일간 공시
   ② 불복하는 자는 공시기간 만료 후 60일 이내에 임야조사위원회에 재결을 요청

Answer   69. ③   70. ④   71. ②

토지조사사업과 임야조사사업의 사정(査定)사항 비교

구분	토지조사사업	임야조사사업
사정권자	임시토지조사국장	도지사
사정기관	–	임야심사위원회
조사 및 측량기관	임시토지조사국	부 또는 면
자문기관	지방토지조사위원회	–
재결기관	고등토지조사위원회	임야조사위원회

72. 지목의 설정 원칙으로 옳지 않은 것은?

① 용도경중의 원칙
② 일시변경의 원칙
③ 주지목추종의 원칙
④ 사용목적추종의 원칙

해설 지목설정의 원칙
1. 1필1지목의 원칙 : 1필의 토지에는 1개의 지목만을 설정하는 원칙이며, 1필의 일부가 용도 변경된 경우에는 분할 후에 지목을 변경
2. 주지목추종의 원칙 : 주된 토지의 편익을 위해 설치된 소면적의 도로, 구거 등의 지목은 이를 따로 정하지 않고 주된 토지의 사용목적 및 용도에 따라 지목을 설정하는 원칙
3. 등록선후의 원칙 : 도로, 철도용지, 하천, 제방, 구거, 수도용지 등의 지목이 중복되는 경우에는 먼저 등록된 토지의 사용목적, 용도에 따라 지번을 설정하는 원칙
4. 용도경중의 원칙 : 도로, 철도용지, 하천, 제방, 구거, 수도용지 등의 지목이 중복되는 경우에는 중요 토지의 사용목적 및 용도에 따라 지목을 설정하는 원칙
5. 일시변경불가의 원칙 : 임시적 · 일시적 용도의 변경 시 등록전환 또는 지목변경불가의 원칙
6. 사용목적추종의 원칙 : 도시계획사업, 토지구획정리사업, 농지개량사업 등의 완료에 따라 조성된 토지는 사용목적에 따라 지목을 설정하여야 한다는 원칙

73. 현대지적의 원리 중 지적행정을 수행함에 있어 국민의사의 우월적 가치가 인정되며, 국민에 대한 충실한 봉사, 국민에 대한 행정책임 등의 확보를 목적으로 하는 것은?

① 능률성의 원리
② 민주성의 원리
③ 정확성의 원리
④ 공기능성의 원리

해설 현대지적의 원리
1. 공기능성의 원리 : 공기능성의 본원적 의미는 어떤 집단 속에서 대다수의 개인에게 공통되는 이해 또는 목적을 가지는 것으로 불특정 다수자의 이익의 추구이며, 사적 이익이라는 개별적 추구를 공적 입장에서 보호하자는 조화에 바탕을 두고 있으며, 모든 지적사항은 필요에 따라 공개되어야 하며 객관적이고 정확성이 있어야 함
2. 민주성의 원리 : 현대지적의 민주성이란 제도의 운영주체와 객체가 내적인 면에서 인간화가 이루어지고, 외적인 면에서 주민의 뜻이 반영되는 행정이라 할 수 있으며, 정책결정에서 국민의 참여, 국민에 대한 충실한 봉사, 국민에 대한 행정적 책임 등이 확보되는 상태를 말함

3. 능률성의 원리 : 지적의 능률성은 토지현황을 조사하여 지적공부를 만드는 데 따르는 실무활동의 능률과 주어진 여건과 실행과정에서 이론개발 및 그 전달과정의 개선을 뜻하며 지적활동의 과학화, 기술화 내지 합리화, 근대화를 지칭하는 것
4. 정확성의 원리 : 토지의 정보를 수록하는 지적은 사회과학적 방법과 자연과학적 방법이 함께 접근되어야 하며 지적의 정확성이 현대지적의 기능을 최대화하기 위한 원리

74. 토지조사사업 시 일필지측량의 결과로 작성한 도부(개황도)의 축척에 해당되지 않는 것은?

① 1/600
② 1/1,200
③ 1/2,400
④ 1/3,000

해설 개황도
1. 개념
   ① 개황도는 일필지 조사를 완료한 후 그 강계 및 지역을 보측하여 개략적인 현황을 그리고 각종 조사사항을 기재하여 장부조제의 참고자료 또는 세부측량의 안내에 쓰인 도면이다.
   ② 1912년 11월부터 일필지조사와 측량을 병행 실시하여 안내도는 필요 없게 되었고, 세부측량원도를 등사하여 지위등급도로 사용함으로써 개황도는 폐지되었다.
2. 규격
   ① 길이 : 1척 6촌
   ② 너비 : 1척 2촌
   ③ 2푼의 방안을 그려 사용
   ④ 축척 : 1/600, 1/1,200, 1/2,400
   ⑤ 1개 동, 리마다 따로 조제
3. 기재사항
   ① 가지번 및 지번
   ② 지목 및 사용세목
   ③ 지주의 성명 및 이해관계인의 성명
   ④ 지위등급
   ⑤ 행정구역의 강계
   ⑥ 죽목, 초생지, 기타 강계의 목표로 할 수 있는 것
   ⑦ 삼각점, 도근점

75. 의상경계책(上經界策)을 주장한 양전개혁론자는?

① 이기
② 김성규
③ 서유구
④ 정약용

해설 조선 후기 양전개정론 학자와 저서
1. 정약용의 「목민심서(牧民心書)」 : 정전제(井田制)의 시행을 전제로 방량법과 어린도법 도입을 주장
2. 서유구의 「의상경계책(擬上經界策)」 : 양전법을 방량법, 어린도법으로 개정
3. 이기의 「해학유서(海鶴遺事)」 : 수등이척제에 대한 개선방법으로 망척제 도입을 주장

Answer 74. ④ 75. ③

76. 대한제국 정부에서 문란한 토지제도를 바로잡기 위하여 시행하였던 근대적 공시제도의 과도기적 제도는?

① 등기제도
② 양안제도
③ 입안제도
④ 지권제도

해설 토지조사사업 이전의 토지거래증서
1. 문기(文記) : 토지 및 가옥을 매수 또는 매도 시에 작성한 매매계약서
2. 입안(立案) : 등기권리증의 일환으로 토지매매를 증명하는 제도로서 1892년까지 시행
3. 양안(量案) : 토지의 위치·등급·형상·면적·사표·소유자 등을 기록한 장부로서 현재의 토지대장과 같은 개념이며, 토지조사사업 전까지 시행
4. 가계(家契) : 가옥의 소유권을 증명하는 관문서로 가권(家券)이라고도 하며, 1893년부터 1906년까지 시행
5. 지계(地契) : 전답의 소유권을 증명하는 관문서로 지권(地券)이라고도 하며, 1893년부터 1905년까지 시행
6. 토지가옥증명제도 : 토지가옥의 매매, 교환, 증여 시에 토지가옥증명대장에 기재 공시하는 실질심사주의제도이며, 1906년부터 1910년까지 시행
7. 등기 : 토지조사사업 이후에 실시
※ 구한말에 권세가나 토호의 양민 토지 침탈이 많았고, 부동산 거래질서가 문란해져 입안 없이도 매매문기의 취득만으로 부동산 소유권이 이전됨에 따라 부동산 소유권의 국가 통제수단으로 입안을 대신하기 위하여 1901년 지계아문을 설치하여 지계제도를 시행함

77. 토지대장의 편성 방법 중 리코딩시스템(Recording System)이 해당하는 것은?

① 물적 편성주의
② 연대적 편성주의
③ 인적 편성주의
④ 면적별 편성주의

해설 연대적 편성주의
1. 신청순서에 따라 순차적으로 대장 작성
2. 프랑스의 등기부와 미국의 Recording System이 이에 속함
3. 등기부 편성방법으로 가장 유효하나 그 자체만으로 공시기능을 발휘하지 못함

78. 지적의 분류 중 등록대상에 따른 분류가 아닌 것은?

① 도해지적
② 2차원 지적
③ 3차원 지적
④ 입체지적

해설 지적제도의 분류방법
1. 발전과정에 따른 분류 : 세지적, 법지적, 다목적지적
2. 표시방법에 따른 분류 : 도해지적, 수치지적
3. 등록대상에 따른 분류 : 2차원 지적, 3차원 지적
※ 2차원 지적은 평면지적, 3차원 지적은 입체지적이라고 함

Answer 76. ④ 77. ② 78. ①

79. 현행 지목 중 차문자(次文字)를 따르는 것은?

① 주유소용지　　② 종교용지
③ 수도용지　　　④ 주차장

해설 지목의 표기방법
1. 지목을 토지대장 및 임야대장 등에 등록하는 때에는 지목 전체를 표기
2. 지목을 지적도 및 임야도에 등록하는 때에는 지목을 뜻하는 기호를 표기
   ① 과수원 등 24개 지목은 두문자(지목의 첫 번째 글자)로 표기
   ② 하천, 유원지, 공장용지, 주차장 등 4개 지목은 차문자(지목의 두 번째 글자)로 표기(천, 원, 장, 차)

80. 임시토지조사국의 특별조사기관에서 수행하는 업무가 아닌 것은?

① 분쟁지 조사　　　　② 외업 특별검사
③ 지지(地誌)자료 조사　④ 증명 및 등기필지 조사

해설 임시토지조사국 특별조사기관의 임무
1. 특별세부측도 성적검사
2. 분쟁지 심사
3. 급여 및 장려제도 조사
4. 고원고사
5. 외업 특별검사
6. 지지자료 조사

05 지적관계법규

81. 측량기준점을 설치하거나 토지의 이동을 조사하는 자가 타인의 토지 등에 출입하는 것에 대한 내용으로 틀린 것은?

① 허가증의 발급권자는 국토교통부장관이다.
② 토지 등의 점유자는 정당한 사유 없이 출입행위를 방해하거나 거부하지 못한다.
③ 출입행위를 하려는 자는 그 권한을 표시하는 허가증을 지니고 관계인에게 이를 내보여야 한다.
④ 해 뜨기 전이나 해가 진 후에는 그 토지 등의 점유자의 승낙 없이 택지나 담장 또는 울타리로 둘러싸인 타인의 토지에 출입할 수 없다.

Answer　79. ④　80. ④　81. ①

해설 타인의 토지 등에의 출입

구분	특징
출입목적	• 측량 • 측량기준점을 설치하거나 토지의 이동 조사 • 필요한 경우에는 나무, 흙, 돌, 그 밖의 장애물을 변경하거나 제거할 수 있다.
출입에 대한 통지	• 타인의 토지 등에 출입하고자 하는 때에는 관할 특별자치시장, 특별자치도지사, 시장·군수 또는 구청장의 허가를 받아야 하며, 출입하려는 날의 3일 전까지 해당 토지 등의 소유자·점유자 또는 관리인에게 그 일시와 장소를 통지하여야 한다. • 행정청인 자는 허가를 받지 아니하고 타인의 토지 등에 출입할 수 있다.
토지 등을 일시사용하거나 장애물을 변경	타인의 토지 등을 일시적으로 사용하거나, 장애물을 변경 또는 제거하려는 자는 토지 등을 사용하려는 날이나 장애물을 변경 또는 제거하려는 날의 3일 전까지 그 소유자·점유자 또는 관리인에게 통지하여야 한다. 다만, 소유자·점유자 또는 관리인을 알 수 없는 때에는 그러하지 아니한다.
토지 소유자의 의무	• 토지 등의 소유자·점유자 또는 관리인은 정당한 사유 없이 방해하거나 거부하지 못한다. • 토지 등의 소유자·점유자 또는 관리인은 그 소유하거나 점유 또는 관리하는 토지 등에 지적기준점표지가 있는 때에는 이를 선량한 관리자 의무로써 보호하여야 한다.
권한을 표시하는 허가증	행위를 하려는 자는 관계인에게 제시하여야 한다.

82. 토지소유자가 하여야 하는 신청을 대신할 수 없는 자는?

① 공공사업 등에 따라 하천, 도로 등의 지목으로 되는 토지인 경우 해당 사업의 시행자
② 국가나 지방자치단체가 취득하는 토지인 경우 해당 토지를 관리하는 행정기관의 장 또는 지방자치단체의 장
③ 「민법」 제404조에 따른 채권자
④ 주택법에 따른 단독주택의 부지인 경우 부동산등기법에 따른 관리인 또는 사업시행자

해설 토지이동 신청의 대위
1. 토지소유자가 하여야 할 신청을 대신할 수 있는 자
   ① 공공사업 등에 따라 학교용지·도로·철도용지·제방·하천·구거·유지·수도용지 등의 지목으로 되는 토지인 경우 : 해당 사업의 시행자
   ② 국가나 지방자치단체가 취득하는 토지인 경우 : 해당 토지를 관리하는 행정기관의 장 또는 지방자치단체의 장
   ③ 주택법에 따른 공동주택의 부지인 경우 : 집합건물의 소유 및 관리에 관한 법률에 따른 관리인(관리인이 없는 경우에는 공유자가 선임한 대표자) 또는 해당 사업의 시행자
   ④ 「민법」 제404조에 따른 채권자
2. 주택법에 따른 주택건설사업의 시행자가 파산 등의 이유로 토지의 이동 신청을 할 수 없을 때에는 그 주택의 시공을 보증한 자 또는 입주예정자 등이 신청

83. 다음 중 관할등기소의 정의로 옳은 것은?

① 상급법원의 장이 위임하는 등기소
② 매도인의 소재지를 관할하는 지방법원, 그 지원(支院) 또는 등기소
③ 부동산의 소재지를 관할하는 지방법원, 그 지원(支院) 또는 등기소
④ 소유자의 소재지를 관할하는 지방법원, 그 지원(支院) 또는 등기소

해설 1. 관할등기소 : 부동산의 소재지를 관할하는 지방법원, 그 지원(支院) 또는 등기소
2. 등기사무와 관할등기소
   ① 부동산이 여러 등기소의 관할구역에 걸쳐 있을 때에는 각 등기소를 관할하는 상급법원의 장이 관할등기소를 지정한다.
   ② 대법원장은 어느 등기소의 관할에 속하는 사무를 다른 등기소에 위임하게 할 수 있다.
   ③ 어느 부동산의 소재지가 다른 등기소의 관할로 바뀌었을 때에는 종전의 관할등기소는 전산정보처리조직을 이용하여 그 부동산에 관한 등기기록의 처리권한을 다른 등기소로 넘겨주는 조치를 하여야 한다.

84. 축척변경에 따른 청산금을 산정한 결과 증가된 면적에 대한 청산금의 합계와 감소된 면적에 대한 청산금의 합계에 차액이 생긴 경우 부족액은 누가 부담하는가?

① 지적소관청
② 지방자치단체
③ 국토교통부장관
④ 증가된 면적의 토지소유자

해설 청산금 산정
1. 청산을 할 때에는 축척변경위원회의 의결을 거쳐 지번별로 제곱미터당 금액을 정하여야 한다. 이 경우 지적소관청은 시행공고일 현재를 기준으로 그 축척변경 시행지역의 토지에 대하여 지번별 제곱미터당 금액을 미리 조사하여 축척변경위원회에 제출하여야 한다.
2. 청산금은 작성된 축척변경 지번별 조서의 필지별 증감면적에 지번별 제곱미터당 금액을 곱하여 산정한다.
3. 지적소관청은 청산금을 산정하였을 때에는 청산금 조서를 작성하고, 청산금이 결정되었다는 뜻을 15일 이상 공고하여 일반인이 열람할 수 있게 하여야 한다.
4. 청산금을 산정한 결과 증가된 면적에 대한 청산금의 합계와 감소된 면적에 대한 청산금의 합계에 차액이 생긴 경우 초과액은 그 지방자치단체의 수입으로 하고, 부족액은 그 지방자치단체가 부담한다.

85. 국토의 계획 및 이용에 관한 법률상 도시의 환경조성 및 토지의 고도이용과 그 증진을 위하여 건축물의 높이의 최저한도 또는 최고한도를 규제할 필요가 있는 경우 지정하는 용도지구는?

① 고도지구
② 공지지구
③ 미관지구
④ 풍치지구

해설 1. 고도지구 : 쾌적한 환경 조성 및 토지의 효율적 이용을 위하여 건축물 높이의 최고한도를 규제할 필요가 있는 지구
2. 고도지구는 최고고도지구와 최저고도지구로 세분할 수 있다.
   ① 최고고도지구 : 환경과 경관을 보호하고 과밀을 방지하기 위하여 건축물 높이의 최고한도를 정할 필요가 있는 지구
   ② 최저고도지구 : 토지이용을 고도화하고 경관을 보호하기 위하여 건축물 높이의 최저한도를 정할 필요가 있는 지구

Answer 83. ③ 84. ② 85. ①

86. 측량업의 등록을 하려는 자가 국토교통부장관 또는 시·도지사에게 제출하여야 할 첨부서류에 해당하지 않는 것은?

① 보유하고 있는 측량기술자의 명단
② 보유하고 있는 측량기술자의 측량기술 경력증명서
③ 측량업 사무소의 등기부등본
④ 보유하고 있는 장비의 명세서

해설 지적측량업의 등록
1. 등록 : 지적측량업을 영위하고자 하는 자는 기술자격·기술능력·설비 등의 등록기준을 갖추어 도지사에게 지적측량업의 등록을 하여야 함
2. 첨부서류
   1) 기술인력을 갖춘 사실을 증명하기 위한 서류
      ① 보유하고 있는 측량기술자의 명단
      ② 인력에 대한 측량기술 경력증명서
   2) 장비를 갖춘 사실을 증명하기 위한 서류
      ① 보유하고 있는 장비의 명세서
      ② 장비의 성능검사서 사본
      ③ 소유권 또는 사용권을 보유한 사실을 증명할 수 있는 서류

87. 다음 중 공간정보의 구축 및 관리 등에 관한 법률에서 규정하고 있는 내용이 아닌 것은?

① 토지공개념의 확보
② 측량의 기준 및 절차 규정
③ 지적공부의 작성 및 관리에 관한 사항 규정
④ 부동산종합공부의 작성 및 관리에 관한 사항 규정

해설 「공간정보의 구축 및 관리 등에 관한 법률」에서 규정하고 있는 내용
1. 측량의 기준 및 절차
2. 지적공부·부동산종합공부의 작성 및 관리 등에 관한 사항

88. 다음 중 등기신청서에 채권액과 채무자를 기재하여야 하는 설정등기는?

① 지상권　　　　　　　② 지역권
③ 전세권　　　　　　　④ 저당권

해설 저당권이란 채무자 또는 제3자가 채무의 담보로 제공한 부동산 등에 대하여, 그 점유를 이전하지 않고 채무불이행 시 다른 채권자보다 우선하여 변제를 받을 수 있는 권리를 말하며 저당권의 설정등기를 신청하는 경우에는 신청서에 채권액과 채무자를 기재하여야 한다.

89. 합병 조건이 갖추어진 4필지(99-1, 100-10, 111, 125)를 합병할 경우 새로이 설정하여야 하는 원칙적인 지번은?

① 99-1
② 100-10
③ 111
④ 125

해설 합병에 따른 지번 부여
1. 합병 전 지번 중 순서가 빠른 지번으로 부여
2. 합병 전 지번이 본번과 부번이 혼재할 경우 본번 중 선순위 지번으로 부여
3. 토지소유자가 합병 전의 필지에 주거·사무실 등의 건축물이 있어서 그 건축물이 위치한 지번을 합병 후의 지번으로 신청할 때에는 그 지번을 합병 후의 지번으로 부여

90. 도시개발사업 등이 완료됨에 따라 지적확정측량을 실시한 지역의 각 필지에 지번을 새로 부여하는 방법과 다르게 지번을 부여하는 경우는?

① 토지를 합병할 때
② 지번부여지역의 지번을 변경할 때
③ 행정구역 개편에 따라 새로 지번을 부여할 때
④ 축척변경 시행지역의 필지에 지번을 부여할 때

해설 지번 부여
1. 합병에 따른 지번 부여
   ① 합병 대상 지번 중 선순위의 지번을 그 지번으로 부여
   ② 합병 전 지번이 본번과 부번이 혼재할 경우 본번 중 선순위 지번으로 부여
   ③ 토지소유자가 합병 전의 필지에 주거·사무실 등의 건축물이 있어서 그 건축물이 위치한 지번을 합병 후의 지번으로 신청할 때에는 그 지번을 합병 후의 지번으로 부여
2. 지적확정측량, 지번변경, 행정구역 변경, 축척변경을 실시한 지역의 지번 부여
   ① 사업지역 내 편입된 토지 중 다음의 지번을 제외한 본번만으로 부여
      • 지적확정측량을 실시한 지역의 종전의 지번과 지적확정측량을 실시한 지역 밖에 있는 본번이 같은 지번이 있을 때에는 그 지번
      • 지적확정측량을 실시한 지역의 경계에 걸쳐 있는 지번
   ② 종전 지번의 수가 새로 부여할 지번의 수보다 적을 때에는 블록단위로 하나의 본번을 부여한 후 필지별로 부번을 부여하거나 최종 본번 다음 순번부터 본번으로 하여 차례로 지번을 부여

91. 지상경계의 결정기준으로 틀린 것은?

① 연접되는 토지 간에 높낮이 차이가 없는 경우 그 구조물 등의 중앙
② 연접되는 토지 간에 높낮이가 있는 경우 그 구조물 등의 하단부
③ 토지가 해면 또는 수면에 접하는 경우 최대만조위 또는 최대만수위가 되는 선
④ 공유수면매립지의 토지 중 제방 등을 토지에 편입하여 등록하는 경우 안쪽 어깨부분

Answer 89. ③ 90. ① 91. ④

해설 공간정보의 구축 및 관리 등에 관한 법률에서 정한 경계설정의 기준
1. 고저가 없는 경우 그 지물·구조물의 중앙
2. 고저가 있는 경우 그 지물·구조물의 하단부
3. 최대만조위, 최대만수위가 되는 선
4. 절토된 토지는 그 경사면의 상단부
5. 공유수면매립지의 토지 중 제방 등을 토지에 편입하여 등록하는 경우 바깥쪽 어깨부분

92. 바다로 된 토지의 등록말소 및 회복에 대한 설명으로 틀린 것은?

① 등록말소 및 회복에 관한 사항은 토지소유자의 동의 없이는 불가능하다.
② 지적소관청은 회복등록을 하려면 그 지적측량성과 및 등록말소 당시의 지적공부 등 관계 자료에 따라야 한다.
③ 토지소유자가 등록말소 신청을 하지 아니하면 지적소관청이 직권으로 그 지적공부의 등록사항을 말소하여야 한다.
④ 지적공부의 등록사항을 말소하거나 회복등록하였을 때에는 그 정리 결과를 토지소유자 및 해당 공유수면의 관리청에 통지하여야 한다.

해설 바다로 된 토지의 등록말소
지적소관청은 지적공부에 등록된 토지가 지형의 변화 등으로 바다로 된 경우에 토지소유자에게 등록말소 신청을 하도록 통지하여야 한다.
1. 신청기한 : 신청 통지를 받은 날부터 90일 이내에 지적소관청에 신청
2. 신청대상 : 원상으로 회복될 수 없거나 다른 지목의 토지로 될 가능성이 없는 경우
3. 등록말소 및 회복
① 토지소유자가 등록말소 신청을 하지 않으면 직권으로 그 지적공부의 등록사항을 말소
② 회복등록을 하려면 그 지적측량성과 및 등록말소 당시의 지적공부 등 관계 자료에 따라 등록
③ 지적공부의 등록사항을 말소하거나 회복등록하였을 때에는 그 정리 결과를 토지소유자 및 해당 공유수면의 관리청에 통지

93. 거짓으로 분할 신청을 한 경우 벌칙 기준으로 옳은 것은?

① 300만 원 이하의 과태료
② 1년 이하의 징역 또는 1천만 원 이하의 벌금
③ 2년 이하의 징역 또는 2천만 원 이하의 벌금
④ 3년 이하의 징역 또는 3천만 원 이하의 벌금

해설 1년 이하의 징역 또는 1천만 원 이하의 벌금
1. 측량기술자가 아님에도 불구하고 측량을 한 자
2. 업무상 알게 된 비밀을 누설한 측량기술자 또는 수로기술자
3. 둘 이상의 측량업자에게 소속된 측량기술자 또는 수로기술자
4. 다른 사람에게 측량업등록증 또는 측량업등록수첩을 빌려주거나 자기의 성명 또는 상호를 사용하여 측량업무를 하게 한 자
5. 다른 사람의 측량업등록증 또는 측량업등록수첩을 빌려서 사용하거나 다른 사람의 성명 또는 상호를 사용하여 측량업무를 한 자

6. 지적측량수수료 외의 대가를 받은 지적측량기술자
7. 거짓으로 다음의 신청을 한 자
   ① 신규등록 신청
   ② 등록전환 신청
   ③ 분할 신청
   ④ 합병 신청
   ⑤ 지목변경 신청
   ⑥ 바다로 된 토지의 등록말소 신청
   ⑦ 축척변경 신청
   ⑧ 등록사항의 정정 신청
   ⑨ 도시개발사업 등 시행지역의 토지이동 신청
8. 다른 사람에게 자기의 성능검사대행자 등록증을 빌려 주거나 자기의 성명 또는 상호를 사용하여 성능검사대행업무를 수행하게 한 자
9. 다른 사람의 성능검사대행자 등록증을 빌려서 사용하거나 다른 사람의 성명 또는 상호를 사용하여 성능검사대행업무를 수행한 자

94. 지적측량수행자가 과실로 지적측량을 부실하게 하여 지적측량의뢰인에게 재산상의 손해를 발생하게 한 경우, 지적측량의뢰인이 손해배상으로 보험금을 지급받기 위해 보험회사에 첨부하여 제출하는 서류가 아닌 것은?

① 지적측량의뢰인과 지적측량수행자 간의 손해배상합의서
② 지적측량의뢰인과 지적측량수행자 간의 화해조서
③ 지적위원회에서 손해 사실에 대하여 결정한 서류
④ 확정된 법원의 판결문 사본 또는 이에 준하는 효력이 있는 서류

해설 보험금 지급 시 필요한 서류
1. 지적측량의뢰인과 지적측량수행자 간의 손해배상합의서 또는 화해조서
2. 확정된 법원의 판결문 사본
3. 1 또는 2에 준하는 효력이 있는 서류

95. 부동산등기법상 인감증명의 유효기간으로 맞는 것은?

① 발행일로부터 3개월 이내
② 발행일로부터 6개월 이내
③ 발행일로부터 9개월 이내
④ 발행일로부터 2개월 이내

해설 등기신청서에 첨부하는 인감증명, 법인등기사항증명서, 주민등록표등본·초본, 가족관계등록사항별증명서, 건축물대장·토지대장·임야대장 등본은 발행일부터 3개월 이내의 것이어야 한다고 규정하고 있다.

Answer 94. ③   95. ①

96. 지적소관청으로부터 측량성과에 대한 검사를 받지 않아도 되는 것만을 옳게 나열한 것은?

① 지적기준점측량, 분할측량
② 지적공부복구측량, 축척변경측량
③ 경계복원측량, 지적현황측량
④ 신규등록측량, 등록전환측량

해설 지적측량 성과검사
1. 검사대상 : 지적측량
2. 지적측량의 종류
   ① 지적기준점을 정하는 경우
   ② 지적측량성과를 검사하는 경우
   ③ 지적공부를 복구하는 경우
   ④ 등록전환하는 경우
   ⑤ 토지를 분할하는 경우
   ⑥ 바다가 된 토지의 등록을 말소하는 경우
   ⑦ 축척을 변경하는 경우
   ⑧ 지적공부의 등록사항을 정정하는 경우
   ⑨ 도시개발사업 등의 시행지역에서 토지의 이동이 있는 경우
   ⑩ 경계점을 지상에 복원하는 경우
3. 지적공부의 정리를 요하지 아니한 측량
   ① 경계복원측량 : 경계점을 지표상에 복원하기 위한 측량
   ② 지적현황측량 : 지상건축물 등의 현황을 지적도 및 임야도에 등록된 경계와 대비하여 표시하는 측량

97. 측량기준점의 설치를 위해 토지 등의 출입 등에 따라 손실이 발생하였을 때, 손실을 보상할 자와 손실을 받은 자의 협의가 성립되지 아니한 경우 재결을 신청할 수 있는 곳은?

① 시·도지사
② 중앙지적위원회
③ 행정안전부장관
④ 관할 토지수용위원회

해설 손실보상
1. 손실보상 대상 : 측량기준점을 설치 또는 토지의 이동을 조사하기 위하여 타인의 토지 등에 출입하거나 일시 사용한 경우로서 죽목, 그 밖의 장애물을 변경하거나 제거한 경우
2. 손실보상자 : 행위를 한 자
3. 손실보상액 결정 및 이의신청 등
   ① 손실을 보상할 자와 손실을 받을 자가 협의하여 보상액을 결정
   ② 손실을 보상할 자와 손실을 받을 자가 협의가 성립되지 아니하거나 협의를 할 수 없는 때에는 관할 토지수용위원회에 재결을 신청
4. 재결에 불복이 있는 자
   관할토지수용위원회의 재결에 불복하는 자는 재결서 정본을 송달받은 날부터 30일 이내에 중앙토지수용위원회에 이의를 신청
5. 토지수용위원회 재결 : 공익사업을 위한 토지 등의 취득 및 보상에 관한 법률 준용

98. 다음 중 토지의 이동 신청·신고 기간이 잘못 연결된 것은?

① 등록전환 : 그 사유가 발생한 날부터 60일 이내
② 지목변경 : 그 사유가 발생한 날부터 60일 이내
③ 합병 : 그 사유가 발생한 날부터 60일 이내
④ 도시개발사업 착수 신고 : 그 사유가 발생한 날부터 60일 이내

해설 토지의 이동 신청·신고 기간
  • 등록전환 : 그 사유가 발생한 날부터 60일 이내
  • 지목변경 : 그 사유가 발생한 날부터 60일 이내
  • 합병 : 그 사유가 발생한 날부터 60일 이내
  • 도시개발사업 착수 신고 : 그 사유가 발생한 날부터 15일 이내

99. 중앙지적재조사위원회의 설명으로 틀린 것은?

① 중앙지적재조사위원회는 위원장 및 부위원장 각 1명을 포함한 15명 이상 20명 이하의 위원으로 구성한다.
② 중앙지적재조사위원회는 기본계획의 수립 및 변경, 관계 법령의 제정·개정 및 제도의 개선에 관한 사항 등을 심의·의결한다.
③ 위원이 최근 3년 이내에 심의·의결 안건과 관련된 업체의 임원 또는 직원으로 재직한 경우 그 안건의 심의·의결에서 제척된다.
④ 중앙지적재조사위원회의 위원장은 국토교통부장관이 되며, 위원장은 회의 개최 10일 전까지 회의 일시·장소 및 심의 안건을 각 위원에게 통보하여야 한다.

해설 1. 중앙지적재조사위원회
  ① 지적재조사사업에 관한 주요 정책을 심의·의결하기 위하여 국토교통부장관 소속으로 중앙지적재조사위원회(이하 "중앙위원회"라 한다)를 둔다.
  ② 중앙위원회는 다음의 사항을 심의·의결한다.
    • 기본계획의 수립 및 변경
    • 관계 법령의 제정·개정 및 제도의 개선에 관한 사항
    • 그 밖에 지적재조사사업에 필요하여 중앙위원회의 위원장이 회의에 부치는 사항
  ③ 중앙위원회는 위원장 및 부위원장 각 1명을 포함한 15명 이상 20명 이하의 위원으로 구성한다.
  ④ 중앙위원회의 위원장은 국토교통부장관이 되며, 부위원장은 위원 중에서 위원장이 지명한다.
  ⑤ 중앙위원회의 위원은 다음의 어느 하나에 해당하는 사람 중에서 위원장이 임명 또는 위촉한다.
    • 기획재정부·법무부·행정안전부 또는 국토교통부의 1급부터 3급까지 상당의 공무원 또는 고위공무원단에 속하는 공무원
    • 판사·검사 또는 변호사
    • 법학이나 지적 또는 측량 분야의 교수로 재직하고 있거나 있었던 사람
    • 그 밖에 지적재조사사업에 관하여 전문성을 갖춘 사람
  ⑥ 중앙위원회의 위원 중 공무원이 아닌 위원의 임기는 2년으로 한다.
  ⑦ 중앙위원회는 재적위원 과반수의 출석과 출석위원 과반수의 찬성으로 의결한다.
  ⑧ 그 밖에 중앙위원회의 조직 및 운영 등에 관하여 필요한 사항은 대통령령으로 정한다.

Answer 98. ④ 99. ④

2. 중앙위원회의 운영
   ① 중앙위원회의 위원장은 중앙위원회를 대표하고, 중앙위원회의 업무를 총괄한다.
   ② 위원장이 부득이한 사유로 직무를 수행할 수 없을 때에는 부위원장이 그 직무를 대행하고, 위원장과 부위원장이 모두 부득이한 사유로 그 직무를 수행할 수 없을 때에는 위원장이 미리 지명한 위원이 그 직무를 대행한다.
   ③ 위원장은 회의 개최 5일 전까지 회의 일시·장소 및 심의안건을 각 위원에게 통보하여야 한다. 다만, 긴급한 경우에는 회의 개최 전까지 통보할 수 있다.
   ④ 회의는 분기별로 개최한다. 다만, 위원장이 필요하다고 인정하는 때에는 임시회를 소집할 수 있다.
3. 중앙위원회의 간사
   중앙위원회의 사무를 처리하기 위하여 간사 1명을 두며, 간사는 국토교통부 소속 3급 공무원 또는 고위공무원단에 속하는 일반직공무원 중에서 국토교통부장관이 지명한다.

100. 성능검사대행자의 등록을 반드시 취소하여야 하는 경우로 옳은 것은?

① 등록기준에 미달하게 된 경우
② 등록사항 변경신고를 하지 아니한 경우
③ 거짓이나 부정한 방법으로 성능검사를 한 경우
④ 정당한 사유 없이 성능검사를 거부하거나 기피한 경우

해설 1. 성능검사대행자의 등록을 반드시 취소하여야 경우
   ① 거짓이나 그 밖의 부정한 방법으로 등록을 한 경우
   ② 다른 사람에게 자기의 성능검사대행자 등록증을 빌려 주거나 자기의 성명 또는 상호를 사용하여 성능검사대행업무를 수행하게 한 경우
   ③ 거짓이나 부정한 방법으로 성능검사를 한 경우
   ④ 업무정지기간 중에 계속하여 성능검사대행업무를 한 경우
2. 등록취소 또는 1년 이내의 기간의 정하여 업무정지 처분 대상
   ① 등록기준에 미달하게 된 경우
   ② 등록사항 변경신고를 하지 아니한 경우
   ③ 정당한 사유 없이 성능검사를 거부하거나 기피한 경우
   ④ 다른 행정기관이 관계 법령에 따라 등록취소 또는 업무정지를 요구한 경우

2025년 시행

Engineer Cadastral Surveying

2025년 제2회 지적기사

01 지적측량

01. 오차의 성질에 대한 설명 중 옳지 않은 것은?
① 값이 큰 오차일수록 발생확률도 높다.
② 우연오차는 확률법칙에 따라 전파된다.
③ 숙련된 지적측량기술자도 착오는 일으킨다.
④ 정오차는 측정회수를 거듭할수록 누적된다.

해설 값이 큰 오차는 발생확률이 낮으며 오차를 발견하기가 쉽다.

02. 1/500 도곽선에 신축량이 1.8mm 줄었을 경우 면적의 보정계수는?
① 1.0106
② 1.0101
③ 0.9899
④ 0.9896

해설 지적측량 시행규칙 제20조(면적측정의 방법 등)
1. 지상의 신축량으로 환산하기 위해 축척(1/500)을 곱한다.
   이때 신축량의 mm단위를 m단위로 환산한다.
   X축 = $500 \times 0.0018 = 0.9$m
   Y축 = $500 \times 0.0018 = 0.9$m
2. 면적보정계수를 구한다.
   $$Z = \frac{X \cdot Y}{\Delta X \cdot \Delta Y} = \frac{150 \times 200}{150.9 \times 200.9} = 0.9896$$
   여기서, Z : 보정계수, X : 도곽선 종선길이, Y : 도곽선 횡선길이
   ΔX : 신축된 도곽선 종선길이의 합/2, ΔY : 신축된 도곽선 횡선길이의 합/2
   이때 X축의 지상 거리는 150m, Y축의 지상 거리는 200m이다.

03. 지적측량에서 망원경을 정·반위로 수평각을 관측하였을 때 산출 평균하여도 소거되지 않는 오차는?
① 편심오차
② 시준축오차
③ 수평축오차
④ 연직축오차

Answer 01. ① 02. ④ 03. ④

해설 1. 정·반 관측의 목적은 기계적 결함과 기계 조정의 불완전 등의 오차 소거이다.
2. 연직축오차는 정·반 관측하여 평균해도 그 오차를 소거할 수 없다.

04. 경계점좌표등록부 시행지역에서 지적도근점의 측량성과와 검사성과의 연결교차 기준은?

① ±0.15m 이내
② ±0.20m 이내
③ ±0.25m 이내
④ ±0.30m 이내

해설 지적측량 시행규칙 제27조(지적측량성과의 결정)

대상		연결교차
지적삼각점		±0.20미터
지적삼각보조점		±0.25미터
지적도근점	경계점좌표등록부 시행지역	±0.15미터
	그 밖의 지역	±0.25미터
경계점	경계점좌표등록부 시행지역	±0.10미터
	그 밖의 지역	±100분의 3M센티미터 (M은 축척분모)
		±100분의 2M센티미터 (전자평판측량방법일 경우)

05. 측판측량방법에 의한 세부측량으로 사용할 수 없는 것은?

① 교회법
② 도선법
③ 방사법
④ 시거법

해설 지적측량 시행규칙 제18조(세부측량의 기준 및 방법 등)
평판측량방법에 따른 세부측량은 교회법·도선법 및 방사법에 따른다.

06. 교회법에 따른 지적삼각보조점의 관측 및 계산 기준으로 옳은 것은?

① 2배각법에 따른다.
② 3대회의 방향관측법에 따른다.
③ 1방향각의 측각공차는 50초 이내로 한다.
④ 관측은 20초독 이상의 경위의를 사용한다.

해설 지적측량 시행규칙 제11조(지적삼각보조점의 관측 및 계산)
1. 1방향각의 공차는 40초 이내로 한다.
2. 수평각 관측은 2대회(윤곽도는 0도, 90도로 한다)의 방향관측법으로 한다.
3. 2개의 삼각형으로부터 계산한 위치의 연결교차 $\sqrt{종선교차^2 + 횡선교차^2}$ 을 말한다. 이하 같다)가 0.30미터 이하일 때에는 그 평균치를 지적삼각보조점의 위치로 한다.
4. 관측은 20초독 이상의 경위의를 사용한다.

07. 평판측량방법에 따른 세부측량을 시행하는 경우 기지점을 기준으로 하여 지상경계선과 도상경계선의 부합 여부를 확인하는 방법에 해당하지 않는 것은?

① 현형법
② 중앙종거법
③ 거리비교확인법
④ 도상원호교회법

해설 지적측량 시행규칙 제18조(세부측량의 기준 및 방법 등)
평판측량방법에 따른 세부측량에서 경계점은 기지점을 기준으로 하여 지상경계선과 도상경계선의 부합 여부를 현형법(現形法)·도상원호(圖上圓弧)교회법·지상원호(地上圓弧)교회법 또는 거리비교확인법 등으로 확인하여 정한다.

08. 3배각법에 의한 수평각 관측의 결과가 다음과 같을 때 수평각의 평균값은?

첫 번째 관측값 : 42° 16′ 32″
두 번째 관측값 : 84° 32′ 54″
세 번째 관측값 : 126° 49′ 18″

① 42° 16′ 22″
② 42° 16′ 25″
③ 42° 16′ 26″
④ 42° 16′ 27″

해설 $126°49'18'' \div 3 = 42°16'26''$

09. 다음 구소삼각지역의 직각좌표계 원점 중 평면직각종횡선수치의 단위를 간(間)으로 한 원점은?

① 고초원점
② 망산원점
③ 율곡원점
④ 조본원점

해설 사용단위별 원점의 구분

미터	간(間)
조본원점	망산원점
고초원점	계양원점
율곡원점	가리원점
현창원점	등경원점
소라원점	구암원점
	금산원점

10. 경위의측량방법으로 세부측량을 하였을 때, 측량대상 토지의 경계점 간 실측거리와 경계점의 좌표에 따라 계산한 거리의 교차 기준으로 옳은 것은?(단, L은 실측거리로서 미터단위로 표시한 수치이다.)

① $2 + \dfrac{L}{10}$cm 이내
② $3 + \dfrac{L}{10}$cm 이내
③ $4 + \dfrac{L}{10}$cm 이내
④ $5 + \dfrac{L}{10}$cm 이내

Answer 07. ② 08. ③ 09. ② 10. ②

해설 지적측량 시행규칙 제26조(세부측량성과의 작성)

측량대상 토지의 경계점 간 실측거리와 경계점의 좌표에 따라 계산한 거리의 교차는 $3+\dfrac{L}{10}$ 센티미터 이내여야 한다. 이 경우 L은 실측거리로서 미터단위로 표시한 수치이다.

11. 광파기측량방법에 따라 다각망도선법으로 지적도근점측량을 하는 경우 필요한 최소 기지점 수는?

① 2점
② 3점
③ 5점
④ 7점

해설 지적측량 시행규칙 제12조(지적도근점측량)
다각망도선법으로 지적도근점측량을 하는 경우 기지점 수는 최소 3점 이상을 포함한 결합다각방식에 따른다.

12. 다음 중 지적도근점측량에서 지적도근점을 구성하는 도선의 형태에 해당하지 않는 것은?

① 개방도선
② 결합도선
③ 폐합도선
④ 다각망도선

해설 지적측량 시행규칙 제12조(지적도근점측량)
지적도근점은 결합도선·폐합도선(廢合道線)·왕복도선 및 다각망도선으로 구성하여야 한다.
지적도근점측량에서 개방도선이나 회귀도선을 사용하지 않는다.

1. 개방도선(Open Traverse)
    ① 기지점에서 시작되어 미지점에서 끝나는 측량방법으로, 이러한 도선의 형태에서는 현지 측정에 대하여 방향과 거리의 착오나 오차를 검사할 수 있는 방법이 없다.
    ② 출발점 이외에는 기지점이나 가정좌표점이 포함되지 않아 검증할 수 있는 도근점이 없기 때문에 개방도선은 높은 정확도를 요하는 목적의 측량이나 지적측량에서는 사용하지 못하도록 규정하고 있다.
2. 폐합도선(Loop Traverse)
    ① 수평위치를 알 수 있는 한 점에서 출발하여 다시 동일한 점에 되돌아와 폐합하는 도선이다.
    ② 각에 대한 내부검정이 가능하다.
    ③ 도선의 표정에 따른 각과 거리의 오차 중에서 정오차만을 분리해서 알 수 있으므로 보정상 문제가 있다.
    ④ 정밀을 요하는 측량에는 부적합하며 이 방법 이외의 다른 측량방법으로는 해결이 곤란한 부득이한 경우를 제외하고는 사용하지 않는 것이 좋다.
3. 결합도선(Connecting Traverse)
    ① 기지점에서 시작하여 다른 수평기지점에 결합하는 측량방법이다.
    ② 도근도선의 형태는 계산적으로 검정이 가능하며 기지방향과 거리에 있어서의 정오차의 검사도 가능하기 때문에 유리하다.
    ③ 폐합도선의 일정이지만 출발점에 다시 되돌아와 폐합시키지 않고 다른 기지점에 폐색시킴으로써 보다 더 높은 신뢰성을 가질 수 있는 것이 장점이다.
    ④ 따라서 지적도근점측량에서는 주로 이 방법에 의하여 시행하도록 규정하고 있다.

13. 다음 중 경위의측량방법에 따른 세부측량에서 토지의 경계가 곡선인 경우 직선으로 연결하는 곡선의 중앙종거의 길이 기준으로 옳은 것은?

① 1cm 이상 5cm 이하
② 3cm 이상 5cm 이하
③ 5cm 이상 7cm 이하
④ 5cm 이상 10cm 이하

해설 지적측량 시행규칙 제18조(세부측량의 기준 및 방법 등)
직선으로 연결하는 곡선의 중앙종거(中央縱距)의 길이는 5센티미터 이상 10센티미터 이하로 한다.

14. 경기도에 위치한 2등삼각점의 종선좌표(X)가 −3156.78m, 횡선좌표(Y)가 +2314.65m일 때 이를 지적측량에서 사용하고 있는 좌표로 환산한 값으로 옳은 것은?

① $X=496,843.22$m, $Y=202,314.65$m
② $X=196,843.22$m, $Y=502,314.65$m
③ $X=503,156.78$m, $Y=197,685.35$m
④ $X=546,843.22$m, $Y=197,685.35$m

해설 공간정보의 구축 및 관리 등에 관한 법률 시행령 제7조(직각좌표의 기준)
세계측지계에 따르지 아니하는 지적측량의 경우에는 가우스상사이중투영법으로 표시하되, 직각좌표계 투영원점의 가산(加算)수치를 각각 X(N) 500,000m(제주도지역 550,000m), Y(E) 200,000m로 하여 사용할 수 있다.
$X=500,000$m$-3,156.78$m$=496,843.22$m
$Y=200,000$m$+2,314.65$m$=202,314.65$m

15. 천저(天底)를 0°로 하는 연직 분도반으로 측정한 연직각이 98°이었다면 고저각은?

① −2°
② +98°
③ +8°
④ +82°

해설 연직각은 연직면 내에서 관측되는 각으로서 그 기준선과 관측방법에 따라서 천정각거리, 고저각, 천저각거리 등으로 구분된다.
1. 천정각거리 : 천문측량 등에 주로 이용되는 각으로서 연직선 위쪽을 기준으로 시준점까지 내려 잰 각
2. 천저각거리 : 항공사진측량에서 많이 이용되는 각으로서 연직선 아래쪽을 기준으로 시준점까지 올려서 잰 각
3. 고저각 : 일반측량이나 천문측량의 지평좌표계에서 주로 이용되는 각으로서 수평선을 기준으로 목표점까지 올려 잰 각(수평선을 기준으로 시준점까지 올려 잰 각을 상향각, 내려 잰 각을 하향각이라고 한다.)

∴ 고저각=천저각−90°, 98°−90°=8°

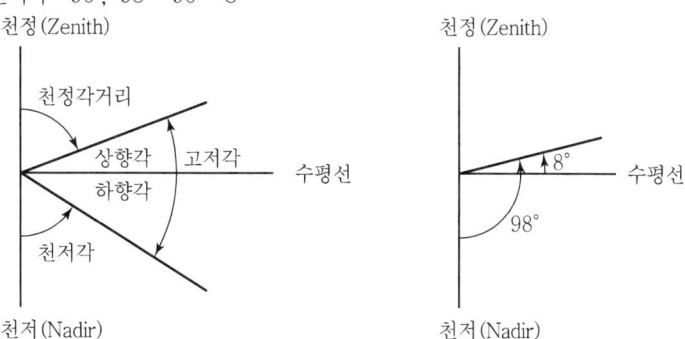

16. 세부측량을 하는 경우 필지마다 면적을 측정하여야 하는 경우가 아닌 것은?

① 신규등록 ② 분할
③ 등록전환 ④ 합병

해설 합병은 지적공부에 등록된 2필지 이상을 1필지로 합하여 등록하는 것으로서 공부(대장)상의 면적을 합하여 등록하며 별도의 면적 측정을 하지 않는다.

17. 일람도의 제도에 대한 설명 중 틀린 것은?

① 고속도로의 검은색 0.4mm의 2선으로 제도한다.
② 철도용지는 붉은색 0.2mm의 2선으로 제도한다.
③ 수도선로의 남색 0.1mm의 2선으로 제도한다.
④ 도면번호는 3mm의 크기로 한다.

해설 지적업무처리규정 제38조(일람도의 제도)
1. 도면번호는 3밀리미터
2. 지방도로 이상은 검은색 0.2밀리미터 폭의 2선으로, 그 밖의 도로는 0.1밀리미터의 폭으로 제도
3. 철도용지는 붉은색 0.2밀리미터 폭의 2선으로 제도
4. 수도용지 중 선로는 남색 0.1밀리미터 폭의 2선으로 제도
5. 하천·구거·유지는 남색 0.1밀리미터 폭의 2선으로 제도하고, 그 내부를 남색으로 엷게 채색한다. 다만, 적은 양의 물이 흐르는 하천 및 구거는 남색선으로 제도
6. 취락지·건물 등은 0.1밀리미터의 폭으로 제도하고, 그 내부를 검은색으로 엷게 채색
7. 도시개발사업·축척변경 등이 완료된 때에는 지구경계를 붉은색 0.1밀리미터 폭의 선으로 제도한 후 지구 안을 붉은색으로 엷게 채색하고, 그 중앙에 사업명 및 사업연도를 기재

18. 도선법과 다각망도선법에 따른 지적도근점의 각도관측에서 도선별 폐색오차의 허용범위 기준이 틀린 것은?

① 방위각법에 따른 경우 : 2등도선 $\pm 2\sqrt{n}$ 분 이내
② 배각법에 따른 경우 : 2등도선 $\pm 30\sqrt{n}$ 초 이내
③ 방위각법에 따른 경우 : 1등도선 $\pm \sqrt{n}$ 분 이내
④ 배각법에 따른 경우 : 1등도선 $\pm 20\sqrt{n}$ 초 이내

해설 지적측량 시행규칙 제14조(지적도근점의 각도관측을 할 때의 폐색오차의 허용범위 및 측각오차의 배분)
도선법과 다각망도선법에 따른 지적도근점의 각도관측을 할 때의 폐색오차의 허용범위는 다음 표와 같다.

측량방법	등급	폐색오차
배각법	1등	$\pm 20\sqrt{n}$ (초) 이내
	2등	$\pm 30\sqrt{n}$ (초) 이내
방위각법	1등	$\pm \sqrt{n}$ (분) 이내
	2등	$\pm 1.5\sqrt{n}$ (분) 이내

∴ 주의 : 배각법의 단위는 초 단위이며, 방위각법의 단위는 분 단위이다.

19. 지적기준점측량의 절차가 올바르게 나열된 것은?

① 계획의 수립 → 선점 및 조표 → 준비 및 현지답사 → 관측 및 계산과 성과표의 작성
② 계획의 수립 → 준비 및 현지답사 → 선점 및 조표 → 관측 및 계산과 성과표의 작성
③ 준비 및 현지답사 → 계획의 수립 → 선점 및 조표 → 관측 및 계산과 성과표의 작성
④ 준비 및 현지답사 → 선점 및 조표 → 계획의 수립 → 관측 및 계산과 성과표의 작성

해설 지적측량 시행규칙 제7조(지적측량의 방법 등)
1. 계획의 수립
2. 준비 및 현지답사
3. 선점(選點) 및 조표(調標)
4. 관측 및 계산과 성과표의 작성

20. 실선과 허선을 각각 3mm로 연결하고, 허선에 0.3mm의 점 2개를 제도하는 행정구역선은?

① 국계 ② 시·도계 ③ 시·군계 ④ 동·리계

해설 지적업무처리규정 제44조(행정구역선의 제도)

구분	설명	도식
국계	실선 4밀리미터와 허선 3밀리미터로 연결하고 실선 중앙에 실선과 직각으로 교차하는 1밀리미터의 실선을 긋고, 허선에 직경 0.3밀리미터의 점 2개를 제도	
시·도계	실선 4밀리미터와 허선 2밀리미터로 연결하고 실선 중앙에 실선과 직각으로 교차하는 1밀리미터의 실선을 긋고, 허선에 직경 0.3밀리미터의 점 1개를 제도	
시·군계	실선과 허선을 각각 3밀리미터로 연결하고, 허선에 0.3밀리미터의 점 2개를 제도	
읍·면·구계	실선 3밀리미터와 허선 2밀리미터로 연결하고, 허선에 0.3밀리미터의 점 1개를 제도	
동·리계	실선 3밀리미터와 허선 1밀리미터로 연결하여 제도	
기타	• 행정구역선이 2종 이상 겹치는 경우에는 최상급 행정구역선만 제도 • 행정구역선은 경계에서 약간 띄워서 그 외부에 제도 • 행정구역의 명칭은 도면여백의 넓이에 따라 4밀리미터 이상 6밀리미터 이하의 크기로 경계 및 지적기준점 등을 피하여 같은 간격으로 띄워서 제도 • 도로·철도·하천·유지 등의 고유명칭은 3밀리미터 이상 4밀리미터 이하의 크기로 같은 간격으로 띄워서 제도	

Answer 19. ② 20. ③

02 응용측량

21. 반지름 100m의 단곡선을 설치하기 위하여 교각 I를 관측하였더니 60°이었다. 곡선시점과 교점 (I.P)의 거리는?

① 45.25m
② 55.57m
③ 57.74m
④ 81.37m

해설 곡선시점(B.C)과 교점(I.P)과의 거리는 접선장을 말한다.

접선장(TL) $= R \tan \dfrac{I}{2} = 100 \tan \dfrac{60°}{2} = 57.735$m

∴ 57.74m

22. 수준측량 시 중간시가 많을 경우에 가장 편리한 야장기입법은?

① 기고식
② 고차식
③ 승강식
④ 교차식

해설 노선측량 야장기입법 중에서 종단측량이나 횡단측량에 많이 쓰이며 중간점이 많을 때 가장 적당한 방법은 기고식이다.

23. P점의 높이를 직접수준측량에 의하여 A, B, C, D의 수준점에서 관측한 결과 각 노선별 거리와 표고값이 다음과 같을 때 P점의 최확값은?

• A → P : 1km, 45.348m	• B → P : 2km, 45.370m
• C → P : 3km, 45.351m	• D → P : 4km, 45.362m

① 45.366m
② 45.376m
③ 45.355m
④ 45.375m

해설 P점의 최확값

$P_1 : P_2 : P_3 : P_4 = \dfrac{1}{S_1} : \dfrac{1}{S_2} : \dfrac{1}{S_3} : \dfrac{1}{S_4} = 1 : \dfrac{1}{2} : \dfrac{1}{3} : \dfrac{1}{4} = 1 : 0.5 : 0.33 : 0.25$

$L_0 = \dfrac{P_1 l_1 + P_2 l_2 + P_3 l_3 + P_4 l_4}{P_1 + P_2 + P_3 + P_4}$

$= \dfrac{45.348 + (0.5 \times 45.370) + (0.33 \times 45.351) + (0.25 \times 45.362)}{1 + 0.5 + 0.33 + 0.25} = 45.355$m

24. 터널측량에 대한 설명 중 옳지 않은 것은?

① 터널측량은 크게 터널 내 측량, 터널 외 측량, 터널 내외 연결측량으로 구분할 수 있다.
② 터널 내 측량에서는 망원경의 십자선 및 표척에 조명이 필요하다.
③ 터널의 길이 방향은 주로 트래버스 측량으로 행한다.
④ 터널 내의 곡선 설치는 일반적으로 지상에서와 같이 편각법을 주로 사용한다.

해설 터널 내의 곡선 설치는 지거법에 의한 곡선 설치, 접선편거와 현편거에 의한 방법을 이용하여 설치하며, 내접다각형법과 외접다각형법이 있다.

25. 동서(종방향) 45km, 남북(횡방향) 25km인 직사각형의 토지를 종중복도 60%, 횡종복도 30%, 초점거리 150mm, 촬영고도 3,000m, 사진크기 23cm×23cm로 촬영하였을 경우에 필요한 입체 모델 수는?

① 100
② 125
③ 150
④ 200

해설 먼저 축척을 구하면 축척분모$(m) = \dfrac{\text{촬영고도}(H)}{\text{초점거리}(f)} = \dfrac{3,000}{0.15} = 20,000$

모델수에 의한 사진매수

종 모델수 $= \dfrac{S_1(\text{코스의 종길이})}{B(\text{종기선길이})} = \dfrac{S_1}{ma\left(1-\dfrac{p}{100}\right)} = \dfrac{45,000}{20,000 \times 0.23 \times \left(1-\dfrac{60}{100}\right)} = 24.46 = 25$매

횡 모델수 $= \dfrac{S_2(\text{코스의 횡길이})}{C_0(\text{횡기선길이})} = \dfrac{S_2}{ma\left(1-\dfrac{q}{100}\right)} = \dfrac{25,000}{20,000 \times 0.23 \times \left(1-\dfrac{30}{100}\right)} = 7.76 = 8$매

총 모델수 = 종 모델수 × 횡 모델수 = 25 × 8 = 200모델

26. 캔트의 계산에 있어서 곡선반지름을 반으로 줄이면 캔트는 어떻게 되는가?

① 1/2배
② 1배
③ 2배
④ 4배

해설 캔트(Cant)
1. 곡선부를 통과하는 차량이 원심력이 발생하여 접선방향으로 탈선하려는 것을 방지하기 위해 바깥쪽 노면을 안쪽 노면보다 높이는 정도를 말하며 편경사라 한다.
2. 완화곡선에서 곡선반경의 증가율은 캔트의 감소율과 동률(다른 부호)이므로 반지름이 1/2배가 되면 캔트는 2배가 된다.

27. GNSS시스템의 구성요소에 해당되지 않는 것은?

① 위성에 대한 우주 부분
② 지상 관제소에서의 제어 부분
③ 경영 활동을 위한 영업 부분
④ 측량용 수신기에 대한 사용자 부분

해설 GNSS 구성요소는 우주 부분, 제어 부분, 사용자 부분으로 구분된다.

28. 우리나라 지형도 1 : 50,000에서 조곡선의 간격은?

① 2.5m   ② 5m
③ 10m   ④ 20m

해설 축척별 등고선의 간격

등고선의 간격	기호	1/10,000	1/25,000	1/50,000
주곡선	가는 실선	5m	10m	20m
간곡선	가는 파선	2.5m	5m	10m
보조곡선(조곡선)	가는 점선	1.25m	2.5m	5m
계곡선	굵은 실선	25m	50m	100m

29. 촬영고도 5,000m인 항공사진상에 나타난 건물 정상의 시차를 측정하니 19.32mm이고, 건물 밑 부분의 시차를 측정하니 18.88mm였다. 한 층의 건물 높이가 3m라 할 때 이 건물의 층수는?

① 약 24층   ② 약 30층
③ 약 35층   ④ 약 38층

해설 시차차에 의한 비고량 계산식

$h = \dfrac{H}{P_r + \Delta P} \times \Delta P$ (여기서 h : 높이, H : 비행고도, P_a : 정상의 시차, P_r : 기준면의 시차)

$\Delta P = P_a - P_r$ 이므로 $h = \dfrac{5,000,000}{18.88 + (19.32 - 18.88)} \times (19.32 - 18.88) = 113,871\text{mm} = 114\text{m}$

∴ 114m ÷ 3 = 38층

30. 우리나라의 일반철도에 주로 이용되는 완화곡선은?

① 클로소이드 곡선   ② 3차 포물선
③ 2차 포물선   ④ sin 곡선

해설 완화곡선의 종류
1. 클로소이드 곡선 : 고속도로에 주로 이용
2. 램니스케이트 곡선 : 지하철에 이용
3. 3차 포물선 : 철도에 주로 이용

31. 종단측량을 행하여 표와 같은 결과를 얻었을 때 측점 1과 측점 5의 지반고를 연결한 도로 계획선의 경사도는?(단, 중심선의 간격은 20m이다.)

측점	지반고(m)	측점	지반고(m)
1	53.38	4	50.56
2	52.28	5	52.38
3	55.76		

① +1.00% ② -1.00%
③ +1.25% ④ -1.25%

해설 측점 1과 측점 5의 높이차(h)는 53.38-52.38=1m, 거리는 80m

구배 = $\dfrac{높이}{수평거리} = \dfrac{1}{80} = 1.25\%$

측점 1보다 측점 5 지반이 낮으므로 경사는 -1.25%

32. 터널측량의 일반적인 작업 순서에 맞게 나열된 것은?

A. 지표 설치	B. 계획 및 답사	C. 예측	D. 지하 설치

① B → C → D → A ② C → B → A → D
③ B → C → A → D ④ C → B → D → A

해설 터널측량의 일반적인 작업 순서
계획 → 답사(조사) → 예측 → (지상)중심선 측량 → (지하)중심선 측량 → 연결측량 → 수준측량 → 단면측량 순으로 진행된다.

33. GPS 위성의 궤도 주기로 옳은 것은?

① 약 6시간 ② 약 10시간
③ 약 12시간 ④ 약 18시간

해설 GPS 측량의 인공위성은 55° 궤도 경사각에 위도 60°의 6개 궤도로 구성되어 있으며, 고도는 약 20,183km이고, 약 12시간 주기로 운행한다.

34. 수준측량에서 굴절오차와 관측거리의 관계를 설명한 것으로 옳은 것은?

① 거리의 제곱에 비례한다. ② 거리의 제곱에 반비례한다.
③ 거리의 제곱근에 비례한다. ④ 거리의 제곱근에 반비례한다.

해설 수준측량에서 굴절오차는 거리의 제곱에 비례한다.

35. 수직 터널에 의하여 지상과 지하의 측량을 연결할 때의 수선측량에 대한 설명으로 틀린 것은?

① 깊은 수직 터널에 내리는 추는 50~60kg 정도의 추를 사용할 수 있다.
② 추를 드리울 때, 깊은 수직 터널에서는 보통 피아노선이 이용된다.
③ 수직 터널 밑에는 물이나 기름을 담은 물통을 설치하고 내린 추가 그 물통 속에서 동요하지 않게 한다.
④ 수직 터널 밑에서 수선의 위치를 결정하는 데는 수선이 완전 정지하는 것을 기다린 후 1회 관측값으로 결정한다.

해설 갱내외 연결측량 방법
1. 추는 얕은 수갱일 경우 철선, 동선 등이 사용되며 무게는 5kg 이하이다.
2. 깊은 수갱은 피아노선을 사용하며 추는 50~60kg의 무게이다.
3. 수갱 밑바닥에는 물 또는 기름을 넣은 통을 놓고 추의 진동을 감소시킨다.
4. 추가 진동하므로 직각방향으로 추선 진동의 위치를 10회 이상 관측하고 평균값을 관측값으로 한다.

36. 노선측량에서 기지점에서 곡선시점(B.C)까지의 거리가 2,410.5m이고 곡선의 길이가 320.5m이면 곡선종점(E.C)까지의 거리는?

① 1,769.5m
② 2,090.0m
③ 2,731.0m
④ 3,051.5m

해설 노선측량에서 곡선종점(E.C)까지의 거리
곡선종점(E.C) = 곡선시점(B.C) + 곡선길이(C.L)
= 2,410.5 + 320.5 = 2,731m

37. 곡선설치법에서 원곡선의 종류가 아닌 것은?

① 복심곡선
② 렘니스케이트
③ 반향곡선
④ 단곡선

해설 노선측량에서 곡선설치법에서 원곡선 설치법에는 단곡선, 복심곡선, 반향곡선, 머리핀곡선, 완화곡선이 있다.

38. 짧은 선의 간격, 굵기, 길이 및 방향 등으로 지표의 기복을 나타내는 방법으로 우모법이라고도 하는 지형 표시 방법은?

① 영선법
② 등고선법
③ 점고법
④ 채색법

해설 영선법(우모법)은 급경사는 굵고 짧게, 완경사는 가늘고 길게 새털 모양으로 표시한다. 기복의 판별은 좋으나 정확도가 낮다.

39. 지하시설물 측량의 순서로 옳은 것은?

① 작업계획 – 자료수집 – 지하시설물 탐사 – 지하시설물 원도 작성 – 작업조서 작성
② 자료수집 – 작업계획 – 지하시설물 탐사 – 작업조서 작성 – 지하시설물 원도 작성
③ 작업계획 – 지하시설물 탐사 – 자료수집 – 지하시설물 원도 작성 – 작업조서 작성
④ 자료수집 – 지하시설물 탐사 – 작업계획 – 작업조서 작성 – 지하시설물 원도 작성

해설 지하시설물 탐사작업 순서
작업계획 수립 – 자료의 수집 및 편집 – 지표면상에 노출된 지하시설물에 대한 조사 – 관로조사 등 지하시설물 탐사 – 지하시설물 원도의 작성 – 작업조서의 작성

40. 터널공사에서 터널내의 기준점설치에 주로 사용되는 방법으로 연결된 것은?

① 삼각측량 – 평판측량
② 평판측량 – 트래버스측량
③ 트래버스측량 – 수준측량
④ 수준측량 – 삼각측량

해설 터널 내의 측량은 터널중심선을 터널 내에서 결정하여 굴착 중 그 방향을 유지하는 측량이므로 반복하여 점검하고 방향에 착오가 없도록 할 필요성이 있으며 측량방법은 트래버스측량과 수준측량 방법이 있고 어두운 터널 내에서 측량하기 때문에 트랜싯에 조명을 부착하고 표지를 천정에 붙이는 등의 방법으로 측량한다.

03 토지정보체계론

SUBJECT

41. 다음 중 래스터데이터와 벡터데이터에 대한 설명으로 옳지 않은 것은?

① 벡터데이터는 객체들의 지리적 위치를 크기와 방향으로 나타낸다.
② 레스터데이터는 데이터 구조가 단순하고 레이어의 중첩분석이 편리하다.
③ 벡터데이터는 좌표계를 이용하여 공간정보를 기록하므로 자료를 보다 정확히 표현할 수 있다.
④ 벡터데이터를 래스터데이터로 변환하는 방법으로 Transit Code, Run-Length, Code Lot Code, Quadtree 기법이 있다.

해설 Chain Code, Run-Length Code, Black Code, Quadtree 기법은 래스터데이터의 파일 저장용량을 줄이기 위한 기법이다.

42. 다음 중 데이터베이스 장점에 대한 설명으로 옳지 않은 것은?

① 데이터의 무결성과 보완성을 유지할 수 있다.
② 저장된 자료를 공동으로 이용할 수 있다.
③ 집중된 통제에 따른 위험이 사라진다.
④ 데이터의 표준화가 가능하다.

해설 통제의 집중화로 데이터의 관리는 쉽지만 집중된 통제에 따른 위험이 존재한다.

43. 다음 중 토지정보시스템의 원활한 자료 교환을 위한 표준화의 범위에 해당하지 않는 내용은?

① 데이터 질의 표준화
② 위치좌표의 표준화
③ 데이터 가격의 표준화
④ 메타데이터의 표준화

Answer 40. ③ 41. ④ 42. ③ 43. ③

해설 표준화 개념
1. 데이터의 유통과 변환이 가능하도록 데이터의 포맷 등 형식을 동일한 방식으로 규정하는 것
2. 데이터의 교환 표준, 메타데이터 표준, 용어 표준, 데이터 정확도 표준, 장비측정 표준, 측지 표준 등
3. NGIS에서 수행하고 있는 표준화 내용은 기본 모델연구, 정보구축 표준화, 정보유통 표준화, 정보활용 표준화, 관련 기술 표준화임

44. 다음 중 지적도면 전산화 작업의 목적으로 옳지 않은 것은?

① 지적도의 대량 생산 및 배포
② 대민서비스의 질적 수준 향상
③ 정확한 지적측량자료의 이용
④ 지적도 원형 보관 관리의 어려움 해소

해설 지적도면 전산화 목적
1. 국가지리 기본정보로 관련 기관들이 공동으로 활용할 수 있는 기반을 조성
2. 지적도면의 신축 등으로 관리의 어려움을 해소하고 원형 보관
3. 정확한 지적측량의 자료로 활용하고 토지대장과 지적도면을 통합한 대민서비스의 질적 수준 향상 도모

45. 다음 중 관계형 데이터베이스에서 자료의 추출(검색)에 사용되는 표준언어는?

① C++
② Oracle
③ SQL
④ Android

해설 SQL(Structured Query Language)
1. 상호 대화식(비절차) 언어, 사용자와 관계형 데이터베이스를 연결시켜 주는 표준검색언어이다.
2. 질의를 위하여 사용자가 데이터베이스의 구조를 알아야 하는 언어를 과정 질의어라 한다.

46. 다음 중 토지정보체계에 대한 설명으로 옳지 않은 것은?

① 토지정보체계는 토지에 관한 정보를 제공함으로써 토지관리를 지원한다.
② 토지정보체계의 유용성은 토지자료의 유연성과 획일성에 중점을 두고 있다.
③ 토지정보체계의 운영은 자료의 수집 및 자료의 처리·유지·검색·보급 등도 포함한다.
④ 토지정보체계는 토지이용계획, 토지관리 정책자료 등에 다목적으로 활용이 가능하다.

해설 토지정보체계의 유용성은 토지정보의 다목적 활용을 의미한다.

47. GIS의 자료분석 과정 중 도형자료와 속성자료가 구축된 레이어 간의 정보를 합성하거나 수학적 변환 기능을 이용하여 정보를 통합하는 분석 방법은?

① 중첩분석
② 표면분석
③ 합성분석
④ 검색분석

Answer   44. ①   45. ③   46. ②   47. ①

해설 GIS의 자료분석
1. 도형자료의 분석 : 포맷 변환, 동형화, 경계의 부합, 면적의 분할, 좌표삭감
2. 속성자료의 분석 : 편집기능, 질의기능, 분류 및 일반화
3. 도형과 속성의 통합분석
   ① 중첩분석
   ② 공간추정 : 기존에 알고 있는 특정지점이나 지역의 속성값을 이용하여 알려지지 않은 지점이나 지역의 속성값을 추정하는 것
   ③ 지형분석 : 경사도와 경사면의 향을 분석하여 지형적 특성을 나타내는 것
   ④ 연결성 분석 : 서로 연관된 선형(도로 전기 등) 연결성과 경로를 분석하는 것
   ⑤ 지역분석 : 특정위치를 에워싸고 있는 주변 지역의 특성을 추출하는 것
   ⑥ 측정기능 : 점간의 거리나 선의 길이, 폴리곤의 면적이나 주변 길이 등을 측정하는 기능

48. 다음 중 벡터구조와 격자구조를 비교하여 설명한 것으로 옳지 않은 것은?

① 벡터구조는 격자구조에 비해 자료의 양이 적다.
② 격자구조는 정확도가 높고 위상관계를 가지고 있다.
③ 벡터구조는 자료처리가 복잡하다.
④ 벡터구조는 모델링이 용이하다.

해설 벡터구조는 정확도가 높고 위상관계를 가지고 있다.

49. 다음 중 래스터 형식의 자료에 해당되는 파일 포맷은?

① DWG   ② DXF
③ DGN   ④ JPEG

해설 영상자료 포맷
BMP, JPEG, TIFF, GeoTIFF, BIFF

50. 다음 중 데이터 품질 측정의 구성요소에 해당하지 않는 것은?(단, KS X ISO 19157 : 2013을 기준으로 한다.)

① 설명   ② 이름
③ 정의   ④ 완전성

해설 데이터 품질(KS X ISO 19157 : 2013)
1. 데이터 품질 구성요소 : 완전성, 논리적 일관성, 위치 정확성, 주제 정확성, 시간적 품질
2. 데이터 품질 측정의 구성요소 : 측정 식별자, 이름, 별칭, 요소 이름, 기본 측정, 정의, 설명, 파라미터, 값 유형, 값 구조, 참조 정보, 보기

Answer 48. ② 49. ④ 50. ④

51. 다음 중 사용자권한 등록파일에 등록하는 사용자의 비밀번호 설정 기준으로 옳은 것은?

① 영문을 포함하여 3자리부터 12자리까지의 범위에서 사용자가 정하여 사용한다.
② 4자리부터 12자리까지의 범위에서 사용자가 정하여 사용한다.
③ 영문을 포함하여 5자리부터 16자리까지의 범위에서 사용자가 정하여 사용한다.
④ 6자리부터 16자리까지의 범위에서 사용자가 정하여 사용한다.

해설 공간정보의 구축 및 관리 등에 관한 법률 시행규칙 제77조(사용자번호 및 비밀번호 등)
1. 사용자권한 등록파일에 등록하는 사용자번호는 사용자권한 등록관리청별로 일련번호로 부여하여야 하며, 한 번 부여된 사용자번호는 변경할 수 없다.
2. 사용자권한 등록관리청은 사용자가 다른 사용자권한 등록관리청으로 소속이 변경되거나 퇴직 등을 한 경우에는 사용자번호를 따로 관리하여 사용자의 책임을 명백히 할 수 있도록 하여야 한다.
3. 사용자의 비밀번호는 6자리부터 16자리까지의 범위에서 사용자가 정하여 사용한다.

52. 디지타이저를 이용하여 도면을 독취할 때에 교차점에서 2개의 선분이 만나는 과정에서 잘못된 좌표가 입력되어 발생하는 오차는?

① 오버슈트(Overshoot) ② 스파이크(Spike)
③ 슬리버(Sliver) ④ 중복(Overlapping)

해설 디지타이징 오차의 유형

오버슈트	언더슈트	스파이크

53. 다음 중 지형 및 공간과 관련된 모든 종류의 공간자료들을 서로 호환이 가능하도록 하기 위하여 만들어진 대표적인 교환표준은?

① SPPS ② SDTS
③ GIST ④ NIST

해설 SDTS(Spatial Data Transfer Standard, 공간자료변환표준)는 지구좌표를 갖는 공간자료를 변환하는 방법이다.

54. 다음 중 스캐너 방식에 의한 공간데이터의 취득에 대한 설명으로 옳지 않은 것은?

① 손상된 도면을 입력하기에 적합하다.
② 입력도면의 평탄성 오차가 발생한다.
③ 복잡한 도면을 입력할 경우에는 작업시간이 단축된다.
④ 지적도의 경계선 인식이 가능하다.

Answer 51. ④ 52. ② 53. ② 54. ①

해설 손상된 도면은 디지타이징 방법으로 입력하는 것이 적합하다.

55. 다음 중 위상(Topology) 모형에 대한 설명으로 옳지 않은 것은?

① 인접 다각형을 나타내기 위해서는 경계선을 두 번씩 저장하여야 하는 단점이 있다.
② 복잡한 자료구조의 표현과 실세계의 묘사가 가능하다.
③ 인접성 및 연결성 분석과 같은 공간분석이 가능하다.
④ 폴리곤으로 나타난 객체가 위상구조를 갖게 되면 폴리곤 구조는 형상(Shape), 인접성(Neighborhood), 계급성(Hierarchy)의 특징을 지닌다.

해설 위상구조(Topology)는 스파게티 구조와는 달리 인접하는 2개의 폴리곤에서 경계를 이루는 체인은 한 번만 디지타이징하여 입력하더라도 각각의 폴리곤이 구축된다.

56. 지방자치단체가 지적공부 및 부동산종합공부 정보를 전자적으로 관리·운영하는 시스템은?

① 국토정보시스템
② 한국토지정보시스템
③ 스마트국토시스템
④ 부동산종합공부시스템

해설 부동산종합공부시스템 운영 및 관리규정 제2조(정의)
"부동산종합공부시스템"이란 지방자치단체가 지적공부 및 부동산종합공부 정보를 전자적으로 관리·운영하는 시스템을 말한다.

57. 다음 중 스파게티(Spaghetti) 모형에 대한 설명으로 옳지 않은 것은?

① 점, 선, 다각형 등의 객체들이 구조화되지 않은 그래픽 모형이다.
② 인접하고 있는 다각형을 나타내기 위하여 경계하는 선이 두 번씩 저장된다.
③ 객체들 간의 공간관계가 설정되지 않아 공간분석에 비효율적이다.
④ 자료구조가 복잡하지만 선형분석, 면형 분석 등을 하기에 용이하다.

해설 스파게티 모형
1. 하나의 점(X, Y좌표)을 기본으로 하고 있어 구조가 간단하므로 이해하기 쉽다.
2. 상호 연관성에 관한 정보가 없어 인접한 객체들의 특징과 관련성, 연결성을 파악하기 어렵다.
3. 구조화가 되어 있지 않아 자료구조가 간단하고, 분석 등을 할 수 없다.

58. 다음 중 벡터데이터의 위상구조를 이용하여 분석이 가능한 내용이 아닌 것은?

① 분리성
② 연결성
③ 인접성
④ 포함성

해설 위상구조를 이용하여 가능한 분석
1. 연결성 : 2개 이상의 객체가 연결되어 있는지를 판단한다.
2. 인접성 : 2개의 객체가 서로 인접하는지를 판단한다.
3. 포함성 : 특정 영역 내에 무엇이 포함되었는지를 판단한다.

Answer 55. ① 56. ④ 57. ④ 58. ①

59. 다음 중 계급성(Hierarchical) 데이터베이스 모형에 관한 설명으로 옳지 않은 것은?

① 이해와 갱신이 용이하다.
② 모든 레코드는 일대일(1 : 1) 혹은 일대 다수(1 : n)의 관계를 갖는다.
③ 각각의 객체는 여러 개의 부모 레코드를 갖는다.
④ 키필드가 아닌 필드에서는 검색이 불가능하다.

해설 계급성 데이터베이스 모형
1. 가장 위의 계급을 Root(근원)라 하며, Root 역시 레코드의 형태를 갖는다.
2. Root를 제외한 모든 레코드는 부모 레코드와 자식 레코드를 갖는다.
3. 모든 레코드는 일대일(1 : 1) 혹은 일대 다수(1 : n)의 관계를 갖고 있기 때문에 한 개의 부모 레코드만 갖는다.

60. 다음 중 TIGER 파일의 도형자료를 수치지도 데이터베이스로 구축한 국가는?

① 미국   ② 한국   ③ 호주   ④ 캐나다

해설 미국 TIGER(Topologically Intergrated Geographic Encoding and Referencing system) 파일
1. U.S. Census Bureau에서 개발한 벡터형 파일이다.
2. 미국에서 참조하는 주제자료의 주된 자원은 인구조사국의 TIGER 파일이다.
3. 주소 지오코딩의 목적은 그리드 참조를 가지는 자료파일에서 그리드 참조를 가지지 않는 자료파일(일반적으로 이벤트 테이블)에 이 주소를 정합시키는 것이다.

04 지적학

61. 지적의 발생설을 토지측량과 밀접하게 관련지어 이해할 수 있는 이론은?

① 과세설   ② 치수설   ③ 지배설   ④ 역사설

해설 지적발생설의 종류
1. 과세설 : 세금 징수의 목적에서 출발
2. 치수설 : 토목측량술 및 치수에서 비롯됨
3. 통치설 : 통치적 수단에서 시작됨
4. 침략설 : 영토 확장과 침략상 우위 목적

62. 우리나라에서 사용하고 있는 지목의 분류방식은?

① 지형지목   ② 용도지목   ③ 토성지목   ④ 단식지목

해설 **지목의 분류**
1. 토지의 현황에 따른 분류
   ① 지형지목 : 지표면의 형상, 토지의 고저 등 토지의 모양에 따라 결정한 지목
   ② 지성지목 : 지층, 암석, 토양 등 토지의 성질에 따라 결정한 지목
   ③ 용도지목 : 토지의 현실적 용도에 따라 결정한 지목(우리나라 및 대부분의 국가에서 사용)
2. 지목의 구성내용에 따른 분류
   ① 단식지목 : 1개의 토지에 대하여 한 가지 기준에 의해 분류된 지목(전, 답 등)
   ② 복식지목 : 1개의 토지에 대하여 둘 이상의 기준에 따라 분류된 지목(녹지대 등)

63. 지주총대의 사무에 해당되지 않는 것은?

① 신고서류 취급 처리
② 소유자 및 경계 사정
③ 동리의 경계 및 일필지조사의 안내
④ 경계표에 기재된 성명 및 지목 등의 조사

해설 **지주총대**
1. 개념 : 지주총대(地主總代)는 토지조사법과 토지조사령에 의해 토지조사사업 지역 내의 동·리마다 1~2인 또는 2인 이상이 선정되어 조사 및 측량에 관한 사무에 종사하도록 한 지주(토지소유자)를 의미한다.
2. 지주총대 유의사항(1910.8.24. 토지조사국 고시 제3호_토지조사법 시행규칙 제4조에 의하여 선정된 지주총대의 명시 요령)
   1) 토지조사의 취지 홍보, 소유자·이해관계자의 임무 고지 및 사업진행상 관민의 편리 도모
   2) 토지조사에 관하여 총대의 사사로운 행위 금지
   3) 지주총대의 종사 업무
      ① 조사 및 측량의 안내   ② 신고서류의 취급
      ③ 강계표의 설치 및 보조   ④ 소유자와 이해관계자의 실지 입회 및 소환
      ⑤ 토지의 이동에 관한 사항 ⑥ 기타 조사관리의 지시 이행
   4) 1동리의 강계를 확정할 때 신고 서류의 신속한 취합
   5) 신고서와 매 구역의 강계표에 기재한 성명, 지목, 자번호 등을 조사하고 부합 여부 확인
   6) 조사관리에게 신고사항 또는 미신고 토지에 관한 참고 사항의 신고
3. 지주총대 유의사항의 운영 : 지주총대 유의사항은 약 3년 동안 시행되다가 1913년 제정된 "임시토지조사국 조사규정(1913.6.7. 총동부 훈령 제5호)"에 통합됨
※ 소유자 및 경계 사정에 관한 사무는 임시토지조사국(토지조사사업)과 도지사(임야조사사업)가 담당하였다.

64. 토지조사사업 당시 분쟁의 원인에 해당되지 않는 것은?

① 미개간지   ② 토지 소속의 불분명
③ 역둔토의 정리 미비   ④ 토지 점유권 증명의 미비

Answer 63. ② 64. ④

해설 분쟁의 원인
1. 토지 소속의 불분명
2. 역둔토 등의 정리 미비
3. 세제의 결함
4. 미개간지
5. 제언의 모경
6. 토지 소유권 증명의 미비
7. 권리서식의 미비

65. 지번설정에서 사행식 방법이 가장 적합한 지역은?

① 경기정리지역
② 택지조성지역
③ 도로변의 주택구획지역
④ 지형이 불규칙한 농경지

해설 지번부여방법
1. 지번부여방법의 종류
   ① 진행방향에 따른 분류 : 사행식, 기우식, 단지식
   ② 부여단위에 따른 분류 : 지역단위법, 도엽단위, 단지단위법
   ③ 기번위치에 따른 분류 : 북동기번법, 북서기번법
2. 사행식
   ① 필지의 배열이 불규칙한 지역에서 진행순서에 따라 지번 부여
   ② 진행방향에 따라 지번이 순차적으로 연속
   ③ 농촌지역에 적합
   ④ 상하좌우로 볼 때 어느 방향에서는 지번이 뛰어넘는 단점이 있음

66. 토지조사사업 당시 일필지조사 사항의 업무가 아닌 것은?

① 지목의 조사
② 지번의 조사
③ 지주의 조사
④ 분쟁지의 조사

해설 토지조사사업의 소유권 조사
1. 토지조사사업 당시 소유권조사는 준비조사, 일필지조사 및 분쟁지조사의 3종류로 한다.
2. 준비조사 : 면, 동·리의 명칭 및 경계를 조사하고 토지신고서를 정리하며 또 지방의 경제 및 관습을 조사하는 것을 주 임무로 하였다.
3. 일필지조사 : 일필지조사는 지주의 조사, 강계의 조사, 지목의 조사 및 지번의 조사 등 4개로 구분하였다.
4. 분쟁지조사 : 불분명한 국유지와 민유지, 미정리된 역둔토, 소유권이 불확실한 미개간지 정리 등 토지소유권에 관한 쟁의를 결정하였다.

67. 토지경계에 대한 설명으로 옳지 않은 것은?

① 지역선이란 사정선과 같다.
② 강계선이란 사정선을 말한다.
③ 원칙적으로 지적(임야)도상의 경계를 말한다.
④ 지적공부상에 등록하는 단위토지인 일필지의 구획선을 말한다.

해설 토지조사사업 당시 경계선
1. 강계선 : 사정선으로서, 토지조사 당시 확정된 소유자가 다른 토지 간의 경계선이며, 강계선의 상대는 소유자와 지목이 다르다는 원칙이 성립
2. 지역선 : 소유자가 같은 토지와의 구획선 또는 소유자를 알 수 없는 토지와의 구획선 및 토지조사사업의 시행지와 미시행지와의 지계선
3. 경계선 : 임야조사사업 시의 사정선

68. "모든 토지는 지적공부에 등록해야 하고 등록 전 토지표시 사항은 항상 실제와 일치하게 유지해야 한다."가 의미하는 토지등록제도는?

① 권원등록제도 ② 소극적 등록제도
③ 적극적 등록제도 ④ 날인증서등록제도

해설 토지등록제도의 유형
1. 날인증서등록제도 : 토지의 이익에 영향을 미치는 공적등기를 보전하는 제도로서, 모든 등록된 문서는 미등록문서와 후순위등록문서보다 우선권을 가짐
2. 권원등록제도 : 날인증서등록제도의 결점을 보완하기 위한 제도로서, 공적기관에서 보존되는 특정인의 토지에 대한 권리와 그 권리들이 존속되는 한계에 대한 권위 있는 등록으로서, 국가는 등록 이후 거래 유효성에 책임
3. 소극적 등록제도 : 일필지의 소유권이 거래되면서 발생하는 거래증서를 변경·등록하는 제도로서, 거래행위에 따른 토지등록은 사유재산 양도증서의 작성, 거래증서의 작성으로 구분되며 등록의무는 없고 신청에 의함
4. 적극적 등록제도 : 토지등록은 일필지의 개념으로 법적권리 보장이 인증되고 국가에 의해 그러한 합법성과 효력이 발생하는 제도로서, 지적공부에 등록되지 않는 토지는 어떠한 권리도 인정받을 수 없고, 등록은 강제적이고 의무적이며, 지적측량 시행 후 토지등기가 가능함
5. 토렌스 시스템(Torrens System) : 적극적 등록주의의 발전된 형태로서, 법률적으로 토지의 권리를 확인하는 대신 토지의 권원(Title)을 등록함으로써 토지등록의 완전성을 추구하고 선의의 제3자를 완벽하게 보호하는 것을 목표로 함

69. 지적측량사 규정에 국가공무원으로서 그 소속관서의 지적측량 사무에 종사하는 자로 정의하며, 내무부를 비롯하여 각 시·도와 시·군·구에 근무하는 공무원도 포함되었던 지적측량사는?

① 감정측량사 ② 대행측량사
③ 상치측량사 ④ 지정측량사

해설 지적측량사의 명칭
1. 상치측량사(常置測量士) : 국가공무원으로서 그 소속관서의 지적측량 사무에 종사하는 자
2. 대행측량사(代行測量士) : 타인으로부터 지적법에 의한 측량 업무를 위탁받아 이를 행하는 자
※ 1930.12.31 국무원령 제176호로 제정되고 1961. 1.1 시행된 지적측량사규정(地籍測量士規程) 제4조에서 지적측량사를 상치측량사와 대행측량사로 구분

70. 토지조사사업 당시 확정된 소유자가 다른 토지 사이에 사정된 경계선을 무엇이라 하였는가?

① 지계선   ② 강계선   ③ 구획선   ④ 지역선

해설 일필지의 강계
1. 개념
   ① 강계란 지목 구별 및 소유권 분계의 확정을 위한 것으로서 토지의 소유자 및 지목이 동일하고 연속된 토지를 1필로 하는 것을 원칙으로 하였으며, 토지조사사업 당시 강계선과 지역선을 구별함
   ② 지목은 전, 답, 대, 지소, 임야, 잡종지 등 18종으로 구별
2. 토지조사사업 당시 경계선
   ① 강계선 : 사정선으로서, 토지조사사업 당시 확정된 소유자가 다른 토지 간의 경계선이며, 강계선의 상대는 소유자와 지목이 다르다는 원칙이 성립
   ② 지역선 : 소유자가 같은 토지와의 구획선 또는 소유자를 알 수 없는 토지와의 구획선 및 토지조사사업의 시행지와 미시행지와의 지계선
   ③ 경계선 : 임야조사사업 시의 사정선

71. 토지에 대한 물권을 설정하기 위하여 지적제도가 담당해야 할 가장 중요한 역할은 무엇인가?

① 소유권 사정   ② 필지의 획정
③ 지번의 설정   ④ 면적의 측정

해설 지적(地籍)은 "국가기관의 통치권이 미치는 모든 영토를 필지단위로 구획하여 토지에 대한 물리적 현황과 법적권리관계 등을 공적장부에 등록 공시하고 그 변경사항을 영속적으로 등록 관리하는 국가의 사무"로 정의되며, 지적과 등기의 관계에 있어서 등기의 경우 토지표시에 관한 사항은 지적공부를 기초로 하고 지적의 경우 소유권에 관한 사항은 등기부를 기초로 한다.
따라서 토지의 물권설정을 위해서는 필지의 획정이 선행되어야 한다.

72. 토지조사사업 당시 토지의 사정에 대하여 불복이 있는 경우 이의 재결기관은?

① 임시토지조사국장   ② 지방토지조사위원회
③ 도지사   ④ 고등토지조사위원회

해설 토지사정의 절차
1. 사정은 30일간 공시
2. 불복하는 자는 공시기간 만료 후 60일 이내에 고등토지조사위원회에 이의를 제기하여 재결을 요청할 수 있도록 함

토지조사사업과 임야조사사업의 사정(査定)사항 비교

구분	토지조사사업	임야조사사업
사정권자	임시토지조사국장	도지사
사정기관	–	임야심사위원회
조사 및 측량기관	임시토지조사국	부 또는 면
자문기관	지방토지조사위원회	–
재결기관	고등토지조사위원회	임야조사위원회

Answer 70. ②   71. ②   72. ④

73. 토지조사사업 당시 사정권자는 누구인가?

① 임시토지조사국장 ② 도지사
③ 지방토지조사위원회 ④ 임야조사위원회

해설 토지조사사업의 사정권자는 토지조사국장이며, 임야조사사업의 사정권자는 도지사이다.

74. 토지조사사업의 사정에 불복하는 자는 공시기간 만료 후 최대 며칠 이내에 고등토지조사위원회에 재결을 신청하여야 했는가?

① 120일 ② 90일
③ 60일 ④ 30일

해설 토지조사사업의 사정
1. 개념 : 사정이란 토지조사부와 지적도에 의하여 토지의 소유자 및 그 강계를 확정하는 행정처분
2. 사정권자 : 지방토지조사위원회의 자문을 받아 당시 토지조사국장이 실시
3. 대상 : 토지소유자와 토지강계
4. 절차 : 사정은 30일간 공시하였으며, 불복하는 자는 공시기간 만료 후 60일 이내에 고등토지조사위원회에 이의를 제기하여 재결을 요청할 수 있도록 함

75. 토렌스 시스템의 '기초등록이 토지의 권리관계를 완전하게 반영한다.'는 기본원칙 중 어떤 것의 설명인가?

① 거울이론 ② 커튼이론
③ 보험이론 ④ 경제이론

해설 토렌스 시스템의 3대 기본원칙
1. 거울이론(Mirror Principle)
   ① 소유권에 관한 현재의 법적상태는 오직 등기부에 의해서만 이론의 여지없이 완벽하게 보여진다는 원리
   ② 토지권리증서의 등록은 토지거래의 사실을 이론의 여지없이 완벽하게 반영하는 거울과 같다는 이론
   ③ 소유권증서와 관련된 모든 현재의 사실이 소유권의 원본에 확실히 반영된다는 원칙
2. 커튼이론(Curtain Principle)
   ① 소유권의 법적상태와 관련한 확실성을 보장하기 위하여 단지 현재의 등기부에 등기된 사항만 논의되어야 한다는 이론
   ② 현재의 소유권증서는 완전한 것이며 이전의 증서나 왕실증여를 추적할 필요가 없다는 것
   ③ 토렌스제도에 의해 한 번 권리증명서가 발급되면 당해 토지에 대한 이전의 모든 이해관계는 무효가 되며 현재의 소유권을 되돌아 볼 필요가 없다는 것
3. 보험이론(Insurance Principle)
   ① 권원증명서에 등기된 모든 정보는 정부에 의하여 보장된다는 원리
   ② 토지등록이 토지의 권리를 아주 정확하게 반영한 것이나 인간의 과실로 인하여 착오가 발생하는 경우에 피해를 입은 사람은 누구나 피해보상에 관한 한 법률적으로 선의의 제3자와 동등한 입장에 놓여야만 된다는 이론

③ 토지의 등록을 뒷받침하며 어떠한 경로로 인한 소유자의 손실을 방지하기 위하여 수정될 수 있다는 이론
④ 금전적 보상을 위한 이론이며 손실된 토지의 복구를 의미하는 것은 아님

76. 지적의 요건에 해당하지 않는 것은?

① 경제성
② 공개성
③ 안전성
④ 정확성

해설 국가가 토지에 대한 각종 현황을 공시하는 이유는 민주성, 효율성, 안전성, 경제성, 정확성 등 지적의 이념이 있기 때문이며, 이들 이념은 상호 밀접한 영향을 미치고 있어 어느 하나만 강조되면 나머지 이념의 확보가 곤란하므로 서로 간의 균형이 필요하다.

77. 토지조사사업 당시에 사용한 도면의 축척이 아닌 것은?

① 1/600
② 1/1,200
③ 1/2,400
④ 1/6,000

해설 토지조사사업 및 임야조사사업에 의하여 작성된 지적도의 축척은 1:600, 1:1,200, 1:2,400이며, 임야도의 축척은 1:3,000, 1:6,000이다.

78. 임야조사사업 당시 임야대장에 등록된 정(町), 단(段), 무(畝), 보(步)의 면적을 평으로 환산한 값이 틀린 것은?

① 1정(町)=3,000평
② 1단(段)=300평
③ 1무(畝)=30평
④ 1보(步)=3평

해설 척관법
1. 토지조사 당시 토지조사령에 의거 지적(地積)의 단위로 평(坪) 또는 보(步)를 사용
2. 구지적법에서 토지대장등록지의 지적(地積)은 평(坪), 등록의 최소단위는 합(合)으로 함
3. 구지적법에서 임야대장등록지의 지적(地積)은 무(畝), 등록의 최소단위는 보(步)로 함
4. 산토지대장은 30평(坪) 단위로 등록함
5. 기본단위
   ① 1坪(평) : 6尺(자 또는 척)×6尺=1間(칸 또는 간)×1間
   ② 1合(합 또는 홉) : 1/10坪
   ③ 1步(보) : 1坪=10合
   ④ 1畝(무 또는 묘) : 30坪
   ⑤ 1段(단) : 300坪=10畝
   ⑥ 1町(정) : 3,000坪=100畝=10段

79. 다음 중 오늘날의 토지대장과 유사한 것이 아닌 것은?

① 문기(文記)
② 양안(量案)
③ 도전장(都田帳)
④ 타량성책(打量成册)

Answer 76. ② 77. ④ 78. ④ 79. ①

해설 양안

1. 양안(量案)
   ① 양안은 고려와 조선시대에 양전에 의해 작성된 토지대장으로 전적(田籍)이라고도 함
   ② 양안의 명칭 : 시대, 사용처, 관리처에 따라 전적, 양안, 양안등서책, 전안, 전답안 등 많음
   ③ 작성목적 : 토지에 대한 세 징수를 위해 작성되었으며, 토지조사사업의 실시로 폐지됨
   ④ 양안의 규정 : 경국대전에 20년마다 양전을 실시하여 새로이 양안을 작성하여 호조, 본도, 본읍에 비치토록 규정함
   ⑤ 기재내용 : 토지소재지, 천자문의 자호, 지번, 양전 방향, 토지형태, 지목, 사표, 장광척, 면적, 등급, 결부속, 소유자 등
2. 고려시대 양안의 명칭 : 도전장(都田帳), 양전도장(量田都帳), 양전장적(量田帳籍), 도전정(導田丁), 도행(導行), 전적(田積), 적(籍), 전부(田簿), 안(案), 원적(元籍) 등
3. 조선시대 양안의 명칭 : 양안, 양안등서책(量案謄書册), 전안(田案), 전답안(田畓案), 성책(成册), 양명등서차(量名謄書次), 전답결대장, 전답결타량정안, 전답타량책, 전답타량안, 전답결정안, 전답양안, 전답행번, 양전도행장 등

※ 문기(文記) : 조선시대에 토지 및 가옥을 매수 또는 매도할 때 작성한 매매 계약서를 말하며 '명문문권'이라고도 한다.

80. 현대지적의 원리 중 지적행정을 수행함에 있어 국민의사의 우월적 가치가 인정되며, 국민에 대한 충실한 봉사, 국민에 대한 행정책임 등의 확보를 목적으로 하는 것은?

① 능률성의 원리   ② 민주성의 원리
③ 정확성의 원리   ④ 공기능성의 원리

해설 현대지적의 원리

1. 공기능성의 원리 : 공기능성의 본원적 의미는 어떤 집단 속에서 대다수의 개인에게 공통되는 이해 또는 목적을 가지는 것으로 불특정 다수자의 이익의 추구이며, 사적 이익이라는 개별적 추구를 공적 입장에서 보호하자는 조화에 바탕을 두고 있으며, 모든 지적사항은 필요에 따라 공개되어야 하며 객관적이고 정확성이 있어야 함
2. 민주성의 원리 : 현대지적의 민주성이란 제도의 운영주체와 객체가 내적인 면에서 인간화가 이루어지고 외적인 면에서 주민의 뜻이 반영되는 행정이라 할 수 있으며 정책경정에서 국민의 참여, 국민에 대한 충실한 봉사, 국민에 대한 행정적 책임 등이 확보되는 상태를 말함
3. 능률성의 원리 : 지적의 능률성은 토지현황을 조사하여 지적공부를 만드는 데 따르는 실무활동의 능률과 주어진 여건과 실행과정에서 이론 개발 및 그 전달과정의 개선을 뜻하며 지적활동의 과학화, 기술화 내지 합리화, 근대화를 지칭하는 것
4. 정확성의 원리 : 토지의 정보를 수록하는 지적은 사회과학적 방법과 자연과학적 방법이 함께 접근되어야 하며 지적의 정확성이 현대지적의 기능을 최고화하기 위한 원리

Answer 80. ②

05 지적관계법규

81. 지적소관청이 등록사항을 정정할 때 토지소유자에 관한 사항은 다음 중 무엇에 의하여 정정하여야 하는가?

① 등기필증
② 지적공부등본
③ 법원의 확정판결서
④ 지적공부정리결의서

해설 토지소유자에 관한 등록사항의 정정
1. 등기필증, 등기완료통지서, 등기사항증명서 또는 등기관서에서 제공한 등기전산정보자료에 따라 정정
2. 미등기 토지에 대하여 토지소유자의 성명 또는 명칭, 주민등록번호, 주소 등에 관한 사항의 정정을 신청한 경우로서 그 등록사항이 명백히 잘못된 경우에는 가족관계 기록사항에 관한 증명서에 따라 정정

82. 축척변경 시행지역의 토지는 언제 토지의 이동이 있는 것으로 보는가?

① 등기 촉탁일
② 청산금 지급완료일
③ 축척변경 시행공고일
④ 축척변경 확정공고일

해설 축척변경 확정공고
1. 청산금의 납부 및 지급이 완료되었을 때에는 지적소관청은 지체 없이 다음의 사항을 포함하여 축척변경의 확정공고를 하여야 한다.
   ① 토지의 소재 및 지역명
   ② 축척변경 지번별 조서
   ③ 청산금 조서
   ④ 지적도의 축척
2. 지적소관청은 확정공고를 하였을 때에는 지체 없이 축척변경에 따라 확정된 사항을 다음의 기준에 따라 지적공부에 등록하여야 한다.
   ① 토지대장은 확정공고된 축척변경 지번별 조서에 따를 것
   ② 지적도는 확정측량 결과도 또는 경계점좌표에 따를 것
3. 축척변경 시행지역의 토지는 확정공고일에 토지의 이동이 있는 것으로 본다.

83. 공간정보의 구축 및 관리 등에 관한 법률상 성능검사대행자 등록의 결격사유가 아닌 것은?

① 피성년후견인 또는 피한정후견인
② 성능검사대행자 등록이 취소된 후 2년이 경과되지 아니한 자
③ 이 법을 위반하여 징역형의 집행유예를 선고받고 그 유예기간 중에 있는 자
④ 이 법을 위반하여 징역의 실형을 선고받고 그 집행이 종료(집행이 종료된 것으로 보는 경우를 포함한다)되거나 집행이 면제된 날부터 3년이 경과한 자

해설 성능검사대행자 등록의 결격사유
1. 피성년후견인 또는 피한정후견인
2. 이 법을 위반하여 징역의 실형을 선고받고 그 집행이 종료(집행이 종료된 것으로 보는 경우를 포함한다)되거나 집행이 면제된 날부터 2년이 경과되지 아니한 자
3. 이 법을 위반하여 징역형의 집행유예를 선고받고 그 유예기간 중에 있는 자
4. 성능검사대행자 등록이 취소된 후 2년이 경과되지 아니한 자
5. 임원 중에 제1호부터 제4호까지의 어느 하나에 해당하는 자가 있는 법인

84 등기권리자의 성명 또는 명칭에 병기하여야 할 부동산등기용 등록번호의 부여절차로 틀린 것은?

① 국가·지방자치단체·국제기관·외국정부에 대한 등록번호는 기획재정부장관이 지정·고시한다.
② 주민등록번호가 없는 재외국민에 대한 등록번호는 대법원 소재지 관할등기소의 등기관이 부여한다.
③ 법인에 대한 등록번호는 주된 사무소 소재지 관할등기소의 등기관이 부여한다.
④ 법인 아닌 사단이나 재단에 대한 등록번호는 시장(구가 설치되어 있는 시에서는 구청장)·군수가 부여한다.

해설 부동산등기용 등록번호의 부여절차
등기권리자의 성명 또는 명칭에 병기하여야 할 부동산등기용 등록번호(이하 "등록번호")는 다음의 방법에 의하여 부여한다.
1. 국가·지방자치단체·국제기관·외국정부에 대한 등록번호는 행정안전부장관이 지정·고시한다.
2. 주민등록번호가 없는 재외국민에 대한 등록번호는 대법원 소재지 관할등기소의 등기공무원이 부여하고, 법인에 대한 등록번호는 주된 사무소(회사의 경우 본점, 외국회사의 경우 국내영업소)를 소재지 관할등기소의 등기공무원이 부여한다.
3. 법인 아닌 사단이나 재단에 대한 등록번호는 사단이나 재단이 등기권리자로서 등기를 하고자 하는 부동산 소재지 관할 시장(구가 설치된 시에서는 구청장)·군수가 부여한다.
4. 외국인에 대한 등록번호는 체류지를 관할하는 출입국관리사무소장 또는 출입국관리사무소출장소장이 부여한다(국내에 체류지가 없는 경우에는 대법원 소재지에 체류지가 있는 것으로 본다).

85. 중앙지적위원회의 설명으로 옳은 것은?

① 중앙지적위원회 위원장은 국토교통부 지적업무 담당 국장이다.
② 중앙지적위원회 위원수는 5명 이상 20명 이하이다.
③ 중앙지적위원회는 위원장 1명과 부위원장 2명을 포함하여야 한다.
④ 중앙지적위원회의 위원을 위촉할 수 있는 자는 중앙지적위원회 위원장이다.

해설 중앙지적위원회의 구성
1. 위원장 1명과 부위원장 1명을 포함하여 5명 이상 10명 이하의 위원으로 구성
2. 위원장은 국토교통부의 지적업무 담당 국장, 부위원장은 국토교통부의 지적업무 담당 과장으로 구성
3. 위원은 지적에 관한 학식과 경험이 풍부한 사람 중에서 국토교통부장관이 임명하거나 위촉
4. 위원장 및 부위원장을 제외한 위원의 임기는 2년

5. 중앙지적위원회의 간사는 국토교통부의 지적업무 담당 공무원 중에서 국토교통부장관이 임명하며, 회의 준비, 회의록 작성 및 회의 결과에 따른 업무 등 중앙지적위원회의 서무를 담당
6. 중앙지적위원회의 위원에게는 예산의 범위에서 출석수당과 여비, 그 밖의 실비를 지급함. 다만, 공무원인 위원이 그 소관 업무와 직접적으로 관련되어 출석하는 경우에는 제외

86. 임야대장에 등록된 임야를 개간하여 뽕밭으로 만드는 경우에는 어떤 종류의 토지이동 처리를 해야 하나?

① 등록전환
② 지목변경
③ 토지분할
④ 합병

해설 임야대장에 등록된 토지를 뽕밭(지목 "전")으로 만드는 경우에는 임야대장 및 임야도에 등록된 토지가 토지대장 및 지적도에 옮겨 등록할 토지에 해당되어 등록전환을 신청하여야 한다.

87. 지적전산자료를 인쇄물로 제공할 경우 1필지당 수수료로 옳은 것은?

① 10원
② 20원
③ 30원
④ 40원

해설 지적전산자료의 사용료

지적전산자료 제공방법	수수료
인쇄물로 제공하는 때	1필지당 30원
자기디스크 등 전산매체로 제공하는 때	1필지당 20원

88. 지적측량적부심사의결서를 통지받은 자가 지방지적위원회의 의결에 불복하는 때에는 의결서를 송부받은 날로부터 며칠 이내에 중앙지적위원회에 재심사를 청구할 수 있는가?

① 120일 이내
② 150일 이내
③ 180일 이내
④ 90일 이내

해설 지적측량적부심사의결서를 통지받은 자가 지방지적위원회의 의결에 불복하는 때에는 의결서를 송부받은 날부터 90일 이내에 국토교통부장관을 거쳐 중앙지적위원회에 재심사를 청구할 수 있다.

89. 국토의 계획 및 이용에 관한 법률상 중층주택을 중심으로 편리한 주거환경을 조성하기 위하여 필요할 때 지정하는 용도지역은?

① 제1종 전용주거지역
② 제2종 전용주거지역
③ 제1종 일반주거지역
④ 제2종 일반주거지역

해설 주거지역의 세분
1. 전용주거지역 : 양호한 주거환경을 보호하기 위하여 필요한 지역
   ① 제1종 전용주거지역 : 단독주택 중심의 양호한 주거환경을 보호하기 위하여 필요한 지역
   ② 제2종 전용주거지역 : 공동주택 중심의 양호한 주거환경을 보호하기 위하여 필요한 지역

Answer 86. ① 87. ③ 88. ④ 89. ④

2. 일반주거지역 : 편리한 주거환경을 조성하기 위하여 필요한 지역
   ① 제1종 일반주거지역 : 저층주택을 중심으로 편리한 주거환경을 조성하기 위하여 필요한 지역
   ② 제2종 일반주거지역 : 중층주택을 중심으로 편리한 주거환경을 조성하기 위하여 필요한 지역
   ③ 제3종 일반주거지역 : 중고층주택을 중심으로 편리한 주거환경을 조성하기 위하여 필요한 지역
3. 준주거지역 : 주거기능을 위주로 이를 지원하는 일부 상업기능 및 업무기능을 보완하기 위하여 필요한 지역

90. 공간정보의 구축 및 관리 등에 관한 법률에서 규정하고 있는 벌칙에 해당하지 않는 것은?

① 자격취소, 자격정지, 견책, 훈계
② 1년 이하의 징역 또는 1천만 원 이하의 벌금
③ 2년 이하의 징역 또는 2천만 원 이하의 벌금
④ 3년 이하의 징역 또는 3천만 원 이하의 벌금

해설 공간정보의 구축 및 관리 등에 관한 법률에서 규정하고 있는 벌칙으로는 1년 이하의 징역 또는 1천만 원 이하의 벌금, 2년 이하의 징역 또는 2천만 원 이하의 벌금, 3년 이하의 징역 또는 3천만 원 이하의 벌금, 과태료가 있다.

91. 지적재조사에 관한 특별법상 납부고지된 조정금에 이의가 있는 토지소유자는 납부고지를 받은 날부터 며칠 이내에 지적소관청에 이의신청을 할 수 있는가?

① 7일
② 15일
③ 30일
④ 60일

해설 조정금에 관한 이의신청
1. 수령통지 또는 납부고지된 조정금에 이의가 있는 토지소유자는 수령통지 또는 납부고지를 받은 날부터 60일 이내에 지적소관청에 이의신청을 할 수 있다.
2. 지적소관청은 이의신청을 받은 날부터 30일 이내에 시·군·구 지적재조사위원회의 심의·의결을 거쳐 이의신청에 대한 결과를 신청인에게 서면으로 알려야 한다.

92. 축척변경에 따른 청산관계의 설명 중 옳은 것은?

① 청산금은 필지별 면적에 제곱미터당 가격을 곱하여 정한다.
② 소관청은 수령통지일로부터 3월 이내에 청산금을 지급하여야 한다.
③ 청산금의 부족액은 당해 지방자치단체가 부담한다.
④ 청산금에 이의가 있는 자는 15일 이내에 소관청에 이의신청을 하여야 한다.

해설 청산금은 지번별 조서의 필지별 증감면적에 지번별 제곱미터당 금액을 곱하여 산정하며, 소관청은 수령통지일로부터 6월 이내에 청산금을 지급하여야 한다. 또한 청산금에 관하여 이의가 있는 자는 납부고지 또는 수령통지를 받은 날부터 1월 이내에 소관청에 이의신청을 할 수 있다.

93. 다음 중 지적공부의 효율적인 관리 및 활용을 위하여 지적정보 전담 관리기구를 설치·운영하는 자는?

① 행정안전부장관
② 국토지리정보원장
③ 국가정보원장
④ 국토교통부장관

해설 지적정보 전담 관리기구의 설치
1. 국토교통부장관은 지적공부의 효율적인 관리 및 활용을 위하여 지적정보 전담 관리기구를 설치·운영한다.
2. 국토교통부장관은 지적공부를 과세나 부동산정책자료 등으로 활용하기 위하여 주민등록전산자료, 가족관계등록전산자료, 부동산등기전산자료 또는 공시지가전산자료 등을 관리하는 기관에 그 자료를 요청할 수 있으며 요청을 받은 관리기관의 장은 특별한 사정이 없는 한 이에 응하여야 한다.

94. 부동산등기법상 미등기의 토지에 관한 소유권보존등기를 신청할 수 없는 자는?

① 시장의 확인에 의하여 자기의 소유권을 증명하는 자
② 확정판결에 의하여 자기의 소유권을 증명하는 자
③ 수용(收用)으로 인하여 소유권을 취득하였음을 증명하는 자
④ 임야대장에 최초의 소유자로 등록되어 있는 자의 상속인

해설 미등기의 토지 또는 건물에 관한 소유권보존등기 신청
1. 토지대장, 임야대장 또는 건축물대장에 최초의 소유자로 등록되어 있는 자 또는 그 상속인, 그 밖의 포괄승계인
2. 확정판결에 의하여 자기의 소유권을 증명하는 자
3. 수용(收用)으로 인하여 소유권을 취득하였음을 증명하는 자
4. 특별자치도지사, 시장, 군수 또는 구청장(자치구의 구청장을 말한다)의 확인에 의하여 자기의 소유권을 증명하는 자(건물의 경우로 한정한다)

95. 공간정보의 구축 및 관리 등에 관한 법률상 임야대장에 등록하는 1필지 최소면적 단위는?(단, 지적도의 축척이 600분의 1인 지역과 경계점좌표등록부에 등록하는 지역의 토지면적은 제외한다.)

① 0.1제곱미터
② 1제곱미터
③ 10제곱미터
④ 100제곱미터

해설 면적의 결정방법
1. 오사오입의 원칙
   ① 경계점좌표등록부에 등록하는 지역 및 축척 1/600 지역 : $0.05m^2$ 초과는 올리고, 미만은 버리며, $0.05m^2$인 경우에는 홀수만 올림
   ② 축척 1/1,000~1/6,000 지역 : $0.5m^2$ 초과는 올리고, 미만은 버리며, $0.5m^2$인 경우에는 홀수만 올림
2. 면적의 최소등록단위
   ① 축척 1/500~1/600, 경계점좌표등록부에 등록하는 지역 : $0.1m^2$
   ② 축척 1/1,000~1/6,000 지역 : $1m^2$

Answer 93. ④ 94. ① 95. ②

96. 중앙지적위원회 위원의 임기는?(단, 위원장 및 부위원장은 제외한다.)

① 1년 ② 2년
③ 3년 ④ 4년

해설 중앙지적위원회의 구성과 운영
1. 위원장, 부위원장 각 1명 포함하여 5명 이상 10명 이하의 위원으로 구성
2. 위원장은 국토교통부 지적업무 담당 국장, 부위원장은 국토교통부 지적업무 담당 과장으로 구성
3. 위원은 지적에 관한 학식과 경험이 풍부한 자 중에서 국토교통부장관이 임명하거나 위촉
4. 위원장 및 부위원장을 제외한 위원의 임기는 2년
5. 위원장, 부위원장 포함 재적 위원 과반수 출석 개의, 출석위원 과반수 찬성으로 의결
6. 관계인을 출석시켜 의견 청취 및 필요시 현지 조사 가능
7. 위원장은 회의 5일 전까지 회의일시·장소 및 심의안건을 각 위원에게 서면 통지

97. 지적소관청이 직권으로 지적공부에 등록된 사항을 정정할 수 없는 경우는?

① 지적측량성과와 다르게 정리된 경우
② 토지이동정리 결의서의 내용과 다르게 정리된 경우
③ 지적공부의 작성 또는 재작성 당시 잘못 정리된 경우
④ 지적도에 등록된 필지가 면적의 증감이 있으며 경계 위치가 잘못된 경우

해설 등록사항의 정정
1. 의의 : 지적공부의 등록사항에 잘못이 있음을 발견한 때 토지소유자의 신청 또는 지적소관청이 직권으로 조사·측량하여 정정하는 것
2. 등록사항의 직권정정 대상
   ① 토지이동정리 결의서의 내용과 다르게 정리된 경우
   ② 지적도 및 임야도에 등록된 필지가 면적의 증감 없이 경계의 위치만 잘못된 경우
   ③ 필지가 각각 다른 지적도나 임야도에 등록되어 있는 경우로서 지적공부에 등록된 면적과 측량한 실제면적은 일치하지만 지적도나 임야도에 등록된 경계가 서로 접합되지 않아 지적도나 임야도에 등록된 경계를 지상의 경계에 맞추어 정정하여야 하는 토지가 발견된 경우
   ④ 지적공부의 작성 또는 재작성 당시 잘못 정리된 경우
   ⑤ 지적측량성과와 다르게 정리된 경우
   ⑥ 지적측량의 적부심사에 따라 지적공부의 등록사항을 정정하여야 하는 경우
   ⑦ 지적공부의 등록사항이 잘못 입력된 경우
   ⑧ 「부동산등기법」에 따른 통지가 있는 경우
   ⑨ 면적 환산이 잘못된 경우

98. 공간정보의 구축 및 관리 등에 관한 법률상 규정된 지목의 종류로 옳지 않은 것은?

① 운동장 ② 유원지
③ 잡종지 ④ 철도용지

Answer 96. ② 97. ④ 98. ①

해설 1. 지목(Land Category)
지목은 토지의 주된 사용목적 또는 용도에 따라 토지의 종류를 구분하여 표시
2. 지목의 종류
전·답·과수원·목장용지·임야·광천지·염전·대·공장용지·학교용지·주차장·주유소용지·창고용지·도로·철도용지·제방(堤防)·하천·구거·유지·양어장·수도용지·공원·체육용지·유원지·종교용지·사적지·묘지·잡종지
※ 1991. 11. 30. 「지적법」 일부개정 시 운동장은 체육용지로 지목이 변경됨

99. 공간정보의 구축 및 관리 등에 관한 법률상 1년 이하의 징역 또는 1천만 원 이하의 벌금 대상으로 옳은 것은?

① 정당한 사유 없이 측량을 방해한 자
② 측량업 등록사항의 변경신고를 하지 아니한 자
③ 무단으로 측량성과 또는 측량기록을 복제한 자
④ 고시된 측량성과에 어긋나는 측량성과를 사용한 자

해설 1년 이하의 징역 또는 1천만 원 이하의 벌금
1. 무단으로 측량성과 또는 측량기록을 복제한 자
2. 심사를 받지 아니하고 지도 등을 간행하여 판매하거나 배포한 자
3. 측량기술자가 아님에도 불구하고 측량을 한 자
4. 업무상 알게 된 비밀을 누설한 측량기술자
5. 둘 이상의 측량업자에게 소속된 측량기술자
6. 다른 사람에게 측량업등록증 또는 측량업등록수첩을 빌려주거나 자기의 성명 또는 상호를 사용하여 측량업무를 하게 한 자
7. 다른 사람의 측량업등록증 또는 측량업등록수첩을 빌려서 사용하거나 다른 사람의 성명 또는 상호를 사용하여 측량업무를 한 자
8. 지적측량수수료 외의 대가를 받은 지적측량기술자
9. 거짓으로 다음의 신청을 한 자
   ① 신규등록 신청
   ② 등록전환 신청
   ③ 분할 신청
   ④ 합병 신청
   ⑤ 지목변경 신청
   ⑥ 바다로 된 토지의 등록말소 신청
   ⑦ 축척변경 신청
   ⑧ 등록사항의 정정 신청
   ⑨ 도시개발사업 등 시행지역의 토지이동 신청
10. 다른 사람에게 자기의 성능검사대행자 등록증을 빌려 주거나 자기의 성명 또는 상호를 사용하여 성능검사대행업무를 수행하게 한 자
11. 다른 사람의 성능검사대행자 등록증을 빌려서 사용하거나 다른 사람의 성명 또는 상호를 사용하여 성능검사대행업무를 수행한 자

Answer 99. ③

100. 도시관리계획결정의 고시일로부터 몇 년이 되는 날까지 규정에 의한 지형도면의 고시가 없는 경우에 그 도시관리계획결정의 효력을 상실하게 되는가?

① 1년　　　　　　　　　　　② 2년
③ 3년　　　　　　　　　　　④ 4년

해설 도시관리계획결정의 고시일로부터 2년이 되는 날까지 지형도면 등의 고시가 없는 경우에는 그 2년이 되는 날의 다음날부터 그 지정의 효력을 잃는다.

Answer   100. ②

2025년 제3회 지적기사

01 지적측량

01. 경위의측량방법으로 세부측량을 시행 시 측량결과도의 기재사항이 아닌 것은?

① 지상에서 측정한 거리 및 방위각
② 측량대상 토지의 경계점간 실측거리
③ 측량대상 토지의 점유 현황선
④ 측량의 기하적과 지상에 측정한 거리

해설 지적측량 시행규칙 제26조(세부측량성과의 작성)
1. 측정점의 위치(측량계산부의 좌표를 전개하여 적는다), 지상에서 측정한 거리 및 방위각
2. 측량대상 토지의 경계점 간 실측거리
3. 측량대상 토지의 토지이동 전의 지번과 지목(2개의 붉은 색으로 말소한다)
4. 측량결과도의 제명 및 번호(연도별로 붙인다)와 지적도의 도면번호
5. 신규등록 또는 등록전환하려는 경계선 및 분할경계선
6. 측량대상 토지의 점유현황선
7. 측량 및 검사의 연월일, 측량자 및 검사자의 성명·소속 및 자격등급 또는 기술등급
8. 해당 필지 및 인접 필지의 측량 연혁

02. 특별소삼각원점의 좌표(종선좌표, 횡선좌표)는?

① (10,000m, 30,000m)
② (20,000m, 60,000m)
③ (200,000m, 600,000m)
④ (500,000m, 200,000m)

해설 원점별 좌표

원점명	X	Y
통일원점	500,000m(제주지역 : 550,000m)	200,000m
구소삼각원점	0	0
특별소삼각원점	10,000m	30,000m

Answer 01. ④ 02. ①

2025년 시행

03. 지적삼각점 설치를 위한 망 구성으로 사용되지 않는 것은?

① 삽입망
② 교회망
③ 사각망
④ 유심다각망

해설 지적측량 시행규칙 제8조(지적삼각점측량)
유심다각망(有心多角網)·삽입망(揷入網)·사각망(四角網)·삼각쇄(三角鎖) 또는 삼변(三邊) 이상의 망으로 구성하여야 한다.

04. 소관청은 도면의 관리상 필요한 때에 지번부여 지역마다 일람도와 지번 색인표를 작성하여 비치할 수 있다. 이때 일람도를 작성하지 아니할 수 있는 경우는 도면이 몇 장 미만일 때인가?

① 4장
② 5장
③ 6장
④ 7장

해설 지적업무처리규정 제38조(일람도의 제도)
일람도의 축척은 그 도면축척의 10분의 1로 한다. 다만, 도면의 장수가 많아서 1장에 작성할 수 없는 경우에는 축척을 줄여서 작성할 수 있으며, 도면의 장수가 4장 미만인 경우에는 일람도의 작성을 하지 아니할 수 있다.

05. 거리측량을 할 때 발생하는 오차 중 우연오차의 원인이 아닌 것은?

① 테이프의 길이가 표준길이와 다를 때
② 온도가 측정 중 시시각각으로 변할 때
③ 눈금의 끝수를 정확히 읽을 수 없을 때
④ 측정 중 장력을 일정하게 유지하지 못하였을 때

해설 테이프의 길이가 표준길이와 달라서 발생하는 오차는 정오차로서 원인과 상태를 파악하면 제거가 가능한 오차이다.

06. 다음 구소삼각지역의 직각좌표계 원점 중 평면직각종횡선수치의 단위를 간(間)으로 한 원점은?

① 조본원점
② 고초원점
③ 율곡원점
④ 망산원점

해설 사용단위별 원점의 종류

미터	간(間)
조본원점	망산원점
고초원점	계양원점
율곡원점	가리원점
현창원점	등경원점
소라원점	구암원점
	금산원점

Answer 03. ② 04. ① 05. ① 06. ④

07. 다각망도선법에 따라 지적도근점측량을 실시하는 경우 지적도근점표지의 평균 점간거리는?

① 50m 이하
② 200m 이하
③ 300m 이하
④ 500m 이하

해설 지적측량 시행규칙 제2조의 2(지적기준점표지의 설치·관리 등)
지적도근점표지의 점간거리는 평균 50미터 이상 500미터 이하로 한다.

08. 평판측량방법에 따른 세부측량을 시행하는 경우 기지점을 기준으로 하여 지상경계선과 도상경계선의 부합 여부를 확인하는 방법에 해당하지 않는 것은?

① 현형법
② 중앙종거법
③ 거리비교확인법
④ 도상원호교회법

해설 지적측량 시행규칙 제18조(세부측량의 기준 및 방법 등)
경계점은 기지점을 기준으로 하여 지상경계선과 도상경계선의 부합 여부를 현형법(現形法)·도상원호(圖上圓弧)교회법·지상원호(地上圓弧)교회법 또는 거리비교확인법 등으로 확인하여 정한다.

09. 지적측량의 방법으로 옳지 않은 것은?

① 수준측량방법
② 경위의측량방법
③ 사진측량방법
④ 위성측량방법

해설 지적측량 시행규칙 제5조(지적측량의 구분 등)
지적측량은 평판(平板)측량, 전자평판측량, 경위의(經緯儀)측량, 전파기(電波機) 또는 광파기(光波機)측량, 사진측량, 위성측량 및 드론측량 등의 방법에 따른다.

10. 우리나라 토지조사사업 당시 대삼각본점측량의 방법으로 틀린 것은?

① 전국 13개소 기선을 설치하였다.
② 관측은 기선망에서 12대회의 방향관측을 실시하였다.
③ 대삼각점은 평균 점간거리 30km로 23개의 삼각망으로 구분하였다.
④ 대삼각점은 위도 20′, 경도 15′의 방안 내에 10점이 배치되도록 하였다.

해설 대삼각(본점)측량
대삼각측량은 대삼각본점과 대삼각보점을 설치하기 위한 측량이며 대삼각본점에 해당하는 측량은 측지학적인 삼각측량이다.
- 일본의 대마도 1등삼각점을 연락망으로 우리나라의 절영도와 거제도를 기점으로 함
- 전국에 13개의 기선을 설치하고 삼각형의 평균변장을 약 30km로 23개의 삼각망 구성
- 위도 15′, 경도 20′의 방안에 대략 1점을 배치하여 전국에 400점을 배치
- 기선망의 수평각은 12대회의 각관측법
- 내각의 폐색차는 2″ 이내, 본점망은 6대회의 각관측법, 내각의 폐색차는 5″ 이내

Answer 07. ④ 08. ② 09. ① 10. ④

11. 지적삼각보조점의 망 구성으로 옳은 것은?

① 유심다각망 또는 삽입망
② 삽입망 또는 사각망
③ 사각망 또는 교회망
④ 교회망 또는 교점다각망

해설 지적측량 시행규칙 제10조(지적삼각보조점측량)
지적삼각보조점은 교회망 또는 교점다각망(交點多角網)으로 구성한다.

12. 지적삼각측량에서 광파기로 거리를 측정한 결과 평균거리가 3,325.45m이었다. 이때의 거리측정 허용교차는?

① 0.06m ② 0.05m ③ 0.04m ④ 0.03m

해설 지적측량 시행규칙 제9조(지적삼각점측량의 관측 및 계산)
점간거리는 5회 측정하여 그 측정치의 최대치와 최소치의 교차가 평균치의 10만분의 1 이하일 때에는 그 평균치를 측정거리로 한다.

$3,325.45 \times \dfrac{1}{100,000} = 0.033$

∴ 0.03m

13. 지적삼각측량 시 삼각망 구성에 따른 내각의 제한으로 옳은 것은?

① 20~50° ② 20~80° ③ 30~120° ④ 30~150°

해설 지적측량 시행규칙 제8조(지적삼각점측량)
삼각형의 각 내각은 30도 이상 120도 이하로 한다. 다만, 망평균계산법과 삼변측량에 따르는 경우에는 그러하지 아니하다.

14. 광파기측량방법에 따라 다각망도선법으로 지적삼각보조점의 관측 및 계산 기준이 옳지 않은 것은?(단, n은 폐색변을 포함한 변의 수를 말한다.)

① 도선별 평균방위각과 관측방위각의 폐색오차는 ±10$\sqrt{n}$초 이내로 하여야 한다.
② 3개 이상의 기지점을 포함한 결합다각방식에 따른다.
③ 1도선의 점의 수는 교점을 제외한 기지점이 5개 이하가 되도록 한다.
④ 1도선의 거리는 4킬로미터 이하로 한다.

해설

측량종류	지적삼각보조점측량
측량 방법	전·광파기 측량법
	다각망도선법
망 구성	3개 이상 기지점 포함 결합다각방식
1도선 점의 수·거리	기지점과 교점 포함 5개 이하, 1도선 거리 4km 이하
폐색오차 제한	±10$\sqrt{n}$초 이내(n : 폐색변을 포함한 변수)

Answer 11. ④ 12. ④ 13. ③ 14. ③

15. 전파기측량방법에 의하여 다각망도선법으로 지적삼각보조측량을 할 때 1도선의 거리는 얼마 이하로 하여야 하는가?

① 0.5km 이하
② 1km 이하
③ 4km 이하
④ 3km 이하

해설 지적측량 시행규칙 제10조(지적삼각보조점측량)
1도선의 거리(기지점과 교점 또는 교점과 교점 간의 점간거리의 총합계를 말한다)는 4킬로미터 이하로 한다.

16. 다각망도선법에 의한 지적도근점측량 시 1도선의 점의 수는 몇 점 이하로 제한되는가?

① 10점
② 20점
③ 30점
④ 40점

해설 지적측량 시행규칙 제12조(지적도근점측량)
1도선의 점의 수는 20점 이하로 한다.

17. 다음 측량방법 중 지적도근점측량에서 사용할 수 없는 것은?

① 폐합도선법
② 개방도선법
③ 왕복도선법
④ 결합도선법

해설 지적측량 시행규칙 제12조(지적도근점측량)
지적도근점은 결합도선 · 폐합도선 · 왕복도선 및 다각망도선으로 구성하여야 한다.

18. 평판측량에서 도곽선의 신축에 따른 거리보정식은?

① 보정량 = $\dfrac{\text{신축량(지상)} \times 4}{\text{도곽선 길이 합계(지상)}} \times \text{실측거리}$

② 보정량 = $\dfrac{\text{신축량(지상)}}{\text{도곽선 길이 합계(지상)}} \times \text{실측거리}$

③ 보정량 = $\dfrac{\text{신축량(도상)} \times 4}{\text{도곽선 길이 합계(도상)}} \times \text{실측거리}$

④ 보정량 = $\dfrac{\text{신축량(도상)}}{\text{도곽선 길이 합계(지상)}} \times \text{실측거리}$

해설 지적측량 시행규칙 제18조(세부측량의 기준 및 방법 등)
평판측량방법으로 거리를 측정하는 경우 도곽선의 신축량이 0.5밀리미터 이상일 때에는 다음의 계산식에 따른 보정량을 산출하여 도곽선이 늘어난 경우에는 실측거리에 보정량을 더하고, 줄어든 경우에는 실측거리에서 보정량을 뺀다.

보정량 = $\dfrac{\text{신축량(지상)} \times 4}{\text{도곽선 길이 합계(지상)}} \times \text{실측거리}$

Answer 15. ③ 16. ② 17. ② 18. ①

19. 경위의측량방법으로 세부측량을 하는 경우 연직각을 정반으로 관측한 교차의 제한 기준은?

① 5분 이내
② 4분 이내
③ 2분 이내
④ 1분 이내

해설 지적측량 시행규칙 제18조(세부측량의 기준 및 방법 등)
연직각의 관측은 정반으로 1회 관측하여 그 교차가 5분 이내일 때에는 그 평균치를 연직각으로 하되, 분단위로 독정한다.

20. 다음 그림과 같은 삼각형에서 측선 AB의 방위각 V_A^B는?(단, $V_0^A = 50°08'30$, $\angle OAB = 75°36'10''$이다.)

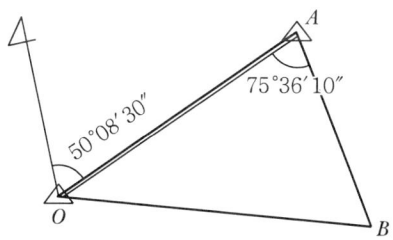

① 75° 36′ 10″
② 125° 44′ 40″
③ 129° 51′ 30″
④ 154° 32′ 20″

해설 OA 방위각은 50° 08′ 30″, AO의 방위각은 OA방위각 + 180° = 230° 08′ 30″
$V_A^B = 230°08'30'' - 75°36'10'' = 154°32'20''$

02 응용측량

21. 지형도에서 92m 등고선상의 A점과 118m 등고선상의 B점 사이에 일정한 기울기 8%의 도로를 만들었을 때 AB 사이 도로의 실제 경사거리는?

① 347m
② 339m
③ 332m
④ 326m

해설 높이 = 경사도 × 수평거리

$$수평거리 = \frac{높이}{경사도} = \frac{26}{0.08} = 325m$$

경사거리 = $\sqrt{26^2 + 325^2} = 326.03m$

∴ 326m

Answer 19. ① 20. ④ 21. ④

22. GNSS 측량에서 다중경로 오차가 발생할 가능성이 가장 큰 곳은?
   ① 사막
   ② 수중
   ③ 지하
   ④ 건물 옆

   해설 GNSS 측량의 오차에는 크게 구조적 원인에 의한 오차, 위성의 배치 상황에 따른 오차(DOP), 선택적 가용성에 의한 오차(SA), 주파단절(Cycle Slip)이 있다. 구조적 원인에 의한 오차에는 위성시계 오차, 위성궤도 오차, 전리층과 대류층의 전파지연, 다중경로 오차 등이 있고 보통 수신기에서 오차가 발생하며, 다중경로오차는 위성신호가 주위 장애물 등으로 직진파로 수신하지 못하고 반사 또는 굴절하여 수신할 때 발생하는 오차이다.

23. 레벨의 중심에서 100m 떨어진 곳에 표척을 세워 1.921m를 관측하고 기포가 5눈금 이동 후에 1.994m를 관측하였다면 이 기포관의 1눈금 이동에 대한 경사각(감도)은?
   ① 약 40″
   ② 약 30″
   ③ 약 20″
   ④ 약 10″

   해설 $\alpha = \dfrac{\rho l}{nD} = \dfrac{(1.921-1.994) \times 206,265''}{5 \times 100} = 0°\,0'\,30.11''$

   여기서, α : 기포관의 감도
   ρ : 206,265″
   l : 기포가 수평일 때 읽음값과 기포가 움직였을 때의 높이차($l_1 - l_2$)
   n : 이동눈금수
   D : 수평거리

24. 노선측량에서 노선선정을 할 때 고려사항으로 가장 우선시되는 것은?
   ① 교통량과 경제성
   ② 건설비와 측량비
   ③ 곡선설치의 난이도
   ④ 공사기간

   해설 노선선정에서 가장 고려해야 할 사항은 교통량과 경제성이다.

25. 수준기의 감도가 40″인 레벨로 60m 전방에 세운 표척을 시준한 후 기포가 1눈금 이동하였을 때 발생하는 오차는?
   ① 0.006m
   ② 0.012m
   ③ 0.018m
   ④ 0.024m

   해설 오차는 $\alpha = \dfrac{pl}{nD}$ 에서
   $l = \dfrac{anD}{p} = \dfrac{40'' \times 1 \times 60}{206,265''} = 0.0116\text{m} ≒ 0.012\text{m}$
   여기서, l : 오차, α : 감도, n : 눈금 수, D : 거리

Answer 22. ④ 23. ② 24. ① 25. ②

26. 완화곡선에 대한 설명 중 잘못된 것은?

① 완화곡선의 반지름은 시점에서 원의 반지름부터 시작하여 점차 증가하여 무한대가 된다.
② 우리나라에서는 주로 도로에서는 완화곡선에 클로소이드 곡선을, 철도에는 3차 포물선을 사용한다.
③ 완화곡선의 접선은 시점에서 직선에 접하고, 종점에서 원호에 접한다.
④ 완화곡선에 연한 곡선 반지름의 감소율은 캔트의 증가율과 같다.

해설 완화곡선이란 차량이 직선부에서 곡선부분으로 방향을 바꾸면 반지름이 달라지기 때문에 완화곡선을 설치하게 되는데 주로 차량에 사용되며, 완화곡선의 성질은 다음과 같다.
1. 곡선반경은 완화곡선의 시점에서 무한대, 종점에서 원곡선 R로 된다.
2. 완화곡선의 접선은 시점에서 직선에, 종점에서 원호에 접한다.
3. 완화곡선에 연한 곡선반경의 감소율은 캔트의 증가율과 동률(다른 부호)로 된다. 또 종점에 있는 캔트는 원곡선의 캔트와 같게 된다.

27. 인공위성을 이용한 원격탐사에 대한 설명으로 옳지 않은 것은?

① 얻어진 영상은 정사투영에 가깝다.
② 탐사된 자료가 즉시 이용될 수 있다
③ 반복 측정이 불가능하고 좁은 지역에 적합하다.
④ 회전주기가 일정하므로 원하는 지점 및 시기에 촬영하기 어렵다.

해설 원격탐측은 비행기나 인공위성 등에 탑재된 센서(Sensor)를 사용하여 지표의 대상물에서 반사 또는 방사된 전자 스텍트럼을 측정하고 이들의 자료를 이용하여 대상물이나 현상에 관한 정보를 얻는 기법으로 다음과 같은 특징을 갖는다.
1. 짧은 시간 내에 넓은 지역을 동시에 측정할 수 있으며 반복 측정 가능하다.
2. 다중파장대에 의한 지구 표면 정보획득이 용이하여 측정자료가 기록되어 판독이 자동적이고 정량화가 가능하다.
3. 회전주기가 일정하므로 원하는 지점 및 시기에 관측하기가 어렵다.
4. 관측이 좁은 시야각으로 얻어진 영상은 정사투영에 가깝다.
5. 탐사된 자료가 즉시 이용될 수 있으며 재해, 환경문제 해결에 편리하다.

28. 지하시설물 측량의 순서로 옳은 것은?

① 작업계획 – 자료수집 – 지하시설물 탐사 – 지하시설물 원도 작성 – 작업조서 작성
② 자료수집 – 작업계획 – 지하시설물 탐사 – 작업조서 작성 – 지하시설물 원도 작성
③ 작업계획 – 지하시설물 탐사 – 자료수집 – 지하시설물 원도 작성 – 작업조서 작성
④ 자료수집 – 지하시설물 탐사 – 작업계획 – 작업조서 작성 – 지하시설물 원도 작성

해설 지하시설물 탐사작업 순서
작업계획 수립 – 자료의 수집 및 편집 – 지표면상에 노출된 지하시설물에 대한 조사 – 관로조사 등 지하시설물 탐사 – 지하시설물 원도의 작성 – 작업조서의 작성

Answer 26. ① 27. ③ 28. ①

29. GPS 시스템 오차의 종류가 아닌 것은?

① 위성시계 오차
② 영상 표정 오차
③ 위성궤도 오차
④ 대류권 굴절 오차

해설 GPS 측량의 오차에는 크게 구조적 원인에 의한 오차, 위성의 배치 상황에 따른 오차(DOP), 선택적 가용성에 의한 오차(SA), 주파단절(Cycle Slip)이 있으며, 다시 구조적 원인에 의한 오차에는 위성시계 오차, 위성궤도 오차, 전리층과 대류층의 전파지연, 수신기에서 발생하는 오차가 있다.

30. 실제사진 위에서 이동한 물체를 실체시하면, 그 운동 때문에 그 물체가 겉보기 상의 시차가 뜨거나 가라앉아 보이는 효과는?

① 카메론 효과(Cameron Effect)
② 가르시아 효과(Garcia Effect)
③ 고립 효과(Isolated Effect)
④ 상위 효과(Discrepancy Effect)

해설 카메론 효과(Cameron Effect)란 입체사진 위에서 이동한 사물을 실체시하면 입체시에 의한 과고감으로 입체상의 변화를 나타내는 시차가 발생하고, 그 운동이 기선 방향이면 물체가 뜨거나 가라앉아 보이는 현상을 말한다.

31. 축척 1:50,000 지형도에서 주곡선의 간격은?

① 5m
② 10m
③ 20m
④ 100m

해설 등고선의 종류는 계곡선, 주곡선, 간곡선, 보조곡선 등으로 분류하며, 축척 1/50,000 지형도에서는 계곡선 100m, 주곡선 20m, 간곡선 10m, 보조곡선 5m로 되어 있다.

32. 축척 1:50,000의 지형도에서 A의 표고가 235m, B의 표고가 563m일 때 두 점 A, B 사이 주곡선의 수는?

① 13
② 15
③ 17
④ 18

해설 축척 1/50,000 지형도 주곡선의 간격은 20m이고 표고차는 563−235=328m이므로 328÷20=16.4이므로 주곡선의 수는 17개이다.

33. 터널측량의 작업 순서 중 선정한 중심선을 현지에 정확히 설치하여 터널의 입구나 수직터널의 위치를 결정하는 단계는?

① 답사
② 예측
③ 지표설치
④ 지하설치

해설 터널측량 작업 절차
1. 조사(답사) : 미리 실내에서 개략적인 계획을 세우고 현장 부근의 지형이나 지질을 조사하여 터널의 위치를 예정한다.
2. 예측 : 조사에 결과에 따라 터널 위치를 약측에 의하여 지표에 중심선을 미리 표시하고 다시 도면상에 터널을 설치할 위치를 검토한다.
3. 지표설치 : 예측의 결과에서 정한 중심선을 현지의 지표에 정확히 설정하고, 이때 갱문이나 수갱의 위치를 결정하고 터널의 연장도 정밀 관측한다.
4. 지하설치 : 지표에 설치된 중심선을 기준으로 하고 갱문에서 굴착을 시작하고 굴착이 진행됨에 따라 갱내의 중심선을 설정하는 작업을 말한다.

34. 그림과 같이 지역에 정지작업을 하였을 때, 절토량과 성토량이 같게 되는 지반고는?(단, 각 구역의 면적은 16m²로 동일하고, 지반고 단위는 m이다.)

① 13.78m
② 14.09m
③ 14.15m
④ 14.23m

14.5	14.3	14.1	14.0
14.4	14.2	14.0	13.8
14.2	14.1	13.9

해설 $\sum h_1 = 14.5 + 14 + 13.8 + 13.9 + 14.2 = 70.4$
$\sum h_2 = 14.3 + 14.1 + 14.1 + 14.4 = 56.9$
$\sum h_3 = 14.0$
$\sum h_4 = 14.2$
$V_0 = \frac{1}{4} A(1\sum h_1 + 2\sum h_2 + 3\sum h_3 + 4\sum h_4)$
$= \frac{1}{4} \times 16\{70.4 + (2 \times 56.9) + (3 \times 14) + (4 \times 14.2)\} = 1,132 \text{m}^2$
$h = \frac{V_0}{nA} = \frac{1,132}{5 \times 16} = 14.15 \text{m}$
∴ 14.15m

35. 그림과 같이 터널 내 수준측량에서 A점의 표고가 450.50m이었다면 B점의 표고는?

① 450.40m
② 450.60m
③ 453.40m
④ 453.60m

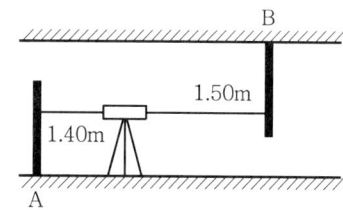

해설 B점의 표고 = A점의 표고 + $a - b$
$= 450.5 + 1.4 - (-1.5)$
$= 453.4 \text{m}$
※ 천정에 있음을 유의

Answer 34. ③　35. ③

36. 지형도에 의한 댐의 저수량 측정에 사용할 수 있는 방법으로 적당한 것은?

① 영선법
② 채색법
③ 음영법
④ 등고선법

해설 등고선법은 동일표고의 점을 연결한 곡선, 등고선에 의하여 지형의 높이(지표)를 표시하는 방법으로 토량의 산정 및 용량, 저수량 측정에 사용된다.

37. 등고선에 직각이며 물이 흐르는 방향이 되므로 유하선이라고도 하는 지성선은?

① 분수선
② 합수선
③ 경사변환선
④ 최대 경사선

해설 지성선은 지표면이 다수의 평면으로 이루어졌다고 생각할 때 이 평면의 접합부, 즉 접선을 말하며 지세선이라고도 한다. 능선(분수선), 합수선(합곡선), 경사변환선, 최대경사선으로 나뉘며, 최대경사선(유하선)은 지표의 임의의 한 점에 있어서 그 경사가 최대로 되는 방향을 표시한 선을 말하고 등고선에 직각으로 교차한다.

38. 노선측량의 단곡선 설치에서 반지름이 200m, 교각이 67°42′일 때, 접선길이(T.L)와 곡선길이(C.L)는?

① T.L=134.14m, C.L=234.37m
② T.L=134.14m, C.L=236.32m
③ T.L=136.14m, C.L=234.37m
④ T.L=136.14m, C.L=236.32m

해설 단곡선 설치

1. 접선길이(T.L) $= R \tan \dfrac{I}{2} = 200 \tan \dfrac{67°42′}{2} = 134.14\text{m}$
2. 곡선길이(C.L) $= 0.01745RI = 0.01745 \times 200 \times 67°42′ = 236.32\text{m}$

39. 수준측량에서 우리나라가 채택하고 있는 기준면으로 옳은 것은?

① 평균고조면
② 평균해수면
③ 최저조위면
④ 최고조위면

해설 우리나라 수준측량이 기준이 되는 수준기준면은 평균해수면을 채택하고 있다.

40. GNSS에서 의사거리 결정에 영향을 주는 오차의 원인으로 거리가 먼 것은?

① 대기굴절에 의한 오차
② 위성의 시계오차
③ 수신 위치의 기온 변화에 의한 오차
④ 위성의 기하학적 위치에 따른 오차

Answer 36. ④ 37. ④ 38. ② 39. ② 40. ③

해설 의사거리는 인공위성과 지상수신기 사이의 거리 측정값으로 인공위성에서 송신되어 수신기로 도착된 송신 신호를 PRN(Pseudo Range Noise) 인식 코드로 비교하여 측정한다. 송수신기 시계의 시간 오차가 발생되고 거리는 기하학적인 실제 거리와 달라 의사거리라고 하며 항법장치에 주로 사용된다. GPS 측량의 오차에는 크게 구조적 원인에 의한 오차, 위성의 배치 상황에 따른 오차(DOP), 선택적 가용성에 의한 오차(SA), 주파단절(Cycle Slip)이 있으며, 다시 구조적 원인에 의한 오차에는 위성시계 오차, 위성궤도 오차, 전리층과 대류층의 전파지연, 다중경로 오차, 수신기에서 발생하는 오차가 있다.

03 토지정보체계론

41. 다음 중 위상모형에 대한 설명으로 옳지 않은 것은?

① 점, 선, 면으로 객체 간의 공간 관계를 파악할 수 있다.
② 객체가 서로 인접하는지, 연결되어 있는지를 판단할 수 있다.
③ 다중연결을 통하여 각 지형·지물은 다른 지형·지물과 연결될 수 있다.
④ 인접 다각형을 나타내기 위해서는 경계선을 두 번씩 저장해야 하는 단점이 있다.

해설 스파게티 모형
1. 인접한 폴리곤 간의 공통 경계는 각 폴리곤에 대하여 반드시 두 번 기록되어야 한다.
2. 상호 연관성에 관한 정보가 없어 인접한 객체들의 특징과 관련성, 연결성을 파악하기 어렵다.

42. 다음 중 필지식별번호에 관한 설명으로 옳지 않은 것은?

① 각 필지의 등록사항의 저장과 수정 등을 용이하게 처리할 수 있는 고유번호를 말한다.
② 필지에 관련된 모든 자료의 공통적 색인번호의 역할을 한다.
③ 토지 관련 정보를 등록하고 있는 각종 대장과 파일 간의 정보를 연결하거나 검색하는 기능을 향상시킨다.
④ 필지의 등록사항 변경 및 수정에 따라 변화할 수 있도록 가변성이 있어야 한다.

해설 필지식별번호는 각 필지별 등록사항의 저장, 수정 및 검색 등을 용이하게 처리할 수 있는 가변성이 없는 고유번호를 말한다.

43. 지리정보시스템(Geographic Information System)에서 가장 많이 사용하는 데이터로 짝지어진 것은?

① HWP 데이터 – xls 데이터
② 벡터 데이터 – 래스터 데이터
③ TIN 데이터 – DTM 데이터
④ DWG 데이터 – SHP 데이터

해설 GIS에서 사용되고 있는 도형자료는 벡터 자료와 래스터 자료로 구분한다.

Answer 41. ④ 42. ④ 43. ②

44. 한국토지정보시스템(KLIS)에서 운영하고 있는 토지행정업무에 해당하지 않는 것은?

① 부동산개발업
② 공인중개사
③ 토지거래허가
④ 공시지가

해설 한국토지정보시스템 토지행정업무
1. 지적공부, 공시지가 등 9종의 업무가 부동산종합공부시스템으로 이관되어 부동산개발업, 중개업, 토지거래허가 등 5대 토지행정업무만 운영하고 있다.
2. 5대 토지행정업무

구분		정보명
시·도업무	부동산개발업	부동산개발업등록현황, 행정처분, 사업실적 등
시·군·구 업무	공인중개사	공인중개사 자격증, 지도감독, 연수교육 등
	개발부담금	개발부담금 산정/부과, 인·허가, 납부현황 등
	부동산중개업	부동산중개업소 휴/폐업, 고용현황, 지도단속 등
	토지거래허가	토지거래허가 교부현황, 이용실태조사, 상습위반자 등

45. 다음 중 토지기록전산화의 목적으로 보기 어려운 것은?

① 지적공부의 전산화 및 전산파일 유지로 지적서고의 체계적 관리 및 확대
② 체계적이고 효율적인 지적사무와 지적행정의 실현
③ 최신 자료에 의한 지적통계와 주민정보의 정확성 제고 및 온라인에 의한 신속성 확보
④ 전국적인 등본의 열람이 가능하게 하여 민원인의 편의 증진

해설 지적서고는 지적공부를 보관하는 곳으로 지적업무가 전산화됨에 따라 서류 생산이 없어 현재는 축소되고 있는 추세이다.

46. 제7차 국가공간정보정책 기본계획 기간으로 옳은 것은?

① 2010~2015년
② 2013~2017년
③ 2018~2022년
④ 2023~2027년

해설 국가공간정보정책 기본계획 기간
- 제1차 : 1995~2000년
- 제2차 : 2001~2005년
- 제3차 : 2006~2010년
- 제4차 : 2010~2012년
- 제5차 : 2013~2017년
- 제2차 : 2018~2022년
- 제7차 : 2023~2027년

47. 다음 중 관계형 데이터베이스에서 자료의 추출(검색)에 사용되는 표준언어인 비과정 질의어는?

① SQL
② Visual Basic
③ Visual C++
④ COBOL

해설 SQL(Structured Query Language, 구조화 질의어)는 관계형 데이터베이스 관리 시스템에서 자료의 검색과 관리, 데이터베이스 스키마 생성과 수정, 데이터베이스 객체 접근 조정 관리를 위해 고안된 컴퓨터 언어이다.

48. 다음 중 벡터 자료구조에 비하여 래스터 자료구조가 갖는 장·단점으로 옳지 않은 것은?

① 자료의 구조가 단순하다.
② 그래픽 자료의 양이 방대하다.
③ 복잡한 자료를 최소한의 공간에 저장시킬 수 있다.
④ 여러 레이어의 중첩이 용이하다.

해설 벡터 데이터는 점 좌표(x, y)로, 복잡한 자료를 최소한의 공간에 저장시킬 수 있다.

49. 다음 중 메타데이터(Metadata)에 대한 설명으로 옳지 않은 것은?

① 메타데이터는 정보의 공유를 극대화하기 위하여 데이터를 목록화한다.
② 메타데이터는 캐드자료를 다른 그래픽 체계로 변환하기 위한 자료파일이다.
③ 메타데이터는 공간참조정보 등 자료에 대한 소개가 포함된다.
④ 메타데이터는 일관성을 유지하기 위한 데이터체계를 가지고 있다.

해설 DXF(Drawing eXchange Format)는 서로 다른 컴퓨터 지원 설계(CAD) 프로그램 간에 설계도면 파일을 교환하는 표준으로 사용되는 파일 형식, 도면 교환 형식이다.

50. 다음 중 공간상에 알려진 표고값이나 속성값을 이용하여 표고나 속성값이 알려지지 않은 지점에 대한 값을 추정하는 공간분석 기법은?

① 중첩분석 ② 공간보간
③ 공간패턴 ④ 지형분석

해설 공간보간법
1. 구하고자 하는 지점의 값을 주변 지점의 관측값으로부터 보간함수를 적용하여 추정하는 것이다.
2. 실측되지 않는 지점의 값을 합리적으로 어림짐작하는 계산법이라 할 수 있다.

51. 다음의 지적관련 정보 중 도형자료로 활용하기에 가장 적합한 것은?

① 필지의 소재지 ② 필지의 지번
③ 필지의 경계 ④ 필지의 개별공시지가

해설 속성자료(토지대장, 임야대장, 공유지연명부, 대지권등록부 등), 도형자료(지적도, 임야도 등)

52. 다음 중 데이터베이스의 스키마를 정의하거나 수정하는 데 사용하는 데이터 언어는?

① DDL ② DBL
③ DML ④ DCL

Answer 48. ③ 49. ② 50. ② 51. ③ 52. ①

해설 DDL(데이터 정의어 : Data Definition Language)
1. 응용 프로그램과 데이터베이스 관리 시스템 간에 데이터 요구를 표현할 수 있는 인터페이스를 기술하기 위한 언어이다.
2. 데이터베이스를 생성할 목적으로 사용하는 언어이다.

53. 다음 중 정보에 대한 설명으로 옳은 것은?
① 어떤 사실의 집합
② 정보 그 자체로는 의미가 없음
③ 있는 그대로의 현상 또는 그것을 숫자로 표현해 놓은 것
④ 특정 목적을 달성하도록 데이터를 일정한 형태로 처리·가공한 결과

해설 정보
1. 사물이나 어떤 상황에 대한 새로운 소식이나 자료
2. 어떤 목적을 위해 데이터가 평가되고 가공되어 가치를 가진 데이터
3. 어떤 데이터를 처리한 결과(가공된 자료)

54. 도시 현황의 파악 및 도시 계획, 도시 정비, 도시 기반 시설의 관리를 효율적으로 수행할 수 있는 시스템은?
① 교통자원시스템(TIS)
② 도시정보시스템(UIS)
③ 자원정보시스템(RIS)
④ 환경정보시스템(EIS)

해설 도시정보시스템(UIS : Urban Information System)
1. 도시지역의 다양한 위치정보와 속성정보를 데이터베이스화하여 통합적·체계적으로 관리함으로써 효율적인 도시경영 및 도시계획 수립을 지원하는 시스템
2. 도시 현황 파악 및 도시 계획, 도시 정비, 도시 기반 시설의 관리를 효과적으로 수행할 수 있는 시스템

55. 기존 종이지적도면을 스캐닝 방식으로 입력할 경우, 격자영상에 생긴 잡음(Noise)을 제거하는 단계는?
① 스캐닝 단계
② 필터링 단계
③ 위상정립 단계
④ 세선화(Thining) 단계

해설 필터링 단계
1. 격자데이터에 생긴 여러 형태의 잡음을 필터를 이용해 제거하는 과정
2. 연속적이지 않은 외곽선을 연속적으로 이어주는 영상처리 과정

56. 오버슈트(Overshoot), 언더슈트(Undershoot), 스파이크(Spike), 슬리버(Sliver) 등의 발생원인은?
① 기계적인 오차
② 속성자료를 입력할 때의 오차
③ 입력도면의 평탄성 오차
④ 디지타이징할 때의 오차

Answer 53. ④ 54. ② 55. ② 56. ④

해설 디지타이징
1. 디지타이저라는 테이블에 컴퓨터와 연결된 장치를 이용하여 필요한 객체의 형태를 컴퓨터에 입력시키는 것
2. 해당 객체의 형태를 따라서 X, Y 좌푯값을 컴퓨터에 입력시키는 방법

57. 부동산종합공부시스템의 정상적인 운용상태에 대한 지적소관청의 점검 시기로 옳은 것은?
① 매월 ② 매주
③ 매일 ④ 수시

해설 부동산종합공부시스템 운영 및 관리규정 제8조(전산자료 장애·오류의 정비)
운영기관의 장은 전산자료의 구축이나 관리과정에서 장애 또는 오류가 발생한 때에는 지체 없이 이를 정비하여야 한다.

58. 다음 중 객체지향형 데이터베이스 관리체계(OODBMS)의 특징에 대한 설명으로 옳지 않은 것은?
① 데이터베이스의 관리와 수정이 불편하며 단순한 형태의 데이터만 저장할 수 있다.
② 관계형 데이터모델의 단점을 보완할 수 있는 것으로 등장하였다.
③ 객체지향형 데이터모델은 CAD와 GIS 등의 분야에서 데이터베이스를 구축할 때 사용할 수 있다.
④ 특정 객체 간에는 데이터와 그 조작 방법을 공유할 수 있다.

해설 객체지향형 데이터베이스 관리체계(OODBMS : Object Oriented Database Management System)
1. 객체지향 데이터베이스를 정의하고 조작할 수 있는 데이터베이스 시스템이다.
2. 복잡한 데이터(객체)를 쉽게 모델링할 수 있다.
3. 데이터마다 다른 조작 방법으로 데이터베이스 측에서 관리할 수 있다.
4. 특정 객체 간에는 데이터와 그 조작 방법을 공유(승계)할 수 있다.
5. 객체 클래스의 일반화, 그룹화, 집단화 등이 가능하고 복합객체를 생성할 수 있기 때문에 CAD/CAM, 다중매체정보시스템과 첨단 사용자 인터페이스 시스템 등의 분야에서 사용하기 적합하다.

59. 다음 중 특정 공간데이터를 중심으로 일정한 거리 또는 영역을 설정하여 분석하는 공간분석 방법은?
① 버퍼분석 ② 네트워크 분석
③ 중첩분석 ④ TIN 분석

해설 버퍼분석
1. 점, 선, 면의 객체로부터 특정한 거리 안에 포함되는 지역으로 폴리곤 형태를 띠는 것을 버퍼(Buffer)라 한다.
2. 사용자가 지정한 어떤 점, 선, 면에서 특정한 거리를 가진 특수한 목적의 다각형을 만드는 것을 버퍼링(Buffering)이라 한다.
3. 버퍼링 내의 모든 자료의 검색 및 질의 등을 수반한 분석을 버퍼분석(Buffer Analysis)이라 한다.

Answer 57. ④ 58. ① 59. ①

60. 다음 중 사용자권한 등록파일에 등록하는 사용자의 권한에 해당하지 않는 것은?

① 지적전산코드의 입력·수정 및 삭제
② 토지등급 및 기준수확량등급 변동의 관리
③ 토지 관련 정책정보의 관리
④ 기업별 토지소유현황 조회

해설 사용자의 권한 구분
1. 사용자의 신규등록, 사용자 등록의 변경 및 삭제
2. 법인이 아닌 사단·재단 등록번호의 업무관리, 직권수정
3. 개별공시지가 변동의 관리, 토지등급 및 기준수확량등급 변동의 관리
4. 지적전산코드의 입력·수정 및 삭제, 조회
5. 지적전산자료의 조회, 개인별 토지소유현황의 조회
6. 지적통계의 관리, 토지 관련 정책정보의 관리
7. 일반 지적업무의 관리, 토지이동 신청의 접수, 토지이동의 정리
8. 토지소유자 변경의 관리
9. 지적공부의 열람 및 등본 발급의 관리
10. 지적전산자료의 정비
11. 비밀번호의 변경
12. 일일마감 관리

04 지적학

SUBJECT

61. 다목적지적제도에서의 토지등록 사항으로 보기 어려운 것은?

① 지하시설물 　　② 지상 건축물
③ 토지의 위치 　　④ 당해 토지의 상속권

해설 다목적지적제도
1. 다목적지적(Multi-Purposs Cadastre)의 개념
   ① 다목적지적은 토지이용의 효율화를 위해 토지에 대한 모든 관련 자료를 일필지를 기초로 집적관리하고 공급하는 제도로서 토지 관련 정보의 종합적인 기록 유지와 공급의 종합토지정보시스템
   ② 토지에 관한 등록 자료의 용도가 다양화함에 따라 더 많은 자료의 관리와 이를 신속하고 정확하게 공급하기 위한 제도
   ③ 토지의 각종 등록 자료의 관리 및 공급으로 토지이용의 효율성을 추구하는 제도
   ④ 종합지적 또는 통합지적이라 함
   ⑤ 토지소유권, 토지이용, 토지평가, 토지자원관리에 관한 의사결정에 필요한 정보를 포함
   ⑥ 등록자료의 통계, 추정, 검증, 분석이 가능한 프로그램에 의하여 컴퓨터시스템으로 운영할 때 가능한 종합적 토지정보시스템

2. 다목적지적의 등록내용
   ① 기준점, 토지자산, 지역권, 공공도로, 철도, 송유관, 수로, 습지, 지하시설물, 토양, 산림
   ② 사용권, 토지 표시사항(위치·면적·경계), 가격 표시사항(토지 및 건축물)
   ③ 토지소유권 표시사항, 기타 권리 표시사항, 토지에 관한 소득
   ④ 토지이용현황, 시설물자료(상수도·가스·전기 등), 인구통계자료(주택·가구당 인구수·직업 등)

62. 아래 내용이 의미하는 토지등록제도는?

> 모든 토지는 지적공부에 등록해야 하고 등록 전 토지표시 사항은 항상 실제와 일치하게 유지해야 한다.

① 권원등록제도
② 소극적 등록제도
③ 적극적 등록제도
④ 날인증서등록제도

해설 토지등록제도의 유형
1. 날인증서등록제도 : 토지의 이익에 영향을 미치는 공적등기를 보전하는 제도로서, 모든 등록된 문서는 미등록문서와 후순위등록문서보다 우선권을 갖는다. 그러나 문서는 거래에 대한 기록에 불과하므로 당사자의 법적권리에 대한 부여관계를 입증하지 못하고 따라서 그 거래의 유효성을 증명하지 못한다.
2. 권원등록제도 : 날인증서등록제도의 결점을 보완하기 위한 제도로서, 공적기관에서 보존되는 특정인의 토지에 대한 권리와 그 권리들이 존속되는 한계에 대한 권위 있는 등록이다.
3. 소극적 등록제도 : 일필지의 소유권이 거래되면서 발생하는 거래증서를 변경·등록하는 제도로서, 거래행위에 따른 토지등록은 사유재산양도증서의 작성, 거래증서의 작성으로 구분되며 등록의무는 없고 신청에 의한다.
4. 적극적 등록제도 : 토지등록은 일필지의 개념으로 법적권리 보장이 인증되고 국가에 의해 그러한 합법성과 효력이 발생한다. 따라서 지적공부에 등록되지 않는 토지는 어떠한 권리도 인정받을 수 없고, 등록은 강제적이고 의무적이며, 공적 지적측량이 시행되어야 토지등기가 가능하다.
5. 토렌스 시스템(Torrens System) : 토렌스 시스템은 적극적 등록제도의 발전형태로서 오스트레일리아의 Robert Torrens경에 의하여 창안되었으며 법률적으로 토지의 권리를 확인하는 대신 토지의 권원(Title)을 등록하는 제도이다.

63. 다음 중 근세 유럽 지적제도의 효시로서, 근대적 지적제도가 가장 빨리 도입된 나라는?

① 네덜란드
② 독일
③ 스위스
④ 프랑스

해설 프랑스는 나폴레옹 지적법에 따라 1808년부터 1850년에 걸쳐 토지에 대한 공평한 과세와 소유권에 관한 분쟁을 해결하기 위하여 창설되어 근대적 지적제도의 효시가 되었으며, 나폴레옹의 영토 확장과 더불어 유럽의 전역에 대한 지적제도의 창설에 직접적인 영향을 끼침

64. 다음 중 법령의 제정순서로 옳은 것은?

① 토지조사령 → 조선임야조사령 → 지세령 → 지적법
② 조선임야조사령 → 토지조사령 → 지세령 → 지적법

Answer 62. ③ 63. ④ 64. ③

③ 토지조사령 → 지세령 → 조선임야조사령 → 지적법
④ 지세령 → 조선임야조사령 → 토지조사령 → 지적법

해설 지적법령의 변천연혁
1. 대한제국의 지적법령
   ① 토지가옥증명규칙(1906. 10. 26. 칙령 제65호)
   ② 토지가옥전당집행규칙(1906. 10. 26. 칙령 제80호)
   ③ 대구시가토지측량규정(1907. 5. 16)
   ④ 삼림법(1908. 1. 24. 법률 제1호)
   ⑤ 토지가옥소유권증명규칙(1908. 7. 16. 칙령 제47호)
   ⑥ 토지조사법(1910. 8. 23. 법률 제7호)
2. 일제강점기 시대의 지적법령
   ① 토지조사령(1912. 8. 13. 제령 제2호)
   ② 도근측량 실시규정(1913. 10. 5. 임시토지조사국 훈령 제17호)
   ③ 세부측도 실시규정(1913. 10. 5. 임시토지조사국 훈령 제18호)
   ④ 제도적산 실시규정(1914. 6. 30. 임시토지조사국 훈령 제25호)
   ⑤ 지세령(1914. 3. 16. 제령 제1호)
   ⑥ 토지대장규칙(1914. 4. 25. 조선총독부령 제45호)
   ⑦ 조선임야조사령(1918. 5. 1. 제령 제5호)
   ⑧ 임야대장규칙(1920. 8. 23. 조선총독부령 제113호)
   ⑨ 토지측량규칙(1921. 3. 18. 조선총독부 훈령 제10호)
   ⑩ 임야측량규정(1935. 6. 12. 조선총독부 훈령 제27호)
   ⑪ 조선지세령(1943. 3. 31. 제령 제6호)
3. 대한민국의 지적법령
   ① 지적법(1950. 12. 1. 법률 제165호)
   ② 지적측량규정(1954. 11. 12. 대통령령 제951호)
   ③ 지적측량사규정(1960. 12. 31. 국무원령 제176호)
   ④ 측량·수로조사 및 지적에 관한 법률(2009. 6. 9. 법률 제9774호)
   ⑤ 공간정보의 구축 및 관리 등에 관한 법률(2014. 6. 3. 법률 제12738호)

65. 우리나라에서 지적이라는 용어가 법률상 처음 등장한 것은?
① 1895년 내부 관제
② 1898년 양지아문 직원급 처무규정
③ 1901년 양지아문 직원급 처무규정
④ 1910년 토지조사사업

해설 1895년 내부 관제를 공포하여 주현국, 토목국, 판적국 등 5개국을 두었으며, 이 중 판적국은 '호구적에 관한 사항'과 '지적에 관한 사항'을 관장토록 하였는데 여기에서 '지적'이라는 용어가 처음 쓰이기 시작하였다.

66. 조선 초기에 현직 관리에게만 수조지(收租地)를 분급한 토지제도는?
① 직전법
② 과전법
③ 녹읍전
④ 세습전

Answer 65. ① 66. ①

해설 조선시대 토지의 분류
1. 공전
   ① 고궁전 : 왕실 창고와 궁을 위한 토지
   ② 녹봉전 : 특별 공신에게 내리는 토지
   ③ 공해전 : 중앙관청에 분급된 수조지
   ④ 역전 : 역참의 유지를 위한 토지
   ⑤ 군둔전 : 군수 축적을 위한 토지
2. 사전
   ① 과전 : 문무 관료에게 내리는 토지
   ② 직전 : 현직 관료에게 내리는 토지
   ③ 별역전 : 왕의 특명으로 지급된 토지
   ④ 공신전 : 공신에게 지급된 토지

67. 아래에서 설명하는 경계결정의 원칙은?

> 토지의 인접된 경계는 분리할 수 없고 위치와 길이만 있을 뿐 너비는 없는 것으로, 기하학상의 선과 동일한 성질을 갖고 있으며 필지 사이의 경계는 2개 이상이 있을 수 없고, 이를 분리할 수도 없다.

① 축척종대의 원칙 ② 경계불가분의 원칙
③ 강계선 결정의 원칙 ④ 지역선 결정의 원칙

해설 경계의 제원칙
1. 축척종대의 원칙 : 동일 경계가 다른 도면에 각각 등록된 때는 큰 축척에 따른다는 원칙
2. 경계불가분의 원칙 : 경계는 유일무이한 것으로, 인접 토지에 공통으로 작용하므로 이를 분리할 수 없다는 원칙

68. 지적측량 대행제도를 운영하고 있지 않는 국가는?

① 독일 ② 스위스
③ 프랑스 ④ 네덜란드

해설 각국의 지적측량제도
1. 국가직영체제 : 네덜란드, 대만, 미얀마, 인도네시아
2. 일부대행체제 : 프랑스, 스위스, 독일
3. 완전대행체제 : 한국, 일본

69. 지적재조사사업의 목적으로 옳지 않은 것은?

① 경계복원능력의 향상
② 지적불부합지의 해소
③ 토지거래질서의 확립
④ 능률적인 지적관리체제 개선

Answer 67. ② 68. ④ 69. ③

해설 지적재조사의 목적
1. 공적 측면에서 국토의 효율적인 관리, 토지정책 및 행정 수행의 기초자료 제공
2. 사적 측면에서 국민의 토지소유권 보호, 토지거래의 안전성 및 신속성 보장
3. 측량·정보처리 기술의 혁신 및 지적불부합이 야기되는 지적제도의 전면 개선
4. 토지 관련 정보의 신속·정확한 제공
5. 지적정보를 공동 활용하여 중복투자 방지
6. 지적행정의 효율성 및 능률성 도모
※ 토지거래질서의 확립은 부동산정책으로 해결할 부분이다.

70. 다음 중 토지정보시스템(LIS)이 해당하는 지적은?

① 법지적
② 과세지적
③ 경계지적
④ 다목적지적

해설 지적의 발전과정과 토지정보시스템
1. 지적의 발전과정
    1) 세지적
        ① 국가재정에 필요한 세금의 징수를 주목적으로 하는 제도이며 과세지적이라 함
        ② 필지별 세액 산정을 위해 면적본위로 운영
    2) 법지적
        ① 토지거래의 안전과 소유권 보호를 주목적으로 하는 제도로서 소유권지적이라 하며, 지적의 개념이 토지소유권 보호를 위한 기능으로 변화됨을 의미
        ② 토지이용의 다양성과 상품성이 강조된 산업화시대(17세기 유럽)에 개발된 제도
    3) 다목적지적
        ① 다목적지적은 토지이용의 효율화를 위해 토지에 대한 모든 관련 자료를 일필지를 기초로 집적 관리하고 공급하는 제도로서 토지 관련 정보의 종합적인 기록 유지와 공급의 종합토지정보시스템
        ② 토지에 관한 등록자료의 용도가 다양화함에 따라 더 많은 자료의 관리와 이를 신속하고 정확하게 공급하기 위한 제도로서 종합지적 또는 통합지적이라 함
        ③ 토지소유권, 토지이용, 토지평가, 토지자원관리에 관한 의사결정에 필요한 정보를 포함하며, 등록자료의 통계, 추정, 검증, 분석이 가능한 프로그램에 의하여 컴퓨터시스템으로 운영할 때 가능한 종합적 토지정보시스템
2. 토지정보시스템(LIS)
    ① 토지정보시스템은 토지에 대한 관련 자료를 수집하여 토지의 데이터베이스를 구축하고 토지형태와 특성에 대한 지속적인 기록 유지 및 집적관리를 통하여 토지에 대한 법적·행정적·경제적 문제를 발견하고 이에 대한 의사결정의 기초자료로 이용되는 체계로서 이를 위해 체계적인 데이터 수집, 최신화, 자료 처리, 자료 배분 등을 수행한다.
    ② 따라서 LIS는 등록자료의 통계, 추정, 검증, 분석이 가능한 프로그램에 의하여 컴퓨터시스템으로 운영할 때 가능한 종합적 토지정보시스템인 다목적지적에 가깝다.

71. 신라시대에 시행한 토지측량 방식으로 토지를 여러 형태로 구분하여 측량하기 쉽도록 하였던 것은?

① 결부제
② 경무법
③ 연산법
④ 구장산술

해설 구장산술

1. 개요 : 구장산술의 저자 및 편찬연대는 정확히 알 수 없으나 중국에서 들여와 삼국시대부터, 조선을 거쳐 일본에까지 커다란 영향을 미쳤다. 삼국시대는 지형을 측량하기 쉬운 형태로 구분하여 화사(畵師)가 회화적으로 지도나 지적도 등을 만들었으며, 방전 · 직전 · 구고전 · 규전 · 제전 · 원전 · 호전 · 환전 등의 형태를 설정하였다.
2. 구장산술의 구성 : 제1장 방전(方田), 제2장 속미(粟米), 제3장 쇠분(衰分), 제4장 소광(少廣), 제5장 상공(商功), 제6장 균수(均輸), 제7장 영부족(盈不足), 제8장 방정(方程), 제9장 구고(句股)
3. 구장산술의 특징
   ① 제1장에서 제9장까지로 구성되어 있다.
   ② 제9장 구고장은 토지의 면적 계산과 측량술에 관련이 깊다.
   ③ 고대 농경사회에서 세금 부과를 목적으로 수확량을 측정하고 토지를 측량하였다.
   ④ 당시 중국에서 일상적으로 사용되는 문제와 계산법을 거의 총망라하고 있다.
   ⑤ 진, 한, 삼국시대를 걸친 중국수학의 결과물로 선진(先秦) 이래의 유문(遺文)을 모은 것이라고 한다.
4. 구장산술의 형태(전형)

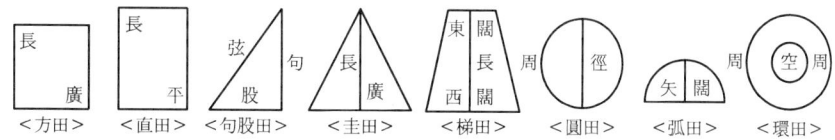

5. 구장산술의 활용

구분	고구려	백제	신라
지적담당 관리	주부, 울절	내두좌평, 곡내부, 조부, 지리박사, 산학박사	상대등, 조부, 산학박사, 산사
길이의 단위	척	척 [동위척(학설)]	척 (동위척, 당척)
면적의 단위	경무법(頃畝法)	두락제(斗落制), 결부제(結負制)	결부제(結負制)
지적도면 · 토지대장	봉역도, 요동성총도	도적	촌락장전 등
측량방식	구장산술(九章算術) 방전장(方田章) 구고장(句股章)	구장산술(九章算術)	구장산술(九章算術)

Answer 71. ④

72. 우리나라 토지조사사업의 시행목적으로 옳지 않은 것은?

① 토지의 가격조사
② 토지의 소유권 조사
③ 토지의 지질조사
④ 토지의 외모조사

해설 토지조사사업의 내용
1. 지적제도와 부동산등기제도의 확립을 위한 토지의 소유권 조사
2. 지세제도의 확립을 위한 토지의 가격조사
3. 국토의 지리를 밝히는 토지의 외모조사

73. 다음 중 지적공부의 복구에 관한 관계 자료로 옳지 않은 것은?

① 지적공부의 등본
② 부동산등기부 등본
③ 법원의 확정판결서 정본
④ 지적공부등록현황 집계표

해설 지적공부의 복구
1. 복구방법
   ① 지적소관청은 지적공부를 복구하고자 하는 때에는 멸실·훼손 당시의 지적공부와 가장 부합된다고 인정되는 관계 자료에 의하여 토지의 표시에 관한 사항을 복구
   ② 소유자에 관한 사항은 부동산등기부나 법원의 확정판결에 따라 복구
2. 복구자료
   ① 지적공부의 등본
   ② 측량 결과도
   ③ 토지이동정리 결의서
   ④ 부동산등기부 등본 등 등기사실을 증명하는 서류
   ⑤ 지적소관청이 작성하거나 발행한 지적공부의 등록내용을 증명하는 서류
   ⑥ 복제된 지적공부
   ⑦ 법원의 확정판결서 정본 또는 사본

74. 임야조사사업에 대한 설명으로 옳지 않은 것은?

① 토지조사사업에서 제외된 임야를 대상으로 하였다.
② 1916년 시험조사로부터 1924년까지 시행하였다.
③ 임야 내에 개제된 임야 이외의 토지를 대상으로 하였다.
④ 농경지 사이에 있는 5만 평 이하의 낙산임야를 대상으로 하였다.

해설 임야조사사업 개요
1. 사업기간 : 1916년 시험조사사업을 실시하여 1924년 사업 완료
2. 사업 시행기관
   ① 조사방법 및 절차 : 토지조사와 유사
   ② 조사 및 측량기관 : 부 또는 면
   ③ 사정기관 : 도지사
   ④ 분쟁지 재결 : 도지사 산하 임야조사위원회에서 처리함

3. 조사대상
   ① 토지조사사업에서 제외된 임야
   ② 임야 내에 개재된 임야 이외의 토지
4. 소유권 사정 : 1908년 시행된 산림법의 소유신고 불이행으로 국유로 귀속된 민유임야는 양여 형식으로 원소유자에게 사정

75. 초기의 지적도에 대한 설명으로 틀린 것은?

① 지적도에는 토지 경계와 지번, 지목이 등록되었다.
② 지적도 도곽 내의 산림에는 등고선을 표시하여 표고에 의한 지형 구별이 용이하도록 하였다.
③ 토지 분할의 경우에는 지적도 정리 시 신강계선을 흑색으로 정리하였으나 그 후 양홍색으로 변경하였다.
④ 조사지역 외의 토지에 대해서는 이용현황에 따라 활자로 산(山), 해(海), 호(湖), 도(道), 천(川), 구(溝) 등으로 표기하였다.

해설 초기 지적도의 형식
1. 작성방법 : 세부측량원도를 점사법 또는 직접자사법으로 등사한 후 작성
2. 정비작업 : 제반주기는 활판인쇄하고, 지번 및 지목도 압인기를 사용하여 작성
3. 지적도의 한지 이첩 : 빈번한 파손으로 1917년 이후 지적도와 일람도에 한지를 이첩하여 작성하였고, 그 이전에 작성된 도면도 한지를 이첩 후에 사용
4. 등록사항 : 경계, 지번, 지목 등을 등록하였고, 조사지역 외 토지는 이용현황에 따라 산(山), 해(海), 호(湖), 도(道), 천(川), 구(溝) 등으로 표기
5. 도곽 크기 : 남북 1척(尺) 1촌(寸)×동서 1척(尺) 3촌(寸) 7분(分) 5리(厘)=(33cm×41.67cm)
6. 등고선을 표시하여 표고에 의한 지형 파악이 용이하도록 함
7. 토지 분할 후 정리 시에는 신강계선은 양홍색 선으로 제도하였으며, 나중에는 흑색 선으로 제도함

76. 토렌스 시스템의 커튼이론(Curtain Principle)에 대한 설명으로 가장 옳은 것은?

① 선의의 제3자에게는 보험 효과를 갖는다.
② 사실심사 시 권리의 진실성에 직접 관여하여야 한다.
③ 토지등록이 토지의 권리 관계를 완전하게 반영한다.
④ 토지등록 업무는 매입 신청자를 위한 유일한 정보의 기초이다.

해설 토렌스 시스템의 3대 기본원칙
1. 거울이론(Mirror Principle) : 토지권리증서의 등록은 토지거래의 사실을 이론의 여지없이 완벽하게 반영하는 거울과 같다는 이론
2. 커튼이론(Curtain Principle) : 소유권의 법적상태와 관련한 확실성을 보장하기 위하여 단지 현재의 등기부에 등기된 사항만 논의되어야 한다는 이론
3. 보험이론(Insurance Principle) : 토지등록이 토지의 권리를 아주 정확하게 반영한 것이나 인간의 과실로 인하여 착오가 발생하는 경우에 피해를 입은 사람은 누구나 피해보상에 관한 한 법률적으로 선의의 제3자와 동등한 입장에 놓여야만 된다는 이론

77. 지목의 설정 원칙으로 옳지 않은 것은?

① 용도경중의 원칙
② 일시변경의 원칙
③ 주지목추종의 원칙
④ 사용목적추종의 원칙

해설 지목설정의 원칙
1. 1필1지목의 원칙 : 1필의 토지에는 1개의 지목만을 설정하는 원칙이며, 1필의 일부가 용도 변경된 경우에는 분할 후에 지목을 변경
2. 주지목추종의 원칙 : 주된 토지의 편익을 위해 설치된 소면적의 도로, 구거 등의 지목은 이를 따로 정하지 않고 주된 토지의 사용목적 및 용도에 따라 지목을 설정하는 원칙
3. 등록선후의 원칙 : 도로, 철도용지, 하천, 제방, 구거, 수도용지 등의 지목이 중복되는 경우에는 먼저 등록된 토지의 사용목적, 용도에 따라 지번을 설정하는 원칙
4. 용도경중의 원칙 : 도로, 철도용지, 하천, 제방, 구거, 수도용지 등의 지목이 중복되는 경우에는 중요 토지의 사용목적, 용도에 따라 지목을 설정하는 원칙
5. 일시변경불가의 원칙 : 임시적·일시적 용도의 변경 시 등록전환 또는 지목변경불가의 원칙
6. 사용목적추종의 원칙 : 도시계획사업, 토지구획정리사업, 농지개량사업 등의 완료에 따라 조성된 토지는 사용목적에 따라 지목을 설정하여야 한다는 원칙

78. 다음 중 1단지마다 하나의 본번을 부여하고 단지 내 필지마다 부번을 부여하는 방법으로, 토지구획 및 농지개량사업시행지역 등의 지번 설정에 적합한 것은?

① 선별식
② 사행식
③ 단지식
④ 기우식

해설 지번부여방법
1. 지번부여방법의 종류
    ① 진행방향에 따른 분류 : 사행식, 기우식, 단지식
    ② 부여단위에 따른 분류 : 지역단위법, 도엽단위법, 단지단위법
    ③ 기번위치에 따른 분류 : 북동기번법, 북서기번법
2. 진행방향에 따른 방법
    1) 사행식
        ① 필지의 배열이 불규칙한 지역에서 진행순서에 따라 지번 부여
        ② 진행방향에 따라 지번이 순차적으로 연속
        ③ 농촌지역에 적합
        ④ 상하좌우로 볼 때 어느 방향에서는 지번이 뛰어넘는 단점이 있음
    2) 기우식(또는 교호식)
        ① 도로를 중심으로 한쪽은 홀수인 기수, 반대쪽은 짝수인 우수로 지번을 부여
        ② 시가지 지역의 지번 설정에 적합
    3) 단지식(또는 Block식)
        ① 1단지마다 하나의 지번을 부여하고 단지 내 필지들은 부번을 부여하는 방법
        ② 토지구획, 농지개량사업시행지역에 적합

79. "지적은 특정한 국가나 지역 내에 있는 재산을 지적측량에 의해서 체계적으로 정리해 놓은 공부이다."라고 지적을 정의한 학자는?

① A. Toffler
② S.R. Simpson
③ J.G. McEntyre
④ J.L.G. Henssen

해설 지적의 정의
1. 대만의 래장(來璋, 1981) : 지적이란 토지의 위치, 경계, 종류, 면적, 권리상태 및 사용상태를 기재한 도책이다.
2. 미국의 J.G.M. Entyre : 토지에 대한 법률상의 용어로서 조세를 부과하기 위한 부동산의 양, 가치 및 소유권의 공적인 등록이다.
3. 네덜란드의 J.L.G. Henssen : 국내의 모든 부동산에 관한 데이터를 체계적으로 정리하여 등록하는 것이다.
4. 영국 S.R. Simpson : 과세의 기초를 제공하기 위하여 한 나라 안의 부동산의 수량과 소유권 및 가격을 등록한 공부이다.

80. 지적의 분류 중 등록대상에 따른 분류가 아닌 것은?

① 도해지적
② 2차원 지적
③ 3차원 지적
④ 입체지적

해설 지적제도의 분류방법
1. 발전과정에 따른 분류 : 세지적, 법지적, 다목적지적
2. 표시방법에 따른 분류 : 도해지적, 수치지적
3. 등록대상에 따른 분류 : 2차원 지적, 3차원 지적
※ 2차원 지적은 평면지적, 3차원 지적은 입체지적이라 한다.

05 지적관계법규

81. 등기신청서에 채권액과 채무자를 기재하는 설정의 등기는?

① 지상권
② 지역권
③ 전세권
④ 저당권

해설 저당권의 등기사항
1. 채권액
2. 채무자의 성명 또는 명칭과 주소 또는 사무소 소재지

Answer 79. ④ 80. ① 81. ④

3. 변제기
4. 이자 및 그 발생기·지급시기
5. 원본(元本) 또는 이자의 지급장소
6. 채무불이행으로 인한 손해배상에 관한 약정
7. 「민법」 제358조 단서의 약정
8. 채권의 조건

82. 다음 중 지목이 잡종지에 해당되지 않는 것은?

① 오물처리장 ② 어린이놀이터
③ 수신소 ④ 도축장

해설 잡종지

다음의 토지. 다만, 원상회복을 조건으로 돌을 캐내는 곳 또는 흙을 파내는 곳으로 허가된 토지는 제외한다.
1. 갈대밭, 실외에 물건을 쌓아두는 곳, 돌을 캐내는 곳, 흙을 파내는 곳, 야외시장 및 공동우물
2. 변전소, 송신소, 수신소 및 송유시설 등의 부지
3. 여객자동차터미널, 자동차운전학원 및 폐차장 등 자동차와 관련된 독립적인 시설물을 갖춘 부지
4. 공항시설 및 항만시설 부지
5. 도축장, 쓰레기처리장 및 오물처리장 등의 부지
6. 그 밖에 다른 지목에 속하지 않는 토지

83. 국토의 계획 및 이용에 관한 법률에 따른 국토의 용도 구분 4가지에 해당하지 않는 것은?

① 보존지역 ② 관리지역
③ 도시지역 ④ 농림지역

해설 국토의 용도 구분

국토는 토지의 이용실태 및 특성, 장래의 토지 이용 방향, 지역 간 균형발전 등을 고려하여 다음과 같은 용도지역으로 구분한다.
1. 도시지역 : 인구와 산업이 밀집되어 있거나 밀집이 예상되어 그 지역에 대하여 체계적인 개발·정비·관리·보전 등이 필요한 지역
2. 관리지역 : 도시지역의 인구와 산업을 수용하기 위하여 도시지역에 준하여 체계적으로 관리하거나 농림업의 진흥, 자연환경 또는 산림의 보전을 위하여 농림지역 또는 자연환경보전지역에 준하여 관리할 필요가 있는 지역
3. 농림지역 : 도시지역에 속하지 아니하는 「농지법」에 따른 농업진흥지역 또는 「산지관리법」에 따른 보전산지 등으로서 농림업을 진흥시키고 산림을 보전하기 위하여 필요한 지역
4. 자연환경보전지역 : 자연환경·수자원·해안·생태계·상수원 및 문화재의 보전과 수산자원의 보호·육성 등을 위하여 필요한 지역

Answer 82. ② 83. ①

84. 지적측량업의 등록에 필요한 기술능력의 등급별 인원 기준으로 옳은 것은?(단, 상위 등급의 기술능력으로 하위 등급의 기술능력을 대체하는 경우는 고려하지 않는다.)

① 고급기술인 1명 이상
② 중급기술인 1명 이상
③ 초급기술인 1명 이상
④ 지적분야의 초급기능사 2명 이상

해설 지적측량업의 등록기준

구분	기술인력	장비
지적측량업	• 특급기술자 1명 또는 고급기술자 2명 이상 • 중급기술자 2명 이상 • 초급기술자 1명 이상 • 지적 분야의 초급기능사 1명 이상	• 토털 스테이션 1대 이상 • 출력장치 1대 이상 　- 해상도 : 2,400DPI×1,200DPI 　- 출력범위 : 600밀리미터×1,060밀리미터 이상

85. 지적소관청에서 토지의 표시 변경에 관한 등기를 촉탁하여야 하는 경우가 아닌 것은?

① 하나의 지번부여지역에 서로 다른 축척의 지적도가 있어 지적소관청이 직권으로 해당 지역의 축척을 변경하는 경우
② 신규로 토지를 등록하는 경우
③ 행정구역 개편으로 지적소관청이 새로 속하게 된 지번부여지역의 지번을 부여하여야 하는 경우
④ 지적공부의 등록사항에 잘못이 있음을 발견하여 지적소관청이 이를 직권으로 조사하여 정정하는 경우

해설 등기촉탁의 대상
1. 토지의 이동이 있는 경우(신규등록 제외)
2. 지번을 변경한 때
3. 축척변경을 한 때
4. 바다로 된 토지의 등록말소
5. 행정구역 명칭변경
6. 등록사항의 오류를 지적소관청이 직권으로 조사, 측량하여 정정한 때

86. 다음 중 면적의 최소 등록단위가 다른 하나는?(단, 경계점좌표등록부에 등록하는 지역의 경우는 고려하지 않는다.)

① 1/600
② 1/1,000
③ 1/2,400
④ 1/6,000

해설 1. 면적의 최소 등록단위 : $1m^2$
　　　예외) 지적도의 축척이 1/600인 지역, 경계점좌표등록부에 등록하는 지역 : $0.1m^2$
2. 지적도면의 축척
　① 지적도 : 1/500, 1/600, 1/1,000, 1/1,200, 1/2,400, 1/3,000, 1/6,000
　② 임야도 : 1/3,000, 1/6,000

Answer 84. ③ 85. ② 86. ①

87. 토지의 지번이 결번되는 사유에 해당되지 않는 것은?

① 토지의 분할
② 지번의 변경
③ 행정구역의 변경
④ 도시개발사업의 시행

해설 결번
1. 의의 : 지번을 부여한 이후에 토지 합병 등의 사유로 인하여 지적공부에 등록되지 않은 지번이 발생하게 되는데 이를 결번이라고 함
2. 결번의 발생 사유
   ① 행정구역 변경으로 지번부여지역 내 일부가 다른 지번부여지역으로 편입된 경우
   ② 도시개발사업 등의 시행으로 종전 지번이 폐쇄된 경우
   ③ 지번변경으로 결번이 발생한 경우
   ④ 토지합병의 경우
   ⑤ 등록전환에 의해 임야대장 등록지의 지번이 말소된 경우
   ⑥ 축척변경으로 결번이 발생한 경우
   ⑦ 바다로 된 토지의 등록말소의 경우
   ⑧ 지번정정의 경우
3. 결번대장 : 결번 발생 시에는 지체 없이 그 사유를 결번대장에 등록하여 영구히 보존

88. 성능검사대행자의 등록을 1년 이내의 기간을 정하여 업무정지 처분을 할 수 있는 경우가 아닌 것은?

① 정당한 사유 없이 성능검사를 거부하거나 기피한 경우
② 등록사항 변경신고를 하지 아니한 경우
③ 업무정지기간 중에 계속하여 성능검사대행 업무를 한 경우
④ 다른 행정기관이 관계 법령에 따라 등록취소 또는 업무정지를 요구한 경우

해설 1. 성능검사대행자의 등록을 1년 이내의 기간을 정하여 업무정지 처분을 할 수 있는 경우
   ① 시정명령을 따르지 아니한 경우
   ② 등록기준에 미달하게 된 경우. 다만, 일시적으로 등록기준에 미달하는 등 대통령령으로 정하는 경우는 제외
   ③ 등록사항 변경신고를 하지 아니한 경우
   ④ 정당한 사유 없이 성능검사를 거부하거나 기피한 경우
   ⑤ 다른 행정기관이 관계 법령에 따라 등록취소 또는 업무정지를 요구한 경우
2. 성능검사대행자의 등록을 취소해야 하는 경우
   ① 거짓이나 그 밖의 부정한 방법으로 등록을 한 경우
   ② 다른 사람에게 자기의 성능검사대행자 등록증을 빌려 주거나 자기의 성명 또는 상호를 사용하여 성능검사대행업무를 수행하게 한 경우
   ③ 거짓이나 부정한 방법으로 성능검사를 한 경우
   ④ 업무정지기간 중에 계속하여 성능검사대행업무를 한 경우

89. 도로명주소법에서 사용하는 용어 중 아래에서 설명하는 것은?

> 도로명과 기초번호를 활용하여 건물 등에 해당하지 아니하는 시설물의 위치를 특정하는 정보를 말한다.

① 사물주소 ② 상세주소
③ 지번주소 ④ 도로명주소

해설 도로명주소법에서 사용하는 용어
1. 사물주소 : 도로명과 기초번호를 활용하여 건물 등에 해당하지 아니하는 시설물의 위치를 특정하는 정보를 말한다.
2. 상세주소 : 건물 등 내부의 독립된 거주·활동 구역을 구분하기 위하여 부여된 동(棟)번호, 층수 또는 호(號)수를 말한다.
3. 도로명주소 : 도로명, 건물번호 및 상세주소(상세주소가 있는 경우만 해당한다)로 표기하는 주소를 말한다.
※ 지번주소 : 지번이란 필지에 부여하여 지적공부에 등록한 번호로 지번주소는 지번을 기준으로 주소로 사용하는 것을 말하며, 현재는 도로를 기준으로 주소를 확정하는 도로명주소를 사용하고 있다.

90. 부동산등기법령상 등기기록의 갑구(甲區)에 기록하여야 할 사항은?

① 부동산의 소재지
② 소유권에 관한 사항
③ 소유권 이외의 권리에 관한 사항
④ 토지의 지목, 지번, 면적에 관한 사항

해설 등기부 등기등록 사항
1. 표제부 : 부동산의 표시에 관한 사항을 기록
2. 갑구 : 소유권에 관한 사항을 기록
3. 을구 : 소유권 외의 권리에 관한 사항을 기록

91. 공간정보의 구축 및 관리 등에 관한 법률상 토지를 수용할 수 있는 경우는?

① 장애물의 형상 변경을 위하여 필요한 때
② 등기촉탁을 위하여 필요한 때
③ 기본측량을 실시하기 위하여 필요한 때
④ 장애물의 제거를 위하여 필요한 때

해설 토지의 수용 또는 사용
1. 국토교통부장관은 기본측량을 실시하기 위하여 필요하다고 인정하는 경우에는 토지, 건물, 나무, 그 밖의 공작물을 수용하거나 사용할 수 있다.
2. 수용 또는 사용 및 이에 따른 손실보상에 관하여는 「공익사업을 위한 토지 등의 취득 및 보상에 관한 법률」을 적용한다.

Answer 89. ① 90. ② 91. ③

92. 축척변경에 따른 청산금을 산출한 결과, 증가된 면적에 대한 청산금의 합계와 감소된 면적에 대한 청산금의 합계에 차액이 생긴 경우 부족액의 부담권자는?

① 국토교통부
② 토지소유자
③ 지방자치단체
④ 한국국토정보공사

해설 청산금 산정
1. 청산을 할 때에는 축척변경위원회의 의결을 거쳐 지번별로 제곱미터당 금액(이하 "지번별 제곱미터당 금액"이라 한다)을 정하여야 한다. 이 경우 지적소관청은 시행공고일 현재를 기준으로 그 축척변경 시행지역의 토지에 대하여 지번별 제곱미터당 금액을 미리 조사하여 축척변경위원회에 제출하여야 한다.
2. 청산금은 작성된 축척변경 지번별 조서의 필지별 증감면적에 지번별 제곱미터당 금액을 곱하여 산정한다.
3. 지적소관청은 청산금을 산정하였을 때에는 청산금 조서(축척변경 지번별 조서에 필지별 청산금 명세를 적은 것을 말한다)를 작성하고, 청산금이 결정되었다는 뜻을 15일 이상 공고하여 일반인이 열람할 수 있게 하여야 한다.
4. 청산금을 산정한 결과 증가된 면적에 대한 청산금의 합계와 감소된 면적에 대한 청산금의 합계에 차액이 생긴 경우 초과액은 그 지방자치단체의 수입으로 하고, 부족액은 그 지방자치단체가 부담한다.

93. 축척변경 측량결과도에 의하여 면적을 측정할 결과 축척변경 전·후의 면적의 오차가 허용범위 이내인 경우 결정면적은?

① 축척변경 전의 면적을 결정면적으로 한다.
② 축척변경 후의 면적을 결정면적으로 한다.
③ 축척변경 전·후 면적의 평균값으로 한다.
④ 축척변경 전·후 면적 중 큰 것으로 한다.

해설 축척변경 시행지역의 면적 결정방법
1. 축척변경 시행지역의 면적을 새로 정하는 때에는 축척변경 측량결과도에 따라야 한다.
2. 축척변경 측량결과도에 따라 면적을 측정한 결과 축척변경 전의 면적과 축척변경 후의 면적의 오차가 허용범위 이내인 경우에는 축척변경 전의 면적을 결정면적으로 하고, 허용면적을 초과하는 경우에는 축척변경 후의 면적을 결정면적으로 한다.

94. 공간정보의 구축 및 관리 등에 관한 법률상 지적측량의 적부심사에 관한 내용으로 옳은 것은?

① 지적측량업자가 중앙지적위원회에 지적측량 적부심사를 청구하여, 지적소관청이 이를 심의·의결한다.
② 지적소관청이 지방지적위원회에 지적측량 적부심사를 청구하여, 관할 시·도지사가 이를 심의·의결한다.
③ 지적소관청이 중앙지적위원회에 지적측량 적부심사를 청구하여, 국토교통부장관이 이를 심의·의결한다.
④ 토지소유자가 관할 시·도지사를 거쳐 지방지적위원회에 지적측량 적부심사를 청구하고, 지방지적위원회가 이를 심의·의결한다.

Answer 92. ③　93. ①　94. ④

해설 지적측량 적부심사 처리절차
1. 청구인이 관할 시·도지사에게 심사청구서에 아래 서류를 첨부하여 지적측량 적부심사를 청구
   ① 토지소유자 및 이해관계인 : 지적측량을 의뢰하여 발급받은 지적측량 성과
   ② 지적측량수행자 : 직접 실시한 지적측량 성과
2. 시·도지사는 30일 이내에 다음 내용을 조사하여 지방지적위원회에 회부
   ① 다툼이 되는 지적측량의 경위 및 그 성과
   ② 해당 토지에 대한 토지이동 및 소유권 변동 연혁
   ③ 해당 토지 주변의 측량기준점, 경계, 주요 구조물 등 현황 실측도
3. 지방지적위원회는 60일 이내에 심의·의결(부득이한 경우 30일 이내에서 한 번만 연장 가능)하고, 의결서를 시·도지사에게 송부
4. 시·도지사는 7일 이내에 지적측량 적부심사 청구인 및 이해관계인에게 그 의결서를 통지
5. 의결서를 받은 자가 지방지적위원회의 의결에 불복하는 경우에는 90일 이내에 국토교통부장관에게 재심사 청구
6. 시·도지사는 의결서를 받은 자가 재심사를 청구하지 아니하면 그 의결서 사본을 지적소관청에 송부
7. 지방지적위원회 의결서 사본을 받은 지적소관청은 그 내용에 따라 지적공부의 등록사항을 정정하거나 측량성과를 수정
8. 지방지적위원회의 의결 후 90일 이내에 재심사를 청구하지 않는 경우에는 해당 지적측량 성과에 대하여 다시 지적측량 적부심사 청구를 할 수 없음

95. 지적과 부동산등기를 서로 관련지어 설명할 때 적합하지 않은 것은?

① 토지표시사항은 지적에서 결정한다.
② 매매로 인한 소유자의 변경은 부동산등기에서 한다.
③ 지적도에 등록할 경계의 결정은 지적에서 한다.
④ 미등록토지소유자 조사는 부동산등기에서 한다.

해설 토지소유자의 정리
지적공부에 등록된 토지소유자의 변경사항은 등기관서에서 등기한 것을 증명하는 등기필증, 등기완료통지서, 등기사항증명서 또는 등기관서에서 제공한 등기전산정보자료에 따라 정리한다. 다만, 신규등록하는 토지의 소유자는 지적소관청이 직접 조사하여 등록한다.

96. 다음 중 2년 이하의 징역 또는 2천만 원 이하의 벌금에 처하는 벌칙 기준을 적용받는 경우는?

① 정당한 사유 없이 측량을 방해한 자
② 측량기술자가 아님에도 불구하고 측량을 한 자
③ 측량업의 등록을 하지 아니하고 측량업을 한 자
④ 측량업자로서 속임수로 측량업과 관련된 입찰의 공정성을 해친 자

해설 2년 이하의 징역 또는 2천만 원 이하의 벌금 대상
1. 측량기준점표지를 이전 또는 파손하거나 그 효용을 해치는 행위를 한 자
2. 고의로 측량성과를 사실과 다르게 한 자
3. 측량성과를 국외로 반출한 자

Answer 95. ④ 96. ③

4. 측량업의 등록을 하지 아니하거나 거짓이나 그 밖의 부정한 방법으로 측량업의 등록을 하고 측량업을 한 자
5. 성능검사를 부정하게 한 성능검사대행자
6. 성능검사대행자의 등록을 하지 아니하거나 거짓이나 그 밖의 부정한 방법으로 성능검사대행자의 등록을 하고 성능검사업무를 한 자

97. 공간정보의 구축 및 관리 등에 관한 법률상 지적측량수행자의 손해보험 책임을 보장하기 위한 보증설정에 관한 설명으로 옳은 것은?

① 지적측량업자가 보증보험에 가입하여야 하는 보증금액은 5천만 원 이상이다.
② 한국국토정보공사가 보증보험에 가입하여야 하는 보증금액은 20억 원 이상이다.
③ 지적측량업자가 보증설정을 하였을 때에는 이를 증명하는 서류를 국토교통부장관에게 제출하여야 한다.
④ 지적측량업자는 지적측량업 등록증을 발급받은 날부터 30일 이내에 보증설정을 하여야 한다.

해설 손해배상책임의 보장
1. 지적측량수행자가 타인의 의뢰에 의하여 지적측량을 하는 경우 고의 또는 과실로 지적측량을 부실하게 함으로써 지적측량의뢰인이나 제3자에게 재산상의 손해를 발생하게 한 때에는 지적측량수행자는 그 손해를 배상할 책임이 있다.
2. 지적측량수행자가 손해배상책임을 보장하기 위하여 보증보험에 가입하거나 공간정보산업협회가 운영하는 보증 또는 공제에 가입하는 방법으로 보증설정을 하여야 한다.
   ① 지적측량업자 : 보장기간이 10년 이상이고 보증금액이 1억 원 이상
   ② 한국국토정보공사 : 보증금액이 20억 원 이상

98. 다음 중 경계복원측량에 대한 설명으로 옳은 것은?

① 지상의 경계를 지적도면상에 복원하는 것을 말한다.
② 임의의 경계를 지적도면상에 복원하는 것을 말한다.
③ 지적도면상의 경계를 지상에 복원하는 것을 말한다.
④ 소유자가 주장하는 경계를 지상에 복원하는 것을 말한다.

해설 경계복원측량은 지적공부상에 등록된 경계를 지표상에 복원하는 측량을 말한다.

99. 다음 중 소관청이 토지이동정리결의서를 작성해야 하는 경우가 아닌 것은?

① 지적공부가 일부 멸실·훼손되어 이를 복구하는 경우
② 토지소유자의 변동이 있는 경우
③ 도시개발사업으로 인한 토지의 이동이 있는 경우
④ 지적공부에 등록된 지번을 변경할 필요가 있다고 인정하여 도지사의 승인을 얻어 지번부여지역 안의 일부에 대하여 지번을 새로이 부여하는 경우

Answer 97. ② 98. ③ 99. ②

해설 소관청이 토지이동정리결의서를 작성해야 하는 경우
1. 지번을 변경하는 경우
2. 지적공부를 복구하는 경우
3. 신규등록·등록전환·분할·합병·지목변경 등 토지의 이동이 있는 경우
※ 토지소유자의 변동이 있는 경우에는 소유자정리결의서를 작성해야 한다.

100. 지적도·임야도·경계점좌표등록부에 공통으로 등록되는 사항으로만 묶은 것은?
① 토지의 소재·지목
② 토지의 소재·지번
③ 도면의 제명·경계
④ 지목, 도면번호

해설 도면과 경계점좌표등록부의 등록사항
1. 도면의 등록사항
   ① 토지의 소재
   ② 지번
   ③ 지목
   ④ 경계
   ⑤ 도면의 색인도
   ⑥ 도면의 제명 및 축척
   ⑦ 도곽선과 그 수치
   ⑧ 좌표에 의하여 계산된 경계점 간의 거리
   ⑨ 삼각점 및 지적측량기준점의 위치
   ⑩ 건축물 및 구조물 등의 위치
2. 경계점좌표등록부의 등록사항
   ① 토지의 소재
   ② 지번
   ③ 좌표
   ④ 토지의 고유번호
   ⑤ 도면번호
   ⑥ 필지별 경계점좌표등록부의 장번호
   ⑦ 부호 및 부호도

Answer 100. ②

저자소개

■ 김 정 민(지적학)

■ 약력
- E-mail : seajmk@hanmail.net
- 지적학박사
- 지적기술사
- 목포대학교 지적학과 졸업
- 명지대학교 산업대학원 지적GIS학과 졸업(공학석사)
- 목포대학교 대학원 지적학과 졸업(지적학박사)
- (전) 한국국토정보공사 공간정보실장
- (현) 한국지적기술사회 회장
- (현) 첨단공간정보(주)·스페이스(주) 부사장
- (현) 극동대학교 겸임교수

■ 곽 인 선(토지정보체계론)

■ 약력
- E-mail : atgis@daum.net
- 공학박사
- 지적기술사
- 한국방송통신대학교 컴퓨터학과 졸업
- 서울시립대학교 지적정보학과 졸업
- 서울시립대학교 대학원 공간정보공학과 졸업(공학박사)
- (전) 서울특별시 근무(지적직)
- (현) 한국지중정보(주) 부사장

■ 최 익 수(관계법규)

■ 약력
- E-mail : jeje0230@naver.com
- 지적기술사, 측량및지형공간정보기술사, 국제기술사
- 한국방송통신대학교 행정학과 졸업
- 서울시립대학교 도시과학대학원 공간정보공학과 졸업(공학석사)
- 국립목포대학교 대학원 지적학과 졸업(지적학박사)
- (전) 서울특별시 근무(지적직)
- (현) 한국지적측량공사(유) 전무

■ 정 승 용(지적측량)

■ 약력
- E-mail : jsyhappys@hanmail.net
- 지적기술사
- 신구대학교 지적학과 졸업
- 한국방송대학교 경영학과 졸업
- 서울시립대학교 도시과학대학원 공간정보공학과 졸업(공학석사)
- (현) 한국국토정보공사 근무

■ 최 초 원(응용측량)

■ 약력
- E-mail : alpa1117@shingu.ac.kr
- 지적기술사
- 신구대학교 지적학과 졸업
- 서울사이버대학교 부동산학과 졸업
- 서울시립대학교 도시과학대학원 공간정보공학과 졸업(공학석사)
- 목포대학교 대학원 지적학과 박사과정 수료
- (현) 신구대학교 지적공간정보학과 근무

지적기사 필기
과년도 문제해설

발행일 | 2011. 1. 15 초판 발행
　　　　　2012. 1. 10 개정 1차1쇄
　　　　　2012. 5. 25 개정 2차1쇄
　　　　　2013. 1. 10 개정 3차1쇄
　　　　　2014. 1. 15 개정 4차1쇄
　　　　　2014. 10. 5 개정 5차1쇄
　　　　　2016. 1. 15 개정 6차1쇄
　　　　　2017. 1. 15 개정 7차1쇄
　　　　　2018. 1. 15 개정 8차1쇄
　　　　　2019. 1. 10 개정 9차1쇄
　　　　　2020. 1. 10 개정 10차1쇄
　　　　　2021. 1. 25 개정 11차1쇄
　　　　　2022. 1. 10 개정 12차1쇄
　　　　　2023. 1. 10 개정 13차1쇄
　　　　　2023. 7. 10 개정 13차2쇄
　　　　　2024. 1. 10 개정 14차1쇄
　　　　　2024. 2. 10 개정 15차1쇄
　　　　　2025. 1. 10 개정 16차1쇄
　　　　　2026. 1. 20 개정 17차1쇄

저　자 | 김정민 · 곽인선 · 최익수 · 정승용 · 최초원
발행인 | 정용수
발행처 | 예문사

주　소 | 경기도 파주시 직지길 460(출판도시) 도서출판 예문사
T E L | 031) 955-0550
F A X | 031) 955-0660
등록번호 | 11-76호

• 이 책의 어느 부분도 저작권자나 발행인의 승인 없이 무단 복제
　하여 이용할 수 없습니다.
• 파본 및 낙장은 구입하신 서점에서 교환하여 드립니다.
• 예문사 홈페이지 http://www.yeamoonsa.com

정가 : 37,000원

ISBN 978-89-274-6062-6   13530